터널역학

이 상 덕 지음

씨
아이
알

중학교 때 국어선생님께서 발표하신 시집 첫 장에 있던 구절이 생각난다.

"아버님 또 죄를 짓습니다."

실로 오랜 시간동안 준비하였다. 모르던 내용은 공부하여 수록하였고, 중요하다고 생각되어 포함시켰다가 다시 삭제하기를 수 없이 반복해서 지금 상태가 되었다.

그렇지만 막상 완성단계가 되니까 자꾸 되살아나는 것이 국어 선생님의 시집 첫 구절이다. 터널역학을 집필할 만큼 공부가 충분했다거나 터널을 완전히 이해했다고 자신 할 수 있는 상황도 아닌데 지금 이 책을 출간하는 것이 교만한 욕심을 부리는 것 같아서 가책이 느껴진다. 내가 터널역학을 책으로 내는 것이 정말로 잘하는 일인지, 아니면 죄를 짓는 일인지 되 뇌이지 않을 수 없다.

공부했던 내용과 강의노트를 체계적으로 정리하면 될 것 같아서 겁도 없이 시작했었다. 그렇지만 진도가 나아 갈수록 여러 나라에서 자생적으로 시대에 따라 다르게 발전되어 왔던 터널관련이론들을 시간과 공간을 초월하는 터널이론으로 체계화하는 것이 매우 어려운 일이며, 거의 불가능하다는 것을 알게 되었다. 또한, 그런 발상 자체가 오만이라는 것도 알게 되었다.

그럼에도 불구하고 용기를 내어서 마무리 하였으나 무모한 일이 아니기를 바랄 뿐이다. 그 사이에 내공이 쌓였다는 찬사 보다 아직 이정도 밖에 안 되느냐는 질책이 오히려 마음이 편할 것 같은 생각이 든다.

많은 문헌을 접해볼 기회가 없었던 기술자들에게는 이 책이 신선한 충격이 되어 터널을 이해하기 위해 노력하는 계기가 되면 좋겠고, 상당한 경지를 이룬 기술자들에게는 자신의 지식을 측량할 수 있는 기회가 되면 좋겠다. 무엇보다 이 책이 새로 시작하는 기술자들이 터널을 이해하는 데 도움이 되고, 터널분야 기술발전에 조금이라도 기여할 수 있다면, 그동안 들인 시간과 노력이 보람될 것이다.

터널역학을 공부하면서 복잡하고 어려운 많은 수식들이 과연 실제 터널의 거동을 나타낼 수 있을까 하는 의구심도 들었지만, 경험적인 것이라고 알고 있던 지식들 대다수가 복잡한 수식을 풀어서 나온 결과임을 알고 난 후에는 어려운 이론식들이 반갑고 가깝게 느껴졌고, 이러한 사실을 하루 빨리 다른 이들에게 알리고 싶었다.

ii

한때 고전문학에 심취하여 자신만만했던 저자가 고향 경로당에 갔다가 천자문조차도 잘 모르는 촌로들이 어려운 문자를 사용하여 대화하는 것을 듣고서 소스라치게 놀랐던 일이 있다. 저자는 그때 기억을 늘 되살리면서 일선 기술자들이 현장 체득한 경험적 지식들을 이해하고 수용하고자 노력하였다.

현장 기술자들이 관심을 갖고 이 책을 읽는다면 자신들이 갖고 있던 체험적 지식들의 원리를 이해하게 되어 터널에 대해 더 많은 자신감과 자부심이 생기고 발전적 터널기술자로 거듭날 수 있는 계기가 될 것이다. 그리고 수치해석이라는 그늘 속에서 터널이론을 이해할 겨를도 없이 기능적으로 터널을 해석해 왔던 기술자들에게는 터널을 알 수 있는 좋은 기회가 될 것이다. 상당한 경지에 도달한 기술자들이 이 책을 읽고 저자를 편달해 준다면, 더 좋은 책이 될 수 있을 것이고, 저자에게는 더할 나위 없는 도움이 될 것이다.

이 책을 집필하기 시작한지 벌써 십 수 년이 흘렀음에도 내용이 보잘 것 없다는 생각이 들어 부끄럽지만 한편으로는 부족하나마 마무리 하게 되어 기쁘다. 그동안 자주 눈이 침침하고 피로해져서 힘든 적도 많았지만 덕분에 터널공부를 많이 할 수 있어서 아주 좋았다. 처음에는 날아가는 화살처럼 보이지도 않던 터널이라는 것이 이제는 어렴풋하게나마 보이는 것 같아 한없이 경이롭고 또한, 환희심이 느껴진다.

愚公移山 不易悅乎!

이 책의 내용들은 저자의 사견이 아니며, 그동안 대화나 문헌을 통해서 저자에게 터널에 대한 깨우침을 주었던 여러 선각들의 식견을 학습하고 결집하여 서술한 것이다. 특히, Rabcewicz 선생, Kastner 선생, Szechy 선생, Smoltczyk 선생, Seeber 선생, 福島 선생, Maidl 선생, Matsumoto 선생, Nishioka 선생, Kolymbas 선생 등의 뜻을 숭상하기 위하여 그분들의 저서 내용을 많이 참조하였다.

그동안 새론 한 민석 사장님과 싸아이알 김 성배 사장님의 격려가 컸음을 밝힌다.

이 책을 내면서 한 방울의 물에도 천지의 은혜가 스며있고, 한 알의 곡식에도 만인의 노고가 깃들여 있음을 더욱 실감하게 되었다. 그동안 애써준 IGUA 가족들을 비롯하여 모든 분들에게 거듭 거듭 감사드린다.

2013年 癸巳 孟夏　沃湛齊에서　月城後人　淸愚　李 相德

이 책의 특징

이 책은 각종 지반상태와 다양한 규모나 형상으로 터널을 굴착할 때에 주변지반의 응력과 변형거동 및 지보효과를 예측하고 필요시 대책을 마련할 수 있는 능력을 함양하는 것을 목표로 터널역학 이론서로 저술하였다. 그러나 터널이론을 이해하는데 도움이 되도록 터널역학 범주를 벗어난 터널 시공 및 설계에 관한 공학적 내용들도 다소 포함시켰다.

터널이론이 생소하거나 이해하기가 어렵지 않도록 최대한 상세하게 설명하였기 때문에 책의 분량이 다소 많다고 여겨질 수 있다. 또한, 이론을 전개하기 위해 수많은 복잡한 수식들이 소개되어 있어서 지루하게 느껴질 수 있다. 그러나 내용이 곡해되지 않게 하기 위한 최소의 방편이라고 변명하며, 시간이 부족하거나 사정이 있어서 결과만 받아들인다고 해도 큰 도움이 될 것이다.

지반에 관해서는 터널의 거동을 이해하는데 필요한 기본 내용만을 포함시켰기 때문에 실무에 적용하기에 다소 미흡할 수도 있다. 필요할 경우에는 지반관련 전문문헌을 참조해야할 것이다.

책 전체를 섭렵하지 않고 필요한 부분만 읽어도 내용을 이해할 수 있도록 일부 내용은 여러 장절에서 중복하여 설명하였다. 그러나 지루하지 않도록 장절마다 다른 각도로 설명하려고 노력하였다.

모든 종류의 터널에 관한 이론들을 상세하게 수록하기에는 지면상 제약이 있기 때문에 실무에서 자주 적용되고 있고 특수한 거동양상을 보이는 얇은 터널, 병설터널, 침매터널, 수로터널에 대해서만 별도의 장을 할애하여 서술하였다. 이들은 차후에 기회가 되면 독립된 단행본으로 출간하려고 준비하였던 내용 중에서 가장 기본이 되는 일부 내용을 발췌한 것이다.

최근 들어 새로 제시되었거나 부분적으로 수정된 이론들이 다수 있으나 검증이 필요한 이론들은 가능한한 수록하지 않았다. 확고부동하고 보편타당한 터널이론을 확립하기 위해 지협적이거나 지나치게 경험적인 내용들에 대해서는 상세한 설명을 지양하였고, 지금까지 정착된 이론에 큰 비중을 두고 기술하였다.

이론식의 유도과정에서 수학적 전문지식이 크게 요구되는 부분은 대개 생략하고 결과만 제시하여 전 유도과정을 통찰하고 이해하기 쉽게 하였고, 손계산이 가능한 수준으로 정리하였다. 보통 수준의 수학지식만 있어도 내용을 이해할 수 있을 것이다.

터널이론에 관련된 문헌들은 대다수가 독일어로 기술되어 있어서 접하기 어렵고, 다른 언어로 번역된 일부문헌들에서 번역과정에서 내용이 애매해진 부분들이 다수 발견되기 때문에, 최대한 독일어 원전을 참조하였다.

각 장마다 **연습문제**를 제시하여 본문의 이해를 도울 수 있도록 하였다. 연습문제의 해답은 분량이 너무 많아서 함께 수록하지 못하였고 별도 방법을 통해 제시할 예정이다.

이 책은 터널역학에 관한 전문내용을 체계적으로 설명하기 위하여 다음과 같이 총 13개 장으로 구분하여 편성하였다.

제 1 장 **터널과 지반** : 터널의 거동과 안정에 영향을 미칠 수 있는 지반의 특성을 수록하였다.

제 2 장 **터널 해석이론** : 터널이 유지되는 원리와 터널의 거동특성 및 안정성 을 해석하는데 근간이 되는 기본적인 터널해석이론을 수록하였다.

제 3 장 **터널굴착에 따른 지반거동** : 터널굴착으로 인해 나타나는 지반의 응력재배치와 그로 인한 터널과 주변지반의 변형거동에 관한 이론을 수록하였다.

제 4 장 **터널의 지보공** : 굴착한 터널을 안정하게 유지하고 지반의 지지능력을 최대로 발휘시키기 위하여 설치하는 지보공의 특성과 지보원리 및 지반-지보공의 상호거동원리를 수록하였다.

제 5 장 **터널의 탄성해석** : 지반을 탄성체로 보고 터널을 굴착함에 따른 지반의 거동을 탄성이론에 근거하여 설명하였다.

제 6 장 **터널의 탄소성해석** : 지반을 탄소성 거동하는 물체로 보고 터널굴착에 따른 지반의 거동을 탄소성이론에 근거하여 설명하였다.

제 7 장 **터널의 수치해석** : 연속체 또는 불연속성 지반에 터널을 굴착함에 따른 주변지반과 터널의 거동을 수치해석하여 밝히는데 필요한 기본이론을 수록하였다.

제 8 장 터널과 지하수 : 지하수가 존재하는 지반에 터널을 굴착할 때 발생되는 지하
수 관련 문제를 해결하는데 필요한 이론을 수록하였다.

제 9 장 얕은 터널 : 토피가 얕아서 터널 상부지반에 지반아치가 형성될 수 없는 얕은
터널의 거동을 해석하고 안정을 유지하는데 필요한 이론을 수록하였다.

제 10 장 병설터널 : 터널을 기존터널에 근접하거나 병렬로 시공함에 따른 상호 영향
을 이해하고 안정을 해석하는데 필요한 이론을 수록하였다.

제 11 장 침매터널 : 수저지반에서 터널을 안전하게 설계 및 시공하기 위해 필요한 기
초이론과 거동특성 및 역점사항을 설명하였다.

제 12 장 수로터널 : 압력수로터널을 안전하게 설계 및 시공하는데 필요한 압력터널의
거동특성과 이론 및 개념을 설명하였다.

제 13 장 터널역학의 응용 : 터널역학 이론을 적용하여 터널을 안전하고 경제적으로
설계 및 시공하는 개념과 방법을 설명하였다.

지하공간

지하공간은 사용목적에 따라 다양한 형상으로 건설하며, 형상에 따라 터널, 갱도, 수직갱, 관로, 캐번, 챔버 등으로 구분한다.

터널 (Tunnel) : 주로 자동차나 철도용 교통로로 쓰이고, 경사가 완만하며, 단면적이 $20\ m^2$ 이상이고, 길이가 길며, 입구가 2개인 지하공간을 의미한다.

갱도 (gallery, Stollen) : 단면이 작고 경사가 25° 미만이며, 길이가 길고 하나의 입구로 지상과 연결되는 지하공간이며, 관로 및 케이블을 설치하거나, 연결통로나 보조갱, 상수나 하수 및 용수의 운송로, cavern 접근로, 환기통로로 사용하고 주입, 지반조사, 측량을 위해 건설하는 것도 있다.

수직갱 (shaft) : 높이차를 극복하기 위하여 굴착하는 연직 또는 25°이상 경사지고 길이가 긴 지하공간을 말하며, 갱도와 같은 기능을 갖는다.

관로 (pipe line) : 사람이 통과하기 어려울 정도로 작은 단면으로 지하에 만든 통로이며, 액체, 열, 가스 등을 소통시키거나 케이블 등을 설치하는데 사용한다.

캐번 (cavern) : 단면이 크고 길이가 짧은 지하공간이며, 고체나 액체 또는 가스 등을 저장하거나, 기계나 지하생산설비나 공장 및 군사시설의 설치공간으로 사용하고, 갱도나 터널 또는 수갱으로 지상과 연결된다.

챔버 (chamber) : 지하공간의 시공 중에 한시적 또는 지속적으로 사용하거나 물건적치를 위해 캐번에 비해 작은 단면으로 만드는 지하공간이다.

터널의 횡단면과 종단면 각 부분의 명칭은 다음 그림 **1.1.1** 과 같다.

굴착 후 영구지보가 완성되기 까지 굴착공간을 유지하기 위해 설치하는 지보를 터널의 **1**차지보라 하며, 영구지보의 일부로 설치할 수 있고, 한시지보나 임시지보 또는 외부라이닝이라고도 한다.

영구지보는 굴착공간을 지지하기 위해 설치하는 구조물과 방수대책을 말하며, 라이닝나 내부라이닝이라고도 한다.

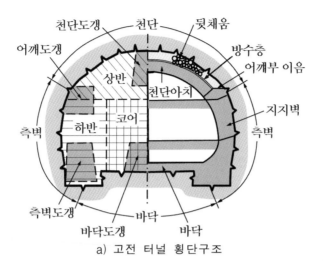

a) 고전 터널 횡단구조

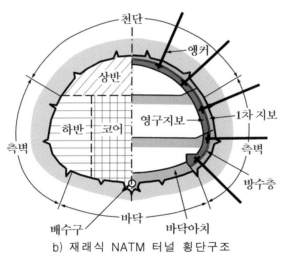

b) 재래식 NATM 터널 횡단구조

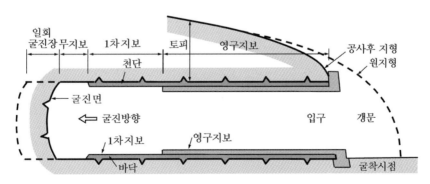

c) 터널 종단구조와 명칭

그림 1.1.1 터널의 부분명칭 및 구조

CONTENTS

목차

제 4 장 터널의 지보공

제 5 장 터널의 탄성해석

제 6 장 터널의 탄소성 해석

CONTENTS

제 11 장 침매터널

제 12 장 수로터널

제 13 장 터널역학의 응용

제 1 장
터널과 지반

제1장 **터널과 지반**

1. 개 요

원시시대부터 인간은 먹을 양식과 마실 물을 찾고, 적이나 맹수들의 위협 또는 혹독한 자연환경 (추위나 더위 및 폭풍우 등) 으로부터 보호받으며, 물건을 저장하기 위해 자연동굴을 이용하였다.

선사시대에는 자연동굴 (지하공간) 을 원형 그대로 또는 (원시도구를 써서) 약간만 변형하여 이용하였다.

초기 문명시대에는 도구나 불을 사용해서 암석을 파쇄해서 자연동굴을 개조 및 확장하여 사용하였다. 또한 소규모 지하공간을 굴착하였는데, 끌과 망치로 암석을 쪼아 내거나, 불을 지펴서 가열한 후 찬물로 냉각하여 파열시키는 방법으로 암석을 파쇄해서 지하공간을 굴착하였다.

그 후 인간의 활동이 다양해짐에 따라 지하공간의 용도가 주거 또는 저장에서 배수나 수송 또는 기타 특수 용도로도 확대되었다.

중세 이후 화약이 개발되어 사용됨에 따라 암반굴착이 용이해짐에 따라 **19** 세기부터 지하공간의 건설이 활기를 띄게 되었다. 그리고 **20** 세기에는 급속도로 발전한 광산공학 기술이 터널굴착기술에 접목되어 터널 건설이 대폭 확산되었다.

최근 더욱 효과적이고 경제적인 굴착기술과 강력한 굴착기계 및 효율적인 지보재가 개발되어 적용되면서 흙 지반에서도 다양한 형태와 규모로 터널을 굴착할 수 있게 되었다. 특히 암반역학을 접목한 굴착방법 (NATM 등) 이 개발되어 안전성과 경제성이 확보됨에 따라 다양한 형태의 지하공간이 건설되어 활용되고 있고, 이에 힘입어 터널의 수요가 대폭 증가되고 있다.

터널건설에는 여러 분야 기술과 학문이 적용되어야 한다. 즉, 역학과 재료에 대한 지식뿐만 아니라 지질학과 지반공학 및 기계이론 등에 대한 지식이 필요하다. 터널공학은 이론과 실무가 결합되고 여러 분야 학문이 혼합·적용되기 때문에 매우 복잡하고 어려운 특수학문이다.

터널 구조물은 주재료가 (그 특성을 선택할 수 없는) 지반이고, 터널에 작용하는 주하중은 (그 크기를 변경할 수 없는) 지반의 자중이며, 터널의 거동은 지반의 특성 뿐만 아니라 지반－지보공 (및 라이닝) 의 상호작용에 의해 결정된다. 따라서 터널은 **지반특성 (2 절)** 을 정확하게 파악하여 설계 및 시공해야 한다.

터널을 굴착할 지각은 경성지반 (암반) 과 연성지반 (흙 지반) 으로 구성되어 있기 때문에, 터널은 경성 및 연성 지반의 특성을 모두 알아야 건설할 수 있다.

흙 지반은 구성광물과 모양 및 크기가 다양한 흙 입자들이 결합되지 않고 쌓여서 구조골격을 형성하고 간극이 물 (액체) 이나 공기 (기체) 로 채워진 입적체이므로, **흙 지반의 역학적 특성 (3 절)** 은 입자의 크기와 분포, 입자간 결속 및 간극수에 의해 결정된다. 흙 지반은 인장에 저항하지 못하고 입자간 접촉점에서 압축과 전단 외력만 지지할 수 있다. 따라서 흙의 파괴 (전단파괴) 는 과도한 전단변형에 의해 흙 입자의 배열 (구조골격) 이 흐트러짐을 의미한다. 흙 지반에서는 굴착 가능한 터널의 크기가 한정되며, 터널단면이 일정한 규모보다 크면 터널을 굴착하고 굴착한 단면을 유지 하는데 고도의 기술이 필요하다.

암반은 불연속면에 의해 분리된 암괴의 집합체이므로 **암반의 역학적 특성 (4 절)** 은 구성암석 (특정성질이나 상태, 구성광물의 종류와 결합상태) 과 불연속면 (상태나 종류 및 충전물질) 및 지하수 (특성 및 흐름상태) 의 특성에 의해 결정되고, 암반의 역학적 거동은 암석과 불연속면의 복합거동이다.

물체의 구성방정식 (응력-변형률 관계) 은 모든 응력-변형률 경로에 대한 반응을 예상할 수 있는 것이어야 한다. 그러나 복합재료인 지반의 거동은 매우 복잡하여 이를 나타낼 수 있는 적절한 구성방정식이 아직 없고 현재 적용하는 구성방정식은 아주 단순하고 개략적인 것뿐이다. 응력수준이 항복점에 도달하기 전에는 지반을 등방성 선형 탄성 물질이라고 가정하고, 정적 또는 동적 재하상태에서 탄성계수를 구하여 **탄성거동 (5 절)** 을 해석한다. 탄성모델은 간단하고 일관적이며, 평형조건은 물론 적합조건을 만족하기 때문에 지반의 기본거동을 밝히는데 도움이 된다.

응력이 항복점에 도달된 후 지반거동은 (지반을 소성모델로 모사하고 항복응력을 결정하는) 항복규준과 (항복 후 지반거동을 나타내는) 유동법칙 **(6 절)** 을 적용하여 해석한다.

2. 터널관련 지반특성

터널을 굴착하면 주변지반의 응력이 재편되어 일부가 터널에 하중으로 작용하며, 그 하중은 굴착 전 초기하중의 크기와 지반상태는 물론 지보공 특성에 따라 다르고, 지보공 설치 전에는 주변지반에 의해 지지된다. 터널 주변지반에 집중된 응력 크기가 국부적으로 강도를 초과하면 지반이 파괴 (소성화) 되며, 지반이 파괴 전 상태 (탄성 상태) 이더라도 응력 크기가 강도에 근접하면 변형이 과도하게 일어나 지보공이나 라이닝에 큰 하중이 추가된다. 그런데 지보공을 잘 설치하면 응력집중이 완화되어 응력이 고르게 분포되므로 국부적 소성화나 과도한 변형이 방지된다.

지각을 구성하는 지반 (2.1 절) 은 역학적 특성에 따라 경성지반 (암반) 과 (암석이 풍화되어 형성된) 연성지반 (흙 지반) 으로 구분되며, 터널을 성공적으로 굴착하려면 지반의 물리적 성질은 물론 역학적 특성을 정확하게 파악하여 고려해야 한다.

터널거동에 직접적으로 큰 영향을 미치는 지형이나 지질 (2.2 절) 이 존재하는 경우 (산사태 지형, 애추, 단층지형, 단구, 완사면, 천급선 구조, 캐스터 지형, 붕괴지형 등) 에는 터널을 굴착하기가 어려울 수 있다. 연약하거나 미고결 상태이거나 피압 대수층이 존재하여 굴진면 안정문제나 지표면에 유해한 영향 (함몰, 침하, 분기 등) 이 발생하거나, 유해공기 (메탄 등) 를 포함하거나 산소가 결핍되어 터널굴착이 어려운 지반이 있다.

터널의 거동은 터널관련 지반특성 (2.3 절) 즉, 지반의 변형특성, 비등방성, 변형률 의존성, 치수효과 등에 대한 정확한 판단자료가 있어야 해석할 수 있다.

2.1 흙 지반과 암반

지각을 구성하는 지반은 역학적 특성에 따라 경성지반 (암반) 과 연성지반 (흙 지반) 으로 구분한다. 암석이 풍화되어 형성된 흙 지반은 수중에서 결합구조가 풀어지는 특성이나 압축강도 (경계 $1\,MPa$) 를 기준으로 암석과 구분한다.

경성지반은 강도가 크고 변형성이 작으므로 터널굴착 후 유지되는 시간이 길어서 지보하여 안정화시킬 시간적인 여유가 있기 때문에 터널을 상당한 크기로 굴착할 수 있다. 경성지반에서는 굴착방법이 주요 관심사이다.

그러나 연성지반은 강도가 작고 변형성이 크며 쉽게 교란되기 때문에, 터널굴착 후 굴착단면이 유지되는 시간이 짧아서 지보하기 전에 지반이 크게 변형되거나 파괴 되는 경우가 많다. 따라서 과거에는 흙 지반에 터널을 굴착한 사례가 매우 적었다. 최근에는 터널역학은 물론 지보재와 굴착기술이 발달되어 신속하게 굴착하고 효과적 으로 지보할 수 있게 됨에 따라서 흙 지반에서도 터널을 굴착할 수 있게 되었지만, 흙 지반에 터널을 굴착한 경험은 아직까지 매우 적은 편이다.

그 밖에 연성과 경성의 중간 상태인 미고결 입상체 지반은 공동을 굴착하면 크게 변형되거나 소성유동이 발생되어 터널굴착이 매우 어려울 수 있다.

흙인지 암석인지 명확히 구별하기 어려운 지반은 흙으로 간주하고 강도를 구한다. 암석 덩어리의 크기가 터널직경과 비교될 정도로 크면, 연속체 역학을 적용하기에 부적절하므로 개개 암석 덩어리를 고려해서 해석한다. 그러나 각 절리의 상태와 위치 는 사전에 정확히 파악하기가 매우 어렵기 때문에 절리가 있는 암석이 균질한 암석 으로 판정되는 경우가 많다.

암반은 절리 등 불연속면에 의해 분리된 암체가 모여서 이루어진 불연속체이므로 압축에는 강하나 인장에는 매우 약한 재료이다. 따라서 터널은 주변 암반이 압축력 만 받도록 설계한다. 균열이 없는 신선한 암체는 조암광물의 결합상태에 따라 암석 의 종류와 강도 및 변형특성이 다르다.

암반의 취성파괴는 갑작스럽게 일어나고 파괴전 변위가 작아서 사전에 감지하기 어렵기 때문에 위험하다. 반면 연성파괴는 서서히 일어나므로 이를 감지하여 조치 할 시간적 여유가 있어서 덜 위험하다. 대부분의 암석은 재하속도가 빠르거나 구속 되지 않으면 취성파괴 되고, 재하속도가 느리거나 구속압이 크면 연성파괴 된다.

터널을 급하게 굴착하면 암반이 취성파괴 되고, 서서히 굴착하면 연성 파괴된다. 터널의 굴착속도는 단면을 분할 굴착하여 조절할 수 있다. 터널굴착 전 주변지반은 구속상태이고 토피가 클수록 응력수준이 높아서 구속압이 크므로 깊은 터널굴착 전 주변 암반은 연성파괴조건이다. 그런데 터널을 굴착하면 구속응력이 해방 (영) 되어 취성파괴조건이 되고 지보를 설치 (구속) 하면 다시 연성파괴조건이 된다.

터널을 분할 굴착하여 굴착속도를 느리게 하고 지보공을 설치하여 지반을 구속 하면 터널 주변지반은 연성 거동한다. 이같이 암반의 물리적 성질과 역학적 특성을 파악하여 연성파괴 되도록 유도하는 기술이 터널의 핵심기술이다.

2.2 터널거동에 영향을 미치는 지형과 지질

터널의 거동에 큰 영향을 미칠 수 있는 지질이나 지반구조 및 지압상태 등이 존재하는 특수지형 (2.2.1 절) 이나, 연약하거나 미고결 암반 또는 피압 대수층이 존재하는 특수지질 (2.2.2 절) 에서는 터널굴착이 어렵다. 암반은 종류 (2.2.3 절) 에 따라 독특한 구조와 역학적 특성이 있어서 터널굴착 시 발생하는 문제도 암반종류에 따라 다르다.

2.2.1 터널굴착이 어려운 특수지형

지형은 지질, 지반 구조적 특성, 지각운동, 차별침식 등에 따라 나타나는 지표형상을 말하며, 동일한 지질에서도 지형에 따라 지압의 크기와 작용방향이 다르다.

다음은 터널굴착이 어려울 수 있는 지형이다.

- **산사태 지형** : 상부에서 탈락한 지반이 하부에 쌓여서 소단형태의 완만한 사면이 반복적으로 나타나는 지형이다. 상부에는 절벽 (활락애) 이 있고, 다락 논 형태 경작지가 있는 경우가 많다 (그림 1.2.1).
- **애추지형** : 사면의 상부에서 발생된 붕괴물이 중력작용에 의해 하부 산기슭이나 사면에 쌓여서 이루어진 지형이다 (그림 1.2.2a).
- **단구지형** : 과거의 하상 퇴적면이 융기하여 형성된 지형이며 평탄면을 이룬다 (그림 1.2.2b). 과거 퇴적물과 하부기반암의 경계가 뚜렷하면 지하수가 고이거나 흐름통로가 되므로 터널을 굴착하기가 어려울 수 있다.
- **완사면 지형** : 안정되지 않은 취약한 지질성상으로 이루어지고 풍화가 빠르게 진행되어 이상할 정도로 완만하게 경사져 있는 지형이다.
- **천급선 구조** : 지형의 경사 변화부분 (천급선) 이 뚜렷하게 나타나는 지형이다. 천급선 상부에 있는 풍화층은 두껍고 불안정한 경우가 많다 (그림 1.2.2c).

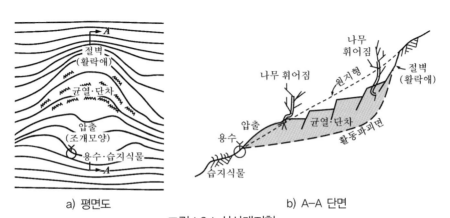

a) 평면도   b) A–A 단면

그림 1.2.1 산사태지형

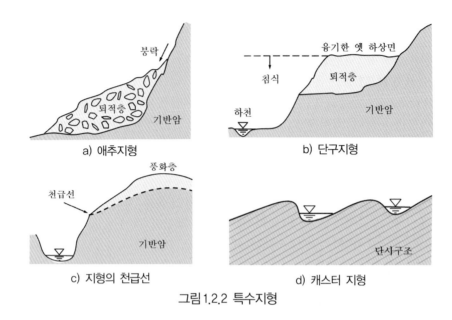

a) 애추지형

b) 단구지형

c) 지형의 천급선

d) 캐스터 지형

그림 1.2.2 특수지형

- 캐스터 지형 : 한 쪽은 완만하고 반대 쪽은 급하게 경사 (단사구조) 져서 양쪽이 비대칭인 사면이 반복되는 지형이다 (그림 1.2.2d). 완경사 쪽을 굴착할 때에는 주의해야 한다. 캐스터 지형으로 파리분지나 런던분지가 유명하다.
- 붕괴지형 : 지반붕괴가 일어난 지형이며, 규모가 큰 것은 지형도에 나타난다. 이런 지형이 굴착현장 상부에 나타나면 방재를 검토해야 한다.
- 단층지형 : 단층작용에 의해 생성되며 단층면이 노출되어 단층애 (그림 1.2.3) 가 존재한다. 지형도나 항공사진으로부터 선 구조 (linearment) 를 추정할 수 있다.

터널 횡단면 좌우 지형이 현저히 다르면 (그림 1.2.4) 편압이 작용하여 터널라이닝과 주변지반에 균열이나 변형이 발생되고 심하면 붕괴로 이어진다. 편토압은 압성토 하거나 억지말뚝 등을 설치하여 토피가 얕은 쪽을 보강하면 해소할 수 있다.

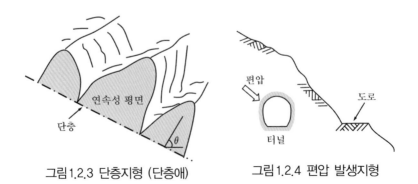

그림 1.2.3 단층지형 (단층애)

그림 1.2.4 편압 발생지형

2.2.2 터널굴착이 어려운 특수지질

연약하거나 피압 대수층 (모래·자갈층) 이 존재하는 지반 또는 신생대 제 4 기 홍적세 (Pleistocene, 150 만년 이래) 나 충적세 (Holocene, 1 만년 이래) 에 생성된 미고결상태 지반에서 터널을 굴착할 때는 굴진면이 자립하지 않거나, 낙석이 발생하거나 여굴이 과다하여 지표침하나 지반함몰을 초래할 수 있다. 또한, 지반에 유해공기 (산소 결핍, 메탄 등) 가 존재하면 터널굴착 시 어려움이 발생될 수 있다.

다음 지반에서는 터널굴착이 어려울 수 있다.
- **연약 점성토** : 자연함수비가 액성한계보다 크면 약한 충격에도 곧 유동상태가 된다. 따라서 터널굴착 시 굴진면이 자립되지 않으므로 보강이 필요하다.
- **균등한 모래** : 균등한 모래는 굴착 시 약간의 충격에도 유동하여 굴진면이 자립되지 않는다. 따라서 주변지반을 보강해야 터널을 굴착할 수 있다.
- **피압 대수층** : 불투수 지반에 있는 렌즈 형 투수층 (대수층) 의 물은 피압 상태인 경우가 많다. 굴진면 또는 터널에 근접한 주변지반에 피압 대수층이 존재할 경우에는 터널굴착 중에 갑작스럽게 붕괴되어 매우 위험할 수 있다. 이런 지층을 사전에 감지하지 못하여 일어난 사고사례가 빈번히 보고되고 있다.
- **경·연 지층경계** : 경·연 지층을 통과할 때에 쉴드가 연약 층 쪽으로 밀린다.
- **유해가스지반** : 지반 내에 존재하는 메탄가스가 폭발하거나, 지하수가 고갈된 모래 · 자갈 층에서 산소결핍문제가 있을 수 있다.

2.2.3 터널과 관련된 암반특성

암반은 종류에 따라 독특한 구조와 역학적 특성을 가지며, 그 영향으로 터널을 굴착할 때 암반종류에 따라 특정한 문제가 발생될 수 있다.
- 화강암 : 심부까지 풍화된 경우 (화강 풍화토) 에 굴진면 불안정성
- 빈암, 화강반암 : 용수
- 안산암, 현무암 : 여굴, 대괴 버력
- 사문암 : 팽창, 굴진면 불안정성
- 고생대 석회암 : 공동
- 용결 응회암 : 여굴, 대괴 버력, 다량 화약소모
- 결정편암 : 이방성 불연속면 (편리) 에 의한 굴진면과 아치의 불안정성
- 신생대 제 3 기 사암/혈암 호층 : 다량용수, 이방성 불연속면에 의한 굴진면/아치 불안정성
- 신생대 제 4 기 사암 : 파이핑에 의한 굴진면 불안정성

2.3 터널관련 지반특성

터널에 영향을 주는 지반특성에 관한 자료 (2.3.1 절) 는 정확해야 하며, 지반의 변형특성 (2.3.2 절) 은 현장 시추공에서 반경재하 시험하여 구한 지반특성곡선에서 지반의 탄성계수와 변형계수를 구하여 알 수 있다. 지반은 생성과정과 생성 후에 다양한 환경변화과정을 겪으면서 변형성이나 강도 (압축강도 및 전단강도) 가 비등방 특성 (2.3.3 절) 이 나타나며, 각각의 비등방 효과는 서로 중첩시킬 수 없다. 지반은 시간 의존적 거동 (2.3.4 절) 을 보이지만 일반 구성방정식에 적용하기는 쉽지 않다. 지반은 공시체 치수에 따라 강도와 역학적 성질이 다르며, 이 같은 지반의 **치수효과 (2.3.5절)** 는 응력분포가 불균질할수록 뚜렷하고, 측압이 클수록 감소한다.

2.3.1 지반특성 자료

터널 거동은 지반 (지반물성, 지반정수, 변형특성) 과 지하수 특성 (수위, 흐름) 및 터널 역학적 자료 (암반과 불연속면 상태, 라이닝 재료, 초기응력) 가 있어야 해석할 수 있다.

지반 특성 : 연속체 역학계산에 필요
- 탄성 상태 : 밀도 ρ, 단위중량 γ, 토피 H_t
- 소성거동 : 지반정수 c, ϕ, 일축압축강도 σ_{DF}
- 변형특성 : 변형계수 V, 탄성계수 E

지하수 자료 :
- 지하수위 H_w, 지반의 투수계수 k
- 지반의 분리도 (사용도) $\aleph$

터널 역학적 자료 :
- 암석 종류와 초기응력
- 불연속면 (층리, 편리, 절리, 단층, 파쇄대) 의 위치, 규모, 분포, 상태, 절리도
- 라이닝재료의 특성 (대부분 규정되어 있거나 관련지침에서 제시됨)

지반의 초기연직응력 ($\sigma_v = \gamma H_t$) 은 비교적 정확하여 측정할 필요성이 적지만, 초기 수평응력 ($\sigma_h = K\sigma_v = K\gamma H_t$) 은 지반강도, 지형, 구조지질압력 등에 의해 불확실하기 때문에 실측해야 정확히 알 수 있다. 초기수평응력은 지표에 가까운 이완부나 강성지반의 급경사 개구절리에서는 거의 영이고, 강성암석에서만 측정이 가능하고, 강성과 연성 층이 교호하는 암반에서는 측정하기 어렵다.

지반의 초기응력은 슬릿시험, 이중 보링시험, 수압파쇄시험 등을 실시하여 측정한다. 코어를 채취한 후에 시추공에서 수압파쇄 시험을 실시하여 초기응력을 측정할 수 있으나 비용이 많이 소요되고 불량한 지반에서는 거의 적용할 수 없다.

2.3.2 지반의 변형특성

지반의 변형특성은 시추공 내 재하시험 등에서 측정한 지반특성곡선 (그림 1.2.5) 으로부터 파악할 수 있다. 실측 지반특성곡선으로부터 다음과 같은 지반특성을 파악할 수 있다.
- 탄성 및 소성 변형분
- 발파 및 응력전이에 의한 지반이완
- 지보대책과 주입의 영향
- 이차응력상태

실측한 초기재하곡선은 강도가 매우 큰 암석을 제외하고는 대개 곡선이므로 그 기울기 (변형계수 V) 는 응력에 따라 달라진다. 그러나 제하곡선은 직선이고 모든 제하-재하단계에서 평행하므로, 그 기울기 (탄성계수 E) 는 응력에 무관한 상수이다.

터널을 굴착하면 굴착 시 발파진동이나 응력해방에 의해 굴착면 배후지반에 균열이 발생하고 (균열부), 굴착면 근접부 지반은 접선응력이 일축압축강도를 초과하여 전단파괴 되며 (전단파괴부), 전단파괴 이후에는 균열들이 폐색되면서 내공변위가 증가 한다 (그림 1.2.6).

터널주변지반의 지지력은 주로 **암반불연속면** (편리, 층리, 절리) 에 의하여 결정되고, 초기응력과 시공방법에 의해 영향을 받으며, 각 영향들을 중첩하여 구한다. 지반의 지지력은 불연속면에 직각인 방향에서 최대치가 된다. 초기응력의 영향은 측압이 작을 때에 크고, 시공방법에 의한 영향은 주로 터널의 바닥부에서 일어난다.

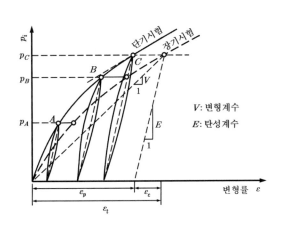

그림 1.2.5 공내재하시험 지반특성곡선

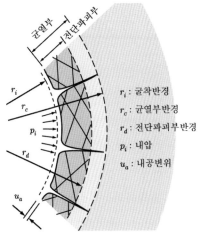

그림 1.2.6 굴착면 주변 균열부

2.3.3 지반의 비등방 특성

지반은 생성과정과 생성 후 다양한 환경변화과정을 겪으면서 비등방 특성 (이방성) 을 갖는 경우가 많다. 지반의 비등방 특성은 변형이나 강도 (압축강도 및 전단강도) 에서 나타나며, 각각의 비등방 효과는 서로 중첩시킬 수 없다.

1) 지반의 비등방성

층상암반은 종종 비등방 특성을 가지며, x_3 좌표가 층리면에 수직인 경우에 응력과 변형률관계는 다음 식과 같고, 5 개 재료상수 즉, 탄성계수 E_1, E_2 와 푸아송 비 ν_1, ν_2 및 전단탄성계수 G_2 가 필요하다.

$$\begin{pmatrix} \epsilon_{11} \\ \epsilon_{22} \\ \epsilon_{33} \\ \epsilon_{12} \\ \epsilon_{23} \\ \epsilon_{13} \end{pmatrix} = \frac{1}{E_1} \begin{pmatrix} 1 & -\nu_1 & -\nu_2 & 0 & 0 & 0 \\ -\nu_1 & 1 & -\nu_2 & 0 & 0 & 0 \\ -\nu_2 & -\nu_2 & 1 & 0 & 0 & 0 \\ 0 & 0 & 0 & 2(1+\nu_1) & 0 & 0 \\ 0 & 0 & 0 & 0 & E_1/G_2 & 0 \\ 0 & 0 & 0 & 0 & 0 & E_1/G_2 \end{pmatrix} \begin{pmatrix} \sigma_{11} \\ \sigma_{22} \\ \sigma_{33} \\ \sigma_{12} \\ \sigma_{23} \\ \sigma_{13} \end{pmatrix} \qquad \textbf{(1.2.1)}$$

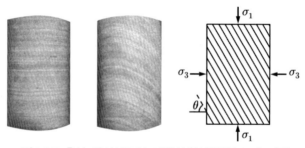

그림 1.2.7 층상 암석시료의 이방성 (성층방향 θ 에 의존)

2) 변형의 비등방성

변형의 비등방성은 주로 퇴적암과 변성암에서 나타나며, 공시체를 불연속면 (층리, 편리, 절리) 방향에 평행, 직각, 45° 경사 방향으로 절단하여 시험하면 확인할 수 있다. 변위는 불연속면에 수직방향에서 최대이고, 평행방향에서 최소이다.

강성 암반에 급경사 불연속면이 존재하면 측압이 급감하여 천단에서 인장응력이 발생하여 불리하며, 최소변형계수를 적용하여 등방해석하면 계산한 변형이 실측치와 잘 일치한다. 불연속면이 터널에 평행하면 수평변위가 소수 절리에 집중되므로 불리하다.

3) 강도의 비등방성

암반의 압축강도와 전단강도는 비등방성을 나타낸다.

① 압축강도의 비등방성

암반의 최대 변형과 최소 변형계수는 불연속면의 횡방향에서 나타나지만, 강도는 불연속면이 최대 전단응력 방향 (최대주응력 방향에 대해 $45^o - \phi/2$) 이면 최소이다.

파괴강도는 불연속면에 수직 및 평행방향은 물론 $45^o - \phi/2$ 방향으로도 공시체를 절단하여 시험한다. 측압이 작고 측벽공시체를 연직응력이 매우 큰 터널 ($\sigma_t \rightarrow 3\sigma_v$) 이나 불연속면이 연직최대주응력에 45° 인 터널에서 뚜렷하고 쐐기모양으로 파괴된다.

② 전단강도의 비등방성

암반의 전단강도는 활동면에서 작고 변위가 증가하면 급격히 최소치 (잔류강도) 로 떨어진다. 전단응력은 불연속면이 최대주응력방향에 대해 약 30° 이면 가장 작고, 측압이 커지면 비등방 효과는 증가 또는 감소된다. 파괴 시 전단변위는 강성 암석에서 수 mm, 편마암에서 $3 \sim 5\,mm$ 정도이고, 이후 전단응력은 최소치나 거의 영이 된다.

비등방성의 영향에 의해 불연속면의 전단강도정수는 c_l, ϕ_l 로 감소된다.

$$\tau_{fl} = c_l + \sigma \tan \phi_l \tag{1.2.2}$$

파괴기준은 $\theta \neq \phi$ 이면 $\tau_f = c + \sigma_f \tan \phi$ 이고, 층리면 각도가 $\theta = \phi$ 이면 위 식이 된다. 층리면 각도 θ 에 따른 전단강도 $(\sigma_1 - \sigma_3)_f$ 는 그림 1.2.8 과 같다.

4) 비등방성효과의 중첩

변형계수 V 와 압축강도 σ_{DF} 및 전단강도 τ_f 가 최소인 방향은 주응력이나 취약면 (편리, 절리) 방향과 다르다. 최소 전단강도면은 최소 압축강도면과 $45^o - \phi/2$ 각도 이지만 최소 변형계수면에는 수직이다 (그림 1.2.9). 비등방 효과는 서로 중첩시킬 수 없고, 응력이 가장 불리하더라도 모든 암석정수가 가장 불리한 것은 아니다.

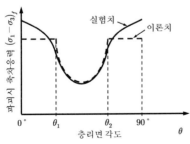

그림 1.2.8 불연속면(층리면)각도에 따른 전단강도

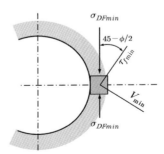

그림 1.2.9 변형계수 V_{min}, 압축강도 σ_{DFmin}, 전단강도 τ_{fmin} 최소방향

2.3.4 지반의 시간의존거동

지반에 작용하는 힘의 작용시간은 발파압력처럼 1/1000 초 단위 (ms) 인 것부터 자중에 의한 토압같이 영구적인 것까지 다양하다. 일축압축시험에서 작은 하중을 긴 시간 재하하면 변형이 거의 증가하지 않지만, 항복하중에 가까운 큰 하중을 긴 시간 재하하면 변형이 시간과 함께 증가한다. 이같이 일정한 크기의 하중을 재하한 상태에서 변형률이 시간에 따라 증가하는 현상을 크리프 (creep) 라 하며, 크리프는 공시체 내부에 미세 균열이 발달하기 시작하는 초기 응력단계에서부터 일어난다. 일정한 변형률에서 응력이 감소하는 현상을 릴렉세이션 (relaxation) 이라고 한다.

지반의 크리프 현상이나 이완현상 (일정한 변형에서 응력이 감소) 은 대표적 시간 의존거동 (시간의 차원을 포함) 이지만 대개 무시한다. 그러나 재하과정이 매우 빠르거나 느린 경우 (흙의 이차압축, 암반의 습곡작용 등) 에는 지반의 시간 의존특성이 중요하다. 시간 의존적 거동은 일반 구성방정식에 적용하기 쉽지 않다.

탄성 물질과 탄소성 물질은 시간에 비의존적으로 거동하므로 크리프나 이완현상이 발생하지 않는다 (그림 1.2.10). 기존 삼축시험에서는 변형이 일정한 비율로 일어난다.

시간 의존적 물질에서는 변형률이 달라지면 응력이 변한다. 즉, 변형률 $\dot{\epsilon}$ 이 $\dot{\epsilon}_a$ 에서 $\dot{\epsilon}_b$ 로 변하면, 응력이 $\log(\dot{\epsilon}_b/\dot{\epsilon}_a)$ 에 비례하여 $\triangle\sigma$ 만큼 변하고,

$$\triangle\sigma \propto \log\left(\frac{\dot{\epsilon}_b}{\dot{\epsilon}_a}\right)$$
(1.2.3)

비례상수를 점도지수 I_v (viscosity index) 로 나타내면 위 식은 다음이 된다.

$$\triangle\sigma = I_v\sigma\triangle(\log\dot{\epsilon})$$
(1.2.4)

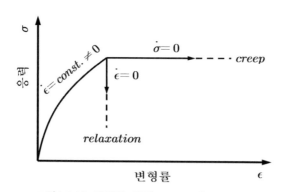

그림1.2.10 이상화 시킨 creep 와 relaxation

암석의 creep 와 이완은 모두 시간 의존거동이고 대개 다음 특성을 갖는다.

- 이완율 $\dot{\sigma}$ 는 시간에 대해 대수적으로 감소한다 ($\dot{\sigma} \propto \log t$).
- 크리프율 $\dot{\epsilon}$ 는 축차응력 σ 에 따라 증가한다 ($\dot{\epsilon} \propto \sigma^n$).
- 크리프율 $\dot{\epsilon}$ 는 온도에 따라 증가한다. 크리프는 열에 의해 활성화되며, 이 과정은 종종 Arrhenius 관계를 따른다. $\dot{\epsilon} \propto e^{-Q/RT}$
  (Q 는 상수, R 은 기체상수로 $R = 8.314472\ J/(mol \cdot K)$, T 는 절대온도)
- 크리프는 **3** 단계로 구분된다. 1 차 크리프 (크리프율 감소), 2 차 크리프 (크리프율 일정), 3 차 크리프 (파괴까지 크리프율 증가)

암반의 크리프는 시간경과에 따라서 축차응력이 감소되거나 물리·화학적 변화 (풍화) 에 의해 암반이 열화 되어 일어난다. 암반의 시간의존거동은 해석하기 어렵고 힘들게 해석하여도 그 결과가 비현실적일 때가 많다. 암반의 크리프거동은 암석의 점탄성문제에 속할 수도 있으나 점탄성식 (그림 1.2.11) 은 암반에서 비현실적인 경우가 많고, 아직 연구가 부족하여 단순모델로 설명할 수밖에 없다.

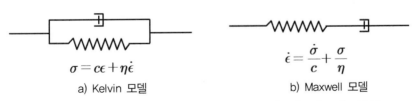

$$\sigma = c\epsilon + \eta\dot{\epsilon}$$

a) Kelvin 모델

$$\dot{\epsilon} = \frac{\dot{\sigma}}{c} + \frac{\sigma}{\eta}$$

b) Maxwell 모델

그림 1.2.11 점탄성 가동 일차원 rheology 모델 (c 와 η 는 재료상수)

Kelvin 모델이나 **Maxwell** 모델 등 일차원 크리프 식 ($\epsilon = \epsilon(t)$) 들이 다수 있으나 아직 실무에 적용하기가 미흡한 상태이고, 텐서로 나타내거나 실험으로 확인하기도 힘들다. 또한, 일차원 크리프 함수 $\epsilon = \epsilon(t)$ 는 시간이 '영' 일 때 ($t = 0$) 의 임의 값에 의존되므로 객관적이지 않다.

지반 크리프는 시간 의존적 크리프와 비율 의존적 크리프로 구분하며, 시간 의존적 크리프는 시간경과에 따른 암반의 물리·화학적 변화 (풍화) 에 기인한다.

압출성 암반의 크리프는 비율 의존적 크리프이지만 이에 대한 연구가 아직 불충분하므로 암반의 압출거동은 단순모델에 기초하여 설명할 수밖에 없다. 암반의 압출거동은 시간경과에 따라 축차응력이 감소하는 현상이라 할 수 있다.

2.3.5 지반의 치수효과

공시체의 치수에 따라 그 물체의 강도와 여러 가지 역학적 성질이 영향을 받는데 이를 치수효과 (scale effect) 또는 크기효과 (size effect) 라고 한다. 치수효과는 응력 기울기 (stress gradient) 와 응력의 불균질 분포가 클수록 뚜렷하고, 측압이 클수록 감소한다.

1) 암반의 치수효과

암석은 내부 구조적 결함 때문에 공시체가 클수록 강도가 작다. Griffith (1921) 와 Weibull (1939) 은 공시체의 치수가 클수록 결함이 있을 확률이 높다는 사실을 이용 하여 암반의 치수효과를 설명하였다. 암반의 내부구조는 자연 또는 인공적 파괴면 의 표면으로부터 추정할 수 있다.

자체유사 (self-similar) 한 불규칙 곡면은 아무리 복잡하더라도 프랙탈 치수 (fractal dimension) 라는 정수로 나타낼 수 있다. 그림 1.2.12 와 같이 임의의 곡선 (곡면) 을 한 변의 길이가 δ 인 정사각형 (정육면체) 로 덮어씌울 수 있는 데, 이때에 정사각형 (정육면체) 의 개수를 N 이라 하고, N 은 δ 의 함수 $N = N(\delta)$ 이어서 δ 가 작을수록 커진다. 프랙탈 치수로 나타낸 임의 곡선을 프랙탈 곡선 또는 프랙탈 면 (farctal curve or surface) 이라 한다.

프랙탈이 아닌 곡선에서 $N \propto 1/\delta$ 이고, 프랙탈이 아닌 면에서는 $N \propto 1/\delta^2$ 이다. 일반적으로 $N \propto 1/\delta^D$ 이며, D (프랙탈 치수) 는 프랙탈의 작은 부분이다. 참고로 영국해안선의 프랙탈 치수는 $D = 1.3$ 이다 (Kolymbas, 2006).

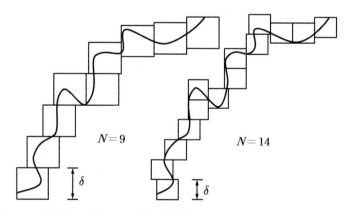

그림 1.2.12 곡선을 포함하는 정사각형 (한변 δ) 의 갯수 N (Kolymbas, 2005)

프랙탈 곡선의 길이 L 은

$$L \approx N\delta = const \cdot \delta^{1-D} \tag{1.2.5}$$

이고, L (또는 N) 과 δ 의 관계를 양 대수 (log-log) 그래프에 나타내면 경사가 프랙탈 치수 D 가 되는 직선이 된다. 암반의 파괴면을 프랙탈 치수로 나타내면 2<D<3 이다.

한 변이 δ 이고 일축압축강도가 σ_{D6} 인 매우 작은 정육면체의 파괴 시 압축력은 $F \propto \sigma_{D6}/\delta^D$ 이다. 단면적이 $A \propto \delta^2$ 이고, 직경 $d \propto \delta$ 인 원주형 암석공시체의 압축강도 σ_{DF} 는 $\sigma_{DF} \propto d^{2-D}$ 이므로 다음 관계가 성립된다.

$$\sigma_{DF} = \frac{F}{A} \propto \delta^{2-D} \tag{1.2.6}$$

여기에서 압축강도의 치수효과 (즉, σ_{DF} 가 직경 d 의 함수) 를 알 수 있다.

프랙탈 치수 D 는 여러 가지 크기의 공시체에 대해 실험하여 구한 파괴면 또는 자연상태에서 발생된 암반 파괴면에 대해 표면 거칠기를 바늘 (pin) 묶음이나 레이저 빔 (laser beam) 을 사용하여 측정할 수 있다.

파괴면의 프랙탈 치수는 암종에 따라 다르며, 대개 대리석에서는 1.11 < D < 1.76 이고, 사암에서는 1.02 < D < 1.41 이다.

2) 흙 지반의 치수효과

흙 지반의 점착력은 공시체 크기에 의존적이기 때문에 공시체의 치수가 작으면 작을수록 큰 점착력이 측정되며, 이는 공시체 단면의 간극을 프랙탈 치수로 표현하여 설명할 수 있다.

런던 점토에 대해 점착력과 공시체 직경 사이 관계를 적용하고, 이로부터 프랙탈 치수를 구하면 $D = 1.64$ 이다.

시편이 파괴 후 N 개 파편으로 분리될 때 파편의 크기 (길이) r 이 작을수록 N 이 커져서 $N \propto r^{-D}$ 이다. D 가 r 에 무관하면 파괴는 크기에 무관하며, 빙퇴석에서는 $D = 2.88$ 이다.

$$N \propto r^{-D} \tag{1.2.7}$$

3. 흙 지반의 역학적 특성

연성지반인 **흙** 지반은 일반적으로 **흙**으로 통용된다. **흙**은 불균질한 비등방성 재료이고, 그 응력-변형거동이 (탄성이 아니고) 시간과 주변 환경에 의하여 영향을 받는 재료이지만, 실무에서는 이를 고려하기가 어렵기 때문에 대개 균질하고 등방성인 탄성체로 가정해서 해석한다.

흙은 암석이 풍화되어 작은 입자로 쪼개져서 형성되고, 현재에도 점점 더 작은 입자로 변하고 있는 중이며, 생성된 위치에 있거나 물, 바람, 빙하 등에 의해 운반·퇴적되어 현재의 지층을 이루고 있다. 따라서 **흙**은 생성과정에 따라 다양한 형상과 물리적 특성 **(3.1 절)** 을 나타낸다.

흙 지반은 (구성광물과 모양 및 크기가 다양한) 흙 입자들이 결합되어 있지 않고 쌓여서 구조골격을 형성하고 간극이 물이나 공기로 채워져 있는 입적체이기 때문에 그 성질은 입자의 크기와 분포, 입자간 결속방법 및 간극수에 의해 결정된다.

흙은 인장에 대해 저항하지 못하고 입자간 접촉점에서 압축과 전단에 대해서만 저항한다. 흙 입자는 지극히 큰 하중이 작용하지 않는 한 압축파괴 되지 않으므로 (외력에 의한 과도한 전단변형에 의해) 흙 입자의 배열 즉, 구조골격이 흐트러지면 **흙**이 파괴되었다고 말한다. 따라서 흙의 강도는 전단강도를 의미한다.

흙의 전단파괴는 등방압 상태에서는 발생하지 않고 축차응력이 한계상태에 도달될 때 일어난다. 흙 지반의 전단강도 **(3.2 절)** 는 Mohr-Coulomb 파괴 포락선의 절편 (점착력) 과 기울기 (내부 마찰각) 즉, 전단강도정수로 나타낸다. 흙의 역학적 특성은 조립토와 세립토일 때 다르며, 혼합토에서는 혼합비에 따라 다르다.

흙 지반의 변형 **(3.3 절)** 은 다양한 원인에 의해 발생되며, 외력 재하 즉시 일어나는 탄성변형과 시간의존적인 압밀변형 및 이차압축변형이 있다. 흙의 부피가 변하면 침하가 발생되거나 압력 (팽창압) 이 추가로 작용하여 구조물의 기능이 저하되거나 미관을 해칠 수 있다. 흙 지반이 교란되면 구조골격이 흐트러져서 강도가 저하되거나 연성거동하며, 세립토는 시간이 지나면 강도가 회복된다. 흙의 전단강도는 원위치에서 측정하거나 비교란 시료로 실내시험을 수행하여 구한다.

3.1 흙 지반의 물리적 성질

흙지반의 물리적 성질은 흙의 구성상태 (흙입자, 물, 공기) 에 따라 다르며, 특히 조립토는 입자크기와 배열 및 입도분포, 세립토는 함수비에 따라 거동이 달라진다.

흙은 암석이 풍화되어 작은 입자로 쪼개져서 형성되고, 현재에도 점점 더 작은 입자로 변하고 있는 중이며, 생성된 위치에 남아 있거나 중력, 물, 바람, 빙하 등에 의해 운반·퇴적되어 현재 지층을 이루고 있다. 흙 지반은 생성과정에 따라 다양한 형상과 구조 (3.1.1 절) 를 나타낸다. 흙을 구성하는 흙 입자와 물 및 공기의 구성상태는 부피 (간극비, 간극률, 포화도) 나 무게 (함수비) 또는 부피와 무게 (밀도, 단위중량, 비중) 를 기준으로 나타내며, 흙의 구성상태 (3.1.2 절) 에 따라 기본성질이 달라진다. 세립토를 많이 포함하는 흙은 함수비에 따라 고체→반고체→소성체→유동체로 그 형상이 변하고 소성특성 (3.1.3 절) 이 달라진다.

3.1.1 흙 지반의 구조와 입도

흙은 흙 입자와 물 및 공기로 구성된 입적체이며, 흙 입자는 모양과 크기는 물론 구성광물이 매우 다양하고 구조골격 (soil skeleton) 을 이루어서 외력에 저항한다.

조립토는 큰 입자들이 서로 접촉되어 구조골격을 이루고 있어서 그 거동특성이 조밀한 정도 (상대밀도) 와 입자의 모양 및 입자간 마찰에 의해서 결정된다. 반면에 세립토는 입자들이 흡착수로 둘러 싸여 있어서 직접 접촉되지 못하고 전기적 힘에 의해 구조골격을 이룬다. 입자간의 전기적 결합력은 입자간의 거리 (함수비) 에 따라 다르고 함수비가 클수록 입자간격이 크므로 세립토의 거동은 함수비에 의존한다.

흙에 외력이 작용하면 흙 입자 자체는 압축되거나 변형되지 않고 배열된 상태만 달라지며, 간극수는 비압축성이지만 유동 (유출) 되고, 간극공기는 압축되거나 유동되거나 물에 용해된다. 따라서 흙 지반의 부피변화는 흙 입자 배열상태 변화에 의한 간극의 변화, 간극수 유출, 또는 간극공기 압축이나 유출 및 용해에 의해 발생되며 이러한 부피변화는 회복될 수 없다.

1) 흙의 구조

흙을 구성하는 흙 입자들은 크기가 다양하고 서로 결합되지 않고 단순히 접촉되어 있는데, 그 모양이 골격과 같다 하여 구조골격 (soil skeleton) 이라 한다. 흙의 구조 골격은 생성과정과 생성 후의 외부환경에 따라 일정한 형상을 나타낸다.

조립토는 입자들이 특정한 골격을 이루지 못하고 서로 접촉만 되어 있는 단립구조를 보이고 (그림 1.3.1a), 세립토는 입자들이 (흡착수로 둘러 싸여 있어서) 서로 직접 접촉되어 있지 않지만 입자간 전기적 힘이 작용하여 특정한 구조골격을 이룬다.

흙 입자보다 큰 간극이 규칙적으로 형성된 벌집구조 (honeycomb structure, 그림 1.3.1b), (입자간 반발력이 인력보다 커서) 개개의 흙 입자가 서로 분리된 형상으로 퇴적된 이산구조 (dispersed structure, 그림 1.3.2a), (이온이 많이 포함된 바닷물에서 퇴적·생성되어) 양전하를 띤 끝부분 (edge) 과 음전하를 띤 면 (face) 이 전기적으로 결합되어 (face-edge) 큰 간극이 불규칙하게 형성된 면모구조 (flocculent structure, 그림 1.3.2b, c) 등이 있다.

혼합토는 조립과 중립 및 세립의 입자의 혼합비에 따라 거동이 다르다. 세립이 우세하여 세립이 조립을 둘러싼 지반은 세립토로 거동하지만, 조립이 우세하여 간극을 세립이 채우고 있는 지반은 조립토 처럼 거동한다 (그림 1.3.3).

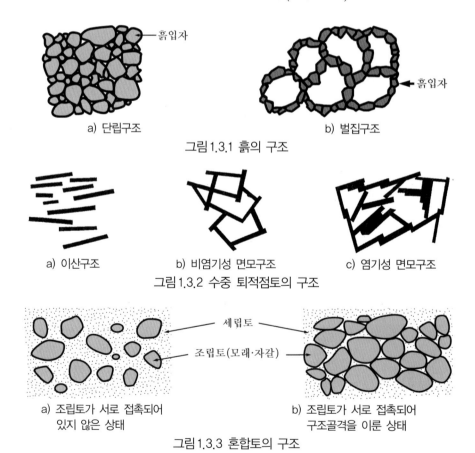

흙입자

a) 단립구조

흙입자

b) 벌집구조

그림 1.3.1 흙의 구조

a) 이산구조

b) 비염기성 면모구조

c) 염기성 면모구조

그림 1.3.2 수중 퇴적점토의 구조

세립토

조립토(모래·자갈)

a) 조립토가 서로 접촉되어 있지 않은 상태

b) 조립토가 서로 접촉되어 구조골격을 이룬 상태

그림 1.3.3 혼합토의 구조

2) 입도분포

흙은 그 입도분포에 따라 공학적 성질이 다르다. 조립토는 체분석하고 세립토는 비중계분석하여 입자를 분류하며, 가로축에 입자 크기를 대수로 표시하고 세로축에 누적 통과량을 백분율로 표시한 입경가적곡선 (grain size accumulation curve) 을 그려서 흙의 입도분포특성을 파악한다.

보통 입경가적곡선을 입도분포곡선이라고 하며, 60 % 통과입경 D_{60} 과 10 % 통과입경 D_{10} 및 30 % 통과입경 D_{30} 으로부터 균등계수 C_u 와 곡률계수 C_c 를 구하여 흙지반의 입도분포특성을 판단할 수 있다 (그림 1.3.4).

$$C_u = D_{60} / D_{10}$$

$$C_c = \frac{D_{30}^2}{D_{10} \times D_{60}} \tag{1.3.1}$$

균등계수가 일정 값 (모래 $C_u > 6$, 자갈 $C_u > 4$) 보다 크고 곡률계수가 일정범위 $(1 < C_c < 3)$ 이면 공학적으로 유리하여 입도가 양호 (well graded) 하다고 말한다.

세립토를 약간 함유하는 사질토는 높은 토피압을 받아서 암석화 (속성작용) 과정에 있으면 (고결도가 낮은) 젊은 쇄설퇴적암처럼 매우 조밀하여 일축압축강도가 크고 균등계수가 크다 ($C_u > 20$). 이런 지반은 일축압축강도 뿐만 아니라 입도분포에 따라 거동이 달라진다. 세립토는 터널굴착 등으로 인해 외부에서 물이 공급되면 팽창되며 구조골격이 흐트러져서 강도가 급감하여 매우 불안정해질 수 있다.

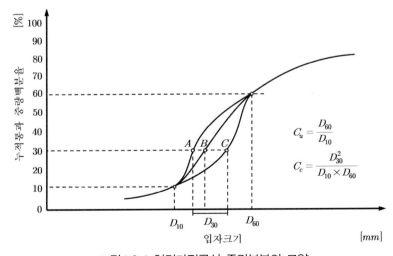

그림 1.3.4 입경가적곡선 중간부분의 모양

3.1.2 흙 지반의 구성상태와 기본 성질

흙은 서로 다른 물질 (흙 입자와 물 및 공기) 로 이루어진 재료이고, 고체 상태인 흙 입자는 비압축성이고 입자간 결속력이 없으며, 액체인 물은 비압축성인 대신에 유동성이고, 기체인 공기는 압축성이면서 유동성이 있고 수용성이다. 흙 입자와 물 및 공기의 구성 상태는 흙의 성질을 판단하는데 중요한 기준이 된다. 완전히 포화된 흙은 흙 입자와 물, 그리고 완전히 건조된 흙은 흙 입자와 공기로 구성된 상태이다.

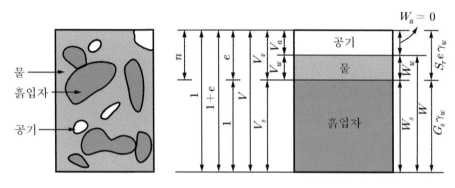

그림 1.3.5 흙의 구성상태

흙을 이루고 있는 흙 입자와 물 및 공기의 구성 상태 (그림 1.3.5) 는 각각의 부피와 무게를 기준으로 나타내고,
- 부피기준 : 간극비, 간극률, 포화도
- 무게기준 : 함수비
- 무게와 부피 기준 : 밀도, 단위중량, 비중

이를 이용하여 지반의 성질과 상대밀도를 나타낼 수 있다.

1) 부피기준 기본성질

흙 입자 사이 공간을 간극 (void) 이라고 하며, 흙 입자의 배열이나 구조골격상태를 간접적으로 판단할 수 있는 근거가 된다. 간극의 부피 V_v 는 흙 입자의 부피 V_s 나 (간극비 e) 흙의 전체부피 V 를 기준으로 하여 (간극률 n) 나타낼 수 있다.

흙의 부피 V 는 시료를 액체에 담그고 무게를 측정해서 부력을 계산하여 부피로 환산하거나, 시료를 수은에 담그고 대체부피를 측정하여 간접적으로 구할 수 있다. 간극의 부피 V_v 는 흙의 전체부피 V 에서 흙 입자의 부피 V_s 를 뺀 $V_v = V - V_s$ 이다.

(1) 간극비 e (void ratio)

간극비 e 는 간극부피 V_v 의 흙입자 부피 V_s 에 대한 비로 정의한다.

$$e = V_v / V_s \tag{1.3.2}$$

(2) 간극률 n (porosity)

간극률 n 은 흙의 전체 부피 V 에서 간극의 부피 V_v 가 차지하는 비율을 말한다.

$$n = V_v / V \tag{1.3.3}$$

(3) 간극비와 간극률 관계

간극비 e 와 간극률 n 은 각각의 정의로부터 그 상호관계를 구할 수 있다.

$$e = \frac{V_v}{V_s} = \frac{V_v}{V - V_v} = \frac{V_v / V}{1 - V_v / V} = \frac{n}{1 - n} \tag{1.3.4 a}$$

$$n = \frac{V_v}{V} = \frac{V_v}{V_s + V_v} = \frac{V_v / V_s}{1 + V_v / V_s} = \frac{e}{1 + e} \tag{1.3.4 b}$$

(4) 포화도 S_r (degree of saturation)

간극이 물로 완전히 가득 차 있으면 **포화** (saturated) 상태라고 하고, 일부만 물로 채워져 있으면 **불포화** (unsaturated) 상태라고 한다. 간극이 완전히 건조되어 물이 없으면 건조 (dried) 상태라고 한다.

흙의 **포화도 S_r** 는 간극의 전체부피 V_v 중에서 물이 차지하는 부피 V_w 를 백분율로 나타내며, 포화상태에서는 $S_r = 100\,\%$ 이고 건조 상태에서는 $S_r = 0\,\%$ 이다.

$$S_r = \frac{V_w}{V_v} \times 100 = \frac{V_w}{n\,V} \times 100 \ \ [\%] \tag{1.3.5}$$

2) 무게 기준 기본성질

흙을 구성하는 흙 입자와 물 및 공기중에서 공기는 무게가 없는 것으로 간주한다.

(1) 함수비 w (water content)

함수비 w 는 물의 무게 W_w 와 흙 입자의 무게 W_s 의 비를 백분율로 나타낸 값이다.

$$w = \frac{W_w}{W_s} \times 100 \ \ [\%] \tag{1.3.6}$$

함수비는 보통 흙을 $105 \pm 5^o C$ 인 건조로에서 24시간 노건조하여 측정하고, 고온에서 결정수를 잃거나 (석회를 함유한) 산화되는 (유기질을 함유한) 흙은 저온 $(80^o C)$ 에서 장시간 건조시켜서 함수비를 측정한다. 그밖에도 신속한 함수량 시험법으로 건조로를 사용하지 않고 현장에서 신속하게 함수비를 구할 수 있으나 세립토 성분이 많은 흙일수록 흡착수 때문에 노건조 시험에 의한 결과와 다를 수 있다.

함수비는 대개 세립토 함량에 의존하며 표 1.3.1 의 값을 갖고 유기질 흙이나 피트 (peat) 에서는 함수비가 100 % 이상인 경우도 있다.

표1.3.1 흙의 종류에 따른 함수비

흙의 종류	함수비 [%]	흙의 종류	함수비 [%]
깨끗한 자갈 깨끗한 모래 점토질 실트 (중간이하 소성) 점토 (높은 소성)	3~8 5~20 15~35 20~70	실트 유기질 실트 · 점토 피트	15~40 20~150 30~1000

(2) 함수비-포화도-간극비 관계

흙의 비중 G_s 를 알면 함수비 w 와 포화도 S_r 및 간극비 e 의 관계를 구할 수 있다.

$$w = \frac{W_w}{W_s} = \frac{\gamma_w S_r V_v}{\gamma_w V_s G_s} = \frac{S_r V_v / V_s}{G_s} = \frac{e S_r}{G_s}$$

$$\therefore w G_s = e S_r \tag{1.3.7}$$

3) 무게와 부피 기준 기본성질

(1) 비중 G_s (specific gravity)

흙 입자의 비중 G_s 는 흙을 포화시켜서 측정하며, 대체로 $G_s = 2.6 \sim 2.7$ 의 값을 가진다. 흙의 비중은 부피를 알고 있는 용기 (피크노미터)로 흙 입자의 부피 V_s 를 측정하여 구한다. 즉, 무게 W_s 의 노건조 시료를 피크노미터에 넣고 포화시킨 후에 물을 추가하여 가득 채운 무게 W_{pws} (시료 + 물 + 피크노미터) 를 측정하고 동일한 피크노미터를 물로 채워 무게 W_{pw} (물+피크노미터) 를 측정하면 흙 입자가 대체하는 물의 무게 W_w 를 알 수 있다. 흙 입자기 대체하는 물의 부피 즉, 흙 입자의 부피 V_s 는 $W_w = \gamma_w V_s$ 관계로부터 구할 수 있다 (그림 1.3.6).

보통 물체의 비중은 온도 $4^o\,C$ 에 대한 같은 부피 물의 무게를 말하지만 흙에서는 $15^o\,C$ 를 기준으로 한다. 온도 $T^o\,C$에서 흙 입자의 비중 G_{s_T} 은 다음과 같고,

$$G_{s_T} = \frac{\gamma_s}{\gamma_w} = \frac{W_s}{W_w} = \frac{\gamma_s\,V_s}{\gamma_w\,V_w} = \frac{W_s}{W_s + W_{pw} - W_{pws}} \tag{1.3.8}$$

이렇게 측정한 비중 G_{s_T} 는 온도 $15\degree C$ 에 대한 비중으로 환산한다.

$$G_s = \text{보정계수} \times G_{s_T} \tag{1.3.9}$$

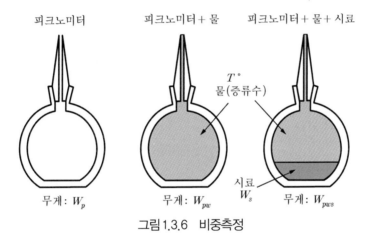

그림1.3.6 비중측정

표1.3.2 광물과 흙의 밀도

광　물	밀　도 $[\text{g}/\text{cm}^3]$	흙	밀　도 $[\text{g}/\text{cm}^3]$
석영(quartz)	2.65		
방해석(calcite)	2.72	사질토	2.58~2.72
백운석(dolomite)	2.85		
칼리장석	2.54~2.57	약 점성토	2.60~2.74
바이오타이트	2.80~3.20		
일라이트	2.60~2.86	강 점성토	2.66~2.82
몬트모릴로나이트	2.75~2.80		

(2) 흙의 밀도 ρ 와 단위중량 γ

물체의 밀도 ρ (density) 는 단위부피당 질량 m 이며, 단위중량 γ (unit weight) 는 단위부피당 무게이다. 흙 입자의 밀도 ρ 는 흙 입자의 비중 G_s 로부터 계산할 수 있다. 흙 지반의 단위중량 γ 를 구하기 위해서는 이처럼 흙 입자와 간극수 및 간극공기의 부피를 알아야 한다.

흙 시료 부피 V 는 공시체의 치수를 측정하거나 부피를 알고 있는 용기를 지반에 삽입하여 시료를 채취해서 구한다.

$$\rho = m/V \, [\text{g/cm}^3] \tag{1.3.10a}$$

$$\gamma = W/V \, [\text{gf/cm}^3] \tag{1.3.10b}$$

여기에서 m 은 흙의 질량 $[\text{g}]$, W 는 흙의 무게 $[\text{gf}]$ 이다. 그러나 실무에서는 밀도와 단위중량이 같은 의미로 쓰이기도 한다.

흙의 단위중량 γ 는 습윤 · 건조 · 포화 · 수중단위중량으로 구분한다.

① 습윤 단위중량 γ_t (total wet unit weight)

흙 입자와 물 및 공기가 모두 포함된 단위부피당 무게를 습윤 단위중량 γ_t 라 한다.

$$\gamma_t = \frac{W_t}{V} = \frac{W_w + W_s}{V} = \frac{V_v S_r \gamma_w + V_s \gamma_w G_s}{V_s + V_v} \tag{1.3.11}$$
$$= \frac{S_r V_v/V_s + G_s}{1 + V_v/V_s}\gamma_w = \frac{S_r e + G_s}{1+e}\gamma_w = \frac{1+w}{1+e}G\gamma_w \, [\text{kN/m}^3]$$

② 건조 단위중량 γ_d (dry unit weight)

흙이 완전히 건조되어 흙 입자와 공기로만 구성된 상태에서 단위 부피당 무게를 건조 단위중량 γ_d 라 하며, 이는 포화도 $S_r = 0$ 인 상태의 습윤 단위중량과 같다.

$$\gamma_d = \frac{W_s}{V} = \frac{G_s}{1+e}\gamma_w = \frac{\gamma_s}{1+e} = (1-n)\gamma_s = \frac{\gamma_t}{1+w} \quad [\text{kN/m}^3] \tag{1.3.12}$$

습윤 단위중량 γ_t 와 건조 단위중량 γ_d 는 다음 관계를 갖는다.

$$\gamma_t = \gamma_d + S_r n \gamma_w \tag{1.3.13}$$

③ 포화 단위중량 γ_{sat} (saturated unit weight)

흙이 완전히 포화되어 간극이 전부 물로 채워진 상태에서 단위부피당 무게를 포화 단위중량 γ_{sat} 이라 하며, 포화도 $S_r = 100\,\%$ 일 때 습윤 단위중량과 같다.

$$\gamma_{sat} = \frac{G_s + e}{1+e}\gamma_w [\text{kN/m}^3] \tag{1.3.14}$$

④ 수중 단위중량 γ_{sub} (submerged unit weight)

지하수위 하부에 있는 흙이 완전히 포화상태일 때에는 간극이 전부 물로 채워져 있어서 흙 입자가 부력을 받는다.

부력을 고려한 단위부피당 흙의 (유효) 무게를 수중단위중량 $\gamma' = \gamma_{sub}$ 이라 한다.

$$\gamma' = \gamma_{sub} = \gamma_{sat} - \gamma_w = \frac{G_s + e}{1+e}\gamma_w - \gamma_w = \frac{G_s - 1}{1+e}\gamma_w \,[\text{kN/m}^3] \qquad (1.3.15)$$

흙의 기본성질인 함수비 w, 간극률 n, 간극비 e, 포화단위중량 γ_{sat}, 습윤 단위중량 γ_t, 건조단위중량 γ_d, 비중 G_s, 포화도 S_r 들은 각각의 정의에 의거하여 표 1.3.3 과 같이 서로 환산된다. 여기에서 γ_w 는 물의 단위중량을 나타낸다.

표 1.3.3 흙의 기본물성 환산표

기본 물성	단위중량 γ_s	습윤 단위중량 γ_t	건조 단위중량 γ_d	간극률 n	간극비 e	함수비 w
단위 중량 γ_s	γ_s	$\dfrac{\gamma_t}{(1+w)(1-n)}$	$\dfrac{\gamma_d}{1-n}$	$\dfrac{\gamma_d}{1-n}$	$\gamma_d(1+e)$	
습윤 단위 중량 γ_t	$\gamma_s(1-n)(1+w)$	γ_t	$\gamma_d(1+w)$	$\gamma_s(1-n)(1+w)$	$\dfrac{\gamma_s(1+w)}{1+e}$	
건조 단위 중량 γ_d	$\gamma_s(1-n)$	$\dfrac{\gamma_t}{1+w}$	γ_d	$\gamma_s(1-n)$	$\dfrac{\gamma_s}{1+e}$	$\dfrac{\gamma_t}{1+w}$
간극률 n	$\dfrac{\gamma_s - \gamma_d}{\gamma_s}$	$1 - \dfrac{\gamma_t}{\gamma_s(1+w)}$	$\dfrac{\gamma_s - \gamma_d}{\gamma_s}$	n	$\dfrac{e}{1+e}$	$1 - \dfrac{\gamma_t}{\gamma_s(1+w)}$
간극비 e	$\dfrac{\gamma_s - \gamma_d}{\gamma_d}$	$\dfrac{\gamma_s(1+w)}{\gamma_t} - 1$	$\dfrac{\gamma_s - \gamma_d}{\gamma_d}$	$\dfrac{n}{1-n}$	e	$\dfrac{\gamma_s(1+w)}{\gamma_t} - 1$
함수비 w	$\dfrac{\gamma_t}{\gamma_s(1-n)} - 1$	$\dfrac{\gamma_t - \gamma_d}{\gamma_d}$	$\dfrac{\gamma_t - \gamma_d}{\gamma_d}$	$\dfrac{\gamma_t}{\gamma_s(1-n)} - 1$	$\dfrac{\gamma_t(1+c)}{\gamma_s} - 1$	w
포화도 S_r	$\dfrac{w\gamma_s(1-n)}{n\gamma_w}$	$\dfrac{w\gamma_t}{n(1+w)\gamma_w}$	$\dfrac{w\gamma_d}{n\gamma_w}$	$\dfrac{w\gamma_d}{n\gamma_w}$	$\dfrac{w\gamma_s}{e\gamma_w}$	$\dfrac{w\gamma_s}{e\gamma_w}$

4) 현장상태를 나타내는 기본성질

흙 지반의 상태는 함수비 w 와 비중 G_s 및 단위중량 γ_t 로 나타낼 수 있다.

(1) 함수비 w (water content)

함수비는 현장지반의 상태를 알 수 있는 중요한 기준이며 세립토의 함량에 의존하는 것으로 알려져 있고 지반에 따라 대체로 다음 표 1.3.4 의 값을 갖는다.

표 1.3.4 현장지반의 함수비

흙 의 종 류	함 수 비 [%]
깨끗한 자갈	3 ~ 8
깨끗한 모래	5 ~ 20
점토질 실트 (중간이하 소성)	15 ~ 35
점토 (높은 소성)	20 ~ 70
유기질 흙	다양함 (100 % 이상도 있음, 표 1.3.1)

(2) 단위중량 γ (unit weight)

완전히 건조되거나 포화되지 않은 상태에서 흙의 단위중량은 습윤 단위중량이며 일정한 범위 이내에서 변하고 대체로 $19 \sim 22 \, kN/m^3$ 정도가 된다.

(3) 비중 G_s (specific gravity)

흙 입자 비중은 2.6~2.7 정도이나 입자가 클수록 작고, 구성광물에 따라 다르다.

5) 상대밀도

흙은 간극이 없는 상태로는 존재할 수 없고, 흙 입자가 서로 접촉되어 있는 조건에서는 더 이상 작거나 (가장 조밀, e_{min} 나 n_{min}) 크게 (가장 느슨, e_{max} 나 n_{max}) 할 수 없는 간극의 한계치가 있다.

흙 입자는 크기가 같은 완전한 구 (반경 R) 라고 가정하면, 1 개의 구는 6 개 구와 접하여 구체를 이룬다고 가정한다.

가장 느슨한 상태로 존재할 수 있는 구체의 배열은 그림 1.3.7a 와 같다. 이상태의 단위 입방체 요소 (그림 1.3.7b, 측면길이 $2R$, 부피 $8R^3$) 는 구 (부피 $\frac{4}{3}\pi R^3$) 한 개를 포함하므로 간극비는 다음이 되고, 이는 구체의 **최대** 간극비 e_{max} 이다.

$$e_{max} = \frac{V_v}{V_s} = \frac{V - V_s}{V_s} = \frac{8R^3 - (4/3)\pi R^3}{(4/3)\pi R^3} = 0.91 \tag{1.3.16}$$

그러나 4 개 구 사이에 상층의 구가 오도록 정렬하여 누적하면 그림 1.3.7c 와 같이 피라미드형으로 가장 조밀한 배열이 된다. 이때 단위 입방체 요소 (그림 1.3.7d, 측면 길이 $2\sqrt{2}\,R$) 는 6 개 반구와 8 개 팔분구 즉, 총 4 개의 구로 이루어져서, 부피가 $16\sqrt{2}\,R^3$ 이므로 간극비는 다음이 되고, 이는 구체의 최소 간극비 $e_{\min}$ 이다.

$$e_{\min} = \frac{V_v}{V_s} = \frac{V - V_s}{V_s} = \frac{16\sqrt{2}\,R^3 - 4\left(\frac{4}{3}\pi R^3\right)}{4\left(\frac{4}{3}\pi R^3\right)} = 0.35 \qquad \textbf{(1.3.17)}$$

따라서 구체의 간극비는 가장 느슨한 상태에서 최대 $e_{\max} = 0.91$ 이고, 가장 조밀한 상태에서 최소 $e_{\min} = 0.35$ 이다. 입도가 균등 (poor graded) 한 흙의 최대 및 최소 간극비는 불균등한 흙의 값보다 작다. 입도분포가 양호 (well graded) 한 흙은 최대 간극비 $e_{\max}$ 와 최소 간극비 $e_{\min}$ 의 차이가 크다.

상대밀도 D_r 는 현재 지반상태가 어느 정도 조밀한가를 나타내는 척도이며, 공동이 없고 입자들이 서로 접촉된 상태에서 가장 촘촘한 상태를 100, 가장 느슨한 상태를 0 으로 나타낸다. 비점성토인 사질토의 역학적 특성은 입자의 촘촘한 정도에 따라 결정된다. 이러한 촘촘한 정도는 간극비 e (또는 간극율 n) 로 판정한다.

a) 가장 느슨한 구체배열

b) 가장 느슨한 배열
단위 입방체 요소

c) 가장 조밀한 구체배열

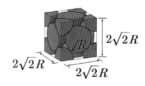

d) 가장 조밀한 배열
단위 입방체 요소

그림 1.3.7 가장 느슨한 상태와 가장 조밀한 상태 (균등한 흙)

상대밀도 D_r 은 간극률 $n\,(D_{rn})$ 과 간극비 $e\,(D_{re})$ 로부터 정의하며, 대개 간극비로 정의한 상대밀도 D_{re} 를 사용하고, 건조단위중량 γ_d 로 나타내면 다음과 같다.

$$D_{re} = \frac{e_{\max} - e}{e_{\max} - e_{\min}} \times 100 = \frac{\gamma_{d\max}}{\gamma_d} \frac{\gamma_d - \gamma_{d\min}}{\gamma_{d\max} - \gamma_{d\min}} \times 100\,[\%] \tag{1.3.18}$$

$$(0 \leq D_{re} \leq 100)$$

같은 상태 흙에서 간극률로 구한 상대밀도 D_{rn} 과 간극비로부터 구한 상대밀도 D_{re} 는 다음과 같이 환산할 수 있다.

$$D_{rn} = \frac{1 + e_{\min}}{1 + e} D_{re} \tag{1.3.19}$$

흙 지반은 상대밀도에 따라 다음의 표 1.3.5 와 같이 구분한다.

표 1.3.5 상대밀도에 따른 지반상태

상대밀도 [%]	0	33	67	100
지 반 상 태	느 슨	보 통	조 밀	

3.1.3 흙 지반의 소성특성

세립토를 많이 포함하는 흙은 함수비에 따라 고체→반고체→소성체→유동체로 그 형상이 변하는데 그 경계 함수비를 아터버그 한계 (Atterburg limit) 라고 한다.

세립토의 형상은 다음과 같이 정의한다.
- 고체 : 함수비가 변해도 부피가 (변하지 않고) 일정하며 외력에 의하지 않고는 변형되지 않고 취성파괴 된다.
- 반고체 : 함수비에 따라 부피는 약간 변하지만 소성성이 없고, 취성파괴 되고, 전단력이 작용하면 변형되지 않고 부스러진다.
- 소성체 : 함수비에 따라 부피가 변하고 외력에 의해 소성변형 된다.
- 유동체 : 외력이 작용하지 않아도 자중에 의해 스스로 변형되는 액체상태이다.

점성토에서는 액성한계 w_L 과 소성한계 w_P 로부터 소성지수 I_p 와 컨시스턴시 지수 I_c 를 구해서 지반상태 (표 1.3.6) 와 컨시스턴시 (그림 1.3.8) 를 판정한다.

$$I_P = w_L - w_p$$
$$I_c = (w_L - w)/I_P \tag{1.3.20}$$

점성토는 응력수준에 따라 유동하는 컨시스턴시가 다르다. 따라서 터널굴착 전에 응력수준과 유동성의 관계를 확인해야 하고, 국부적 응력집중에 의한 지반유동이 발생되지 않도록 단면을 원형으로 굴착하며, 굴착 후 즉시 폐합하고, 휨성이 양호한 지보공을 설치하는 것이 유리하다.

함수비가 액성한계보다 약간 작은 경우에는, 지반이 자중에 의해서는 변형되지 않으나 외력에 의해서 쉽게 변형되는 죽 상태이므로 터널을 굴착하기가 어렵다.

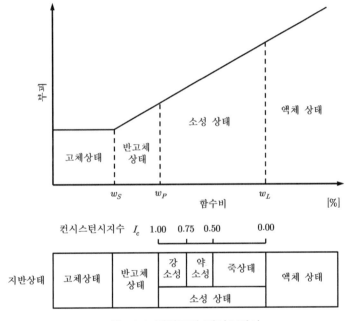

그림 1.3.8 점성토의 컨시스턴시

점성토의 거동은 대체로 시간 의존적이므로 굴착공정을 일정하게 유지하는 것이 중요하다. 컨시스턴시 지수가 $I_c > 1.0$ 이거나 비소성성 (Non Plastic) 인 지반에서는 미소한 변형에도 균열이 생기고 부스러져서 터널의 붕괴로 이어질 수 있다.

표1.3.6 점성토의 소성지수와 지반상태

소성지수 I_P	2	10	20	30
지반상태		약점성	중간점성	강점성	고점성

3.2 흙 지반의 전단강도

흙 지반은 서로 결합되지 않은 흙 입자가 단순하게 쌓여 있는 상태이므로 인장력에는 저항하지 못한다. 그리고 흙 입자는 암석이 풍화되어 생성된 광물입자이므로 압축강도가 매우 크다. 따라서 흙 입자는 외력에 의해 압축파괴 되는 경우가 거의 없고, 외력이 작용하면 흙 입자는 파괴되지 않은 채로 단순히 배열만 흐트러진다. 흙에서는 인장강도나 압축강도는 무의미하고 오직 전단강도만 의미가 있으므로 흙 지반의 강도는 전단강도를 의미한다.

외력에 의한 흙 지반의 전단응력이 최대 전단저항응력 즉, 전단강도 보다 커져서 전단변형이 과도하게 발생되어 흙 입자 배열이 흐트러지면 전단파괴 되었다고 한다. 흙의 전단파괴는 등방압 상태에서는 일어나지 않고 축차응력이 한계상태에 도달될 때에만 일어난다.

전단변형이 얇은 평면에 집중되어 흙 지반이 전단파괴 되는 경우를 선형파괴라 하고, 넓은 영역에서 연속해서 흙 지반이 전단파괴 되는 경우를 영역파괴라 한다.

흙 지반의 전단강도는 전단강도정수 (3.2.1 절) 즉, 전단파괴면의 수직응력 σ 와 전단응력 τ 의 관계를 나타내는 **Mohr-Coulomb** 파괴포락선의 절편 (점착력 c) 과 기울기 (내부 마찰각 ϕ) 로 나타낸다. 흙 지반의 강도정수는 흙 지반의 고유한 값이고 응력 수준이나 지하수에 무관하다.

흙 지반의 전단거동 (3.2.2 절) 은 사질토와 세립토 및 교란된 흙에서 다르다. 즉, 조립토의 전단거동은 상대밀도에 따라 다르고 세립토의 전단거동은 응력이력, 배수조건, 과압밀 상태, 포화도 등에 따라 다르다.

흙의 전단강도는 지반의 구조골격에 의해서 큰 영향을 받으므로, 흙 지반의 전단강도 측정 (3.2.3 절) 은 교란되지 않은 원위치 지반에서 수행하거나, 현장을 대표할 수 있는 시료에 대해 현장의 응력이력과 구조물 건설공정에 따른 응력변화를 포함하여 시험한다.

흙 지반의 전단강도를 구하는 실내 및 현장 시험방법들은 각각 시험조건과 적용성이 다르기 때문에 공사의 중요도와 조건을 정확히 반영하여 시험한다.

3.2.1 흙 지반의 전단강도정수

1) 흙 지반의 강도정수

전단파괴면에서 수직응력 σ 와 전단응력 τ 의 관계를 나타내는 **Mohr-Coulomb** 파괴 포락선 (그림 1.3.9) 에서 절편을 점착력 c, 기울기를 내부마찰각 ϕ 라 하며, 응력수준 이나 지하수에 무관하다.

점착력과 내부마찰각은 흙의 고유한 값이고 강도정수 (shear strength parameter) 라 하며, 단위중량 γ 와 강도정수 c, ϕ 를 토질정수 (soil parameter) 라고 한다. 흙의 전단강도는 전단강도정수로 표시한다.

$$\tau = c + \sigma \tan\phi \tag{1.3.21}$$

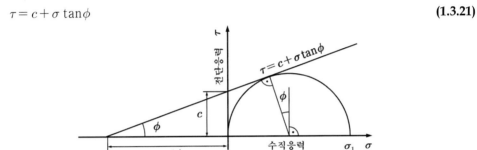

그림 1.3.9 흙의 강도정수

강도정수는 유효응력상태에서 구한 유효 전단강도정수 (effective shear strength parameter) c', ϕ' 와 비배수 상태에서 구한 비배수 전단강도정수 (undrained shear strength parameter) c_u 와, ϕ_u 로 구분하여 구조물 상태에 따라 적용한다. 즉, 압밀 완료 후의 장기안정문제에는 유효전단강도정수 c' 와 ϕ' 를 적용하고, 재하도중 안정 문제와 제방이나 구조물 건설 직후의 초기안정계산에는 비배수전단강도정수 c_u 와 ϕ_u 를 적용한다. 흙 지반의 대표적인 토질정수는 표 1.3.7 과 같다.

2) 흙 지반의 전단거동

흙의 전단강도 τ_f 는 수직응력 σ 에 무관한 부분 (점착력) 과 비례하는 부분 (마찰력) 으로 구분된다.

$$\tau_f = \sigma \tan\phi + c \tag{1.3.22}$$

흙에 작용하던 하중의 일부 (또는 전체) 가 제하되어 현재 응력 σ 가 선행하중 σ_{pv} 보다 작으면 ($\sigma < \sigma_{pv}$) 과압밀 흙이라 하며, 점착력이 선행하중에 비례 (비례상수 $\tan\phi_c$) 하는 크기로 작용한다.

$$c = \sigma_{pv} \tan\phi_c \tag{1.3.23}$$

표 1.3.7 흙 지반의 토질정수 [Lackner, 1975]

지 반 상 태				단위중량		궁극강도		초기강도	압밀변형계수
				γ $[kN/m^3]$	γ' $[kN/m^3]$	ϕ_c' $[°]$	c_c' $[kPa]$	c_{uc} $[kPa]$	E_s $[MPa]$
조립토	모래	느슨	둥근 입자	18	10	30	—	—	20~50
			중간 조밀	18	10	32.5	—	—	40~80
		중간 조밀	둥근 입자	19	11	32.5	—	—	50~100
			모난 입자	19	11	35	—	—	80~150
		조밀	모난 입자	19	11	37.5	—	—	150~250
	자갈	모래 없음		16	10	37.5	—	—	100~200
		자연상태, 모난입자		18	11	40	—	—	150~300
세립토	점토	반고체		19	9	25	25	50~100	5~10
		강성, 반죽어려움		18	8	20	20	25~50	2~5
		연성, 반죽 쉬움		17	7	17.5	10	10~25	1~2.5
		이회토		22	12	30	25	200~700	30~100
	롬	반고체		21	11	27.5	10	50~100	5~20
		연 성		19	9	27.5	—	10~25	4~8
	실 트			18	8	27.5	—	10~50	3~10

* 강도정수 ϕ_c', c_c', c_{uc} 는 실내시험 결과를 보정한 값이다 (DIN 1055).
$c_c' = c'/1.3$, $c_{uc} = c_u/1.3$, $\phi_c' = \arctan(\tan\phi'/1.1)$

* 세립토에 대한 수치는 비교란 시료에 대한 경험치이다.

정규압밀 흙 $(\sigma_{pv} = \sigma)$ 에서는 전체 전단강도각 ϕ_t 를 적용한다 (그림 1.3.10).

$$\tau_f = \sigma(\tan\phi + \tan\phi_c) = \sigma\tan\phi_t \qquad (\text{단}, \ \tan\phi_t = \tan\phi + \tan\phi_c) \tag{1.3.24}$$

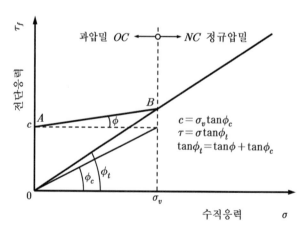

그림 1.3.10 과압밀/정규압밀 점성토 파괴포락선

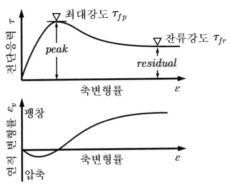

그림 1.3.11 과압밀 흙의 전단거동

과압밀 흙에서는 선행압축에 의해 점착력이 발생되어 전단강도가 증가되어 전단강도 τ_f 는 직선 AB 가 된다. 그러나 하중이 선행하중을 초과하여 정규압밀상태가 되면 점착력이 손실되고 이에 따라 전단강도가 감소되어 전단강도 τ_f 는 직선 OB 가 된다 (그림 1.3.10). 점착력의 손실에 따른 전단강도의 감소는 응력-변형률 곡선에서 확인할 수 있다.

최대강도 τ_{fp} 는 작은 변형에서 도달되고, 변형이 계속되면 잔류강도 τ_{fr} 에 접근한다 (그림 1.3.11). 큰 변형에 대한 전단강도는 식 (1.3.24) 으로 나타낸다. 조밀한 흙은 전단 시에 부피가 증가하여 이완되는데 이를 **다일러턴시 (dilatancy)** 라 한다.

지반의 변형과 강도는 **유효응력** σ' 에 의해서 발생되며, 식 (1.3.22) 와 (1.3.24) 를 유효응력으로 나타내면 아래 식이 된다.

$$\tau_f = \sigma'\tan\phi + c \qquad \tau_f = \sigma'\tan\phi \tag{1.3.25}$$

수직응력이 일정한 상태에서 전단변형이 일어나면 조밀한 흙은 팽창 (부피증가) 되지만 느슨한 흙은 압축 (부피감소) 된다. 포화 흙은 부피가 변하지 않으므로 배수가 지연되면 압축상태에서는 간극수압이 증가하고, 다일러턴시를 막으면 간극수압이 감소한다. 이때에 흙이 파괴될 정도로 큰 유효응력이 발생할 수 있다.

과잉간극수압의 소산속도는 투수계수와 관련된다. 하중재하속도가 과잉간극수압의 소산속도보다 빠르면 비배수조건이며, 이때 비배수 상태 강도 τ_{fu} 는 다음과 같다.

$$\tau_{fu} = c_u \tag{1.3.26}$$

단기안정은 위 식 (1.3.26) 으로 검토하고, 장기안정은 식 (1.3.25) 로 검토한다.

3.2.2 흙지반의 전단거동

조립토의 전단거동은 상대밀도에 따라서 다르고, 세립토의 전단거동은 응력이력, 배수조건, 과압밀 상태, 포화도 등에 따라 달라진다.

1) 조립토의 전단거동

외력에 대한 조립토의 전단저항력은 입자간 마찰에 의해 발생되고, 입자간 마찰은 접촉점에 수직압축응력이 작용해야 작용하므로 조립토는 수직압축응력이 작용해야 외력에 저항할 수 있다. 느슨한 상태에서는 평면파괴가 일어나지만, 조밀한 상태에서는 입자가 파손되거나 다일러턴시에 의해 느슨해져야 전단파괴가 일어날 수 있기 때문에 띠 모양의 영역에서 파괴가 일어난다.

조립토의 전단거동은 입자의 모양과 입도분포 및 상대밀도에 의해 영향을 받는다 (그림 1.3.12). 불포화상태에서는 간극수의 표면장력에 의해 약간의 겉보기 점착력을 보인다. 그러나 겉보기 점착력은 완전히 포화되거나 건조되면 없어지므로 보통 고려하지 않는다. 느슨한 조립토에서 전단변형이 일어나면 초기에는 입자가 미끄러지고 재배열되어 간극이 줄고 압축되어 전체 부피가 감소하고 전단저항이 커진다.

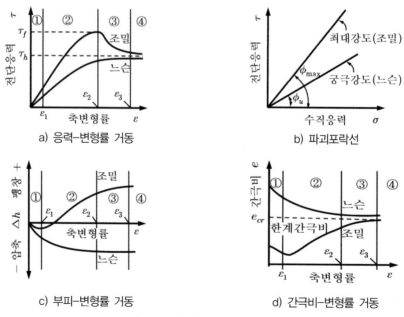

a) 응력-변형률 거동

b) 파괴포락선

c) 부피-변형률 거동

d) 간극비-변형률 거동

그림 1.3.12 사질토의 전단거동 특성

전단변형이 계속되어 일정한 값보다 커진 뒤에는 간극은 더 이상 줄어들지 않고 입자들이 회전하거나 접촉점에서 미끄러져서 마찰저항이 발생되므로 전단저항력이 일정한 크기 즉, 궁극 전단강도 (ultimate shear strength) 를 유지한다.

조밀한 조립토는 입자들이 치밀하게 맞물려 있다 (interlocking). 따라서 전단변형이 일어나면, 처음에는 맞물림이 더욱 치밀해지면서 간극이 압축되어 전체 부피가 약간 감소하고 전단저항력이 증가 한다 (그림 1.3.12 ① 단계). 그러나 전단변형이 계속되면 흙 입자가 다른 입자를 타고 넘어야 비로소 흙 입자간의 맞물림이 해소되기 때문에 부피가 팽창하고 (dilatancy) 전단저항력이 최대치 즉, 최대 전단강도 (peak shear strength) 에 도달된다 (그림 1.3.12 ② 단계).

전단변형이 계속 진행되면 부피가 일정해질 때까지 전단강도가 감소하고 (그림 1.3.12 ③ 단계), 이 상태를 지나서 전단변형이 계속되면 입자간 맞물림이 해소되고 입자들이 미끄러지고 회전하여 부피가 변하지 않고 궁극전단강도를 유지한다 (그림 1.3.12 ④ 단계). 이 경향은 흙이 조밀할수록 뚜렷하다.

조립토에서 전단변형이 커지면 조밀한 정도에 상관없이 일정한 크기의 궁극 전단강도에 도달된다. 따라서 조립토의 안정해석에서 전단변형이 작을 때는 최대강도를 적용하고, 전단변형이 클 때는 궁극 전단강도를 적용한다.

조립토의 내부마찰각은 대개 표 1.3.8 과 같으나 문헌에 따라 편차가 있을 수 있다. 따라서 현장에서 표준관입시험 등으로 구한 값을 적용하는 것이 좋다 (그림 1.3.13).

표1.3.8 사질토 내부마찰각 [deg]

입자형상	Sowers/Sowers(1970)		Terzaghi/Peck(1967)	
	느슨	조밀	느슨	조밀
둥글고 입도균등 모래	30	37	27.5	34
입도양호 모래	34	40	–	–
모나고 입도균등 모래	35	43	–	–
입도양호 모래	39	45	33	45
모래질 자갈	–	–	35	50
실트질 모래	–	–	27~30	30~34
비유기질 실트	–	–	27~37	30~35

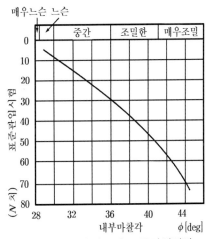

그림 1.3.13 사질토의 표준관입치와 전단강도 (Peck/Hansen/Thornburn,1953)

2) 세립토의 전단거동

세립토는 투수계수가 작아서 외력이 작용하면 과잉 간극수압이 발생되고, 수직응력이 증가하여도 유효응력은 변하지 않아서 전단강도가 증가하지 않는다.

긴 시간이 지나 간극수가 배수되고 과잉 간극수압이 소산되면 그 만큼 유효응력이 증가되어 전단강도가 커지고 지반이 압축된다. 그 후 과잉간극수압이 완전 소산되면 흙의 구조골격이 외력을 전부 부담한다. 정규압밀 점토 (Normally Consolidated clay) 의 전단거동은 느슨한 모래와 유사하다. 반면 과압밀 점토 (Over-consolidated clay) 는 현재 압력보다 큰 선행하중에 의해 압밀되어 조밀한 모래의 전단거동과 유사하다. 포화점토의 비배수 전단강도는 표 1.3.9 와 같고, 배수전단거동은 그림 1.3.14 와 같다.

3) 교란된 흙의 전단거동

흙이 교란되면 입자배열이 흐트러지므로 교란되기 전에 비해 전단강도 저하, 전단강도의 회복, 연성파괴거동의 특성을 나타낸다.

(1) 강도저하

흙이 교란되어 입자의 배열이 흐트러지면 점착력이 작아져서 전단강도가 감소하며 그 감소량은 함수비나 점토함유율이 클수록 커진다.

흙의 교란에 따른 전단강도 저하는 비교란 흙시료의 일축압축강도 q_u 와 교란시료의 일축압축강도 q_{ud} 의 비 즉, 예민비 S_t (sensitivity ratio) 로 나타낸다 (Terzaghi, 1944).

$$S_t = q_u / q_{ud} \tag{1.3.27}$$

예민비가 $S_t \leq 1$ 이면 비예민성 점토, $S_t = 8 \sim 64$ 이면 예민성 점토 (quick clay), $S_t > 64$ 이면 초예민성 점토 (extra quick clay) 이다.

예민비가 큰 점토는 지진 등에 의해 교란되면 전단강도가 감소되어 활동파괴 되거나 액상화되어 유동한다. 예민성 점토지반에 터널을 굴착할 때에는 굴착 즉시 인버트를 설치하여 장비출입이나 작업에 의해 교란되어 지반강도 저하되는 것을 막아야 한다.

표 1.3.9 점성토의 비배수 전단강도

점성토 상태	비배수 전단강도 [kPa]
매우 단단한	15.0<
단단한	10.0~15.0
매우 견고한	7.5~10.0
견고한	5.0~7.5
약간 견고한	4.0~5.0
연약한	2.0~4.0
매우 연약한	<2.0

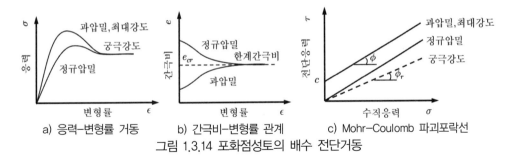

a) 응력-변형률 거동   b) 간극비-변형률 관계   c) Mohr-Coulomb 파괴포락선

그림 1.3.14 포화점성토의 배수 전단거동

(2) 강도회복

점성토는 교란원인이 소멸되면 흙 입자들이 점성유동 (viscoses flow) 에 의해 적정
위치로 이동하여 다시 안정상태가 되므로 강도가 회복된다. 교란에 의해 감소되었던
강도가 회복되는 현상을 강도회복 (thixotropy) 이라 하고 강도회복정도를 강도회복율
IT (thixotropy number) 라고 하며, 회복된 강도는 변형되면 또다시 흐트러진다.

(3) 연성파괴거동

과압밀 비가 큰 점토는 수직응력이 작을 때에는 조밀한 사질토와 같은 파괴거동을
나타낸다. 그러나 수직응력이 증가할수록 정규압밀 점토와 같은 연성파괴거동
(ductile failure) 을 보이며, 풍화가 진행 중인 흙도 이와 같은 파괴양상을 나타낸다.

3.2.3 흙 지반의 전단강도 측정

흙 지반의 전단강도는 흙의 구조골격에 의해 큰 영향을 받으므로 교란되지 않게
실내 또는 현장시험하여 결정한다. 현장을 대표하는 시료에서, 현장응력이력과
구조물 공정에 따라 응력변화를 포함하고, 공사중요도와 조건을 반영하여 시험한다.
구체적 시험방법은 토질역학 (이상덕, 2005) 과 토질시험 (이상덕, 1996) 을 참조한다.
점성토는 비교란 시료를 채취할 수 있어서 실내시험에서 전단강도를 구할 수 있으나,
사질토는 비교란 시료채취가 불가능하여 주로 현장시험으로 측정한다.

실내시험 : 직접전단시험 (DST, Direct Shear Test)
　　　　　 일축압축시험 (UCT, Unconfined Compression Test)
　　　　　 삼축압축시험 (TCT, Triaxial Compression Test)
　　　　　 실내 베인시험 (LVT, Laboratory Vane Test)
　　　　　 단순전단시험 (SST, Simple Shear Test)
현장시험 : 표준관입시험 (SPT, Standard Penetration Test)
　　　　　 콘관입시험 (CPT, Cone Penetration Test)
　　　　　 현장베인시험 (FVT, Field Vane Test)
　　　　　 프레셔미터 시험 (PMT, Pressuremeter Test)

3.3 흙 지반의 변형특성

흙 지반의 변형은 응력-변형률 곡선의 기울기 즉, 변형계수로 나타내고, 흙 지반의 압축 변형은 재하 즉시 일어나는 구조골격의 압축과 재하 후 긴 시간동안 일어나는 압밀에 의한 압축의 합이다.

흙 지반의 부피변화 (3.3.1 절) 는 여러 가지 원인에 의하여 발생하고 지반침하나 압력 (팽창압) 을 추가로 작용시켜 구조물의 기능저하나 미관손상의 주원인이 된다.

흙 지반 변형계수 (3.3.2 절) 는 응력-변형률 곡선의 기울기 (접선이나 할선계수) 로 나타내는데, 할선계수를 자주 적용한다. 변형계수는 시험마다 경계조건이 다르므로 일축압축시험에서 탄성계수 E (Young's modulus) , 압밀시험에서 압밀변형계수 E_s , 평판재하시험에서 평판변형계수 E_v , 실측한 실측변형계수 E_m 를 정의한다.

흙 지반의 압축변형량 (3.3.3 절) 은 재하순간에 구조골격이 압축되어서 발생하는 압축변형 (회복 가능한 탄성압축변형과 회복되지 않는 소성압축변형의 합) 과 압밀에 의한 압축변형으로 구분하며, 탄성압축변형만 계산해도 충분한 경우가 많다.

탄성 압축변형량은 탄성 변형률을 직접 적분하거나 (직접계산법), 탄성 이론식과 유사한 지중응력분포함수 $\sigma_z(z)$ 를 가정하여 간접적으로 계산한다 (간접계산법).

3.3.1 흙 지반의 부피변화

흙 지반의 부피는 흙 입자와 간극의 부피의 합이다. 그런데 흙 입자 부피는 변하지 않으므로, 흙 지반의 부피변화는 간극의 부피변화로 인해 발생된다. 흙 지반의 간극은 비압축성 유동체인 물과 물에 용해되는 압축성 유동체인 공기로 채워져 있다. 외력이 작용하면 포화지반에서는 간극수가 유출되어 부피가 감소하고, 불포화지반에서는 간극공기가 압축되거나 간극수에 용해되며, 간극수가 유출되어 부피가 감소한다.

흙 지반의 부피는 다음의 여러 가지 요인에 의해 변한다.
- 외력작용
- 흙의 구조적 팽창
- 지반함침
- 온도변화
- 함수비변화
- 지반의 동결
- 구성광물의 용해

1) 외력작용

포화 흙 지반에 작용하는 외력은 구조골격과 간극수가 지지하며, 흙 입자 (구조골격) 부피는 변하지 않으므로 비압축성 유동체인 물이 유출되어 지반의 부피가 감소한다.

투수성이 큰 사질토는 재하순간 간극수가 배수되어 즉시 압축되지만, 투수성이 작은 점성토는 재하순간에는 간극수가 배수되지 않아서 외력의 크기만큼 과잉간극 수압이 발생되고 시간이 지나면서 간극수가 서서히 배수되어 지반이 압축된다.

포화지반의 시간에 따른 배수와 침하량의 관계 및 침하소요시간은 Terzaghi 압밀 이론으로 구할 수 있다. 포화 실트질 미세 모래층이 존재하는 지반에 터널을 굴착할 때에는 지층이 굴착에 의한 진동에 의해 액상화되어 유동할 위험성이 크다.

2) 흙의 구조적 팽창

흙은 하중이 제거되거나 함수비가 커지면 부피가 팽창하고 팽창량은 작용압력과 지반의 구성광물과 구조골격에 따라 다르다. 흙이 점토광물 (몬트모릴로나이트 등) 을 많이 함유할수록 (즉, 활성도가 클수록) 팽창성이 커진다. 팽창을 억제하면 압력이 발생하는데 이를 팽창압 (swelling pressure) 이라고 한다.

터널을 굴착하면 하중을 제거한 것과 같으므로 지반이 팽창하며, 지반의 초기응력이 클수록 팽창량이 크다. 또한, 외부에서 수분이 지속적으로 공급되면, 팽창성 광물이 수화작용을 일으켜서 서서히 팽창하면서 구조골격이 흐트러지거나 터널 지보구조에 하중으로 작용할 수 있다.

3) 지반함침

입자배열 (구조골격) 이 불안정한 지반에 외력이 작용하면 순간적으로 조밀해지면서 부피가 감소하여 지반이 함몰될 수 있다. 지반함침은 겉보기 점착력이 있는 불포화 상태 느슨한 모래지반에 동적 하중이 가해지거나 (건조 또는 포화되어) 겉보기 점착력이 소멸될 때에 발생된다. 터널을 굴착할 지반의 함침 가능성을 철저히 조사해야 한다.

4) 온도변화

지반의 온도가 변하면 흙 입자와 물 및 공기는 부피가 변하며 지하수 흐름특성이 달라진다. 물과 공기에서는 온도변화에 의한 부피변화가 뚜렷하지만 흙의 구조골격은 온도변화에 의한 영향을 받지 않으므로 온도변화의 영향은 간극에서만 일어난다. 흙은 (동결되지 않는 한) 온도변화에 의한 부피변화가 매우 작으므로 무시한다.

터널을 굴착하면 주변지반 온도가 외부 대기온도와 거의 같아지므로 터널을 굴착 하기 전 지반온도가 매우 높을 때에는 터널굴착으로 인한 온도차이가 클 수 있다.

5) 동결에 의한 흙의 팽창

간극 내 물이 얼어서 부피가 팽창하면, 흙의 포화도와 구조골격이 달라진다. 그런데 간극수 결빙에 의한 부피변화는 5 % 이내로 작아서 전체적인 지반거동에는 그다지 큰 영향을 미치지 못하므로 흙 지반에 동결공법을 적용하여 터널을 굴착할 수 있다. 동상발생조건에서는 아이스렌즈가 생성되어 구조물이 손상될 가능성이 있다.

6) 함수비 변화에 의한 부피변화

터널을 굴착하는 흙의 컨시스턴시는 터널굴착 후에도 유지되어야 한다. 점성토는 함수비가 변하면 부피와 컨시스턴시가 변하고, 점토광물을 많이 함유할수록 변화가 심하다. 모세관현상에 의해서는 흙의 부피가 변하지 않는다.

7) 구성광물의 용해에 의한 부피변화

지하수 (또는 지하수에 함유된 특정성분) 에 의해 흙 입자 구성광물의 (수용성 또는 특정) 성분이 오랜 동안 서서히 용해되면 지반의 부피가 감소되거나 공동이 형성되어 지반이 느슨해지고 지지력이 감소되고 압축성이 커져서 주변지반이 지지구조체인 터널에 치명적일 수 있다. 이런 조건은 터널시공 중에는 물론 공용 중에 터널내로 유입되는 지하수 성분을 분석하면 알 수 있다. 최근 환경오염으로 인하여 산성비가 내려서 지하수에 유입되고 있으므로 석회암 지역 등에서는 유의할 일이다.

3.3.2 흙 지반의 변형계수

흙 지반은 흙 입자들이 결합되지 않고 쌓여 있는 입적체이어서 인장에 저항하지 못하므로 흙에서는 압축변형만 생각한다. 흙의 압축변형은 경계조건에 적합한 변형계수로부터 계산하며 (투수성에 따라) 시간 의존적이다. 흙은 탄소성 거동하므로 탄성변형과 소성변형 (회복불가능) 이 동시에 발생한다.

지반의 변형은 응력-변형곡선의 기울기 (변형계수) 를 접선 또는 할선계수로 정의하여 나타낼 수 있으며, 보통 할선계수를 자주 적용한다. 변형계수는 시험마다 경계조건이 다르므로 서로 다르게 정의한다. 즉, 일축압축시험에서 탄성계수 E (Young's modulus), 압밀시험에서 압밀변형계수 E_s , 평판재하시험에서 평판변형계수 E_v , 실측 변형 값에서 실측변형계수 E_m 을 정의한다.

1) 탄성계수

탄성계수 E 는 측방향 구속응력을 가하지 않은 ($\sigma_2 = \sigma_3 = 0$) 일축압축시험에서 재하방향 (축방향) 의 응력 σ_z 와 변형률 ϵ_z 로부터 계산한다.

$$E = \frac{\sigma_z}{\epsilon_z} \tag{1.3.28}$$

2) 압밀변형계수

비침하 S' (specific settlement) 은 압축량 Δh 를 초기높이 h_0 로 나눈 침하백분율 $\Delta h / h_0$ 이며, 압밀변형계수 E_s 는 측방 변위가 억제되어 축방향 변형만 가능하여 단면이 변하지 않는 상태의 압력-비침하 곡선 ($\sigma - S'$) 의 기울기이다.

$$E_s = \frac{d\sigma}{d\epsilon} = \frac{d\sigma}{d(\Delta h / h_0)} = \frac{d\sigma}{dS'} \tag{1.3.29}$$

3) 평판 변형계수

평판 변형계수 E_v 는 평판 (직경 d) 재하시험에서 구한 평균압력-침하 관계곡선의 기울기이며, 평판면적이 좁고 영향권이 한정되어 침하계산에 직접 적용하기 어렵다.

$$E_v = \frac{\pi}{4} \frac{\Delta\sigma}{\Delta h} d \tag{1.3.30}$$

4) 실측변형계수

실측 변형계수 E_m 은 구조물 침하량을 실측하여 구한 평균압력 σ_{m0}-침하 S 곡선의 기울기이며, 기초크기, 지층두께, 푸아송 비 ν 의 영향은 침하계수 f_s 로 나타낸다.

$$E_m = \frac{\sigma_{m0} b}{S} f_s \tag{1.3.31}$$

5) 변형계수의 상호관계

지반이 완전 탄소성체일 경우에는 압밀변형계수 E_s 와 탄성계수 E 및 평판 변형계수 E_v 사이에 다음 관계가 성립되어 서로 환산할 수 있다.

$$E = \frac{1 - \nu - 2\nu^2}{1 - \nu} E_s$$
$$E_v = \frac{1 - \nu - 2\nu^2}{(1 - \nu)(1 - \nu^2)} E_s \tag{1.3.32}$$

3.3.3 흙 지반의 변형

1) 탄성변형

흙의 압축변형은 재하 순간에 구조골격이 압축되어 발생하는 압축변형 (회복될 수 있는 탄성압축변형과 회복되지 않는 소성압축변형의 합) 과 압밀에 의한 압축변형으로 구분하며, 실무에서는 탄성압축변형만 계산해도 충분한 경우가 많다.

탄성 압축변형량은 탄성 변형률을 직접 적분하거나 (직접계산법), 탄성이론식과 유사한 지중응력분포함수 $\sigma_z(z)$ 를 가정하여 간접적으로 계산한다 (간접계산법).

직접계산법 : 지반의 탄성압축변형량 S_e 는 지반의 탄성 변형률을 직접 적분하여 계산한다.

$$S_e = \int_0^\infty \epsilon_z \, dz \tag{1.3.33}$$

간접계산법 : 실제 지반의 응력-변형거동은 비선형 관계이지만, (지반 내 응력은 구성방정식에 거의 무관하므로) 선형관계 (즉, $\sigma_z = E\,\epsilon_z$) 로 가정하고 위 식에 적용해서 압축 변형량을 계산해도 실제와 거의 유사한 결과를 얻는다.

$$S_e = \int_0^\infty \epsilon_z \, dz = \int_0^\infty \frac{\sigma_z}{E} \, dz = \frac{1}{E} \int_0^\infty \sigma_z(z) \, dz \tag{1.3.34}$$

위 식에서 탄성 압축변형량 S_e 는 깊이 z 에 따른 연직응력 $\sigma_z(z)$ 의 분포도 면적 $\int \sigma_z(z)\,dz$ 을 탄성계수 E 로 나눈 값이 되는 것을 알 수 있다.

2) 압밀변형

포화 흙 지반의 압밀 변형량과 압밀소요시간은 **Terzaghi** 압밀이론으로 구한다.

(1) 정규압밀 점토

정규압밀 점토의 압밀 변형량 S_c 는 압축지수 C_c 나 압축계수 a_v 또는 체적변화계수 m_v 로부터 계산한다.

$$S_c = \Delta H = \frac{C_c}{1+e_0} H_0 \log_{10} \frac{\sigma_{v0}^{'} + \Delta\sigma_v^{'}}{\sigma_{v0}^{'}}$$

$$S_c = \sum \Delta S_{ci} = \sum \frac{C_c}{1+e_{0i}} \Delta h_i \log_{10} \frac{\sigma_{v_{0i}} + \Delta\sigma_{v_i}}{\sigma_{v_{0i}}}$$

$$S_c = \Delta H = \frac{a_v}{1+e_0} H_0 \Delta\sigma_v^{'}$$

$$S_c = \sum \Delta S_{ci} = \sum m_{vi} \Delta h_i \Delta\sigma_{vi}^{'} \tag{1.3.35}$$

(2) 과압밀 점토

과압밀 점토에서 **압밀변형량** S_c 는 재재하에 의해 발생되는 변형이므로 팽창지수 C_s 를 적용하여 계산한다. 팽창지수 C_s 는 재재하상태 시간-침하 $(\log t - \Delta H)$ 곡선의 기울기이다.

$$S_c = \Delta H = \frac{C_s}{1+e_0} H_0 \log_{10} \frac{\sigma'_{v0} + \Delta \sigma'_v}{\sigma'_{v0}} \tag{1.3.36}$$

현행하중이 선행하중 보다 더 큰 경우에 압밀 변형량 S_c 는 재재하에 의한 변형량 S_{c1} (팽창지수 C_s 적용) 과 초기 재하에 의한 변형량 S_{c2} (압축지수 C_c 적용) 를 합한 크기이다.

$$S_c = S_{c1} + S_{c2} = \frac{H_0}{1+e_0} \left[C_s \log \frac{\sigma'_c}{\sigma'_{v0}} + C_c \log \frac{\sigma'_{v0} + \Delta \sigma'_v}{\sigma'_c} \right] \tag{1.3.37}$$

(3) 압밀 소요시간

압밀 소요시간 t 는 압밀계수 C_v 와 배수거리 H, 시간계수 T_v 로부터 계산한다.

$$t = \frac{T_v H^2}{C_v} \tag{1.3.38}$$

여기에서 압밀계수 C_v 는 압밀시험에서 구한다. 시간계수 T_v 는 평균압밀도 U 에 따라 $U = 50\%$ 때 $T_v = 0.197$ 이고, $U = 90\%$ 때 $T_v = 0.848$ 이다.

3) 이차압축변형

외력에 의해 발생된 과잉간극수압이 완전히 소산된 후에도 지반은 느린 속도로 계속 압축되는데 이를 이차압축 (secondary compression) 이라 하며, 흙 입자가 휘어 지거나 압축되거나 재배열되거나 흡착수가 찌그러져서 일어난다.

이차 압축변형 S_s 는 시간 - 침하곡선 $(\log t - \Delta H$ 곡선) 의 압밀완료후 기울기 즉, 이차 압축지수 C_a 를 적용하여 계산한다.

$$S_s = \Delta H = C_a H_p \, \Delta \log t \tag{1.3.39}$$

여기에서 H_p 는 지반의 1 차 압밀이 종료 (평균압밀도 $U = 100\%$) 된 이후 지층의 두께를 나타낸다.

4. 암반의 역학적 특성

암반은 불연속면으로 분리된 무결함 암체 (암석) 의 집합체이며, 불연속면은 닫혀 있거나 열려 있고, 열린 불연속면이 흙이나 물로 충전되어 있는 경우가 많다.

암석은 광물의 집합체이고 광물 사이의 미세한 공극이 물이나 공기로 채워져 있으므로, 암석의 특성 (4.1 절) 은 구성광물의 특성과 결합상태 및 공극을 채우고 있는 물질의 특성에 따라 결정된다. 암석은 이방성이거나 불균질한 경우가 많으며, 대상 구조물의 상대적 규모에 따라 균질한 물질로 간주할 수 있는 경우도 있고, 구성광물에 따라 성질변화가 심하고, 기상변화나 지하수 등에 의해 풍화·변질된다.

암석은 인장 (분리파괴) 과 전단 (활동파괴) 에 의하여 분자구조가 붕괴되어서 파괴되며, 그 거동은 시간 의존적이고 크리프현상이 뚜렷하다. 암석의 강도는 구속압력과 재하속도 및 공시체의 표면 상태에 의해 영향을 받는다. 일축압축시험에서 응력-변형률 거동과 항복강도 (일축압축강도) 및 잔류강도를 구할 수 있다.

암반 불연속면은 닫혀 있거나 열려 있고, 열린 불연속면이 흙이나 물로 충전되어 있는 경우가 많아서, 암반의 특성 (4.2 절) 은 구성암석 (구성광물의 종류와 결합상태) 은 물론 불연속면 (상태나 종류 및 충전물질) 과 지하수 (특성 및 흐름상태) 의 특성에 의하여 결정되고, 암반의 역학적 거동은 (불연속면으로 분리된) 암체와 불연속면의 복합거동이다.

암반의 역학적특성은 충분한 갯수의 불연속면을 포함하는 암체에 대해 대규모 시험을 수행해서 직접 구해야 하지만, 기술적으로 불가능하거나 너무 많은 비용이 소모되므로, 실제 구조물의 거동을 관측한 결과를 역해석하여 구하거나 간접적으로 예측할 수밖에 없다. 그런데 실제로 암반이 파괴되는 경우가 거의 없어서 역해석한 자료를 취득하기 어렵기 때문에 암반의 강도정수는 역해석하여 구하기가 어렵다. 실제 구조물의 계측 치에 대한 역해석은 탄성범위에서 수행하며, 역해석하여 구한 탄성계수는 대개 암석의 탄성계수보다 한 자리 정도 작다.

암반의 강도는 불연속면에 의해 영향을 받으므로 직접 구하기 어렵고 암석강도로부터 추정한다. 암반의 각종 정수는 변화되는 값이며, 각 정수의 변화는 구조물의 거동에 영향을 미친다. 터널시공 중에 관측하여 설계 시에 예측한 거동이 타당한지 확인하고, 예측과 어긋나면 필요한 조치를 취한다. 터널굴착으로 인하여 재분배된 응력이 암반 강도를 초과하여 주변에 소성영역이 형성되면 역해석의 좋은 자료가 될 수 있으나, 일상 계측으로는 소성영역의 형성을 감지하기가 어렵다.

4.1 암석의 특성

암석은 암반 내 불연속면을 경계로 분리된 무결함 암체를 말한다. 암석은 광물의 집합체이며, 광물 사이 공극이 물이나 공기로 채워져 있고, 구성광물의 특성과 결합 상태에 따라 종류와 강도 및 거동 특성이 결정된다. 암석은 대체로 불균질하지만, 대상구조물의 상대적 규모에 따라 균질한 물체로 간주할 수 있는 경우도 있다.

암석의 형상 (4.1.1 절) 은 암석의 생성과정과 조암광물에 따라 일정한 색상과 조직 및 구조를 나타낸다. 대부분 암석은 주로 9 가지 조암광물 (석영, 장석, 운모, 각섬석, 휘석, 감람석, 방해석, 백운모, 점토광물) 결정들이 교착되어 이루어진다.

암석의 물리적 특성 (4.1.2 절) 은 기본물성, 경도, 마모성, 투수성, 흡수 팽창성 등으로 나타내고, 기본물성은 부피와 무게로부터 공극의 상태 (공극비 e, 공극률 n) 와 밀도 (밀도 ρ, 건조밀도 ρ_d, 입자밀도 ρ_s) 및 함수상태 (함수비 w, 포화도 S_r) 를 나타낸다.

암석의 역학적 특성 (4.1.3 절) 은 일축 압축시험을 수행하여 구한 응력-변형률 곡선으로부터 항복강도와 일축압축강도 및 잔류강도를 구하여 판단할 수 있다. 암석은 시간 의존거동하고 크리프 거동하여 시간과 함께 변형이 증가된다.

암석은 파괴될 때까지 구속응력과 변형속도에 따라 취성이나 연성거동 (4.1.4 절) 한다. 구속응력이 작거나 재하속도가 빠르면 취성거동하고, 구속응력이 크거나 재하속도가 느리면 연성거동 한다.

암석의 파괴거동 (4.1.5 절) 은 구성광물의 특성과 결합상태 및 작용하는 힘에 따라다르다. 암석의 파괴형태는 측방압력이 작아서 힘의 작용선에 직각 방향으로 발생하는 (인장력이 우세할 때에 일어나는) 축 방향 분리파괴와 (측방 압력이 작용하여 전단력이 우세할 때 일어나는) 활동파괴가 있다. 암석의 파괴원리는 원자간 작용력으로 설명할 수 있다. 암석의 파괴 후 거동은 축 변형률에 따른 주응력 비나 축차응력의 변화로부터 알 수 있다. 터널 주변 소성역내 암석은 파괴후 거동을 보인다. 암석은 변형률 연화모델이나 PFC (Particle Flow Code) 로 파괴거동을 해석할 수 있다.

암석의 강도 (4.1.6 절) 는 암석이 생성된 후 현재까지 받은 모든 영향 (광물조성이나 속성작용 및 풍화작용 등) 을 반영한 값이므로 편차가 심하며, 대개 일축압축강도를 기준으로 나타내고, 구속압과 재하속도 및 표면의 상태에 따라 다르다. 암석의 일축압축강도는 일정 규격의 공시체로 측정하며, 점 재하시험으로 측정하기도 한다.

4.1.1 암석의 형상

암석은 광물의 집합체이며, 광물 사이 미세한 공극이 액체 (물 등) 나 공기로 채워져 있고, 구성광물의 특성과 결합상태에 따라 종류와 강도 및 거동 특성이 결정된다. 암석은 생성원인과 조암광물에 따라 일정한 색상과 조직 및 구조를 나타낸다.

1) 암석의 색상

암석의 색상 (color) 은 명암 - 색도 - 기본색상의 순서로 기재하며, 기본색상은 미국 지질학회에서 정한 Rock Color Chart 의 색상 (Goddard, 1963) 으로 나타낸다.

표 1.4.1 암석의 색상

명 암	색도 (chroma)	색상 (hue)
light	pinkish	pink
dark	reddish	red

2) 조암광물

암석을 구성하는 조암광물은 약 2000 여 종류가 있으나, 대부분 암석은 주로 9 가지 조암광물 (석영, 장석, 운모, 각섬석, 휘석, 감람석, 방해석, 백운모, 점토광물) 의 결정들이 교착되어 이루어져서 원자결합이나 화학적 결합에 의한 순수점착력이 있다. 암석은 구성광물의 특성과 결합상태에 따라 종류와 강도 및 거동 특성이 다르다. 대표적 조암광물의 비중은 표 1.4.3 과 같이 대체로 2.6~3.4 이다.

표 1.4.2 암석의 단위중량

암 석		단위중량 $[tf/m^3]$
화강암	(granite)	2.6 ~ 2.7
안산암	(andesite)	2.6 ~ 2.8
현무암	(basalt)	2.6 ~ 2.8
응회암	(tuff)	1.4 ~ 2.5
사 암	(sandstone)	2.1 ~ 2.6
세 일	(shale)	2.7 ~ 2.9
석회암	(limestone)	2.6 ~ 2.8
점판암	(slate)	2.7 ~ 2.8
사문암	(serpentine)	2.5 ~ 2.9
편마암	(gneis)	2.5 ~ 2.8
편 암	(schist)	2.76

표 1.4.3 조암광물의 비중

조암광물		비 중
석 영	(quartz)	2.65
장석류	(feldspars)	2.57 ~ 2.76
운 모	(mica)	2.76 ~ 3.2
휘 석	(augite)	3.20 ~ 3.4
각섬석	(hornblende)	3.00 ~ 3.47
감람석	(olivine)	3.27 ~ 3.87
사문석	(serpentine)	2.20 ~ 2.65
점토광물	(kaolinite)	2.60

3) 구조와 조직

암석은 생성과정과 조암광물에 따라 일정한 구조 (structure) 와 조직 (texture) 을 나타낸다.

퇴적암에는 성분과 입도 및 색이 다른 물질이 층상으로 퇴적되어 이루어진 평행 구조 즉, 층리 (bedding) 가 발달되어 있다.

변성암에는 변성작용을 받으면서 광물입자들이 압력의 작용방향에 대해 일정한 각도로 배열된 광물의 띠 즉, 엽리 (foliation) 가 발달되어 있다. 변성암은 지각운동에 의해 큰 압력을 받아서 심한 이방성을 갖는 경우 (편암) 도 있다. 암석의 이방성은 역학적 취급이 복잡하므로 무시하고 등방성으로 취급하는 경우가 많다. 퇴적암이나 변성암이 괴상인 경우도 있다.

화성암은 대체로 방향성 없이 균일한 모양의 괴상 (massive) 이며 산출상태 (즉, 고결깊이) 에 따라 조직이 다르다. 마그마가 빠르게 냉각되면서 형성된 결정일수록 불안정하고 변하기 쉬우며, 느리게 형성된 결정일수록 안정하다.

심성암은 마그마가 서서히 냉각되어 형성되었으므로 결정이 뚜렷하고 조밀하게 맞물린 조립결정질 (완정질) 조직이고, 반심성암은 육안으로 잘 구별되지 않는 작은 결정으로 된 기질에 외형이 확실한 결정이 드문드문 박힌 중립반상조직이며, 화산암은 급히 냉각되어 광물결정이 거의 없고 간혹 세립유리질 (비정질) 조직을 보인다.

암석의 결정은 크기가 다양 (수~수천 μm) 하고, 결정사이는 역학적으로 불연속 이지만 결정의 크기가 작으면 균질한 재료로 취급할 때가 많다. 고결상태가 풀어지는 퇴적암의 성질은 구성입자의 입도분포에 의해 지배되고, 점토광물을 많이 함유하면 내부마찰각이 작고, 석영모래가 많으면 내부마찰각이 크다. 고결도가 지극히 낮은 암석은 흙과 같이 취급한다.

암석은 구성광물의 입도에 따라 매우조립 - 조립 - 중립 - 세립 - 매우세립으로 표현한다.

표1.4.4 암석의 입도

입 도	매우조립 (very coarse)	조립 (coarse)	중립 (medium coarse)	세립 (fine coarse)	매우세립 (very fine grained)
크기 [mm]	> 60	60 ~ 2	2 ~ 0.06	0.06~0.002	0.002 >

4.1.2 암석의 물리적 특성

경성지반 (암반) 의 물리적 특성은 구성암석의 상태나 특정작용에 의해 결정되며, 공극상태와 밀도 및 함수상태로 나타낸 기본물성, 경도, 마모, 투수, 입도, 흡수팽창성 등이 공학적으로 중요하다.

1) 기본물성

암석은 광물의 집합체이며 광물 사이 미세한 공극이 물이나 공기로 채워져 있어서 (그림 1.4.1), 암석의 물리적 성질은 암석의 부피와 무게로부터 정의한다 (표 1.4.5). 암석의 공극상태 (공극비 e, 공극률 n) 와 밀도 (밀도 ρ, 건조밀도 ρ_d, 입자밀도 ρ_s) 및 함수상태 (함수비 w, 포화도 S_r) 는 다음 관계식으로 나타낸다.

$$e = \frac{n}{100 - n}$$
$$\rho = \left(1 + \frac{w}{100}\right)\rho_d$$
$$\rho_s = \frac{100}{100 - n}\rho_d$$
$$S_r = 100\frac{w}{n}\frac{\rho_d}{\rho_w} \tag{1.4.1}$$

암석의 단위중량은 고결도가 낮고 풍화-변질이 심할수록 작으며, 지질시대가 현재에 가까운 퇴적암일수록 작다. 암석의 단위중량은 풍화·변질 정도에 따라 다르고, $1.4 \sim 2.9 \, tf/m^3$ (표 1.4.2) 이며, 작을수록 강도가 작다. 암석의 공극률은 생성연대가 현재에 가까울수록 크고, 화성암에서 $0.5 \sim 1\,\%$, 퇴적암에서 $3 \sim 20\,\%$ 정도이다.

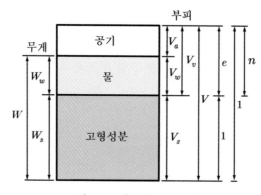

그림 1.4.1 암석의 구성상태

표1.4.5 암석의 기본물성

물 성	식
단위중량 $[kN/m^3]$	$\gamma = g(W_s + W_w)/V$
밀 도 $[kg/m^3]$	$\rho = (m_s + m_w)/V$
건조밀도 $[kg/m^3]$	$\rho_d = m_s/V$
포화밀도 $[kg/m^3]$	$\rho_{sat} = (m_s + \rho V_v)/V$
입자밀도 $[kg/m^3]$	$\rho_s = m_s/V_s$
비 중	$G = \rho/\rho_w$
입자비중	$G_s = \rho_s/\rho_w$
함 수 비 $[\%]$	$w = (m_w/m_s) \times 100$
포 화 도 $[\%]$	$S_r = (V_w/V_v) \times 100$
공 극 률 $[\%]$	$n = (V_v/V) \times 100$
공 극 비	$e = V_v/V_w$

2) 경도

암석의 경도는 강도와 다른 개념이고, 암석의 단단한 정도를 나타내며 변형이나 흠내기 용이성 등에 의미가 있고, 착암기나 절삭기의 비트 마모, 천공능률, 절삭능률과 관계되는 값이다.

암석의 경도는 표준경도를 나타내는 광물을 기준으로 상대적인 흠내기 용이성 (**Mohs** 경도), 특정 금속구의 관입량 (**Rockwell** 경도), 또는 추 낙하시 반발정도 (높이) 로 나타내는 방법 (**Shore** 경도) 이 있다. Mohs 경도는 표 1.4.6 과 같다.

표1.4.6 Mohs 경도

경 도	광 물	경 도	광 물
1	활 석 (talc)	6	정장석 (orthoclase)
2	석 고 (gypsum)	7	석 영 (quartz)
3	방해석 (calcite)	8	황 옥 (topaz)
4	형 석 (fluorite)	9	강 옥 (corundum)
5	인회석 (apatite)	10	금강석 (diamond)

3) 마모성

암석은 금속이나 다른 암석 또는 물체와 접촉해서 상대운동하면 마모된다. 암석의 마모성은 암석의 절삭에 관련된 성질이므로 터널굴착장비의 커터개발 등에 응용된다. 암석의 마모정도는 상대 물체와 운동방법에 따라 다르므로 절대적인 기준은 없다.

4) 투수성

암석은 공극이 대개 폐쇄되어 있어서 절리가 없으면 **투수성이** 매우 작기 때문에 ($10^{-7} \sim 10^{-14}\,m/s$), 실용상 불투수성으로 생각할 수 있다. 고결도가 낮은 조립의 퇴적암이나 다공질 응회암 등에서는 연결된 공극이 존재하여 투수성이 클 수 있다. 암반에서 물의 이동은 암석의 공극보다 주로 절리나 틈을 통해 일어난다.

5) 팽창성

터널 주변 암석이 팽창되면 큰 팽창압력이 발생하여 지보재나 구조부재에 외력으로 작용하고, 팽창 후에는 강도가 저하되어 터널 안정에 나쁜 영향을 미친다.

암석의 부피팽창은 물에 의하여 부피가 증가하는 **물리 화학적 팽창**과 하중제거 (제하) 에 의해 부피가 증가하는 역학적인 팽창으로 구분한다. 암석의 **흡수팽창**은 물과 화합하는 광물을 갖는 암석 (이암, 응회암, 사문암, 경석고 등) 에서 두드러지며, 지속적으로 습기에 노출되면 50 % 이상 팽창하는 암석도 있다.

대수층을 관통하여 터널을 굴착하거나 강우가 유입되어 팽창성 암석이 물과 접촉되면 팽창하며, 암석의 팽창이 수십 년 지속되어 터널의 인버트가 수 미터 융기된 경우도 있다. 공기 중 습도는 암석팽창에 크게 기여하지 않는다.

암석의 흡수팽창은 장기간에 걸쳐서 일어나므로 터널의 시공 중 보다 공용 중에 문제가 될 경우가 많다. 그밖에도 건습이 반복되면 암석 굴착면에서 박리 (slaking 현상) 가 일어나는 암석이 있으며 공기와 접촉하면 상태가 변하는 암석도 있다.

암석의 팽창은 **오이도미터 (oedometer)** 시험으로 측정한다. 시편은 일정한 크기의 수직응력 하에서 시간경과에 따라 팽창하여 일정한 값에 수렴하고, 변형률이 일정하면, 응력은 시간경과에 따라 증가하여 일정한 값에 수렴한다 (그림 1.4.2).

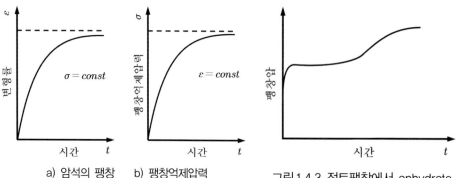

a) 암석의 팽창   b) 팽창억제압력
그림 1.4.2 암석 팽창거동의 시간적 변화

그림 1.4.3 점토팽창에서 anhydrate 팽창으로 전이 거동 (점토 혼합물)

암석의 팽창을 억제하면 **팽창압**이 발생하며, 팽창압이 $100\ MPa$ 까지 발생하는 경우도 있다.

암석의 구성광물 중에는 물을 흡수하면 부피가 팽창하는 것이 있으며, 이는 구성광물의 친수능력과 관련이 있다. 암석 중에는 친수능력이 서로 다른 광물로 구성된 암석이 있고, 이들은 친수능력에 따라 팽창개시시기가 다르므로 팽창압이 시간에 따라 변한다. 친수능력이 작은 광물은 늦게 팽창되어 팽창잠재력이 잔존할 수 있다.

석고와 팽창점토가 혼합되어 이루어진 암석은 물과 접촉되면 먼저 점토가 팽창된 후 석고가 팽창하며, 석고팽창으로 전환되면 지반의 팽창속도는 감소하지만 팽창은 시간이 경과해도 계속되고 (그림 1.4.3), 2 년이 지나도 팽창이 계속되는 경우도 있다. 따라서 팽창감소를 팽창종료로 잘못 해석하면, 팽창 잠재력을 과소평가하게 된다.

암석의 팽창은 주로 터널 라이닝의 하부단면에서 발생하며, 팽창에 의한 암반의 융기는 앵커를 설치하거나 과재 하중을 가하여 억제 (능동설계, Engelberg tunnel) 하거나 (그림 1.4.4b) 허용 (수동설계) 했다가 차후에 조치한다.

암석의 팽창경향은 구성광물을 분석하여 알 수 있다. 팽창이 잘되는 점토광물을 많이 포함한 암석은 손가락으로 문지르면 비누나 크림처럼 부드러운 느낌이 난다. 점토광물을 포함하고 있는 암석은 $1 \sim 2\ cm^3$ 크기 건조한 암석조각을 물에 넣으면 30 초 이내에 팽창하여 커진다. 팽창은 압출과 혼동할 수도 있다.

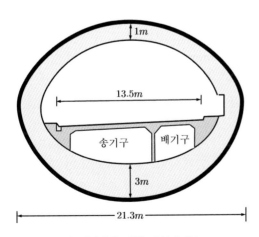

a) 지반팽창 대항 강성라이닝

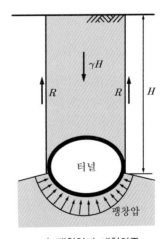

b) 팽창압과 대항하중

그림 1.4.4 지반 팽창에 대한 대책 예 (Engelberg tunnel, Germany)

4.1.3 암석의 역학적 특성

암석 일축압축시험에서 구한 응력-변형률 곡선은 **탄성영역**과 소성영역 및 **변형률 연화영역**으로 구분되고, 이로부터 항복강도와 일축압축강도 및 잔류강도를 구할 수 있다.

물체의 탄성적 성질은 응력과 변형률이 선형 비례하는 **선형 탄성**과 선형 비례하지 않는 **비선형 탄성**으로 구분한다. 비선형 탄성에서는 재하단계와 제하단계에서 응력-변형률 관계가 일치하지 않는다.

암석은 크리프 거동하여 시간과 함께 변형이 증가된다 (시간 의존적 거동). 암석은 이상 물체의 역학모델로 간략하게 나타낼 수 있다.

1) 암석의 응력-변형률 거동

암석의 응력-변형률 거동 (그림 1.4.5) 은 다섯 단계로 세분할 수 있다.

① 단계 : 재하초기에 응력과 변형률이 서서히 증가하여 암석 내 미세한 균열이나 공극이 닫혀져서 구조적으로 치밀해지는 단계이다. 응력-변형률 곡선이 위로 오목하며, 연암이나 공극이 많은 암석에서 뚜렷하고 경암에서는 잘 나타나지 않는다.

② 단계 : 암석이 탄성 거동하여 항복점에 도달하는 단계이다. 응력-변형률 관계가 거의 직선이다.

③ 단계 : 항복 후 부터 최대하중 **(peak strength)** 에 도달되기 직전까지의 단계이며, 변형이 탄성적이 아니다. 공시체 내부에서 파괴가 어느 정도 진행된 상태이고, 변형률의 증가정도가 더 커져서 **연성변형 (ductile)** 이 발생한다.

④ 단계 : 하중이 최대치를 지나서 감소하는 단계이며, 암석의 구조가 파괴되어 점착력을 상실한 상태이다. 공시체내의 국부적 파괴가 특정면에 집중되어 활동면이 형성된다.

⑤ 단계 : 활동면 상의 암석이 파괴된 상태이다. 변형이 진행되어도 역학적 조건이 변하지 않으므로 잔류강도 (residual strength) 에 도달된다.

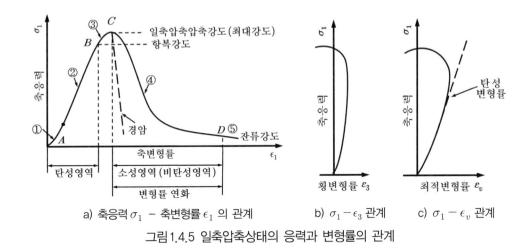

a) 축응력 σ_1 – 축변형률 ϵ_1 의 관계   b) $\sigma_1 - \epsilon_3$ 관계   c) $\sigma_1 - \epsilon_v$ 관계

그림 1.4.5 일축압축상태의 응력과 변형률의 관계

탄성영역 (①, ② 단계) 에서도 응력-변형률 관계가 항상 직선이 되지는 않으므로 응력-변형률 곡선 상 임의 점 (대개 일축압축강도의 50 % 점) 에 대한 접선의 경사 (접선 탄성계수) 나, 응력-변형률 곡선 상 임의 점과 원점을 서로 연결한 직선의 경사 (할선 탄성계수) 를 탄성계수로 한다.

암석 공시체를 재하했다가 항복 전에 제하하는 경우에 응력-변형률 곡선은 거의 원점으로 돌아가고 초기 재하곡선에 내접하는 loop 가 형성된다. 이런 형상은 항복 후에 제하했을 때에도 나타나지만 이때에는 탄성변형성분은 적고 소성변형성분이 많아진다.

공시체의 변형은 하중의 재하방향 뿐만 아니라 재하방향에 대해 직각방향으로도 발생되며, 이 변형은 하중이 일정한도 (대개 최대강도의 40 %) 에 도달되면 직선변화 에서 벗어나고 ③ 단계에 이르면 급격히 증가된다. 압축재하 축의 직각방향으로는 대개 인장변형이 발생한다.

따라서 응력이 최대강도에 근접한 경우에는 공시체의 내부에 새로운 공극이 발생 되어 공시체의 부피가 재하초기보다 더 커진다. 이같이 하중 증가에 따라서 부피가 커지는 현상을 다일러턴시 (dilatancy) 라고 한다. 구속압력이 매우 큰 상태에서는 다일러턴시 현상이 없어진다.

2) 암석의 크리프 거동

일정한 크기의 하중을 재하한 상태에서 변형률이 시간에 따라 증가하는 현상을 크리프 (creep) 라고 하며, 크리프는 공시체 내부에 미세 균열이 발달하기 시작하는 초기 응력단계에서부터 일어나기 시작한다.

크리프현상이나 이완현상 (일정한 변형에서 응력이 감소) 은 모두 시간 의존거동 (시간의 차원을 포함) 이다. 암석의 크리프는 열에 의해서 활성화되어 크리프 율은 온도와 축차응력에 따라 증가한다. 탄성 물질과 탄소성 물질은 시간 비의존적이므로 크리프나 이완현상이 발생하지 않는다.

크리프는 다음 세 단계로 구분한다 (그림 1.4.6).

1 차 크리프 (크리프율 감소) : 탄성변형률 발생 이후 시간경과에 따라 변형률이 다소 커지는 천이 크리프 (A 영역)

2 차 크리프 (크리프율 일정) : 변형률이 약간 감소하여 일정한 값을 유지하는 정상크리프 (B 영역)

3 차 크리프 (파괴까지 크리프율 증가) : 변형률이 다시 급격하게 증가하여 파괴에 이른다 (C 영역)

1 차 크리프 단계에서는 하중을 제거하면 변형이 완전히 회복되고, 2 차 크리프 단계에서 하중을 제거하면 변형 중 일부만 즉시 회복되고 나머지는 시간이 경과되면서 서서히 회복되어 변형이 일정한 값 (잔류변형, 소성변형) 에 수렴한다. 암염은 크리프 특성이 현저하고 이질암석 (혈암, 이암 등) 은 크리프가 발생되기 쉽다.

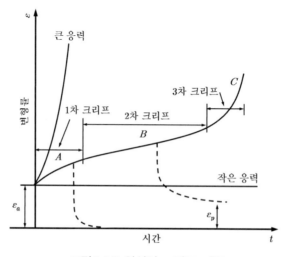

그림 1.4.6 암석의 크리프 거동

3) 암석의 역학적 모델

암반은 등방성이거나 균질하지 않고, 역학적 성질이 매우 복잡하므로, 이를 확인하고 간략화하여 그 특징을 개념적으로 파악할 필요가 있다.

물체는 역학적 성질에 따라 탄성과 소성 및 점성으로 분류하고, 대표성질을 가진 물체를 이상 물체라고 하며, 이를 발견한 과학자의 이름을 따서 **Hooke** 고체 (탄성), **St. Venant** 고체 (소성), **Newton** 액체 (점성) 라고 한다. 그림 1.4.7 은 이들의 역학적 특성 (응력과 변형률, 응력과 변형률의 시간적 변화) 을 나타내는 특성곡선과 역학적 모델을 나타낸다. 실제 물질의 역학적 성질은 세 모델을 조합하여 설명할 수 있다. 그림 1.4.8 은 탄성과 소성의 조합물질 (탄소성체) 의 응력-변형률 곡선을 나타낸다.

응력과 변형률이 비례하는 탄성적 성질은 이상 스프링으로 설명할 수 있다 (그림 1.4.7a). 소성 성질은 물체를 평평한 바닥에서 수평으로 끄는 동적모델로 설명할 수 있으며, 응력이 항복응력 σ_y 보다 작으면 변형이 일어나지 않고 σ_y 가 되면 변형률만 증가한다 (그림 1.4.7b). 점성 성질은 완충조절장치로된 동적모델로 설명할 수 있다. 응력은 변형률 속도에 비례하며, 그 비례상수 η 를 점성계수라 한다 (그림 1.4.7c).

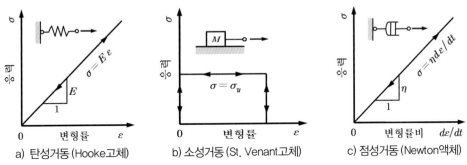

a) 탄성거동 (Hooke고체)　　b) 소성거동 (St. Venant고체)　　c) 점성거동 (Newton액체)

그림 1.4.7 이상 물체의 특성곡선과 역학모델

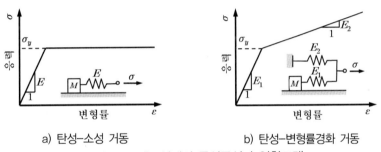

a) 탄성-소성 거동　　　　　b) 탄성-변형률경화 거동

그림 1.4.8 탄소성체의 특성곡선과 역학모델

4.1.4 암석의 취성거동과 연성거동

암석은 파괴될 때까지 응력과 변형성에 따라 취성 또는 연성으로 거동한다. 즉, 구속응력이 작거나 재하속도가 빠를 때에는 취성파괴 되어 불연속면이 발생되고 초기 변형단계에서 경고 없이 암석이 붕괴되며, 구속응력이 크거나 재하속도가 느리면 큰 변형에서도 파괴되지 않고 연성거동하여 연속성을 유지한다.

1) 취성과 연성

공시체에 하중을 점차 증가시키면서 변형을 측정하면, 어느 시점 (항복점 또는 탄성한계) 에 이를 때까지 변형은 하중에 비례하여 증가하며, 이 점까지의 하중-변형곡선을 탄성영역이라 하고, 이 영역에서 하중이 원점으로 돌아오면 변형은 0 이 된다.

항복하중보다 더 큰 하중이 작용하면 변형이 두드러지게 증가하는데 이 영역을 소성영역이라 하며, 이 영역에서 하중을 제거하면 응력은 최초 (탄성영역) 하중-변형곡선을 따라 0 에 도달하지 않고 이 곡선에 평행한 직선을 따라 0 에 도달하고, 변형이 잔류한다. 이때에 잔류하는 변형량을 영구변형이라 하며, 그 크기는 전체 변형에서 회복된 변형을 뺀 값이고, 탄성은 영구변형이 없음을 의미한다.

그림 1.4.9 는 가늘고 긴 시편 (강성 알미늄, 연강, 유리, 연성 알미늄) 의 하중-변위 관계를 나타낸다. 연강과 같은 연성물질에서는 하중이 탄성영역을 넘어 계속 증가하면 하중보다 변형률이 두드러지게 증가하며, 파괴되지 않고도 큰 변형이 일어날 수 있어서 변형에너지가 물질 내에 많이 축적되므로 파괴가 서서히 일어난다.

유리 등 취성물질은 작은 변형에너지만 흡수할 수 있어서 탄성영역의 작은 변형에서 사전징후 없이 갑자기 파괴되므로 응력보다 변형률 관점으로 예측해야 한다.

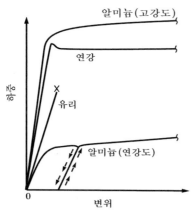

그림 1.4.9 재료별 하중-변위관계

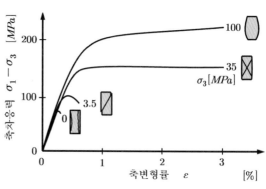

그림 1.4.10 측압에 따른 암석의 응력-변형률 관계
(Paterson, 1978)

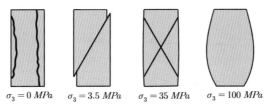

$\sigma_3 = 0\,MPa$ $\qquad \sigma_3 = 3.5\,MPa$ $\qquad \sigma_3 = 35\,MPa$ $\qquad \sigma_3 = 100\,MPa$

그림 1.4.11 암석 공시체의 측압에 따른 파괴형상 (Paterson, 1978)

2) 암석의 취성거동과 연성거동

암석은 구속응력이 작거나 재하속도가 빠르거나 측압이 작으면 취성거동하지만, 구속압력이 크거나 재하속도가 느리거나 측압이 커지면 연성거동한다.

암석의 취성거동과 연성거동의 차이는 셀 압력 ($\sigma_2 = \sigma_3$) 을 변화시키면서 삼축시험하여 확인할 수 있다 (그림 1.4.10). 측압이 작으면 취성거동하여 파괴면이 뚜렷하지만, 측압이 커지면 연성 거동하여 뚜렷한 파괴면이 형성되지 않는다 (그림 1.4.11).

그림 1.4.12a 는 일축압축시험에서 구한 대표적인 응력-변형률 곡선이다. 재하에 의해 암석내 공극과 작은 균열이 닫히므로 응력-변형률 곡선은 낮은 응력에서는 위로 오목한 곡선이 된다. 하중이 A' 점에서 감소하면 원점(O 점)으로 이동하고, 하중이 다시 증가하면 OC' 곡선이 된다. 하중이 A 점에서 감소하면 AB 곡선을 따라 B 점으로 이동하여 영구변형 OB 가 발생하고, 하중이 더 증가하면 BC 곡선이 된다. 이후 재하와 제하를 반복해도 곡선이 약간 우측으로 이동할 뿐, ABC 와 유사한 루프를 보인다. OA' 와 OC' 루프는 재하방향과 이에 직각인 횡 변형률의 이력을 나타낸다.

그림 1.4.12b 는 축의 직교 방향으로 측압 σ_3 를 가한 삼축 압축시험의 대표적인 응력-변형률 곡선이다. 가로축은 축 응력 σ_1 에 대한 축압축변형률, 세로축은 σ_1 과 σ_3 의 차이 ($\sigma_1 - \sigma_3$) 이다. 측압 σ_3 가 400 MPa 까지 취성을 보이고, 600 MPa 을 넘으면 연성 거동하여 상당한 크기의 소성변형이 발생된다. 터널 깊이는 대개 수백 미터 미만 즉, 600 MPa (20 km 이상 깊은 심도) 이므로 취성거동 조건이다.

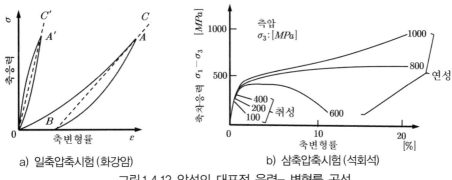

a) 일축압축시험 (화강암)   b) 삼축압축시험 (석회석)

그림 1.4.12 암석의 대표적 응력- 변형률 곡선

위 특성은 서서히 재하될 때 나타나며, 하중을 급하게 재하하면 그림 1.4.13 (가로 축은 재하 후 경과시간) 과 같이 점성효과가 나타난다. 하중재하 시 변형률은 시간 경과에 따라 지수 함수적으로 최종치에 접근하고 (곡선 OD), 하중이 제하되면 지수 함수적으로 0 으로 되돌아 간다 (곡선 DE). 소성상태에서 하중을 재하하면 변형률이 점진적으로 최종치에 접근 (변형 크리프) 한다. 하중이 오래 지속되면 모든 응력에서 일정한 변형률이 생기고 (정상 크리프), 그 속도는 응력과 함께 증가한다.

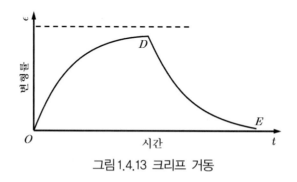

그림 1.4.13 크리프 거동

일축압축시험에서는 압축방향에 직각으로 발생하는 인장응력이 우세하면 대개 평판모양으로 균열이 생기면서 바깥쪽으로 변형되어 갑자기 (취성) 파괴된다. 그러나 삼축 압축시험에서는 측압을 가하므로, 파괴는 전단력에 의하여 지배되고, 측압이 크면 파괴응력과 최대 변형률이 커진다 (표 1.4.7). 터널 굴착면과 인접한 지반은 일축압축상태이고, 주변지반은 삼축 압축상태이다. 파괴시기를 항복점으로 하면, 탄성이론으로 파괴조건을 다룰 수 있다.

표 1.4.7 측압에 따른 암석의 파괴 (온도 24℃)

암석	측압 σ_3 [MPa]	최대축차응력 $\sigma_1 - \sigma_3$ [MPa]	최대변형률 [%]	파괴상황
석회암	0 100 200	83 419 620	1.0 26.5 30.0	취성파괴 전단파괴 파괴 안됨
연질사암	0 100 200	40 265 475	0.6 21.8 24.2	원추형파괴 70° 파괴 안됨
규질사암	0 100 200	100 600 1030	0.5 2.5 3.8	원추형파괴 - 61°

4.1.5 암석의 파괴거동

암석은 작용하는 힘에 따라 다른 **형태**로 일어난다. 즉, 측압이 작용하지 않으면 힘의 직각방향 인장력에 의해 분리파괴가 일어나고, 측압이 작용하면 전단력에 의해 활동파괴가 일어난다. 암석의 파괴원리는 분자 간 작용력으로 설명할 수 있다.

암석 파괴거동은 변형률 연화모델을 적용하거나 **PFC (Particle Flow Code)** 로 해석할 수 있다. 암석의 응력은 최고치 (파괴점) 를 지나면 변형이 커질수록 감소하고 (연화), 단위중량이 감소하고 부피가 증가한다 (이완). 암석 파괴 후 거동은 축 변형률에 따른 주응력비나 축차응력의 변화로부터 알 수 있고, 서보제어 시험기로 시험하여 구할 수 있다. 터널 주변지반이 소성상태일 때 소성역내 암석은 파괴 후 거동을 보인다.

암석은 변형 중 (특히 파괴에 근접할 때) 에 음파가 발생되어 증폭기나 귀로 들을 수 있다. 이러한 특성은 파괴 예측방법을 개발하기 위해 많이 연구되었다. 응력이 증가할수록 단위시간 (진폭) 당 발생파가 많아지며, 응력이 더 이상 증가하지 않고 유지될 때에도 음파는 계속 발생된다. 음파발생에너지가 클수록 진폭이 작아지고, 응력이 증가하여 선행하중을 초과하면 음향방출이 크게 증가된다 (Kaiser 효과).

1) 암석의 파괴형태

암석은 각 광물입자가 서로 굳게 결합되어 있으나, 측압이 소멸되면 인장효과에 의해 축 방향 쪼개짐이 일어나서 파괴된다. 암석의 분리파괴는 인장응력에 의해 발생되며, 인장응력에 수직으로 파괴면이 형성된다. 화성암의 냉각 시 생기는 주상절리, 퇴적암 건조 시 생기는 수축균열, 습곡 정점부 균열, 단층경계부 균열 등이 분리파괴 예이다. 현장응력이 대단히 큰 깊은 심도에서 추출한 암석코어에서 일어나는 디스킹 (discing) 현상은 높은 응력의 해방에 의하여 암석 코어가 탄성팽창되어 발생되는 팽창변형률을 코어가 수용하지 못하여 생기는 분리현상이다.

암석의 **활동파괴**는 전단응력에 의해 발생된다. 파괴면에 작용하는 수직응력이 인장일 때에도 일어날 수 있다. 파괴면 양쪽 지반이 상대변위를 일으키기 때문에 **활동파괴** 면은 최대 주응력의 방향과 일정한 각도 $45° - \phi/2$ 로 형성된다. 갈라진 틈을 통해 분리된 암석이 노출되거나, 구덩이가 생기거나, 경면 (slickenside) 이 형성되거나, 암석이 분쇄되어 있으면 **활동파괴**이다.

습곡 정점에서는 분리파괴가 일어나고 단층에서는 **활동파괴**가 일어나며, 이들은 독립적으로 발생되고 서로 전향되지 않는다. 암석이 분리 파괴될 때에는 구조요소가 활동하고 활동파괴될 때에는 결정이 분리되어 절리면이 생기므로, 인장응력에 의한 분리파괴와 전단응력에 의한 활동파괴를 동일한 관점에서 볼 수도 있다.

2) 암석의 파괴원리

고체의 파괴는 원자 구조의 붕괴를 말한다. 원자 사이에는 인력과 반발력이 작용하는데, 이 힘들의 크기는 원자간 거리에 따라 다르다. 외력에 의해 변형되어 원자간 거리가 인력과 반발력의 합력이 최소 (그림 1.4.14 의 B 점) 가 되는 거리보다 멀어지면 원자들은 서로 분리되어 원자구조가 붕괴되는데 이것이 고체의 파괴현상이다.

특정한 면에 변위가 집중되면 **활동파괴면**이 생성되며, 작용력이 인장력이면 힘의 작용선에 수직방향으로, 전단력이면 평행방향으로 형성된다. 그림 1.4.14 는 두 개의 소립자 (원자, 원자그룹, 이온) 간 거리에 따른 인력과 반발력을 나타낸다. A 점에서는 인력과 반발력의 크기가 같고, B 점에서는 인력과 반발력의 합력이 최소이다. OA 에서는 원자간 거리가 멀어질수록 반발력이 인력보다 커지고, 원자간 거리가 OB' 를 초과하면 더 이상 평형상태가 유지되지 못하고 서로 분리된다.

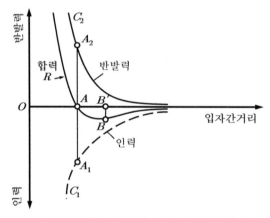

그림 1.4.14 원자사이 거리에 따른 작용력변화

암석과 같은 다결정체는 결정분리 시 인접결정과 결합 때문에 모멘트가 발생되어 얇은 조각으로 떨어지거나 결정체가 휘어지므로 최대 주응력에 수직방향으로 비늘모양으로 파괴된다. 변형이 클수록 결정체들이 활동면 주위로 회전하므로 활동면에 평행한 방향으로는 인접한 결정사이에 마찰 저항력이 작용한다.

인장파괴면은 주인장응력에 수직한 방향으로 형성되므로 취성재료로 된 실린더에 비틀림이 가해지면 실린더 표면에 약 45° 의 나사선 형태로 파괴면이 형성되어 분리파괴 된다. 등압상태에서는 실린더에 비틀림을 가하면 주인장응력은 감소하고, 주압축응력은 증가하므로 소성변형이 생겨서 활동파괴 된다.

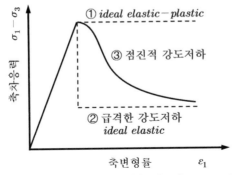

그림 1.4.15 지반의 파괴 전후 거동 (Egger, 1973)

3) 암석의 파괴 후 거동

터널 굴착면 배후지반이 소성상태이고 그 외곽은 탄성 상태일 때에, 굴착면 변위는 탄성역의 탄성변위와 소성역의 탄성 및 소성변위의 합이다. 소성역내 암반은 파괴 후 거동을 보이므로, 응력이 최고점을 지난 후 변형이 증가할수록 응력이 감소하며 **(연화)**, 단위중량이 감소 (이완) 하고 부피가 증가한다.

암석의 파괴 후 거동은 그림 1.4.15 와 같이 3 가지로 구분한다 (Egger, 1973).
- 선형탄성-완전소성 (linear elastic-ideal plastic)
- 급격한 강도저하 후 완전소성
- 점진적 강도저하 (gradually softening)

(1) 주응력 비에 따른 파괴 후 거동

암석의 파괴강도와 잔류강도를 Mohr 의 응력원으로 표시하면 Mohr-Coulomb 파괴 포락선 (그림 1.4.16 실선) 과 파괴 후의 감소 포락선 (그림 1.4.16 점선) 을 구할 수 있다.

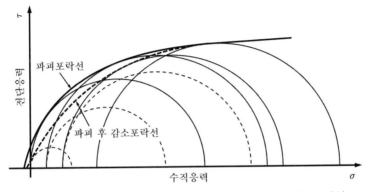

그림 1.4.16 암석의 파괴후 거동에 관한 응력원과 감소포락선

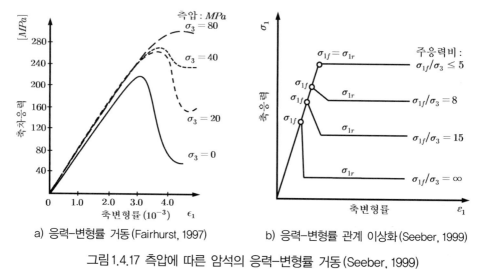

a) 응력–변형률 거동 (Fairhurst, 1997) b) 응력–변형률 관계 이상화 (Seeber, 1999)

그림 1.4.17 측압에 따른 암석의 응력–변형률 거동 (Seeber, 1999)

암석의 파괴 후 거동은 삼축 압축시험에서 구한 응력-변형률 관계 (그림 1.4.17a) 로 부터 알 수 있고, 강도에 상관없이 주응력 비에 따라 다르다 (그림 1.4.17b).

암석의 파괴강도 σ_{1f} 와 파괴 후 잔류강도 σ_{1r} 은 측압 σ_3 에 의존 (그림 1.4.18a) 한다 (Fairhurst, 1997). 암석은 최대 및 최소 주응력비가 $\sigma_{1f}/\sigma_3 \leq 5$ 일 때는, 잔류강도비 σ_{1r}/σ_{1f} 가 1 에 가깝다 즉, 완전탄성-완전소성 (ideal elastic-ideal plastic) 으로 거동한다. $25 > \sigma_{1f}/\sigma_3 > 5$ 인 때에는 축응력이 파괴 후에 점진적으로 저하되어 일정한 값에 수렴하며, 주응력비가 클수록 잔류강도비가 작고 (그림 1.4.18b) 축응력 저하속도가 급하다. 측압이 영 ($\sigma_{1f}/\sigma_3 = \infty$) 이면 축응력이 급히 저하되어 일정 값에 수렴한다.

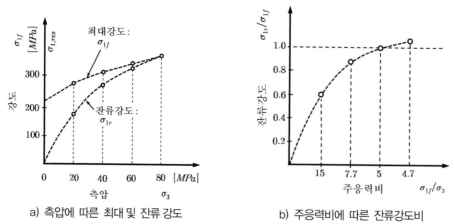

a) 측압에 따른 최대 및 잔류 강도 b) 주응력비에 따른 잔류강도비

그림 1.4.18 측압과 주응력비에 따른 최대 및 잔류강도의 변화 (Fairhurst, 1997)

(2) 터널 굴착면의 파괴 후 거동

터널굴착 후 굴착면 주변지반에서는 접선응력이 최대주응력이고 반경응력이 최소주응력이다. 이때 굴착면의 측벽에서는 접선응력 (최대주응력) 이 연직응력이고 반경응력 (최소주응력) 이 수평응력이 되어 일축압축상태가 되고, 연직응력 σ_v (덮개압) 가 압축강도 σ_{DF} 보다 크면 굴착면 주변에 소성영역이 형성되고, 소성영역 내 지반은 완전소성 (ideal plastic) 거동한다.

굴착면 측벽에거 주응력 비 σ_t/σ_r 는 덮개 압력과 압축강도의 비 σ_v/σ_{DF} 에 따라 다르며, 내부마찰각이 $\phi = 30°$ 인 경우에는 다음 표 1.4.8 과 같다.

표1.4.8 덮개압과 압축강도의 비 σ_v/σ_{DF} 에 따른 주응력비 σ_t/σ_r

σ_v/σ_{DF}	1	2	4
σ_t/σ_r	≥ 7	≥ 4.3	≥ 3.57

터널굴착 후 굴착면을 지보하지 않은 상태에서는 반경응력이 영 ($\sigma_r = 0$) 이므로 주응력 비가 $\sigma_1/\sigma_3 = \sigma_t/\sigma_r = \infty$ 이 되어 지반이 취성파괴되는 조건이 되어 위험할 수 있다 (그림 1.4.17).

그러나 터널굴착 후 숏크리트를 타설하여 굴착면을 지보하면 지보 저항력이 영이 아니므로 ($\sigma_r \neq 0$) 주응력 비가 작아져서 연성거동조건이 됨에 따라 소성역 내 지반은 완전 소성거동하게 된다. 즉, 터널굴착 후 숏크리트를 타설하여 굴착면을 지보하면 취성파괴 되지 않고, 숏크리트는 두께가 얇아도 효과가 매우 크다.

소성영역 내 지반의 지지거동은 주응력 비 σ_t/σ_r 를 알아야 정확하게 계산할 수 있지만, 주응력비가 암석강도에 미치는 영향 즉, 주응력비에 따른 암석의 강도가 잘 알려져 있지 않기 때문에, 수직응력이 작더라도 직접전단시험이나 삼축압축시험 등을 수행해서 암석의 강도를 구해야 한다.

(3) 암석의 파괴 후 거동시험

암석의 파괴시험에서 응력은 최고점을 지나면 변형이 증가할수록 감소 (연화) 하며 취성이 강할수록 급격히 일어나므로 측정하기가 어렵다. 물체가 **연화**되면 단위중량이 감소 (이완) 하고 부피가 증가한다.

응력제어시험에서 연화되는 응력감소단계에서는 파괴가 가속되므로 시험을 매우 빠르게 진행해야 하며, 이는 1 초에 수천 번 작동되는 서보제어시험기에서 가능하다.

변형률제어시험에서 총신장량은 암석 공시체와 시험기 프레임 및 로드셀 변형의 합이므로, 공시체 신장량이 양 (+) 이 되려면 시험기 프레임의 강성이 매우 커야 한다.

시험기 프레임이 연성이면 재하중에는 프레임에 변형에너지가 축적되었다가 연화 과정에서 급격히 해방되어 파괴를 가속시킨다. 따라서 암석시험기는 강성이 커야 되지만 매우 취성이 강한 암석에 적용할 수 있는 강성시험기는 흔하지 않다.

응력이 최고점을 지나면, 암석이 파괴되거나 불균일하게 변형되어 응력-변형률 관계곡선이 일정하지 않고, 공시체 내부 응력과 변형률이 불규칙하고 국부적 편차 가 심하다. 암석의 파괴 후 거동은 최대강도 이후 응력-변형률 곡선으로부터 알 수 있다 (그림 1.4.19).

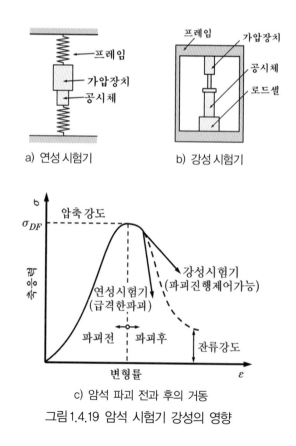

a) 연성 시험기   b) 강성 시험기

c) 암석 파괴 전과 후의 거동

그림 1.4.19 암석 시험기 강성의 영향

4) 암석의 파괴거동해석

지반은 파괴 후에 강도가 저하되어 잔류강도에 이른다는 개념(변형률연화모델)으로 해석하면 지반의 활동파괴거동은 물론 파괴상태를 재현할 수 있고, 항복 이후 전단변형률 증가에 따라 전단강성이 저하되는 특성을 나타낼 수 있다.

암석의 조직은 미시적으로 불균질하여 측압이 없으면 인장에 의하여 균열이 발생하여 파괴거동에 영향을 미치며, 인장균열의 역할은 **PFC** 해석하여 확인할 수 있다.

(1) 변형률 연화모델

지반은 파괴 후에 강도가 순차적으로 저하되어 잔류강도에 이른다는 개념을 도입하여 해석할 수 있는데 이를 **변형률 연화모델**이라 하며, 이 같은 모델을 적용하면 탄성 및 탄소성 모델로는 표현이 곤란한 지반의 활동파괴거동과 파괴상태를 재현할 수 있고, 항복 후 전단 변형률 증가에 따라 전단강성이 저하되는 사질토 특유의 활동파괴거동을 고려할 수 있다 (Adachi 등, 1998).

Mohr-Coulomb 모델에서는 해석 중에 소성항복 발생이후에 변형률이 증가하여도 점착력 c, 내부마찰각 ϕ, 다일러턴시 ψ, 인장강도 σ_Z 가 일정한 크기를 유지한다고 생각한다. 그러나 **변형률 연화(경화) 모델**에서는 소성항복이 발생한 이후 변형률이 증가함에 따라서 이 값들이 감소(연화) 되거나 증가(경화) 된다(그림 1.4.20)고 생각하며, 항복함수와 소성유동법칙 및 응력은 Mohr-Coulomb 모델과 동일한 방법으로 보정한다.

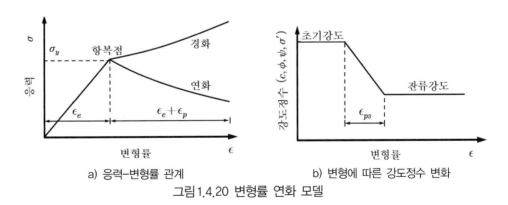

a) 응력–변형률 관계   b) 변형에 따른 강도정수 변화

그림 1.4.20 변형률 연화 모델

소성전단변형률은 전단경화파라메타 e^{ps} 의 증분형태로 나타낸다.

$$\Delta e^{ps} = \left[\frac{1}{2} (\Delta e_1^{ps} - \Delta e_m^{ps})^2 + \frac{1}{2}(\Delta e_m^{ps})^2 + \frac{1}{2}(e_3^{ps} - \Delta e_m^{ps})^2 \right] \tag{1.4.2}$$

여기에서 $\Delta e_m^{ps} = \dfrac{1}{3}(\Delta e_1^{ps} + \Delta e_3^{ps})$ 이고, Δe_j^{ps} $(j=1,3)$ 는 소성 전단응력 증분이며, 지반의 경화나 연화거동은 항복 후 점차적으로 발생하고, (흙 입자 간 미끄러짐이나 암반의 미세한 균열로 인하여) 비 탄성적이며, 이로 인하여 지반이 전단파괴되거나 강도가 저하 된다.

(2) 암석의 파괴거동 해석

암석의 조직구조는 미시적으로 보면 불균질하다. 측압이 없으면 인장효과에 의해 축방향으로 쪼개지는 인장파괴가 일어난다. 암석에서 인장에 의해 발생하는 균열의 역할은 **PFC** (Particle Flow Code) 로 모의 해석하여 확인할 수 있다 (그림 1.4.21).

Diederichs (1999) 의 해석결과에서 최대강도의 약 30 % 크기 응력에서 인장균열이 발생되어 파괴가 시작되었고, 전단균열 보다 인장균열이 약 50 배 정도로 많이 발생되었다.

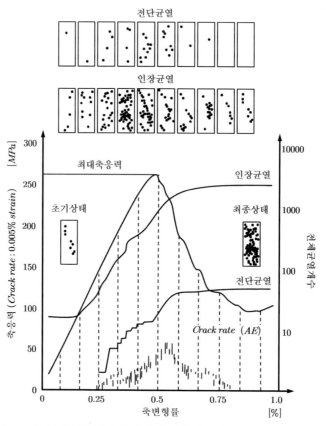

그림 1.4.21 PFC를 이용한 화강암 시편의 압축시뮬레이션 (Diederichs, 1999)

4.1.6 암석의 강도

암석강도는 생성 이후 현재까지의 모든 영향을 반영한 값이므로, 광물조성이나 속성작용 및 풍화작용 등의 영향으로 편차가 크며, 대개 일축압축강도를 기준으로 나타내고, 구속압과 재하속도 및 공시체의 형상과 상태에 따라 편차가 크다. 암반의 강도는 불연속성 영향 때문에 직접 구하기 어려워서 암석의 강도로부터 추정한다.

암석의 강도는 삼축 압축시험, 인장시험, 점 하중시험 등으로 구할 수 있고, 일축 인장강도는 **Griffith** 이론 (1924) 으로부터 계산할 수 있다.

1) 암석의 강도특성

암석의 강도는 정해진 규격의 공시체에 대한 일축압축강도로 나타내며, 광물조성 이나 속성작용 및 풍화작용 등 암석이 생성된 이후 현재까지의 모든 영향을 반영한 값이므로 편차가 심하다.

표1.4.9 암석강도에 따른 암석의 상태

용 어	암 반 상 태	압축강도 [MPa]	탄성계수 [MPa]
매우 약함 (very weak)	손가락으로 누르면 부스러짐.	< 1.25	< 7.5
약함(weak)	햄머로 누르면 부스러짐.	1.25~5	7.5~30
보통 약함 (moderately weak)	햄머 타격하면 부스러짐	5 ~12.5	30~75
보통 강함 (moderately strong)	1 회의 약한 햄머타격에 각이 날카롭게 깨짐	12.5~50	75~300
강함 (strong)	햄머로 강하게 한두번 타격 하며 각이 날카롭게 깨짐	50~100	300~600
매우 강함 (very strong)	햄머로 강하게 여러 번 타격 하면 각이 날카롭게 깨지고 Conchoidal 한 조각이 생김	100~200	600~1200
지극히 강함 (extremely strong)	햄머로 강하게 여러 번 타격해도 잘 안깨짐	200 <	1200 <

암석은 강도에 따라 표 1.4.10 과 같이 분류하기도 하지만 절대적인 것은 아니며 개념적 판단자료일 뿐이다.

표1.4.10 강도에 다른 암석의 분류

분 류	강 도 [*MPa*]	
	Attewell 등	**Deere** 등
초연암 (very weak)	10~20	<28
연 암 (weak)	20~40	28~55
중경암 (medium)	40~80	55~110
경 암 (strong)	80~160	110~220
초경암 (very strong)	160~320	220<

표 1.4.11 은 암석강도 개략치이며, 강도 값 자체는 의미가 적고 다음특징이 있다.

- 암석의 인장강도는 압축강도의 대략 1/10 이하인 것이 많다.
- 강도가 크면 탄성계수도 크다.
- 같은 암질에서 탄성계수와 일축압축강도의 비율은 거의 일정하다.
  (이암과 혈암에서 50, 석회암에서 500, 평균 200 정도)
- 점성토 기원 혈암이나 이암의 내부마찰각은 작다.

표1.4.11 암석의 강도

암석명	일축압축강도 [*MPa*]	인장강도 [*MPa*]	탄성계수 10^3 [*MPa*]	푸아송비 ν	내부마찰각 ϕ [deg]
화강암	100~200	4~25	26~70	0.12~0.25	40~60
현무암	80~400	6~12	30~90	0.12~0.30	45~50
사 암	20~170	2~25	5~80	0.1~0.25	25~35
세 일	100~160	2~10	10~40	0.1~0.35	5~25
이암(제3기)	0.5~50	0.1~3	0.1~5	0.1~0.35	5~25
석회암	4~250	1~25	10~80	0.1~0.30	35~50

2) 암석의 일축압축강도

암석에 대한 일축압축시험은 대개 직경이 $50\,mm$, 높이 $100\,mm$ 정도의 원주형 공시체를 축방향 압축과 횡방향 인장이 제한되지 않는 조건에서 실시하며 수분이내에 최대응력에 도달하는 속도로 재하한다.

암석의 압축강도는 실린더 압축강도를 말한다. 정육면체 공시체에 대한 일축재하시험은 엄밀한 의미의 일축상태가 아니며, 여기서 구한 압축강도는 동일 단면적의 기둥이나 실린더에서 구한 것보다 크다.

암석의 실린더 압축강도는 정육면체 압축강도의 약 1/2 정도이며, 1/4 정도로 작을 수도 있다. 공시체 양단을 연마해서 마찰을 최소화하여 압축시험하면 압축방향으로 파괴면이 형성되는 분리파괴가 일어난다. 암석은 인장강도와 압축강도의 차이가 크다. 취약부가 있고 불균질한 암반의 강도는 결함이 없는 암석의 강도보다 작다. 암반강도를 꼭 구해야 할 때에는 대형전단시험을 실시하여 구하는 것이 좋다.

암석의 **탄성계수 E** 는 일축압축강도 σ_{DF} 로부터 간접적으로 구할 수 있다.

$$E = \chi \sqrt{\sigma_{DF}} \qquad\qquad (1.4.3)$$

여기서 σ_{DF} 는 실린더 압축강도이고, χ 는 암석의 실린더 압축강도와 탄성계수의 관계를 나타내는 값이며, 콘크리트에서 $\chi = 1,800 \sim 2,800$ (중간 값 2,300) 이고, 암석에서 $\chi = 3,000 \sim 23,000$ 이다. 암반과 암석에서 χ 값이 같다고 보면 위 식으로 일축압축강도를 계산할 수 있다.

암석의 압축강도와 탄성계수는 여러 가지 실험결과 값이 제시되어 있으나, χ 값은 분산범위가 넓으므로 표 1.4.12 의 값은 신뢰성이 떨어진다.

표1.4.12 암석의 압축강도와 탄성계수 관계

암 석	압축강도 [MPa]	탄성계수 [MPa]	$\chi = \dfrac{E}{\sqrt{\sigma_{DF}}}$ [MPa]
	부터 ~ 까지 (평균)	부터 ~ 까지 (평균)	
현무암, 흑석류반암 조밀구조	200 ~ 400 (300)	90,000 ~ 120,000 (105,000)	19,100
석영반암, 반암 안산암	180 ~ 300 (240)	50,000 ~ 70,000 (60,000)	12,200
편암 규질편암	150 ~ 300 (225)	40,000 ~ 60,000 (50,000)	10,500
섬록암 반려암	160 ~ 300 (230)	80,000 ~ 100,000 (90,000)	18,700
휘록암 규암 석영편암	170 ~ 250 (210)	70,000 ~ 80,000 (75,000)	16,400
화강암	120 ~ 240 (180)	50,000 ~ 60,000 (55,000)	13,000
석회암 조밀/강성	80 ~ 200 (140)	40,000 ~ 70,000 (55,000)	14,800
석회암 낮은 강성	40 ~ 90 (65)	30,000 ~ 60,000 (45,000)	17,600

표 1.4.13 암석의 각기둥강도와 탄성계수 관계 (Stuttgart 대 재료시험소 MPA)

암 석	각 기둥 강도 $[MPa]$	탄성계수 $[MPa]$	$\chi = \dfrac{E}{\sqrt{\sigma_{DF}}}$ $[MPa]$
현무암 (Westerwald)	308.2	103,400	18,650
화강암 (Schwarzwald)	127.7	23,500	6,590
패각석회암 (Kocheldorf)	132.0	77,600	21,400
규암 (Vararlberg)	440.4	74,800	20,000
편마암 편리에 평행 (Vorarlberg)	139.2	36,200	9,700
적색 사암 (Freudenthal)	63.9	10,400	4,130
고로 슬래그	180.9	94,100	22,100

3) 암석의 강도 영향요소

암석의 강도는 구속압, 재하속도, 공시체의 단면형상과 표면상태 등에 따라 다르다.

(1) 구속압

중력의 영향을 받는 지반에서 초기응력은 3개의 주응력이 모두 압축응력인 삼축압축상태이며, 비교란 상태에서는 연직응력이 최대주응력이고 나머지 주응력은 크기가 같은 수평응력이다. 삼축압축 응력상태는 구조지질학적 응력 등의 영향을 받으면 교란된다. 삼축시험에서는 구속압이 클수록 탄성거동 범위가 커져서 최대응력이 커지고 잔류강도가 커지며, **dilatancy** 현상이 없어지므로 연성변형거동에 의한 소성변형이 크게 나타난다.

공시체는 구속압에 따라 그림 1.4.22 와 같이 파괴되고, 작은 구속압에서 취성을 나타내던 암석이 구속압이 커지면 소성특성을 보인다. 따라서 취성과 소성은 재료의 특성보다 응력상태에 의해 결정되는 현상이다.

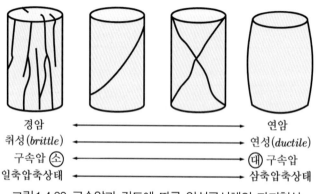

그림 1.4.22 구속압과 강도에 따른 암석공시체의 파괴형상

　그림 1.4.23 은 대리석 공시체를 여러 가지 구속압력 상태에서 압축재하한 경우의 응력－변형률 관계곡선이다. 구속압이 작으면 최대응력에 도달된 후에 응력이 감소하는 **변형률 연화** (stain softening) 거동을 나타낸다. 구속압이 크면 최대응력 도달 후에 응력이 증가하는 **변형률 경화** (strain hardening) 거동을 보이거나, 소성변형이 탁월해진다. 구속압이 크면 연성파괴 되므로 암석의 파괴 후 거동을 알 수 있다.

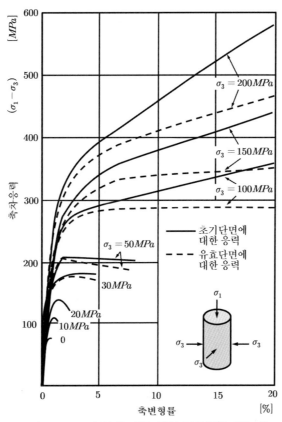

그림 1.4.23 구속압에 따른 암석 압축변형거동 예
(Ros/Eichingen, 1928 ; Kastner, 1962 인용)

　구속압에 의한 영향은 최대응력 (파괴) 이전 (pre－failure) 보다 최대응력 이후 (post－failure) 의 거동에서 뚜렷하다. 푸아송비가 0.5 이면 부피변화 (dilatancy) 없이 변형이 진행되는 소성변형 조건이 된다. 터널 굴착면에서는 구속압이 작아서 취성 거동하지만, 강도가 작은 암반에서는 변형률 경화가 일어나는 연성 거동할 수도 있다.

(2) 재하속도

재하속도가 느리거나 하중 유지시간이 길면 강도가 작게 측정된다. 그러나 통상적 암석 재하시험 속도 (수 $kgf/cm^2/sec$ 정도) 정도에서는 재하속도의 영향이 거의 없다. 재하속도가 늦을수록 소성변형에 근접하고 파괴되기까지의 변형이 커진다.

콘크리트에서는 재하속도가 늦을수록 소성변형에 근접하지만 압축강도 σ_{DB} 가 크리프 강도 보다 작지 않고 (그림 1.4.24a), 강도가 작을수록 재하속도 영향이 뚜렷하다 (그림 1.4.24b). 따라서 암반이 약할수록 재하속도의 영향이 클 것으로 예상된다.

Lauffer 지반분류 (터널크기-둘진면자립시간 관계) 에서는 지반이 약할수록 시간의 영향이 작은데 이는 Wésche 의 실험결과나 Bieniawski (1989) 의 이론과 정반대 경향이다. 이같이 상이한 경향을 보이는 것은 불연속면에 의해 강도가 작아지기 때문이다.

재하속도에 따라 강도편차가 큰 암반은 쉽게 파괴 (ductile failure) 되고, 강도편차가 작은 암반은 잘 파괴되지는 않으나 순식간에 파괴 (brittle failure) 된다. 터널에서는 변형에 의해 응력집중이 발생되어 실제 하중이 증가되어 주변지반이 순식간에 파괴되는 경우와 응력재분배에 의해 실제하중이 감소하여 주변지반이 파괴되지 않고 긴 시간동안 변형이 진행되는 경우 그리고 그 중간 경우가 있다.

암석은 재하속도가 늦을수록 응력-변형률 곡선이 완만해진다. 지질시대만큼 오랜 시간동안 변형되면 암석이 휘어지는 것을 지층 단면에서 쉽게 확인할 수 있다. 암석은 재하속도에 따라 강도뿐만 아니라 파괴형태도 달라진다.

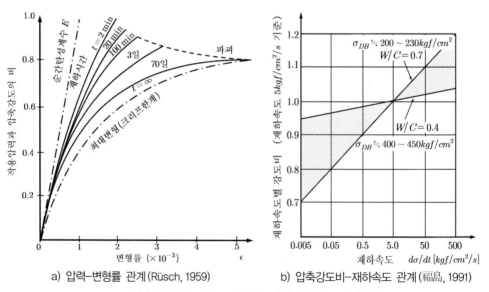

a) 압력-변형률 관계 (Rüsch, 1959)   b) 압축강도비-재하속도 관계 (福島, 1991)

그림 1.4.24 콘크리트 거동에 대한 재하속도의 영향

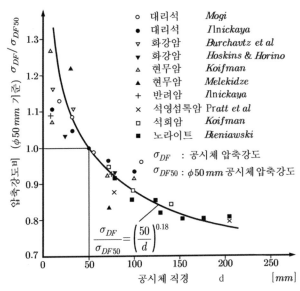

	대리석	*Mogi*
○	대리석	*Mogi*
●	대리석	*Ilnickaya*
▽	화강암	*Burchavtz et al*
▼	화강암	*Hoskins & Horino*
△	현무암	*Koifman*
▲	현무암	*Melekidze*
+	반려암	*Ilnickaya*
×	석영섬록암	Pratt *et al*
□	석회암	*Koifman*
■	노라이트	*Bieniawski*

σ_{DF} : 공시체 압축강도
σ_{DF50} : $\phi 50\,mm$ 공시체 압축강도

$$\frac{\sigma_{DF}}{\sigma_{DF50}} = \left(\frac{50}{d}\right)^{0.18}$$

그림 1.4.25 암석 공시체 치수에 따른 압축강도 (Hoek/Brown, 1980)

(3) 공시체 치수

공시체 단부의 마찰 때문에 공시체 치수는 강도에 영향을 미치고, 높이와 지름의 비가 커질수록 강도도 작아진다 (그림 1.4.25). 암석 공시체의 치수 (직경 d) 가 커지면 일축압축강도는 감소하며, Hoek/Brown (1980) 은 직경 $50\,mm$ 인 공시체 압축강도 σ_{DF50} 을 기준으로 다음 식을 제안하였다.

$$\frac{\sigma_{DF}}{\sigma_{DF50}} = \left(\frac{50}{d}\right)^{0.18} \tag{1.4.4}$$

(4) 공시체 단면형상

면적은 같지만 **단면 형상**이 원형, 정육각형, 정사각형, 정삼각형으로 다른 암석 공시체의 압축강도는 단면이 원형일 때 가장 크고, 모서리의 각도가 작을수록 작다. 각 기둥의 모서리는 하중을 지지하는 유효단면이 아니다 (그림 1.4.26).

(5) 공시체 표면형상

일반적으로 물체 표면과 내부는 재질이 같아서 강도나 영률이 같다고 가정하지만 실제로 재료의 표면에서는 결정 상호간섭이 한쪽에만 있어서 강도가 작다. 따라서 표면의 강도는 내부의 약 1/2, 모서리는 약 1/4 정도 밖에 안 된다. 콘크리트에서 성형한 공시체강도가 표면이 거칠고 골재가 표면에 노출된 코어강도보다 크다.

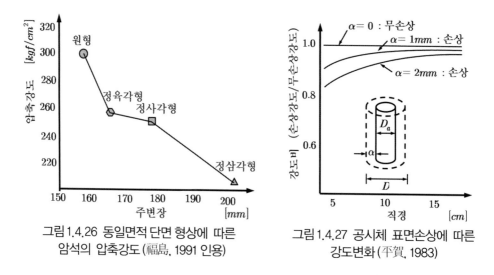

그림1.4.26 동일면적 단면 형상에 따른
암석의 압축강도 (福島, 1991 인용)

그림1.4.27 공시체 표면손상에 따른
강도변화 (平賀, 1983)

공시체의 표면은 내부보다 강도가 작고 일정한 두께까지 결손되어 있는 경우가 많기 때문에 공시체의 강도는 직경이 작을수록 작다 (그림 1.4.27). 코어링 할 때에 과도한 힘을 가하면 코어 강도가 실제 강도보다 작게 측정된다. 금속을 열처리하면 표면이 강화되어 전체 강도가 증가된다. 강선이나 섬유 또는 자기 그릇 등 표면강도가 내부강도보다 큰 재료에서는 표면적이 클수록 강도가 크다.

4) 암석의 강도시험

암석은 작은 변형에서 탄성거동하며, 변형이 증가하면 (접선) 강성도가 감소하고 결국 파괴되는데, 파괴 시 강성도가 재료의 강도이다. 절리가 있으면 암석은 강도가 크게 감소한다. 암석의 강도는 일축압축 또는 삼축 압축시험으로 구한다.

(1) 삼축 압축시험

삼축압축시험에서는 측압 $\sigma_2 = \sigma_3$ 을 가한 상태에서 시편단부가 평행한 ($0.02\,mm$ 정확도) 공시체를 축응력 σ_1 을 가하여 파괴시킨다. 삼축 압축시험은 von Karman (1912) 이 암석시험법으로 소개한 후 토질역학분야에서 자주 적용되고 있다. 측압은 $1\,GPa$ 까지 가하며, 공극으로 측액이 유입되지 않도록 고무나 구리 격막으로 시편을 방수하거나 고압에서 고점성을 유지하는 등유 등을 측액으로 사용한다.

축응력 σ_1 을 측압 $\sigma_2 = \sigma_3$ 보다 작게 감소시키면, 세 방향 모두 압축상태에서도 공시체가 축방향으로 늘어나므로 삼축 인장시험이 된다. 암석의 일축인장강도는 일축압축강도의 대략 $1/10 \sim 1/20$ 이다.

(2) 인장시험

인장시험에서는 응력과 변형의 균등한 분포를 구현하기 어려우므로 인장강도를 시험으로 결정하기 어렵다. 암석의 인장시험은 브라질리언 시험 (그림 1.4.28a) 이 자주 적용되고 있다. 인장강도 σ_{ZF} 는 파괴하중이 F_f 일 때 대략 다음이 된다.

$$\sigma_{ZF} = \frac{F_f}{2rl} \tag{1.4.5}$$

암석의 인장강도시험은 다음 종류가 있으나 각 시험마다 편차가 상당히 크다.

- 빔의 **4점 휨시험** : 공시체준비가 어렵고, 집중하중의 영향이 크다.
- 회전 원반시험 : Mohr 의 구심력 시험
- 직접인장시험 : 원주형 시편을 시험기에 부착하고 인장하는 신뢰성 있는 시험
- **Luong** 시험 : 상·하단에 원주형 구멍이 있는 원형 고리모양 시편 (그림 1.4.28b) 으로 시험하며 인장응력장이 균질하지 않아서 결과가 시편형상에 좌우된다.

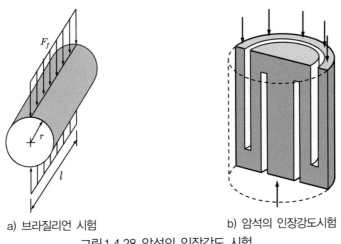

a) 브라질리언 시험   b) 암석의 인장강도시험

그림 1.4.28 암석의 인장강도 시험

대략적인 인장강도는 연약한 암석과 흙에서 다같이 **Mohr-Coulomb** 파괴조건으로 나타내며, 전단응력 τ 가 전단강도 τ_f 에 도달하면 암석은 파괴된다.

$$\tau_f = c + \sigma \tan\phi \tag{1.4.6}$$

여기에서 ϕ 는 내부마찰각이며 $25^o \sim 55^o$ 로 다양하고 c 는 점착력이다. 흙에서는 초기 개략치를 결정할 때에만 위 식을 사용할 수 있다. 실제 암석에서는 전단강도 τ_f 가 수직응력 σ 에 대해서 비선형적으로 증가하므로, 내부마찰각 ϕ 는 응력에 따라 다르고 수직응력 σ 가 증가하면 감소한다.

(3) 점 하중시험

점 하중시험은 큰 암편을 취득할 수 없는 절리암반의 암석강도를 구하기 위해 개발되었으며, 임의 형상 시편의 반대쪽 두 점에 압력을 가하여 파괴시키는 시험이고, 강도가 작은 ($\sigma_{DF} < 25MPa$) 암석에서는 적합하지 않다.

강도지수 I_s 는 암석의 분류에 이용하며, 파괴하중이 F_f 이고 가압점거리가 a 이면 다음 식과 같고, 이로부터 축차압축강도 q_u 를 경험적으로 추정 (표 1.4.14) 할 수 있다.

$$I_s = \frac{F_f}{a^2} \tag{1.4.7}$$

표1.4.14 경험적 압축강도와 점하중시험의 강도지수

q_u [MPa]	강도지수 I_s [MPa]	현 장 평 가	암 종
> 250	> 10	망치로 치면 단단한 소리가 나고 세 편으로 분리 된다.	현무암, 휘록암, 편마암, 화강암, 규암
100 ~ 250	4 ~ 10	망치로 몇 번만 쳐도 암을 쪼갤 수 있다	각석암,사암,현무암,반려암, 편마암,화강암,석회암,대리 암,유문암,응회암
50 ~ 100	2 ~ 4	망치로 쳐서 작은 조각으로 깰 수 있다	석회암, 대리암, 천매암, 사암, 점판암
25 ~ 50	1 ~ 2	지질망치 뾰족한 부분으로 세게 치면 5mm이상 들어간다. 표면을 칼로 홈집을 낼 수 있다	점판암, 석탄
5 ~ 25	-	칼로 자를 수 있다	석회암, 염암
1 ~ 5	-	망치로 쳐서 뭉갤 수 있다 강한 풍화암 일 수 있다	

5) Griffith의 이론강도

Griffith (1921) 는 취성물질의 강도는 미세한 틈의 존재에 의해 결정된다고 생각하고 틈을 타원형으로 가정하여 틈 주변의 응력분포를 탄성이론으로 계산하였다. 즉, 틈 자유면의 표면에너지는 틈이 커지면 증가하고, 틈 주변 응력장에서 포텐셜 에너지가 방출될 수 있으면 틈은 더 커진다고 가정하고 일축인장강도 σ_Z 를 계산하였다.

$$\sigma_Z = \sqrt{\beta_c \frac{E\alpha_c}{c}} \tag{1.4.8}$$

여기서 E 는 탄성계수, α_c 는 표면에너지 밀도, $2c$ 는 틈 길이, β_c 는 단위차원 상수이다. Griffith 이론은 잘 사용되지 않지만 여러 가지 연구의 기본이 되는 기초이론이다.

4.2 암반의 특성

암반은 각종 불연속면 (단층, 절리, 벽개 등) 으로 분리된 (공극이 액체 (물 등) 로 채워져 있는) 암석블록이 모여서 이루어지고, 불연속면이 닫혀 있거나 열려 있고, 열린 불연속면이 흙이나 지하수로 충전되어 있기 때문에 암반의 거동은 암석블록과 불연속면 및 지하수의 특성에 의해 결정된다.

터널의 굴착에 따른 암반의 거동은 암반의 지질구조 (4.2.1 절) 와 물리적 특성 (4.2.2 절) 에 의해서 결정된다.

암반 불연속면 (4.2.3 절) 은 암석의 강도 못지 않게 암반의 거동에 큰 영향을 미치므로 정확하게 객관적으로 정의하고 국제적으로 통용이 되는 방법으로 표시한다. 불연속면에서 인장력은 전달되지 않고 압축력과 전단력만 전달된다.

암반에서는 압축강도, 전단강도, 인장강도, 휨강도 등이 적용되며, 시험 방법이나 조건 및 암반상태에 따라 폭넓게 분산된다. 실제 암반은 삼축 응력상태이므로 삼축 압축시험하여 강도를 구할 필요가 있으나 비용과 시간이 많이 소요된다.

암반의 강도 (4.2.4 절) 는 유일한 값이 아니라 공시체의 치수나 모양은 물론 하중 조건과 불연속면 상태에 따라 다르다. 공시체 압축강도는 무결함 암일 때 가장 크고, 불연속면이 존재하면 감소하며, 불연속면이 특정 각도일 때 최소가 되고, 불연속면의 수가 증가하면 감소되어 수가 많으면 무결함 암의 강도특성이 나타나지 않는다.

암반은 종종 연속체로 모델링 (4.2.5 절) 하고 탄성이론으로 해석한다. 공학적 관점에서 암반이 연속체 또는 불연속체인지 (연속적 특성을 갖는 암반인지) 와 하나 이상의 변수가 무결함 암 상태에 존재하는 지를 판단해야 한다.

미시적으로 보면 암반은 서로 다른 블록들로 이루어져 있기 때문에 불연속체이지만 공학적 관점에서 볼 때 각 블록들이 무의미하면 하나의 연속체이며, 이때에는 탄성이론이 적합하다.

암석은 파괴될 때까지 응력과 변형속도에 따라서 취성 또는 연성으로 거동 (4.2.6 절) 한다. 구속응력이 작거나 재하속도가 빠르면 취성거동하고, 구속응력이 크거나 재하속도가 느리면 연성거동 한다.

4.2.1 암반의 지질구조

암반은 지질구조에 따라 강도와 변형성 및 투수성에 대한 이방성이 생긴다. 지질구조는 암반의 생성과정이나 생성 후 외력에 의해 형성되며, 대륙규모 부터 미세한 것까지 규모 (대규모, 중규모, 소규모) 가 다양하다.

1) 대규모 지질구조

- 구조선 : 지질구조를 구획하는 대규모 단층을 말하며, 구조선에서는 지반이 취약하고 산사태가 많이 일어난다.

- 습곡 : 층상구조를 갖는 암석이 지층방향 압축에 의해 구부러진 구조형태이며, 위로 오목하면 배사구조라 하고 아래로 오목하면 향사구조라 한다. 습곡축 부근은 변형이 집중되어 균열이 많기 때문에 취약하고 투수성이 높다.

- 부정합 : 상하지층의 지질시대가 연속적이면 정합이라 하고, 일부 지층이 침식·유실되어 연속되지 않으면 부정합이라 한다. 터널공사에 큰 영향을 미치지는 않지만, 흙 지반에서는 지하수 흐름경로나 피압수 발생의 원인이 된다.

2) 중규모 지질구조

- 단층 : 지반이 전단되어 생긴 불연속면이며 양쪽지반이 상대적으로 떨어져 있다. 전단 시 발생한 파쇄·열화나 그 이후의 풍화 등에 의해 취약해진 영역이 여러 개 모여 있으면 단층파쇄대라 한다. 단층파쇄대 내부는 점토화되거나 자갈상이나 파쇄되지 않은 부분이 있다. 역학적으로 저강도·고변형성이고 지하수가 있으면 돌발용수가 발생된다.

  단층 중에서 신생대 제 4 기 (150 ~ 200만년 이내) 에 기준 횟수나 강도 이상으로 활동한 흔적이 있어서 재발 가능성이 있다고 예상되는 단층을 지진단층 또는 활성단층 (4.2.3 절 참조) 이라고 한다.

- 심 (seam) : 규모가 작은 단층에서 만들어지고, 수 cm 두께 점토로 되어 있다. 긁힌 자국이 있고, 평활한 점토가 부착되어 매우 미끄러워서 경면 (slickenside) 이라 하며, 터널의 굴진면에서 문제가 될 수 있다.

3) 소규모 지질구조

암반에 존재하는 균열 또는 분리되기 쉬운 면을 지질학적으로 균열 또는 불연속면이라 지칭한다.

- 편리 : 변성암 특유의 불연속면이며, 높은 온도와 압력에 의한 변형이 원인이 되어 발생된다. 결정편암에서는 편리면이 얇은 판상으로 나타나는 경우가 많고 이방성이 현저하다.

- 층리 : 퇴적면이 보이는 퇴적암 내에 있는 불연속면을 말한다. 퇴적암은 층리면에 의해 이방성을 보인다.

- 절리 : 비교적 평활하고 규칙적으로 분포하는 균열을 말한다. 안산암이나 현무암 등 화성암의 생성 후에 온도 변화 즉, 냉각에 의한 수축으로 생긴 주상절리나 판상절리, 화강암의 방사상 절리가 있다. 퇴적암이나 변성암에서 나타나는 절리는 지각운동에 의해 생긴 균열이다.

암반의 조직 (단층, 습곡, 절리, 층리 등) 은 간격에 따라 표 1.4.15 와 같이 표현한다.

표1.4.15 암반의 조직

용 어	간 격 (spacing) [mm]
매우 두꺼움 (very thickly bedded)	2,000 <
두꺼움 (thickly bedded)	600~2,000
보통 (medium bedded)	200~600
얇음 (thinly bedded)	60~200
매우 얇음 (very thinly bedded)	20~60
엽층리 발달 (laminated)	6~20
얇은 엽층리 발달 (thinly laminated)	< 6

4.2.2 암반의 물리적 특성

암반의 특성은 암석블록과 불연속면 및 지하수의 상태에 의해 결정된다.

1) 암석블록의 상태

암반을 구성하는 암석블록은 불연속면을 경계로 접하고 있고, 암석형상 (조암광물, 구조·조직) 의 특성, 풍화·변질 및 속성작용 등의 정도에 따라 강도와 변형성이 결정된다.

(1) 풍화·변질 작용

암석은 주변 환경이나 구성물질의 특성에 따라 끊임 없이 변하며 (풍화·변질작용), 응력상태나 환경변화에 특히 민감한 암석 (이암, 사문암 등) 도 있다. 암석의 변화속도는 구조물 수명에 비해 무시할 수 있을 만큼 작으며, 그 변화속도가 빠르면 구조물의 수명 내에서 문제가 발생될 수 있다.

① 풍화작용 (weathering)

지표나 그 부근의 암석이나 광물은 열, 대기 (산소), 물 등의 영향에 의한 물리적 (흡수와 탈수, 온도나 응력의 변화 등) 또는 화학적 (수화, 산화, 이온교환 또는 용해 등) 작용에 의해 변질 (풍화) 된다. 화학적 또는 광물학적 조성이 변하지 않고 모암 조성 광물의 결합이 (열팽창계수가 달라) 붕괴되어 작은 크기로 파쇄 (disintegration) 되거나 (물리적 풍화작용) 조성이 변하며 (화학적 풍화작용), 대개 동시에 일어난다.

암석의 풍화산물이 원래 장소에 있는지 조사하고, 시굴 갱도를 굴착하여 직접 관찰하고 시료를 채취하며 풍화심도와 정도를 평가한다. 현장시험을 통해 암석의 **풍화대** 깊이는 탄성파 탐사 (굴절법) 로 암석의 물리적 성질변화를 파악하거나 비저항성을 측정 (비저항 탐사) 하여 확인한다. 암석의 **풍화정도**는 보통 5 ~ 6 가지로 구분한다 (Ramana 등, 1982).

② 변질작용

풍화는 지표에서 일어나는 변화이고, 변질은 지구내부에서 열·화학적 물질 등의 작용에 의해 일어나는 변화이다. 암석은 관입 후기에 수반되는 뜨거운 기체와 유체의 순환이나 풍화에 의해 변질될 수 있고, 풍화변질정도는 **풍화도**로 표현한다. 변질에 의해 생성된 점토광물을 포함하는 암석은 수분에 의해 부피가 팽창 (팽윤) 한다.

표 1.4.16 암석의 풍화정도

풍 화 정 도	기호(symbol)	특 징
풍화 잔류토 (Residual Soil)	W Ⅵ or RS	- 암석이 완전히 토층화 됨 - 원래의 암석조직이 완전히 파괴됨 - 부피가 증가됨
완전 풍화 (Completely Weathered)	W Ⅴ or CW	- 암석 전체가 토층화됨 - 모암의 조직과 구조는 남아 있음 - 풍화되지 않은 작은 핵석 (core stone) 이 발견됨
심한 풍화 (Highly Weathered)	W Ⅳ or HW	- 암석내부까지 풍화되어 암색이 변함 - 균열면은 벌어져 있고, 점토 등이 협재하며, 깊이 탈색/변질되어 있음 - 쉽게 부스러뜨릴 수 있음 - 핵석이 흔히 발달
보통 풍화 (Moderately Weathered)	W Ⅲ or MW	- 암색이 변함 - 표면부터 풍화 진행중 - 균열면은 벌어져 있고, 탈색·변질시작 단계임 - 손으로 부스러뜨릴 수 있음
약간 풍화 (Slightly Weathered)	W Ⅱ or SW	- 암색은 약간 변함 - 균열면은 약간 벌어져 있고, 약한 풍화 시작 - 암석은 풍화되지 않음 - 강도는 신선암에 비하여 크게 약하지는 않음
신선 (Fresh)	W Ⅰ or F	- 암색이 변하지 않음 - 강도가 손실될 정도의 풍화나 그 영향 흔적 없음

(2) 속성작용

암석이 풍화·변질작용에 의해 흙이 되기도 하지만, 반대로 흙 지반이 속성작용에 의해 다시 암석화 되기도 한다. 퇴적물 두께 증가 등에 의해 하중이 증가되어 흙이 압밀·고결·재결정 되어 암석화 되는 과정을 속성작용이라 하며, 구성 물질이 같더라도 속성작용 시간이 길수록 강하게 고결되어 미고결 상태의 연약한 흙 지반부터 완전 고결된 암석까지 매우 다양하다. 퇴적위치에 따라 입자크기가 다르고, 속성작용 시 받는 힘의 방향에 따라 광물배열이 변하여 이방성이 된다.

화성암이 풍화되면 대개 점토광물이 되므로, 모암이 화성암인 흙이 퇴적되어 형성된 퇴적암은 주로 석영과 점토광물로 구성된다. 점토광물은 마찰 저항력이 작고 친수성이 강하여 공학적 문제를 야기 시키는 경우가 많으며, 속성작용 과정에서도 (이암 등은) 점토의 특성을 많이 유지한다. 암석의 구성광물을 알면 정확한 역학적 특성을 구할 수는 없더라도 일반적 성질은 알 수 있다.

2) 불연속 상태

화성암과 같이 일정한 광물조직을 갖고 있는 암석은 균질하나, 쇄설 퇴적암 (역암, 집괴암 등) 은 암편의 집합체로 구성되어 있어서 불균질하다.

암반의 불연속성은 암석 구성입자 (광물) 의 특성에 따라 발생되는 미세한 불연속면이나 지반변형 등에 의해 발생되는 큰 불연속면 (층리, 편리, 절리, 단층 등) 에 의해 나타난다. 미세한 불연속면은 실제 구조물 규모에서는 문제가 안 되는 경우가 많으며, 대개 암반 내의 큰 불연속면이 실제 현장에서 문제가 된다.

불연속면은 절리와 단층이 대표적이며, 인접한 암괴가 상대적으로 이동한 불연속면을 단층 (fault) 이라고 이동하지 않은 접촉면을 절리 (joint) 라 한다. 절리 간격은 수 mm 에서 수 m 까지 다양하고 단층은 수 cm 에서 수 km 까지 간격을 보이고 규칙적으로 존재할 때가 많다. 구조물 크기보다 간격이 작은 불연속면은 그 간격이나 방향 및 공학적 특성이 구조물 거동에 지배적인 영향을 미칠 때가 많으므로 연속체로 취급하기에 부적합하다. 이때에는 절리와 단층을 포함하는 암반특성을 생각한다.

터널의 안정성은 터널과 불연속면의 교차방법이나 불연속면 경사에 따라 다르다. 그림 1.4.29a 와 같이 주향이 터널 축과 직교하는 불연속면은 터널진행방향의 반대방향으로 20 ~ 45° 경사지면 굴진면 안쪽으로 활동파괴의 원인이 되어 불리하다.

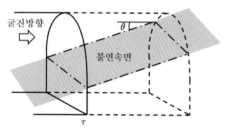 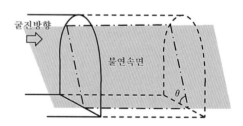

a) 불연속면 주향이 터널 축과 교차
굴진 반대방향 $\theta = 20^o \sim 45^o$ 경사 때 불리

b) 불연속면 주향이 터널 축에 평행
$\theta = 45° \sim 90°$ 경사 때 매우불리

그림 1.4.29 터널에 불리한 불연속면

그림 1.4.29b 와 같이 주향이 터널 축에 평행한 불연속면은 경사가 45 ~ 90° 이면 터널굴착 후 아치부에서 측벽으로 이어지는 붕괴 (그림 1.4.30) 의 원인이 될 수 있기 때문에 매우 불리하다.

단층이 터널 축과 저각도에서 교차할 때에는 그 영향이 길게 이어져서 좋지 않다. 또한, 터널진행방향으로 경사진 단층이나 불연속면은 작업장 위에서 나타나므로 위험하다 (그림 1.4.31). 불연속면의 주향과 경사 경향을 알면 굴진면에서 최초로 출연하는 지점을 예측하여 대비할 수 있다.

그림 1.4.30 불연속면에 기인한 붕괴

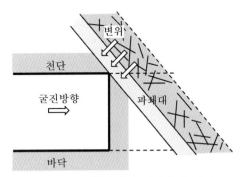

그림 1.4.31 천단상부 파쇄대의 붕괴

3) 지하수 상태

속성작용 단계와 풍화·변질작용 단계에서는 암석에 공극이 많이 발생되는데, 암석공극의 일부 또는 전부가 물로 채워지면 간극수압이 작용하거나 물이나 공기가 피압 상태로 되어 암석의 역학적 특성에 영향을 미친다.

부분적으로 점토가 충전되어 차수상태가 된 파쇄대 영역을 굴착하면 다량의 돌발용수가 발생하여 위험할 수 있으므로, 터널굴착 전에 수발용 우회 갱이나 보링 공을 굴착하여 배수시킨다. 지표와 주변지반으로부터 터널 내부로 유입되는 물의 수량을 예측하려면 암반의 투수성을 알아야 한다.

터널 시공방법은 시공 중 터널 내부로 유입되는 물의 수량을 고려해서 결정한다. 일반적으로 암반의 투수성은 균열에 의해 결정되지만 암종에 따라 원암의 투수성에 의해 결정될 수도 있다.

투수성은 다공질 재료의 독립상수이며, 기호는 K (대문자) 로 나타내고 길이단위이다. 지반 내에 존재하는 유체는 염분이나 기름 또는 가스 등을 포함할 수 있고, 구조물을 설치하는 거의 모든 지반이 담수를 포함한다.

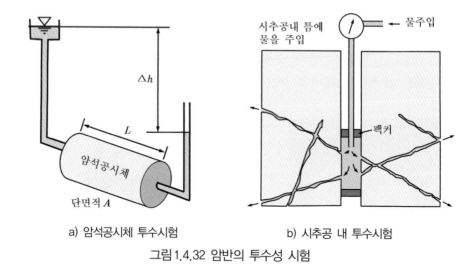

a) 암석공시체 투수시험　　　　　b) 시추공 내 투수시험

그림 1.4.32 암반의 투수성 시험

건설공학에서는 주로 **투수계수**를 사용하여 투수성을 표현한다. 투수계수는 기호 k (소문자) 로 표시하고 단위는 $[LT^{-1}]$ 이며, 때때로 수리전도계수라고도 불린다.

투수계수 k 와 **투수성 K** 사이에는 다음 관계가 성립되며,

$$k = K \gamma_w \eta_w \tag{1.4.9}$$

여기에서 γ_w 는 물의 밀도이고, η_w 는 물의 점성이다.

물이 다공성 재료를 통하여 층류로 흐르는 동안에, 동수경사 i 와 유량 q 의 사이에 **Darcy** 의 법칙이 성립된다.

$$q = kiA \tag{1.4.10}$$

여기에서 A 는 흐름단면적, i 는 동수경사 (유로의 단위길이 당 압력차이) 이다.

투수계수는 공시체 (균열패턴의 차이 때문에 보통 원암을 사용) 로 실내시험하거나 현장 시추공에서 시험하여 측정한다 (그림 1.4.32).

암반의 투수성은 펌프시험으로 결정한다. 굴착이 진행됨에 따라 국부적 투수성이 증가되고 불연속면을 따라서 응력이 해방되거나 발파에 의하여 광범위하고 새로운 균열이 발생할 수 있다. 3 차원 불연속면 망 내에서 투수는 방향성을 가질 수 있다. 투수성은 연속적이다.

아래의 표 1.4.17 은 원암과 균열암반의 투수계수의 범위를 보여준다.

표1.4.17 암석과 암반의 투수계수

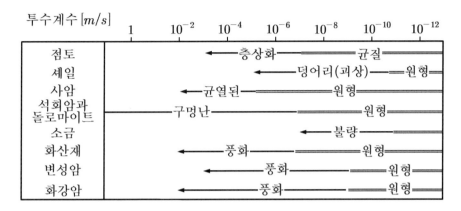

암반의 투수계수는 불연속면의 형상과 상태에 따라 크게 변한다. 공시체의 크기 효과와 불연속면의 연속성 및 불연속면내에서 물의 흐름 여부는 로즈 다이어그램 (rose diagram, 그림 1.4.33) 을 통해서 알 수 있다.

연결된 불연속면의 갯수가 많고 투수성이 안정된 절리방향의 갯수가 많은 암반일 수록 투수성이 등방성에 가까워진다. 따라서 공시체의 크기가 크거나 암반에 존재 하는 불연속면의 갯수가 많을수록 투수성이 안정된 연결절리가 많이 존재할 확률이 높기 때문에 암반의 투수성이 등방성에 가깝게 된다.

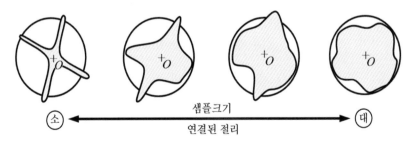

그림 1.4.33 불연속면과 투수성 (rose diagram)

4.2.3 암반의 불연속면

암반의 불연속성은 암석강도 못지않게 암반거동에 큰 영향을 미치므로 불연속면은 객관적으로 정의하고 국제적으로 통용되는 방법으로 표시한다. 불연속면의 강성은 응력의 전달이나 분포는 물론 굴착 및 지보방법에 영향을 미친다. 불연속면의 전단 거동은 불연속면 요철을 삼각형 등으로 이상화하여 해석한다. 불연속면에서는 인장력은 전달되지 않고 압축력과 전단력만 전달된다.

1) 암반의 불연속성

암반은 불연속면에 의해 분리된 암석으로 구성된 불연속체이다. 암석은 수많은 미세균열을 갖고 있는 불연속체이지만 일상적 건설규모로 보면 연속체로 취급할 수 있는 경성 지반 덩어리이다. 불연속면은 암석생성과정에서 생기는 층리면 (bedding), 벽개면 (cleavage), 편리면 (schistosity) 과 부정합 (unconformity) 은 물론 조산운동에 의한 단층 (fault) 과 습곡 (folding) 에 의해 생기는 절리 (joint) 와 파쇄대 (fracture zone) 등이 있고 규모와 특성이 매우 다양하다. 일상 규모의 구조물에서는 간격 수 $cm \sim$ 수 m 인 불연속면이 (영향이 가장 크므로) 관심의 대상이다.

암반의 균열 상태는 다음의 값으로 표현한다.
- **TCR (Total Core Recovery)** : 전체 코아 회수율이며, 코어 굴진한 전체길이에서 회수된 길이의 백분율이다.
- **SCR (Solid Core Recovery)** : 회수된 고체 코어의 백분율
- **RQD (Rock Quality Designation)** : 100 mm 보다 길게 회수된 코어의 백분율
- **FI (Fracture Index)** : 신선한 암석 코어 조각에서 단위 굴진길이 당 균열의 갯수 이며, 코어가 조각나 있을 경우에는 **NI (Non-Intact)** 라고 표시한다.

불연속면은 구조물의 거동에 큰 영향을 미치며 그 역학적 특성은 생성원인은 물론 생성 후 기상이나 지질조건 변화에 의한 풍화나 변성정도와 관련이 있다.

불연속면은 생성된 후 상대적 이동이 없었던 것 (절리) 과 일어났던 것 (단층) 이 있다. 단층은 상대적 이동으로 인해 면이 파쇄되거나 경면 (鏡面, slickenside) 화되어 있어서 많은 문제발생의 원인이 될 경우가 많다. 특히 현재 **활동중**이거나, 과거 **35,000** 년 이내 한 번 이상, 과거 **50,000** 년 이내 두번 이상, 중소지진 (진도 **4~5**) 이 **2** 회 이상, 미소지진 (진도 **1~3**) 이 빈번히 일어난 적이 있는 단층은 장래에 활동할 가능성 있어서 (활성단층) 가장 주의해야 할 불연속면이다.

2) 암반 불연속면의 표시

암반은 신선암석의 특성은 물론 불연속면과 누수 등을 고려하여 표기하며, 지질 구조와 불연속면 특성은 등급화해서 표현한다. 국제암반공학회 (ISRM International Society of Rock Mechanics) 는 암반불연속면의 공학적 특성을 평가하기 위해 불연속면의 거동이나 암반특성에 영향을 미치는 10 개의 불연속면 표시항목을 제안하였다.

- 방향성 (orientation)
- 간격 (spacing)
- 연속성 (persistence)
- 거칠기 (roughness)
- 벌어짐 (aperture)
- 간극의 충전물 (filling)
- 절리면의 강도 (wall strength)
- 침투성 (seepage)
- 절리군의 수 (number of sets)
- 암괴의 크기 (block size)

(1) 방향성 (orientation)

불연속면의 방향성은 클리노미터로 측정하여 주향과 경사로 나타낸다. 주향 (strike) 은 불연속면과 수평면의 교선이 진북과 이루는 시계방향 각도이며, 경사 (dip) 는 불연속면이 수평과 이루는 최대각도 (주향에 직각방향의 경사) 이다. 가장 탁월한 불연속면의 분포와 개요는 스테레오 투영법 (stereo projection) 으로 파악한다. 주향은 항상 3 자리로 경사는 2 자리 숫자로 표시한다 (예, 050/60).

(2) 간격 (spacing)

불연속면 간격은 인접한 불연속면 간의 거리이며 암석코어나 노두에서 측정하고, 단일 절리계 (set) 내 불연속면의 간격이나 한 측선에 있는 모든 불연속면의 평균 간격 이다. 암반에는 평행한 불연속면들로 구성된 절리계가 다수 존재할 수 있고, 한 절리계 내에서는 불연속면 간격이 규칙적인 경우가 많다. 불연속면의 간격이 크면 대개 불연속면에서 활동파괴 되지만, 불연속면의 간격이 작고 절리계가 많으면 파괴 거동이 전체적으로 분포되어 일어난다. 암반 절취면이나 터널 굴진면에서 드러난 불연속면 간격은 실제보다 크므로 불연속면의 방향에 대한 보정이 필요하다.

ISRM 에서는 불연속면의 간격을 다음 표 1.4.18 과 같이 정성적으로 「극히 촘촘한 - 매우촘촘한 - 촘촘한 - 보통 - 넓은 - 매우 넓은 - 극히 넓은」 간격으로 표현하고 있다.

표 1.4.18 절리간격의 등급표현

표 시 방 법	간 격 [mm]
극히 촘촘한 간격 (extremely close spacing)	< 20
매우 촘촘한 간격 (very close spacing)	20 ~ 60
촘촘한 간격 (close spacing)	60 ~ 200
보통 간격 (moderate spacing)	200 ~ 600
넓은 간격 (wide spacing)	600 ~ 2000
매우 넓은 간격 (very wide spacing)	2000 ~ 6000
극히 넓은 간격 (extremely wide spacing)	6000 <

(3) 연속성 (persistence)

불연속면은 폐쇄된 것과 연속된 것이 있으며, 외력이 작용하면 연속 불연속면은 상대적으로 운동하고 폐쇄 불연속면은 더욱 확장되거나 연속 불연속면이 된다.

불연속면의 연속성은 암반의 거동에 영향을 미치는 중요한 요소이며 연속성이 강할수록 불연속면 영향이 크다. 불연속면의 연속성은 구조물의 크기에 대해 상대적으로 검토한다. ISRM 에서는 노두에서 측정한 대표길이에 따라 불연속면의 연속성을 「매우 낮은 - 낮은 - 보통 - 높은 - 매우 높은」 연속성으로 나타낸다 (표 1.4.19).

표 1.4.19 불연속면 연속성의 등급

표 시 방 법	길 이 [m]
매우 낮은 연속성 (very low persistence)	< 1
낮은 연속성 (low persistence)	1 ~ 3
보통 연속성 (medium persistence)	3 ~ 10
높은 연속성 (high persistence)	10 ~ 30
매우 높은 연속성 (very high persistence)	30 <

(4) 거칠기 (roughness)

불연속면은 다양한 조도를 가지며, 작은 규모는 거칠기라 하고 큰 규모는 파동 (undulation) 이나 만곡이라 한다. (조도에 따라 전단저항이 다르므로) 조도는 역학적으로 매우 중요한 특성이어서 이를 정량적으로 표현할 필요가 있다.

불연속면에서는 인장응력이 전달되지 않고 압축력과 전단력만 전달되며, 전단에 대한 저항력은 불연속면에 작용하는 수직력은 물론 그 성상과 거칠기에 의해 결정된다. 불연속면 성상은「밀착된 것, 틈이 벌어진 것, 틈에 파쇄물이나 점토 등이 충진된 것, 요철로 맞물린 것, 평활한 것, 경면인 것」등 매우 다양하다. 불연속면 거칠기는「계단상 - 거친 - 보통 거친 - 약간 거친 - 부드러운 - 광택상」으로 나타낸다.

표1.4.20 불연속면의 조도(거칠기)

용 어	거 칠 기
계단상 (R1)	균열면에 거의 수직으로 계단모양과 굴곡이 형성된 유형 평탄상
거 침 (R2)	크고, 각진 거칠기가 관찰되는 유형 평탄상 물결상
보통거침 (R3)	거칠기가 명확히 관찰되고 단열면의 연마성이 보이는 유형 평탄상 물결상
약간거침 (R4)	작은 거칠기가 관찰되거나 감지되는 유형
부드러움(R5)	거칠기가 없거나 부드럽게 감지되는 유형 평탄상 물결상
광 택 (R6)	극단적으로 부드럽고 광택이 나는 유형

(5) 틈새 (aperture)

불연속면의 틈새 (벌어짐, 개구) 는 양쪽 벽사이의 거리이며, 불연속면의 수직방향으로 인장력이 작용하거나, 암석이 용해되거나, 요철이 어긋나거나, 전단변위발생이나, 절리 충전물이 씻겨나가서 생기며, 공기나 물 또는 충전물로 채워져 있고, 벌어짐이 클수록 암반의 변형계수가 작아지고 투수성이 커진다. 불연속면이 벌어진 상태이면 불연속면이 닫혀질 정도로 지반응력이 크지 않기 때문이며, 지표면에 가까울수록 열려져 있고 깊을수록 닫혀져 있다. ISRM 에서는 벌어진 정도를 표 1.4.21 과 같이「매우밀착 - 밀착 - 부분 열림 - 열림 - 보통 열림 - 넓음」으로 정하고 있다

표1.4.21 벌어진 정도의 표현

구 분	벌어진 정도	벌어진 크기 $[mm]$
폐쇄형 [closed features]	매우 밀착됨 (very tight)	< 0.1
	밀착됨 (tight)	$0.1 \sim 0.025$
	국부적으로 벌어짐 (partly open)	$0.25 \sim 0.05$
틈새형 [gapped features]	벌어짐 (open)	$0.5 \sim 2.5$
	보통 넓이로 벌어짐 (moderately)	$2.5 \sim 10$
	넓게 벌어짐 (wide)	$10 <$

(6) 불연속면 충진물 (filling)

불연속면은 형성과정 동안은 물론 형성 이후에도 열수나 물에 의해 방해석, 녹니석, 점토, 실트. 토사 등이 침착되거나 채워져 있는 경우가 있다. 이들 충진물은 종류, 입경, 입도, 함수비, 투수계수, 두께에 따라 암반의 전단강도에 큰 영향을 미친다.

(7) 불연속면의 강도 (wall strength)

불연속면의 역학적 거동은 불연속면의 강도에 의해 지배된다. 불연속면은 형성과정에서 기계적으로 파괴되거나 열수 등에 의해 변질되어 암괴 내부보다 재질적으로 약할 가능성이 있다. 불연속면의 상태는 시료를 채취해서 실험을 통해 파악하며 「신선한 - 약간 풍화된 - 중간정도 풍화된 - 완전 풍화된 - 파쇄된」 등으로 표현한다.

(8) 불연속면의 투수성 (seepage)

불연속면의 누수는 대개 건조한 상태 (dry), 젖은 상태 (damp/wet), 흐르는 상태 (seepage present)로 나타내고, 흐르는 물의 양을 $[l/sec]$, $[l/min]$ 로 표시한다.

암반 내 물은 주로 불연속면을 통해 흐르므로 그 흐름 특성은 불연속면 상태에 의해 결정된다. 용수상황은 지형적 특성과 강우영향에 유의하여 판단하며 지표수위 변동의 영향을 받는 불연속면은 대개 산화되어 적갈색을 띤다.

불연속면에서의 물 상태는「건조하여 물이 안 번짐 - 물이 번짐 - 물이 방울짐 - 용수 있음 - 용수가 압력을 갖고 분출」등으로 표현한다.

(9) 절리계의 수 (number of sets)

암반을 구성하는 신선한 암괴가 파괴되지 않고 일으킬 수 있는 변위는 절리계의 갯수로 판정할 수 있다. 절리계의 수가 많으면 변위에 대한 자유도가 크다.

(10) 암괴의 크기 (block size)

암괴의 형상은 입방형, 평행육면체, 판자형 등 매우 다양하며, 암괴 크기에 따라 「대괴상 (massive) - 괴상 (blocky) - 평판상 (tabular) - 주상 (columnar) - 불규칙상 (irregular) - 파쇄상 (crushed)」등으로 표현한다.

불연속면의 간격과 방향을 알면 불연속면에 의해 분리된 암괴의 크기를 추정할 수 있다. 암괴가 크면 이완영향이 적고 변형도 제한적으로 일어나지만, 터널 천정에 있는 불연속면에서 분리되어 큰 낙반이 생길 수 있다. 반면에 작은 암괴는 불연속면에서 미끄러지거나 회전하면서 파괴된다.

암괴의 크기는 단위체적 당 횡단 절리수 J_r (각 절리계의 단위길이 당 절리수의 합)로부터 「매우 큰 - 큰 - 중간 크기 - 작은 - 매우 작은」 블록으로 나타낸다 (표 1.4.22).

표 1.4.22 암괴의 크기

블록의 크기	J_r [절리 갯수 / m^3]
매우 큰 블록 (very large blocks)	$J_r < 1.0$
큰 블록 (large blocks)	$1 \sim 3$
중간크기 블록 (medium-sized blocks)	$3 \sim 10$
작은 블록 (small blocks)	$10 \sim 30$
매우 작은 블록 (very small blocks)	$30 < J_r$

3) 불연속면의 강성

불연속면의 강성은 물리적 특성이나 투수성과 함께 응력의 전달이나 분포는 물론 굴착방법이나 지보방법에 큰 영향을 미치는 중요한 특성이다.

불연속면의 강성은 불연속면에서 응력-변위 관계곡선의 기울기로 정의하여 수직강성 K_n 과 전단강성 K_s 로 표시하지만 실제로는 상수가 아니다 (그림 1.4.34).

암반의 탄성계수는 불연속면의 강성으로부터 구할 수 있으며, 불연속면의 빈도가 높고 수직강성 K_n 이 작을수록 작다 (그림 1.4.35). 암반의 탄성계수는 불연속면의 10가지 특성 모두에 의해 영향을 받기 때문에 개별적 영향을 분석하기가 어렵다. 따라서 암반의 탄성계수는 원칙적으로 원위치에서 측정하며, 원위치 암반의 탄성계수는 그 크기가 대개 신선한 암석 탄성계수의 약 1/10 정도이다.

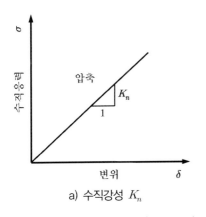
a) 수직강성 K_n

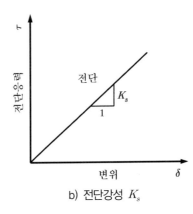
b) 전단강성 K_s

그림 1.4.34 수직강성과 전단강성의 정의

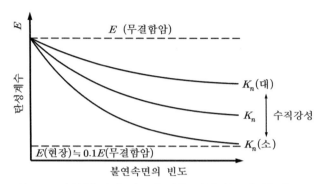

그림 1.4.35 불연속면의 빈도에 따른 탄성계수 변화추이

4) 불연속면의 전단거동

(1) 요철형 불연속면의 전단거동

암반 불연속면의 요철은 암반의 전단강도와 변형특성에 직접적인 영향을 미친다. 요철정도는 활동방향을 기준으로 측정하며, 전단방향이 불명확하면 요철정도를 면적으로 표시한다. 요철은 「계단모양 (stepped) - 파동모양 (undulating) - 평활한 모양 (planner)」이 있고, 불연속면 표면은 「거친 것 - 매끄러운 것 - 경면인 것」이 있어서 이들을 조합하여 표면상태를 나타낸다. 암반의 전단강도는 불연속면의 표면이 거칠고 계단모양일 때 가장 크고, 경면 (slickenside) 이고 평활할 때에 가장 작다.

요철형 불연속면의 전단거동은 요철형상을 삼각형으로 이상화 (그림 1.4.36) 해서 해석한다. 불연속면의 하부암괴 B 를 고정한 상태에서 상부암괴 A 를 수평으로 밀면 상부암괴는 경사 i 인 요철의 ⓐ 면을 따라서 미끄러져 올라가서 수직으로 상승하고 동시에 반대 측 ⓑ 면은 틈이 벌어져서 전체부피가 증가한다. 이때 ⓐ 면에서 전단응력 τ_a 는 수직응력 σ_a 와 내부마찰각 ϕ 로 표현하고 (그림 1.4.37 직선 ①), 점착력은 추가한다.

$$\tau_a = \sigma_a \tan\phi \qquad\qquad (1.4.11)$$

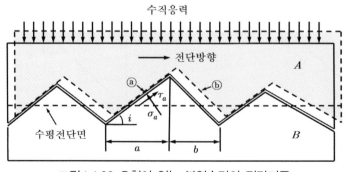

그림 1.4.36 요철이 있는 불연속면의 전단거동

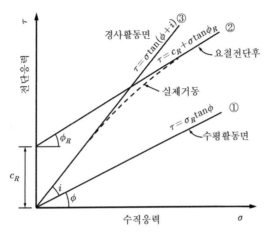

그림1.4.37 요철 있는 불연속면의 전단저항

그런데 ⓐ 면은 전단방향 (수평) 에 대해 각도 i 만큼 경사져 있어서 수평 전단응력 τ 와 수직응력 σ 는 다음 관계 (그림 1.4.37 직선 ③) 가 되어 전단 저항각이 i 만큼 커진다.

$$\tau = \sigma \tan(\phi + i) \tag{1.4.12}$$

볼트를 불연속면에 수직으로 설치하여 불연속면의 벌어짐을 구속하면 수직응력 σ 가 커져서, 상부암체 A 가 요철을 따라 활동하지 못하고 모암이 전단되어야 활동할 수 있다. 따라서 볼트는 불연속면 벌어짐 방지와 활동 방지에 효과가 크다.

전단저항응력은 점착력 c_R 과 내부마찰각 ϕ_R 로부터 구한다 (그림 1.4.37 직선 ②).

$$\tau = c_R + \sigma \tan \phi_R \tag{1.4.13}$$

위 3 가지 식을 도시하면 그림 1.4.37 과 같으며, 실제의 거동은 직선 ① 에서 직선 ③ 을 거쳐서 직선 ② 로 서서히 전환되므로 결국 점선이 된다. 이로부터 초기응력이 크면 불연속면의 영향이 작은 것을 알 수 있다.

(2) 절리면의 마찰

절리면의 최대 전단력 T_f 는 수직력 N 에 비례하여 $T_f = \mu_f N$ 이며, 비례상수 즉, 마찰계수 μ_f 는 N 과 무관하다. 암석에서 $\mu_f = 0.4 \sim 0.7$ 이고, 건조한 석영이나 방해석은 $\mu_f = 0.1 \sim 0.2$ 로 더 작다 (엄밀히 말하면 T_f 는 N 과 비선형 관계를 나타낸다).

$$\tau_f = c + \mu_f \sigma \quad (엄밀해 \ \tau_f = \mu_f \sigma^n) \tag{1.4.14}$$

절리면 거칠기는 마찰계수에 영향을 미치고, 마찰계수는 상대변위로 인해 생성된 광물분말에 의해 변하므로, 새로 생긴 전단파괴면의 마찰계수는 $\mu_f = 0.6 \sim 1.0$ 이다. 절리에 압력 p_w 인 절리수가 있으면 마찰력은 유효수직응력에 의하여 결정된다.

4.2.4 암반의 강도

암반의 강도는 불연속면 상태, 공시체 크기, 하중조건, 응력상태 등에 따라 다르므로, 원위치시험을 토대로 경험적으로 평가해야 한다. 암반은 불연속면의 개수가 많을수록 강도가 작고, 응력-변형률 관계곡선이 완만하게 된다 (그림 1.4.38). 암반의 변형능력은 불연속면의 특성과 조합에 따라서 다르기 때문에, 암반 강도는 대형실내실험이나 현장실험을 수행하고 역계산해서 구하거나, 경험값에 의존해서 구한다.

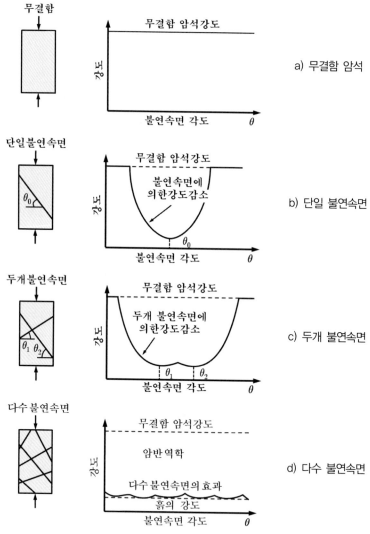

그림 1.4.38 불연속면의 개수에 따른 강도의 변화

1) 불연속면에 따른 강도의 변화

암반 불연속면은 항상 서로 완전하게 접속해 있지는 않으며, 물이 자유롭게 흐를 수 있는 것이 아니다. 암반의 거동특성은 그 구조와 원위치 응력 및 암반 내 물의 흐름특성의 상호작용에 의해 결정된다. 석회암과 이암 등 연성암은 시공에 의하여 교란된 후 그 특성이 시간에 따라 변하고, 공기나 물에 접해 있거나 응력이 변하면 열화되어 계산강도보다 작아진다.

2) 암반의 응력-변형률 관계

암반과 암석의 역학적 특성 (변형, 강도, 파괴양식) 은 원주형 공시체로 시험하여 결정하며 (그림 1.4.39 및 그림 1.4.40), 불규칙한 모양의 공시체로 시험할 수 있는 간이 시험방법 (point load test 등) 들이 개발되어 있다.

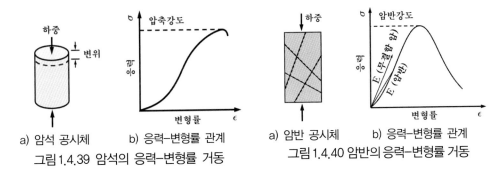

a) 암석 공시체   b) 응력-변형률 관계
그림 1.4.39 암석의 응력-변형률 거동

a) 암반 공시체   b) 응력-변형률 관계
그림 1.4.40 암반의 응력-변형률 거동

암석 공시체는 재하하면 급격하게 파괴되지만, 원위치 암석은 완만하게 파괴된다. 과거에는 암석이 원래 급격히 파괴되는 것으로 생각하고 최대강도 도달 직후까지만 측정하였으나, 경계조건에 따라 급격히 파괴되지 않을 수도 있다. 외력에 대한 암반의 최대저항력 (강도) 은 유일한 값이 아니라 하중조건과 응력상태에 따라 다르며, 암반에 따라 $1 \sim 300\ GPa$ 까지 크게 변한다.

암반의 영률 (Young's Modulus) 은 응력-변형률 곡선의 파괴 전 상태로부터 측정하며, 같은 종류의 암석에서는 비교적 유사하고 강도에 따라 다르다. 암반 성질은 측정치가 실제와 다를 수 있고, 실험방법 또는 공시체 형상에 따라 다르므로, 암반 시험은 시험의 절차와 규격이 중요하다.

암석의 파괴 후 거동은 암석을 최대강도 이후까지 재하해야 알 수 있다. 그런데 시험기가 연성이면 그림 1.4.19c 와 같이 시험기에 의하여 변형에너지가 급격히 해방되면서 파괴되므로, 암반역학 시험기는 강성이 커야 한다.

3) 암반의 변형능력과 강도 관계

암반은 불연속면을 갖는 암석이며, 암석의 구성광물은 물론 (형상과 배치가 복잡한) 불연속면의 특성과 조합에 의해 그 특성이 좌우된다. 암반은 상재하중보다 응력상태의 변화에 의하여 반응하므로, 원위치 시험을 토대로 경험적 수단 (암반분류법 등) 도 고려하여 그 특성을 검토한다. 암반은 균일하게 변형해야 균일하게 파괴된다.

암반과 암석의 응력-변형률 곡선은 서로 다르다. 암반의 변형계수와 최대강도는 암석 보다 작다. 암반의 변형계수는 (불연속면의 형상과 배치가 다르므로) 공시체의 치수에 따라 변하고, 재현성이 확보되는 공시체의 크기는 실제로 매우 커서 원위치 시험이 필요할 경우가 많다. 원위치 시험은 수행하기가 불가능하지는 않으나 많은 경비가 소요된다.

공시체의 변형은 크기가 작기 때문에 이로부터 전체 강도를 구하기 어렵고, 실제 암반은 파괴시키기가 쉽지 않다. 규모가 작으면 고압의 dilatometer 나 Goodman 의 보링공 재하 잭을 이용하여 변형계수를 구할 수 있으나, 이들은 인접한 불연속면에 의해 큰 영향을 받는다.

암반분류법을 이용하면 변형계수 측정치를 보완하고 암반의 변형성을 평가할 수 있다. 암반의 분류체계는 특별한 체험을 토대로 한 것이므로 선례가 없는 환경에 적용하는 경우에는 주의가 필요하다. Bieniawski 법 (1974) 은 암반의 5 가지 특성에 따라 암반등급 RMR 을 규정하고 있다. RMR 은 최대치 (가장 견고한 암반의 경우) 가 100 이며, RMR 로부터 원위치 변형계수 E_{IP} 를 개략적으로 산출할 수 있다.

$$E_{IP} \simeq 2RMR - 100 \ [GPa] \tag{1.4.15}$$

(1) 암반과 공동의 상대규모

암반의 거동은 불연속면의 간격과 굴착규모에 따라서 변화한다. 동일한 암반에서 같은 형식으로 굴착하더라도 굴착규모가 크면 더 많은 암괴가 낙하되므로 큰 공동을 굴착하는 것이 작은 공동을 굴착하는 것보다 쉽고, 지하공동은 보링공보다 훨씬 불안정하다 (그림 1.4.41). 터널 안전성은 굴착규모와 불연속면 간격의 비에 의존한다.

암반은 불연속면의 빈도가 높아질수록 그 거동특성이 암석 (균질한 등방성 재료로 거동) 의 거동특성에 근접하며, 불연속면의 빈도가 극한적으로 높아지면 흙 지반과 유사한 거동 즉, 균질한 등방성 재료의 거동을 보인다.

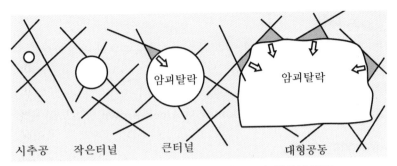

그림1.4.41 굴착규모에 따른 지하공동의 안정성 변화

(2) 심도에 따른 지반파괴형상

터널 굴착면은 공사 환경 (규모, 깊이, 지하수 유무, 기타) 에 따라 2 가지 양상 즉, 굴착에 의해 천정이나 측벽의 블록들이 탈락하는 블록파괴나, 굴착에 의해 유발된 응력이 국부적으로 암반강도에 도달하여 파괴되는 응력파괴 형태로 일어난다.

지표에 가까울수록 응력은 작고 불연속면 빈도가 높은 경향이 있어서, 블록파괴가 일어나기 쉽다. 심도가 깊을수록 균열간격은 감소하나 응력은 증가하므로, 깊은 곳에서는 대개 응력파괴가 일어나고, 불연속면이 있으면 발생하기 쉽다 (그림 1.4.42).

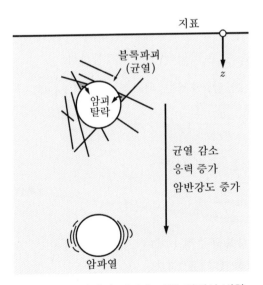

그림1.4.42 터널의 깊이에 따른 안정성 변화

4) 암반의 강도 결정

암반강도는 현장 실험하여 구하며, 암석일축압축강도로부터 경험적으로 구할 수 있다.

(1) 경험적 암반강도

암반강도는 경험적으로 **Protodyakonov** 나 **Hoek-Brown** 방법으로 구할 수 있다.

① Protodyakonov 방법

Protodyakonov 는 모서리의 길이 d 인 정육면체 암석공시체에 대한 일축압축강도 σ_{D6} 와 암석의 일축압축강도 σ_{DF} 의 관계를 제시하였다 (a 는 절리의 간격).

$$\frac{\sigma_{D6}}{\sigma_{DF}} = \frac{d/a + m}{d/a + 1} \tag{1.4.16}$$

여기에서 m 은 경험적 감소계수이고 일축압축강도 σ_{D6} 가 $75\,MPa$ 보다 큰 암석에서는 $m = 2 \sim 5$ 이고 $75\,MPa$ 보다 작은 암석에서는 $m = 5 \sim 10$ 이다.

② Hoek-Brown 방법

Hoek/Brown (1980) 과 **Hoek** (1983) 은 최대 주응력 σ_1 과 최소 주응력 σ_3 및 일축압축강도 σ_{DF} 로부터 암반 파괴기준을 공식화 하였다 ($c > 0$). 최초의 Hoek-Brown 파괴식은 콘크리트 블록과 열처리한 대리석 및 절리 안산암에 대한 삼축시험결과로부터 도출했기 때문에 절리 있는 연암에 적합하여 얕은 터널에 알맞다. 따라서 암반이 취성거동상태에 있는 깊은 터널에서는 부적합하다.

절리가 없는 암석 (신선암) 에서는 파괴조건 (그림 1.4.43) 이 다음 곡선식이 되며,

$$\frac{\sigma_1}{\sigma_{DF}} = \frac{\sigma_3}{\sigma_{DF}} + \sqrt{m\frac{\sigma_3}{\sigma_{DF}} + 1} \tag{1.4.17}$$

절리가 있는 암반에서는 다음이 된다.

$$\frac{\sigma_1}{\sigma_{DF}} = \frac{\sigma_3}{\sigma_{DF}} + \sqrt{m\frac{\sigma_3}{\sigma_{DF}} + s} \tag{1.4.18}$$

위 식의 m 과 s 는 항복규준정수이며 경험적인 값이고, RMR 과 암석계수 m_i 로부터 다음 식으로 결정하였다 (표 1.4.23).

$$
\begin{aligned}
m &= m_i\, e^{(RMR - 100)/14} \quad \text{(거친 암반)} \\
s &= e^{(RMR - 100)/6} \\
m &= m_i\, e^{(R - 100)/28} \quad \text{(거칠지 않거나 맞물린 암반)} \\
s &= e^{(RMR - 100)/9}
\end{aligned} \tag{1.4.19}
$$

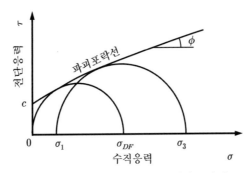

그림 1.4.43 신선암의 곡선파괴포락선

Hoek/Brown 등 (2002) 은 초기파괴규준을 일반화시켜서 다음 식을 제안하였으며,

$$\frac{\sigma_1}{\sigma_{DF}} = \frac{\sigma_3}{\sigma_{DF}} + \left(m_b \frac{\sigma_3}{\sigma_{DF}} + s \right)^a \tag{1.4.20}$$

위 식의 항복규준정수 m_b 와 s 는 RMR 대신 지질강도지수 **GSI** (Geological Strength Index) 와 암반 교란지수 **D** (Disturbance Factor) 로 나타내었다.

$$m_b = m_i \, e^{(GSI-100)/(28-14D)}$$
$$s = e^{(GSI-100)/(9-3D)}$$
$$a = \frac{1}{2} + \frac{1}{6} \left[e^{-GSI/15} - e^{-20/3} \right] \tag{1.4.21}$$

이때 암석계수 m_i 는 무결함 암석으로 삼축 압축시험하여 다음 식으로 구한다.

$$m_i = \frac{1}{\sigma_{DFi}} \left[\frac{\sum \sigma_{3i}\sigma_{1i} - \frac{1}{n} \sum \sigma_{3i} \sum \sigma_{1i}}{\sum \sigma_{3i}^2 - \frac{1}{n} \left(\sum \sigma_{3i} \right)^2} \right] \tag{1.4.22}$$

암반의 탄성계수 **E** 는 RMR 값으로부터 개략적으로 추정할 수 있다.

$$E \simeq 2\,RMR - 100 \quad [GPa] \quad \text{for RMR} > 50$$
$$E \simeq 10^{(RMR-10)/40} \quad [GPa] \quad \text{for RMR} < 50 \tag{1.4.23}$$

Hoek-Brown 파괴모델은 암반의 역학적 거동 (특히 암체강도) 을 암석 역학적으로 풀 수 있는 유일한 식이지만, 암반의 역학적 거동과 암석의 강도특성을 적절하게 고려하여 도출된 것은 아니다. 암반의 역학적 거동은 신선암 공시체를 삼축시험기에서 제어하여 균열을 발생시킨 후에 제하 (unloading) 및 재재하 (reloading) 해야 밝힐 수 있다. Hoek-Brown 파괴모델에 대한 상세한 내용은 1.6.4 절에서 설명한다.

표 1.4.23 Hoek / Brown 항복규준정수 m_b, s (Hoek / Brown, 1980)

암 종	RMR	$a \ [m]$	m_b	s
석회암 대리석 백운암	100 85 65 44 23	∞ $1 \sim 3$ $1 \sim 3$ $0.3 \sim 1$ < 0.3	7 3.5 0.7 0.14 0	1 0.1 4.10^{-3} 1.10^{-4}
점판암	100 85 65 44 23 3	∞ $1 \sim 3$ $1 \sim 3$ $0.3 \sim 1$ $0.03 \sim 0.5$ < 0.05	10 5 1 0.2 0.05 0.01	1 0.1 4.10^{-3} 1.10^{-4} 1.10^{-5} 0
사암 규암	100 85 65 44 23 3	∞ $1 \sim 3$ $1 \sim 3$ $0.3 \sim 1$ $0.03 \sim 0.5$ < 0.05	15 7.5 1.5 0.3 0.08 0.015	1 0.1 4.10^{-3} 1.10^{-4} 1.10^{-5} 0
마그마상 결이 부드러운	100 85 65 44 23 3	∞ $1 \sim 3$ $1 \sim 3$ $0.3 \sim 1$ $0.03 \sim 0.5$ < 0.05	17 8.5 1.7 0.34 0.09 0.017	1 0.1 4.10^{-3} 1.10^{-4} 1.10^{-5} 0
마그마상 결이 거친	100 85 65 44 23 3	∞ $1 \sim 3$ $1 \sim 3$ $0.3 \sim 1$ $0.03 \sim 0.5$ < 0.05	25 12.5 2.5 0.5 0.13 0.025	1 0.1 4.10^{-3} 1.10^{-4} 1.10^{-5} 0

(2) 현장시험

변위와 회전에 의한 응력은 현장에서 암반의 강성도와 강도를 측정한 후에 탄성해석하거나 경험식을 적용하여 평가하고, 현장 전단시험이나 삼축압축시험과 별도로 지반공학적으로 조사한다. 암석 현장시험에서 적용압력별로 공동의 팽창을 구하여 기존의 수치해석결과와 비교하면, 주변 암반의 강도를 유추할 수 있다. 변형이 암반의 소성흐름을 유추할 수 있을 만큼 크면, 강도특성도 대략적으로 유추할 수 있다.

① 터널 내 시험

터널 내 현장전단시험에서는 유압피스톤으로 수직응력과 전단응력을 가한다. 이때 수직력과 전단력의 작용선이 전단면에서 교차하면, 휨모멘트가 발생하지는 않는다 (그림 1.4.44). 터널 내에서 삼축 압축시험도 수행할 수 있다 (그림 1.4.45).

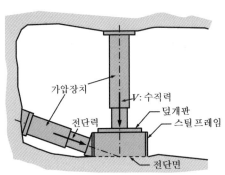

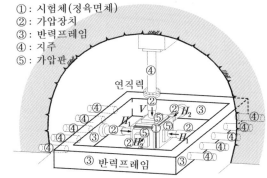

①: 시험체(정육면체)
②: 가압장치
③: 반력프레임
④: 지주
⑤: 가압판

그림 1.4.44 터널 내 현장 전단시험　　　그림 1.4.45 터널 내 현장 삼축압축시험

Flat jack 시험 : 암석에 구멍을 뚫어 Flat jack 을 삽입하고 모르타르를 채워 정치한 후 (그림 1.4.46) 에 압력을 가하여 충분히 팽창시킨다.

갱내 가압 시험 : 터널에 폐쇄공동을 만들어 액체로 채운 후에 (주변 암석의 온도가 일정) 액체를 가압하며 굴착면과 주변지반의 변형을 측정한다 (그림 1.4.47).

갱내 평판재하 시험 : 강재 링과 터널 벽 또는 갱도사이에 플랫 잭을 위치시키고, 반경방향으로 가압하면서 공동의 팽창 전·후의 변형과 응력을 측정한다 (그림 1.4.48).

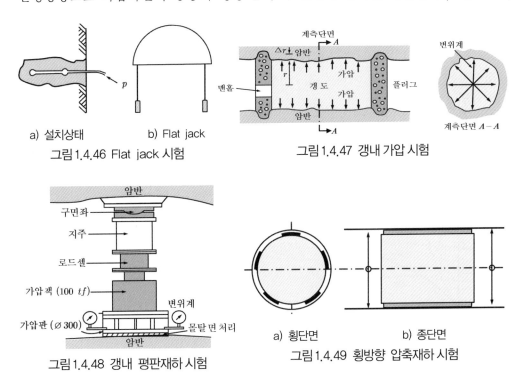

a) 설치상태　　　b) Flat jack
그림 1.4.46 Flat jack 시험　　　그림 1.4.47 갱내 가압 시험

그림 1.4.48 갱내 평판재하 시험

a) 횡단면　　　b) 종단면
그림 1.4.49 횡방향 압축재하 시험

② 시추공 내 시험

공내 팽창시험은 Kögler가 제안한 이론에 근거하여 Menard가 개발한 시험으로 현장 적용성이 우수하여 자주 적용되고 있으며, 그 원리는 그림 1.4.49와 같다.

프레셔미터는 고무로 된 세 개의 압력 챔버로 구성되며, 프레셔미터를 보링공 내의 측정위치에 위치시킨 후에 상·하 챔버를 가압해서 고정하고 중간 챔버를 가압하면 암반이 선대칭 (반경방향) 으로 변형되므로 부피에 대한 압력의 증가량을 측정하여 암반의 변형특성을 알 수 있다. 프레셔미터는 강도를 알고 있는 용기 (강관 등) 내에서 가압하여 보정한다. 최근에는 자기굴착 식 프레셔미터가 개발되어서 보링공을 굴착 하면서 동시에 시험할 수 있다 (그림 1.4.50a).

프레셔미터 시험에서 힘 - 변위 관계를 측정하여 **탄성계수 E_p** 를 구할 수 있다.

$$E_p = \frac{\Delta p_i}{\Delta V}$$ (1.4.24)

딜라토미터는 프레셔미터시험의 원리에 기초하여 개발된 시험이고, 삽 모양으로 평평하며 압축공기로 채워지는 원형 멤브레인 ($\phi 6\ cm$) 을 가지고 있다. 연약한 지반 에 적용하기에 적당하며 공저에 삽입하고 시험하여 힘-변위 관계를 구할 수 있다 (그림 1.4.50b).

굳맨잭 시험은 유압잭과 연결된 두 개 주입구로 구성되어 있어서, 시험기를 공벽 에 접촉시킨 후에 유압을 가하여 힘 - 변위의 관계를 직접 측정할 수 있는 시험방법 으로 자주 적용되고 있다.

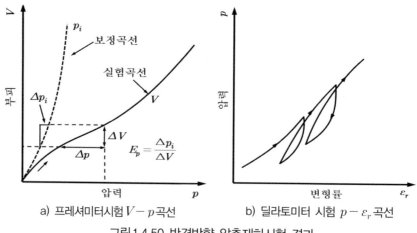

a) 프레셔미터시험 $V - p$ 곡선   b) 딜라토미터 시험 $p - \varepsilon_r$ 곡선

그림 1.4.50 반경방향 압축재하시험 결과

4.2.5 암반의 연속체 해석

암반은 불균질하므로 크기가 작은 암석 공시체에 대한 시험결과는 편차가 매우 크며, 불연속면이 있으면 편차가 더욱 심하다. 따라서 암반은 불연속면을 포함하더라도 반복실험으로 측정한 값들이 일정해지는 크기 즉, 대표요소크기로 시험한다.

암반은 연속체 특성을 갖는 암반 (연속체) 인지 또는 하나 이상의 변수가 무결함 암석 상태에 존재하는 지 (불연속체) 를 판단하여 모델링해야 한다.

1) 대표요소크기

불균질한 암반에서 취한 작은 크기의 암석 공시체에 대한 시험결과는 편차가 크며, 불연속면이 있으면 편차가 더욱 심하고, 경우에 따라 동일한 결과를 얻지 못할 수도 있다. 그러나 충분히 큰 대표 샘플을 취하여 시험하면, 불연속면을 포함하더라도 반복실험에서 측정된 값들이 일정해지는데, 이와 관련된 개념이 대표 요소크기 REV (**R**epresentative **E**lemental **V**olume) 이다 (그림 1.4.51). 샘플의 크기가 REV 보다 더 커지면 반복실험으로 측정한 값들이 일정해진다.

대표요소 크기는 초기설계와 현장조치에 대해 설명할 수 있어서 매우 중요하고 유용한 개념이며, 불연속성 암반구조에 의해 영향을 받는 모든 암반특성에 적용할 수 있다. 암반의 투수성은 다양한 변수에 의해 영향을 받고, 암반 내의 불연속면의 불규칙한 면에 대한 투수성은 아직 명확하게 규정되어 있지 않다. 따라서 암반 내 물의 흐름을 예측하고 적합한 해결책을 제시하기에 어려움이 있다.

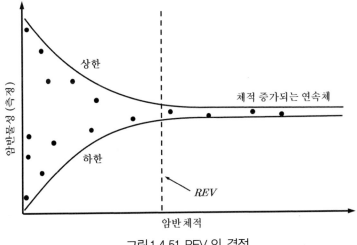

그림 1.4.51 REV 의 결정

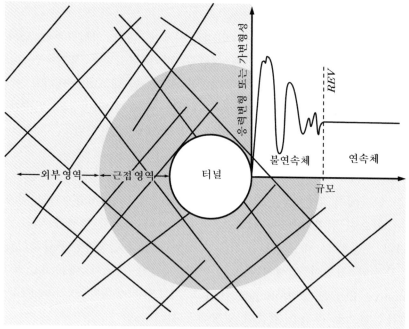

응력변형 또는 가변형성

REV

불연속체   연속체

외부영역   근접영역   터널

규모

그림 1.4.52 터널 주변지반의 REV

변형성과 압력은 대표요소체적에 관련된다. 압력은 작은 크기의 무결함 암반시험체로도 측정할 수 있지만, 넓은 지형과 국소적인 불연속성에 의하여 유발되는 압력집중현상을 피하려면 매우 큰 암반 시험체에서 측정해야 한다.

2) 암반의 연속체 해석

공학적 관점에서 암반을 모델링하려면 암반이 연속체인지 불연속체인지 (연속적특성을 갖는 암반인지 하나 이상 변수가 무결함 암 상태에 존재하는 지) 를 판단해야한다. 흙은 서로 다른 입자들로 구성되어 있으므로 미시적으로 불연속체이다. 그러나공학적 관점으로 보면, 각 입자들은 무의미한 존재들이므로 흙은 하나의 연속체이며, 탄성이론을 모태로 하는 기술들이 적합한 경우가 많다.

암반조각들이 비정상적으로 크면, 암반크기가 공학적 방향성의 크기와 유사하다고 볼 수 있다. 대표요소체적은 암반이 불연속체이고 암반의 압력과 투수성이 존재한다는 가정 하에 이론모델을 정립하는 기본이론이다. 압력이나 투수성은 요소크기에따라 유형이 다르다. 암반을 공학적으로 모델링할 때 대표요소크기 보다 큰 암반은 연속체라고 생각한다 (그림 1.4.52).

4.2.6 암반의 취성거동과 연성거동

암반은 구속응력이 작거나 재하속도가 빠르면, 취성파괴 되어 단층 등 불연속면
이 생기고 초기 변형단계에서 경고 없이 암석이 붕괴되어 위험하므로 취성파괴의
발생여부를 이론적으로 예측해서 대비하여야 한다. 구속응력이 크거나 재하속도가
느리면 연성 거동하므로 파괴되지 않고 큰 변형에서도 연속성을 유지하여 습곡 등
이 생성된다.

깊은 심도로 터널을 굴착할 때 암반상태가 양호하면 무지보 상태의 암반은 취성
파괴될 가능성이 있고, 암반상태가 취약하면 연성 거동하여 압출파괴 가능성이 있다.

1) 암반의 취성거동과 연성거동

암석은 삼축 압축상태에서 연성으로 거동하므로 일축압축 시험 조건은 암석의
현지응력상태와 다르다. 터널 굴착면의 인접지반은 일축압축상태이고, 주변지반은
삼축 압축상태이다. 암반에 터널을 굴착할 때 주변지반의 변형에너지 변화량이 지반
의 변형에너지를 초과하면 새로운 균열이 발생되거나, 기존의 불연속면(연속 또는
불연속 균열이나 절리 및 단층 등)이 확장되거나 벌어지고, 암괴들이 불연속면을
따라 상대변위를 일으켜서 암반이 이완된다.

흙 지반은 입자들이 서로 결합되어 있지 않기 때문에 터널을 굴착하면 주변지반
이 쉽게 소성화 되거나 이완되어 부피와 변형성 및 투수성은 커지고, 강도와 지지력
및 탄성파 속도는 감소된다. 터널굴착 후에 주변지반은 탄성응력상태를 유지하거나
일부(또는 전체) 지반이 소성응력상태로 된다.

취성변형거동하는 암반에서는 터널굴착에 의한 지반변형에너지 변화량의 대부분이
균열의 표면에너지로 변하므로 균열발생에너지 총량이 대폭 증가된다. 따라서 균열
이 새로 발생되거나 확장되고 불연속면이 벌어지므로 강도가 저하되고, 소성역이
넓어져서 내공변위가 증가하여 지반이 쉽게 이완된다. 이때는 지반이 급격히 변형
되므로 대응시간이 부족하여 위험할 수 있다.

연성변형거동하는 암반에서는 터널굴착에 의한 지반 변형에너지 변화량의 대부분이
열에너지로 변하고 일부만 표면에너지로 되므로 균열발생에너지 총량이 적게 증가
되므로, 강도저하와 균열발생이 적게 일어나서 지반이완이 적고 생성되는 소성역이
넓지 않다.

취성암반은 인장응력을 받으면 탄성 상태에서도 파괴되지만, 지보공을 설치하여 구속하고 굴착하면 인장응력이 발생되지 않아서 연성거동 비율이 높아진다. 따라서 암반이 연성거동할 수 있도록 굴착하고 지보하면 터널을 안전하게 굴착할 수 있다.

굴진면 전방지반과 지보공 반력을 합한 응력과 굴착면 주변지반 반경응력의 차이를 최소로 하고, 최대한 느리게 변형하도록 하여, 지반의 변형에너지를 외부 일에 소비 되도록 유도하면 (분할 굴착 등), 지반이완을 적게 할 수 있다.

팽창성 지반에서는 지압이 매우 크므로, Pilot 터널을 선굴착하여 지압을 소산시킨 후에 소요단면을 굴착하면, 해방된 에너지 대부분이 장차 굴착·제거될 부분을 이완 시키는데 소비되고 나머지 적은 양의 변형에너지는 본 터널 굴착 후에 주변지반을 이완시키는데 소비되기 때문에 지반이 적게 이완되고 지압이 강하지 않다.

지반의 취성파괴 여부는 구속압력으로 무차원화 한 최대 및 최소 주응력을 직각 축 으로 하여 현장 강도시험과 실내 장기강도 시험에서 각 파괴포락선을 구한 후에 두 곡선을 잇는 암파열 한계곡선을 그려서 판정할 수 있다 (그림 1.4.53). 현장 강도시험 의 파괴포락선 하부에서는 주변지반이 손상되지 않고, 암파열 한계곡선의 우측에서는 연성파괴 되고, 좌측에서는 취성파괴 된다.

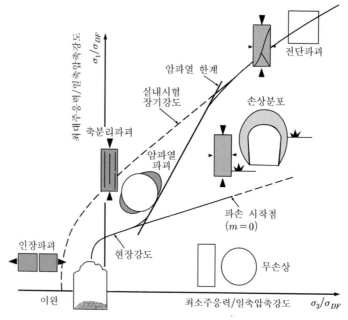

그림 1.4.53 파괴포락선 및 암파열 한계

2) 암반의 취성파괴 발생가능성 검토

깊은 심도에 터널을 굴착할 때 암반상태가 양호하면 취성파괴 가능성을 검토하고, 취약하면 압출파괴가능성을 검토한다. 취성파괴가 예상되면 일회 굴진장을 축소하고, 숏크리트는 두께를 늘리거나 철망 등으로 보강하고, 볼트는 길고 조밀하게 설치한다.

암반의 취성파괴는 주로 무결함 암석의 변형성 (탄성계수) 과 강도특성 (일축압축강도와 인장강도의 관계) 및 현장응력수준 (덮개압력) 에 의해 영향을 받아 발생된다. 따라서 암반이 취성파괴될 가능성은 암석의 변형에너지 밀도 (SED) 나 강도특성 (취성도 B_i) 으로부터 판정하거나, 굴착면 응력상태 (초기응력이나 터널굴착 후 응력) 를 암석 강도와 비교 (덮개압 응력지수 S_i, 최대 주응력의 주응력지수 σ_1/σ_{DF}, 최대 접선응력의 손상지수 D_i) 하여 판정하거나, 수치 해석하여 판정한다. Martin (1997, 1998) 은 영향요소를 종합하여 검토할 수 있는 취성파괴도표를 제시하였다.

(1) 변형에너지 밀도 SED

암석의 일축압축강도 σ_{DF} 와 변형계수 E_V 로부터 구한 변형에너지의 밀도 SED 가 150 보다 크면 취성파괴될 가능성이 높다 (Wang, 2001).

$$SED = \frac{\sigma_{DF}^2}{2E_V} > 150 \quad [kJ/m^3] \tag{1.4.25}$$

표1.4.24 변형에너지 밀도와 취성파괴 가능성

구 분	$SED\ [kJ/m^3]$	일축압축강도 $\sigma_{DF}\ [MPa]$	취성파괴 가능성
판정기준	< 50	< 80	매우 낮음
	51~100	80~105	낮음
	100~150	105~130	보통
	151~200	130~155	높음
	> 200	> 155	매우 높음

(2) 암석의 강도특성

암석의 일축압축강도 σ_{DF} 와 인장강도 σ_{ZF} 의 비를 취성도 B_i 라 하며, 취성도가 9.9 보다 크면 취성파괴 가능성이 높다 (이성민 등, 2003).

$$B_i = \frac{\sigma_{DF}}{\sigma_{ZF}} > 9.9 \tag{1.4.26}$$

표1.4.25 취성도와 취성파괴 가능성

구 분	취성도 B_i	일축압축강도 $\sigma_{DF}\ [MPa]$	취성파괴 가능성
판정기준	<4.3	<80	매우 낮음
	4.3~7.1	80~105	낮음
	1.7~9.9	105~130	보통
	9.9~12.7	130~155	높음
	>12.7	>155	매우 높음

(3) 굴착면 응력상태

암석의 취성파괴 가능성은 초기응력 (덮개압력) 또는 굴착면 최대주응력과 암석의 강도를 비교하여 구한 응력지수와 암반손상지수로 판정할 수 있다 (그림 1.4.54).

① 덮개압력 : 암석의 일축압축강도 σ_{DF} 와 덮개압력 γH 의 비 즉, 암반의 응력지수 S_i 가 4.0 보다 작으면 취성파괴 가능성이 높다.

$$S_i = \frac{\sigma_{DF}}{\gamma H} < 4.0 \tag{1.4.27}$$

② 최대주응력 : 최대주응력 σ_1 과 암석 일축압축강도 σ_{DF} 의 비 즉, 주응력지수 P_i 가 0.2 보다 크면 취성파괴될 가능성이 높다 (Ortlepp 등, 1972).

$$P_i = \frac{\sigma_1}{\sigma_{DF}} > 0.2 \tag{1.4.28}$$

표1.4.26 응력지수와 취성파괴 가능성

구 분	응력지수 S_i	취성파괴 가능성	주응력지수 P_i	취성파괴 발생
판정 기준	< 2.0	매우 높음	≥ 0.2	취성파괴 발생
	2.0~4.0	높음		
	4.0~6.0	보통	< 0.2	미소탈락
	6.0~10.0	낮음		
	>10.0	매우 낮음		

③ 최대접선응력 : 최대접선응력 $\sigma_{t\,max}$ 와 일축압축강도 σ_{DF} 의 비 즉, 암반 손상지수 D_i (damage index) 가 0.4 이상이면 취성파괴 가능성이 높다 (Martin 등, 1999).

$$D_i = \frac{\sigma_{t\,max}}{\sigma_{DF}} \geq 0.4 \tag{1.4.29}$$

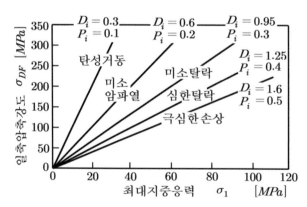

그림 1.4.54 응력지수 P_i 와 손상지수 D_i 에 의한 취성파괴 가능성 검토

(4) 수치해석

암반의 취성파괴 거동은 수치해석으로 판단할 수 있다. 그런데 취성파괴거동은 Mohr-Columb 의 파괴모델로는 해석하기가 매우 어렵기 때문에 여러 가지 새로운 해석모델이 제안되었고, 그 중에서 CWFS 모델이 적용할 만한 것으로 알려져 있다.

① CWFS 모델

Martin 등 (2005) 은 암반이 파괴 초기에는 점착력만 발현 (내부마찰각이 영) 되고, 파괴가 진행되면 점착력이 감소하고 내부마찰각이 발현된다고 가정하는 취성파괴 해석모델 즉, 점착력 약화 내부마찰각 강화 모델 (**CWFS** 모델 : Cohesion Weakening Frictional Strengthening) 을 제안하였다 (그림 1.4.55).

암반 파괴 초기에 발현되는 점착력 c_p 는 암반 일축압축강도 σ_{DFm} 으로부터 구하며, 암반의 일축압축강도는 암석 일축압축강도 σ_{DF} 에 스프링 계수 k_{sp} 를 곱한 크기이다. 따라서 최대 (피크) 강도정수 즉, 점착력 c_p 와 내부마찰각 ϕ_p 는 다음과 같고, 파괴가 진행되면 점착력이 감소하고 내부마찰각이 발현된다.

$$c_p = \frac{1}{2}\sigma_{DFm} = \frac{1}{2}k_{sp}\sigma_{DF}$$

$$\phi_p = 0$$

(1.4.30)

② CWFS 모델의 검증

Martin 등 (2005) 은 괴상 화강암 지반에 원형 (직경 $3.5\,m$) 시험터널 (Mine-by 시험 터널) 을 굴착하여 변위와 변형률 및 응력을 측정하였다. 그리고 여러 가지 수치해석 모델을 적용하여 수치해석을 수행하고 그 결과 (표 1.4.27) 와 실측결과를 비교하여 수치해석모델을 검증하였다. 그 결과 CWFS 모델로 암석의 취성파괴거동을 상당히 정확하게 예측할 수 있었다.

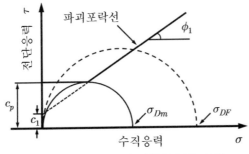

그림 1.4.55 Martin 의 변형률 연화 모델

탄성모델에서는 파괴범위와 깊이가 과소평가 되었고, 인위적으로 진행성파괴를 모사하면 파괴범위와 깊이가 과대평가 되었다. 그리고 **탄소성 모델**에서는 파괴깊이가 과소평가 되었고 파괴범위는 과대평가 되었으며, 취성파괴모사의 정확성이 떨어졌다. 반면에 **변형률 의존 CWFS** 모델에서는 파괴범위와 깊이가 비교적 정확하게 계산되었다.

Hoek/Brown 탄성모델과 CWFS 모델을 적용하여 취성파괴 발생여부와 파괴영역을 구하여 비교한 결과, Hoek-Brown 모델에서는 파괴범위가 넓게 발생되었고, CWFS 모델에서는 V-notch 형태 파괴가 발생하였다. 취성파괴의 주 메커니즘은 전단파괴가 아니므로 Hoek-Brown 모델로는 파괴영역을 평가하기가 어려웠다.

표1.4.27 해석모델에 따른 취성파괴 비교해석 결과(Martin 등, 2005)

구 분	해 석 결 과	판 정
탄성 모델		· 파괴범위/깊이 과소평가 · 인위적 진행성파괴 모사 파괴범위/깊이 과대평가
탄소성 모델		· 파괴깊이 과소평가 파괴범위 과대평가 · 취성파괴 모사 정확성 낮음
변형률 의존 **CWFS** 모델		· 파괴범위/깊이를 비교적 정확하게 나타냄

(5) 취성파괴 도표 이용

Martin (1997, 1998) 은 암반의 취성파괴 사례를 분석하여 암질 (RMR) 과 응력조건에 따라 취성파괴양상을 9 가지로 구분하였다. RMR과 현장응력수준 σ_1/σ_{DF} (최대주응력/일축압축강도) 를 암반의 취성파괴를 평가할 수 있다 (표 1.4.28).

표1.4.28 암질 및 응력 조건별 취성파괴 양상의 변화 (Martin, 1997)

초기응력	괴상 (RMR > 75)	보통 파쇄 (75 > RMR > 50)	심한 파쇄 (50 > RMR)
작은 초기응력 $\dfrac{\sigma_1}{\sigma_{DF}} < 0.15$	 선형탄성거동	 블록/쐐기 붕락/활동	 굴착면에서 블록이탈
보통 초기응력 $0.15 < \dfrac{\sigma_1}{\sigma_{DF}} < 0.4$	 굴착면 인접부 취성파괴	 무결함 암 국부 취성파괴/ 블록이동	 무결함 암 국부취성파괴/ 불연속면을 따라 블록이탈
큰 초기응력 $0.4 < \dfrac{\sigma_1}{\sigma_{DF}}$	 굴착부 주변 취성파괴	 주변 무결함 암 취성파괴/블록이동	 암반 압축/융기 탄소성 연속체

5. 지반의 탄성거동

재료의 구성방정식 (응력-변형률의 관계) 은 가능한 모든 응력-변형률 경로에 대한 재료의 거동을 예상할 수 있어야 한다. 그러나 지반은 (복합재료이어서) 응력-변형률 관계가 매우 복잡하기 때문에 이를 나타낼 수 있는 적절한 구성방정식이 아직 없다. 따라서 지반은 응력-변형률 관계를 아주 단순화시킨 개략적 구성방정식으로만 나타낼 수 있고, 그 때문에 해석결과와 실측값이 다를 수 있다.

지반이 등방성 선형탄성체라는 가정은 부적합할 수 있지만, (간단하고 일관적이며 평형조건과 적합조건을 만족하기 때문에) 지반의 기본거동을 밝히는 데 도움이 된다.

물체는 하중 크기에 따라 **탄성거동**하거나 **소성거동 (5.1 절)** 한다. 하중을 제거하면 **탄성변형**은 회복되지만, **소성변형**은 회복되지 않고 잔류한다. 하중을 가한채로 긴 시간 방치할 때 발생되는 소성변형은 처음에는 크지만 시간경과에 따라 감소한다.

지반해석에 적용하는 **기본 탄성체 역학 (5.2 절)** 은 Hooke 법칙을 기본으로 한다. 물체의 3 차원 거동은 (3 차원 탄성역학식이 복잡하고 어렵기 때문에) 평면변형률상태 나 평면응력상태로 변환하여 2 차원으로 해석할 때가 많다. 터널은 평면변형률상태 이어서 계산이 어렵지만 평면응력상태로 계산한 후 최종단계에서 평면변형률상태로 변환하면 계산이 쉬워진다.

외력에 의한 물체의 **변형 (5.3 절)** 은 체적변형과 형상변형이 있다. 물체에 등방압 이 작용하면 체적변형은 발생되지만 항복은 일어나지 않는다. 반면에 축차응력이 작용하면 **형상변형**이 일어나고 항복은 주로 형상변형에 의해 발생된다.

지반의 **탄성계수 (5.4 절)** 는 압축시험에서 구한다. 반복재하곡선에서 초기재하곡선 의 기울기는 **변형계수**이고 변곡점 접선의 기울기는 **탄성계수**이다.

암반의 탄성계수는 충분한 갯수의 불연속면을 포함하는 암체에서 구해야 하며, (실내시험으로 구할 수 없기 때문에) 현장에서 정적시험 (**정적탄성계수**) 하여 직접 구하거나, 동적시험을 수행하여 구한 동적 탄성계수로부터 간접적으로 구한다.

정적 탄성계수는 대체로 동적 탄성계수와 선형 비례관계를 보이므로, 동적탄성 계수로부터 환산할 수 있다.

5.1 탄성거동과 소성거동

물체에 작용하던 (탄성한계 보다 작은) 하중을 제거하면 물체는 탄성거동 **(5.1.1 절)** 하고, 하중이 탄성한계를 초과하면 소성거동 **(5.1.2 절)** 하여 하중을 제거해도 일부변형 (소성변형) 이 잔류한다. 물체가 항복 전에 탄성거동하고 항복 후 소성거동하면 물체의 거동을 탄소성거동 **(5.1.3 절)** 으로 이상화할 수 있다. 탄성한계보다 작은 하중이라도 오래 지속되면 피로와 이완에 의해 크리프 거동 **(5.1.4 절)** 이 발생한다.

5.1.1 탄성거동

물체에 하중을 가하면 즉시 변형되고, 하중을 제거하는 즉시 원래 상태로 되돌아 가는 특성을 **탄성** (elasticity) 이라 하고, 그 때 변형을 **탄성변형** (elastic deformation) 이라 하며, 응력-변형률곡선의 기울기를 **탄성계수** (elastic modulus) 라 한다. 물체가 탄성 거동할 때 응력과 변형률은 서로 선형 (선형탄성, 그림 1.5.1a) 또는 비선형 비례 (비선형 탄성, 그림 1.5.1b) 하며, 체적변화가 일어나지 않는 탄성거동의 한계하중을 **탄성한계** 또는 **항복하중** (yield load) 이라 한다.

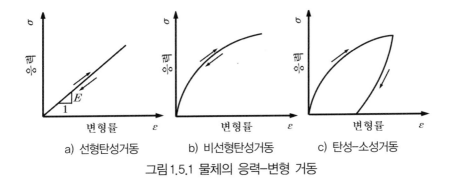

a) 선형탄성거동   b) 비선형탄성거동   c) 탄성-소성거동

그림 1.5.1 물체의 응력-변형 거동

선형 탄성거동 (그림 1.5.1a) 은 가장 고전적 구성식인 Hooke 법칙으로 (탄성계수 E 와 푸아송 비 ν 로) 나타낸다.

지반은 대개 비선형 탄성거동 (그림 1.5.1b) 하며, 이를 고려한 구성모델은 Duncan -Chang 의 Hyperbolic 모델이 대표적이다. 물체의 비선형 탄성거동은 하중 증분법 (incremental method) 을 적용하여 즉, 하중을 다수 증분하중으로 분할하고 각 증분 하중에 대해 선형탄성거동 (piecewise linear elastic) 한다 생각하고 응력수준에 따라 다른 탄성계수를 적용하여 해석할 수 있다. 이때 접선탄성계수 (tangential modulus) 를 적용하며 여러 개로 분할할수록 실제 비선형거동에 근접한다 (그림 1.5.2).

각 하중수준의 응력증분과 변형증분 관계는 다음 접선탄성계수 E_t 로 나타낸다.

$$E_t = \left[1 - \frac{R_f(1-\sin\phi)(\sigma_1 - \sigma_3)}{2c\,\cos\phi + 2\sigma_3\,\sin\phi}\right]^2 Kp_a\left(\frac{\sigma_3}{p_a}\right)^n \tag{1.5.1}$$

여기에서, R_f 는 극한 축차응력과 파괴 시 축차응력의 비이며, 대체로 $R_f = 0.7 \sim 1.0$ 이다. p_a 는 대기압, K 와 n은 (삼축 압축시험으로 결정하는) 지반의 재료상수이다.

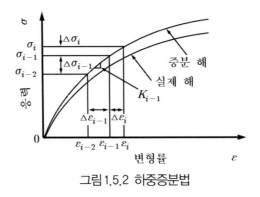

그림 1.5.2 하중증분법

5.1.2 소성거동

동일 응력에서 변형률이 증가하는 성질을 소성 (plasticity) 이라 하고, 소성변형 (plastic deformation) 은 하중이 제거되어도 잔류한다. 소성거동하는 물체는 탄성변형 없이 소성거동 (강성-이상소성거동, rigid-ideal plastic, 그림 1.5.3a) 하거나, 탄성거동 후 소성거동 (탄성-이상소성거동, elastic-ideal plastic, 그림 1.5.3b) 하며 소성 거동하는 동안 응력이 증가 (탄성-소성경화거동, elastic-plastic hardening, 그림 1.5.3c) 하거나, 감소 (탄성-소성연화거동, rigid-plastic softening) 한다.

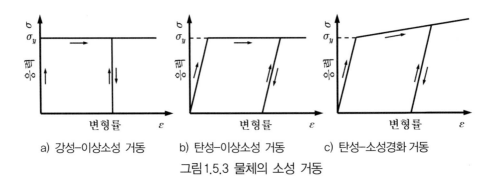

a) 강성–이상소성 거동　　b) 탄성–이상소성 거동　　c) 탄성–소성경화 거동

그림 1.5.3 물체의 소성 거동

5.1.3 탄소성 거동

탄소성 물체는 응력수준이 항복응력 σ_y 보다 작을 때에는 $(\sigma < \sigma_y)$ 변형이 하중에 비례하여 증가 (탄성거동) 하고, 항복응력에 도달된 후에는 응력변화 없이 변형률이 증가하는 소성항복 (소성유동) 이 일어나며, 소성거동하는 동안 응력이 증가하거나 감소한다. 이같은 탄소성 거동은 텐서로 나타내기가 매우 복잡하다.

탄소성 물체의 거동은 (항복응력을 결정하는) 항복규준 (failure criteria) 과 (항복 후 거동을 나타내는) 유동법칙 (flow rule) 으로 나타낸다.

5.1.4 크리프 거동

하중이 탄성한계보다 작더라도 오랜 시간동안 지속되면 물체에는 피로 (fatigue) 와 이완 (relaxation) 에 의해 크리프 (creep) 가 발생된다.

물체의 변형상태는 그림 1.5.4 와 같이 가로축에 시간, 세로축에 하중과 변형으로 나타내어 알 수 있다. 탄성한계보다 작은 하중 σ_p 를 가하면 즉시 (시간 $t = 0$) 탄성 변형률 ϵ_e 가 발생되고, 하중을 일정하게 유지하면 시간경과에 따라 변형률이 증가 $(\Delta\epsilon = \epsilon_{en} + \epsilon_k)$ 되어 전체변형률은 $\epsilon = \epsilon_e + \epsilon_{en} + \epsilon_k$ 가 된다. 하중을 제거하면 (시간 t_1) 탄성변형률 ϵ_e 는 즉시 회복되고, 일부는 서서히 회복 (회복변형률 ϵ_{en}) 되거나 잔류 (크리프변형률 ϵ_k) 한다. 하중이 탄성한계보다 크면 소성변형률 ϵ_p 가 발생된다.

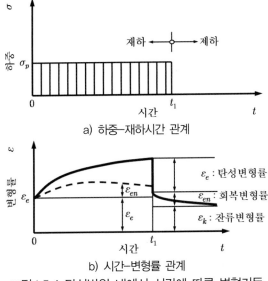

a) 하중–재하시간 관계

b) 시간–변형률 관계

그림 1.5.4 탄성범위 내에서 시간에 따른 변형거동

5.2 기본 탄성체 역학

균질한 등방탄성체의 역학적 거동은 **Hooke** 의 법칙 (**5.2.1** 절) 을 기본으로 설명할 수 있고, 실제 물체의 3 차원 역학적 거동은 **3 차원 탄성역학 식 (5.2.2절)** 즉, 평형 방정식, 구성식, 변형률-변위 관계식으로 나타낼 수 있다.

실제 3 차원 물체는 3 차원 탄성역학 식으로 풀어야 하지만 복잡하고 어렵기 때문에 **평면응력 상태나 평면변형률 상태 (5.2.3 절)** 로 가정하고 2 차원 탄성체로 치환 - 해석할 경우가 많다. 평면변형률 상태와 평면응력 상태는 변형률-변위 관계와 평형식이 일치하고 구성식만 다르다. 평면변형률 상태인 터널은 평면응력 상태로 해석하고 그 결과를 평면변형률 상태로 변환하면 계산이 쉽다.

5.2.1 Hooke 의 법칙

등방선형탄성 물체의 응력-변형률 관계는 Hooke 법칙으로 나타내며, Hooke 법칙을 Lame 의 상수나 전단탄성계수나 영률로 나타낼 수 있다.

Hooke 법칙은 다음과 같이 **Lame** 의 상수 λ 와 μ 로 나타낼 수 있다.

$$\sigma_{ij} = \lambda \varepsilon_{kk} \delta_{ij} + 2\mu \varepsilon_{ij}$$

$$\varepsilon_{ij} = -\frac{\lambda \sigma_{kk}}{2\mu(3\lambda + 2\mu)} \delta_{ij} + \frac{1}{2\mu} \sigma_{ij} \tag{1.5.2}$$

여기에서 $\epsilon_{kk} = \epsilon_{11} + \epsilon_{22} + \epsilon_{33}$, δ_{ij} ($\delta_{ij} = 0$ for $i \neq 0$, $\delta_{ij} = 1$ for $i = j$) 는 Kronecker delta 이다. 따라서 위 식은 다음과 같이 되고, 상수 μ 는 보통 전단탄성계수 G 로 나타낸다 ($\mu \equiv G$).

$$\begin{pmatrix} \sigma_{11} \, \sigma_{12} \, \sigma_{13} \\ \sigma_{21} \, \sigma_{22} \, \sigma_{23} \\ \sigma_{31} \, \sigma_{32} \, \sigma_{33} \end{pmatrix} = \lambda(\epsilon_{11} + \epsilon_{22} + \epsilon_{33}) \begin{pmatrix} 1\,0\,0 \\ 0\,1\,0 \\ 0\,0\,1 \end{pmatrix} + 2\mu \begin{pmatrix} \epsilon_{11} \, \epsilon_{12} \, \epsilon_{13} \\ \epsilon_{21} \, \epsilon_{22} \, \epsilon_{23} \\ \epsilon_{31} \, \epsilon_{32} \, \epsilon_{33} \end{pmatrix}$$

$$\sigma_{ij} = \lambda \sum_{k=1}^{3} \epsilon_{kk} \cdot \delta_{ij} + 2\mu \cdot \epsilon_{ij} \tag{1.5.3}$$

Hooke 의 법칙은 전단탄성계수 G 와 ν (푸아송 비) 로 나타낼 수 있다.

$$\sigma_{ij} = 2G\left(\epsilon_{ij} + \frac{\nu}{1-2\nu}\epsilon_{kk}\delta_{ij}\right)$$

$$\epsilon_{ij} = \frac{1}{2G}\left(\sigma_{ij} - \frac{\nu}{1+\nu}\sigma_{kk}\delta_{ij}\right) \tag{1.5.4}$$

Hooke 의 법칙은 영률 E 와 푸아송 비 ν 로 나타낼 수 있다.

$$\sigma_{ij} = \frac{E}{1+\nu}\epsilon_{ij} + \frac{\nu E}{(1+\nu)\cdot(1-2\nu)}\epsilon_{kk}\delta_{ij}$$

$$\epsilon_{ij} = \frac{1}{E}\left[(1+\nu)\sigma_{ij} - \nu\sigma_{kk}\delta_{ij}\right] \tag{1.5.5}$$

Lame 상수 (λ 와 μ) 와 전단탄성계수 G 및 탄성계수 (영률) E 의 관계는 다음과 같다.

$$\lambda = \frac{\nu E}{(1+\nu)(1-2\nu)}, \quad \mu \equiv G = \frac{E}{2(1+\nu)} \tag{1.5.6}$$

응력과 변형률은 총 6 개의 벡터성분으로 나타낼 수 있고, symmetry 이므로 ($\sigma_{ij} = \sigma_{ji}, \epsilon_{ij} = \epsilon_{ji}$), **Hooke** 의 응력-변형률 관계는 다음이 된다.

$$\begin{bmatrix} \epsilon_{11} \\ \epsilon_{22} \\ \epsilon_{33} \\ \epsilon_{12} \\ \epsilon_{23} \\ \epsilon_{13} \end{bmatrix} = \frac{1}{E} \begin{bmatrix} 1 & -\nu & -\nu & 0 & 0 & 0 \\ -\nu & 1 & -\nu & 0 & 0 & 0 \\ -\nu & -\nu & 1 & 0 & 0 & 0 \\ 0 & 0 & 0 & 2(1+\nu) & 0 & 0 \\ 0 & 0 & 0 & 0 & 2(1+\nu) & 0 \\ 0 & 0 & 0 & 0 & 0 & 2(1+\nu) \end{bmatrix} \begin{bmatrix} \sigma_{11} \\ \sigma_{22} \\ \sigma_{33} \\ \sigma_{12} \\ \sigma_{23} \\ \sigma_{13} \end{bmatrix} \tag{1.5.7}$$

그림 1.5.5 와 같이 균질한 등방탄성체 직육면체의 면 ABFE 와 면 DCGH 에 인장 응력 σ_1 이 작용하면, 직육면체는 σ_1 방향으로 신장되고 그 직각방향으로는 압축되어 면 ABFE 와 DCGH 의 단면적은 감소한다. σ_1 방향 변형률이 ε_1 이면, 이와 직각방향의 두 변형률은 서로 같고 $-\nu\varepsilon_1$ 이다 (ν 는 푸아송 비).

Hooke 법칙을 적용하면, σ_1 에 직각방향의 두 변형률은 다음과 같다 (E 탄성계수).

$$\epsilon_1 = \frac{\sigma_1}{E}, \quad \epsilon_2 = \epsilon_3 = -\sigma_1\frac{\nu}{E} \tag{1.5.8}$$

직육면체의 각 면에 수직응력 σ_1, σ_2, σ_3 만 작용할 때에, σ_1 방향 (면 ABFE 의 법선방향) 변형률은 σ_1 에 의한 변형률 (σ_1/E) 과 다른 두 면의 응력 σ_2 와 σ_3 에 의한 변형률 ($-\nu\sigma_2/E$ 와 $-\nu\sigma_3/E$) 의 합이므로, σ_1 방향 전체 변형률은 다음이 된다.

$$\epsilon_1 = \sigma_1 - \nu\sigma_2 - \frac{\nu}{E}\sigma_3 \tag{1.5.9}$$

응력 σ_1, σ_2, σ_3 에 대응하는 변형률이 ε_1, ε_2, ε_3 이면, 응력-변형률 관계는 다음과 같다.

$$\begin{bmatrix} \epsilon_1 \\ \epsilon_2 \\ \epsilon_3 \end{bmatrix} = \frac{1}{E} \begin{bmatrix} 1 & -\nu & -\nu \\ -\nu & 1 & -\nu \\ -\nu & -\nu & 1 \end{bmatrix} \begin{bmatrix} \sigma_1 \\ \sigma_2 \\ \sigma_3 \end{bmatrix} \tag{1.5.10}$$

Hooke 법칙은 가장 간단한 고체 구성방정식이며, 때때로 암석의 작은 변형계산에 적용한다. 고체의 응력-변형률 관계는 초기에는 선형이나 항상 그런 것은 아니다.

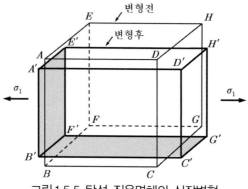

그림 1.5.5 탄성 직육면체의 신장변형

5.2.2 3 차원 탄성역학식

무한탄성체 거동은 3 차원 평형식, 구성식, 변형률-변위 관계식으로 나타낼 수 있다.

1) 평형방정식

$X,\ Y,\ Z$ 는 $x,\ y,\ z$ 방향 단위체적당 물체력 (중력 등)

$$\frac{\partial \sigma_{xx}}{\partial x} + \frac{\partial \tau_{yx}}{\partial y} + \frac{\partial \tau_{zx}}{\partial z} + X = 0$$

$$\frac{\partial \tau_{xy}}{\partial x} + \frac{\partial \sigma_{yy}}{\partial y} + \frac{\partial \tau_{zy}}{\partial z} + Y = 0$$

$$\frac{\partial \tau_{xz}}{\partial x} + \frac{\partial \tau_{yz}}{\partial y} + \frac{\partial \sigma_{zz}}{\partial z} + Z = 0 \tag{1.5.11}$$

2) 구성방정식

탄성체의 응력과 변형률 관계를 정리하면 다음과 같고, 이 식을 탄성체의 응력-변형률의 관계식 또는 탄성체의 구성식이라 한다.

$$\varepsilon_{xx} = \frac{1}{E}\{\sigma_{xx} - \nu(\sigma_{yy} + \sigma_{zz})\}$$

$$\varepsilon_{yy} = \frac{1}{E}\{\sigma_{yy} - \nu(\sigma_{zz} + \sigma_{xx})\}$$

$$\varepsilon_{zz} = \frac{1}{E}\{\sigma_{zz} - \nu(\sigma_{xx} + \sigma_{yy})\}$$

$$\gamma_{xy} = \frac{1}{G}\tau_{xy},\quad \gamma_{yz} = \frac{1}{G}\tau_{yz},\quad \gamma_{zx} = \frac{1}{G}\tau_{zx} \tag{1.5.12}$$

3) 변형률—변위 관계식 : u, v, w 는 각각 x, y, z 방향의 변위

$$\varepsilon_{xx} = \frac{\partial u}{\partial x},\quad \varepsilon_{yy} = \frac{\partial v}{\partial y},\quad \varepsilon_{zx} = \frac{\partial w}{\partial z}$$

$$\gamma_{xy} = \frac{\partial u}{\partial y} + \frac{\partial v}{\partial x},\quad \gamma_{yz} = \frac{\partial v}{\partial z} + \frac{\partial w}{\partial y},\quad \gamma_{zx} = \frac{\partial w}{\partial x} + \frac{\partial u}{\partial z} \tag{1.5.13}$$

5.2.3 평면변형률상태와 평면응력상태

3 차원 탄성체를 직교좌표계 (x, y, z) 의 xy 평면에 평행하게 일정한 두께로 잘라낸 경우 z 좌표에 관계되는 응력 (평면응력 상태) 이나 변형률 (평면변형률 상태) 이 일정하면, 3 차원 물체를 2 차원 탄성문제로 치환하여 해석할 수 있다.

평면변형률 상태와 평면응력 상태는 변형률-변위 관계와 응력의 평형식이 일치하고 구성식만 다르다. 따라서 평면변형률 상태인 터널은 평면응력 상태로 계산하고 결과를 평면변형률 상태로 변환하면 계산이 쉬워진다.

1) 평면변형률 상태

z 축에 수직으로 일정한 두께로 절단해서 만든 판형 물체의 표면에 평행한 xy 평면에서 z 방향 변형률이 모두 영 ($\varepsilon_{zz} = \gamma_{zx} = \gamma_{zy} = 0$) 이면, z 축에 관계된 모든 양 (σ_{zz} 등) 이 z 좌표에 상관없이 일정하다. 이 상태를 평면변형률 상태라고 한다. 수평터널의 축이 z 축방향이면 이 경우에 속한다.

평면변형률 상태에서 $\varepsilon_{zz} = \gamma_{zx} = \gamma_{zy} = 0$ 이므로 다음이 성립되고,

$$\sigma_{zz} = \nu(\sigma_{xx} + \sigma_{yy})$$
$$\tau_{zx} = \tau_{zy} = 0 \tag{1.5.14}$$

위 σ_{zz} 를 식 (1.5.12) 의 ε_{xx}, ε_{yy} 에 대입하면 평면변형률상태의 구성방정식이 된다.

$$\varepsilon_{xx} = \frac{1-\nu^2}{E}\left(\sigma_{xx} - \frac{\nu}{1-\nu}\sigma_{yy}\right)$$
$$\varepsilon_{yy} = \frac{1-\nu^2}{E}\left(\sigma_{yy} - \frac{\nu}{1-\nu}\sigma_{xx}\right)$$
$$\gamma_{xy} = \frac{1}{G}\tau_{xy} \tag{1.5.15}$$

평면변형률 상태에서 변형률-변위 관계는 다음과 같고,

$$\varepsilon_{xx} = \frac{\partial u}{\partial x}$$
$$\varepsilon_{yy} = \frac{\partial v}{\partial y}$$
$$\gamma_{xy} = \frac{\partial u}{\partial y} + \frac{\partial v}{\partial x} \tag{1.5.16}$$

평면변형률상태의 평형방정식은 다음이 된다.

$$\frac{\partial \sigma_{xx}}{\partial x} + \frac{\partial \tau_{yx}}{\partial y} + X = 0$$

$$\frac{\partial \sigma_{yy}}{\partial x} + \frac{\partial \tau_{yx}}{\partial y} + Y = 0 \tag{1.5.17}$$

2) 평면응력 상태

z 축에 수직으로 일정한 두께로 절단해서 만든 판형물체의 표면에 평행한 xy 평면에서 z 방향으로 힘이 작용하지 않으면, xy 평면에서 응력이 영 ($\sigma_{zz} = \tau_{zx} = \tau_{zy} = 0$) 이 된다. 따라서 x, y, z 방향 변위 u, ν, w 도 z 의 함수가 아니기 때문에 탄성체의 3차원 구성방정식이 아주 단순해진다. 이러한 응력상태를 평면응력 상태라고 한다.

탄성체의 구성식 즉, 응력-변형률 관계식 (식 1.5.12) 에 $\sigma_{zz} = \tau_{zx} = \tau_{zy} = 0$ 관계를 대입하면, 평면응력 상태에 대한 구성방정식이 된다.

$$\varepsilon_{xx} = \frac{1}{E_0}(\sigma_{xx} - \nu_0 \sigma_{yy})$$

$$\varepsilon_{yy} = \frac{1}{E_0}(\sigma_{yy} - \nu_0 \sigma_{xx})$$

$$\gamma_{xy} = \frac{1}{G}\tau_{xy} \tag{1.5.18}$$

3) 평면응력 상태와 평면변형률 상태의 상호관계

평면응력 상태 구성방정식 (식 1.5.18) 에서 탄성거동을 나타내는 계수 (탄성계수 E_0 및 푸아송 비 ν_0) 와 평면 변형률상태 구성방정식 (식 1.5.15) 에서 탄성거동을 나타내는 계수 (탄성계수 E 및 푸아송 비 ν) 는 다음 식과 같은 관계를 나타낸다.

따라서 이를 적용하면 평면응력 상태 구성방정식과 평면변형률 상태 구성방정식을 상호 변환시킬 수 있다.

$$E_0 = \frac{E}{1 - \nu^2}$$

$$\nu_0 = \frac{\nu}{1 - \nu} \tag{1.5.19}$$

5.3 물체의 변형

외력이 작용하여 발생하는 물체의 변형은 체적변형과 형상변형이 있고, 물체에 작용하는 외력은 등방압과 축차응력으로 분리할 수 있다.

탄성물체에 등방압이 작용하면 체적변형 (5.3.1 절) 이 일어나며, 체적변형에 의해서는 물체가 항복하지 않는다. 축차응력에 의해서는 체적변화가 일어나지 않으며 형상변형 즉, 전단변형 (5.3.2 절) 만 일어난다. 항복은 형상변형에 의해 일어난다.

5.3.1 체적변형

직육면체 각 변의 길이 a, b, c 가 변형된 뒤에 각각 $a(1+\varepsilon_1), b(1+\varepsilon_2), c(1+\varepsilon_3)$ 로 변하면 변형전과 변형후의 체적은 다음이 된다.

변형 전 : $V = abc$

변형 후 : $V + dV = abc(1+\epsilon_1)(1+\epsilon_2)(1+\epsilon_3)$ **(1.5.20)**

변형이 미소하여 우변의 최고차 미소항을 무시하면, 체적변화 dV 는 다음이 되고,

$$dV = abc(\epsilon_1 + \epsilon_2 + \epsilon_3)$$ **(1.5.21)**

식 (1.5.10) 을 대입하여 **체적변화비** dV/V 를 응력함수로 나타낼 수 있다.

$$\frac{dV}{V} = \frac{1}{E}(1-2\nu)(\sigma_1 + \sigma_2 + \sigma_3)$$ **(1.5.22)**

직육면체에 3 방향으로 **등방압축응력** $-p$ 이 작용하면 (즉, $-p = \sigma_1 = \sigma_2 = \sigma_3$) 위 식으로부터 체적변화 비 dV/V 와 등방압력 $-p$ 의 관계식을 구할 수 있다.

$$-p = \text{K}\frac{dV}{V}$$ **(1.5.23)**

위의 식에서 K 는 **체적탄성계수**이며, 탄성계수 E 와 푸아송비 ν 에 따라 변하고, 푸아송비가 0.5 에 가까우면 (고무 등) 무한히 커져서 체적은 거의 변하지 않는다.

$$\text{K} = \frac{E}{3(1-2\nu)}$$ **(1.5.24)**

직육면체 각 단면의 수직선이 주응력 축과 일치하면, 각 단면의 수직응력 $\sigma_1, \sigma_2, \sigma_3$ 은 주응력이고, 수직변형률 $\epsilon_1, \epsilon_2, \epsilon_3$ 은 주변형률이다. 수직변형률이 발생하면 체적변화 (식 1.5.21) 가 발생하고, 평균응력 $(\sigma_m = (\sigma_1 + \sigma_2 + \sigma_3)/3)$ 을 적용하면 체적 변화비 dV/V (식 1.5.22) 는 다음이 되어 체적변형은 평균응력 σ_m 의 함수이다.

$$\frac{dV}{V} = \frac{\sigma_m}{\text{K}}$$ **(1.5.25)**

5.3.2 전단변형

직사각형 $ABCD$ 의 상·하면 AD 와 BC 에 수직인장응력 σ 가 작용하고, 좌·우면 AB 와 DC 에는 절대 값이 같고 방향이 반대인 수직압축응력 σ 가 작용할 때 (그림 1.5.6a) 에, 외부경계 (변 AB, BC, CD, DA) 에 대해서 45° 경사진 단면 $JKLM$ 에는 전단응력만 작용한다. $JKLM$ 에 작용하는 응력분포는 Mohr 응력원 (그림 1.5.6d) 에서 구할 수 있고, $JKLM$ 의 전단변형이 미소하면 변형 전과 후의 체적은 변하지 않고, 형상만 직사각형에서 평행사변형으로 된다 (그림 1.5.6b).

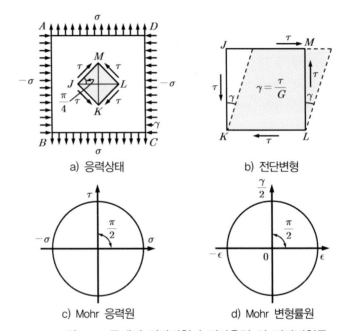

a) 응력상태   b) 전단변형

c) Mohr 응력원   d) Mohr 변형률원

그림1.5.6 물체의 전단변형과 전단응력 및 전단변형률

면 $JKLM$ 의 각 단면에 작용하는 최대전단응력 τ 는 다음과 같고,

$$\tau = \sigma \tag{1.5.26}$$

면 $ABCD$ 의 주변형률은 BC 의 수직방향으로 $\varepsilon = \sigma(1+\nu)/E$, AB 의 수직방향으로 $-\varepsilon = -\sigma(1+\nu)/E$ 이므로, Mohr 변형률원은 그림 1.5.6c 와 같고, 최대전단변형률 γ 는

$$\frac{\gamma}{2} = \varepsilon = \frac{1+\nu}{E}\sigma \tag{1.5.27}$$

이고, σ 는 τ 와 같으므로 다음식이 성립되고, G 는 전단탄성계수이다 (식1.5.6).

$$\tau = \sigma = \frac{E}{1+\nu}\frac{\gamma}{2} = G\gamma \tag{1.5.28}$$

5.4 지반의 탄성계수

압축재하시험에서 구한 초기 재하곡선의 기울기는 **변형계수**이고, 반복 재하곡선의 기울기는 **탄성계수**이다. 암반 탄성계수와 암석의 탄성계수는 거의 무관하거나 무관하다. 암반 탄성계수의 값이 명확하지 않으면 특정한 응력이나 변형률에 대한 할선계수로 해석하거나 일축압축강도로부터 구할 수 있다.

압축시험에서 일정 크기의 하중을 반복하여 재하-제하-재재하해서 구한 반복재하곡선 (5.4.1 절) 의 하중변화 점을 연결하면 완만한 S 형 곡선이 되고 중간에 변곡점이 있는데, 이 변곡점 접선의 기울기가 **탄성계수**이다. 암반 탄성계수는 충분한 수의 불연속면을 포함하는 현장 암반에서 정적시험 (갱내가압시험, 평판재하시험) 을 실시하여 **정적탄성계수 (5.4.2 절)** 를 직접 구하거나, 동적시험 (탄성파속도시험, 동적반복시험) 에서 구한 **동적탄성계수 (5.4.3 절)** 로부터 간접적으로 구한다.

현장시험은 시간과 비용이 많이 소요되므로 특수한 때만 실시하고, 대체로 실내시험에서 구한 암석 탄성계수로부터 추정한다. 정적탄성계수와 동적탄성계수는 대략 선형관계 (5.4.4 절) 이므로, 정적탄성계수는 동적탄성계수로부터 구할 수 있다.

5.4.1 지반의 반복재하곡선

실내압축시험에서 그림 1.5.7 과 같이 하중을 처음에 A_1 까지 재하 했다가 완전히 제하 (C_1 점) 하고, 다시 보다 큰 하중 A_2 까지 재하 했다가 $\Delta\sigma$ (C_2 점) 까지 제하하고, 다시 $A_2 - \Delta\sigma$ 크기(A'_2점) 로 재하 했다가 $2\Delta\sigma$ 까지 (C''_2점) 제하 하기를 반복하여 반복재하곡선 $0 \rightarrow A_1 \rightarrow C_1 \rightarrow A_2 \rightarrow C_2 \rightarrow A_2' \rightarrow C_2' \rightarrow A_2'' \rightarrow C_2'' \rightarrow \cdots$ 을 그린다. 반복재하곡선은 점점 좁고 가파르게 되며, 하중 변화점 A_2, A_2', A_2'' ... C_2, C'_2, C''_2 를 연결하면 완만한 S 형 곡선이 되고 중간에 변곡점 B_2 가 있다.

암석 공극주변에 응력이 집중되어 강도보다 훨씬 작은 압축응력에서도 탄성한계를 초과하여 잔류변형이 시작된다. 따라서 실제 지반은 탄소성거동하고, 반복재하곡선은 그림 1.5.7a 와 같이 되지 않고 b 나 c 처럼 휘어진 고리나 뾰족한 형상이 된다.

전체변형률 ϵ_t 은 초기재하시의 탄성변형률 ϵ_e 와 소성변형률 ϵ_p 을 합한 크기이며, 탄성변형률 ϵ_e 는 Hooke 법칙에 따라 수직응력 σ 와 탄성계수 E 로 나타낼 수 있다.

$$\epsilon_e = \frac{\sigma}{E}$$

$$\epsilon_t = \epsilon_e + \epsilon_p = \frac{\sigma}{E} + \epsilon_p \tag{1.5.29}$$

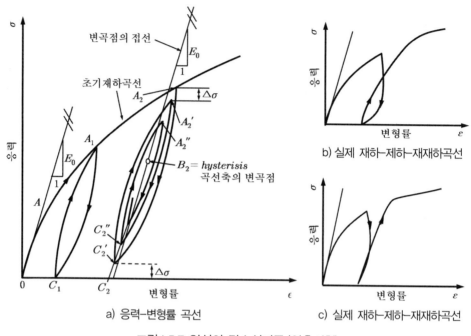

그림 1.5.7 암석의 탄소성거동 (압축시험)

5.4.2 지반의 정적 탄성계수

지반의 탄성거동은 현장에서 직접 측정하는 것이 좋으며, 갱내가압시험이나 평판 재하시험이 대표적이다.

1) 변형계수와 탄성계수

지반의 반복재하곡선 (그림 1.5.8) 에서 초기재하곡선 기울기는 **변형계수**이고 반복 재하곡선 기울기는 **탄성계수**이다. 변형계수는 응력-변형률 초기 재하곡선의 임의 점의 접선 기울기 E_t (접선계수) 나 σ 의 변형률 ϵ 에 대한 비 E_{se} (할선계수) 로 정의한다.

$$E_t = \frac{d\sigma}{d\epsilon} = \tan\beta$$

$$E_{se} = \frac{\sigma}{\epsilon} = \tan\gamma \tag{1.5.30}$$

변형계수는 대상구조물의 응력을 나타내는 p 점의 접선탄성계수 E_{tp} 나 할선탄성 계수 E_{sep} 로 하거나, 일축압축강도의 50 % 응력을 나타내는 q 점에 대한 접선탄성 계수 E_{tq} 나 할선탄성계수 E_{seq} 로 한다.

탄성계수 E 는 응력-변형률 반복곡선의 변곡점 B (그림 1.5.8)에서 접선의 기울기로 정의하며, 탄성반복곡선을 이용하지 않고 간단히 응력-변형률 곡선의 초기접선 탄성계수 E_{to} 나 그림 1.5.8 의 제하점 A 와 재재하점 C 를 연결한 직선의 기울기 E_{CA} (반복곡선의 형상, 그림 1.5.7) 에 따라서 정확도가 다를 수 있다. 원점과 재하곡선의 끝점 A 를 연결한 직선의 기울기 E_{OA} 는 변형계수이다.

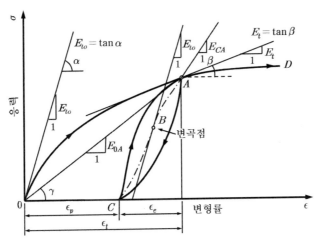

그림 1.5.8 일축압축시험의 이론적 응력–변형률 곡선

2) 정적 탄성계수의 현장측정

무결함 암석공시체에 대한 실내시험에서는 (불연속성이고 불균질한 현장지반의 탄성특성을 제대로 정할 수가 없어서) 실제 보다 큰 탄성계수가 구해진다. 따라서 지반의 탄성거동을 현장에서 직접 측정할 수 있는 정적 및 동적 방법들이 적용되고 있다. 정적 탄성거동을 현장에서 측정하는 가장대표적인 시험방법으로 갱내가압시험과 평판재하시험 등이 있다.

(1) 갱내 가압시험 (Gallery Test)

갱내 가압시험은 스위스 Amsteg 수력발전소 도수터널 (1925) 에서 처음 실시하였고, 갱도를 막고 고무막 등으로 차수라이닝한 후에 물을 주입하고 등압재하하면서 갱도의 반경변형을 측정하여 암반의 변형특성을 구하는 시험이다 (그림 1.5.9). 갱내 가압시험은 시간과 비용이 많이 들지만 재하상태가 균일하며 국지적 지반변화 (불연속면이나 공극 등) 와 무관한 자료를 구할 수 있고, 각 방향 변형을 동시 측정하여 암반의 이방특성을 구할 수 있다.

갱내 가압시험에서 변형은 다음과 같이 여러 가지 방법으로 측정한다.
- 라이닝 콘크리트 내공변위를 측정하여, 주변과 반경방향 평균변위를 구한다.
- 측정단면의 여러 점에서 콘크리트 표면의 반경방향 변위를 직접 측정한다.
- 측정단면의 여러 점에서 콘크리트와 지반 접촉면의 반경방향변위를 측정한다.

두꺼운 원통에 대한 탄성식을 적용하여 시험결과로부터 탄성계수 E 를 계산한다.

$$E = (1 + \nu) p_w \frac{r}{\Delta r} \tag{1.5.31}$$

여기서 ν 는 푸아송 비, r 은 갱도반경, p_w 는 수압, Δr 은 반경방향 변위이다.

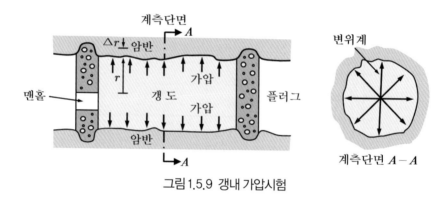

그림 1.5.9 갱내 가압시험

(2) 평판재하시험 (Plate Bearing Test)

흙 지반에 대한 평판재하시험과 유사한 방법으로 갱도벽면에 가압 판을 설치하고 piston jack 으로 재하하면서 변위를 측정해서 암반의 변형특성을 구한다 (그림 1.5.10). 방향을 바꾸면서 시험하면 모든 방향의 지반 탄성계수를 측정할 수 있다.

평판재하시험은 장비가 간단하며 이동성이 좋고 설치 시간이 짧고, 시험 방법이 간편하여 적용성이 우수하다. 각 위치에서 반복재하시험을 실시하여 반복재하곡선과 탄성 거동자료를 구할 수 있고 시험결과를 바탕으로 라이닝타입 등을 결정할 수 있다.

침하는 변위가 안정화된 후에 측정하고 탄성계수는 제하곡선의 시작점과 끝점을 연결한 직선의 기울기로 한다. 강성 (stiffness) 이 큰 가압판 ($\phi\,30 \sim 200cm$) 을 사용하면 등변위가 발생되고 (등변위법), 휨성 (flexibility) 이 큰 연성 가압판 ($\phi\,80cm$) 을 사용하면 등분포응력 (등분포하중법) 을 발생시킬 수 있다.

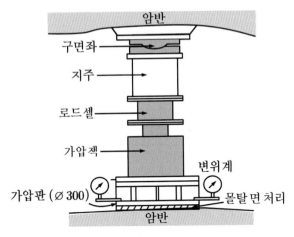

그림 1.5.10 갱내 평판재하시험 (등변위법)

평판의 영향은 평판직경 이내의 깊이에 한정되기 때문에 이 범위 내 지반의 거동만 측정할 수 있다. 평판의 크기가 클수록 영향깊이가 깊어진다. 평판의 크기에는 한계가 있으나, 터널거동에 결정적 역할을 하는 지반은 이 범위 이내의 지반이므로 평판재하시험은 실험가치가 높은 시험이다.

평판재하시험으로부터 시험위치에서 침하 s 와 지반반력계수 k_v 를 구할 수 있다. 지반반력계수는 연성지반에서는 대체로 압력에 의존하고 큰 압력에서는 감소한다.

전체침하 S 를 탄성침하 S_e 와 소성침하 S_p 로 구분하는 것처럼 지반반력계수 k_v 도 탄성지반반력계수 k_{ve} 와 소성지반반력계수 k_{vp} 로 구분한다.

$$k_{ve} = \frac{p}{S_e}, \qquad k_{vp} = \frac{p}{S_p}, \qquad k_v = \frac{p}{S} \tag{1.5.32}$$

지반을 등방성 반무한 탄성체로 가정하면 **탄성계수 E** (Young's modulus) 와 탄성지반반력계수 k_{ve} 사이에는 다음 관계가 성립된다.

$$E = (1 - \nu^2) \frac{\pi}{4} D\, k_{ve} \tag{1.5.33}$$

평판재하시험은 갱내에서 어느 방향으로나 실시할 수 있으므로 지반의 비등방성과 각 위치별로 탄성계수 및 지반의 압축강도를 구할 수 있다. 위의 식 (1.5.33) 은 등방성 반무한 탄성체에 대한 식이므로 엄밀한 의미로는 좁은 터널에 적용할 수가 없다. 그러나 터널 횡단면에서는 이 가정이 근사적으로 유효하기 때문에 평판재하시험의 결과를 적용할 수 있다 (Kastner, 1962).

5.4.3 지반의 동적 탄성계수

지반의 동적탄성계수는 탄성파속도시험이나 동적반복시험에서 비교적 용이하게 측정할 수 있으며, 정적탄성계수와 선형관계를 나타내므로, 탄성이론이나 경험식을 적용하여 정적탄성계수를 구할 수 있다.

1) 탄성파 속도시험

탄성파속도는 암반상태 (절리나 균열상태, 풍화변질정도, 함수비 등)를 나타내는 지표이며, 암석의 고결도가 클수록 증가하고 풍화가 진행되거나 절리나 틈이 있거나 공극이 많으면 감소하므로, 이로부터 그라우팅 효과나 암질을 판정할 수 있다.

(1) 압력파와 전단파

진동에 의해 지반에 대표적으로 발생되는 진동파는 압력파와 전단파로 구분한다. 압력파는 파의 진행방향으로 지반요소가 진동하는 종파이며, 압력파 전파속도 v_p 는 다음과 같다 (단, E 는 탄성계수, ν 는 푸아송 비, $\rho = \gamma/g$ 는 지반의 밀도이다).

$$v_p = \sqrt{\frac{E(1-\nu)}{\rho(1+\nu)(1-2\nu)}} \tag{1.5.34}$$

전단파는 진동에 의하여 야기되며 파의 진행방향에 대해 직각으로 지반요소가 움직이는 횡파이고, 전단파 전파속도 v_s 는 다음과 같다.

$$v_s = \sqrt{\frac{E}{2\rho(1+\nu)}} \tag{1.5.35}$$

압력파속도와 전단파속도의 비 v_p/v_s 는 식 (1.5.34) 와 (1.5.35) 로부터 다음과 같으며, 푸아송 비 ν 에 의해 결정되고 $\nu = 0.25$ 이면 압력파는 전단파보다 2.24 배 빠르다.

$$\frac{v_p}{v_s} = \sqrt{\frac{2(1+\nu)}{1-2\nu}} \tag{1.5.36}$$

(2) 동적 탄성계수와 동적 푸아송 비

압력파와 전단파의 속도 v_p 와 v_s 로부터 동적 탄성계수 E_{dyn} 와 동적 푸아송 비 ν_{dyn} 를 구할 수 있다.

$$E_{dyn} = \frac{(1+\nu_{dyn})(1-2\nu_{dyn})}{1-\nu_{dyn}}\rho v_p = \rho v_p^2(1+\nu_{dyn})(1-2\nu_{dyn}) = 2\rho v_s^2(1+\nu_{dyn})$$

$$\nu_{dyn} = \frac{1}{2}\frac{v_p^2 - 2v_s^2}{v_p^2 - v_s^2} = \frac{(v_p/v_s)^2 - 2}{2\{(v_p/v_s)^2 - 1\}} \tag{1.5.37}$$

2) 동적 전단탄성계수

동적 전단탄성계수 G_d 는 최소 전단변형률에 대한 동적 전단탄성계수 G_{d0} 로 무차원화하면 그림 1.5.11 과 같이 전단변형이 증가할수록 감소한다. 여기에서 최소전단변형률에 대한 동적 전단탄성계수 G_{d0} 는 지반에 따라 표 1.5.1 과 같다.

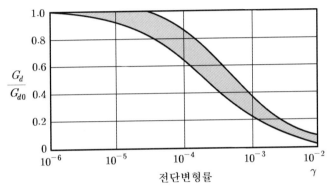

그림 1.5.11 동적 전단변형률에 따른 동적 전단탄성계수
(Empfehlungen Baugrunddynamik , 1992)

3) 동적 압밀변형계수 E_{sd}

동적 압밀변형계수 E_{sd} 는 동적 전단탄성계수 G_d 로부터 구할 수 있고,

$$E_{sd} = G_d \frac{2(1-\nu)}{1-2\nu} \tag{1.5.38}$$

그리고 정적 및 동적 압밀변형계수 E_{ss} 와 E_{sd} 의 경험적 관계 (그림 1.5.12) 로부터 구할 수도 있다. 여기에서 정적압밀변형계수 E_{ss} 는 일상적 압밀시험으로부터 쉽게 구할 수 있다.

표 1.5.1 지반에 따른 동적 전단탄성계수 G_{d0}

지 반 종 류		$G_{d0}\ [MPa]$
사질토	느슨한 모래	50 ~ 120
	중간조밀한 모래	70 ~ 170
	조밀한 모래질 자갈	100 ~ 300
점성토	소성 점토	3 ~ 10
	롬, 연약부터 강성까지	20 ~ 50
	점성토, 반강성 내지 강성	80 ~ 300
암석	층상, 파쇄상	1000 ~ 5000
	괴상	4000 ~ 20000

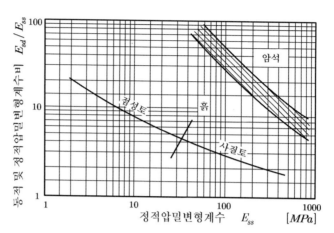

그림 1.5.12 정적압밀변형계수 E_{ss} 와 동적압밀변형계수 E_{sd} 의 관계
(Alpan, 1970). Empfehlungen Baugrunddynamik (1992) 에서 인용

4) 정적 탄성계수와 동적 탄성계수의 경험적 관계

암반의 정적탄성계수 $\pmb{E}_{sta}$ 와 동적 탄성계수 $\pmb{E}_{dyn}$ (Bieniawiski, 1989) 는 경험적으로 일축압축강도 $\sigma_{DF}\,[MPa]$ 로부터 구할 수 있고 (그림 1.5.13),

$$E_{sta} = 400\,\sigma_{DF} \qquad [GPa]$$
$$E_{dyn} = 3.43\,\sigma_{DF}^{0.621} \qquad [GPa] \tag{1.5.39}$$

따라서 정적 탄성계수 $\pmb{E}_{sta}$ 와 동적 탄성계수 $\pmb{E}_{dyn}$ 은 경험적으로 다음의 관계를 보인다 (van Heerden, 1987).

$$E_{sta} = 0.055\,E_{dyn}^{1.61} \qquad [GPa] \tag{1.5.40}$$

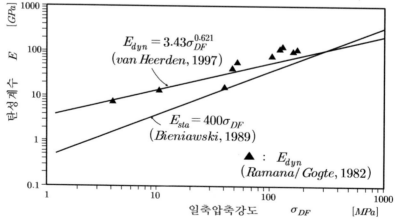

그림 1.5.13 정적 및 동적 탄성계수와 일축압축강도 관계 (van Heerden, 1987)

5) 동적 반복재하시험 (Dynamic Cyclic Loading Test)

동적 반복재하시험은 암반 위에 강성 가압판 (반경 r) 을 설치하고 동적반복하중 (실제 구조물의 하중강도와 실제 지진의 주파수) 을 재하해서 암반의 동적 변형특성을 측정하는 시험이다 (그림 1.5.14). 이 시험으로부터 단기간에 적은 비용으로 지반의 탄성거동을 구할 수 있다.

암반의 동적 변형특성은 정적 평판시험장치의 가압 잭을 vibrator 로 바꾸고 동적 측정기로 변형을 측정하면 된다.

암반의 탄성계수는 하중강도나 주파수에 따라 다르며, 탄성파속도시험에서는 대개 하중강도 $1 \sim 10 \, kPa$ 와 주파수 $10 \sim 200 \, Hz$ 를 적용한다. 일반 구조물의 접지압력은 대략 $200 \sim 500 \, kPa$ 이고 실제 지진의 주파수는 $0.1 \sim 10 \, Hz$ 이므로 실험조건과는 차이가 난다.

동적 할선탄성계수 E_{dyns} 는 동적재하강도 σ_{dyn} 과 동적변형량 w_d 의 관계로부터 구할 수 있으며, hysteresis loop 의 면적에서 등가 점성감쇄능 h_{dc} (specific damping capacity) 를 구한다.

$$E_{dyns} = (1 - \nu^2) \pi r \frac{\sigma_{dyn}}{2\omega_d}$$

$$h_{dc} = \frac{1}{4\pi} \frac{\text{hysteresis 면적}}{\triangle ABO \text{면적}}$$

(1.5.41)

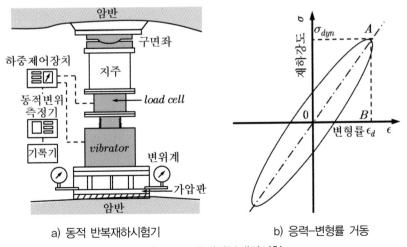

a) 동적 반복재하시험기   b) 응력-변형률 거동

그림 1.5.14 동적반복재하시험

5.4.4 정적탄성계수와 동적탄성계수의 비교

현장 탄성파속도시험에서 구한 동적 탄성계수 E_{dyn} 는 동적반복재하시험에서 구한 동적 할선 탄성계수 E_{dyns} 보다 2 ~ 16 배 정도 크고, 평판재하시험에서 구한 정적 탄성계수 E_{sta} 는 동적 할선탄성계수 E_{dyns} 의 1/3 ~ 1 정도이다 (표 1.5.2).

평판재하시험에서는 재하면적이 클수록 큰 탄성계수가 구해지며, 갱내가압시험에서 구한 탄성계수는 대체로 평판재하시험에서 구한 값보다 크다.

표 1.5.2 정적 탄성계수와 동적 탄성계수의 비교

암 종	정적탄성계수 E_{sta} [$10^2 MPa$]	동적 할선 탄성계수 E_{dyns} [$10^2 MPa$]	동적탄성계수 E_{dyn} [$10^2 MPa$]	탄성계수 비		
				E_{dyns}/E_{sta}	E_{dyn}/E_{sta}	E_{dyn}/E_{dyns}
역 암	36.7 ~ 13.9	65.4 ~ 81.5	320.3	1.8	7.9	4.4
혈암/사암호층	4.2 ~ 5.8	3.7 ~ 4.8	66.7	0.9	13.3	15.5
사 암	5.0 ~ 16.5	15.0 ~ 23.0	145	1.8	13.4	7.6
세립화강암	3.0 ~ 10.0	12.5 ~ 19.0 12.2 ~ 16.0	133.5 156.5	2.4 2.2	20.5 24.1	8.5 11.1
이암과 사암 호층	8.3 ~ 8.6 13.0 ~ 17.5 12.4 ~ 19.9	8.2 ~ 49.2 17.8 ~ 77.2 20.0 ~ 89.9	49.2 61.3 71.4	3.4 3.1 3.4	5.9 4.0 4.4	1.7 1.3 1.3
반 려 암	10.3	20.4 ~ 22.5	—	2.1	—	—
휘 록 암	9.1	16.5 ~ 22	560	2.1	61.5	29.0
세립, 석영, 섬록암	25.2	33.6 ~ 35	434	1.4	17.2	12.7
응 회 암	100 ~ 160 100 30 ~ 35 18 ~ 34	230 ~ 250 120 ~ 130 50 ~ 60 270 ~ 290	430 445 415 305	1.8 1.3 1.7 1.3	3.3 4.5 12.8 1.5	1.8 3.6 7.5 1.1
점 판 암	150 ~ 250 90	220 ~ 250 110 ~ 125	385 445	1.2 1.3	1.9 4.9	1.6 3.8
세립, 석영, 섬록암	18.4 12.8	22 ~ 24 17 ~ 12.5	— —	1.3 1.5	— —	— —
화강암 **(CL)** **(CM)** **(CH)**	2 ~ 9 5 ~ 25 29 ~ 50	7 ~ 19 18 ~ 50 24 ~ 80	216 257 ~ 259 218 ~ 244	2.4 2.5 1.3	39.3 17.2 5.8	16.6 6.9 4.4
비 고	$\sigma = 0 \sim 5$ [kgf/cm^2] 평판재하시험	$\sigma = 5$ $\pm (2 \sim 3)\sin 2\pi ft$ [kgf/cm^2] $f = 0.1 \sim 5$Hz 동적반복시험	탄성파속도시험			

6. 지반의 항복과 유동

　지반에 외력이 작용하면 응력과 변형이 발생되고, 외력을 제거하면 변형의 일부만 회복되고 (탄성변형) 나머지는 잔류 (소성변형) 한다 (그림 1.6.1). 물체의 거동이 탄성 상태에서 소성상태로 이행되는 경계를 항복 (yield) 이라 하고, 탄성영역의 한계 (즉, 소성상태 개시) 를 3 차원 응력상태로 일반화해서 수학적으로 표현한 식을 항복규준 이라 한다. 항복규준을 초과한 이후에 발생되는 소성변형을 소성유동이라고 하고, 소성변형 벡터의 방향은 소성 포텐셜 함수에 의한 유동법칙으로 정의한다.

　탄소성 모델에서는 응력수준이 항복점에 도달하기 전에는 탄성 모델로 모사하고, 항복점도달 후에는 소성 모델로 모사하므로 항복응력을 결정하는 항복규준과 항복 후 거동을 나타내는 유동법칙이 필요하다.

　현재까지 다양한 항복규준이 제안되어 있으나, 모든 재료에 적용할 수 있는 것은 아직 없다. 현존하는 물질에 잘 맞는 가설들은 등방성 물질에 등방압력이 작용하여 발생되는 체적변화에 의해서는 재료가 항복하지는 않는다는 사실에 근거하고 있다. 　지반의 성질은 복잡하고 위치에 따라서 다르므로 지반조건을 단순화시키고 현장 지반에 가장 잘 맞는 항복규준을 적용해야 한다. 지반에 적용 가능한 항복규준이 여러 가지가 개발되어 있으며, 대부분 상용 지반해석 프로그램에 채택되어 있다.

　터널해석에 적용하는 항복함수와 유동법칙 (6.1 절) 은 대상지반에 적합해야 한다. 대개 **Mohr-Coulomb (6.2 절), Drucker-Prager (6.3 절), Hoek-Brown (6.4 절), Tresca (6.5 절), von Mises (6.6 절)** 등의 항복규준이 자주 적용된다.

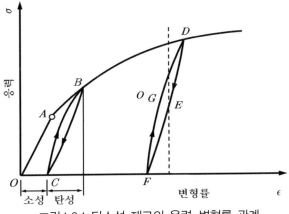

그림 1.6.1 탄소성 재료의 응력-변형률 관계

6.1 항복함수와 유동법칙

임의 재료의 항복규준을 나타내는 항복함수 *f* (6.1.1 절) 는 항복상태 (소성상태) 에서 $f = 0$ 이고, 탄성 상태에서 $f < 0$ 이며, $f > 0$ 인 경우는 존재하지 않는다. 응력상태가 항복규준을 초과한 이후에 발생되는 소성변형을 소성유동이라고 하며, 소성변형 벡터의 방향은 소성 포텐셜 함수에 의한 유동법칙 (6.1.2 절) 으로 정의한다.

6.1.1 항복함수

항복함수 *f* 는 응력변수 σ_{xx}, σ_{yy}, σ_{zz}, τ_{xy}, τ_{yz}, τ_{zx} 의 상호관계를 나타내는 함수이며, 일정한 값 (상수 C) 에 도달되면 물체가 항복한다.

$$f(\sigma) = f(\sigma_{xx}, \sigma_{yy}, \sigma_{zz}, \tau_{xy}, \tau_{yz}, \tau_{zx}) = C \tag{1.6.1}$$

균질한 등방성 물질에서 항복은 좌표축 방향과 무관하므로, 항복함수식의 좌변은 주응력 (principal stress) 이나 불변응력 (stress invariant) J_1, J_2, J_3 로 나타낼 수 있다.

$$f(\sigma) = f(\sigma_1, \sigma_2, \sigma_3) = C$$
$$f(\sigma) = f(J_1, J_2, J_3) = C \tag{1.6.2}$$

여기에서, $J_1 = \sigma_{xx} + \sigma_{yy} + \sigma_{zz} = \sigma_1 + \sigma_2 + \sigma_3$

$$J_2 = \sigma_{yy}\sigma_{zz} + \sigma_{zz}\sigma_{xx} + \sigma_{zz}\sigma_{yy} - \tau_{yz}^2 - \tau_{zx}^2 - \tau_{xy}^2$$

$$= \frac{1}{6}\left\{(\sigma_1 - \sigma_2)^2 + (\sigma_2 - \sigma_3)^2 + (\sigma_3 - \sigma_1)^2\right\}$$

$$J_3 = \begin{vmatrix} \sigma_{xx} & \tau_{yx} & \tau_{zx} \\ \tau_{xy} & \sigma_{yy} & \tau_{zy} \\ \tau_{xz} & \tau_{yz} & \sigma_{zz} \end{vmatrix} = \sigma_1 \sigma_2 \sigma_3 \tag{1.6.3}$$

축차응력의 주응력성분 ($\sigma_1' = \sigma_1 - \sigma_m$, $\sigma_2' = \sigma_2 - \sigma_m$, $\sigma_3' = \sigma_3 - \sigma_m$) 을 항복함수식 (식 1.6.2) 에 대입하면, 항복조건은 다음이 된다 ($J_1 = 0$).

$$f(J_2', J_3') = C \tag{1.6.4}$$

여기에서 J_2', J_3' 는 불변 축차응력이며, 이 항복규준식은 등방성 물질의 초기 항복 조건식으로는 정확하기 때문에 널리 이용되고 있다.

지반에서 빈번히 적용되는 **von Mises** 와 **Tresca** 항복규준은 일축압축강도 σ_y 의 함수이고, **Mohr-Coulomb** 과 **Drucker-Prager** 의 항복규준은 강도정수 c, ϕ 와 평균 주응력 σ_m 의 함수이다.

지반에서는 대개 Mohr-Coulomb 이나 Drucker-Prager 항복규준을 적용한 탄소성 모델 해석결과가 만족스러운 것으로 알려져 있고, 중간주응력의 영향을 고려하는 Drucker-Prager 의 항복규준이 중간주응력의 영향을 무시하는 Mohr-Coulomb 의 항복규준보다 진보된 규준이라 할 수 있으나, 각기 다른 장·단점을 가지고 있으므로 실무에 적용하는 데에는 차이가 크지 않다.

암석에서는 대개 Tresca, von Mises, Mohr-Coulomb, Drucker-Parger, Hoek-Brown 의 항복규준을 적용한다. 터널에서는 평균응력 σ_m 이 항복조건에 영향을 미치므로, (일축압축강도의 함수인) Tresca 나 von Mises 의 항복규준보다도 (강도정수와 평균 주응력의 함수인) Mohr-Coulomb 과 Drucker-Parger 의 항복규준이 더 적합하다.

일반적으로 터널과 주변지반의 안정성은 **von Mises** 의 항복규준을 적용하고, 터널에서 수압이나 토피하중의 영향은 **Drucker-Parger** 의 항복규준을 적용하여 판정하는 것이 유리하다.

Hoek-Brown 항복규준은 현장 암반의 평가자료를 이용하여 재료상수를 결정할 수 있는 이점이 있으나, 무리 없이 실무에 적용하려면 많은 연구와 경험이 필요하다.

6.1.2 유동법칙

재료의 응력상태가 항복규준을 초과한 이후에 발생되는 소성변형을 소성유동 (plastic flow 또는 소성흐름) 이라 하며, 소성변형 벡터의 방향은 소성 포텐셜 함수에 의한 유동법칙 (flow rule 또는 흐름법칙) 으로 정의한다.

유동법칙은 소성 포텐셜 함수 Q 를 정의하는 방법에 따라 상관 및 비상관 유동 법칙으로 구분한다. 포텐셜 함수 Q 를 항복함수 f 로 취할 경우를 상관 유동법칙 (associated flow rule) 이라 하며, 항복함수가 아닌 다른 함수로 취할 경우를 비상관 유동법칙 (non-associated flow rule) 이라 한다.

지반은 대부분 비상관 유동법칙을 따르지만, 이를 적용하면 계산시간과 컴퓨터의 용량이 많이 소요되므로, 비상관 유동법칙을 적용함으로써 얻는 이점보다도 수치적 어려움이 더 크게 발생한다. 지반에서는 상관유동법칙을 적용하여도 크게 무리가 가지 않는 것으로 알려져 있어서 대개 상관유동법칙을 적용한다. 유동법칙에 대한 사항은 Desai /Siriwardane (1984) 등 문헌에 잘 설명되어 있다.

6.2 Mohr–Coulomb 항복규준

Mohr-Coulomb 항복규준식은 항복면의 전단강도와 수직응력의 관계를 나타내며, 간편하고 지반의 강도정수를 사용하므로 지반문제의 해석에 자주 적용된다. 전단응력 τ 는 수직응력 σ 가 커지면 지반의 점착력 c 와 내부마찰각 ϕ 에 비례하여 증가된다.

$$\tau = c + \sigma \tan\phi \tag{1.6.5}$$

Mohr-Coulomb 항복규준은 불변응력으로 표현하면 다음 식과 같고, π 평면상에서 6 각형 (그림 1.6.2) 이 된다.

$$f = J_1 \sin\phi + \sqrt{J_{2D}} \cos\theta - \frac{1}{3}\sqrt{J_{2D}} \sin\phi \sin\theta - \cos\phi = 0$$

$$\theta = -\frac{1}{3}\sin^{-1}\left(-\frac{3\sqrt{3}}{2}\frac{J_{3D}}{J_{2D}^{3/2}}\right) \qquad \left(-\frac{\pi}{6} \le \theta \le \frac{\pi}{6}\right) \tag{1.6.6}$$

$$J_{2D} = J_2 - \frac{1}{6}J_1^2$$

$$J_{3D} = J_3 - \frac{2}{3}J_1 J_2 + \frac{2}{27}J_1^3$$

여기에서, J_1 은 제 **1** 불변응력 (first stress invariant) 이고, J_{2D} 와 J_{3D} 는 제 **2** 및 제 **3** 불변 축차응력 (second and third deviator stress invariant) 이다.

Mohr-Coulomb 항복규준은 주응력으로 표시하면 다음 같고, 최대 및 최소 주응력 σ_1 와 σ_3 만 항복에 관여하며 중간주응력 σ_2 는 항복거동에 무관하다.

$$\sigma_1 = \frac{1+\sin\phi}{1-\sin\phi}\sigma_3 - \frac{2c\cos\phi}{1-\sin\phi} = (m+1)\sigma_3 - s \tag{1.6.7}$$

여기에서 σ_3 와 σ_1 은 최소 및 최대주응력이고, $m+1 = \dfrac{1+\sin\phi}{1-\sin\phi} = K_p$ (Rankine 의 수동토압계수와 같은 모양), $s = \dfrac{2c\cos\phi}{1-\sin\phi} = (m+2)c\cos\phi$ 는 지반 일축압축강도이다.

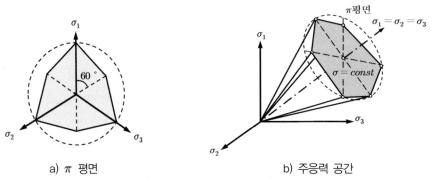

a) π 평면   b) 주응력 공간

그림 1.6.2 Mohr–Coulomb 항복규준

6.3 Drucker-Prager 항복규준

Mohr-Coulomb 항복규준에서는 최대 및 최소 주응력만 항복에 관여하고 중간주응력은 항복거동에 무관하다. **Drucker-Prager** 항복규준 **(6.3.1 절)** 은 최대 및 최소 주응력은 물론 중간주응력 **(6.3.2 절)** 을 고려하고 있어서 평면변형률 조건에서도 해석결과가 Mohr-Coulomb 항복규준보다 실제에 더 근접하기 때문에 광범위하게 사용되고 있다. **Drucker-Prager** 항복규준계수 **(6.3.3 절)** α 와 k 는 지반의 강도정수 c 와 ϕ 로 표현할 수 있고 삼축압축상태와 평면변형률상태에서 다르다.

지반은 지반특성과 응력해방 및 소성변형에 의해 체적이 팽창되며, 체적이 팽창되면 강도정수 c, ϕ 와 탄성계수 E 가 감소된다. 즉, 지반의 체적팽창은 점토광물의 흡수 등에 의하여 발생되며, 내부마찰각이 영이 아닌 지반은 소성변형이 진행됨에 따라 미세균열이 발생되거나 항복면의 직각방향으로 변형되면서 체적이 팽창되고, 암석이나 콘크리트는 응력해방 뿐만 아니라 소성변형에 의해서도 체적이 팽창된다.

최근에는 직교법칙으로부터 지반팽창의 주원인이 **흡수**가 아니라 응력해방과 소성변형임을 알게 되었다. 연속체가 소성 변형되어 작은 입자로 파쇄 되면, 체적이 팽창되지만 느슨한 모래의 전단처럼 입자배열만 변할 때는 체적이 변하지 않는다.

6.3.1 Drucker-Prager 항복규준식

Drucker-Prager 항복규준은 Mohr-Coulomb 항복규준을 (모든 주응력의 효과를 고려해서) 불변응력 J_1 과 J_{2D} 를 사용하여 수정한 것이며, 항복함수 f 에는 다음과 같이 3 개 주응력 ($\sigma_1 > \sigma_2 > \sigma_3$) 이 모두 대등하게 관여한다.

$$f = \alpha I_1 + \sqrt{J_2} - k = \sqrt{J_{2D}} - \alpha J_1 - k = 0 \tag{1.6.8}$$

여기서 α, k 는 J_1-J_{2D} 평면에 도시한 파괴포락선의 절편과 기울기이며, 지반의 강도정수 c 와 ϕ 로 표현할 수 있고, 지반에 따라 결정되는 양 (+) 의 정수이다. 취성재료에서는 $\alpha \geqq 0$ 이고 금속 등 연성재료에서는 $\alpha = 0$ 이며, $\alpha < 0$ 인 경우는 없다. Drucker-Prager 항복규준계수 α 와 k 는 삼축압축상태와 평면변형률상태일 때 다르다. 2 차원에서는 Drucker-Prager 항복곡선과 Mohr-Coulomb 항복곡선이 일치한다.

불변응력 J_1, J_2 는 주응력으로부터 결정되는 값이다.

$$J_1 = \sigma_1 + \sigma_2 + \sigma_3$$
$$J_2 = \frac{1}{6}\left\{(\sigma_1 - \sigma_2)^2 + (\sigma_2 - \sigma_3)^2 + (\sigma_3 - \sigma_1)^2\right\} \tag{1.6.9}$$

주대각선 (space diagonal, $\sigma_1 = \sigma_2 = \sigma_3$) 에 직교하는 π 평면상의 Drucker-Prager 항복규준은 Mohr-Coulomb 의 항복규준을 나타내는 **6** 각형에 외접한 원이다 (그림 1.6.3). 그러나 실제의 축차응력은 모서리가 둥근 3 각형이고 전 압축응력이 커지면 원형에 가까워진다. Drucker-Prager 항복규준과 Mohr-Coulomb 항복규준은 본질적으로 같으며, 모두 증분 소성이론에서 항복규준으로 사용되고, 직교법칙 (normality rule) 및 유동법칙 (flow rule) 과 함께 증분 응력-변형관계식을 유도하는데 사용된다.

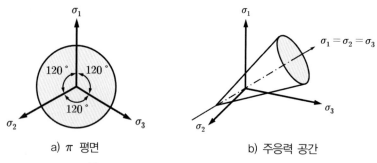

a) π 평면   b) 주응력 공간

그림 1.6.3 Drucker-Prager 항복곡면

6.3.2 중간주응력의 영향

평면변형률조건에서 중간주응력 σ_2 는 다음이 되고 (최대 및 최소 주응력 σ_1 및 σ_3),

$$\sigma_2 = \nu(\sigma_3 + \sigma_1) \tag{1.6.10}$$

직교법칙과 상관유동법칙을 적용해서 중간주응력 방향의 변형률을 구하고, 여기에 변형률 조건을 적용해서 구한다.

1) 평면 변형률 조건

평면변형률상태 중간주응력 σ_2 는 소성역의 중간주응력방향 (터널의 종 방향) 의 총 변형률 ϵ_2 (탄성변형률 ϵ_{2e} 와 소성변형률 ϵ_{2p} 의 합) 가 영 (0) 인 조건을 적용하여 푼다.

$$\epsilon_2 = \epsilon_{2e} + \epsilon_{2p} = 0 \tag{1.6.11}$$

그러나 이 식은 풀기 어렵고 계산이 복잡하기 때문에 대개 중간주응력방향 탄성 변형률 ϵ_{2e} 와 소성변형률 ϵ_{2p} 가 모두 영 ($\epsilon_{2e} = \epsilon_{2p} = 0$) 이라고 가정하고 푼다.

소성변형률 ϵ_{2p} 가 탄성변형률 ϵ_{2e} 보다 훨씬 크고 ($\epsilon_{2e} < \cdots < \epsilon_{2p}$), 중간주응력방향 총변형률이 영 ($\epsilon_2 = 0$) 이므로, 탄성 변형률을 무시하면 중간주응력방향 소성 변형률은 영 ($\epsilon_{2p} = 0$) 이다. 소성영역 내 탄소성경계 인접부에서는 소성변형률 보다 탄성 변형률이 클 수도 있다.

2) 중간주응력방향 소성 변형률 ϵ_{2p}

물체의 위치에너지를 임의 방향으로 미분한 미분계수는 그 물체에 작용하는 힘을 나타내고, 이 힘은 (위치에너지가 같은) 등 에너지 면에 직각으로 작용한다. 따라서 공이 경사면에서 등고선에 직각방향으로 굴러가는 것과 같이 물체는 등 에너지 면에 대해 직각으로 움직인다. 이를 직교법칙 (normality rule) 이라고 한다.

탄성 물체 내에 분포하는 탄성변형에너지 $W = \dfrac{1}{2}\sum\sum \sigma_{ij}\epsilon_{ije}$ 를 응력 σ_{ij} 로 편미분 하면 그 방향의 **탄성 변형률** ϵ_{ije} 가 되며,

$$\frac{\partial W}{\partial \sigma_{ij}} = \epsilon_{ije} \tag{1.6.12}$$

위치에너지 (스칼라) 와 힘 (벡터) 의 관계와 같아서 W 를 탄성 포텐셜이라 한다.

소성변형에서도 (마찬가지로) 물체 내에 소성변형에너지 g (소성 포텐셜) 가 분포 하면 소성 **변형률** ϵ_{ijp} 는 다음과 같다.

$$d\epsilon_{ijp} = d\lambda \frac{\partial g}{\partial \sigma_{ij}} \tag{1.6.13}$$

여기에서 $d\lambda$ 는 소성 변형 시 응력-변형률 관계를 나타내는 **변형계수**이고, 영률과 같은 상수는 아니며, 적합조건과 응력-변형률 관계식 (직교법칙) 에서 구한다.

소성역에서 Drucker-Prager 항복규준이 성립되면, 소성 포텐셜 g 를 중간 주응력 σ_2 로 미분하고 변형계수 $d\lambda$ 를 곱하면 중간주응력방향 소성변형률 증분 $d\epsilon_{2p}$ 가 된다. 그런데 소성 포텐셜 g 를 결정하는 이론은 아직 확립되어 있지 않기 때문에, 대개 소성 포텐셜 g 가 항복함수 f 와 같다고 가정하여 식을 전개한다.

소성 포텐셜 g 와 항복함수 f 가 같은 경우 $(g = f)$ 를 **상관유동법칙** (associated flow rule), 상이한 경우 $(g \neq f)$ 를 **비상관 유동법칙** (nonassociated flow rule) 이라 한다. 실제로는 비상관 유동법칙이 적합한 경우가 많으나 계산에 많은 노력이 필요하기 때문에 계산이 간단한 상관유동법칙을 적용하는 경우가 많다. 상관유동법칙을 적용 하더라도 상당히 많은 실제 현상들을 설명할 수 있다.

탄성체에 힘을 가하면 에너지가 탄성체 내부에 저장되고, 힘을 제거하면 탄성체는 외부에 대해 일을 한다. 그러나 소성변형상태에서는 소성변형되어도 소성 포텐셜은 전혀 증가하지 않아서, 포텐셜 (응력×변형률) 증분은 영이므로 다음이 성립된다.

$$d\sigma_{ij}d\epsilon_{ijp} = 0 \tag{1.6.14}$$

이상 소성재료는 변형률경화 (strain hardening) 되지 않아 항복함수가 $f < 0$ 이며, $f = 0$ 이면 항복하고, $f = 0$ 일 때만 소성 변형률이 증가한다 ($\epsilon_{ijp} \fallingdotseq 0$).

항복함수 f 는 응력 σ_{ij} 만의 함수이며, 소성변형이 일어나는 동안 영을 유지한다.

$$df = \frac{\partial f}{\partial \sigma_{ij}} d\sigma_{ij} = 0 \tag{1.6.15}$$

식 (1.6.14) 과 위 식 (1.6.15) 로부터 다음 관계가 성립된다.

$$d\epsilon_{ijp} = d\lambda \frac{\partial f}{\partial \sigma_{ij}} \tag{1.6.16}$$

그런데 식 (1.6.13) 과 식 (1.6.15) 를 비교하면 항복함수 f 와 소성 포텐셜 g 는 같은 값이다. 즉, 완전소성상태에서는 $f = g$ (즉, **associated flow rule** 이 성립) 이다.

상관 유동법칙이 성립되면 소성 포텐셜 g 와 항복함수 f (식 1.6.8) 를 식 (1.6.13) 에 대입하여 중간주응력 방향 소성변형률 ϵ_{2p} 을 구할 수 있다.

$$g = f = \alpha I_1 + \sqrt{J_{2D}} - k$$
$$= \alpha(\sigma_1 + \sigma_2 + \sigma_3) + \frac{1}{6}\sqrt{(\sigma_1 - \sigma_2)^2 + (\sigma_2 - \sigma_3)^2 - (\sigma_3 - \sigma_1)^2} - k = 0$$
$$d\epsilon_{2p} = \frac{d\lambda \partial f}{\partial \sigma_2} = d\lambda \left[\alpha + \frac{1}{6}\frac{1}{\sqrt{J_2}}(2\sigma_2 - \sigma_1 - \sigma_3) \right] \tag{1.6.17}$$

3) 중간주응력 σ_2

중간 주응력 σ_2 는 소성 변형률 ϵ_{2p} 에 변형률 조건 ($\epsilon_{2p} = 0$) 을 적용해서 구하며, 중간주응력방향 소성변형률 $d\epsilon_{2p}$ 이 영이므로 식 (1.6.17) 의 큰 괄호 안이 영이다.

$$6\alpha\sqrt{J_2} + 2\sigma_2 - \sigma_1 - \sigma_3 = 0 \tag{1.6.18}$$

위 식에 삼축 압축조건에 대한 불변응력 $J_2 = \frac{1}{3}(\sigma_1 - \sigma_3)^2$ (식 1.6.21) 를 대입하면 이차방정식이 되고 그 해를 구하면 두 개의 σ_2 값이 구해지는데,

$$\sigma_2 = \frac{\sigma_1 + \sigma_3}{2} \pm \frac{3\alpha(\sigma_1 - \sigma_3)}{2\sqrt{1 - 3\alpha^2}} \tag{1.6.19}$$

이는 소성변형에 따라 발생되므로 큰 압축력 ('-' 부호) 이 실제의 응력이다.

$$\sigma_2 = \frac{\sigma_1 + \sigma_3}{2} - \frac{3\alpha(\sigma_1 - \sigma_3)}{2\sqrt{1 - 3\alpha^2}} \tag{1.6.20}$$

여기에서 α 는 Drucker-Prager 항복규준식의 계수이며, 평면변형률 조건과 삼축 압축조건에 대한 값이 서로 다르다.

6.3.3 Drucker-Prager 항복규준계수 α 와 k

1) 삼축압축조건

삼축압축시험 ($\sigma_1 > \sigma_2 = \sigma_3$) 조건에서 불변응력 I_1, J_2 는 다음과 같으므로,

$$I_1 = \sigma_1 + 2\,\sigma_3$$
$$J_2 = (1/6)\big\{2(\sigma_1 - \sigma_3)^2\big\} = (1/3)(\sigma_1 - \sigma_3)^2 \tag{1.6.21}$$

Drucker-Prager 항복규준식 (식 1.6.8) 은 다음이 되고,

$$(2\sqrt{3}\,\alpha + 1)\sigma_1 + (\sqrt{3}\,\alpha - 1)\sigma_3 = \sqrt{3}\,k \tag{1.6.22}$$

이는 삼축 압축조건에서 **Mohr-Coulomb** 항복규준식과 같다.

$$(\sigma_1/2)(1 - \sin\phi) - (\sigma_3/2)(1 + \sin\phi) = c\cos\phi$$
$$(m+1)\sigma_3 - \sigma_1 = s \tag{1.6.23}$$

Drucker-Prager 항복규준계수 α 와 k 는 평면변형률조건과 다르다.

$$\alpha = \frac{2\sin\phi}{\sqrt{3}\,(3 - \sin\phi)} = \frac{m}{\sqrt{3}\,(m+3)}$$
$$k = \frac{6\,c\cos\phi}{\sqrt{3}\,(3 - \sin\phi)} = \frac{s\sqrt{3}}{m+3} \tag{1.6.24}$$

2) 평면변형률 조건

평면변형률조건에서 Drucker-Prager 항복규준계수 α 와 k 는 중간주응력방향 소성 변형률이 영 ($\epsilon_{2p} = 0$) 인 조건이나 탄성 변형률이 영 ($\epsilon_{2e} = 0$) 인 조건을 적용하여 구한 중간주응력을 Drucker-Prager 항복규준식에 대입하고 Mohr-coulomb 항복규준 식 (식 1.6.23) 과 같다고 놓고 구한다. 그런데 $\epsilon_{2e} = 0$ 인 조건을 적용하면 α 와 k 가 간단히 구해지지 않으므로 $\epsilon_{2p} = 0$ 인 조건을 주로 사용한다.

중간 주응력방향 소성 변형률이 영인 조건을 적용하고 중간 주응력 (식 1.6.20) 을 구하여 Drucker-Prager 항복규준 (식 1.6.8) 에 대입하고,

$$f = 3\alpha(\sigma_1 + \sigma_3)/2 - \sqrt{1 - 3\alpha^2}\,(\sigma_1 - \sigma_3)/2 - k = 0 \tag{1.6.25}$$

Mohr-coulomb 항복규준 (식 1.6.23) 과 같다고 하면 계수 α 와 k 는 다음과 같고, 이는 평면변형률조건 값이다. 그런데 삼축 압축조건 값 (식 1.6.24) 을 적용하면 결과 가 너무 안전측이고, 평면변형률조건 값을 적용하면 결과가 실제에 더 근접한다.

$$\alpha = \frac{\sin\phi}{\sqrt{9 + 3\sin^2\phi}} = \frac{m}{2\sqrt{3}\,(m^2 + 3m + 3)}$$
$$k = \frac{3c\sin\phi}{\sqrt{9 + 3\sin^2\phi}} = \frac{s\sqrt{3}}{2\sqrt{m^2 + 3m + 3}} \tag{1.6.26}$$

6.4 Hoek – Brown 항복규준

파괴면상 수직 및 전단응력은 Mohr-Coulomb 이나 Drucker-Prager 항복규준에서는 선형관계이지만 많은 연구와 실험 결과 이차곡선관계가 더 적합한 것으로 알려져 있다.

Hoek/Brown (1980) 은 Griffith 규준에 기반을 두고 다양한 강도에 대한 암석시험 결과를 근거로 수직응력과 전단응력의 관계를 이차곡선으로 나타내는 경험적 항복규준 (6.4.1 절) 을 제시하였고, 그 후에 지속적으로 개선하였다.

Hoek-Brown 항복규준식 (6.4.2 절) 은 새로 유도한 식이 아니고 콘크리트에 적용하던 식을 준용한 규준이며, 양호한 암반에 적합하고, 그 항복규준정수 α, k 로부터 Mohr-Coulomb 강도정수 c, ϕ 를 환산할 수 있다 (Hoek, 1990 ; Hoek/Brown 등, 2002). 이 규준은 후에 상태가 불량한 암반에 적용할 수 있도록 개선하였으며, 이를 위해 파괴상태 및 무결함 암석에 대한 분류계수 m_b, m_i (petrographic constant) 를 RMR 로부터 계산하였다. 또한, 터널은 물론 사면 등 일반 암반공학 분야에 대한 적용성을 입증하였다 (Hoek/Brown, 1988).

일반 Hoek-Brown 암반 항복규준 (6.4.3 절) 은 무결함 암석부터 매우 불량한 절리 암반에도 적용할 수 있어서 많이 적용되며, 축대칭 문제에서 식을 전개하기가 쉽다. 항복규준정수 m 과 s 의 개략치는 암종 별로 제시되어서 사용하기가 편하다.

6.4.1 Hoek / Brown 항복규준 특성

Hoek 등 (1992) 은 파괴곡선의 곡률 (파괴곡선의 지수 a) 을 변화시켜 Hoek-Brown 초기 항복규준식을 개량 (Modified Hoek-Brown Criterion) 하여 응력수준이 낮아도 적용할 수 있도록 하였으나, 양호한 암반에서는 결과가 너무 보수적이었다. 따라서 Hoek 등 (1995) 은 RMR 이 25 보다 큰 양호한 암반에서는 초기파괴규준을 적용하고 RMR 이 25 보다 작은 불량한 암반에서는 개량된 파괴규준을 적용할 수 있도록 Hoek-Brown 암석 파괴규준을 일반화시켰다.

불량한 암반에서 RMR 은 산정인자에 따라 변화폭이 심하고, 항복규준정수 m, s 도 선형관계가 아니어서 적용하기가 어렵다. 그런데 RMR 대신 지질강도지수 (GSI, Geological Strength Index) 를 적용하면 파괴상태 및 무결함 암석에 대한 분류계수 m_b, m_i 와 항복규준정수 s 를 객관적으로 계산할 수 있다.

따라서 Hoek- Brown 항복규준식은 매우 불량한 지반 즉, 인장강도가 거의 없는 지반에서도 적용할 수 있게 되어 그 적용범위가 대폭 확장 (Hoek 등, 1998) 되었다.

Hoek 등 (2000) 은 한계 변형률 (critical strain) 개념과 Hoek-Brown 항복규준을 적용하여 암반의 압출현상을 예측하였다. 그 후 항복규준정수와 a, GSI 에 대한 관계식을 재정비하고, 암반 교란지수 D (disturbance factor) 를 이용하여 발파에 의한 손상이나 응력해방 (stress relaxation) 의 영향을 고려하였고 (Hoek 등, 2002), 다양한 지질과 조건에 적용할 수 있도록 지질 강도지수 GSI 를 확장하고 암반의 변형계수를 계산하였다 (Hoek 등, 2004, 2005, 2006).

Hoek-Brown 항복규준은 다음 문제점이 있으나 실무적용에 큰 어려움이 없다.
- 중간주응력 영향을 무시 ($\sigma_2 = 0$) 하지만, 그 영향은 터널 (평면변형률상태이므로) 에서는 작다
- 변형 및 체적변화에 대한 고찰이 취약하다.
- 축대칭 터널의 탄성역에서 $\sigma_t + \sigma_r = const.$ 이며, 체적변화는 없다.
- 소성역에서 다일러턴시는 고려하지만, 체적탄성률영향 누락으로 변형이 매우 작다.
- 상관유동법칙에 기초하기 때문에 체적팽창이 무한정 계속되지 않고, 어느 한계 (항복변형률 ϵ_y 의 3 배 등) 까지 제한하는 것은 적합하지만 그 근거가 불명하다.
- 최소주응력이 영 ($\sigma_3 = 0$) 에 근접할 때에는 오차가 생길 수 있다.
- 일축압축강도가 같은 암석에서도 소성 변형 소요구속응력이 Mohr-Coulomb 항복규준과 상당히 다르다.

6.4.2 Hoek / Brown 항복규준식

Hoek/Brown (1980) 은 많은 실험결과에 기초하여 다음 항복규준식을 제안하였다.

$$\sigma_1{}' = \sigma_3{}' + \sqrt{m\sigma_{DF}\sigma_3{}' + s\,\sigma_{DF}{}^2} \tag{1.6.27}$$

위 식의 σ_{DF} 는 암석 일축압축강도 (압축 음(-)) 이고, m, s 는 항복규준정수이며, 다양한 강도의 암석시험결과에 근거한 경험적 재료상수이다. Hoek/Brown (1988) 은 표 1.6.1 과 같이 암석을 5 종류로 구분하고, 각각에 대하여 6 가지 암질 (무결함, 매우 양호, 양호, 보통, 불량, 매우불량) 로 분류하여 30 종류의 항복규준정수를 제시하였다.

항복규준정수 m 은 지반의 교란정도를 나타내고, 심하게 파쇄된 암반에서는 $m = 0.001$, 경암에서는 $m = 25$ 이다.

표 1.6.1 Hoek-Brown 항복규준정수 (Hoek/Brown 등, 1988)

Hoek-Brown Failure Criterion $\sigma_1 = \sigma_3 + \sqrt{m\sigma_{DF}\sigma_3 + s\,\sigma_{DF}^2}$ $\sigma_1,\ \sigma_3$ = 최대 및 최소 주응력 σ_{DF} : 무결함 암 일축압축강도 $m,\ s$: 항복규준정수 $m',\ s'$: 교란된 암반 항복규준 규준정수	항복규준정수	(A) 잘 발달된 결정, 벽개가 양호 탄산염암[1]	(B) 암석화 된 점토, 이질암[2]	(C) 강하게 잘 결합되어 벽개 없는 사질암[3]	(D) 세립광물 다량포함, 결정질 화성암[4]	(E) 조립광물 다량포함, 결정질 화성암 및 변성암[5]
[무결함 암석 공시체] 절리가 발달하지 않은 실내시험용 공시체 $RMR = 100,\ Q = 500$	m' s' m s	7.0 1.0 7.0 1.0	10.0 1.0 10.0 1.0	15.0 1.0 15.0 1.0	17.0 1.0 17.0 1.0	25.0 1.0 25.0 1.0
[매우 양호한 암질] 풍화되지 않은 절리간격 $1 \sim 3\,m$, 잘 결합된 비교란 암석 $RMR = 85,\ Q = 100$	m' s' m s	2.40 0.082 4.10 0.189	3.43 0.082 5.85 0.189	5.14 0.082 8.78 0.189	5.82 0.082 9.95 0.189	8.56 0.082 14.63 0.189
[양호한 암질] 다소 교란된 절리간격 $1 \sim 3\,m$, 신선하거나 다소 풍화된 암석 $RMR = 65,\ Q = 10$	m' s' m s	0.575 0.00293 2.006 0.0205	0.821 0.00293 2.865 0.0205	1.231 0.00293 4.298 0.0205	1.3395 0.00293 4.871 0.0205	2.052 0.00293 7.163 0.0205
[보통의 암질] 중간 정도로 풍화된 절리간격 $0.3 \sim 1.0\,m$, $RMR = 44,\ Q = 1$	m' s' m s	0.128 0.9E-04 0.947 0.00198	0.183 0.9E-04 1.353 0.00198	0.275 0.9E-04 2.030 0.00198	0.311 0.9E-04 2.301 0.00198	0.458 0.9E-04 3.383 0.00198
[불량한 암질] 충진물 포함하고 풍화된 절리간격 $3 \sim 50\,cm$, 깨끗이 다짐한 부스러기암석 $RMR = 23,\ Q = 0.1$	m' s' m s	0.029 0.3E-05 0.447 0.00019	0.041 0.3E-05 0.639 0.00019	0.061 0.3E-05 0.959 0.00019	0.069 0.3E-05 1.087 0.00019	0.102 0.3E-05 1.598 0.00019
[매우 불량한 암질] 심하게 풍화된 절리간격 $50\,cm$ 이하, 세립분 포함한 부스러기 암석 $RMR = 3,\ Q = 0.01$	m' s' m s	0.007 0.1E-06 0.219 0.2E-04	0.010 0.1E-06 0.313 0.2E-4	0.015 0.1E-06 0.469 0.2E-04	0.017 0.1E-06 0.532 0.2E-04	0.025 0.1E-06 0.782 0.2E-04

*1) 돌로마이트, 석회암, 대리석   2) 이암, 실트암, 혈암, 점판암 (벽개에 수직)   3) 사암, 규암
4) 안산암, 조립현무암, 휘록암, 유문암   5) 각섬암, 반려암, 편마암, 노라이트, 석영섬록암

s 는 절리상태를 나타내며, 무결함 암석에서 $s = 1.0$ 이고 절리가 많을수록 0 에 접근하며, 구속압력이 영 ($\sigma_3 = 0$, 일축압축상태) 이면 위 식 (1.6.27) 은 다음이 된다.

$$\sigma_1 = \sqrt{s}\ \sigma_{DF} \tag{1.6.28}$$

$\sqrt{s}$ 는 암석과 암반의 강도비이고, 무결함 암에서는 $\sigma_1 = \sigma_{DF}$ 이므로 $s = 1$ 이다.

Hoek-Brown 항복규준에서는 중간주응력이 영향을 미치지 않으므로 일축 및 이축 인장강도가 같고, 최대주응력이 영 ($\sigma_1 = 0$) 이면, σ_3 는 일축인장강도 σ_{ZF} 를 나타낸다.

식 (1.6.27) 의 양변을 제곱하면 σ_3 의 2 차식이 되며, 그 해를 구하면 다음과 같고, 조립토에서는 인장강도가 영이므로 $s = 0$ 이다.

$$\sigma_3 = \sigma_{ZF} = \frac{\sigma_{DF}}{2}(m - \sqrt{m^2 + 4s}\ ) \tag{1.6.29}$$

무결함 신선암은 $s = 1$ 이고, $m \gg 1 \ (4/m^2 \fallingdotseq 0\,)$ 이므로, 위 식은 다음이 된다.

$$\sigma_{ZF}/\sigma_{DF} \fallingdotseq -m \tag{1.6.30}$$

결국 m 은 암석의 인장강도와 압축강도 절대치의 비이다. 따라서 암석의 일축 압축강도를 알면 구속압력하의 강도특성을 알 수 있고, 실측치와 잘 맞는다 (그림 1.6.4).

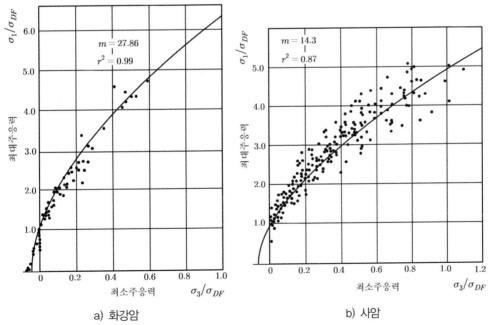

a) 화강암   b) 사암

그림 1.6.4 압축강도로 무차원화한 파괴포락선 예 (Hoek 등, 2002)

6.4.3 일반화한 Hoek–Brown 항복규준식

Hoek 등 (2002) 은 암석 항복규준식 (식 1.6.27) 을 일반화시켜 다음 암반항복규준식을 제시하였으며, σ_{DF} 는 무결함 암석의 일축압축강도이다 (그림 1.6.5).

$$\sigma_1' = \sigma_3' + \sigma_{DF}\left(m_b\frac{\sigma_3'}{\sigma_{DF}} + s\right)^a \tag{1.6.31}$$

일반화한 항복규준식의 항복규준정수 m_b 와 s 및 지수 a 는 지질강도지수 GSI (**G**eological **S**trength **I**ndex) 와 암반교란계수 D (disturbance factor) 로부터 계산한다.

$$m_b = m_i \exp\left(\frac{GSI - 100}{28 - 14D}\right) \tag{1.6.32a}$$

$$s = \exp\left(\frac{GSI - 100}{9 - 3D}\right) \tag{1.6.32b}$$

$$a = \frac{1}{2} + \frac{1}{6}\left(e^{-GSI/15} - e^{-20/3}\right) \tag{1.6.32c}$$

위 식의 암석계수 m_i 는 무결함 암석으로 삼축 압축시험하여 다음 식으로 구하고, 표 1.6.2와 같다.

$$m_i = \frac{1}{\sigma_{DFi}}\left[\frac{\sum\sigma_{3i}\sigma_{1i} - \frac{1}{n}\sum\sigma_{3i}\sum\sigma_{1i}}{\sum\sigma_{3i}^2 - \frac{1}{n}\left(\sum\sigma_{3i}\right)^2}\right] \tag{1.6.33}$$

지질강도 지수 GSI 는 암반상태에 따라 표 1.6.3과 같고, 암반교란계수 D 는 (발파충격과 응력이완에 의한 암석교란정도를 나타내며) 암반상태에 따라 표 1.6.4와 같다.

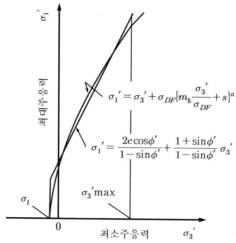

그림 1.6.5 Hoek–Brown 과 Mohr–Coulomb 파괴규준 관계 (Hoek 등, 2002)

표1.6.2 암석계수 mi 값 (Marino/Hoek, 2000)

암 종	분 류	그 룹	조 립	중 간	세 립	매우세립
퇴적암	쇄설성	유기질	역암 (22)	사암 19 / (18) / 7 (8~21)	미사암 9 / 백악(chalk) / 석탄	이암 4
	비쇄설성	탄산염계	각력암(10)[2]	큰 조직 석회암 (10)	미세 조직 석회암8	
		화학작용		석고 16	경석고 13	
변성암	엽리 없음		대리암 9	혼펠스(19)	규암 24	판 암 9
	약간 엽리		미그마타이트(30)	각섬암21~31	마이로나이트(6)	
	엽리구조[1]		편마암 33	편암 4~8	천매암 (10)	
화성암	담 색		화강암 33 / 화강섬록암(30) / 섬록암 (28)		유문암 (16) / 석영안산암 (17) / 안산암 19	흑요암 (19)
	검정색		반려암 (27) / 노라이트 22	섬록암(19)	현무암(17)	
	분출쇄설성		집괴암 (20)	각력암(18)	응회암(15)	

주) 1) 엽리에 평행이거나 수직인 경우의 m_i 값 2) 괄호속의 값들은 추정치

표1.6.3 절리암반에 대한 GSI 값 (Hoek, 1998)

GSI (지질강도지수, Geological Strength Index)				
구조		표 면 상 태 불 량 해 짐 →		
BLOCKY 3 개정도 불연속면, 블록은 신선암		80 70		
VERY BLOCKY 4 개 이상 불연속면, 블록 부분 교란		60 50		
BLOCKY/ DISTURBED 많은 불연속면, 교란된 상태	↓	40 30		
DISINTEGRATED 완전히 깨어진 상태		20 10		

표 1.6.4 암반교란계수 D (Hoek 등, 2002)

암 반 상 태	암반교란계수 D
양호하게 조절발파하거나 TBM 굴착하여 터널 주변암반의 교란이 최소 상태.	$D = 0.0$
불량 암질에서 발파하지 않고 기계굴착하거나 인력굴착하여 터널주변암반의 교란이 최소상태. 압출암반에서 심한 바닥융기 발생상태. 가인버트를 설치하지 않으면 심각한 교란 가능.	$D = 0.0$ $D = 0.5$ 인버트 불필요
경암터널에서 불량발파하여 국부적손상이 심하고 손상이 주변지반으로 $2 \sim 3\,m$ 확대된 상태.	$D = 0.8$
토목공사 사면에서 소규모발파 제어발파로 손상경미하나 응력해방에 의해 교란	$D = 0.7$ 발파조건 양호 $D = 1.0$ 발파조건 불량
대규모 채광발파와 토피압력 제거로 인해 노천광산사면이 심하게 교란된상태. 암반은 리핑굴착가능하고 사면손상도 작은 상태.	$D = 1.0$ 채광발파 $D = 0.7$ 기계굴착

위 식 (1.6.31) 은 $\sigma_3' = 0$ 이면, 일축압축강도 σ_{DF} 를 나타내고,

$$\sigma_1' = \sigma_{DF} = \sigma_{DFi} s^a \tag{1.6.34}$$

그런데 인장강도는 $\sigma_1' = \sigma_3' = \sigma_{ZF}$ 이므로, 일축인장강도 σ_{ZF} 는 다음이 된다.

$$\sigma_{ZF} = \frac{s\,\sigma_{DFi}}{m_b} \tag{1.6.35}$$

6.5 Tresca 항복규준

Tresca (1864) 는 금속에 대한 압출시험결과로부터 물질에 발생되는 최대전단응력이 물질 고유의 한계치에 도달되면 항복한다고 가정하고 항복규준식을 제시하였고, 식이 단순하여 적용하기가 쉽다 (식 1.6.6).

소성상태 지반은 항복이 일어난 이후에도 강도는 감소하지 않고 유지되며 유동화되므로, **Tresca** 항복규준식으로 응력과 변위를 구하기가 용이하다.

Tresca 항복조건은 다음과 같다.

$$f(J_1, J_2, J_3) = const. \tag{1.6.36}$$

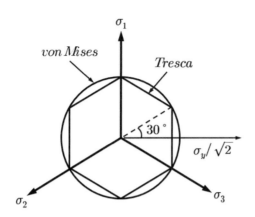

그림 1.6.6 von Mises 및 Tresca 항복규준 (π-plane)

최대 전단응력은 $|\sigma_1 - \sigma_2|/2$, $|\sigma_2 - \sigma_3|/2$, $|\sigma_3 - \sigma_1|/2$ 이고, 그 한계치는 일축 항복강도 σ_y 이므로 **Tresca** 항복조건은 다음과 같다.

$$\text{max.} \{|\sigma_1 - \sigma_2|, |\sigma_2 - \sigma_3|, |\sigma_3 - \sigma_1|\} = \sigma_y \tag{1.6.37}$$

주응력은 다음 3차 방정식을 만족하며, 3개 근 J_1, J_2, J_3 는 불변응력이다.

$$\sigma^3 - J_1\sigma^2 + J_2\sigma - J_3 = 0 \tag{1.6.38}$$

위 식의 σ 를 σ' 로 J_1, J_2, J_3 를 J_1', J_2', J_3' 로 치환하면, $J_1' = 0$ 이므로 다음 식이 되고, 3개의 근이 축차응력의 주응력이 된다.

$$\sigma'^3 + J_2'\sigma' - J_3' = 0 \tag{1.6.39}$$

이 식을 풀면 축차응력의 주응력성분 σ_1', σ_2', σ_3' 은 다음이 된다.

$$\sigma_1' = \sigma_y \frac{\sin\theta}{\sqrt{3}\cos\theta}$$

$$\sigma_2' = \sigma_y \frac{\sin(\theta + 2\pi/3)}{\sqrt{3}\cos\theta}$$

$$\sigma_3' = \sigma_y \frac{\sin(\theta - 2\pi/3)}{\sqrt{3}\cos\theta} \tag{1.6.40}$$

일축압축조건에서는 최대주응력이 일축압축강도 q_u 와 같을 때 항복이 일어나며, **Tresca** 항복규준은 다음과 같고, 이는 π 평면상에서 정육각형이다 (그림 1.6.6).

$$f = \frac{\sigma_1 - \sigma_3}{2} = \frac{q_u}{2} \tag{1.6.41}$$

6.6 von Mises 항복규준

von Mises (1913) 는 물질의 제2불변 축차응력 J_2' 이 한계치에 도달되면 항복이 일어난다고 가정하고 J_2' 에 의존하는 항복규준식을 제시하였다 (식 1.6.6).

$$f(J_2') = const. \tag{1.6.42}$$

그런데 제2불변 축차응력 J_2' 는 다음이 되고,

$$
\begin{aligned}
J_2' &= (\sigma_1 - \sigma_m)(\sigma_2 - \sigma_m) + (\sigma_2 - \sigma_m)(\sigma_3 - \sigma_m) + (\sigma_3 - \sigma_m)(\sigma_1 - \sigma_m) \\
&= -\frac{1}{6}\left\{(\sigma_1 - \sigma_2)^2 + (\sigma_2 - \sigma_3)^2 + (\sigma_3 - \sigma_1)^2\right\} \\
&= -\frac{1}{2}\left\{(\sigma_1 - \sigma_m)^2 + (\sigma_2 - \sigma_m)^2 + (\sigma_3 - \sigma_m)^2\right\}
\end{aligned}
\tag{1.6.43}
$$

그 한계치는 $J_2' = -\dfrac{\sigma_y^2}{3}$ 이므로 **von Mises** 항복규준은 다음이 된다.

$$f = -\frac{\sigma_y^2}{3} \tag{1.6.44}$$

따라서 식 (1.6.43) 에 항복응력 σ_y 를 대입 ($\sigma_1 = \sigma_y$, $\sigma_2 = \sigma_3 = 0$) 하면, **von Mises** 항복규준은 다음이 되고, 이는 π 평면상에서 원이다 (그림 1.6.6).

$$
\begin{aligned}
(\sigma_1 - \sigma_m)(\sigma_2 - \sigma_m) + (\sigma_2 - \sigma_m)(\sigma_3 - \sigma_m) + (\sigma_3 - \sigma_m)(\sigma_1 - \sigma_m) &= -\frac{1}{3}\sigma_y^2 \\
(\sigma_1 - \sigma_2)^2 + (\sigma_2 - \sigma_3^2) + (\sigma_3 - \sigma_1)^2 &= 2\sigma_y^2 \\
(\sigma_1 - \sigma_m)^2 + (\sigma_2 - \sigma_m)^2 + (\sigma_3 - \sigma_m)^2 &= \frac{2}{3}\sigma_y^2
\end{aligned}
\tag{1.6.45}
$$

※ 연습문제 ※

【예제 1】 다음 경우에 터널을 건설하려고 계획할 때에 특별히 유의해야할 사항과 대책에 대해 설명하시오.
 1) 붕괴지형   2) 단층지형   3) 경사지형

【예제 2】 비등방성 지반에 터널을 건설할 때에 터널굴착에 따른 지반의 거동과 지보공의 거동을 예측하시오.

【예제 3】 습곡지형에서 초기응력과 터널을 굴착함에 따른 지반내 응력과 변위 거동을 예측하시오.

【예제 4】 불연속면의 주향이 터널 축과 평행한 경우에 터널굴착에 불리한 경우를 예를 들어 설명하시오.

【예제 5】 암반불연속면이 요철상태일 때에 암반의 전단거동특성을 설명하시오.

【예제 6】 암반의 취성파괴 발생 가능성을 예측하는 방법을 설명하시오.

【예제 7】 구속압에 따른 암석의 강도특성을 설명하시오.

【예제 8】 주응력비에 따른 암석의 파괴 후 거동을 설명하시오.

【예제 9】 단위중량 $26\ kN/m^3$ 인 암반에서 지표하부 $100\ m$ 에 천단이 위치하도록 직경 $12.0\ m$ 로 원형터널을 굴착한다. 터널측벽의 접선응력이 최대 주응력이고 덮개 압력의 3 배로 발생할 때에 소요 지보압력을 구하시오.

【예제 10】 등방성 지반의 푸아송비가 $\nu = 0.3$ 이고, 점착력이 $c = 2.0 kgf/cm^2$ 이며, 내부마찰각 $\phi = 30°$ 인 경우에 중간주응력을 구하시오.

⇨ 터널이야기

》 다이너 마이트의 발명

터널공사에 처음에는 흑색화약을 사용하였으나, 니트로글리세린→규조토 다이너마이트→젤라틴 다이너마이트→다이너마이트 순서로 폭발력과 효율이 개선되어 실무에 투입됨에 따라서 터널굴착공사를 빠른 속도로 진행할 수 있었다.

이탈리아인 Sobrero (1846 년) 가 합성한 **니트로글리세린**은 폭발력이 흑색화약보다 강력하였으나 매우 민감하고 폭발하기 쉬운 액체이어서 운반 · 취급이 어렵고 사용하기가 대단히 위험하여 터널공사에서 사용이 금지되었다.

Nobel (스웨덴, 1846 년) 은 니트로글리세린을 규조토에 흡수시켜서 안전한 **규조토 다이너마이트**를 개발하였고, 이를 안전하게 점화 · 폭발시키는 뇌관까지 발명하였다. 그 후 니트로 글리세린에 니트로 셀룰로오즈를 섞은 겔 상태의 **젤라틴 다이너마이트** (다이너마이트의 기본) 를 발명 (1875 년) 하였다.

다이너마이트는 미국 후작터널공사에 처음 사용되었고, 흑색화약보다 폭발력이 강하며 폭파 후 매연이나 유해가스가 적어 알프스 관통 장대터널 건설과정에서 가장 난제인 갱내 작업환경을 개선할 수 있었던 획기적인 발명이었다.

몬스니 터널까지는 흑색화약을 사용하였고, 심플론 터널은 스위스 측에서 젤라틴 다이너마이트를 사용하고 이탈리아 측은 다이너마이트를 사용하였다.

》 착암기의 발달

알프스를 관통하는 터널공사가 시작되자 터널굴착기계의 개량 및 굴착공법개발이 급속도로 진행되고 착암기도 많이 개량되었다.

최초 착암기는 증기작동식이어서 고온과 수증기가 발생되어 갱내작업여건이 악화되었다. 미국인 바리 (1866 년)는 **압축공기 구동식 착암기**를 발명하여 터널공사에 사용하였다. 그 이후 미국인 쇼 (1870 년)는 **정과 타격 피스톤이 분리된 착암기**를 발명하였고, 미국인 라이너 (1897 년) 는 **강철 정**의 내공을 통해 압축공기나 물을 정 끝까지 보내 부순 암분을 배제하는 방법을 고안하여 착암능률을 월등히 향상시켰고, 물로 암분을 배제하는 방식을 사용함에 따라 갱내환경이 많이 개선되었다. 또한, 강관을 통해 갱내로 압축공기를 보내서 착암기 등 갱내기계를 구동하는 방법이 개발되었다.

심플론 터널공사에서 브란트는 고압의 수력으로 구동하는 **회전식 수압착암기**를 고안하였는데, 정 끝의 직경을 76 mm 로 크게 하여 다이너마이트 장진공을 천공하였다. 고압의 수력을 생산하는 수압펌프를 가동하기 위해 가까운 강을 막고 동력소를 만들어 운영하였다.

제 2 장
터널 해석이론

제2장 **터널 해석이론**

1. 개 요

터널을 굴착하면 작용하던 하중은 대부분 주변지반으로 전이되기 때문에 지보공이 부담해야할 하중은 (토피에 상관없이) 크기가 작다. 따라서 심도가 깊어서 덮개압력이 매우 클 때에도 터널 (깊은 터널) 을 굴착하고 지보할 수 있다.

터널은 기본이론 (2 절) 을 정확하게 이해한 후 설계·시공해야 한다. 터널이 유지되는 원리는 터널 지지이론 (무응력체 이론, 잠재소성 이론, 보호각 이론 등) 으로 설명할 수 있다. 지반에 따라 굴착할 수 있는 터널의 크기는 탄성이론이나 실험으로는 구할 수 없고, 기존 공동에서 측정하거나 차원 해석하여 추정할 수 있다.

터널에 작용하는 하중은 굴착방법은 물론 지보공의 설치시기와 방법에 따라 달라진다. 따라서 터널에서는 (하중이 일정한) 상부 구조물의 안전율 개념을 적용할 수 없고, 단면크기를 고려하고 터널에 적합한 안전율을 적용해야 한다. Rabcewicz 는 터널이 전단파괴 되는 것을 경험하고 터널의 전단파괴설을 제시하였고, 이 개념을 적용하여 지보공 소요량과 전단파괴에 대한 안전율을 계산하였다.

지반상태는 국부적 편차가 심하므로 지반 물성치는 평균값을 적용해야 하고, 터널 굴착에 따른 지반거동을 정확하게 해석할 수 있는 수학적/역학적 모델이 아직 없는 상황이다. 또한, 터널에 작용하는 하중은 시공과정은 물론 지보공 설치시기 및 방법에 따라 달라지므로, 터널 거동은 해석하기가 매우 어렵다. 터널의 다양한 경계조건과 지반상태를 2 차원 문제로 단순화시키면 관 이론이나 유공 판 이론 등 탄성이론에 바탕을 둔 터널해석이론 (3 절) 으로 해석할 수 있다.

터널과 주변지반의 안정성은 지반의 형상변형에너지 이론을 적용하여 **변형에너지해석 (4 절)** 하여 검토할 수 있다. 즉, 터널의 시공단계별 안정성은 지반에 저장 가능한 최대 형상변형 에너지와 각 시공단계별 응력에 따라 지반에 축적되는 **형상변형에너지**의 차이 (지반 포텐셜) 를 구해서 평가한다. 터널굴착 후 지보공 설치 전 단계의 지반 포텐셜로부터 무지보 자립조건을 구할 수 있고, 지보공설치 후 단계의 지반 포텐셜로부터 지보공 소요량을 구할 수 있다.

2. 터널 기본이론

터널 굴착 후에 그 형상이 유지되는 것은 작용하던 하중이 대부분 주변으로 전이되어 주변지반에 의하여 지지되고, 전이되지 않은 일부 하중만 지보공이 지지하기 때문이다. 주변지반에 전이되는 하중은 매우 작으며, 토피에 상관이 없고, 터널의 심도와 규모는 물론 지반상태와 굴착방법에 따라 다르다.

터널이 굴착 후에 유지되는 원리는 무응력체 이론, 잠재소성 이론, 보호각 이론 등 터널 지지이론 (2.1 절)으로 어느 정도 설명할 수 있으나, 완전히 검증된 이론은 없다. 굴착 가능한 터널의 최대크기 (2.2 절) 는 지반상태에 따라 다르며, 1990 년 ISRM Workshop 에서 처음 거론되어 많은 연구결과들이 제시되었으나 실용할 만한 것은 아직 없다. 최대 터널크기는 (불연속면으로 분리된) 암괴의 크기와 상관성이 있으며, 기존 공동을 조사하거나, 터널크기와 지반조건을 고려하고 차원 해석하여 추정한다.

터널에 작용하는 하중은 시공 상황과 라이닝의 형태에 따라 달라지므로, 터널의 안전율 (2.3 절) 은 (하중이 변하지 않는) 상부구조물의 안전율 개념으로 구할 수 없다. Rabcewicz 는 다양한 조건에서 많은 터널을 굴착하면서 획득한 경험과 실제 파괴된 터널을 조사한 결과로부터 터널파괴는 측벽 배후지반이 쐐기형으로 전단 파괴되어 터널 안쪽으로 밀려나오는 형태로 일어난다는 전단파괴설 (2.4 절) 을 정립하고, 이 개념으로 전단파괴에 대한 안전율과 지보공 계산방법을 제시하였다.

2.1 터널 지지이론

과거에는 터널천단이 들보역할을 하여 연직하중을 지지하고, 측벽은 기둥역할을 하여 수평토압을 지지한다고 생각하고 토압이론으로 지보공 부담하중을 계산하였다. 그러나 단면이 크거나 (대단면), 지반상태가 불량하거나 (불량지반), 토피가 깊어서 응력수준이 높을 (대심도) 때는 토압이론으로 설명할 수 없는 현상 (암파열, 지반압출, 터널바닥의 압력 등) 들이 많이 발생하여 구조지질거동의 영향을 고려하기가 어렵다.

터널의 지지원리 즉, 터널굴착에 따른 주변지반의 응력상태 (터널 바닥에서 발생하는 큰 압력과 이에 따른 바닥 융기현상 등) 를 설명하기 위하여 무응력체 이론 (2.1.1 절), 잠재소성 이론 (2.1.2 절), 보호각 이론 (2.1.3 절) 등이 제시되었으나 이들 중에서 완전히 검정된 이론은 아직 없다.

2.1.1 무응력체 이론

Willmann (1911) 은 터널 천단 상부와 바닥 하부에 (자중만으로 자립하는) 포물선형 무응력체가 생기고, 압력은 이를 빗겨가 측벽에 집중된다는 무응력체 이론을 생각했다.

Kommerell (1940) 은 Willmann 의 개념을 확장하여 굴착면 주위에 그림 2.2.1 과 같이 원형 링 모양으로 무응력체가 생긴다고 가정하였다. 따라서 천단압력은 토피에 무관하고, 측벽압력은 지반의 자중에 의한 압력보다 커질 수 있어서 강도가 매우 큰 지반에서도 암파열이나 지반압출 (Hereinschieben) 이 일어날 수가 있다. 그러나 무응력체 경계의 응력을 간과하였기 때문에 압축응력이 발생되는 측벽에서 무응력체 의미가 상실되는 일이 생겼다.

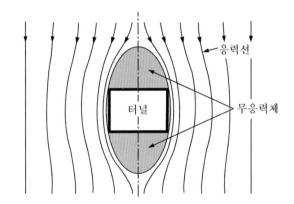

그림 2.2.1 터널주변 무응력체와 응력선 (Rabcewicz, 1944 ; Kastner, 1962 인용)

2.1.2 잠재소성 이론

연성지반이나 지하 깊은 곳에 설치한 터널에서는 천단보다 바닥에서 더 큰 압력이 발생되어 바닥이 솟아오르는데, 이런 현상을 토압이론으로는 설명할 수 없다. 지반의 점성 때문에 터널바닥에 정수압적 압력이 작용한다는 주장도 있으나 스위스 지질학자 Heim (1878) 의 잠재소성이론이 이 현상을 설명하는 데에 더 잘 부합된다.

인위적으로 교란되거나 조산운동 등에 의해 힘이 작용하면, 힘의 평형이 깨어지고 압력이 일정한 크기 이상으로 되면 지반의 소성성이 나타나는데 이를 잠재소성이라 한다. 잠재소성이 발현되는 즉시 소성체 내에서는 (액체에서와 같이) 압력이 모든 방향으로 전파되어 정수압상태 (등방압) 가 되므로 터널바닥이 융기하게 된다. 이를 잠재소성이론이라 한다.

잠재소성상태에서는 Mohr 응력원이 한 점이 되어 전단응력이 발생되지 않으며, 탄성변형만 일어나고 내부마찰각이 작아지므로 지반이 파괴되지 않더라도 응력이 전이될 수 있다 (소성유동이 불가능). 잠재 소성이론은 구조지질거동에 대한 관찰결과이고 옳을 수도 있으나, 이를 수용하지 않는 구조지질학적 조산이론가들도 있다.

Heim 의 잠재 소성이론에서는 지압의 토피의존 여부가 쟁점이다. Simplon 터널 (토피 $2\,135\,m$) 에서는 매우 큰 순지압이 발생되었는데, Heim 의 이론으로 계산하면 라이닝 두께가 $6\,m$ 필요하지만 실제로 그 1/10 두께로도 충분하였다.

2.1.3 보호각 이론

Wiesmann (1912) 이 Heim 의 잠재소성이론을 반박하고 보호각이론을 제시하였다. 보호각 이론에서는 덮개압력에 의해 터널 주변지반에 보호각 (Schutzhülle) 이 형성되며, 그 형성시간은 터널의 단면형상과 크기 및 지반상태에 따라서 다르고, 터널 건설시간보다 길 수 있다고 하였다. 따라서 보호각 형성시간이 터널 건설시간 보다 길면, 터널완성 후에 라이닝이 지지하지 못할 정도로 큰 압력이 작용할 수 있다.

Wiesmann 은 보호각 내에서는 모든 방향으로 압력경사가 발생하여 지압이 작용하기 때문에 터널이 유지된다고 주장하였다. Rabcewicz 도 Wiesmann 의 보호각이론에 동조하여 대심도에서도 터널건설이 가능한 것이라고 하였다.

순지압이 발생될 때에는 주변지반이 변형되어 보호각이 형성될 수 있도록 시간과 공간적으로 여유를 주어야 한다. 즉, 라이닝과 지반 사이에 공간을 두고 기다려야 한다. 그러나 보호각은 항상 라이닝이 있어야 형성되는 것은 아니다.

이완압력은 지반이 연성이고 균질하며 토피가 작을 경우에는 토압이론으로 계산할 수 있다. 그러나 토피가 어느 이상 커지면 (지반에 따라 다름) 터널 라이닝에는 덮개압력이 (터널상부에 형성된 지반아치에 의해 지지되기 때문에) 전부 하중으로 작용하지 않고, 지반아치 하부에 있는 지반의 자중만이 하중으로 작용하기 때문에 천단압력이 토피에 무관하여 토압이론으로 계산할 수 없다.

따라서 터널은 덮개압을 지지하는 구조물로 설계하지 말고 보호각이 유지되게 설계해야 한다. 터널단면을 분할굴착하면 각 굴착단계마다 새로운 보호각이 형성 (그림 2.2.2) 되며, 터널단면을 효과적으로 분할굴착하면 보호각을 유리하게 형성시킬 수 있다.

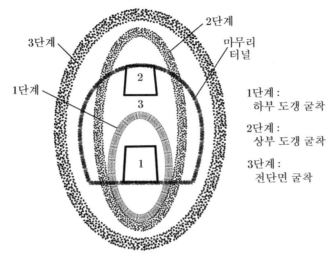

그림 2.2.2 단계별 분할 굴착에 따른 보호각 형성(Rabcewicz, 1944)

터널 주변에 보호각이 형성된다는 가정은 실제와 잘 일치하지만 이론적으로 설명하기는 어렵다. 터널굴착 후 주변지반이 탄성상태이면 접선응력이 굴착면에서 최대이지만, 탄소성상태이면 굴착면 인접지반에는 소성역이 형성되고 최대접선응력 발생위치는 굴착면 배후지반으로 이동한다. 이때에 최대접선응력 발생위치 즉, 소성역의 외곽경계를 **탄소성경계**라 하며 그 외부지반은 탄성응력상태이고, 탄소성경계로부터 멀수록 응력증가량이 작아진다. 탄소성경계 내부 즉, 굴착면과 탄소성경계 사이에 형성된 소성역을 **지지체** (Tragkörper) 라 한다. 이와 같이 최대접선응력 발생위치가 굴착면의 배후로 이동되는 현상은 무응력체 개념으로는 설명할 수 없다.

측압계수가 크면 소성역이 터널 주변에 링 모양이나 측벽에 초생달 모양으로 생성되기 때문에 보호각이 잘 형성된다. 그러나 측압계수가 작으면 소성역이 **혓바닥 모양**으로 터널 어깨부에 생성되어서 배후지반 깊숙하게 확장되고 그 외부 탄성역의 응력증가를 단절시키므로 보호각이 잘 형성되지 않는다.

푸아송 비가 크면 보통 암석에서는 측압계수가 커지므로 보호각이 잘 형성되고, 푸아송 비가 작고 측압계수가 작은 취성지반에서는 보호각이 잘 형성되지 않는다.

지반의 응력이완 능력은 지보공 종류와 무지보 유지시간에 의해 영향을 받으며, 연성지반에서는 지반아치가 쉽게 형성되지만 취성지반에서는 형성되기 어렵다.

2.2 굴착 가능한 터널의 크기

터널 거동은 지반의 상태와 특성은 물론 시공법에 의해 서로 영향을 받는다. 터널에서는 상사법칙이 적용되지 않으므로 터널거동을 소규모 모형시험으로는 알기가 어렵고 실측해야 알 수 있다. 터널의 크기와 토피가 비례하여 커질 때는 치수효과가 적용되나 같은 지질과 토피에서 터널크기만 변할 때는 치수효과가 맞지 않는다.

터널의 치수효과 (2.2.1 절) 는 ISRM Workshop (1990) 에서 연구하기 시작하였으나 실용성 있는 이론은 아직까지 없다. 불연속면으로 분리된 암괴의 크기와 최대 터널 크기의 관계 (2.2.2 절) 는 상관성이 크며, 굴착 가능한 최대 터널크기는 무지보 공동의 크기 (2.2.3 절) 조사결과나 터널의 차원해석 (2.2.4 절) 을 통해 추정할 수 있다.

2.2.1 터널의 치수효과

지보공 압력은 대개 터널치수의 제곱에 비례하며 (Terzaghi, 1943), 하중강도는 터널 치수에 비례한다 (Bieniawski, 1974; Deere, 1967) 는 터널의 치수효과가 알려졌다.

터널의 천단에서 탈락될 수 있는 쐐기나 암괴 (키 블록) 의 크기는 1 회 굴진장의 1 ~ 2 배 미만이며, 이보다 큰 것은 막장 전방지반과 지보공에 의해 지지되기 때문에 잘 탈락되지 않는다. 또한, 심도가 매우 깊거나 수평응력이 큰 지반에 굴착한 터널에서는 운동학적으로 불안정한 쐐기와 암괴가 균열면의 마찰에 의하여 지지된다. 따라서 이를 무시하고 중력의 작용만을 생각하면 너무 안전측일 수 있다.

치수가 다른 여러 개 터널에서 실측한 지보공 축력을 근거로 터널치수가 지보공의 하중에 미치는 영향은 무시할 만하다 (Barton, 1974) 는 의견과 터널치수에 따라 지보공 하중이 다르다 (Stini 1950, Rutledge 1978 등) 는 (서로 상반된) 의견이 제시되어 있다.

Barton 은 Q 값에 따른 지보공 설계표를 제안하면서 터널치수가 변하여도 터널의 심도만 변하지 않는다면 지압은 변함이 없고 볼트의 길이만 달라진다고 하였으나, Rutledge 등은 폭이 5.0 m 이상 크면 치수효과가 없다고 하였다 (그림 2.2.3).

Stini 는 폭 5 m 터널에 작용하는 하중 $p_5 = 0.38\gamma(t_B + t_H)$ 를 기준으로 임의 폭 t_B 인 터널에 작용하는 하중 p_B 를 구하는 식을 제안하였다.

$$p_B = p_5(0.5 + 0.1\,t_B) \tag{2.2.1}$$

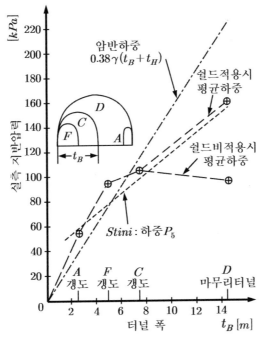

그림 2.2.3 터널 폭과 하중의 관계 (Rutledge/Preston, 1978)

터널의 직경과 토피가 비례해서 커지는 경우에는 치수효과를 적용할 수가 있다. 그러나 동일한 지질과 토피 조건에서도 터널의 치수만 변할 경우에는 치수효과가 잘 맞지 않는다.

탄소성 계산에서는 소성영역이 넓어지면서 그 자중의 일부가 지보공에 하중으로 작용한다. 따라서 터널의 치수효과가 탄성계산 보다 탄소성계산에서 더 크지만, 터널의 직경에 비례할 만큼 크지는 않다. 반면에 탄소성 FEM 계산에서는 터널의 치수효과가 거의 나타나지 않는다.

Lauffer (1958) 는 굴착 폭이 커지면 자립시간이 줄어들고, 터널의 안정성은 암반에 따라 다음 값에 반비례한다고 보고, 자립시간 - 무지보 굴착 폭 관계로부터 지반을 **A** **- G** 까지 **7** 등급으로 분류하였다 (**Lauffer** 지반분류법, 그림 2.2.4). 이때 터널은 발파를 1 회 진행한 후에 지보한다고 가정한다. 무지보 굴착 폭은 반드시 터널의 직경을 나타내는 것은 아니다.

연암 : (무지보 굴착 폭) × (자립시간)$^{1.2}$

경암 : (무지보 굴착 폭) × (자립시간)$^{0.44}$

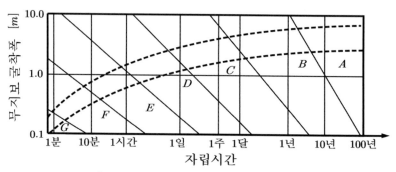

그림 2.2.4 Laffer 의 지반 분류 (Lauffer, 1958)

Bieniawski (1974) 는 Lauffer (1958) 와 경향은 비슷하지만 값이 약간 다른 그래프 (**RMR 분류법**, 그림 2.2.5b) 를 제시하였다. 그림 2.2.5b 에서 상부 경계선은 바로 붕괴 되는 상한계이지만 자립시간이 영 (0) 이 되는 것은 아니다. 하부 경계선은 지보공 이 불필요한 경계이므로 그 하부에서는 자립시간이 무한대이다.

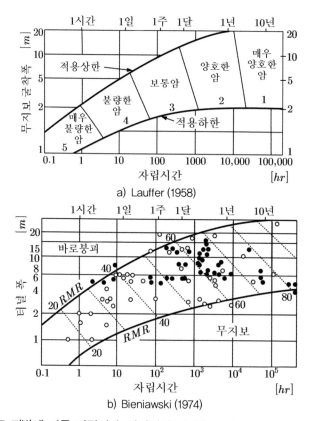

a) Lauffer (1958)

b) Bieniawski (1974)

그림 2.2.5 지반에 따른 자립시간-터널직경 관계 (Bieniawski, 1974 Lauffer, 1958)

2.2.2 암괴의 크기와 터널의 크기

암반은 암괴 집합체이고, 암괴 간 경계는 치밀하게 맞물려 있거나 이물질로 충진되어 있어서 응력상태가 변하면 벌어지거나 닫히거나 상대변위를 일으킨다. 따라서 굴착 가능한 터널의 크기 (즉, 터널굴착 영향권) 는 암괴치수와 관련이 있다. 암괴의 크기와 터널치수의 관계 (그림 2.2.6) 를 보면 동일한 지반이 터널치수에 따라 신선한 암석에서 절리가 현저히 발달된 암반까지 평가될 수 있다 (Hoek/Brown, 1980).

터널을 굴착할 지반의 강도나 탄성계수는 암괴와 터널의 상대 크기에 따라 다르다. 즉, 터널 영향권 내 암반에 있는 균열의 수 (암괴의 수) 가 많을수록 (터널단면이 클수록) 지반의 유효강도나 탄성계수가 작아지므로, 터널단면의 크기에 따라 지반강도정수 c, ϕ 를 저감하고 볼트를 규칙적으로 설치하여 보완한다.

소단면 터널에서는 변형량이 작아서 숏크리트 만으로도 암괴 간 맞물림을 유지할 수 있고, 숏크리트 소요두께 d_{sc} 는 터널반경 r_a 로부터 계산할 수 있다 (Rabcewicz).

$$d_{sc} = 0.017\, r_a \tag{2.2.2}$$

대단면 터널에서는 숏크리트 만으로는 암괴 간 맞물림을 유지할 수 없고, 볼트를 규칙적으로 설치해야 맞물림이 유지되어 지반아치가 형성된다.

숏트리트와 지반 사이의 부착력은 터널의 형상이나 시공순서에 의해 영향을 받고 숏크리트 두께와 무관하다. 폐합하지 않은 숏크리트는 내력이 작아서 볼트와 병용하는 것이 유리하다.

토피가 깊은 경우나 팽창성 암반 또는 흙 지반에서는 **대단면 터널**을 굴착한 예가 적어서 그 거동이 잘 알려져 있지 않으므로 지하발전소나 석유비축기지 등 대규모 지하공동은 유사한 규모와 지반조건에서 시공된 예를 참조하여 설계한다.

굴진면이 안정되지 못하면 지반이 이완되어 작용하중이 커지므로, 대단면 터널이나 개방형 쉴드 (Open Shield TBM) 로 굴착할 때는 굴진면을 안정시키는 것이 가장 큰 과제이다. 터널에 작용하는 하중은 굴진면 높이에 따라 다르므로 대단면 터널에서는 이를 줄이기 위해 분할굴착하고 있으며, 단면 분할방식과 시공순서에 따라 여러 가지 현상이 나타난다. 굴진면에 작용하는 토압은 터널크기에 상관없이 토피와 지반의 점착력에 의해 결정된다는 주장 (Broms, 1967) 과, 토피에 무관하고 막장높이와 지반강도에 의해 결정된다는 주장 (Murayama 등, 1966) 이 있다.

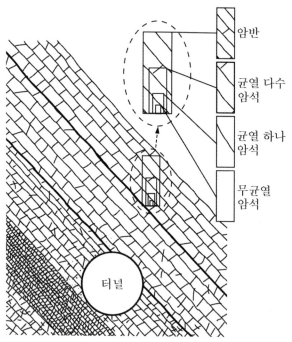

그림 2.2.6 암괴치수와 터널치수 관계

2.2.3 무지보 공동의 크기

다양한 종류와 상태의 암반에 존재하는 무지보 상태 인공 또는 천연 공동에 대해 조사 (터널의 형상이나 토피는 고려되지 않음) 한 결과로부터 추정하면, 작용하중과 형상이 같은 터널에서 터널치수 (굴착 폭) 와 암반강도 지수 Q 의 관계는 다음 식과 같다 (그림 2.2.7).

$$굴착 폭 = 2Q^{0.66} \tag{2.2.3}$$

따라서 암반 강도 지수 Q 를 알면 무지보 허용굴착 폭을 구할 수 있다.

$$무지보 허용굴착폭 = 2 \times ESR \times Q^{0.4} \tag{2.2.4}$$

위 식에서 ESR 은 공동지보비 (Excavation Support Ratio) 라고 하는 일종의 안전계수이다. ESR 은 안전율의 역수개념이고, 지하공동의 사용목적에 따라 경험적으로 결정되는 값이며 (그림 2.2.8), 지하발전소나 무지보 영구터널에서는 $ESR = 1.0$, 가설터널에서는 $ESR = 5.0$ 을 적용한다.

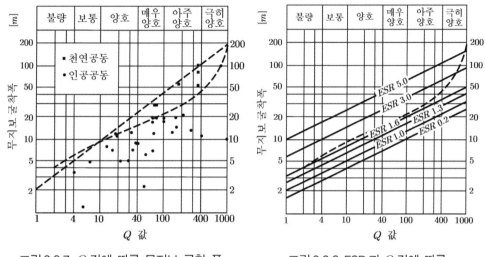

그림 2.2.7 Q 값에 따른 무지보 굴착 폭
(Barton, 1974)

그림 2.2.8 ESR과 Q 값에 따른
무지보 굴착 폭 (Barton, 1974)

2.2.4 터널의 차원해석

구조물의 크기에 따른 영향을 확실히 알면 실제 구조물에서 일어나는 현상을 작은 모형시험으로부터 추정할 수 있다 (**Buckingham** 의 π 정리).

물리현상에 대한 기본 방정식을 무차원화한 개개의 무차원적이 모형과 실물에서 같으면 두 현상 사이에 상사법칙이 성립된다. 상사법칙은 모든 현상 (관계) 에 대해 성립되는 것은 아니고 주요 물리현상에 대해서만 성립된다.

작은 터널과 큰 터널의 거동은 근본적으로는 차이가 없으며 역학적 상사법칙이 성립되므로 모형실험이 행해지고 있다. 모형실험은 실제 터널에서 계측한 결과와 실험이나 FEM 해석한 결과를 상호비교하고 $\pi-\text{number}$ ($\dfrac{H_t}{D}$, $\dfrac{c}{\gamma D}$, $\dfrac{H_l}{H_t}$ 등) 를 같게 하여 수행 한다 H_t (토피고, D 터널직경, H_l 이완높이, γ 지반의 단위중량). 모형실험은 변수의 변화 폭이 크지 않으므로 그 결과로부터 실제 터널의 다양한 현상들을 추측 하는 것은 위험하며, 치수효과를 구현할 수 없는 FEM 해석과의 비교는 무의미하다.

터널굴착에 의해 과도하게 교란되어 강도가 매우 크게 감소된 굴착면 인접지반은 굴착면을 숏크리트로 얇게 피복하기만 해도 강도증가 효과가 뚜렷하다. TBM 으로 굴착하면 굴착표면 주변지반이 비교적 적게 교란되므로, 지보공에 작용하는 하중이 발파 굴착할 때보다 작다.

2.3 터널의 안전율

지반거동을 정확하게 표현할 수 있는 수학적 및 역학적 모델이 없고, 지반상태는 국부적 편차가 심하기 때문에 터널의 모든 계산은 근사적이다.

터널에서는 공사상황과 라이닝 형태에 따라 작용하중과 지반상태가 변할 수 있고, 변위가 크면 지반이 파괴 되어 강도가 궁극강도로 저하되고 지반정수가 작아지며 위험상태로 이완된다 (주응력비 즉, 접선/반경응력비 $\sigma_t/\sigma_r \geq 5$ 인 경우에 두드러짐).

터널에서는 상부구조물의 안전율 개념을 적용할 수 없고, 부분안전율을 정할 수 없을 때가 많다. 터널 안전율은 공사상황, 라이닝 형태, 설계자 및 시공자 경험수준, 지반정수 출처, 적용시간 (한시적이나 영구적) 에 따라 다르며, 가장 불리한 조건을 기준한다.

과거에는 터널에 작용하는 하중이 지질에 따라 일정하다고 생각하고 그 하중의 크기에 적합한 강도를 갖는 지보공을 사용했으며, 안전율을 지보공의 강도와 응력 의 비로 정의하였다. 그러나 터널에서 주변지반은 하중으로 작용하고 동시에 하중 을 지지하는 지보공이므로 안전율을 정의하기 어렵다. 주변지반 전체가 터널굴착 전 에 소성화된 경우도 있으므로 지반이 소성상태가 되면 위험하다고 할 수도 없다.

터널은 소성역이 넓게 형성되거나, 일부 지보공이 파괴되거나, 볼트가 파단 되거나, 콘크리트에 균열이 발생된다고 바로 위험하지는 않으므로, 터널의 안전율은 응력과 강도의 비 보다, 전체 안정성과 안전에 미치는 영향을 생각하고 정의해야 한다.

터널에서는 공사상황과 라이닝 형태에 따라 대체로 다음 안전율을 적용한다.
- 큰 변위 : 1.0 보다 약간 큰 안전율
- 파괴 : 큰 안전율
- 숏크리트 : 1.0 보다 약간 큰 안전율
- 록볼트 : 파괴하중에 대해 1.3 정도, 파괴 변형률에 대해 10 이상
- 콘크리트 라이닝 : 균열발생에 대해 충분히 큰 안전율
- 주입압 : 시공 중에 잠시 (길어야 수주일) 작용하므로 작은 안전율
- 허용응력 : 매우 큰 안전율 요구, 하한 값에 대해 안전율 1.67 ~ 2.0

터널의 안전율 (2.3.1 절) 은 응력과 강도의 비로 단순하게 정의하지 않고, 지반의 파괴형태와 라이닝 강성 및 물 등 전체 안정성과 안전율 영향요소를 고려해서 정의 한다. **NATM** 터널의 안전율 (**2.3.2** 절) 은 지반 및 지보공의 거동으로부터 정의한다. 즉, 지보특성곡선과 지반응답곡선의 교점하중에 대한 지보공 극한지지력의 비 또는 지보공의 극한 지지력과 파단시점 지반 하중의 비로 정의한다.

2.3.1 터널의 안전율

터널에서는 항복에 대한 안전율과 파괴에 대한 안전율을 생각한다. 또한, 추가하중으로 인한 붕괴에 대한 안전율은 물론 균열발생에 대한 안전율도 고려한다. 터널 안전율과 유사한 개념으로 Barton (1974) 은 터널의 사용목적 별로 공동지보비를 제안하였는데 공동지보비가 클수록 안전율은 작다.

1) 터널의 안전율

대단면 터널에서는 굴착 시작부터 굴착완료까지의 변형률, 변위, 소요 내공압력, 지보공의 응력 등의 경향을 파악한 후에 안전율을 추정하며, 개별 지보부재는 물론 터널 전체에 대한 안전율도 생각한다.

평균 안전율은 공사 중에는 시간요소도 포함하여 1.5 ~ 2.0 가 되어야하고, 완공 이후에는 2.5 ~ 5.0 정도가 되어야 하며, Fenner-Pacher 곡선 우하부분에서는 개별부재의 안전율은 1.0 이라도 된다. 항복이 일어난 후에 대책을 취할 수 있는 시간 내에 붕괴되지 않는 경우에는 안전율이 1 이상인 경우이다. 파괴되기 이전에 징조 (음향, 변형, 응력집중 등) 가 있으면 안전율을 작게 취한다.

터널의 안전율은 다음을 고려하여 적용한다.
- 활동파괴의 방향, 진행시기, 이에 따른 하중의 증감 여부
- 지보부재의 파괴 후 내력의 급격한 감소 여부
- 지보부재의 항복 후 강도유지 또는 증감 여부
- 파괴속도가 느려서 작업원이 대피하거나 지보공 보강시간 존재 여부
- 파괴의 급격한 진행 여부
- 파괴의 징후 (음향, 변형, 응력집중 등) 및 예지 가능성 여부

2) 안전율 영향요소

터널의 안전율은 지반의 파괴형태와 라이닝 강성 및 물에 의해 영향을 받는다.

(1) 취성파괴와 안전율

취성파괴는 순식간에 일어나고 파괴 후 강도가 급격히 감소된다. 암석에서 잔류강도는 초기강도나 항복강도에 비해 매우 작으므로 구속하지 않은 상태로 방치하면 취성파괴 되어 붕괴된다. 연암에서는 구속압력이 크면 강도가 떨어지지 않고 **변형경화**되어 강도가 커질 수 있다. 암석이나 지보공은 흡수에너지가 작고 취성이 클수록 큰 안전율을 취하고, 항복 후에 강도가 저하되지 않으면 작은 안전율을 취한다.

(2) 라이닝 강성과 안전율

인버트 아치나 2차 라이닝을 시공하면, 지보공은 내력과 강성이 커져서 부담할 하중이 커지므로, 안전율은 작아지고 콘크리트에 균열이 생겨서 확산된다. 따라서 **2차 라이닝이나 인버트는 작용하중이 증가하는 시간 관계를 파악하여 시공한다.**

터널 라이닝의 강성을 크게 하면 부담하중이 커지며, 강성이 큰 지보공이 좌굴되면 주변지반이 이완되어 하중이 증가한다. 따라서 위험징후가 보이면, 지주식 지보로 보강하거나 지보공을 변형시켜서 하중을 감소시킨다. 천단 숏크리트가 압출될 때에 지주식 지보로 보강하고 기다리면, 시간이 경과됨에 따라 (지주식 지보를 제거해도 될 만큼) 지반의 강도가 회복되는 경우도 있다. 이 때에는 하중이 지반과 지보공의 변형량 차이에 따라 달라지므로 안전율을 정하기가 어렵다.

(3) 물과 안전율

지보공이 변형되어도 수압은 감소하지 않으므로 **수압이 작용할 때는 안전율을 크게 취한다.** 터널에서 물 문제는 시공 중과 준공 후로 구분하여 생각하며, 준공 후 물의 작용에 대비해서 충분히 큰 안전율을 적용한다. 시공 중에 발생하는 돌발용수나 토사유출 문제는 매우 복잡하고 예측하기가 어렵기 때문에 사항별로 대비한다.

3) Barton의 공동 지보비

Barton (1974)은 터널의 용도별로 공동지보비 ESR (Excavation Support Ratio)를 제안하였는데 (표 2.2.1), 이는 안전율의 역수와 거의 유사한 값이다.

유사 시 즉각 대처가 가능하면 작은 안전율을 적용한다. 그러나 준공 후 추가하중이 작용하거나, 사용목적이 중대하거나, 균열 및 변상이 발견되거나, 단면이 매우 크거나, 토피가 극소하거나, 상부지표하중이 있는 터널에서는 **큰 안전율을 적용한다.**

표 2.2.1 Barton의 ESR과 이로부터 유도한 안전율

공동의 종류	ESR	안전율
A. 가설 채광공동 등	약 3~5	1~1.67
B. 수직구 : (1)원형 단면 (2)정사각형/직사각형 단면	약 2.5 약 2.0	2.0 2.5
C. 영구 광산공동, 수력발전용 수로터널 (고압터널 제외) 대규모 굴착을 위한 시굴갱 도갱 및 선진 굴진면 등	1.6	3.1
D. 저장소, 수처리 플랜트, 써지 탱크, 소단면 도로/ 철도터널, 진입로터널 (원통형 공동)	1.3	3.85
E. 발전소, 대단면 도로/철도터널, 갱구부, 교차부	1.0	5.0
F. 지하 원자력발전소, 지하 철도역, 지하 체육관, 지하 공항시설, 지하공장	약 0.8	6.25

2.3.2 NATM 터널의 안전율

NATM 터널의 안전율은 지보공 극한 지지력을 지보공 반력곡선과 지반응답곡선의 교점하중으로 나눈 값 (지보공 극한지지력에 대한 안전율) 또는, 지보공 극한지지력과 파단 시 지반하중의 비 (지보공 한계변형 즉, 파단에 대한 안전율) 로 정의한다. 지보공의 극한지지력에 대한 안전율은 실제 위험성에 대한 것이 아니므로 지보공 한계변형에 대한 안전율이 더 현실적이다.

1) 지보공 극한지지력에 대한 안전율

Rabcewicz 는 지보공 극한지지력 (파단 시 지지력 $p_{sf} = p_{ia} + p_{ir}$) 을 지보특성곡선과 지반응답곡선의 교점 하중 p_{ia} 로 나눈 값 (그림 2.2.9) 을 안전율 η_a 로 제안했다. 이 안전율이 1.0 에 가까워야 지반의 응력재배분이 충분하게 일어나며, 응력재배분에 따른 변형은 서서히 일어나므로 안전율 1.0 에도 천정붕락 등의 위험상황은 발생되지 않는다.

$$\eta_a = \frac{p_{sf}}{p_{ia}} = \frac{p_{ia} + p_{ir}}{p_{ia}} \tag{2.2.5}$$

허용응력은 지보아치를 1 차 지보공으로만 사용할 때는 항복점 보다 큰 파단한계 근접값을 취하여도 안전하고, 영구지보아치에도 안전율이 1.5 ~ 2.0 이면 충분하다. Rabcewicz 는 주변지반 내 응력이 잘 재분배되도록 처지기 쉬운 (안전율이 1.0 에 가깝고, 크기가 작고 얇은) 지보공을 설치할 것을 권장하였다. 터널은 붕락되면 대형사고로 이어지므로, 계측치나 계산치 또는 조사치와 안전율의 관계를 확실히 규명하고, 소요 빈도와 정밀도로 계측하여 붕괴를 예측·조치할 수 있어야 한다. 지보공의 안전율이 1.0 에 가까우면 계측하여 안전성을 확인하며 작업해도 불안할 수밖에 없다.

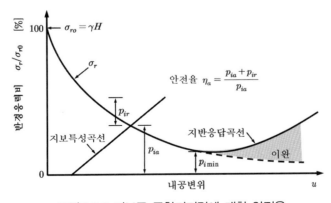

그림 2.2.9 지보공 극한지지력에 대한 안전율

2) 지보공 한계변형에 대한 안전율

터널은 고도의 부정정 구조물이므로, 일부 부재가 항복하더라도 구조물 전체가 즉시 취성파괴 되지는 않고 연성으로 변형되어 응력이 재분배 된다. 따라서 터널은 안전율이 1.0 상태이어도 안전할 경우가 많다.

지보공 극한지지력에 대한 안전율 1.0 은 실제 위험성에 대한 것이 아니다. 따라서 시공단계 별로 시간관리만 잘하면 장시간 강도에 대한 안전율이 1.0 에 가깝더라도 단시간의 지압이나 강도에 대한 안전율은 충분히 크게 유지된다.

터널의 안전율 η_f 는 지보공 파단 시 지지력 p_{sf} 와 지반 하중 p_{if} 의 비로 정의한다 (그림 2.2.10).

$$\eta_f = \frac{p_{sf}}{p_{if}} \tag{2.2.6}$$

3) 안전율의 적용

지보공 파단 시의 안전율과 극한지지력에 대한 안전율 (식 2.2.5) 의 격차는 지반 응답곡선 우측 하부로 갈수록 벌어진다. 극한지지력에 대한 안전율이 1.0 에 가까운 상태는 지보공 파단 시 안전율이 2.0 정도 ($p_{sf}/p_{if} \simeq 2.0$) 이므로, 지보공의 변형능력이 남아 있으면 극한지지력에 대한 안전율을 1.0 을 적용해도 무리가 없다.

터널주변지반의 지반응답곡선이 거의 수평일 때에는 (숏크리트를 두껍게 하거나 고강도 콘크리트를 사용하여) 지보공의 강성과 강도를 크게 할 필요가 있다. 지압이나 지보공 강도가 (시간의 함수가 아니고) 일정한 경우에는 안전율을 1.0 가까이 취할 필요가 있다.

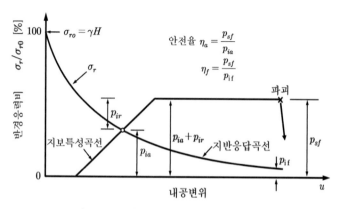

그림 2.2.10 지보공 파파단시에 대한 안전율

2.4 터널의 전단파괴

NATM 공법이 나타나기 전에는 터널에 작용하는 하중이 천단 상부 이완지반의 자중뿐이며, 이는 측벽과 배후지반의 전단저항력으로 지지된다고 생각하였다. 따라서 터널 라이닝은 연직하중을 지지하는 교량처럼 낙반만 막으면 되기 때문에 천단은 얇고 다른 부분은 두꺼운 아치구조로 설계하였고, 측벽이나 인버트 아치는 설계하지 않았다. Rabcewicz 는 천단상부지반의 이완하중은 측압에 비해 크지 않으며 이완정도를 줄이면 크기는 작아지고, 지반이완은 (대개 부실시공에 의해 발생되므로) 주의하여 시공하면 어느 정도 방지할 수 있어서 큰 문제가 되지 않는다고 주장하였다.

Rabcewicz 는 다양한 조건의 수많은 터널에서 취득한 경험과 실제 파괴된 터널의 조사결과를 바탕으로 터널파괴는 터널 측벽 배후지반이 측압에 의해 쐐기형으로 전단파괴 되어 터널 안쪽으로 밀려 들어오는 형태로 일어난다는 전단파괴설 (2.4.1 절) 을 제시하였고, 이 개념을 적용하여 전단파괴에 대한 안전율 (2.4.2 절) 을 계산하였다. 전단파괴설을 적용하면 (연직압력이 수평압력보다 훨씬 큰 상황에서 수행하는) 지반조사에서 빈번히 발생하는 보링공 수평압출현상을 설명할 수 있다.

2.4.1 터널의 전단파괴

터널 라이닝의 휨 파괴는 급격하게 일어나서 위험하지만, 전단파괴는 서서히 일어나고 어느 정도 진행되면 안정되어 덜 위험할 수 있다. 따라서 터널라이닝은 휨 파괴보다 전단파괴가 먼저 일어나도록 설계하는데, 이는 일반구조물의 철근콘크리트 보 설계개념과 상반된다. 즉, 철근콘크리트 보의 전단파괴는 급격히 일어나서 위험하므로 전단파괴보다 휨파괴가 먼저 일어나도록 설계한다. Rabcewicz (1964) 는 얇고 변형이 잘되는 연성 라이닝은 전단파괴 되고, 두껍고 변형이 잘 안되는 강성 라이닝은 휨 파괴되며, 연성 라이닝의 내하력이 강성 라이닝의 내하력 보다 더 크다는 것을 대형실험으로 입증하였고, 실제 전단파괴된 터널에서 토압을 역산하여 확인하였다.

1) 전단파괴 조건

터널의 전단파괴설은 초기 수평압력이 초기 연직압력보다 작은 조건에서 터널 측벽 배후지반이 전단파괴 되어 쐐기형 전단파괴체가 터널 안쪽으로 압출된다는 이론이며, 판구조론 (plate tectonics) 이나 대륙이동설 등에 의해 초기 수평압력이 연직압력에 비해 월등하게 큰 경우에는 적용되지 않는다.

터널 주변지반이 전단파괴된 상태에서는 연직압력보다 수평압력이 크며, 이는 실험 (그림 2.2.11) 이나 실제로 붕괴된 터널 (프랑스 Isel 계곡 등) 에서 확인되었다. 터널의 전단파괴 여부는 지반의 초기압력을 측정하거나 역해석하여 판단할 수 있다.

Rabcewicz 는 이란 횡단철도공사 (1932~1940) 중 인버트를 설치하여 큰 측압이 작용하는 터널을 성공적으로 굴착하였고, 파괴가 일어났던 터널에서 보링조사를 통해 라이닝의 전단균열이 측벽 배후지반에 발생된 활동파괴면의 연장임을 확인하였다 (그림 2.2.11). 또한, 현장경험과 실제로 파괴된 터널에 대한 수많은 조사결과를 바탕으로 터널파괴는 측벽 배후지반이 전단파괴 되어 생긴 쐐기형 파괴체가 대수나선형 상하 경계면 (활동파괴면) 을 따라 터널 안쪽으로 압출되는 형태로 일어난다고 주장하였다.

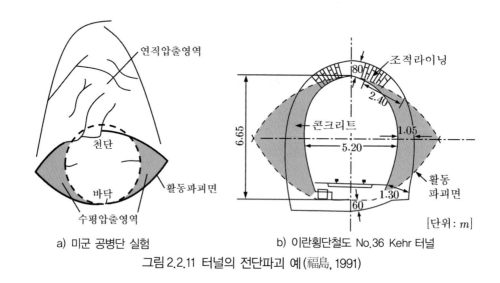

a) 미군 공병단 실험   b) 이란횡단철도 No.36 Kehr 터널

그림 2.2.11 터널의 전단파괴 예 (福島, 1991)

터널 굴착면의 변위는 파괴체의 탄성변형과 파괴체 간 상대변위의 합이다 (그림 2.2.12). 그런데 파괴체 간 상대변위의 한계는 전단시험에서 비교적 정확하게 (대체로 $2 \sim 3\,mm$ 정도) 구할 수 있지만, 굴착면 변위의 한계는 정하기가 매우 어렵다.

파괴체의 크기가 작고 파괴면의 개수가 많을수록 (극단적인 경우는 순수소성지반) 상대변위가 작게 일어난다. 그리고 전체변위가 한 개 활동면 (절리면 등) 에 집중될 때에는 상대변위가 작아도 활동면의 점착력이 거의 완전히 상실된다.

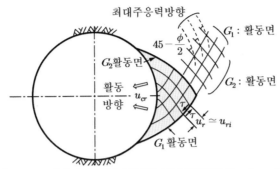

그림 2.2.12 전단면과 이론 활동면 및 암괴탈락 (Seeber, 1999)

2) 터널의 전단파괴 단계

터널의 전단파괴는 대개 다음과 같이 3 단계로 일어난다 (그림 2.2.13).

① 수평압출단계 (그림 2.2.13a) :

터널 측벽 배후지반이 전단파괴 되어 생성된 쐐기형 파괴체가 대수나선형 활동 파괴면을 따라 최대 주응력의 직각 (즉, 수평) 방향으로 압출된다.

② 연직압출단계 (그림 2.2.13b) :

수평압출에 의해 터널의 실제 폭이 커짐에 따라 터널의 천정이나 바닥이 터널 중심방향으로 움직이기 시작한다.

③ 연직압출 가속단계 (그림 2.2.13c) :

천정이나 바닥지반의 움직임이 점점 가속되고 수평응력이 지속적으로 작용함에 따라 천정이나 바닥 암석이 좌굴되어 터널 안쪽으로 압출된다.

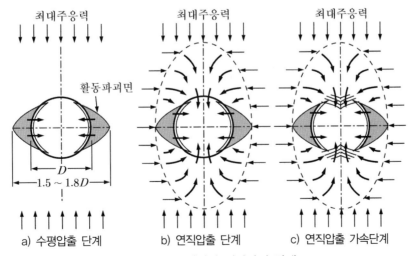

그림 2.2.13 터널의 전단파괴 단계

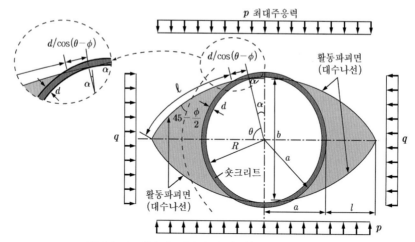

그림 2.2.14 터널의 전단파괴 가정(Rabcewicz, 1965)

2.4.2 터널의 전단파괴에 대한 안전율

Rabcewicz (1965) 는 다음 같이 가정하고 터널전단파괴에 대한 안전율을 구했다.

① 지반은 자중이 없고, 강도정수 c, ϕ 는 일정하다.

② 지반 내 초기 최대주응력은 연직방향이고, 응력은 축대칭상태이다.

③ 터널단면은 원형이며, 주응력방향은 터널의 접선방향과 반경방향이다.

④ 측벽 배후지반이 전단파괴 되면, 쐐기형 활동파괴체가 형성되어 활동파괴면을 따라 수평으로 압출된다. 활동파괴면은 최대주응력방향 (축대칭응력상태에서는 원의 접선) 에 대해 $45° - \phi/2$ 의 각도를 이루는 대수나선이다.

⑤ 숏크리트 전단파괴면은 활동파괴면의 연장선이고, 활동파괴면 시점의 각도 α 는 숏크리트 지보 시 수평에 대해 숏크리트 전단각 $23.6°$ 이며, 볼트만으로 지보한 경우 최대주응력의 방향 (축대칭 상태에서는 터널 굴착면) 에 대해 $45° - \phi/2$ 이다.

터널 전단파괴에 대한 안전율은 전단파괴를 유발하는 활동력 $F_{HD} = 2qa\sin\theta$ (전단 파괴체에 작용하는 수평력) 과 활동저항력 $F_{HR} = 2\tau_{fsc}d/\cos(\theta - \phi)$ (숏크리트 전단저항력) 로부터 결정한다 (숏크리트 전단강도 $1/5$ $\tau_{fsc} \simeq 0.2\sigma_{Dsc}$ 압축강도).

전단파괴에 대한 안전율 η_s 는 다음이 되고,

$$\eta_s = \frac{F_{HR}}{F_{HD}} = \frac{\tau_{fsc}d}{qa\sin\theta\,\cos(\theta - \phi)} \tag{2.2.7}$$

최소안전율 $\eta_{s\min}$ 은 위 식의 θ 에 대한 도함수가 영 $\{d\eta/d\theta = \cos(2\theta - \phi) = 0\}$ 이 될 때 즉, $\theta = 45° + \phi/2$ 일 때 존재하므로 다음이 된다.

$$\eta_{s\min} = \frac{\tau_{fsc}d}{qa\sin(45° + \phi/2)\cos(45° - \phi/2)} \tag{2.2.8}$$

3. 터널 해석이론

지반 물성치는 편차가 심해서 평균값을 적용해야 하고, 터널굴착에 따른 지반거동을 정확하게 해석할 수 있는 수학적/역학적 모델이 아직 없으며, 터널에 작용하는 하중은 시공과정은 물론 지보공 설치시기와 방법에 따라 다르다. 따라서 터널거동은 해석하기가 매우 어려우며 이런 방법을 적용하더라도 완전해를 구하기 어렵다. 그러나 경계조건과 지반상태를 단순화하면 이론적으로 해석할 수 있고, 해석 결과가 정량적으로 실제에 정확히 일치하지는 않아도 터널굴착에 의한 영향을 정성적으로는 파악할 수 있다.

터널 주변지반과 단면형상 등을 탄성이론해석이 가능할 만큼 단순화시키고, 탄성이론을 적용하여 터널을 이론해석 (3.1 절) 하면 간략해를 구할 수 있다.

원형 터널에서는 관이론 (3.2 절) 을 적용하여 터널 주변지반 내 응력과 라이닝 하중을 구할 수 있다. 라이닝의 두께가 터널 단면크기에 비해 매우 얇을 때는 라이닝에 접선응력만 작용한다고 생각하고 얇은 관 이론을 적용하여 해석할 수 있다.

터널 주변지반의 응력과 변위는 지반을 평면변형률상태로 생각하고 외경이 무한히 큰 두꺼운 관 이론을 적용하여 구할 수 있다. 라이닝을 설치한 터널은 이중 관 이론 (라이닝은 내관, 주변지반은 외경이 무한히 큰 외관) 으로 해석할 수 있다. 이때에 콘크리트 라이닝과 지반의 경계에서는 변위와 반경응력이 같다.

터널굴착으로 인하여 발생되는 주변지반의 응력과 변위는 (지반을 무한히 크고 자중이 없는 균질한 등방 탄성체 판으로 가정하고) 유공 판 이론 (3.3 절) 을 적용하여 구할 수 있고, 터널에 작용하는 지반압력은 판에 작용하는 경계압력으로 간주한다. 유공 판 이론을 적용할 때는 유공 판에 경계압력이 작용하는 경우와 경계압력이 작용하는 판에 천공하는 경우로 구분하여 적용할 수 있고, 후자가 실제 조건에 더 잘 부합된다.

원형 터널에서 주변지반은 유공 판 이론으로 해석하고 라이닝은 두꺼운 관 이론을 적용하여 해석할 수 있고, 라이닝을 설치한 터널은 이중 관 이론으로 해석할 수 있다. 외경이 무한히 큰 두꺼운 관으로 간주하고 해석한 결과는 유공 판 이론으로 해석한 결과와 잘 일치한다. 대심도 터널에서는 터널주변의 지반압력이 축대칭에 근접하고, 수압은 축대칭으로 작용하는 것으로 간주하고 해석한다.

3.1 터널의 이론해석

터널은 경계조건이 다양하고 3 차원적으로 거동하지만 경계조건과 지반상태를 2 차원 문제로 단순화시키면 터널해석이론으로 해석할 수 있다.

터널의 이론해 (3.1.1 절) 는 간략해이며, 축대칭 재하상태에서는 엄밀해가 가능하다. 이론해는 지표와 지반 및 터널형상을 이론해석이 가능한 조건 (3.1.2 절) 으로 단순하게 이상화 시키고 간단한 구성방정식 (Hooke 법칙) 을 적용해야 구할 수 있다.

터널주변지반은 평면변형률상태이어서 계산하기 어렵다. 그러나 평면응력상태로 간주하고 계산한 후 평면변형률상태 (3.1.3 절) 로 변환해도 된다. 평면 응력상태나 평면변형률 상태에서 반경응력과 접선응력은 같지만 변형률은 다르다.

3.1.1 터널의 이론해

터널의 이론해 (analytical solution) 는 대개 지표가 수평이고 지반은 등방성 반무한 탄성체이며 터널의 단면은 타원형이나 원형이라고 이상화하고 단순한 구성방정식 (Hooke 법칙) 을 적용해야 구할 수 있으므로 터널의 이론해는 간략해이다. 축대칭 재하상태에서는 엄밀해 (exact solution) 가 가능하다.

터널의 이론해는 다음과 같은 이점이 있다.
- 엄밀해 (exact solution) 가 존재하면 터널의 기본 메카니즘 (변위, 변형, 응력장)을 통찰할 수 있다.
- 해당 변수들의 역할과 중요성을 통찰할 수 있다.
- 수치해석 결과의 검증 기준으로 쓸 수 있다.

토피가 반경의 5 배 미만인 얕은 터널에서는 주변지반의 지지력이 불확실하고 터널 높이에 따른 응력차이가 크며, 초기응력이 축대칭 상태와 많이 다르고 해석적 해를 구하기 어렵다. 따라서 얕은 터널은 유공판 이론을 수정해서 근사적으로 해석하거나 FEM 등으로 수치해석하며, 실무에서는 대개 지반의 역할을 무시하고 인장강도가 큰 라이닝을 적용한다.

시공 중에 지반이 안정하지 않고 지보공이 불완전한 경우에는 지반압력이 주하중 으로 작용하고, 공용 중에는 지하수압이 작용한다. 압력이 빈번히 변하는 곳에서는 피로에 의한 영향이 있을 수 있다.

3.1.2 터널의 이론해석 조건

다음 조건에서는 이론 해를 구할 수 있다.

① 터널의 단면형상이 터널 축에 대해 축대칭 (원형) 이다.

② 비탄성거동지반에서는 응력분포가 축대칭 :

축대칭 조건에서 터널 (직경 D) 굴착에 의한 응력변화 (초기응력과 이차응력의 편차) 는 주변 $1.5D$ 이내에서 $90\,\%$ 이상 발생하므로, $1.5D$ 이상 이격되면 터널굴착에 의한 응력변화를 무시할 수 있다. 터널 천단상부 $1.5D$ 위치 또는 바닥하부 $1.5D$ 위치와 터널중심 위치의 연직응력 차이가 $15\,\%$ 미만이면 ($\gamma H_t < 0.85\gamma(H_t + 1.5D)$), 축대칭응력조건으로 간주할 수 있으므로, 터널심도가 직경의 10 배 이상 ($H_t \geq 10D$) 이면 (그림 2.3.1) 축대칭응력조건 즉, 등방압상태가 된다 (Seeber, 1999).

수평응력은 터널중심위치 $\pm1.5\,D$ 이내에서 축대칭이 되기 어렵고, 측압계수가 $K \geq 0.7$ 이어야 접선응력이 축대칭에 가깝고, 얕은 심도에서는 구조지질압력에 의한 수평응력이 작용해야 축대칭이 된다. 그러나 실측한 결과 축대칭응력상태인 경우가 의외로 많다 (Hoek/Brown, 1980). 완전 탄성지반에서는 축대칭상태가 아니어도 ($K < 1.0$) 해석적 해를 구할 수 있다.

③ 지반과 라이닝재료는 균질하고 등방성 :

절리간격이 터널의 직경 보다 크거나 ($> D$), 직경의 $1/10$ 보다 작으면 ($< D/10$), 균질한 연속체로 가정할 수 있다. 터널길이방향으로 절리상태가 변하므로 무조건 불연속체로 보는 것은 무의미하다. 탄성 상태에서는 지반을 등방성으로 가정하고 최소지반정수를 적용해서 해석하여도 충분히 정확한 결과가 구해진다.

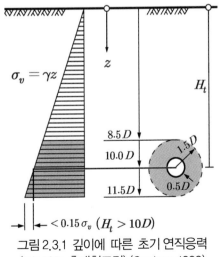

그림 2.3.1 깊이에 따른 초기 연직응력
(H≥10D, 축대칭조건) (Seeber, 1999)

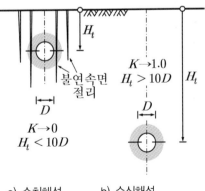

그림 2.3.2 경계조건을 고려한
터널해석 (Seeber, 1999)

④ 외력이 축대칭 : 초기응력이 축대칭이면 지보 저항력도 축대칭이며, 인장에 저항할 수 있는 라이닝은 반경응력을 균등하게 분포시킨다.

⑤ 발파이완 및 내압에 의한 방사균열 영역의 형상은 축대칭이다.

바닥이완과 국부적 비대칭 지반형상 (경사진 암반경계선 및 파쇄대 등) 에 의한 영향은 수치해석방법으로만 해석할 수 있다 (그림 2.3.2).

깊은 터널은 등압조건 ($K = 1$) 으로 가정하고 해석하여도 대체로 문제가 없다. 그러나 얕은 터널에서는 급경사 개구절리가 있으면 초기 수평응력이 매우 작기 때문에 이차 수평응력이 매우 작고 천단과 바닥에서 인장응력이 발생한다. 따라서 지반이 탄성 상태일 때만 해석적 해가 가능하다.

3.1.3 평면응력상태와 평면변형률 상태

터널의 콘크리트 라이닝에는 길이 방향 10~60 m 간격으로 시공 조인트가 설치되고 그 사이에 횡 방향 수축균열이 발생되기 때문에, 터널 길이방향으로는 응력이 크지 않고, 단면크기는 동일하다. 따라서 라이닝은 2 차원 평면응력상태로 간주할 수 있다. 반면 터널 주변지반은 (동일한 단면으로 길어서) 길이방향으로는 변형이 거의 발생되지 않으므로 터널 주변지반은 2 차원 평면변형률상태로 간주할 수 있다.

터널은 길이방향 경계조건에 따라 평면응력상태와 평면변형률상태가 나타나며, 두 경우에 반경응력과 접선응력은 같지만 변형률은 서로 다르다 (표 2.3.1).

평면응력 상태 : 길이방향 변형이 가능 ($\epsilon_l \neq 0$), 길이방향 응력이 영 ($\sigma_l = 0$) 이다.

평면변형률 상태 : 길이방향 변형이 억제 ($\epsilon_l = 0$), 길이방향응력이 발생 ($\sigma_l \neq 0$) 한다.

표 2.3.1 평면응력상태와 평면변형률 상태의 변형률

평면응력 상태		평면변형률 상태	
$\epsilon_r = -\dfrac{1}{E_0}\left(\sigma_r - \nu_0\,\sigma_t\right)$ $\epsilon_t = -\dfrac{1}{E_0}\left(\sigma_t - \nu_0\sigma_r\right)$ $\epsilon_l = \dfrac{\nu_0}{E_0}\left(\sigma_r + \sigma_t\right)$	$\sigma_l = 0$	$\epsilon_r = -\dfrac{1}{E}\left\{\sigma_r - \nu\left(\sigma_t + \sigma_l\right)\right\}$ $\epsilon_t = -\dfrac{1}{E}\left\{\sigma_t - \nu\left(\sigma_r + \sigma_l\right)\right\}$ $\epsilon_l = -\dfrac{1}{E}\left(\sigma_l - \nu\left(\sigma_r + \sigma_t\right)\right) = 0$	$\sigma_l = \nu\left(\sigma_r + \sigma_t\right)$
$E_0 = \dfrac{E}{1 - \nu^2}$, $\nu_0 = \dfrac{\nu}{1 - \nu}$			

(ϵ_r , ϵ_t , ϵ_l 은 반경, 접선, 길이방향 변형률이고, E_0 와 ν_0 는 평면응력상태 탄성계수와 푸아송의 비이고, E 과 ν 는 평면변형률상태의 탄성계수와 푸아송의 비이다)

3.2 관 이론

터널과 주변지반의 거동은 얇은 관이나 두꺼운 관 또는 이중 관 이론 등 관 이론을 적용하여 해석할 수 있다.

라이닝 두께가 터널의 크기에 비해 거의 무시할 수 있을 만큼 얇아서 반경응력은 생각하지 않고 접선응력만 생각할 때에는 **얇은 관 이론 (3.2.1 절)** 으로 터널 라이닝을 해석할 수 있다.

터널 주변지반의 응력과 변위는 외경이 무한히 큰 두꺼운 관 이론 **(3.2.2 절)** 으로 해석할 수 있다.

라이닝을 설치한 터널은 콘크리트 라이닝을 내관, 주변지반을 외경이 무한히 큰 외관으로 간주하고 이중 관 이론 **(3.2.3 절)** 으로 해석할 수 있다. 콘크리트 라이닝과 지반의 경계에서는 변위와 반경응력이 같다.

3.2.1 얇은 관 (멤브렌) 이론

라이닝의 두께 t 가 반경 r 에 비하여 매우 얇으면 ($r/t > 50$), 얇은 관 (그림 2.3.3) 으로 간주하고 응력과 변형률 및 변위를 계산하며, 관 부재 내의 평형은 고려하지 않고, 외압이 크면 좌굴되어 내측으로 변형된다. 라이닝 배면을 채우지 않으면 터널 길이방향으로 변위가 발생되어서 평면응력상태가 되고, 배면을 채우면 변위가 억제되어 평면변형률상태가 된다.

1) 응력

얇은 관은 두께가 매우 얇아서 ($r_i \simeq r_a \simeq r$) 부재 내에서 접선응력 σ_t 만 생각한다. 접선응력 σ_t 는 길이방향 응력 σ_l 에 무관하며, 내·외압에 따라 다음과 같다 (표 2.3.2).

$$\sigma_t = (p_o - p_i) \frac{r}{t} \qquad (2.3.1)$$

표 2.3.2 내·외압에 따른 라이닝 응력

내압상태	외압상태	내압+외압상태
$F = -p_i r_i$ $\sigma_t = -\dfrac{p_i r_i}{t}$	$F = p_o r_a$ $\sigma_t = \dfrac{p_o r_a}{t}$	$\sigma_t = \dfrac{p_o r_a}{t} - \dfrac{p_i r_i}{t}$

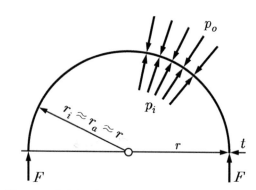

그림 2.3.3 내압과 외압이 작용하는 얇은 관의 하중상태

2) 변형률

변형률은 응력상태 즉, 평면응력상태와 평면변형률상태에 따라 다르게 발생된다.

평면응력상태일 때에는 터널 길이방향으로는 변형이 가능 ($\epsilon_l \neq 0$) 하지만, 응력은 발생되지 않는다 ($\sigma_l = 0$).

$$\epsilon_t = -\frac{1}{E}\,\sigma_t$$
$$= -\frac{1}{E}\,(p_o - p_i)\,\frac{r}{t}$$
$$\epsilon_l = -\frac{1}{E}\,(\nu\,\sigma_t) = \nu\,\epsilon_t \tag{2.3.2}$$

평면변형률상태일 때에는 터널의 길이방향으로 변형은 영 ($\epsilon_l = 0$) 이지만, 응력이 발생된다 ($\sigma_l \neq 0$).

$$\epsilon_l = -\frac{1}{E}\,(\sigma_l - \nu\sigma_t) = 0$$
$$\Rightarrow \sigma_l = \nu\,\sigma_t$$
$$\epsilon_t = -\frac{1}{E}(1-\nu^2)\,(p_o - p_i)\,\frac{r}{t} \tag{2.3.3}$$

3) 변위

반경방향 변위 u_r 는 접선 변형률 $\epsilon_t = u_r/r$ 에 반경 r 을 곱한 크기이다.

$$u_r = \epsilon_t\,r \tag{2.3.4}$$

3.2.2 두꺼운 관 이론

두꺼운 관은 길이방향 응력이 크지 않아서 2차원 응력상태로 가정할 수 있으나, 관이 두꺼우므로 부재 내 반경응력을 고려해야 한다. 두꺼운 관은 평면변형률상태로 생각하고 응력과 변위를 계산한다.

1) 응력

두꺼운 관에서 내압과 외압에 의해 관 부재 내에 발생되는 반경응력이나 접선응력은 모두 평면응력상태와 평면변형률상태에서 크기가 같다.

(1) 힘의 평형

내압 p_i 와 외압 p_o 가 동시에 작용하는 평면변형률상태 두꺼운 원통 (내경 a, 외경 b) 의 응력상태는 부재의 일부 (내측반경 r 이고 두께 Δr 인 원형 고리) 에서 중심각 $\Delta\theta$ 에 해당하는 부채꼴 미소요소 (그림 2.3.4b) 에 대해 힘의 평형을 적용하여 해석한다. 미소요소의 경계압력은 내압 p 와 외압 $p+\Delta p$ 및 측압 q 이며, 작용면적과 힘의 크기는 표 2.3.3 과 같다.

미소요소의 두께 Δr 과 중심각 $\Delta\theta$ 는 매우 작아서 측면력 q 의 반경방향 분력은,

$$2q\Delta r \sin\left(\frac{\Delta\theta}{2}\right) \fallingdotseq 2q\Delta r\left(\frac{\Delta\theta}{2}\right) = q\Delta r \Delta\theta \tag{2.3.5}$$

이고, 반경방향 힘의 평형식은 다음과 같다.

$$p + r\frac{dp}{dr} = q \tag{2.3.6}$$

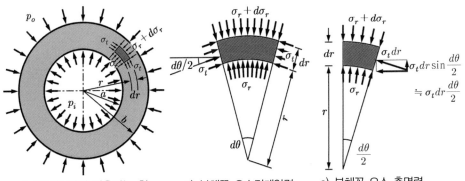

a) 두꺼운 관에 작용하는 힘   b) 부채꼴 요소경계압력   c) 부채꼴 요소 측면력

그림 2.3.4 두꺼운 원형 관에 작용하는 힘

184

표 2.3.3 미소요소의 경계에 작용하는 힘

경 계	면 적	압 력	힘
내 측	$r\Delta\theta$	p	$pr\Delta\theta$
외 측	$(r+\Delta r)\Delta\theta$	$p+\Delta p$	$(p+\Delta p)(r+\Delta r)\Delta\theta$
측 면	Δr	q	$q\Delta r$

반경 및 접선방향 응력 σ_r 과 σ_t 는 외압 p 및 q와 같으므로 위 식은 다음이 되고, 미지수가 2개 반경 및 접선방향 응력 σ_r 과 σ_t 이므로 이 식을 풀기 위해 Hooke 식을 적용한다.

$$\sigma_r + r\frac{d\sigma_r}{dr} = q = \sigma_t \tag{2.3.7}$$

(2) 관 부재 내 응력

두꺼운 관 부재 내의 반경응력 σ_r 과 접선응력 σ_t 는 다음과 같고,

$$\sigma_r = -\frac{p_i a^2 - p_o b^2}{b^2 - a^2} + \frac{p_i - p_o}{b^2 - a^2}\frac{a^2 b^2}{r^2}$$
$$\sigma_t = -\frac{p_i a^2 - p_o b^2}{b^2 - a^2} - \frac{p_i - p_o}{b^2 - a^2}\frac{a^2 b^2}{r^2} \tag{2.3.8}$$

평면변형률상태($\varepsilon_z = 0$)에서 관 길이방향 응력 σ_z 는 다음과 같다.

$$\sigma_z = \nu(\sigma_r + \sigma_t) \tag{2.3.9}$$

외경이 무한히 크면 $(b \simeq \infty)$, 관부재 내 응력은 다음이 되어, 내압 p_i 와 외압 p_0 에 따라 다르고, 반경응력 σ_r 이나 접선응력 σ_t 을 $X^2 = a^2/r^2$ 에 대해 나타내면 다음이 된다.

$$\sigma_r = p_0 + (p_i - p_0)X^2$$
$$\sigma_t = p_0 - (p_i - p_0)X^2$$
$$\sigma_z = \nu(\sigma_r + \sigma_t) = 2\nu p_0 \tag{2.3.10}$$

(3) 내공면 응력

내공면 응력은 식 (2.3.10)에서 $X = 1.0$ 인 경우이며, 내공면 근접부에서는 접선응력 σ_t 가 크고, 관 부재 내 응력은 내공면에서 가장 크고 내공면에서 멀어질수록 작다.

$$\sigma_{ra} = p_i \tag{2.3.11}$$
$$\sigma_{ta} = 2p_0 - p_i$$

2) 변위

두꺼운 관의 변위는 내부 변형률을 적분하여 구하며, 평면응력상태와 평면변형률 상태일 때에 다르다.

(1) 반경 및 접선방향 변형률

내압 p_i 와 외압 p_o 를 받는 두꺼운 원통 (내경 a, 외경 b) 의 반경 및 접선 변형률 ϵ_r 과 ϵ_t 는 적합조건과 축대칭에 대한 Hooke 의 법칙을 적용하여 구한다.

$$\epsilon_r = \frac{1+\nu}{E}\{(1-\nu)\sigma_r - \nu\sigma_t\}$$

$$\epsilon_t = \frac{1+\nu}{E}\{(1-\nu)\sigma_t - \nu\sigma_r\} \qquad (2.3.12)$$

여기에 관부재 내 반경 및 접선응력 σ_r 과 σ_t (식 2.3.8) 을 대입하면 다음이 되고,

$$\epsilon_r = \frac{1+\nu}{E}\left\{-\frac{p_i a^2 - p_o b^2}{b^2 - a^2}(1-2\nu) + \frac{p_i - p_o}{b^2 - a^2}\frac{a^2 b^2}{r^2}\right\}$$

$$\epsilon_t = \frac{1+\nu}{E}\left\{-\frac{p_i a^2 - p_o b^2}{b^2 - a^2}(1-2\nu) - \frac{p_i - p_o}{b^2 - a^2}\frac{a^2 b^2}{r^2}\right\} \qquad (2.3.13)$$

외경이 무한대 ($b \to \infty$) 이면 다음이 된다.

$$\epsilon_r = \frac{1+\nu}{E}\{p_o(1-2\nu) + (p_i - p_o)X^2\}$$

$$\epsilon_t = \frac{1+\nu}{E}\{p_o(1-2\nu) - (p_i - p_o)X^2\} \qquad (2.3.14)$$

위의 두 식에서 반경 및 접선방향 변형율의 합은 일정하므로,

$$\epsilon_r + \epsilon_t = \frac{1+\nu}{E}2p_o(1-2\nu) = const. \qquad (2.3.15)$$

두꺼운 관은 등체적 변위거동 함을 알 수 있다. 즉, 내공의 압출은 관의 체적팽창에 의한 것이 아니고 무한히 먼 곳의 미소한 변위가 내공 가까이에 모아져서 나타나는 것임을 알 수 있다.

내경에 비해 외경이 상당히 큰 관에서 관부재 내 **변형률-응력 관계**는 식 (2.3.10) 과 식 (2.3.14) 로부터 다음과 같다.

$$\epsilon_r = \frac{1+\nu}{E}(\sigma_r - 2\nu p_o)$$

$$\epsilon_t = \frac{1+\nu}{E}(\sigma_t - 2\nu p_o) \qquad (2.3.16)$$

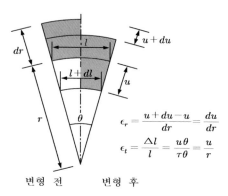

$$\epsilon_r = \frac{u+du-u}{dr} = \frac{du}{dr}$$

$$\epsilon_t = \frac{\triangle l}{l} = \frac{u\theta}{\tau\theta} = \frac{u}{r}$$

변형 전   변형 후

그림 2.3.5 변형과 변형률의 관계

(2) 관부재 내 변위

축대칭인 경우의 **변형률-변위관계**는 다음과 같다.

$$\epsilon_r = du/dr, \ \epsilon_t = \ u/r \tag{2.3.17}$$

여기서 $\epsilon_r = du/dr$ 은 변형의 적합조건이고, $\epsilon_t = u/r$ 은 관이 내공중심 방향으로 변형되면 반경이 작아지고 둘레길이도 작아지는 것을 나타낸다 (그림 2.3.5).

관 부재 내 반경변위 u 는 반경방향 변형률 ϵ_r 을 적분하여 구한다.

$$u = -\int \epsilon_r \, dr = -\frac{1+\nu}{E}\left\{\frac{p_i a^2 - p_o b^2}{b^2 - a^2} r(1-2\nu) + \frac{p_i - p_o}{b^2 - a^2}\frac{a^2 b^2}{r}\right\} + B \tag{2.3.18}$$

적분상수 B 는 아무 압력도 작용하지 않을 때 ($p_i = p_o = 0$) 변위가 영인 조건에서 $B=0$ 이다. 관부재 내 반경 r 인 곳의 변위 u_{rF} 는 평면변형률상태일 때,

$$u_{rF} = -\frac{1+\nu}{E(b^2 - a^2)}\left[p_i a^2\left\{(1-2\nu)r + \frac{b^2}{r}\right\} - p_o b^2\left\{(1-2\nu)r + \frac{a^2}{r}\right\}\right] \tag{2.3.19}$$

이고, 외경이 무한대 ($b \simeq \infty$) 이면 다음이 된다.

$$u = \frac{1+\nu}{E}(p_o - p_i)\frac{a^2}{r} + \frac{(1+\nu)(1-2\nu)}{E}p_o r \tag{2.3.20}$$

(3) 내공변위

두꺼운 관의 내공변위 u_a 는 위 식 (2.3.20) 에 내경 $r = a$ 를 대입하여 구한다.

$$u_a = \frac{1+\nu}{E}(p_o - p_i)a + \frac{(1+\nu)(1-2\nu)}{E}p_o a \tag{2.3.21}$$

이 식에서 제 1 항은 천공에 의해 발생된 내공변위이고 제 2 항은 천공 전에 발생된 내공변위이다. 부(-)의 부호는 관의 중심을 향한 변위를 나타낸다.

3.2.3 이중 관 이론

라이닝을 설치한 터널은 이중 관 (콘크리트 라이닝은 내관, 주변지반은 외경이 무한히 큰 외관) 으로 간주하고 해석할 수 있다. 실제에서는 지보반력 p_a 에 의한 탄성변위 외에 온도변화와 콘크리트 라이닝 및 지반의 크리프에 의한 변위가 추가된다.

내관 (내경 r_i, 외경 r_a) 은 평면응력상태이고 내압 p_i 와 외압 p_a 가 작용하며, 외관 (내경 r_a, 외경 r_c) 은 평면변형률상태이고 내압 p_a 와 외압 p_o 가 작용한다 (그림 2.3.6).

1) 내관

내관의 외부경계 즉, 라이닝의 외벽 ($r = r_a$) 에서 응력과 변위는,

$$\sigma_{ra} = p_a^* = p_a - p_i\, r_i/r_a\,, \qquad \sigma_{ta} = \left(p_a - p_i\,\frac{r_i}{r_a}\right)\frac{r_a^2 + r_i^2}{r_a^2 - r_i^2} \tag{2.3.22}$$

$$u_{aS} = -\left(p_a - p_i\,\frac{r_i}{r_a}\right)\frac{r_a}{E}\left(\frac{r_a^2 + r_i^2}{r_a^2 - r_i^2} - \nu\right)$$

이고, 내관 내부경계 즉, 터널 내공면 ($r = r_i$) 에서 응력과 변위는 다음과 같다.

$$\sigma_{ri} = p_i^* = 0\,, \qquad \sigma_{ti} = \left(p_a - p_i\,\frac{r_i}{r_a}\right)\frac{2\, r_a^2}{r_a^2 - r_i^2} \tag{2.3.23}$$

$$u_{iS} = -\left(p_a - p_i\,\frac{r_i}{r_a}\right)\frac{2\, r_i r_a^2}{E(r_a^2 - r_i^2)}$$

2) 외관

지반의 내부경계 즉, 라이닝 외부경계 ($r = r_a$) 의 응력과 변위는 다음이 된다.

$$\sigma_{ra} = p_a^*\,, \qquad \sigma_{ta} = -p_a^* \tag{2.3.24}$$
$$u_{aF} = p_a^* r_a(1 + \nu)/E$$

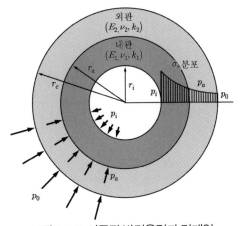

그림 2.3.6 이중관 반경응력과 경계압

3.3 유공 판이론

터널굴착으로 인한 주변지반의 응력과 변위는 지반을 경계압이 작용하고, 무한히 크며, 자중이 없고, 균질한 등방 탄성체 판으로 간주하고 유공 판 이론을 적용하여 구할 수 있다.

일 방향 경계압력이 작용하는 유공 판 (3.3.1 절) 에 대한 해를 중첩하여 양방향 경계압이 작용하는 유공 판 (3.3.2 절) 에 대한 해를 구할 수 있고, 유공 판에 경계압 이 작용하는 경우와 경계압이 작용하는 판에 천공하는 경우로 구분한다.

연직 및 수평 경계압력의 크기가 같으면 등압상태 유공 판 (3.3.3 절) 으로 해석할 수 있다.

3.3.1 일방향 경계압 상태 유공 판

무한히 멀리 떨어진 경계에 일 방향 인장력 p 가 작용하는 직사각형 판의 중앙에 있는 원형 공동 (반경 a) 주변 (그림 2.3.7) 의 응력은 Kirsch (1898) 의 해와 같다 (인장 상태가 양(+)이고, $X = a/r$).

$$\sigma_r = \frac{p}{2}(1 - X^2) + \frac{p}{2}(1 - 4X^2 + 3X^4)\cos 2\theta$$

$$\sigma_t = \frac{p}{2}(1 + X^2) - \frac{p}{2}(1 + 3X^4)\cos 2\theta$$

$$\tau_{rt} = \frac{p}{2}(1 - 2X^2 - 3X^4)\sin 2\theta \qquad\qquad \textbf{(2.3.25)}$$

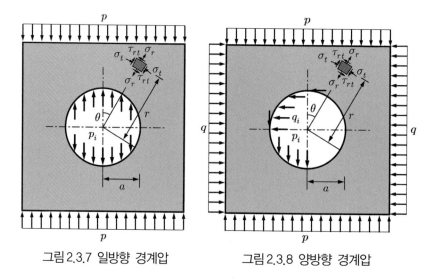

그림 2.3.7 일방향 경계압   그림 2.3.8 양방향 경계압

3.3.2 양방향 경계압 상태 유공 판

터널과 주변지반을 중심에 원형 공동 (반경 a) 이 있고 무한히 큰 직사각형 유공 판 (그림 2.3.8) 으로 간주하고, 판의 경계에 양방향 (연직 및 수평) 경계압이 작용한다고 생각하고 해석할 수 있다. 유공 판에 경계압이 작용하는 경우와 경계압이 작용하는 판에 천공하는 경우로 구분하여 해를 구한다.

1) 유공 판에 양방향 경계압이 작용하는 경우

유공판에 연직 및 수평 방향으로 경계압과 내압이 동시에 작용하는 경우를 생각한다.

(1) 원형 공동 주변의 응력

공동 주변의 응력은 일 방향 경계압력이 작용할 때의 응력을 중첩해서 구한다.

① 공동 주변 응력

연직 및 수평 경계압력 p 및 q 와 내공면에 연직 및 수평내압 p_i 및 q_i 가 동시에 작용하여 선대칭 응력상태일 때에는 식 (2.3.25) 과 이것을 $90°$ 좌표 변환한 식을 중첩해서 공동 주변 응력을 구한다 (그림 2.3.9).

$$\sigma_r = \frac{p+q}{2}\left(1 - X^2\right) + \frac{p-q}{2}\left(1 - 4X^2 + 3X^4\right)\cos2\theta$$
$$+ \frac{p_i + q_i}{2}X^2 + \frac{p_i - q_i}{2}\left(-4X^2 + 3X^4\right)\cos2\theta$$

$$\sigma_t = \frac{p+q}{2}\left(1 + X^2\right) - \frac{p-q}{2}\left(1 + 3X^4\right)\cos2\theta$$
$$- \frac{p_i + q_i}{2}X^2 + \frac{p_i - q_i}{2}3X^4\cos2\theta$$

$$\tau_{rt} = \frac{p-q}{2}\left(1 + 2X^2 - 3X^4\right)\sin2\theta + \frac{p_i - q_i}{2}\left(2X^2 - 3X^4\right)\sin2\theta \qquad \textbf{(2.3.26)}$$

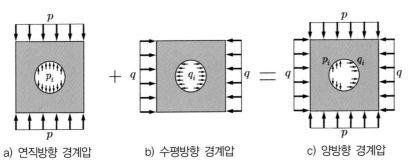

a) 연직방향 경계압   b) 수평방향 경계압   c) 양방향 경계압

그림 2.3.9 선대칭 원형 터널의 탄성해석

② 공동 경계 응력

원형 공동의 경계응력은 위 식에 $r = a$ (즉, $X = 1.0$) 를 대입하여 구하고,

$$\sigma_r = \frac{1}{2}(p_i + q_i) - \frac{1}{2}(p_i - q_i)\cos 2\theta$$

$$\sigma_t = (p + q) - \frac{1}{2}(p_i + q_i) - \left\{2(p - q) - \frac{3}{2}(p_i - q_i)\right\}\cos 2\theta$$

$$\sigma_z = \nu(\sigma_r + \sigma_t) = \nu\left[(p + q) - \left\{2(p - q) - (p_i - q_i)\right\}\cos 2\theta\right]$$

$$\tau_{rt} = -\frac{1}{2}(p_i - q_i)\sin 2\theta \tag{2.3.27}$$

공동의 천단 ($\theta = 0°$) 과 측벽 ($\theta = 90°$) 에서 접선응력 σ_t 는 다음이 되어 위 식에 내압이 작용하지 않고 경계압만 작용 ($p_i = q_i = 0$) 할 때에는, $q/p < 1/3$ 이면 공동 천단에 인장응력이 발생되는 것을 알 수 있다.

천단 : $\sigma_t = -p + 3q + p_i - 2q_i$

측벽 : $\sigma_t = 3p - q - 2p_i + q_i$ $\tag{2.3.28}$

내압과 외압이 같으면 ($p = p_i$, $q = q_i$) 공동경계 응력은 다음이 된다.

$$\sigma_r = \frac{p + q}{2} + \frac{p - q}{2}\cos 2\theta$$

$$\sigma_t = \frac{p + q}{2} - \frac{p - q}{2}\cos 2\theta$$

$$\tau_{rt} = -\frac{p - q}{2}\sin 2\theta \tag{2.3.29}$$

③ 응력의 직각좌표 변환

극좌표로 표시한 공동 주변의 응력 σ_r, σ_t, τ_{rt} 를 Mohr 응력원을 참조하여 주응력 σ_1, σ_3 로 변환하면 다음과 같고,

$$\sigma_1 = \frac{\sigma_t + \sigma_r}{2} + \frac{2\tau_{rt}}{\sin 2\theta_2}$$

$$\sigma_3 = \frac{\sigma_t + \sigma_r}{2} - \frac{2\tau_{rt}}{\sin 2\theta_2}$$

$$\tan 2\theta_2 = \frac{2\tau_{rt}}{\sigma_t - \sigma_r} \tag{2.3.30}$$

극좌표와 직각좌표가 이루는 각도 θ_1 으로 직각좌표로 바꿀 수 있다 (그림 2.3.10).

$$\sigma_x = \frac{\sigma_1 + \sigma_3}{2} + \frac{\sigma_1 - \sigma_3}{2}\cos 2(\theta_1 + \theta_2)$$

$$\sigma_y = \frac{\sigma_1 + \sigma_3}{2} - \frac{\sigma_1 - \sigma_3}{2}\cos 2(\theta_1 + \theta_2)$$

$$\tau_{xy} = \frac{\sigma_1 - \sigma_3}{2}\sin 2(\theta_1 + \theta_2) \tag{2.3.31}$$

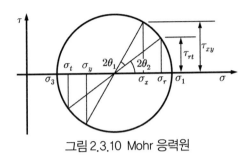

그림 2.3.10 Mohr 응력원

(2) 원형 공동 주변의 변형

공동주변의 변위는 변형률을 적분하여 구한다. 탄성상태 평면변형률조건이므로 공동주변의 응력을 Hooke 의 법칙에 대입하면 변형률에 대한 식이 되고, 이 식을 변형률-변위 관계식에 대입하여 적분하면 변위를 구할 수 있다. 이 변위 식에 공동의 반경 a 를 대입하면 공동경계의 변위가 된다. 변위를 직각좌표로 환산하면 지표변위 등 계측결과와 비교하기가 용이하다.

① 변형률

탄성상태 평면변형률조건일 때는 다음 **Hooke** 법칙이 성립되고,

$$\epsilon_r = \frac{1+\nu}{E}\{(1-\nu)\sigma_r - \nu\sigma_t\} \tag{2.3.32}$$

$$\epsilon_t = \frac{1+\nu}{E}\{(1-\nu)\sigma_t - \nu\sigma_r\}$$

위 식에 응력 (식 2.3.26) 을 대입하여 **변형률**을 구하면 다음과 같다 (단, $X = a/r$).

$$\epsilon_r = \frac{1+\nu}{E}\left[(1-2\nu-X^2)\frac{p+q}{2} + \frac{p_i+q_i}{2}X^2\right]$$
$$+ \frac{1+\nu}{E}\left[\{1+3X^4-4(1-\nu)X^2\}\frac{p-q}{2} - \frac{p_i-q_i}{2}\{3X^4-4(1-\nu)X^2\}\right]\cos 2\theta$$

$$\epsilon_t = \frac{1+\nu}{E}\left[\frac{p+q}{2}(1-2\nu+X^2) - \frac{p_i+q_i}{2}X^2\right]$$
$$+ \frac{1+\nu}{E}\left[-\frac{p-q}{2}(1+3X^4-4\nu X^2) + \frac{p_i-q_i}{2}(3X^4-4\nu X^2)\right]\cos 2\theta \tag{2.3.33}$$

변형률-변위 관계를 극좌표로 나타낸 다음 식을 적분하면 변위를 구할 수 있다.

$$\epsilon_r = \frac{\partial u_r}{\partial r}$$

$$\epsilon_t = \frac{u_r}{r} + \frac{\partial u_t}{r\partial\theta}$$

$$\gamma_{rt} = \frac{\partial u_r}{r\partial\theta} + \frac{\partial u_t}{\partial r} - \frac{u_t}{r} \tag{2.3.34}$$

② 공동 주변 지반변위

공동 주변의 반경변위 u_r 은 반경변형률 ϵ_r 을 적분하여 구하고 외측으로 일어나면 양(+)으로 하고, 접선변위 u_t 는 식 (2.3.34) 에서 θ 의 순환수를 생략하고 적분하여 구하고 연직에서 θ 의 증가방향 (시계방향) 을 양(+) 으로 한다.

$$u_r = \int \epsilon_r dr = \frac{1+\nu}{E}\left[\frac{p+q}{2}\left\{(1-2\nu)r+\frac{a^2}{r}\right\}-\frac{p_i+q_i}{2}\frac{a^2}{r}\right]$$
$$+\frac{1+\nu}{E}\left[\frac{p-q}{2}\left\{r-\frac{a^4}{r^3}+4(1-\nu)\frac{a^2}{r}\right\}-\frac{p_i-q_i}{2}\left\{-\frac{a^4}{r^3}+4(1-\nu)\frac{a^2}{r}\right\}\right]\cos2\theta$$

$$u_t = \int (-u_r + r\epsilon_t)d\theta$$
$$=\frac{1+\nu}{E}\left[\frac{1}{2}(p-q)r+\frac{1}{2}(p-q-p_i+q_i)\left\{\frac{a^4}{r^3}+2(1-2\nu)\frac{a^2}{r}\right\}\right]\sin2\theta \qquad \text{(2.3.35)}$$

위 식은 공동천공 전과 천공후 변위를 다 포함하므로, 천공 전 변위 ($r \to \infty$ 일 때 ∞ 가 되는 항) 를 제외하면 공동천공에 의한 반경 및 접선변위 u_r 과 u_t 가 된다.

$$u_r = \frac{1+\nu}{E}\frac{(p-p_i)+(q-q_i)}{2}\frac{a^2}{r}+\frac{1+\nu}{E}\frac{(p-p_i)-(q-q_i)}{2}\frac{a^2}{r}\left\{4(1-\nu)-\frac{a^2}{r^2}\right\}\cos2\theta$$
$$u_t = -\frac{1+\nu}{E}\frac{(p-p_i)-(q-q_i)}{2}\frac{a^2}{r}\left\{2(1-2\nu)+\frac{a^2}{r^2}\right\}\sin2\theta \qquad \text{(2.3.36)}$$

③ 공동 경계 변위

공동경계의 반경 및 접선변위 u_{ra} 와 u_{ta} 는 공동주변의 반경 및 접선 방향 변위에 대한 식 (2.3.36) 에서 $r=a$ 인 경우이므로 다음과 같다.

$$u_{ra} = \frac{a}{2}\{(p-p_i)+(q-q_i)\}\frac{1+\nu}{E}+\frac{a}{2}\{(p-p_i)-(q-q_i)\}\frac{(1+\nu)(3-4\nu)}{E}\cos2\theta \qquad \text{(2.3.37)}$$

$$u_{ta} = -\frac{a}{2}\{(p-p_i)-(q-q_i)\}\frac{(1+\nu)(3-4\nu)}{E}\sin2\theta$$

천단 ($\theta = 0^o$) 과 바닥 ($\theta = 180^o$) 변위는 $\cos2\theta = 1.0$, $\sin2\theta = 0$ 이므로 다음이 되고,

$$u_{ra} = \frac{1+\nu}{E}\{2(p-p_i)(1-\nu)-(q-q_i)(1-2\nu)\}a$$
$$u_{ta} = 0 \qquad \text{(2.3.38)}$$

측벽 ($\theta = 90°, 270°$) 변위는 $\cos2\theta = -1.0$, $\sin2\theta = 0$ 이므로 다음이 된다.

$$u_{ra} = \frac{1+\nu}{E}\{-(p-p_i)(1-2\nu)+2(q-q_i)(1-\nu)\}a$$
$$u_{ta} = 0 \qquad \text{(2.3.39)}$$

따라서 평균 공동 경계 변위 u_{rm} (즉, 천단과 측벽 반경변위의 평균) 은 평균외압 $(p+q)/2$ 와 평균내압 $(p_i+q_i)/2$ 를 받는 등방압 상태의 공동경계 변위와 같다.

$$u = \frac{1}{2}\left\{(p-p_i)+(q-q_i)\right\}a\frac{1+\nu}{E} \tag{2.3.40}$$

천단과 측벽 변위량 차이 $2\delta_G$ 는 식 (2.3.38) 과 (2.3.39) 으로부터 다음이 된다.

$$\delta_G = \frac{1}{2}\left\{(p-p_i)-(q-q_i)\right\}\frac{(1+\nu)(3-4\nu)}{E}a \tag{2.3.41}$$

응력이 선대칭 상태 $(p \neq q)$ 일 때에는 정수압 상태 $(p=q)$ 에 비하여 천단침하는 커지고 측벽은 외측으로 밀린다.

④ 변위의 직각좌표 변환

공동경계나 주변의 변위는 극좌표로 계산하는 것이 편하나 직각좌표로 변환해야 실측치와 비교하거나 평가하기가 쉽다. 극좌표 변위는 그림 2.3.11 관계를 이용하여 직각좌표 변위로 환산할 수 있다.

$$u_x = u_r \sin\theta + u_t \cos\theta$$
$$= \frac{1+\nu}{E}\frac{a^2}{r}\left[\frac{1}{2}(p+a)\sin\theta + \frac{1}{2}(p-q)\left\{(1-\nu)(\sin 3\theta - 3\sin\theta) - \frac{a^2}{r^2}\sin 3\theta\right\}\right]$$
$$u_y = u_r \cos\theta - u_t \sin\theta$$
$$= \frac{1+\nu}{E}\frac{a^2}{r}\left[\frac{1}{2}(p+q)\cos\theta + \frac{1}{2}(p-q)\left\{(1-\nu)(\cos 3\theta + 3\cos\theta) - \cos 3\theta\right\}\right]$$

$$\tag{2.3.42}$$

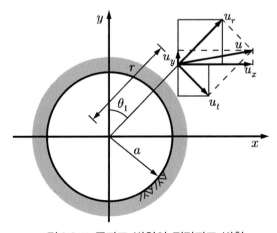

그림 2.3.11 극좌표 변위의 직각좌표 변환

2) 양방향 경계압이 작용하는 판에 천공하는 경우

초기응력이 작용하는 판에 천공한 경우에도 유공 판 이론으로 해석할 수 있다.

(1) 초기응력

천공 전 초기응력 (경계압) 이 판의 자중에 의한 것일 경우에, 토피 H_t 가 반경 a 에 비해 매우 크면 ($a/H_t \to 0$) 연직응력 σ_v 는 다음과 같다 (그림 2.3.12).

$$\sigma_v = \rho g H_t \tag{2.3.43}$$

수평응력 σ_h 는 횡방향 변위가 억제 ($\epsilon_h = 0$) 된 조건을 Hooke 법칙에 적용하여 구할 수 있으며, 측압계수 즉, 수평과 연직응력의 비 ($K = \sigma_h/\sigma_v$) 를 적용한다.

$$\sigma_h = \frac{\nu}{1-\nu} \sigma_v = K \sigma_v \tag{2.3.44}$$

측압계수 K 는 푸아송 비 ν 의 함수이고, $\nu = 0.1 \sim 0.33$ 이면 $K = 0.1 \sim 0.5$ 이 된다.

$$K = \frac{\nu}{1-\nu} \tag{2.3.45}$$

초기응력을 공동 중심이 원점인 극좌표로 나타내면 다음과 같다.

$$\sigma_r = \frac{\sigma_v}{2}\{1 + K + (1-K)\cos 2\theta\}$$

$$\sigma_t = \frac{\sigma_v}{2}\{1 + K - (1-K)\cos 2\theta\}$$

$$\tau_{rt} = \frac{\sigma_v}{2}(1-K)\sin 2\theta \tag{2.3.46}$$

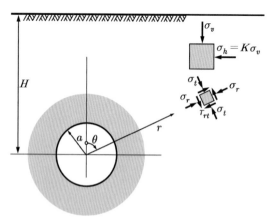

그림 2.3.12 터널 주변지반 응력

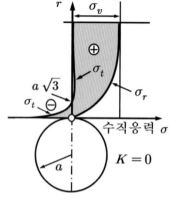

그림 2.3.13 터널 천단응력

(2) 천공 후 주변지반의 응력

자중에 의한 연직 및 수평응력이 연직 및 수평 경계압 $p = \sigma_v$ 및 $q = \sigma_h$ 로 작용하는 유공 판에 원형공동을 천공할 때 내압이 영 ($p_i = q_i = 0$) 이므로 공동 주변응력은 식 (2.3.26) 에서 구하며, 측압계수가 $0 \leq K \leq 1.0$ 이면 $p = \sigma_v$ 및 $q = Kp = K\sigma_v$ 이므로 다음이 되고, 등방압이면 $\sigma_v = \sigma_h$ 이고, 측압이 영 이면 $\sigma_h = 0$ 이다 (그림 2.3.13).

$$\sigma_r = \frac{\sigma_v}{2}\left\{(1+K)(1-X^2) + (1-K)(1-4X^2+3X^4)\cos 2\theta\right\}$$

$$\sigma_t = \frac{\sigma_v}{2}\left\{(1+K)(1+X^2) - (1-K)(1+3X^4)\cos 2\theta\right\}$$

$$\tau_{rt} = -\frac{\sigma_v}{2}(1-K)(1+2X^2-3X^4)\sin 2\theta \tag{2.3.47}$$

판에 천공함에 따라 공동경계에 발생되는 응력 (이차응력) 은 위 식에 $r = a$ (즉, $X = 1.0$) 를 대입하면 다음이 되며, 반경 및 전단응력은 영이다.

$$\sigma_{ta} = \sigma_v\left\{(1+K) - 2(1-K)\cos 2\theta\right\}$$

$$\sigma_{ra} = 0 \quad , \quad \tau_{rta} = 0 \tag{2.3.48}$$

위 식에서 접선응력은 측압계수 K 에 따라 다르며, 천단에서 $K = 0.0$ 인 경우에는 $\sigma_t = -\sigma_v$ 가 되고, $K = 1.0$ 이면 $\sigma_t = 2\sigma_v$ 가 된다.

(3) 천공 후 주변의 변위

초기응력과 천공에 의한 응력 (이차응력) 의 차이에 의해 판이 변형되어 일어나는 **반경변위 u_r** 은 등압상태의 무한히 두꺼운 관으로 간주하고 변형률을 적분해서 구하거나, Hooke 법칙을 적용하고 변형률을 적분해서 구한다. 그런데 평면변형률상태에서는 적분할 수 없으므로 평면응력상태로 가정하고 적분한다.

$$u_r = \int_a^\infty \epsilon_r \, dr = -\frac{1}{E}\int_a^\infty \left\{\sigma_r - \nu(\sigma_t + \sigma_l)\right\} dr \tag{2.3.49}$$

평면응력상태 반경변형 u_{aS} 는 (전단변형을 무시하면) 측압계수 K 에 따라,

$$u_{aS} = -\frac{\sigma_v}{2}\frac{a}{E_o}\left\{(1+K)(1+\nu_o) - (1-K)(3-\nu_o)\cos 2\theta\right\} \tag{2.3.50}$$

이고, 측압이 영 **($K = 0$)** 일 때와 등압상태 **($K = 1$)** 일 때에는 다음이 되며, 평면변형률 상태로 전환 (표 2.3.1) 하면 식 (2.3.37) 과 같다.

$$K = 0 : u_{aS} = -\frac{\sigma_v}{2}\frac{a}{E_o}\left\{(1+\nu_o) - (3-\nu_o)\cos 2\theta\right\}$$

$$K = 1 : u_{aS} = -\frac{1+\nu_o}{E_o}\sigma_v a \tag{2.3.51}$$

3.3.3 등방압 상태 유공 판

유공 판에 등방 외압이 작용하는 경우 또는 등방 외압이 작용하는 판에 천공하는 경우를 생각한다. 판은 균질한 무한한 등방탄성체이다.

1) 유공판에 등방 외압이 작용하는 경우

(1) 내압과 외압이 동시에 작용하는 경우 : $r_a = \infty$, $p_i \neq 0$, $p_o \neq 0$

등분포 외압 p_o 와 등분포 내압 p_i 가 동시에 작용할 때에, 변위는 평면응력상태 u_{rS} 와 평면변형률상태 u_{rF} 에서 다르고, 이격거리 r 에 따라 다음과 같다.

$$u_{rS} = -\frac{1+\nu_o}{E_o}\left\{r\frac{1-\nu_o}{1+\nu_o}p_o + \frac{a^2}{r}(p_o - p_i)\right\}$$
$$u_{rF} = -\frac{1+\nu}{E}\left\{r(1-2\nu)p_o + \frac{a^2}{r}(p_o - p_i)\right\}$$
(2.3.52)

반경응력 σ_r 과 접선응력 σ_t 는 공동중심으로부터 이격거리 r 에 따라서 다음과 같고, 평면응력상태나 평면변형률상태일 때에 같다 (단, $X = a/r$).

$$\sigma_r = p_i X^2 + p_o(1 - X^2)$$
$$\sigma_t = -p_i X^2 + p_o(1 + X^2)$$
(2.3.53)

(2) 내압만 작용하는 경우 : $r_a = \infty$, $p_i \neq 0$, $p_o = 0$

유공 판에서 공동에 내압 p_i 만 작용할 경우에는 평면응력상태나 평면변형률상태 일 때에 모두 응력과 변위가 같게 발생된다.

변위는 식 (2.3.52) 에 $p_o = 0$를 대입하면 다음이 되어 평면응력상태나 평면변형률 상태일 때에 모두 같은 크기로 발생되는 것을 알 수 있다.

$$u_{rF} = u_{rS} = \frac{1+\nu}{E}\frac{a^2}{r}p_i$$
(2.3.54)

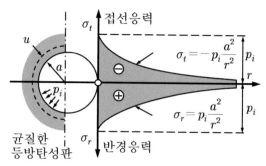

그림 2.3.14 등방 내압에 의한 터널 주변응력($p_a = 0$, $p_i \neq 0$)

응력은 평면응력상태나 평면변형률상태일 때 같은 크기로 발생되고, 외압이 작용하지 않으므로 식 (2.3.53) 에 $p_o = 0$를 대입하면 다음이 된다 (그림 2.3.14).

$$\sigma_r = \quad p_i X^2$$
$$\sigma_t = -p_i X^2 \tag{2.3.55}$$

(3) 외압만 작용하는 경우 : $r_a = \infty$, $p_i = 0$, $p_o \neq 0$

유공 판에서 무한히 먼 경계에 외압 p_o 만 작용하는 경우에는 평면응력상태나 평면변형률상태일 때에 응력은 같고 변위는 다른 크기로 발생된다.

내압이 작용하지 않으므로 식 (2.3.52) 에 $p_i = 0$ 를 대입하여 평면응력상태 변위 u_{rS} 와 평면변형률상태 변위 u_{rF} 를 구할 수 있다.

$$u_{rS} = -\frac{1+\nu_o}{E_o}p_o\left\{ r\frac{1-\nu_o}{1+\nu_o} + \frac{a^2}{r} \right\}$$
$$u_{rF} = -\frac{1+\nu}{E}p_o\left\{ r(1-2\nu) + \frac{a^2}{r} \right\} \tag{2.3.56}$$

공동 주변의 반경 및 접선응력은 평면응력상태나 평면변형률상태일 때에 같은 크기로 발생되고, 내압이 작용하지 않으므로 식 (2.3.53) 에 $p_i = 0$를 대입하면 다음 크기가 된다.

$$\sigma_r = p_o\left(1 - X^2\right)$$
$$\sigma_t = p_o\left(1 + X^2\right) \tag{2.3.57}$$

2) 등방 외압이 작용하는 판에 천공하는 경우

등방압 상태의 초기응력이 작용하여 변위가 일어난 상태인 판에 천공하면 이로 인하여 이차응력이 발생되고, 초기응력과 이차응력의 차이 응력에 의하여 변위가 발생된다.

(1) 주변의 응력

등방압 상태 판에 천공하는 경우이므로 초기응력은 판의 무한히 먼 경계에 작용하는 경계압 p_o 와 같다.

$$\sigma_r = \sigma_v = p_o$$
$$\sigma_t = \sigma_v = p_o \tag{2.3.58}$$

천공 후 응력 (이차응력) 은 평면응력상태나 평면변형률상태에서 같게 발생되고, 식 (2.3.26) 에 $p = q = p_o$ 및 $p_i = q_i = 0$ 를 대입하면 다음이 되어 식 (2.3.57) 과 같게 된다 (그림 2.3.15a).

$$\sigma_r = p_o \left(1 - X^2\right)$$
$$\sigma_t = p_o \left(1 + X^2\right) \tag{2.3.59}$$

위 식 (2.3.58) 과 (2.3.59) 에서 공동 천공 전 초기응력과 천공 후 이차응력이 다르며, 그 차이 응력에 의해 공동경계에 변위가 발생된다.

(2) 주변의 변위

공동경계 변위를 일으키는 응력은 초기응력과 이차응력의 차이이며, 이는 내압에 의한 응력 (그림 2.3.14) 과 크기가 같고 부호만 다르다 (그림 2.3.15b).

$$\triangle \sigma_r = p_o \left(1 - X^2\right) - p_o = -p_o X^2$$
$$\triangle \sigma_t = p_o \left(1 + X^2\right) - p_o = p_o X^2 \tag{2.3.60}$$

공동주변에 발생된 변위 u_{rS} 는 식 (2.3.36) 으로부터 다음이 된다.

$$u_{rS} = -\frac{1+\nu_o}{E_o} \frac{a^2}{r} p_o \tag{2.3.61}$$

공동경계 변위는 다음이 되고, 평면응력상태나 평면변형률상태에서 같다.

$$u_{aF} = u_{aS} = -\frac{1+\nu}{E} a \, p_o \tag{2.3.62}$$

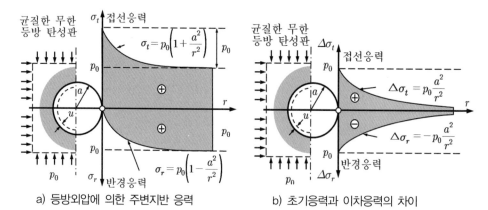

a) 등방외압에 의한 주변지반 응력   b) 초기응력과 이차응력의 차이

그림 2.3.15 등방 외압 p_o 에 의한 터널주변 응력
(단, 초기응력 $p_o \neq 0$, 천공후 내압 $p_i = 0$)

4. 터널의 변형에너지 해석

터널은 그 규모와 굴착방법 및 주변지반의 역학조건에 따라 작용하중의 크기가 다르고, 주변지반의 역학조건을 예측하기 어렵기 때문에 안정성을 해석하기가 매우 어렵다. 그러나 에너지는 (방향성이 없는) 스칼라량이므로 응력과 변형률 및 이들의 작용방향에 대한 정보가 없어도 터널굴착으로 인하여 발생하는 에너지의 **변화**를 계산할 수 있으며, 이로부터 터널과 주변지반의 안정성을 평가할 수 있다.

변형에너지는 등방압에 의한 체적변형에너지와 축차응력에 의한 형상변형에너지가 있고, 체적변형에너지는 물체 항복과 무관하므로 터널 안정성은 형상변형에너지로 검토한다. 터널은 최대한 많은 (형상) 변형에너지가 저장될 수 있는 지반을 따라서 굴착하고 축차응력이 작게 발생되는 방법으로 굴착한다.

지보공은 설치 후에 지반이 변형되어야 응력이 발생하여 지보효과가 있다. 지반 변형이 정지된 후에 설치하면 지보공에 응력이 발생되지 않으므로 (터널을 지탱하는 정도일 뿐) 안정성을 높이지는 못하여 지보효과를 기대하기 어렵다. 따라서 터널굴착 후 굴진면에 근접해서 최대한 빨리 지보해야 이후에 발생되는 지반변형에 의해 응력이 유발되고, 그 반력이 축차응력의 발생을 억제시켜서 변형에너지 증가가 저지되고 굴착 전과 거의 같은 수준으로 감소되므로 안정성이 증대된다.

강지보공을 강성지보 관점으로 설치할 때에는 주로 터널단면을 축소시키는 지반 변형에 의한 체적변형에너지를 고려한다. 체적변형에너지는 형상변형에너지 보다 훨씬 커서 지보공으로는 억제하기 어렵고, 전단응력은 물론 반경응력과 접선응력을 모두 구속해야 억제할 수 있다.

터널의 주변지반이 변형되면 지반에 **변형에너지 (4.1 절)** 가 축적되며, 그 크기는 터널의 깊이와 단면규모에 상응하여 증가한다. 터널과 주변지반의 안정성은 터널 굴착 후 지보공 설치 전·후에 주변지반에 축적되는 형상변형에너지와 지반에 저장 가능한 **최대형상변형에너지 (4.2 절)** 의 차이 (지반 포텐셜) 를 구하여 평가한다.

터널에서는 시공단계에 따라 주응력이 변하므로 터널의 안정성은 굴착단계별로 **지반 포텐셜 (4.3 절)** 을 구하여 검토한다. 지반 포텐셜이 양 (+) 이면, 터널굴착으로 인한 형상변형에너지가 최대 형상변형에너지 보다 작기 때문에 주변지반이 소성화 되지 않는다. 지보공설치 전 지반 포텐셜로부터 무지보 자립조건을 구할 수 있고, 지보공설치 후 지반 포텐셜로부터 지보공 소요량을 구할 수 있다.

4.1 지반의 변형에너지

지반응력은 체적변형을 발생시키는 등방압과 형상변형을 발생시키는 축차응력의 합이다. 물체는 등방압이 작용하면 탄성거동하고 이에 의해 체적이 변형되면 체적변형에너지가 증가되어 축적되며, 압력이 더 커지면 체적변형에너지는 한없이 축적된다. 체적변형에너지는 물체의 항복과 무관하고 체적만 변화하기 때문에 아무리 커져도 물체는 항복하지 않는다.

반면 축차응력 (주응력에서 평균주응력을 뺀 값) 에 의해서는 체적이 변하지 않고 형상변형이 일어나서 물체에는 형상변형에너지가 저장되며, 축차응력이 어느 한계 이상 커지면 물체는 항복한다.

탄성체가 변형되면서 발생되어 물체에 저장되는 **변형에너지 (4.1.1 절)** 는 변형률을 적분하여 구하고, 단위체적에 저장되는 에너지로 정의한다. 변형에너지는 지반파괴와 무관하고 등방압에 의한 체적 변형에너지와 파괴에 관여하고 축차응력에 의한 형상변형에너지의 합이다. 터널굴착으로 인한 축차응력에 의하여 지반에 축적되는 **형상 변형에너지 (4.1.2 절)** 가 최대치를 초과하면 지반이 소성화된다.

4.1.1 변형에너지

지반의 변형에너지는 인장과 전단에 의해 발생되어 지반에 축적되며, 터널 안정성은 터널굴착에 의해 유발되어 지반에 저장되는 **형상변형에너지**의 변화로부터 판정할 수 있다. 이때 터널단면은 원형이고 주변지반은 등방탄성체라고 가정하며, 이는 실제와 다소 다르지만 터널의 기본거동을 규명하기에는 문제가 없다.

1) 인장에 의한 변형에너지

봉형 부재의 양 끝에 외력을 가하여 내부에 운동에너지가 발생되지 않을 정도로 느리게 인장하면 봉은 서서히 늘어나고 외력은 일을 한다. 이때에 봉이 완전탄성체이면 외력이 행한 일은 모두 내부에너지로 바뀌어 축적된다.

봉 (길이 L_0) 의 단면이 원형이고, 늘어난 후 길이가 L 이면, 외력 P 가 행한 일 W 는 하중-변형 곡선 $P(L)$ 을 변형 dL 에 대해 적분하여 구한다.

$$W = \int_{L_0}^{L} P(L)\, dL = \frac{1}{2} P(L - L_o)$$

(2.4.1)

봉의 원래 단면적을 A_0, 축방향 응력을 σ, 변형률을 ϵ 이라 하면, 외력 $P(L) = \sigma A_0$ 에 의해 봉의 길이가 $dL = L_0 d\epsilon$ 만큼 늘어날 때 행해진 일은 다음 크기가 된다.

$$W = A_0 L_0 \int_0^\epsilon \sigma \, d\epsilon \tag{2.4.2}$$

여기에서 $A_0 L_0$ 은 봉의 부피이다.

봉의 단위체적에 저장되는 변형에너지 U 는 다음이 된다.

$$U = \int_0^\epsilon \sigma \, d\epsilon \tag{2.4.3}$$

탄성체에서 변형에너지는 $U = \dfrac{1}{2}\sigma\varepsilon$ 이고 외력에 의한 일의 증가량과 변형 에너지의 증가량이 같으므로, 봉 전체 길이에 축적된 변형에너지 U^* 는 다음과 같다.

$$U^* = \int_V U dV = \frac{1}{2}\int_V \sigma\epsilon dV \tag{2.4.4}$$

2) 전단에 의한 변형에너지

탄성체로 된 직육면체 (그림 2.4.1) 의 상·하단면에 전단력 $P = \tau dx dy$ 이 작용할 때 전단변형률 γ 이 미소하면 윗면의 수평변위는 γdz 이고, 전단력이 행한 일의 크기는 $\tau \, dx \, dy \, \gamma \, dz / 2$ 이다.

직육면체에 저장되는 변형에너지 U^* 크기는 다음이 된다.

$$U^* = \frac{1}{2}\int_V \tau\gamma dV \tag{2.4.5}$$

직육면체 각 면에 작용하는 모든 응력과 변형률에 의하여 직육면체에 저장되는 탄성에너지는

$$U^* = \frac{1}{2}\int_V (\sigma_{xx}\epsilon_{xx} + \sigma_{yy}\epsilon_{yy} + \sigma_{zz}\epsilon_{zz} + \tau_{xy}\gamma_{xy} + \tau_{yz}\gamma_{yz} + \tau_{zx}\gamma_{zx})dV \tag{2.4.6}$$

이고, 이를 주응력과 주변형률로 나타내면 다음이 된다.

$$U^* = \frac{1}{2}\int_V (\sigma_1\epsilon_1 + \sigma_2\epsilon_2 + \sigma_3\epsilon_3)dV \tag{2.4.7}$$

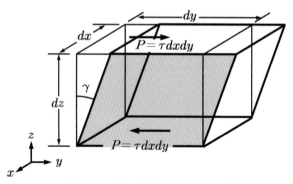

그림 2.4.1 직육면체요소의 전단변형

4.1.2 지반에 축적되는 변형에너지

등방압이 작용하면 형상은 변화하지 않고 체적이 변화하면서 체적 변형에너지가 끝없이 축적되고 물체는 탄성 거동한다. 축차응력이 작용하면 체적은 변하지 않고 형상이 변하면서 형상변형에너지가 축적되며, 축차응력이 커지면 물체는 항복한다.

지반응력은 등방압과 축차응력의 합이므로, 지반 내에는 등방압에 의한 체적변형에너지와 축차응력에 의한 형상변형에너지가 동시에 축적된다.

1) 지반응력

지반응력 σ_{ij} 는 등방압 σ_m 과 축차응력 S_{ij} 으로 구분되며,

$$\sigma_{ij} = \sigma_m + S_{ij} \tag{2.4.8}$$

등방압 σ_m 은 평균주응력이고, 이에 의하여 물체는 항복하지 않고 탄성 거동하여 체적이 변하고 내부에 체적변형에너지가 축적된다.

$$\sigma_m = \frac{1}{3}(\sigma_1 + \sigma_2 + \sigma_3) \tag{2.4.9}$$

축차응력 S_{ij} 는 주응력성분에서 평균응력 σ_m 을 뺀 크기이며,

$$S_{ij} = \sigma_{ij} - \sigma_m = \frac{1}{3}\sqrt{(\sigma_1 - \sigma_m)^2 + (\sigma_2 - \sigma_m)^2 + (\sigma_3 - \sigma_m)^2} \tag{2.4.10}$$

축차응력에 의해 형상변형이 발생되면 물체에 형상변형에너지가 저장되고, 형상변형이 커지면 물체는 항복한다.

2) 체적변형에너지

등방성 물질에 등방압력 (모든 방향에서 동일한 크기) 이 작용하면 체적변형이 발생되어 물체 내에 체적 **탄성변형에너지**가 저장된다. 체적변형이 무한히 증가되더라도 체적변형에너지는 무한히 증가되지만 물체는 항복하지 않고 탄성 거동한다.

3) 형상변형에너지

축차응력에 의해서는 (체적이 변화되지 않고) 형상변형만 일어나서 물체에 **형상변형에너지**가 저장되며, 그 양이 어느 한계를 초과하면 물체가 항복한다.

축차응력 S_{ij} 는 주응력성분 σ_{ij} 에서 평균 주응력 σ_m 을 뺀 값이며,

$$\sigma_{ij} - \sigma_m = S_{ij}$$

$$= \frac{1}{3} \sqrt{(\sigma_1 - \sigma_m)^2 + (\sigma_2 - \sigma_m)^2 + (\sigma_3 - \sigma_m)^2}$$

$$\begin{bmatrix} \sigma_{xx} & \tau_{yx} & \tau_{zx} \\ \tau_{xy} & \sigma_{yy} & \tau_{zy} \\ \tau_{xz} & \tau_{yz} & \sigma_{zz} \end{bmatrix} - \begin{bmatrix} \sigma_m & 0 & 0 \\ 0 & \sigma_m & 0 \\ 0 & 0 & \sigma_m \end{bmatrix} = \begin{bmatrix} \sigma_{xx} - \sigma_m & \tau_{yx} & \tau_{zx} \\ \tau_{xy} & \sigma_{yy} - \sigma_m & \tau_{zy} \\ \tau_{xz} & \tau_{yz} & \sigma_{zz} - \sigma_m \end{bmatrix} \qquad \textbf{(2.4.11)}$$

축차응력의 주응력성분은 다음이 된다.

$$\sigma_1' = \sigma_1 - \sigma_m$$
$$\sigma_2' = \sigma_2 - \sigma_m$$
$$\sigma_3' = \sigma_3 - \sigma_m \qquad \textbf{(2.4.12)}$$

등체적 전단변형 (형상변형) 에 의하여 물체 내에 축적되는 단위부피당 형상변형에너지 U_s 는 주응력 $\sigma_1, \sigma_2, \sigma_3$ 로부터 평균 주응력 σ_m 과 축차응력성분 ($\sigma_1 - \sigma_m$, $\sigma_2 - \sigma_m$, $\sigma_3 - \sigma_m$) 을 계산하여 구할 수 있다.

$$U_s = -\frac{1+\nu}{E}[(\sigma_1 - \sigma_m)(\sigma_2 - \sigma_m) + (\sigma_2 - \sigma_m)(\sigma_3 - \sigma_m) + (\sigma_3 - \sigma_m)(\sigma_1 - \sigma_m)]$$

$$= \frac{1+\nu}{2E}[(\sigma_1 - \sigma_m)^2 + (\sigma_2 - \sigma_m)^2 + (\sigma_3 - \sigma_m)^2] = -\frac{1+\nu}{E}J_2' \qquad \textbf{(2.4.13)}$$

여기에서 J_2' 는 축차응력의 제 2 불변량이다.

4.2 지반의 최대 형상변형에너지

지반 파괴시기를 탄성과 소성의 경계 (항복점) 로 가정하면, 탄성범위에서 파괴조건을 다룰 수 있다. 최대 형상탄성변형에너지 (소성 레질리언스, 4.2.2 절) 는 삼축압축 응력상태에서 항복할 때까지 일어나는 형상 변화에 의해 물체에 저장되는 탄성변형에너지의 상한 값이다. 최대형상변형에너지는 항복함수 (4.2.1 절) 로부터 구하므로 최대 형상변형에너지 (4.2.3 절) 는 항복조건별로 다르다. 터널굴착에 의해 증가된 지반 형상변형에너지가 최대 값 보다 작으면 주변지반은 탄성상태를 유지하여 안정하다.

4.2.1 항복함수

물체의 거동이 탄성 상태에서 소성상태로 이행되는 경계를 항복 (yield) 이라 하고, 탄성영역의 한계 (소성상태 개시) 를 3 차원 응력상태로 일반화해서 수학적으로 표현한 것을 항복조건이라 한다. 많은 재료의 항복조건에 대해 다양한 가설들이 제안되어 있으나, 모든 재료에 적용할 수 있는 것은 아직 없다. 현존 물질에 잘 맞는 가설들은 등방성 물질이 등방압에 의한 체적변화에 의해 항복하지 않는 사실에 근거한다.

항복함수 f 는 응력변수 σ_{xx}, σ_{yy}, σ_{zz}, τ_{xy}, τ_{yz}, τ_{zx} 의 상호관계를 나타내는 함수이며, 일정한 값 (상수 C) 에 도달되면 물체가 항복한다.

$$f(\sigma_{xx}, \sigma_{yy}, \sigma_{zz}, \tau_{xy}, \tau_{yz}, \tau_{zx}) = C \tag{2.4.14}$$

균질한 등방성 물질에서 항복은 좌표축의 방향과 무관하게 일어나므로, 위 식의 좌변은 주응력이나 응력의 불변량 J_1, J_2, J_3 로 나타낼 수 있다.

$$f(\sigma_1, \sigma_2, \sigma_3) = C$$
$$f(J_1, J_2, J_3) = C \tag{2.4.15}$$

여기에서, $J_1 = \sigma_{xx} + \sigma_{yy} + \sigma_{zz} + = \sigma_1 + \sigma_2 + \sigma_3$

$$J_2 = \sigma_{yy}\sigma_{zz} + \sigma_{zz}\sigma_{xx} + \sigma_{zz}\sigma_{yy} - \tau_{yz}^2 - \tau_{zx}^2 - \tau_{xy}^2 = \sigma_1\sigma_2 + \sigma_2\sigma_3 + \sigma_3\sigma_1$$

$$J_3 = \begin{vmatrix} \sigma_{xx} & \tau_{yx} & \tau_{zx} \\ \tau_{xy} & \sigma_{yy} & \tau_{zy} \\ \tau_{xz} & \tau_{yz} & \sigma_{zz} \end{vmatrix} = \sigma_1\sigma_2\sigma_3$$

항복조건은 축차응력 주응력성분 ($\sigma_1{}' = \sigma_1 - \sigma_m$, $\sigma_2{}' = \sigma_2 - \sigma_m$, $\sigma_3{}' = \sigma_3 - \sigma_m$) 을 항복함수식에 대입하여 구하며, $J_1 = 0$ 이므로 식 (2.4.15) 는 다음과 같이 변환된다.

$$f(J_2{}', J_3{}') = C \tag{2.4.16}$$

여기에서 $J_2{}'$, $J_3{}'$는 축차응력의 불변량이며, 이 항복조건식은 등방성 물질의 초기 항복조건식으로는 정확하기 때문에 널리 이용되고 있다.

4.2.2 최대 형상변형에너지

터널이 깊어지면 작용하는 지반압력이 커지고, 축차응력도 커질 수가 있다. 간극 수압은 정수압적으로 작용하고 등방압력이어서 축차응력에 영향이 없다.

지반의 성질은 매우 복잡하고 위치에 따라 다르므로 조건을 단순화시키고 현장 지반에 가장 잘 맞는 항복조건을 적용해야 한다.

암석에서는 대개 Tresca, von Mises, Mohr-Coulomb, Drucker-Parger 항복조건을 적용한다. **von Mises** 와 **Tresca** 항복조건은 일축압축강도 σ_y 의 함수이고, **Mohr-Coulomb** 과 **Drucker-Prager** 항복조건은 강도정수와 평균주응력 σ_m 의 함수이다.

터널에서는 평균응력 σ_m 이 항복조건에 영향을 미치므로, Tresca 나 von Mises 항복 조건보다 Mohr-Coulomb 이나 Drucker-Parger 항복조건이 더 적합하다. 그러나 대개 터널과 주변지반의 안정성은 **von Mises** 의 항복조건을 적용하고, 수압이나 토피 하중의 영향은 **Drucker-Parger** 항복조건을 적용하여 판정한다. 터널이 깊어지면 압력이 커지지만, 축차응력도 커질 수 있어서 터널이 깊다고 늘 안전하지는 않다.

탄성체에 저장되는 단위 체적당 변형에너지 U 는 체적변화 U_V 와 형상변화 U_s 에 의한 변형에너지의 합이고, 주응력과 주변형률로 나타내면 다음과 같다.

$$
\begin{aligned}
U &= \frac{1}{2}(\sigma_1\epsilon_1 + \sigma_2\epsilon_2 + \sigma_3\epsilon_3) = \frac{1}{E}\frac{1}{2}\{\sigma_1^2 + \sigma_2^2 + \sigma_3^2 - 2\nu(\sigma_1\sigma_2 + \sigma_2\sigma_3 + \sigma_3\sigma_1)\} \\
&= \frac{1-2\nu}{E}\frac{1}{6}(\sigma_1 + \sigma_2 + \sigma_3)^2 + \frac{1+\nu}{E}\frac{1}{6}\{(\sigma_1-\sigma_2)^2 + (\sigma_2-\sigma_3)^2 + (\sigma_3-\sigma_1)^2\} \\
&= \frac{3}{2}\frac{1-2\nu}{E}\sigma_m^2 - \frac{1}{2G}\{(\sigma_1-\sigma_m)(\sigma_2-\sigma_m) + (\sigma_2-\sigma_m)(\sigma_3-\sigma_m) + (\sigma_3-\sigma_m)(\sigma_1-\sigma_m)\} \\
&= U_V + U_S
\end{aligned}
\tag{2.4.17}
$$

체적 변화에 의한 변형에너지 U_V 는 항복과는 무관하고, 형상 변화에 의한 변형 에너지 U_s 가 최대치에 도달할 때에 항복이 일어나며, 최대 형상변형에너지 U_{smx} 는 항복조건에 의해 결정된다.

$$
\begin{aligned}
U_V &= \frac{3}{2}\frac{1-2\nu}{E}\sigma_m^2 \\
U_s &= \frac{1+\nu}{E}\frac{1}{6}\{(\sigma_1-\sigma_2)^2 + (\sigma_2-\sigma_3)^2 + (\sigma_3-\sigma_1)^2\} \\
&= \frac{1+\nu}{E}\frac{1}{2}\{(\sigma_1-\sigma_m)^2 + (\sigma_2-\sigma_m)^2 + (\sigma_3-\sigma_m)^2\}
\end{aligned}
\tag{2.4.18}
$$

1) von Mises 항복함수에 의한 최대형상변형에너지

(1) 항복함수

von Mises (1913) 는 제 2 불변 축차응력 J_2' 이 한계치에 도달되면 항복이 일어난다고 하였다. 제 2 불변 축차응력 J_2' 는 식 (2.4.15) 로부터 다음이 되고,

$$J_2' = -\frac{1}{6}\left\{(\sigma_1 - \sigma_2)^2 + (\sigma_2 - \sigma_3)^2 + (\sigma_3 - \sigma_1)^2\right\}$$

$$= -\frac{1}{2}\left\{(\sigma_1 - \sigma_m)^2 + (\sigma_2 - \sigma_m)^2 + (\sigma_3 - \sigma_m)^2\right\} \tag{2.4.19}$$

그 한계치는 위 식에 $\sigma_1 = \sigma_y$, $\sigma_2 = \sigma_3 = 0$ 을 대입하고 일축항복응력 σ_y 로부터 구하면 다음이 된다.

$$J_2' = \frac{\sigma_y^2}{3} \tag{2.4.20}$$

(2) 최대 형상변형에너지

따라서 **von Mises** 항복조건에서 최대형상변형에너지 U_{smx} 는 다음이 된다.

$$U_{smx} = -\frac{1+\nu}{E}J_2' \tag{2.4.21}$$

$$= \frac{1+\nu}{E}\frac{\sigma_y^2}{3} = \frac{1}{2G}\frac{\sigma_y^2}{3}$$

2) Tresca 항복함수에 의한 최대형상변형에너지

(1) 항복함수

Tresca (1865) 는 금속의 압출시험결과로부터 물질에 발생되는 최대전단응력이 물질 고유의 한계치에 도달되면 항복한다고 하였다.

최대 전단응력은 $|\sigma_1 - \sigma_2|/2$, $|\sigma_2 - \sigma_3|/2$, $|\sigma_3 - \sigma_1|/2$ 이므로 **Tresca** 항복조건은 다음과 같다.

$$\text{max.}\left\{|\sigma_1 - \sigma_2|, |\sigma_2 - \sigma_3|, |\sigma_3 - \sigma_1|\right\} = \sigma_y \tag{2.4.22}$$

주응력은 다음 3 차 방정식을 만족하며, 3 개 근 J_1, J_2, J_3 는 불변응력이다.

$$\sigma^3 - J_1\sigma^2 + J_2\sigma - J_3 = 0 \tag{2.4.23}$$

위 식의 σ 를 σ' 로 J_1, J_2, J_3 를 J_1', J_2', J_3' 로 치환하면, $J_1' = 0$ 이므로 다음 식이 되고, 3 개의 근이 축차응력의 주응력이 된다.

$$\sigma'^3 + J_2'\sigma' - J_3' = 0 \tag{2.4.24}$$

이 식을 풀면 축차응력의 주응력성분은,

$$\sigma_1' = (\sigma_y / \sqrt{3}\cos\theta)\sin\theta$$
$$\sigma_2' = (\sigma_y / \sqrt{3}\cos\theta)\sin(\theta + 2\pi/3)$$
$$\sigma_3' = (\sigma_y / \sqrt{3}\cos\theta)\sin(\theta - 2\pi/3) \tag{2.4.25}$$

이고, 제 2 불변 축차응력 J_2' 는 식 (2.4.15) 로부터 다음이 되고,

$$
\begin{aligned}
J_2' &= -\frac{1}{6}\left\{(\sigma_1' - \sigma_2')^2 + (\sigma_2' - \sigma_3')^2 + (\sigma_3' - \sigma_1')^2\right\} \\
&= -\frac{1}{6}\left[\left\{\sin\theta - \sin\left(\theta + \frac{2\pi}{3}\right)\right\}^2 + \left\{\sin\left(\theta + \frac{2\pi}{3}\right) - \sin\left(\theta - \frac{2\pi}{3}\right)\right\}^2\right. \\
&\quad \left. + \left\{\sin\left(\theta - \frac{2\pi}{3}\right) - \sin\theta\right\}^2\right] \\
&= -\frac{\sigma_y^2}{4\cos^2\theta}
\end{aligned}
\tag{2.4.26}
$$

(2) 최대 형상변형에너지

따라서 Tresca 항복조건에서 최대형상변형에너지 U_{smx} 는 다음이 된다.

$$U_{smx} = -\frac{1+\nu}{E}J_2' \tag{2.4.27}$$

$$= \max.\left\{\frac{1+\nu}{E}\frac{\sigma_y^2}{4\cos^2\theta}, \frac{1+\nu}{E}\frac{\sigma_y^2}{4\cos^2\left(\theta + \frac{2\pi}{3}\right)}, \frac{1+\nu}{E}\frac{\sigma_y^2}{4\cos^2\left(\theta - \frac{2\pi}{3}\right)}\right\}$$

암석은 탄성재료가 아니고, 일축압축 파괴각도는 보통 45° 보다 작다. 탄성론에서는 동일한 압축 및 인장응력에서 재료가 항복한다 (von Mises 항복조건이나 Tresca 항복조건에서도 마찬가지) 고 전제하지만, 암석 등 취성재료에서는 인장강도가 압축강도보다 훨씬 작다 (약 1/10 이하).

3) Mohr-Coulomb 항복함수에 의한 최대형상변형에너지

(1) 항복함수

활동 파괴면에 작용하는 전단응력 τ 이 수직응력 σ 의 선형함수라는 항복조건을 **Mohr-Coulomb** 내부마찰설이라 한다. 직선의 기울기 ϕ 와 전단응력 축의 절편 c 는 재료의 고유한 전단강도정수이고 암석의 대표적 값은 표 2.4.1 과 같다.

$$\tau = c + \sigma \tan\phi \tag{2.4.28}$$

표 2.4.1 점착력 c 와 내부마찰각 ϕ 의 대표 값

암석 종류	$c\,[MPa]$	$\phi\,[°]$
현무암 (basalt)	$30 \sim 42$	$48 \sim 50$
화강암(granite)	$14 \sim 22$	$56 \sim 58$
경사암 (graywacke)	$6 \sim 11$	$45 \sim 50$
석회암 (limestone)	$14 \sim 35$	$35 \sim 58$
사암 (sandstone)	$11 \sim 16$	48
편암 (schist)	$2 \sim 14$	$27 \sim 54$

임의 면에 작용하는 수직응력 σ 과 전단응력 τ 의 크기는 다음과 같고,

$$\sigma = \frac{\sigma_1 + \sigma_3}{2} - \frac{\sigma_1 - \sigma_3}{2}\sin\phi$$

$$\tau = \frac{\sigma_1 - \sigma_3}{2}\cos\phi \tag{2.4.29}$$

이 식에 $\sigma_1 = \sigma_3{}' + \sigma_m$, $\sigma_3 = \sigma_3{}' + \sigma_m$ 관계 (식 2.4.12) 를 대입하면,

$$\sigma = \frac{\sigma_1{}' + \sigma_3{}'}{2} + \sigma_m - \frac{\sigma_1{}' - \sigma_3{}'}{2}\sin\phi$$

$$\tau = \frac{\sigma_1{}' - \sigma_3{}'}{2}\cos\phi \tag{2.4.30}$$

이고, 제 **2** 불변 축차응력 $J_2{}'$ 는 다음 식이 된다 (σ_m 은 인장이 양(+)).

$$J_2{}' = -3\left(\frac{\sigma_m \sin\phi - c\cos\phi}{\sqrt{3}\cos\theta - \sin\theta\sin\phi}\right)^2 \tag{2.4.31}$$

(2) 최대 형상변형에너지

따라서 Mohr-Coulomb 항복조건에서 최대 형상변형에너지 U_{smx} 는 다음이 되고, 중간 주응력이 σ_2 및 σ_3 일 때에는 위 식의 θ 를 $\theta + 2\pi/3$ 및 $\theta - 2\pi/3$ 로 한다.

$$U_{smx} = -\frac{1+\nu}{E}J_2{}' = \frac{1+\nu}{E}3\left(\frac{\sigma_m \sin\phi - c\cos\phi}{\sqrt{3}\cos\theta - \sin\theta\sin\phi}\right)^2 \tag{2.4.32}$$

4) Drucker-Prager 항복함수에 의한 최대형상변형에너지

(1) 항복함수

Drucker-Prager (1952) 는 Mohr-coulomb 내부 마찰설을 일반화시킨 형태의 항복조건을 소성 포텐셜로 보고 다음 식을 제안하였다.

$$3\alpha\sigma_m + \left\{-J_2^{'}\right\}^{1/2} - k = 0 \tag{2.4.33}$$

여기에서 계수 α 와 k 는 다음과 같다.

$$\alpha = \frac{2\sin\phi}{\sqrt{3}\,(3-\sin\phi)}$$

$$k = \frac{6\,c\cos\phi}{\sqrt{3}\,(3-\sin\phi)} \tag{2.4.34}$$

축차응력의 제 2 불변량 $J_2^{'}$ 는 다음이 된다.

$$J_2^{'} = -(3\alpha\sigma_m - k)^2 = -12\left(\frac{\sigma_m\sin\phi - c\cos\phi}{3-\sin\phi}\right)^2 \tag{2.4.35}$$

(2) 최대 형상변형에너지

Drucker-Prager 항복조건에서 최대형상변형에너지 U_{smx} 는 다음 식이 되며, $\theta = \pi/6$ 이면 식 (2.4.32) 가 된다.

$$U_{smx} = -\frac{1+\nu}{E}J_2^{'} = \frac{12(1+\nu)}{E}\left(\frac{\sigma_m\sin\phi - c\cos\phi}{3-\sin\phi}\right)^2 \tag{2.4.36}$$

4.2.3 항복조건별 지반의 최대 형상변형에너지

von Mises 와 **Tresca** 항복조건은 일축압축강도의 함수이므로 일축강도가 클수록 지반이 소성화되는데 큰 에너지가 필요하다.

반면에 **Mohr-Coulomb** 과 **Drucker- Prager** 항복조건은 강도정수 $(c,\ \phi)$ 와 평균주응력 σ_m 의 함수이므로 평균 주응력이 클수록 (터널이 깊을수록), 지반이 소성화되는데 큰 에너지가 필요하다.

터널에서는 평균주응력 σ_m 이 항복조건에 큰 영향을 미치기 때문에 **Tresca** 나 **von Mises** 의 항복조건 보다 **Mohr-Coulomb** 이나 **Drucker-Parger** 의 항복조건이 더 적합하고 할 수 있다.

간극수압은 등방압력으로 작용하므로 축차응력에는 영향을 미치지 않지만 평균 응력 (유효응력이므로) 에는 영향을 미친다. 따라서 **von Mises** 나 **Tresca** 의 항복조건을 적용하여 계산한 최대 형상변형에너지는 간극수압에는 무관하고, **Mohr-Coulomb** 이나 **Drucker-Prager** 항복조건을 적용하여 계산한 최대형상변형에너지는 간극수압에 의해 감소한다.

일반적으로 터널과 주변지반의 안정성은 **von Mises** 의 항복조건을 적용하여 판정하고, 수압이나 토피하중에 의한 영향은 **Drucker-Parger** 의 항복조건을 적용하여 판정한다.

그런데 $\theta = \pi/6$ 이면 항복조건 (즉, **Tresca** 와 **von Mises** 및 **Mohr-Coulomb** 과 **Drucker-Prager** 의 항복조건) 에 상관없이 최대형상변형에너지가 동일하다.

Mohr-Coulomb 과 **Drucker-Parger** 의 항복조건에 지반의 전단강도정수로 $\phi = 0$, $c = \sigma_y/2$ 를 적용하여 형상 변형에너지를 계산하면 **Tresca** 와 **von Mises** 의 형상변형에너지와 일치한다.

항복조건에 따른 최대형상변형에너지는 표 2.4.2 와 같다.

표 2.4.2 항복조건에 따른 지반의 최대형상변형에너지 U_{smx}

항복조건	최대형상변형에너지 U_{smx}
Tresca	$\dfrac{1+\nu}{E}\dfrac{\sigma_y^{\,2}}{4\cos^2\theta}$
von Mises	$\dfrac{1+\nu}{E}\dfrac{\sigma_y^{\,2}}{3}$
Mohr-Coulomb	$\dfrac{3(1+\nu)}{E}\left(\dfrac{\sigma_m\sin\phi - c\cos\phi}{\sqrt{3}\,\cos\theta - \sin\phi\,\sin\theta}\right)^2$
Drucker-Prager	$\dfrac{12(1+\nu)}{E}\left(\dfrac{\sigma_m\sin\phi - c\cos\phi}{3 - \sin\phi}\right)^2$
단, $\quad \theta = \dfrac{1}{3}\sin^{-1}\left\{-\dfrac{3\sqrt{3}}{2}\dfrac{J_3'}{(-J_2')^{3/2}}\right\} \quad (-\pi/6 < \theta < \pi/6)$	

4.3 터널 굴착단계별 지반 포텐셜

터널에서는 시공단계에 따라 주응력이 변하며, 에너지는 응력과 변형률처럼 단순하게 합할 수 없다. 따라서 터널의 안정성은 각 시공단계별로 발생되는 응력을 적용하여 구한 형상변형에너지를 모두 합한 전체 형상변형에너지를 적용하여 검토한다.

지반은 포텐셜이 양 (+) 이면, 형상변형에너지가 최대형상변형에너지에 미달하여 탄성응력상태이고, 터널은 포텐셜이 큰 지반일수록 굴착하기에 적합하다.

터널굴착 전 지반 포텐셜 (4.3.1 절) 은 항복조건에 따라서 다르고, 지반의 소성화 여부를 판정하거나 소성화에 대한 여유를 나타내는 지표로 이용할 수 있다. 터널 굴착 후 지보공 설치 전 지반 포텐셜 (4.3.2 절) 로부터 무지보 자립조건을 구할 수 있고, 지보설치 후 지반 포텐셜 (4.3.3 절) 로부터 지보공 소요량을 구할 수 있다.

4.3.1 터널굴착 전 지반 포텐셜

터널굴착 전 지반 포텐셜은 터널굴착 전 (지반에 저장되어 있는) 형상변형에너지 $U_s^{(1)}$ 와 최대 형상변형에너지 U_{smx} 의 차이 $U_{smx} - U_s^{(1)}$ 이므로 항복조건에 따라 다르다. 터널은 굴착 전 지반 포텐셜이 클수록 터널을 굴착하기에 적합하다. 지반 포텐셜이 양 (+) 이면 지보하지 않아도 소성화되지 않고 탄성상태를 유지한다. 지반 포텐셜이 음 (-) 이면 지반이 이미 소성상태이므로 터널굴착이 어렵고, 지보해도 효과가 없으며, 보조공법 (주입공법, 동결공법 등) 이나 쉴드공법을 적용해야 터널을 굴착할 수 있다.

1) 형상변형에너지

터널굴착 전 지반 형상변형에너지 $U_s^{(1)}$ 는 연직 토피압 s 에 의한 초기응력의 평균 주응력 σ_m 과 제 **2** 불변 축차응력 $J_2'^{(1)}$ 을 식 (2.4.19) 에 대입하여 구한다 (압축 음 '-').

$$\sigma_1 = -s, \quad \sigma_2 = \sigma_3 = -Ks$$

$$\sigma_m = \frac{1}{3}(\sigma_1 + \sigma_2 + \sigma_3) = \frac{1}{3}(-s - Ks - Ks) = -\frac{s}{3}(2K+1)$$

$$J_2'^{(1)} = -\frac{1}{2}\left\{(\sigma_1 - \sigma_m)^2 + (\sigma_2 - \sigma_m)^2 + (\sigma_3 - \sigma_m)^2\right\} = -\frac{s^2}{3}(1-K)^2$$

$$U_s^{(1)} = -\frac{1+\nu}{E}J_2' = \frac{1+\nu}{E}\frac{s^2}{3}(1-K)^2 \tag{2.4.37}$$

여기에서 K 는 측압계수이다.

표 2.4.3 터널굴착 전 지반의 최대형상변형에너지 $U_{smx}^{(1)}$

항복조건	최대 형상변형에너지 $U_{smx}^{(1)}$
Tresca	$\dfrac{1+\nu}{E}\dfrac{\sigma_y^2}{4\cos^2\theta}$
von Mises	$\dfrac{1+\nu}{E}\dfrac{\sigma_y^2}{3}$
Mohr-Coulomb	$\dfrac{1+\nu}{E}\dfrac{s^2}{3}\left\{\dfrac{(2K+1)\sin\phi+3(c/s)\cos\phi}{\sqrt{3}\,\cos\theta-\sin\phi\,\sin\theta}\right\}^2$
Drucker-Prager	$\dfrac{1+\nu}{E}\dfrac{4s^2}{3}\left\{\dfrac{(2K+1)\sin\phi+3(2c/s)\cos\phi}{3-\sin\phi}\right\}^2$

터널굴착 전 지반의 최대 형상변형에너지 U_{smx} 는 항복조건에 따라서 표 2.4.2 및 2.4.3 과 같다. 그런데 **von Mises** 나 **Tresca** 항복조건은 평균응력에 무관하여 식이 같지만, **Mohr-Coulomb** 및 **Drucker-Prager** 항복조건은 평균응력 σ_m 을 적용하므로 식이 다르며, 표 2.4.2 식에 $\sigma_m = -(2K+1)s/3$ 을 적용하면 표 2.4.3 의 식이 된다.

2) 지반 포텐셜

터널굴착 전 지반 포텐셜 $\Delta U_s^{(1)}$ 은 항복조건에 따라 다음과 같다.

$$\Delta U_s^{(1)} = U_{smx}^{(1)} - U_s^{(1)} \tag{2.4.38a}$$

von Mises : $\Delta U_s^{(1)} = \dfrac{1+\nu}{E}\dfrac{s^2}{3}\left\{\left(\dfrac{\sigma_y}{s}\right)^2 - (1-K)^2\right\}$

Drucker-Prager : $\Delta U_s^{(1)} = \dfrac{1+\nu}{E}\dfrac{s^2}{3}\left[\left\{\dfrac{2(2K+1)\sin\phi+3(2c/s)\cos\phi}{3-\sin\phi}\right\}^2 - (1-K)^2\right]$ **(2.4.38b)**

von Mises 항복조건의 지반 포텐셜은 지반강도비 σ_y/s 가 크고 측압계수 K 가 1 에 가까울수록 더 크고, Drucker-Prager 항복조건의 지반 포텐셜은 측압계수 K 와 내부 마찰각 ϕ 및 접착력비 $2c/s$ 에 따라서 다르다. Drucker-Prager 항복조건에서 $\phi=0$ 이면, von Mises 항복조건의 $\sigma_y/2$ 를 $2c/s$ 로 치환한 식과 같아진다.

표 2.4.4 터널 굴착 전 지반의 포텐셜

터널 굴착 전 : 지반응력은 연직 토피압 $(-s)$ 에 의해 발생된다.
주응력   : $\sigma_1 = -s,\ \sigma_2 = \sigma_3 = -Ks$: 식 (2.4.37)
평균응력   : $\sigma_m = \dfrac{1}{3}(\sigma_1+\sigma_2+\sigma_3) = -\dfrac{s}{3}(2K+1)$
제 2 불변 축차응력 : (부호(-)는 압축). $\qquad J_2'^{(1)} = -\dfrac{1}{2}\left\{(\sigma_1-\sigma_m)^2+(\sigma_2-\sigma_m)^2+(\sigma_3-\sigma_m)^2\right\} = -\dfrac{s^2}{3}(1-K)^2$
형상변형에너지 : $U_s^{(1)} = -\dfrac{1+\nu}{E}J_2'^{(1)} = \dfrac{1+\nu}{E}\dfrac{s^2}{3}(1-K)^2$: 식 (2.4.37)
지반 포텐셜 : $\Delta U_s^{(1)} = U_{smx}^{(1)} - U_s^{(1)}$: 식 (2.4.38)

터널굴착의 적합성 (지반 포텐셜이 양 (+) 또는 음 (-) 인지) 은 일축압축강도 σ_y 와 측압계수 K 및 강도정수 c, ϕ 로부터 판정하지만, 일축압축시험 공시체의 대표성이 부족하고 응력이 해방된 상태이므로, 일축압축강도 σ_y 와 강도정수 c 및 ϕ 는 원위치 값이나 평균치가 아니며 국부적인 값이다.

4.3.2 터널굴착 후 지보공설치 전 지반 포텐셜

터널굴착 직후에는 굴진면 전방지반의 구속으로 인하여 지반응력이 (굴착 전) 초기 응력에 가깝지만, 지보하지 않고 긴 시간이 지나면 굴진면 전방지반의 구속이 해제 되어 지반응력이 재편된다. 따라서 지반특성, 굴착공정, 지보공의 설치시기와 배치, 숏크리트 링 두께, 볼트 개수 등을 고려하고 굴착단계별로 재편된 지반응력에 의한 형상변형에너지를 구하여 터널의 안정성을 평가한다.

터널측벽과 배후지반에서 형상변형에너지가 최대형상변형에너지 보다 더 작으면 지반 포텐셜이 양 (+) 이 되어 지반은 탄성상태이고 소성화 되지 않으므로, 이로부터 터널의 무지보 자립조건을 구할 수 있다.

1) 형상변형에너지

평균응력 σ_m 과 제 **2** 불변 축차응력 $J_2'^{(2)}$ 는 $(X = a/r)$,

$$\sigma_m = \frac{1}{3}(\sigma_r + \sigma_t) = -\frac{s}{3}\left\{(1+K) + 2(1-K)X^2\cos 2\theta\right\}$$

$$J_2'^{(2)} = -\frac{1}{3}\left[(\sigma_r + \sigma_t)^2 - 3\sigma_r\sigma_t + 3\tau_{rt}^2\right] \tag{2.4.39}$$

$$= -\frac{s^2}{12}\left\{(1+K)^2(1+3X^4) + 3(1-K)^2(1+4X^2-2X^4-12X^6+9X^8)\right.$$
$$\left. + 2(1-K)(1+K)(5X^2-6X^4+9X^6)\cos 2\theta - 8(1-K)^2(3X^2-5X^4)\cos^2 2\theta\right\}$$

이고, 터널 주변지반의 형상변형에너지 $U_s^{(2)}$ 는 다음이 된다 (식 2.4.13).

$$U_s^{(2)} = -\frac{1+\nu}{E}J_2'^{(2)} \tag{2.4.40}$$

최대형상변형에너지 $U_{smx}^{(2)}$ (표 2.4.5) 는 Tresca 나 von Mises 의 항복조건을 적용 할 때는 표 2.4.2 와 같고, Mohr-Coulomb 이나 Drucker-Prager 의 항복조건을 적용할 때는 표 2.4.2 에 평균응력 σ_m 을 대입한 값이다.

표2.4.5 터널굴착 후 지반의 최대형상탄성변형에너지 $U_{smx}^{(2)}$ (단, $X = a/r$)

항복조건	$U_{smx}^{(2)}$
Tresca	$\dfrac{1+\nu}{E}\dfrac{\sigma_y^2}{4\cos^2\theta}$
von Mises	$\dfrac{1+\nu}{E}\dfrac{\sigma_y^2}{3}$
Mohr-Coulomb	$\dfrac{1+\nu}{E}\dfrac{s^2}{3}\left\{\dfrac{(1+K)\sin\phi+2(1-K)X^2\cos2\theta\,\sin\phi+3(c/s)\cos\phi}{\sqrt{3}\cos\theta-\sin\phi\,\sin\theta}\right\}^2$
Drucker-Prager	$\dfrac{1+\nu}{E}\dfrac{4s^2}{3}\left\{\dfrac{(1+K)\sin\phi+2(1-K)X^2\cos2\theta\,\sin\phi+3(c/s)\cos\phi}{3-\sin\phi}\right\}^2$

2) 지반 포텐셜

터널굴착 후 지보설치 전 지반포텐셜 $\Delta U_s^{(2)}$ 는 다음과 같다.

$$\Delta U_s^{(2)} = U_{smx}^{(2)} - U_s^{(2)}$$

von Mises : $\Delta U_s^{(2)} = \dfrac{1+\nu}{E}\left(\dfrac{\sigma_y^2}{3}+J_2'\right)$ **(2.4.41)**

Drucker-Prager :

$$\Delta U_s^{(2)} = \dfrac{1+\nu}{E}\left[\dfrac{4s^2}{3}\left\{\dfrac{(1+K)\sin\phi+2(1-K)X^2\cos2\theta\,\sin\phi+3(c/s)\cos\phi}{3-\sin\phi}\right\}^2+J_2'\right]$$

원형 터널 주변지반에서 지반강도 비 σ_y/s 가 작고 측압계수 K 가 1에서 멀수록 지반 포텐셜이 작으므로 소성영역 (지반 포텐셜이 음인 영역) 은 크게 형성된다.

소성영역은 측압계수 $K = 1.0$ 이면 원형 고리모양이고 지반강도비가 클수록 작게 형성되며, 측압계수가 $K < 1.0$ 이면 어깨 아래에 형성되고 측벽중앙에서 가장 크고, $K > 1.0$ 이면 측벽중앙상부 어깨 위쪽에 더 크게 형성된다 (그림 2.4.2).

표2.4.6 터널 굴착 후 지보공 설치 전 지반 포텐셜

연직 토피압 $(-s)$ 이 작용하는 지반에 터널을 굴착하면 터널 주변응력이 변하여 최대 주응력은 접선응력, 최소주응력은 반경응력이다 (평면변형률상태).
주응력 : $\sigma_1 = \sigma_t$, $\sigma_2 = \tau_{rt}$, $\sigma_3 = \sigma_r$ 평균응력 : $\sigma_m = \dfrac{1}{3}(\sigma_r+\sigma_t) = -\dfrac{s}{3}\{(1+K)+2(1-K)X^2\cos2\theta\}$: 식 (2.4.40)   제 2 불변 축차응력 : $J_2'^{(2)} = -\dfrac{1}{3}\{(\sigma_r+\sigma_t)^2-3\sigma_r\sigma_t+3\tau_{rt}^2\}$ 형상변형에너지 감소량 : $U_s^{(2)} = -\dfrac{1+\nu}{E}J_2'^{(2)}$: 식 (2.4.41) $\quad = \dfrac{1+\nu}{E}\dfrac{s^2}{12}\{(1+K)^2(1+3X^4)+3(1-K)^2(1+4X^2-2X^4-12X^6+9X^8)$ $\quad +2(1-K)(1+K)(5X^2-6X^4+9X^6)\cos2\theta-8(1-K)^2(3X^2-5X^4)\cos^2 2\theta\}$ 지반 포텐셜 : $\Delta U_s^{(2)} = U_{smx}^{(2)} - U_s^{(2)}$: 식 (2.4.42)

3) 터널의 무지보 자립조건

지반 포텐셜 $\Delta U_s^{(2)}$ 이 양 (+) 이면 소성영역이 발생되지 않으므로 지보없이 터널이 자립된다. 터널의 무지보 자립조건은 von Mises 와 Drucker-Prager 항복조건에서,

von Mises : $\sigma_y/s > (1+K)+2(1-K)\cos 2\theta$

Drucker-Prager :

$$\frac{2(1+K)\sin\phi + 4(1-K)\cos 2\theta \sin\phi + 3(2c/s)\cos\phi}{3-\sin\phi} > (1+K)+2(1-K)\cos 2\theta$$

(2.4.42)

이고, von Mises 항복조건에서 $K=1$ 일 때 지반강도 비 σ_y/s 의 한계치가 2.0 이고, $\sigma_y/s \geqq 2.0$ 이면 터널측벽 $(X=1)$ 배후지반이 소성화 되지 않는다. 또한, 측압계수 가 $K=0.5$ 및 $K=1.5$ 일 때 σ_y/s 한계치는 각각 2.5 및 3.5 이므로, 터널 주변지반이 소성화 되지 않을 조건은 각각 $\sigma_y/s \geqq 2.5$ 와 $\sigma_y/s \geqq 3.5$ 이다. 지반강도비가 $\sigma_y/s < 2.0$ 일 때, $K=1$ 이면 터널 주변지반이 고리모양으로 항복하고, $K=0.5$ 이면 측벽, $K=1.5$ 이면 천단부근에서 항복하며, 지반강도비가 작을수록 크게 확장된다 (그림 2.4.2). 소성역 최대 반경은 $K=1$ 일 때 가장 작고, $K=1.5$ 일 때 가장 크다.

점토 $(\phi = 0)$ 에서 von Mises 항복조건에 따른 지반강도비 σ_y/s 를 지반점착력비 $2c/s$ 로 대체하면 Drucker-Prager 의 항복조건이 된다.

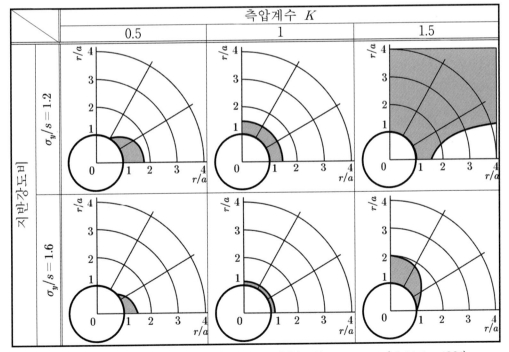

그림 2.4.2 음의 지반 포텐셜 영역 (von Mises 항복조건, Matsumoto/Nishioka, 1991)

4.3.3 지보공 설치 후 지반 포텐셜

터널은 최대한 많은 형상변형에너지가 저장될 수 있는 지반을 따라 축차응력이 작게 발생되게 굴착하며, 굴진면 근접부에서 가능한 빨리 지보공을 설치하여 이후 발생되는 지반변형에 의해 지보공에 응력이 발생하도록 한다. 이때에 발생된 지보 반력은 축차응력 발생을 억제하는 방향으로 작용하므로, 지보하면 형상변형에너지의 증가가 저지되고 굴착 전과 거의 같은 수준으로 감소되어 터널 안정성이 증가된다.

지보공을 지반변형이 정지된 후에 설치하면 지보공 응력이 발생되지 않아서, 터널을 지탱하는 정도일 뿐 안정성을 높이지는 못하므로 지보효과를 기대하기 어렵다. 터널 굴착 즉시 지보공을 설치하면 지반의 형상변형에너지가 감소되므로 지반 포텐셜이 증가되며, 지반 포텐셜이 양 (+) 이면 지반이 소성화되지 않고 탄성 상태를 유지한다. 이 조건으로부터 지보공 소요량 (숏크리트 라이닝 두께, 볼트 개수) 을 구한다.

지반에 발생되는 에너지는 (응력이나 변형률과는 달리) 간단하게 합할 수 없다. 따라서 지보공 설치에 따른 응력을 추가한 총 응력으로부터 축차응력의 제 2 불변량 $J_2{}'$ 을 구하고 이를 적용해서 총 형상 변형에너지를 구한다. 지보공 설치에 따라 추가 되는 형상 변형에너지는 총 형상변형에너지와 지보공설치 전 형상변형에너지 의 차이이다.

1) 숏크리트 링 설치 후 지반 포텐셜

숏크리트 링은 주변지반의 소성화를 방지하는데 효과적이며, 설치 후 추가로 발생된 변위에 의해 지반의 형상변형에너지가 유발되고, 그 크기는 숏크리트 링 설치 전 (식 2.4.40) 과 설치 후 형상변형에너지의 차이이다. 숏크리트 링 설치 후 유발된 형상변형에너지는 설치 후 지반응력 (설치 전 지반응력과 숏크리트 설치로 인하여 추가되는 응력의 합) 으로부터 구한 축차응력 제 2 불변량을 적용해서 계산한다.

제 2 불변 축차응력 $J_2{}'^{(3)}$ 은 다음이 된다 ($\sigma_z = \tau_{zt} = \tau_{zr} = 0,\ \sigma_m = (\sigma_r + \sigma_t)/3$).

$$J_2{}'^{(3)} = (\sigma_r - \sigma_m)(\sigma_t - \sigma_m) + (\sigma_t - \sigma_m)(\sigma_z - \sigma_m) + (\sigma_z - \sigma_m)(\sigma_r - \sigma_m) - \tau_{rt}^2 - \tau_{zt}^2 - \tau_{zr}^2$$

$$= -\frac{1}{3}\left\{(\sigma_r + \sigma_t)^2 - 3\sigma_r\sigma_t + 3\tau_{rt}^2\right\}$$

$$= -\frac{1}{3}\left\{(\sigma_r^{(2)} + \sigma_r^{(3)} + \sigma_t^{(2)} + \sigma_t^{(3)})^2 - 3(\sigma_r^{(2)} + \sigma_r^{(3)})(\sigma_t^{(2)} + \sigma_t^{(3)}) + 3(\tau_{rt}^{(2)} + \tau_{rt}^{(3)})^2\right\} \quad \textbf{(2.4.43)}$$

(1) 형상변형에너지

숏크리트 링을 설치하면 지반 형상변형에너지는 $U_s^{(3)}$ 만큼 감소되므로, 총 형상변형에너지는 $U_s = U_s^{(2)} - U_s^{(3)}$ 이고, 형상변형에너지 변화량은 총응력을 평면변형률조건으로 바꾸어 위 식에 대입하여 구한 제2불변 축차응력 $J_2'^{(3)}$ 을 적용하여 구한다.

$$U_s^{(3)} = -\frac{1+\nu}{E} J_2'^{(3)}$$
$$= \frac{(1+\nu)s^2}{3E}\alpha_A\Big[\big\{3(1+K)^2 X^4 - (1-K)^2(3-4\nu_R)\,(X^2-X^4-9X^6+9X^8)\big\}$$
$$+ (1-K)(1+K)\big\{3(X^2-2X^4+3X^6)+(3-4\nu_R)(X^2-3X^4+9X^6)\big\}\cos 2\theta$$
$$+ 2(1-K)^2(3-4\nu_R)(7X^4-27X^6+27X^8)\cos^2 2\theta\Big] \qquad \textbf{(2.4.44)}$$

여기에서 구조계수비 (structure coefficient ratio) α_A 는 응력상태에 따라 다르고, 1 보다 충분히 작은 α_A 항을 무시한다.

$$\alpha_A = \frac{1+\nu_0}{2E}\frac{t}{a} \qquad : \text{평면응력상태}$$
$$\alpha_A = \frac{E_c(1+\nu)}{2E(1-\nu_c^2)}\frac{t}{a} \qquad : \text{평면변형률상태} \qquad \textbf{(2.4.45)}$$

(2) 지반 포텐셜

숏크리트 링 설치 후 지반 포텐셜 $\Delta U_s^{(3)}$ 은 다음과 같다.

$$\Delta U_s^{(3)} = U_{smx} - (U_s^{(2)} - U_s^{(3)}) \qquad \textbf{(2.4.46)}$$

표 2.4.7 숏크리트 링 설치 후 지반 포텐셜

터널굴착 즉시 숏크리트 링을 설치하면 지반변형에 의해 숏크리트 링에 하중이 부과되어 지반 형상변형에너지가 감소되므로 소성화방지에 효과적이다.

주 응 력 : $\sigma_1 = \sigma_t$, $\sigma_2 = \tau_{rt}$, $\sigma_3 = \sigma_r$

평균응력 : $\sigma_m = \big(\sigma_r^{(3)} + \sigma_t^{(3)}\big)/3$

제 2 불변축차응력 : $J_2'^{(3)} = -\frac{1}{3}\Big\{\big(\sigma_r^{(3)}+\sigma_t^{(3)}\big)^2 - 3\sigma_r^{(3)}\sigma_t^{(3)} + 3\tau_{rt}^{(3)})^2\Big\}$: 식 (2.4.43)

숏크리트에 의한 형상변형률 에너지 감소량 :

$$U_s^{(3)} = -\frac{1+\nu}{E} J_2'^{(3)} \qquad : \text{식 (2.4.44)}$$
$$= \frac{(1+\nu)s^2}{3E}\alpha_A\Big[\big\{3(1+K)^2 X^4 - (1-K)^2(3-4\nu_R)\,(X^2-X^4-9X^6+9X^8)\big\}$$
$$+ (1-K)(1+K)\big\{3(X^2-2X^4+3X^6)+(3-4\nu_R)(X^2-3X^4+9X^6)\big\}\cos 2\theta$$
$$+ 2(1-K)^2(3-4\nu_R)(7X^4-27X^6+27X^8)\cos^2 2\theta\Big]$$

총 형상변형에너지 : $U_s = U_s^{(2)} - U_s^{(3)}$

지반포텐셜 　　　 : $\Delta U_s^{(3)} = U_{smx} - U_s = U_{smx} - U_s^{(2)} + U_s^{(3)}$: 식 (2.4.46)

2) 볼트 설치 후 지반 포텐셜

볼트에 의한 형상변형에너지 변화는 볼트설치 전·후 형상변형에너지의 차이이다. 볼트설치 후 형상변형에너지는 (볼트설치로 인한 추가응력 $\sigma_r^{(4)}$, $\sigma_t^{(4)}$ 을 합한) 볼트 설치 후 총 응력의 제2불변 축차응력 $J_2'^{(4)}$ (식 2.4.43) 을 적용하여 계산한다.

볼트설치 후 제2불변 축차응력 $J_2'^{(4)}$ 은 다음과 같다.

$$J_2'^{(4)} = -s^2 \alpha_B \{(1+K) X^4 + (1-K)(1-2X^2+3X^4) X^2 \cos 2\theta\} \tag{2.4.47}$$

(1) 형상변형에너지

볼트설치로 인해 형상변형에너지가 $U_s^{(4)}$ 만큼 감소되므로 총 형상변형에너지는 $U_s = U_s^{(2)} - U_s^{(4)}$ 가 된다. 형상변형에너지 감소량 $U_s^{(4)}$ 는 터널굴착 즉시 볼트를 설치했을 때에 볼트비가 작으면 ($\alpha_B \ll 1$) 다음과 같다.

$$U_s^{(4)} = -\frac{1+\nu}{E} J_2' = \frac{(1+\nu)s^2}{E} \alpha_B \{(1+K) X^4 + (1-K)(1-2X^2+3X^4) X^2 \cos 2\theta\} \tag{2.4.48}$$

이때 α_B 는 볼트에 의한 내압 p_i 를 상재압력 s 로 무차원화한 볼트비 (bolt ratio) 이다.

$$\alpha_B = \frac{n \sigma_{rB} A_{rB}}{2\pi a s L} \tag{2.4.49}$$

(2) 지반 포텐셜

볼트설치 후 지반 포텐셜 $\Delta U_s^{(4)}$ 는 최대형상변형에너지 U_{smx} 에서 총 형상변형에너지 $U_s = U_s^{(2)} - U_s^{(4)}$ 를 제외한 값이다.

$$\Delta U_s^{(4)} = U_{smx} - (U_s^{(2)} - U_s^{(4)}) \tag{2.4.50}$$

표2.4.8 볼트 설치 후 지반 포텐셜

볼트에 의한 추가응력을 포함시킨 응력을 적용하여 구한 제2불변 축차응력으로 계산한 총 형상변형에너지와 볼트 없는 형상변형에너지의 차이가 볼트에 의한 추가 형상변형에너지이다.

주응력 : $\sigma_1 = \sigma_t$, $\sigma_2 = \tau_{rt}$, $\sigma_3 = \sigma_r$

평균응력 : $\sigma_m = \left(\sigma_r^{(4)} + \sigma_t^{(4)}\right)/3$

제2불변축차응력 : $J_2'^{(4)} = -\frac{1}{3}\left\{\left(\sigma_r^{(4)} + \sigma_t^{(4)}\right)^2 - 3\sigma_r^{(4)}\sigma_t^{(4)} + 3\tau_{rt}^{(4)^2}\right\}$: 식 (2.4.47)

볼트에 의한 형상변형에너지감소량 : 볼트비가 작은 경우($\alpha_B \ll 1$) : 식 (2.4.48)

$$U_s^{(4)} = -\frac{1+\nu}{E} J_2'^{(4)} = \frac{(1+\nu)s^2}{E} \alpha_B \{(1+K) X^4 + (1-K)(1-2X^2+3X^4) X^2 \cos 2\theta\}$$

총 형상변형에너지 : $U_s = U_s^{(2)} - U_s^{(4)}$

지반 포텐셜 : $\Delta U_s^{(4)} = U_{smx} - U_s = U_{smx} - U_s^{(2)} + U_s^{(4)}$: 식 (2.4.50)

3) 숏크리트링과 볼트 병행설치 후 지반 포텐셜

터널굴착 즉시 숏크리트 링과 볼트를 병용 설치하면 형상변형에너지 $U_s^{(2)}$ 는 숏크리트에 의해 $U_s^{(3)}$ 만큼 감소되고, 볼트에 의해 $U_s^{(4)}$ 만큼 감소되어 총 형상변형에너지 U_s 는 다음이 된다.

$$U_s = U_s^{(2)} - (U_s^{(3)} + U_s^{(4)}) \tag{2.4.51}$$

따라서 지반 포텐셜 $\Delta U_s^{(5)}$ 는 증가되어 다음이 되며, 이는 숏크리트 링과 볼트의 상호작용은 포함하지 않은 값이다.

$$\Delta U_s^{(5)} = U_{smx} - U_s = U_{smx} - U_s^{(2)} + U_s^{(3)} + U_s^{(4)} \tag{2.4.52}$$

터널이 안정하려면 그 주변지반이 소성화되지 않고 탄성상태 (지반 포텐셜 $\Delta U_s^{(5)}$ 이 양 (+)) 이어야 한다.

$$\Delta U_s^{(5)} = U_{smx} - U_s^{(2)} + U_s^{(3)} + U_s^{(4)} > 0 \tag{2.4.53}$$

그림 2.4.3 은 터널굴착 후 무지보 상태로 장시간이 경과되었을 때 (실선) 의 형상변형 에너지 $U_s^{(2)}$ 와 터널굴착 후 숏크리트 링과 볼트를 모두 설치한 상태 (점선, $\alpha_A = 0.15$, $\alpha_B = 0.1$) 의 형상변형에너지 (식 2.4.51) 의 분포이다.

형상변형에너지는 굴착면에서 최대이고, 굴착면에서 멀어질수록 감소하여 일정한 값에 수렴하며, 측압이 클수록 크다.

터널굴착 후 무지보 상태 (실선) 일 때는 터널 주변지반 ($r < 2a$) 에서 형상 변형에너지 가 증가하지만, 지보공 설치 (점선, 음영부) 후에는 형상변형에너지가 감소되어 터널 굴착 전과 거의 같은 수준이 된다.

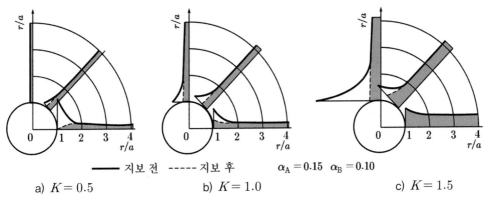

━━━ 지보 전   ----- 지보 후 $\alpha_A = 0.15$ $\alpha_B = 0.10$

a) $K = 0.5$ b) $K = 1.0$ c) $K = 1.5$

그림 2.4.3 지보공 설치 전과 후 지반의 형상변형에너지

(1) 붕괴되지 않을 조건

형상변형에너지는 측압계수가 $K=1$ 일 때와 완전 강성 지보공일 때 외에는 영이 되지 않는다. 형상변형에너지 U_s 가 최대 형상변형에너지 $U_{smx}^{(2)}$ 를 초과하지 않으면 (지반 포텐셜이 양 (+) $\Delta U_s^{(2)} = U_{smx}^{(2)} - U_s > 0$) 터널 주변지반은 붕괴되지 않는다.

측압계수가 $K=1$ 이면, 터널주변지반은 소성화되지 않는데, 이것은 Von Mises 와 Drucker-Prager 의 항복조건에서 알 수 있다.

von Mises : $\left(\dfrac{\sigma_y}{s}\right)^2 > G_c$ (2.4.54a)

Drucker-Prager :

$$\left\{\frac{2(1+K)\sin\phi + 4(1-K)\cos 2\theta \sin\phi + 3(2c/s)\cos\phi}{3-\sin\phi}\right\}^2 > G_c$$

여기서, $G_c = \{(1+K)+2(1-K)\cos 2\theta\}^2 - \alpha_A\{3(1+K)^2 + 6(1+K)(1-K)\cos 2\theta$
$\qquad\qquad + 7(1+K)(1-K)(3-4\nu)\cos 2\theta + 14(1-K)^2(3-4\nu)\cos^2 2\theta\}$
$\qquad\qquad - 3\alpha_B\{(1+K)+2(1-K)\cos 2\theta\}$ (2.4.54b)

(2) 가장 위험한 상태

가장 위험한 상태는 $K<1$ 일 때 측벽 ($\theta = 0°$) 에서 다음 식이 되고,

von Mises : $\left(\dfrac{\sigma_y}{s}\right)^2 > G_1$

Drucker-Prager : $\left\{\dfrac{2(3-K)\sin\phi + 3(2c/s)\cos\phi}{3-\sin\phi}\right\}^2 > G_1$ (2.4.55a)

여기에서 G_1 은 다음과 같이 가정한다.
$\quad G_1 = (3-K)^2 - \alpha_A(3-K)\{3(1+K)+7(3-4\nu)(1-K)\} - 3\alpha_B(3-K)$
(2.4.55b)

가장 위험한 상태는 $K \geq 1$ 일 때 천단 ($\theta = 90°$) 에서 다음 식이 된다.

von Mises : $\left(\dfrac{\sigma_y}{s}\right)^2 > G_2$

Drucker-Prager : $\left\{\dfrac{2(3K-1)\sin\phi + 3(2c/s)\cos\phi}{3-\sin\phi}\right\}^2 > G_2$ (2.4.56a)

여기에서 G_2 는 다음과 같이 가정한다.
$\quad G_2 = (3K-1)^2 - \alpha_A(3K-1)\{3(1+K)-7(3-4\nu)(1-K)\} - 3\alpha_B(3K-1)$
(2.4.56b)

4) 지보공 소요량

숏크리트 지보라이닝의 소요 두께 t 와 볼트의 소요 개수 n 은 von Mises 나 Drucker-Prager 의 항복조건식 (식 2.4.55a) 을 적용하여 계산할 수 있다.

등방압 상태 ($K=1$) 에서는 굴착 전 지반에 축적된 형상변형에너지가 영 (0) 이므로, 등방압 상태에 가까울수록 숏크리트 라이닝의 두께와 볼트의 소요 개수가 감소한다. 지반의 소성화방지에 소요되는 숏크리트 라이닝의 두께는 매우 작지만 볼트의 개수 는 매우 많다.

볼트에 의하여 지반에 부과되는 응력은 토피압이 작을수록 커지므로, 얕은 터널 에서는 볼트가 더 효과적이고, 터널 심도가 깊어질수록 볼트 효율은 떨어진다. 볼트 는 ($K < 1$ 인 상태가 자주 발생되어) 응력이 큰 측벽에서 효과적이다.

일반적으로 암반에서는 Drucker-Prager 항복조건이 von Mises 항복조건 보다 더 적절한 것으로 알려져 있다.

그러나 Drucker-Prager 항복조건에는 많은 시험을 수행하여 어렵게 구해야 하는 지반정수 (점착력 c 와 내부마찰각 ϕ) 를 적용하는 반면에 von Mises 의 항복조건에는 구하기가 쉬운 압축강도 σ_y 를 적용한다.

따라서 지반정수 (점착력 c 와 내부마찰각 ϕ) 를 적용하는 Drucker-Prager 항복조건 대신에 압축강도 σ_y 를 사용하는 von Mises 항복조건을 적용하는 경향이 있다.

그러나 (이용할 수 있는) 점착력 c 와 내부마찰각 ϕ 가 있으면, 점착력비 $2c/s$ 와 내부마찰각 ϕ 를 Drucker-Prager 의 항복조건에 적용하고 측압계수에 따라서 다음 식으로 지반강도비 σ_y/s 를 구하여 적용하면 보다 더 적절하게 터널 안정성을 평가 할 수 있다.

$$\frac{\sigma_y}{s} = \frac{2(3-K)\sin\phi + 3(2c/s)\cos\phi}{3-\sin\phi} \quad : \quad K < 1$$

$$\frac{\sigma_y}{s} = \frac{2(3K-1)\sin\phi + 3(2c/s)\cos\phi}{3-\sin\phi} \quad : \quad K > 1 \tag{2.4.57}$$

표2.4.9 터널 굴착단계별 지반변형에너지

굴착단계	형상변형에너지 및 지반 포텐셜
터널 굴착 전	응력 $\sigma^{(1)}$: 식 (2.4.37) 　주응력　 : $\sigma_1 = -s$, $\sigma_2 = \sigma_3 = -Ks$ 　평균응력 : $\sigma_m = (\sigma_1 + \sigma_2 + \sigma_3)/3 = -s(2K+1)/3$ 　제2불변 축차응력 : $J_2'^{(1)} = s^2(1-K)^2/3$ 형상변형에너지 : $U_s^{(1)} = -\dfrac{1+\nu}{E}J_2'^{(1)}$　식 (2.4.37) 최대 형상변형에너지 $U_{smx}^{(1)}$: 표 2.4.3 지반 포텐셜 : $\Delta U_s^{(1)} = U_{smx}^{(1)} - U_s^{(1)}$: 식 (2.4.38), 표 2.4.4
터널굴착 후 지보설치 전	응력 $\sigma^{(2)}$: 식 (2.4.39) 　주응력　 : $\sigma_1 = \sigma_t$, $\sigma_2 = \tau_{rt}$, $\sigma_3 = \sigma_r$ 　평균응력 : $\sigma_m = -s\{(1+K) + 2(1-K)X^2\cos 2\theta\}/3$ 　제2불변 축차응력 : $J_2'^{(2)} = -\{(\sigma_r + \sigma_t)^2 - 3\sigma_r\sigma_t + 3\tau_{rt}^2\}/3$ 형상변형에너지 : $U_s^{(2)} = -\dfrac{1+\nu}{E}J_2'$　식 (2.4.40) 최대 형상변형에너지 $U_{smx}^{(2)}$: 표 2.4.3 지반 포텐셜 : $\Delta U_s^{(2)} = U_{smx}^{(2)} - U_s^{(2)}$: 표 2.4.6 , 식 (2.4.42)
숏크리트 설치 후	응력 $\sigma^{(3)}$: 표 2.4.7 　주응력　 : $\sigma_1 = \sigma_t$, $\sigma_2 = \tau_{rt}$, $\sigma_3 = \sigma_r$ 　평균응력 : $\sigma_m = (\sigma_r^{(3)} + \sigma_t^{(3)})/3$ 　제2불변 축차응력 : $J_2'^{(3)} = -\{(\sigma_r^{(3)} + \sigma_t^{(3)})^2 - 3\sigma_r^{(3)}\sigma_t^{(3)} + 3\tau_{rt}^{(3)})^2\}/3$ 구조계수비 α_A : 식 (2.4.40) 숏크리트에 의한 에너지 감소 : $U_s^{(3)} = -\dfrac{1+\nu}{E}J_2'^{(3)}$: 식 (2.4.44) 총 형상변형에너지 : $U_s = U_s^{(2)} - U_s^{(3)}$: 표 2.4.7 최대 형상변형에너지 U_{smx} : 표 2.4.3 지반 포텐셜　 : $\Delta U_s^{(3)} = U_{smx} - U_s = U_{smx} - U_s^{(2)} + U_s^{(3)}$: 식 (2.4.46)
볼트 설치 후	응력 $\sigma^{(4)}$: 표 2.4.8 　주응력　 : $\sigma_1 = \sigma_t$, $\sigma_2 = \tau_{rt}$, $\sigma_3 = \sigma_r$ 　평균응력 : $\sigma_m = (\sigma_r^{(4)} + \sigma_t^{(4)})/3$ 　제2불변 축차응력 : $J_2'^{(4)} = -\{(\sigma_r^{(4)} + \sigma_t^{(4)})^2 - 3\sigma_r^{(4)}\sigma_t^{(4)} + 3\tau_{rt}^{(4)2}\}/3$ 볼트비 α_B : 식 (2.4.49) 볼트에 의한 에너지 감소 : $U_s^{(4)} = -\dfrac{1+\nu}{E}J_2'^{(4)}$ $(\alpha_B \ll 1)$: 식 (2.4.48) 총형상변형에너지 : $U_s = U_s^{(2)} - U_s^{(4)}$: 표 2.4.8 최대 형상변형에너지 U_{smx} : 표 2.4.3 지반 포텐셜 : $\Delta U_s^{(4)} = U_{smx} - U_s = U_{smx} - U_s^{(2)} + U_s^{(4)}$: 식 (2.4.50)
숏크리트 및 볼트 병용설치 후	응력 $\sigma^{(5)}$: 표 2.4.8, 표 2.4.10 구조계수비 α_A : 식 (2.4.45) 볼트비 α_B : 식 (2.4.49) 총형상변형에너지 : $U_s = U_s^{(2)} - (U^{(3)} + U_s^{(4)})$: 식 (2.4.51) 최대 형상변형에너지 U_{smx} : 표 2.4.3 지반 포텐셜 : $\Delta U_s^{(5)} = U_{smx} - U_s = U_{smx} - U_s^{(2)} + U_s^{(3)} + U_s^{(4)}$: 식 (2.4.53)

※ 연습문제 ※

【예제 1】 흙지반 심도 (터널 중심깊이) $30\,m$ 에 원형터널 (반경 $5.0\,m$) 을 굴착하고 숏크리트 지지링을 두께 $30\,cm$ 로 설치할 때에 다음을 구하시오. 단, 숏크리트 압축강도는 $\sigma_{Dsc} = 21.0\,MPa$ 이고, 지반정수는 $c = 30\,kPa$, $\phi = 30^o$, $\gamma = 20\,kN/m^3$ 이다.

1) 전단파괴에 대한 안전율
2) 전단파괴 되기 시작하는 터널심도

【예제 2】 균질한 등방성 점성토 ($c = 30\,kPa$, $\gamma = 20\,kN/m^3$, $\phi = 30^o$) 에서 중심 심도 $35.0\,m$ 에 원형터널 (반경 $5.0\,m$) 을 굴착하는 경우에 다음 물음에 답하시오.

1) 두꺼운 관 이론을 적용하여 측벽과 어깨 및 천단 굴착면에서 $0.0\,m$, $2.5\,m$, $5.0\,m$, $7.5\,m$, $10.0\,m$ 떨어진 지점의 응력과 변위
2) 이중관 이론을 적용하여 숏크리트링 (두께 $30\,cm$) 을 설치할 때에 터널 내공면과 라이닝 외부경계의 응력과 변위

【예제 3】 균질한 등방성 점성토 ($c = 30\,kPa$, $\gamma = 20\,kN/m^3$, $\phi = 30^o$) 에서 중심 심도 $50\,m$ 에 굴착한 원형터널 (반경 $5.0\,m$) 에서 다음 경우에 측벽과 어깨부 및 천단 굴착면, 굴착면에서 $2.5\,m$, $5.0\,m$, $7.5\,m$, $10.0\,m$ 떨어진 지점의 응력과 변위를 유공판 이론을 적용하여 구하시오. 단, 터널중심의 초기응력을 경계압으로 간주한다.

1) 유공판에 연직 경계압만 작용하는 경우
2) 유공판에 연직 및 수평 경계압이 작용하는 경우
3) 연직 및 수평 경계압이 작용하는 상태에서 터널을 굴착하는 경우
4) 유공판 경계에 연직 초기응력 크기의 등방압이 작용하는 경우
5) 연직 초기응력 크기의 등방압이 작용하는 상태에서 터널을 굴착하는 경우
6) 이상의 결과에 대한 종합분석

【예제 4】 변형계수 $E = 0.5\,GPa$, 푸아송 비 $\nu = 0.20$, 측압계수 $K = 1.5$ 인 지반 (일축압축강도 $\sigma_y = 8.338\,MPa$, 단위중량 $\gamma = 27\,kN/m^3$, 점착력 $c = 1.0\,MPa$, 내부마 찰각 $\phi = 35^o$) 내 깊이 $150\,m$ 에 있는 원형터널 (반경 $r_o = 5.0\,m$) 에서, 지반의 소성화 를 방지하는데 필요한 숏크리트 라이닝의 두께 t 와 볼트의 소요개수 n 을 정하시오. 숏크리트의 탄성계수와 푸아송비가 $E_c = 24.0\,GPa$ 와 $\nu_c = 0.17$ 이고, 볼트(길이 $3.0\,m$) 의 단면적 $A_{rB} = 4.52\,cm^2 (= \phi 24)$, 항복점 $\sigma_{rB} = 365\,MPa$ 이다.

【예제 5】 균질한 등방성 점성토 ($c = 30\,kPa$, $\gamma = 20\,kN/m^3$, $\phi = 30^o$, $E = 100\,kPa$, $\nu = 0.33$, $\sigma_y = 300\,kPa$) 내 심도 $20\,m$, $50\,m$, $80\,m$ 에 원형터널 (반경 $5.0\,m$) 을 굴착 하는 경우에 지반에 저장된 탄성형상변형에너지와 저장 가능한 최대 탄성 형상변형 에너지 및 지반의 포텐셜을 구하시오. 단, 터널 중심위치 초기응력이 경계에 등방압 으로 작용한다고 가정하고, 항복조건으로는 Tresca, von Mises, Mohr-Coulomb, Drucker-Prager 식을 적용한다. 이때 콘크리트 및 강지보공의 탄성계수와 푸아송 비 는 $E_c = 24000\,MPa$ 와 $\nu_c = 0.17$ 및 $E_s = 210000\,MPa$ 와 $\nu_s = 0.2$ 이다.

1) 터널굴착 전
2) 터널굴착 후 지보공 설치 전
    ① 터널의 무지보 자립조건
3) 숏크리트 라이닝 (두께 $30\,cm$) 설치 후
4) 볼트 ($\phi 25\,mm$, 길이 $4.0\,m$, 간격 $1.5\,m$) 설치 후
5) 숏크리트 라이닝과 볼트 병행 설치 후
    ① 지반의 안정유지조건, ② 가장 위험한 상태, ③ 지보공 소요량

제 3 장
터널굴착에 따른 지반거동

제3장 **터널굴착에 따른 지반거동**

1. 개 요

터널굴착 전 지반에는 자중 (토피압력) 과 구조지질 압력 및 수압 (지하수압) 이 하중으로 작용한다. 그런데 터널을 굴착하면 터널부에 작용하던 하중이 주변지반으로 전이되어 주변지반에 응력이 증가하거나 인장응력이 발생된다. 증가된 응력이 강도보다 커지면 지반이 항복하여 소성화 (소성영역이 생성) 되고, 인장응력이 발생되면 기존 불연속면이 벌어지거나 균열이 새로 생기거나 지반이 이완된다.

무한히 큰 지반에 터널을 굴착할 때 터널과 주변지반을 3 구역 즉, 터널 부, 터널굴착의 영향이 미치는 **터널주변부**, 터널굴착의 영향이 없는 외측지반으로 구분한다. 터널굴착의 영향권 즉, 터널주변부의 외곽경계를 터널영향권이라 한다.

터널굴착 전 지반응력 즉, 초기응력 **(2 절)** 은 지반의 자중에 의한 토피압력과 구조지질압력은 물론 광물의 팽창 (팽창압) 이나 온도변화 (온도응력) 에 의하여 발생된 응력을 포함한 응력이다. 과거에 활동파괴가 일어났던 지반이나 토피압력에 의한 전단응력 보다 내부활동저항이 작은 지반에서는 특수한 초기응력이 작용할 수 있다.

지반 내 물은 간극이나 절리에서 일정 수위를 유지하며 고여 있거나, 연결된 공간을 따라 흐르면서 구조물과 지반에 수압 **(3 절)** 을 작용시킨다. 지하수의 흐름은 유로 (간극) 가 고르게 분포된 흙 지반에서는 대체로 층류이지만, 유로 (절리) 가 고르지 않은 암반에서는 난류일 때가 많다. 암반 절리 내 물 (절리수) 은 연결된 개구절리를 통해서만 흘러서 침윤선을 형성하며, 자연적 (샘물) 또는 인위적 (터널) 출구로 유출되고, 절리상태 (폭, 거칠기, 형상, 연속성, 충진물 등) 에 따라 흐름특성이 결정된다.

터널을 굴착하면 중력이나 열 또는 지질구조에 의해 이차응력상태 **(4 절)** 가 되어 지보에 무관한 압력 (이완압력, 순지압, 팽창압 등) 즉, 지압이 발생된다. 흙 사면이나 초기응력이 소성상태인 지반에서는 지압을 예측하기 어렵다. 지압은 소단면 얕은 터널에서는 주로 이완되거나 원지반에서 분리된 토체의 자중에 의한 이완압력이므로 예측이 쉽지만, 굴착규모가 크거나 불량하거나 초기응력이 큰 지반에서는 순지압에 의해서도 발생되므로 예측이 어렵다. 지반에 따라 **팽창압**이 발생될 수 있다. 굴착면 배후 소성역 형상은 측압이 작으면 나비모양이며 등압상태이면 링 모양이고, 크기는 응력수준 (토피압력 크기) 과 지반강도에 의해 결정된다.

터널굴착 후 지반아칭이나 상재하중에 의하여 주변지반에 인장응력이 발생되면, 기존 절리나 단층 및 균열이 벌어지고, 새로운 균열이 발생되며, 지반이 전단파괴 (전단면 형성) 되어 활동면이 활성화됨에 따라 암괴들이 상대변위를 일으켜서 지반이 이완 (5 절) 된다. 지반이 이완되면 부피가 팽창되고, 강도가 저하되며, 쉽게 변형된다. 또한, 투수성이 커지고, 탄성파 속도가 감소되며, 지지력이 작아져서 지보공 작용하중이 증가된다. 단면이 작거나 얕은 터널에서는 지압이 주로 이완압력에 의해 발생된다. 지반의 균열발생과 강도 변화는 변형에너지가 변환되어 발생된 표면에너지에 의해 일어난다 (Griffith 이론). 터널굴착 직후에는 취성거동상태이지만, 지보공을 설치하면 지반의 연성변형거동 비율이 높아져서 강도저하가 적고, 소성역도 작아서 변형에너지 일부만 표면에너지로 변환되기 때문에 터널의 안정성이 향상된다.

터널 굴진면의 안정성이나 굴착기의 추진력은 굴진면 작용토압 (6 절) 을 예측하여 결정할 수 있다. 터널을 큰 단면으로 굴착하면 고성능 장비를 사용할 수 있어서 작업능률이 좋고 경제적이지만 굴진면의 안정성이 떨어진다. 굴진면 주변지반에는 매우 큰 접선응력이 발생하여 지보공설치 전까지 굴착면 안정에 큰 영향을 미친다.

터널내공면의 거동 (7 절) 을 잘 알면 터널을 안전하고 경제적으로 굴착할 수 있다. 지보공변위를 허용하면 압력이 저감되는 사실은 오래 전 (NATM 이전) 부터 경험적으로 알려져 있었다. 따라서 압력이 저감된 후에 지보공을 설치하거나, (지보공 설치 후에도 변위가 충분히 일어날 수 있도록) 가축성 지보공을 설치한다.

터널이 시간 의존적으로 거동하지 않는다면 굴착 후에 즉시 붕괴되거나, 무지보 상태로 영구히 유지될 것이다. 그렇지만 터널 거동은 시간 의존적 (8 절) 이기 때문에 터널은 굴착 후 지보하지 않아도 일정한 시간 동안 유지되다가 누적변위가 특정한 크기를 초과해야만 붕괴된다. 터널의 시간 의존거동은 이론적으로는 해석할 수 없기 때문에 간접적으로 파악하여 대처할 수밖에 없다. 지반은 (시간의존거동하기 때문에) 변위를 허용하여 지압을 감소시킨 후에 지보공을 설치해야 한다.

지반이완에 의한 강도 (탄성계수) 감소나 추가하중은 크지 않으므로 지반이완이 터널 안정에 미치는 영향은 작다. 그러나 이차라이닝 설치 후 이완된 지반이 재압축되면 응력이 재분배되어 매우 큰 하중이 발생되므로 터널 안정에 치명적일 수 있다. 따라서 터널굴착에 따른 지반이완과 이완지반의 재 압밀거동을 파악하여 지보하중과 시공법을 결정한다. 지반과 지보재는 크리프에 의하여 변형되며, 변형효과와 시간효과의 복합작용에 의해 강도가 저하되어 터널파괴형태나 이완하중이 영향을 받는다.

2. 터널굴착 전 지반의 초기응력

지구는 적도반경이 $6378\ km$ 인 구체이고, 중심에 핵 (고체) 이 있고, 외곽이 지각 (고체) 이며, 지각과 핵 사이는 액체인 맨틀 (두께 $2900\ km$) 이 있다. 지각의 두께는 대양에서 약 $5\ km$ 이고 대륙에서는 약 $30 \sim 40\ km$ 이며, 이는 지구의 크기에 비하면 거의 무시할 수 있을 만큼 작은 크기이다. 지금까지 가장 깊은 광산은 지하 $3000\ m$ 정도이므로 인간이 이용하는 부분은 지각의 표면에 불과하다.

지반보링은 석유탐사를 위해 $6000\ m$ 이상 깊게 실시한 경우가 있지만, 터널굴착 은 알프스의 Simplon 터널 ($2200\ m$) 과 Montblanc 터널 ($2400\ m$) 이 가장 깊으므로, 터널 보다 보링공을 더 깊게 굴착할 수 있다. 그것은 굴착 축에 직각으로 작용하는 압력이 터널에서는 연직압력이지만 보링공에서는 (연직압 보다 작은) 수평압력이어서 응력조건이 터널 보다 보링공이 더 유리하기 때문이다.

터널굴착 전 지반응력 (초기응력) 이 매우 크면 터널은 (장축이 최대 주응력방향과 직교하지 않으므로) 응력집중이 최소가 되는 모양으로 설계한다. 등방탄성지반에서 수평응력은 탄성이론 (측방변위 구속조건) 을 적용하여 구한다. 수평응력의 크기는 근사적으로만 측정할 수 있으나 그 작용방향은 정밀하게 측정할 수 있다. 균열은 최소주응력에 수직으로 발달하므로 초기응력방향을 알면 터널방향을 정할 수 있다.

덮개지반의 자중에 의한 연직방향 초기응력 (**2.1 절**) 은 토피압력이라 하며, 그 크기는 피복두께와 지형 및 지질구조에 의해 결정된다. 수평 초기응력은 연직응력에 측압계수를 곱하여 구하고, 비등방성 지반의 **토피압력**은 지형과 지질구조 및 지질 상태로부터 판단한다. 초기응력은 수압파쇄법 등으로 실측한다.

지질구조에 따른 초기응력 (**2.2 절**) 은 대륙지괴의 상대운동에 의한 구조지질압력 이나 자기응력 또는 활동성 구조지질압력에 의해 발생하며, 광물팽창 (팽창압) 이나 온도변화 (온도응력) 에 의해서도 발생된다.

과거에 활동파괴 되었던 지반 (이동압력) 이나 토피압에 의한 전단응력보다 내부 활동저항이 작은 지반 (잠재소성상태) 에서는 특수한 초기응력 (**2.3 절**) 이 작용할 수 있다. 지반이 터널굴착 전에 이미 소성상태이면 지지력이 없거나 매우 작아서 지반 응력의 대부분을 지보공으로 지지하고 굴착해야 하므로 터널굴착이 매우 어렵다.

2.1 지반의 자중에 의한 초기응력

터널굴착 전 덮개지반의 자중에 의한 응력 즉, 초기응력의 크기는 피복두께와 지형 및 지질구조에 의해 결정된다. 측압계수 (수평방향 초기응력과 연직응력의 비) 는 비등방성 지반의 토피압력은 지형과 지질 상태에 따라 다르다.

초기응력은 토피압력이고, 정역학적 평형상태이며, 초기응력의 분포는 피복두께 **(2.1.1 절)** 와 지형 **(2.1.2 절)** 및 지질구조 **(2.1.3 절)** 의 영향을 받는다.

지반의 자중에 의한 연직방향 초기응력은 지반 단위중량과 토피로부터 결정되고, 수평방향 초기응력은 연직초기응력에 측압계수 **(2.1.4 절)** 를 곱한 크기이다.

비등방성 지반의 토피압력 **(2.1.5 절)** 은 지형과 지질상태 (지질조건 및 지각구조) 로부터 판단하며 실측하여 확인한다.

2.1.1 지반의 자중에 의한 토피압력

지표면이 평탄하고 수평이며, 조산운동 등 지질구조에 의한 영향을 받지 않는 지반 에서는 연직 및 수평방향 응력이 주응력이다.

연직주응력 σ_v 은 덮개지반의 자중 (단위중량 γ) 에 의해 발생되며, 지반의 강도와 무관하고 깊이 z 에서 다음과 같다.

$$\sigma_v = \gamma z \tag{3.2.1}$$

수평주응력 σ_h 는 측방변위억제, 구조지질응력, 온도응력, 팽창압 등에 의해 발생 되며, 측압계수 K 와 연직주응력 σ_v 로부터 구할 수 있으나, 변화가 심하므로 실측 하는 편이 좋다.

측압계수는 측방변위 억제조건 ($\epsilon_h = \nu \epsilon_v = 0$) 에서 구하거나 (Hooke 법칙), 내부 마찰각 ϕ (Jaky 식) 으로부터 구한다. 수평응력 σ_h 는 연직응력 σ_v 보다 작고, 보통 암 에서 푸아송 비가 $\nu \simeq 1/6$ 이므로, $K = 0.2$ 이고, $\sigma_h = 0.2\,\sigma_v$ 이 된다.

$$\sigma_h = K\sigma_v = K\gamma z$$
$$K = \frac{\nu}{1-\nu}$$
$$K = K_0 = 1 - \sin\phi \tag{3.2.2}$$

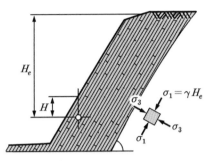

그림 3.2.1 급경사 사면에 평행한 지층의 주응력방향과 크기

2.1.2 지형에 따른 토피압력

급경사 절리가 열려 있으면 수평응력이 매우 작고 영이 될 수도 있다. 이때 토피압력이 커서 압축강도를 초과하면 파괴되어 수평응력이 증가하며, 이러한 현상이 일어나는 한계 토피고 H_{tcr} 은 연직 주응력 σ_v 가 지반의 일축압축강도 σ_{DF} 와 같다는 조건 ($\sigma_v = \sigma_{DF}$) 에서 구할 수 있다.

$$\sigma_v = \gamma H_{tcr} = \sigma_{DF} \quad \Rightarrow \quad H_{tcr} = \sigma_{DF}/\gamma \tag{3.2.3}$$

삿갓모양 지형에서 주응력의 방향은 정상 쪽에서부터 약간 경사지며, 그 크기는 토피압력 보다 상당히 작다.

급경사 사면에서는 최대주응력이 사면에 거의 평행하므로 급경사 사면에 **평행한** 터널 (그림 3.2.1) 의 최대주응력은 터널에 평행하고, 사면경사와 같은 방향이며, 최소 주응력은 사면에 거의 수직이고 매우 작다. 경사가 마찰각과 같고 점착력이 없는 흙 사면의 응력상태는 Rankine 이론으로 구할 수 있다.

수평 (그림 3.2.2a) 또는 사면 내측으로 경사진 (그림 3.2.2e) 층상지층에 있는 급경사 사면에 있는 터널은 안정하다. 그러나 지층과 경사가 일치하는 사면에 있는 터널은 (그림 3.2.2b) 불안정하며, 단층이나 연약지층이 존재하면 더욱 불안정하다.

그리고 화성암에 틈이 있으면 편압에 의한 안정성 문제가 대두되고, 주향이 터널의 축과 일치하는 연직 층상지층 (그림 3.2.2c, d) 으로 형성되어 있는 경사면에 굴착한 터널은 불안정하다.

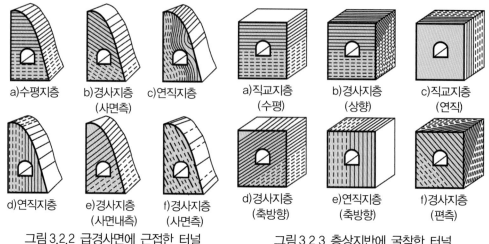

| a)수평지층 | b)경사지층 (사면측) | c)연직지층 | a)직교지층 (수평) | b)경사지층 (상향) | c)직교지층 (연직) |
| d)연직지층 | e)경사지층 (사면내측) | f)경사지층 (사면측) | d)경사지층 (축방향) | e)연직지층 (축방향) | f)경사지층 (편측) |

그림 3.2.2 급경사면에 근접한 터널　　　　그림 3.2.3 층상지반에 굴착한 터널

2.1.3 지질구조에 따른 토피압력

터널굴진 작업과 터널에 작용하는 압력은 지표와 지층의 경사 및 터널의 굴진방향에 따라 큰 영향을 받아 달라질 수 있다.

수평 (그림 3.2.3a) 이나 연직지층에 직교 (그림 3.2.3c) 하거나 터널 진행방향으로 상향 경사진 (그림 3.2.3b) 지층에 있는 터널에서 라이닝 작용토압은 거의 균등하다. 터널 굴진방향으로 하향경사진 지층에서는 터널굴진작업에 큰 문제가 없지만, 상향 경사진 지층 (그림 3.2.3b) 에서는 터널굴진 작업이 어려울 수 있다. 편측으로 경사진 지층 (그림 3.2.3d, f) 에 있는 터널에는 편압이 작용하며, 터널의 축 방향에 연직인 지층 (그림 3.2.3e) 에 있는 터널에서는 아치부에 집중하중이 작용할 수 있다.

횡압력에 의해 형성된 습곡의 축에 직교하도록 터널을 굴착하면, 배사부에서는 피복두께가 큰 중앙 보다 피복두께가 작은 갱구부의 연직응력이 클 수 있고 (그림 3.2.4a), 향사부에서는 터널중앙부 연직응력이 토피압 보다 클 수 있다 (그림 3.2.4c). 이런 상황은 오스트리아 Tauern 터널 등에서 관측되었다. 터널축이 습곡축과 일치할 때에는 연직응력이 배사부에서 작고, 향사부에서 크다.

단층에 의해 몇 개의 블록으로 분리된 지반에서는 위보다 아래가 좁은 블록 (그림 3.2.4b 의 A) 이 하부 보다 상부가 더 좁은 인접블록 (그림 3.2.4b 의 B) 에 의하여 지지 되므로 초기 연직압력이 토피압력에 비하여 A 블록에서는 작고, 인접한 암체 즉, B 블록에서는 크다.

점토는 입자가 대개 비늘모양이고 휨성이 있으며 현장조건과 작용압력에 따라 간극분포와 간극비가 다르므로, 토피압이 현장조건 (퇴적조건과 위치) 에 따라 다르다.

깊은 점토층은 토피압이 크고 간극이 포화되어 있지만, 투수계수가 매우 작아서 과잉간극수압이 잘 소산되지 않으므로, 국부적으로 소성상태일 수 있고, 지질시대부터 변하지 않은 상태로 존재하는 점토층이 지중에 존재할 수 있다. 이러한 지반에서는 압력이 변할 때마다 간극비와 간극수 흐름이 달라지며, 간극비에 따라 컨시스턴시가 달라진다. 지하 깊은 암반의 공동을 채우고 있는 점토가 약소성이나 유동상태이면 터널굴착 중에 진흙탕이 되어 터널내부로 침입할 수 있다.

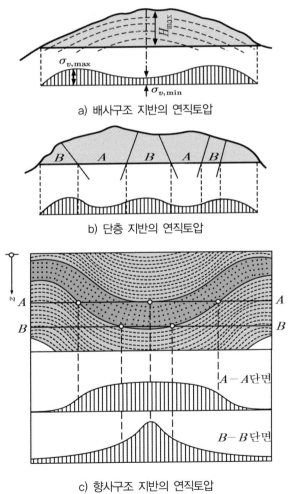

a) 배사구조 지반의 연직토압

b) 단층 지반의 연직토압

c) 향사구조 지반의 연직토압

그림 3.2.4 지질구조조건에 따른 연직토피압 (Rabcewicz, 1944)

2.1.4 지반의 측압계수

탄성상태 지반에서 측압계수 K 는 수평응력 σ_h 의 연직응력 σ_v 에 대한 비이다.

$$K = \frac{\sigma_h}{\sigma_v}$$

(3.2.4)

1) 터널과 측압계수

터널의 갱구부 부근은 평면변형률 상태로 간주할 수 없고 변형의 자유도가 크며 지표면에 가까운 지반에서는 터널의 축방향 응력이 0 이 되기 때문에, 측압계수가 매우 작거나 영에 가깝다.

측압계수가 감소되면 터널 측벽 중간에서 접선응력이 증가되므로, 지반강도 비 (일축압축강도와 토피압력의 비 $\frac{\sigma_{DF}}{\gamma z}$) 가 2.0~3.0 이하 ($\frac{\sigma_{DF}}{\gamma z} \leq (2.0 \sim 3.0)$) 인 지반 에서는 터널을 굴착하기가 대단히 어렵다.

만일 측압계수 K 가 1/3 이하로 작으면 터널의 천단과 바닥에서 접선응력은 인장 응력이 되고, 암반의 인장강도는 영에 가깝기 때문에 터널 천단에 균열이 발생되어 암석 조각이 탈락된다. 이러한 경우에는 인장응력이 작용하는 부분의 자중에 해당 하는 하중을 지보공을 설치하여 지탱하며, 이때 지보공에 작용하는 하중은 터널이 클수록 크고, 터널의 직경에 비례한다.

측압계수가 특정한 크기 즉, $K = \frac{1}{2}\frac{1-2\nu}{1-\nu}$ 이 되면 ($\nu = 0.2$ 인 경우에 $K = 0.375$) 수평방향의 내공변위가 영이 되는 경우가 있다 (선대칭 응력상태에 대한 식 (5.2.12) 참조). 따라서 탄성상태 터널에서는 수평방향의 내공변위 만으로 터널의 응력상태나 안전율을 알기가 매우 어렵다. 반면에 연직방향 내공변위는 실제오 측정이 어려울 뿐만 아니라 정확도도 떨어진다.

2) 흙지반의 측압계수

흙지반의 정지토압계수 K_o (earth pressure coefficient at rest) 는 대체로 조밀한 모래에서는 $K_o = 0.40 \sim 0.45$, 느슨한 모래에서는 $K_o = 0.45 \sim 0.50$ 이다.

Rankine 의 극한상태일 때 주동 및 수동 측압계수 K_a 와 K_p 는 Mohr 응력원 (그림 3.2.5) 으로부터 구할 수 있고, 내부마찰각 ϕ 로 나타낼 수 있다.

$$K_a = \frac{1 - \sin\phi}{1 + \sin\phi} = \tan^2\left(45° - \frac{\phi}{2}\right)$$

$$K_p = \frac{1 + \sin\phi}{1 - \sin\phi} = \tan^2\left(45° + \frac{\phi}{2}\right) \tag{3.2.5}$$

3) 탄성이론에 의한 측압계수

반무한 탄성지반이나 탄성 지층이 수평으로 겹쳐 쌓여서 이루어진 무한히 넓은 수평 층상지반 (토피 H, 연직압력은 $p_v = \sigma_v = \gamma H$) 은 구조지질압력이 작용하지 않는 한 횡방향으로 팽창되지 않기 때문에 (측방변위가 완전히 구속되어) **횡방향 변형률** ϵ_h 은 영이다.

측압계수 K 는 Hooke 법칙에 횡방향 변형률이 영이라는 조건을 적용하여 구할 수 있고, 수평토압 $p_h = \sigma_h$ 는 다음과 같다.

$$\epsilon_h = \frac{1}{E}\{\sigma_h - \nu(\sigma_v + \sigma_h)\} = 0$$

$$K = \frac{\sigma_h}{\sigma_v} = \frac{\nu}{1 - \nu}$$

$$p_h = \frac{\nu}{1 - \nu}p_v = Kp_v \tag{3.2.6}$$

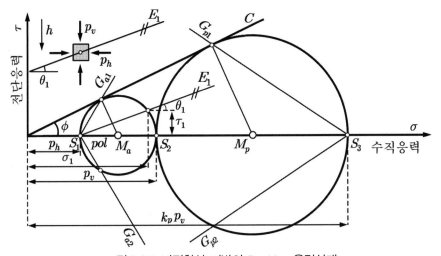

그림 3.2.5 비점착성 지반의 Rankine 응력상태

흙 지반의 푸아송 비 ν 는 직접 측정하기가 어려우므로 동적방법으로 측정하거나 표 3.2.1 에서 가정한 값을 적용한다. 동적측정에서 구한 지각의 평균 푸아송 비는 $\nu = 0.27$ 이며, 이로부터 계산 (식 3.2.6) 하면 평균측압계수는 $K = 0.37$ 이다.

지표를 덮고 있던 빙하가 해빙되어 상재하중 q 가 제거되면 깊이 z 인 지점의 연직압력이 $p_v = \gamma z + q$ 에서 $p_v = \gamma z$ 로 감소하고, 감소된 압력의 크기에 비례하여 지반이 융기된다. 그런데 수평 압력은 거의 감소하지 않아서 $p_h = \dfrac{\nu}{1-\nu}(\gamma z - q)$ 를 유지하기 때문에 측압계수 K 는 $\dfrac{\nu}{1-\nu}$ 보다 더 커진다.

수평지반 (깊이 h) 의 상층을 구성하던 지반이 Δh 만큼 침식될 때도 연직응력은 제거되지만 수평응력은 그대로 존속되므로 측압계수는 침식 이전의 K_i 에서 K 로 증가된다.

$$K = K_i + (K_i - \frac{\nu}{1-\nu})\frac{\Delta h}{h} \tag{3.2.7}$$

영율 E (Young's Modulus) 는 측방변위가 자유로운 일축응력상태에서 정의하는 지반의 고유한 값이므로, 반무한 탄성 공간에서 연직재하상태로 구한 겉보기 탄성계수 E_{spc} 와 다르다.

겉보기 탄성계수 E_{spc} 는 영률 E 와 푸아송 비 ν 로부터 계산할 수 있다.

$$E_{spc} = E\frac{1-\nu}{(1+\nu)(1-2\nu)} \tag{3.2.8}$$

표 3.2.1 대표적 암석의 푸아송 비와 측압계수 (Stini, 1950)

암석의 종류 (생산지)	푸아송 비 ν	측압계수 K
화강암 (Handeck)	0.10 ~ 0.14	0.17 ~ 0.11
편마암 (Tessin)	0.15 ~ 0.30	0.44 ~ 0.18
휘록암 (Württemberg)	0.32	0.48
대리석 (Carrara)	0.23 ~ 0.27	0.37 ~ 0.30
석회석 (Arvel)	0.37	0.59
석회석 (Waadt)	0.32 ~ 0.34	0.53 ~ 0.48
회색사암 (ST. Margarethen)	0.36	0.56
사암 (Rossens)	0.10 ~ 0.17	0.20 ~ 0.11

4) 지질구조에 따른 측압계수

지표에 평행한 지층에서 최대 주응력방향은 지표면에 수직이고 최소주응력방향은 지표면에 평행하다. 지표가 경사지면 주응력 방향도 기울어 진다.

정단층지역에서는 수평응력이 연직응력보다 작지만 (측압계수 $K < 1.0$), 역단층 지역에서는 수평응력이 더 클 (측압계수 $K > 1.0$) 수 있다 (그림 3.2.6). 대륙이동이나 조산운동에 의한 횡력을 받아 융기한 지반에서는 측압계수가 1.0 보다 클 수도 있다.

심도가 깊은 곳에서 토피압력이 지반강도 σ_{DF} 보다 클 때에는 지반이 소성상태 이어서 측압계수가 1.0 이라는 주장도 있다 (Heim, 1878 정수압설). 정수압 상태일 때에는 모든 주응력이 크기가 같고 전단력이 영이며, 지하 깊은 곳에 있는 암반은 항상 이 상태가 되려고 하고 있다.

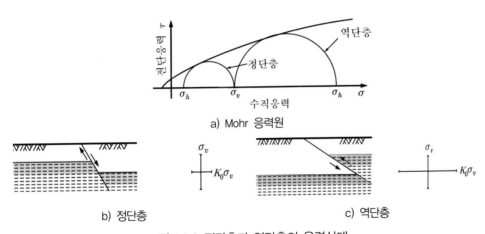

a) Mohr 응력원

b) 정단층   c) 역단층

그림 3.2.6 정단층과 역단층의 응력상태

5) 실제 측압계수

실제 지반에서 연직 및 수평방향 초기응력은 지반상태와 지표로부터 깊이에 따라 다르며, Hoek/Brown (1978) 은 수많은 문헌자료와 현장측정 자료를 분석하여 연직 응력은 깊이에 따라 선형적으로 증가하는 다음 경험식을 제안하였고 (그림 3.2.7a), 측압계수 (즉, 수평응력의 연직응력에 대한 비) 의 평균값 $\overline{K}$ 를 구하는 다음 경험식 을 제안하였다 (그림 3.2.7b).

$$\sigma_v = 0.027z$$

$$0.3 + \frac{100}{z} < \overline{K} < 0.5 + \frac{1500}{z} \tag{3.2.9}$$

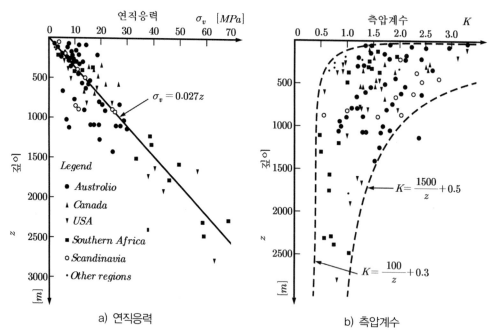

그림 3.2.7 깊이에 따른 연직응력과 측압계수 측정치 (Hoek/Brown, 1978)

2.1.5 비등방성 지반의 토피압력

다음 원인에 의해 지반 내에 전단저항이 작은 층면이 존재하면 지반이 비등방성을 나타내고, 지반의 거동이 이들 층면에 의해 결정된다.

- 천매암의 층면에서 운모광물이 붕괴되어 점토질 층이 생성된 경우.
- 운모함유 암석층이 구조지질운동에 의해 경면 (slickenside) 이 된 경우.
- 결정질 입자의 퇴적이 중단된 사이에 점토질이나 운모질 층이 퇴적된 경우.
- 지구물리학적으로 형성된 암반의 균열 틈새에 점토나 롬질 흙이 채워진 경우.

전단강도가 작은 **활동층**을 포함하는 비등방성 지반은 활동층에 평행한 방향의 전단저항각이 다른 방향의 전단저항각 보다 더 작다.

활동층 주변지반의 Mohr 파괴포락선은 전단응력 축의 절편이 c 이고 수직응력 축에 대한 각도가 ϕ 인 직선 (그림 3.2.8 의 직선 G) 이며, 활동층의 Mohr 파괴포락선은 원점을 지나고 수직응력 σ축에 대한 각도가 ϕ_1 ($\phi_1 < \phi$) 인 직선 (그림 3.2.8 의 직선 G_1) 이다.

활동층의 경사가 한계경사가 되면 활동층 내 응력이 한계소성상태가 되어 활동층에서 전단파괴 (활동) 된다. 활동층의 최대 및 최소 한계경사각 $\beta_{\max}$ 와 $\beta_{\min}$ 은 활동층의 파괴포락선 G_1 과 Mohr 응력원이 만나는 두 점 (R 과 T) 과 pol (P 점) 을 연결하는 직선의 각도이다. Mohr 응력원 반경은 $0.5\gamma z(1-K)$ 이므로, 그림 3.2.8 에서 빗금친 삼각형 $\triangle OPR$ 에서 sine 법칙을 적용하고,

$$\frac{K\gamma z}{\gamma z(1-K)\cos\beta_{\min}} = \frac{\sin(\beta_{\min}-\phi_1)}{\sin\phi_1} \tag{3.2.10}$$

이를 정리하면 다음 식이 된다.

$$\tan\beta_{\min} = \frac{1-K}{K}\frac{1}{2\tan\phi_1} \pm \sqrt{\frac{(1-K)^2}{K^2}\frac{1}{4\tan^2\phi_1}-\frac{1}{K}} \tag{3.2.11}$$

따라서 활동층 내 응력이 잠재소성상태가 되는 활동층 경사 β 는 내부 전단 저항각 ϕ_1 과 측압계수 K 에 의해 결정되고 측압계수가 커질수록 감소한다. 지반은 활동층 경사각이 $\beta_{\min} < \beta < \beta_{\max}$ 이면 소성상태이고, $\beta=\beta_{\min}$ (또는 $\beta=\beta_{\max}$) 이면 **한계 소성 상태**이며, $\beta<\beta_{\min}$ 또는 $\beta>\beta_{\max}$ 이면 **탄성 상태**이다.

활동층의 전단저항각이 $\phi_1=30^o$ 일 때에 측압계수가 $K=0.49$ 이면 $\beta_{\max}-\beta_{\min}$ 가 영이 되므로, 비등방성 지반은 $K>0.49$ 일 때에만 초기에 탄성적으로 거동한다. 따라서 비등방성 지반에 있는 완만한 경사지에서 초기응력은 비등방성에 의해 크게 영향을 받을 수 있다. 각도 β 만큼 경사진 층상지반에서 토피압력은 $\gamma h/\sin\beta$ 이며, 경사 β 가 특정 값 보다 커지면 그 작용방향은 연직이 아니다.

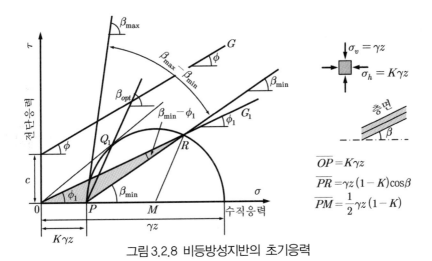

그림 3.2.8 비등방성지반의 초기응력

2.2 지질구조에 따른 초기응력

터널을 굴착할 때 나타나는 지반의 국부적 소성화나 파괴현상 또는, 토피가 작은 터널에서 일어나는 큰 수평압력에 의한 지반융기나 지층의 분리파괴 현상은 덮개 지반의 자중에 의한 압력만으로는 설명할 수 없다.

이러한 현상들은 (대륙지괴 간 상대적 운동에 의해 지각에서 일어나는) 구조지질 압력 (2.2.1 절) 이나 (외력에 무관하게 물체 내에서 일어나는) 자기응력 (2.2.2 절) 또는 (현재진행중인 지각운동에 의한) 활동성 구조지질압력 (2.2.3 절) 에 의한 것일 수 있다. 일반적으로 활동성 구조지질응력이 잔류응력 보다 터널굴착에 더 큰 영향을 미친다.

2.2.1 구조지질 압력

지각은 정지되어 있지 않고 현재에도 계속 움직이고 있는데, 이를 지각운동이라 하며 그 증거가 지진과 화산활동이다. 지각운동이 서서히 진행되면 지층결합이 붕괴되지 않은 채로 지반이 융기되거나 침강하고, 갑작스럽게 일어나면 지층의 위치와 결합이 광범위하게 변한다.

구조지질압력은 대륙지괴 간 상대적 운동에 의해 지각에서 발생하고 대개 수평방향으로 작용하며, 지형의 영향을 크게 받고, 실측해야 그 크기를 알 수 있다. 구조지질압력의 작용에 의해 지하 깊은 곳에서는 응력상태가 정수압 (등압) 상태가 된다는 주장 (Heim 등) 도 있다. 구조지질압력은 평지에서는 전체 깊이에서 거의 일정하므로, 측압계수는 연직응력이 작은 지표부근에서 크고, 깊이에 따라 변한다 (Hoek/Brown, 1980). 경사지형에서 연직응력은 감소하고 구조지질압력이 하부에서만 완전한 크기로 나타나므로, 측압계수가 거의 일정하다. 고산지대 산등성이에서는 수평응력이 영 (측압계수가 $K = 0$) 이고, 이는 급경사 개구절리가 있을 때 뚜렷하다 (그림 3.2.9).

2.2.2 자기응력

지반 내 응력은 외력에 의한 응력과 외력과 무관하게 물체 내에서 발생되는 자기응력 (Eigenspannung) 이 있다. 자기응력은 온도변화에 의한 열응력, 소성변형이나 지질구조에 의한 잔류응력, 아이소스타시 (isostasy) 에 의한 수평압력, 점토와 무수 광물의 팽창에 의한 팽창압 등이 있다. 자기응력은 강도특성이 잘 알려진 물체에서 특수한 경우에만 드물게 해결할 수 있다. 탄성 후속영향과 지반의 크리프는 시간이 지남에 따라 자기응력이 감소되면서 발생되는 결과이다.

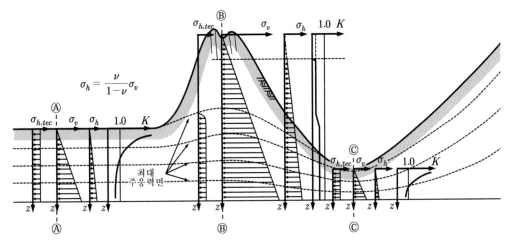

그림 3.2.9 지형에 따른 구조지질응력 $\sigma_{h,tec}$ 과 자중에 의한 연직 및 수평응력 σ_v 와 σ_h 및 측압계수 K 분포 (평지 Ⓐ-Ⓐ, 산정상부 Ⓑ-Ⓑ, 골짜기 Ⓒ-Ⓒ 단면)

1) 열응력

열응력은 암석에서 위치별 온도차에 의해 발생되며, 화성암이 냉각될 때나 지표를 덮고 있던 빙하가 녹아서 암석의 온도가 상승할 때에 생긴다. 지반은 온도변화에 의해 변형되며, 이 변형이 억제될 때에 발생되는 응력이 온도응력이다.

모든 방향의 변형이 억제되면 ($\epsilon_1 = \epsilon_2 = \epsilon_3 = \epsilon_e = 0$), 응력이 정수압상태와 거의 같고 ($\sigma_1 = \sigma_2 = \sigma_3 = \sigma_i$), (탄성변형률 ϵ_e 이 없어도) 온도변화에 의한 변형률 $\epsilon_{\Delta T}$ 만 존재한다.

온도가 ΔT 만큼 변화된 지반에서 온도의 영향을 고려한 변형률 $\epsilon_{\Delta T}$ 와 이에 따른 온도응력 $\sigma_{\Delta T}$ 는 다음과 같다.

$$\epsilon_i = \frac{1}{E}\{\sigma_i - \nu(\sigma_i + \sigma_i)\} + \alpha_T \triangle T = \frac{1}{E}\{\sigma_i - (0.5)(2)\sigma_i\} + \alpha_T \triangle T = \epsilon_{\Delta T}$$

$$\sigma_{\triangle T} = \epsilon_{\triangle T} E \tag{3.2.12}$$

여기에서 지반의 열팽창계수는 $\alpha_T \simeq 1.0 \times 10^{-5}$ 이다. 지반의 온도가 낮아지면 인장응력이 발생되고, 이 값이 초기의 압축응력보다 큰 경우에는 암괴가 수축되고 절리가 열린다.

2) 소성변형에 의한 잔류응력

과거에 탄성한계를 초과하는 큰 외력이 작용하여 소성변위가 발생된 적이 있는 암반에서는 하중이 제거된 후에도 소성변위가 회복되지 않고 잔류하며, 이로 인한 잔류응력이 존재한다.

3) 구조지질학적 잔류응력

구조지질학적 잔류응력은 과거 지각운동에 의해 축적된 변형에너지에 의해 발생된다. 탄성변형에 의한 변형에너지는 축적되지만 소성변형에 의한 에너지는 축적되지 않고 열 등으로 소비되고 회복되지 않는다. 연성암석에서는 시간이 지남에 따라 크리프 현상에 의해 응력이 감소되므로 잔류응력이 없다 (Frey-Bär, 1956).

구조지질학적 잔류응력은 토피압력에 추가 하중으로 작용하지만 터널에 미치는 영향은 매우 작기 때문에 잔류응력 자체는 의미가 적고, 과소평가되거나 지엽적인 의미만 있을 뿐이다.

4) 아이소스타시에 의한 수평력

지각을 이루는 지괴는 다수의 불연속면에 의해 분리된 상태로 소성지반 위에 떠 있다. 그런데 지표에 평행한 하부면 (그림 3.2.10 CD) 아래 소성지반이 아이소스타시 (isostasy) 에 의해 물러나면 이 면의 방사방향 반력 q 가 토피무게 γH 보다 작아지고, 두 힘의 크기차 $\gamma H - q$ 에 의해 CD 면 위에 아치가 형성되면서 내부에 구조지질 응력이 발생되어 일부에서 탄성변형 그리고 국부적으로 소성변형이 발생된다.

시간이 경과하여 아치의 지점에서 처짐이 발생하여 prestress 가 없어지면 CD 면 아래에 있는 소성지반의 반력이 회복되어 크기가 토피압력과 같아지는데, 이때에 소성변형은 잔류하고 후속으로 변형이 일어나서 구조지질학적 후속응력 (또는 잔류 응력) 이 발생된다.

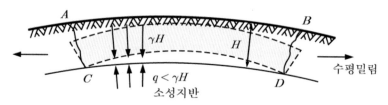

그림 3.2.10 Isositasie 에 의한 지각의 수평력

2.2.3 활동성 구조지질압력

현재 진행 중인 지각운동 즉, 구조지질거동에 의한 힘은 터널굴착에 매우 큰 영향을 미치지만 그 크기를 예측하거나 파악하기는 대단히 어렵다.

빙하가 해빙된 후 융기가 완료되지 않은 상태이거나, 조산운동의 반향적 움직임이 존재하거나, 습곡에 의한 영향으로 완전한 평형상태가 아니어서 지질이 불안정한 상태인 지역에서는 구조지질압력이 작용하여 터널굴착에 매우 나쁜 영향을 미칠 수 있다.

현재에 진행 중인 지각운동에 의해 지반에 작용하는 구조지질압력은 조산운동 (속도와 방향) 의 변화에 의한 힘과 정역학적 작용에 의한 힘으로 구분한다.

1) 조산운동의 변화에 의한 힘

지각은 조산운동에 의하여 (매우 느린 속도로) 지속적으로 움직이고 있으며, 운동상태 (속도와 방향) 가 변화하면 힘이 발현된다. 따라서 조산운동이 완전히 정지된 오래된 대륙에서는 이 힘이 나타나지 않는다.

(빙하기 후에 융기된) 북유럽과 캐나다 동부지역, (아직 융기가 완료되지 않은) 히말라야 산맥, (조산운동은 끝났지만 반향적인 움직임이 나타나는) 알프스의 동부지역 등에서는 이러한 조산운동의 변화에 의한 힘이 작용할 수 있다.

2) 정역학적 작용에 의한 힘

습곡산맥을 통과하는 터널에서는 습곡에 의한 접선방향 압축응력이 대단히 크며, 이 힘으로 인해 주변지반이 붕괴되거나 소성변형이 발생되면 터널단면이 축소된다. 이 힘은 지구의 축소에 의해 발생되거나 불안한 아이소스타시에 의해 아치형으로 작용하는 접선방향 힘 때문에 발생되는 것으로 추정되며, 그 힘의 일부가 잔류하여 구조지질 압력으로 작용한다.

지각은 빙하기 이후에 융기되거나 응력이 이완되었지만 아직 완전한 평형상태가 아니고, 평형으로부터 크게 벗어나지도 않은 잠정평형상태이다. 그런데 응력이완은 중력에 대해 수직방향으로 일어나므로 응력이완에 의해 평행상태가 되는 경우에는 수평방향으로 구조지질압력이 발현된다.

2.3 특수한 초기응력

터널굴착 전에 활동파괴 되었거나 소성상태이던 지반에서는 특수한 초기응력이 작용할 수 있다. 이런 경우에는 지반의 지지력이 없거나 매우 작아서 지반응력의 대부분을 지보공으로 지지해야 하기 때문에 터널을 굴착하기가 어렵다.

과거에 활동파괴 되었다가 현재 정지된 급사면은 터널굴착에 의해 교란되면 다시 움직여서 이동압력 **(2.3.1 절)** 이 발생되어 지반응력이 증가되고 주응력방향이 변한다. 토피가 크면 토피압력에 의한 전단응력이 내부 활동저항력 보다 큰 잠재 소성상태 **(2.3.2 절)** 가 되어 (Mohr 응력원은 파괴포락선에 접하고) 소성변형이 시작된다. 탄성상태에서 잠재소성상태가 되는 경계깊이는 Mohr 응력원에서 구할 수 있다.

2.3.1 이동압력

활동파괴지역이나 강성이 작은 암반에 있는 급사면에서는 골짜기 방향으로 움직임이 자주 발생되는데 이를 골밀림 (Talschub) 이라 한다. 골밀림에 의해 이동압력이 발생되면 지반응력이 증가될 뿐만 아니라 주응력의 방향이 달라진다.

과거에 골밀림이 일어났던 급경사면은 현재 정지되었더라도 터널을 굴착하거나 구조물을 설치하여 교란되면 다시 움직일 가능성이 매우 높다. 원래지반에서 이탈되는 지층과 동일한 방향으로 뚜렷한 불연속면이 존재하면 골밀림이 쉽게 일어난다. 골밀림은 발생사례가 많으나 그 영향과 위험성은 과소평가 되고 있다.

2.3.2 잠재 소성상태 지반

덮개지반의 형상과 깊이는 지반의 초기응력에 결정적인 영향을 미친다. 지표근처에서는 토피압력에 의한 전단응력이 지반의 전단강도 보다 작으므로 지반이 탄성상태를 유지한다. 이때 Mohr 응력원 R_e 는 원점을 지나는 직선 OG 안에 위치한다. 토피가 커지면 토피압력에 의한 전단응력보다 지반의 내부 활동저항력이 작아지는 상태 즉, 잠재 소성상태가 되는데 이 경우에는 Mohr 응력원 R_p 가 파괴포락선 C 에 접한다 (그림 3.2.11).

직선 OG 의 각도 ϕ 는 측압계수 K 로 표현할 수 있다. 푸아송 비 ν, 측압계수 K, 각도 ϕ 의 관계는 표 3.2.2 와 같다.

$$\sin\phi = \frac{1-K}{1+K} \tag{3.2.13}$$

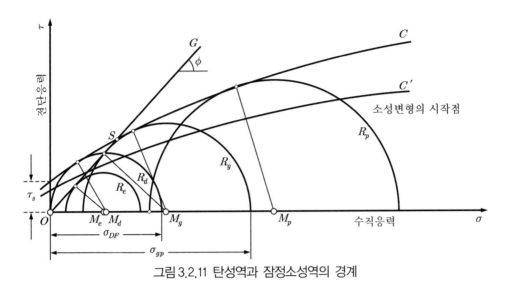

그림 3.2.11 탄성역과 잠정소성역의 경계

Mohr 파괴포락선 C 와 직선 OG 가 만나는 점 S 는 지반이 탄성 상태로부터 잠재소성상태로 전이되는 응력상태 (덮개지반 높이) 를 나타낸다. 응력원 R_e 는 탄성영역 응력상태, 응력원 R_p 는 소성역 응력상태, 응력원 R_d 는 일축압축강도 σ_{DF} 를 나타낸다.

직선 OG 와 파괴포락선 C 를 모두 접하는 경계원 R_g 의 위치에 따라 탄성영역과 잠재소성영역의 경계응력 σ_{gp} 가 결정되는데, 이는 대체로 일축압축강도보다 훨씬 크다. 응력상태는 탄성에서 소성으로 직접 전이 되며, 소성거동은 탄성한계를 지나면서 (경계선 C') 곧바로 시작된다고 가정한다.

Mohr 응력원이 C' 에 접하면서 부터 이미 소성변형이 시작된다. 소성변형은 발생된 후에 지반의 절리나 공동의 자유표면으로 퍼져 나가기 때문에 잠재소성상태가 되는 한계깊이 보다 깊어지면 지반의 모든 틈이 닫혀져서 공동이 존재하지 않는다. 지표로부터 일정한 깊이보다 깊어지면, 지반 내 응력이 잠재소성상태이다.

표 3.2.2 지반의 Poisson 비 ν, 측압계수 K, 내부마찰각 ϕ 의 관계

푸아송 비 ν	측압계수 $K = \dfrac{\nu}{1-\nu}$	$\sin\phi = \dfrac{1-K}{1+K}$	내부마찰각 ϕ
0.333	0.500	0.333	19°
0.250	0.333	0.500	30°
0.200	0.250	0.600	37°
0.167	0.200	0.667	42°
0.143	0.167	0.714	46°
0.125	0.143	0.750	49°

3. 터널 주변지반 내 수압

강우 등이 지반 내 틈 (흙의 간극이나 암반의 절리) 에 침투하여 생성된 지하수는
일정한 수위를 유지하면서 틈에 고여 있거나 중력에 의해 틈을 따라 흐른다. 흙에
서는 간극이 고르게 분포하여 흐름이 대개 층류이지만, 암반에서는 절리수가 폭이
한정된 유로를 따라 흐르므로 난류일 때가 많고, 터널을 굴착하면 노출된 절리를
통해 유출된다. 암반 터널에서는 절리수를 산수 (山水, Bergwasser) 라고 한다.

절리수에 의한 정적 절리수압 (3.1 절) 은 절리면에 수직으로 작용하고 터널 라이닝
에 외압으로 작용한다. 절리수는 절리 상태 (폭, 거칠기, 형상, 연속성, 충진물 등) 와
투수성에 따라 고여 있거나 흐르며, 절리수 흐름 (3.2 절) 은 연결된 개구절리를 통해
발생한다. 절리수는 침윤선을 형성하여 흐르면서 구조물과 지반에 압력을 가하고
자연적 (샘물) 또는 인위적 (터널) 출구로 유출된다.

3.1 정적 절리수압

절리암반에서 개구 절리는 절리수압만 작용하고 지압을 지지할 수 없어서, 지압은
접촉상태 절리 (접촉면) 나 비절리면으로 전이된다. 따라서 접촉면이나 비절리면에는
평균지압보다 큰 지압이 작용한다.

절리수는 흐름속도가 매우 작으므로 절리에서는 정적 수압만 생각한다. 절리수압
(3.1.1 절) 은 절리면에 수직으로 작용하고, 비개구면 압력 (3.1.2 절) 은 수압만큼 감소된
지압이다. 라이닝에 작용하는 절리수압 (3.1.3 절) 은 라이닝과 지반의 결합상태 즉,
밀착정도에 따라 다른 크기로 외압보다 먼저 작용한다. 절리수압은 위치와 시간에
따라 달라서 예측하기가 어려우므로 굴착공정에 따라 측정 (3.1.4 절) 하여 확인한다.

3.1.1 절리수압

절리수압 p_w 의 크기는 물의 단위중량 γ_w 와 수위 H_w 에 의해 결정된다. 절리수압은
절리면에 수직으로 작용하므로 절리수에 의해서는 중간주응력이 발생되지 않는다.

$$p_w = \gamma_w H_w \tag{3.3.1}$$

절리수압은 열린 (개구) 절리에만 작용하고, 닫힌 (접촉) 절리나 무절리면에는 작용
하지 않는다.

열린 (개구) 절리면적의 전체 면적에 대한 비율을 분리도 $\aleph$ (Pacher, 1959) 라 한다 (이는 Innerhofer (1984) 의 사용도 α_I 와 같은 개념). 분리도는 완전 분리 (개구) 상태 에서 $\aleph = 1$ 이고, 완전 접촉상태에서 $\aleph = 0$ 이다.

암반의 분리도 $\aleph$ 는 육안으로 식별할 수 있으며 굴착방법에 따라서 다르고, 발파 이완영역에서는 원지반보다 크다. 발파에 의해 발생된 큰 절리는 굴착면에서 식별 할 수 있고, 굴착영향을 받지 않은 절리는 경암에서 TBM 굴착할 때에만 볼 수 있다.

열린 (개구) 절리의 면적 A_K 는 전체면적 A 에 분리도 $\aleph$ 를 곱한 크기 ($A_K = \aleph A$) 이므로, 절리 내 수압의 합력은 $F_w{}' = p_w A_K = p_w \aleph A$ 이다.

1) 수평절리

침윤선으로 부터 깊이 H_w 인 수평 절리면에 작용하는 수압은 블록 높이가 h 이면 다음과 같고, 블록에 작용하는 부력은 열린 절리면 면적 A_K 만큼 감소된다 (그림 3.3.1).

- 블록 바닥절리면의 수압 : $p'_{wu} = \aleph_u\, p_{wu} = \aleph_u \gamma_w H_w$
- 블록 상부절리면의 수압 : $p'_{wo} = \aleph_o\, p_{wo} = \aleph_o \gamma_w (H_w - h)$
- 절리수압의 합력 : $F_w{}' = A\,(p'_{wu} - p'_{wo}) = A\,\gamma_w h$ (3.3.2)

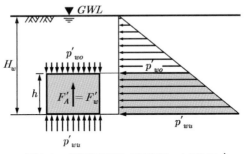

그림 3.3.1 암반블록에 작용하는 부력 $F_A{}'$

절리수압 합력 $F_w{}'$ 가 지압과 크기가 같아지면 절리가 열리고 접촉면이 없어지며, 절리가 완전히 열리면 (분리도 $\aleph = 1$) 전체 절리면적에 수압이 작용한다.

$$F_w{}' = p_w \aleph A = \gamma_w H_w A \qquad (3.3.3)$$

분리도가 다른 절리가 있으면 ($\aleph_1 \neq \aleph_2$), 수압 합력 $F_w{}'$ 은 절리수압 p_w 에 절리 면적의 차이 $\Delta A = (\aleph_1 - \aleph_2)A$ 를 곱한 크기이고, 수압은 방향성을 갖는다.

$$F_w{}' = p_w \,\Delta A = p_w\,(\aleph_1 - \aleph_2)\,A \qquad (3.3.4)$$

2) 연직절리

연직절리의 분리도는 (대개 연직지압보다 수평지압이 작기 때문에) 수평절리의 분리도 보다 $1:K$ 배 크다. 연직 절리에서도 수평지압이 연직지압보다 작으며, 평균 지압이 절리수압 보다 클 때에는 내부응력이 변한다.

연직 절리면에 작용하는 수평응력과 수압은 다음과 같다.
- 수평응력: $\sigma_h = K\sigma_v = K\gamma H_F$
- 연직 절리면 수압 : $p_w{}' = \aleph\, p_w$　　　　　　　　　　　　　　**(3.3.5)**

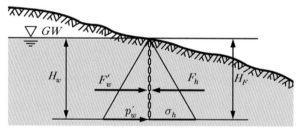

그림 3.3.2 연직개구절리에서 절리수압 $F'{}_w$와 지압 F_h

연직 절리면 작용 절리수압 합력은 $F_w{}' = 0.5\,\aleph\, p_w H_w$ 이고 수평력은 $F_h = 0.5\,K\gamma H_F$ 이다. 그런데 $F_w{}' \leq F_h$ 이므로, $H_w = H_F$ 이면 $\aleph \leq 2.5K$ 관계가 성립된다. 열린 연직절리 (그림 3.3.3) 의 접촉면이 인장응력상태이면 전체 절리면적에 수압이 작용한다.

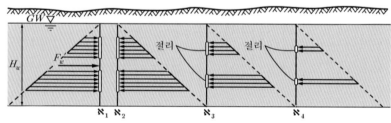

a) 분리도 $\aleph$ 에 따른 절리수압 $F_w{}'$ (H_w constant)

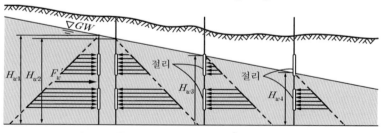

b) 수위 H_w 에 따른 절리수압 $F_w{}'$ ($\aleph$ constant)

그림 3.3.3 연직절리에 작용하는 절리수압 $F_w{}'$

3.1.2 비개구면 압력

절리면을 포함하는 암반에 외력이 작용하면 (열린 절리는 외력에 저항하지 못하고) 비개구면 (무절리면이나 닫힌 절리면) 에 응력이 집중되므로 분담할 지압이 커진다. 비개구면은 일축압축응력상태이어서 비개구면의 압력이 일축압축강도를 초과하면, 암석이 압축파괴되어서 비개구면이 커지고 절리가 닫혀 진다. 따라서 지압이 클수록 분리도가 감소되고 비개구면의 면적은 더 커진다 (그림 3.3.4).

그런데 토피압력 σ_v 는 깊이에 따라 증가되는데 비해 암석의 일축압축강도 σ_{DF} 는 깊이에 상관없이 일정하기 때문에 분리도 $\aleph$ (열린 절리의 비율) 는 심도가 깊어질 수록 작아진다.

따라서 비개구면에 전이된 지압 σ_{DG} 는 평균연직토피압력 σ_v 보다 크지만 암석의 일축압축강도 σ_{DF} 보다 더 클 수는 없다.

$$\sigma_v \leq \sigma_{DG} \leq \sigma_{DF}\left(1 - \aleph\right) \tag{3.3.6}$$

암반 분리도의 한계치는 비개구면 전이지압 σ_{DG} 와 암석의 일축압축강도 σ_{DF} 의 비 만큼 감소한 크기이고,

$$\aleph \leq 1 - \frac{\sigma_{DG}}{\sigma_{DF}} \tag{3.3.7}$$

비개구면 전이지압 σ_{DG} 는 평균 연직토피압력 σ_v 에서 열린 절리의 수압 $\aleph p_w$ 만큼 감소된 값이기 때문에 ($\sigma_{DG} = \sigma_v - \aleph p_w$) 위 식은 다음이 된다.

$$\aleph \leq 1 - \frac{\sigma_v - \aleph p_w}{\sigma_{DF}} \tag{3.3.8}$$

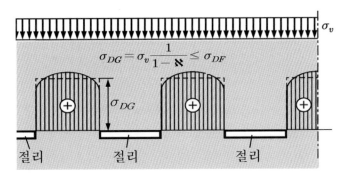

그림 3.3.4 연직지압 σ_v 의 비절리면 전이($\sigma_{DG} \leq \sigma_{DF}$)

개구절리에는 수압 p_w 가 작용하고 비개구면의 압력은 개구 절리면 수압에 의해 발생되는 압력 σ_{WG} 와 전이지압 σ_{DG} 의 합이다. 지압의 일부를 개구절리 내 수압이 부담하므로, 주변 비개구면에 전이되는 압력 (bridge stress) 은 작아진다 (그림 3.3.5).

따라서 비개구면 평균 연직응력 σ_{DG} 는 절리수 유무에 따라 다음 같이 감소한다.

- 절리수 없는 경우 : $\sigma_{DG} = \dfrac{\sigma_v}{1 - \kappa}$

- 절리수 있는 경우 : $\sigma'_{DG} = \dfrac{\sigma_v - \kappa\, p_w}{1 - \kappa}$ (3.3.9)

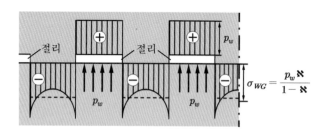

a) 절리수압에 의한 비절리면 집중압력 σ_{WG}

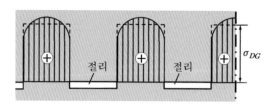

b) 비절리면 전이지압 σ_{DG}

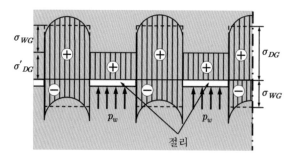

c) 전이지압 σ_{DG} 와 절리수압에 의한 압력 σ_{WG} 의 중첩

그림 3.3.5 비절리면에 작용하는 절리수압 p_w 와 지압 σ_{DG}

3.1.3 라이닝에 작용하는 절리수압

라이닝에 접한 지반은 이완되어 주변보다 투수성이 크며, 절리수압은 외압보다 먼저 라이닝에 작용하고, 라이닝과 지반의 밀착상태 (분리도 $\aleph$) 에 따라서 크기가 다르다.

라이닝이 수밀하고 지반에 밀착되어 있으면 수압은 라이닝 공극과 지반 내 균열에만 다음 크기로 작용한다.

$$p'_w = \aleph \, p_w \tag{3.3.10}$$

라이닝과 주변지반이 완전히 분리되어 있으면, 라이닝과 지반 접촉면의 분리도가 $\aleph = 1$ 이 되고, 라이닝 전체외면에 지반분리도 $\aleph_F$에 따라 다른 수압이 작용한다 (그림 3.3.6).

$$p'_w = p_w \left(1 - \aleph_F\right) \tag{3.3.11}$$

라이닝과 접촉면에 개구절리가 있어서 $\aleph = 1$ 이면, 라이닝이 압축력을 받고 지반의 절리는 더욱 벌어지므로 라이닝이 수밀하지 않으면 절리수가 터널 내로 유입된다. 실제 콘크리트 라이닝은 강성이 크므로 절리수압이 문제가 되는 경우는 드물다.

라이닝과 지반 접촉면의 분리도 $\aleph$ 가 지반분리도 $\aleph_F$ 보다 더 크면 비수압 $\aleph p_w$ (specific water pressure) 이 라이닝에 외압으로 작용하여 그 크기만큼 지반응력이 감소된다.

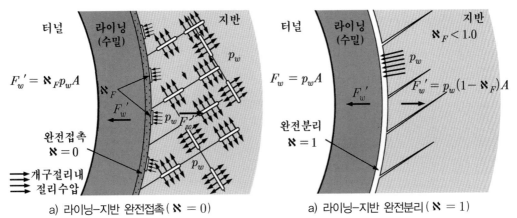

a) 라이닝-지반 완전접촉 ($\aleph = 0$) 　　　 a) 라이닝-지반 완전분리 ($\aleph = 1$)

그림 3.3.6 수밀라이닝에 작용하는 절리수압 F'_w (Seeber, 1999)

3.1.4 절리수압의 측정

절리수의 상태와 흐름특성은 위치와 시간에 따라 다르고 예측이 어렵기 때문에 다음과 같이 굴착공정별로 측정하여 확인한다.

· 굴착 전
- 수원으로부터 침윤선을 유도하여 확인한다.
- 관측공을 천공하여 측정 (토피가 크면 비용이 많이 들어서 드물게 수행) 한다.

· 굴착 중
- 지하수 통로가 되는 절리를 관통한 보링공에서 팩커와 Manometer 로 측정한다.
- 물이 인접한 절리로 유출될 수 있으므로 하한계에서 정한다.

· 굴착 후
- 지하수압력계를 라이닝 배면에 설치 (주변 환경영향 때문에 중요, 수원고갈 대비) 한다.
- 수압의 크기 및 연중변화를 관찰하며, 최저치가 중요하다.
- 수압이 높을 때에는 라이닝을 보강하거나, 감압천공하거나 감응밸브를 설치한다.
- Manometer를 설치하여 산수압을 관찰하고 절리를 충전하여 초기누수를 방지한다.
- 수리지질학적 관계에 따라 단면을 분할 측정하여 입출수량을 정확히 파악한다.

3.2 절리수의 흐름

절리수는 지형 (토피) 과 수리지질 특성 (실제 투수성) 에 따라 위치별로 그 수위가 다르며 (그림 3.3.7), 수두가 큰 곳에서는 터널 내로 유입된다. 절리의 틈 간격이 일정하면, 절리수 흐름이 층류가 되어 압력이 선형으로 변한다.

암반의 투수성은 절리상태에 따라 다르므로 결정하기 어렵고, 보링공에서 수압파쇄시험 등으로 측정할 수 있다. 라이닝 투수성은 압력을 측정하여 알 수 있고, 라이닝 수밀성은 시멘트를 주입하거나 시공조인트에서 방수하여 개선할 수 있다.

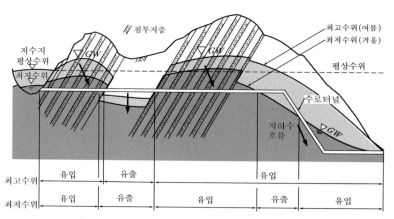

그림 3.3.7 수로터널의 절리수 유출입 ($H_{Bw} > H_{pi}$)

4. 터널굴착에 의한 이차응력

터널을 굴착하면 굴착에 의한 응력해방이나 지열 또는 지질구조 등에 의해 지반 내 초기응력이 변화되어 새로운 응력상태가 되는데, 이를 이차응력 (secondary stress) 이라 하고 터널의 지보공이나 굴착면에 하중으로 작용한다.

이차응력은 측압에 따라 다르다. 즉, 측압이 작으면 ($K < 0.3$), 천단과 바닥에 인장 응력이 발생되어 절리와 균열이 벌어지고 지반이 크게 변형된다. 측압이 크고 ($K \rightarrow 1.0$) 지반이 탄성 거동할 때는 굴착면 접선응력은 축대칭이고 초기응력의 2 배가 된다. 심도가 깊은 터널에서는 큰 측압을 적용할 수 있으나, 심도가 얕은 터널이나 터널개구부에서는 측압을 영까지도 낮추어서 적용한다. 급경사 절리와 경암에서는 경우에 따라 매우 작은 측압계수를 적용해야 할 경우도 있다.

이차응력상태에서 지반압력 (4.1 절) 은 지보에 무관하게 발생되며, 터널주변에서 이완 (분리) 된 지반의 자중에 의한 이완압력, 지반의 소성유동에 의한 순지압, 지반이 팽창하면서 나타나는 팽창압 등이 있다. 대단면이나 대심도 또는 취약한 지반에 굴착한 터널에서는 이완압력 뿐만 아니라 토피압력에 의해서도 지반압력이 발생된다.

터널굴착에 의한 이차응력 (4.2 절) 상태에서 터널주변지반의 응력과 변형은 지반을 균질한 등방성 매체로 가정하고 지반의 자중을 무시하는 대신에 이에 상응하는 응력장을 터널주변에 작용시키고 탄성이론 및 탄소성이론으로 평형 및 적합조건을 만족하는 수학적 이론해 (closed form solution) 를 구하여 평가할 수 있다.

이론해석결과는 간단한 현장검토나 수치해석 결과의 검증수단으로는 유용하지만 실제로 설계에 적용할 때에는 주의가 필요하다. 지반과 지보공의 상호거동에 의한 변형은 반경방향 변형률을 (탄성역과 소성역으로 구분하고) 적분해서 구한다. 지반이 압축강도를 초과한 후에는 궁극지반정수를 적용한다.

터널의 거동에 영향을 미치는 기타 응력 (4.3 절) 은 터널의 종방향 응력과 삼차 응력 및 온도응력이다. 터널굴착과정에서 종방향의 응력이 변하면 이에 따라 주변 지반이 변형된다. 삼차응력은 터널굴착 후 지반의 재압축, 잔류응력, 지보재 긴장력, 주입압 등에 의해 발생되고, 온도응력은 콘크리트 라이닝 양생과정에서 발생하거나 계절에 따른 터널과 주변지반의 온도차에 의해 발생한다.

4.1 지반압력

이차응력상태에서 지보에 상관 없이 지반에 발생되는 압력을 지반압력 또는 지압 (Gebirgsdruck) 이라 한다.

터널은 주변지반이 지압의 대부분을 지탱하고 지보공은 보조적으로 지압을 지탱하는 기능을 갖는 구조물이다. 초기응력이 이미 소성상태이거나 잠재소성상태이면 터널 주변지반이 지반압력을 지지하지 못해서 지보공으로 지지하고 굴착해야 하기 때문에 터널굴착이 매우 어렵다.

지압은 이완되거나 분리된 지반의 자중에 의한 이완압력 (4.1.1 절), 터널주변의 일정한 범위 내 지반의 응력이 유동한계와 압축강도를 초과하여 소성 유동함에 따라 발생하는 순지압 (4.1.2 절), 터널주변의 지반이 여러 가지 원인에 의해 팽창하면서 나타나는 팽창압 (4.1.3 절) 등이 있다.

4.1.1 이완압력

이완압력은 터널굴착에 의해 이완 (또는 분리) 된 지반의 자중에 의한 압력이며, 라이닝에 직접 작용하고, 천단에서 크고 측벽에서 작으며, 바닥에서는 거의 없다.

얕은 심도에 작은 단면의 터널을 굴착할 때는 지압이 주로 이완압력이므로 예측이 용이하다. 그러나 대단면 터널 및 깊은 심도나 불량한 지반에 굴착한 터널에서는 (지압이 이완압력은 물론 토피압력에 의해서도 발생되므로) 지압예측이 어렵다. 그 밖에 지표면이 경사진 연성지반에 비스듬하게 터널을 굴착하거나, 초기응력이 이미 소성상태인 지반에 터널을 굴착할 경우에는 지압을 예측하기가 매우 어렵다.

터널굴착 전에 평형상태에 있던 지반은 터널을 굴착하면 (발파작업 등의 영향에 의해) 이완되며, 이완정도는 구조 지질조건 (지층, 층리면, 절리 등) 과 지질특성은 물론 시공방법 (굴착 및 지보설치 작업) 에 따라 다르고, 지중응력과 온도 및 함수량의 변화에 의해서 영향을 받는다.

연성지반은 그 구조골격이 쉽게 이완되지만, 강성지반은 취약부 (기존 또는 새로 발생된 불연속면 등) 의 거동에 의해 이완된다. 경암은 갑작스럽게 이완되기 때문에 사전에 예측하기가 어려워서 경암에서는 지반이완이 중대한 사고로 이어질 수 있다.

1) 지질조건에 따른 이완압력

지층경사가 터널 굴진방향에 대하여 상향으로 급한 층상지반의 주향에 직각으로 터널을 굴착할 때에는 천단상부에 자연아치가 형성되어 응력이완에 대해 유리하다. 그러나 지층경사가 하향으로 급하고 터널축이 주향과 예각으로 만나거나 평행하면 굴착 시 천단부가 이완되어 암괴가 탈락될 위험성이 크다.

횡방향 아치형성에 의한 응력전이는 지층사이에 점착저항과 마찰저항이 있어야 가능하므로, 지층면의 경사와 조도 및 평탄성에 의해 영향을 받는다.

수평지층에서는 천정 상부 지층이 처지면 천정에 인장응력이 발생하므로 천정을 아치형으로 굴착하기 어렵고, 불안정한 절리가 있으면 영향을 받아 광범위한 파괴가 일어날 수 있다. 경사 45° 지층의 주향을 따라가는 터널에서는 어깨부에서 암괴가 떨어져 나오고 절리면이 불안정하면 광범위하게 붕괴될 수 있다.

지반이완은 지질특성에 의해서 달라진다. 천매암이나 흑색셰일에서는 굴착면에서 풍화와 유사하게 보이는 이완현상이 일어나기도 한다.

2) 시공방법에 따른 이완압력

암반은 발파에 의해 이완되며, 이완된 정도 (이완 깊이) 는 천공작업, 발파공 배치, 화약의 종류, 장약량 등에 따라 다르다. 또한, 지반이완은 시공방법 (굴착 및 지보 작업) 에 따라서 다르게 발생되며, 특히 파쇄암이나 흙 지반에서는 지보공의 종류나 설치시기 및 방법에 따라 이완압력의 크기가 다르다.

3) 지중응력과 온도 및 함수량 변화에 따른 이완압력

지반은 터널굴착에 의해 지중응력이 변화하면 변형 (탄성변형, 소성변형, 크립 등) 되어 이완된다. 터널이 관통되면 터널 내 온도가 터널굴착 전보다 상승 (여름) 되거나 강하 (겨울) 되므로 온도변화에 의한 응력이 발생되어 지반이 이완된다. 깊은 터널에서는 터널 내 온도가 지열보다 낮으므로 지반이 냉각되어 지반이완이 촉진된다.

터널을 굴착하여 주변지반의 지하수가 터널 내부로 유입되면, 굴착면 주변지반이 침투압을 받거나 함수비가 증가되어 이완된다. 공기 중에 있는 수증기가 결로되어 생기는 물은 대개 수량이 많지 않으며 영향 또한 미미하다.

4.1.2 순지압

순지압은 터널주변 일정한 범위 내에서 지반응력이 지반의 지지력 (유동한계와 압축강도) 을 초과함에 따라 소성화되어 유동하는 지반을 저지할 때에 발생되는 힘 이며, 기존 토압이론으로는 설명할 수 없다. 순지압은 응력이 탄성과 소성 (및 파괴) 사이의 경계응력상태가 되는 부분에 한정되어 발생된다. 지반응력이 아직 지반의 지지력보다 작을 때에는 인접지반에 보호각 (Schutzhülle) 이 형성된다.

순지압에 의해 연암에서는 소성유동 (또는 지반압출) 이 일어나고, 균열이 없는 취성암반에서는 암파열이 일어난다. 순지압의 영향은 지반상태와 측압계수에 따라 다르며, 암파열, 측벽의 대규모 소성변형과 암괴탈락, 터널 주변 전체지반의 소성변형 과 암석균열 등의 형태로 나타난다.

1) 소성유동

순지압이 작용하면 흙 지반이나 취약한 연암 등에서는 소성유동이 측벽에서 부터 일어나서 지반이 압출되어 지보공이 파괴되고 천정과 바닥에서 내공변위가 생기며, 천단이 상부로 밀릴 수 있다. 이런 소성유동현상이 지속되면 굴착공간이 작아진다. 소성특성을 보이는 암염에서도 암파열과 유사한 현상이 발생된다. 암염의 함유율이 높으면 소성유동이 서서히 일어나며, 암염 함유율이 낮으면 소성변형에 의해 측벽 에서 암석파편이 떨어져 나오는데, 암파열과 다르게 소음 없이 서서히 일어난다.

굴착단면은 지보하지 않은 채 방치하면 시간이 지남에 따라 주변지반이 변형되어 터널 단면모양이 균질한 지반에서는 원형이 되고, 층상지반에서는 (터널종축이 지층의 주향과 평행할 경우에는) 장축이 지층의 경사와 일치하는 타원이 된다.

천매암에서는 그 구조적 특성 때문에 지반이완이 측벽에서 많이 발생되고 벽개면 을 따라 활동파괴 된다. 또한, 편리가 발달한 편마암이나 강도가 작은 암석과 강도 가 큰 암석이 교호하는 암반에서는 측벽에 지압이 발생되어 지반이완이 일어나기 쉽다. 오스트리아의 Simplon 터널과 Tauern 터널에서는 순지압이 심하게 발생되어 파괴와 변형이 급격하게 일어나서 바닥이 솟아오르고 단면이 축소된 일이 있다.

강력한 지각운동이 진행되는 지반이 소성특성을 보이는 연암이면 굴착면의 전체 에서 소성유동이 발생되기가 쉽다. 이때에는 터널굴착 후 최종라이닝 완성까지 시간 간격을 최소화할 수 있는 공법 (터널정부에 도갱을 굴착한 후에 정부를 확장하고 하향으로 넓혀가는 정설 도갱식으로 흙 지반에 적합한 벨기에 공법 등) 이 적합하다.

(1) 암반의 압출

터널굴착 즉시 또는 굴착 후 시간에 따라 내공변위가 크게 일어나는 현상을 압출 (squeezing) 이라 한다. 압출은 지반강도에 비해 초기응력이 클 때, 초기응력에 비해 지반강도가 작을 때, 지반이 크리프 거동할 때, 간극수압이 높을 때에 발생된다.

강도가 작은 암반이나 규산염 함유 암반 또는 이방성 암반은 압출성이 있어서 터널 굴착이 어렵고, 내공변위를 억제하면 지보압이 커진다. 압출성 암반에서는 분할굴착 해서 주변지반이 적당량 변형되게 하여 하중을 줄인 후 최적시기에 지보하여 과도한 지반이완을 방지한다. 분할 굴착하여 조기폐합이 어려우면 지반아치 지지부 침하를 허용하거나, 가축지보를 설치하여 조기에 폐합하고 변형이 충분히 일어나게 한다. 압출 가능성은 터널 심도와 규모, 지반 압축강도와 응력상태로부터 판단한다.

(2) 압출성 암반

압출성 암반에서는 압출이 극감된 후 즉, 저강도 콘크리트 라이닝은 내공변위속도가 2 mm/월, 철근 콘크리트 라이닝 (철근량 $\geq 50 \, kg/m^3$) 이나 고강도 콘크리트 라이닝은 내공변위속도가 6-10 mm/월 이하로 감소된 후에 시공한다 (Kolymbas, 2005).

압출성 암반은 대개 강도가 작고 규산염층 (편암에서 현저함) 을 포함하고 있다. 편리에 의해 이방성을 나타내는 암반에서는 (응력이완이 편리면 전단강도에만 영향 을 미치므로) 터널 축과 편리면 주향의 상호관계에 따라 압출발생 여부가 결정된다. 오스트리아의 동종 천매암에서 편리면 주향이 터널 축에 직교하였던 Landeck 터널 (그림 3.4.1a) 에서는 토피 1300 m 일 때도 압출되지 않았고, 주향이 터널 축에 평행한 Strengen 터널 (그림 3.4.1b) 에서는 토피 600 m 에서 압출이 많이 발생하였다. 암반이 압출되면 터널 내공변위가 시간에 따라 증가하여 미터 단위까지 발생될 수 있으며, 이때는 터널을 굴착하기 어렵다. 압출성 암반에서 쉴드 터널을 굴착하면서 내공변위 를 억제하면 지보압이 증가하여 더 이상 전진하지 못할 수도 있다.

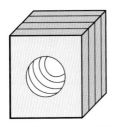
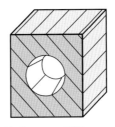

a) Landeck 터널   b) Strengen 터널

그림 3.4.1 터널 축에 대한 편리 방향성

(3) 암반의 압출발생 검토

암반의 압출은 암반강도에 비해 초기응력이 크거나, 초기응력에 비해 암반강도가 작거나, 암반이 크리프 거동하거나, 간극수압이 높을 때에 발생된다 (표 3.4.1).

대심도 터널에서는 작용지압이 크기 때문에 터널을 굴착할 때에 암반이 압출될 수 있으며, 이로 인해 시공 중 안전성 확보가 곤란하거나 추가보강조치가 필요하여 시공이 지연될 수 있다.

터널굴착 중에 압출이 발생하면 압출량 만큼 확대해서 굴착하여 변형 여유량을 확보하거나, 단면을 여러 개로 분할하여 굴착하고, 인버트를 폐합하고, 숏크리트를 조기에 타설하고, 숏크리트의 두께를 증대시키며, 볼트의 길이를 증가하고 가축성 지보재를 적용한다.

암반의 압출발생 가능성은 수치해석하거나 (Hoek/Marino, 2000) 터널의 심도와 규모로부터 한계 토피고를 구해서 판단하거나, 지반의 일축압축강도와 응력상태로부터 여유지지력지수 (competency factor) 를 구하여 판단할 수 있다.

① 한계토피고를 이용한 판단

Singh 등 (1992) 은 현장사례로부터 Q 값과 압출 발생심도의 관계를 구하여 압출이 발생하는 한계토피고 $H_{t\,cr}$ 을 구하였다.

$$H_{t\,cr} = 350 Q^{1/3} \tag{3.4.1}$$

Goel 등 (1995) 은 99 개 현장발생사례를 조사하여 터널의 규모 (폭 또는 직경 B) 와 암반계수 N ($SRF = 1$ 일 때의 Q 값) 의 상호관계로부터 압출이 발생할 수 있는 한계토피고 $H_{t\,cr}$ 을 구하였다.

$$H_{t\,cr} = (275 N^{0.33}) B^{-0.1} \tag{3.4.2}$$

② Competency Factor 를 이용한 판단

Jethwa 등 (1984) 은 암반의 강도 σ_{DF} 와 응력상태 p_0 의 비 즉, 여유지지력 지수 C_F (competency factor) 를 구하여 압출발생 가능성을 판단하였다.

$$C_F = \frac{\sigma_{DF}}{p_0} \tag{3.4.3}$$

(4) 암반의 압출발생 사례 및 대책

표 3.4.1 암반의 압출발생 사례 및 대책

구 분	변상원인 및 특징	보수 및 보강방법
한 국 산골터널	·2개의 대규모 층상단층 존재 ·라이닝 측벽부/천단부 균열 및 누수	·라이닝 배면공동 (폴리우레탄 채움) ·인버트 콘크리트 설치 및 라이닝에 홈 내고 강지보공 설치
한 국 함탄층 굴착 시 터널거동 연구	·함탄층 존재에 따른 터널변형 발생 ·함탄층 존재 여부에 따라 최대 20배 정도 내공변위 발생	·상하 분할굴착 수행 ·가인버트/인버트 설치 필요
오스트리아 Semmering터널	·Squeezing로 지반변형 2.0 m 발생 ·과대 내공변위로 라이닝 균열 발생	·추가단면 굴착 및 인버트 시공

프랑스
Isere-Arc 터널
	·압쇄상 셰일 지반
	·심도 500 m 이하 구간에서
	  최초 천단변형발생 후 측벽변위지속
		·굴착 중 squeezing 발생으로
		  굴착공법을 전단면공법에서
		  선진도갱공법으로 변경

스위스
Gotthard 터널
	·시공 중 측벽변위 최대 55 cm 발생
	·천단부 1차 지보재 변형
	·지반은 연암 70%, 경암 30%
	·Extreme Squeezing 조건의
	  매우 불량한 조건 해당
		·U형 가축성 지보재 설치
		·Expansion Shell Tube 볼트 설치
		·변형량/단면크기에 따라
		  볼트 길이 조정
		·가축성 지보재 설치

오스트리아
Strengen 터널
	·석영질 편암 및 터널 축방향에
	  평행한 단층파쇄대 다수 존재
	·천단변위 400 mm 정도
	  내공변위가 600 mm 정도 발생
		·격벽에 종방향 홈을 파고
		  숏크리트를 세그먼트로 분할
		  홈사이에 stress controller
		  (yielding steel tube) 설치

일본
중산 터널
	·시공 중 측벽변위 300~800 mm
	  30 mm 숏크리트 균열 발생
	·지반강도비 매우 작고
	  팽창성 심한 암반
		·전면접착식 볼트+
		  U형 가축성 지보재 설치
		·건축한계 초과부분 제거 후
		  숏크리트 재시공, 볼트 추가시공

일본
배산 터널
	·일축압축강도 현저히 낮고,
	  편압에 의해 측벽부 소성변형 발생
	·측벽부 과대변위로 숏크리트 균열
	  및 볼트 플레이트 변형 발생
		·윙 리브 부착 지보공 (H200) 설치
		·인버트 조기폐합
		·측벽부 볼트 개수 증가
		  인버트+강재 스트러트 재시공

일본
찌요시 터널
	·시공 중 측벽변위 200~320 mm
	  1년여 동안 지속적으로 발생
	·지반강도비가 매우 작고
	  팽창성 심한 암반
		·볼트 길이 6 m로 변경
		  볼트 추가 설치
		·강지보공 (H-250) 추가 설치,
		  숏크리트 두께 증가

일본
마마키하라
터널
	·시공중 측벽변위 200~450 mm에
	  의해 4~5 mm 숏크리트 균열발생
	·지반강도비가 2.0 이하
	  측벽부 편압에 의해 소성변형 발생
		·볼트 길이변경 및
		  인버트 콘크리트 추가 설치
		·강지보공 (H-150) 추가 설치,
		  숏크리트 두께 12.5 cm로 증가

일본 나베타테- 야마터널	·시공 중 최대변위 약 900 mm 발생 ·Sqeezing으로 인해 소성변형 발생	·강지보 (H-125)/숏크리트(12.5 cm) ·터널상반에 볼트(4 m, 16본)추가

타이완
핑린 터널
	·RMR 압축강도 매우 낮은 불량지반
	·단층파쇄대와 교차하여 시공 중
	  최대 200 mm 변위 발생
		·볼트 길이변경 (6 m)
		  숏크리트 두께 (20 cm) 변경
		·강지보공 (H-100) 추가, 인버트시공

2) 암파열

(1) 암파열 현상

응력수준이 높은 지반에 터널을 굴착할 때 굴착면이나 굴진면에서 넓은 면적의 암석이 동시에 파괴되면서 에너지를 방출하여 큰 소리를 내며 급격히 튕겨 나오는 현상을 암파열 (Rock Bursting) 이라고 하며, 순지압에 의한 암반파괴의 전형적인 예이고 이완압력이론으로는 설명할 수 없다.

암파열은 무결함 암석에서 일어나기 쉽고, 파괴면은 지층구조와 무관하다. 암파열은 응력집중이 과도하여 지압크기가 일축압축강도를 2~3 배 초과할 때 일어나며, 압축파괴보다 급격히 일어나므로 위험하고 터널굴착이 어렵다. 암파열은 그 특성과 원인이 어느 정도 밝혀졌고, 암파열 발생에너지를 계산하여 예측·대비할 수 있다.

암파열의 특성은 다음과 같다.

- 굴착벽에서 암편이 순간 비산하고, 심하면 굴진면전체가 순식간에 파괴 된다.
- 토피가 깊을 때 ($700 \sim 800\,m$ 이상) 와 경암에서 발생하는 경우가 많다.
- 같은 토피에서 Hornfels 에서는 적게 발생하고, 석영섬록암에서는 빈발한다.
- 균열이 있는 암반과 용수가 있는 암반에서는 발생하지 않는다.
- 지층의 방향 또는 절리나 절리 충진물 (seam) 과 관련성이 강하다.
- 볼트를 설치하면 인장응력이 억지되어 대개 중지된다.
- 비석은 크기는 다양하지만 모양이 납작하고 단순하며, 탈락한 뒤에는 원위치에 잘 들어맞지 않는다.

(2) 암파열의 발생조건

암파열은 암석의 특성과 강성 (하중-변위곡선의 경사) 및 주위암반에서 공급되는 에너지에 따라 다음 조건이 갖추어질 때에 발생한다.

- 암석이 Hooke 탄성체에 가깝고 큰 탄성에너지를 축적할 만큼 단단할 것.
- 지반응력이 파괴응력에 가깝고, 파괴 후 강성이 주변암반의 강성보다 클 것.
- 발파 등에 의해 국부적으로 파괴응력조건에 도달될 것.

압축상태 암체 내 작은 균열 주변에 인장응력이 발생되는데, 이는 Griffith 가 발견하였고, 이로부터 암파열이 인장응력에 의하여 발생함을 추정할 수 있다. 과거에는 압축강도에 대한 비토피압 (토피압/압축강도) 이 1/3 이상 ($\sigma_v \geq \sigma_{DF}/3$) 이 될 때에 암파열이 일어난다고 하였으나, 요즘에는 인장강도에 대한 비 토피압 (토피압/인장강도) 이 $0.1 \sim 0.4$ 일 때 ($\sigma_v \simeq (0.1 \sim 0.4)\sigma_{ZF}$) 도 발생되는 것이 알려졌다. 그런데 인장강도는 압축강도의 1/10 정도이므로, 압축응력에 의한 암파열 발생이 예상되는 토피압의 1/10 토피에서도 암파열이 일어날 수 있다.

(3) 암파열의 원리

암반표면의 오목한 곳에 응력이 집중되면 돌기부 뿌리에 인장응력이 발생되고 (그림 3.4.2), 그 크기는 곡저를 이은 선보다 원지반 쪽으로 약간 떨어진 곳에서 가장 크고 (Rice, 1968), 이 부분이 인장파괴 되면 돌기부가 튕겨져 나온다. 이러한 과정이 반복되어 점차로 돌기가 낮아지면 암파열은 중단된다. 암파열은 돌기높이 보다 초기 각도의 영향이 크고, 요철에 의한 인장응력이 최대가 되는 돌기각도는 약 36° 정도 이다. 파열되는 비석의 바로 뒤에는 다음 열로 이어질 잠재인장균열이 있고, 중앙에 균열이 있는 암편은 양단이 눌려져서 활처럼 휘어지다가 양단이 전단파괴 되면 휨 변형에너지가 일시에 개방되어 튕겨 나온다 (Terzaghi 1946, 그림 3.4.3).

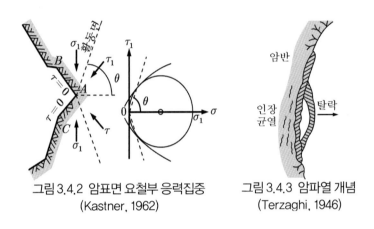

그림 3.4.2 암표면 요철부 응력집중 (Kastner, 1962)   그림 3.4.3 암파열 개념 (Terzaghi, 1946)

(4) 암파열 발생에너지

터널굴착으로 인해 응력이 집중되어 매우 큰 구속압을 받던 터널 주변의 지반은 자유롭게 변형되면 응력이 영이 되고, 전에 갖고 있던 변형에너지는 열에너지, 운동 에너지, 진동, 소리에너지 등으로 변환된다. Wang/Park (2001) 은 암파열 발생에너지 를 계산하여 암파열의 발생여부를 판정하였다.

응력 σ 가 작용하는 물체 (체적 V, 무게 W, 영율 E) 의 변형률은 $\epsilon = \sigma/E$ 이므로 **탄성변형에너지** W_e 는 파괴응력이 클수록, Young 율과 푸아송 비가 작을수록 크다. 변형에너지는 압축파괴 될 때는 주로 열에너지나 균열발생에너지로 변환되고, 인장 이나 전단파괴 될 때에는 운동이나 진동에너지로 변환된다.

$$W_e = \frac{V\sigma^2}{2E} \tag{3.4.4}$$

파열되어 초기속도 v_o 로 튀어나오는 암편 (질량 m) 의 운동에너지는 다음과 같고,

$$\frac{1}{2}mv_0^2 = \frac{1}{2}\left(\frac{\rho V}{g}\right)v_0^2 \tag{3.4.5}$$

수평으로 튀어나온 물체의 궤적은 (공기저항을 무시하면) 다음과 같다.

$$y = \frac{1}{2} g\, v_0^2\, x^2 \tag{3.4.6}$$

심도가 깊어서 발생되는 압축응력이 압축강도를 초과하여 일어나는 암석파괴는 둥근 모양으로 급격히 일어나지만 암편이 튀어나오지 않는다. 암반강도가 균일하면 전체가 파괴되어 에너지가 일시에 개방되고, 강도에 편차가 있으면 취약한 곳부터 국부파괴 되어 에너지가 서서히 개방된다. 점진적으로 항복하는 지반에서는 에너지가 개방될 때에 작은 균열이 발생되어 지반이 이완되며, 암파열은 일어나지 않는다.

암파열의 발생여부는 암석의 하중-변위곡선 (그림 3.4.4) 의 항복 후 (FR 곡선) 하향경사와 원지반 응답곡선 (FS 곡선) 의 경사를 비교하여 판단할 수 있다. 암석의 항복 후 강성 (FR의 기울기) 이 암반의 강성 (곡선 FS의 기울기) 보다 커서 주위 암반에서 공급되는 에너지 (면적 AFSB) 가 파괴진행에 필요한 에너지 (면적 AFRB) 보다 크면, 그 차이 (음영면적 FSR) 가 암석파편의 운동에너지나 암반의 진동에너지가 된다.

강도가 작은 암반은 소성변형거동하므로 암파열이 발생되지 않지만, 인장응력에 의해 미세균열이 발생되고 이 균열이 다시 다음 균열로 이어지는 거동이 반복되면, 대규모 지반이완이 유발되므로 암파열이 발생될 때에 견줄 만큼 터널굴착이 어렵다.

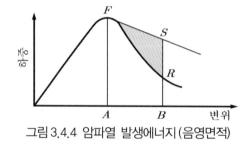

그림 3.4.4 암파열 발생에너지 (음영면적)

4.1.3 팽창압

터널 주변지반의 팽창에 대항하여 지보공이 받는 압력을 팽창압이라 한다. 지반은 응력변화나 흡수 또는 수화작용에 의해 팽창되며, 수화작용에 의한 팽창이 가장 크다. 팽창성 암석이나 점토광물을 많이 함유한 암석은 물과 접촉되면 수화작용이 일어나서 팽창하며, 팽창압은 최대 $10 \sim 20\, bar$ 에 이른다. 지반이 팽창되면 강도가 작아진다. 터널굴착으로 인해 응력이 해방되면 주변지반이 팽창되어 간극의 부피가 커지며, 이에 따라 간극수압이 작아져서 주변지반으로부터 물이 흡수되어 지반의 함수량과 부피가 커진다. 공기중 습기에 의해서도 지반이 팽창하나 그 영향은 미약하다.

4.2 터널굴착에 의한 이차응력

터널을 굴착하면 지반 내 초기응력이 재편되어서 지보공이나 굴착면에 작용하는 응력이 변하는데 이를 이차응력 (secondary stress) 이라 한다.

터널 주변지반의 이차응력-변형 상태는 지반을 균질한 등방성 매체로 가정하고 지반자중 대신 이에 상응하는 응력장을 지반경계에 작용시키고 **탄성 (4.2.1 절)** 및 **탄소성 (4.2.2 절)** 이론을 적용하여 평형 및 적합조건을 만족하는 (이론) 해를 구하여 평가할 수 있다. 이론해석결과는 간단한 현장검토나 수치해석결과의 검증수단으로 는 유용하지만, 실제설계에 사용할 때에는 주의가 필요하다. 등방압 하에서 지반과 지보공의 상호거동 **(4.2.3 절)** 에 의한 변형은 반경방향 변형률을 적분해서 구한다.

탄성이론과 탄소성이론을 적용한 터널해석은 제 5 장과 6 장에서 상세히 다루므로 여기에서는 가장 단순한 경우 즉, 등방압상태 원형터널에 대한 이론만을 제시한다.

4.2.1 탄성상태 이차응력과 변위

터널 굴착 후 주변지반 내 축차응력이 한계상태를 초과하지 않으면, 지반이 탄성 상태를 유지하여 지보하지 않더라도 터널이 안정하다. 이 경우에 대해서는 제 5 장 에서 상세히 다룬다. 연직 및 수평방향 초기응력이 일정 (constant) 한 탄성상태의 균질한 등방성 지반에 굴착한 원형터널 주변지반의 응력과 변형은 **Kirsch** 의 해를 이용하여 계산한다. 지반이 등방압상태일 경우에는 두꺼운 관에 대한 **Lame** 의 해를 이용하여 주변지반의 응력을 구할 수 있다.

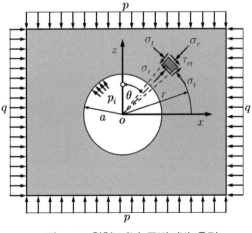

그림 3.4.5 원형 터널 주변지반 응력

1) Kirsch 의 해

탄성체에 굴착한 평면변형률상태 원형터널 주변지반의 응력과 변형은 극좌표 (r, θ) 에 대한 Kirsch 해를 이용하여 계산할 수 있다 (그림 3.4.5). 경계조건을 고려한 엄밀해 (Mindlin, 1939) 와 비교하면 Kirsch 해는 토피가 직경의 4 배 이상일 때에 유효하다.

(1) 주변지반의 응력과 변위

터널이 충분히 깊으면 $(H_t > \cdots > r)$, 초기응력이 깊이에 선형 비례증가하지 않고 상수 $(\sigma_o = \sigma_v = \gamma H_t, \; \sigma_h = K \gamma H_t \;)$ 라고 가정하고 해를 구할 수 있다. 터널주변지반의 이차응력과 터널의 거동은 초기 연직응력 (토피압력) σ_v 와 측압계수 K (수평과 연직응력의 비 $K = \sigma_h/\sigma_v$ 또는, 최소주응력과 최대주응력의 비 $K = \sigma_3/\sigma_1$) 에 의존한다.

터널 주변지반의 응력과 변위는 비등방성 응력장 $(K \neq 1.0)$ 에서 다음과 같고,

$$\sigma_r = \frac{1}{2}\sigma_v \left\{ (1+K)\left(1 - \frac{a^2}{r^2}\right) - (1-K)\left(1 - 4\frac{a^2}{r^2} + 3\frac{a^4}{r^4}\right)\cos 2\theta \right\}$$

$$\sigma_t = \frac{1}{2}\sigma_v \left\{ (1+K)\left(1 + \frac{a^2}{r^2}\right) + (1-K)\left(1 + 3\frac{a^4}{r^4}\right)\cos 2\theta \right\}$$

$$\tau_{rt} = \frac{1}{2}\sigma_v \left\{ (1-K)\left(1 + 2\frac{a^2}{r^2} - 3\frac{a^4}{r^4}\right)\sin 2\theta \right\} \tag{3.4.7}$$

$$u_r = -\frac{1}{2}\sigma_v \frac{a^2}{r} \frac{1+\nu}{E} \left[(1+K) - (1-K)\left\{ 4(1-\nu) - \frac{a^2}{r^2} \right\}\cos 2\theta \right]$$

$$u_t = -\frac{1}{2}\sigma_v \frac{a^2}{r} \frac{1+\nu}{E} \left[(1-K)\left\{ 2(1-2\nu) + \frac{a^2}{r^2} \right\}\sin 2\theta \right]$$

등방성 응력장 $(K = 1)$ 에서는 다음이 되어 반경 r 만의 함수이고 (Fenner, 1938),

$$\sigma_r = \sigma_o \left(1 - \frac{a^2}{r^2}\right)$$

$$\sigma_t = \sigma_o \left(1 + \frac{a^2}{r^2}\right)$$

$$\tau_{rt} = 0 \tag{3.4.8}$$

$$u_r = -\sigma_o \frac{a^2}{r} \frac{1+\nu}{E}$$

$$u_t = 0$$

무한히 먼 곳 $(r \to \infty)$ 의 응력 (식 3.4.7) 은 초기응력이 된다.

$$\sigma_r = \frac{\sigma_v}{2}\{(1+K)-(1-K)\cos2\theta\}$$

$$\sigma_t = \frac{\sigma_v}{2}\{(1+K)+(1-K)\cos2\theta\}$$

$$\tau_{rt} = -\frac{\sigma_v}{2}(1-K)\sin2\theta \tag{3.4.9}$$

(2) 굴착면의 응력과 변위

굴착면의 접선응력 (식 3.4.7 에서 $r=a$ 인 경우) 과 반경 및 전단응력은 다음과 같다.

$$\sigma_t = \sigma_v\{(1+K)+2(1-K)\cos2\theta\} \tag{3.4.10}$$

$$\sigma_r = 0$$

$$\tau_{rt} = 0$$

탄성 상태에서 등방압이 아니면 $(K \neq 1)$, 원형 굴착면 반경응력이 영 $(\sigma_r = 0)$ 이다.

접선응력은 천단 $(\theta = \pi)$ 과 바닥 $(\theta = 0)$ 및 측벽 $(\theta = \pi/2)$ 에서 다르고,

천단/바닥 : $\sigma_t = \sigma_v(3K-1)$

측벽   : $\sigma_t = \sigma_v(3-K)$ (3.4.11)

$K < 1/3$ 이면 인장상태 $(\sigma_t < 0)$ 이고, 측압이 커지면 급히 증가하여 압축상태가 되며, $K = 2$ 이면 초기 연직응력의 5 배 $(5\sigma_v)$ 까지 증가한다.

터널의 측벽에서는 접선응력이 압축응력이며, 측압이 매우 작을 때에는 $(K \to 0)$, 초기 연직응력의 3 배 $(3\sigma_v)$ 까지 증가하고, $K = 2$ 일 때에는 초기 연직응력과 같아진다 $(\sigma_t = \sigma_v)$.

터널의 측벽에서는 수평 (반경) 응력이 영 $(\sigma_r = 0)$ 이고, 연직 (접선) 응력 σ_t 만 작용하여 일축압축상태이므로, 접선응력 σ_t 가 압축강도 σ_{DF} 보다 클 때에는 $(\sigma_t > \sigma_{DF})$, 측벽 배후지반이 전단파괴 되어 터널이 불안정해진다. 접선응력은 측압계수 K 에 따라 표 3.4.2 와 같고, 등방압력 $(K = 1.0)$ 에서는 축대칭 상태가 된다.

표 3.4.2 측압계수에 따른 원형터널 굴착면의 접선응력 σ_t 의 크기

측압계수 K	0	0.5	1.0	2.0
측 벽	$3\sigma_v$	$2.5\sigma_v$	$2.0\sigma_v$	σ_v
천단, 바닥	$-\sigma_v$	$0.5\sigma_v$	$2.0\sigma_v$	$5.0\sigma_v$

2) Lame 의 해

등방압 상태 ($K=1$) 터널 주변지반의 응력은 외압 p_a 보다 작은 내압 p_i 가 작용하는 두꺼운 탄성 관 (내경 r_i, 외경 r_a) 에 대한 해를 적용해서 구할 수 있다 (Seeber, 1999).

$$\sigma_r = \frac{p_a r_a^2 - p_i r_i^2}{r_a^2 - r_i^2} - \frac{p_a - p_i}{r_a^2 - r_i^2}\frac{r_i^2 r_a^2}{r^2}$$

$$\sigma_t = \frac{p_a r_a^2 - p_i r_i^2}{r_a^2 - r_i^2} + \frac{p_a - p_i}{r_a^2 - r_i^2}\frac{r_i^2 r_a^2}{r^2} \qquad \textbf{(3.4.12)}$$

$$\tau_{rt} = 0$$

무한히 두꺼운 관 ($r_a \to \infty$) 의 외주면에 작용하는 응력은 초기응력에 근접하므로 ($p_a \to \sigma_o$), 위 식에 터널반경 $a=r_i$ 를 대입하면 내압 p_i 가 작용하는 터널 주변지반의 응력을 구할 수 있고,

$$\sigma_r = \sigma_o\left(1 - \frac{a^2}{r^2}\right) + p_i\frac{a^2}{r^2} = \sigma_o - (\sigma_o - p_i)\frac{a^2}{r^2}$$

$$\sigma_t = \sigma_o\left(1 + \frac{a^2}{r^2}\right) - p_i\frac{a^2}{r^2} = \sigma_o + (\sigma_o - p_i)\frac{a^2}{r^2} \qquad \textbf{(3.4.13)}$$

$$\tau_{rt} = 0$$

위 식에서 내압 (지보압) p_i 가 초기응력 σ_o 보다 작으면, r 에 따라 반경응력 σ_r 은 증가하고 접선응력 σ_t 는 감소하여 터널 주변지반의 응력분포는 그림 3.4.6 과 같다. 내압이 작용하지 않으면 ($p_i = 0$), 식 (3.4.8) 과 같아진다.

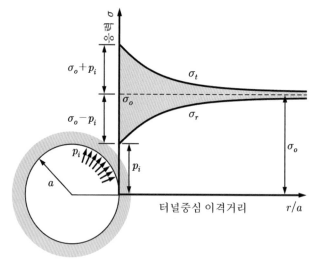

그림 3.4.6 선형탄성 지반에서의 응력분포

4.2.2 탄소성 상태 이차응력과 변위

터널굴착 후 (축차응력이 한계상태를 초과하여 소성상태가 되는) 소영역이 굴착면 배후의 일정한 범위 (탄소성경계) 지반에 형성될 수 있으며, 이는 소성유동조건으로 판정할 수 있고, 이 경우에 대해서는 제 6 장에서 상세히 다룬다. 소성역의 형상과 크기는 토피압력과 측압계수에 의해 결정된다.

소성역의 응력은 소성역에서는 내부 저항력이 전부 발휘되고, **Mohr** 항복조건이 적용되며, 항복 이후에 이상 소성거동한다고 가정하고 Kastner 의 이론식으로 계산한다. 소성역의 외부 즉, 탄성역의 응력은 탄성 상태 터널에 대한 식으로 계산한다. 소성역과 탄성역의 경계 (탄소성 경계) 는 소성식과 탄성식에 의한 응력이 같다는 관계로부터 구할 수 있다. 굴착면에서는 접선응력이 최대 주응력이고 반경응력이 영이어서 측벽은 일축응력상태가 되므로, $K = 0$ 이면 (초기연직응력의 3 배까지 커지는) 최대 주응력이 압축강도를 초과하면 파괴 된다. 천단과 바닥에서는 측압이 작으면 ($K < 0.3$) 인장상태가 되어 절리가 벌어지고 암석블록이 탈락된다.

굴착면을 반경방향으로 지보하면 **지보압**이 반경응력이 되어 소성역이 작아지고, Mohr 응력원이 파괴포락선에 접한 상태로 커지므로 최대주응력이 압축강도를 초과해도 파괴되지 않을 수 있다. 굴착면이 탄소성경계이면, 지반이 소성화되지 않는다.

1) 소성역의 형성

터널굴착 후 일정범위 내 주변지반에서 축차응력이 한계상태를 초과하면, 지반이 소성화 되어 응력변화가 없어도 변형이 발생하는 소성변형 (소성유동) 이 발생하며, 이 영역 ($a < r < R_p$) 을 소성역이라고 한다. 소성역의 발생여부는 소성유동조건으로 판정하고, 소성역의 형상과 크기는 토피압력과 측압계수에 의해 결정된다.

(1) 소성역 형성조건

Kastner 는 파괴상태에서 내부 활동저항력 (점착력과 내부마찰력) 이 전부 가동된다고 생각하고, Mohr-Coulomb 파괴조건을 적용하여 소성조건식을 유도하였다.

축차응력 (최대주응력 σ_t 과 최소주응력 σ_r 의 차) 은 식 (3.4.13) 에서 다음이 되며 (p_i 는 내압, p_o 는 초기응력), 한계상태를 초과하지 않으면 탄성상태로 간주한다.

$$\sigma_t - \sigma_r = 2(\sigma_o - p_i)\frac{a^2}{r^2} \tag{3.4.14}$$

축차응력의 한계상태는 Mohr 응력원으로부터,

$$\sigma_t - \sigma_r = (\sigma_t + \sigma_r)\sin\phi + 2c\cos\phi \qquad (3.4.15)$$

이고, 이 식을 정리하면 (σ_{DF} 는 일축압축강도) 다음이 된다.

$$\sigma_t - \frac{1+\sin\phi}{1-\sin\phi}\sigma_r - \sigma_{DF} = 0 \qquad (3.4.16)$$

위 식에서 둘째 항의 계수 $\dfrac{1+\sin\phi}{1-\sin\phi}$ 는 Rankine 의 수동토압계수 K_p 와 (우연히) 모양이 같으며, Kastner 는 이를 ξ 로 나타내었고 소성조건식은 다음이 된다.

$$\sigma_t - \xi\sigma_r - \sigma_{DF} = 0 \qquad (3.4.17)$$

(2) 소성역의 형상과 크기

소성역의 형상과 크기는 토피압력과 측압계수에 따라 다르게 발생한다.

① 토피압의 영향 :

소성역은 토피압력이 작으면 초생달 모양으로 측벽에 형성되고, 토피압력이 크면 혓바닥 모양으로 어깨부에 형성된다. 천단과 바닥에서 소성파괴된 지반의 자중은 터널에 하중으로 작용할 수 있다 (그림 3.4.7).

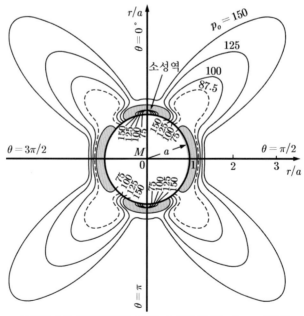

그림 3.4.7 토피압력에 따른 소성영역 (Kastner, 1962)

(측압계수 $K = 0.2$, 토피압력 $p_o = 75, 100, 125, 150\ kgf/cm^2$)

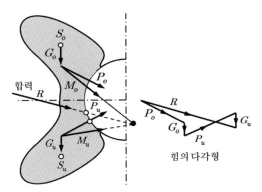

그림 3.4.8 측벽 배후지반의 파괴 (Kastner, 1962)

토피압력이 커질수록 소성영역이 어깨부 배후지반 내로 깊게 형성되고, 소성영역 지괴가 활동면을 따라 측벽을 향하여 움직인다. 이때 자중 (G_o, G_u) 과 반경방향 힘 (P_o, P_u) 의 합력은 수평축보다 약간 아래로 작용하기 때문에 수평축에 대칭인 굴착면 에서도 실제 파괴는 측벽하부 1/3 지점에서 일어난다 (그림 3.4.8).

② **측압계수의 영향 :**

Kastner 는 소성역 $(\xi = \sigma_o / \sigma_{DF} > 1.0$ 영역) 에서 지반이 이상적으로 소성거동한다 가정하고 소성역의 형상을 계산하고, 그 크기를 응력수준 (토피압 크기) 과 지반강도로 부터 결정하였다. 소성역은 등압조건 $(K = 1.0)$ 에서는 굴착면 주변에 링 모양으로 형성되고, 측압계수가 **1.0** 보다 작으면 $(K < 1.0)$ 나비모양으로 터널 어깨 (45°) 에서 깊게 형성된다 (그림 3.4.9).

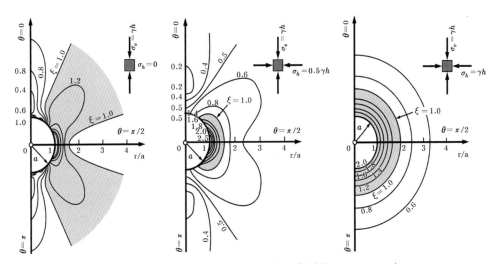

그림 3.4.9 측압계수에 따른 소성역의 형상 (Kastner, 1962)

2) 소성역내 응력과 변위

터널 주변지반이 소성화 되어 응력변화 없이도 변형이 발생하는 영역 $(a < r < R_p)$ 을 소성영역이라 한다. 소성영역에 대해서는 Fenner (1938) 가 최초로 언급하였으며, Kastner (1952, 1962) 가 설계에 적용할 수 있는 이론식을 개발하였고, Amberg (1974) 등이 더욱 발전시켰다.

(1) 소성역의 응력

지반은 내부 저항력이 완전히 가동되고, 항복 후에는 이상소성거동 (소성유동) 하며, Mohr 의 항복식이 적용되고 파괴포락선은 직선이라고 가정한다.

① 무지보상태 응력

지반의 한계상태응력 (식 3.4.15) 을 반경방향 평형식에 적용하고 적분하면 소성역 내 응력을 구할 수 있다.

$$\sigma_r = c\cot\phi\,(r/a)^{K_p-1} - c\cot\phi$$
$$\sigma_t = K_p\,c\cot\phi\,(r/a)^{K_p-1} - c\cot\phi \tag{3.4.18}$$

② 지보상태 응력

굴착면을 반경방향으로 지보하면, 반경응력은 지보압 p_i 와 같아지고 소성영역이 작아진다. 소성영역의 변화에 따른 지반응력은 그림 3.4.10 과 같다. 소성역내 응력은 지보압에 의해 증가되지만, 탄성역내 응력은 지보압에 무관하다 (그림 3.4.11). 탄성 상태에서 $K \neq 0$ 이면 지반응력과 지보압을 중첩시킬 수 있다.

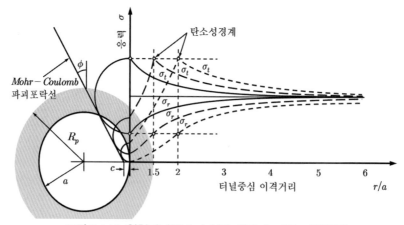

그림 3.4.10 원형터널주변 소성역 확장에 따른 지반응력

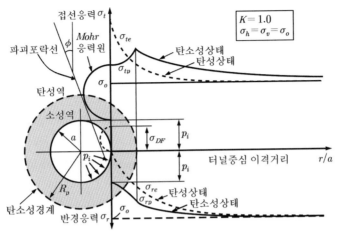

그림 3.4.11 원형터널주변의 이차응력과 지보저항력 p_i (Kastner, 1962)

지반의 한계상태 식 (3.4.15) 를 반경방향 평형식에 적용하고 적분한 후에, 굴착면 압력으로 내압 p_i 를 적용하면 소성역내 응력을 구할 수 있고,

$$\sigma_r = (p_i + c \cot\phi)(r/a)^{K_p - 1} - c \cot\phi$$
$$\sigma_t = K_p (p_i + c \cot\phi)(r/a)^{K_p - 1} - c \cot\phi \tag{3.4.19}$$

비점착성 $(c = 0)$ 지반에서는 다음이 된다.

$$\sigma_r = p_i (r/a)^{K_p - 1}$$
$$\sigma_t = K_p p_i (r/a)^{K_p - 1} \tag{3.4.20}$$

Kastner 는 식 (3.4.19) 의 $c \cot\phi$ 를 지반의 일축압축강도 σ_{DF} 와 지반정수로 대체한 σ_{DF}/m 를 적용하고 소성역내 응력을 구하였다. 지반정수는 소성역과 탄성역에서 동일하고, 무지보 굴착면 $(r = a)$ 의 지보저항력과 반경응력이 같다 (단, $m = K_p - 1$).

$$\sigma_r = (p_i + \sigma_{DF}/m)(r/a)^m - \sigma_{DF}/m$$
$$\sigma_t = K_p (p_i + \sigma_{DF}/m)(r/a)^m - \sigma_{DF}/m \tag{3.4.21}$$

Amberg/Rechsteiner (1974) 는 식 (3.4.19) 에서 $c \cot\phi$ 를 $c_a = c \cot\phi$ 로 대체하여 소성역내 응력을 계산하였다. 탄성역에는 최대 강도정수를 적용하고, 소성역에는 등체적변형한다 생각하고 궁극강도정수 $(c_r < c , \; \phi_r < \phi)$ 를 적용하였다.

$$\sigma_r = (p_i + c_a)(r/a)^m - c_a$$
$$\sigma_t = K_p(p_i + c_a)(r/a)^m - c_a \tag{3.4.22}$$

Seeber (1976) 는 접선응력과 반경응력 외에 길이방향응력 σ_l 을 구하였다.

$$\sigma_l = \nu\{(1 + K_p)(p_i + c \cot\phi)(r/a)^m - 2c \cot\phi\} \tag{3.4.23}$$

(2) 소성역의 변위

소성역의 변형은 굴착면에 전달되어 굴착면을 변형시킨다. 소성역의 변형에 대해 여러 가지 이론들이 제시되어 있다.

소성역 지반은 등체적 변형하여 탄성역의 변형을 굴착면에 전달하는 역할을 한다는 이론 (Majer 이론) 과 소성영역에서 절리 등이 새로이 발생되거나 벌어지고 지반이 전단파괴 되면서 부피가 팽창한다는 이론 (Amberg 이론) 및 소성영역에서 지반이 변형되고 반경응력이 감소함으로 인하여 변위가 발생된다는 이론 (Seeber 이론) 등이 제시되어 있다.

① Majer 이론

Majer 는 탄소성 경계 외부에 있는 탄성역의 변형은 탄소성경계를 통해 소성역에 전달되고 (소성역 지반이 등체적 변형하므로) 이어서 굴착면에 그대로 전달되어 굴착면 변위를 발생시킨다고 생각하였다. 이때 탄소성 경계의 변위는 탄소성경계 와 굴착반경의 비 만큼 증가되어 굴착면 변위로 나타난다.

② Amberg 이론

Amberg 등 (1974) 은 소성역의 응력변화뿐만 아니라 소성역의 부피증가로 인해 굴착면 변위가 발생된다고 생각하였다. 소성역의 응력변화에 의한 내공변위 $u_{ap\sigma}$ 는 궁극 강도정수 $(c_r < c, \; \phi_r < \phi)$ 를 적용하여 계산하였고, 소성역 지반의 부피증가 (변체적 변형) 로 인한 내공변위 u_{apV} 는 체적변화량 ΔV 를 적용하여 구하였다.

$$u_{ap\sigma} = \frac{1-\nu-2\nu^2}{E_{pl}}\left\{(\sigma_o + c\cot\phi)(R_p^2 - r) + (p_i + c\cot\phi)\left(r^{K_p} - \frac{R^{K_p}}{r}\right)a^{1-K_p}\right\}$$

$$u_{apV} = \frac{\Delta V}{2}\left(\frac{R_p^2}{a} - a\right) \tag{3.4.24}$$

③ Seeber 이론

Seeber (1976) 는 소성역내에서는 지반변형에 의한 굴착면 변위 u_{apd} 와 반경 및 길이방향 응력이 초기응력보다 작아짐으로 인하여 굴착면 변위 $u_{ap\sigma}$ 및 u_{rpl} 가 발생된다 생각하고, 소성역의 응력을 적분하여 변위를 구하였으며, 적분경계는 터널 굴착 영향권 (토피고 또는 탄소성 경계의 2 배) 으로 하였다. 이때에 탄성역과 소성역 에서 각기 다른 탄성계수와 지반정수를 적용하였다.

- 소성역내 지반변형에 의한 변위는 접선응력 σ_t 가 초기응력 σ_o 보다 큰 경우 ($a \leq r < R_1$)에는 변형계수 V_{pl} 을 적용하고, 작은 경우 ($R_1 \leq r < R_p$)에는 탄성계수 E_{pl} 를 적용하여 계산한다. 터널의 반경응력 σ_r 과 길이방향 응력 σ_l 은 언제나 초기응력보다 작으므로 ($\sigma_r < 0$, $\sigma_l < 0$), 탄성계수 E_{pl} 을 적용하여 계산한다 (R_1 은 응력이 초기응력과 같은 깊이).

$$u'_{apd} = \frac{\nu_{pl}}{E_{pl}}\left\{(\sigma_o + c\cot\phi)(a - R_1) - (p_i + c\cot\phi)a\left(1 - \frac{R_1^{K_p}}{a^{K_p}}\right)\right\} \qquad (a \leq r < R_1)$$

$$u''_{apd} = \frac{\nu_{pl}}{V_{pl}}\frac{R_1}{a}\left\{(\sigma_o + c\cot\phi)(R_1 - a) - (p_i + c\cot\phi)a\left(\frac{R_1^{K_p}}{a^{K_p}} - \frac{R_p^{K_p}}{a^{K_p}}\right)\right\}(R_1 \leq r < R_p)$$

$$(3.4.25)$$

- 소성역내 반경 및 길이방향 응력이 초기응력보다 작아짐으로 인해 발생되는 변위 $u_{ap\sigma}$ 및 u_{apl} 는 $R_p \to a$ 까지 적분하여 구한다.

$$u_{ap\sigma} = \frac{1}{E_{pl}}\left\{(R_p - a)(\sigma_o + c\cot\phi) - \frac{1}{K_p}(p_i + c\cot\phi)a\left(\frac{R_p^{K_p}}{a^{K_p}} - 1\right)\right\} \qquad (3.4.26)$$

$$u_{apl} = \frac{\nu_{pl}^2}{E_{pl}}\left\{2(\sigma_o + c\cot\phi)(R_1 - a) + \left(\frac{1}{K_p} + 1\right)a(p_i + c\cot\phi)\left(1 - R_1^{K_p}/a^{K_p}\right)\right\}$$

3) 탄성역내 응력과 변위 ($R_p \leq r < \infty$)

소성역의 외부 즉, 탄성역의 응력은 탄성상태에 대한 식 (3.4.13) 에 터널 굴착면 (내경 a 와 내압 p_i) 대신 탄소성 경계 (반경 R_p 와 반경응력 σ_{Rp}) 를 적용하여 구한다.

$$\sigma_r = \sigma_o - (\sigma_o - \sigma_{Rp})R_p^2/r^2$$
$$\sigma_t = \sigma_o + (\sigma_o - \sigma_{Rp})R_p^2/r^2 \qquad (3.4.27)$$

탄성역의 응력에 의한 내공변위는 다음과 같고,

$$u'_{re} = \frac{R_p}{E_{el}}(\sigma_o - \sigma_{Rp})\left(\frac{R_p}{a} - 1\right)$$

$$u'_{te} = \frac{R_p}{V_{el}}(\sigma_o - \sigma_{Rp})\left(1 - \frac{R_p}{a}\right) \qquad (3.4.28)$$

소성역 지반이 등체적 변형하면 다음 크기로 굴착면 변위를 유발한다.

$$u_{rae} = u'_{re}R_p/a$$
$$u_{tae} = u'_{te}R_p/a \qquad (3.4.29)$$

4) 탄소성 경계 $(r = R_p)$

탄성역과 소성역의 경계 (탄소성 경계) 에서는 탄성식과 소성식이 모두 성립되므로 소성식과 탄성식으로 구한 반경응력이 같다고 놓으면 탄소성 경계를 구할 수 있다.

탄성역내 반경응력에 대한 식 (3.4.27) 에 $r = R_p$ 를 대입하여 $\sigma_t - \sigma_r$ 과 $\sigma_t + \sigma_r$ 을 구한 후 한계상태 식 (3.4.15) 에 대입하면 탄소성 경계 응력 σ_{R_p} 는 다음이 되고,

$$\sigma_r = \sigma_{Rp} = \sigma_o(1 - \sin\phi) - c\cos\phi \tag{3.4.30}$$

이는 소성역내 반경응력 (식 3.4.19) 에 $r = R_p$ 을 적용한 다음 식과 같다.

$$\sigma_r = (p_i + c\cot\phi)\left(\frac{R_p}{a}\right)^{K_p - 1} - c\cot\phi \tag{3.4.31}$$

따라서 위 두 식으로부터 탄소성 경계 R_p 를 구할 수 있고,

$$R_p = a\left\{\frac{\sigma_o(1 - \sin\phi) - c(\cos\phi - \cot\phi)}{p_i + c\cot\phi}\right\}^{\frac{1}{K_p - 1}} \tag{3.4.32}$$

비점착성 지반 $(c = 0)$ 에서는 다음 식이 된다.

$$R_p = a\left\{\frac{\sigma_o(1 - \sin\phi)}{p_i}\right\}^{\frac{1}{K_p - 1}} = a\left(\frac{2}{K_p + 1}\frac{\sigma_o}{p_i}\right)^{\frac{1}{K_p - 1}} \tag{3.4.33}$$

소성역내 반경응력을 식 (3.4.19) 대신 Kastner 의 식 (3.4.21) 을 적용하여 탄성역과 소성역에서 동일한 지반정수를 적용해서 탄소성 경계 R_p 를 구할 수 있다.

$$R_p = a\left\{\frac{2}{K_p + 1}\frac{\sigma_o(K_p - 1) + \sigma_{DF}}{p_i(K_p - 1) + \sigma_{DF}}\right\}^{\frac{1}{K_p - 1}} \tag*{*(3.4.34)}$$

Amberg 에 따라 탄성역에는 최대 강도정수 (c 와 ϕ) 를 적용하고, 소성역에는 궁극 강도정수 ($c_r < c$, $\phi_r < \phi$) 를 적용하면 탄소성 경계 R_p 는 다음이 된다.

$$R_p = a\left\{\frac{(\sigma_o + c_r\cot\phi_r) - (\sigma_o + c_e\cot\phi_e)\sin\phi_e}{p_i + c_r\cot\phi_r}\right\}^{\frac{1}{K_p - 1}} \tag{3.4.35}$$

터널굴착에 의하여 주변지반에 형성되는 탄소성 경계 R_p 는 터널의 토피고 H_t 가 커질수록, 지반 전단강도정수 (점착력 c 와 내부마찰각 ϕ) 가 작을수록, 그리고 지보압 p_i 가 작을수록 크게 형성된다 (그림 3.4.12).

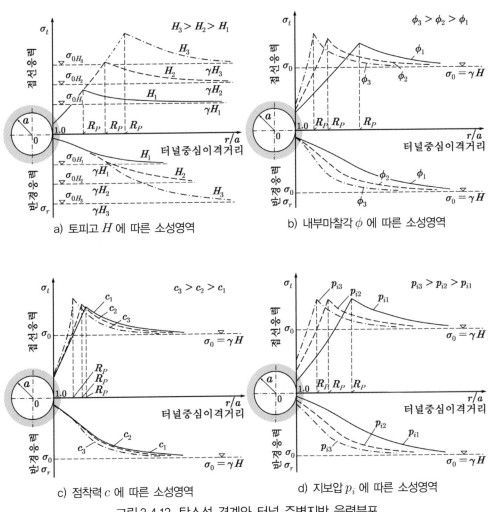

a) 토피고 H에 따른 소성영역

b) 내부마찰각 ϕ에 따른 소성영역

c) 점착력 c에 따른 소성영역

d) 지보압 p_i에 따른 소성영역

그림 3.4.12 탄소성 경계와 터널 주변지반 응력분포

5) 굴착면 응력과 변위

터널 굴착면 주변지반에서는 접선방향 응력이 최대 주응력이고 길이방향 응력은 중간주응력이며, 반경방향 응력이 최소 주응력이 되어 굴착면은 터널 내공방향으로 변형된다. 굴착면의 반경방향 변위 즉, 내공변위는 배후 지반의 변형이 모아져서 나타나며, 터널주변에 소성역이 형성될 때는 전단파괴에 수반되는 부피변화에 의해서도 발생된다. 터널은 평면변형률상태이므로 터널길이 방향의 응력 즉, 중간주응력에 의해서도 내공변위가 발생될 수 있다.

(1) 굴착면 응력

무지보 상태 굴착면의 측벽은 일축응력상태이어서 접선응력이 일축압축강도 σ_{DF} 보다 작으면 안정하다. 측벽의 접선응력은 측압이 작을수록 커지며, 일축압축강도를 초과하면 ($\sigma_t > \sigma_{DF}$) 수평에 대해 $45^o + \phi/2$ 경사로 전단 파괴면이 형성되면서 측벽이 파괴 되어 배후지반으로 전파된다. 지반에 강도가 작은 절리 등 불연속면이 있으면, 불연속면에 변위가 집중되어 약간 (수 mm) 의 상대변위에도 순식간에 파괴된다.

굴착면 천단과 바닥에서 접선응력이 인장이면, 콘크리트 라이닝에 균열이 발생된다. 압축응력이 압축강도보다 작고, 인장응력이 이차적으로 발생된 압축응력 보다 작으면 응력장을 탄성적으로 중첩할 수 있다. 측압이 작으면 ($K < 0.3$) 천단과 바닥에서 인장응력 (최대 $-\sigma_v$) 이 발생되어, 절리가 벌어지고, 천단상부에 경사절리가 있으면 천단에서 암석쐐기가 탈락된다 (그림 3.4.13). 이런 현상은 절리가 열려져서 측압이 거의 영 ($K \simeq 0$) 이고, 토피가 작은 터널에서 절리·편리의 경사가 급하면 두드러진다.

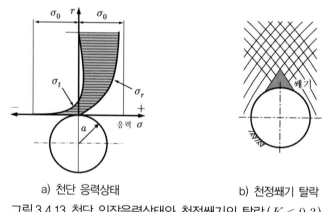

a) 천단 응력상태   b) 천정쐐기 탈락

그림 3.4.13 천단 인장응력상태와 천정쐐기의 탈락 ($K < 0.3$)

(2) 굴착면 변위

터널을 굴착하면 주변지반 응력상태가 굴착 전 (삼축압축상태) 과 굴착 후 지보설치 전 굴진면 부근 (돔형응력상태) 및 지보설치 후 지보공 배후 (평면변형률 상태) 에서 삼축압축응력 - 돔형응력 - 평면변형률상태로 변하면, 굴착면 변위가 발생한다.

터널 굴착면 변위는 주변지반의 응력변화에 의한 변형뿐만 아니라 길이방향 중간 주응력의 변화에 의해서도 발생되고, 지반이 전단파괴 되거나, 절리가 새로 생기거나 벌어져서 지반의 부피가 팽창할 때에도 발생할 수 있다.

Majer 는 탄소성 경계의 외부에 있는 **탄성역의 응력변화**에 기인한 변형에 의해 굴착면 변위가 발생된다고 생각하였고, Amberg 는 탄성역과 소성역의 응력변화에 의한 변형은 물론 소성역 부피증가에 의해서도 굴착면 변위가 발생된다고 하였다.

Seeber (1976) 는 굴착면의 변위는 탄성역과 소성역의 응력변화와 소성역내 반경 응력의 감소 및 터널 길이방향의 응력변화에 의해 발생된다고 생각하였다.

① Majer 방법

Majer 는 탄소성 경계의 외부에 있는 **탄성역** 지반의 **변형**에 의해 굴착면 변위가 발생된다고 생각하였다. 즉, **탄성역** 지반의 **탄성변형**에 의해 탄소성 경계가 변형되고 **탄소성 경계 변위** u_{R_p} 는 (소성역 지반이 등체적 변형하므로) 탄소성경계와 굴착반경 의 비에 따라 굴착면에 전달되어 굴착면 **변위**를 발생시킨다.

$$u_{R_p} = \frac{1+\nu}{E} \frac{R_p^2}{a} (\sigma_o - \sigma_{R_p})$$
(3.4.36)

이고, 등체적 변형 $(\epsilon_r + \epsilon_t = 0)$ 하는 지반에서는 굴착면과 탄소성경계의 반경비로 증가된 크기로 굴착면에 전달되어 굴착면 변위 u_a 를 발생시킨다.

$$u_a = u_{R_p} R_p / a$$
(3.4.37)

② Amberg 방법

Amberg 는 주변지반 즉, 탄성역과 소성역의 **응력변화**뿐만 아니라 소성역의 부피 증가로 인해 굴착면 변위가 발생된다고 생각하고, 탄성역에서는 최대강도 지반정수 (c 와 ϕ) 를 적용하고, 소성역에는 궁극강도 지반정수 ($c_r < c$, $\phi_r < \phi$) 를 적용하였다.

굴착면의 변위 u_a 는 주변지반의 **응력변화**에 기인한 탄성역의 변위 u_{ae} 와 소성역 의 변위 $u_{ap\sigma}$ 외에 소성역의 (절리 벌어짐 등에 의한) 부피증가로 인한 변위 u_{apV} 의 합이다. 이때 소성역의 부피증가로 인한 변위 u_{apV} 는 부피증가 ΔV 로부터 구한다.

$$u_a = u_{ae} + u_{ap\sigma} + u_{apV}$$

$$u_{ae} = \frac{1+\nu}{E_{el}} \frac{R_p^2}{a} (\sigma_o - \sigma_{R_p})$$

$$u_{ap\sigma} = \frac{1-\nu-2\nu^2}{E_{pl}} \left\{ (\sigma_o + c\cot\phi)(R_p^2 - r) + (p_o + c\cot\phi)\left(r^{K_p} - \frac{R^{K_p}}{r}\right) a^{1-K_p} \right\}$$

$$u_{apV} = (\Delta V/2)(R_p^2/a - a)$$
(3.4.38)

③ Seeber 방법

Seeber 는 터널의 굴착면 변위는 탄성역과 소성역의 지반변형에 의한 변위 u_{ae} 와 u_{apd} 외에 소성역의 반경응력과 길이방향 응력이 초기응력보다 작아짐으로 인한 변위 $u_{ap\sigma}$ 와 u_{apl} 의 합이라 하였다.

a) 탄성역의 지반변형에 의한 굴착면 변위 u_{ae} :

$$u_{ae} = u_{re} + u_{te} = u'_{re}R_p/a + u'_{te}R_p/a$$

$$u'_{re} = \frac{R_p}{E_{el}}(\sigma_o - \sigma_{R_p})(R_p/a - 1)$$

$$u'_{te} = \frac{R_p}{V_{el}}(\sigma_o - \sigma_{R_p})(1 - R_p/a) \tag{3.4.39}$$

b) 소성역의 지반변형에 의한 굴착면 변위 u_{apd} :

소성역의 지반변형에 의한 굴착면 변위 u_{apd} 는 반경 및 접선변형에 의한 변위의 합 $u_{rapd} + u_{tapd}$ 이며, 접선 변위 u_{tapd} 는 접선응력이 초기응력 σ_o 보다 큰 영역 $(a \leq r < R_1)$ 의 변위 u''_{tapd} 와 작은 영역 $(R_1 \leq r < R_p)$ 의 변위 u'_{tapd} 를 합한 값이다.

$$u_{apd} = u_{rapd} + u_{tapd} = u_{rapd} + \{u'_{tapd} + u''_{tapd}\}$$

$$u'_{tapd} = \frac{\nu_{pl}}{E_{pl}}\left\{(\sigma_o + c\cot\phi)(a - R_1) - (p_i + c\cot\phi)a\left(1 - R_1^{K_p}/a^{K_p}\right)\right\}$$

$$u''_{tapd} = \frac{\nu_{pl}}{V_{pl}}\frac{R_1}{a}\left\{(\sigma_o + c\cot\phi)(R_1 - a) - (p_i + c\cot\phi)a\left(R_1^{K_p}/a^{K_p} - R_p^{K_p}/a^{K_p}\right)\right\} \tag{3.4.40}$$

c) 반경응력의 변화로 인한 굴착면 변위 $u_{ap\sigma}$:

반경응력 변화로 인한 굴착면 변위는 반경응력 σ_r 을 $R_p \rightarrow a$ 까지 적분하여 구하며, 반경응력은 초기응력 보다 작으므로 $(\sigma_r < \sigma_o)$ 제하변형계수 E_{pl} 을 적용한다.

$$u_{ap\sigma} = \frac{1}{E_{pl}}\left\{(R_p - a)(\sigma_o + c\cot\phi) - \frac{1}{K_p}(p_i + c\cot\phi)a\left(R_p^{K_p}/a^{K_p} - 1\right)\right\} \tag{3.4.41}$$

d) 터널 길이방향 응력 σ_z 가 초기응력 보다 작아짐으로 인한 굴착면 변위 :

터널길이방향응력 σ_l 이 초기응력보다 작아짐으로 인한 굴착면 변위 u_{apl} 은 소성역 응력 (식 3.4.23) 을 적분하여 구하며, 적분경계는 터널굴착 영향권 (토피고나 탄소성 경계의 2 배) 으로 하였다. 탄성역과 소성역에 다른 지반정수를 적용하고, 길이방향 응력 σ_l 은 초기응력보다 작으므로 $(\sigma_l < \sigma_o)$ 제하변형계수 E_{pl} 을 적용한다.

$$u_{apl} = \frac{\nu_{pl}^2}{E_{pl}}\left\{2(\sigma_o + c\cot\phi)(R_1 - a) + \left(\frac{1}{K_p} + 1\right)a(p_i + c\cot\phi)\left(1 - R_1^{K_p}/a^{K_p}\right)\right\} \tag{3.4.42}$$

e) 굴착면 변위 :

$$u_a = u_{ae} + u_{apd} + u_{ap\sigma} + u_{apl} \tag{3.4.43}$$

6) 지보압의 영향

굴착면을 반경방향으로 지보하여 지보압 p_i 가 작용하면, 소성역내 응력은 (지보압에 의해) 증가되며 (식 3.4.21), 탄성역내 응력은 지보압에 무관하고, 소성역이 작아져서 탄소성경계 R_p (식 3.4.34) 가 작아진다 (그림 3.4.14). 따라서 지보압이 작용하면 반경 응력은 지보압과 같아지고, 탄성상태에서 $K \neq 0$ 이면 지반응력과 지보압을 중첩시킬 수 있다.

(1) 지보압의 효과

지보압의 효과는 Mohr 응력원에서 확인할 수 있다. 굴착면에서는 반경응력이 최소 주응력이고 그 크기는 영 (그림 3.4.15 의 원 ①) 이다. 그러나 지보공을 설치하면 최소 주응력이 지보저항력 p_i 로 증가하여 일축응력상태가 이축응력상태로 변하여 Mohr 응력원이 파괴포락선에 접한 상태로 이동하여 커지므로 (그림 3.4.15 의 원 ②), 최대 주응력이 일축압축강도를 초과하여도 파괴되지 않을 수 있다. 즉, 지보 저항력 p_i 가 작더라도 탄소성 경계부 접선응력 (최대주응력) 은 크게 ($\Delta\sigma_{tp}$ 만큼) 증가하며, 이런 현상은 내부마찰각이 클수록 뚜렷해진다 (그림 3.4.15 의 원 ③).

$$\sigma_t = 2\sigma_o \tag{3.4.44}$$

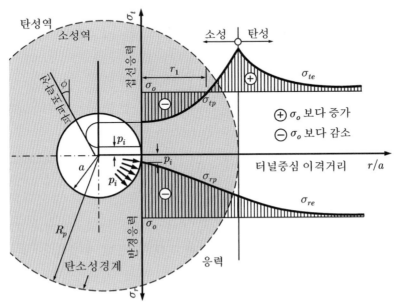

그림 3.4.14 터널주변 응력분포와 지보저항력

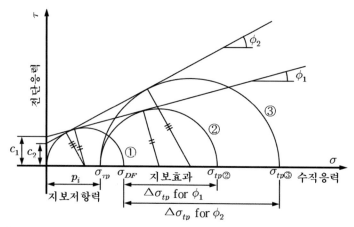

그림 3.4.15 내부마찰각에 따른 지보효과($\triangle \sigma_{tp}$ for $\phi_2 > \triangle \sigma_{tp}$ for ϕ_1)

따라서 얇은 숏크리트 라이닝은 지보저항력 p_i 가 작지만 그 지보효과는 매우 크며, 이러한 사실에 근거하여 Kastner 는 "링모양의 소성역에 발생되는 활동면은 터널 라이닝에 의해 충분히 안전하게 차단되어 소성역은 위험하지 않다고 할 수 있다." 고 주장하였다.

(2) 소요 지보압

Kastner 는 실제 터널에서 소성영역의 최대주응력 (접선응력 σ_{tp}) 은 지반의 일축 압축강도 σ_{DF} 에 대해 일정한 안전율 η 를 유지해야 한다고 생각하였으며,

$$\sigma_{tp} = \eta \, \sigma_{DF} = \left(\frac{r}{a}\right)^{K_p - 1} K_p \left(p_i + \frac{\sigma_{DF}}{K_p - 1}\right) - \frac{\sigma_{DF}}{K_p - 1} \tag{3.4.45}$$

위 접선응력 σ_{tp} 를 지지할 수 있는 지보저항력이 반경응력 σ_{rp} 와 같아야 한다는 조건으로부터 지보압 p_i 를 구할 수 있다.

$$p_i = \sigma_{rp} = \frac{\eta - 1}{K_p} \sigma_{DF} \tag{3.4.46}$$

이는 최대접선응력 $2\sigma_o$ (식 3.4.11) 나 토피고 H_t 에 무관하다.

따라서 위식을 근거로 하여 Kastner 는 "지반의 압축강도는 설계의 기본이 되는 중요한 값이지만, 라이닝 치수는 토피고에 무관하다" 고 주장하고, 응력 수준이나 응력 변화에 따른 변위를 고려하지 않고 강성 라이닝을 고집하였다.

오늘날에는 라이닝하중이 지반강도 뿐만 아니라 응력수준과 (지보라이닝과 같이 거동하는) 지반변위에 의해 결정된다는 것이 정설이다 (Seeber, 1980).

(3) 소성역이 생기지 않는 지보압

굴착면이 탄소성 경계 ($R_p = a$) 이면, 주변지반은 소성화 되지 않으므로, 식 (3.4.33)
로부터 주변지반이 소성화되지 않는데 필요한 지보압 p_i 를 구할 수 있으며,

$$p_i = \frac{2\sigma_o}{K_p + 1} = \sigma_o(1 - \sin\phi) \tag{3.4.47}$$

Kastner 의 식 (3.4.11) 을 적용하면 다음이 된다.

$$p_i = \frac{2\sigma_o - \sigma_{DF}}{K_p + 1} \tag{3.4.48}$$

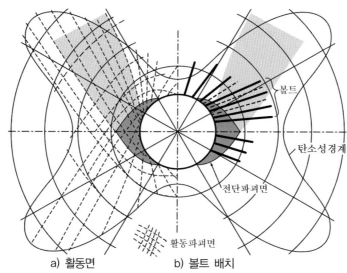

a) 활동면 b) 볼트 배치

그림 3.4.16 전단면을 고려한 볼트배치 (Seeber/Keller, 1979)

(4) 지보압과 내공변위 관계

터널의 지보압이 클수록 내공변위가 작게 발생되며, 지보압과 내공변위의 관계는
전단강도정수 (점착력 및 내부마찰각) 와 변형계수 및 탄성계수가 작을수록 완만하고
클수록 가파른 기울기로 감소하는 경향을 보인다. 반면에 토피고와 푸아송비가 클
수록 완만하고 작을수록 가파른 기울기로 감소한다 (그림 3.4.17).

터널의 토피고가 일정하면 지보압이 클수록 내공변위가 작게 발생되며, 지보압과
내공변위 관계에서 지반 푸아송비에 의한 영향은 크지 않다 (그림 3.4.18). 터널 내공
변위는 전단강도정수가 작을수록 크게 일어나고 지보하지 않거나 지보압이 작을 때
에는 전단강도정수가 감소하면 내공변위가 급격히 증가한다 (그림 3.4.19).

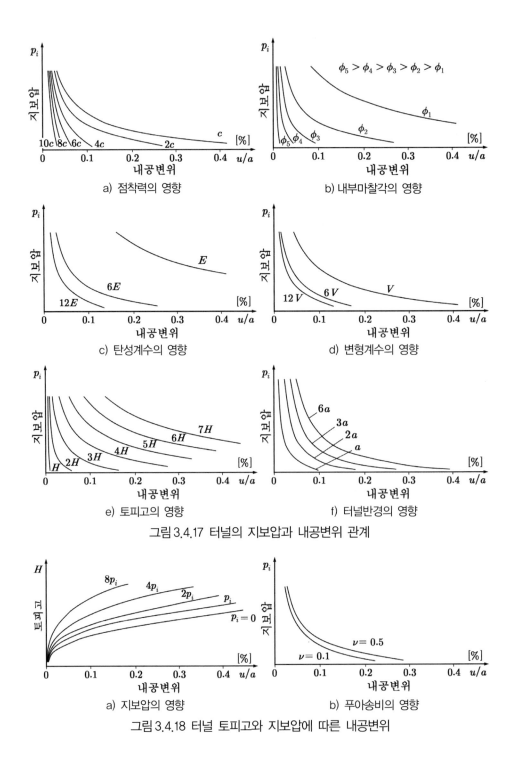

a) 점착력의 영향

b) 내부마찰각의 영향

c) 탄성계수의 영향

d) 변형계수의 영향

e) 토피고의 영향

f) 터널반경의 영향

그림 3.4.17 터널의 지보압과 내공변위 관계

a) 지보압의 영향

b) 푸아송비의 영향

그림 3.4.18 터널 토피고와 지보압에 따른 내공변위

a) 점착력의 영향 b) 내부마찰각의 영향

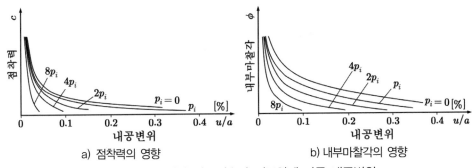

그림 3.4.19 지반 강도정수와 지보압에 따른 내공변위

4.2.3 지반과 지보공의 상호거동

등방압 상태인 지반과 지보공의 상호거동에 의한 변형은 반경 변형률을 (탄성역과 소성영역 각각에 대해서) 적분해서 구한다. 압축강도를 초과한 후에는 궁극 강도정수 (E, V, ϕ_r, c_r) 를 적용한다. 지반과 지보공의 상호거동은 제 4 장에서 상세히 다룬다.

탄성재료에서 반경방향 변위 u 는 반경방향 평형식을 적분하면 구할 수 있다. 이때 변형률 ϵ_r , ϵ_t 에 대한 정의로부터 적분상수를 구하여 Hooke 법칙에 대입하면, 터널의 반경방향 변위는 다음이 된다 ($2G = E/(1+\nu)$).

$$u = \frac{\sigma_o}{2(\lambda + G)} r + \frac{\sigma_o - p_i}{2G} \frac{a^2}{r} \quad \textbf{(3.4.49)}$$

위 식 첫째 항은 정수압적 초기압력 σ_o 에 의한 (p_i 와 무관한) 변위이고, 둘째 항은 터널굴착 후 굴착면 응력이 초기응력 σ_o 에서 지보압 p_i 로 감소함에 따른 변위이다.

지보압 p_i 가 작용할 때에 발생되는 **터널벽면의 변위 u_a는** Lame 정리로부터 계산하고, p_i 와 선형관계이다 (그림 3.4.20).

$$u_a = a \frac{\sigma_o}{2G} \left(1 - \frac{p_i}{\sigma_o} \right) \quad \textbf{(3.4.50)}$$

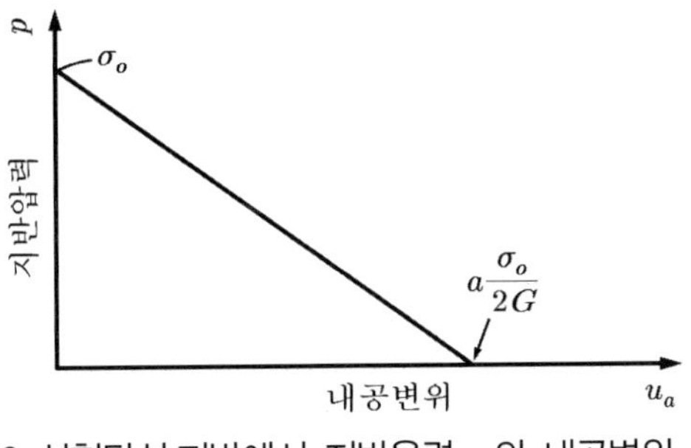

그림 3.4.20 선형탄성 지반에서 지반응력 p 와 내공변위 u_a 의 관계

4.3 터널거동에 영향을 미치는 기타 응력

터널에서 이차응력과 별도로 발생되어 터널 거동과 주변지반 변형에 영향을 미치지만 간과하기 쉬운 지반응력 (종방향 응력과 삼차응력 및 온도응력 등) 이 있다. 터널 내 공기와 지반이 건조하면, 콘크리트 라이닝에 건조수축이 발생될 수 있으나, 깊은 터널에서는 습도가 거의 100 % 이므로, 건조수축이 일어나는 경우는 드물다.

초기응력이 지반의 일축압축강도 보다 크면 터널굴착과정에서 종방향 응력 (4.3.1 절) 이 발생된다. 터널굴착 후 지반의 재압축, 잔류응력, 지보재 긴장력, 주입압 등에 의해 삼차응력 (4.3.2 절) 이 발생되고, 콘크리트 라이닝의 양생과정이나 터널과 주변 지반에는 (계절변화 등에 따른) 온도차에 의해 온도응력 (4.3.3 절) 이 발생된다.

4.3.1 터널 종방향 응력

탄성상태 평면변형률조건에서 최대주응력 σ_t 가 초기응력 σ_o 보다 크면 ($\sigma_t > \sigma_o$), 접선응력과 반경응력이 같은 크기로 변화되기 때문에 (방향은 반대) 종 (길이) 방향 응력 σ_l 이 변하지 않는다. 따라서 종방향 응력에 의해서는 내공변위가 발생되지 않는다.

초기응력이 일축압축강도 보다 크면 ($\sigma_{DF} < \sigma_o$), 굴착면 접선응력이 초기응력보다 작으므로 ($\sigma_t < \sigma_o$) (응력수준이 강도보다 작아야 하기 때문에) 종방향 응력도 초기 응력보다 작다 ($\sigma_l < \sigma_o$). 따라서 접선응력 σ_t 와 종방향응력 σ_l 이 최대 주응력이 되고 반경응력 σ_r 은 최소주응력이 되어 종방향 변위가 발생된다. 그런데 평면변형률상태인 터널 종방향 변형은 영이어야 하기 때문에, 소성변형이 일어나서 보상 (compensate) 되며, 부피가 일정해야 하므로 지반이 터널 내 (최소주응력방향) 로 밀려 나오게 된다.

4.3.2 삼차응력

이차응력과 별도로 터널굴착 후 지반의 재압축, 잔류응력, 지보재 긴장력, 주입압 등에 의해 발생되어 터널 주변지반에 작용하는 응력을 삼차응력이라 한다 (Feder/ Arwanitakis, 1976). 삼차응력은 지반이 탄성상태일 때는 측압이 $K \neq 1.0$ 이면 기존 응력에 중첩시킬 수 있다. 탄소성 거동하는 지반에서는 측압이 $K = 1.0$ 일 때에만 해석적으로 해를 구할 수 있고, $K \neq 1.0$ 인 때는 수치해석으로만 해를 구할 수 있다.

측압계수가 $K = 0.7 \sim 1.0$ 일 때는 이론 해와 수치해석결과의 차이가 거의 없어서, 깊은 터널에서는 $K = 1.0$ 로 하고 이론 해를 구해도 된다. 토피와 측압이 작은 갱구 부에서는 응력수준이 낮아서 탄성상태이므로 이론 해를 구할 수 있다.

지반을 지보하면 반경방향 지보압이나 지보저항력 p_i 가 역으로 지반에 작용한다. 대개 지보공과 지반은 변형되면 수동상태이므로 하중 의존적으로 변형이 발생된다.

굴착면 주변의 균열영역 (약 a 이내) 에 주입하면 지반과 라이닝사이 공간이 채워진 후에 라이닝을 가압하게 되어, 반경 및 접선방향으로 굴착면에 주입압 크기의 압축 응력이 발생된다. 이렇게 발생된 등방압 (그림 3.4.21b) 이 천단과 바닥의 이차응력 (그림 3.4.21a) 에 추가되면, 측압이 작을 때는 인장상태이던 천단과 바닥이 압축상태 로 변한다 (그림 3.4.21c). 또한, 측벽에서는 터널굴착으로 인해 증가되었던 접선방향 압축응력 (이차응력) 이 감소되고, 측압이 작을 때는 천단과 바닥에서는 인장균열과 절리가 벌어져 주입재가 유입되며, 주입압이 균열과 절리 내에 정수압적으로 작용 하여 주입압 크기의 접선응력이 발생된다. 천단과 바닥의 발파 이완영역에서는 인장 응력이 발생된다.

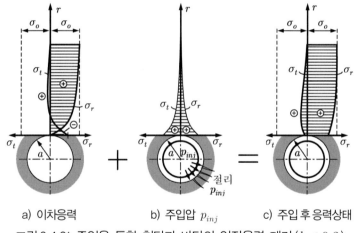

a) 이차응력   b) 주입압 p_{inj} c) 주입후 응력상태

그림 3.4.21 주입을 통한 천단과 바닥의 인장응력 제거 $(k < 0.3)$

4.3.3 온도응력

콘크리트 라이닝을 현장 타설하면 굴착면은 양생온도 $(20 \sim 30\,℃)$ 로 가열되었다가 터널 내 온도로 냉각되고, 그 온도차는 시멘트 종류, 거푸집 상태, 두께, 시공온도 등에 따라 다르다. 반대로 겨울에는 터널 내 온도가 주변지반 보다 낮기 때문에 이로 인해 배후지반의 온도가 저하된다. 굴착면 (반경 a) 배후지반의 온도는 깊이 $1a$ 까지 영향을 받고 (그림 3.4.22), 굴착면에서 깊어질수록 hyperbolic 형태로 변한다. 온도변화 에 의한 지반의 부피변화를 억제하면 응력이 발생되는데 이를 온도응력이라 한다.

절리가 인장응력을 부담할 수 있으면, 지반은 평균온도변화 $(\simeq 1/3 \triangle T)$ 에 의한 수축분 만큼 수축된다. 온도변화가 $\triangle T \simeq 20℃$ 이면 콘크리트 온도변형률 $\epsilon_{B\triangle T}$ 은,

$$\epsilon_{B\triangle T} = \alpha_T \triangle T = 1.0 \times 10^{-5} \times 20 = 2.0 \times 10^{-4} \tag{3.4.51}$$

이고, 지반이 $1a$ 범위까지 영향을 받아 지반 수축변형률 $\epsilon_{F\triangle T}$ 은 다음이 되므로,

$$\epsilon_{F\triangle T} = \frac{1}{3}(1.0 \times 10^{-5})(20) = 0.7 \times 10^{-4} \tag{3.4.52}$$

전체 온도변형률 $\epsilon_{\triangle T}$ (콘크리트와 지반의 변형률의 합) 는 다음이 된다.

$$\epsilon_{\triangle T} = \epsilon_{B\triangle T} + \epsilon_{F\triangle T} = 2.7 \times 10^{-4} \tag{3.4.53}$$

라이닝에서 온도균열 폭 $u_{L\triangle T}$ 는 $u_{L\triangle T} = 2.0 \times 10^{-4} r$ 이고, 이는 콘크리트 허용 균열 폭 $u_{aB} = (3 \sim 4) \times 10^{-4} r$ 보다 작은 값이다 $(\epsilon_{L\triangle T} < \epsilon_{aB})$. 그것은 콘크리트 실제 양생온도가 20℃ 보다 높고 일부 초기변형이 회복되지 않기 때문이다.

전체온도변형률 $(\epsilon_{\triangle T} = 2.7 \times 10^{-4})$ 은 콘크리트 인장파괴 변형률 $\epsilon_{ZB} = 1.0 \times 10^{-4}$ 보다 약 3 배 크므로, 라이닝이 암석에 잘 부착되어서 변형이 억제되면 인장균열이 발생된다. 라이닝이 지반에 잘 부착되지 않으면 유효균열이 $u_0 \simeq 3.0 \times 10^{-4} r$ 로 발생되며, 이 변형이 일어날 때까지 균열변형이 충분하지 않은 자유상태 관처럼 거동한다.

균열에 주입하면 주입온도 $(약 10 \sim 15^oC)$ 와 터널 내 온도 차이에 해당하는 온도 변형이 라이닝과 지반에 발생된다. 전체 온도변형률은 온도차가 $\triangle T = 15^oC$ 일 때 는 $\epsilon_{\triangle T} \simeq 2.0 \times 10^{-4}$, 10^oC 일 때는 $\epsilon_{\triangle T} \simeq 1.3 \times 10^{-4}$ 이 되어 2/3 로 감소한다.

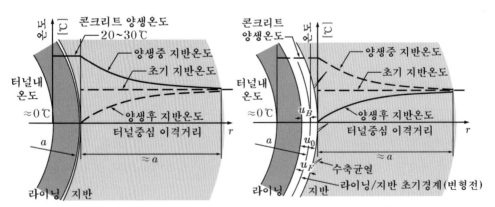

a) 콘크리트 양생과정과 양생후 지반온도 b) 콘크리트 냉각으로 인한 수축균열

그림 3.4.22 콘크리트냉각으로 인한 수축균열

5. 터널 굴착에 의한 주변지반의 이완

터널굴착 후 굴착면 배후 일정한 범위 내 지반은 접선응력이 항복강도 (탄성한계)를 초과하면 소성화 된다. 그러나 적절한 지보를 통해 지반의 응력을 항복강도 보다 작게 유지하거나 지반이 잔류강도를 유지하면서 변형만 증가하도록 유도할 수 있다. 터널에서는 지보공과 지반의 응력이 탄성한계를 초과해도 위험하지 않거나, 응력을 탄성한계 이내로 유지하는 것이 비경제적이거나 불가능할 수도 있다.

터널을 굴착하면 멀리 떨어진 원지반으로부터 변형에너지가 전파되어 와서 터널 주변지반에서는 변형에너지가 증가되며, 총 변형에너지가 지반 고유변형에너지 보다 작으면 주변지반이 탄성 상태를 유지하여 터널이 안정하다. 그러나 에너지가 크게 증가하여 총 변형에너지가 지반 고유 변형에너지를 초과하면 초과 에너지의 일부분은 지반 소성변형에 소비되고 나머지는 **인장균열 발생 (5.1 절)** 이나 확장에 소비된다.

터널굴착으로 인해 지반응력이 항복강도를 초과하면 터널주변 일정 영역의 지반이 **소성화 (5.2 절)** 되고, 소성영역에서는 반경방향에 대해 일정한 각도로 다수의 대수나선형 전단파괴면이 형성되며, 그 외측 지반은 탄성상태를 유지한다. 탄소성 경계의 외압을 터널에 작용하는 하중이라고 생각하면 소성영역이 지반아치가 된다.

터널을 굴착하면 터널부 구속응력의 해방, 굴착진동에 의한 인장응력, 지보공과 지반의 변형 등에 의해 균열이 새로 생기거나 확장되어서 **주변지반이 이완 (5.3 절)** 되어 지보공에 하중으로 작용한다. 여러 가지 이완하중 계산모델이 제시되어 있다.

터널굴착 후 주변지반의 이완거동은 주변지반이 탄성응력상태인 경우와 일부 또는 전체가 소성응력상태인 경우로 구분하고 **터널 주변지반의 이완에너지 (5.4 절)** 를 구하여 판단한다.

터널굴착에 의해 이완된 지반은 오랜 시간이 지나면 응력재분배로 인한 추가하중에 의해 재압축되어 거의 터널굴착 전 초기응력상태로 돌아가는데, 이러한 현상을 **터널 주변지반의 재압축 (5.5 절)** 이라 한다. 터널시공 중 이완되었던 지반의 재압축 과정은 매설관 토압이론으로 설명할 수 있다. 터널의 안정성은 이완지반의 자중에 의한 영향보다 재압축에 의해 증가된 하중에 의한 영향을 훨씬 더 크게 받을 수 있다. 따라서 터널굴착 시 (천단아치 상부나 측벽배후) 지반의 이완거동은 물론 터널완성 후 이완된 지반의 재압축 거동을 파악하여 지보공하중을 계산하거나 시공법을 정해야 한다.

5.1 터널 주변지반의 인장파괴

터널의 안정을 응력기준으로 판단하면, 굴착 후 영원히 안정하거나 굴착 즉시 붕괴되어야 한다. 그러나 실제로 터널은 굴착 후 지반 변형이 서서히 증가되어 누적변형이 일정한 값을 초과할 때 붕괴되는데 이런 현상은 응력기준으로는 판단할 수 없고 변형에너지 개념으로만 설명할 수 있다. 모든 물체는 모양을 유지하고자 하는 고유변형에너지를 갖고 있으며, 변형에너지가 이보다 크면 물체가 변형된다. 암석 같은 재료는 고유변형에너지가 커서 쉽게 변형되지 않는다.

터널을 굴착하면 멀리 떨어진 지반으로 부터 변형에너지가 전파되어 오기 때문에 터널 주변지반의 변형에너지가 증가되는데, **총 변형에너지가 터널 주변지반의 고유변형에너지 보다 작으면 터널이 안정하다.** 그러나 총 변형에너지가 지반의 고유변형에너지보다 크면, 초과 에너지의 일부는 지반 소성변형에 소비되고, 나머지는 대부분 **인장균열발생 (5.1.1 절)** 에 소비되거나 균열에서 표면에너지로 되므로 균열이 벌어지거나 확장되며, 지반은 강도가 감소하고 이완된다. 공동형상에 따라 주변지반의 응력집중이 다르기 때문에 **인장균열 발생조건 (5.1.2 절)** 은 공동 형상에 따라 다르다.

5.1.1 변형에너지에 의한 인장균열 발생

물체의 변형에너지는 부피에 비례하여 커지며, 터널을 굴착하는 원래 지반은 부피가 대단히 크므로 그 변형에너지가 매우 크다. 여기에다 터널을 굴착하면 굴착면 주변지반의 변형에너지가 증가되며 지반의 소성변형이나 균열발생에 소비된다.

1) 변형 에너지

터널굴착 직후 주변지반이 변형되면 원 지반으로부터 터널 주변으로 변형에너지가 전파되어 온다. 이때 변형이 급하게 일어나면 (에너지가 순간적으로 전파되어) 높은 응력이 발생되어 지반붕괴 등 위험한 상황이 되지만, 변형이 서서히 일어나면 (에너지가 느리게 전파되어) 지반이 붕괴되지 않고 균열만 발생되므로 위험하지 않다.

취성지반에서는 터널굴착에 의한 **지반 변형에너지 변화량이 대부분 균열의 표면에너지로 변하므로 균열발생 에너지 총량이 대폭 증가된다.** 따라서 균열이 새로 발생되거나 확장되고, 불연속면들이 벌어져서 강도가 저하되고, 소성역이 넓어져서 내공변위가 증가하여, 지반이 쉽게 이완된다 (Hajiabdolmajid 등, 2002). 이때는 지반 변형이 급격하게 일어나므로 대응시간이 부족하여 위험할 수 있다.

반면에 연성지반에서는 터널굴착에 의한 지반 변형에너지 변화량의 대부분이 열에너지로 변하고 그 일부만 표면에너지로 변하므로 균열발생에너지 총량이 적게 증가된다. 따라서 균열발생과 강도저하 및 지반이완이 적게 일어나서 소성영역이 넓지 않다. 이때에는 지반변형이 서서히 일어나서 적절히 대응할 수 있기 때문에 터널을 안전하게 굴착할 수 있다.

지반은 구속상태에서는 연성변형거동하고 구속응력이 클수록 그 경향이 뚜렷하다. 취성지반은 인장응력을 받으면 탄성 상태에서도 파괴된다. 그러나 취성지반이더라도 지보공을 설치하여 지반을 구속하면서 터널을 굴착하면 인장응력이 발생되지 않기 때문에 취성파괴 되지 않고 연성변형거동 하는 비율이 높아진다. 따라서 지반이 연성거동 하도록 굴착방법을 정하고 지보공을 설치하면 터널을 안전하게 굴착할 수 있다. 굴착면 주변지반의 반경방향응력과 굴진면 전방 원지반과 지보공의 반력을 합한 응력의 차이를 최소로 하고, 최대한 느리게 변형하도록 하면, 주변지반의 변형에너지가 외부 일에 소비되도록 유도 (지반이완을 적게) 할 수 있다. 대단면 터널을 분할굴착하면 에너지가 서서히 해방된다.

팽창성 지반에서는 지반압력이 매우 크므로, 먼저 pilot 터널을 굴착해서 지반압력을 감소시키고 난 후 소요단면을 굴착한다. 이렇게 하면 원지반에서 해방된 에너지의 대부분이 장차 굴착될 부분을 이완시키는데 소비되고, 일부 적은 양의 에너지만 남아서 터널 주변지반을 이완시키는데 소비되므로, 터널주변 지반이 적게 이완되고 지압이 강하지 않게 된다.

2) 지반의 균열발생과 강도변화

물체에는 작은 균열이 많이 있으며, 외력에 의한 응력이 이 작은 균열에 집중되어 강도를 초과하면 물체가 파괴되기 때문에, 실제 강도가 이론 강도 보다 훨씬 작고 (Griffith 미소균열이론), 암석이나 콘크리트에서 인장강도와 압축강도가 다르다.

암석에서 변형에너지 변화에 의한 균열발생과 강도변화는 **Griffith** 미소균열이론으로 설명할 수 있다. 즉, 물체 내 작은 균열에서 외력에 의한 외부 일 (external work)이 균열의 표면에너지 증가량보다 크면 균열이 확장된다.

물체에 외력이 가해지면 작은 균열에 (인장) 응력이 집중되어 (인장) 강도를 초과한 곳부터 인장파괴 되기 시작한다. 따라서 구속응력을 크게 하면 강도가 증가한다. 균열생성에 필요한 에너지는 암석의 분쇄에너지로부터 예측할 수 있다 (Bond, 1921).

원자 간의 인력에 의해 결정되는 물체의 강도를 이론 강도라 하고 실측 강도의 1 ~ 1000 배 정도이다. Griffith (1921) 는 실측 강도가 이론강도 보다 작은 원인이 모든 물체 내에 존재하는 작은 균열 (유리 시험편에서도 $10^{-3}\,mm$ 길이의 균열을 가정) 에 응력이 집중되기 때문이라고 하였다. 암석에서는 명확한 균열이 없더라도 결정 경계 에서 응력집중에 의해 상대변형이 발생되므로 Griffith 균열의 역할을 할 수도 있다.

평균압력이 매우 작더라도 균열에 응력이 집중되어 국부적으로 강도를 초과하면 국부 파괴되어 균열이 확대될 수 있으므로 균열포함 상태의 실측 강도는 (균열 없는 상태) 이론 강도 보다 작다. 균열이 커지면 표면에너지가 증가되지만, 그 만큼 탄성 변형에너지는 감소되어 에너지 평형상태가 유지된다.

탄성체의 단위부피당 변형에너지 W 는 Hooke 법칙으로 계산할 수 있다.

$$W = \iint \sigma \epsilon \, d\sigma \, dV \tag{3.5.1}$$

그림 3.5.1 과 같이 매우 좁은 타원형 균열 (길이 $2c$) 이 있는 판 (길이 l) 에 균열장축의 직각방향으로 외력 (인장력) p 를 가하면 외력은 균열생성에만 소비되어, 판이 dl 만큼 늘어나고 균열이 $2dc$ 만큼 길어진다. 이때 외적 일 ($W_d = 0.5\,p\,dl$) 과 변형에너지 ($W_o = pl$) 의 차이 ($\Delta W = W_o - W_d$) 만큼 균열의 표면에너지 U_c 가 증가된다.

터널굴착에 의한 에너지 변화량 ΔW 는 평면응력과 평면변형률 상태에서 다르며, 변형에너지 감소량 $\dfrac{dW}{dc}$ 만큼 균열형성에 소비되는 표면에너지가 $\dfrac{dU_c}{dc}$ 만큼 증가된다.

$$\frac{dW}{dc} + \frac{dU_c}{dc} = 0 \tag{3.5.2}$$

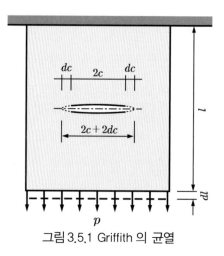

그림 3.5.1 Griffith 의 균열

자유 에너지 (free energy) 는 표면 에너지 (surface energy) 와 탄성 에너지 (elastic energy) 의 차이이며 (자유에너지 = 표면에너지 - 탄성에너지), 자유에너지가 최대가 되면 파괴되어 균열이 발생되고, 균열이 발생되면 응력이 이완되어 균열주변에서 탄성에너지는 감소되고, 표면에너지가 증가한다. 균열이 길어질수록 자유에너지는 감소하고 표면에너지가 증가한다.

Griffith 실험결과 균열발생응력 σ 와 균열길이 c 의 제곱근의 곱은 일정하며, 이 관계로부터 균열발생응력 σ 를 구할 수 있다. Griffith 이론에 의한 응력은 취성재료에서는 실험결과와 잘 맞으나 연성재료에서는 비현실적이다. 그러나 Irwin (1957) 이 연성재료에 적용 (소성영향을 고려) 할 수 있도록 Griffith 이론을 확장하였다.

$$\sigma\sqrt{c} = \sqrt{\frac{2E\alpha_c}{\pi}} \;\rightarrow\; \sigma = \sqrt{\frac{2E\alpha_c}{\pi c}} \tag{3.5.3}$$

여기에서 α_c 는 표면에너지 밀도 (단위면적당 표면에너지) 이며, 유리 등 취성재료에서는 $\alpha_c \simeq 1\,J/m^2$, 철 등 연성재료에서는 $\alpha_c \simeq 500\,J/m^2$, 기타 재료는 중간 값 $\alpha_c = 1 \sim 500\,J/m^2$ 을 갖는다.

(1) 평면응력상태

평면응력상태인 판에 단반경 α_0 의 타원형 구멍이 뚫려 있을 경우 (그림 3.5.1) 에 판에 직각으로 작용하는 외력 p 에 의한 **변형에너지** W 는,

$$W = \frac{\pi c^2 p^2}{8G}\frac{4}{1+\nu}\cosh 2\alpha_0 \tag{3.5.4}$$

이고, 미세한 균열 ($\alpha_0 \simeq 0$) 에서는 $\cosh 2\alpha_0 \simeq 1$ 이므로, 위 식은 다음이 된다.

$$W = \frac{\pi c^2 p^2}{E} \tag{3.5.5}$$

균열이 양단에서 각각 dc 만큼 늘어나면 변형에너지 변화량 dW/dc 는,

$$-\frac{dW}{dc} = -\frac{2\pi c p^2}{E} \tag{3.5.6}$$

이고, 균열 (표면적 $4c$, 표면에너지 $U_c = 4c\alpha_c$) 의 표면에너지 변화량 dU_c/dc 는,

$$\frac{dU_c}{dc} = \frac{d(4c\alpha_c)}{dc} = 4\alpha_c \tag{3.5.7}$$

이므로, 식 (3.5.2) 는 다음이 된다.

$$4\alpha_c - \frac{2\pi c p^2}{E} = 0 \tag{3.5.8}$$

따라서 물체의 이론강도 σ_{the} (균열발생응력) 는 다음이 되어서 물체 단위면적당 표면에너지 α_c 와 탄성계수 E 및 균열의 표면적 c 로부터 계산할 수 있고,

$$\sigma_{the} = \sqrt{\frac{2\alpha_c E}{\pi c}} \tag{3.5.9}$$

이를 적용하여 원형구멍 ($\alpha_0 \simeq \infty$, $c \simeq 0 \rightarrow c^2 \cosh 2\alpha_0 = 2c^2 \cosh^2\alpha_0 - c^2 \simeq 2a^2$) 의 변형에너지 감소량 W (식 3.5.5) 를 구하면 다음이 된다.

$$W = \frac{2\pi a^2 \sigma_{the}^2}{E} \tag{3.5.10}$$

(2) 평면변형률상태

평면변형률상태 (plane strain) 판에 타원형 구멍 (단반경 α_0) 을 천공하면 변형에너지 감소량 W 는 다음이 되고,

$$W = \frac{\pi c^2 \sigma_{the}^2}{8G} 4(1-\nu) \cosh 2\alpha_0 \tag{3.5.11}$$

균열이 미세 ($\alpha_0 \simeq 0 \rightarrow \cosh 2\alpha_0 \simeq 1$) 하면 위 식은 다음이 된다.

$$W = \pi c^2 \sigma_{the}^2 \frac{1-\nu^2}{E} \tag{3.5.12}$$

균열이 양단에서 dc 만큼씩 늘어나면 변형에너지 변화량 dW/dc 은,

$$-dW/dc = -2\pi c \sigma_{the}^2 \frac{1-\nu^2}{E} \tag{3.5.13}$$

이고, 이는 표면에너지가 증가량 dU/dc 과 같으므로, 식 (3.5.2) 는 다음이 된다.

$$4\alpha_c - 2\pi c \sigma_{the}^2 \frac{1-\nu^2}{E} = 0 \tag{3.5.14}$$

따라서 물체의 이론강도 σ_{the} (균열발생응력) 는 다음이 된다.

$$\sigma_{the} = \sqrt{\frac{2\alpha_c}{\pi c} \frac{E}{1-\nu^2}} \tag{3.5.15}$$

균열이 원형구멍 ($\alpha_0 \simeq \infty$, $c \simeq 0 \rightarrow c^2 \cosh 2\alpha_0 = 2c^2 \cosh^2\alpha_0 - c^2 \simeq 2a^2$) 이면 변형에너지 감소량 W (식 3.5.11) 는 다음이 된다.

$$W = \frac{1-\nu^2}{E} 2\pi a^2 \sigma_{the}^2 \tag{3.5.16}$$

5.1.2 공동형상에 따른 인장균열발생

Griffith 미소균열이론을 적용하면 다양한 형상 (원형, 타원형, 구형, 원통형) 의 공동에서 주변의 응력집중에 의한 인장파괴조건을 구할 수 있다. 실제의 균열은 입체적이지만 그 경향은 평면에 대한 Griffith 이론을 적용한 계산결과와 큰 차이가 없다.

1) 타원형 공동

세로 및 가로 방향으로 인장력 p 와 q 가 동시에 작용하는 판에 p 와 q 의 대각선 방향으로 타원형 구멍 (장반경 a, 단반경 b) 이 있는 경우 (그림 3.5.2) 를 생각한다.

타원형 공동은 좁고 길어서 원형공동보다 응력집중이 더 심하게 일어나고, 타원선단부근에서 인장응력이나 압축응력이 최대가 된다.

접선응력 σ_t 는 타원좌표 (R_o, θ) 로 표시하면 다음과 같다.

$$\sigma_t = \frac{(\sigma_x + \sigma_y)\sinh 2R_o + (\sigma_x - \sigma_y)\left\{e^{2R_o}\cos 2\theta - 1\right\} + 2\tau_{xy}e^{2R_o}\sin 2\theta}{\cosh 2R_o - \cos 2\theta} \tag{3.5.17}$$

$$= p_v + p_h - \frac{2(ap_v - bp_h)(a\sin^2\theta - b\cos^2\theta) + 2\tau_{xy}e^{2R_o}\sin 2\theta}{a^2\sin^2\theta + b^2\cos^2\theta}$$

여기에서 R_o 는 타원형 터널 내공면의 좌표이고 θ 는 편각이다.

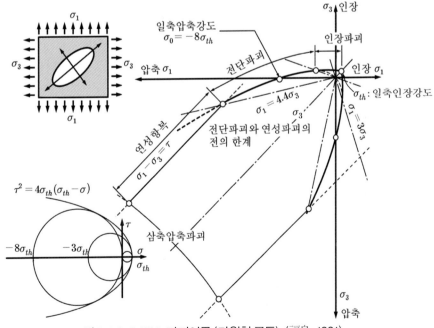

그림 3.5.2 Griffith 파괴이론 (타원형 공동) (福島, 1991)

타원이 매우 편평하면 ($a > \cdots > b$, $R_o < \cdots < 1 \;\rightarrow\; 1 > \cdots > b/a$, $1 > \cdots > \theta$), 위 식은 b, θ, R_o 의 3차 이상의 항을 생략할 수 있어서 (표 3.5.1) 다음이 된다.

$$\sigma_t = \frac{2(\sigma_x R_o + \tau_{xy}\theta)}{R_o^2 + \theta^2} \tag{3.5.18}$$

접선응력 σ_t 가 최대가 되는 점의 좌표 θ_m 은 먼저 위 식을 θ 에 대해 편미분하여 영 ($\partial \sigma_t / \partial \theta = 0$) 으로 대체하면 구할 수 있다.

$$\tau_{xy}(R_o^2 + \theta^2) - (\sigma_x R_o + \tau_{xy}\theta)2\theta = 0 \tag{3.5.19}$$

표 3.5.1 편평한 타원 ($1 \rangle \cdots \rangle b/a$, $1 \rangle \cdots \rangle \theta$) 의 계산

$$
\begin{aligned}
&\sin\theta \fallingdotseq \theta - \theta^3/6 + \cdots \cdots \fallingdotseq \theta, \qquad \cos\theta \fallingdotseq 1 - \theta^2/2 + \cdots\cdots, \\
&\sin 2\theta \fallingdotseq 2\theta, \qquad\qquad\qquad\qquad \cos 2\theta = 1 - 2\sin^2\theta \fallingdotseq 1 - 2\theta^2 + \cdots\cdots \\
&\sinh R_o = R_o + R_o^3/6 + \cdots \fallingdotseq R_o, \quad \cosh R_o = 1 + R_o^2/2 + \cdots\cdots, \\
&\cosh 2R_o = \cosh^2 R_o + \sinh^2 R_o \fallingdotseq 1 + 2R_o^2, \\
&\sinh 2R_o = 2\sinh R_o \cosh R_o \fallingdotseq 2R_o, \\
&e^{2R_o} \fallingdotseq 1 + 2R_o + (2R_o)^2/2 + \cdots\cdots \fallingdotseq 1 + 2R_o + 2R_o^2
\end{aligned}
$$

식 (3.5.18) 과 (3.5.19) 에서 $\sigma_t = \tau_{xy}/\theta_m$ 이므로 식 (3.5.19) 를 $1/\theta_m$ 에 대해 정리하고,

$$\left(\frac{1}{\theta_m}\right)^2 - \frac{2\sigma_x}{R_o \tau_{xy}}\left(\frac{1}{\theta_m}\right) - \frac{1}{R_o^2} = 0$$

$$\frac{1}{\theta_m} = \frac{1}{R_o \tau_{xy}}\left[\sigma_x \pm \sqrt{\sigma_x^2 + \tau_{xy}^2}\right] \tag{3.5.20}$$

식 (3.5.18) 에 대입하여 p, q 로 나타내면 다음이 된다 (σ_t 는 인장에서 정 (+)).

$$
\begin{aligned}
\sigma_t &= \frac{\tau_{xy}}{\theta_m} = \frac{1}{R_o}\left(\sigma_x \pm \sqrt{\sigma_x^2 + \tau_{xy}^2}\right) \\
&= \frac{p + q - (p - q)\cos 2\psi \pm \sqrt{2(p^2 + q^2) - 2(p^2 - q^2)\cos 2\psi}}{2R_o}
\end{aligned} \tag{3.5.21}
$$

여기에서 ψ 는 최대압축응력 p 의 방향이며, 접선응력이 최대가 되는 최대 압축 응력 p 의 방향 ψ_m 은 $-\pi/2 < \psi < \pi/2$ 범위에서 위 식을 ψ 로 편미분하여 구한다.

$$\frac{\partial \sigma_t}{\partial \psi} = \frac{p - q}{R_o}\sin 2\psi\left[1 \pm \frac{p + q}{\sqrt{2(p^2 + q^2) - 2(p^2 - q^2)\cos 2\psi}}\right] \tag{3.5.22}$$

이 식에서 접선응력 σ_t 은 다음 경우에 최대 또는 최소가 된다.

- 대괄호 안이 영 (즉, $[\ ]=0$) 인 경우
- $\sin 2\psi_m = 0$ 인 경우

(1) 대괄호 안이 영 ($[\ ]=0$) 인 경우

괄호 안의 식을 정리하면 다음과 같으며,

$$\sqrt{2(p^2+q^2)-2(p^2-q^2)\cos 2\psi_m} \pm (p+q)=0 \tag{3.5.23}$$

$\sqrt{}$ 안은 양 (+) 이므로 $p+q>0$ 일 때 음 (-), $p+q<0$ 일 때 양 (+) 을 취한다.

위 식의 양변을 제곱하여 정리하면 다음과 같다.

$$\cos 2\psi_m = \frac{p-q}{2(p+q)} \tag{3.5.24}$$

$-\pi/2 < \psi < \pi/2$ 에서 $-1 < \cos 2\psi_m < 1$ 이므로 위 식의 성립조건은 다음과 같다.

$p+q>0$ 때 : $-2(p+q) \le p-q \le 2(p+q) \rightarrow p+3q \ge 0$

$p+q<0$ 때 : $-2(p+q) > p-q > 2(p+q) \rightarrow 3p+q \le 0$ 나 $p+3q \le 0$

식 (3.5.24) 를 (3.5.21) 에 대입하면 타원둘레의 접선응력 σ_t 를 구할 수 있고,

$$\sigma_t = \frac{1}{2R_o}\left[(p+q)-\frac{1}{2}\frac{(p-q)^2}{p+q} \pm \sqrt{2(p^2+q^2)-(p-q)^2}\right] \tag{3.5.25}$$

$$= \frac{1}{2R_o}\left[\frac{p^2+6pq+q^2}{2(p+q)} \pm (p+q)\right]$$

접선방향 최대 압축응력은 위 식에서 '+'인 경우 ($p+q<0$) 이고,

$$\sigma_{\max} = \frac{3p^2+3q^2+10pq}{4R_o(p+q)} \tag{3.5.26}$$

접선방향 최대인장응력은 위 식에서 '-'인 경우 ($p+q>0$) 이다.

$$\sigma_{\max} = -\frac{(p-q)^2}{4R_o(p+q)} \tag{3.5.27}$$

(2) $\sin 2\psi_m = 0$ 인 경우

이때에는 $\psi_m = 0$, $\psi_m = \pi/2$, $\cos 2\psi_m = 1$ 이며, 균열 직각방향 ($\psi=0$) 으로 접선응력 σ_t 가 최대이고 그 크기는 식 (3.5.21) 에서 다음과 같다 (p 나 q 가 인장일 때 성립).

$$\sigma_t = 2q/R_o \ , \ \text{또는} \ \sigma_t = 2p/R_o \tag{3.5.28}$$

접선응력 σ_t 가 인장강도 σ_{ZF} 를 초과하는 조건 (즉, 항복조건) 은 다음과 같고,

$$\sigma_t = \frac{2q/2 \pm \sqrt{(1/2)(p^2 + q^2)}}{R_o} = \frac{q \pm |q|}{R_o} = \frac{2q}{R_o} = \frac{2\sigma_{ZF}}{R_o} \tag{3.5.29}$$

식 (3.5.25) 에 대입하면 Griffith 인장균열에 의한 파괴 시 p 와 q 의 관계가 구해지며,

$$\sigma_{ZF} = -\frac{1}{8}\frac{(p - q)^2}{p + q} \tag{3.5.30}$$

이는 Mohr 응력원과 그 포락선의 접점이므로 다음 관계가 성립된다.

$$\tau^2 = 4\,\sigma_{ZF}(\sigma_{ZF} - \sigma)$$
$$(p - q)^2 + 8\,\sigma_{ZF}(p + q) = 0 \tag{3.5.31}$$

따라서 $p + 3q > 0$ 이거나 $3p + q \leq 0$ 이면, $p = \sigma_{ZF}$ 또는 $q = \sigma_{ZF}$ 가 된다.

이를 $p,\ q$ 좌표와 Mohr 응력원으로 나타내면 그림 3.5.2 와 같고, 이는 콘크리트나 암석의 실험결과와 잘 맞는다. 균열 끝부분의 곡률반경은 크기가 원자간 거리 정도 이며 원자 간에 작용하는 힘이 있으면 균열의 크기가 $2c$ 로 된다.

2) 원형공동

암석 인장강도 σ_{ZF} 는 압축강도 σ_{DF} 의 약 1/3 이므로, 천단 접선응력이 인장이고 $\sigma_{DF}/3$ 이면 인장파괴 되고, 측벽 접선응력이 압축이고 σ_{DF} 이면 압축파괴된다.

원형 구멍이 있는 판의 수평경계에 세로 방향으로 압축력 $-p$ 가 작용하면, 측압 계수가 영 ($K = 0$) 인 유공 판 응력상태 (식 3.4.11) 가 되어, 원형공동 천단 (A 점) 에는 p 크기의 인장응력, 측벽 (B 점) 에는 $-3p$ 크기의 압축응력이 발생된다.

따라서 세로 방향 압축력 $-p$ 가 작용할 때 파괴가 발생 될 조건은 다음이 된다.

    천단 (인장파괴) : $\sigma_{ZF} \leq p$ $\therefore p \geq \sigma_{ZF} = \sigma_{DF}/3$

    측벽 (압축파괴) : $\sigma_{DF} \leq -3p$ $\therefore p \leq -\sigma_{DF}$ (3.5.32)

판의 세로경계에 가로 방향 압축력 $-q$ 가 추가로 작용하면, 원형공동의 천단 (A 점) 에는 $-3q$ 크기의 압축응력, 측벽 (B 점) 에는 q 크기의 인장응력이 추가되어 천단과 측벽의 접선응력은 $\sigma_t = p - 3q$ 와 $\sigma_t = q - 3p$ 가 된다. 따라서 세로 방향 압축력 $-p$ 와 가로 방향 압축력 $-q$ 가 추가로 작용할 때 파괴발생 조건은 다음이 된다.

    천단 (인장파괴) : $\sigma_{ZF} \leq p - 3q$ $\therefore p - 3q \geq \sigma_{ZF} = \sigma_{DF}/3$

    측벽 (압축파괴) : $\sigma_{DF} \leq q - 3p$ $\therefore 3p - q \leq -\sigma_{DF}$ (3.5.33)

Mohr 응력원은 그림 3.5.3 과 같고, 이론인장강도와 실제인장강도의 비는 3 이다.

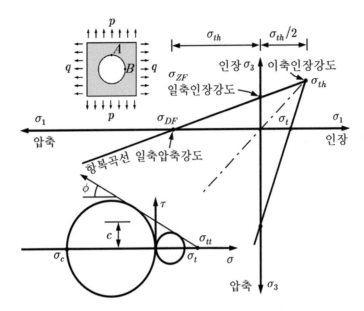

그림 3.5.3 Griffith 의 파괴이론 (원형 공동. 福島 1991)

3) 돔형 공동

실제 지반에 있는 균열은 원형이나 타원형인 경우는 별로 없고, 입체균열에서는 중간주응력의 영향이 있다. 경계면에 외력 p_x, p_y, p_z 가 작용하는 물체 내에 있는 돔형 공동의 천정 (북극) 과 적도 (y 축) 상의 응력은 다음과 같다.

천정 (북극)　$(x = 0,\ y = 0,\ z = a)$　;

$$\sigma_r = 0 \tag{3.5.34}$$

$$\sigma_{\theta x} = -\frac{3+15\nu}{2(7-5\nu)}p_z + \frac{27-15\nu}{2(7-5\nu)}p_x - \frac{3-15\nu}{2(7-5\nu)}p_y$$

$$\sigma_{\theta y} = -\frac{3+15\nu}{2(7-5\nu)}p_z + \frac{27-15\nu}{2(7-5\nu)}p_y - \frac{3-15\nu}{2(7-5\nu)}p_x$$

y 축상 적도　$(z = 0,\ x = 0,\ y = a)$

$$\sigma_r = 0 \tag{3.5.35}$$

$$\sigma_\phi = -\frac{3+15\nu}{2(7-5\nu)}p_y + \frac{27-15\nu}{2(7-5\nu)}p_z - \frac{3-15\nu}{2(7-5\nu)}p_x$$

$$\sigma_\theta = -\frac{3+15\nu}{2(7-5\nu)}p_y + \frac{27-15\nu}{2(7-5\nu)}p_x - \frac{3-15\nu}{2(7-5\nu)}p_z$$

인장응력을 정(+)으로 하고 $p_x < p_y < p_z$ 이면, 천정에서 인장응력 $\sigma_{\theta x}$ 가 재료의 인장강도 σ_{ZF} 를 초과할 때 인장 파괴되므로 인장파괴에 대한 항복조건은 다음과 같고, 푸아송 비가 $\nu = 0.2$ 이면 p_y 항이 지워져서 중간주응력의 영향이 없어진다.

$$\sigma_{ZF} = \sigma_{\theta x} = -\frac{(3+15\nu)p_z + (3-15\nu)p_y - (27-15\nu)p_x}{2(7-5\nu)} \tag{3.5.36}$$

Murrel (1985) 은 중간주응력의 영향을 고려하여 **Griffith** 이론과 **von Mises** 항복 조건을 조합한 항복조건을 제안하였고, 이 항복조건식은 π 평면상에서 원형이다.

$$(\sigma_1 - \sigma_2)^2 + (\sigma_2 - \sigma_3)^2 + (\sigma_3 - \sigma_1)^2 + \alpha(\sigma_1 + \sigma_2 + \sigma_3) = 0 \tag{3.5.37}$$

인장측에서는 항복조건이 3 개 면 ($\sigma_1 = \sigma_2 = \sigma_3 = \sigma_{ZF}$) 으로 나타나고, 3 면 교선이 접하여 폐합되는 조건을 적용하면 $\alpha = 12\sigma_{ZF}$ 이므로, 위 식은 다음이 된다.

$$\sigma_{ZF} = \frac{(\sigma_1 - \sigma_2)^2 + (\sigma_2 - \sigma_3)^2 + (\sigma_3 - \sigma_1)^2}{12(\sigma_1 + \sigma_2 + \sigma_3)} \tag{3.5.38}$$

더 정확한 해는 회전타원형 공동둘레의 응력식을 풀어 구하며, 이때에는 π 평면 상에서 삼각형이 되어 중간주응력의 영향을 보다 현실에 가깝게 계산할 수 있다. **Griffith** 이론은 공동둘레 인장응력만 고려하였고, 압축응력에 의해 공동둘레가 전단 파괴 되거나 공동주변 전체가 전단될 경우는 고려하지 않았다.

4) 원통형 공동

원통형 공동이 등방 압축상태일 때 ($0 > q > p/3$) 에는 주변에 인장응력이 발생되지 않지만, 라이닝의 최대 접선방향 압축응력은 $3p - q$ 가 되며, 다음 두 경우가 있다.

① 대각선방향 전단응력 $\tau = \sigma/2 = (3p - q)/2$ 가 이론전단강도 τ_{the} 보다 커질 경우
② p 와 q 의 차이가 크고 공동둘레는 안정하나 전체가 격자결함으로 전단될 경우

인장파괴는 균열 둘레의 인장은 물론 압축응력에 의해서도 일어나고, 균열에 무관 하게 전단되기도 하므로, 실제 값은 Griffith 의 압축파괴이론을 조합하여 계산한다. 인장파괴가 발생되지 않을 최대 압축응력 $\sigma_{d\max}$ 는 식 (3.5.18) 로부터 다음이 된다.

$$\sigma_{d\max} = \frac{3p^2 + 3q^2 + 10pq}{4R_0(p+q)} \tag{3.5.39}$$

압축응력에 의해 닫혀 있는 미세균열에 마찰응력이 작용한다는 Griffith 수정이론 도 있으나, 마찰계수가 1.0 이상으로 커질 경우도 있어서 적용하기가 어렵다.

5.2 터널 주변지반의 소성화

터널이 유지되는 것은 주변으로 전이된 터널부 하중이 주변지반에 의해 지지되기 때문이며, 굴착면 근접지반이 소성화 되어도 그 외측 지반은 탄성상태를 유지한다.

굴착면 주변 일정 영역 내 지반에서 응력이 항복강도를 초과하면 지반이 소성화 **(5.2.1 절)** 된다. 소성역에서는 반경방향에 대해 일정한 각도로 대수나선형 활동파괴면 이 형성 **(5.2.2 절)** 된다. 소성역의 외곽 (탄소성 경계) 의 외압을 터널작용 하중이라고 생각하면 소성역이 곧 외력에 저항하는 지반 지지아치 **(5.2.3 절)** 이다.

5.2.1 터널 주변지반의 소성화

터널을 굴착하기 전에는 지반의 최대주응력 (연직응력) 과 최소주응력 (양방향 수평 응력) 이 모두 압축응력상태 **(3 축 압축응력상태)** 이어서, 응력수준이 아무리 높아도 지반이 파괴되지 않는다. 그러나 터널을 굴착하면 **평면변형률상태**가 되어 굴착면 접선방향 응력이 최대주응력이 되고 반경방향 응력 (최소주응력) 이 영이 된다. 이때 지반강도가 작거나 토피압이 크면, 지반이 항복하거나 파괴되어 터널주변에 소성역 이 발생되며, 소성역이 발생된다고 터널이 불안정해지는 것은 아니지만, 이로 인해 과도한 변위가 발생되거나 변위가 수렴되지 않아서 터널이 불안정해질 수 있다.

소성역이 형성되더라도 그 외부는 탄성 상태 (**탄성역**) 이며, 그 경계인 **탄소성경계** 의 모양은 측압계수와 압력의 크기와 형태에 따라 다르다. 소성역은 압력이 작으면 측벽에서만 초생달 모양으로 나타나고, 압력이 커지면 확대되어 등방압 상태에서는 탄소성경계가 원형이고 측압계수가 1 보다 크면 수평방향이 장축인 타원형이 된다. 소성역에서는 항복 후에 지반응력이 감소하지 않고 항복응력을 유지 (**완전 탄소성**) 한다고 가정하고, Mohr-Coulomb, Drucker-Prager, Tresca, von Mises 등의 항복식을 적용한다. 지반의 강도나 초기지압은 인위적으로 조절할 수 없기 때문에 소성역이 발생하는 설계가 불가피한 경우도 있다.

5.2.2 터널 주변지반의 활동파괴

지반의 강도가 작거나 응력 (토피압력) 이 크면, 터널 주변지반은 전단파괴 되어서 응력이 해방된다 (그림 3.5.4). 전단 파괴면은 가장 취약한 방향 (최대 주응력방향에 대해 $\alpha = 45^o - \phi/2$, 최소 주응력방향에 대해 $\alpha = 45^o + \phi/2$) 즉, 반경방향과 각도 α 를 이루는 곡선 (대수나선) 형으로 형성된다.

소성역내에서 응력이나 강도가 균일하면 전단면이 균등하게 발생되고, 불균일하면 응력수준이 높은 한 두 개 면으로 전단되면서 응력이 해방된다. 그러나 응력이나 강도가 불균일하더라도 연암 등은 숏크리트로 충분하게 지보하면 활동파괴면이 다수 생성되면서 균등하게 항복하여 Rabcewicz 전단활동면도 타원형 소성역 내부에 생긴다.

활동 파괴면의 기울기 α 는 다음 식으로 나타내고 (그림 3.5.4),

$$r\frac{d\theta}{dr} = \tan\alpha \tag{3.5.40}$$

활동파괴면의 각도를 Mohr 응력원에서 구하면 다음과 같다.

$$\tan\alpha = \frac{\frac{1}{2}(\sigma_t - \sigma_r)\cos\phi}{\frac{1}{2}(\sigma_t + \sigma_r) - \frac{1}{2}(\sigma_t - \sigma_r)\cos(90^o - \phi)} = \frac{\cos\phi}{1 - \sin\phi} = \sqrt{m+1} \tag{3.5.41}$$

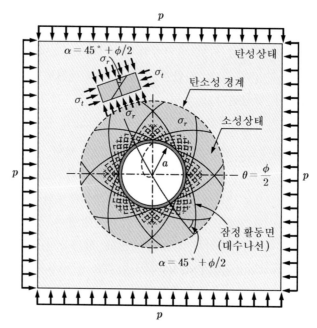

그림 3.5.4 터널주변 소성역과 활동면 (Kastner, 1962)

두 식을 연립해서 풀면 대수나선식이 되어 Rabcewicz 전단파괴설과 같아진다.

$$r = a\exp\left(\frac{1 - \sin\phi}{\cos\phi}\theta\right) \tag{3.5.42}$$

숏크리트는 전단력이 가장 큰 위치에서 전단되므로 숏크리트 전단면은 하나만 생기고, 그 위치는 배면에 균일한 수평압력 q_i 가 작용한다고 가정하고 계산한다.

폐합한 인버트는 이론적으로 상하 대칭으로 전단되어야 한다. 그러나 인버트 콘크리트는 늦게 시공하기 때문에 인버트를 시공할 때는 하반부 지반응력이 이미 해방된 상태이어서 측벽 숏크리트에 전단면이 생기지 않을 때가 많다.

숏크리트가 (원형터널 중심을 통과하는 수평축 상하로 각도 θ 위치에서) 전단파괴되면, 숏크리트에 작용하는 수평력 F_H 는 다음과 같다. 이때 연직압 p 는 수평압 q 에 비해 작아서 $(p < q)$ 전단파괴에는 큰 영향을 주지 못하므로 무시하고 계산한다.

$$F_H = \int_{-\theta}^{+\theta} q\,a\,\cos\theta\,d\theta = 2qa\sin\theta \tag{3.5.43}$$

숏크리트는 측벽지반의 수평방향 압출에 대해서 저항하며, 숏크리트 (두께 d) 의 최대 전단저항력 T_{Bm} 은 숏크리트의 전단강도 τ_{SB} 에 전단면 면적을 곱한 크기이다.

$$T_{Bm} = 2\tau_{SB}\,l = 2\,\tau_{SB}\frac{d}{\sin(\pi/2 - \theta + \phi)} = \frac{2\,\tau_{SB}d}{\cos(\theta - \phi)} \tag{3.5.44}$$

여기서 τ_{SB} 는 콘크리트 전단강도 (일축압축강도의 $20\% = 0.2\,\sigma_{DB}$) 이다.

숏크리트의 전단파괴에 대한 안전율 η_{SB} 는 숏크리트 전단저항력 T_{scm} 과 수평력 F_H 의 비로 정의하며 (그림 3.5.5),

$$\eta_{SB} = \frac{T_{Bm}}{F_H} = \frac{\tau_{SB}\,d}{q\,a\,\sin\theta\,\cos(\theta - \phi)} \tag{3.5.45}$$

최소안전율은 위 식을 θ 에 대해 미분하여 구한 극대치 $(d\eta/d\theta = 0)$ 이다. 그런데 $\cos(2\theta - \phi) = 0$ (전단각 $\theta = \pi/4 + \phi/2$) 이므로, 숏크리트 지보라이닝의 전단파괴는 원의 중심에서 $\theta = \pi/4 + \phi/2$ 의 각도로 터널수평축의 상하에서 일어난다.

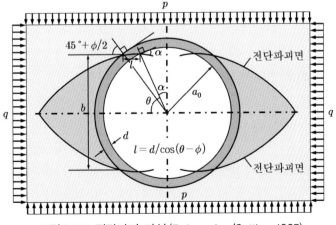

그림 3.5.5 전단파괴 가설 (Rabcewicz/Sattler, 1965)

5.2.3 지반 지지아치

지반에 굴착한 터널이 유지되는 것은 터널에 가해지던 하중이 주변지반으로 전이 되어 주변지반 (즉, 지지아치) 에 의해 지지되기 때문이다. 탄소성 경계의 외압을 터널 에 작용하는 하중이라고 생각하면 소성역이 곧, 지반 지지아치가 된다.

1) 지반 지지아치의 형성

지반 지지아치는 지반을 탄소성 해석할 수 있는 경우 (압축강도가 너무 크지 않고, 지보공으로 구속되어 연성파괴거동하며, 시공 중에 강도가 저하되지 않는 경우) 에만 성립되며, 터널주변에 형성되는 소성역이나 볼트로 구속된 범위로 생각할 수 있다. 취성 거동하는 암반을 지보공으로 구속하고 연성변형 시켜도 지반 지지아치가 형성 된다. Rabcewicz 는 볼트에 의해 취성파괴에서 연성파괴로 전환되는 영역을 지반 지지아치로 생각하고, 넓은 폭의 지반 지지아치를 형성시키기 위해 긴 볼트를 설치 하기도 하였으나 소성역이 터널직경보다 크면 볼트를 적용할 수 없다.

숏크리트 외에 볼트를 병용하면 다음 이유 때문에 연성항복을 유도할 수 있다.
- 숏크리트는 영률이 커서 원지반이 소성상태가 될 만큼 변형되지 않으며, 지반이 소성변형 되면 숏크리트가 전단되어 내력이 급격히 저하된다.
- 숏크리트를 폐합하여 원통응력상태가 될 때까지는 내압효과를 기대하기 어렵다.
- 지반은 활동파괴면에서 팽창되지만 선단정착볼트로 구속된 상태에서는 중간에 있는 지반이 탄성 변형하여 이 팽창을 흡수한다.

전면접착식 볼트는 활동면 팽창 억제력 (구속압력) 이 크고 신뢰성이 높다. 실제 터널의 최소 소요 지보력은 주변지반의 연성항복에 필요한 최소 구속력이다.

지반강도가 작을수록 변형이 크게 발생하고, 변형을 많이 허용할수록 최소구속력 이 작다. 변형이 너무 크면, 터널 기능저하, 지보공 파괴, 내력 감소, 지보공과 주변 지반 전체파괴 등이 발생되기 때문에 변형 크기를 제한해야 한다. 따라서 지반 강도 가 작을수록 최소 소요 지보력이 작아지는 것은 아니다.

강도가 큰 지반은 (지반 지지아치 생성 없이) 국부적 취약부를 (최소 지보력 보다) 작은 지보력으로 보강하거나, 요철에 의한 응력집중을 완화시키기만 해도 지반이 탄성응력상태를 유지하여 안정하다. 토피가 커서 작용하중이 지반강도를 초과하면, (연성항복을 유도하여) 지반 지지아치를 형성시키는데 상당히 큰 지보력이 필요하다.

암파열은 초기지압이 매우 높아서 연성 항복시킬 수 있을 정도로 큰 구속압력을 얻을 수 없을 때에 원지반과 지보공이 같이 취성파괴 되는 현상이다.

2) 지반 지지아치의 연성거동

터널을 굴착하면 구속압력이 해방되어 취성파괴조건이 되지만, 지보공을 설치하여 구속하면 연성파괴로 전환되어 완전탄소성 조건이 성립되므로, 지반지지아치와 탄소성 계산이 성립된다. 탄소성 계산은 (변형성이 좋은) 연암 등에서는 잘 맞지만, 강도가 큰 암반에서는 상당한 오차가 생긴다. 그렇지만 대부분 완전탄소성을 가정한다.

암석의 취성과 연성은 구속압력과 축차응력의 관계 (그림 3.5.6) 로부터 구별된다. 균질한 무결함 암석 공시체에서는 취성파괴에서 연성파괴로 전이되는 경계가 명확하여, $\sigma_1 - \sigma_3 > 3.4\sigma_3$ 이면 취성파괴가 일어난다. 그러나 취약면을 포함하거나 파괴가 일어난 공시체에 대한 삼축시험에서는 그 경계가 불명확하다.

지보공의 지보능력은 볼트는 $0.1 \sim 0.2\,MPa$, 숏크리트는 $0.5 \sim 1\,MPa$ 정도이며, 이는 일축 압축강도 $2.5 \sim 3\,MPa$ 인 연암의 연성항복 한계치에 가깝다. 압축강도가 이 보다 크면 연성변형이 어려워 지반이 완전 탄소성이라는 가정이 성립되지 않는다. 시공 중에는 구속응력이 더 작아져서 취성거동하기 쉬우므로, 취성거동 가능성을 최소로 하여 강도 저하와 지반이완을 방지하려면 굴착 후 지보공설치까지 시간을 최소로 해야 한다.

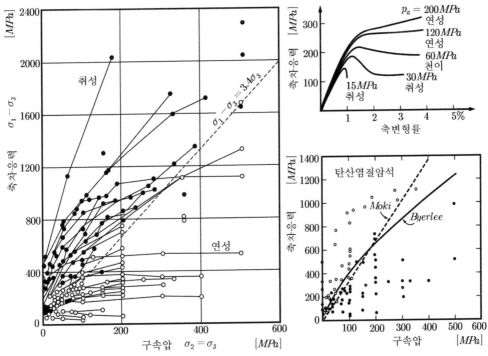

그림 3.5.6 암석의 취성파괴와 연성파괴 (Mogi 2007, 福島 1991)

5.3 터널 주변지반의 이완

터널굴착의 영향으로 주변지반이 이완되면 이완된 지반의 자중을 지보공의 작용하중으로 간주하고 여러 가지 모델로 이완하중을 계산하여 지보공을 설계할 수 있다.

터널굴착으로 인해 터널 부에 작용하던 구속응력이 해방되거나, 굴착 시 진동 등에 의해 인장응력이 발생되거나, 지보공 설치 후 지보공과 지반이 변형되면, 주변지반 내 균열이 새로 발생되거나 확장되어 주변 지반이 이완 (5.3.1 절) 되고 이완 하중이 작용한다. 지반의 이완범위는 지반의 밀도, 탄성파 속도, 투수계수, 지중변위 등을 측정하거나 시추공 내 재하시험으로 알 수 있다. 이완 하중은 Kommerell, Protodyakonov, Engesser, Terzaghi 등의 이반이완 모델 (5.3.2 절) 을 적용하여 이완영역을 가정하고 평형식을 적용하여 계산한다.

5.3.1 터널 주변지반의 이완

터널을 굴착하여 터널 부 작용하중이 제거되면, 터널주변부 지반의 응력이 재배치되어 새로운 균열이 발생되거나, 기존 불연속면들이 벌어지거나, 불연속면을 경계로 암괴들이 상대변위를 일으켜서, 주변지반이 이완된다. 지반이완에 의해 강도와 지지력 및 탄성파 속도는 감소되고, 쉽게 변형되며, 투수성이 커지고, 지지력이 작아져서 터널의 안정에 영향을 미친다. 흙 지반은 입자들이 결합되어 있지 않기 때문에 터널을 굴착하면 쉽게 소성화 되거나 이완된다. 터널굴착에 의해 이완되거나 분리된 지반의 자중 (이완하중) 은 라이닝에 직접 작용하며, 천단에서는 크고 측벽에서 작으며 바닥에서는 거의 영이다.

작은 단면으로 얕은 심도에 굴착한 터널에 작용하는 하중은 주로 이완하중이므로, 과거에는 지반에 따라 특정 형상과 크기로 이완영역을 가정하고 이완하중을 구해서 지보공을 설계하였다. 터널 굴착에 의한 이완영역 크기는 굴착 공법에 따라 다르며, 보통상태 지질에서 NATM 에 비해 TBM 은 절반, 재래공법 (ASSM) 은 2 배 정도이다.

암반이 이완되면 절리나 균열이 벌어지거나 새로 생겨서 암반의 강도나 탄성계수가 절반이하로 작아지고, 재압축 되면 거의 원래 강도나 탄성계수로 회복된다. 변형계수는 하중이 커짐에 따라 처음에는 비탄성적으로 증가하고, 하중이 특정한 값을 초과한 후부터 일정한 값을 유지하며, 항복 이후에는 감소하다가 파괴된다. 암반의 변형계수는 불연속면이 폐색되거나 맞물림이 강할수록 크다.

1) 지반이완의 원인

모든 방향으로 구속되어 있던 (삼축압축응력 상태) 지반에 터널을 굴착하여 구속응력이 해방되거나(응력이 영), 발파 등의 굴착진동에 의해 인장응력이 발생되면, 기존 균열이 벌어지거나 새로운 균열이 발생되어 주변지반이 이완된다. 터널굴착 후 지보공설치 전에 지반이 변형되거나 지보공이 변형되는 경우에도 지반이 이완된다. 지보공과 지반 사이에 틈이 있는 경우에도 지보공 배면지반이 변형되어 이완되며, 지반이완정도는 틈 상태와 지반특성에 따라 다르다.

2) 이완범위

터널굴착에 의한 주변지반의 이완범위는 굴착공법에 따라 다르다. 보통 지질에서 재래식 터널공법 (ASSM 공법) 을 적용하면 터널 폭의 절반이나 1 회 굴진장에 해당되는 범위의 지반이 이완되고, 볼트를 적용하고 NATM 공법으로 하면 1 회 굴진장의 절반 정도 두께로 지반이 이완된다. 기계굴착하면 굴착면이 매끄러워서 응력이 집중되지 않고 진동이 거의 없어서 발파 굴착 보다 지반이 적게 이완된다. 터널굴착에 의한 이완영역의 크기는 NATM 에 비해 TBM 은 절반, 재래공법 (ASSM) 은 2 배 정도이다.

지반의 이완범위는 지반의 밀도, 탄성파속도, 투수계수의 변화, 지중변위 등을 측정하거나 공내 재하시험을 수행하여 확인할 수가 있다. 또한, **BIPS** (**B**ore hole **I**mage **P**rocessing **S**ystem) 로 보링공 내벽에 있는 개구균열의 폭 (방향성 무관) 을 측정해서 누계 균열 폭이 급변하는 부분을 찾아 이완범위를 확인할 수 있다 (그림 3.5.7).

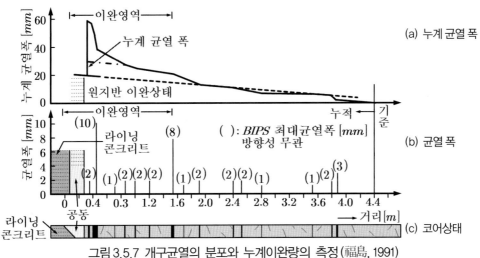

그림 3.5.7 개구균열의 분포와 누계이완량의 측정 (福島, 1991)

굴착면 (반경 r_a) 에서 약 $3r_a$ 깊이 (응력변화 영역) 로 천공한 후 천공공의 입구에서 햄머 타격으로 압력파를 발진하고, 공내 심도를 변화시키면서 **geophone** 으로 압력파 (P-파) 도달시간을 측정하여 구한 지반심도-도달시간 관계로부터 이완영역과 압력파 속도를 알 수 있고 그로부터 동적탄성계수 E_{dyn} 를 구할 수 있다. 그림 3.5.8 은 터널을 기계굴착할 때와 발파굴착할 때 굴착면 배후지반 내에서 측정한 심도별 압력파 속도 이다 (Bonapace, 1989). 기계굴착하면 발파굴착할 때보다 이완영역이 작게 형성된다.

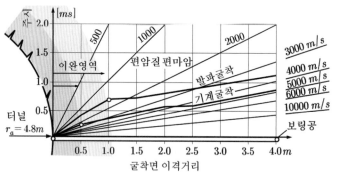

그림 3.5.8 터널주변지반 내 압력파 속도 (Bonapace, 1989)

동적 탄성계수 E_{dyn} 와 정적 탄성계수 E_{sta} 는 상호비례하며, 그 비례상수는 지반의 교란상태에 따라 다르므로, 터널 굴착면의 배후 지반에서 심도별로 동적 탄성계수와 정적 탄성계수 관계 (그림 3.5.9) 를 구하면 이완영역을 추정할 수 있다.

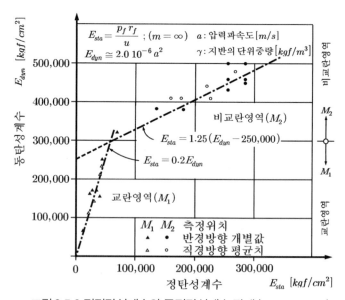

그림 3.5.9 정적탄성계수와 동적탄성계수 관계 (Seeber, 1999)

3) 이완지반의 하중-변위거동

암반이 이완되면 절리 및 균열이 벌어지거나 새로 생겨서 암반 강도나 탄성계수가 더 작아지고 (탄성계수 40% 정도), 다시 재 압축하면 거의 원래 강도나 탄성계수로 회복된다.

평판재하시험에서 항복점 전후에 각각 한 번씩 제하 (unloading) 한 후에 재재하 (reloading) 하여 평균하중-변위 관계곡선 (반복재하곡선) 을 그리면 지반의 이완상태를 알 수 있다 (그림 3.5.10).

하중을 재하하면 절리가 폐색되면서 저항력이 커지며, 하중이 작을 때 큰 절리가 폐색되고, 하중이 커지면 작은 절리들도 폐색되기 때문에 반복 재하곡선 포락선의 기울기 V (변형계수) 는 하중의 크기에 따라 다르다. 제하 - 재재하곡선의 기울기 E (탄성계수) 는 상수이다. 지반은 탄성계수와 변형계수의 차이가 클수록 이완이 심한 상태이다.

변형계수는 하중이 증가함에 따라서 처음에는 비탄성적으로 증가하고 (변형계수 점증영역), 하중이 특정한 값을 초과한 다음부터 일정한 값을 유지하며 (변형계수 일정영역), 항복점에 도달된 이후에는 변형계수가 감소하다가 결국에는 파괴된다 (파괴영역).

변형계수는 불연속면이 폐색되거나 맞물림이 강할수록 크므로, 변형계수로부터 이완영역을 추정할 수 있다.

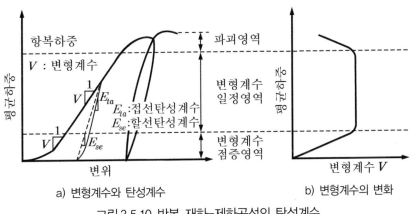

a) 변형계수와 탄성계수   b) 변형계수의 변화

그림 3.5.10 반복 재하-제하곡선의 탄성계수

5.3.2 이완하중 계산모델

터널의 지보공 설계는 지보공에 작용하는 하중을 구하는 일과 지보공의 지지력을 구하는 일로 구분되는데, 지보공의 지지력은 재료적 문제이어서 비교적 용이하게 구할 수 있으므로 일반적으로 말하는 지보공 설계는 지보공에 작용하는 하중을 구하는 일이다.

본래 자립하던 지반의 어느 정도가 (더널굴착에 의한 응력해방이나 발파진동에 의해) 이완되어서 지보공에 하중으로 작용하는지에 관하여 Kommerell, Engesser, Protodyakonov, Terzaghi 등의 이론이 제시되어 있다. 이들은 대체로 일정한 범위의 이완영역을 가정하고 힘의 평형식을 적용하여 이완하중을 결정하고 있다.

1) Kommerell의 이완하중

Kommerell 은 중간 이상 조밀한 지반에서는 천단의 상부지반이 터널의 폭 만큼 이완되고, 느슨한 지반에서는 터널 측벽하단에서 $45^o + \phi/2$ 를 이루는 선이 터널의 천단을 지나는 수평선과 만나는 폭으로 이완된다고 생각하였다.

터널굴착으로 인하여 발생된 **상부지반의 침하량** s_v 는 지보공을 설치하기 전에 지반변형과 지보공 변형량의 합이고, 지반의 이완높이 h 는 이 침하량을 메우는 데 필요한 높이이다.

조밀한 지반에서 지보공의 변형곡선은 포물선 내지 타원에 가까운 형상이고 지반의 **변형률** ϵ_s 는 지반에 따라 표 3.5.2 의 값을 보인다.

$$s_v = h \, \frac{\epsilon_s}{100} \qquad\qquad \therefore h = 100 \, \frac{s_v}{\epsilon_s} \qquad\qquad (3.5.46)$$

표 3.5.2 원지반 변형률 ϵ_s

지반의 구분	변형률 ϵ_s (%)
느슨한 입상체의 흙(모래)	1~3
중간정도 점성토(마른 점토)	3~5
점성토, 이회토, 섞인 점토	5~8
연암(사암, 석회암)	8~12
경암	10~15

이완영역 경계와 이완하중 분포는 타원형이며, 이완영역의 경계를 이루는 타원의 방정식은 다음과 같다 (그림 3.5.11).

$$\frac{x^2}{(B/2)^2} + \frac{y^2}{h^2} = 1 \tag{3.5.47}$$

터널에 작용하는 **이완하중 P** 는 이완된 지반의 무게 (지반의 단위중량 γ 에 이완영역의 면적 S 를 곱한 값) 이다.

$$S = \frac{\pi}{2} \frac{Bh}{2}$$

$$P = \gamma S = \gamma \frac{\pi}{2} \frac{B}{2} h = \gamma \frac{\pi}{2} \frac{B}{2} \frac{100\, s_v}{\epsilon_s} = 25 \pi B \gamma \frac{s_v}{\epsilon_s} \tag{3.5.48}$$

따라서 이완하중은 지반침하량 s_v 가 클수록 크며, 이완된 지반은 강도가 없으므로 그 자중이 전부 지보공에 하중으로 작용한다.

느슨한 지반에서는 지보공이 약간만 침하하여도 이완영역이 급격하게 확장되어서 이완하중이 더 커지기 때문에 지반이 이완되는 것을 방지하기 위해서는 지보공이 필요하다. 그렇지만 조밀하고 단단한 지반은 대부분 잘 이완되지 않기 때문에 이완하중이 거의 작용하지 않기 때문에 조밀하고 단단한 지반에서는 지보공이 필요하지 않을 경우가 많다.

터널이 클수록 원지반이나 지보공의 변형이 커서 이완하중도 크다.

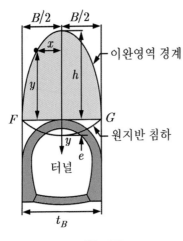

a) 중간이상 조밀한 지반

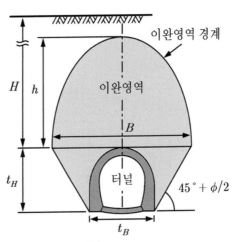

b) 느슨한 지반

그림 3.5.11 Kommerell 모델

2) Protodyakonov 의 이완하중

Protodyakonov 는 터널굴착 후 포물선형 지반아치가 생성되어 토피하중에 의한 압력을 지지하며 지반아치의 외측 지반은 자립하고 내측 지반은 이완되어 그 자중이 지보공에 하중으로 작용한다고 생각하였다.

지반아치는 지반자체이며 압축력만 작용하고 휨모멘트를 분담하지 않고 (수평토압은 생각하지 않고) 아치의 천단에 추력 T_h 가 움직인다고 생각하였다 (그림 3.5.12).

따라서 천정을 아치형상으로 하면 이완영역이 없어지고, 토압도 작용하지 않아서 지보하지 않아도 터널이 안정하다.

(1) 지반아치의 식

지반아치 내 임의점 D 에서 모멘트 평형식을 적용하면,

$$M_D = - T_h y + \frac{1}{2}px^2 = 0 \tag{3.5.49}$$

이므로, 지반아치의 식은 다음 포물선이 된다.

$$y = \frac{1}{2}\frac{p}{T_h}x^2 \tag{3.5.50}$$

(2) 아치의 지점반력

지반아치의 지점 A 에서 수평 및 연직방향 힘의 평형식을 적용하면, 지점반력 R 의 수평 및 연직분력 N 과 V 를 구할 수 있다.

$$V = p\frac{B}{2}, \quad N = p\frac{B}{2}\tan\phi - \tau h = T_h \tag{3.5.51}$$

A 점에서 모멘트 평형식을 적용하면 다음이 되고,

$$\sum M_A = 0, \quad p\frac{B}{2}\frac{B}{4} = T_h h = \left(p\frac{B}{2}\tan\phi - \tau h\right)h \tag{3.5.52}$$

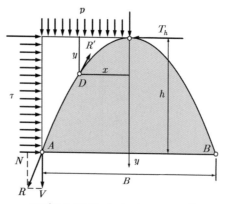

그림 3.5.12 Protodyakonov 모델

이로부터 수평토압 σ_h 에 대한 식을 구할 수 있고,

$$\sigma_h = p\,\frac{B}{2}\,\frac{4h\tan\phi - B}{4h^2} \tag{3.5.53}$$

위 식을 h 에 대해 미분하면 ($d\sigma_h/dh = 0$), **최대수평토압** $\sigma_{h\max}$ 를 구할 수 있고, 이 $\sigma_{h\max}$ 는 (지반강도에 따라 변하는) 지반반력계수라고도 생각할 수 있다.

$$\sigma_{h\max} = \frac{p}{2}\tan^2\phi \tag{3.5.54}$$

수평토압이 최대가 되는 h 는 다음이 되고,

$$h = \frac{B}{2\tan\phi} = \frac{B}{2f} \tag{3.5.55}$$

위 식에서 $f = \tan\phi$ 이며, 점착력이나 일축압축강도가 크면 $f = \tan\phi$ 대신에 일축압축강도 σ_{DF} 나 정육면체에 대한 압축강도 σ_{D6} 을 적용한다.

$$f = \tan\phi + c/\sigma_{DF} \quad \text{또는} \quad f = \sigma_{D6}/100 \tag{3.5.56}$$

연직압력 p 와 수평수동토압 τ 가 작용하는 조건에서 **휨모멘트가 영 (0)** 이 되는 아치는 장반경 h, 단반경 $B/2$, 장반경/단반경 $= p/\tau$ 인 타원이다.

(3) 이완하중

아치지점인 A 점의 수평방향 힘의 평형식 (식 3.5.51) 에 식 (3.5.54) 와 식 (3.5.55) 를 대입하고 수평분력 N 을 구할 수 있고,

$$N = p\,\frac{B}{2}\tan\phi - \frac{p}{2}\tan^2\phi\,\frac{B}{2\tan\phi} = p\,\frac{B}{4}\tan\phi = T \tag{3.5.57}$$

이를 포물선 식 (3.5.50) 에 넣어서 정리하면 이완영역의 경계 y (포물선) 와,

$$y = \frac{2x^2}{B\tan\phi} \tag{3.5.58}$$

포물선에 둘러싸인 이완영역의 면적 S 를 구할 수 있다.

$$S = \frac{2}{3}Bh = \frac{1}{3}\frac{B^2}{\tan\phi} \tag{3.5.59}$$

따라서 **이완하중** P 는 이완영역의 면적 S 에 지반의 단위중량 γ 를 곱한 값이다.

$$P = \gamma S = \frac{\gamma}{3}\frac{B^2}{\tan\phi} \tag{3.5.60}$$

3) Engesser의 이완하중

Engesser 는 3 힌지형 지반아치가 일부 수직압력을 지지하고 지보공이 나머지 수직 압력과 아치 하부지반 자중을 지지한다고 생각하고, 지보공 부담하중 p 를 계산하였다.

$$p = 2t_B\gamma \left\{ \frac{\tan^2(45° - \phi/2)}{2\tan\phi + \dfrac{t_B}{h}\tan^2(45° - \phi/2)} + \frac{\tan\phi}{6} \right\} \tag{3.5.61}$$

위 식에서 중괄호 안의 제1항은 아치 하부지반의 자중이다. 그런데 토피 H_t 가 터널 폭 t_B 보다 매우 크기 때문에 $(t_B < \cdots < H_t)$, 내부마찰각 ϕ 가 현저히 작지 않으면, $(t_B/H_t)\tan^2(45° - \phi/2) \simeq 0$ 이 된다.

따라서 위 식은 다음으로 간단해지며, 지보공 부담하중 p 는 토피 H_t 에 무관하다.

$$p = 2t_B\gamma \left\{ \tan^2\left(45° - \frac{\phi}{2}\right)\frac{\cot\phi}{2} + \frac{\tan\phi}{6} \right\} \tag{3.5.62}$$

발파에 의해 파쇄되는 범위는 터널 측벽하단에서 연직에 대해서 각도 $45° + \phi/2$ 범위 이내이고 상부경계는 천단상부의 높이 X 에서 최대 폭이 B 가 된다. 발파파쇄 영역의 상부지반은 이완되고, 이완영역의 상부경계는 하부의 각도가 내부마찰각 ϕ 인 포물선이다 (그림 3.5.13).

발파영향을 고려한 지보공 부담 하중 p 는 다음과 같다.

$$p = \gamma X + B\gamma \left\{ \tan^2\left(45° - \frac{\phi}{2}\right)\frac{\cot\phi}{2} + \frac{\tan\phi}{6} \right\} \tag{3.5.63}$$

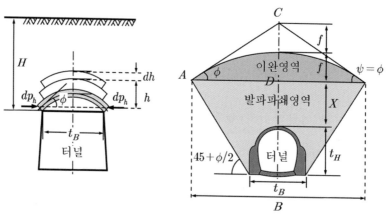

a) 천단상부 아치   b) 발파영향 고려한 이완영역

그림 3.5.13 Engesser 의 모델

4) Terzaghi의 이완하중

터널을 굴착하면 작용하는 하중이 주변지반으로 전이되어, 연직응력이 터널양측에서는 토피압 보다 더 크고, 천단 위쪽에서는 토피압력 보다 더 작다. Terzaghi 는 Trapdoor 실험을 통해 터널굴착에 의한 응력전이 현상을 규명하고 사일로 이론을 적용하여 얕은 터널과 깊은 터널에 작용하는 하중을 계산하였다.

(1) Trapdoor 실험

Trapdoor 실험 (Terzaghi, 1936) 에서 강하 판 하중은 강하량이 커질수록 작아지고 일정 강하량에서 최소가 되며, 그 후에는 증가한다 (그림 3.5.14). 터널을 굴착하고 지보공설치 후에도 터널 상부지반은 아래로 움직이려고 하므로 지반에는 활동면이 형성되고 활동면의 상향저항력을 초과하는 하중은 지보공에 외력으로 작용한다.

(2) 얕은 터널

Terzaghi (1943) 는 터널 하중이 연직방향으로만 작용한다고 생각하고 천단상부의 미세요소에 연직방향 힘의 평형을 적용하여 측면 연직선 상 전단력과 주변지반의 연직 및 수평토압 분포를 구하였다. 폭 B 는 양 측벽하단에서 시작한 활동선의 천단 높이에서 폭이고, 천단 상부에서는 폭이 B 로 일정하며 (그림 3.5.15), 경암에서 터널의 폭으로 해도 된다. 얕은 터널에서는 터널굴착에 의한 영향이 지표까지 미친다.

터널 천단상부 미세요소 (폭 B, 두께 dz) 의 연직방향 힘의 평형은 다음과 같고,

$$B\gamma\,dz = B(\sigma_v + d\sigma_v) - B\sigma_v + 2\tau dz \tag{3.5.64}$$

측면 마찰저항력 τ 는 토괴측면에서 상향으로 작용하며, K 는 측압계수이다.

$$\tau = c + \sigma_h \tan\phi = c + K\sigma_v \tan\phi \tag{3.5.65}$$

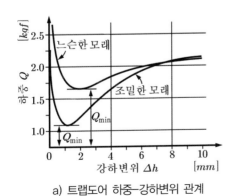

a) 트랩도어 하중–강하변위 관계

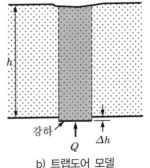

b) 트랩도어 모델

그림 3.5.14 Trap door 실험 (Terzaghi, 1936)

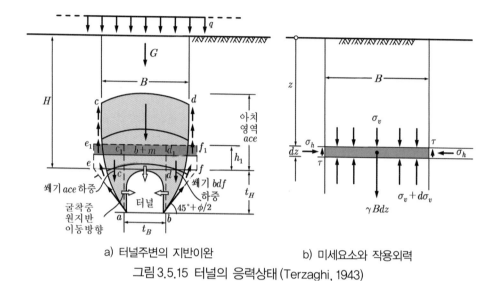

a) 터널주변의 지반이완   b) 미세요소와 작용외력

그림 3.5.15 터널의 응력상태 (Terzaghi, 1943)

이를 식 (3.5.64) 에 대입하여 정리하면 다음 미분방정식이 되고,

$$\frac{d\sigma_v}{dz} = \gamma - \frac{2c}{B} - 2K\sigma_v\frac{\tan\phi}{B} = -2K\frac{\tan\phi}{B}\left(\sigma_v + \frac{c}{K\tan\phi} - \frac{\gamma B}{2K\tan\phi}\right) \qquad \text{(3.5.66)}$$

위 식을 적분하면 다음이 된다.

$$\log\left[\sigma_v + \frac{2c - \gamma B}{2K\tan\phi}\right] = \frac{-2Kz\tan\phi}{B} + C \qquad \text{(3.5.67)}$$

C 는 적분상수이며, 지표면 ($z = 0$) 의 상재하중이 $\sigma_v = q$ 인 조건에서 구한다.

$$e^C = q + \frac{2c - \gamma B}{2K\tan\phi} \qquad \text{(3.5.68)}$$

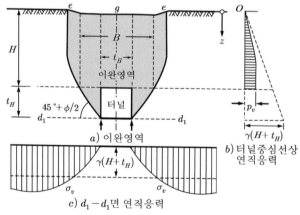

a) 이완영역   b) 터널중심선상 연직응력

c) $d_1 - d_1$면 연직응력

그림 3.5.16 얕은 터널 이완영역과 주변응력 (Terzaghi, 1943)

따라서 연직응력 σ_v 는 다음이 되고, 응력이 전이되어 터널 양측에서는 토피압 γH 보다 크고, 천단 상부에서는 토피압 보다 작다. 지표로부터 깊이 및 터널 양측 수평 거리에 따른 연직응력의 분포는 그림 3.5.16 과 같다. z 는 지표로부터 깊이이다.

$$\sigma_v = \frac{B(\gamma - 2c/B)}{2K\tan\phi}\left\{1 - \exp\left(-\frac{2zK\tan\phi}{B}\right)\right\} + q\exp\left(-\frac{2zK\tan\phi}{B}\right) \tag{3.5.69}$$

위 식에서 $\gamma - 2c/B \geq 0$ 즉, $B \leq 2c/\gamma$ 이면, $\sigma_v \leq 0$ 이므로 (즉, 연직응력이 작용하지 않으므로) 지보하지 않아도 터널이 유지된다. $\boldsymbol{B > 2c/\gamma}$ 이면 지보가 필요하다.

(3) 깊은 터널

터널이 깊으면 ($H \geq 2.5t_B$), 터널굴착의 영향이 천단 상부로 높이 H_1 까지 (터널 영향권, 높이 H_1) 만 미치고 그 위로 지표까지는 미치지 않으며 (그림 3.5.17), 영향권 상부 토체 (깊이 H_2) 의 자중이 영향권에 하중으로 작용한다. 높이 H_1 은 이완하중의 계산높이 (이완영역높이가 아님) 이고 지반이 변형되거나 지보공이 침하되면 커진다.

토피가 $\boldsymbol{H > H_1}$ 또는 $\boldsymbol{H \geq 2.5t_B}$ 이면, 깊은 터널이고 터널굴착의 영향이 지표에 까지 미치지 않는다 (Terzaghi, 1943).

터널굴착으로 인한 이완영역은 지반아치를 이루며, 아치 상부지반의 무게 γH_2 가 하부의 지반아치에 상재하중 (다음 식의 제 2 항) 으로 작용하므로, 지보공 압력 p_v 는 식 (3.5.69) 에서 $z = H_1$ 이고 $q = \gamma H_2$ 이므로 다음이 된다.

$$p_v = \frac{\gamma B}{2K\tan\phi}\left\{1 - \exp\left(-\frac{2H_1 K\tan\phi}{B}\right)\right\} + \gamma H_2 \exp\left(-\frac{2H_1 K\tan\phi}{B}\right) \tag{3.5.70}$$

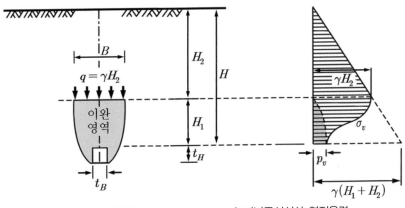

a) 이완영역   b) 터널중심선상 연직응력

그림 3.5.17 깊은 터널의 이완영역과 연직응력 (Terzaghi, 1948)

(4) 대심도 터널

대심도 터널 ($H_1 < H/5$) 에서 위 식의 제 2 항은 무시할 수 있을 만큼 작고, 제 1 항의 중괄호 안은 1 에 가까워지므로 최대 지보공 압력 $p_{v\,\max}$ 는 다음이 되고,

$$p_{v\,\max} = \frac{\gamma B}{2 K \tan\phi} \tag{3.5.71}$$

$K = 1.0$ 이면 (이완영역 폭은 $B = t_B + t_H$ 이므로) 지보공 하중 p_v 는 이완경계 상부 지반의 자중 γH_2 가 되어 터널 폭 t_B 에 비례하고 높이 t_H 에 무관하다.

$$p_v = \gamma H_2 = \frac{\gamma B}{2 K \tan\phi} \simeq \frac{\gamma t_B}{\tan\phi} \tag{3.5.72}$$

(5) 이완하중

Terzaghi 의 Trapdoor 실험에서는 지보공 변형이 클수록 토압이 감소하지만, 이와 반대로 Kommerell 의 이완토압은 지보공 변형량에 비례하여 증가한다. Terzaghi 는 견고한 지반에서는 (예상치 않은 붕괴가 일어나기 쉬우므로) 큰 안전율을 적용하여 최대 붕괴높이를 이완높이로 취하였고, 흙이나 파쇄성 암반에서는 항상 조심하므로 Trapdoor 실험의 최저하중을 취하였다.

터널의 측벽지반이 아칭에 의해 전이된 하중을 지지할 수 없을 만큼 불량하면 Terzaghi 식이 적용되지 않는다. 흙이나 파쇄암반에 이완토질정수를 적용하면, 하중이 터널치수에 비례하지 않고 시공법에 따라 변한다. **Terzaghi** 이완하중은 표 3.5.3 과 같다.

표 3.5.3   Terzaghi 이완하중 (Terzaghi, 1946)   (t_B 터널 폭, t_H 터널 높이)

암반의 상태	암반 하중 [m]	내부마찰각 [°]	비고
① 견고, 완전	0		탈락될 경우 간단히 지보
② 견고, 층상/편암상	$(0 \sim 0.5)\,t_B$	45~90	간단한 지보공을 사용
③ 대괴상, 보통절리	$(0 \sim 0.25)\,t_B$	63~90	하중은 위치별로 불규칙 변화
④ 보통괴상, 균열 있음	$(0.25 \sim 0.35)(t_B + t_H)$	55~63	측압 없음
⑤ 현저히 소괴, 균열 많음	$(0.35 \sim 1.10)(t_B + t_H)$	24~55	측압 적거나 거의 없음
⑥ 완전파쇄, 화학적으로 완전	$1.10(t_B + t_H)$	24	큰 측압, 누수로 하부약화 시 지보하부에 기초/원형지보공
⑦ 압출성 암반, 중간심도 토피	$(1.10 \sim 2.1)(t_B + t_H)$	13~24	큰 측압, 역아치지보 폐합 필요
⑧ 압출성 암반, 깊은 심도 토피	$(2.10 \sim 4.50)(t_B + t_H)$	6~13	원형지보공을 추천
⑨ 팽창성 암반	$(t_B + t_H)$ 에 관계없이 75 m 이상을 사용		원형지보공이 필요, 심한경우 가축성지보공설치

5.4 터널 주변지반의 이완 에너지

터널을 굴착하여 작용하중이 변하면, 흙 지반은 쉽게 소성화되거나 이완되고, 암반에서는 새로운 균열이 발생되거나, 기존 불연속면이 확장되거나 벌어지고, 불연속면을 따라 암괴들이 상대변위를 일으켜서 이완된다. 지반이 이완되면 부피와 변형성및 투수성이 커지고, 강도와 지지력 및 탄성파속도는 감소된다.

터널굴착에 의한 주변지반의 이완거동은 변형에너지의 변화량 즉, 터널굴착 전지반의 탄성 변형에너지 **(5.4.1 절)** 와 터널굴착 후 주변 지반의 탄성 변형에너지의차이로부터 알 수 있다. 터널굴착 후 주변지반의 탄성변형에너지는 주변지반이탄성응력상태인 경우 **(5.4.2 절)** 또는, 일부 또는 전체가 소성응력상태인 경우 **(5.4.3절)** 의 차이로 구분하여 계산한다.

터널 굴착에 의한 주변지반의 변형에너지 변화량이 지반의 고유 변형에너지 보다작으면 주변 지반이 탄성 상태를 유지해서 터널이 안정하고, 고유변형에너지를 초과하면 균열이 발생되어 주변지반이 이완된다.

5.4.1 터널굴착 전 지반의 탄성변형에너지

터널굴착 전 터널영향권 내 지반의 탄성변형에너지 W_R 는 터널부 지반의 탄성변형에너지 W_1 과 터널주변부 지반의 탄성변형에너지 W_2 의 합이다.

1) 터널굴착 전 지반의 응력과 변형률 (정수압 상태)

정수압상태 초기지압 ($p_0 = -\gamma H_t$) 이 터널영향권 경계 ($r = R$) 에 작용할 경우에터널굴착 전 지반의 응력과 변형률은 다음과 같다 (압축은 음'−'의 부호).

$$
\begin{aligned}
&\sigma_r = \sigma_t = p_0 \\
&\sigma_z = \nu(\sigma_r + \sigma_t) = 2\nu p_0 \\
&\epsilon_r = \epsilon_t = \frac{(1+\nu)(1-2\nu)}{E} p_0 \\
&\epsilon_z = \frac{\sigma_z - \nu(\sigma_r + \sigma_t)}{E}
\end{aligned}
\tag{3.5.73}
$$

여기에서 $\sigma_r, \sigma_t, \sigma_z$ 와 $\epsilon_r, \epsilon_t, \epsilon_z$ 는 각각 터널의 반경과 접선 및 축방향의 응력과변형률이고 E 와 ν 는 지반의 탄성계수 (Young's Modulus) 와 푸아송 비이다.

2) 터널굴착 전 터널영향권내 지반의 탄성변형에너지 W_R

터널굴착 전 터널영향권 내측 지반($r < R$)이 갖고 있던 터널 단위길이 당 탄성 변형에너지 W_R 는 초기지압과 변형률 및 부피 V 로부터 계산한다.

$$W_R = \Sigma \frac{1}{2}\sigma \epsilon V = \frac{1}{2}p_o\frac{(1+\nu)(1-2\nu)}{E}p_o 2\pi R^2 = \frac{(1+\nu)(1-2\nu)}{E}\pi R^2 p_o^2 \quad \text{(3.5.74)}$$

3) 터널굴착 전 터널부 지반의 탄성변형에너지 W_1

터널 굴착 전 터널부 지반($r < a$)의 탄성변형에너지 W_1 은 식 (3.5.74)에서 터널의 영향권 R 을 터널반경 a 로 대체한 값이다.

$$W_1 = \frac{(1+\nu)(1-2\nu)}{E}\pi p_o^2 a^2 \quad \text{(3.5.75)}$$

4) 터널굴착 전 터널주변부 지반의 탄성변형에너지 W_2

터널굴착 전 터널주변부 지반($a < r < R$)의 탄성변형에너지 W_2 는 터널영향권 내측 지반의 탄성 변형에너지 W_R (식 3.5.74)에서 터널부 지반의 터널굴착 전 탄성 변형에너지 W_1 (식 3.5.75)를 제외한 값이다.

$$W_2 = W_R - W_1 = \frac{(1+\nu)(1-2\nu)}{E}\pi(R^2-a^2)p_0^2 \quad \text{(3.5.76)}$$

5.4.2 터널굴착 후 주변지반이 탄성 상태인 경우

압축된 스프링에서 힘을 서서히 제거하면 스프링이 진동하지 않는 것처럼 지반과 지보공이 일체로 거동하고 변형에너지가 서서히 소비되게 굴착하면 터널을 안정 하게 굴착할 수 있다.

터널을 굴착하면 영향권 R 에 무시할 정도로 아주 작은 변형 δ_R 이 생기고, 이로 인해 변형에너지 W_3 가 영향권 외측($r > R$) 지반에서 터널 주변부($a < r < R$)로 유입된다. 터널부($r < a$) 지반의 초기 (터널굴착 전) 변형에너지 W_1 은 터널을 굴착하는 순간 운동에너지나 열에너지로 변한다. 터널 주변부지반은 터널굴착 전에는 삼축압축응력 상태이지만, 터널굴착 후 평면변형률 상태로 되면서 변형에너지가 ΔW_2 만큼 변한다.

터널영향권 외측에서 유입되는 에너지 W_3 와 터널주변부 지반의 변형에너지 변화량 ΔW_2 의 합 $W_y = W_3 + \Delta W_2$ 이 터널 내공에서 방출되는 이완에너지 W_y 이며, 이완에너지의 일부는 지반이완이나 진동, 열, 균열 에너지로 변환되고, 남은 에너지는 지보공이 부담하는 변형에너지 W_s 이다.

1) 터널영향권 외측에서 내측으로 유입되는 에너지 W_3

초기응력 p_o 가 작용하는 터널영향권 $(r = R)$ 은 터널굴착 후에 반경방향으로 (측정할 수 없을 정도로 작은 값) δ_R 만큼 변위를 일으키면서,

$$\delta_R = \frac{1+\nu}{E}(p_o - p_i)\frac{a^2}{R}$$ (3.5.77)

일을 하며, 이는 터널영향권 외측에서 내측으로 유입되는 에너지 W_3 이다.

$$W_3 = 2\pi R p_o \delta_R = \frac{1+\nu}{E} 2\pi a^2 p_o (p_o - p_i)$$ (3.5.78)

터널굴착으로 인해 터널 영향권 외측 지반 $(R < r)$ 에서는 에너지가 W_3 만큼 손실되지만, 외측지반은 부피가 거의 무한정 커서 탄성변형에너지가 무한대이기 때문에 터널영향권 외측지반에서 W_3 정도의 에너지손실은 전체 탄성변형에너지에 비하면 무시할 수 있을 만큼 작은 크기이다.

2) 터널굴착 후 터널주변부 지반의 탄성변형에너지 변화량 $\triangle W_2$

터널굴착 후 주변지반이 탄성상태를 유지할 때는, 터널굴착으로 인해 지반의 응력상태가 삼축압축응력 상태에서 평면변형률 상태로 변하면서 터널주변부 지반의 변형에너지가 $\triangle W_2$ 만큼 변한다.

(1) 터널주변부 지반의 응력과 변형률 (평면변형률 상태)

정수압상태 (초기지압 p_o) 지반에 원형터널을 굴착하여, 터널주변부 지반의 응력이 정수압상태에서 평면변형률상태로 변하면, 터널 내공면의 압력이 p_o 에서 내압 p_i 로 되고, 터널주변부 지반의 응력과 변형률은 다음이 된다.

$$\sigma_r = p_o - \left(\frac{a}{r}\right)^2 (p_o - p_i)$$ (3.5.79)

$$\sigma_t = p_o + \left(\frac{a}{r}\right)^2 (p_o - p_i)$$

$$\sigma_z = \nu(\sigma_r + \sigma_t) = 2\nu p_o$$

$$\epsilon_r = \frac{(1+\nu)(1-2\nu)}{E}p_o - \frac{1+\nu}{E}(p_o - p_i)\left(\frac{a}{r}\right)^2$$

$$\epsilon_t = \frac{(1+\nu)(1-2\nu)}{E}p_o + \frac{1+\nu}{E}(p_o - p_i)\left(\frac{a}{r}\right)^2$$

$$\epsilon_z = 0$$

(2) 터널주변부 지반의 탄성변형에너지 W_2

터널굴착 후 터널주변부 지반의 탄성변형에너지 W_2 는 다음과 같다.

$$W_2 = \int_a^R \left(\frac{1}{2} \sigma_r \epsilon_r + \frac{1}{2} \sigma_t \epsilon_t \right) 2\pi r \, dr$$

$$= \frac{(1+\nu)(1-2\nu)}{E} \pi (R^2 - a^2) p_o^2 + \frac{(1+\nu)}{E} \pi \left(a^2 - \frac{a^4}{R^2} \right) (p_o - p_i)^2 \qquad (3.5.80)$$

터널영향권 R 이 터널반경 a 에 비해 매우 크면 $(a^4/R^2 ≒ 0)$, 위 식은 다음이 되고,

$$W_2 = \frac{(1+\nu)(1-2\nu)}{E} \pi (R^2 - a^2) p_o^2 + \frac{1+\nu}{E} \pi a^2 (p_o - p_i)^2 \qquad (3.5.81)$$

위 식의 제1항은 터널주변부 지반의 터널굴착 전 탄성변형에너지 (식 3.5.76) 이고, 제2항은 터널굴착에 의한 변형에너지 변화량 $\triangle W_2$ 이다.

(3) 터널주변부 지반의 탄성변형에너지 변화량 $\triangle W_2$

터널굴착 후 지보설치 전 터널주변부 지반의 변형에너지 변화량 $\triangle W_2$ 는 위 식 (3.5.76) 의 제2항이고,

$$\triangle W_2 = \frac{1+\nu}{E} \pi a^2 (p_o - p_i)^2 \qquad (3.5.82)$$

내압이 없을 때 $(p_i = 0)$ 는 다음이 된다.

$$\triangle W_2 = \frac{1+\nu}{E} \pi a^2 p_o^2 \qquad (3.5.83)$$

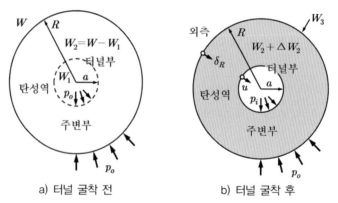

a) 터널 굴착 전   b) 터널 굴착 후

터널주변부 에너지 변화 : $\triangle W_2 = (W - W_1) - W_2$: 식 (3.5.82)

외측으로부터의 전달에너지 : $W_3 = p_o \delta_R 2\pi R$: 식 (3.5.78)

이상 지보공 부담에너지   : $W_s = \frac{1+\nu}{E} \pi a^2 (p_o^2 - p_i^2)$: 굴착 전 설치   : 식 (3.5.88)

거의 이상 지보공 부담에너지 : $W_s' = \frac{1+\nu}{E} \pi a^2 p_i (p_o - p_i)$: 굴착 즉시 설치   : 식 (3.5.89)

그림 3.5.18 터널굴착 전후의 에너지변화 (탄성거동)

3) 터널주변지반의 총 변형에너지 변화량 W_5

터널굴착으로 인해 터널주변부 지반에서 변화되는 에너지 총량 W_5 는 터널영향권 외측에서 내측으로 옮겨온 에너지 W_3 에서 변형에너지 변화량 $\triangle W_2$ 를 뺀 값이다.

$$W_5 = W_3 - \triangle W_2 = \frac{1+\nu}{E} \pi a^2 p_o^2 \tag{3.5.84}$$

4) 무지보상태 지반의 이완에너지

주변지반에서 변화된 에너지가 무지보상태 터널 내공면에서 모두 방출되므로, 지반의 이완에너지 W_y 는 에너지 총량 W_5 가 되고, 순간적으로 진동에너지로 변환되었다가 점차 열에너지나 균열에너지로 변환된다.

$$W_y = W_5 = \frac{1+\nu}{E} \pi a^2 p_o^2 \tag{3.5.85}$$

터널 굴착 전 $\sigma_r = \sigma_t = p_o$ 이던 반경 및 접선응력은 굴착 직후에 $\sigma_r = \pm p_o$ 및 $\sigma_t = 2p_o \pm p_o$ 사이에서 진동한다. 정적상태에서는 지반강도가 $2p_o$ 이상이면 균열이 생기거나 파괴되지 않지만, 급하게 굴착하면 순간적으로 인장응력 p_o 가 발생되므로 강도가 $3p_o$ 보다 작은 지반은 균열이 생기고 이완된다.

5) 지보공의 변형에너지 W_s

지보공설치 후 발생 내공변위가 u_a 이면 지보공 변형에너지 W_s 는 다음과 같고, 터널굴착 전 보다 굴착 후 변형에너지가 더 작으면 그 차이는 운동에너지가 되어 암편을 비산시키고 지반을 진동시키거나, 균열발생에너지나 열에너지가 된다.

$$W_s = \frac{1}{2} u_a p_i 2\pi a = u_a p_i \pi a \tag{3.5.86}$$

터널내공에서 방출되는 지반이완에너지 W_y 의 대부분이 지반이완이나 진동, 열, 균열에너지로 변하도록 유도하면, 지보공이 부담할 변형에너지가 크지 않다. 터널 내공면 압력은 터널굴착 전에 p_0 이었으나 (지보공과 지반이 일체가 되어 힘의 평형을 유지하면서 서서히 변형하여) 내공변위가 u_a 로 되면 p_i 로 감소된다.

이같이 굴착과 동시에 지반과 일체로 거동하는 지보공을 **이상 지보공**이라 하며, 이는 지보공이 터널굴착 전에 설치되어 있어야 가능하므로 실제로는 존재할 수 없다.

TBM 등으로 터널을 굴착하면 굴진면 전방지반은 이상지보공 역할을 한다. 원지반에서 해방된 에너지는 응력집중이 심한 굴진면 전방지반을 이완시키는데 소비되기 때문에 터널 배면지반은 거의 이완되지 않아서 일시적 인장응력이 발생되지 않는다.

쉴드터널에서 뒤채움 주입이 완전할 때, 분할굴착할 때, core 굴착할 때, 굴진면 볼트설치 등이 적절할 때는 이 상태에 가깝다. 실제 지보공 설치에는 상당한 시간이 소요되므로 지보공 설치한 후에나 지반과 지보공이 일체로 거동한다. 따라서 실제 지보공 압력은 처음 영이고 지반변위에 비례하여 증가된다. 이같이 지보공 설치 전에 지반만 변형하는 동안 변형에너지가 대부분 지반이완에너지, 진동에너지, 열에너지, 균열에너지 등으로 변환되므로 지보공에 전이되는 에너지는 크지 않다.

(1) 이상 지보공의 변형에너지

지반과 이상 지보공이 일체로 변형하면서 내압이 p_o 에서 p_i 로 감소되는 동안에 발생된 내공변위 u_a 는 다음과 같고,

$$u_a = \frac{1+\nu}{E} a(p_o - p_i) \tag{3.5.87}$$

이로 인해 주변지반에서 손실되는 에너지는 이상 지보공 부담 변형에너지 W_s 이다.

$$W_s = \int 2\pi a p \, du_a = \int 2\pi a p \frac{1+\nu}{E} a \, dp = \frac{1+\nu}{E} \pi a^2 (p_o^2 - p_i^2) \tag{3.5.88}$$

(2) 거의 이상 지보공의 변형에너지

지보공은 굴착 순간에 설치하면 거의 이상적으로 거동하므로, 처음에 지보공 압력이 영이고 지반이 변형됨에 따라 압력이 증가하여 내공변위 u_a 에서 p_i 에 도달된다. 거의 이상 지보공이 부담하는 변형에너지는 $W_s{}'$ 이다.

$$W_s{}' = \frac{1}{2} u_a 2\pi a p_i = \frac{1+\nu}{E} \pi a^2 p_i (p_o - p_i) \tag{3.5.89}$$

터널굴착 시 지반거동은 압축상태 스프링을 해방할 때와 흡사하다. 하중을 서서히 줄이면 안정적으로 정지되나 (그림 3.5.19a), 하중을 급히 줄이면 스프링이 중립위치를 지나 인장상태가 되었다가 반대로 움직여서 진동하다 정지 된다 (그림 3.5.19b). 따라서 터널은 (지보공 등을 설치하여) 변형에너지가 서서히 소산되도록 설계해야 한다.

과거에는 터널굴착 순간에 지보공을 설치한다고 가정하고 정역학적 평형식을 적용하여 응력과 변형률을 구하였으나, 터널굴착으로 인해 지반이 이완될 때에는 이 같은 가정이 어긋나고, 응력수준이 높을 때 (토피가 크고 응력이 클 때) 는 그 오차가 무시할 수 없을 만큼 크다. 탄성해석에서는 중첩의 원리가 적용되어 터널굴착 후에 하중을 작용시켜도 하중작용상태에서 터널 굴착할 때와 결과가 같지만, 에너지 관점에서는 서로 다르다. 터널굴착에 따른 지반이완거동은 에너지 관점에서 파악해야 한다.

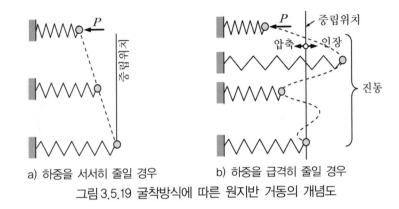

a) 하중을 서서히 줄일 경우　　b) 하중을 급격히 줄일 경우

그림 3.5.19 굴착방식에 따른 원지반 거동의 개념도

(3) 무한강성 지보공의 변형에너지

터널굴착 후에 강성이 무한히 큰 지보공을 설치하면 처음에는 지보공과 지반이 접촉되지 않아서 지보공에 압력(내압)이 작용하지 않지만, 내공변위 u_a 가 일어난 후에는 서로 접촉되어 내압 p_i 가 발생되고 안정화된다. 세그먼트 라이닝을 설치한 쉴드 터널이 이러한 상태이다. 강성이 무한히 큰 지보공의 변형에너지 W_s 는 다른 형태 에너지로 전환되지 않고 전부가 그대로 지보공에 전달된다.

(4) 실제 지보공의 변형에너지

실제에서는 터널굴착 후부터 지보공 설치까지 시간이 걸리고, 지보공의 강성이 무한대가 아니며, (지보공이 변형될 수 있는 크기가 한정되므로) 지반은 어느 정도 변형된 후에야 비로소 지보공압력 p_i(내압)가 발생되어 힘의 평형이 유지된다.

실제 지보공에 전달된 변형에너지 W_s'' 는 지보공 탄성변위에 해당하는 지보압 p_i' 만큼 감소된 지보압을 적용하여 계산한다.

$$W_s'' = (1-\nu_c^2)\frac{a^2}{t}\frac{1}{E_c}\pi a^2(p_i-p_i')(p_o-p_i)$$ (3.5.90)

6) 지반의 균열형성에너지 W_6

지반의 총에너지 변화량 W_5 에서 지보공 변형에너지 W_s 를 제외한 에너지 W_6 는 지반의 균열형성에 소비된다.

$$W_6 = W_5 - W_s$$ (3.5.91)

따라서 지반이완을 방지하려면 강도가 충분히 크고 동시에 (에너지를 흡수할 수 있을 만큼) 변형성이 충분히 큰 지보공을 굴착 후 최대한 신속하게 설치해야 한다. 그러나 실제로 모든 변형에너지를 흡수할 수 있는 지보공은 없다.

7) 터널굴착에 의한 에너지 변화

굴착 후 지보공이 부담하는 반력 p_i 와 내공변위량 u_a 및 에너지 분담은 그림 3.5.20 에서 설명할 수 있다. 여기에서 p_o 는 굴착 전 지압이며 OG 는 지보공 설치 전 변위이고 곡선 AEI 는 지반 응답곡선 (Fenner-Pacher 곡선) 을 의미한다.

지보공 설치 후 내공변위 u_a 는 설치 전 보다 지보공의 탄성변위만큼 감소한다.

무지보 상태 내공변위 : $u_a = \dfrac{1+\nu}{E} a\, p_o$

지보상태 내공변위 $\quad$: $u_a = \dfrac{1+\nu}{E} a(p_o - p_i)$ $\qquad\qquad$ **(3.5.92)**

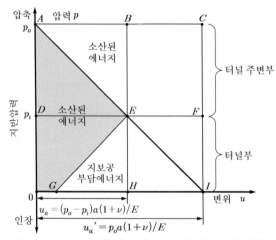

그림 3.5.20 터널굴착에 따른 에너지이동 (탄성변형)

* 원지반 경계 외측에서 터널영향권으로 이동해온 에너지 : 식 (3.5.78)

$$W_3 = \frac{1+\nu}{E} 2\pi a^2 p_o(p_o - p_i) = \square ABHO \times 2\pi a$$

* 터널주변부에서 터널굴착에 의한 변형에너지 변화량 : 식 (3.5.82)

$$\triangle W_2 = \frac{1+\nu}{E} \pi a^2 (p_o - p_i)^2 = \frac{1}{2} \square ABED \times 2\pi a = \triangle AED \times 2\pi a = \triangle ABE \times 2\pi a$$

* 무지보상태 터널 내공면에서 방출되는 변형에너지 : 식 (3.5.85)

$$W_y = W_3 - \triangle W_2 = \square AEHO \times 2\pi a$$

* 지보공이 부담하는 에너지 :

이상지보공 : $W_s = \dfrac{1+\nu}{E} \pi a^2 (p_o^2 - p_i^2) = \square AEHO \times 2\pi a$: 식 (3.5.88)

거의 이상 지보공 : $W_s' = \dfrac{1}{2} u_a\, p_i\, 2\pi a = \triangle EHG \times 2\pi a$: 식 (3.5.89)

* 거의 이상 지보공 설치 시 진동, 열, 지반이완, 균열 등 변환 에너지 : 식 (3.5.91)

$$W_6 = W_5 - W_s' = \square AEGO \times 2\pi a = (\square AEHO - \triangle EHG) \times 2\pi a$$

표 3.5.4 탄성변형시 에너지 변화

구분	터널굴착 전 탄성변형에너지		터널굴착 후 탄성변형에너지	
외측	$W_3 = \dfrac{1+\nu}{E} 2\pi a^2 p_o^2$ (식 3.5.78 에서 $p_i = 0$)			
터널주변부	터널영향권 내측 : $W = W_1 + W_2$ $= \dfrac{(1+\nu)(1-2\nu)}{E}\pi R^2 p_o^2$ (식 3.5.74) W_2 $= \dfrac{(1+\nu)(1-2\nu)}{E}\pi(R^2 - a^2)p_o^2$ (식 3.5.76)	무지보상태	외측에서 전달되는 에너지→	$W_3 = \dfrac{2(1+\nu)}{E}\pi a^2 p_o(p_o - p_i)$ (식3.5.78)
			지반 변형에너지→	$W_2 = W - W_1$ $= \dfrac{(1+\nu)(1-2\nu)}{E}\pi(R^2 - a^2)p_o^2$ (식3.5.76)
			변형에너지변화량→	$\triangle W_2 = \dfrac{1+\nu}{E}\pi a^2 p_o^2$ (식3.5.83)
			지반이완 에너지→	$W_y = W_3 - \Delta W_2$ (식3.5.85)
		지보상태	외측에서 전달되는 에너지→	$W_3 = \dfrac{1+\nu}{E} 2\pi a^2 p_o(p_o - p_i)$ (식3.5.78)
			지반 변형에너지→	$W_2 = \dfrac{(1+\nu)(1-2\nu)}{E}\pi(R^2 - a^2)p_o^2$ $+ \dfrac{1+\nu}{E}\pi a^2(p_o - p_i)^2$ (식3.5.81)
			변형에너지변화량→	$\Delta W_2 = \dfrac{1+\nu}{E}\pi a^2(p_o - p_i)^2$ (식3.5.82)
			이상 지보공 부담에너지→	$W_s = \dfrac{1+\nu}{E}\pi a^2(p_o^2 - p_i^2)$ (식3.5.88)
			거의 이상 지보공 부담에너지→	$W_s' = \dfrac{1+\nu}{E}\pi a^2 p_i(p_o - p_i)$ (식3.5.89)
			실제 지보공부담에너지→	$W_s'' = \dfrac{1-\nu_c^2}{E_c}\dfrac{a^2}{t}\pi a^2(p_i - p_i')(p_i - p_o)$ (식3.5.90)
			진동, 열, 이완, 균열발생에너지→	$W_5 = W_s - W_s''$ (식3.5.91)
터널부	$W_1 = \dfrac{(1+\nu)(1-2\nu)}{E}\pi a^2 p_o^2$ (식3.5.75)			

5.4.3 터널굴착 후 주변지반이 소성상태인 경우

터널굴착 후 터널 영향권 내 지반의 일부가 소성화 될 경우에는 지반이완이 문제가 된다. 이때에 소성상태가 된 영역 ($a < r < R_p$) 을 소성역, 탄성응력상태를 유지하는 영역 ($R_p < r < R$) 을 탄성역, 그 경계를 **탄소성경계** ($r = R_p$) 라고 한다.

터널을 굴착하는 순간 터널부 ($r < a$) 초기에너지 W_1 는 운동에너지나 열에너지로 변하고, 터널굴착 후 영향권 R 이 무시할 수 있을 만큼 변형됨으로 인해 외측 ($r > R$) 지반에서 W_3 크기 변형에너지가 터널 주변부 ($a < r < R$) 로 유입된다. 터널 주변부 지반이 터널굴착 전 삼축압축응력 상태에서 터널굴착 후에 평면변형률 상태로 변하는 사이 지반변형에너지가 탄성역에서 ΔW_2 만큼 변하고, 소성역에서 ΔW_4 만큼 변한다.

터널영향권 외측에서 내측으로 옮겨오는 에너지 W_3 에서 탄성역 에너지변화량 ΔW_2 와 소성역 에너지변화량 ΔW_4 를 빼고 남은 양이 터널굴착에 의한 총에너지 변화량 W_5 이며, 여기서 지보공 변형에너지 W_s 를 빼고 남은 에너지 ΔW_6 는 균열 생성에 소비된다. 지보공 변형에너지는 지보공 압력과 내공변위로부터 계산한다.

1) 터널영향권 외측 지반에서 내측으로 유입되는 에너지 W_3

터널영향권 외측 ($R < r$) 지반에서 내부로 이동해 오는 에너지 W_3 은 단위부피당 크기로 환산하면 영에 가깝지만, 영향권 외측지반의 부피가 매우 커서 그 절대량이 매우 크기 때문에 균열에너지의 대부분을 공급한다. W_3 은 식 (3.5.78) 에서 반경 R_p 이고 지보공반력 σ_{R_p} 인 터널을 굴착할 때 영향권 외측에서 유입되는 에너지와 같다.

$$W_3 = 2\pi R\, p_o\, \delta_R \quad = \frac{1+\nu}{E} 2\pi\, R_p{}^2\, p_o (p_o - \sigma_{R_p}) \tag{3.5.93}$$

이식에서 터널영향권 경계 외측에서 내측으로 옮겨오는 에너지는 터널영향권이 넓어질수록 (R 이 클수록) 커지는 것을 알 수 있다.

2) 탄성역의 변형에너지 변화 ΔW_2

터널굴착 후 탄성역 ($R_p < r < R$)의 변형에너지 W_2 는 식 (3.5.80) 에서 반경이 탄소성 경계이고 ($a = R_p$), 지보공 반력이 탄소성 경계의 반경방향 응력 ($p_i = \sigma_{R_p}$) 인 탄성터널에서 터널주변부 지반의 탄성변형에너지와 같고,

$$W_2 = \frac{(1+\nu)(1-2\nu)}{E} \pi (R^2 - R_p{}^2) p_o{}^2 \quad + \frac{1+\nu}{E} \pi \left(R_p{}^2 - \frac{R_p{}^4}{R^2} \right) (p_o - \sigma_{R_p})^2$$

$$\sigma_{R_p} = (2p_o + s)/(m+2) \tag{3.5.94}$$

변형에너지 W_2 는 터널영향권 R 이 무한히 크면 $(R_P^4/R^2 \fallingdotseq 0)$ 다음이 된다.

$$W_2 = \frac{(1+\nu)(1-2\nu)}{E}\pi(R^2-R_p^2)p_o^2 + \frac{1+\nu}{E}\pi R_p^2(p_o-\sigma_{R_p})^2 \tag{3.5.95}$$

위 식의 제1항은 굴착 전 변형에너지이고, 제2항은 터널굴착에 의한 탄성역의 변형에너지 변화량 ΔW_2 이며 식 (3.5.82) 의 a 와 p_i 를 R_p 와 σ_{R_p} 로 대체한 값이다.

$$W_{2i} = \frac{(1+\nu)(1-2\nu)}{E}\pi(R^2-R_p^2)p_o^2$$

$$\triangle W_2 = \frac{1+\nu}{E}\pi R_p^2(p_o-\sigma_{R_p})^2 \tag{3.5.96}$$

3) 소성역의 변형에너지 변화 ΔW_4

터널굴착 후 내공면에 근접한 터널 주변부에 소성역 $(a < r < R_p)$ 이 형성될 때에, 소성역의 에너지 변화량 ΔW_4 는 터널굴착 전 초기 변형에너지 W_{4i} 와 터널굴착 후 변형에너지 W_4 의 차이이고, 터널굴착 후 변형에너지 W_4 는 탄성변형에 의한 에너지 W_{4e} 와 소성변형에 의한 에너지 W_{4p} 의 합이다.

(1) 소성역의 응력과 변형률

$$\sigma_r = \frac{s}{m} + \left(\sigma_{R_p} - \frac{s}{m}\right)\left(\frac{r}{R_p}\right)^m$$

$$\sigma_t = \frac{s}{m} + (m+1)\left(\sigma_{R_p} - \frac{s}{m}\right)\left(\frac{r}{R_p}\right)^m$$

$$\sigma_z = \nu(\sigma_r+\sigma_t) = 2\nu\frac{s}{m} + \nu(m+2)\left(\sigma_{R_p} - \frac{s}{m}\right)\left(\frac{r}{R_p}\right)^m \tag{3.5.97}$$

$$\epsilon_{re} = \frac{1+\nu}{E}\{\sigma_r - \nu(\sigma_z+\sigma_t)\}$$

$$= \frac{1+\nu}{E}\left\{(1-\nu-2\nu^2)\frac{s}{m} + (1-\nu-m\nu-2\nu^2-m\nu^2)\left(\sigma_{R_p} - \frac{s}{m}\right)\left(\frac{r}{R_p}\right)^m\right\}$$

$$\epsilon_{te} = \frac{1+\nu}{E}\{\sigma_t - \nu(\sigma_z+\sigma_r)\}$$

$$= \frac{1+\nu}{E}\left\{(1-\nu-2\nu^2)\frac{s}{m} + (1+m-\nu-2\nu^2-m\nu^2)\left(\sigma_{R_p} - \frac{s}{m}\right)\left(\frac{r}{R_p}\right)^m\right\}$$

(2) 소성역의 초기 변형에너지 W_{4i}

터널을 굴착하기 전 탄성상태이던 소성역의 초기 변형에너지 W_{4i} 는 식 (3.5.76) 에서 터널영향권 R 을 탄소성경계 R_p 로 대체한 값이다.

$$W_{4i} = \frac{(1+\nu)(1-2\nu)}{E}\pi(R_p^2-a^2)p_o^2 \tag{3.5.98}$$

(3) 소성역의 변형에너지 W_4

소성역 변형에너지 W_4 는 탄성변형에너지 W_{4e} 와 소성변형에너지 W_{4p} 의 합이다.

$$W_4 = \int_a^{R_p} \left(\frac{1}{2} \sigma_{re} \epsilon_{re} + \frac{1}{2} \sigma_{te} \epsilon_{te} \right) 2\pi r\, dr + \int_a^{R_p} \left(\frac{1}{2} \sigma_{rp} \epsilon_{rp} + \frac{1}{2} \sigma_{tp} \epsilon_{tp} \right) 2\pi r\, dr \qquad \textbf{(3.5.99)}$$

① 탄소성 경계 R_p

터널 주변지반에 소성역이 발생될 때 탄소성 경계 R_p 는 식 (3.5.97) 에 내공면 $(r = a)$ 의 반경응력 σ_r 이 지보압력 p_i 임을 적용하여 계산한다.

$$R_p = a \left(\frac{\sigma_{R_p} - s/m}{p_i - s/m} \right)^{1/m} = a \left(\frac{2}{m+2} \frac{p_o - s/m}{p_i - s/m} \right)^{1/m} \qquad \textbf{(3.5.100)}$$

② 소성역의 탄성 변형에너지 W_{4e}

소성역내 탄성 변형에너지 W_{4e} 는 다음과 같다.

$$\begin{aligned}
W_{4e} &= \int_a^{R_p} \left(\frac{1}{2} \sigma_{re} \epsilon_{re} + \frac{1}{2} \sigma_{te} \epsilon_{te} \right) 2\pi r\, dr \\
&= \pi R_p^2 \frac{1+\nu}{E} \left[\left(\frac{s}{m} \right)^2 (1+\nu)(1-2\nu) \left\{ 1 - \left(\frac{a}{R_p} \right)^2 \right\} + \frac{s}{m}(1+\nu)(1-2\nu) \left(\sigma_R - \frac{s}{m} \right) \left\{ 1 - \left(\frac{a}{R_p} \right)^{m+2} \right\} \right. \\
&\qquad \left. + \frac{m^2 + 2m + 2 - 2\nu(m+1) - \nu(m+2)^2}{2m+2} \left(\sigma_R - \frac{s}{m} \right)^2 \left\{ 1 - \left(\frac{a}{R_p} \right)^{2m+2} \right\} \right]
\end{aligned}$$

$$\textbf{(3.5.101)}$$

③ 소성역의 소성 변형에너지 W_{4p}

소성상태의 반경 및 접선방향변형률은 다음과 같다.

$$\begin{aligned}
\epsilon_{rp} &= \frac{1-\nu^2}{E} m \left(p_o - \frac{s}{m} \right) \left\{ \left(\frac{r}{R_p} \right)^m - \left(\frac{R_p}{r} \right)^{m+2} \right\} \\
\epsilon_{tp} &= -\frac{1-\nu^2}{E} \frac{m}{m+1} \left(p_o - \frac{s}{m} \right) \left\{ \left(\frac{r}{R_p} \right)^m - \left(\frac{R_p}{r} \right)^{m+2} \right\}
\end{aligned} \qquad \textbf{(3.5.102)}$$

이므로, 이를 식 (3.5.99) 에 적용하면, 소성변형에너지 W_{4p} 를 계산할 수 있다.

$$\begin{aligned}
W_{4p} &= \int_a^{R_p} \left(\frac{1}{2} \sigma_{rp} \epsilon_{rp} + \frac{1}{2} \sigma_{tp} \epsilon_{tp} \right) 2\pi r\, dr \\
&= \int_a^{R_p} \left(\frac{1-\nu^2}{E} \right) \frac{s}{m+1} \left(p_o - \frac{s}{m} \right) \left\{ \left(\frac{r}{R_p} \right)^m - \left(\frac{R_p}{r} \right)^{m+2} \right\} 2\pi r\, dr \\
&= \left(\frac{2\pi s m}{m+1} \right) \left(\frac{1-\nu^2}{E} \right) \left(p_o - \frac{s}{m} \right) R_p^2 \left[\frac{1}{m+2} \left\{ 1 - \left(\frac{a}{R_p} \right)^{m+2} \right\} + \frac{1}{m} \left\{ 1 - \left(\frac{R_p}{a} \right)^m \right\} \right]
\end{aligned} \quad \textbf{(3.5.103)}$$

또한, 소성역내 소성변형에너지 W_{4p} 는 터널굴착 후 소성역의 전체변형에너지 W_4 에서 탄성변형에너지 W_{4e} 를 빼서 구할 수도 있다.

$$W_{4p} = W_4 - W_{4e} \qquad \textbf{(3.5.104)}$$

④ 소성역의 전체 변형에너지 W_4

탄성 변형에너지 W_{4e} (식 **3.5.101**) 와 소성 변형에너지 W_{4p} (식 **3.5.103**)를 합하면 터널 굴착 후 소성역의 변형에너지 W_4 가 된다.

$$W_4 = W_{4e} + W_{4p} \tag{3.5.105}$$

(4) 소성역의 변형에너지 변화량 $\triangle W_4$

소성역의 에너지 변화량 $\triangle W_4$ 는 터널굴착 전 초기 변형에너지 W_{4i} (식 **3.5.98**) 에서 굴착 후 변형에너지 W_4 (식 **3.5.99**) 를 뺀 값이며, 균열에너지로 변환될 수 있다.

$$\triangle W_4 = W_{4i} - W_4 = W_{4i} - W_{4e} - W_{4p} \tag{3.5.106}$$

소성역이 형성되면 변형에너지가 굴착전보다 대폭 감소되어서 균열에너지로 전환될 수 있는 에너지 $\triangle W_4$ 가 매우 작은 것을 알 수 있다.

4) 터널주변지반의 총 변형에너지 변화량 W_5

터널굴착으로 인해 터널주변부 일부가 소성상태가 될 때 변화되는 에너지 총량 W_5 는 터널영향권 외측에서 내측으로 옮겨온 에너지 W_3 에서 탄성역 변형에너지 변화량 $\triangle W_2$ 와 소성역 변형에너지 변화량 $\varDelta W_4$ 를 뺀 값이며,

$$W_5 = W_3 - \triangle W_2 - \triangle W_4 \tag{3.5.107}$$

5) 지보공의 변형에너지 W_s

지보공설치 후 발생 내공변위가 u_a 이면 지보공 변형에너지 W_s 는 다음과 같고, 터널굴착 전 보다 굴착 후에 변형에너지가 작으면 그 차이는 운동에너지로 변하여 암편을 비산시키고 지반을 진동시키거나, 균열발생 에너지나 열에너지가 된다.

$$W_s = \frac{1}{2} u_a p_i \, 2\pi a = u_a p_i \pi a \tag{3.5.108}$$

6) 지반의 균열형성에너지 W_6

지반의 총 에너지 변화량 W_5 에서 지보공의 변형에너지 W_s 를 제외하고 남은 에너지 W_6 는 지반의 균열형성에 소비된다.

$$W_6 = W_5 - W_s \tag{3.5.109}$$

소성역의 단위부피당 변형에너지는 그 크기가 작지만, 소성역이 넓어지면 에너지 평형이 깨어져서 에너지가 파괴에 소비되고, 항복 후 강도가 저하되면 다시 소성역이 넓어져서 에너지평형이 심하게 깨지는 과정이 반복된다.

소성역의 변형에너지는 완전 탄소성 지반에서는 열에너지가 되고, 완전 탄성 지반에서는 암편 비산이나 지반진동 에너지가 되었다가 시간이 지나면 열에너지가 된다.

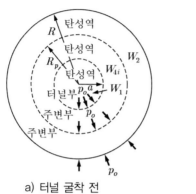 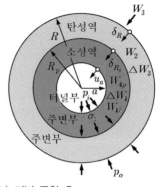

a) 터널 굴착 전	b) 터널 굴착 후

외측으로부터 전달된 에너지 : $W_3 = \dfrac{1+\nu}{E} 2\pi R^2 p_o(p_o - \sigma_{R_p})$: 식 (3.5.93)

굴착후 에너지 증감 : 탄성역 : $\triangle W_2 = \dfrac{1+\nu}{E}\pi R_p{}^2(p_o - \sigma_{R_p})^2$: 식 (3.5.96)

소성역 : $\triangle W_4 = W_{4i} - W_{4e} - W_{4p}$: 식 (3.5.106)

터널굴착 후 총 에너지 변화 : $W_5 = W_3 - \triangle W_2 - \triangle W_4$: 식 (3.5.107)

그림 3.5.21 터널굴착 전후의 에너지 변화 (탄소성 거동)

7) 지반의 단위부피당 변형에너지 변화

터널굴착 전과 후 주변지반 구역별 단위부피당 탄성 및 소성 변형에너지변화는 다음이 된다 (그림 3.5.21 참조).

탄성변형에너지 :

영향권 외측 : $W_3/V_3 \fallingdotseq 0$

터널 부   : $\dfrac{W_1}{V_1} = \dfrac{(1+\nu)(1-2\nu)}{E}p_o^2$

탄성역   : $\dfrac{W_2}{V_2} = \dfrac{1+\nu}{E}\left\{(1-2\nu)p_o^2 + (p_o - \sigma_R)^2\left(\dfrac{R_p}{r}\right)^4\right\}$

소성역   : $\dfrac{W_{4e}}{V_4} = \dfrac{1+\nu}{E}\left[\left(\dfrac{s}{m}\right)^2(1-2\nu) + \dfrac{(m+2)s}{2m}(1-2\nu)\left(\sigma_R - \dfrac{s}{m}\right)\left(\dfrac{r}{R_p}\right)^m \right.$
$\left. + \{m^2 + 2m + 2 - \nu(m+2)\}\left(\sigma_R - \dfrac{s}{m}\right)^2\left(\dfrac{r}{R_p}\right)^{2m}\right]$

소성변형에너지 :

$$\dfrac{W_{4p}}{V_4} = \dfrac{sm}{m+1}\dfrac{1-\nu^2}{E}\left(p_o - \dfrac{s}{m}\right)\left\{\left(\dfrac{r}{R_p}\right)^m - \left(\dfrac{R_p}{r}\right)\right\} \tag{3.5.110}$$

8) 터널굴착에 의한 에너지 변화

터널을 굴착하는 동안 탄소성 거동하는 지반의 변형거동은 표 3.5.5 와 같고, 그림 3.5.22 와 같이 지반압력과 변위의 관계로 설명할 수 있다. 그림에서 $AGQZ$ 는 지반 응답곡선이고 OT 는 지보공 설치 전 내공변위를 나타낸다.

터널굴착 중 에너지 변화량은 그림 3.5.22 에서 다음과 같이 나타낼 수 있다.

터널 영향권 외측으로부터 터널 주변부로 옮겨오는 변형에너지 W_3 : 식 (3.5.93)

$$W_3 = \frac{1+\nu}{E} 2\pi R_p^2 \, p_o (p_o - \sigma_R) = \square \, ACVO \times 2\pi R_p = \square \, AEJF \times 2\pi R_p$$

탄성역 에너지 변화량 $\triangle W_2$: 식 (3.5.96)

$$\triangle W_2 = \frac{1+\nu}{E} \pi R_p^{\,2} (p_o - \sigma_R)^2 = \triangle AHF \times 2\pi R_p$$

소성역 에너지 변화량 $\triangle W_4$: 식 (3.5.106)

$$\triangle W_4 = \diamond FHLK \times 2\pi a$$

지보공 분담에너지 W_s : 식 (3.5.108)

$$W_s = \triangle RXT \times 2\pi a$$

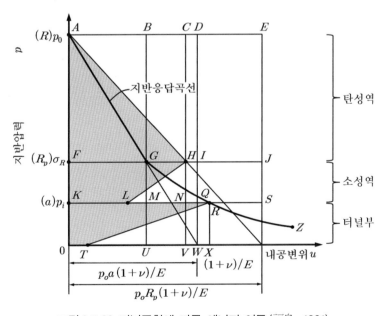

그림 3.5.22 터널굴착에 따른 에너지 이동(福島, 1991)

표3.5.5 탄소성변형 시 에너지 변화

구분		변 형 에 너 지	
		터널굴착 전	터널 굴착 후
외측		$W_3 = \dfrac{2(1+\nu)}{E}\pi a^2 R_p^2 p_o(p_o - \sigma_R)$ (식3.5.93)	
터널주변부	탄성역	터널영향권 변형에너지 : $W_R = \dfrac{(1+\nu)(1-2\nu)}{E}\pi R^2 p_o^2$ (식3.5.74) 탄성역 변형에너지 : $W_{2i} = \dfrac{(1+\nu)(1-2\nu)}{E}\pi(R^2-R_p^2)p_o^2$ (식3.5.96)	굴착전변형에너지→ $W_{2i} = \dfrac{(1+\nu)(1-2\nu)}{E}\pi(R^2-R_p^2)p_o^2$ (식3.5.96) 터널굴착으로 인한 변형에너지 변화→ $\triangle W_2 = \dfrac{1+\nu}{E}\pi R_p^2(p_o-\sigma_{R_p})^2$ (식3.5.96) 굴착후변형에너지→ $W_2 = W_{2i} + \Delta W_2$ (식3.5.95) $= \dfrac{(1+\nu)(1-2\nu)}{E}\pi(R^2-R_p^2)p_o^2 + \dfrac{1+\nu}{E}\pi R_p^2(p_o-\sigma_R)^2$
	소성역	탄소성경계 : $W_{R_p} = \dfrac{(1+\nu)(1-2\nu)}{E}\pi R_p^2 p_o^2$ (식3.5.74) 소성역 변형에너지 : $W_{4i} = \dfrac{(1+\nu)(1-2\nu)}{E}\pi(R_p^2-a^2)p_o^2$ (식3.5.98)	**무지보상태** 탄성역에서 전달된 에너지→ $W_2 = \dfrac{(1+\nu)(1-2\nu)}{E}\pi(R^2-R_p^2)p_o^2 + \dfrac{1+\nu}{E}\pi R_p^2(p_o-\sigma_R)^2$ (식3.5.95) 초기변형에너지→ $W_{4i} = \dfrac{(1+\nu)(1-2\nu)}{E}\pi(R^2-a^2)p_o^2$ (식3.5.98) 탄성변형에너지→ W_{4e} (식3.5.99) 소성변형에너지→ W_{4p} (식3.5.103) 변형에너지변화→ $\Delta W_4 = W_{4i} - W_{4e} - W_{4p}$ (식3.5.106) 지반이완에너지→ $W_5 = W_3 - \Delta W_2 - \Delta W_4$ (식3.5.107) **지보상태** 탄성역에서 전달되는에너지→ $W_2 = \dfrac{(1+\nu)(1-2\nu)}{E}\pi(R^2-R_p^2)p_o^2 + \dfrac{1+\nu}{E}\pi R_p^2(p_o-\sigma_R)^2$ (식3.5.95) 초기변형에너지→ $W_{4i} = \dfrac{(1+\nu)(1-2\nu)}{E}\pi(R^2-a^2)p_o^2$ (식3.5.98) 탄성변형에너지→ W_{4e} (식3.5.101) 소성변형에너지→ W_{4p} (식3.5.103) 변형에너지변화→ $\Delta W_4 = W_{4i} - W_{4e} - W_{4p}$ (식3.5.106) 지반이완에너지→ $W_5 = W_3 - \Delta W_2 - \Delta W_4$ (식3.5.107) 지보부담에너지→ $W_s = u_a \pi a p_i$ (식3.5.108) 진동, 열, 이완, 균열발생에너지→ $W_6 = W_5 - W_s$ (식3.5.109)
터널부		$W_1 = \dfrac{(1+\nu)(1-2\nu)}{E}\pi a^2 p_o^2$ (식3.5.75)	

5.5 이완지반의 재압축

터널을 굴착하는 동안 이완되었던 지반은 오랜 시간이 지나 (응력이 재분배되어 유발된 추가하중으로 인해) 재압축되면 거의 터널굴착 전 상태로 되돌아간다. 이런 현상을 재압축이라 하며, 터널안정에 이완거동보다 더 큰 영향을 미칠 수 있다.

터널굴착으로 인해 지반이 이완되어 발생하는 강도와 탄성계수의 감소 또는 추가 하중은 별로 크지 않기 때문에 지반이완이 터널의 안정에 미치는 영향은 작다. 그러나 터널완공 후에 응력이 재분배되어 이완지반이 재압축 되면, 예상외로 큰 하중이 지보공에 작용할 수가 있기 때문에 천단상부나 측벽 배후지반의 이완거동 보다도 이완지반의 재압축 거동이 터널의 안정에 더 치명적이고 심각할 수 있다.

재령이 작은 콘크리트는 지반만큼 또는 그 이상 변형될 수 있기 때문에 지반이 크리프변형 되더라도 지보공하중은 크게 증가하지 않고 오히려 감소할 때도 있다. 지반 변형량은 시공법에 따라 다르고, 크리프 변형량 보다 크므로 지반의 재압축을 고려해야 실측 결과와 맞는다.

천단 상부 이완지반은 재압축 되면서 연직응력을 흡수하고 지반아치가 연직하중 을 부담하기 때문에 아치지보공에 전달되는 연직하중은 작다. 반면에 지반아치의 기초부 (측벽 배후지반) 에 작용하는 연직력은 크기 때문에 측벽이 밀려나온다.

측벽배후 이완지반은 터널 폭보다 큰 지반아치가 형성되어 숏크리트 아치에 작용 하는 연직압력이 매우 크다. 이때는 아치하부 측벽이나 라이닝 기초에 틈을 두거나 시간차로 시공해서 각부침하를 허용하여 연직압력을 크게 감소시킨다.

터널시공과정에서 과거에는 3 가지 하중상태 (굴착 전, 지보설치 전, 지보설치 후) 를 생각하였으나, 최근에는 재압축을 추가한 4 가지 하중상태를 생각한다. 터널은 지반 성질과 시공의 시간적 변화 및 시공단계별 하중상태 (5.5.1 절) 를 고려하여 설계한다.

터널시공 중에 이완되었던 지반이 다시 압축되는 과정의 하중상태는 **매설관 토압 이론 (5.5.2 절)** 으로 설명할 수 있다. 천단 상부지반이 이완된 터널은 원지반에 트렌치 를 굴착하고 설치한 매설관과 비슷하게 거동하고, 측벽 배후지반이 이완된 터널은 성토지반에 설치한 매설관과 유사하게 거동한다. 터널의 변형형태나 하중 증가량은 지반과 지보공의 상대변위에 따라 다르므로, 터널 주변지반의 이완 및 재압축 과정은 터널시공법과 지보공의 시공순서 및 강성의 영향 (5.5.3 절) 을 받는다.

5.5.1 터널 시공단계별 하중상태

터널의 안정은 굴착 전 초기응력, 굴착 후 지보공 설치 전, 지보공 설치 후, 소성역 확대 (재압축 상태) 등의 4 단계 하중상태 (그림 3.5.23) 에 대해 검토해야 한다.

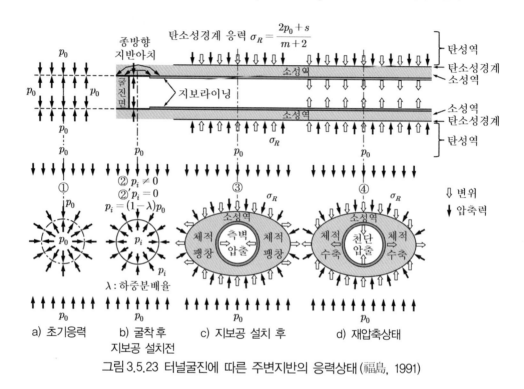

그림 3.5.23 터널굴진에 따른 주변지반의 응력상태 (福島, 1991)

1) 터널 굴착 전 (초기응력상태)

터널굴착 전 지표로부터 깊이 z 인 지반 (단위중량 γ, 측압계수 K) 의 초기응력은 삼축압축응력상태이고 연직과 수평방향에서 각각 다음과 같다.

연직응력 : $\sigma_v = -\gamma z$

수평응력 : $\sigma_h = -K\gamma z = -K\sigma_v$ (3.5.111)

2) 터널 굴착 후 지보공 설치 전 (구형공동 응력상태)

터널굴착 후 지보공 설치 전에는 종단아치에 의해 굴진면 전방과 굴진면 및 내공면 주변지반은 돔형 공동응력상태이다. 지보공 설치 전 방치시간이 길거나, 지보공을 설치하지 않은 부분이 부피가 크거나, 토피압이 클 때는 내공면 근접지반은 구속압이 작아서 항복 후에 취성파괴거동하고, 이에 따라 강도저하나 부피팽창이 일어나서 이완되므로 작은 응력에서도 파괴되기 쉽다.

그러나 내공면에서 멀리 떨어진 지반은 구속압이 커서 연성파괴거동하기 때문에 이완되지 않고 강도가 저하되거나 부피가 팽창되지 않는다.

터널굴착 후 주변지반의 응력과 변위의 시간적 변화는 그림 3.5.24 와 같다.

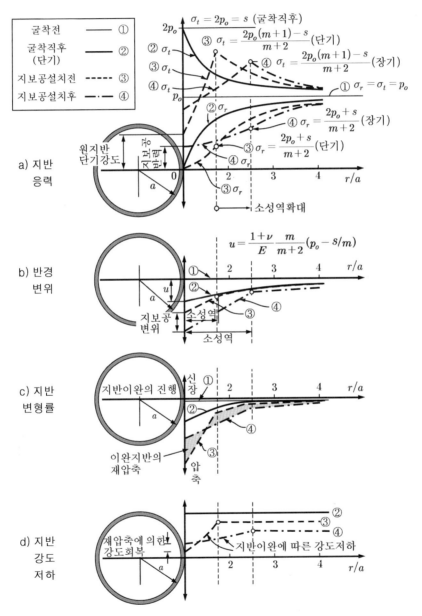

그림 3.5.24 터널 주변지반의 응력과 변형률의 분포와 시간적 변화

3) 터널 지보공 설치 후 (원통응력 상태)

터널굴착 후 굴진면에 인접한 지반은 지보공이나 라이닝을 설치하면 돔형 응력상태에서 원통응력상태로 변하고, 강도나 탄성계수가 감소되어 내공 쪽으로 압출된다. 지보공과 지반 사이에 틈이 있으면 지반과 지보공이 변형되어 배후지반이 이완될 수 있으나, 밀착되어 있으면 지반과 지보공이 변형되더라도 지반이 이완되지 않는다.

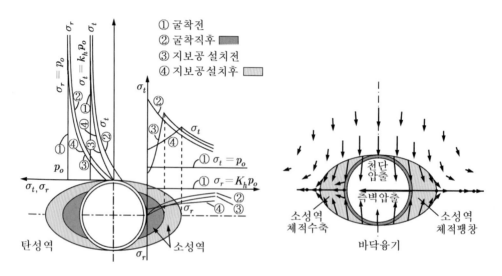

a) 주변지반 응력분포와 소성역 발생   b) 소성역체적수축   c) 소성역체적팽창

그림 3.5.25 시공단계별 터널 주변지반의 응력과 변위

4) 터널주변의 소성역 확대 (재압축상태)

터널 주변지반이 소성상태가 되면, 부피가 팽창하여 내공 쪽으로 밀려 나오고, 이에 대해 지보공이 반력 p_i 로 저항하면 지보공 배후지반은 압축된다. 응력이 재분배되어 지보공 설치 전 보다 증가된 곳에서는 지반이 압축되어 강도나 단위중량이 이완 전 상태로 회복되고, 볼트 인장력이 감소하며 심하면 볼트에 압축력이 작용한다.

측압계수가 $K \neq 1.0$ 이면 지반이 터널 내공방향으로 움직이고 탄성역은 상하로 눌리고 수평으로 넓어진다. 반면 소성역 형상은 지반의 팽창 또는 수축에 따라 달라진다. 즉, 소성역내 지반이 상관 유동법칙 (associated flow rule) 에 의하여 부피가 팽창되는 경우에는 터널은 측벽 (횡방향) 이 압출된다. 그러나 부피가 변하지 않거나 수축되는 경우에는 천단 (상하방향) 이 크게 압출되어 터널단면이 옆으로 넓어진다.

5.5.2 매설관 토압

얕은 터널이나 개착터널에서는 터널 상부지반과 측면지반의 상대적 침하 크기에 따라 터널에 작용하는 하중이 토피압력보다 크거나 작을 수 있으며, 이 경우에는 매설관 이론을 적용하여 토피압력을 계산한다.

터널 상부지반이 측면지반 보다 더 크게 침하되면 터널상부에 지반아치가 형성되어 천단하중이 토피압력 보다 작으며, 작용하중은 **Terzaghi** 이론 등으로 계산한다.

터널의 측면지반이 상부지반 보다 더 크게 침하되거나 이완되었던 측면지반이 재압축 되면, 상부지반에 역아치 (negative arching) 가 형성되면서 천단하중이 증가되어 토피압력 보다 커진다. 이때 작용하중은 (매설관에서 되메움 지반이 압축·침하될 때 증가되는 하중계산에 대한) **Marston (1913)** 의 사일로 식으로 계산할 수 있다.

Spangler (1982) 는 Marston 의 식을 확장하여 Marston-Spangler 식을 제시하였으며 매설관 설계에 자주 적용된다. Marston 은 지반이 변형되면 토압이 경감된다는 개념으로 매설관식을 (NATM 이전에) 제시했지만 산악터널에서는 잘 적용되지 않는다.

1) 매설관의 종류

매설관은 원지반에 트렌치를 굴착하여 설치한 후 되메움하거나 (트렌치식 매설관), 원지반의 지표에 설치하고 일정한 높이만큼 성토하여 설치 (돌출식 매설관) 한다.

매설관의 측면 흙기둥 (exterior soil column) 이 상부 흙기둥 (soil column over conduit) 보다도 더 크게 침하되면, 양 (+) 의 침하이고 (positive settlement), 역아칭 (negative arching) 에 의하여 매설관에 작용하는 하중이 토피압력 보다 더 커진다. 양의 침하는 돌출식 강성 매설관 (양성 돌출식) 에서 일어난다.

측면 흙기둥이 상부 흙기둥 보다 작게 침하되면, 음 (-) 의 침하 (negative settlement) 이고, 아칭 (positive arching) 에 의해 매설관 작용하중이 토피압력 보다 작다. 따라서 작용하중을 작게 하려면 음의 침하가 일어나게 매설관을 설치한다. 음 (-) 의 침하는 트렌치식 매설관이나 돌출식 연성매설관 (음성 돌출식) 또는 불완전 트렌치식 매설관 (측면은 강다짐하고 상부는 약다짐한 후 최상부 성토한 돌출식 매설관) 에서 발생된다.

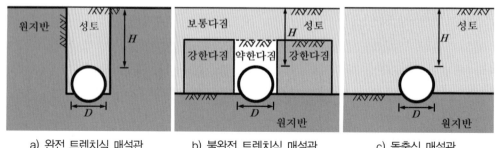

| a) 완전 트렌치식 매설관 | b) 불완전 트렌치식 매설관 | c) 돌출식 매설관 |

그림 3.5.26 매설관의 종류

매설관 이론은 터널 주변지반이 재압축되면서 터널에 추가되는 하중을 계산하거나 이를 방지하기 위한 대책을 수립할 때에 적용한다. 일반적으로 터널에서 주요 관심 대상은 작용하중이 토피압 보다 큰 돌출식 매설관과 하중추가를 방지하는 불완전 트렌치식 매설관이다.

매설관의 상부와 하부 지반에는 침하 후에 연직위치 (침하량) 가 동일한 (전단력이 0) 수평면이 각각 하나씩 존재하는데 이 평면을 등침하면 (equal settlement plane) 이라 하고, 상부에 있는 등침하면이 지표면 보다 더 높을 때는 이를 가상등침하면 이라 한다.

등침하면은 매설관 측면 흙기둥과 매설관 상부 흙기둥의 침하량이 같다는 조건 에서 구할 수 있다 (그림 3.5.27).

일상적으로 직경의 3 % 크기정도까지 변형되어도 손상되지 않는 관을 연성관이라 하며, 강성 매설관에서는 상부 지반의 변형이 적게 일어나기 때문에 모든 하중이 매설관에 작용한다.

그러나 연성 매설관에서는 상부 지반의 변형이 많이 일어나서 매설관이 수평으로 변형되고, 이로 인하여 측면지반의 강성이 증가하여 일부 하중을 부담하고 나머지 하중은 매설관에 전달된다.

얕은 터널이나 개착 터널의 상부 지반이 측면 지반 보다 더 크게 침하되는 경우 에는 터널은 연성 매설관처럼 거동하고, 측면 지반이 상부지반 보다 더 크게 침하 되는 경우에는 터널은 강성 매설관처럼 거동한다.

2) 사일로 토압

매설관 상부지반의 아칭현상을 고려할 수 있게 Spangler (1982) 가 Marston (1913) 의 사일로 토압식을 확장하여 Marston-Spangler 식을 제안하였으며, 매설관 설계에 자주 사용된다.

깊이 z 에 있는 매설관 상부 흙기둥 (단위중량 γ) 내 미소 수평요소 (폭 B, 두께 dh, 체적 $B\,dh$) 의 무게 $W = B\,dh\,\gamma$, 상단면의 하향 연직력 V, 하단면의 상향 연직력 $V + dV$, 측면 전단력 F_s 등 연직력은 힘의 평형을 이룬다. 미소 수평요소 측면의 전단력은 수평 하중 $K_a V$ 와 마찰계수 μ 로부터 $F_s = 2K_a(V/B)\mu\,dh$ 이다 (K_a 는 주동토압계수).

수평요소에 작용하는 연직력에 대해 **힘의 평형식**을 적용하고,

$$(V + dV) + 2K_a\mu(V/B)dh = V + \gamma B\,dh \tag{3.5.112}$$

이로부터 연직력 V 를 구하면 다음 식이 되고,

$$V = \gamma B^2 \frac{1 - e^{-2K_a\mu H/B}}{2K_a\mu} \tag{3.5.113}$$

연직력을 천단부터 등침하면까지 적분하면 매설관 작용 연직하중 W_d 를 구할 수 있고, 수평요소의 면적 B 로 나누면 연직응력 σ_{vp} 가 된다.

$$W_d = \gamma B^2 \left\{ \frac{1}{2K_a\mu}\left(1 - e^{-2K_a\mu H/D}\right) + \frac{1}{D}(H - H_o)e^{-2K_a\mu H/D} \right\} \tag{3.5.114}$$

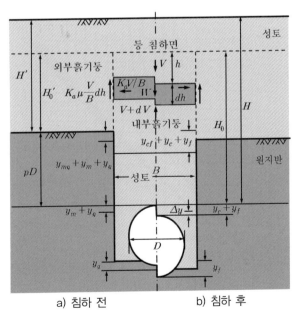

a) 침하 전   b) 침하 후

그림 3.5.27 트렌치식 매설관

3) 트렌치식 매설관

원지반에 트렌치를 굴착하고 매설관을 설치한 후 되메우는 트렌치식 매설관 **(ditch conduit)** 은 대개 얕은 소규모 유틸리티 등에 적용하며, 아칭에 의해 자중의 일부가 측면에 전이되어 하중이 토피압 보다 작아서 매설관 상부지반이 압축된다.

등침하면이 성토고 내에 있으면 불완전 트렌치 (incomplete ditch condition) 이고, 성토고 위에 있으면 완전 트렌치 (complete ditch condition) 라 한다 (Spangler, 1982).

매설관에 작용하는 연직하중에 대한 식 (3.5.114) 의 중괄호 안을 매설관계수 C_d **(ditch coefficient)** 로 대체하면, 매설관 작용 연직하중 W_d 는 다음이 된다.

$$W_d = \gamma B^2 C_d \tag{3.5.115}$$

매설관계수 C_d 는 등침하면이 지표하부에 있으면 (incomplete ditch condition),

$$C_d = \frac{1}{2K_a\mu}\left(1 - e^{-2K_a\mu H/B}\right) + \frac{1}{D}(H - H_o)e^{-2K_a\mu H/B} \quad (H \geq H_o) \tag{3.5.116}$$

이고, 등침하면이 지표상부에 있으면 (complete ditch condition) 다음이 된다.

$$C_d = \frac{1}{2K_a\mu}\left(1 - e^{-2K_a\mu H/B}\right) \quad (H < H_o) \tag{3.5.117}$$

매설관계수 C_d 는 트렌치 형상과 지반에 따라 그림 3.5.28 과 같고, 아칭효과가 없으면 $C_d = H/B$ 이다.

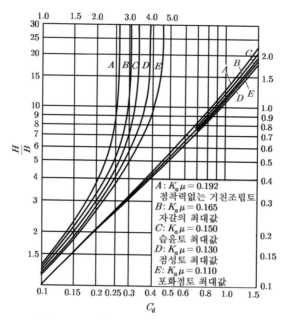

그림 3.5.28 매설관 계수 C_d (Spangler, 1982)

4) 돌출식 매설관

원지반 위에 설치한 후 일정높이로 성토하는 돌출식 매설관 (projecting conduit) 에서 측면 지반이 상부지반 보다 더 크게 침하되면 (양의 침하, 음의 아칭), 측면 마찰력이 하향으로 작용하여 하중이 토피압력 보다 큰 양성 돌출 매설관 (**positive projecting conduit**) 이 된다 (그림 3.5.29a).

반면에 돌출식 매설관 상부지반이 측면지반 보다 더 크게 침하되면 (음의 침하, 양의 아칭), 마찰력이 상향으로 작용하여 하중이 상재압력 보다 더 작은 음성 돌출 매설관 (**negative projecting conduit**) 이 된다 (그림 3.5.29b).

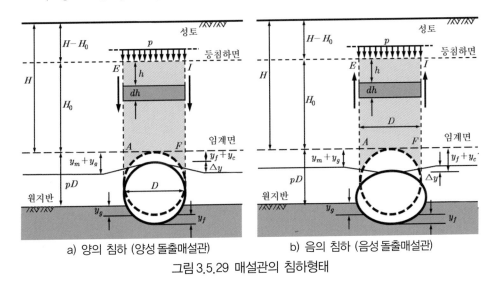

a) 양의 침하 (양성 돌출매설관) b) 음의 침하 (음성 돌출매설관)

그림 3.5.29 매설관의 침하형태

매설관 측면지반의 침하량 y_{mg} 는 천단에서 상부 등침하면 사이 지반 (두께 H_o) 의 침하량 y_l 과 매설관 위치지반의 침하량 y_m 및 하부지반의 침하량 y_g 의 합이고, 매설관 부분의 침하량 y_{fc} 는 매설관 상부지반 (천단에서 상부 등침하면 거리 H_o) 의 침하량 y_d 와 매설관의 연직변형량 y_c 및 매설관 하부지반의 침하량 y_f 의 합이다.

등침하면 높이는 침하비로부터 구할 수 있다. 침하비 r_{sd} (Settlement Ratio) 는 매설관 초기 천단레벨에서 매설관과 측면지반의 침하량 차이 Δy 를 측면지반 매설관 위치 (매설관 초기높이) 의 압축량 y_m 으로 나눈 값이다. 침하비는 계산이 복잡하므로 직접 관찰하거나 표 3.5.6 값을 사용하며, 양이면 강성 매설관이고 음이면 연성매설관이다.

$$r_{sd} = \frac{\Delta y}{y_m} = \frac{(y_m + y_g) - (y_f + y_c)}{y_m} \tag{3.5.118}$$

표 3.5.6 매설관 상태에 따른 침하비

매설관 상태		침하비 r_{sd}
강성 매설관	암반 또는 강성 흙 (unyielding)	1.0
	보통 흙 (medium to stiff)	0.5 ~ 0.8
	원래 흙 보다 약한 지반	0.0 ~ 0.5
연성 매설관	약다짐한 측면 채움재	− 0.4 ~ 0.0
	잘 다져진 측면 채움재	− 0.2 ~ 0.8

천단레벨에서 매설관 측면 흙기둥 침하량 y_{mg} 는 매설관 상부 흙기둥 침하량 y_{fc} 와 같다고 놓고 풀면 다음과 같다.

$$\pm r_{sd}p\frac{H}{D} = \pm\frac{1}{2K_a\mu}\left[\left\{\frac{1}{2K_a\mu}\pm\frac{1}{D}(H-H_o)\pm\frac{r_{sd}p}{3}\right\}e^{\pm2K_a\mu H_o/D}-1\right] \qquad (3.5.119)$$
$$\pm\frac{1}{2}\left(\frac{H_o}{D}\right)^2\pm\frac{r_{sd}p}{3}\frac{1}{D}(H-H_o)e^{\pm2K_a\mu H_o/D}-\frac{1}{2K_a\mu}\frac{H_o}{D}\mp\frac{HH_o}{D^2}$$

여기에서 위 기호는 양 (+) 의 침하, 아래 기호는 음 (-) 의 침하가 발생하는 경우이다. p 는 원지반의 지표와 천단사이 거리를 관의 직경 D 로 무차원화한 값이다. 위 식에 침하비 r_{sd} 를 대입하면 등침하면의 높이 H_o 를 구할 수 있다.

(1) 양성 돌출매설관

매설관이 연성이거나 측면지반이 잘 다져진 경우에는 측면지반이 상부지반 보다 더 크게 침하되므로, 측면 마찰력이 하향으로 작용하여 매설관 작용하중이 상재압력 보다 큰 양성돌출 매설관 (직경 D) 이 되고, 연직하중 W_c 는 다음과 같다.

$$W_c = \gamma_t D^2 C_c \qquad (3.5.120)$$

양성돌출 매설관의 매설관 계수 C_c 는 등침하면의 위치에 따라 다음과 같다.

등침하면이 성토지반 내 ($H \geqq H_o$: incomplete projection condition) 일 때 :

$$C_c = \frac{1}{2K_a\mu}\left(e^{2K_a\mu H_o/D}-1\right)+\frac{1}{D}(H-H_o)e^{2K_a\mu H_o/D} \qquad (3.5.121)$$

등침하면이 지표상부 ($H < H_o$: complete projection condition) 일 때 :

$$C_c = \frac{1}{2K_a\mu}\left(e^{2K_a\mu H/D}-1\right) \qquad (3.5.122)$$

매설관 계수 C_c 는 하향 전단력이 작용하는 돌출상태에서 $K_a\mu = 0.19$ 를 적용하고, 상향전단력이 작용하는 트렌치상태에서 $K_a\mu = 0.13$ 을 적용하면 그림 3.5.30 과 같다.

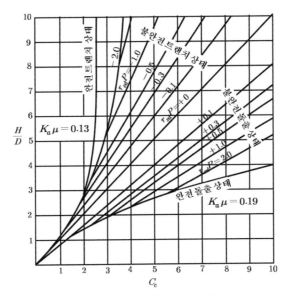

그림 3.5.30 매설관 계수 C_c (양성돌출 매설관) (Spangler, 1982)

(2) 음성 돌출매설관

매설관 상부지반이 측면지반 보다 더 크게 침하되면, 상향마찰력이 작용하여 매설관 작용하중이 상재압 보다 작은 음성 돌출 매설관 (**negative projecting conduit**) 이다.

매설관을 설치하고 측면 지반을 강하게 다짐하여 지지층을 조성하고, 매설관 상부는 약하게 다짐한 후 최상부를 성토하면, 매설관 작용하중이 감소하여 매설관 상부지반이 압축되는 불완전 트렌치식이 된다 (그림 3.5.26).

음성 돌출 매설관 (직경 D) 에 작용하는 연직하중 W_c 는 다음과 같고,

$$W_c = \gamma_t D^2 C_c \tag{3.5.123}$$

음성 돌출 매설관의 매설관 계수 C_c 는 침하비 r_{sd} 를 가정하고 식 (3.5.119) 에서 등침하면 높이 H_o 를 계산하여 적용하면, 등침하면 위치에 따라 다음이 되고,

등침하면이 성토지반 내 ($H \geqq H_o$: incomplete projection condition) :

$$C_c = \frac{1}{2K_a\mu}\left(1 - e^{-2K_a\mu H_o/D}\right) + \frac{1}{D}(H - H_o)e^{-2K_a\mu H_o/D} \tag{3.5.124}$$

등침하면이 지표 상부 ($H < H_o$: complete projection condition) :

$$C_c = \frac{1}{2K_a\mu}\left(1 - e^{-2K_a\mu H/D}\right) \tag{3.5.125}$$

침하비 r_{sd} 는 성토부와 천단상부 약 다짐부의 지표침하 y_{gl} 와 y_d 로부터 구한다.

$$r_{sd} = \{y_{gl} - (y_d + y_f + y_c)\}/y_d \tag{3.5.126}$$

5) 매설관 식의 터널적용

얕은 터널이나 개착식 터널에서 터널의 상부지반이 측면지반 보다 더 크게 침하되는 경우에는 터널에 작용하는 하중이 토피압력 보다 작으며, 이때 작용하중은 **Terzaghi** 이론 등으로 계산할 수 있다.

그러나 터널의 측면지반이 상부지반 보다 더 크게 침하되는 경우에는 토피하중 보다 훨씬 큰 하중 (터널 상부 및 영향권 내 지반의 자중) 이 터널에 가해지며, 이때 작용하는 하중은 매설관 이론에 의한 식으로 계산할 수 있다.

터널굴착에 의하여 이완되었던 터널 주변지반은 시간이 지남에 따라 재압축되며 하중으로 작용하여 터널에 작용하는 하중이 증가되게 되는데 이와 같이 추가로 작용하는 하중은 돌출식 매설관에 작용하는 하중에 대한 식 (즉, **Marston** 이론식) 으로 계산할 수 있다.

터널굴착으로 인해 이완되었던 지반의 재압축은 오랜 시간 동안 서서히 진행되기 때문에, 이완지반의 재압축으로 인하여 발생되는 추가하중도 서서히 증가되고 그 크기는 지보공의 강성이 클수록 크다.

Marston 식은 지반의 변형을 허용하면 토압을 경감시킬 수 있다는 사실을 NATM 이 개발되기 전에 이미 알고 이를 고려했던 획기적인 식이지만 다음과 같은 문제점이 있기 때문에 보통 산악터널에서는 잘 적용되지 않았다.

- 먼저 상반을 굴착하고 난 후에 하반을 굴착할 때에 측벽 배후의 지반이완을 고려하기가 어렵다.
- 흙의 점착력이 고려되지 않는다 $(c = 0)$.
- 매설관의 천단침하만 고려하기 때문에, 매설관과 측면지반의 변형량 차이 즉, 상대변위에 의해 매설관의 측벽에 큰 전단력이 작용할 수도 있다.
- 매설관 측면지반의 침하에 의해 매설관의 경계면에 발생되는 전단력으로 인해 작용하중이 달라진다. 이 같이 작용하중의 증감에 의해 발생되는 추가침하를 고려하지 않고 있다.
- 활동선이 직선이 아니고 곡선이 될 수도 있다. 곡선 활동면을 고려할 수 있는 계산방법은 나중에 제안되었다.

5.5.3 터널시공법과 지보공 강성의 영향

터널 주변지반의 이완 및 재압축 과정은 터널시공방법에 의해 영향을 받고, 터널의 변형과 하중증가는 지반과 지보공의 상대적 움직임과 지보공의 강성 및 시공순서에 의해 큰 영향을 받는다.

지보아치 양측 하부의 배후지반이 큰 폭으로 이완되면, 이완되었던 지반이 지보아치 완성 후 재압축되면서 양측상부에 지반아치가 형성되어 지보아치에는 굴착 폭보다 큰 토피하중이 작용하기 때문에 지보아치의 하부지반에서는 기초파괴가 일어나거나 과도한 침하가 발생되어 터널이 불안정해질 수 있다.

하반굴착으로 인하여 작용하중이 증가하면, 아치부가 침하되거나 파괴될 수 있고, 측벽부 압출이 계속되거나 가속될 수 있다. 지반아치는 지보아치의 각부침하량이 측벽부 재압축에 의한 침하량보다 작아야 유지되고, 하부지반의 지지력이 상실되면 소멸된다. 지보아치 하부 지반이 항복하면 상관 흐름법칙에 의해 체적이 팽창하여 측벽이 터널 내로 압출되어, 기초가 천단 보다 크게 침하된다.

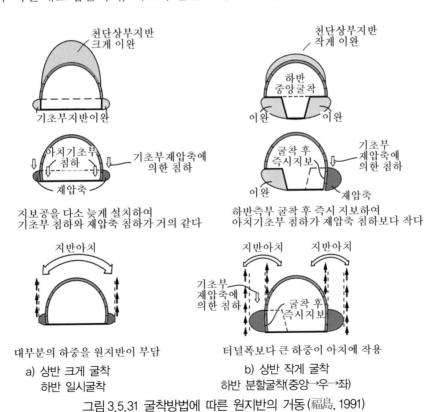

그림 3.5.31 굴착방법에 따른 원지반의 거동(福島, 1991)

상반을 크게 굴착한 후 하반을 일시에 굴착하면 (그림 3.5.31a) 천단상부지반이 크게 이완되고 터널 상부에 지반아치가 형성되어 지반아치가 대부분의 작용하중을 지지한다. 하반을 낮은 높이로 벤치굴착하고 **1회** 굴진장을 길게하면, 터널 측벽 배후지반이 적게 이완된다.

그러나 지보공의 설치시기를 늦추어 측벽부 지반의 재압축 침하량과 지보아치의 기초부 침하량이 거의 같아지게 하면, 터널 상부의 지반아치가 소멸되지 않고 작용 하중을 지지하기 때문에 지보공에 작용하는 하중이 토피하중 보다 커지지 않고 (아치 하부의 지반침하를 최대한 방지하면) 지보공에 탄성변형만 발생한다.

반면에 상반을 작게 굴착하고 하반을 크게 굴착하면 (그림 3.5.31b), 천단 상부지반 보다 측벽부 지반이 더 크게 이완되므로, 하반은 한 쪽씩 짧게 벤치굴착하고 즉시 지보해야 한다. 이 경우에는 천단 상부지반이 작게 이완되고 측벽 배후지반이 크게 이완됨에 따라서 지반아치가 터널 좌우에 따로 발생되어 터널보다 폭이 넓은 덮개 지반의 자중 (토피압 보다 큰 하중) 이 지보공에 작용한다.

지반이 침하하여 지보공만으로 하중을 지지해야할 때에는 지반의 이완이나 강도 저하에 따른 지압이 추가로 작용하여, 지보공의 좌굴이나 깅도서하에 의한 침하가 다소 발생되지만 터널온 무너지지 않을 수 있다. 터널굴착 후 강성이 큰 상부지보 아치를 신속히 설치하면 천단침하가 작게 일어나는 반면에, 예상보다도 큰 지압이 발생하고, 시간이 갈수록 그 크기가 증가하며, 이는 Marston 식으로 설명할 수 있다.

전면 접착형 볼트는 전체가 지반에 접착되어 있어서 변형률과 축 응력의 분포는 터널중심으로부터 거리의 제곱에 반비례한다. 따라서 전면접착형 볼트의 축 응력은 지반이 탄성 상태이면 터널 내공면에서 최대이고, 소성상태이면 탄성 상태일 때 보다 급격하게 변한다. 숏크리트 배면에서 이완되었던 지반이 재압축되면, 내공면 가까이 에서는 볼트의 축 인장응력이 (인버트 폐합 이후에) 점점 더 감소하다가 결국에는 압축응력으로 변하기 때문에 볼트가 느슨해지고 볼트두부와 숏크리트가 분리되는 경우가 있다.

터널의 거동은 크리프 거동에 의한 지반이완, 지보아치와 지반의 상대적 거동, 이완 지반의 재압축 현상 등을 고려해야 실제에 근접하게 파악할 수 있다. 터널시공 중에 강도가 저하되었던 이완지반은 소성변형이 발생되면, **변형률경화 (strain hardening)** 에 의해 강도가 증가할 수도 있다.

6. 굴진면의 안정

터널은 단면을 크게 굴착하면 작업능률이 좋고 경제적으로 유리하지만 굴진면에 작용하는 토압이 커지므로 다음 단면 굴착까지 굴진면의 안정을 유지하기 어렵다.

터널굴착에 의한 지반이완은 터널의 횡방향은 물론 종방향으로도 일어나서, 이완하중이 굴진면 전방 미굴착 터널부 천단레벨 상부에 상재하중으로 작용하여 굴진면이 클수록 토압과 주변지반 내 접선응력이 커진다. Lauffer 와 Bieniawski 는 쉴드의 전진속도와 추진압을 구하기 위하여 지반에 따른 최대 굴착단면의 크기와 무지보 자립시간의 관계를 경험적으로 구했다.

굴진면에 작용하는 토압 **(6.1 절)** 은 Broms 나 Terzaghi-무라야마 등의 이론으로 계산하고, 굴진면의 안정해석 **(6.2 절)** 은 이완하중을 상재하중으로 간주하고 3 차원 쐐기모델, 반구형이나 굴뚝형의 파괴모델, 극한해석모델 등을 적용하여 수행한다. 굴진면은 굴진면 안정지수 **(6.3 절)** 로 안정성을 판정할 수 있다.

6.1 굴진면 토압

터널굴착에 의한 지반이완은 터널의 종방향으로도 일어나서 종방향 이완하중에 의해 굴진면 토압을 증가시킨다. 굴진면에 작용하는 토압은 **Broms (6.1.1 절)** 나 **Terzaghi-무라야마 (6.1.2 절)** 등의 이론으로 비교적 간단하게 계산할 수 있다.

6.1.1 Broms의 토압

터널 굴진면을 포함하는 연직면을 토류벽으로 간주하면, 굴진면 압력은 토류벽에 있는 개구부의 압력이다. 점토 (토피 h, 비배수 전단강도 S_u, 단위중량 γ) 에 설치한 토류벽의 개구부는 작용하는 주동토압 p_a 가 양 $(p_a > 0)$ 이면 압출되어 불안정하다.

$$p_a = \gamma h \mp k_m S_u \tag{3.6.1}$$

위 식에서 계수 k_m 은 $k_m = 6 \sim 8$ 이며 개구부의 모양이나 크기 및 지표형상에 따라 다르고 대개 $k_m = 6$ 이다. Broms/Bennermark (1967) 는 그림 3.6.1 처럼 측벽에 개구부가 있는 실린더 안에 점토 공시체를 설치하고 삼축압축시험기 셀 내부에서 축하중이나 셀압력을 가하여 k_m 을 구하였다. 위 식에서 굴진면 토압은 토피에 의해 결정되며, 지반의 시간 의존적 소성변형거동이 고려되지 않았다.

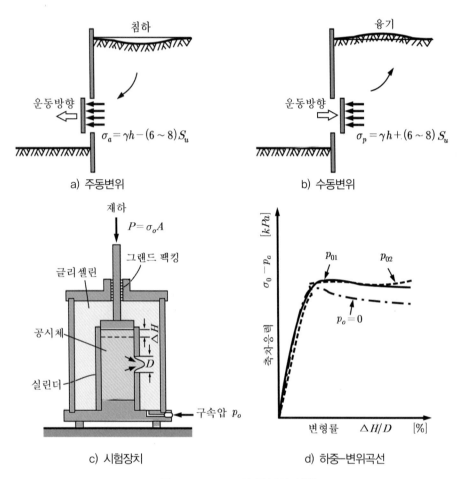

그림 3.6.1 Broms 의 굴진면 실험

6.1.2 Terzaghi–Peck–무라야마(村山)의 토압

무라야마는 Terzaghi-Peck 의 수평토압 계산모델을 이용하여 터널 굴진면에 작용하는 소위 **Terzaghi-Peck**-무라야마 토압을 구하였다. 즉, 천단을 지나는 수평선에 직교하는 대수나선형 활동면과 굴진면으로 둘러싸이고 연직토압 Q 가 작용하는 토체의 안정유지를 위하여 필요한 굴진면 최대압력을 굴진면에 작용하는 토압으로 생각하였다. 이는 2 차원조건이므로 결과가 안전측이다.

지반의 내부마찰각은 재하시간에 따른 차이가 거의 없으나, 점착력은 시간의존성을 나타내므로, 점착력을 시간에 따라 다른 크기로 적용하면 시간의존성을 나타낼 수 있으나 검증하기가 어렵다.

활동 파괴체는 경계가 굴진면과 활동면인 토체이고, 활동면은 그림 3.6.2 와 같이 굴진면 하단 D 부터 천단레벨 A 사이의 대수나선이다. 터널 천단을 연장한 수평선상에 활동면 시점 A 를 가정하고 A 점에서 수평에 대해 각도 ϕ 로 직선 $\overline{AO}$ 를 긋고, D 점에서 연직에 대해 각도 ϕ 로 경사진 직선 $\overline{DO}$ 를 그어서 서로 교차하는 O 점이 대수나선의 Pol 이다.

활동파괴 토체에 작용하는 하중은 토체의 자중 W, 토체 상단의 연직 이완토압 Q, 굴진면 반력 P, 활동면 마찰저항력 F_R, 활동면 점착저항력 C 등이 있으며, 이들이 서로 힘의 평형을 이루면 토체는 안정하다.

따라서 활동파괴 토체가 안정을 유지하기 위하여 필요한 (즉, 굴진면의 안정이 유지 되는) 굴진면의 반력 즉, 굴진면의 최대압력을 구할 수 있다.

점착력은 활동면상에서 접선방향으로 작용하므로 그 합력은 $C = c\overline{AD}$ 이다. 연직 이완토압 Q 는 굴진면 전방 천단 상부지반의 이완상태를 포물선 등으로 가정하여 결정한다.

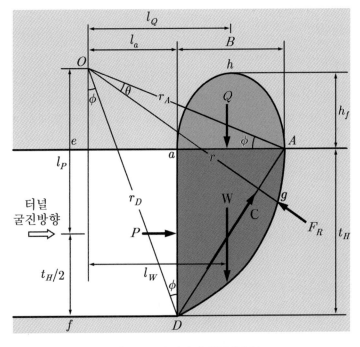

그림 3.6.2 굴진면의 안정 (村山)

1) 굴진면 토압 P

대수나선의 Pol 에 대해 **모멘트평형**을 적용하면 다음이 되고,

$$\sum M_o : P\,l_P = W\,l_W + Q\,(l_a + B/2) - \int_{r_A}^{r_D} r\,c\,\cos\phi\,ds \tag{3.6.2}$$

여기에서 l_P, l_W, l_a 는 대수나선의 Pol 인 O 점과 P, W, a 사이 거리이고, ds 는 미소활동면 길이이다.

$$ds = \sqrt{1 + r^2\left(\frac{d\phi}{dr}\right)^2}\,dr \tag{3.6.3}$$

굴진면 토압 $\boldsymbol{P}$ 는 다음과 같고, 터널중심에서 종방향으로 작용한다 ($l_Q = l_a + B/2$).

$$P = \frac{1}{l_P}\left\{W\,l_W + Q\,l_Q - \frac{c}{2\tan\phi}(r_A^2 - r_D^2)\right\} \tag{3.6.4}$$

점 A 를 이동하면서 최대 P 를 구하면, 곧 구하고자 하는 토압이 된다. 위 식에서 굴진면 토압 P 는 터널의 직경이 중요한 요소이며 토피에 무관하다. 이는 토압이 토피에 의해 결정되는 Broms 이론과 상반된다.

굴진면 토압 P 가 최대치가 될 때까지 활동파괴체의 중심을 이동시켜야 하지만, 실내시험 결과 굴진면 인버트에서 활동면의 수평에 대한 각도가 $45^o + \phi/2$ 이므로 곧바로 계산해도 된다.

2) 이완토압 Q

굴진면 전방지반 상부에 작용하는 **이완토압** $\boldsymbol{Q}$ 는 Terzaghi 의 2 차원 토압이론을 적용하여 구할 수 있으며, 토체의 무게에서 점착력에 의한 저항력을 뺀 값이다.

$$Q = \frac{\alpha B\left(\gamma_t - \dfrac{2c}{\alpha B}\right)}{2K_o\tan\phi}\left\{1 - e^{2K_o\tan\phi\,\frac{t_H}{\alpha B}}\right\} \tag{3.6.5}$$

여기에서 $\alpha > 1.0$ 이고, 건조모래에서는 $\alpha \fallingdotseq 1.8$ 이다.

쉴드의 토피 h_f 가 B 에 비해 크면 ($h_f > 1.5B$), 위 식은 근사적으로 다음이 된다.

$$Q = \frac{\alpha B\left(\gamma_t - \dfrac{2c}{\alpha B}\right)}{2K_o\tan\phi} \tag{3.6.6}$$

NATM 에서 무라야마 이론을 적용할 때에는 이완 폭 B 는 쉴드에서 이완 폭 B' 에 선행굴착 1 스팬을 더한 값으로 한다. 쉴드에서는 굴진면 토압이 압축공기의 압력 또는 이수의 압력이 되지만 NATM 에서는 대기압 즉, $P = 0$ 으로 본다.

6.2 굴진면의 안정해석모델

큰 단면으로 터널을 굴착하면 경제적이고 작업능률이 좋아서 유리하지만 굴진면을 다음 번 굴착할 때까지 안정하게 유지하기가 어렵다. 굴진면을 안정하게 유지하면서 굴착할 수 있는 최대 터널단면은 지반과 응력의 상태에 따라 다르다.

원형공동에서 굴진면의 안정은 지반이 등방압력이 작용하며 무한히 크고 무게가 없는 등방 탄성체라고 가정하고 **반구형 파괴모델 (6.2.1 절)** 을 적용하여 계산할 수 있다. 그리고 직교법칙이 성립하는 소성재료와 점성토에서는 굴진면의 안정을 극한 **해석법 (6.2.2 절)** 의 상한이론 또는 하한이론을 적용하여 계산할 수 있다. 에너지를 서서히 해방시키기 위해 벤치 굴착하는 경우에는 **사발형 파괴체 모델 (6.2.3 절)** 을 이용하여 굴진면의 안정을 계산할 수 있다.

6.2.1 반구형 파괴모델

반구형 파괴모델을 적용하여 굴진면 소요 지보반력을 구하여 굴진면 안정을 판정할 수 있다. 즉, 지보가 불필요한 조건 (지보반력이 $p_f \leq 0$) 으로부터 지보가 필요 없는 터널 반경이나 소요 점착력을 터널 반경이나 지반의 점착력과 비교하여 굴진면의 안정성을 판정할 수 있다.

자중이 없고 무한히 큰 등방 탄성체에 있는 원형 공동에 등방 압력이 작용하는 경우에, 굴진면 안정은 굴진면이 반구형 (반경 a) 으로 파괴된다고 가정하고 계산할 수 있고, 자중이 있는 경우에도 확장하여 적용할 수 있다.

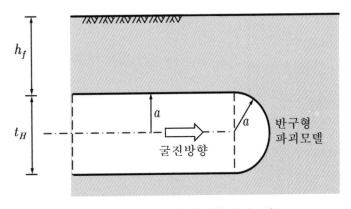

그림 3.6.3 굴진면의 반구형 파괴모델

1) 무게 없는 지반

굴진면이 반구형 (반경 a) 으로 파괴 (그림 3.6.3) 된다는 가정은 자중이 없고 무한히 큰 등압 σ_o ($K = 1$) 상태 탄성지반의 대심도 구형공동에서 성립된다 (Malvern, 1969).

반경방향 힘의 평형조건은 다음과 같고,

$$\frac{d\sigma_r}{dr} + \frac{1}{r}(\sigma_r - \sigma_t) = 0 \tag{3.6.7}$$

여기에 **Mohr-Coulomb** 항복조건식을 대입하고,

$$\sigma_t = (m + 1)\sigma_r - s \tag{3.6.8}$$

내압 p_i 인 구형공동 내공면 ($r = a$) 에 대해 적분하면 반경응력 σ_r 을 구할 수 있다.

$$\sigma_r = s/m + (p_i - s/m)(r/a)^{2m} \tag{3.6.9}$$

접선응력 σ_t 는 위 식을 Mohr-Coulomb 항복조건 (식 3.6.8) 에 대입하여 구한다.

$$\sigma_t = s/m + (m + 1)(p_i - s/m)(r/a)^{2m} \tag{3.6.10}$$

탄소성 경계 ($r = R_p$) 는 주변지반이 탄성응력상태이고 내압 $p_i = \sigma_r = \sigma_{R_p}$ 인 돔형 공동의 내공면과 같으므로 $\sigma_{R_p} + 2\sigma_t = 3\sigma_o$ (식 5.6.12 참조) 이 되어 다음이 성립되고,

$$\sigma_t = \frac{3}{2}\sigma_o - \frac{1}{2}\sigma_{R_p} \tag{3.6.11}$$

이를 Mohr-Coulomb 항복조건에 대입하면 탄소성경계 내압 σ_{R_p} 이 되고,

$$\sigma_{R_p} = \frac{2}{2m + 3}\left(\frac{3}{2}\sigma_o + s\right) \tag{3.6.12}$$

위 식과 식 (3.6.8) 로부터 탄소성경계 R_p 와 굴진면 소요지보공반력 p_i 를 알 수 있다.

$$R_p = a\left(\frac{3}{2m + 3}\frac{\sigma_o - s/m}{p_i - s/m}\right)^{\frac{1}{2m}}$$

$$p_i = \frac{s}{m} + \frac{3}{2m + 3}\left(\sigma_o - \frac{s}{m}\right)\left(\frac{a}{R_p}\right)^{2m} \tag{3.6.13}$$

2) 무게 있는 지반

소성역이 지표 까지 형성되면 ($R_p = a + h$) $\sigma_o \simeq \gamma h$ 이므로, 굴진면 소요 지보반력 p_i 는 위 식으로부터 다음이 된다.

$$p_i = \frac{s}{m} + \frac{3}{2m + 3}\left(\gamma h - \frac{s}{m}\right)\left(\frac{a}{a + h}\right)^{2m} \tag{3.6.14}$$

지표에서 구형공동 (반경 a) 의 천단까지 연직응력은 2 차 포물선형 분포이고, 천단에서 재료강도가 완전히 가동된다고 가정하면, 천단의 소요지보반력 p_f 는 다음과 같다.

$$p_f = h \frac{\gamma - s/a}{1 + m\,h/a} \tag{3.6.15}$$

그런데 소요 지보반력이 $p_f \leq 0$ 이면 안전율 $\eta = 1$ 일 때 굴진면에서 지보가 불필요하므로, 이를 위 식에 적용하여 천단에서 지보가 불필요한 반경 a 및 소요 점착력 c 를 $s/\gamma > a$ 관계로부터 구할 수 있다 ($s = 2c\cos\phi/(1 - \sin\phi)$).

$$c \geq \frac{1}{2}\gamma\,a\,\frac{1 - \sin\phi}{\cos\phi} \tag{3.6.16}$$

따라서 터널 반경을 작게 하거나 지반의 점착력을 증가시키면 천단지보가 불필요할 수 있다.

굴진면은 지보하지 않고 방치해 두면 파괴되며, 지반의 크리프 거동이나 간극수압 변화에 의해서도 파괴된다 (Vanghan/Walbancke, 1973). 투수계수가 작은 지반에서는 종방향 아치작용에 의해 압력이 증가하여 굴진면 지반이 압축된다. 터널굴착 직후에는 증가된 응력을 간극수가 지지하고 지반구조골격에는 응력변화가 없다.

그러나 시간이 지나 간극수가 배수되어 지반이 압밀되면 증가된 압력을 구조골격이 부담한다. 이러한 거동은 압밀계수 C_v 를 적용하여 해석하며, 압밀계수는 투수계수에 비례하므로 투수성이 작을수록 굴진면 파괴가 서서히 일어난다.

6.2.2 극한해석 모델

직교법칙 (normality rule) 이 성립하는 소성재료 또는 점성토에 굴착한 터널에서 굴진면의 안정성은 극한해석법 (limit analysis) 을 적용하여 평가할 수 있다 (Kirsch 등, 2005).

극한해석법은 하한이론 (lower bound theory) 과 상한이론 (upper bound theory) 이 있다. 하한이론에서는 평형조건과 경계조건을 만족하는 상태에서 강도를 초과하지 않는 응력장이면 파괴되지 않는다고 생각하며, 계산된 하중이 지지력보다 작으므로 안전측이다.

상한이론에서는 가능한 파괴메커니즘에서 전단응력이 한계 값을 초과하면 파괴된다고 생각하며, 계산된 하중이 지지력보다 더 크므로 불안전측이고, 합당한 파괴메커니즘을 적용해야 한다.

1) 하한이론

등분포 지표하중 q 가 작용하는 점토 $(c > 0, \phi = 0)$ 에 굴착한 원형터널 주변에는 원형 소성역이 형성되고 터널 굴진면에는 구형 소성역이 형성된다. 이때는 굴진면을 반구형으로 보고 하한이론을 적용하여 안전측에 속하는 지보공 반력 p 를 구할 수 있다 (그림 3.6.4). 소성역내에서 평형식과 항복식 $(\sigma_1 - \sigma_2 = 2c)$ 이 모두 성립된다.

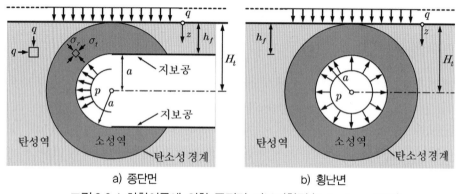

a) 종단면   b) 횡단면

그림 3.6.4 하한이론에 의한 굴진면 지보저항력 (Kolymbas, 1998)

점토 $(c > 0, \phi = 0)$ 에서 구형 소성역의 외부 경계에 등방외압 q 가 작용할 때에는 무차원화한 지보압력 $(p - q)/c$ 와 위치 r/a 의 관계가 다음 식과 같고, 이를 계산한 결과는 그림 3.6.5 와 같다.

$$\frac{p - q}{c} = \left(\frac{\gamma a}{c} - 1 \right) \frac{r}{a} \tag{3.6.17}$$

소요 지보반력은 지반의 무게를 고려하거나 무시하고 계산할 수 있다.

(1) 무게 없는 지반

지반의 무게가 없을 때에 $(\gamma = 0)$, 굴진면 주변 구형 탄소성경계 $(r = a + h)$ 에서 항복조건 $\sigma_t - \sigma_r = 2c$ 를 만족한다고 가정한다.

반경방향 평형조건 (식 3.6.7) 은 다음과 같고,

$$\frac{d\sigma_r}{dr} + \frac{2}{r}(\sigma_r - \sigma_t) = 0 \tag{3.6.18}$$

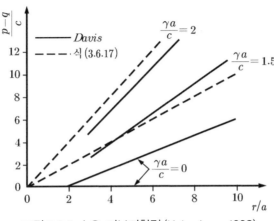

그림 3.6.5 소요 지보저항력 (Kolymbas, 1998)

위 식에 항복조건을 대입하고 적분하면 소요 지보반력 p 를 구할 수 있다. 이때에 적분상수는 굴진면에서 반경응력 σ_r 이 지보압력 p 과 같다 $(\sigma_r = p)$ 는 조건을 적용하여 구할 수 있다.

$$p = \sigma_r - 4c \ln\left(\frac{r}{a}\right) \tag{3.6.19}$$

구형 소성역의 외부경계에 등방외압 $\sigma_r = \sigma_t = q$ 이 작용하면 탄소성 경계에 작용하는 반경응력은 $\sigma_r = q$ 이므로 소요 지보반력 p 는 다음이 된다.

$$p = q - 4c \ln\left(1 + \frac{r}{a}\right) \tag{3.6.20}$$

소요 지보반력이 음 $(p < 0)$ 이면 굴진면이 지보 없이 안정하다.

$$\frac{q}{4c} < \ln\left(1 + \frac{r}{a}\right) \tag{3.6.21}$$

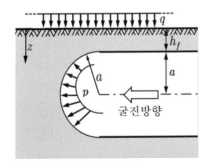
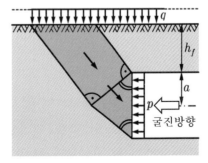

그림 3.6.6 굴진면 응력상태 (하한이론)　　그림 3.6.7 굴진면 파괴메커니즘 (상한이론)

(2) 무게 있는 지반

무게가 있는 지반 (단위중량 γ) 에서는 정수압 응력장이 $\sigma_z = \sigma_x = \sigma_y = \gamma z$ 이므로 지보반력 p 는 위 식에 지반자중 γz 를 추가한 다음 식이 되고, 지보반력이 깊이에 따라 선형적으로 증가한다 (그림 3.6.6).

$$p = \gamma z + q - 4c \ln(1 + r/a) \tag{3.6.22}$$

이는 무한히 긴 원형터널에 대한 소요 지보반력 p 와 유사하다 (Caquot, 1954).

$$p = \gamma z + q - 2c \ln(1 + r/a) \tag{3.6.23}$$

따라서 소요지보반력이 불필요한 조건 ($p < 0$) 에 대한 식 (3.6.21) 은 다음이 된다.

$$\frac{q + \gamma z}{4c} < \ln\left(1 + \frac{r}{a}\right) \tag{3.6.24}$$

2) 상한이론

굴진면의 소요 지보력은 극한해석 상한이론을 적용하여 계산할 수 있다. 즉, 그림 3.6.7 과 같은 2 개 강체 실린더로 구성된 파괴메커니즘의 크기를 변화시키면서 최대 지보반력을 구할 수 있다.

Davis (그림 3.6.5) 는 다음과 같이 안정비 N_{sr} (stability ratio) 를 구하는 식을 제시하여 굴진면의 안정을 구하였으며,

$$N_{sr} = \frac{q - p + \gamma(h + a)}{c} \tag{3.6.25}$$

안정비가 $N_{sr} > 1$ 이 되도록 지보하면 안정하다. 즉, 지보반력이 안정비 $N_{sr} = 1$ 에 대한 소요 지보반력 p 보다 크도록 지보하면 안정하다.

따라서 지보에 대한 안정조건은 다음이 된다.

$$q + \gamma(h + a) - c > p \tag{3.6.26}$$

6.2.3 사발형 모델

벤치 굴착하는 터널에서 굴진면의 안정은 그림 3.6.8 과 같은 사발형 모델 (bowl 형, Herzog, 1999) 로 검토할 수 있다. 터널은 굴착 단면과 면적이 같은 원형 단면 즉, 터널 폭 t_B 와 높이 t_H 의 평균값이 터널 직경과 같은 즉, $d = (t_B + t_H)/2$ 인 원형단면으로 대체한다.

굴진면 천정 (A 점) 과 최저점 (B 점) 이 양단 (중심선간 거리 h) 인 사발형 파괴체 (두께 t) 가 형성된다고 가정하며, 사발모양의 양단 중심선간 거리는 $h = D + t$ 이다.

사발형 파괴체에는 수평압력 p_h 가 작용하고 양단에서 횡력 Q 에 의해 지지된다. 사발형 파괴체에는 중심선 방향으로 천정에 축력 N_o 가 작용하고, 바닥에 축력 N_u 가 작용하며, 각각 수평성분 (횡력) 은 파괴체 형상에 상관없이 크기가 Q 로 같다.

사발형 파괴체 축응력 Q/t 가 지반 일축압축강도보다 작으면 굴진면은 안정하다.

수평력은 $p_h \pi h^2 / 4$ 이고 사발형 파괴체 주면 πh 에 분포되어 경계부 횡력 Q 는,

$$Q = p_h \frac{h}{4} \tag{3.6.27}$$

이고, 사발형 파괴체 경계의 연직에 대한 경사각은 천단과 바닥에서 다음이 되어,

천단 : $\tan\alpha_o \simeq 2f/h$

바닥 : $\tan\alpha_u \simeq 2(f+L)/h$
$$\tag{3.6.28}$$

사발형 파괴체의 축력은 다음과 같다.

천단 : $N_o = \dfrac{Q}{\sin\alpha_o}$

바닥 : $N_u = \dfrac{Q}{\sin\alpha_u}$
$$\tag{3.6.29}$$

파괴체 축응력이 지반의 일축압축강도 보다 작으면 터널 굴진면은 안정하다.

$$\sigma = \frac{Q}{t} < \sigma_{DF} \tag{3.6.30}$$

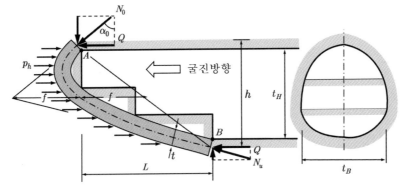

그림 3.6.8 굴진면의 사발형 파괴모델 (Herzog, 1999)

6.3 굴진면 안정지수

터널 굴진면의 안정은 굴진면 안정지수 (작용토압과 지반강도의 비) 로 판정하며, 굴진면 안정지수가 한계 값 보다 작으면 안정하고, 축방향 변위가 전단파괴 발생변위 보다 작으면 안정하다. 굴진면 한계안정지수는 활동파괴를 가정하고 소성한계이론 으로 구하거나 경험적으로 구한다.

양호한 지반에서 굴진면은 대개 지보 없이 자립하므로 인징성을 별도로 검토하지 않는다. 그러나 흙지반 **(6.3.1 절)** 이나 (강도가 약하거나 파쇄대가 있는) 취약한 암반 **(6.3.2 절)** 등 굴진면이 자립하기 어려운 지반에서는 안정성을 별도로 검토해야 한다.

6.3.1 흙 지반의 굴진면 안정지수

흙 지반에 굴착한 터널의 굴진면은 안정지수 N_{fs} (굴진면 작용압력과 지반강도의 비) 가 한계 값 보다 작으면 불안정하며, 굴진면의 터널 축방향 변위가 전단파괴 발생변위 (직경의 약 4 %) 보다 크면 불안정하다.

1) 굴진면 안정지수

(1) 굴진면 안정지수

점성토에 굴착한 터널은 굴진면 안정지수 N_s 를 구해 안정성을 판정할 수 있고, 굴진면 안정지수는 비배수전단강도 S_u 나 점착력 c_u 로 정의하고, N_s 가 크면 전반전단 파괴나 지반유동이 발생하여 굴진면에서 조절이 어려워서 굴착시 문제가 발생한다. Broms/Bennermark (1967) 는 최초로 점성토터널에 대해 압출실험 (그림 3.6.1) 을 수 행하고 굴진면 안정지수 N_{fs} (face stability index) 로 굴진면 안정성을 평가하였다.

굴진면 안정지수 N_{fs} 는 스프링라인의 연직응력 σ_v 와 굴진면 지보압 p_o 및 비배수 전단강도 S_u 로부터 구하고, $N_{fs} > 6$ 이면 굴진면이 불안정하다.

$$N_{fs} = (\sigma_v - p_o)/S_u \tag{3.6.31}$$

Peck 등 (1972) 은 점토에서 압축공기 (압력 p_i) 를 가하여 시험하고, 비배수전단강도 S_u 대신에 점착력 c_u 를 적용하여 굴진면 안정지수 N_{fs} 를 구하였다. 표 3.6.1 은 점토 터널에서 굴진면 안정지수와 굴착 시 터널거동의 관계를 나타낸다.

$$N_{fs} = (\sigma_v - p_i)/c_u \tag{3.6.32}$$

안정지수가 $N_{fs} < 5$ 이면 큰 문제없이 터널을 굴착할 수가 있고, $5 < N_{fs} < 7$ 이면 굴착면 방향으로 붕괴될 수 있으며, $N_{fs} > 7$ 이면 지속적인 시공이 어렵다.

표 3.6.1 점성토 지반 터널에서 굴진면 안정지수 N_{fs} 와 터널거동의 관계

안정지수 N_{fs}	터널굴착시 예상되는 문제점
1 - 5	큰 어려움이 없는 터널굴착
5 - 6	쉴드내부로 급속한 점성토의 유입
6 - 7	굴진면의 전단파괴가 굴진면의 지반유동을 야기
>7	굴진면의 전반전단파괴와 지반유동으로 쉴드굴진에 영향

(2) 한계 안정지수

흙 지반에 굴착한 터널에서 한계안정지수는 굴진면에서 활동파괴가 일어난다고 가정하고 활동 파괴체에 극한평형을 적용하여 구할 수 있다.

Deere 등 (1969) 은 원통형과 원형 활동파괴체에 대해 한계안정지수 N_{fcr} 을 구했다.

① $h_f/D > 1.5$ 인 경우 ; (h_f : 터널의 토피고, D : 터널의 직경)

$$N_{fcr} = 2\pi\left[1 + \frac{1}{6}\left(\frac{1}{0.5 + h_f/D}\right)\right] \tag{3.6.33a}$$

② $h_f/D < 1.5$ 인 경우 ;

$$N_{fcr} = \left[h_f(0.5 + h_f/D) + \pi - 1\right]/\left[\frac{1}{6}\left(\frac{1}{0.5 + h_f/D}\right)\right] \tag{3.6.33b}$$

Davis 등 (1980) 은 소성한계이론을 적용하여 점성토에 굴착한 얕은 터널에 대해서 굴진면의 안정성을 검토하였고, Chambon/Corte (1994) 는 굴진면의 축방향 극한압력이 직경에 비례하는 것을 증명하였다.

2) 굴진면 변위

흙 지반 터널에서 굴진면의 안정은 시공 중 굴진면의 터널축방향 변위와 전단파괴 발생 변위를 비교하여 판정할 수 있다. Casarin/Mair (1981) 이 수행한 점토 모형시험에서 축방향 굴진면 변위가 터널직경의 **4 %** 발생되면 전반파괴가 발생하였다.

그림 3.6.9a 는 작용압력과 굴진면 축방향변위의 관계이다. 초기작용압력 p_o 에서 파괴 개시압력 p_f 로 감소될 때까지 굴진면에서 변위발생이 뚜렷하지 않으나, 압력이 p_f 에서 더욱 감소하면 변위가 점차로 증가하고, 붕괴압력 p_c 에 도달되면 굴진면이 붕괴되어 갑작스럽게 큰 변위가 발생한다. 그림 3.6.9b 는 토피 h_f 와 터널직경 D 에 따른 붕괴형태를 나타낸다.

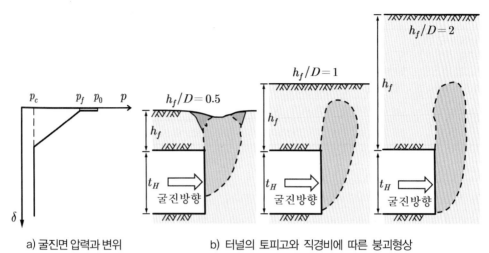

a) 굴진면 압력과 변위   b) 터널의 토피고와 직경비에 따른 붕괴형상

그림 3.6.9 지보하중 변화에 따른 붕괴메카니즘

지하수가 유입되어 연화된 풍화암에 굴착한 터널의 주변지반에서 응력과 변위가
변화하여 소성역이 형성되면 압출되거나 팽창될 가능성이 높고, 지표침하도 직접적
으로 영향을 받을 수 있다. 따라서 이러한 풍화암은 흙 지반처럼 거동한다고 보고
굴진면의 안정을 판단한다.

터널 (직경 D) 굴착에 의한 주변지반의 변형은 굴진면 전방 $0.5D$ 위치에서 시작
되고, 굴진면에서는 변위가 터널 내측으로 발생하고 변위 크기가 이미 전체반경변위
의 약 $1/3$ 크기이고, 후방으로 갈수록 증가하여 굴진면 후방 $1.5D$ 위치에서 최대치
에 도달한다. 이러한 변형이 굴진면 안정에 미치는 영향은 초기 응력수준에 대한
암반강도의 비 σ_{DF}/σ_o에 의해 결정된다.

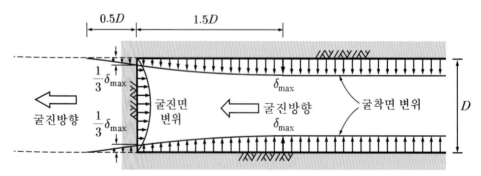

그림 3.6.10 원형터널 (직경 D) 굴진면과 굴착면의 변위

6.3.2 취약한 암반의 굴진면 안정지수

강도가 작거나 파쇄대가 존재하는 취약한 암반에 굴착한 터널에서 굴진면 안정성을 평가하기 위하여 Hoek (1999) 과 Mihalis 등 (2001) 은 초기응력과 터널의 크기를 고려한 터널안정계수를 제시하였고, Bhasin (1994) 은 암반의 일축압축강도에 대한 접선응력의 비에 따른 연암의 압출정도에 근거하여 터널 안정계수를 제시하였다. 굴진면 안정지수로부터 지반의 압출거동 (squeezing) 발생가능성을 판단할 수 있다.

1) Hoek 의 한계안정계수

Hoek (1999) 은 연약한 암반에 굴착한 터널에서 굴진면의 안정영향요소 즉, 암반의 일축압축강도와 터널변형을 변화하며 Monte Carlo 해석하여 무차원도표에 나타내고, 내공변위와 소성역 형성에 대한 한계안정계수를 구하였다.

암반일축압축강도 $\sigma_{DF} = 0 \sim 30\ MPa$, Hoek/Brown 상수 $m_i = 5 \sim 12$, 지질강도지수 $GSI = 10 \sim 35$, 현장 등방압 초기응력 $p_o = 2 \sim 20\ MPa$, 터널반경 $a = 2 \sim 8\ m$ 를 해석의 상한 및 하한치로 적용하였다.

그림 3.6.11a 는 (초기응력 p_o 로) 무차원화 한 일축압축강도 σ_{DF}/p_o 에 대한 (터널반경 a 로 무차원화 한) 소성역의 크기 (무차원 탄소성경계 R_p/a 와 무차원 일축압축강도 σ_{DF}/p_o 의 관계) 를 나타낸다.

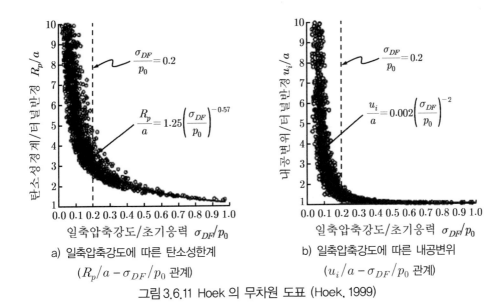

a) 일축압축강도에 따른 탄소성한계
($R_p/a - \sigma_{DF}/p_0$ 관계)

b) 일축압축강도에 따른 내공변위
($u_i/a - \sigma_{DF}/p_0$ 관계)

그림 3.6.11 Hoek 의 무차원 도표 (Hoek, 1999)

　지반의 (일축압축강도를 초기응력으로 무차원화하고 터널천단변위를 내공반경으로 무차원화하여) 무차원 일축압축강도 σ_{DF}/p_o 에 대한 무차원 천단변위 u_i/a 의 관계 (그림 3.6.11b) 에서 암반 강도가 현지 초기응력의 20 % 이하로 작으면, 내공변위 u_i/a 와 소성역 크기 R_p/a 가 급속하게 증가함을 알 수 있다.

　이로부터 Hoek (1999) 은 연약한 암반에 굴착한 터널에서 $\sigma_{DF}/p_o = 0.2$ 를 한계치 (한계 안정치) 로 간주하고 한계 안정치 $\sigma_{DF}/p_o \leq 0.2$ 를 적용하여 굴진면의 안정성 을 평가하였다.

　이는 Peck 의 점토 안정지수 $N_{fs} \simeq 5$ 에 해당하여 암반과 점성토에서 안정계수 개념이 유사함을 보여 준다.

2) Mihalis의 안정계수

　Mihalis 등 (2001) 은 무차원화한 일축압축강도 σ_{DF}/p_o (Hoek, 1999) 와 터널직경 D 및 토피고 h_f 를 고려하여 터널 안정을 판단할 수 있는 터널 안정계수 **TSF** (Tunnel Stability Factor) 를 제시하였다. 이는 Peck 의 굴진면 안정지수 N_{fs} 처럼 연약한 암반 터널의 안정성 예측에 적용할 수 있고, Hoek 의 예측결과와 유사한 경향을 보인다.

$$TSF = \frac{\sigma_{DF}}{\gamma h_f^{0.75} D^{0.25}} \tag{3.6.34}$$

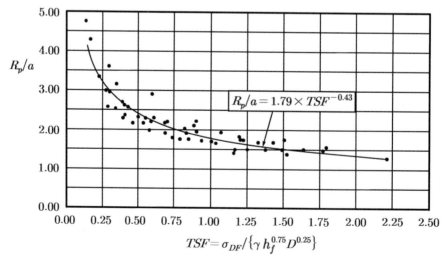

그림 3.6.12 터널반경에 대한 탄소성경계와 TSF (Mihalis 등, 2001)

터널안정계수로부터 소성역의 크기와 내공변위 및 압출거동을 판단할 수 있다.

(1) 소성역 크기

터널의 안정계수 TSF 가 증가할수록 소성역 (즉, 탄소성 경계 R_p/a) 의 크기 (그림 3.6.12) 는 감소하여 다음 식의 관계를 보이며, 이는 터널 안정계수 TSF 와 천단변위 u_i/a (그림 3.6.13) 의 관계와 유사하다.

$$R_p/a = 1.79\,TSF^{-0.43} \tag{3.6.35}$$

(2) 내공변위

터널 안정계수 TSF 가 증가할수록 굴착면의 압출에 의한 천단 변위 u_i/a 의 크기는 감소하여 다음 관계를 보인다 (그림 3.6.13).

$$u_i/a = 0.0053\,TSF^{-1.31} \tag{3.6.36}$$

(3) 지반의 압출거동

지반의 압출정도는 터널 안정계수와 천단 변위의 관계로부터 예측할 수 있다.

$TSF \leq 0.2$,	$5\% < u_i/a \leq 10\%$	: 매우 심각한 압출현상
$0.2 < TSF \leq 0.3$,	$2.5\% < u_i/a \leq 5\%$	: 심각한 압출현상
$0.3 < TSF \leq 0.6$,	$1.0\% < u_i/a \leq 2.5\%$	: 심각한 압출현상 $\tag{3.6.37}$
$0.6 < TSF$,	$u_i/a \leq 1.0\%$	: 지보에 문제가 없음

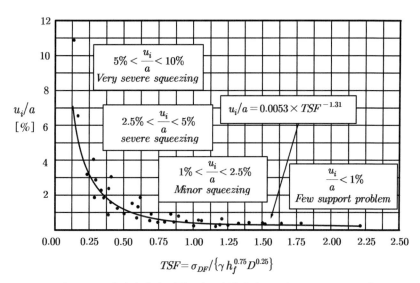

그림 3.6.13 터널반경에 대한 내공변위비와 TSF (Mihalis 등, 2001)

3) Bhasin 의 안정지수

Bhasin (1994) 은 굴진면 안정지수 N_{fs} (일축압축강도에 대한 토피하중 p 의 비) 를 기준으로 연암의 압출정도를 평가 (표 3.6.2) 하였다. 굴진면 안정지수로부터 암반의 압출거동 발생가능성을 판단할 수 있다.

$$N_{fs} = \frac{2p}{\sigma_{DF}} \tag{3.6.38}$$

표 3.6.2 압출정도의 평기

N_{fs} : $2p/\sigma_{DF}$	압 출 정 도
<1	압출이 발생하지 않음
$1\sim5$	보통의 압출
>5	심각한 압출

그런데 암반의 일축압축강도 σ_{DF} 는 암반의 상태에 따라 달라질 수 있으므로 John (1977) 의 일축압축강도 감소계수 (표 3.6.3) 를 적용하여 감소시킨 후 이를 적용하여 굴진면 안정지수 N_{fs} 를 구할 수 있다.

표 3.6.3 암반의 일축압축강도 감소계수

강도감소계수	암반의 상태
0.8	대규모의 보통 절리가 있는 암반
0.6	적당한 절리와 seam이 분포
0.4	절리가 많고 부서진 seam이 분포
0.2	파쇄

점토가 비배수 조건일 때 일축압축강도 σ_{DF} 는 비배수 전단강도 S_u 의 2 배이므로 ($\sigma_{DF} = 2\,S_u$), 점토에 굴착한 터널에 대한 Bhasin 의 굴진면 안정지수 N_{fs} 는 결과적으로 Peck 의 굴진면 안정지수 N_{fs} (식 3.6.32) 와 같아진다.

$$N_{fs} = \frac{\sigma_v - p_i}{S_u} \tag{3.6.39}$$

7. 터널 내공면의 거동

삼축 압축응력상태 지반에 터널을 굴착하면 지반응력이 축대칭상태가 되고 반경 응력이 최소주응력이 되어 지반이 터널 내공방향으로 변형된다. 터널 내공변위가 발생되면 지압이 감소하고 지반이 이완되며, 변형이 과도하면 인장상태가 되므로 지반이 탈락되고 터널이 붕괴된다.

터널굴착 직후에는 지압 (수 ~ 수십 MPa) 이 지보공의 지보능력 ($0.5 \sim 1\ MPa$) 보다 훨씬 크기 때문에, 터널굴착 즉시 지보공을 설치하면 지보공이 파괴되어 터널이 붕괴 되므로, 지보공으로 터널을 안정시킬 수 없다. 그러나 내공변위를 허용하여 지압을 지보공으로 지지할 수 있을 만큼 감소시킨 후 지보공을 설치하면 터널을 안정시킬 수 있다. 이러한 사실은 NATM 이전부터 경험적으로 알려져 있었다. 터널에 작용 하는 지압은 (지반특성 보다) 주로 시공 상태나 방법에 따라 변한다.

지반의 거동은 시간 의존적이고 터널굴착공정은 규칙적이어서 **터널굴진에 따른 내공변위 (7.1 절)** 는 터널굴착공정 즉, 굴착 후 경과시간이나 이격거리의 함수이다. 따라서 터널굴착공정별 응력상태는 하중분배율로 나타낼 수 있다.

굴착면 응력과 내공변위의 관계 **(7.2 절)** 곡선을 지반응답곡선이라 하는데, 내공 변위가 진행됨에 따라 처음에는 점점 감소하고 (우하향), 최소값을 보일 때까지는 지반이 외력을 지지할 수 있는 능력이 있지만, 최소값 이후에는 지반이 완전히 이완 되어 지지력을 상실하고 하중으로 작용하므로 우상향 곡선이 된다.

따라서 굴착면 응력이 최소 값이 되기 전에 지보공으로 지지하면 (즉, 최소값 직전 에 지보공 강도가 발현되도록 하면) 지반이 완전히 이완되지 않기 때문에 지지력이 유지되고, 지압도 지보공으로 지지할 수 있을 만큼 작아진다.

지보공의 변위를 적절하게 허용하면 터널 주변지반에 소성역이 형성 **(7.3 절)** 되어 지압을 분담하기 때문에 지보공이 부담할 하중이 감소한다. Rabcewicz 는 소성역을 보호영역 (원지반 지지부) 이라 하였다.

지보공 변위를 허용하여 압력을 저감하는 방법을 적극 활용하도록 개발된 공법이 최근에 자주 적용되는 소위 **NATM 공법 (7.4 절)** 이다.

7.1 터널굴진에 따른 내공변위

터널 굴착이 진행됨에 따라 응력상태가 **3차원 응력상태 (굴착 전) → 중간 상태 (지보공설치 전) → 평면변형률상태**로 변환되므로 내압과 내공변위는 굴진면으로부터 이격거리에 따라 다르다. 내압은 이격거리에 반비례하여 작아지고, 내공변위는 이격거리에 비례하여 커지다가 일정거리부터 수렴한다. 내공변위는 굴착 후 경과시간 (굴진면 이격거리) 의 함수이므로 **최종 내공변위**는 굴진면에서 일정 거리 만큼 떨어진 곳의 실측변위로부터 추정할 수 있으며, 허용치 초과여부를 조기에 예측할 수 있다.

터널굴착 공정은 규칙적이어서 굴진면부터 이격거리와 굴착 후 경과시간이 대개 부합되므로, 터널굴착 후 응력을 굴착공정별 하중분배율로 표현할 수 있다 (표 3.7.1).

표 3.7.1 하중분배율 크기 예

공 정	하중분배율 [%]
지반굴착	50 %
1차 숏크리트 타설	25 %
Rock Bolt 시공	25 %

Gesta (1986) 는 굴진면 진행에 따른 내압과 굴착면 변위의 관계를 구하기 위하여 굴진면 이격거리에 따른 내압을 하중분배율 λ_i 로 나타내었다 (그림 3.7.1). 터널굴착 전 3차원 응력상태에서는 $\lambda_i = 0$ 이고, 터널굴착 직후에는 지반응력이 $\lambda_i P_o$ 만큼 해방 되어 내압이 $(1 - \lambda_i)P_o$ 이며, 지보공설치 후 평면변형률 상태에서는 $\lambda_i = \lambda_e$ 로 된다. 그러나 지반의 시간에 따른 변위와 응력 즉, 시간영향을 포함하고 있지 않다.

터널의 내공변위 δ 는 굴착 후 경과시간 t (굴진면 이격거리 x) 의 함수 (쌍곡선함수, 지수함수, 대수함수 등) 로 나타낼 수 있고, **최종내공변위** u_{af} 는 굴진면으로부터 거리 x_1 과 x_2 이격된 곳의 실측변위 C_1 과 C_2 를 적용해서 추정할 수 있다.

터널내공변위 u_a 와 굴착 후 경과시간 t 의 관계를 쌍곡선함수로 나타내면,

$$u_a = \frac{t}{a + bt} \ , \ u_{af} = \frac{1}{b} \tag{3.7.1}$$

이고, 굴진면에서 x 와 $2x$ 만큼 이격된 위치에서 실측변위 C_1 과 C_2 를 대입하면 **최종 내공변위** u_{af} 는 다음과 같다.

$$u_{af} = \frac{C_1 C_2}{2C_1 - C_2} \tag{3.7.2}$$

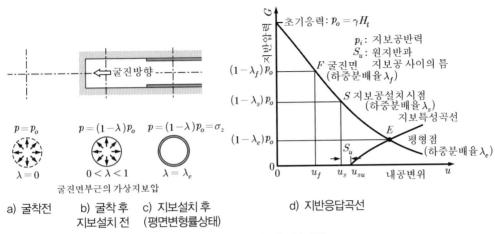

a) 굴착전   b) 굴착 후   c) 지보설치 후   d) 지반응답곡선
          지보설치 전   (평면변형률상태)

그림 3.7.1 터널의 하중분배율

7.2 내공면의 응력 - 변위 관계

터널 축에 대칭으로 초기하중 p_0 가 작용하는 지반에 굴착한 터널에서 지보공 하중 p_i 와 내공변위 u_a (소성역 R) 의 관계곡선을 지반응답곡선 (**Fenner-Pacher** 곡선) 이 라고 한다. 지보공 하중은 내공변위에 따라 감소하는 (우하향) 곡선이다가 최소값 $p_{i\min}$ 을 지나고 다시 증가하는 (우상향) 곡선이 된다 (그림 3.7.2). 이때에 지반자중의 영향은 없고 강도정수 c, ϕ 는 항복 후에도 변하지 않는다고 가정한다. 우상부 곡선은 이완지반의 자중뿐만 아니라 지반의 재압축과 부마찰을 고려해야 설명할 수 있다.

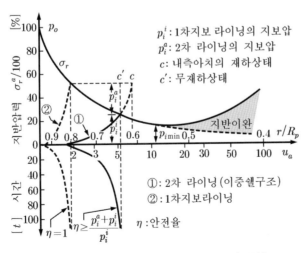

그림 3.7.2 Fenner-Pacher ($\sigma_r - \Delta a$) 곡선

터널에서 내공변위가 크게 발생되면, 내공면에 인접한 지반에서 강도정수 c, ϕ 가 감소되기 때문에 그 아치작용만으로는 자중을 지탱하지 못하여 지반이 이완된다. 따라서 지반응답곡선은 도중에 상승하며, Fenner 와 Pacher 는 상승된 부분 (빗금친 부분) 의 자중이 하중으로 작용한다고 생각하였다.

Fenner-Pacher 곡선 (지반 응답곡선) 과 지보공 최소반력 $p_{i\min}$ 을 강도정수저하나 자중의 영향을 고려하여 계산할 수 있는 명확한 방법이 아직 제시되어 있지 않다. 또한, 수치해석으로는 강도정수 저하나 시간영향을 포함할 수 없기 때문에 최소 지보 반력 $p_{i\min}$ 을 구할 수 없다. Rabcewicz 도 우상부 곡선식을 제시하지 못하고 경험적 인 값을 적용하였다.

지보공은 하중이 최소 값에 도달되기 직전에 시공하는 것이 좋으나 지보반력이 최소 $p_{i\min}$ 가 되는 변위는 찾기가 어렵고, 계측을 통해 알았을 때는 이미 늦으며, 붕괴발생 후에나 알게 된다.

Egger/Hoek/Brown 은 소성영역 자중을 Fenner 의 식에 추가하였고, Talbore 는 지반아치작용도 고려하고 Caquet 와 Keriesal 의 해석에 따르는 식을 제시하였다. Protodyakonov 도 아치 외측에서 전체토압을 받으며 내공면의 상부에 형성된 소성 영역의 자중이 지보공에 하중으로 작용한다고 하였다. Fenner-Pacher 는 전체토압이 소성영역의 내측까지 작용한다고 생각했다.

7.3 소성역의 형성

터널굴착 후 주변지반의 변위를 허용하면 주변지반에 소성역이 서서히 형성되어 지압을 분담하고, 나머지 지압을 지보공이 부담 (지보압) 한다. 소성영역의 크기는 지보압과 지반 강도정수에 따라 결정된다.

Fenner (1938) 는 수직구 (직경 $6.0\,m$, 깊이 $1000\,m$) 를 굴착하면서 지반변형을 허용 하면 소성역이 형성되어 지보공의 반력이 감소되는 것을 경험하였으며, 이로부터 지보공반력 p_i 와 소성역의 외경 R_p (탄소성경계) 사이의 관계식을 제시하였다. 여기 에서 p_o 는 원지반 초기지압이고, a 는 터널반경이다.

$$p_i = -c\cot\phi + \{c\cot\phi + p_o(1-\sin\phi)\}\left(\frac{a}{R_p}\right)^{\frac{2\sin\phi}{1-\sin\phi}}$$

(3.7.3)

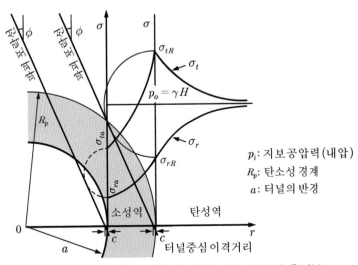

그림 3.7.3 터널 주변 소성역 확대에 따른 지반 내 응력분포

소성역이 형성될 때에 최대접선응력 σ_t 는 탄소성 경계에서 발생되므로, 소성역이 클수록 접선응력 σ_t 와 지보공 하중 p_i (반경응력 σ_{ri}) 가 작다 (그림 3.7.3). 지보공 하중 p_i 와 지반의 초기하중 p_o 의 비 ($n_{io} = p_i/p_0$) 를 지보공 하중분담비 n_{io} 라 하며 내부 마찰각 ϕ 와 소성역 반경 R_p 의 함수로 나타내면 그림 3.7.4 와 같다.

소성역이 넓어짐에 따라 (즉, R_p 가 커질수록 r/R_p 이 작아서) 소성역에서 부담하는 하중이 매우 커지고 지보공 하중분담비 n_{io} 가 급격히 감소된다. 따라서 Rabcewicz 는 소성역을 **보호영역**이라고 했으며, 이는 NATM 의 원지반 지지부이다. 보호영역 은 터널굴착 후에 서서히 형성되지만 강도정수 c, ϕ 의 저하는 굴착과 동시에 일어 나서 실제로 터널거동은 매우 복잡하다.

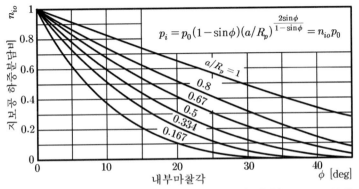

그림 3.7.4 소성영역의 확대에 따른 지보압력의 저하 (Fenner, 1938)

7.4 NATM 공법

지반변위를 허용하여 압력을 저감시킨 후에 지보공을 설치하는 공법을 **NATM** 공법이라 한다. Rabcewicz 는 터널 주변에 형성되는 소성영역 (보호영역) 을 원지반 지지부로 생각하고 터널을 안전하게 건설하기 위한 조건과 이를 충족시킬 수 있는 시공법을 제시하였으나, 그 근간인 지반응답곡선식을 유도하지 못하고 경험에 의존 하였다. 그는 1948 년에 이 개념의 터널시공법으로 특허를 신청하였으며, 14 년 후에 **NATM** 공법 (**New Austrian Tunnelling Method**) 으로 명명되었다.

필요조건 :
- 노출된 암반은 최대한 빨리 숏크리트로 피복한다.
- 지반이완에 저항할 수 있을 만큼 충분히 큰 표면저항력을 확보한다.
- 보호영역이 충분히 형성될 수 있도록 변형이 쉽게 일어나도록 한다.

시공법 :
- 지보아치의 두께는 안전율이 1.0 에 근접하도록 최소로 한다.
- 숏크리트 지보공은 쉽게 변형되도록 굴착 즉시 충분히 얇게 시공한다.
- 계측을 통해 응력의 재분배와 보호영역의 형성을 확인한다.
- 지지아치 (2 차 라이닝) 는 지반움직임이 수렴되어 충분히 안정된 후에 시공한다.
- 안전율은 소요 값까지 올린다.

초기 NATM 기술자들은 터널굴착 후 지반변형을 매우 적게 허용해야 하므로 링 폐합시간을 짧게 해야 한다고 주장하는 팀 (Müller) 과 지반변형을 상당량 허용해야 하므로 인버트를 늦게 폐합해야 한다고 주장하는 팀 (Rabcewicz, Golser) 으로 양분 되었다.

Rabcewicz 는 휨강성이 큰 (두꺼운) 콘크리트 관과 휨강성이 작은 (얇은) 콘크리트 관을 매설하고 지표에서 재하하여, 두꺼운 콘크리트관은 휨모멘트에 의해 파괴되고, 얇은 관은 전단에 의하여 파괴되는 것을 즉, 얇은 콘크리트관의 지지력이 큰 것을 확인하였다.

변형되기 쉬운 재료 (파이프 등) 로 설치하는 암거는 (토압은 곡률반경에 반비례하고 벽체에는 압축력만 작용한다고 가정하는) 관암거 설계법 (White 의 압축링법) 을 적용 하여 설계한다. 실제로 지반에 밀착된 얇은 숏크리트는 집중하중이 작용해도 약간 의 휨모멘트만 발생하므로 관암거로 생각해도 좋다.

8. 터널의 시간 의존거동

터널은 그 거동이 시간 의존적이어서 무지보 상태로 영원하게 유지되지는 않으며, 굴착 즉시 붕괴되거나 시간경과에 따라 변형이 지속되어 누적 변형량이 어느 한계를 초과할 때에 붕괴된다.

터널의 시간 의존거동 즉, 터널굴착 후 (무지보 상태에서) 붕괴되기까지 걸리는 시간, 인버트 폐합시간, 터널주변 지반변위의 시간적 변화, 공용 중 터널변위 등은 시간 의존적 역학체계가 아직 없기 때문에 예측하기 어렵다. 또한, 지반과 지보공은 크리프거동하므로 주변지반과 라이닝의 변위거동은 터널완공 후에도 일어나서 주변 지반응력이 재분배되어 지보공 작용하중이 변한다.

터널의 시간의존거동 (8.1 절) 은 예측하기 어렵기 때문에, 실무에서는 굴착 즉시 지보하지 않고 (경험적으로) 시간이 어느 정도 지난 후에 지보공을 설치하여 변위를 억제하고 터널의 안정을 유지한다. 터널의 시간의존거동 해석 (8.2 절) 은 Rheology 모델로 해석할 수 있으나 실제거동과 일치하는 완전한 모델은 아직 없다.

8.1 터널의 시간의존거동

터널굴착 후 아무 조치도 취하지 않고 방치해 두면, 지반이 양호하고 지반지지력에 비해 굴착단면이 작은 경우에는 내공변위가 정지되어 굴착한 공간이 영구적으로 유지 (경우 ①) 되고, 지반이 불량하거나 지반지지력에 비해 작용하중이나 단면이 큰 경우에는 변형이 계속되어 누적 변형량이 허용한계를 초과하면 붕괴 (경우 ②) 된다.

따라서 지반특성과 터널규모를 파악해서 어느 경우에 속하는지 판정하고, 경우 ② 가 되면 터널붕괴시간 (8.1.1 절) 을 예측하여 지압이 지보공으로 지지할 수 있을 만큼 감소된 후에 지보공을 설치하여 변형을 제한한다.

과거에는 천단상부 연직하중을 주 하중으로 생각하고 바닥이 융기될 때만 인버트 아치를 설치 (링폐합) 하였으나, Rabcewicz 는 측압을 터널의 주하중으로 생각하여 인버트 아치 설치를 원칙으로 하고 링 폐합시간 (8.1.2 절) 을 결정하였다.

터널굴착 후 지반변위의 시간적 변화 (8.1.3 절) 를 규명하기 위한 연구들이 오래전 부터 많이 진행되었으며, 그 결과를 터널굴착용 지반분류의 기준으로 삼아왔다.

여러 가지 원인에 의해 공용 중에 발생하는 터널변위 (8.1.4 절) 는 계측할 수 없을 정도로 작고 지속적으로 발생하여 누적되므로, 오랜 시간이 지나면 라이닝이 변상되고 심하면 붕괴될 때도 있으며, 대개 진행정도를 관찰하여 대책을 마련할 수 있다.

터널굴착 직후에는 물론 완공 후에도 시간이 지남에 따라 주변지반과 지보공의 크리프 거동 (8.1.5 절) 에 의해 영률과 강도가 저하되어 변형되고 지반응력이 재분배되어, 터널의 파괴형태나 지보공에 작용하는 이완하중이 달라진다. 크리프 거동은 지반과 콘크리트에서 두드러진다.

8.1.1   터널의 붕괴시간

터널을 굴착하면 주변지반 내 접선응력이 증가하여 지보할 때까지 미세 균열이 서서히 발생되어 (이완되면서) 체적이 팽창되고, 강도가 감소되어 파괴직전 상태가 되거나 파괴되어 터널이 붕괴된다.

터널시공 중에는 굴진면에 인접한 곳은 물론 멀리 떨어진 곳에도 붕괴가 일어나며, 완공 후 오랜 시간이 지난 후에 일어날 수도 있다. 터널붕괴는 순식간에 일어나서 인원이나 장비가 대피하지 못하여 재해를 입는 경우가 있고, 여러 가지 징후를 나타내면서 서서히 진행되어 붕괴억제 조치 후 대피할 시간여유가 있는 경우도 있다.

터널굴착 후 무지보 상태에서 지반이 변형되면 지압이 감소하며, 지반변위가 일정 크기가 되면 보통 지보공으로 지탱할 수 있을 만큼 지압이 작아진다. 그러나 지보하지 않고 변형을 방치하여 누적 지반변형 총량이 한계 크기가 되면 터널이 붕괴된다.

터널굴착 후 붕괴과정은 에너지로 설명할 수 있다. 즉, 터널을 굴착하면 지반의 변형에너지가 발산 (에너지 개방) 되는데 이로 인해 변형에너지 총량이 일정한 크기 (파괴에너지) 가 되면 지반이 파괴되어 터널이 붕괴된다. 터널굴착 후 붕괴되기까지 소요시간 즉, 에너지가 개방되어 파괴에너지에 도달되는 시간은 지반의 종류와 상태, 지반거동의 시간의존성, 굴착단면 크기 등에 따라 다르다.

터널굴착 후 시간에 따른 지반의 이완정도와 지압의 변화는 에너지 개방속도에 의존하지만, 에너지 개방속도와 파괴에너지에 대해서 잘 알지 못하기 때문에 터널 굴착 후 파괴될 때까지 걸리는 시간과 변형속도를 이론적으로 예측하기 어려우므로 지보공 설치시간은 경험적으로 정할 수밖에 없다.

에너지를 점진적으로 개방하기 위하여 터널을 분할·굴착하고 있지만, 분할방법, 지보공 설치시기, 다음 굴착시기 등에 대한 이론적 뒷받침이 아직 많이 부족하다.

8.1.2 링폐합 시간

과거에는 터널의 시간 의존적 거동을 고려할 수 있는 시공방법이 없어서 터널을 정역학적으로만 다루었고, 천단상부 연직하중을 주하중으로 생각하여 인버트 아치를 설치하지 않고, 측압이 클 때만 인버트 버팀보를 설치하고, 바닥이 융기될 때만 인버트 아치를 시공하였다. Rabcewicz 는 측압을 주하중이라고 생각하여 인버트 아치의 설치 (링폐합) 를 원칙으로 하고, Massenberg 터널 등에 적용하여 인버트를 폐합한 후 지반의 움직임이 정지되어 터널변형이 급격히 수렴하는 것을 확인하였다.

터널을 설계할 때 링폐합 여부와 링폐합 시간의 결정이 매우 중요하다. 터널굴착 후 조기에 링폐합하면 응력해방이 불충분하므로 지보공 부담압력이 크고, 링폐합이 지체되면 주변지반이 과도하게 이완되어 불안정해진다. 링폐합 시간을 단축시키고 NATM 을 적용하여 Shield 공법을 적용할 때보다도 지표침하가 적게 발생된 사례 (독일 Frankfurt 지하철, München 지하철) 도 있다. 특히 토피압이 커서 응력수준이 높을 때에는 링폐합 시간을 신중하게 결정해야 한다.

링폐합과 원지반 응력해방의 두 가지 상반되는 효과를 동시에 충족시키기 위해 Rabcewicz 는 Tauern 터널에서 숏크리트에 종방향의 틈을 만들고 지반이 변형하여 응력이 충분히 해방된 후에 닫혀져서 전체 링이 폐합되도록 하였다.

8.1.3 지반변위의 시간적 변화

터널굴진을 지속함에 따라 굴진면 근접부는 반구형 돔 응력상태에서 원통형 응력상태로 변화되고 이로 인해 지반이 변형되어 이완된다. 터널굴착 후 지보하지 않은 상태에서는 굴진면으로부터 굴진장의 1.5 배 거리까지 반구형돔 형태로 이완되고 그 이후에는 원통형 지반아치 형태로 이완된다.

터널굴착이 진행됨에 따라 지반변위가 시간 의존적으로 발생하여 소성역이 확대되므로, 최종 변위량을 추정하여 대응해야 한다. 터널굴착 후 지반의 시간 의존 거동 (그림 3.8.1) 에 대해 많은 연구가 진행되어 터널굴착용 지반분류에 적용되고 있다.

Lauffer 는 지반에 따른 터널의 치수 - 자립시간의 관계를 제시하였고, 연암에서는 터널의 안정성이 (무지보 굴착 폭 × 자립시간$^{1/2}$) 에 반비례한다고 하였다 (그림 2.2.4). Bieniawski 도 유사한 형태의 도표를 제시하였으나, Lauffer 와 반대 경향을 보이고 터널의 크기에 의한 영향을 고려하지 않았다 (그림 2.2.5).

터널굴착 후 지반의 이완높이는 지보설치 시기와 설치상태에 따라 다르다. 지보공을 설치하지 않거나 지보공을 설치하고 배면을 밀실하게 채우지 않으면 이완높이가 시간에 따라 크게 증가하여 최종 값에 수렴한다.

터널굴착 후에 지보공을 설치하지 않으면 주변지반이 과다하게 이완될 수 있다. 지반이 자립할 수 있는 시간 (**bridge** 작용시간) 은 대개 일회 굴진장에 따라 다르고 굴착 싸이클의 약 3/4 정도이다. 따라서 터널굴착 후 1 회 싸이클의 3/4 에 해당되는 시간 이전에 지보공을 설치하여 지반을 안정시키면 터널 주변지반의 이완을 최소로 할 수 있다.

Terzaghi 는 지반과 터널크기 및 1 회 굴진장 등에 의해 결정되는 Bridge 작용시간 (대체로 3/4 굴착 싸이클 정도) 을 초과하면 지반이 파괴되므로 그 이전에 지보공을 설치해야 한다고 주장하였다.

Pacher 는 터널 내공변위가 시간의 함수로 증가하며, 내공변위로 인하여 굴착면 주변에 소성역이 생성 · 확장되면 지보공 작용하중이 감소하고, 변위가 너무 커지면 이완된 부분의 자중만큼 하중이 증가된다고 하였다.

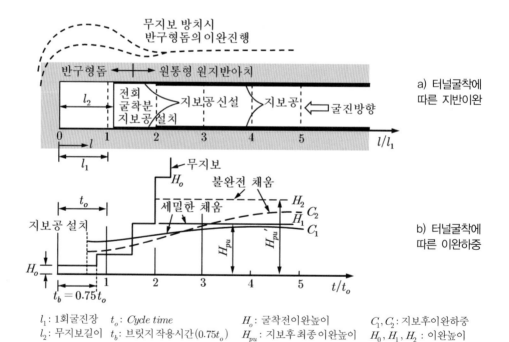

l_1 : 1회굴진장　　t_o : *Cycle time*　　　　H_o : 굴착전이완높이　　C_1, C_2 : 지보후이완하중
l_2 : 무지보길이　　t_b : 브릿지 작용시간($0.75t_o$)　　H_{pu} : 지보후최종이완높이　　H_0, H_1, H_2 : 이완높이

그림 3.8.1 터널굴착에 따른 지반이완과 이완하중 (Proctor/White, 1968)

터널의 거동은 터널굴착에 따른 지반변위의 시간적 변화곡선 (**Fenner-Pacher** 곡선, 그림 3.7.2) 으로부터 판정할 수 있으며, 대개 그 상반곡선은 내공변위에 따른 내압의 변화 (내압-내공변위 관계) 를 나타내는 곡선이고, 그 하반곡선은 시간 - 내공변위 관계를 나타낸다.

Fenner-Pacher 곡선으로부터 터널굴착에 따른 지반변위의 시간적 변화를 정확히 알 수 있어서 터널에서 가장 중요한 곡선이지만, 정확한 계산방법이 없기 때문에 경험적으로 구할 수밖에 없다.

Pacher 는 실측한 변위-시간 관계곡선의 기울기로부터 실제 지압을 예측하였으나 국지적 값이므로 경계조건이 다른 경우에는 적용하기가 어렵다. 터널굴착 후 시간이 경과됨에 따라 지반의 변위 양상이 바뀌고 소성역 내 지반 강도가 감소되어 소성역이 확대된다.

소성영역이 확대됨에 따라서 지반변위가 달라지는 현상은 여러 가지 길이의 지중변위계를 굴착면 배후지반에 설치하고 반경방향 변위를 측정하여 확인할 수 있다 (그림 3.8.2).

처음에 굴착면에 근접한 지반부위에서 변위가 발생되어 짧은 지중변위계가 반응하고, 시간이 지남에 따라 소성역이 확대되면서 굴착면으로부터 멀리 떨어진 지반에서 변위가 발생되면 긴 지중변위계가 반응한다. 지중변위계의 반응시간으로부터 소성역의 확대속도를 계산할 수 있다.

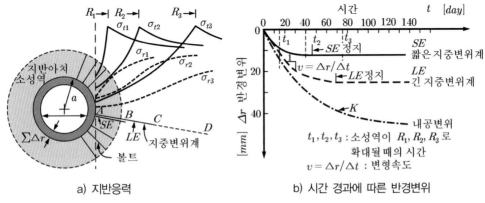

a) 지반응력   b) 시간 경과에 따른 반경변위

그림 3.8.2 터널 주변 소성역 확대에 따른 지반응력 변화

8.1.4 공용중 터널의 변위

터널은 여러 가지 원인에 의하여 공용 중에도 변형이 정지되지 않아서 계측할 수 없을 정도로 작은 변위가 지속적으로 발생하여 누적된다. 따라서 완공 시 온전하던 라이닝이 오랜 시간이 지나면 변상 (균열발생, 누수, 변형) 되고, 심하면 붕괴될 때도 있다. 이러한 변상들은 대개 진행정도를 관찰할 수 있어서 대책을 마련할 수 있다.

천정부근의 지반이 공극이 확대되기 쉬운 지질조건 (즉, 누수에 의해 이완되거나 세립분이 유실되어 공극이 커지기 쉬운 조건) 이면, 완공 후에도 변형이 지속되거나 가속되어 터널이 변상될 수 있다. 또한, 변형량의 국부적 편차에 의해 지반 내 응력이 재분배되고 집중되면, 라이닝에 균열이 생기고 지반파괴나 붕락으로 이어질 수 있다. 라이닝 강성이 불균일하면 강성이 큰 부분에 하중이 집중되어 균열이 발생될 수 있다.

터널에 작용하여 지속적으로 변위를 일으킬 수 있는 압력은 대체로 소성압, 편압, 수압, 동상압, 지진, 지반이완에 의한 연직압 등이 있다. 사면활동에 의한 변형이나, 갱문 변형, 지반침하에 의한 터널침하, 지지력 부족에 의한 침하 등이 있다. 따라서 터널에 작용할 가능성이 있는 하중의 영향을 검토해야 한다.

8.1.5 터널의 크리프 거동

안정한 터널에서도 시간이 경과되면서 크리프 현상이 일어나면 지반과 지보공이 변형되어 영률과 강도가 감소되며, 소성역에서 크리프 변형이 일어나면 터널의 파괴 형태나 이완하중이 달라진다. 크리프 강도는 표준재하시험에서 구한 강도보다 작다. 재압축된 지반은 크리프 속도가 매우 커진다.

1) 지반의 크리프 거동

암석에 하중을 가하면 순간적으로 탄성변형 (순간변형) 이 발생되고 그 이후에는 크리프 변형이 몇 단계로 발생된다 (그림 3.8.3).
- **1차 크리프** : 재료결함이나 부분 균열들이 닫혀질 때까지 변형이며, 변형속도가 점점 작아지므로 지연탄성이고, 「천이 크리프」라 한다.
- **2차 크리프** : 변형속도가 하중에 비례하는 「정상 크리프」 이다.
- **3차 크리프** : 변형속도가 파괴에 이르기까지 가속되는 「가속 크리프」 이다. 보통 급격히 일어나기 때문에 식으로 나타내기가 어렵다.

2) 숏크리트의 크리프 거동

숏크리트의 크리프거동은 복잡하며, 크리프 변형량은 재령에 따라 다르다. 지반과 숏크리트 지보공이 같은 속도로 변형되면 지반보다 숏크리트의 크리프 변형이 크다.

숏크리트의 크리프변형률 ϵ_{scr} 은 다음과 같고 (p, q 는 정수이고 t 는 시간),

$$\epsilon_{scr} = \epsilon_e\, p\,(1 - e^{-qt}) \tag{3.8.1}$$

전체 변형률 ϵ 은 탄성 및 크리프 변형률 ϵ_e 및 ϵ_{scr} 의 합이므로 위 식을 다시 쓰면,

$$\epsilon = \epsilon_e + \epsilon_{scr} = \epsilon_e \left\{ 1 + p(1 - e^{-qt}) \right\} \tag{3.8.2}$$

이고, 크리프변형률 ϵ_{scr} 은 다음이 된다.

$$\epsilon_{scr} = \frac{E}{1 + p(1 - e^{-qt})} \tag{3.8.3}$$

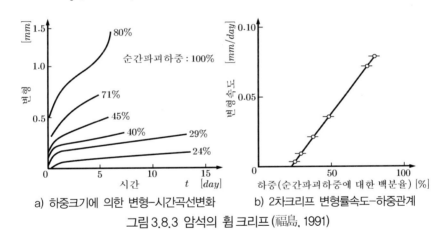

a) 하중크기에 의한 변형-시간곡선변화   b) 2차크리프 변형률속도-하중관계

그림 3.8.3 암석의 휨 크리프 (福島, 1991)

숏크리트는 타설 후에 즉시 하중이 작용하고 이로 인해 크리프 변형이 일어난다. 따라서 시간이 경과함에 따라 영률과 강도가 달라지고 크리프율도 일반 콘크리트에 비하여 크다.

현장에서는 숏크리트의 영률과 크리프 율은 숏크리트 표면 부근에 변형률 게이지를 설치하고 타설 직 후부터 짧은 시간 간격으로 변형률을 측정하여 각 시점마다 계산한다. 실험실에서는 숏크리트를 타설하여 공시체를 만들고 현장의 예상재령과 하중 상태로 시험하여 즉, 10~20 시간 재령에서 여러 가지 패턴으로 재하하여 (그림 3.8.4) 구할 수 있다.

이때에 두 가지 서로 다른 시간(시간 t_1 과 t_2)에 측정한 변형률과 응력을 다음 식에 적용하여 숏크리트의 Rheology 계수 C_R 과 영률 E 및 수축변형률 ϵ_{sc} 를 구할 수 있다.

$$\epsilon_2 = \epsilon_1 + \frac{\sigma_2 - \sigma_1}{E} + \sigma_2 \Delta C_R + \Delta \epsilon_d + \Delta \epsilon_{sc} \qquad (3.8.4)$$

여기에서 ϵ_1, σ_1 과 ϵ_2, σ_2 는 각각 시간 t_1 과 t_2 에서 측정한 변형률과 응력이고, $E(t)$ 는 시간 t_1 과 t_2 사이의 영률의 변화이다.

여러 가지 재령에서 측정하여 구한 숏크리트의 **Rheology** 계수 C_R 과 영률 E 및 수축변형률 ϵ_{sc} 을 재령 28일에 대한 영율 E_{28} 과 수축 변형률 ϵ_{sc28} 로 나타내면 다음과 같다 (A 와 B 는 정수).

$$C_R = A\, t^{1/3} e^{k\sigma}$$
$$E = E_{28}\left(\frac{4.2}{t} + 0.85\right)^{-0.5} \qquad (3.8.5)$$
$$\epsilon_{sc} = \frac{\epsilon_{sc\infty} t}{B + t}$$

먼저 H 형강으로 보강한 후에 숏크리트를 타설하여 지보아치를 설치할 경우에는 숏크리트의 강도가 발현될 때까지는 거의 모든 하중을 H 형강이 부담하기 때문에 강지보공의 초기하중분담률은 강지보공과 숏크리트 영률의 비로부터 예측하였던 것보다 더 크게 측정된다. 그러나 일정한 시간이 경과된 후에는 숏크리트 하중분담률이 더 커진다.

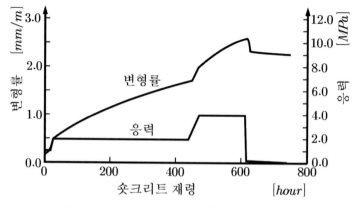

그림 3.8.4 숏크리트의 크리프시험 결과(福島, 1991)

8.2 터널의 시간의존거동 해석

터널의 시간의존거동은 **rheology** 모델을 적용하고 하중-변형 관계를 구하여 해석할 수 있다. rheology 는 시간과 더불어 변형이 진행되는 거동을 해석하는 학문이며, 고체를 점성이 큰 액체로 간주하고 해석한다.

rheology 해석에서는 탄성변형을 나타내는 **spring** 과 변형의 시간적 지체나 점성저항을 나타내는 **dash pot** 및 정지마찰저항을 나타내는 **slider** 를 조합한 모델을 적용하여 하중-변형 관계식을 유도하며, 확률기법 등을 적용해야만 실제와 잘 일치하는 완전한 시간 의존거동모델을 찾을 수 있다.

터널의 시간의존거동을 나타내는 가장 기본적인 rheology 모델은 **Maxwell** 모델 **(8.2.1 절)** 과 **Foigt (Kelvin)** 모델 **(8.2.2 절)** 이며, 이 모델들은 단순하기 때문에 이해하기 쉬운 반면에 실제거동과 잘 일치하지는 않는다.

기본적인 rheology 모델을 기본으로 dash pot 나 slider 를 직렬이나 병렬로 추가한 (다소 복잡한) 변형모델들이 여러 가지 제안되어 있으나, 터널의 시간 의존적 실제거동과 일치하는 완전한 모델은 아직까지 알려져 있지 않다.

8.2.1 Maxwell 모델

Maxwell 모델은 spring 과 dash pot 를 각각 하나씩 직렬로 연결하여 구성한 모델이며, 직렬연결이기 때문에 각각에 작용하는 **하중**은 같고, 전체 **변형**은 각각의 변형을 합한 크기이다 (그림 3.8.5).

$$\sigma = \sigma_{sp} = \sigma_{dp}$$
$$\epsilon = \epsilon_{sp} + \epsilon_{dp} \tag{3.8.6}$$

그런데 dash pot 의 **응력-변형률** 관계는 다음과 같고,

$$\sigma_{dp} = k \frac{d\epsilon_{dp}}{dt} \tag{3.8.7}$$

spring 은 순간적으로 탄성변형 ($\sigma_{sp} = E \epsilon_{sp}$) 을 일으키므로, 응력이 일정할 때에 Maxwell 모델의 시간-**변형률** 관계는 다음과 같다.

$$\epsilon = \frac{\sigma}{E} + \frac{\sigma}{k}(t_1 - t_2) \tag{3.8.8}$$

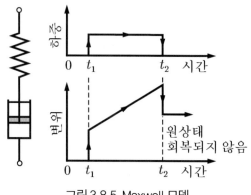

그림 3.8.5 Maxwell 모델

8.2.2 Foigt (Kelvin) 모델

Foigt 모델은 **Kelvin** 모델이라고도 하며, spring 과Terzaghi-Peckdash pot 를 각 한 개씩 병렬로 연결한 모델 (그림 3.8.6) 이므로, 각각의 변형은 같고 전체 하중은 각 하중을 합한 크기이다.

$$\sigma = \sigma_{sp} + \sigma_{dp}$$
$$\epsilon = \epsilon_{sp} = \epsilon_{dp} \tag{3.8.9}$$

따라서 Foigt 모델의 응력-변형률 관계는 다음과 같고,

$$\sigma = E\epsilon + k\frac{d\epsilon}{dt} \tag{3.8.10}$$

응력이 일정한 경우에 Foigt 모델의 변형률-시간 관계는 다음과 같다.

$$\epsilon = \epsilon_f\left(1 - e^{-Bt}\right) \tag{3.8.11}$$

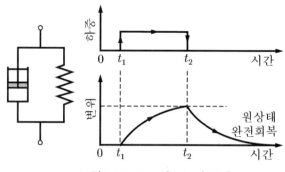

그림 3.8.6 Foigt (Kelvin) 모델

※ 연습문제 ※

【예제 1】 흙지반 ($c = 50 \, kPa$, $\gamma = 20.0 \, kN/m^3$, $\phi = 38^o$) 에 직경 $12.0 \, m$ 원형터널을 굴착할 경우에 다음을 구하시오. 단, 터널의 천단은 지표아래 $30.0 \, m$ 이고, 지하수위는 지표하부 $1.0 \, m$ 에 있으며, 지표에 상재하중 $10.0 \, kPa$ 이 작용한다.

1) 터널 주변지반의 소성화 여부
2) 주변지반이 소성화되지 않으면 굴착면과 주변지반의 응력분포
3) 주변지반이 소성화될 경우
   ① 탄소성 경계
   ② 굴착면과 주변지반 응력
   ③ 주변지반이 소성화되지 않는데 필요한 지보압
   ④ ③의 소요지보압의 절반크기로 지보압을 가할 때에 주변지반의 응력

【예제 2】 암반 ($c = 20 \, MPa$, $\gamma = 25 \, kN/m^3$, $\phi = 43^o$, $E = 1000 \, MPa$, $\nu = 0.2$) 에 심도 $50 \, m$ 인 터널을 굴착할 경우에 인장균열 발생여부를 판단하시오. 암반에 길이 $1.0 \, mm$ 의 균열이 있고, 암석의 인장강도 σ_{th} 는 압축강도 σ_{DF} 의 약 $1/3$ 이다.

1) 직경 $12.0 \, m$ 인 원형터널
2) 장반경 $12.0 \, m$, 단반경 $8.0 \, m$ 인 타원형 터널
3) 직경 $12.0 \, m$ 인 돔형 공동
4) 직경 $12.0 \, m$ 인 원통형 공동

【예제 3】 흙 지반 ($c = 30 \, kPa$, $\gamma = 20.0 \, kN/m^3$, $\phi = 30^o$) 에 직경 $12.0 \, m$ 인 원형터널을 굴착할 때 다음에 따라 이완하중을 구하시오. 단, 터널의 천단은 지표아래 $50.0 \, m$ 이다.

1) Kommerell
2) Protodyakonov
3) Engesser
4) Terzaghi

【예제 4 】 암반 ($c = 20\,kPa$, $\gamma = 25\,kN/m^3$, $\phi = 43^o$, $E = 1000\,MPa$, $\nu = 0.2$) 에서 직경 $12\,m$ 의 원형터널 (중심깊이 $100\,m$) 을 굴착할 때에 다음을 구하시오. 단, 터널 중심의 연직응력과 같은 크기의 등방압이 터널에 작용한다고 가정한다. 콘크리트의 변형계수와 푸아송 비는 $E_c = 24000\,MPa$, $\nu_c = 0.17$이다.

1) 터널굴착 전 탄성변형에너지

    ① 터널부 ② 터널 영향권 ③ 터널 주변부

2) 터널굴착 후 탄성변형에너지

    ① 외측 지반에서 터널 영향권으로 유입되는 변형에너지

    ② 터널 주변부 지반의 탄성변형에너지

    ③ 터널 주변부 지반의 탄성변형에너지 변화량

    ④ 터널 주변부 지반의 총 변형에너지 변화량

    ⑤ 무지보상태 터널주변지반의 이완에너지

    ⑥ 실제 지보공이 부담하는 변형에너지

    ⑦ 지보공 설치에 따른 내공변위 감소량

【예제 5 】 암반 ($c = 20\,kPa$, $\gamma = 25\,kN/m^3$, $\phi = 43^o$, $E = 1000\,MPa$, $\nu = 0.2$) 에서 직경 $12\,m$ 의 원형터널 (중심깊이 $100\,m$) 을 굴착할 때에 다음을 구하시오. 단, 터널 중심의 연직응력과 같은 크기의 등방압이 터널에 작용한다고 가정한다. 콘크리트의 변형계수와 푸아송 비는 $E_c = 24000\,MPa$, $\nu_c = 0.17$이다.

1) 터널굴착 전 탄성변형에너지

    ① 터널부 ② 탄소성경계 ③ 터널영향권 ④ 터널 주변부

2) 무지보상태 터널 주변지반응력

3) 터널굴착 후 탄성변형에너지

    ① 외측 지반에서 터널 영향권으로 유입되는 에너지

    ② 터널 주변부 지반의 탄성변형에너지

        탄성역의 탄성변형에너지

        소성역의 탄성변형에너지

    ③ 터널 주변부 지반의 탄성변형에너지 변화량

        탄성역의 탄성변형에너지 변화량

        소성역의 탄성변형에너지 변화량

    ④ 지보공 부담 변형에너지

    ⑤ 지반의 균열발생 및 이완에너지

【예제 6】 균질한 등방성 지반 ($c = 20\,kPa$, $\gamma = 25\,kN/m^3$, $\phi = 36.8^o$) 에 직경 $10\,m$ 인 터널 (중심 깊이 $80\,m$) 을 굴착할 때에 발생되는 균열을 계산하시오. 지반의 탄성 계수는 $1000\,MPa$ 이고, 푸아송 비는 $\nu = 0.2$ 이며, 표면장력은 $0.05\,kPa$ 이다.

【예제 7】 직경 $2.0\,m$ 인 원형관을 매설할 때에 다음에 따라 매설관에 작용하는 연직응력과 매설관 천단의 침하량을 구하시오. 단, 성토지반의 지반정수는 $c = 20\,kPa$, $\gamma = 20.0\,kN/m^3$, $\phi = 30^o$, 원지반지반정수는 $c = 30\,kPa$, $\gamma = 20\,kN/m^3$, $\phi = 35^o$) 이다.
  1) 성토지반 위에 매설관을 설치하고 계속 성토할 경우
    ① 천단상부 $2.0\,m$ 성토 ② 천단상부 $5.0\,m$ 성토
  2) 폭 $3.0\,m$ 로 원지반을 굴착하여 매설관을 설치하고 되메움할 경우
    ① $4.0\,m$ 굴착하고 되메움 ② $10.0\,m$ 굴착하고 되메움

【예제 8】 등방성지반 ($c = 20\,kPa$, $\gamma = 20\,kN/m^3$, $\phi = 30^\circ$) 에 굴착한 직경 $12.0\,m$ 인 터널 (중심 깊이 $h = 30\,m$) 의 굴진면에 작용하는 토압을 다음 방법으로 구하시오.
  1) Broms
  2) Terzaghi-Peck-무라야마

【예제 9】 균질한 등방성지반 ($c = 20\,kPa$, $\gamma = 27\,kN/m^3$, $\phi = 30^\circ$) 에 직경 $12.0\,m$ 인 터널 (중심깊이 $H_t = 100\,m$) 을 굴착할 때에 다음을 구하시오.
  1) 굴진면의 안정 2) 굴진면 지보공이 불필요한 터널반경

【예제 10】 균질한 지반 ($c = 30\,kPa$, $\gamma = 20\,kN/m^3$) 에 직경 $12\,m$ 원형터널 (천단 깊이 $30\,m$) 을 굴착할 때에 굴진면의 안정을 다음 방법으로 검토하시오.
  1) $\phi = 35^o$ 라고 가정하고 반구형 모델 적용
  2) 점토 ($c = 30\,kPa$, $\phi = 0$) 라고 가정하고 극한해석 하한이론과 상한이론 적용

【예제 11】 점토지반 (일축압축강도 $150\,kPa$, 단위중량 $17.9\,kN/m^3$) 지표 하부로 천정심도 $11.5\,m$ 에 설치한 지하철 병설터널 (직경 $D = 6.65\,m$, 순간격 $12.5\,m$) 에서, 필라 폭의 절반을 사발형 파괴체의 두께로 생각하고, 굴진면부터 벤치하단까지 수평 거리가 $L = 2.7\,m$ 이면, $f = L/2 = 1.35\,m$ 이다. 이때에 굴진면의 안정을 검토하시오.

⇨ 터널이야기

》 로마시대 터널

로마시대에는 최초의 수로인 아피아 수로(Aqua Appia)를 포함해 총 11개 수로(총 연장 502 km)가 건설되었는데 상당 부분이 터널로 건설되었다. 로마인들은 지반에 구애받지 않고 필요한 곳에 도로용 터널, 수로용 터널, 배수용 터널 등을 굴착하고 돌과 시멘트로 라이닝을 시공하는 등 터널기술을 매우 높은 수준으로 발전시켰고, 오늘날까지도 양호한 상태로 보존된 터널도 있다.

19세기 중엽 스위스 북서부에서 운하공사 중에 군사용으로 추정되는 터널(길이 900 m)이 발견되었는데, 50~60 m 간격으로 채광용 수직갱이 있고 마차도 왕래할 수 있을 정도의 크기이었다.

로마 인근에서는 기독교 교도들이 Catacombe라는 지하 묘지를 굴착하였다. 이 시대에는 햄머와 정을 써서 인력굴착하거나, 불을 피워 암석을 달군 후 물을 뿌려 급속 냉각시켜 균열을 발생시키고 박리된 표면을 깎아내어 굴착하였다.

비슷한 시기 기원전 100년경에 고대 중국 한나라의 사천성에서는 깊은 우물 굴착 기술이 있었다. 유럽이나 중동에서는 기원전에 건설된 터널이 유적으로 다수 보전되어 있다.

》 로마 후 17세기 전

로마제국의 멸망과 함께 터널 건설은 침체기에 빠졌으며, 그 이후 로마시대에 필적할 만한 터널 공사는 거의 이루어지지 않고, 산간벽지의 통로나 지하 묘지 등이 굴착된 정도였다.

15세기경부터 다시 **수로터널**이 굴착되었고, 광산 굴착에 화약을 사용하기 시작하는 등 지하굴착공사에 대한 기술적 진보가 서서히 일어났다.

신성로마제국의 멸망 이후 17세기의 소위 **운하기**(canal age)에 이르러 운하용 터널 공사가 시작될 때까지는 대규모 터널 공사의 예가 드물었다. 유럽에서는 대규모 공공사업보다는 봉건제도 및 가톨릭교와 관련한 성, 수도원, 수녀원, 교회 등의 내부를 연결하는 비밀통로로 터널이 시공되었다.

제 4 장
터널의 지보공

제4장 **터널의 지보공**

1. 개 요

터널을 굴착하면 터널부 지반에 작용하던 하중이 주변지반으로 전이되어 터널의 측면지반에서는 응력이 증가되고 천단 상부와 바닥 하부지반에서는 응력이 감소된다. 따라서 측면지반이 증가된 하중을 지지할 수 있고 천단 상부와 바닥 하부 지반이 과도하게 이완되지 않으면 굴착한 터널이 안정하게 유지된다.

터널 주변지반에서는 접선응력이 최대 주응력이고 반경응력이 최소 주응력이어서 지반이 터널중심방향으로 변형된다. 변형이 커서 지반이 이완되면 터널이 불안정해지지만, 지보공을 설치하여 과도한 지반변형을 억제하면 터널이 안정하게 유지된다.

터널 하중은 주로 주변지반 (지지링) 이 지지하며 (주 지지체), 지보공 (2 절) 은 주변지반이 이완되지 않고 하중을 지지할 수 있게 보조하는 역할을 한다 (보조 지지체).

터널의 지보공은 **1 차 지보공**과 **2 차 지보공**으로 구분한다. **1 차 지보공** (숏크리트, 볼트, 강지보공) 은 터널굴착 후 지반의 건전성을 유지시키고 터널굴착에 의한 응력집중과 과도한 지반변형을 방지해서 (즉, 지반을 안정시켜), 지반의 지지력과 강도가 최대로 발휘되도록 하기 때문에 1 차 지보공을 설치하면 터널을 안전하게 굴착할 수 있다. **2 차 지보공** (내부라이닝) 은 터널 내 공간의 형상과 크기 및 미관을 유지시키며, 내부시설물을 보호하고, 비배수형 터널에서는 수압을 지지한다.

지보공은 재료와 치수가 제한되기 때문에 지지력이 대체로 $0.5 MPa$ 이하이지만, 터널 주변지반의 지지력은 최고 수 십 MPa 까지 된다. 따라서 아주 얕은 터널을 제외한 대부분 터널에서는 작용하중이 커서 지보공으로 지지하지 못하고 지지력이 큰 주변지반으로 지지할 수밖에 없다.

터널에서는 1 차 및 2 차 지보공으로 **지보시스템 (3 절)** 을 구성하여 작용하중을 지지한다. 지반이 불량하면 굴진면과 터널이 안정하도록 **보조공법 (fore poling, pipe roof, grouting 등)** 을 써서 1 차 지보공을 보강한다. 지보공은 각 기능과 지보원리가 적절하고, 터널의 용도와 규모에 적합하며, 경제성과 시공성이 좋아서 시공 중 안정성과 적절한 작업환경이 확보될 수 있는 것이어야 한다.

터널굴착 후에 주변지반에는 지반 지지링 (또는 시스템 볼트 지지링) 이 형성되어 하중을 지지한다. 지반 지지링은 내공변위가 증가할수록 커지고, 그 크기가 클수록 (두꺼울수록) 지지력이 크다. 시스템 볼트 지지링은 볼트 길이와 같은 두께로 형성되고, 그 지지력은 시스템 볼트의 외측과 내측에 작용하는 반경응력의 차이이다.

지반은 이완되면 지지력이 손실되며, 지지력 손실은 지보공의 지지력 보다 작아야 한다. 따라서 지지력 손실량이 최소가 되도록 지보시스템과 시공순서 및 시공시기를 정하며, 지지력이 큰 것 보다 지지력 손실이 적은 지보시스템을 구축하여 지반과 지보공이 각 특성과 능력에 따라 하중을 분담하도록 만든다.

터널의 지보시스템은 지반과 지보라이닝의 상호관계 (4 절) 를 적용하여 설계한다. 굴착면 압력과 반경변위의 관계곡선 (지반응답곡선) 은 등압조건에서는 이론적으로 구할 수 있고, 다른 조건에서는 수치해석으로만 구할 수 있다. 지보저항력은 지보공 강성과 지반변형에 따라 다르고 굴착면의 반경응력과 평형을 이룬다. 지보 저항력과 지보공 변형의 관계곡선 (지보특성곡선) 을 이용하면 지반과 지보공의 상호거동을 정량적으로 나타낼 수 있다.

재래공법에서 사용하는 1 차 지보공 (1 차 라이닝) 재료는 시간경과에 따라 열화 되어 기능이 저하되기 때문에, 장기적으로 터널의 안정을 유지하려면 이차 라이닝 (5 절) 을 추가로 설치 (double shell tunnel) 한다. 그러나 내구성이 좋은 숏크리트로 1 차 라이닝을 설치하면 쉽게 열화 되지 않아서 이차 라이닝을 추가로 설치하지 않더라도 터널의 안정을 확보할 수 있다. 최근에 숏크리트 지보공의 내구성과 신뢰성이 높아져서 얕은 터널에서 조차 이차 라이닝을 생략하는 경우가 많고 (single shell tunnel), 별도 목적이 있을 때에만 이차 라이닝을 설치하는 경향이 있다.

터널의 이차 라이닝은 하중을 지지하기 위해 설치하는 구조체가 아니므로 균열이 생기면 자체는 불안정해 질 수 있으나, 터널 안정성에는 문제가 없는 경우가 많다. 이차 라이닝의 기능은 터널공법에 따라 다르므로 이차라이닝에 균열이 발생되면 그 원인을 분석하여 추가진행 가능성과 터널 안정성의 저하 여부를 판단하여 대처한다.

이차 라이닝의 균열은 콘크리트의 건조수축이나 온도변화에 의한 응력, 터널공법에 따른 독특한 역학적 조건, 라이닝에 직접 작용하는 외력, 그리고 이들의 복합적 작용에 의해 발생된다.

2. 터널의 지보공

터널은 숏크리트와 볼트 및 강지보공으로 지보한다. 터널 지보공의 설치여부는 지반의 비강도 (일축압축강도와 초기하중의 비) 로부터 판정하며, 터널굴착 후 주변 지반이 탄성 상태를 유지하면 지보공이 불필요하다.

터널의 소요 지보량은 지반의 일축압축강도와 지보공설치 전 내공면의 접선응력 의 차이로부터 결정한다.

터널굴착 전 초기상태 지반은 모든 방향이 구속된 연성파괴조건이고, 터널을 굴착 하면 구속이 해방되어 취성파괴조건으로 변하여 작은 변위에서 갑자기 파괴되어 위험하다. 그러나 지보공을 설치하면, 지반이 다시 (구속되어) 연성파괴조건이 되어 지반변위가 서서히 진행되므로 누적변위가 한계치 이상 커지려면 많은 시간이 필요 하다. 따라서 파괴에 대비할 시간적 여유가 있어서 덜 위험하다. 단면을 분할 굴착 하여 재하속도를 느리게 조절하는 경우에도 연성파괴조건이 된다.

터널에서 지반변형을 허용하여 지보공이 부담할 하중을 감소시켜야 하고, 지반 변형의 크기를 제한해서 지반아치 지지력을 유지해야 한다는 상반된 원칙을 동시에 지켜야 하며, 이는 터널굴착 후 지반이 적절히 변형된 후에 지보해야 충족된다.

강도저하와 토압증가가 동시에 급격하게 일어나는 지반 (포화된 모래나 예민비가 큰 점토) 에서는 터널을 굴착하기가 매우 어렵다. 경계가 거의 구속되지 않은 (얕은 터널이나 인버트를 설치하지 않은) 터널에서는 주변지반의 변형이 과도하면 토압은 미약하게 감소하는데 반해 지반과 지보공의 강도감소는 크기 때문에 위험하다.

터널의 지보시스템 (2.1 절) 은 주로 숏크리트와 볼트로 구성하며, 강지보공을 병용 하기도 한다. 지반상태를 몇 가지 등급으로 분류하여 (즉, 지반의 특성을 고려하여) 지보시스템을 결정하면 편리하고 간편하다.

숏크리트 (2.2 절) 는 터널굴착 후 (조기에) 굴착면에 밀착되게 뿜어 붙여서 굴착면 을 보호하고 암파열을 방지하기 위해 사용하는 1 차 지보재이며, 조기강도를 얻을 수 있고 굴착단면 형상의 영향을 크게 받지 않는다.

강지보공 (2.3 절) 은 숏크리트가 경화되어 기능을 발휘할 때까지 하중을 지지하고, 숏크리트가 경화된 후에는 숏크리트와 합성부재를 형성하여 하중을 분담하는 1 차 지보재이며, 모든 지반에 적용할 수 있다. 강지보공은 형강이나 격자지보재를 사용하고, 갱구부, 편토압 구간, 단층대 등 초기강성이 크게 요구될 경우에는 H 형강이 유리하다.

볼트 (2.4 절) 는 지반의 강도증진을 보조하기 위하여 설치하는 1 차 지보재이며, 양단을 고정 (선단정착) 하고 긴장하면 앵커라 하고, 전체 길이를 시멘트 모르타르 등으로 지반과 접착 (전면접착) 시키면 네일 또는 볼트라고 한다. 볼트는 긴장하지 않으므로 약간이라도 변위가 발생되어야 저항력이 발현된다.

지보라이닝의 거동은 각 지보공들의 통합거동이다.

2.1 터널의 지보시스템

터널에 작용하는 주하중은 덮개지반의 자중이며, 지보공은 지지력이 작기 때문에 (약 $500\,kPa$ 미만) 일부 하중만 지지할 수 있고, 대부분의 하중은 주변지반이 지지한다. 지보공은 터널의 용도와 규모에 적합하며, 경제성과 시공성이 좋고, 시공 중에 안정성과 적절한 작업환경이 확보되는 것이어야 한다.

지보공의 역할 (2.1.1 절) 은 터널에 작용하는 하중을 분담하는 것이며, 더 중요한 역할은 주변지반이 이완되지 않고 큰 하중을 지지하도록 보조하는 것이다. 1 차 및 이차 지보공으로 지보시스템을 구성 (2.1.2 절) 하며, 불량한 지반에서는 보조공법을 추가로 적용하여 1 차 지보공을 보완한다.

지반상태를 (주요 평가요소별로 평점하여 합산한 총점에 따라) 몇 가지 등급으로 분류하여 지보량을 결정하는 즉, 지반 특성을 고려한 지보시스템 (2.1.3 절) 은 간편하고 쉽기 때문에 자주 이용된다.

2.1.1 지보공의 역할

터널의 지보공은 하중을 분담하는 역할보다 주변지반이 이완되지 않고도 큰 하중을 지지하도록 중개하는 매개역할이 더 중요하다.

터널에서는 지반이 터널에 작용하는 대부분 하중을 지지하기 때문에 가장 중요한 지보공이고, 1차 및 이차 지보공은 보조수단에 불과하다.

터널굴착 후 적절한 때에 지보공을 설치하여 지반을 구속하면, 지반의 강도저하가 과도하지 않고 연성거동조건이 유지되므로 지보공이 좌굴되거나 파단되지 않는 한 지보공의 변형이 커도 큰 지장이 없다.

터널 1차 지보공의 역할은 표 4.2.1 과 같다.

표 4.2.1 터널 1차 지보공의 역할

지보공	역 할
숏크리트	- 굴착표면에 밀착하여 암석의 상호이동과 분리 및 이완 방지. - 굴착표면으로부터 암괴의 붕괴나 붕락을 방지. - 지반의 표면을 강화하여 지반이완을 방지. - 아치 쉘 구조를 이루어 지지력과 내공반력 증대. - 양생 후 강성은 크지만 초기강성이 작다 (큰 초기강성 필요시 강지보공 병용) - 볼트의 두부 판 역할. - 터널 연장방향 쉘 작용 (벤치굴착 시 wall plate/truss panel 보다 효과적) - 원지반의 국부적 편차 개선. - 변형능력은 크지 않으나 큰 변형 예상 시 종방향 틈을 설치하여 극복가능.
볼트	- 원지반과 숏크리트를 봉합하여 시공 중 하중을 분담. (부분 굴착 시, 숏크리트에 틈을 두는 경우 등) - 숏크리트 보다 변형능력이 커서 분할 굴착할 때나 변형이 클 때에 효과적. - 원지반의 국부적 편차 개선. - 취성재료인 암반에서 연성거동 유발.
강지보	- 숏크리트 경화 이전부터 기능을 발휘하여 초기강성을 증대. (터널굴착 직후 지반이완을 방지) - 흙막이 판, 포어 폴링, 파이프 루프 지점형성 및 시공성 개선.

2.1.2 지보시스템의 구성

터널의 하중은 주변지반과 지보공이 분담하여 지지하며, 지보공 분담하중은 각 지보공 (숏크리트, 강지보, 볼트) 저항력의 합이고, 각각의 내력을 합한 크기가 아니라 특정 변위 (Fenner-Pacher 곡선의 교점) 에 대한 각 지보공 하중의 합이다. 각 지보공은 소요안전율 (1.5 ~ 2.0 이상) 을 확보한 상태로 강도에 비례하여 하중을 분담하고, 각 분담하중은 Fenner-Pacher 곡선 (그림 4.2.1) 상에서 소정 범위 내에 들어야 한다.

지보 시스템은 (지보공의 지지력과 소요 안전율로부터 소요 지보량을 계산하여) 1차 및 이차 지보공으로 구성한다.

1차 지보공 (숏크리트, 볼트, 강지보공) 은 터널굴착 후 과도한 지반변형을 조기에 억제하여 지반이완을 방지하고 지지력과 지보기능을 최대로 이용하기 위해 설치한다. 숏크리트 지보공은 주변지반으로부터 터널 내측으로 작용하는 압출압력 (내압) 을 지지하며, 필요에 따라 강지보공으로 보강한다. 볼트 지보공은 지반을 구속하여 지반의 겉보기 강도를 증가시키는 효과가 있다. 볼트는 숏크리트나 강지보공 보다 내압 효과는 적지만 지반의 보강이나 이완방지 효과는 크다. 지반이 불량하면 보조공법 (fore poling, pipe roof, grouting 등) 을 적용하여 1차 지보공을 보강한다.

이차 지보공 (내부라이닝) 은 터널 내부시설을 지지하거나 보호하고, 터널의 미관과 내부공간을 유지하며, (비배수형 터널에서) 수압을 지지하기 위해 설치한다.

터널굴착 후 지보공으로 탄성상태를 유지할 수 있는 지반에서 터널을 전단면 굴착할 때에는 숏크리트로 지보한다. 분할굴착할 때 각 굴착단계에서 부분적으로 타설되는 숏크리트는 볼트를 사용하여 지반과 봉합시킨다.

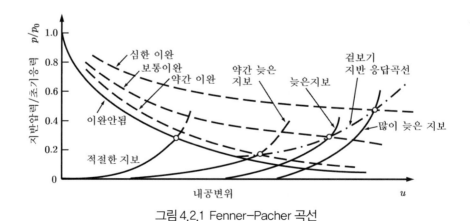

그림 4.2.1 Fenner-Pacher 곡선

굴착면 변위가 크게 일어날 때에는 숏크리트 보다 (연성이 큰) 볼트가 유리하다. 상반을 굴착한 상태에서 측벽이 압출될 때는 (하반굴착 후 인버트 폐합까지) 측면을 볼트로 보강한다. 측압이 커지면 인버트 콘크리트가 필요하다.

지반 이완하중을 지지하고 낙석을 방지할 정도의 지보공만 설치할 때에는, 지반이 탄성상태이면 대개 인버트 콘크리트가 불필요하고, 천단 볼트가 불필요하거나 극히 짧아도 충분하다. 토피가 커서 큰 압력이 작용할 때에는 천단볼트가 필요하다.

강지보공과 숏크리트를 병용하는 경우에 (숏크리트는 타설 초기에 하중을 거의 지지하지 못하기 때문에) 강지보공이 매우 큰 하중을 부담한다. 지반에 따라 하중 작용시기가 다르므로 강지보공과 숏크리트를 분리하여 생각하는 것이 좋다.

볼트의 지지력은 볼트에 작용하는 양단 압력의 차이이며, 시공 중 하중을 부담할 수 있도록 터널직경의 0.2~0.4배의 길이로 설치한다. 볼트가 인장 파괴될 우려가 있는 경우에는 신율이 큰 강재를 사용하거나 와셔나 스프링을 설치하여 볼트두부를 가변성으로 한다. 천단부는 대체로 탄성상태이므로 볼트가 불필요하며, 측벽에는 긴 볼트가 필요하다.

이완영역에 설치한 볼트는 압축상태가 되어 숏크리트에 압축력을 가해 숏크리트를 파괴시킬 수 있다. 시스템 볼트의 길이와 개수는 경제성과 시공성을 고려해서 결정하며, 짧은 볼트를 여러 개 설치하면 볼트두부 설치비용이 많아져서 경제성이 떨어진다.

토피가 얕거나, 작용하중이 작거나, 지표침하를 엄하게 제한하거나, 터널단면이 크거나, 불량 지질조건에서 숏크리트만 사용하여 소요강성을 확보하면 라이닝 타설 두께가 너무 커져서 비경제적이고 불안정해질 수가 있으므로, 시스템 볼트를 병용하여 하중을 분담시킨다.

터널굴착 중에 설계조건과 상이한 지반을 만나거나, 지질이 예상보다 불량한 경우에는, 관측이나 계측을 실시하여 지보변경 여부를 판단한다. 지보변경이 필요할 때에는, 지보공의 종류를 바꾸거나 지보량을 늘리는 (볼트 추가, 숏크리트 두께 증가, 가인버트 시공) 것보다 막장높이, 무지보 스팬 길이, 굴진장, 단면분할방법 등을 변경하는 것이 더 효과적이다.

2.1.3 지반특성을 고려한 지보시스템

지반상태를 몇 가지 대표적 평가요소별로 평점하여 합산한 총점에 따라 지반을 5단계 정도로 분류하고, 각 단계별로 지보시스템을 결정하는 정량적 지반분류법으로 Wickham (1972) 의 RSR (**Rock Structure Rating**), Bieniawski (1973) 의 RMR (**Rock Mass Rate**), Barton/Lien/Lunde (1974) 의 Q-System 등이 제안되어 있는데, 간편하고 쉽기 때문에 자주 이용된다. 그러나 (불완전하고 매우 복잡한) 현장조건에 비하여 평가요소가 너무 개략적이고 터널이론과의 연관성이 적은 것이 문제이다.

지반분류 요소는 터널상태와 암반의 역학적 특성을 대표할 수 있어야 하고 그 영향정도가 정확히 파악되어야 하며, 지반분류방법은 이론적 근거가 확실하고 분류 기준이 터널이론과 결부된 것이어야 한다. 그러나 이 조건들을 완전 충족하는 방법은 아직 없고, 대개 기술적 필요성 보다 공사비 산정 등 적용성 위주로 되어 있다. 지반 분류법에서는 지반과 터널 및 굴착방법에 관해 표 4.2.2 와 같은 요소를 고려할 수 있어야 하지만, 각각의 영향정도가 아직 명확히 파악되어 있지 않다.

Pacher/Rabcewicz (1974) 는 (절리상태, 용수상태, 시공기술, 지반강도비, 터널크기 등에 따른 지반거동을 고려한) 지반분류표 (표 4.2.3) 에서 지보공, 굴착, 단면분할방법을 제시하였고, 지반 강도와 접선응력의 비를 고려하였다. 이를 기준으로 1 회 발파장과 계측사항을 판단하거나 공사비 등을 정할 수 있다.

표 4.2.2 지반분류요소

특 성	지반분류에 고려할 수 있는 요소
지반 특성	- 암석의 강도와 종류 (화성암, 퇴적암, 변성암 등) - 갈라진 틈, 불연속면의 특성 　• 수, 간격, 크기, 평활성, 요철의 정도, 충진 여부 및 충진재 특성 　• 터널 축과 이루는 각도 - 용수여부 및 특성 - 탄성파속도 - 풍화정도 - 햄머타격 반응 (높고 맑은 음, 둔탁한 음, 햄머 관입정도, 파쇄상태) - 지반의 이완특성
터널 굴착 방법	- 원지반 강도비 (원지반 강도의 토피압에 대한 비) - 굴착공법 (발파굴착, 기계굴착 등) - 원지반 자립시간, 지보공 설치까지 방치시간 - 터널의 크기, 굴진면의 크기 - 발파효과, TBM 컷터 효율

표 4.2.3 암반거동을 고려한 암반분류 (Pacher/Rabcewicz, 1974)

암반등급	I	II	III	IV	V	
					a	b
암 반 상 태	안정한 암반 약간 이완 되는 암반	심하게 이완되는 암반	파쇄성 내지 심한 파쇄성 암반	압출성 암반	심한 압출성 암반	비점착성 암반
절 리 상 태	큰 블록발달. 균열 약간 있거나, 큰 블록의 경계균열 있음.	층리/절리에 의해 심하게 분리됨. 간혹 점토나 판상 충진재로 충진됨.	여러 방향 층리/절리에 의해 뚜렷이 분리됨. 취약대/점토 충진층 있음.	심한 지각변동 습곡작용으로 쪼개짐. 파쇄대는 점성토에 의해 굳어져 안정화.	완전 압쇄됨. 각력상태로 쇄석화 되고 미고결 상태. 약점착성 토사지반.	비점착성 토사지반
응 력 상 태	압축강도 σ_{DF} > 접선응력 σ_t 아래 지보형식으로 영구 안정		응력>암반강도	접선응력 σ_t > 압축강도 σ_{DF} 소성성 물질 공동쪽 압출이동		
지 반 거 동	국부적 지보 (그림) 암파열 발생 주의	상반아치 지지링 보강 (그림)	바닥 제외한 아치 지지링 또는 인버트 폐합 지지링 형성시킴	중압출성 측압과 스웰링	강압출성 측압과 스웰링	V-a 와 동일
				지지링 폐합 후 거동억제가능		
지하수 영향	없음	거의 없음	절리 충진물에 주로 영향	뚜렷함	경우에 따라 심함 (연약화 가능)	
단면굴착	전단면굴착	전단면굴착	상하 분할굴착	4단면 분할굴착	6 단면 분할굴착	
표준도						V-a 와 동일 상황별로 표준도 수립
지보개념	취약부 지보	천단아치 시스템 앵커	천단아치와 측벽 지보	인버트 설치 지지링 폐합		
지보공/ 보조공법	취약부 지보, 경우에 따라 암파열 방지	상반전체지보, 경우에 따라 측벽을 봉합	표면봉합하여 분리방지, 암반 지지링 형성, 굴착 후 지보	시공단계별 안전성 확보, 지반 지지링 형성, 변형억제, 지반지지력 유지기능 지보공, 굴착단계별로 일정시간 내에 지지링 폐합하여 즉시 지보.		V-a 와 동일
시공시기	대개 지보에 시간제한 없음 (암파열 발생한 경우 예외)					

2.2 숏크리트 지보공

오래전부터 터널굴착 후 주변지반을 이완시키지 않기 위해 지반과 지보공 사이의 틈에 모르타르를 뿜어 붙여서 메웠으며, 손상부에 콘크리트를 뿜어 붙여 구조물을 보수하였다. 숏크리트는 처음에는 너무 비싸서 적용하기 어려웠으나 최근에는 시공 기술이 발달되고 경제성이 향상되어 가장 일반적인 건설재료가 되었다.

숏크리트 지보공 (2.2.1 절) 은 굴착단면의 형상에 의해 큰 영향을 받지 않고 조기 강도를 얻을 수 있는 1 차 지보재이며, 굴착 후 큰 암반변형이 시작되기 전 (조기) 에 지반에 밀착되게 뿜어 붙인다. 숏크리트는 굴착면 주변지반의 응력을 배분시키며, 전단에 저항하고, 약한 지층과 굴착면을 피복하여 보호하고, 암파열을 방지하며, 구조 부재로서 지반을 지지하는 효과 (2.2.2 절) 가 있다. 숏크리트 종류 (2.2.3 절) 는 건식 과 습식이 있고, 숏크리트는 와이어 메쉬를 부착하고 그 위에 타설하거나, 강섬유를 첨가하고 지반 표면에 직접 타설하여 보강 (2.2.4 절) 한다.

2.2.1 숏크리트 지보공

숏크리트 라이닝과 지반은 동반 전단되고 동시에 응력이 해방되어서 지보 라이닝의 전단파괴가 서서히 진행되어 위험하지 않다. 따라서 터널 지보 라이닝은 전단파괴 가 휨파괴보다 선행되도록 설계한다. 즉, 지반변형을 허용하여 작용하중을 숏크리 트가 지지할 수 있을 만큼 줄인 후 지보하여 과도한 지반이완을 방지한다.

숏크리트 부재는 휨변형 능력은 크지만 압축변형 능력은 작고, 지반과 부착이 떨어지면 효과가 적다. 암반터널에서 숏크리트를 얇게 설치하면 휨 변형성이 좋아서 연성 변형거동하지만, 암반은 변형량에 한계가 있기 때문에 최대 변형량이 보호영역 형성에 소요되는 변형량에 미달될 수 있다. 숏크리트는 강성과 설치시기를 적절히 조절해야 하며, 무조건 두껍게 하면 경제성이 저하되고 작용하중이 증가하며 변형 능력이 감소되어서 효과가 없을 수 있다.

지질이 불량하고 토피가 커서 터널 보호영역 형성에 소요되는 변형이 매우 클 때 에는 지반아치 지지부 (각부) 의 침하를 허용하거나 숏크리트에 종방향으로 틈을 두어 내공변위가 크게 일어난 후 폐합되게 하면, 지압이 감소하고 지반이 과도하게 이완 되지 않는다. Rabcewicz 는 Tauern 터널에서 내공변위가 충분히 일어난 후에 지보 라이닝이 폐합되도록 숏크리트에 종방향 틈과 가축지보를 설치하였다. 숏크리트는 굴착공정에 따른 소요시간과 변형량을 검토하여 최적시기에 시공해야 효과적이다.

숏크리트는 초기 영률이 작기 때문에 지표침하를 엄격하게 제한하거나 단기간의 작은 변형에 의해 쉽게 이완되는 지반 (사질토 등) 에서는 숏크리트 만으로 취성파괴나 이완을 방지하기에 불충분할 수 있다. 이때는 두께를 늘리고 강지보공을 설치한다.

숏크리트는 지반조건, 터널의 기능과 중요도, 1 차 지보재로서 역할 등을 고려하고 지반상태와 단면크기가 유사한 사례를 참고하여 두께를 결정한다. 숏크리트 두께는 경화된 후에 천공하여 측정한다.

숏크리트 설계강도는 지반강도 및 1 차 지보재로서의 주요 기능, 배합재료의 품질 및 조달 용이성, 시공성 및 기술수준 등을 고려하여 결정하며, 대체로 1일 압축강도 $10\,MPa$ 이상, 28 일 압축강도 $18 \sim 35\,MPa$ 이 적용된다.

숏크리트 리바운드량 (탈락율) 은 건식 (아치부 45 %, 측벽부 35 %) 과 습식 (아치부 15 %, 측벽부 10 %) 에서 다르게 규정하며, 터널별, 위치별 (아치부, 측벽), 설치두께별로 숏크리트 타설시 토출량과 취부면적 및 평균 설치두께를 측정하여 정한다.

$$탈락율 = \frac{탈락량}{토출량} \times 100\ \% \tag{4.2.1}$$

숏크리트 시공 후 발생되는 균열이나 이완은 터널 주변지반이 변형되었음을 나타내므로 잘 관찰하여 필요시 보강해서 대규모 낙반이나 파괴를 예방한다.

2.2.2 숏크리트 효과

숏크리트는 다음 효과를 갖는다.
① 전단저항 : 암반에 부착되어 외력을 지반에 분산시키고, 굴착면 불연속면이 전단저항 하도록 하여 key stone 을 유지해서 낙반을 방지하고, 아치를 터널 굴착면 가까이 형성시킨다. 균열이 많은 경암에서 이러한 효과가 크다.
② 휨 압축이나 축력에 의한 저항 : 두꺼운 숏크리트는 한 구조부재로서 지반을 지지하면서 주변지반에 내압을 가하여 지반을 3 축 응력상태로 유지하므로, 연암이나 흙 지반에서 굴착 후 최대한 빨리 링폐합하면 내압효과가 크다.
③ 지반응력배분 : 강지보공이나 볼트에 토압을 전달하는 판으로 거동한다.
④ 취약지층의 보강 : 지반 굴곡부를 메우고 취약지층을 가로 질러 접착시켜서 응력집중을 막고 취약지층을 보강한다.
⑤ 피복 : 굴착면을 피복하여 풍화방지, 용수차단, 토립자 유출방지 등 효과가 있다.

2.2.3 건식 및 습식 숏크리트

숏크리트는 건식과 습식으로 타설하며, 각각 표 4.2.4 와 같은 특성이 있다.

표 4.2.4 숏크리트 타설방식 비교

구 분	습 식	건 식
개 요	Wet-mix된 재료를 콘크리트 펌프로 압송하고, 노즐에서 압축공기와 급결제를 첨가하며 뿜어 붙인다.	Dry-mix 된 재료를 압기로 운반하고, 노즐에서 압력수를 첨가하면서 뿜어 붙인다.
작업성	숏크리트 타설 후 기계청소필요 하며 큰 면적 연속시공에 적합	숏크리트 타설 후 기계청소가 쉬워 작은 면적 분할시공에 적합
품 질	각 재료의 정확한 계량과 충분한 혼합이 가능하여 품질 관리 용이	노즐에서 물과 재료가 혼합되므로 작업숙련도/능력에 따라 품질결정
장 점 및 단 점	- 시공 중 분진발생 적어 작업환경 개선 및 작업시거확보 용이하여 기계화시공 및 정밀시공가능 - 작업환경개선으로 공사관리 원활 - 기계시공이 가능하여 소수인원 작업가능, 공사 중 안정성 증가, 품질관리 확실하여 경제적 시공가능 - 정확히 계량하고 충분히 혼합하여 콘크리트 품질관리 용이. - 탈락율이 적어 (10~15%) 원가절감 및 경제적 시공가능	- 시공경험 풍부하며, 장비가 저렴 - 시공 중 분진 과다발생하고, 작업시거 불량하여 정밀시공 곤란 - 시멘트/급결제의 분산으로 작업조건 열악 (진폐병 등 유발원인) - 작업인원과다, 고기능숙련기능공 확보곤란, 안전사고 위험성내포 - 노즐/운반호스 중간에서 건비빔 재료와 물을 인력·혼합하여 품질관리곤란, 콘크리트 품질 불균일 - 탈락율이 커서 (35~45%) 비경제적
압송거리	짧다	길다
공기소요	적다	많다
공기압	크다	작다
기계크기	중, 대형	소형
적용성	- 대형 터널에 적합 - 복선 도로, 지하철 터널에 적합	- 소형터널에 적합 - 지하철 단선 터널에 적합

2.2.4 숏크리트 보강

숏크리트는 와이어 메쉬 (Wire mesh) 를 부착하고 그 위에 타설하여 보강하거나, 강섬유 (Steel Fiber) 를 첨가하고 혼합한 후에 타설하여 보강한다 (표 4.2.5).

1) 와이어 메쉬 보강

와이어 메쉬는 숏크리트 부착력을 증대시키고 인장재 역할을 하며, 숏크리트가 경화될 때까지 강도와 자립성을 유지시켜 주고, 분할굴착 시 발생하는 시공 이음부를 보강하고, 균열을 방지한다. 와이어 메쉬는 숏크리트의 리바운드량, 품질, 시공성 등을 고려하여 규격을 선택하고, 종·횡방향으로 겹치거나 철근으로 이음한다. $\phi 4.8 - 100 \times 100$ 을 자주 적용하며, 최소 피복두께는 $20\,cm$ 이상이어야 한다 (ITA, 1993.).

와이어 메쉬 보강 숏크리트는 다음과 같은 단점을 가지고 있다.
- 1 차 숏크리트를 타설하고 와이어 메쉬를 설치한 다음에 2 차 숏크리트를 타설 하므로 일체화된 숏크리트 구조물을 형성하기가 곤란
- 암반 굴착면의 굴곡 때문에 부착한 와이어 메쉬 뒷면에 약간의 공극이 발생
- 와이어 메쉬를 암반 굴착면에 밀착시킬 수 없기 때문에, 숏크리트 타설 두께가 커져서 시공량이 증가
- 와이어 메쉬 부착으로 인한 공기 소요로 굴착작업 Cycle Time 이 증가

2) 강섬유 보강

강섬유 보강 숏크리트 (**SFRS**, **S**teel **F**iber **R**einforced **S**hotcrete) 는 철편 모양 강섬유를 혼합하여 보강한 숏크리트를 말한다. 강섬유는 숏크리트의 취성을 개선 하여 인장강도와 전단강도를 증대시키고 균열의 성장을 억제시킬 목적으로 와이어 메쉬를 대신하여 개발되었다. 숏크리트를 강섬유로 보강하면 균열의 발생과 확장에 대한 저항, 인장강도, 휨강도, 전단강도, 동결 및 융해작용에 대한 저항, 내마모성, 내충격성, 내침식성, 피로저항성 등이 향상된다. 최근 화학섬유를 사용하는 경우가 많아지고 있다.

(1) 강섬유재

강섬유는 형상에 따라 특성이 다르며, 대체로 다음 형상을 사용한다.
- Hook Type : 뽑힘 저항성, 분산성, 인성우수, 섬유 혼입율 극소화
- Corrugated Type : 장비손상, 리바운드 양 많음
- Mitchell Type : 노즐분사속도 감소로 리바운드 양 많음

표 4.2.5 강섬유 보강 숏크리트와 와이어 메쉬 보강 숏크리트의 비교

구분	강섬유 보강 숏크리트	와이어 메쉬 보강 숏크리트
개요	숏크리트에 강섬유를 혼합	와이어 메쉬 설치후 타설
장점	- 굴착 요철면에 균일 두께로 시공 가능하여 보강효과 증진 - 콘크리트의 인장강도, 휨강도, 전단강도 증가되고, 시공두께감소 (20 %, 20 cm → 16 cm) - 균열발생 저항성 크고, 균열발생 후에도 인성 (잔류강도) 증가 - 터널굴착 즉시 숏크리트 시공가능 하여 보강효과 증가 - 공정 단순하여 품질/안전성 향상 - 대규모 공사 및 습식시공 시 유리	- 국내 생산자재로 시공가능 - 소규모 공사 및 건식시공 시 유리 - 진동과 충격에 강하며 높은 인장력 발휘
단점	- 혼합 시 섬유 뭉침 발생우려 - 균질분포 어려움 - 숏크리트 장비 및 호스의 마모손상우려	- 여굴 많이 발생되면 와이어 메쉬 설치가 곤란하고 보강효과감소 - 숏크리트 타설시 와이어 메쉬의 진동으로 부착력감소/층 분리 발생 - 숏크리트에 균열발생빈도가 크며, 균열발생 시 보강효과 저하 - 와이어 메쉬 설치시간에 따른 보강 지연으로 보강효과저하/공사비증가

강섬유 형상비 (aspect ratio) 는 강섬유의 길이와 직경의 비로 정의하며, 대체로 다음 형상을 사용하고, 형상비가 클수록 인성특성이 유리하고, 보통 50~70 을 사용한다. 강섬유가 길면 인성이 우수하지만, 리바운드 양이 증가하고 배합과 분사가 불량하다. 강섬유는 원형단면이 유리하며, 사각형은 유효직경이 커서 형상비가 작다.

(2) 강섬유 함량 (혼입량)

강섬유 함량은 체적비 또는 중량비로 나타내며, 실제로 타설된 숏크리트를 채취 (경화 후에는 파쇄) 한 후 씻기 시험하여 측정한다.

$$Steel\ Fiber\ 함량 = Steel\ Fiber\ 중량 \times \frac{Shotcrete\ 중량}{채취시료의\ 중량} \tag{4.2.2}$$

강섬유 혼입율이 높을수록 역학적 특성이 우수하지만, 한계 혼입율로 혼합하면 강섬유가 부러지거나 휘어지거나, 또는 섬유 뭉침 (fiber balling) 이 생겨서 작업성과 펌프 압송능력이 저하된다.

(3) 강섬유 보강 숏크리트의 역학적 특성

① 휨 인성

숏크리트를 강섬유 보강하면 변형에 따른 휨 인성이 증대되고, 숏크리트의 에너지 흡수력, 충격저항, 균열에 대한 저항성이 향상되며, 균열발생 후에도 지속적으로 하중을 견딜 수 있다. 인성은 강섬유의 표면형상에 따라 크게 좌우되므로, 강섬유는 약 1% 이상 (용적백분율) 혼합하지 않으면 그 효과를 기대할 수 없다.

휨 인성은 **휨 인성지수 (toughness index)** 로 표시하며, 파단 또는 주어진 변위까지 흡수된 에너지를 최초 균열발생 변위까지 흡수된 에너지로 나눈 값이다. ASTM 에서 인성지수 I_5 는 변위 $3.6\,\delta_r$ 가 발생될 때까지 흡수된 에너지를 최초균열발생변위 δ_r 까지 흡수된 에너지로 나눈 값이며, 인성지수 I_{10} 는 $5.5\,\delta_r$ 까지 흡수된 에너지를 나눈 값이다. 휨 시험하여 인성을 평가할 때는 시험 지점조건에 따라 결과가 다르다. 휨인성지수는 하중-변위곡선에서 구하며 강섬유 혼입량에 따라 표 4.2.6 과 같고, 이로 부터 등가 휨강도를 구한다. 강섬유 혼입량이 증가할수록 인성 증가율이 커진다.

② 휨강도

강섬유 보강 숏크리트의 휨강도는 강섬유의 형상비가 크고 투입량이 많으면 증가 하지만, 효과가 크지 않으므로 휨강도 향상목적으로는 강섬유로 보강하지 않는다. 강섬유 보강 숏크리트의 보강효과는 휨강도 외에 인성과 저항성 및 에너지 흡수성 등을 고려해서 판단하고, 강섬유 보강 숏크리트의 휨 인장강도는 표 4.2.6 과 같다.

③ 압축강도

강섬유 보강하면 숏크리트 압축강도가 증가하지만, 강섬유혼입량이 $30 \sim 80\ kg/m^3$ 정도로 많으면 혼입량의 영향이 작아서 압축강도가 약간만 증가할 뿐이다 (표 4.2.6).

④ 할열 인장강도

강섬유 혼입량이 많을수록 할열 인장강도가 증가한다 (표 4.2.6).

표 4.2.6 강섬유 혼입량에 따른 숏크리트의 강도특성

강섬유 혼입량 SF $[kg/m^3]$		0	40	60	Wire mesh
인성지수	I_5	1.0	2.8	3.6	3.3
	I_{10}	1.0	5.0	5.5	4.2
휨인장 강도	$[MPa]$	4.03	4.43	4.80	4.57
등가 휨강도	$[MPa]$	0.44	2.20	2.52	
압축강도	$[MPa]$	25.0	25.8	26.5	
할열 인장강도	$[MPa]$	3.27	3.45	3.68	

2.3 강지보공

강지보공은 터널굴착 직후 숏크리트 타설 전에 설치하여 숏크리트가 경화될 때까지 하중을 지지하고, 숏크리트가 경화된 이후에는 숏크리트와 합성부재 (shell) 를 형성하여 하중을 지지하는 1 차 지보재이다. 강지보공 (Steel Rib) 은 암반조건에 관계없이 적용가능하고, 용수 다량 발생 구간에서 다른 지보재에 비해 유리하지만, 단독 시공 시 암반이 가진 강도를 적극적으로 이용할 수 없다 (Deere 등, 1969).

강지보공은 암반에 밀착되고 그 중심선과 터널 중심선이 일치되어야 하며, 뒤틀리거나 전도되지 않게 강지보공 사이에 간격재를 설치한다. 지지력이 작은 암반에서는 강지보공이 침하되거나 기초파괴가 일어나지 않도록 기초를 설치한다. 강지보재는 지반상태가 불량하여 초기강성이 큰 지보공이 필요한 구간에 적용하므로, 굴착 후 최대한 조기에 설치하며 좌굴되거나 연결부가 파괴되지 않게 한다. 강지보재 배면에 공동이 생기면 지하수 유입경로가 되고, 숏크리트와 강지보재가 분리된다.

격자 지보재는 시공성이 좋고 경제적이다. 그러나 초기강성이 크게 요구되는 갱구부, 편토압 구간, 단층대 등에서는 H-형강 지보재를 적용하는 것이 좋다.

강지보공은 굴착초기 하중의 대부분을 부담하므로 변형량이 큰 지반에서는 숏크리트의 강도가 발현되기 전에 압축파괴 (좌굴) 될 수 있다. 이때는 변형성이 큰 가축구조로 강지보공을 이음하고, 가축 이음부 주위의 숏크리트에 횡방향 틈을 둔다.

강지보공의 효과 (2.3.1 절) 는 숏크리트 보강, 이완하중 지지, 숏크리트 하중분산, 보조공법의 지점 형성, 터널단면형상 유지 기준, 발파천공의 지표 등이 있으며, 터널 단면의 모양과 크기, 막장자립성, 토압의 크기, 허용지표침하량 등에 따라 다르다.

강지보재 종류 (2.3.2 절) 는 다양한 형강 (steel beam) 또는 철근을 격자형으로 엮은 격자 지보재 (lattice girder) 가 있으며, 주로 H 형강과 격자 지보재를 적용한다.

강지보는 반원형, 마제형, 전주 마제형, 전주 원형으로 설치한다 (그림 4.2.2).

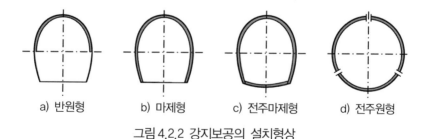

| a) 반원형 | b) 마제형 | c) 전주마제형 | d) 전주원형 |

그림 4.2.2 강지보공의 설치형상

2.3.1 강지보공 효과

강지보공은 지반상태가 불안정하여 지보공의 초기강성이 요구되는 구간에 적용하며, 지반과 강지보재 사이에 숏크리트 타설이 용이하고, 숏크리트와 일체화시키기 쉽고, 좌굴과 비틀림 및 국부적 하중에 대해 저항성이 크고 시공능률이 높아야 한다.

강지보공은 다음 여러 가지 역할을 담당하며, 그 효과는 터널단면의 모양과 크기, 막장자립성, 토압의 크기, 허용지표침하량 등에 따라 다르다.

1) 숏크리트 보강

강지보공은 숏크리트를 보강해주는 역할을 하며, 터널변형이나 지표침하가 크거나, 낙반이 발생하기 쉽거나, 토압이 크게 발생되는 취약지반 (흙 지반 등) 에서 효과가 있다. 이를 위해 강지보공과 숏크리트는 분리되지 않아야 하므로 이에 적합한 재질 및 형상의 강지보재를 적용해야 한다. 숏크리트의 강도와 강성은 두께를 증가시키거나, 와이어 메쉬나 강지보공을 병용하여 향상시킬 수 있다.

2) 지반을 직접 지지

강지보공은 설치와 동시에 강도를 발휘하므로, 막장자립성이 작은 (토사나 균열이 발달된) 지반에서 숏크리트나 볼트의 강도가 발효되기 전에 지반하중을 직접 지지하여 막장을 조기에 안정시킨다.

3) 숏크리트 하중의 분산

강지보공은 숏크리트를 보강하고 하중을 분산시키는 역할을 한다.

4) 보조공법의 지지점

강지보공은 자립성이 불량한 지반에서 굴진면 전방지반을 미리 지지하기 위하여 설치하는 천단 지지공 (fore poling) 이나 경사 볼트 등 보조공법의 지지점이 된다.

5) 터널 단면형상 유지기준 및 발파천공의 지표

강지보공은 터널의 단면형상을 유지하는 기준이 되고, 발파천공 시에 발파외곽선의 범위를 알려주는 지표로 활용된다.

2.3.2 강지보재 종류

강지보공은 형강 (H형강, U형강, I형강, Y형강 등, 주로 H 형강) 을 사용하거나 철근 을 격자형으로 엮은 격자지보재 (lattice girder) 를 사용한다 (그림 4.2.3).

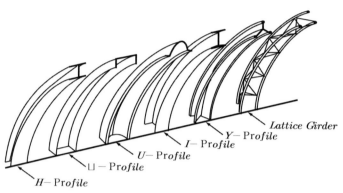

그림 4.2.3 강지보공 형상

강지보공은 변위억제 능력이 우수한 형강을 자주 적용하며, 최근에 형강을 대체할 수 있는 여러 형태 강지보공이 제시되고 있다. 강지보공은 주로 형강과 격자 지보재를 사용한다. 형강지보재로 H 형강과 U 형강을 주로 사용하고, U 형강은 H 형강의 약점 을 보완할 수 있으나 H 형강에 비해 강성과 이음부의 시공성이 떨어진다. 최근에 많이 사용하는 격자 지보재와 H 형강 지보재의 사양은 표 4.2.8 과 같다.

1) H형강 지보재

H 형강 강지보재는 시공실적과 경험이 많으나, 터널단면이 커지면 소요 강재도 커져서 운반 및 설치가 어렵고, 설치시간이 많이 소요되며, 숏크리트 타설 시 배면 공극 발생, 이음부 시공성 저하, 보조공법과의 상호간섭 등 시공 품질확보가 어렵다.

(1) 재질과 형상 및 치수

강지보재는 지지할 하중의 크기, 숏크리트 두께, 터널 단면크기 및 시공법 등을 고려하여 적절한 강도와 강성을 가진 것을 사용한다. H 형 강지보재의 재질은 결함 발견이 쉽고 연성이 크며, 휨과 용접 등의 가공성이 양호한 SS 400 (KS D 3503, 항복 강도 약 240 MPa) 을 표준으로 이와 동등 이상의 성능을 갖는 구조용 강재로 한다. 강지보재는 열관리가 필요 없도록 냉간 가공한다.

자주 사용하는 H 형강의 단면형상과 특성은 그림 4.2.4 및 표 4.2.7 과 같다.

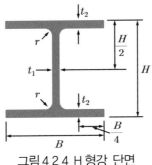

그림 4.2.4 H 형강 단면

표 4.2.7 H 형강지보재의 치수 및 단면 특성

공칭 치수	표준단면치수 [mm]				무게 [kg/m]	단면적 [cm²]	단면2차모멘트 [cm⁴]		단면계수 [cm³]	
	H×B	t_1	t_2	r	W	A	I_x	I_y	Z_x	Z_y
100×100	100×100	6	8	10	17.2	21.9	383	134	76.5	26.7
125×125	125×125	6.5	9	10	23.8	30.3	847	293	136	47
150×150	150×150	7	10	11	31.5	40.1	1,640	563	219	75.1
200×200	200×200	8	12	13	49.9	63.5	4,720	1,600	472	160
250×250	250×250	9	14	16	72.4	92.2	10,800	3,650	867	292

(2) 강지보재 이음

강지보재는 무겁기 때문에 운반과 거치 및 시공성을 고려하여 분할 제작하되 이음은 개소를 최소로 하고 견고해야 한다. 특히 구조적으로 불리한 위치에서 이음을 피하며, 지보재와 이음판을 확실히 접합해야 한다. 팽창성 지반 등 내공변위가 크게 발생하는 지반에서는 가축변형 조인트구조로 이음할 수 있다.

(3) 설치간격

강지보재 설치 간격은 지반특성과 사용목적 및 시공법 등을 고려하여 결정하고, 1 회 굴진장보다 작게 한다. 상·하반 분할 굴착할 때 또는 지반조건에 따라 하반 강지보재를 일부 생략할 때는 상반 강지보공의 단부지지조건을 확인하고 결정한다.

(4) 간격재와 기초

강지보재는 숏크리트에 의해 고정되기 전까지 전도되지 않도록 강지보재 사이에 일정한 간격 (1.5~2.0m) 과 (숏크리트의 일체화에 저해되지 않는) 크기로 강관이나 L 형강 등으로 간격재를 설치하여 연결한다.

강지보재는 충분한 지지력을 확보하고 침하되지 않도록 하단에 바닥판을 붙이고 필요에 따라 받침을 설치한다. 강지보재 바닥판 받침은 목재, 철근 콘크리트 블록, 강판 등을 사용하며, 작용하중이 큰 경우에는 콘크리트를 사용한다.

2) 격자지보재

격자지보 (lattice girder) 는 스위스 Pantex Stahl 사에서 H 형강 지보재의 대체 지보재로 개발되어 독일 및 프랑스 고속철도와 영불해저터널 (channel tunnel) 에서 사용되었고, 유럽에서는 교통터널뿐만 아니라 상하수도, 발전 양수로 등 NATM 공법으로 건설하는 대부분의 터널에서 광범위하게 사용되고 있는 지보재이다.

H 형강 대신 강봉을 삼각형 형태로 엮어 터널형상에 맞게 제작하며, H 형강 지보재보다 가벼워서 굴착 즉시 조기에 인력으로 설치할 수 있기 때문에 연약한 지반에서 터널을 공사할 때에도 많이 사용된다.

표 4.2.8 격자지보재와 H 형강 지보재의 비교

구 분	격자지보재 (Lattice Girder)	H-형강 지보재
개요도		
규격	- LG-50×20×30 - LG-95×22×32 - LG-115×22×32	- H-150×150×7×10
재료 특성	-항복응력 : 540 MPa -허용응력 : 300 MPa	- 항복응력 : 240 MPa(SS400) - 허용응력 : 140 MPa

기능성	- 숏크리트와 결합성이 우수하여 밀실
	  시공에 의한 방수 및 변위방지효과
	- 숏크리트와 연속체를 형성하여
	  터널의 안정성 증대
		- 지보재 배면 숏크리트에 공극발생
		- 강성이 크므로 변위억제력이 큼
		- 초기강성 증대로 구조적 유리

시공성	- 경량(강재의 40~60%)이므로 설치 용이 - 보조공법 적용시 천공각도 유지가능	- 중량이 커서 기계화 시공 요망 - 보조공법 적용 시 시공성 저하 (천공각도 15° 유지 곤란)
경제성	- 숏크리트 타설시간 절약 - 지보설치시간 절약 - Shotcrete Rebound 량 감소	- H-형강의 형상에 따른 Shotcrete Rebound 량 증가
유의 사항	- 숏크리트 축력 분담율이 커지므로 철저한 품질관리 요망	

적용
대상
	- 지속적인 변형이 발생하는 대부분의
	  터널에 적용
		- 초기강성이 불량한 토사나 취약
		  지반 및 터널갱구부에 유리

격자지보는 시공성 측면에서는 장점이 있으나 강봉에 연결부재 (spiders) 를 용접하여 제작하므로 많은 인력이 소요되고 완전자동화 제작이 힘들기 때문에 제작단가가 높다. 또한 H 형강에 비해 강성이 작으므로 고강성이 요구되는 지반에서는 신중하게 사용해야 한다.

(1) 격자지보의 특성

격자지보는 강봉을 삼각형 형태로 엮어서 만든 3 차원 구조체 (그림 4.2.5) 이어서 구조적 특성 (표 4.2.9) 이 우수하고, 가볍고, 하중 분배효과가 우수하고, 숏크리트와 효과적으로 부착되며, 시공측면에서 다음과 같은 여러 가지 장점이 있다.

그림 4.2.5 격자지보 형상

① 격자지보는 H 형강에 비해 40~60% 정도 가벼워서 쉽게 운반·설치할 수 있어 연약한 지반에서 터널 굴착 후 조기에 설치하여 막장의 조기안정이 가능하다.
② 격자지보는 배면까지 완전하게 숏크리트로 채울 수 있어서 배면의 공극발생이 최소이고, 숏크리트와 일체화되어 합성부재로서 지보기능을 발휘할 수 있다. 또한, 콘크리트 라이닝과 일체화된 구조물을 만들 수도 있다.
③ 격자지보는 숏크리트와 잘 부착되어 숏크리트 리바운드량이 현저히 감소된다.
④ 숏크리트와 결합성 (밀착성) 이 우수하여 방수효과가 좋다.
⑤ H 형강 지보재 보다 유연성이 좋아서 굴착면에 밀착하여 설치할 수 있다. 높은 강성이 필요한 지반에서는 강성이 큰 지보재가 필요하다.
⑥ 볼트나 포어 폴링 (fore-poling) 및 스파일 (spile) 을 격자지보 사이에 끼워 넣어서 최소 각도로 설치할 수 있다.
⑦ 분할 굴착하는 2 arch 나 3 arch 등 대단면 터널에서 지보재 이음부 연결이 쉽다.

격자지보는 장점이 많으나 모든 측면에서 우수하다고는 할 수 없다. 즉, 강봉에 연결부재 (spiders) 를 용접하여 제작하기 때문에 용접이 완벽해야 하므로 자동화 설비를 갖추어 대량생산해야 제작경비를 낮출 수 있다. 또한, 격자지보는 H 형강보다 강성이 작으므로 고강성이 요구되는 지반에서는 적절한 재료를 선정해야 한다.

(2) 격자지보재의 구성 및 형상

격자지보는 상부 및 하부 원형 강봉과 연결부재 (spider) 및 연결부 (connection) 로 이루어진 3 차원 트러스 구조이다.

원형 강봉은 직경이 큰 강봉 1 개와 직경이 작은 강봉 2 개로 이루어지고 (그림 4.2.6), 대부분 하중을 지탱한다. 연결부재는 강봉을 연결하는 부재이고, 원형 강봉과 비슷한 특수강을 사용한다. 터널 길이방향으로 인접한 격자지보는 SS41 강재 특성을 가진 평철 (flat steel) 이나 앵글 (angle steel) 및 볼트를 사용하여 연결한다.

격자지보 연결부재 (stiffener)는 상·하부 강봉으로부터 전달되는 힘을 흡수할 수 있는 결합요소 (integral element) 의 역할을 할 수 있도록 일반강재보다 더 큰 변형을 수용할 수 있고 인장강도가 큰 (최소 510 N/mm^2) 특수강재로 만든다.

연결부재와 강봉의 용접부는 격자지보 하중지지능력을 평가하는데 결정적이므로 품질관리에 유의해야 한다. 전단력에 저항할 수 있도록 용접길이 (welding seam) 가 20 mm 이상 되도록 하며, 최대 지지하중에 도달하기 전에 취성파괴 되지 않도록 재료가 우수해야 하고 완전히 접합되도록 용접해야 한다.

연결부재는 상·하 강봉을 연결하여 뒤틀림을 방지하고, 토압과 휨모멘트에 저항하고 축력을 전달하는 기능을 갖는다.

격자 지보재는 양쪽 단부에 이음부 (joint) 를 만들어서 서로 연결한다.

격자지보는 표준형과 보강형이 있으며, 표준형 격자지보는 3 개 강봉으로 구성되고, 직경이 큰 강봉이 터널의 내벽 쪽에 오도록 시공한다. 보강형 격자지보는 표준형 격자지보와 형태는 같으나 큰 하중을 받는 터널에 사용하기 위하여 상부에 강봉을 하나 더 결합한 것이며, 상부 강봉은 열간 압연 제작한다.

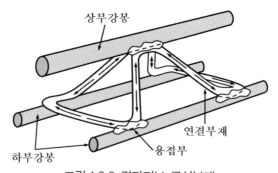

그림 4.2.6 격자지보 구성부재

표 4.2.9 격자지보의 강재특성 예

부재	항복강도 $[N/mm^2]$	극한강도 $[N/mm^2]$	항복연신율 [%]	극한연신율 [%]
원형강봉	510	560	6	14
spider	500	550	6	10

(3) 격자지보재의 설치방향

일반적으로 사용하는 3-bar girder 는 암반 굴착면 쪽에 single bar 나 double bar 가 위치하도록 설치한다. 격자지보는 하중전달 면에서 설치방향에 따른 영향이 매우 미약하므로 시공성을 고려하여 설치방향을 정한다.

포어 폴링이나 강관다단 그라우팅 등 보조공법을 적용할 때는 내공면 쪽에 single bar 를 위치시키면 (그림 4.2.7) 보강재 설치각도를 유지하기가 좋고, 시스템 볼트를 설치할 때는 single bar 를 굴착면 쪽으로 위치시키는 것이 유리하다 (그림 4.2.8).

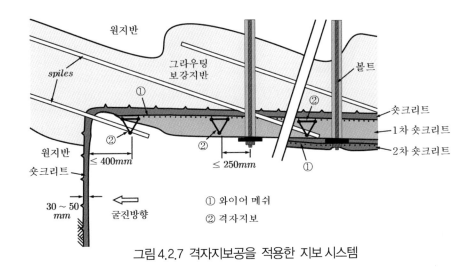

그림 4.2.7 격자지보공을 적용한 지보 시스템

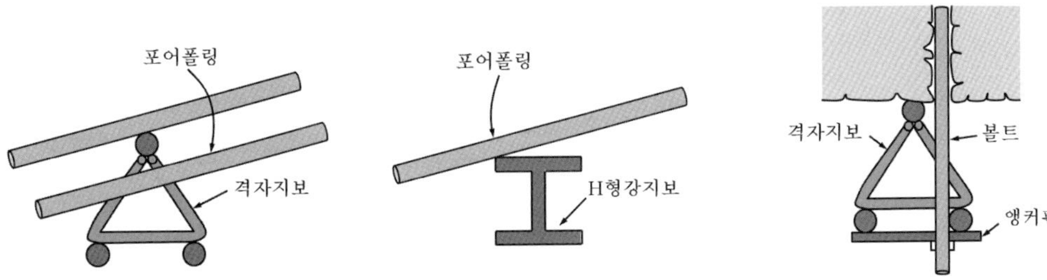

a) 격자지보와 포어 폴링   b) H 형강지보와 포어 폴링   c) 격자지보와 볼트

그림 4.2.8 격자지보와 H 형강에서 보조공법과의 접합방법

3) U형강 지보재

U형 강지보재는 H형 강지보재의 약점을 보완할 수는 있으나, 강성이 떨어진다. U형 강지보재는 불룩한 쪽을 지반 측에 설치하므로 강지보재와 지반사이에 숏크리트를 타설하기가 용이하다.

U형 강지보재는 밴드 (band) 등으로 고정하여 이음 (그림 4.2.9) 하기 때문에 H형 강지보재 이음방법보다 시공성이 좋고 가축성 이음이 용이한 가축성 지보재이다. 유럽에서는 고토피 연약대 구간 등 팽창압이 예상되는 경우에 U형 지보재를 가축성 지보재로 적용하고 있다.

대표적인 U형 강지보재 MU-29의 단면형상은 그림 4.2.10 및 표 4.2.10 과 같다.

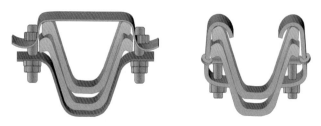

그림 4.2.9 U형 강지보재의 이음

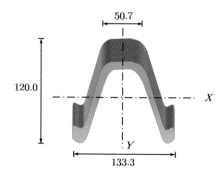

그림 4.2.10 U형 강지보재 (MU-29) 의 단면치수

표 4.2.10 대표적 U형 강지보재의 치수 및 단면 특성

종류	단면적 $[cm^2]$	단위중량 $[kg/m]$	강도 $[KN/m^2]$	단면2차모멘트$[cm^4]$		단면계수$[cm^3]$	
				I_x	I_y	Z_x	Z_y
MU-21	26.8	21.0	24	296.0	-	56.5	-
MU-29	37.0	29.0	24	581.0	634.0	97.4	95.8

2.4 볼트 지보공

볼트는 인장강도가 큰 강재를 사용하며, 암반에 자주 설치하므로 **록볼트**라고도 하고, 긴장력을 가하면 **앵커볼트**라 한다. 여기에서는 모두 포함하는 넓은 의미이다.

볼트 지보공 **(2.4.1절)** 은 지반의 강성과 강도의 증진을 보조하는 1차 지보재이고, 대체로 강재를 사용하며, 거동양상이 다양하다. 볼트는 지반이 어느 정도 자립성만 있으면 사용할 수 있다. 볼트의 헤드 플레이트는 볼트내력을 내공면 전체에 전달하며, 소요 두께나 강도는 탄성받침위에 설치된 판으로 생각하여 근사적으로 계산한다.

볼트 효과 **(2.4.2절)** 는 지반특성과 볼트 설치상태 (길이 및 간격) 에 따라 다르다. 볼트는 지반의 역학적 특성을 향상시키지만, 그 지보거동이 완전하게 밝혀져 있지 않기 때문에 아직까지 경험에 의존하여 그 효과를 판단할 때가 많다.

볼트 종류 **(2.4.3절)** 는 재질이나 정착 및 시공방법에 따라 다양하며, 지반상태는 물론 천공상태와 볼트특성 및 경제성을 고려하여 택한다. 볼트의 길이와 설치간격에 대해서는 정설이 없고, 터널의 상태와 굴착방법 및 지반조건을 고려하여 경험적으로 정한다. 볼트는 터널굴착에 의한 영향영역을 보강할 수 있도록 평균절리간격의 3배 정도 되게 임의 또는 규칙적으로 배치 **(2.4.4절)** 한다.

2.4.1 볼트 지보공

볼트는 부재 양단이 고정된 **선단 정착형**과 부재 전체길이에서 시멘트 몰탈 등으로 지반과 접착된 **전면 접착형**이 있다. 일부 문헌에서는 선단 정착형 볼트를 앵커로 구분하기도 하지만, 볼트가 넓은 의미이고 긴장력을 가한 선단 정착형 볼트를 **앵커**라 하는 것이 일반적이다. 과거에는 주로 암반에 설치했기 때문에 **록볼트**라고 하였으나 최근에는 토사터널에서도 자주 사용되므로 **볼트**라 하는 것이 합당하다.

볼트는 천공가능하고, 굴착 후 수 시간동안 자립하며, 지보작업 중에 자립할 수 있는 모든 지질에서 사용할 수 있고, 비점착성 지반에서도 프리스트레스를 가하면 하중을 지지할 수 있다. 긴장하지 않은 볼트는 변위가 생겨야 축력이 발현된다.

볼트는 지반변형을 최소로 억제하기 위하여 설치시기가 중요하고, 조기 시공하는 것이 좋다. 볼트는 굴착 후 버력을 치우고 숏크리트를 타설하기 전이나 굴착 후 수 Cycle 이 지난 뒤 숏크리트 위에 설치하며, 굴착 전 막장에 설치할 수도 있다. 벤치 컷 할 때는 측벽부의 1회 굴진장이나 굴착에서 지보까지의 시간차 등을 활용하여 소요변형이 발생되게 한다. 막장 가까이 타설한 볼트는 차후 굴착하여 지보할 부분이 이완되는 것을 방지하는데 효과가 있다. 볼트는 현재까지 파악하지 못한 효과를 많이 갖고 있으므로 계산결과보다 관찰결과에 비중을 두어야 한다.

숏크리트로 지보한 터널은 지보공 취약부에서 파괴되고 지지력이 감소되어 변형이 발생된다. 볼트는 숏크리트 보다 변형 억제능력이 작지만, 변형이 커져도 강성저하가 작고 전체가 동일한 모양을 유지하므로 볼트로 보강된 지반 지지링은 변형되어도 내하력 저하가 거의 없는 상태로 터널형상을 유지한 채 내공 쪽으로 밀려 나온다.

1) 볼트 두부의 지압판 (head plate)

볼트는 앵커와 똑같은 개념으로 두부와 인장재 및 정착부로 구성하여 설치한다. 인장재는 인장강도가 큰 강재 (철근, 강연선, 강봉, 강관 등) 나 FRP 등을 사용한다. 볼트는 쐐기형이나 확장형 볼트로 선단 정착부를 형성 (선단 정착형, 표 4.2.12) 하거나, 볼트 전체 길이를 레진이나 시멘트 몰탈 또는 시멘트 밀크 등으로 지반에 접착 (전면 접착형, 표 4.2.13) 시킨다. 최근에는 전면 접착형 볼트가 많이 사용된다.

볼트는 두부에 지압판을 설치하고 너트로 고정한다. 볼트 축력이 지압판을 통해 숏크리트에 등분포 하중으로 전달되면, 숏크리트는 이를 내공면에 전달한다. 지압판 크기와 숏크리트의 두께 및 강도가 작으면 숏크리트가 펀칭파괴나 인장파괴된다. 지압판은 정사각형 (한 변 l_o) 이지만 원형 판 (등가원 반경 $r_c = 0.57 l_o$) 으로 계산한다.

숏크리트가 전단 (펀칭) 파괴에 대해 안정하려면 볼트 축력에 의한 등분포 하중으로 인하여 숏크리트 판 하부에 발생하는 최대 인장응력이 숏크리트 인장강도 보다 작아야 하고, 원형 판 주면을 따라 콘크리트 전단저항력이 볼트 하중보다 커야한다.

지압판 하부의 최대응력 $\sigma_{r\max}$ 은 원형 숏크리트 판 (반경 r_c, 두께 t_{sc}) 에 발생되는 등분포 하중이 p 이므로, 두꺼운 판 이론으로부터 구하면 (k_v 는 지반반력계수),

$$\sigma_{r\max} = 0.275 (1 + \nu) \frac{p}{t_{sc}^2} log_{10} \frac{E t_{sc}^3}{k_v b^4} \tag{4.2.3}$$

이고, 여기서 b 는 원형 판의 치수 (반경 r_c, 두께 t_{sc}) 에 따라 결정된다.

$$r_c > 1.724 t_{sc} \quad \text{이면} \quad b = r_c$$
$$r_c < 1.724 t_{sc} \qquad b = \sqrt{1.6 r_c^2 + t_{sc}^2} - 0.675 t_{sc} \tag{*(4.2.4)}$$

숏크리트가 전단 (펀칭) 파괴에 대해서 안정하려면 원형 숏크리트 판 주면에서 숏크리트의 전단저항력이 볼트 하중보다 커야한다.

소요변형이 볼트 부재의 변형능력 보다 커서 지반과 정착재 (몰탈 등) 간 부착이 끊어질 때에는 숏크리트에 틈을 두거나, 비정착 자유구간을 만들거나, 볼트 두부에 가변성 지압판 (스프링와셔, 고무탄성체, 반할파이프 등) 을 설치한다.

2) 볼트에 의한 인공 압력대

지반이 이완되기 전에 볼트를 규칙적으로 설치하고 굴착면을 숏크리트 처리하면 암괴의 상호 맞물림 해소 (지반이완) 가 방지되고 지반아치가 형성된다 (그림 4.2.11).

터널 단면크기에 비해 상대적으로 크기가 작은 암괴로 이루어진 암반은 비점착성 지반처럼 거동하므로, 숏크리트를 두껍게 (19~24 cm) 해도 효과가 적고, 규칙적으로 볼팅 (패턴 볼팅, 시스템 볼팅) 하는 것이 효과가 좋다. 볼트는 설치길이에 해당되는 범위의 암반층을 접선 및 반경방향으로 조여 주며, 반경압축력이 커지면 앵커작용에 의한 추가응력이 발생되어 인공 압력대 (그림 4.2.12 음영) 가 형성된다.

볼트를 효과적으로 적용하기 위해서는 다음을 따라야 한다.
- 볼트는 가능한 규칙적으로 배치하고, 설치 간격과 길이는 지반의 성질에 적합 해야 한다. 지반이 견고하지 않을수록 작은 간격으로 길게 설치한다.
- 볼트로 보강된 지반아치는 하중을 지지할 수 있을 만큼 충분히 두꺼워야 한다.
- 볼트는 볼트의 평균 간격과 지반아치 두께의 합보다 길어야 한다.
- 볼트 효과 (지반아치의 파괴여부) 는 이완지반의 특성곡선에서 판단한다.

긴 볼트는 설치하는데 공간과 시간이 많이 소요되므로 볼트에 의한 지지력 향상 보다 설치 중 지반이완에 의한 지지력 저하가 더 클 수 있으며, 지질이 나쁜 곳에서는 시공능률이 떨어지고, 시간과 비용이 많이 소요되며, 몰탈 충진이 불충분할 때가 많다. 따라서 볼트가 너무 짧지 않아야 되지만, 너무 긴 볼트는 비효과적이다.

긴 볼트나 큰 신율이 필요할 때는 쉽게 구부릴 수 있고 가벼워서 시공성과 작업성이 좋으며, 목표 인장강도를 맞추기 용이하고 지압판이나 철망 등 부속재료와 조합해서 사용할 수 있는 케이블 볼트 (cable bolt) 를 사용할 수 있다.

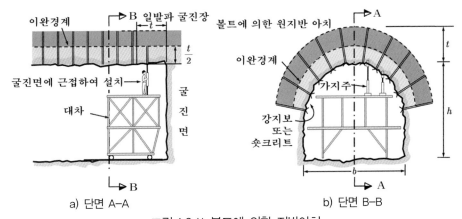

a) 단면 A–A   b) 단면 B–B

그림 4.2.11 볼트에 의한 지반아치

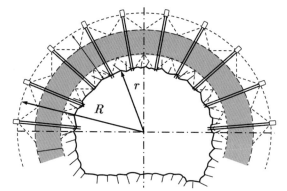

그림 4.2.12 볼트 보강 지반의 인공 압력대 (Talobre, 1957)

2.4.2 볼트 효과

볼트는 지반의 역학적 특성을 향상시키지만, 그 지보거동이 완전히 밝혀져 있지 않아서 아직 경험에 의존하여 판단하고 있다. 볼트의 효과는 공시체에 얇은 철편을 삽입하고 삼축압축시험하여 확인할 수 있다.

볼트효과 (표 4.2.11) 는 지반과 설치길이에 따라 다르다. 볼트는 지반을 봉합하고 (봉합효과), 지반에 아치를 형성하며 (아치효과), 내압을 가하여 (내압효과) 지반을 조여서 합성보로 거동시키고 (들보 형성효과), 전단에 저항한다 (전단저항효과).

1) 볼트의 길이 효과

볼트는 길어야 효과가 좋으며, 무한히 긴 볼트의 지보저항력은 숏크리트 링의 지보저항력과 같다. 볼트는 탄소성 경계와 같은 길이로 설치한다. 지반의 마찰각이 작거나 덮개압력이 커서, 소성역이 터널 직경 보다 크게 형성될 때에는 볼트를 소성역내에 설치할 수밖에 없다. 굴착단면크기에 비해 긴 볼트가 필요한 경우는 유연하고 가벼워서 시공성과 효율성이 좋고 경제적인 케이블 볼트를 설치한다.

2) 볼트의 조임효과

볼트의 조임 압력은 두부 판에서 일정한 각도 (예, $45°$) 로 퍼져나가서 일정깊이가 되면 등분포 저항력이 된다. 볼트를 조밀하게 규칙적으로 설치하고 강지보와 숏크리트를 설치하여 볼트하중 F_{rB} 를 면적 A 에 분산시키면, 등분포저항력 p_{erB} 이 되고,

$$p_{erB} = \frac{F_{rB}}{A} \tag{4.2.5}$$

표 4.2.11 볼트의 작용 효과

볼트의 효과	개념도
1) 봉합 효과 - 아치부 암괴를 봉합하여 낙반을 방지 - 이완된 암괴를 이완되지 않은 암반에 고정해서 붕락을 방지 - 소규모 균열/절리 발달한 암반에서 숏크리트와 병용이 효과적 - 일차 라이닝을 암반에 봉합	
2) 들보형성 효과 - 층리면으로 분리된 암반을 조여서 층리면에서 전단응력이 전달되어 겹친 들보로 거동하던 지반을 합성보로 거동시킴	
3) 내압 효과 - 볼트 인장력이 터널벽면에 내압으로 작용하여, 2축응력 상태이던 터널 주변지반이 3축 응력상태로 변화 - 구속력 (측압) 증대로 암반강도나 내하능력이 증가 - 측벽과 아치부에 배치, 팽창성 지반에는 인버트에 배치	
4) 아치 효과 - 시스템 볼트의 내압효과로 일체화되어 터널주변암반의 내하능력이 높아져 일정 내공변위 시 그라운드아치 형성 - 측벽과 아치부에 배치, 팽창성 지반에는 인버트에 배치	
5) 전단저항 효과 - 암반 전단저항력/내력이 증대되어 항복 후 잔류강도가 증가 - 볼트에 의해 암반 전체의 공학적 특성이 개선 - 천단을 제외한 아치 및 측벽에서 발현 - 토사터널에서 측벽부 전단파괴 방지	

이에 의해 접선응력은 감소하고 반경응력은 증가하여 2축 응력상태가 되어 지반강도가 증가한다. 연성 암반에서는 조임압력이 너무 크면 지압판 둘레에서 지반이 전단파괴되어 유동할 수 있다. 볼트 지보저항력을 근사적으로 구할 때에는 볼트의 조임효과만 고려하고, 볼트 특성곡선에서는 전단저항효과와 봉합효과를 고려한다.

3) 볼트의 전단저항 효과

소성역에서는 취약대 (절리나 편리면 등) 에 변위가 집중되면, 취약대를 따라 전단파괴가 일어나서 암체가 상대변위를 일으킨다. 그런데 모르타르 정착 봉형 볼트를 설치하면 전단저항효과가 유발되어 지반의 전단강도 (점착력) 가 증가된 것과 같아져서 암체의 상대변위가 억제된다. 강한 암반에서는 작은 전단변위 ($\approx 3\,mm$) 에서도 잔류강도가 매우 작아져서 ($0 \sim 0.01\,N/mm^2$) 볼트의 전단저항효과가 매우 크다.

Bjurström (1974) 은 대형실험을 수행하여 경험적으로 볼트 (직경 $d_{rB}\,[m]$, 항복강도 $\sigma_{yrB}\,[N/mm^2]$) 의 전단저항력 $\boldsymbol{T_{srB}}$ 를 구하였다.

$$T_{srB}= d_{rB}^2\,(0.67)\,\sqrt{\sigma_{yrB}\,\sigma_{DF}} \qquad\qquad [MN] \quad \textbf{(4.2.6)}$$

여기에서 σ_{DF} 는 암석의 압축강도 (암반의 압축강도가 아님) 이며, 삼축 압축시험에서 구한 강도를 적용한다. 지반의 전단파괴는 터널 굴착면에서 시작되므로, 볼트 전단력은 터널 (반경 a) 단위길이 당 굴착면 면적 $A_{tun} = 2\pi a\ [m^2]$ 에 관련된다.

터널 단위길이 당 n 개 볼트를 설치할 때 (볼트 단면적이 $A_{rB} = n\pi d_{rB}^2/4$) 에 볼트 전단저항효과에 의한 추가 점착력 c_B 는 다음과 같고,

$$c_B= n\,\frac{T_{srB}}{A_{tun}} = n\,\frac{d_{rB}^2}{2\pi a}\,(0.67)\,\sqrt{\sigma_{yrB}\,\sigma_{DF}} \qquad [N/mm^2] \quad \textbf{(4.2.7)}$$

볼트 보강비 μ_B (볼트단면적 A_{rB} 와 터널 굴착면 면적 A_{tun} 의 비) 를 적용하면,

$$\mu_B= \frac{A_{rB}}{A_{tun}} = \frac{n\,d_{rB}^2}{8\,a} \qquad\qquad\qquad\qquad \textbf{(4.2.8)}$$

볼트의 전단저항효과에 의한 추가 점착력 c_B 는 다음이 된다.

$$c_B= \mu_B\,(0.85)\,\sqrt{\sigma_{yrB}\,\sigma_{DF}} \qquad\qquad\qquad \textbf{(4.2.9)}$$

그런데 볼트 보강비는 굴착면 (반경 a) 에서 먼 곳 (반경 r) 은 a/r 만큼 감소하여,

$$\mu_B(r)= \frac{n\,d_{rB}^2}{8\,r} \qquad\qquad\qquad\qquad\qquad \textbf{(4.2.10)}$$

이므로, 볼트전단저항효과에 의한 추가 점착력 c_B 도 굴착면에서 멀수록 감소한다.

볼트의 전단저항효과에 의한 추가 점착력은 반경에 비례하여 감소하지만, 지반의 점착력은 몇 배 증가하므로, 전체 소성역에서 점착력이 $c_p = c + c_B$ 로 일정하다고 가정하면 안전측이다 (그림 4.2.13).

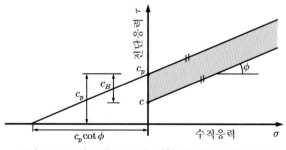

그림 4.2.13 시스템 볼트에 의한 지반의 점착력 증가

2.4.3 볼트 종류

볼트는 재질이나 정착 및 시공방법에 따라 종류가 다양하며, 지반상태 (강도, 절리 및 균열의 상태, 용출수 현황) 와 천공상태 (공경의 확대 유무 및 정도, 공면의 거침의 유무 및 정도, 공벽 자립성) 및 볼트특성 (설계내력, 볼트길이, 1 Cycle 시공본수, 정착 확실성, Pre-stress 도입 유무) 을 고려하여 경제적인 것을 선택한다.

1) 재질에 의한 분류

볼트는 보통 강봉으로 제작하며, 강관이나 PC 강재 또는 유리섬유를 사용하기도 한다 (그림 4.2.14). 강재 볼트는 내력을 확보하기 위해 SD350 이상 강재로 제작한다.

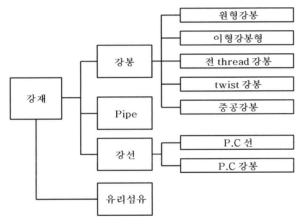

그림 4.2.14 재질에 따른 볼트의 분류

2) 정착방법에 의한 분류

볼트는 정착방법에 따라 선단 정착형과 전면 접착형 및 혼합형이 있다 (그림 4.2.15).

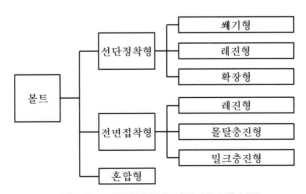

그림 4.2.15 정착방법에 따른 볼트의 분류

① 선단정착 형 볼트

선단 정착형 볼트는 선단을 암반에 정착시키고 pre-stress 를 가하며, 절리나 균열이 적은 경암이나 중경암에 사용한다. 정착길이는 충분히 길고, 길이와 시추공 직경이 정확해야 한다. 지반이 약하면 선단정착이 어렵고, 너무 단단하면 정착기구가 미끄러져 빠질 수 있다. 용수로 인한 부식 등 내구성 저하가 문제가 되지만, 대규모 공동이나 대단면 터널에서 긴 볼트나 케이블 볼트 등의 정착방법으로 적용되고 있다.

선단정착 형 볼트는 쐐기형, 레진형, 확장형이 있다 (표 4.2.12).

표 4.2.12 선단 정착형 볼트

볼트타입	특　성	모　양
쐐기형 (Wedge Type)	볼트 선단 Slit 중앙에 쐐기를 넣고 볼트 두부를 타격하여 암반에 정착, 소단면 경암 터널/광산에서 사용 토목분야에서는 거의 사용안함.	
레진형 (Resin Type)	레진접착제로 선단부 암반정착, 시공이 용이하고 비교적 큰 정착력, 접착제와 볼트 부착면적이 크도록 선단부를 나사모양으로 하거나 이형 강봉을 사용.	
확장형 (Expan -sion Type)	볼트를 인장/회전하여 선단부 shell내에 Taper 형 cone 을 넣고 shell 을 확대시켜 암반에 정착, 취급용이/경제적이어서 자주사용 정착부 절리/균열 정착력 부족	

② 전면접착 형 볼트

전면 접착형 볼트는 적용범위가 넓어서 많이 사용되며, 레진형, 충진형, 주입형이 있다 (표 4.2.13). 접착제로 레진, 시멘트 몰탈, 시멘트 밀크를 사용한다 (그림 4.2.16).

a) 레진형

레진과 경화제가 따로 담긴 캡슐을 시추공 안에 넣은 후에 볼트를 삽입하고 회전시켜 섞어서 레진이 화학반응을 일으켜서 경화되도록 한다.

보통 레진은 시공성이 좋고, 용출수가 다소 있어도 시공가능하고, 천공경이 크거나 길면 정착이 불량하고, 경화속도가 빨라 인력삽입 시 길이가 제한 된다 (3 m 정도).

발포성 레진은 보통 레진보다 경화가 늦어서 5 ~ 6 m 까지 인력삽입이 가능하다. 선단부에는 급결성 보통 레진을 사용하고 다른 부분에 발포성 레진을 사용하면 프리스트레스가 가능하다. 발포 배율이 크면 부착력이 작다.

b) 충진형

천공 - 몰탈 충진 - 볼트 타입 순으로 시공하며, 시멘트 몰탈 형이 가장 널리 쓰인다. 이형철근이나 강관 또는 강선을 사용하고 보통 시멘트나 초조강 시멘트로 충진한다. 레진형 보다 싸고, 천공경이 확대되어도 몰탈 충진이 가능하여 정착력이 확보되며, 긴 볼트를 사용할 수 있다. 몰탈은 품질관리를 잘해야 하고, 용출수가 있으면 몰탈이 흘러내리기 쉽다. 레진형 보다 강도발현이 늦지만 경화 후 인발내력은 거의 같다.

c) 주입형

시멘트 밀크와 급결제를 따로 펌프 압송하여 볼트에 장치된 관을 통해 주입한다. 천공입구에 팩커를 설치하여 주입을 완전히 하고 상향볼트를 고정시킨다. 급결제를 사용하면 강도발현이 빠르고, 용출수가 다소 있어도 시공이 가능하며, 천공상태가 나빠도 볼트만 삽입되면 시공이 가능하다. 팩커 부착과 주입확인에 시간이 걸리고, 토사지반과 균열이 많은 지반에서 주입량이 많아진다. 천공 내의 용수량이 많거나 암 파편 때문에 주입호스의 삽입이 어렵거나 천공이 함몰되기 쉬워서 볼트 시공이 어렵거나 불가능할 때 적용하며, 압력조절이 가능한 몰탈 펌프나 주입기로 주입한다.

일반볼트를 현장에서 쉽게 주입식 볼트로 개량·사용할 수 있다. 배기호스 선단은 강관을 볼트에 용접·부착하여 보호한다. 주입 및 배기호스는 볼트삽입 후 쉽게 식별되게 크기나 색이 다르게 하며, 철사로 약 50 cm 간격으로 볼트에 고정시킨다.

NATM 에서는 볼트를 막장에 근접하여 시공해야 한다. 천공-볼트 삽입-천공의 입구밀봉 등 작업은 현막장 (n) 으로부터 1 막장 후방 ($n-1$) 에서 시행한다.

③ 혼합형 볼트

혼합형 볼트는 선단정착 형 볼트를 삽입한 후 시멘트 밀크 등을 주입하여 일부를 전면 접착하는 방식으로 그라우트 볼트라고도 한다. 부식방지 및 지보효과를 목적으로 사용하며, 중공 이형 강봉을 사용하고 내부구멍을 통해 선단에 시멘트 밀크를 주입하는 확장형과 선단부를 레진으로 정착하고 볼트 내부구멍을 통하여 중간에서부터 시멘트 밀크를 주입하는 레진형이 있다.

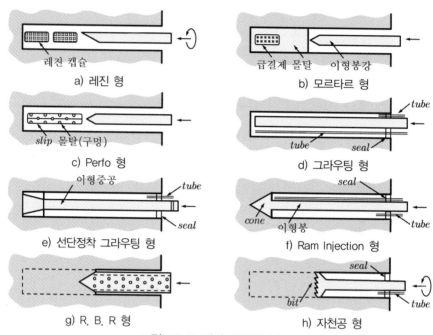

a) 레진 형

b) 모르타르 형

c) Perfo 형

d) 그라우팅 형

e) 선단정착 그라우팅 형

f) Ram Injection 형

g) R. B. R 형

h) 자천공 형

그림 4.2.16 전면 접착형 볼트

표 4.2.13 전면접착형 볼트의 장단점

구 분		장 점	단 점
레진형	보통 레진	- 시공성 양호 - 조기에 큰 정착력 획득가능 - 용수 다소 있어도 시공가능	- 큰 천공경 정착제부족(정착불량) - 경화가 빨라 인력 타입시 $3\,m$ 정도가 한도

	발포성 레진	- 길이 $5 \sim 6\,m$ 까지 시공가능
		- 선단부 급결성 보통 레진,
		  다른 곳 발포성 레진 사용,
		  프리스트레스 도입 가능
			- 발포배율 커지면서 부착력저하
			- 경화속도 보통 resin 보다 늦다

충진형		- 공경이 확대되어도 천공경내
		  몰탈 완전 충진이 가능하여
		  정착력이 충분히 확보된다.
		- 긴 볼트 ($6m$정도) 사용 가능
			- 몰탈 품질관리에 주의필요,
			  용수 시 몰탈이 흐르기 쉬움
			- 공면이 거칠면 충진호스 삽입곤란
			- 흡수성지반에서 몰탈수분 흡수
			- 조기강도발현 레진형보다 늦다
			- 몰탈 믹서, 피더, 펌프설비 필요

주입형		- 강도발현 빠름(급결제사용)
		- 다소의 용수에 시공 가능
		- 공면이 거칠어도 볼트만
		  삽입되면 시공이 가능
			- 급결제, 패커, 주입관, 배기관을
			  사용하므로 몰탈형 보다 고가
			- 패커부착, 주입, 확인에 시간 소요
			- 믹서, 펌프가 2 대씩 필요
			- 토사, 균열암반에서 주입량 과다
			- 몰탈 믹서, 피더, 펌프 설비 필요

2.4.4 볼트 배치

볼트는 터널의 상태 (사용목적, 터널단면의 크기와 형상) 와 굴착방법 및 지반조건 (지반 종류와 강도, 균열 간격과 길이, 용수상태, 초기응력) 을 고려하여 터널굴착에 의한 영향영역을 보강할 수 있게 임의로 또는 규칙적으로 배치한다.

임의 볼트 (random rock bolting) 는 막장상태에 따라 불규칙하게 배치하여 지반이 불량한 부분을 보강하며, 시스템 볼트 (system rock bolting) 는 규칙적으로 배치하여 지반을 보강하고 암반아치를 형성시킨다.

볼트 인발내력이 불충분한 경우, 최대축력위치가 중간보다 심부 쪽에 있는 경우, 소성역이 볼트길이 보다 깊은 경우, 측벽변형이 길이의 6 % 이상인 경우에는 볼트를 추가 시공한다.

볼트의 소요길이와 설치간격은 정설이 없고, 경험적으로 지반강도, 절리간격 (평균 절리간격의 3 배) 과 방향, 터널치수, 사용목적에 따라 정한다.

볼트 길이 l_B 는 일회 굴진장이나 터널의 폭을 기준으로 정한다. 볼트간격은 **횡단** 방향으로는 볼트길이의 0.5 ~ 0.7 로 하고, 종단방향으로는 내하력을 고려하고, 설치밀도가 $(0.5 \sim 1.0)$ 개$/m^2$ 이면서 강지보공 최대설치간격 $(1.5\,m)$ 보다 작게 한다.

1) 경험식

선단 정착형 볼트의 배열은 지반아치작용을 할 수 있는 연속압축대가 터널 주위에 형성될 수 있는 간격으로 결정한다. 선단정착 형 볼트로 암반을 구속하면 각 볼트 주변에 마름모꼴 압축대가 형성되고, 볼트간격이 적절하면 연속압축대가 형성되고 볼트에 직각으로 압축응력이 생겨서 암반의 전단저항이 현저히 증가된다.

압축대는 길이 l_B 와 횡간격 e_B 의 비 가 $l_B/e_B \geqq 1.6$ 일 때 형성된다 (그림 4.2.17). 긴 볼트를 큰 간격으로 소수 설치하거나, 짧은 볼트를 좁은 간격으로 다수 설치한다. 절리가 발달한 암반에서는 짧은 볼트를 규칙적으로 다수 설치하는 것이 효과적이다. 터널천정이 아치형이면 터널진행방향으로 반드시 $l_B/e_B = 1.6$ 가 아니어도 된다.

쇄석이라도 베어링 플레이트의 순 간격을 쇄석 직경의 3 배 이하가 되도록 볼트를 배치하여 상호이동을 구속하면 보로 거동할 수 있으나 정량적으로 해명하기 어렵다.

볼트 길이 l_B 는 일회 굴진장 t_{bl} 의 2 배 이상으로 한다. 볼트 설치간격은 터널의 종단방향 (g_B) 으로는 설치밀도를 $0.5 \sim 1.0$ 개/m^2 로 하며, 강지보공 최대설치간격 $1.5\,m$ 보다 작은 간격으로 설치하고, 횡단방향 (e_B) 으로는 볼트 길이를 고려하여 설치간격을 $(0.5 \sim 0.7)l_B$ 로 한다.

$$l_B \geq 2\,t_{bl}$$
$$e_B = (0.5 \sim 0.7)\,l_B \qquad\qquad : 횡단방향$$
$$g_B = (0.5 \sim 1.0)\,개/m^2 \leq 1.5\,m \quad : 종단방향 \tag{4.2.11}$$

a) 광폭 압축대   b) 단일 압축대   c) 불연속 압축대

그림 4.2.17 볼트의 길이와 간격의 비에 따른 압축대 형성

2) Rabcewicz 의 경험식

Rabcewicz 는 터널 (폭 t_B) 을 굴착하면 (1 회 굴진장 t_{bl}), 천단상부 암반 (단위중량 γ) 이 최대로 두께 $t_{bl}/2$ 만큼 이완된다고 보고, 터널의 종·횡방향으로 형성되는 지반 아치 (그림 4.2.11) 의 무게 $\gamma A_{BL} l_{Be}$ 를 지지하는데 필요한 힘을 볼트 강도 (허용내력 T_{aB}) 로 나누어 볼트의 소요 길이 l_{Be} 와 간격 (볼트 1 개 지지면적 A_{BL}) 및 소요직경 d_{Be} 를 구하였다 (안전율 2 로 가정).

볼트의 소요길이 l_{Be} 와 볼트 1 개의 지지면적 A_{BL} 은 다음 식으로 구할 수 있고,

$$l_{Be} \geq (1/3 \sim 1/5)t_B, \;\; l_{Be} \geq t_{bl}$$
$$A_{BL} = \frac{T_{aB}}{\gamma\, l_{Be}} \tag{4.2.12}$$

볼트의 소요직경 d_{Be} 는 다음 식으로 계산하며, 여기에서 직경이 작은 것 다수가 유리하다 (단, η_B 는 안전율, F_{yrB} 는 굴착면 단위면적당 항복하중).

$$d_{Be} = 2\alpha\,\sqrt{\frac{\gamma A_{BL}}{\eta_B F_{yrB}}}\,\sqrt{l_{Be}} \tag{4.2.13}$$

3) 지반상태를 고려한 볼트 배치

볼트는 그림 4.2.18 과 같이 상대변위가 없는 층리나 불연속면에 수직으로 설치하여 인장에 의해 탈락되지 않게 하고, 상대변위가 발생할 수 있거나 연직인 불연속면에서는 저항가능한 쪽에서 불연속면에 45°로 설치하여 전단에 저항하도록 하는 것을 원칙으로 한다. 경사 절리에서는 활동저항이 가능한 쪽 절리면의 45° 방향으로 설치한다 (그림 4.2.19). 암반 블록의 붕락을 방지하기 위해서는 인장이 발생되는 경계면에 수직으로 설치하고 전단 경계면에 45°로 설치한다 (그림 4.2.20).

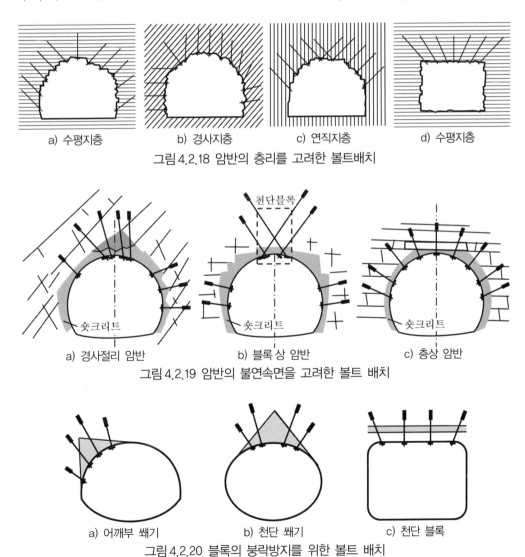

a) 수평지층   b) 경사지층   c) 연직지층   d) 수평지층

그림 4.2.18 암반의 층리를 고려한 볼트배치

a) 경사절리 암반   b) 블록 상 암반   c) 층상 암반

그림 4.2.19 암반의 불연속면을 고려한 볼트 배치

a) 어깨부 쐐기   b) 천단 쐐기   c) 천단 블록

그림 4.2.20 블록의 붕락방지를 위한 볼트 배치

3. 터널 지보시스템의 지지력

터널을 굴착하면 주변 지반응력이 초기응력상태에서 이차응력상태로 변하여 그 차이 하중이 터널에 작용하며, 이 하중은 주변지반과 지보공이 분담하여 지지한다. 따라서 터널 지지링의 지지력은 지반 지지링 지지력과 지보라이닝 지지력 (저항력) 의 합이다. 지반이 양호하여 인버트를 생략한 지보라이닝은 지보아치라고 한다.

터널주변에 형성된 지반 지지링 (3.1 절) 은 소성역 (소성지반 지지링) 이나 시스템 볼트 보강영역 (시스템 볼트 지지링) 이다. 전체 하중에서 지보라이닝 한계지지력을 뺀 나머지 하중을 지반 지지링이 지지하며, 한계지지력을 초과하지 않도록 치수나 배치상태를 조절한다. 지보공 분담하중이 지보공의 전체 저항력보다 커지면, 단면을 축소하거나 지반변형을 허용하여 지반 지지링의 지지력과 분담하중을 증가시킨다.

지보라이닝 (3.2 절) 은 유사시 휨파괴 되지 않고 전단파괴 되도록 얇게 설치한다. 지보 라이닝이 너무 두꺼우면 배면지반이 전단파괴되기 전에 휨파괴 되어 터널이 불안정해 진다. 지보라이닝은 휨파괴 되지 않은 채 지반과 동시에 전단파괴 되도록 설계한다. 터널굴착 후 지반이 탄성 상태로 유지되는데 필요한 지보압은 내공면의 구속압이 지반의 항복한계 (강도) 와 같다고 보고 Mohr-Coulomb 항복식을 적용하여 구한다. 지보라이닝은 두께를 무시할 수 있을 만큼 얇은 관으로 간주하고 해석한다.

Rabcewicz (1969) 는 전단파괴설에 근거한 지보 시스템 (3.3 절) 으로 지반지지링과 지보라이닝의 저항력을 구했고, Rabcewicz/Golser (1973) 가 수학적으로 보완하였다. 아직 불완전하지만 최초로 지지링의 지지력을 계산하였고, 이를 적용해서 많은 터널 을 성공적으로 굴착하였다.

터널의 지보아치 (3.4 절) 는 인버트가 있으면 지보아치 콘크리트가 서서히 전단 파괴 되므로 파괴를 조기감지하고 대응가능한 시간이 있어 덜 위험하다. 지보아치는 부재력 (휨모멘트, 전단력, 축력) 으로 평가한다. 강지보공의 변형에 의한 지압경감 효과는 안전측으로 보통 무시한다. 지보아치는 대개 숏크리트로 설치하며, 숏크리트 단면의 일부를 두껍게 하거나 강지보공이나 격자지보로 보강 (합성지보아치) 한다. 합성 지보아치는 모든 외력이 숏크리트에 작용하는 것으로 가정하고, 강지보나 격자 지보는 별도로 구조해석하지 않는다.

그러나 과도한 지압이 예상되거나 굴진면 자립시간이 매우 짧을 때에는 숏크리트 타설 전 상태에 대하여 시스템 단면력과 지지력을 검토하며, 검증시험과 함께 구조 계산 및 현장기술자의 기술적 판단에 근거해서 계산된 지압에 대해 강지보가 견딜 수 있는지 검토한다.

3.1 지반 지지링의 지지력

터널에 작용하는 하중은 주변지반과 지보공이 분담하여 지지하므로, 지반 지지링이 분담하는 하중은 전체 하중에서 지보공 분담분을 제외한 나머지 하중이다.

지보라이닝의 지지력은 부재의 치수나 재료특성 때문에 크기가 작고 제한되며 증가시키기가 어렵다. 그러나 지반 지지링의 지지력은 매우 크고 지지링이 두껍고 내공변위가 클수록 크므로, 지반 지지링 분담하중을 크게 하려면 지반 지지링을 크게 형성시켜야 한다. 터널굴착 후 지보설치까지 방치시간을 조절해서 지반변형을 크게 유도하여도 지반 지지링이 크게 형성되고 지지력이 커진다.

지반 변형을 허용하여 보통지보공으로 지지할 수 있을 정도로 즉, 지보라이닝의 허용지지력 이하로 지압이 감소된 후 지보라이닝을 설치하며, 주변지반의 지지력을 최대한 활용해야 (주변지반이 전단파괴 되기 전에 지보공이 파괴되지 않도록 해야) 효과적이다. 주변지반이 전단파괴되지 않고 안정한데도 지보공이 파괴되어 터널이 불안정하다면 터널 공학적으로 합당한 설계가 아니다.

지반 지지링은 주변지반에 형성된 소성영역 즉, 소성지반 지지링 (3.1.1 절) 이나 시스템볼트 길이와 동일한 두께로 형성된 시스템 볼트 지지링 (3.1.2 절) 을 말한다. 지반 지지링은 내공변위가 커질수록 커지고 (두껍고), 두꺼울수록 지지력이 커지며, 시스템볼트 지지링은 볼트가 길수록 두꺼워 진다.

3.1.1 소성지반 지지링

소성지반 지지링은 터널 내공면과 탄소성 경계사이 ($a < r < R$) 의 지반 (소성역) 이며, 지보공에 의해 지반이 취성파괴 되지 않고 연성항복하고 전단되어 탈락되지 않는 한도 내에서 충분한 내공변형이 일어났을 때를 기준으로 그 크기를 결정한다. 소성지반 지지링의 지지력은 소성영역의 외측 경계 (탄소성 경계) 와 내측 경계 (터널 내공) 에 작용하는 반경응력의 차이이다.

1) 소성지반 지지링에 작용하는 외력

원형터널 굴착으로 인해 주변지반이 소성화되고 외부로부터 반경방향 응력 σ_R 이 작용한다. 탄소성경계는 등압상태 ($K = 1.0$) 에서 원형이며, 측압계수가 $K \neq 1$ 이면 타원형이고 타원의 장·단반경 a 와 b 는 측압계수에 따라 변한다.

연직외압 p_o 와 수평외압 $q_o = Kp_o$ 가 작용하면, 탄소성 경계는 타원형으로 되고, 천단과 측벽의 반경방향 응력 σ_{rc} 와 σ_{rw} 는 다음과 같다.

$$\sigma_{rc} = p_o(1 - \sin\phi)\left(\frac{2a+b}{2b} - \frac{K}{2}\right) + c\cos\phi$$

$$\sigma_{rw} = p_o(1 - \sin\phi)\left(\frac{a+2b}{2a} - \frac{K}{2}\right) + c\cos\phi \tag{4.3.1}$$

탄소성 경계가 원형 ($a = b$) 이면, 반경응력 σ_{R_p} 은 천단과 측벽에서 크기가 같고,

$$\sigma_{R_p} = \sigma_{rw} = \sigma_{rc} = p_o(1 - \sin\phi)(3/2 - K/2) + c\cos\phi \tag{4.3.2}$$

축대칭 (측압계수 $K = 1$) 일 때에는 다음이 된다.

$$\sigma_{R_p} = p_o(1 - \sin\phi) + c\cos\phi \tag{4.3.3}$$

탄소성 경계가 타원형이고 장반경 a 가 단반경 b 의 2 배 ($a = 2b$) 이면, 탄소성 경계 측벽 반경응력 σ_{rw} 는 다음이 된다. 즉, 탄소성 경계가 타원형이면 원형 ($K = 1$) 에 비해 측압계수가 $K = 0.5$ 일 때 2.25 배, $K = 2.0$ 일 때 1.5 배 정도 더 크다.

$$K = 0.5 : \sigma_{rw} = 2.25\,p_o(1 - \sin\phi) + c\cos\phi$$

$$K = 2.0 : \sigma_{rw} = 1.5\,p_o(1 - \sin\phi) + c\cos\phi \tag{4.3.4}$$

2) 소성지반 지지링의 지지력

원형 탄소성 경계 반경 R_p 은 다음과 같고, 지지링의 두께는 $l_a = R_p - a$ 이다.

$$R_p = a\left(\frac{2}{m+2}\frac{p_o - s/m}{p - s/m}\right)^{1/m} \tag{4.3.5}$$

여기서 $m + 1 = \dfrac{1 + \sin\phi}{1 - \sin\phi}$ 는 Rankine 수동토압계수 K_p 와 같고, $s = \dfrac{2c\cos\phi}{1 - \sin\phi}$ 이다. 위 식을 변형하면 내공면 지보압 p_i 를 구할 수 있다.

$$p_i = \frac{s}{m} + \frac{2}{m+2}\left(p_o - \frac{s}{m}\right)\left(\frac{a}{R_p}\right)^m \tag{4.3.6}$$

그런데 탄소성 경계의 반경응력 σ_{R_p} 은 다음과 같으므로,

$$\sigma_{R_p} = \frac{2p_o + s}{m+2} = p_o - \frac{m}{m+2}\left(p_o - \frac{s}{m}\right) \tag{4.3.7}$$

원형 지반 지지링의 지지력 $\Delta\sigma_{R_p}$ 즉, 소성역의 외측경계 (탄소성경계 R_p) 의 반경 응력 σ_{R_p} 과 내측경계 (내공면 a) 의 반경응력 $\sigma_a = p_i$ 의 차이는 다음이 된다.

$$\triangle\sigma_{R_p} = \sigma_{R_p} - p_i = \frac{2}{m+2}\left(p_o - \frac{s}{m}\right)\left\{1 - \left(\frac{R_p}{a}\right)^m\right\} \tag{4.3.8}$$

3.1.2 시스템볼트 지지링

시스템 볼트를 설치하면 볼트 길이 (외측반경 R 과 내경 a 사이 거리) 와 같은 두께로 시스템볼트 지지링이 형성되어 일부 외압을 지지하며, 그 지지력은 볼트 외측과 내측 경계에 작용하는 반경응력의 차이이다. 볼트의 주면 저항력과 항복강도로부터 볼트의 치수와 설치간격을 정하고, 볼트의 긴장효과를 고려하여 시스템볼트 지지링의 압력을 구할 수 있다. 전단 파괴설에서는 시스템볼트 지지링을 들보로 간주하고 전단파괴에 대한 저항력을 구할 수 있다.

1) 볼트의 저항력과 치수

볼트설치 후 주변지반이 변형되면 볼트와 지반의 상대변위에 의해 접촉면에 전단응력이 발생되며, 볼트의 전단저항력은 두부 판을 통하여 굴착면과 배후지반에 전달된다. 시스템 볼트가 항복하는 순간에 주면마찰 저항력이 극한값에 도달된다고 생각하고 볼트의 소요직경과 유효길이를 구한다.

(1) 시스템 볼트의 주변마찰 저항응력 τ_{uB}

전면접착식 볼트를 인발하면 볼트의 주면에 전단저항력이 발생된다. 굴착 즉시 설치한 전면접착식 볼트 (길이 l_B, 직경 d_{rB}) 의 전단저항력은 $\tau \pi d_{rB} l_B$ 이 되고, 변위발생 즉시 전단응력이 최대치 $\tau_{\max}$ 에 도달되면 볼트 극한 주면저항력 T_{uB} 는 다음이 된다.

$$T_{uB} = \tau_{\max} \pi d_{rB} l_B \tag{4.3.9}$$

n 개 볼트를 횡·종 간격 e_B 와 g_B 로 설치할 때 (그림 4.3.1) 에, 두부 지압판을 통해 굴착면에 전달되는 시스템 볼트의 극한 주면저항응력 τ_{uB} 는 다음이 된다.

$$\tau_{uB} = \frac{T_{uB}}{e_B g_B} = \frac{\tau_{\max} \pi d_{rB} l_B}{e_B g_B} \tag{4.3.10}$$

(2) 시스템 볼트 분담 지보압 p_{aB}

터널 (반경 a) 단위길이에 n 개 볼트 (항복응력 σ_{yrB}) 를 설치하면, 볼트가 지지할 수 있는 최대인장력은 볼트가 항복을 시작할 때에 $n\sigma_{yrB}\pi d_{rB}^2/4$ 이므로, 이를 터널 내공면 면적 $2\pi a$ 로 나누면 시스템볼트 분담 최대 지보압 p_{aB} 가 된다.

$$p_{aB} = \frac{n d_{rB}^2}{8a} \sigma_{yrB} \tag{4.3.11}$$

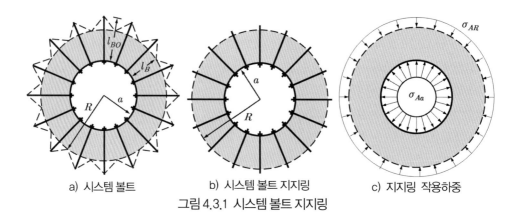

a) 시스템 볼트   b) 시스템 볼트 지지링   c) 지지링 작용하중

그림 4.3.1 시스템 볼트 지지링

(3) 볼트 소요직경 d_B

볼트가 항복하는 순간에 주변마찰이 최대치 (극한치) τ_{uB} (식 4.3.10) 에 도달 (즉, $p_{aB} = \tau_{uB}$) 된다고 간주하고 볼트의 소요직경 d_B 를 구한다.

$$d_B = \sqrt{\frac{8a}{n\sigma_{yrB}}p_{aB}} = \sqrt{\frac{8a}{n\sigma_{yrB}}\frac{T_{uB}}{e_B g_B}} \tag{4.3.12}$$

(4) 볼트의 유효길이 l_{Be}

볼트의 유효길이 l_{Be} 는 시스템 볼트 지지링의 외경 R (즉, 탄소성 경계 R_p) 과 내공 반경 a 의 차이이며 (그림4.3.1a), 실제 볼트길이 l_B 보다 작다 ($l_{Be} < l_B$).

$$l_{Be} = R_p - a \tag{4.3.13}$$

2) 시스템 볼트에 의한 지지링 압력

초기응력이 등방압 p_o 상태인 탄소성 지반에 굴착한 원형터널 (반경 a) 에 지지력이 T_{uB} 인 볼트 n 개를 시스템으로 설치할 때에, 볼트간격이 작으면 볼트축력 nT_{uB} 를 설치면적으로 나눈 압력이 지반에 등분포로 작용한다 (그림 4.3.1c).

원형 시스템볼트 지지링에 작용하는 외압 σ_{RB} 과 내압 σ_{aB} 는 각각,

$$\sigma_{aB} = \frac{nT_{uB}}{2\pi a} \quad , \quad \sigma_{RB} = \frac{nT_{uB}}{2\pi R_p} \tag{4.3.14}$$

이므로, 다음 관계가 성립된다.

$$\sigma_{RB} = \sigma_{aB} a / R_p \tag{4.3.15}$$

소성역내에서 지반의 전단강도가 모두 발휘되고, 반경응력이 반경에 선형비례하면, 소성역내 (위치 r) 반경응력 σ_{rp} 는 다음이 되고, 접선응력은 변하지 않는다 (그림 4.3.2).

$$\sigma_{rp} = \sigma_{aB} a / r \tag{4.3.16}$$

3) 볼트의 긴장효과

볼트를 긴장하면 지반의 점착력이 c_B 만큼 증가 (즉, $c_p = c + c_B$) 되어 지반강도가 증가 된다 (그림 4.2.13). 소성역내 위치 r 의 반경응력 σ_r 은 볼트 긴장 후에 $\sigma_r + \sigma_A$ 로 증가된다. 긴장하지 않은 전면접착볼트에 의해서도 점착력이 증진될 수 있다.

Bjurstroem (1974) 은 대형시험을 통하여 볼트 (직경 d_B) 에 의한 증가 점착력 c_B (식 4.2.7) 를 경험적으로 구하였다 (σ_{yB} 는 볼트 항복강도, σ_{DF} 는 암석 일축압축강도).

$$c_B = n \frac{d_B^2}{2\pi a}(0.67)\sqrt{\sigma_{yB}\,\sigma_{DF}}\ \ [N/mm^2] \tag{4.3.17}$$

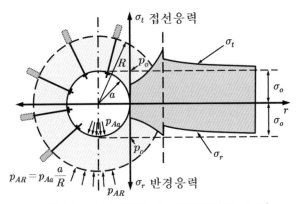

그림 4.3.2 시스템볼트 후 지반응력 ($K = 1.0$)

볼트 긴장에 의해 내압과 외압이 p_{aB} 와 p_{RB} (식 4.3.14) 인 시스템볼트 지지링의 외경 R 은 탄소성경계 R_p 와 같다. c_{ae} 와 ϕ_e 는 탄성역의 점착력과 내부마찰각이다.

$$R = R_p = a\left[\frac{p_o + c_p\cot\phi + p_{RB}}{p_{aB} + c_p\cot\phi} - (p_o + c_{ae})\sin\phi_e\right]^{1/m} \tag{4.3.18}$$

시스템볼트 지지링 (즉, 소성역 $a < r < R$) 내 반경 및 접선응력 σ_{rp} 와 σ_{tp} 는,

$$\sigma_{rp} = (p_{aB} + c_p\cot\phi)(r/a)^m - c_p\cot\phi$$
$$\sigma_{tp} = (m+1)(p_{aB} + c_p\cot\phi)(r/a)^m - c_p\cot\phi \tag{4.3.19}$$

이고, 탄소성경계 반경응력 σ_{rR_p} 은 위의 σ_{rp} 에 $r = R_p$ 을 대입하면 구할 수 있다. 지지링 외곽 즉, 탄성역 ($r > R_p$) 내 반경 및 접선응력 σ_{re} 와 σ_{te} 는 다음과 같다.

$$\sigma_{re} = (p_o + p_{RB})\left(1 - R_p^2/r^2\right) + \sigma_{rR}R_p^2/r^2$$
$$\sigma_{te} = (p_o + p_{RB})\left(1 + R_p^2/r^2\right) - \sigma_{rR}R_p^2/r^2 \tag{4.3.20}$$

4) 볼트분담 지보 저항력

지지링의 볼트 분담 지보저항력은 지보라이닝 지보압이 영 (0) 인 조건에서 구한다.

(1) 점착성 지반 ($c \neq 0$)

소성역내 지반의 전단강도가 모두 발휘되면, 볼트 긴장에 의해 반경응력은 σ_r 에서 $\sigma_r + \sigma_A$ 로 증가되므로 점착성 지반에서 접선응력 σ_t 는 다음이 된다.

$$\sigma_t = (m+1)(\sigma_r + \sigma_A) - s \tag{4.3.21}$$

반경방향 힘의 평형식은 $\sigma_r = \sigma_{aB} a / r$ (식 4.3.16) 이므로 다음과 같고,

$$\frac{d\sigma_r}{dr} - \frac{1}{r}\left\{ \sigma_r\, m - s + (m+1)\sigma_{aB}\frac{a}{r} \right\} = 0 \tag{4.3.22}$$

내공면 내압이 p 이므로 볼트 긴장 후 소성역내 (반경 r) 반경응력 σ_r 은,

$$\sigma_r = (p + \sigma_{aB} + s/m)(r/a)^m - \sigma_{aB} a/r - s/m \tag{4.3.23}$$

이고, $r = R_p$ 을 대입하면 탄소성경계 반경응력 σ_{R_p} 이 된다 (σ_o 는 덮개압).

$$\sigma_{R_p} = (p + \sigma_{aB} + s/m)(R_p/a)^m - \sigma_{aB}\, a/R_p - s/m = p_o(1 - \sin\phi) - c\cos\phi \tag{4.3.24}$$

그런데 $s/m = c\cot\phi, \; 1 - \sin\phi = 2/(m+2), \; c\cos\phi = s/(m+2)$ 이므로 이를 위의 식에 대입하고 지보라이닝의 지보압 p_i 에 대해 정리하면 다음이 된다.

$$p_i = \frac{2p_o - s}{m+2}\left(\frac{a}{R_p}\right)^m - \frac{nT_{uB}}{2\pi a}\left\{ 1 - \left(\frac{a}{R_p}\right)^{m+1} \right\} - \frac{s}{m}\left\{ 1 - \left(\frac{a}{R_p}\right)^m \right\} \tag{4.3.25}$$

시스템 볼트만으로 지지될 경우에는 지보라이닝의 지보압이 $p_i = 0$ 이므로, 볼트 분담 지보저항력 p_{iB} 는 다음이 되고, 볼트의 총 극한저항력 nT_{uB} 를 초과할 수 없다.

$$p_{iB} = \frac{2\pi a}{1 - (a/R_p)^{m+1}}\left[\frac{2p_o - s}{m+2}\left(\frac{a}{R_p}\right)^m - \frac{s}{m}\left\{ 1 - \left(\frac{a}{R_p}\right)^m \right\} \right] \leq nT_{uB} \tag{4.3.26}$$

(2) 비점착성 지반 ($c = 0$)

점착력이 없으면, $s = 0$ 이므로 지보라이닝의 지보압 p_i (식 4.3.25) 는 다음이 된다.

$$p_i = \frac{2p_o}{m+2}\left(\frac{a}{R_p}\right)^m - \frac{nT_{uB}}{2\pi a}\left\{ 1 - \left(\frac{a}{R_p}\right)^{m+1} \right\} \tag{4.3.27}$$

시스템볼트 지지링만으로 지지되면 지보라이닝 지보압이 $p = 0$ 이므로, 볼트 부담 지보저항력 p_{iB} 는 다음이 되고, 볼트의 총 극한저항력 nT_{uB} 를 초과할 수 없다.

$$p_{iB} = \frac{2\pi a}{1 - (a/R_p)^{m+1}}\left\{ \frac{2\sigma_o}{m+2}\left(\frac{a}{R_p}\right)^m \right\} \leq nT_{uB} \tag{4.3.28}$$

3.2 지보라이닝의 지지거동

지보라이닝의 거동은 각 지보공 (숏크리트, 강지보, 볼트) 의 통합거동이며, 지반의 일축압축강도가 초기응력의 2 배 보다 크면 지보하지 않아도 되고, 작으면 차이나는 응력을 지지할 지보공이 필요하다.

지반을 탄성 상태로 유지하는데 필요한 지보라이닝의 지보압 (3.2.1 절) 은 내공면 구속압력이 지반의 항복한계 (강도) 와 같다고 보고 구한다. 숏크리트 지보 라이닝의 축력과 변위 (3.2.2 절) 는 (지보라이닝이 터널의 반경에 비해 두께를 무시할 수 있을 만큼 얇으므로) 얇은 관으로 간주하고 구한다. 볼트를 설치한 지보라이닝의 축력과 변위 (3.2.3 절) 는 주변지반을 (두께가 볼트길이와 같은) 원통응력상태로 간주하고 계산한다. 볼트가 부담하는 압력은 숏크리트와 볼트 지압판 (헤드 플레이트) 을 통해 내공면 전체에 등분포로 전달되고, 외측 정착점에서 외력으로 작용한다. 볼트는 항복 응력 상태이고 완전 탄소성거동한다고 가정한다.

지보특성곡선과 지반응답곡선 (3.2.4 절) 은 지압-지반변위 관계식이고, 기울기는 지반강성이며, 지보공 강성률의 합은 지보공 곡선의 기울기이다. 지보라이닝의 해석 (3.2.5 절) 은 인버트를 설치하여 폐합한 경우와 폐합하지 않은 경우로 구분하여 수행한다. 인버트를 설치하여 폐합한 지보라이닝은 터널 연직 축에 대해 좌우대칭으로 하중을 받는 강성이 균일한 원형 링으로 가정하여 계산하고, 인버트를 폐합하지 않은 지보라이닝은 하단을 고정한 캔틸레버로 가정하여 계산한다.

3.2.1 지반 소성화 방지 소요 지보압

지보라이닝은 지반의 일축압축강도가 초기응력의 2 배보다 작을 때 그 차이응력 (최소 지보압력) 을 지지하며, 지반을 탄성 상태로 유지하기 위하여 필요하다. 지보 라이닝의 지보압은 내공면 구속압이 지반의 항복한계와 같다고 보고 (대개 Mohr -Coulomb 항복식을 적용하여) 구한다. 숏크리트 지보공은 주변지반에서 터널 내측 으로 작용하는 압출압력 (내압) 을 지지하며, 너무 두꺼우면 변형성이 나빠져서 지보 효과가 적다. 숏크리트에 과도한 축력이 작용하면 강지보로 보강한다.

1) 초기응력

터널굴착 전 지반 (일축압축강도 σ_{DF}) 에는 터널위치 (깊이 H_t) 의 연직응력과 크기 가 동일한 등방압력 ($p_o = \gamma H_t$) 이 초기응력 p_o 로 작용한다고 생각한다.

$$p_o = \gamma H_t \tag{4.3.29}$$

2) 최소 소요지보압력

터널 내공면에서 지보공 설치 전 접선응력보다 지반의 일축압축강도가 작으면 그 차이를 지보공으로 지탱한다. 터널은 지반의 비강도 σ_{DF}/p_o (일축압축강도 σ_{DF} 와 초기하중 p_o 의 비) 가 2 보다 크면 지보공 없이 유지되고, 2 이하로 작으면 지보해야 유지될 수 있다. 그런데 내공면 접선응력이 $2p_o$ (식 2.3.11) 이므로, 지반의 일축압축 강도가 $2p_o$ 보다 작으면 그 차이를 지지할 수 있는 지보공이 필요하다.

일반 지보공 (숏크리트, 강지보, 볼트) 의 물리적 특성은 표 4.3.1 과 같다.

표 4.3.1 지보재의 물리적 특성

지보재	숏크리트	강지보	볼 트
탄성계수	E_{sc}	E_{st}	E_{rB}
푸아송 비	ν_{sc}	ν_{st}	ν_{rB}
지보압 (내압)	p_{ic}	p_{is}	p_{iB}
단면적	$t_{sc} \times 1$	A_{st}	A_{rB}
축 력	$N_{sc} = p_{ic} t_{sc}$	$N_{st} = p_{is} A_{st}$	$N_{rB} = \sigma_{rB} A_{rB}$
강 성	$\dfrac{E_{sc} t_{sc}}{a^2(1-\nu_c^2)}$	$\dfrac{E_{st} A_{st}}{a^2}$	$\dfrac{E_{rB} A_{rB}}{e_B g_B b}$

지반을 탄성 상태로 유지하는데 필요한 최소 지보공 압력 p_i 는 내공면 구속압이 지반의 항복한계 (강도) 와 같다 보고 **Mohr-Coulomb** 항복식 (식 1.6.7) 으로 구한다.

$$\sigma_t = \sigma_1 = \frac{1+\sin\phi}{1-\sin\phi}\sigma_3 - \frac{2c\cos\phi}{1-\sin\phi} = (m+1)\sigma_3 - s \tag{4.3.30}$$

여기에서 $m+1$ 은 Rankine 의 수동토압계수, s 는 지반의 덮개압력이다.

$$m+1 = \frac{1+\sin\phi}{1-\sin\phi} = K_p \tag{4.3.31}$$

$$s = \frac{2c\cos\phi}{1-\sin\phi}$$

터널 내공면 구속압 σ_3 는 지보공 압력 p_i 이고 ($\sigma_3 = p_i$), 접선응력은 $\sigma_t = 2p_0 - p_i$ (식 2.3.11) 이므로, 이 관계를 식 (4.3.30) 에 대입하여 지보공압력 p_i 를 구할 수 있다.

$$\begin{aligned} \sigma_1 &= (m+1)\sigma_3 - s \\ &= (m+1)p_i - s = 2p_o - p_i = \sigma_t \end{aligned}$$

$$p_i = \frac{2p_o + s}{m+2} \tag{4.3.32}$$

3.2.2 숏크리트 지보라이닝의 축력과 내공변위

숏크리트의 강도와 영률은 타설 직후에는 영이고 재령과 더불어 증가하므로, 우선 첫 번째 층을 타설하고, 다음 2, 3 층은 다소 늦게 타설하여 변위-반력 관계가 곡선이 되도록 유도한다. 숏크리트는 크리프 변형하므로 영률이 철근 콘크리트 보다 다소 작은 것을 적용한다.

숏크리트 지보라이닝은 주변지반에서 터널 내측으로 작용하는 압출압력 (내압) 을 지지하며, 과도한 축력이 작용하면 두께를 크게 한다. 그러나 너무 두꺼우면 변형성이 나빠져서 지보효과가 적으므로, 두께를 늘리기 보다 강지보로 보강하는 것이 좋다.

1) 숏크리트 지보라이닝

숏크리트 지보라이닝은 터널반경에 비해 무시할 수 있을 만큼 두께가 얇은 휨 부재이므로 얇은 관으로 간주하여 해석하며, 축력은 접선응력 σ_t 이고 반경응력은 영 ($\sigma_r = 0$) 이다.

숏크리트 지보 라이닝은 원지반과 부착상태가 양호해야만 효과적으로 기능을 발휘할 수 있고, 축응력과 전단력 및 휨모멘트의 분포는 그림 4.3.3 과 같다.

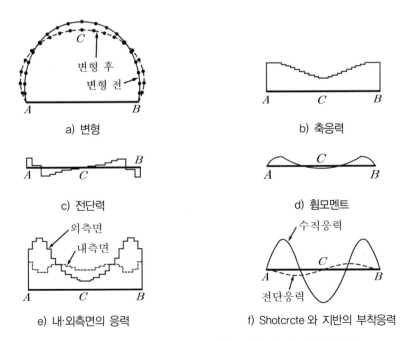

a) 변형   b) 축응력

c) 전단력   d) 휨모멘트

e) 내·외측면의 응력   f) Shotcrcte 와 지반의 부착응력

그림 4.3.3 숏크리트 라이닝의 변형과 부재응력 및 부착응력 분포

따라서 숏크리트 지보라이닝의 축력 N_{sc} 는 터널 주변지반을 탄성 상태로 유지하기 위해 필요한 최소 지보공 압력 p_i (식 4.3.32) 에 지보라이닝 중심반경 a 를 곱한 값의 크기로 발생하고, 지보라이닝의 내공변위 u_a 는 라이닝의 축변형률 ϵ_{tx} 와 초기 굴착 반경 r_a 를 곱한 크기로 발생된다.

$$N_{sc} = p_i\, a$$
$$u_a = \epsilon_{tx}\, r_a \tag{4.3.33}$$
$$= N_{sc}\frac{1-\nu_{sc}^2}{E_{sc}t_{sc}}\, r_a = p_i\, a\, \frac{1-\nu_{sc}^2}{E_{sc}t_{sc}}\, r_a$$

여기에서 E_{sc} 와 ν_{sc} 는 숏크리트의 탄성계수와 푸아송 비이다.

지보 라이닝은 터널의 단면 크기에 비하여 두께가 매우 얇으므로 $a = r_a$ 이고, 내·외측의 압력이 같다고 볼 수 있는 숏크리트 지보라이닝 (두께 t_{sc}) 의 응력과 변형률 및 반경변위는 표 4.3.2 와 같다.

표 4.3.2 숏크리트 지보라이닝의 응력, 변형률, 변위

응 력	$\sigma_t = \dfrac{N_{sc}}{t_{sc}}, \ \ \sigma_r = 0, \ \ \sigma_z = \nu_{sc}\sigma_t$
변형률	$\epsilon_{tx} = \sigma_t\dfrac{1-\nu_{sc}^2}{E_{sc}} = N_{sc}\dfrac{1-\nu_{sc}^2}{E_{sc}t_{sc}} = p_i a\dfrac{1-\nu_{sc}^2}{E_{sc}t_{sc}}$ $\epsilon_l = \sigma_l - \nu_{sc}\sigma_t - \nu_{sc}\sigma_r = 0$
반 경 변 위	$u_a = \epsilon_{tx}\, r_a = p_i a\dfrac{1-\nu_{sc}^2}{E_{sc}t_{sc}}\, r_a$

토피가 커서 숏크리트에 발생되는 응력이 과대할 때에는 숏크리트에 틈을 두어 겉보기 영률을 감소시킨다.

터널굴착 후 지보공 설치시기를 늦추더라도 동일한 효과를 볼 수 있지만, 관리를 잘못하면 즉, 지보공 설치시기를 맞추지 못하면, 지보공을 시공하기도 전에 지반이 과도하게 이완될 가능성이 있다. 따라서 지보공을 설치하는 시기를 늦추는 것 보다 숏크리트에 틈을 두거나 가축지보를 사용하여 겉보기 영률을 감소시키는 것이 더 확실한 방법이다.

2) 강지보 보강 지보라이닝

숏크리트 지보라이닝에 과도한 축력이 작용하면 두께를 증가시키거나 강지보를 설치하여 보강한다.

강지보를 설치한 지보라이닝 (터널 단위길이 당 강지보공의 단면적 A_{st}) 에서 축력은 숏크리트의 축력 N_{sc} 와 강지보공의 축력 N_{st} 을 합한 크기이고, 각각의 접선변형률은 서로 같으며,

$$N_{sc} + N_{st} = p_i a = (p_{ic} + p_{is})a$$

$$\epsilon_t = N_{sc} \frac{1 - \nu_{sc}^2}{E_{sc} t_{sc}} = N_{st} \frac{1}{E_{st} A_{st}} \tag{4.3.34}$$

숏크리트의 축력 N_{sc} 와 강지보공의 축력 N_{st} 및 숏크리트의 지보압력 p_{ic} 와 강지보공의 지보압력 p_{is} 는 다음이 된다.

$$N_{sc} = p_i a \frac{E_{sc} t_{sc} / (1 - \nu_{sc}^2)}{E_{sc} t_{sc} / (1 - \nu_{sc}^2) + E_{st} A_{st}} = p_{ic} a$$

$$N_{st} = p_i a \frac{E_{st} A_{st}}{E_{sc} t_{sc} / (1 - \nu_{sc}^2) + E_{st} A_{st}} = p_{is} a$$

$$p_{ic} = p_i \frac{E_{sc} t_{sc} / (1 - \nu_{sc}^2)}{E_{sc} t_{sc} / (1 - \nu_{sc}^2) + E_{st} A_{st}}$$

$$p_{is} = p_i \frac{E_{st} A_{st}}{E_{sc} t_{sc} / (1 - \nu_{sc}^2) + E_{st} A_{st}} \tag{4.3.35}$$

지보 라이닝의 내공변위 u_a 는 지보설치 전과 후 각각의 내공변위 u_{ao} 와 u_{aA} 의 합이다.

$$u_{ao} = 2 p_o a \frac{1 - \nu^2}{E}$$

$$u_{aA} = \frac{p_o - \dfrac{u_{ao}}{a} \dfrac{E}{1 + \nu}}{\dfrac{E}{1 + \nu} + \dfrac{E_{sc} t_{sc}}{a(1 - \nu_{sc}^2)} + \dfrac{E_{st} A_{st}}{a}} a \tag{4.3.36}$$

$$u_a = u_{ao} + u_{aA}$$

3.2.3 볼트설치 지보라이닝의 축력과 변위

지보 라이닝은 그 두께가 터널반경에 비해 매우 얇으므로 얇은 관으로 간주하고, 지보압력은 내공면 구속압이 지반강도와 같다고 본다. 볼트는 지반압출을 저지하는 힘과 같은 크기로 지반을 구속하여 겉보기 강도를 증가시켜서 연성파괴거동을 유도 하며, 볼트압력은 볼트를 통해 전달되어 외측 정착점에 외력으로 작용한다.

숏크리트와 강지보공 및 볼트설치 후 지보라이닝의 내공변위는 지보라이닝의 내공 변위 u_{aA} 에서 지보공 설치 전 내공변위 u_{ao} 를 뺀 크기이며, 이로부터 각 지보공의 저항력을 구할 수 있다. 각 지보공 저항력의 합은 숏크리트와 강지보 및 볼트를 설치한 지보라이닝의 압력이다. 지압과 지반변위 관계를 나타내면 지반응답곡선이 된다.

1) 볼트 지보공

볼트는 다른 지보공 보다 내압효과는 적지만, 지반이완과 이완영역의 변형증가를 방지하거나 지반을 보강하는 효과는 크다. 볼트의 외측 정착점에는 지반압력과 볼트 정착력이 작용하고 내측 정착점에는 지보공 반력이 작용하기 때문에 볼트 내·외측 정착점에서 변위가 발생된다. 볼트의 지지력은 숏크리트와 지압판을 통해 내공면 전체에 전달되고 외측 정착점에 외력으로 작용한다.

볼트를 설치하면 주변지반에 볼트길이와 같은 두께로 링모양으로 압축대가 형성 된다. 압축대의 외측 정착점에는 지반 압력과 볼트에 의한 외압이 작용하고, 내측 정착점에는 지보공의 반력이 작용한다.

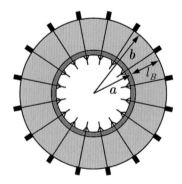

그림 4.3.4 시스템 볼트로 보강한 터널 주변지반 지지링

선단 정착식 볼트를 설치한 경우에 볼트 정착점의 압력과 내공변위 및 볼트 부담 내압은 주변지반을 볼트의 길이와 두께가 같은 두꺼운 원통 (내경 a , 외경 b) 으로 간주하고 해석한다 (그림 4.3.4).

볼트는 항복응력상태이고, 볼트 전체 축력은 등분포로 배분되어 지반에 부과되며, 볼트는 완전 탄소성 거동한다고 가정한다. 볼트의 특성은 표 4.3.3 과 같다.

표 4.3.3 볼트의 특성

특 성	크 기	특 성	크 기
단면적	A_{rB}	설치간격	$e_B\,g_B$
길 이	$l=b-a$	강 성	$\dfrac{E_{rB}A_{rB}}{e_B\,g_B\,b^2}$

볼트의 변형률이 ϵ_B 일 때에 축력 N_B 와 내압 p_{iB} 및 외압 p_{bB} 는 다음과 같으며, 프리스트레스 T_{pB} 를 가하면 지압이 $-\dfrac{T_{pB}\,l_B}{e_B\,g_B\,b}$ 만큼 증가된다.

축응력 : $\sigma_B = E_s\,\epsilon_B$

축 력 : $N_B = \sigma_B A_{rB}$

내 압 : $p_{iB} = \dfrac{N_B}{e_B\,g_B}$ (4.3.37)

외 압 : $p_{bB} = p_{iB}\,a/b$

볼트의 강성률은 (외압분을 빼야 하므로) 내압만 생각할 때의 강성률 $\dfrac{E_{rB}A_{rB}}{e_B\,g_B}$ 에 다음 k_b 를 곱한 값이 된다.

$$k_b = \frac{a\,l_B}{b^2} = \frac{a(b-a)}{b^2} = \left(1-\frac{a}{b}\right)\frac{a}{b} = \frac{a\,l_B}{b^2} \qquad (4.3.38)$$

따라서 볼트가 길어져도 변위차이가 크지 않고, 볼트 단위길이 당 효율은 볼트가 짧을수록 높아지고 길수록 감소한다. 그런데 $dk_b/db = 0$ 이므로, 볼트효율은 $b = 3a$ 즉, 볼트길이 l_B 가 터널직경 $2a$ 일 때 ($l_B = b-a = 2a$) 가장 좋고, 이는 터널굴착에 의한 응력집중영역 (터널중심부터 $2a$ 까지) 을 포함하는 길이이다.

전면접착식 볼트는 짧은 볼트를 여러 위치에 설치한 것과 같아서 효과적일 것으로 추정되나 내압효과는 뚜렷하지 않다.

2) 볼트설치 후 지보라이닝의 변위

볼트 설치 후 지보라이닝의 변위 u_A 는 지보라이닝의 전체 변위 u_a 에서 볼트설치 전 지보라이닝의 변위 u_o 를 제한 값이다.

(1) 볼트설치 전 지보라이닝 내공변위

볼트 설치 전 변위 u_o 는 터널굴착 전 변위 (다음 식 제 2 항) 와 굴착으로 인한 변위 (제 1 항) 의 합이다 (식 4.3.36). 볼트설치 전에는 $p_a = 0$ 이다.

$$u_o = \frac{1+\nu}{E}(p_o - p_a)a + \frac{(1+\nu)(1-2\nu)}{E}p_o a = 2p_o a \frac{1-\nu^2}{E} \tag{4.3.39}$$

(2) 지보라이닝 전체 내공변위

볼트 내측 정착점의 변위 u_a (내공변위) 는 볼트설치 전 터널내공면의 변위 u_o 와 볼트설치 후 내측 정착점의 변위 u_A 의 합이고,

$$u_a = u_o + u_A \tag{4.3.40}$$

여기에다 숏크리트 (및 강지보공) 의 지보압 p_{ic} (및 p_{is}) 와 볼트 부담압력 Δp_{rB} 및 볼트 외측정착점 압력 p_b 를 대입하여 정리하면 다음이 된다.

$$
\begin{aligned}
u_a &= -\frac{1+\nu}{E}\frac{ab^2}{b^2-a^2}(p_{ic}+p_{is}+\Delta p_{rB}-p_b)\\
&= -\frac{1+\nu}{E}\frac{ab^2}{b^2-a^2}\left\{u_A\frac{E_{sc}t_{sc}}{a^2(1-\nu_{sc}^2)}+u_A\frac{E_{st}A_{st}}{a^2}+\left(\frac{u_A}{b}\frac{E_{rB}A_{rB}}{e_Bg_B}+\frac{T_{pB}}{e_Bg_B}\right)\frac{l_B}{b}-p_o+u_o\frac{a}{b^2}\frac{E}{1+\nu}\right\}\\
&= -\frac{1+\nu}{E}\frac{ab^2}{b^2-a^2}\left\{u_A\left(\frac{E_{sc}t_{sc}}{(1-\nu_{sc}^2)a^2}+\frac{E_{st}A_{st}}{a^2}+\frac{E_{rB}A_{rB}}{e_Bg_B}\frac{l_B}{b^2}+\frac{E}{1+\nu}\frac{a}{b^2}\right)+\frac{T_{pB}}{e_Bg_B}\frac{l_B}{b}-p_o+u_o\frac{E}{1+\nu}\frac{a}{b^2}\right\}
\end{aligned}
\tag{4.3.41}
$$

(3) 볼트설치 후 지보라이닝 내공변위

위 식을 정리하면 볼트설치 후 내공변위 u_A 를 구할 수 있으며,

$$u_A = \frac{p_o - \dfrac{T_{pB}}{e_Bg_B}\dfrac{l_B}{b} - \dfrac{u_0}{a}\dfrac{E}{1+\nu}}{\dfrac{E}{1+\nu}+\dfrac{E_{sc}t_{sc}}{a(1-\nu_{sc}^2)}+\dfrac{E_{st}A_{st}}{a}+\dfrac{E_{rB}A_{rB}}{e_Bg_B}\dfrac{al_B}{b^2}}\,a \tag{4.3.42}$$

이를 말로 표현하면 지보공 설치 후 내공변위량 u_A 는 다음과 같다.

볼트 설치 후 내공변위량

$$= \frac{\text{초기외압} - (\text{프리스트레스 유효내압} + \text{볼트 설치전 변위 상당분의 지압})}{\text{원지반 강성률} + \sum\text{지보공 강성률}}$$

전면접착식 볼트는 매우 짧은 길이로 여러 위치에서 정착시킨 상태이므로 식
(4.3.42) 에서 볼트 강성 항을 볼트 길이 $l_B \to 0, b \to a$ 로 바꾸어 적분하면 다음과 같고,

$$\frac{E_{rB}A_{rB}}{e_B g_B}\frac{a l_B}{b^2} \quad \to \quad \int \frac{E_{rB}A_{rB}}{e_B g_B}\frac{dr}{r} = \frac{E_{rB}A_{rB}}{e_B g_B}\ln\frac{b}{a} \tag{4.3.43}$$

이를 대입하면 볼트설치 후 지보라이닝의 변위 u_A (식 4.3.42) 은 다음이 된다.

$$u_A = \frac{p_o - \dfrac{T_{pB}}{e_B g_B}\dfrac{l_B}{b} - \dfrac{u_o}{a}\dfrac{E}{1+\nu}}{\dfrac{E}{1+\nu} + \dfrac{E_{sc}t_{sc}}{a(1-\nu_{sc}^2)} + \dfrac{E_{st}A_{st}}{a} + \dfrac{E_{rB}A_{rB}}{e_B g_B}ln\dfrac{b}{a}}\, a \tag{4.3.44}$$

위 식에서 볼트효과는 길이의 대수 $\ln(b/a)$ 에 비례하므로, 볼트는 터널 내공면에
가까울수록 효과가 좋고 길어도 효과는 별로 향상되지 않는다.

선단 정착식 볼트는 길이가 짧을수록 유효하므로, 긴 볼트를 매우 짧은 길이로
여러 곳을 정착시킨 형상의 전면 접착식 볼트가 선단 정착식 볼트보다 더 유효하다.
전면접착식 볼트의 효과는 전체 길이에서 균등하지 않으며, 내공면에 가까울수록
좋고 길어도 별로 향상되지 않고, 선단정착볼트의 효과는 전체 길이에서 균등하다.

3) 볼트설치 후 지보라이닝의 거동

볼트설치 후 지보라이닝의 변위 u_A 를 알면, 볼트 외측 정착점의 변위 u_b 와 압력
p_b, 지보라이닝의 내압 p_a 와 각 지보공의 내압 p_{ic}, p_{is}, p_{iB}, 볼트의 내압 p_{iB} 와 외압
p_{bB} 및 볼트부담압력 Δp_{rB} 를 구할 수 있다.

① 볼트 외측 정착점의 변위 u_b 와 압력 p_{bB}

지보설치 후 지보라이닝의 내공변위 u_A 를 알면, 이로부터 내측 정착점의 변위 u_a
(식 4.3.41) 를 구하여 볼트 외측 정착점의 변위 u_b 를 계산할 수 있다.

$$u_b = u_a \frac{a}{b} \tag{4.3.45}$$

볼트 외측 정착점의 압력 p_{bB} 는 외측정착위치 $(r=b)$ 를 내공면으로 생각하고
두꺼운 관의 내공변위에 대한 식 (식 2.3.21 의 제 1 항) 의 p_i 와 a 및 u_a 를 p_{bB} 와 b
및 외측 정착점 변위 u_b 로 대체해서 구한다.

$$p_{bB} = p_o - \frac{E}{1+\nu}\frac{u_b}{b} = p_o - \frac{E}{1+\nu}u_a\frac{a}{b^2} \tag{4.3.46}$$

② 볼트 내측 정착점의 변위 u_a 와 압력 p_a

지보 후 지보라이닝의 변위 u_A 를 알면, 각 지보공 (숏크리트, 강지보재, 볼트)의 부담내압 p_{ic} 와 p_{is} 및 p_{iB} 는 물론,

$$p_{ic} = u_A \frac{E_{sc}\, t_{sc}}{(1-\nu_{sc}^2)\, a^2}$$

$$p_{is} = u_A \frac{E_{st}\, A_{st}}{a^2} \tag{4.3.47}$$

$$p_{iB} = \frac{T_{pB}}{e_B g_B} + \frac{E_{rB} A_{rB}}{e_B g_B} \frac{u_A}{b}$$

지보라이닝의 내압 p_a 를 구할 수 있다.

$$p_a = p_{ic} + p_{is} + p_{iB} \tag{4.3.48}$$
$$= u_A \frac{E_{sc} t_{sc}}{(1-\nu_{sc}^2)\, a^2} + u_A \frac{E_{st}\, A_{st}}{a^2} + \left(\frac{T_{pB}}{e_B g_B} + \frac{E_{rB} A_{rB}}{e_B g_B} \frac{u_A}{b} \right)$$

볼트 내측정착점의 변위 u_a 는 볼트설치 전 내공변위 u_0 와 볼트설치 후 내공변위 u_A 의 합 $u_a = u_o + u_A$ (식 4.3.40) 이다 .

③ 볼트 부담 압력 Δp_B

볼트설치 후 지보라이닝의 변위 u_A 를 알면 볼트의 내압 p_{iB} 와 외압 p_{bB} 및 볼트 부담압력 Δp_B 를 구할 수 있다.

볼트의 내압 p_{iB} (프리스트레스 T_{pB} 포함) (설치간격 $e_B \times g_B$) :

$$p_{iB} = \frac{T_{pB}}{e_B g_B} + \frac{E_{rB} A_{rB}}{e_B g_B} \frac{u_A}{b} \tag{4.3.49}$$

볼트의 외압 p_{bB} (볼트를 통해 전달되는 외측정착점의 외력) :

$$p_{bB} = p_{iB}\, a/b \tag{4.3.50}$$

볼트가 부담하는 압력 Δp_{rB} (내압 p_{iB} 와 외압 p_{bB} 의 압력차이) :

$$\Delta p_{rB} = p_{iB} - p_{bB} = p_{iB}\left(1 - \frac{a}{b}\right) = \left(\frac{u_A}{b} \frac{E_{rB} A_{rB}}{e_B g_B} + \frac{T_{pB}}{e_B g_B} \right)\left(1 - \frac{a}{b}\right) \tag{4.3.51}$$

④ 볼트 보강영역 내 지반변위

볼트 선단의 내측과 외측에서 지반변위는 다같이 r 에 반비례하므로, 내측으로 거리 r 만큼 이격된 지반의 변위 u 는 내공변위 u_a 로부터 구할 수 있다.

$$u = u_a a / r \tag{4.3.52}$$

3.2.4 지보특성곡선과 지반응답곡선

지보공 설치 후 내공변위에 대한 식 (4.3.42) 은 지압 - 지반변위 관계식 (지반응답 곡선식) 이고, 그 기울기는 지반강성이며 지보공 강성률 합은 지보곡선 기울기이다.

볼트로 지보한 터널의 지반특성곡선은 그림 4.3.5 와 같다. 터널굴착 전 초기응력 (E 점) 은 터널굴착 후 내공변위가 증가함에 따라 선형적 (탄성상태) 으로 감소하고, 지보하지 않고 방치하여 두면 인장상태 (F 점) 가 되어서 터널 주변지반이 붕괴된다. 그러나 지반압력이 인장상태가 되기 이전에 숏크리트를 타설 (A 점) 하여 지보하면, 지보특성곡선 AD 와 지반응답곡선은 D 점에서 만나면서 지반압력과 지보저항력이 평형을 이루고 지반변형이 억제된다.

볼트를 설치하고 프리스트레스 (AB 선) 를 가하면 볼트의 지보저항력이 변위에 비례하여 발휘되고 C 점에서 평형상태가 된다. 따라서 프리스트레스를 가한 볼트의 특성곡선은 $AB - BC$ 가 된다. 지반압력과 지보저항력이 평형을 이루는 C 점에서 지반변위 u_a (OG) 는 굴착 후 지보공을 설치하기 전까지 발생된 변위 u_0 (OA) 와 지보공을 설치한 후 발생된 변위 u_A (AG) 의 합이다.

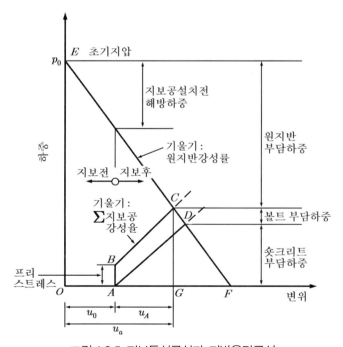

그림 4.3.5 지보특성곡선과 지반응답곡선

3.2.5 지보라이닝의 부재력과 변위

지보라이닝은 터널 연직 축에 좌우대칭인 선대칭 응력상태의 원형 터널이라 전제하고 부재력과 변위를 계산한다. 이때 인버트를 설치하여 **폐합**한 지보공은 터널 연직 축에 대해 좌우대칭인 하중이 작용하는 (강성이 균일한) 원형 링으로 가정하고, 폐합하지 않은 지보공은 하단을 고정한 캔틸레버로 가정한다.

1) 인버트 폐합 지보라이닝

인버트를 폐합한 지보라이닝은 그림 4.3.6 과 같은 원형 링으로 간주하고, 정점과 바닥 중앙의 변위가 고정된 우측 절반에 대해 부재력 (모멘트, 축력, 전단력) 을 계산한다. 지보라이닝상 임의 점의 변위 (회전각과 축방향 변위 및 내공변위) 는 각 점의 변형에너지를 그 점에 작용하는 힘으로 간주하고 Castigliano 의 정리 (가상일의 원리) 를 적용하여 구한다.

(1) 부재력 (휨모멘트 M, 축력 N, 전단력 Q)

인버트 폐합 지보라이닝의 하중과 응력, 변형률, 변위를 구하기 위하여 그림 4.3.7 과 같이 정점 A 와 바닥의 중앙 C 점의 변위가 고정된 우측 절반의 지보 링을 생각한다. 터널중심에서 연직 축에 각도 θ 인 임의 점 d 에 작용하는 단면력 (모멘트 M, 축력 N, 전단력 Q) 은 천단 A 점의 단면력 (M_0, N_0, Q_0) 과 A 점과 d 점 사이 작용하중에 의해 d 점에 생기는 휨모멘트 M_d 와 축력 N_d 로부터 계산할 수 있다 (그림 4.3.8).

$$M = M_0 + Q_0\, a\sin\theta + N_0 a(1-\cos\theta) + M_d$$
$$N = N_0 \cos\theta - Q_0 \sin\theta + N_d$$
$$Q = Q_0 + \frac{1}{a}\frac{dM}{d\theta} \tag{4.3.53}$$

이때에 압축력과 터널내측으로의 변위를 정 (+) 으로 하며, 휨모멘트는 시계방향 또는 원통 외측이 압축인 경우를 정 (+) 으로 한다.

① 천단의 부재력 (휨모멘트, 축력, 전단력 M_0, N_0, Q_0)

천단 A 점에서는 회전각과 수평변위가 영 $(\Delta\phi_A = 0, \ \Delta h_A = 0)$ 이므로, 천단 A 점의 단면력 (모멘트 M_0, 축력 N_0, 전단력 Q_0) 은 다음과 같다. 그런데 좌우대칭하중이므로 전단력은 영 $(Q_0 = 0)$ 이다.

$$M_0 = \frac{1}{4}(p_i - q_i)\,a^2, \quad N_0 = q_i\,a, \quad Q_0 = 0 \tag{4.3.54}$$

② 임의 점 d 의 모멘트 M_d 과 축력 N_d

연직에 대해 각도 α 인 위치의 미소요소 (길이 $\alpha\,d\alpha$) 에 작용하는 모멘트 dM_d 는,

$$dM_d = -p_i\,a\,d\alpha\,\cos\alpha\,a(\sin\theta - \sin\alpha) + q_i\,a\,d\alpha\,\sin\alpha\,a(\cos\theta - \cos\alpha) \tag{4.3.55}$$

이고, 위 식을 적분하여 d 점의 모멘트 M_d 를 구한다.

$$M_d = -p_i\,a^2\int_0^\theta \cos\alpha\,(\sin\theta + \sin\alpha)\,d\alpha + q_i\,a^2\int_0^\theta \sin\alpha\,(\cos\theta - \cos\alpha)\,d\alpha \tag{4.3.56}$$

$$= -\frac{1}{2}p_i\,a^2\sin^2\theta - \frac{1}{2}q_i\,a^2(1 - \cos\theta)^2$$

같은 조건에서 미소요소의 축력 dN_d 는 다음과 같고,

$$dN_d = p_i\,a\,d\alpha\,\cos\alpha\,\sin\theta - q_i\,a\,d\alpha\,\sin\alpha\,\cos\theta \tag{4.3.57}$$

이 식을 적분하여 d 점의 축력 N_d 을 구한다.

$$N_d = p_i\,a\,\sin\theta\int_0^\theta \cos\alpha\,d\alpha - q_i\,a\,\cos\theta\int_0^\theta \sin\alpha\,d\alpha$$

$$= p_i\,a\,\sin^2\theta + q_i\,a\,\cos^2\theta - q_i\,a\,\cos\theta \tag{4.3.58}$$

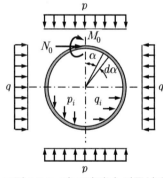

그림 4.3.6 지보 라이닝 하중상태

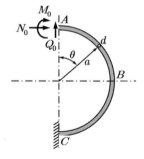

그림 4.3.7 인버트 폐합 지보 라이닝

③ 지보라이닝 위 임의 점의 모멘트 M 과 축력 N

지보 라이닝상 임의 점 (연직에 대해 각도 θ 인 점) 의 단면력 (휨모멘트 M, 축력 N, 전단력 Q) 은 식 (4.3.53) 에 M_o (식 4.3.54), N_o (식 4.3.54), M_d (식 4.3.56), N_d (식 4.3.58) 을 대입하여 구할 수 있다. 이때에 전단력 Q 의 영향은 매우 작으므로 대개 생략한다.

$$M = M_0 + N_0\,a(1 - \cos\theta) + M_d = \frac{1}{4}(p_i - q_i)\,a^2\cos 2\theta$$

$$N = N_0\cos\theta - Q_0\sin\theta + N_d = p_i\,a\,\sin^2\theta + q_i\,a\,\cos^2\theta \tag{4.3.59}$$

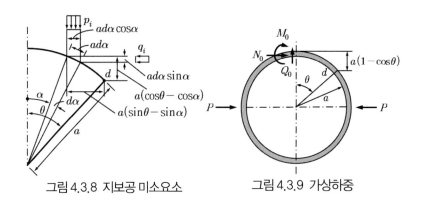

그림 4.3.8 지보공 미소요소　　　　　그림 4.3.9 가상하중

(2) 내공변위

각 점의 회전각 $\Delta\phi$ 및 수평변위 Δh 는 그 점의 변형에너지 W 를 그 점에 작용하는 힘으로 간주하고 Castigliano 의 정리 (가상일의 원리) 를 적용하여 구한다.

천단 A 점의 회전각 $\Delta\phi_A$ 와 수평변위 Δh_A 는 다음과 같다.

$$\Delta\phi_A = \frac{\partial W}{\partial M_0} \ , \quad \Delta h_A = \frac{\partial W}{\partial N_0} \tag{4.3.60}$$

변형에너지는 「 $W = 0.5 \times$ 응력 $\times$ 변형률 $\times$ 체적 」 이므로 지보공 우측 절반 길이에 대한 변형에너지는 다음과 같다.

$$W = \int_0^x \frac{M^2}{2EI}ds + \int_0^x \frac{N^2}{2EA}ds + \int_0^x \frac{f_i Q^2}{2GA}ds + C \tag{4.3.61}$$

위 식에서 f_i 는 평균 전단응력과 최대 전단응력의 비이며 직사각형에서 $f_i = 3/2$ 이다. 하중이 좌·우 대칭이므로 천단 A 점과 바닥 C 점에서는 회전이나 수평변위가 일어나지 않으며, 측벽 B 점과 천단 A 점은 모멘트가 같고 부호는 반대이다.

각 점의 반경방향 변위 δ_r 은 Castigliano 정리에서 다음과 같다.

$$\delta_r = \int \frac{M\overline{M}}{EI}ds + \frac{N\overline{N}}{EA}ds \tag{4.3.62}$$

이 식의 제 1 항은 압력차 $p_i - q_i$ (휨모멘트 M) 의한 변형이고, 제 2 항은 평균압력 $(p_i + q_i)/2$ (축력 N) 에 의한 변형이며 정수압상태로 구한 것과 같다.

강지보공의 탄성계수는 $E' = E$, 숏크리트의 탄성계수는 $E' = E/(1-\nu_c^2)$ 을 취하며, $\overline{M}$ 과 $\overline{N}$ 은 각각 변위를 구하는 점에서 변위를 구하고자 하는 방향으로 가상의 단위하중 $P = 1$ 을 작용시켰을 때의 가상의 휨모멘트와 축력이다.

① 가상의 휨모멘트

단위하중 $P = 1$ 을 그림 4.3.9 와 같이 좌·우 측벽중심에서 원의 중심방향으로 작용시킬 때, 연직 축으로 부터 각도 θ 인 점 d 의 가상휨모멘트 $\overline{M}$ 은 다음과 같다.

$$\overline{M} = M_o - (P/2)\,a\,(1 - \cos\theta) \qquad (0 < \theta < \pi/2)$$
$$\overline{M} = M_o - (P/2)\,a\,(1 - \cos\theta) \qquad (\pi/2 < \theta < \pi) \tag{4.3.63}$$

천단 A점의 회전각은 $\Delta\phi_A = \dfrac{\partial W}{\partial M_0} = 0$ 이고, 변형에너지 W 와 모멘트 M 은,

$$W = \int \frac{M^2}{2EI}\,ds$$
$$M = M_0 - \frac{P}{2}\,a\,(1 - \cos\theta) \tag{4.3.64}$$

이고, 좌우대칭이어서 A 점의 회전각은 영 ($\Delta\phi_A = \dfrac{\partial W}{\partial M_0} = 0$) 이 되므로,

$$\Delta\phi_A = \frac{\partial W}{\partial M_0} = \frac{1}{EI}\int_0^{\frac{x}{2}} M\,ds$$
$$= M_0\,a\,[\theta] - \frac{P}{2}\,a^2\,([\theta] + [\sin\theta]) = 0 \tag{4.3.65}$$

천단 A 점의 휨모멘트 M_0 가 계산된다.

$$M_0 = P\,(a/2)\,(1 - 2/\pi) \tag{4.3.66}$$

이를 식 (4.3.63) 에 대입하면 $P = 1$ 이므로 가상의 휨모멘트 $\overline{M}$ 은 다음과 같다.

$$\overline{M} = \frac{a}{2}\left(\cos\theta - \frac{2}{\pi}\right) \qquad (0 < \theta < \pi/2)$$
$$\overline{M} = \frac{a}{2}\left(\cos\theta + \frac{2}{\pi}\right) \qquad (\pi/2 < \theta < \pi) \tag{4.3.67}$$

② 모멘트에 의한 변위

위 식 (4.3.59) 에서 $M = -\dfrac{1}{4}\,a^2\,(p_i - q_i)\cos 2\theta$ 이므로 이를 식 (4.3.62) 에 대입하면 모멘트에 의한 변위 δ_M 을 구할 수 있다.

$$\delta_M = \int \frac{M\overline{M}}{EI}\,ds$$
$$= \frac{a^4}{8EI}(p_i - q_i)\left[\frac{1}{6}\sin 3\theta - \frac{1}{\pi}\sin 2\theta + \frac{1}{2}\sin\theta\right]_0^{\pi/2}$$
$$+ \frac{a^4}{8EI}(p_i - q_i)\left[\frac{1}{6}\sin 3\theta + \frac{1}{\pi}\sin 2\theta + \frac{1}{2}\sin\theta\right]_{\pi/2}^{\pi} \tag{4.3.68}$$

그런데 천정과 측벽 ($\theta = 0°, 90°$) 에서는 크기가 같고 부호가 반대이므로 모멘트에 의한 모멘트에 의한 변위 δ_M 은 위 식으로부터 다음과 같이 된다.

$$\delta_M = -\frac{a^4}{12EI}(p_i - q_i) \qquad (\theta = 0)$$
$$= \frac{a^4}{12EI}(p_i - q_i) \qquad (\theta = \pi/2) \tag{4.3.69}$$

③ 축력에 의한 변위

지보공의 축력 (평균축력 $N = a(p_i + q_i)/2$) 에 의한 변위 δ_N 은 식 (4.3.33) 으로부터 구한다.

$$\delta_N = \frac{1 - \nu_c^{\,2}}{E_c} \frac{a}{t} \frac{p_i + q_i}{2} \tag{4.3.70}$$

④ 전체 변위

전체 내공변위 δ 는 모멘트에 의한 변위 δ_M (식 4.3.68) 과 축력에 의한 변위 δ_N (식 4.3.70) 의 합이다.

$$\delta = \delta_M + \delta_N \tag{4.3.71}$$

탄성변형일 때에 터널 내공은 연직방향으로는 줄어들지만 수평방향으로 확대되어, 지보공과 지반의 변위량이 일치하는 곳이 4 군데 생기고, 그 위치는 위 식으로 구할 수 있다 (그림 4.3.10). 천단부에 $\sigma_t > 0$ (인장) 인 곳이 생기고 이로 인해 균열이 생겨 암석이 붕락될 수 있다. 숏크리트 두께 t 를 늘려도 응력 σ 는 거의 줄지 않고, 얇은 편이 유리하며 너무 두꺼우면 오히려 불리한 것을 식 (4.3.70) 에서 알 수 있다.

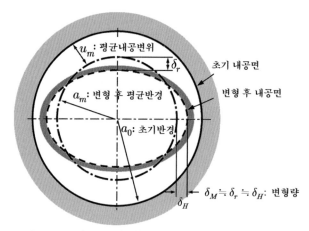

그림 4.3.10 지보공 및 터널 내공면의 변형

2) 인버트 폐합하지 않은 경우

인버트를 폐합하지 않은 경우에 지보 라이닝은 하단을 고정한 링으로 간주하고 구한 지보라이닝 강성으로부터 부재력과 변위를 계산한다.

(1) 부재력 (휨모멘트 M, 축력 N, 전단력 Q)

정점 A 에서는 $\theta = 180°$ 이므로 $M = 0$, $N = 0$ 이 되어 식 (4.3.54) 와 (4.3.56) 및 (4.3.58) 로부터 부재력 (모멘트 M, 축력 N) 은,

$$M = M_o - 2N_0 a - 2q_i\,a^2 = 0$$
$$N = -N_0 + 2q_i\,a = 0 \tag{4.3.72}$$

이고, 따라서 정점 A 의 모멘트 M_0 와 축력 N_0 은 다음이 되고,

$$M_0 = 6q_i\,a^2 \;,\; N_0 = 2q_i\,a \tag{4.3.73}$$

천단에서 각도 θ 인 점의 모멘트 M 과 축력 N 은 식 (4.3.59) 에서 다음과 같다.

$$
\begin{aligned}
M &= M_0 + N_0\,a(1-\cos\theta) - \frac{1}{2}p_i\,a^2\sin^2\theta - \frac{1}{2}q_i a^2(1-\cos\theta)^2 \\
&= -\frac{1}{2}p_i\,a^2\sin^2\theta + \frac{1}{2}q_i\,a^2(7 + 6\cos\theta - \cos^2\theta) \\
N &= N_0\cos\theta + p_i\,a\sin^2\theta + q_i\,a\cos^2\theta - q_i\,a\cos\theta \\
&= p_i\,a\sin^2\theta + q_i\,a\cos\theta(1+\cos\theta)
\end{aligned}
\tag{4.3.74}
$$

천단과 측벽 바닥에서 모멘트와 축력은 표 4.3.4 와 같다.

표 4.3.4 지보공 위치별 모멘트와 축력

위 치	각 도 θ	모 멘 트	축 력
천 단	0	$6q_i\,a^2$	$2q_i\,a$
측벽가운데	90°	$(-p_i\,a^2 + 7q_i\,a^2)/2$	$p_i\,a$
바 닥	180°	0	0

(2) 변위

C 점의 가상하중 $P,\,Q$ 에 의한 천단 A 의 부재력 (M, N, Q) 은

$$
\begin{aligned}
M &= Q\,a(1-\cos\theta) + P\,a\sin\theta \\
N &= P\sin\theta + Q\cos\theta \\
Q &= P\cos\theta + Q\sin\theta
\end{aligned}
\tag{4.3.75}
$$

이므로, 이것을 식 (4.3.62) 에 대입하여 천단의 변위 δ 를 구한다.

$$\delta = \delta_M + \delta_N = \int \frac{M\overline{M}}{EI}ds + \int \frac{N\overline{N}}{EA}ds \tag{4.3.76}$$

① C 점의 변위

C 점의 수평변위 δ_H 는 C 점에 수평단위하중 ($P=0$, $Q=1$), 그리고 연직변위 δ_V 는 C 점에 연직단위하중 ($P=1$, $Q=0$) 이 작용하는 것으로 하여 구한다.

$$
\begin{aligned}
\delta_H &= \int \frac{a^2(1+\cos\theta)}{EI}\left[\frac{1}{2}p_i a^2\sin^2\theta + \frac{1}{2}q_i a^2(1+\cos\theta)^2\right]d\theta \\
&+ \int \frac{a}{EI}\left[p_i a\sin^2\theta + q_i a\cos\theta(1+\cos\theta)\right]\cos\theta\, d\theta + C \\
&= \frac{a^4}{24EI}\left[p_i(6\theta - 3\sin 21\theta) + q_i(30\theta + 41\sin\theta + 9\sin 2\theta + \sin 3\theta)\right] \\
&+ \frac{a^2}{12EA}\left[p_i(6\theta - 3\sin 2\theta) + q_i(6\theta - 9\sin\theta + 3\sin 2\theta + \sin 3\theta)\right] \\
\delta_V &= \frac{1}{EI}\int\left[\frac{1}{2}p_i a^2\sin 2\theta + \frac{1}{2}q_i a^2(1+\cos\theta)^2\right]a\sin\theta\, a\, d\theta \\
&+ \frac{a^4}{2EI}\left[p_i a\sin^2\theta + q_i a\cos\theta(1+\cos\theta)\right]a\sin\theta\, a\, d\theta \\
&= \frac{a^4}{24EI}\left[p_i(16 - 15\cos\theta - \cos 3\theta) + q_i(22 - 15\cos\theta - 6\cos 2\theta - \cos 3\theta)\right] \\
&+ \frac{a^2}{12EA}\left[p_i(8 - 9\cos\theta + \cos 3\theta) + q_i(7 - 3\cos\theta - 3\cos 2\theta - \cos 3\theta)\right] \quad \textbf{(4.3.77)}
\end{aligned}
$$

② 측벽변위

측벽변위 δ_H 는 수평변위에 대한 위 식 (4.3.77) 에 $\theta = 90°$ 를 대입하여 구한다.

$$
\delta_H = \frac{a^4}{24EI}\left[3\pi p_i + (15\pi + 40)q_i\right] + \frac{a^2}{12EA}\left[3\pi p_i + (3\pi - 10)q_i\right] \quad \textbf{(4.3.78)}
$$

만일 측압계수가 $k = 0.2$ 이면 $q_i = 0.2p_i$ 이므로 위 식은 다음이 되고,

$$
\delta_H = \frac{a^4}{24EI}(26.8p_i) + \frac{a^2}{12EA}(9.3p_i) \quad \textbf{(4.3.79)}
$$

같은 경우에 대해서 인버트를 폐합한 지보공의 측벽변위 δ_H 는 식 (4.3.69) 와 식 (4.3.70) 에 $q_i = 0.2p_i$ 를 대입하여 더하면 구할 수 있다.

$$
\delta_H = \frac{a^4}{12EI}(0.8p_i) + \frac{a^2}{2EA}(1.2p_i) \quad \textbf{(4.3.80)}
$$

식 (4.3.79) 와 (4.3.80) 을 비교하면, 인버트 폐합여부에 따라서 변위가 한자리 수 이상 커지는 것을 알 수 있다.

3.3 전단파괴설에 따른 지보시스템

터널의 파괴는 측압에 의해 측벽 배후지반이 쐐기형으로 전단파괴 되어 터널 안쪽으로 밀려나오는 형태로 일어난다고 가정한다. 이러한 터널전단파괴는 측압이 클 때에 발생되는 것이 아니고, 연직압력이 클 때에 발생된다. 천단에 인장응력이 발생될 때에 발생되는 균열이나 (불연속면으로 분리된) 암괴의 탈락은 역학적 의미의 터널파괴가 아니다.

Rabcewicz는 실제 파괴된 터널을 조사한 결과와 다양한 조건의 수많은 터널에서 취득한 경험을 바탕으로 전단파괴설 (3.3.1 절) 을 제시하였고, 이 개념을 적용하고 시스템볼트 지지링의 전단파괴 (3.3.2 절) 에 대한 저항력을 구하여 전단파괴설을 적용한 지보설계 (3.3.3 절) 방법을 구축하였다. 터널 지지링의 지보저항력은 지보 라이닝 저항력과 지반지지링 지지력의 합이다.

3.3.1 전단파괴설

Rabcewicz는 천단상부 이완지반의 자중에 의한 연직하향 토압은 측압에 비하여 별로 크지 않으며, 주의해서 시공한다면 이완영역의 크기가 작아지고 지반이완을 어느 정도 방지할 수 있기 때문에 크게 우려할 문제가 아니라고 주장하였다.

일반구조물의 철근콘크리트 보에서는 휨파괴는 서서히 일어나고 전단파괴는 급격하게 일어나므로 전단파괴가 더 위험하다. 그렇지만 지반에서 전단파괴는 서서히 일어나서 파괴를 조기에 감지하고 대응할 시간 여유가 있고 어느 정도 진행된 후 안정되어 위험하지 않을 수 있으나, 휨 파괴는 급격하게 일어나서 위험하다. 터널 라이닝은 배후지반과 같이 파괴되므로 터널 라이닝은 전단파괴 되도록 설계한다.

터널라이닝은 얇고 변형이 잘되면 (연성라이닝) 전단파괴 되고, 두껍고 변형이 잘 안되면 (강성 라이닝) 휨 파괴 된다. 그리고, 연성 라이닝의 내하력이 강성 라이닝의 내하력 보다 크다는 사실이 대형실험과 전단파괴가 일어난 터널에서 확인되었다. 이 때문에 터널라이닝을 연성으로 설계하는 공법이 소위 **NATM** 공법이다.

터널라이닝은 전단파괴 되도록 얇은 단면으로 설치하고, 측벽의 배후지반이 전단파괴 될 때에는 인버트를 설치하여 지지하면 효과적이다. 인버트가 있으면 라이닝 콘크리트가 서서히 전단파괴 되므로 덜 위험하다.

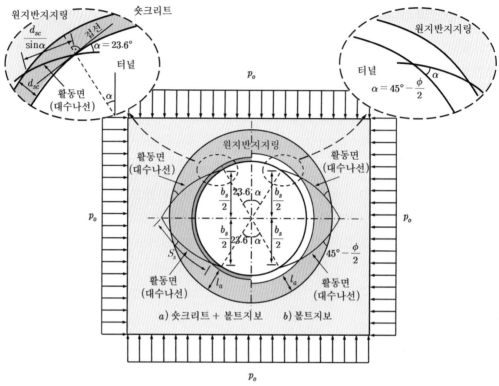

그림 4.3.11 전단파괴설에 의한 파괴면

3.3.2 시스템 볼트 지지링의 전단파괴

터널에서 전단파괴에 대한 시스템볼트 지지링의 전단저항력은 Herzog (1979) 의 방법으로 개략적으로 구할 수 있다. Berger (1952) 는 자갈, Rabcewicz (1957) 는 마른 모래에서 볼트 (길이 l_B) 를 종·횡방향 등간격 a_B 로 설치하여 지지링 (그림 4.3.12a) 을 형성한 후 재하하여 지지링이 전단파괴 되지 않는 것을 보고 볼트효과를 확인하였다. 안/이 (2009) 는 직육면체 콘크리트 블록 수십 개를 볼트로 묶어 단순보를 형성하고 재하하면서 처짐을 측정하여 볼트효과와 볼트의 프리스트레스 효과를 확인하였다.

시스템 볼트 지지링을 보요소 (그림 4.3.12b) 로 보면, 굴착면에 대해 각도 β 로 전단파괴될 때 전단파괴면상 요소 ΔABC (그림 4.3.12c) 에 작용하는 힘은 평형을 이루며,

$$\tau_s ds = \sigma_x dy \cos\beta - \sigma_y dx \sin\beta$$
$$\sigma_s ds = \sigma_x dy \sin\beta - \sigma_y dx \cos\beta \qquad \text{(4.3.81)}$$

접선응력 (x : 접선방향) σ_x 와 반경응력 (y : 반경방향) σ_y 는 다음과 같다.

$$\sigma_x = \sigma_{R_p} R_p / l_B = p_{iA}\, a / l_B$$
$$\sigma_y = F_{azB} / a_B^2 \qquad \text{(4.3.82)}$$

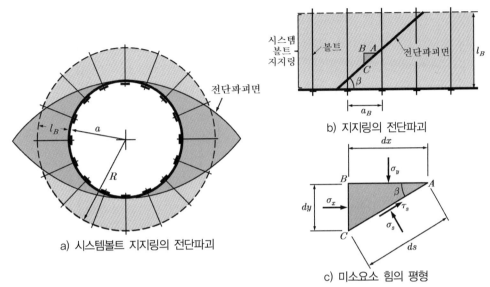

a) 시스템볼트 지지링의 전단파괴

b) 지지링의 전단파괴

c) 미소요소 힘의 평형

그림 4.3.12 시스템볼트 지지링의 전단저항 (Herzog, 1979)

볼트의 허용 인장력 F_{azB} 는 다음 식이 되며, 볼트 (단면적 A_{rB}, 항복응력 σ_{yrB}) 는 전단파괴를 저지할 수만 있으면 되므로 안전율은 $\eta_B = 1.2$ 로도 충분하다.

$$F_{azB} = A_{rB}\sigma_{yrB}/\eta_B \tag{4.3.83}$$

활동면 상 수직응력 σ_s 와 전단응력 τ_s 는 식 (4.3.81) 에 $dx = ds\cos\beta$, $dy = ds\sin\beta$ 관계를 대입하여 구할 수 있다.

$$\tau_s = (\sigma_x - \sigma_y)\sin\beta\cos\beta$$
$$\sigma_s = \sigma_x\sin^2\beta + \sigma_y\cos^2\beta \tag{4.3.84}$$

전단파괴면 각도는 내공면에 대해 대략 $\beta = 45^o - \phi/2$ 이고, 전단저항력은 Mohr-Coulomb 파괴식으로부터 계산하고, 전단응력 τ_s 보다 작으면 ($\tau_f < \tau_s$) 전단파괴 된다.

$$\sigma_f\tan\phi = \tau_f < \tau_s = (\sigma_x - \sigma_y)\sin\beta\cos\beta \tag{4.3.85}$$

볼트 전단강도는 인장강도의 절반이고, 각 볼트의 전단저항력은 $A_{rB}\sec\beta\,\sigma_{yrB}/2$ 이고, 활동면의 전단응력 τ_s 가 n_B 개 볼트의 총 전단저항력 보다 크면 볼트가 전단파괴되므로, 볼트의 전단파괴 조건은 다음이 된다.

$$\tau_s > n_B A_{rB}\sec\beta\,\sigma_{yrB}/2 \tag{4.3.86}$$

길이 $l_B\cosec\beta$ 인 전단면에 포함되는 볼트의 개수 n_B 는 굴착면 볼트간격이 a_B 이므로 다음이 된다 (단, n_B 는 정수).

$$n_B = l_B\cosec\beta/a_B \tag{4.3.87}$$

3.3.3 전단파괴설을 적용한 지보설계

Rabcewicz (1956, 1962) 는 전단 파괴설을 적용하여 지반 지지링의 지지력과 지보 라이닝의 저항력을 계산하였고, Rabcewicz/Sattler (1965), Pacher (1964), Rabcewicz/ Golser (1973) 등이 이를 수학적으로 보완하였다. 전단 파괴설에 의한 지보공 계산식은 지반 지지링의 지지력을 계산한 최초 식이며, 이를 적용하여 수많은 터널을 성공적 으로 굴착하였다.

1) 지보설계를 위한 가정

Rabcewicz 는 다음과 같이 가정하고 전단파괴설에 근거한 지보설계법을 제시하였다.

① 최대주응력방향은 연직이며 응력은 축대칭응력상태이다.

② 원지반 지지링의 두께는 볼트로 보강된 지반의 두께이다.

③ 외압 p_o 는 토피압 γH_t 와 조산운동에 의한 잔류응력 p_t 의 합 ($p_o = \gamma H_t + p_t$) 이다.

④ 지압 : 터널굴착으로 인해 주변지반이 변형되면 지압이 감소하고 지반강도가 저하되어 이완되며, 지반 변형량이 어느 한계를 넘으면 이완지반의 자중이 추가 되어 지압이 증가된다. 그러나 이러한 지압증가에 대한 적절한 계산식이 아직 없고, Egger 와 Hoek/Brown 등은 소성역의 자중만큼 증가된다고 생각하였다.

⑤ 전체 지보저항력 p_{it} 는 등분포 압력이고, 지반 지지링의 저항력 p_{iR} 과 지보라이닝 저항력 p_i 의 합이다.

Rabcewicz의 전단파괴설에 근거한 지보 설계법은 다음 내용이 불분명하다.

- 터널크기의 영향, 원형이 아닌 터널에 대한 적용방법, 시공영향
- 지반 허용 변형량과 전단력의 상관성, 암괴치수와 터널단면크기의 관계
- 지보공 각각의 역할/특성, 볼트 최소수량, 볼트 프리스트레스
- 숏크리트 배면의 하중
- 활동파괴면상의 응력
- 탄소성 경계의 응력 σ_{R_p}
- 지반 지지링의 두께에 따른 지지력

2) 지보설계 순서

터널 지지링의 저항력은 지반 지지링의 저항력과 지보라이닝의 저항력의 합이며, 다음 순서에 따라 계산한다.

① 지반 지지링의 두께 l_B 를 정한다.

② 활동파괴체의 치수 (활동파괴체 높이 b_s , 활동파괴면 길이 S_s , 활동파괴면이 수평과 이루는 평균각도 ψ'') 를 구한다.

③ 지보공의 저항력 p_i (볼트 p_{iB}, 숏크리트 p_{isc}, 강지보공 p_{ist}) 를 구한다.

④ 활동파괴면상의 응력 (전단응력 τ_f 와 수직응력 σ_f) 을 구한다.

⑤ 지반 지지링의 지지력 p_{iR} 을 구한다.

⑥ 전체 지보저항력 $p_{it} = p_i + p_{iR}$ 을 구한다.

3) 지반 지지링과 전단파괴체의 치수

(1) 지반 지지링의 치수

지반 지지링은 축대칭 응력상태에서는 터널 (반경 a) 과 동심인 원형고리이고, 그 두께는 볼트에 의해 보강된 지반의 두께이다. 지반 지지링의 외곽원은 볼트선단의 연결선에 대한 외측 45° 방향선의 교점을 중심으로 그린 원과 접한다 (그림 4.3.13).

선단정착 볼트의 유효길이 l_B 는 볼트의 두부에 숏크리트 (두께 d_{sc}) 가 설치되어 있으면 지반 지지링의 내원은 숏크리트 외접원이므로,

$$l_B = l_{Bo} - \Delta l_2 - d_{sc} = l_{Bo} - 0.2071\, l_1 \frac{a + l_{Bo}}{a} - d_{sc} \tag{4.3.88}$$

이고, 숏크리트가 없으면 지지링 내원은 볼트 두부의 연결선에 대한 내공 측 45° 방향선의 교점을 중심으로 그린 원과 접하므로 다음이 된다.

$$l_B = l_{Bo} - \Delta l_2 - \Delta l_1 = l_{Bo} - 0.2071\,(l_2 - l_1) = l_{Bo} - 0.2071\, l_1 \left(\frac{a + l_{Bo}}{a} + 1 \right) \tag{4.3.89}$$

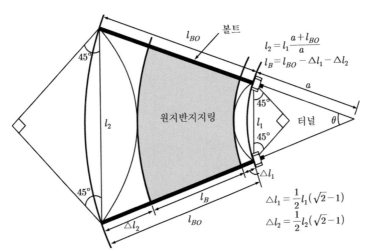

그림 4.3.13 볼트의 유효길이 l_B

(2) 전단 파괴체 형상과 치수

전단 파괴체는 터널 좌우에 하나씩 형성되며, 그 경계는 상하 활동 파괴면과 터널 측벽이다. 활동 파괴면은 대수나선형이며 그 시점은 터널 어깨부의 한 점이고 터널의 연직 축에 대하여 각도 α_F 만큼 기울어져 있다 (그림 4.3.11). 시점의 전단각 α_F 는 숏크리트 전단각 23.6° 이고, 숏크리트로 지보하지 않은 경우에는 최대 주응력방향에 대하여 $45° - \phi/2$ 이다. 시점의 전단각이 이 보다 더 작으면 파괴체가 커져서 지보 저항력이 커지고, 이보다 더 크면 파괴체가 작아져서 지보저항력이 작아진다.

① 활동파괴체의 높이 b_s

파괴체 높이 b_s 는 활동파괴면 시점의 전단각 α_F (터널과 연직축의 각도) 로 계산한다.

$$b_s = 2a\cos\alpha_F \tag{4.3.90}$$

② 활동파괴면의 길이 S_s

활동파괴면의 길이 S_s 는 활동파괴면 시점의 각도 $\alpha_F = 45^0 - \phi/2$ (숏크리트 지보한 경우는 숏크리트 전단각 $\alpha_F = 23.6\,^o$) 와 원지반 지지링의 두께 l_B 로부터 구한다.

$$S_s \doteqdot l_B/\sin\alpha_F \tag{4.3.91}$$

③ 활동파괴면이 수평과 이루는 평균각도 ψ''

파괴면이 수평과 이루는 평균각도 ψ'' 는 활동파괴면 각 지점의 수평에 대한 각도를 적분하여 구한다. 그러나 개략적으로 활동파괴면 중앙부 각도나 최종점 (원지반 지지링의 외곽경계) 에서 수평과 이루는 각도 ψ' 의 절반을 취할 수 있다.

$$\psi'' = \psi'/2 \tag{4.3.92}$$

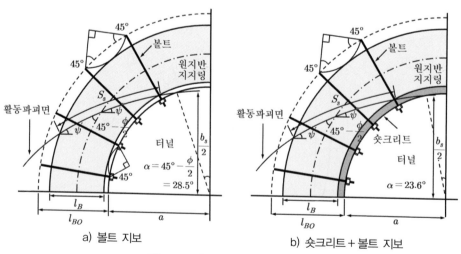

a) 볼트 지보   b) 숏크리트 + 볼트 지보

그림 4.3.14 원지반 지지링의 두께 l_B

4) 터널 지지링의 지지력

터널 지지링의 지지력 p_{iw} 는 지보공 저항력 p_i 와 지반 지지링 지지력 p_{iR} 의 합이다.

$$p_{iw} = p_i + p_{iR} \tag{4.3.93}$$

(1) 지보공의 저항력 p_i

지보공 저항력 p_i 는 각 지보재의 저항력 (볼트 p_{iB}, 숏크리트 p_{is}, 강지보공 p_{ist}) 의 합이며, 와이어 메쉬를 고려할 수도 있다.

$$p_i = p_{iB} + p_{is} + p_{ist} \tag{4.3.94}$$

① 볼트 저항력 p_{iB}

볼트 저항력 p_{iB} 는 반경방향의 힘이므로 간격 $e_B \times g_B$ 로 설치한 볼트 (유효단면적 A_{rB}) 의 인장강도 σ_{yrB} 가 전부 유효하면 다음이 된다.

$$p_{iB} = \frac{A_{rB}\,\sigma_{yrB}}{e_B\,g_B} \tag{4.3.95}$$

② 숏크리트 전단저항 p_{is}

숏크리트의 전단저항력 p_{is} 는 숏크리트 (두께 d_{sc}) 의 단면적 ($d_{sc}/\sin\alpha_F$) 에 전단 강도 τ_{fsc} 를 곱한 값이다. 숏크리트의 전단강도 τ_{fsc} 는 콘크리트 압축강도의 약 1/5 이다 ($\tau_{fsc} = \sigma_{Dsc}/5$).

$$p_{is}\frac{b_s}{2} = \tau_{fsc}\frac{d_{sc}}{\sin\alpha} \tag{4.3.96}$$

숏크리트 저항력 p_{is} 는 콘크리트 전단각 $\alpha_F \leqq 23.6°$ (Sattler, 1965) 에서 다음이 된다.

$$p_{is} = \frac{2\,\tau_{fsc}}{b_s}\frac{d_{sc}}{\sin\alpha} = \frac{2\,\tau_{fsc}}{b_s}\frac{d_{sc}}{\sin 23.6} \simeq \frac{\sigma_{Dsc}\,d_{sc}}{b_s} \tag{4.3.97}$$

이같이 숏크리트에서 휨강도 대신에 전단강도를 생각한 것은 NATM 뿐이다.

③ 강지보공의 저항력 p_{ist}

강지보공의 저항력 p_{ist} 도 숏크리트 저항력과 거의 같은 방법으로 구한다. 다만 강재는 숏크리트가 파괴될 때까지만 유효하다.

강재의 전단강도 τ_{fst} 는 콘크리트와 강재의 영률의 비 $(E_{rB}/E_{st} = 15)$ 만큼 숏크리트 전단강도 τ_{fsc} 보다 크다.

$$\tau_{fst} = \frac{E_{rB}}{E_{st}} \tau_{fsc} = 15\,\tau_{fsc} \tag{4.3.98}$$

따라서 폭 b_{st} 인 강지보공의 저항력 p_{ist} 는 다음과 같고, A_{st} 는 터널 단위길이 당 강재단면적, α_s 는 강재의 전단각이다. 숏크리트가 경화되기 이전에는 강지보공이 영률의 비보다 큰 하중을 부담하므로 강지보공의 최대강도를 적용해도 된다.

$$p_{ist} = \frac{2\,\tau_{fst}\,A_{st}}{b_{st}\sin\alpha_s} = \frac{2\,(15\tau_{fsc})\,A_{st}}{b_{st}\sin\alpha_s} = \frac{30\,\tau_{fsc}\,A_{st}}{b_{st}\sin\alpha_s} \tag{4.3.99}$$

④ 지보공의 전체 저항력 p_i

따라서 지보공 저항력 p_i 는 볼트의 저항력 p_{iB} (식 4.3.95) 와 숏크리트의 저항력 p_{is} (식 4.3.97) 및 강지보공의 저항력 p_{ist} (식 4.3.99) 을 합한 값이다.

$$p_i = p_{iB} + p_{is} + p_{ist} \tag{4.3.100}$$

(2) 지반 지지링의 저항력 p_{iR}

① 활동파괴면상의 응력

활동파괴면상에서 최소 주응력 σ_3 는 지보 저항력이고 $(\sigma_3 = p_i)$, 최대 주응력 σ_1 은 **Mohr-Coulomb** 파괴조건에서 구하면 다음이 된다.

$$\sigma_1 = \frac{1+\sin\phi}{1-\sin\phi}\,\sigma_3 + \frac{2c\cos\phi}{1-\sin\phi} \tag{4.3.101}$$
$$= (m+1)\,\sigma_3 + s$$

활동파괴면상에서 전단응력 τ_f 와 수직응력 σ_f 은 Mohr 응력원과 Mohr-Coulomb 파괴 포락선의 접점의 좌표이므로, Mohr 의 응력원에서 구하면 다음이 된다 (그림 4.3.15).

$$\tau_f = \frac{\sigma_1 - \sigma_3}{2}\cos\phi$$

$$\sigma_f = \frac{\sigma_1 + \sigma_3}{2} - \frac{\sigma_1 - \sigma_3}{2}\sin\phi \tag{4.3.102}$$

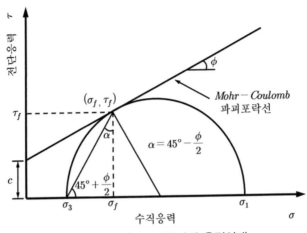

그림 4.3.15 전단파괴면상의 응력상태

② 지반 지지링의 저항력 p_{iR}

원래 지반 지지링의 저항력은 지보공 설치 후 지반 내 응력이 재분배되고 이에 의한 변형이 일어나야 비로소 발생되므로 이를 고려하여 계산해야 되지만 여기에서는 개략적으로 계산한다.

지반 지지링의 저항력 p_{iR} 은 쐐기형 활동 파괴체의 상·하 활동파괴면 (길이 S_s) 에 작용하는 전단저항력의 수평방향 성분에 대하여 수평방향 힘의 평형식을 적용하여 구한다.

$$p_{iR} = \frac{2}{b_s} S_s \, \tau_f \cos \frac{\psi'}{2} = \frac{2}{b_s} \frac{l_a}{\sin\alpha} \, \tau_f \cos \frac{\psi'}{2} \tag{4.3.103}$$

여기에서 ψ' 는 활동파괴면 중간부분의 각도 또는 최종점이 수평과 이루는 각도이다. 볼트가 길어서 지반 지지링이 두꺼워지면, 각도 ψ' 는 물론 활동파괴면에 작용하는 수직응력 σ_f 의 수평분력이 커져서 지지력이 감소한다.

(3) 터널 지지링의 지지력 p_{it}

터널 지지링의 지지력 p_{it} 는 지보공의 지보저항력 p_i (식 4.3.100) 와 지반 지지링의 지지력 p_{iR} (식 4.3.103) 의 합이다.

$$\tag{4.3.104}$$

$$p_{it} = p_i + p_{iR}$$

3.4 지보아치의 지지력

터널의 지보아치 (지보라이닝이라고도 함) 는 주로 숏크리트로 형성하고, 부재력 (휨모멘트, 전단력, 축력) 이 적정해야 한다. 지보아치는 두께를 늘리거나 강성이 큰 강지보공 (H 형강, 격자지보, U 형강 등) 으로 보강한다.

숏크리트 지보아치는 단면의 일부분을 두껍게 하거나 강지보공이나 격자지보로 보강 (합성지보아치) 한다. 지보아치 강성을 증가시키기 위해 전체 구간에서 두께를 늘리면 굴착량이 많아져서 안정성이 저해되거나 비경제적일 수 있다. 또한, 일정한 간격으로 두께를 크게 하면 방수 쉬트 설치의 어려움 등 시공성이 저하될 수 있다.

지보아치는 대개 모든 외력이 숏크리트에 작용한다고 가정하고 표준 지보패턴으로 설계하며, 합성 지보아치에서 강지보나 격자지보는 별도로 구조해석하지 않는다. 그러나 지압이 지나치게 크거나 굴진면의 자립시간이 매우 짧을 때는 가장 취약한 (숏크리트 타설 전) 상태에 대해 단면력과 지지력을 검토한다. 지보아치는 검증시험 이나 구조계산 및 현장기술자 판단에 근거해서 검증하며, 계산된 지압을 강지보가 지지할 수 있는지 검토한다.

지보아치 측벽의 배후 지반이 전단파괴 될 때에는 인버트를 설치한다. 인버트가 설치되어 있으면 지보아치 콘크리트가 서서히 전단파괴 되므로 파괴를 조기감지하고 대응할 수 있는 시간적 여유가 있어서 덜 위험하다. 강지보공 변형에 의한 지압경감 효과는 (안전측으로) 보통 무시한다.

지보아치는 천단부나 전체에 방사방향으로 균등하게 분포하는 하중이 작용하는 tow-centered arch 구조모델로 간주하고 구조해석 (3.4.1 절) 한다.

숏크리트 지보아치 (3.4.2 절) 는 가장 일반적으로 적용하는 방법이며, 모든 외력이 숏크리트에 작용하는 것으로 가정한다. 숏크리트 경화정도 (강성변화단계) 를 굴착 →연성 숏크리트/볼트→강성 숏크리트 단계로 구분한다.

작용하는 지압이 과도하게 크거나 막장 자립시간이 짧을 때는 숏크리트 지보아치 를 강지보 (3.4.3 절) 나 격자지보 (3.4.4 절) 등 으로 보강하여 합성 지보아치를 형성 하는 경우가 많다.

3.4.1 지보아치 구조해석

지보아치는 현장조건을 고려하고 구조해석하여 부재 휨모멘트와 허용응력을 검토하며, 각 응력들은 항복인장응력 (tensile yield stress) 을 초과하지 않아야 한다.

1) 지보아치 구조해석

지보아치는 천단부 (또는 전체) 에 지압에 의한 방사방향의 균등하중이 작용하는 **tow-centered arch** 구조모델로 간주하고 부재력을 검토하여 적정성을 판단한다.

지보아치의 지지력은 가장 불안정한 (즉, 천단부에 방사방향 등분포 압력이 작용하는) 경우 (그림 4.3.16a) 에 대해서 검토한다. 이때에 지보아치에는 압축력 N (그림 4.3.16b) 이 작용하며, 이로 인하여 휨모멘트 M (그림 4.3.16c) 이 발생하고, **최대 휨모멘트는 천단부에서 발생**된다. 지보아치는 측벽부 지반에 의해 구속되므로 아치의 길이 방향 좌굴에 어느 정도 저항할 수 있다. 이 같은 지보아치의 지지력은 모멘트 변곡점 (모멘트 zero 점) 이 지점이고 축력 N 이 작용하며 지간이 l 인 단순아치 (그림 4.3.16d) 로 단순화하고, 단순아치는 다시 지간 l 인 등가보 (그림 4.3.17) 로 대체하여 계산한다. 모멘트 변곡점 사이 수평거리 l 은 정역학적으로 계산할 수 있다.

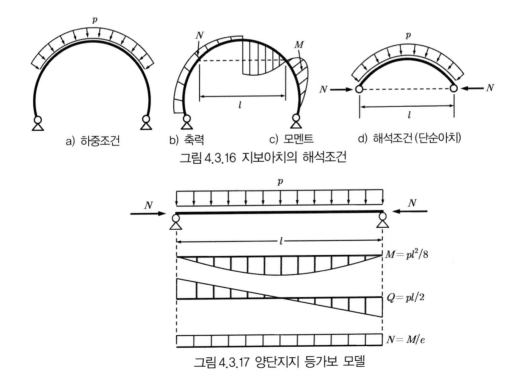

a) 하중조건 b) 축력 c) 모멘트 d) 해석조건 (단순아치)

그림 4.3.16 지보아치의 해석조건

$M = pl^2/8$

$Q = pl/2$

$N = M/e$

그림 4.3.17 양단지지 등가보 모델

2) 지보아치 설계외력 p_{vD}

지보아치에는 터널굴착에 의한 이완하중 (이완하중법) 이나 (콘크리트 지보아치와 주변지반을 연속체 요소로 모델링하고) 유한요소법 등으로 수치해석하여 구한 하중 (수치해석법) 이 외력으로 작용한다고 생각한다.

Terzaghi 이완하중을 설계외력으로 간주할 때에 터널 (토피 H_t, 높이 t_H) 천단의 상부지반이 이완되며, 이완높이 (아치높이) H_1 은 지반이 변형되거나 지보공이 침하되면 증가한다. 지반아치에 작용하는 하중은 지표에서 H_1 까지 깊이 $H_2 = H_t - H_1$ 에 해당하는 지반의 자중 γH_2 이다 (K 는 측압계수).

$$H_2 = \frac{B}{2K\tan\phi} \fallingdotseq \frac{B}{\tan\phi} \tag{4.3.105}$$

터널토피가 $H_t > 1.5(B + t_H)$ 일 때 지보아치에 작용하는 연직압력 p_v 는 비점착성 지반 ($c = 0$) 에서 식 (3.5.70) 으로부터 다음이 된다.

$$p_v = \frac{\gamma B}{2K\tan\phi}\left\{1 - \exp\left(\frac{-2H_1 K\tan\phi}{B}\right)\right\} + \gamma H_2 \exp\left(\frac{-2H_1 K\tan\phi}{B}\right) \tag{4.3.106}$$

$H_1 < H_t/5$ 이면 위 식 제2항은 무시할 수 있을 만큼 작고, 제1항의 중괄호 안은 1 에 가까워져서 지보공 작용하중은 터널깊이에 무관하고 터널 크기 B 에 비례한다.

설계외력 p_{vD} 는 지보아치에 작용하는 연직압력 p_v 에 안전율 η 를 곱한 압력이다.
$$p_{vD} = \eta p_v \tag{4.3.107}$$

3) 지보아치 설계하중

지보아치는 압축부재이므로 좌굴에 견딜 수 있는 최대 하중을 설계하중으로 한다. 지보아치의 좌굴에 대한 최대 설계하중은 허용응력 설계법 (**ASD** : Allowable Stress Design) 이나 한계상태 설계법 (**LSD** : Limited State Design) 으로 구한다. 최근에는 한계상태 설계법에 근거한 유럽의 **EC3** 설계법 (Eurocode 3, 1992) 과 미국의 **LRFD** 설계법 (**Load & Resistance Factor Design**, 1993) 이 주로 적용되고 있다.

(1) EC3/1992 설계하중

지보아치 모델 (그림 **4.3.16**) 의 부재 단면력은 축력 N 과 등분포하중 p 가 작용하는 양단지지 등가보 모델 (그림 4.3.17) 에 DIN 18800 의 Omega Method 를 적용하여 그 값이 허용치 이내인지 검토 한다. EC3 와 DIN 18800 Part 2 의 내용은 동일하다.

EC3/1992 설계법에서는 먼저 좌굴길이 S_k 와 비교세장비 $\overline{\lambda}$ 를 구하고 불완전 계수 α_u 와 ϕ 및 좌굴감소계수 χ 를 구하여 최대 설계하중 N_{ECd} 을 계산한다.

① 지보아치의 좌굴길이와 세장비

지보아치 좌굴길이 S_k 는 Pfluger (1975) 방법으로 계산하거나 (r 은 아치곡률반경),

$$S_k = \sqrt{\frac{\pi^2 r^2}{\phi_{62}(\pi/\alpha_u)^2}}$$
  (4.3.108)

개략적으로 **Euler** 이론치의 사이 값 즉, 아치가 완전구속조건일 때 $(l/2)$ 와 gerber hinged support 일 때 (l) 의 중간 값으로 한다.

$$S_k = (l/2 + l)/2 \simeq 0.75\,l$$
  (4.3.109)

터널 폭이 $t = 13\,m$ 인 경우에는 모멘트 영점 사이의 거리가 $l = 5.8\,m$ 정도이므로, 지보아치의 좌굴길이는 완전구속 조건일 때 $l/2 = 2.9\,m$ 와 gerber hinged support 일 때 $l = 5.8\,m$ 의 중간 값 즉, $S_k = 4.5\,m$ 가 된다.

지보아치 (단면적 A, 단면이차모멘트 J_x) 의 세장비 λ (좌굴길이 S_k 와 곡률반경 i 의 비) 와 한계세장비 λ_l 의 비를 비교세장비 $\overline{\lambda}$ 라 한다.

- 곡률반경 : $i = \sqrt{J_x/A}$
- 세장비 : $\lambda = S_k/i = S_k/\sqrt{J_x/A}$ **(4.3.110)**
- 한계세장비 : $\lambda_l = \pi\sqrt{E/\sigma_y}$
- 비교세장비 : $\overline{\lambda} = \dfrac{\lambda}{\lambda_l}$

② 불완전 계수와 좌굴감소계수

부분안전율이 $\eta_p = 1.1$ 일 때 좌굴감소계수 χ_E (reduction factor) 는 다음과 같다.

$$\chi_E = \frac{1}{\phi + \sqrt{\phi^2 - \overline{\lambda}^2}} \leq 1.0$$
  (4.3.111)

EC3/1992, 5.5.1 절에서는 좌굴감소계수 χ_E 를 단면형태별로 유형을 구분하였다 (그림 4.3.18). 위 그래프에서 유형 a 는 열간 원형 강관이고, 유형 b 는 용접박스형 단면이며, 유형 c 는 압연 I형강에서 z 축에 관한 값이며, 다 같이 비교 세장비가 커질수록 감소하는 경향을 보인다.

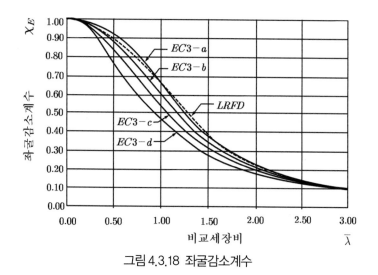

그림 4.3.18 좌굴감소계수

위 식 (식 4.3.111) 에서 ϕ 는 다음과 같이 정의한다.

$$\phi = 0.5\left[1 + \alpha_u(\overline{\lambda} - 0.2) + \overline{\lambda}^2\right] \tag{4.3.112}$$

여기에서 α_u 는 초기 처짐의 크기가 $L/1000$ 인 기하학적 불완전성과 단면형태에 따른 잔류응력의 영향을 고려한 값이고 이를 불완전 계수 α_u (imperfection factor) 라 한다. 불완전 계수 α_u 는 표 4.3.5 와 같으며, 이는 1960~1970 년 사이 서부 유럽과 미국에서 수행했던 1000 개 이상 되는 실험결과를 분석하고 통계적으로 평가하여 얻은 결과이다.

③ 지보아치의 최대 설계하중

EC3/1992, 5.5.1 절에서 압축부재 (단면적 A, 항복응력 σ_y, 탄성계수 E) 의 좌굴에 대한 설계축하중 N_{ECd} 는 다음과 같이 규정되어 있다.

$$N_{ECd} = \chi_E \frac{A\sigma_y}{\eta_p} \tag{4.3.113}$$

표 4.3.5 불완전계수 α_u

좌굴응력성분	a	b	c	d
불완전계수 α_u	0.21	0.34	0.49	0.76

(2) 허용응력법 설계하중

허용응력 설계법 (DIN 4114/1952) 에서는 하중 증가계수 ω_r 과 부분 안전율 η_F 를 적용하여 최대 축하중 $N_{\max}$ 로부터 설계하중 N_d 를 구한다.s

① 최대축하중

최대 축하중 $N_{\max}$ 는 좌굴하중에 대한 허용응력보다 크지 않아야 한다.

$$\omega_r \frac{N_{\max}}{A} \le \sigma_{abk} = \frac{\sigma_y}{\eta_{bk}} \tag{4.3.114}$$

여기에서 σ_{abk} 는 허용 좌굴응력이고, 하중 증가계수 ω_r (amplification factor) 은 세장비에 의해 영향을 받는다. 좌굴응력에 대한 안전율은 $\eta_{bk} = 1.71$ 을 적용한다.

따라서 최대 축하중 $N_{\max}$ 는 다음이 된다.

$$N_{\max} = \frac{1}{\omega_r} \frac{A \sigma_y}{\eta_{bk}} \tag{4.3.115}$$

② 설계하중

설계축하중 N_{ASd} 는 최대 축하중 $N_{\max}$ 을 부분안전율 η_F 로 나눈 값이다.

$$N_{ASd} = \frac{N_{\max}}{\eta_F} \tag{4.3.116}$$

③ EC3 와 허용응력설계법 (DIN 4114 / 1952) 의 관계

DIN 4114 의 설계하중 N_{ASd} (식 4.3.16) 와 EC3 의 최대설계하중 N_{ECd} (식 4.3.113) 는 다음 관계가 있고,

$$\frac{N_{ASd}}{N_{ECd}} = \frac{1}{\chi_E} \frac{\eta_p}{\eta_F} \frac{N_{\max}}{A \sigma_y} \le 1.0 \tag{4.3.117}$$

위 식을 정리하면 다음이 된다.

$$N_{\max} \le \chi_E A \sigma_y \frac{\eta_F}{\eta_p} \tag{4.3.118}$$

위 식은 식 (4.3.116) 과 같은 모양이므로, EC3 의 좌굴감소계수 χ_E 는 DIN 4114 의 하중증가계수 ω_r 의 역수이고, 좌굴에 대한 안전율 η_{bk} 는 부분안전계수 η_F 와 η_p 의 비이다.

$$\begin{aligned} \omega_r &= 1/\chi \\ \eta_{bk} &= \eta_F / \eta_p \end{aligned} \tag{4.3.119}$$

(3) LRFD 설계하중

LRFD/1993 설계법 (DIN 4114/1952) 에서는 좌굴감소계수 Φ_c 와 좌굴압축응력 f_{cr} 을 적용하여 최대설계하중 N_{LRd} 를 구한다. LRFD 에서는 (EC3 와 달리) 단면형상에 따른 불확실성과 잔류응력의 영향을 포함하지 않고 있다.

① 최대설계하중과 좌굴압축응력

LRFD/1993, E2 에서 좌굴에 대한 최대설계하중 N_{LRd} 은 좌굴감소계수 Φ_c 와 좌굴압축응력 f_{cr} 로부터 구한다.

$$N_{LRd} = \Phi_c A f_{cr} \tag{4.3.120}$$

위 식의 **좌굴압축응력** f_{cr} 은 비교 세장비 $\overline{\lambda}$ 와 항복응력 σ_y 로부터 다음이 되고,

$$
\begin{aligned}
f_{cr} &= 0.658^{\overline{\lambda}^2} \sigma_y & (\overline{\lambda} \le 1.5) \\
&= \left(0.877/\overline{\lambda}^2\right)\sigma_y & (\overline{\lambda} > 1.5)
\end{aligned}
\tag{4.3.121}
$$

좌굴감소계수 χ_L 로 표현하면 $f_{cr} = \chi_L \sigma_y$ 이므로, 최대설계하중 N_{LRd} 은 다음이 된다.

$$N_{LRd} = \Phi_c A f_{cr} = \Phi_c A \chi_L \sigma_y \tag{4.3.122}$$

좌굴감소계수 χ_L 은 비교 세장비 $\overline{\lambda}$ 에 따라 다음이 되고, EC3 의 좌굴감소계수 χ 를 나타내는 그림 4.3.18 의 a 선 및 b 선과 유사하다.

$$
\begin{aligned}
\chi_L &= f_{cr}/\sigma_y = 0.658^{\overline{\lambda}^2} & (\overline{\lambda} \le 1.5) \\
&= 0.877/\overline{\lambda}^2 & (\overline{\lambda} > 1.5)
\end{aligned}
\tag{4.3.123}
$$

② 설계하중 N_d

한계상태 설계법 (LRFD 와 EC3) 에서 설계하중 N_d 는 다음 식과 같이 작용하중에 하중계수를 곱한 값이며, 설계하중은 최대설계하중 보다 작아야 한다 (DL 은 Dead Load, LL 은 Live Load).

$$
\begin{aligned}
N_d &= 1.35 DL + 1.5 LL & (EC3) \\
&= 1.20 DL + 1.6 LL & (LRFD)
\end{aligned}
\tag{4.3.124}
$$

4) 부재 허용응력

부재 허용응력 σ_a 는 허용축력 N 과 하중증가계수 ω_r 를 다음 식에 적용하여 구하고,

$$\sigma_a = \omega_r \frac{N}{A} + 0.9 \frac{M}{Z} = \omega_r \frac{N}{A} + 0.9 \frac{N\,e}{Z} \tag{4.3.125}$$

휨모멘트 M 과 축력 N 및 편심 e 는 양단지지 등가 보 모델 (그림 4.3.17) 로 구한다.

$$M = \frac{p\,l^2}{8}, \quad N = \frac{M}{e}, \quad e = \frac{M}{N} \tag{4.3.126}$$

3.4.2 숏크리트 지보아치

숏크리트 지보아치는 시간경과에 따른 숏크리트 경화단계 (강성 변화단계) 를 연성 숏크리트/록볼트- 강성 숏크리트 단계로 구분하여 구조계산을 수행한다. 강지보공을 병용할 때에도 대개 모든 외력이 숏크리트에만 작용한다고 간주한다.

1) 단면형상

숏크리트 지보아치는 대체로 균일한 단면으로 설치하며, 강성을 크게 하기 위해 일부 단면을 두껍게 할 때도 있다 (그림 4.3.19).

(1) 균일 단면

균일한 단면으로 설치하는 숏크리트 부재의 단면적 A_{sc} 는 다음이 된다 (두께 d).

$$A_{sc} = b\,d \tag{4.3.127}$$

(2) 변단면

숏크리트 지보아치는 강성을 크게 하기 위해 일부 단면을 두껍게 할 때도 있다. 이때에는 터널길이방향으로 두꺼운 부분 (두께 d_1, 길이 b_1, 단면적 A_{sc1}) 과 얇은 부분 (두께 d_2, 길이 b_2, 단면적 A_{sc2}) 을 중복·배치한다 (길이단위는 $b = b_1 + b_2$). 두꺼운 부분 길이 b_1 은 두께 d_1 의 2 배 ($b_1 = 2d_1$) 이고, 얇은 부분은 길이 $b_2 = b - b_1 = b - 2d_1$ 이고, 두께 d_2 는 두꺼운 부분 두께 d_1 의 2/3 ($d_2 = 2d_1/3$) 이며 현장여건에 따라 감소시킨다. 지보아치 길이단위 b 에서 위치별 단면적 A_{sc1} 과 A_{sc2} 및 총단면적 A_{sc} 는 다음 같다.

$$
\begin{aligned}
A_{sc1} &= b_1 d_1 = 2d_1 d_1 \\
A_{sc2} &= (b - b_1)d_2 = (b - 2d_1)\,d_2 \\
A_{sc} &= A_{sc1} + A_{sc2} = (2/3)\,d_1(d_1 + b)
\end{aligned}
\tag{4.3.128}
$$

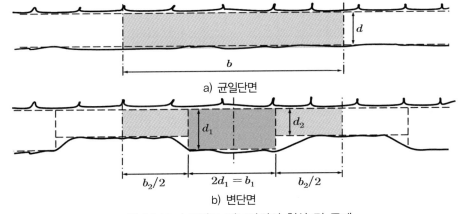

a) 균일단면

b) 변단면

그림 4.3.19 숏크리트 지보아치의 형상 및 두께

2) 허용축력

숏크리트의 허용축력 N_{asc} 는 극한지지력 N_{usc} (설계강도 σ_{scd} 와 단면적 A_{sc} 의 곱)를 안전율로 나누어 구하며 극한지지력 N_{usc} 는 편심여부에 따라 달라진다. 안전율은 숏크리트 강도가 1 일 강도 보다 작을 때는 $\eta = 3.0$, 클 때는 $\eta = 2.5$ 을 적용한다.

숏크리트의 극한하중과 허용하중은 시간에 따른 강도변화, 단면적, 설계강도, 양생과정 등에 따라 다르다.

(1) 숏크리트 설계강도 σ_{scd}

숏크리트의 설계강도 σ_{scd} 는 숏크리트 장기 강도시험의 강도발현곡선 (그림 4.3.20)으로부터 구한 숏크리트의 압축강도 σ_{Dsc} 를 감소시켜서 적용한다. 감소계수는 균일응력조건과 안전율을 고려하여 정하며, 최소값을 이용한다.

$$\sigma_{scd} = 0.4\,\sigma_{Dsc} \tag{4.3.129}$$

(2) 허용축하중

숏크리트 빔의 허용지지력은 편심여부를 고려하여 계산한다 (그림 4.3.21).

① 편심 아닌 경우 $(e = 0)$

허용 축하중 N_{asc} 는 편심의 영향이 없는 경우에 숏크리트 파괴 후 신장율을 2 %로 보고, parabola-rectangle-diagram 의 극한지지력 N_{usc} 를 안전율로 나누어 구한다.

$$N_{usc} = A_{sc}\,\sigma_{Dsc}$$
$$N_{asc} = N_{usc}/\eta \tag{4.3.130}$$

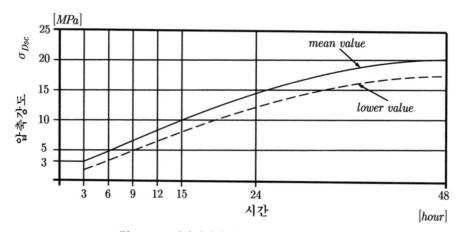

그림 4.3.20 시간경과에 따른 숏크리트 강도발현

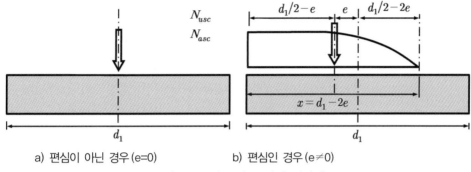

a) 편심이 아닌 경우(e=0) b) 편심인 경우(e≠0)

그림 4.3.21 숏크리트 빔의 지지력

② 편심인 경우 $(e \neq 0)$

편심하중일 때 $(e < 0.3\,d_1)$ 는 단면적이 $b\,x$ 이므로 다음 식으로 숏크리트의 허용 및 극한 축력을 구한다 $(e = M_{sc}/N_{sc})$.

$$N_{usc} = \sigma_{Dsc}\,b\,x = \sigma_{Dsc}\,b\,d_1\left(1 - \frac{2e}{d_1}\right) = \sigma_{Dsc}\,A_{sc}\left(1 - \frac{2e}{d_1}\right) \tag{4.3.131}$$

$$N_{asc} = \frac{1}{\eta}N_{usc}$$

3) 부재 허용응력

숏크리트 부재의 허용응력 σ_{asc} 는 허용축력 N_{asc} 와 하중증가계수 ω_r 를 적용하여 다음 식으로 구한다.

$$\sigma_{asc} = \omega_r \frac{N_{asc}}{A_{sc}} + 0.9\frac{M_{sc}}{Z} = \omega_r \frac{N_{asc}}{A_{sc}} + 0.9\frac{N_{asc}\,e}{Z} \tag{4.3.132}$$

위 식에서 허용축력 N_{asc} 는 휨모멘트 $M_{sc} = \dfrac{p\,l^2}{8}$ 과 편심 e 로부터 구할 수 있다.

$$N_{asc} = \frac{M_{sc}}{e} = \frac{p\,l^2}{8e} \tag{4.3.133}$$

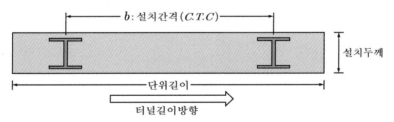

그림 4.3.22 등가면적법에 의한 강지보모델

3.4.3 강지보와 숏크리트 합성 지보아치

과도한 지압이 예상되거나 굴진면의 자립시간이 짧을 때는 숏크리트 지보아치를 강지보공으로 보강한다(합성지보아치). 강지보재는 숏크리트가 경화되어 부재력이 발현되기 전까지 하중을 지지하므로 (검증실험과 구조계산 및 시공자의 판단에 근거해서) 강지보공 단면력을 계산하여 숏크리트 없이 강지보만으로 지압을 지지할 수 있는지 평가한다. 합성지보아치의 지지력은 숏크리트와 강지보 지지력의 합이다.

강지보아치의 부재력은 다음 방법으로 구하여 설계에 반영한다.
- 강지보를 배제하고 숏크리트만 고려하는 방법
- 강지보와 숏크리트가 축력만을 분담하는 방법 (각 부재별 단면력 계산 시)
- 강지보와 숏크리트가 축력과 모멘트를 분담하는 방법 (등가물성 계산 시)

강지보 합성 지보아치는 강지보와 숏크리트의 면적비에 따른 등가물성을 적용하여 계산한다 (그림 4.3.22). 축력은 숏크리트와 강지보가 분담하여 지지하지만, 모멘트는 숏크리트는 분담하지 않고 강지보만으로 지지한다고 가정한다. 합성 지보아치 개별부재가 국부좌굴에 대해 안전하면, 합성지보아치 전체부재에 대해서는 좌굴영향을 별도로 계산하지는 않는다. 강지보재 응력은 전단력 Q 에 의해 발생된 개별부재의 휨모멘트 M 과 축력 N 에 의한 힘이 중첩될 때에 극한상태가 된다.

1) 단면형상

숏크리트-강지보 합성 지보아치는 하중지지 효과가 커서 설치 후에는 터널안전율이 커지며, 대개 균일한 단면으로 설치하고 강지보 설치부를 두껍게 할 때도 있다.

(1) 균일한 단면으로 할 경우

길이 l_{as} 인 지보아치에 m 개 지보재 (개당 단면적 A_{st1}) 를 설치하면, 강지보재 설치간격은 $b_{st} = l_{as}/m$ 이고, 단위길이 당 강지보재 설치개수는 $n = 1/b_{st}$ 이다.

지보 단위길이 당 강지보와 숏크리트 단면적 A_{st} 와 A_{sc} 는 다음이 된다 (두께 d).
$$A_{st} = n A_{st1}, \quad A_{sc} = b_{st}d - A_{st} \tag{4.3.134}$$

(2) 강지보 설치부를 두껍게 할 경우

강지보 설치부를 두껍게 할 때는 두꺼운 부분 (두께 d_1, 길이 b_1, 단면적 A_{b1}) 과 얇은 부분 (두께 d_2, 길이 b_2, 단면적 A_{b2}) 이 터널길이방향으로 반복되고, 한 길이단위의 연장은 $b = b_1 + b_2$ 이다 (그림 4.3.23).

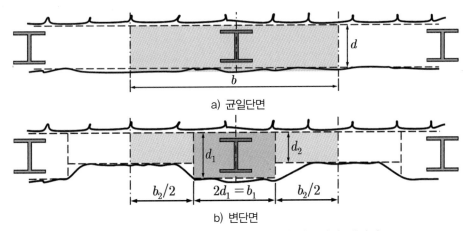

a) 균일단면

b) 변단면

그림 4.3.23 숏크리트–강지보 시스템의 하중지지 단면적

합성 지보아치에서 강지보공 위치를 두껍게 할 경우에 그 사이 얇은 부분의 두께는 두꺼운 부분의 $2/3$ 즉, $d_2 = 2d_1/3$ 로 가정한다. 합성 지보아치 단위길이 당 강지보와 숏크리트의 단면적 A_{st} 와 A_{sc} 는 다음이 된다 (단위길이 당 설치개수 n).

$$A_{st} = n A_{st1} \qquad A_{sc} = (d_1 b_1 + d_2 b_2) - A_{st} \tag{4.4.135}$$

2) 강지보공 합성지보아치의 지지력

강지보공 합성지보아치의 지지력은 숏크리트와 강지보 각 부재 지지력의 합이다. 합성지보아치의 적정성은 내부의 휨모멘트, 전단력, 축력 등을 검토하여 평가하며, 좌굴길이 S_k 는 숏크리트 지보아치와 같은 방법으로 계산한다.

(1) 허용축력

합성지보아치 축력은 숏크리트와 강지보의 극한축력의 합이며, 허용축력 N_{act} 는 극한축력 N_{uct} 를 안전율로 나눈 값이다.

$$N_{uct} = A_{sc}\sigma_{Dsc} + A_{st}\sigma_{yst}$$
$$N_{act} = \frac{1}{\eta}N_{uct} \tag{4.3.136}$$

(2) 허용축응력

합성지보 부재 (단면적 A_{ct}, 단면계수 Z, 편심 e) 의 허용축응력 σ_{act} 는 허용축력 N_{act} 와 하중증가계수 ω_x 를 적용하여 구하고, 강지보재 허용응력 σ_{ast} 를 초과할 수 없다.

$$\sigma_{act} = \omega_x \frac{N_{act}}{A_{ct}} + 0.9 \frac{M_{ct}}{Z} = \omega_x \frac{N_{act}}{A_{ct}} + 0.9 \frac{N_{act}\,e}{Z} \leq \sigma_{ast} \tag{4.3.137}$$

표 4.3.6 H 형강 지보재의 지지력

H 형강	단면적 $A_{st}\,[cm^2]$	단면계수 $Z\,[cm^3]$	하중증가 계수 ω_x	휨모멘트 $M_{st}\,[kN{\cdot}m]$	축 력 $N_{st}\,[kN]$	전단력 $Q_{st}[kN]$
H100×100	21.90	76.5	2.29	12.9	129	11.5
H125×125	30.31	135.0	1.70	24.1	241	21.5

[표에서 하중증가계수 ω_x 는 DIN 18800 의 ω-Chart (Lindner, 1986) 를 이용함]

위 식에서 단면계수 Z 는 표 4.3.6 에서 취하고, 하중증가계수 ω_x 는 다음의 순서로 계산하거나 표 4.3.6 의 값을 취한다.

- 시스템 세장비 : $\lambda_\lambda = S_k/i_\lambda = S_k/\sqrt{J_x/A}$
- 한계세장비 : $\lambda_l = \pi\sqrt{E/\sigma_{fy}}$
- 비교세장비 : $\overline{\lambda} = \lambda_\lambda/\lambda_l = 1.44$
- 좌굴감소계수 :

$$\phi = 0.5[1 + \alpha(\overline{\lambda} - 0.2) + \overline{\lambda}^2] = 1.59, \quad \alpha : \text{불완전계수 (표 4.3.5)} \tag{4.3.138}$$

$$\chi = 1/\left(\phi + \sqrt{\phi^2 - \overline{\lambda}^2}\right) \le 1.0$$

- 하중증가계수 : $\omega_x = 1/\chi$

위 식 (4.3.137) 의 허용축력 N_{act} 는 편심 e 에 대한 휨모멘트 M_{ct} 으로부터 구한다.

$$M_{ct} = \frac{pl^2}{8}, \quad N_{act} = \frac{M_{ct}}{e}, \quad e = \frac{M_{ct}}{N_{act}} \tag{4.3.139}$$

3) 강지보재 간격

강지보재의 간격은 합성 지보아치에 작용하는 외력을 강지보재가 단독으로 부담한다고 간주하고 구한다. 강지보재 허용응력 σ_{ast} 는 편심 e 에 대한 휨모멘트 M_{st} 와 허용축력 N_{ast} 을 적용하여 구하고, 강지보재 최대 허용응력 σ_{yst} 를 초과할 수 없다.

$$\sigma_{ast} = \frac{N_{ast}}{A_{st}} + \frac{M_{st}}{I_{st}}y_{st} \le \sigma_{yst} \tag{4.3.140}$$

강지보재 최대 허용응력 σ_{yst} 는 신장율이 2 % 일 때 발생한다고 가정하며, 안전율 $\eta = 2.1$ 이면 $\sigma_{yst} = 420\,MPa$ 이다.

강지보재 설치간격 b_{ste} 는 강지보재 (단면적 A_{st}) 가 부담할 수 있는 하중 $\sigma_{yst}A_{st}$ 가 라이닝 설계외력 $p_{vD}\,b_{ste}$ 보다 커야 한다는 조건 ($p_{vD}\,b_{ste} \le \sigma_{yst}A_{st}$) 으로 구할 수 있다.

$$b_{ste} \le \frac{\sigma_{st}A_{st}}{p_{vD}} \tag{4.3.141}$$

4) 합성지보아치 각 부재의 단면력 분담

숏크리트와 강지보재로 구성된 합성지보아치의 지지력은 각 구성부재 지지력의 합이며, 숏크리트와 강지보재가 강결되어 있으면 각각 축력과 모멘트를 분담한다고 생각하고 각 부재의 등가물성을 결정하고 수치해석하여 부재력 (축력 N 과 모멘트 M) 을 구한다. 각 부재의 부재력은 각각의 **압축강성**과 **휨강성**으로부터 분담비를 구하여 계산한다.

(1) 축력과 모멘트 분담비

합성 지보아치를 구성하는 숏크리트와 강지보재 각각의 압축강성 D_{sc} 및 D_{st} 와 휨강성 K_{sc} 와 K_{st} 는 다음과 같다.

$$D_{sc} = E_{sc}A_{sc} \,, \; D_{st} = E_{st}A_{st} \tag{4.3.142}$$
$$K_{sc} = E_{sc}I_{sc} \,, \; K_{st} = E_{st}I_{st}$$

축력은 숏크리트와 강지보가 분담하며, 각각의 축력 분담비 β_{sc} 와 β_{st} 는 각 부재의 압축강성 D_{sc} 와 D_{st} 로부터 계산하고,

$$\beta_{sc} = \frac{D_{sc}}{D_{sc} + D_{st}} \,, \quad \beta_{st} = \frac{D_{st}}{D_{sc} + D_{st}} \tag{4.3.143}$$

모멘트는 강지보만 분담하고 숏크리트가 분담하지 않으며 ($\alpha_{sc} = 0$), 강지보의 모멘트 분담비 α_{st} 는 숏크리트와 강지보의 휨강성 K_{sc} 와 K_{st} 로부터 계산한다.

$$\alpha_{sc} = 0 \,, \quad \alpha_{st} = \frac{K_{st}}{K_{sc} + K_{st}} \tag{4.3.144}$$

(2) 합성 지보아치의 등가물성

합성 지보아치의 등가 압축강성 D_{eq} 와 등가 휨강성 K_{eq} 는 다음과 같으며,

$$D_{eq} = n(D_{sc} + D_{st})$$
$$K_{eq} = n(K_{sc} + K_{st}) \tag{4.3.145}$$

이로부터 등가두께 t_{eq} 와 등가단면적 A_{eq} 를 구한다.

$$t_{eq} = \sqrt{\frac{12K_{eq}}{D_{eq}}} \,, \quad A_{eq} = b_{ste} \, t_{eq} \tag{4.3.146}$$

합성 지보아치에서 등가탄성계수 E_{eq} 와 등가 단면이차모멘트 I_{eq} 는 숏크리트와 강지보재 탄성계수 E_{sc} 와 E_{st} 및 강지보 단면이차모멘트 $I_{st} = I_{st}/b_{ste}$ 로부터 구하거나,

$$E_{eq} = \frac{E_{sc}A_{sc} + E_{st}A_{st}}{A_{sc} + A_{st}} \,, \quad I_{eq} = \frac{I_{st}E_{st}}{E_{eq}} \tag{4.3.147}$$

등가 압축강성 D_{eq} 와 등가 휨강성 K_{eq} 로부터 구한다.

$$E_{eq} = \frac{D_{eq}}{b\,t_{eq}}, \quad I_{eq} = \frac{b\,t_{eq}^3}{12} \tag{4.3.148}$$

(3) 부재력

숏크리트와 강지보의 부재력은 수치해석에서 구한 합성 지보아치 부재력 (축력 N_{ct} 와 모멘트 M_{ct}) 에 분담비를 적용하여 구한다 (그림 4.3.24).

축 력 :

$$N_{sc} = \frac{N_{ct}\,D_{sc}}{n(D_{sc}+D_{st})} = \frac{N_{ct}\,D_{sc}}{D_{eq}}$$

$$N_{st} = \frac{N_{ct}\,D_{st}}{n(D_{sc}+D_{st})} = \frac{N_{ct}\,D_{st}}{D_{eq}} \tag{4.3.149}$$

모멘트 :

$$M_{sc} = \frac{M_{ct}\,K_{sc}}{n(K_{sc}+K_{st})} = \frac{M_{ct}\,K_{sc}}{K_{eq}}$$

$$M_{st} = \frac{M_{ct}\,K_{st}}{n(K_{sc}+K_{st})} = \frac{M_{ct}\,K_{st}}{K_{eq}} \tag{4.3.150}$$

휨압축응력 :

$$\sigma_{sc} = \frac{N_{sc}}{A_{sc}} + \frac{M_{sc}}{I_{sc}}y_{sc}$$

$$\sigma_{st} = \left(\frac{N_{st}}{A_{st}} + \frac{M_{st}}{I_{st}}y_{st}\right)\frac{1}{n} \tag{4.3.151}$$

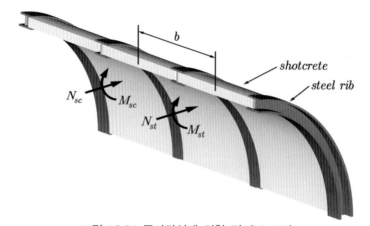

그림 4.3.24 등가강성에 의한 강지보 고려

3.4.4 격자지보와 숏크리트 합성 지보아치

격자지보-숏크리트 합성지보아치에서도 과도한 지압이 예상되거나 굴진면의 자립시간이 매우 작은 경우에는 계산된 지압을 격자지보가 지지할 수 있는지 검토한다. 격자지보 지지력은 가장 취약한 (숏크리트 타설 전) 상태에 대하여 검증시험과 함께 구조계산 및 시공자 판단에 근거해서 흐름도 (그림 4.3.25) 에 맞추어 분석·평가한다.

격자 지보재는 보통 피복 $3\ cm$ 를 확보하며, 지반조건, 터널형상과 크기, 숏크리트 설계두께 등을 고려한다. 숏크리트 두께 $15\ cm$ 일 때는 LG $70{\times}18{\times}26$ (최대높이 $11.4\ cm$) 나 $70{\times}20{\times}30$ (최대높이 $12\ cm$) 및 $70{\times}22{\times}32$ (최대높이 $12.4\ cm$) 를 사용한다.

격자지보 합성 지보아치의 단면력과 격자지보 각 부재의 개별 부재력을 검토하며, 격자지보의 강봉에 대해서는 단면력을 검토한다.

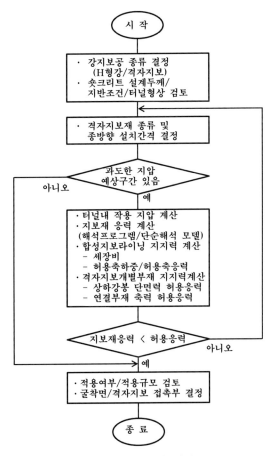

그림 4.3.25 격자지보의 설계 흐름도

격자지보 각 부재 응력은 항복인장응력 (tensile yield stress) 을 초과하지 않아야 하며, 현장조건을 고려하여 다음을 검토한다.
- 좌굴상태의 축력을 고려하여 휨모멘트
- single bar 와 double bar 의 허용응력
- 연결부재 (stiffener) 에서 편심영향과 축력에 의한 국부응력

1) 격자지보-숏크리트 합성지보아치의 지지력

격자지보 합성지보아치의 지지력은 숏크리트와 격자지보 각 부재 지지력의 합이며, 지보아치 두께에 따라서 다르다. 등분포하중 p 를 받는 양단지지 보 (그림 4.3.17) 의 허용축력 N 과 편심 e 에 대한 휨모멘트 M 및 전단력 Q 는 다음이 된다.

$$M = pl^2/8, \quad Q = pl/2, \quad N = M/e, \quad e = M/N \tag{4.3.152}$$

따라서 격자지보 부재의 허용지지력 $\sigma_{a\lambda}$ 은 다음이 된다.

$$\sigma_{a\lambda} = \omega_\lambda \frac{N}{A} + 0.9 \frac{M}{Z} = \omega_\lambda \frac{N}{A} + 0.9 \frac{Ne}{Z} \tag{4.3.153}$$

위 식의 ω_λ 는 하중증가계수이며 식 (4.3.154) 로 계산하거나 표 4.3.7 값을 취한다.

그림 4.3.26 은 두께 $15\,cm$ 숏크리트 지보아치 (최하단 곡선) 와 특수강 ($\sigma_s = 420\,MPa$) 을 사용한 격자지보아치 (위 4 개 곡선) 의 시간경과에 따른 허용지지력을 나타낸다. 여기에서 격자지보의 효과로 인하여 숏크리트 경화 중에도 격자지보아치의 지지력은 숏크리트 지보아치의 지지력 보다 크며, 시간이 지나도 변화가 없다.

(1) 합성지보아치의 하중증가계수

합성지보아치에서 하중증가계수는 지보아치의 세장비 (Mathematical slenderness, DIN 18800) 로부터 계산한다. 지보아치 적정성은 내부의 휨모멘트, 전단력, 축력 등을 검토하여 평가하며, 좌굴길이 S_k 는 숏크리트 지보아치와 같은 방법으로 계산한다.

하중증가계수 ω_λ 는 다음 순서로 계산하거나 표 4.3.7 값을 취한다.
- 시스템 세장비 : $\lambda_\lambda = S_k/i_\lambda = S_k/\sqrt{J_x/A}$
- 한계세장비 : $\lambda_1 = \pi\sqrt{E/\sigma_{fy}}$
- 비교세장비 : $\overline{\lambda} = \lambda_\lambda/\lambda_1 = 1.44$
- 좌굴감소계수 :
  $\phi = 0.5[1 + \alpha(\overline{\lambda} - 0.2) + \overline{\lambda^2}] = 1.59$, α : 불완전계수 (표 4.3.5)   **(4.3.154)**
  $\chi = 1/(\phi + \sqrt{\phi^2 - \overline{\lambda}^2}) \leq 1.0$
- 하중증가계수 : $\omega_\lambda = 1/\chi$

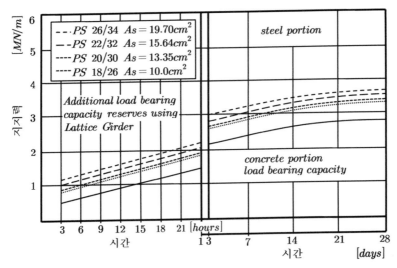

그림 4.3.26 숏크리트-격자지보 합성지보아치의 지지력

(2) 허용 축하중 (DIN 18800)

숏크리트와 격자지보 합성지보아치의 허용 축하중은 숏크리트 재령에 따라 다른 안전율 (1 일보다 길 때에는 $\eta_{sc} = 2.5$, 짧을 때에는 $\eta_{sc} = 3.0$) 을 적용하여 계산한다. 합성지보아치 지지력은 숏크리트와 격자지보의 지지력의 합이며, 편심하중인 경우와 편심이 아닌 경우로 구분하여 계산한다.

① 편심하중인 경우

숏크리트 허용 축하중 N_{asc} 는 극한 축하중 N_{usc} 를 안전율 η_{sc} 로 나누어 계산하고,

$$N_{asc} = \frac{N_{usc}}{\eta_{sc}} = \frac{1}{\eta_{sc}} A_{ct}\, \sigma_{Dsc}\left(1 - \frac{2e}{d_1}\right) \tag{4.3.155}$$

여기에서 A_{ct} 는 합성지보아치의 단면적 (두께 $d_1 = 15\ cm$ 에서 $1115\ cm^2$) 이다.

강봉의 허용 축하중 N_{asl} 는 극한 축하중 N_{usl} 를 안전율 η_{sl} 로 나누어 계산한다.

$$N_{asl} = \frac{N_{usl}}{\eta_{sl}} = \frac{1}{\eta_{sl}} \sigma_{ysl} A_{sl} \tag{4.3.156}$$

A_{sl} 은 강봉 단면적이고, 안전율 $\eta_{sl} = 2.1$ 과 강도 $\sigma_{ysl} = 420\ MPa$ 를 적용한다.

따라서 격자지보-숏크리트 합성지보아치의 허용 축하중 N_{alt} 는 편심하중일 때에 다음이 된다.

$$N_{alt} = N_{asc} + N_{asl} = \frac{1}{\eta_{sc}} A_{ct}\, \sigma_{Dsc}\left(1 - \frac{2e}{d_1}\right) + \frac{1}{\eta_{sl}} \sigma_{ysl} A_{sl} \tag{4.3.157}$$

② 편심하중이 아닌 경우

숏크리트와 강봉의 허용 축하중 N_{asc} 와 N_{asl} 는 극한 축하중 N_{usc} 와 N_{usl} 로부터

$$N_{asc} = \frac{1}{\eta_{sc}} N_{usc} = \frac{1}{\eta_{sc}} \sigma_{Dsc} A_{sc}$$

$$N_{asl} = \frac{1}{\eta_{sl}} N_{usl} = \frac{1}{\eta_{sl}} \sigma_{ysl} A_{sl} \tag{4.3.158}$$

이므로, 격자지보-숏크리트합성 지보아치의 허용 축하중 N_{alt} 은 다음이 된다.

$$N_{alt} = N_{asc} + N_{asl} \tag{4.3.159}$$
$$= \frac{1}{\eta_{sc}} \sigma_{Dsc} A_{sc} + \frac{1}{\eta_{sl}} \sigma_{ysl} A_{sl}$$

(3) 격자지보아치의 허용축응력

격자지보아치의 허용축응력 σ_{asl} 은 격자지보재 항복응력 σ_{ysl} 를 초과할 수 없고, 격자지보재 최대 허용응력 σ_{ysl} 은 신장율이 $\epsilon_{sl} = 2\,\%$ 일 때 발생한다고 가정하며, 안전율이 $\eta_{sl} = 2.1$ 이면 $\sigma_{ysl} = 420\,MPa$ 이다. 숏크리트와 격자지보 합성지보아치의 단면적은 각 단면적의 합 ($A_{lt} = A_{sc} + A_{sl}$) 이다.

$$\sigma_{asl} = -\omega_{x1} \frac{N_{lt}}{A_{lt}} \pm 0.9 \frac{M_{lt}}{Z_x} \leq \sigma_{ysl} \tag{4.3.160}$$

하중증가계수 ω_{x1}은 식 (4.3.154) 의 계산 값을 적용하고, 편심하중이 아니면 $e = 0$, $M_{lt} = 0$ 이고, 편심하중이면 $e \neq 0$, $M_{lt} = N_{lt}\,e$ 를 적용한다.

2) 격자지보재 설치간격

숏크리트와 격자지보로 구성한 합성 지보아치에서 격자지보재의 설치간격은 작용하는 외력을 격자지보재가 단독으로 지지한다고 간주하고 계산한다.

격자지보아치에 작용하는 설계외력 $p_{vD}\,b_{sl}$ 은 격자지보재의 상·하부 강봉이 부담할 수 있는 하중 $\sigma_{ysl}A_{sl}$ 보다 더 크지 않아야 하며 ($p_{vD}\,b_{sl} \leq \sigma_{asl}A_{sl}$), 이 조건으로부터 격자지보재의 설치 간격 b_{sl} 을 구할 수 있다.

$$b_{sl} \leq \frac{\sigma_{asl} A_{sl}}{p_{vD}} \tag{4.3.161}$$

(2) 연결부재 (stiffener, $D = 10mm$)

강봉 연결부재의 압축력 P_{sfl} 와 인장력 T_{sfl} 는 부재 경사 β 를 고려해서 계산한다.

$$P_{sfl} = T_{sfl} = \frac{l_1 + l_2}{l_2 - l_1} \frac{Q}{\sin\alpha} \tag{4.3.171}$$

$$\overline{P_{sfl}} = \overline{T_{sfl}} = \frac{l_1 + l_2}{l_2 - l_1} \frac{Q}{2\sin\alpha\cos\beta}$$

상·하부 강봉 연결부재는 최대 수평력에 의해 수평구속상태가 될 때 받는 하중이 최대가 된다. 상·하부 강봉의 응력은 전단력 Q 에 의한 개별부재의 휨모멘트 M 과 축력 N 에 의한 길이방향 힘이 중첩될 때 최대가 된다.

연결부재의 허용축응력 σ_{asf} 는 축력만 작용한다고 가정하고 계산한다.

$$\sigma_{asf} = -\omega_d \frac{\overline{P_{sfl}}}{A} \leq \sigma_{ysf} \tag{4.3.172}$$

위 식의 하중증가계수 ω_d 는 다음 순서로 계산한다.

부재길이 : $L_{sf} = \sqrt{l_2^2 + H_1^2 + (B/2)^2}$

좌굴길이 : $S_{kd} = S_k' L_{sf}$ (S_k' 은 그림 4.3.26 을 참조),

세장비 : $\lambda_{sf} = S_{ksf}/i_{sf} = S_{ksf}/\sqrt{J_{xsf}/A_{sf}}$

한계세장비 : $\lambda_1 = \pi\sqrt{E/\sigma_{fy}}$

비교세장비 : $\overline{\lambda} = \lambda_{sf}/\lambda_1$

좌굴감소계수 :

$\phi = 0.5[1 + \alpha(\overline{\lambda} - 0.2) + \overline{\lambda}^2]$, α: 불완전계수

$\chi = 1/\left(\phi + \sqrt{\phi^2 - \overline{\lambda}^2}\right) \leq 1.0$ \tag{4.3.173}

하중증가계수 : $\omega_d = 1/\chi$

표 4.3.7 은 주로 사용되는 H 형강 지보재는 물론 이와 제원이 유사한 격자지보의 지지력이다. 격자지보는 주부재인 강봉의 재료적 특성이 우수하므로 H 형강 지보재에 비해 단면은 작지만 지지력이 우수하다.

표 4.3.7 격자지보와 H 형강 지보재의 하중지지력

격자지보	단면적 $A\,[cm^2]$	단면계수 $Z\,[cm^3]$	하중증가계수 ω	휨모멘트 $M\,[kN\cdot m]$	축력 $N\,[kN]$	전단력 $Q\,[kN]$
LG 70	15.64	60.0	2.14	16.7	167	14.3
LG 95	19.70	92.0	1.62	27.0	270	24.0

[표에서 하중증가계수 ω 는 DIN 18800 의 ω-Chart (Lindner, 1986) 를 이용함]

4) 격자지보–숏크리트 합성지보아치와 개별부재의 지지력

격자지보재는 하중 지지효과가 크기 때문에 격자지보 - 숏크리트 합성지보아치는 격자지보재로 인하여 안전율이 증가된다. 격자지보아치의 지지력 N_{lt} (식 4.3.157) 는 격자지보재가 설치되지 않은 숏크리트 **shell** 의 지지력 N_{asc} (식 4.3.155) 에 격자지보의 지지력 N_{al} (식 4.3.156) 을 합한 크기이다.

두께 $d_1 = 15\,cm$ 인 지보아치에서 다음 3 가지 격자 지보재를 적용하였을 때에는 숏크리트 재령에 따라 숏크리트와 격자지보재의 부담하중은 다음 표 4.3.8 과 같다.

$$LG70 \times 20 \times 30\,(최대높이\ 12.0\,cm,\ A_{stl} = 13.33\,cm^2),$$
$$LG70 \times 18 \times 26\,(최대높이\ 11.4\,cm,\ A_{stl} = 10.40\,cm^2),$$
$$LG70 \times 22 \times 32\,(최대높이\ 12.4\,cm,\ A_{stl} = 15.64\,cm^2)$$

표 4.3.8 시간경과에 따른 숏크리트–격자지보시스템 지지력 ($d_1 = 15\,cm$)

CONCRETE AGE	CONCRETE CONTRIBUTION $A_b = 1150\,cm^2$ N_{asc} [MN/m]	SUPPORT CONTRIBUTION $A_{stl} = 10.4\,cm^2$ N_{ast} [MN/m]	TOTAL LOAD N_{lt} [MN/m]	SUPPORT CONTRIBUTION $A_{stl} = 13.33\,cm^2$ N_{ast} [MN/m]	TOTAL LOAD N_{lt} [MN/m]	SUPPORT CONTRIBUTION $A_{stl} = 15.64\,cm^2$ N_{ast} [MN/m]	TOTAL LOAD N_{lt} [MN/m]
3h	0.240 0.080	0.436 0.208	0.676 0.288	0.560 0.267	0.800 0.347	0.656 0.312	0.896 0.427
6h	0.321 0.107	0.436 0.208	0.757 0.315	0.560 0.267	0.881 0.419	0.656 0.312	0.977 0.465
9h	0.402 0.134	0.436 0.208	0.838 0.342	0.560 0.267	0.962 0.458	0.656 0.312	1.058 0.504
12h	0.564 0.188	0.436 0.208	1.000 0.388	0.560 0.267	1.124 0.535	0.656 0.312	1.220 0.581
15h	0.645 0.215	0.436 0.208	1.081 0.423	0.560 0.267	1.205 0.574	0.656 0.312	1.301 0.619
24h	0.965 0.386	0.436 0.208	1.401 0.594	0.560 0.267	1.525 0.726	0.656 0.312	1.621 0.772
48h	1.530 0.612	0.436 0.208	1.966 0.820	0.560 0.267	2.040 0.595	0.656 0.312	2.186 1.041
28Days	2.012 0.805	0.436 0.208	2.448 1.013	0.560 0.267	0.656 0.312	0.656 0.312	2.669 1.271

4. 지반-지보라이닝의 상호거동

터널을 굴착하면 굴착면 주변에서 접선응력이 최대주응력이 되고, 반경응력이 최소주응력이어서 지반이 터널 중심방향으로 변형된다. 이때에 변형이 너무 크면 지반이 이완되어 터널이 불안정해지거나 붕괴되지만, 지보공 (숏크리트, 강지보, 볼트) 을 설치하여 과도한 지반변위를 억제하면 터널을 안정한 상태로 유지할 수 있다.

굴착면 압력과 반경변위의 관계를 나타내는 지반응답곡선 (4.1 절) 은 등압조건에서는 이론적으로 구할 수 있고, 다른 조건에서는 수치해석으로만 구할 수 있다.

터널굴착 후 주변지반이 작게 변형되면 지반이 **탄성상태**를 유지하며, 지반응답 곡선이 직선이 되고, 탄성변형은 두꺼운 관이론이나 유공판 이론으로 계산할 수 있다. 주변지반이 크게 변형되면 굴착면에서 먼 곳은 탄성상태가 유지되지만 굴착면의 인접부는 소성화 되고, 지반응답곡선은 완만하게 감소하여 위로 오목한 곡선이 된다.

굴착면 변위에 대한 지보공 반력을 **지보저항력**이라 하며, 굴착면 반경응력과 평형을 이루고, 지보공의 강성과 변형에 따라 다르다. 지보저항력과 지보공 변형의 관계곡선 을 **지보공 특성곡선 (4.2 절)** 이라 한다. 지반과 지보공의 상호거동은 Pacher (1964) 가 처음 각 특성곡선을 이용해서 정량적으로 나타내었고, 탄소성지반에서는 Lombardi (1971), Egger (1973), Seeber (1980) 등이 구하였다.

지반응답곡선과 지보공 특성곡선을 활용 **(4.3 절)** 하면 터널을 효과적으로 설계 및 시공할 수 있다.

압출성 암반에서는 내공변위에 따라 내압이 완만하게 감소하며, 긴 시간 동안 내공 변위가 크게 일어나야 내압이 지보공으로 지지할 수 있을 만큼 감소된다. 압출성 암반의 지보 **(4.4 절)** 는 지보공과 지반의 변형관계를 파악하여 설치해야 하며, 내공 변위가 충분히 크게 발생된 후에 폐합되도록 가축성 지보공을 설치한다.

지반에 의해 터널 라이닝에 가해지는 하중은 고정 값이 아니라 지반변형과 라이닝 강성에 따라 달라지는 값이기 때문에 하중개념이 (교량과 같이 작용하중이 고정된) 상부구조물과 달라서 터널은 해석하기가 어렵다.

터널 주변지반이 탄소성상태일 때에 소성역과 탄성역의 경계 즉, **탄소성경계**는 Kastner (1962) 와 Amberg 등 (1974) 이 계산하였고, 지반변위는 Lombardi (1971), Egger (1973), Amberg/Rechsteiner (1974), Seeber (1980) 등이 계산하였다.

4.1 지반응답곡선

굴착면 압력과 반경변위 관계 즉, 지반응답곡선 **(Ground Reaction Curve)** 또는 **Fenner -Pacher 곡선 (Fenner-Pacher Curve)** 은 등압조건에서는 이론 (analytic solution) 으로 구할 수 있고, 다른 조건에서는 수치해석으로만 구할 수 있다 (Mueller, 1978).

지반응답곡선의 형상 **(4.1.1 절)** 은 지반조건에 따라서 선형 비례하여 급하게 감소 (탄성지반) 되거나, 비선형적으로 완만하게 감소 (강 소성성 지반) 되어 위로 오목한 곡선모양이다. 다일러턴시나 전단변형에 의해 지반 부피가 증가하고 이완되면, 지반 압력이 최저점을 지나 증가하는 모양이 된다.

Pacher (1964) 는 터널굴착에 의해 상태가 변화하는 지반에서 후반부가 증가하는 모양의 지반응답곡선을 경험적으로 작성 **(4.1.2 절)** 하였다. 터널굴착 후 (굴착면 접선 응력이 일축압축강도 보다 작고) 주변지반이 **탄성상태**인 경우와 (일축압축강도 보다 커서 인접지반의 응력이 한계상태를 초과하여 소성화 되어서) **탄소성상태**인 경우 등 응력상태에 따라 지반응답곡선 **(4.1.3 절)** 의 모양이 다르다. 내공변위가 과도하게 증가되어 소성유동이 일어나면 탄소성 경계도 커지지만 소성역에서 응력이 일정하여 연약화된 지반의 응답곡선 **(4.1.4 절)** 은 상승되지 않고 일정 값에 수렴 한다 .

4.1.1 지반응답곡선의 형상

초기응력 σ_v (덮개압) 가 작용하는 지반에 터널을 굴착하면 굴착면 압력 p 는 굴착 순간에 덮개압과 크기가 같고 $(p_i = \sigma_v)$, 반경변위가 증가함에 따라 탄성지반에서는 선형적으로 비례하여 급하게 감소되고, 압출성 지반에서는 비선형적으로 완만하게 감소되며, 소성성이 강할수록 위로 오목한 곡선형상이 뚜렷해 진다 (그림 4.4.1).

지반은 다일러턴시 (dilatancy) 나 전단변형이 발생되면 부피가 증가하여 이완되며, 변위가 증가할수록 지반압력이 증가되어서 지반응답곡선은 최저점을 지난 후 다시 증가하는 모양이 된다 (Pacher, 1964).

지반응답곡선은 다음 특성을 나타낸다.

① 한 지반 (한 가지 지반정수) 에 대해 하나의 지반응답곡선만 존재한다.

② 접선응력 σ_t 가 압축강도 σ_{DF} 보다 작으면 $(\sigma_t \leq \sigma_{DF})$, 지반은 탄성거동하고, 지반응답곡선은 직선이다. 접선응력이 압축강도 보다 크면 $(\sigma_t > \sigma_{DF})$, 굴착면 인접영역 내 지반 (소성역) 은 소성거동하고 지반응답곡선은 위로 오목한 곡선이다.

③ 지보저항력이 작을수록 소성역이 커지고 굴착면 반경변위 u_a 도 크게 발생된다.

④ 소성역에서는 최대주응력 (접선응력 σ_t) 방향에 대해 $45^o - \phi/2$ 의 각도로 두 개 활동파괴면이 형성되어 이를 따라 활동파괴 되고, 파괴체 간 상대변위가 일어나서 점착력이 감소하고 지반이 이완되어 반경 변위가 증가한다. 이를 이완지수 α_l (Egger, 1973) 나 변형계수 V_{pl} (Seeber, 1980) 로 설명할 수 있다.

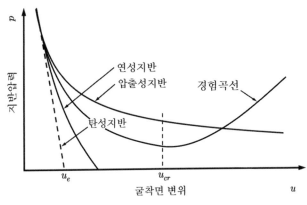

그림 4.4.1 지반에 따른 지반응답곡선

4.1.2 경험적 지반응답곡선의 작도

Pacher (1964) 는 터널굴착에 의하여 상태가 변하는 지반에서 끝부분이 증가하는 모양의 경험적 지반응답곡선을 제시하였는데 (그림 4.4.2), 이때는 굴착 즉시 지보공을 설치할 때보다 더 큰 지보저항력이 필요하다. 터널굴착에 의해 상태가 변하지 않는 지반에서는 지보저항력이 작으면 변형만 커지고 지반응답곡선은 증가되지 않는다.

Pacher의 지반응답곡선은 다음과 같이 작성한다.

① 지반응답곡선은 굴착면 변위에 따라 다르고, 지반이 탄성거동하면 (OB 구간) 직선 L_0 이 된다. 이때 지반의 점착력과 변형계수는 정점 (B 점) 에 도달할 때까지 토체 간 상대변위에 선형 비례하여 증가한다.

② 굴착면 변위가 계속 발생되면, 점착력과 변형계수가 최소치 c_p 와 V_p (C 점) 에 도달할 때까지 감소하고 (BC 구간), 토체 간 상대변위가 커져서 지반응답곡선은 $L_1 \rightarrow \cdots \rightarrow L_n$ 로 변한다.

③ 점착력과 변형계수가 최소치 c_p 와 V_p 로 감소된 이후 (CD 구간) 에는, 지반이 이완되어 완전소성 거동하며 지반응답곡선은 L_p 가 된다.

④ 지반응답곡선은 지반상태에 따라서 $L_0 \to L_1 \to \cdots \to L_n \to L_p$ 로 변하고, 각 곡선마다 고유한 임계변위 u_{cr} 가 있다.

⑤ 지반응답곡선 상에서 지보 저항력 p_A 가 발현되는 변위가 임계변위 u_{cr} 보다 더 작으면 터널이 안정하다. 그러나 임계변위 보다 큰 변위가 발생되면 지반상태가 불량해져서 지반응답곡선이 달라지고 이에 따라 임계변위도 달라진다.

⑥ 터널이 안정하려면 지반응답곡선 L_1 의 지반변위가 임계변위 u_{cr1} 보다 작아야 하므로, 지보저항력이 임계변위 u_{cr1} 에 해당하는 하중 p_{A1} 보다 크도록 지보공을 설치한다. 이때 평형점은 a 이다.

⑦ 굴착면의 변위가 커져서 지반상태가 불량해지면 지반응답곡선은 L_2 가 된다. 이때에도 터널이 안정하도록 지반변위 u_2 가 임계변위 u_{cr2} 를 초과하지 않게 지보 저항력을 임계변위에 해당하는 하중 p_{A2} 보다 크게 한다. 이때 평형점은 b 이다.

⑧ 위의 ⑥ ~ ⑦ 과정을 계속하여 형성된 평형점 a, b, c, d 를 연결하면 지반응답곡선의 증가부 곡선이 된다. 이는 독자적 지반응답곡선이 아니지만 이를 통해 임계변위보다 큰 변위가 발생된 지반의 거동을 설명할 수 있다.

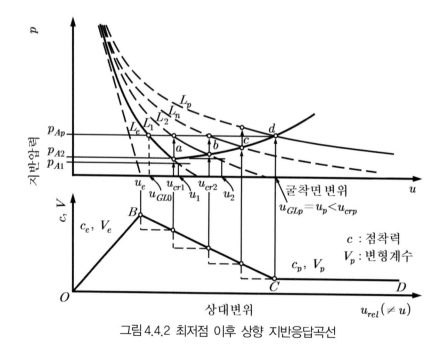

그림 4.4.2 최저점 이후 상향 지반응답곡선

4.1.3 응력상태에 따른 지반응답곡선

지반의 강도 (또는 내압) 에 비해 단면이 작으면, 터널굴착 후 굴착면 접선응력이 압축강도보다 작아서 주변지반이 **탄성상태**를 유지한다. 그러나 지반의 강도 (또는 내압) 에 비하여 단면이 크면, 일정 범위 내 인접지반의 응력이 한계상태를 초과하여 소성화 (소성영역) 되고 그 외부는 탄성상태 (탄성영역) 로 남을 때가 있다 (그림 4.4.3). 주변지반이 **탄소성상태**를 유지한다.

소성영역과 탄성영역의 경계를 **탄소성 경계**라고 하고, 내압이 작을수록 소성역이 넓게 형성되어 탄소성경계가 굴착면에서 멀어진다.

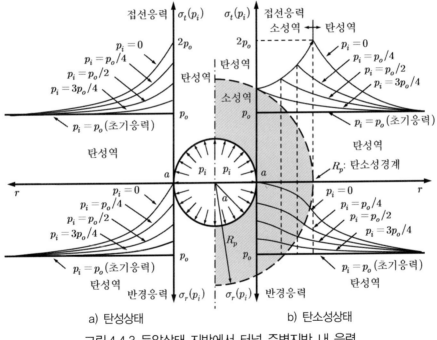

그림 4.4.3 등압상태 지반에서 터널 주변지반 내 응력

1) 탄성상태 지반

지반이 상태가 양호하고 강도가 크거나, 내압이 크거나, 터널단면이 작을 때에는 터널 굴착면 접선응력이 압축강도보다 작아서 주변지반이 탄성응력상태를 유지할 때가 많다. 이때에 굴착면 변위는 탄성변위이며, 내공면의 반경방향 응력과 변위 관계 즉, 지반응답곡선은 직선이 된다.

(1) 주변지반 응력

터널굴착 후 굴착면 접선응력이 압축강도보다 작으면 주변지반이 탄성성태이며, 접선응력과 반경응력은 내공면에서 가장 크고 굴착면에서 멀어질수록 감소하다가 초기응력에 수렴한다 (그림 4.4.4).

(2) 주변지반 변위

주변지반이 탄성상태이면 터널이 안정하여 변위계산이 무의미하다. 그러나 대단면 공동 (Cavern 등) 에서는 탄성변위라도 절대 값이 대단히 커서 지반이 불안정할 수 있으며, 측압이 작을 때에는 탄성변형에 의해서도 천단부가 이완될 수 있다.

터널 주변지반이 탄성상태일 때에 굴착면 반경변위 u_a 는 탄성재료에 대한 반경 방향 평형식을 적용하여 구한다.

$$\frac{d}{dr}\left[\frac{1}{r}\frac{d}{dr}(ru)\right]=0 \tag{4.4.1}$$

여기에 u 는 반경방향 변위이고 위 식을 적분하여 구한다.

$$u = Ar + \frac{B}{r} \tag{4.4.2}$$

위 식에서 A 와 B 는 적분상수이고 변형률 ϵ_r 에 대한 정의로부터,

$$\epsilon_r = \frac{du}{dr} = A - \frac{B}{r^2} \tag{4.4.3}$$

이고, 이를 후크법칙에 대입하면 다음이 된다.

$$\sigma_r = \frac{E}{(1+\nu)(1-2\nu)}A - \frac{E}{1+\nu}\frac{B}{r^2} \tag{4.4.4}$$

무한히 두꺼운 관 $(b \to \infty)$ 의 외압이 $p_o \to -\sigma_o$ 인 조건에서 A 를 구하고, 내압이 $p_i = -p$ 인 조건에서 B 를 구하여, 식 (4.4.2) 에 대입하면, 반경변위는 다음이 된다.

$$u = \frac{(1+\nu)(1-2\nu)}{E}p_o r + \frac{1+\nu}{E}(p_o - p)\frac{a^2}{r} \tag{4.4.5}$$

위 식의 첫째 항은 정수압적 압력 p_o 에 의한 변위로 내압 p_i 와 무관하다. 따라서 터널굴착 (터널 내공면 응력이 p_o 에서 p_i 로 감소) 에 기인한 변위는 둘째 항이고, 내공면 $(r = a)$ 에서 다음이 된다.

$$u = \frac{1+\nu}{E}(p_o - p_i)a \tag{4.4.6}$$

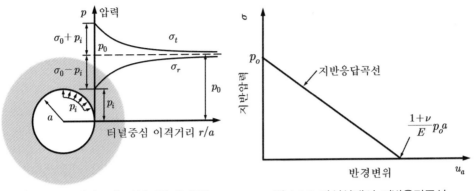

그림 4.4.4 터널주변 탄성지반 내 응력   그림 4.4.5 탄성상태의 지반응답곡선

위 식의 반경응력은 등압상태에 두꺼운 관 이론을 적용하여 구한 값이다. 그러나 선대칭 응력상태에 대해 유공판 이론을 적용하여 구하면 연직외압 p_o 와 지보압 p_i 가 작용할 때 반경응력은 다음이 된다 (측압계수 K).

$$u_r = \frac{1+\nu}{E}\left\{\frac{p_o(1+K)}{2} - p_i\right\}\frac{a^2}{r} + \frac{1+\nu}{E}\frac{1-K}{2}p_o\left\{-\frac{a^4}{r^3} + (1-\nu)\frac{4a^2}{r}\right\}\cos 2\theta$$

$$(4.4.7)$$

그런데 내공변위는 위치에 따라 다르므로 천단 ($\theta = 0^o$) 과 바닥 ($\theta = 180^o$) 및 측벽 ($\theta = 90°, 270°$) 의 평균 내공변위 u_{rm} 를 적용한다.

$$u_{rm} = \frac{1+\nu}{2}\left\{p_o(1+K) - 2p_i\right\}\frac{a}{2}$$

$$(4.4.8)$$

(3) 지반응답곡선

내압과 터널굴착에 기인한 변위의 관계를 나타내면 지반응답곡선이 된다. 내압 p 에 의한 내공변위 u_a 는 식 (4.4.5) 의 둘째 항 ($r = a$ 일 때) 이며, 내압 p_i 와 선형적 비례관계이고, 그래프로 나타내면 그림 4.4.5 가 된다.

$$u_a = u_F(a) = \frac{1+\nu}{E}(p_o - p_i)a$$

$$(4.4.9)$$

내압 p_i 가 초기응력 p_o 보다 작으면, 터널 굴착면으로부터 멀리 떨어질수록 (r 이 클수록) 반경응력 σ_r 은 증가하고, 접선응력 σ_t 는 감소하며, 반경응력이나 접선응력 모두 초기응력에 접근한다.

그림 4.4.4 는 선형탄성지반에 굴착한 터널 주변지반 내 응력상태를 나타낸다.

2) 탄소성 상태 지반

지반강도 또는 내압이 작거나 단면이 커서 터널굴착 후 굴착면 접선응력이 지반의 압축강도보다 커서 한계상태를 초과하면, 지반이 소성화 (소성역) 되고 그 외부는 탄성상태 (탄성역) 로 남는다. 이때에 소성역과 탄성역의 경계를 **탄소성 경계**라 하고, 내압이 작을수록 소성역이 넓게 형성되어 탄소성경계가 굴착면에서 멀어진다.

(1) 주변지반 응력

터널 굴착면 근접지반이 소성상태이면 반경응력은 굴착면에서 가장 작고 굴착면에서 멀수록 커지며, 탄소성 경계에서 변곡되고, 탄성역에서는 초기응력에 수렴한다.

접선응력은 굴착면에서는 일축압축강도와 같고 소성영역 내에서는 초기응력 보다 크고 굴착면에서 멀어질수록 증가하여 탄소성 경계에서 최대가 되었다가 그 외측 탄성영역에서는 굴착면에서 멀수록 감소하여 초기응력에 수렴한다 (그림 4.4.6).

내압이 작을수록 소성역이 넓게 형성되어 탄소성경계가 굴착면에서 더 멀어지고, 접선응력은 커져서 내압이 영일 때는 최대로 $2p_o$ 가 된다. 반경 및 접선응력은 항상 초기응력보다 크다.

(2) 주변지반 변위

소성역의 체적변형률 ϵ_{vp} 은 유동법칙 ($\epsilon_r - \epsilon_t$ 관계) 을 적용하면 다음과 같다.

$$\epsilon_{vp} = \epsilon_r + \epsilon_t = \xi \epsilon_r \tag{4.4.10}$$

여기에서 ξ 는 다일러턴시를 나타내는 재료상수이며, $\xi = 0$ 이면 소성유동 (체적불변, $\epsilon_{vp} = 0$) 이 발생한다.

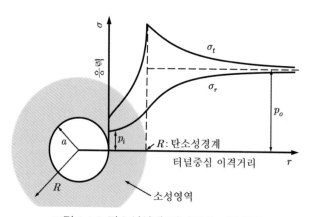

그림 4.4.6 탄소성상태 터널주변 지반응력

위 식에 $\epsilon_r = du/dr$, $\epsilon_t = u/r$ 관계를 대입하면,

$$\frac{du}{dr} + \frac{u}{r} = b\frac{du}{dr} \tag{4.4.11}$$

이고, 이 식을 적분하면 반경변위 u 를 구할 수 있다.

$$u = \frac{C}{r^{\frac{1}{1-b}}} \tag{4.4.12}$$

적분상수 C 는 탄소성 경계에서 위 식으로 구한 소성변위 u 와 탄성식으로 구한 탄성변위 u (식 4.4.9) 가 같다는 조건에서 구한다.

$$C = \frac{1+\nu}{E}R_p\left(p_o - \sigma_{R_p}\right)R_p^{\frac{1}{1-b}} \tag{4.4.13}$$

따라서 소성역내 임의 위치 **(반경 r)** 의 반경방향 변위 u (식 4.4.12) 는 다음이 되고,

$$u = \frac{1+\nu}{E}R_p\left(p_o - \sigma_{R_p}\right)\left(\frac{R_p}{r}\right)^{\frac{1}{1-b}} \tag{4.4.14}$$

탄소성경계 반경변위 u_{R_p} 는 $r = R_p$ 이므로 다음이 된다.

$$u_{R_p} = \frac{1+\nu}{E}R_p\left(p_o - \sigma_{R_p}\right) \tag{4.4.15}$$

(3) 지반응답곡선

지반응답곡선은 초기응력 p_o 로 시작되고, 터널굴착 후 굴착면 변위에 따라 선형적으로 감소하다가 (선형한계 그림 4.4.7 의 p^*), 지반이 소성화된 후에는 비선형적으로 감소하여 위로 오목한 모양이 된다.

굴착면에 인접한 소성역 ($a \leq r < R_p$) 에서는 지반압력이 p 로 감소하여 응력변화 없이도 변형이 증가 (소성유동) 한다. 비점착성 지반에서는 지압이 영 이하로 감소하므로, 지보 없이는 터널이 유지될 수 없다.

① 선형구간

지반응답곡선은 초기응력 p_o 로 시작하여 초기에는 선형적으로 감소 한다 ($p \geq p^*$). 선형구간의 굴착면 반경변위 u_{ae} 는 탄성상태인 터널에서 지압이 초기응력 p_o 에서 p 로 감소할 때에 발생되는 반경변위에 대한 식 (4.4.9) 를 적용하여 계산한다.

$$u_{ae} = -\frac{1+\nu}{E}(p_o - p)\,a \tag{4.4.16}$$

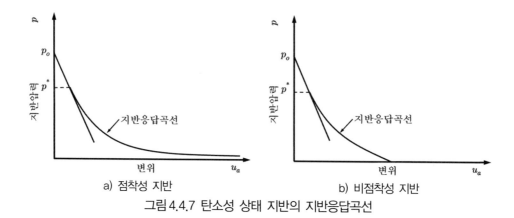

그림 4.4.7 탄소성 상태 지반의 지반응답곡선

② 비선형구간

지반응답곡선에서 비선형 구간 (그림 4.4.7 $p < p^*$ 구간) 의 굴착면 반경변위 u_a 는 소성역내 반경변위에 대한 식 (식 4.4.14) 에 탄소성경계 반경 R_p 와 반경응력 σ_{R_p} 을 적용하여 구한다.

$$\sigma_{R_p} = p_o(1 - \sin\phi) - c\cos\phi$$

$$R_p = a\left\{\frac{p_o(1-\sin\phi) - c(\cos\phi - \cot\phi)}{p + c\cot\phi}\right\}^{\frac{1}{K_p - 1}} \tag{4.4.17}$$

$$u_a = \frac{1+\nu}{E} a (p_o\sin\phi + c\cos\phi)\left\{\frac{p_o(1-\sin\phi) - c(\cos\phi - \cot\phi)}{p + c\cot\phi}\right\}^{\frac{2-b}{(K_p - 1)(1-b)}}$$

a) 비점착성 지반 ($c = 0$, $\phi > 0$) :

비점착성 지반에서 지반응답곡선 비선형 구간의 굴착면 반경변위 u_a 는 위 식 (4.4.17) 에 $c = 0$ 를 대입하면 다음이 된다.

$$u_a = \frac{1+\nu}{E} a \sin\phi\, p_o\left(\frac{2}{K_p + 1}\frac{p_o}{p}\right)^{\frac{2-b}{(K_p - 1)(1-b)}} \tag{4.4.18}$$

b) 점착성 지반 ($\phi = 0$, $c > 0$) :

점착성 지반에서 지반응답곡선 비선형 구간의 굴착면 내공변위 u_a 는 식 (4.4.17) 에 소성역내 반경응력 σ_r 을 식 (4.4.17) 에 $\phi = 0$ 를 대입하여 구할 수 있다. 점착성 지반에서 지보하지 않으면 터널은 유지되지만 비점착성 지반거동에 근접한다.

$$\sigma_r = (p + c\cot\phi)(r/a)^{K_p - 1} - c\cot\phi$$

$$u_a = \frac{1+\nu}{E} a\, c\left\{\exp\left(\frac{p_o - c - p}{2c}\right)\right\}^{\frac{2-b}{1-b}} \tag{4.4.19}$$

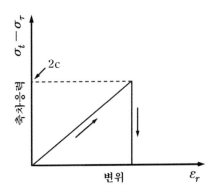

그림 4.4.8 점착성 재료의 전단강도 손실

4.1.4　연약화된 지반의 지반응답곡선

터널주변지반이 과도하게 변형되어 응력이 정점을 지난 후 소성유동이 일어나면 응력변화 없이 변형이 증가되고, 응력이 감소되면(연약화) 다일러턴시나 전단에 의해 부피가 증가하여 이완된다. 내공변위가 더욱 증가하여 이완정도가 심해지면, 이완된 지반자중이 하중이 되어 라이닝에 작용하는 지반압력이 증가된다.

따라서 라이닝이 큰 변형에 대응할 수 있을 만큼 유연성이 있어야 한다는 조건은 지반이 연약화되기 전까지만 적용된다.

지보공은 지반응답곡선의 최소지점(그림 4.4.10, B 점)에서 지보공특성곡선과 교차하도록 설치한다. 이것이 NATM 의 가장 중요한 조건이다. 그렇지만 수치해석이나 현장실험으로는 지반응답곡선의 최소 지점을 정할 수 없기 때문에 실무에 적용하는 데에 어려움이 있다.

자중이 없는 지반과 축대칭 응력상태 터널(원형단면, 정수압적 초기응력, $k = 1$)에서는 축차응력이 정점($\sigma_t - \sigma_r = 2c$)을 지난 후 영(그림 4.4.8)으로 감소하더라도 지반응답곡선의 증가부 곡선을 얻을 수 없다.

지반이 급격하게 연약화되면($\sigma_t - \sigma_r = 0$), 소성역에서는 반경응력과 접선응력이 $\sigma_r = \sigma_t = p$ 로 일정($d\sigma_r/dr = 0$)해 진다. 탄소성 경계에서는 반경응력이 $\sigma_r = p$ 로 불변하지만 접선응력은 크기가 최대($p_o + c$)가 되며, 탄성역에서는 터널에서 멀어질 수록 반경응력 σ_r 은 증가하고 접선응력 σ_t 는 감소하여 모두가 초기응력 p_o 에 수렴한다(그림 4.4.9).

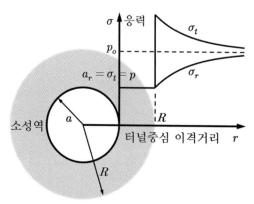

그림 4.4.9 연약화 된 터널주변지반 내 응력

탄소성경계 R_p 에서는 탄성식 $(\sigma_{R_p} = 2p_o/(K_p+1))$ 과 강도조건식 $(\sigma_t - \sigma_r = 2c)$ 이 모두 성립되어 두 식의 탄소성경계 반경응력 σ_{R_p} 는 같고, 라이닝 하중은 $p_o - c$ 보다 작을 수 없다.

$$\sigma_{R_p} = p = p_o - c \tag{4.4.20}$$

지반이 연약화되면 소성영역에서는 지반변형이 지속됨에 따라서 지반압력 p 의 크기가 감소하다가 최소치에 도달된 후 다시 증가하므로, 지반응답곡선은 상승곡선 으로 된다 (그림 4.4.10).

내공변위가 증가되면 탄소성 경계 R_p 도 커지지만 (식 4.4.14), 소성영역에서는 지반 압력 p 의 크기가 일정하기 때문에 지반응답곡선은 상승되지 않고 $p_o - c$ 로 일정한 크기를 유지한다 (그림 4.4.11).

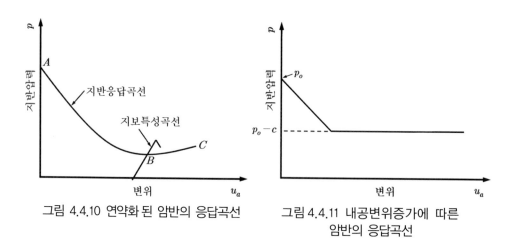

그림 4.4.10 연약화 된 암반의 응답곡선

그림 4.4.11 내공변위증가에 따른 암반의 응답곡선

4.2 지보공 특성곡선

지보 라이닝은 대체로 숏크리트 쉘로 구성하고 강지보나 볼트로 보강하면 지보 저항력을 증가시킬 수 있다.

지보공의 변위-지보저항력 관계와 굴착면의 변위-지보공 변위의 관계로부터 지보 저항력과 굴착면 변위의 관계 (4.2.1 절) 를 구할 수 있다. 지보공 변위와 지보저항력의 비선형 함수관계 곡선을 지보공 특성곡선 (4.2.2 절) 이라 한다.

지반과 지보공의 특성곡선을 이용 (4.2.3 절) 하여 지반과 지보공의 변형특성과 지보공의 설치시점에 의한 영향을 구해서 지보라이닝을 설계할 수 있고, 굴착면의 임계변위와 이차 라이닝에 추가되는 하중을 구할 수 있다.

4.2.1 지보저항력 – 굴착면 변위 관계

굴착면과 지보공에서 반경변위와 반경응력이 서로 같다는 조건을 적용하면 지보 저항력과 굴착면 변위의 관계를 구할 수 있다.

지보재와 지반은 변형계수가 다르고, 터널굴착 후 어느 정도 변위가 발생된 후에 지보공을 설치하므로 지보재와 지반의 실제변위는 크기가 서로 다르다. 지반-지보공 의 상호거동은 지반응답곡선과 지보특성곡선을 하중-변위 관계 그래프에 함께 나타 내어서 해석한다.

1) 지보저항력–굴착면 변위 관계

지보저항력 즉, 지보공의 지지력 p_A 는 굴착면의 변위에 대한 반력이며 지보공의 강성과 지반변형에 의해 결정되는 값이고, 굴착면의 반경방향 지반압력 σ_a 와 평형 을 이룬다. 굴착면의 반경변위는 초기응력 p_o 와 터널크기 (반경 a) 및 지보저항력 p_A 의 함수 ($u_i = f(p_o, p_A, a)$) 이다.

지보공의 반경변위 u_A 는 다음과 같이 지보저항력 p_A 의 비선형 함수인데 이 관계 를 나타낸 곡선을 지보공 특성곡선이라고 한다 (그림 4.4.13).

$$u_A = f(p_A)$$

(4.4.21)

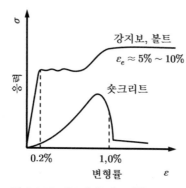

그림 4.4.12 지보재 응력-변형률 곡선

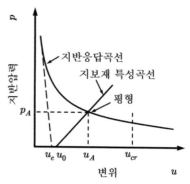

그림 4.4.13 지반과 지보공의 특성곡선

지보공이 지지해야할 내압 p_i 는 굴착면의 반경방향 지반압력 σ_a 이며, 이에 의하여 반경변위 u_i 가 발생된다. 지반압력과 지보저항력은 모두 굴착면 변위에 의존하므로, 굴착면과 지보공의 반경변위가 같으면 $(u_i = u_A)$ 지반압력과 지보저항력이 평형을 이룬다 $(p_i = p_A)$.

$$p(u_i) = p_A(u_A) \tag{4.4.22}$$

굴착면과 지보공의 변위와 반경응력이 서로 같다는 조건 $(u_i = u_A, \ p_i = p_A)$ 에서 굴착면 변위 u_i 와 지보저항력 p_A 의 관계를 구할 수 있다 (그림 4.4.13).

$$u_i = u_A = f(p_A) \tag{4.4.23}$$

2) 지보재의 변형

지보재 변형계수 E_{sc} 와 E_{st} 가 지반 변형계수 V_F 보다 크면, 지보재는 지반 보다 작게 변형된다. 숏크리트와 강지보재의 항복 시 변형률은 거의 같은 것으로 알려져 있다 $(\epsilon_B \simeq \epsilon_s = (1 \sim 3) \times 10^{-3}$, σ_{DB} 는 콘크리트 압축강도).

$$\text{콘크리트} : \ \epsilon_B = 0.75 \frac{\sigma_{DB}}{E_B} \doteqdot \frac{20}{20000} \sim \frac{30}{30000} \ \frac{N/mm^2}{N/mm^2} \doteqdot 1 \times 10^{-3}$$

$$\text{강 재} \quad : \ \epsilon_s = \frac{\sigma_s}{E_s} \doteqdot \frac{200 \sim 600}{200,000} \ \frac{N/mm^2}{N/mm^2} \doteqdot (1.0 \sim 3.0) \times 10^{-3}$$

$$\text{지 반} \quad : \ \epsilon_F = \frac{u}{r} = \frac{\sigma_v}{V_F} \doteqdot \ \leq 1.0 \times 10^{-1} \tag{4.4.24}$$

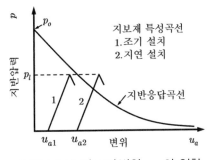

그림 4.4.14 지보 전변위 u_{ai} 의 영향

3) 지반–지보공의 상호거동

터널굴착 후 지보공을 설치하는 시기는 지반이 어느 정도 변위 u_{ao} (적어도 탄성변위 u_e, $u_{ao} \geq u_e$) 를 일으킨 후이므로, 지반변위와 지보공의 변위는 크기가 서로 다르다. 지반과 지보공 (지압 p, 탄성계수 E, 내경 a, 두께 d) 의 상호거동은 지반응답곡선과 지보특성곡선을 하중-변위 $(p-u_a)$ 그래프에 나타내어 해석하며, 지보라이닝을 얇은 관이론으로 간주하고 구하면 지보특성곡선식은 다음과 같다 (그림 4.4.14).

$$u_a = u_{ao} + \frac{p}{E}\frac{a^2}{d} \tag{4.4.25}$$

여기에서 u_{ao} 는 터널굴착 후 지보공설치 전에 발생된 굴착면 변위이다.

굴착 후 최단시기에 지보하여 u_{ao} 가 작으면 (경우 1) 지압이 커서 지보공이 파괴되고, 설치시기가 늦어서 u_{ao} 가 크면 (경우 2) 지압이 감소하여 지보공으로 지지할 수 있다 (그림 4.4.14). 강성 지보 (경우 1) 는 부담할 지압이 커서 파괴되지만, 유연성 지보 (경우 2) 는 부담할 지압이 감소되어 파괴되지 않고 지지할 수 있다 (그림 4.4.15).

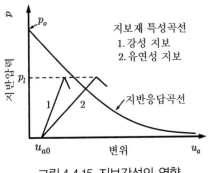

그림 4.4.15 지보강성의 영향

4.2.2 지보공 특성곡선

지보특성곡선은 기계굴착 터널과 전단면 굴착 터널 및 깊은 원형 터널에서 지보공 계산에 유효하게 적용할 수 있다. 최근 굴진면의 **3**차원 응력상태나 분할굴착에도 지보특성곡선을 고려하고 있다 **(French Method, Italian Method)**. 등방압이 아닐 때는 FEM 등으로 굴착면 상 critical point (대개 측벽) 의 특성곡선을 계산할 수 있다.

1) 숏크리트의 특성곡선 :

숏크리트는 타설 후 완전히 경화되기까지 긴 시간이 소요되므로 그 사이에 발생되는 지반변위를 감당하지 못하면 균열이 발생되어 그 효과가 국부적으로 손실된다.

섬유보강 숏크리트는 항복 변형률이 크지만 ($\sim 5.0 \times 10^{-3}$) 지반응력 해방에 필요한 변위에 많이 미달된다. 응력해방에 소요변형이 크면 변형이 충분히 일어난 후 폐합되게 숏크리트에 종방향으로 띠 모양 틈을 둔다. 이틈은 숏크리트를 얇게 타설하거나, 와이어 메쉬만 남겨서 만들며, 잔여 지보저항력이 $0.1 \sim 0.2 \ N/mm^2$ 가 되도록 한다.

(1) 지보 라이닝의 지보저항력

지보 라이닝은 터널크기 a 에 비해 두께 d 가 매우 얇으므로 얇은 관 이론을 적용하여 지보 저항력 p 에 의해 발생되는 지보공 압축응력 σ_l 을 계산할 수 있다 (그림 4.4.16).

$$\sigma_l = p \, \frac{a}{d} \tag{4.4.26}$$

위 압축응력에 의해 지보공은 $\epsilon = \sigma_l / E_{sc}$ 만큼 압축되고 (E_{sc} 는 지보재 탄성계수), 터널의 반경은 $u = \epsilon a$ 만큼 축소되며, 라이닝 둘레는 $\epsilon 2 \pi a$ 만큼 작아진다. 따라서 지보공 파괴 ($p = p_l$) 전 지보 저항력은 다음 식이 된다.

$$p = \sigma_l \frac{d}{a} = E_{sc} \epsilon \frac{d}{a} = E_{sc} \frac{u}{a} \frac{d}{a} = E_{sc} \frac{d}{a^2} u \tag{4.4.27}$$

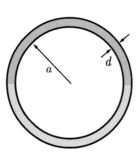 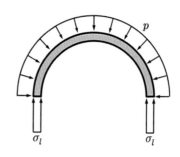

a) 원형 지보라이닝　　　　　b) 지보라이닝 작용하중

그림 4.4.16 지보 라이닝에 작용하는 힘

(2) 숏크리트의 지보저항력

숏크리트의 지보저항력 p_A 는 지보 라이닝을 내경 a, 두께 d, 일축압축강도 σ_{DB}, 내압 p_A 인 링으로 간주하고 링 공식을 적용해서 결정해도 충분히 정확하며,

$$p_A = \sigma_{DB}\, d/a \tag{4.4.28}$$

숏크리트 특성곡선 (그림 4.4.17) 에서 탄성역의 변형률은 다음과 같다.

$$\epsilon_B = \frac{\sigma}{E_{sc}} = \frac{p_A\, a}{E_{sc}\, d} \fallingdotseq (1.0 \sim 2.0) \times 10^{-3} \tag{4.4.29}$$

숏크리트 소요두께 d_{esc} 는 응력이 일축압축강도에 도달될 때 두께로 생각한다.

$$d_{esc} = p_A\, a/\sigma_{DB} \tag{4.4.30}$$

숏크리트가 경화 초기단계일 때에는 변형이 지반의 변형속도에 의존하기 때문에 변형의 수렴상태를 측정하여 숏크리트 변위를 예측할 수 있다.

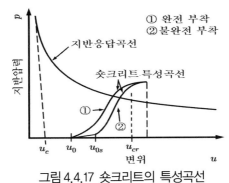

그림 4.4.17 숏크리트의 특성곡선

2) 강지보공의 특성곡선 :

강지보공과 굴착면의 접촉상태가 양호하면 (기계굴착) 강지보공이 항복할 때까지 휘어지지 않고 힘을 받을 수 있고, 이때 강지보공 특성곡선은 그림 4.4.18 ① 과 같다. 강지보공과 굴착면이 불완전하게 접촉되어 있으면, 굴착면이 변형된 후에야 굴착면에 접촉되므로, 강지보공의 특성곡선은 그림 4.4.18 ② 와 같이 된다.

아치형 강지보공의 최대 지보저항력 p_A 는 강지보공 (간격 b_{st}, 단면적 A_{st}) 을 가상의 원형 관 (두께 $t_{st} = A_{st}/b_{st}$, 반경 a) 으로 환산해서 링 공식을 적용하여 구한다.

$$p_A = \sigma_{st} t_{st}/a \tag{4.4.31}$$

이때 강지보공의 탄성 변형률 ϵ_{st} 는 다음과 같다.

$$\epsilon_{st} = \frac{p_A\, a}{E_{st}\, t_{st}} \tag{4.4.32}$$

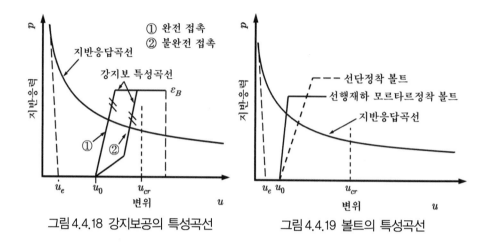

그림 4.4.18 강지보공의 특성곡선   그림 4.4.19 볼트의 특성곡선

3) 볼트의 특성곡선 :

볼트는 굴착면 변위에 의하여 터널 중심방향으로 축 인장력을 받으며, 연성볼트는 굴착면 변위가 충분히 커야 (연성볼트가 길이 $5.0\ m$, 파괴변형률 $(1.0 \sim 2.0) \times 10^{-3}$ 이면, 굴착면 변위가 $5 \sim 10\ mm$ 되어야) 지지력에 도달된다.

터널에서는 항복강도가 $500 \sim 600\ N/mm^2$ 이고 항복 변형률이 $5 \sim 10\ \%$ 인 모르타르정착 봉형 또는 관형 스웰렉스 볼트 (swellex) 를 자주 이용한다.

볼트를 선행재하하면 볼트 특성곡선 (그림 4.4.19) 은 그 기울기가 급해진다.

모르타르 정착 봉형 볼트는 국부적으로 과다한 인장이 발생되면 파괴되므로, 이형 강봉은 모르타르정착 볼트로 사용하기에 불리하다.

그러나 국부적 과다하중이 작용하여 일부 볼트가 파괴되는 경우에는 인접한 다른 볼트가 부담하는 하중이 더 증가하고, 전체 볼트 저항력이 (파괴된 볼트 분의 저항 만큼) 감소되기 때문에 볼트에서 변위가 증가한다.

볼트의 지보저항력 p_{iB} 는 내공면 단위 면적당 볼트의 저항력이며, 내공면적 A 에 설치한 볼트 축력의 합이 F_{rB} 이면 그 크기가 다음이 되고, 볼트 길이가 $1a$ 정도 일 경우에는 예측한 지보저항력이 계산 값과 잘 일치한다.

$$p_{iB} = \frac{F_{rB}}{A} \tag{4.4.33}$$

4.3 지반응답곡선과 지보공 특성곡선의 활용

지반응답곡선과 지보특성곡선을 활용하면 터널을 효과적으로 설계 및 시공할 수 있다. 즉, 굴착면의 임계변위를 구하여 지보라이닝을 설계할 수 있다. 또한, 지반 정수에 따른 영향과 시간의 영향을 알 수가 있고, 계측을 통하여 보정하거나 이차 라이닝에 추가되는 하중을 구할 수 있다.

강도가 저하되어 지반이 이완되기 시작하는 굴착면 변위 즉, 굴착면의 임계변위 (**4.3.1** 절) 는 각 지반응답곡선별로 구한다.

지반 응답곡선과 지보 특성곡선으로부터 지반변형과 지보공의 변형성 (숏크리트의 강도발현, 앵커의 유동) 및 지보공 설치시점에 의한 영향 등을 고려해서 지보라이닝 을 설계 (**4.3.2** 절) 할 수 있고 (Seeber, 1980), 지반정수 분산에 의한 영향 (**4.3.3** 절) 을 판정할 수 있다.

시간에 따른 터널변위의 변화와 지보공 설치시점 및 지보라이닝 폐합시간 등 터널 에서 시간의 영향 (**4.3.4** 절) 을 알 수 있고, 지보특성곡선을 계측을 통해 보정 (**4.3.5** 절) 할 수 있으며, 지반이완이나 지보공 손상 및 조기설치에 따라 이차라이닝 에 추가되는 하중 (**4.3.6** 절) 을 구할 수 있다.

4.3.1 굴착면 임계변위 u_{cr} 결정

지반응답곡선에서 전단강도가 감소되어 지반이 이완되기 시작하는 굴착면 변위를 굴착면 임계변위 u_{cr} 라 한다. 임계변위는 굴착면 변위와 다르므로 암반정수로부터 정할 수 없고, 같은 지반이나 현위치 경험으로부터 정한다.

굴착면의 변위 u_a 는 지보공 설치시점의 굴착면 변위 u_{ao} 와 지보공 변위 u_{aA} 의 합 $u_a = u_{ao} + u_{aA}$ 이며, 변형의 적합조건을 적용하고 지반응답곡선과 지보특성곡선을 이용하여 구할 수 있다. 지보공 부담하중이 작도록 굴착면 변위를 크게 허용할 때 에는, 이 변위를 수용할 수 있는 지보공을 사용한다.

숏크리트는 지반응답곡선과 교차되기 전에 파괴되지 않도록 강도가 충분히 큰 것 ($p_{A2} > p_{A1}$) 을 사용하며, 볼트 (지보저항력 p_{A1}, 항복변위 u_{yrB}) 를 설치하면 임계변위 u_{cr} 보다 작은 변위 u_2 에서 지반을 안정화시킬 수 있다. 지반이 안정화 되는 변위가 임계변위 u_{cr} 보다 크면 별도의 지반응답곡선을 적용한다 (그림 4.4.20).

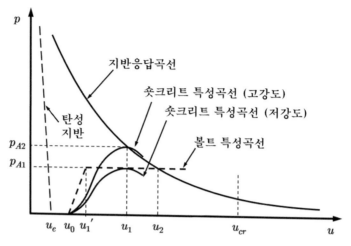

그림 4.4.20 강도에 따른 숏크리트 특성곡선

4.3.2 지보라이닝의 설계

지보라이닝은 다음 순서에 따라 지보특성곡선을 이용하여 설계할 수 있다.

① 지반응답곡선에 대해 전단강도가 감소되어 지반이 이완되기 시작하는 굴착면 임계변위 u_{cr} 을 정한다. 전단강도 감소와 지반이완에 대한 상대변위는 굴착면 변위와 다르므로 임계변위는 암석정수로부터 정할 수 없다.

임계변위는 해당 현장과 동일한 지반에 대한 현위치 경험에 근거해서 정한다. 지보저항력은 임계변위보다 작은 변위 ($u < u_{cr}$) 에 대해 정한다. 임계변위가 숏크리트로 감당할 수 있는 변위보다 클 때 적용가능한 지보공은 볼트뿐이다.

② 숏크리트만 사용해서 터널을 안정시킬 때에는 임계변위를 숏크리트가 감당할 수 있는 변위 (대체로 경화과정에서 $\epsilon \simeq 1\,\%$) 로 정한다.

③ 지압이 숏크리트로 감당할 수 없을 만큼 큰 경우에는, 그 일부는 강지보 또는 볼트로 하여금 부담하게 하고 나머지는 숏크리트에 틈을 두어 일정한 변위 u_2 에서 폐합되어 저항하게 한다.

기계굴착 시 굴착부 후방에서 강지보나 판벽을 설치하고 콘크리트로 채우면 그 사이에 변위가 충분히 크게 일어나서 응력이 감소한다.

4.3.3 지반정수 분산의 영향 판정

현장지반 (특히 구조지질압력 작용지반) 의 강도정수는 폭 넓게 분산되지만, 굴착 전에 강도정수 분산 폭을 측정한 예가 드물고 완전파악이 어렵기 때문에, 가장 확률 높은 지반응답곡선을 그리고 분산영역의 상·하 경계를 표시한다. 지반정수에 따른 지보저항력 변화에 의한 굴착면 변위는 분산 폭이 매우 크지만 (그림 4.4.21), 지반정수의 분산 폭을 임의로 줄이지 말고, 분산을 예상해서 지보 라이닝을 설치해야 한다.

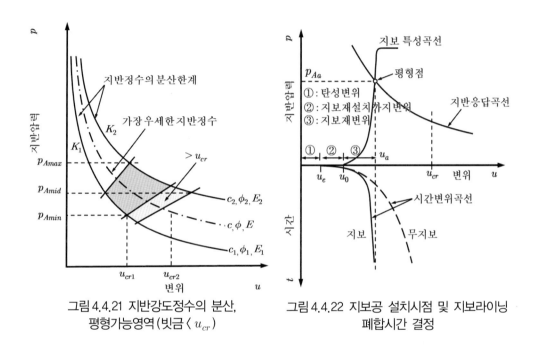

그림 4.4.21 지반강도정수의 분산, 평형가능영역 (빗금 〈 u_{cr})

그림 4.4.22 지보공 설치시점 및 지보라이닝 폐합시간 결정

4.3.4 시간의 영향 판정

지반응력은 굴진면 굴착 전에 이미 20 ~ 30 % 정도 해방되고, 지반의 탄성변위는 굴착 즉시 일어나므로, 지보설치 시 기에는 탄성변위가 대부분 종료된 상태이어서, 지보특성곡선은 사전 응력해방은 물론 탄성변위도 포함한다.

계측을 통해 변위의 시간에 따른 변화와 지보공 설치시점 및 지보라이닝 폐합시간을 구할 수 있다 (그림 4.4.22). 지보라이닝을 폐합하면 볼트와 숏크리트가 저항하여 지반변위가 정지되고 지반이 이완되지 않지만, 숏크리트 링은 작은 크기로 탄성압축된다. 반면 너무 일찍 폐합하면 (그림 4.4.23 ①) 숏크리트가 부담하기 어려울 만큼 큰 지압 p_{AO} 가 발생되므로, 링 폐합 시간은 지보공의 저항력과 변형을 고려하여 정한다.

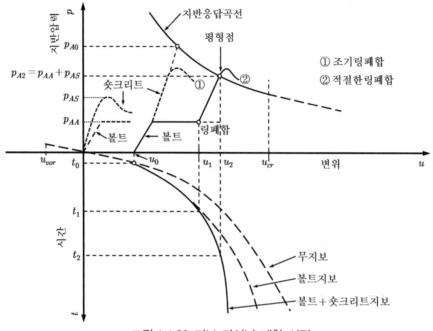

그림 4.4.23 지보 라이닝 폐합 시점

4.3.5 계측을 통한 지보특성곡선의 보정

지보공을 설치한 후에 계측하면 지보저항력 p_A 가 유발된 변위 u 를 알 수 있다. 굴착초기에는 지반변위가 급한 기울기로 수렴되므로, 계측을 늦게 시작하면, 계측 전에 지반변위가 상당량 (20 ~ 30 % 까지) 일어나서 결과가 부정확해 진다 (그림 4.4.24).

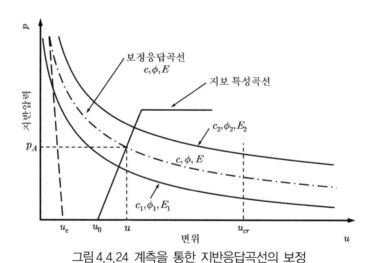

그림 4.4.24 계측을 통한 지반응답곡선의 보정

4.3.6 이차라이닝 추가하중 판정

지반이 이완되어 지반상태가 변하거나, 지보공이 손상되거나, 이차라이닝을 너무 조기에 설치하여 이차라이닝이 변형되는 경우에는, 이차라이닝에 작용하는 하중이 Δp_A 만큼 증가된다.

1) 지반이완에 의한 추가하중

터널을 굴착하는 동안 발생하는 진동이나 충격에 의해 주변지반의 내부마찰각이 감소하거나 ($\phi_1 \rightarrow \phi_2$), 절리나 전단면의 상대변위가 크게 일어나서 점착력이 감소 ($c_1 \rightarrow c_2$) 하여 지반이 이완되는 경우에는, 지반응답곡선이 $KL_1 \rightarrow KL_2$ 로 변하고, 지보 라이닝의 변위가 u_1 에서 u_2 로 증가 (그림 4.4.25a $O \rightarrow A$ 점) 되며, 소요 지보저항력 이 p_{A1} 에서 p_{A2} 로 증가한다.

지보저항력이 증가하지 않고 일정한 크기를 유지하면 (그림 4.4.25a B 점) 볼트가 연성으로 거동하여 변위가 u_3 로 커지고, 소요 지보저항력이 p_{A1} 에서 p_{A3} 로 증가 한다. 이때 유발되는 추가 하중은 지보공의 여유 저항력과 이차라이닝이 분담하며, 추가하중이 너무 커서 지보공 (또는 이차라이닝) 이 이를 부담할 수 없으면 지보공이 파괴되거나 연성변형거동 한다.

2) 지보공 손상에 의한 추가하중

볼트가 부식 등에 의해 손상되어 기능을 잃으면, 그 볼트가 부담하던 하중 $\Delta p_A{}'$ 이 인접한 볼트로 전이된다. 따라서 인접한 볼트의 부담하중이 $\Delta p_A{}'$ 만큼 증가되고, 전체 지보저항력 $p_{A3}{}'$ 은 $\Delta p_A{}'$ 만큼 감소하므로 $p_{A3}{}' = p_{A3} - \Delta p_A{}'$ 로 된다. 따라서 굴착면 변위가 u_1 에서 u_2 로 커진다 (그림 4.4.25b).

이와 같은 현상은 숏크리트 라이닝의 기능이 상실될 경우에도 일어난다. 그러나 이차 라이닝이 설치되어 있으면 지보저항력 감소량 $\Delta p_A{}'$ 이 이차 라이닝에 의하여 지지되므로 추가변위의 발생이 억제된다. 숏크리트가 기능을 상실하더라도 볼트가 탈락되지 않는 경우에는 볼트가 연성 변형거동하면서 하중을 지지하기 때문에 볼트 의 변형이 증가된다.

3) 이차라이닝의 조기설치에 따른 하중

지보저항에 의해 지반이 안정화 되는 데에는 긴 시간 (오스트리아의 Arlberg 터널에서 약 6개월) 이 소요된다. 지반변위가 안정화되기 이전 (변위 u_1) 에 이차라이닝을 설치하면 이차라이닝에 의해 억제된 변위 $u_\infty - u_1$ 에 비례하여 하중이 Δp_A 만큼 추가되며, 이러한 현상은 계측한 변위를 시간 축에 대해서 나타낸 후에 수렴상태 (수렴곡선) 로부터 확인할 수 있다.

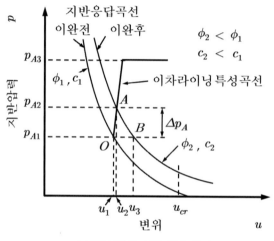

a) 지반이완에 의한 하중 추가

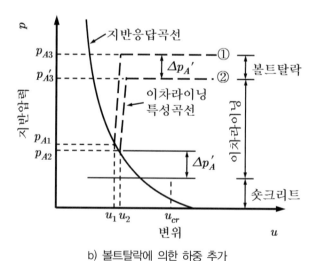

b) 볼트탈락에 의한 하중 추가

그림 4.4.25 이차라이닝의 추가하중

4.4 압출성 암반의 지보

터널 굴착 후에 시간이 지남에 따라 내공변위가 크게 일어나는 (압출, squeezing) 지반에서는 터널 굴착이 어렵고, 내공변위를 억제하면 지보압력이 증가한다. 압출은 지반강도에 비해 초기응력이 크거나, 역학적 이방성 (편리 등) 을 갖거나, 크리프 거동 광물 (규산염 등) 을 포함할 때 발생하며, 간극수압이 높을 때 촉진된다.

압출성 암반의 응답곡선 (**4.4.1** 절) 은 암반강도의 변화에 따라 무수히 많이 존재하므로 지보 특성곡선 (**4.4.2** 절) 과 수많은 점에서 교차한다. 압출성 암반에서는 터널 단면을 분할굴착하고 최적시기에 지보 (**4.4.3** 절) 하여 주변지반을 적당량만큼 변형시키면 작용하중을 줄이고 과도한 지반이완을 방지할 수 있다.

4.4.1 압출성 암반의 응답곡선

비압출성 암반의 응답곡선은 단일 곡선이지만, 압출성 암반의 응답곡선은 암반정수 (특히, 점착력 c) 의 변화에 따라서 무수히 많이 존재한다. 지반강도가 초기응력에 비해 매우 작으면, 내공변위가 터널굴착 즉시 크게 발생 (압출) 된다.

1) 보통 암반의 응답곡선

보통지반 ($c > 0$, $\phi > 0$) 에서 지반응답곡선이 비선형인 구간의 내공변위 u_a (식 4.4.17) 는 다음 식과 같다 (p_A 는 지보압력, p_o 는 초기응력).

$$u_a = \frac{1+\nu}{E} a (p_o \sin\phi + c\cos\phi) \left[\frac{p_o(1-\sin\phi) - c(\cos\phi - \cot\phi)}{p_A + c\cot\phi} \right]^{\frac{1}{K_p-1}\frac{2-\xi}{1-\xi}} \quad \textbf{(4.4.34)}$$

여기에서 ξ 는 다일러턴시를 나타내는 상수이며, 등체적변형하면 $\xi = 0$ 이 된다.

따라서 등체적 변형 ($\xi = 0$) 하는 점착성 지반 ($c \neq 0$, $\phi = 0$) 의 내공변위 u_a 는,

$$u_a = \frac{E}{1+\nu} ac \left(e^{\frac{p_o - c - p_A}{2c}} \right)^{\frac{2-\xi}{1-\xi}} = \frac{E}{1+\nu} ac\, e^{\frac{p_o - c - p_A}{c}} \quad \textbf{(4.4.35)}$$

이고, 터널반경에 대한 내공변위비 $\zeta = u_a/a$ 는 다음 식이 된다.

$$\zeta = \frac{1+\nu}{E} c\, e^{\frac{p_o}{c}\left(1 - \frac{p_A}{p_o}\right) - 1} \quad \textbf{(4.4.36)}$$

따라서 등체적 변형하는 점착성 지반의 내공변위비 ζ 는 지보압비 p_A/p_o (지보압 p_A /초기응력 p_o) 와 암반강도비 c/p_o (암반강도 $\sigma_{DF} = 2c$ /초기응력 p_o) 에 의존한다.

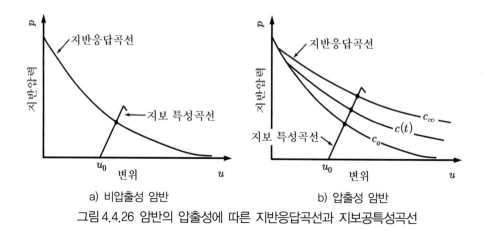

a) 비압출성 암반   b) 압출성 암반

그림 4.4.26 암반의 압출성에 따른 지반응답곡선과 지보공특성곡선

내공변위비와 지보압력비의 관계 (ζ-p_A/p_o 관계) 는 Hoek/Brown 모델을 적용하고 수치해석하여 구할 수도 있다. Hoek (2001) 은 내공변위 비 ζ 의 등급별로 압출발생 형태를 제시하였고 (표 4.4.1), 초기응력에 비하여 암반강도가 작을수록 압출이 발생하여 내공변위가 커지는 것을 나타내었다.

표 4.4.1 내공변위비와 암반강도 및 압출 (Hoek, 2001)

내공변위비 ζ [%]	암반강도비 σ_{DF}/p_o	압출발생
$0 \sim 1.0$	> 0.36	약간의 지보문제
$1.0 \sim 2.5$	$0.22 \sim 0.36$	약간의 압출
$2.5 \sim 5.0$	$0.15 \sim 0.22$	심한 압출
$5.0 \sim 10.0$	$0.10 \sim 0.15$	매우 심한 압출
> 10.0	< 0.10	극도로 심한 압출

2) 압출성 암반의 응답곡선

압출성 암반의 거동은 시간 의존적이며 그 지반응답곡선은 그림 4.4.26 와 같다. 지반은 단기 점착력 c (($\sigma_1 - \sigma_2)/2$ 의 최대값) 를 가지고, 점착력은 시간이 지남에 따라 감소한다고 가정한다.

$$\dot{c} = -\alpha c \tag{4.4.37}$$

위 식의 해는 다음이 되고, $\alpha > 0$ 값은 Relaxation 시험에서 구한다.

$$c = c_0 e^{-\alpha t} \tag{4.4.38}$$

위 식을 시간 t 에 대해 정리하고 식 (4.4.37) 을 적용하면 $\dot{u}_a = -\dot{a}$ 때 다음이 된다.

$$\dot{u}_a \left(1 + \frac{1+\nu}{E} \frac{c}{e} e^{\frac{p_o - p_A}{c}} \right) = a \frac{1+\nu}{E} \frac{c}{e} e^{\frac{p_o - p_A}{c}} \left(-\frac{\dot{p}}{c} + \alpha \frac{p_o - p_A}{c} - \alpha \right) \tag{4.4.39}$$

내공변위가 억제 $(\dot{u}_a = 0)$ 될 때, 위 식으로부터 시간에 따른 지보압 p_A 의 증가는,

$$\dot{p} + \alpha p = \alpha(-c_0 e^{-\alpha t} + \sigma_o) \tag{4.4.40}$$

이고, 이 식의 해는 다음이고, 시간이 무한히 경과 $(t \to \infty)$ 되었을 때 $p_A = p_o$ 이다.

$$p(t) = p_o(1 - e^{-\alpha t}) - \alpha c_0 t e^{-\alpha t} \tag{4.4.41}$$

무지보 터널 $(p_A = 0)$ 의 시간에 따른 내공변위증가율 $\dot{u}_a$ 는 식 (4.4.39) 로부터,

$$\dot{u}_a = \frac{a\alpha}{\dfrac{E}{1+\nu} e^{1 - \frac{p_o}{c}} + c} (p_o - c) \tag{4.4.42}$$

이고, 압출성 암반에서는 $p_o > \cdots > c$ 이므로 식 (4.4.38) 을 대입하면 다음이 된다.

$$\dot{u}_a \simeq a\alpha \frac{p_o}{c} = a\alpha \frac{p_o}{c_0} e^{\alpha t} \tag{4.4.43}$$

이 식은 초기응력이 크거나 (큰 p_o), 암반강도가 작거나 (작은 c_0, 교란영역), 크리프 거동 광물 (점토광물, 큰 α) 을 포함하는 암반의 압출거동과 일치한다.

지반압출은 높은 간극수압에 의해서도 촉진된다고 알려져 있다. 이 식으로부터 압출에 의한 내공 변위율이 시간에 따라서 증가되는 것을 예상할 수 있으나, 이는 (근간이 되는 식 (4.4.37) 이 대단히 간략화한 식이므로) 비현실적이다.

위의 식 (4.4.41) 과 식 (4.4.43) 에서 초기시간 $t = 0$ 에 대한 초기의 압력 증가율 $\dot{p}_{A0} = \dot{p}_A(t=0)$ 과 초기의 내공 변위율 $\dot{w}_0 = \dot{u}_a(t=0)$ 을 적용하여 초기 압력증가율 $\dot{p}_0$ 를 구할 수 있다.

$$\dot{p}_{A0} = \left(1 - \frac{c_0}{p_o} \right) \frac{c_0 \dot{w}_0}{a} \tag{4.4.44}$$

따라서 초기 내공 변위율 $\dot{w}_0$ 를 알면 동일한 암반에서 운영하는 쉴드의 초기압력 증가율 $\dot{p}_{A0}$ 를 예측할 수 있다.

4.4.2 압출성 암반에서 시간에 따른 내공변위

굴착 후 숏크리트로 지보한 터널에서는 지반응답곡선과 지보특성곡선의 교점이 지보공에 작용하는 응력과 내공변위를 나타낸다. 숏크리트는 타설 즉시 최종강도와 강성을 발휘한다고 가정한다.

지보 후에도 내공변위가 지속될 경우 $(w > w_0)$ 에 지보특성곡선식은 다음과 같고,

$$p_A = k(w - w_0) \tag{4.4.45}$$

압출성 암반의 응답곡선은 강도(점착력 c)의 변화에 따라서 무수하게 많이 존재하므로, 지보특성곡선과 수많은 점에서 교차하고, 교차점은 내공변위(식 4.4.35)에 $p_A = p_s(w)$ 를 적용해서 구할 수 있으며,

$$w = \frac{1+\nu}{E} c \, a \, e^{\frac{p_o - c - p_s(w)}{c}} \tag{4.4.46}$$

이 식에 점착력 c 대신 $c = c(t)$ 를 적용하면, 시간에 따른 내공변위 $w(t)$ 를 알 수가 있다. 오랜 시간이 지나면 궁극 지반응답곡선에 도달되며, 라이닝이 연성이면 궁극지반응답곡선과 교차할 때까지 항복거동하고, 취성이면 교차 전에 파괴된다.

보링공은 터널의 축소모형이므로 보링공 내공변위 w 값을 여러 시간대에서 계측하면 식 (4.4.46) 으로 대응하는 점착력 c 값을 산출할 수 있고, 이로부터 터널의 궁극 내공변위를 추정할 수 있다. 또한, 시간 t 에 대한 $c(t)$ 를 이용해서 지반응답곡선과 지보공의 상호거동을 결정할 수 있다.

4.4.3 압출성 암반의 지보

팽창성이나 압출성이 있는 지반에서는 굴착단면을 조기에 폐합하는 것이 효과적이며, 지반응력이 해방되는데 큰 변형(수십 cm)이 필요할 때에는, 변형이 충분히 일어나서 작용하중이 감소한 후에 지보 라이닝을 폐합한다. 숏크리트는 휨 변형성이 크고 얇은 두께로 타설하므로, 숏크리트 지보 라이닝은 휨 변형성이 크지만 한계가 있어서 Fenner의 소요변형에 미달될 수 있다.

허용 변형량이 매우 작거나(지표침하를 제한하거나 작은 변형에 의해 쉽게 이완되는 사질토), 변형이 허용량 이내인데도 하중이 커서 숏크리트가 파괴되어 지반이 이완될 때에는 지보저항력을 증가(숏크리트 두께증가나 강지보 설치)시킨다.

지보공 설치 전에 내공변위를 충분히 발생시켜서 작용하중을 줄이기 위해 분할 굴착 (선진도갱공법 등) 할 경우에는 조기폐합이 어렵다. 이러한 경우에는 지반아치 지지부 (각부) 의 침하를 허용하거나, 가축지보를 설치하여 굴착 단면을 조기에 폐합하여 폐합상태에서도 변형이 충분히 일어나도록 한다. 가축기구의 잔여 지보 저항력은 $0.1 \sim 0.2 \ N/mm^2$ 정도로 한다 (Seeber, 1982).

가축지보는 이중지보나 가축성 지보공 (강지보공이나 숏크리트 및 볼트) 을 설치 하거나, 가축기구 (그림 4.4.28) 를 설치하거나, 또는 숏크리트 라이닝에 띠모양의 틈 (그림 4.4.27) 을 두어 구축한다.

숏크리트 라이닝의 띠모양 틈은 다음 방법으로 설치한다.
- 숏크리트를 타설하지 않고 wire mesh 만을 남긴다.
- 숏크리트를 띠 모양으로 얇게 타설한다.

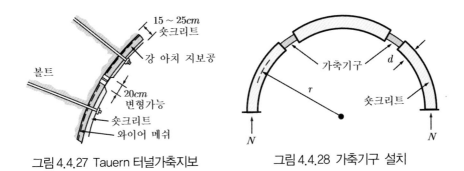

그림 4.4.27 Tauern 터널가축지보   그림 4.4.28 가축기구 설치

1) 이중지보

터널굴착 후 일부 지보를 먼저 설치하고, 시공시기를 지연하여 지반응력이 어느 정도 해방된 후 최종지보를 설치하면 최종지보의 변위가 감소되고 터널단면을 유지 할 수 있는데 이같이 복수로 설치하는 지보를 이중지보라 한다.

팽창성 지반이나 과지압 지반에서 굴착단면의 조기폐합이 효과적이라는 사실이 경험적으로 알려져 있었으나, 단면을 분할굴착하면 굴착단면의 조기폐합이 어려워서 여유 변형을 초과하는 내공변위가 발생할 수 있다. 이때는 연성지보공을 설치하거나 가축성 지보공을 설치하여 변형이 충분하게 일어난 후에 지보공이 폐합되도록 한다. 그림 4.4.29 는 단면폐합 시 터널 주변지반의 응력-변형 거동을 나타내며, 이는 탄소성 이론에 기초한 것이다. 균질한 등방성 지반에 원형터널을 굴착하면 지반응력이 그림 4.4.30 과 같이 재분배되고 굴착진행에 따라 반경응력이 감소한다.

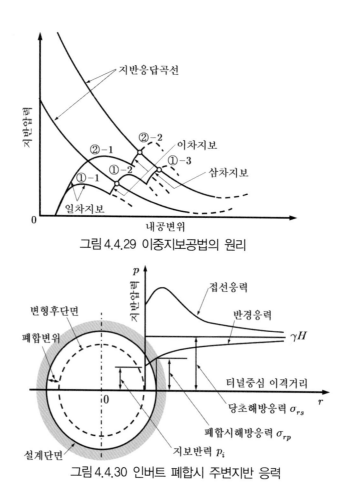

그림 4.4.29 이중지보공법의 원리

그림 4.4.30 인버트 폐합시 주변지반 응력

변위가 과다하여 설계단면을 침범한 부분을 단면폐합 후에 재 굴착하면 반경방향 잔류응력 σ_{rs} 가 더욱 감소된다. 폐합효과에 의해 당초 굴착 당시 보다 지반이완이 감소하므로 ($\sigma_{rs} < \sigma_{rp}$) 최종지보에 작용하는 토압이 경감된다.

이중지보 개념은 Fenner-Pacher 곡선으로 표현할 수 있다. 지반의 하중이 큰 경우 (아래쪽 지반응답곡선) 에는 처음에 지지력이 작은 지보공 (일차 지보재) 을 설치하고 나중에 추가 지보재 (이차 지보재) 를 설치하며, 이를 이중지보라 하고 지보재 특성 곡선은 ①-1 (일차 지보재) 과 ①-2 (이차 지보재) 가 된다. 지반 하중이 더욱 더 커지면 이차 지보재로도 부족하므로 이차 지보재의 내측면에 3 차 지보 (①-3) 를 추가로 설치 한다. 그밖에 항복내력과 항복변형이 큰 일차 지보재 (②-1) 를 설치한 후 지보재를 추가 (②-2) 해야 변위가 수렴된다.

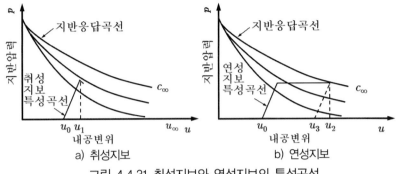

그림 4.4.31 취성지보와 연성지보의 특성곡선

2) 연성지보

내공변위가 충분히 일어난 후 연성지보를 설치하면 최종 지보변위를 감소시키고 터널단면을 유지할 수가 있다. 취성지보 (그림 4.4.31a) 는 내공변위가 $u = u_1$ 일 때 파괴되지만 연성지보 (그림 4.4.31b) 는 변위가 $u = u_2$ 때까지 안정하므로, 변위가 u_3 발생된 후 연성지보를 설치하면 지보공이 궁극변위 $u = u_2$ 에서도 파괴되지 않는다.

3) 가축기구

특정하중에서 닫히도록 (탄성-이상소성 거동) 고안된 가축기구를 사용하여 변형이 충분히 일어난 후에 지보라이닝이 폐합되도록 할 수가 있다. 그림 4.4.32 는 Strengen 터널에서 사용한 가축강관으로 만든 가축기구이다 (그림 4.4.28).

가축기구 (길이 l_s, 항복하중 F_l, 항복변위 s_l) 를 m 열로 배치 (전체길이 $m\,l_s$) 하여 만든 숏크리트 라이닝 (탄성계수 E_s, 두께 d, 길이 $L = 2\pi r$) 에 압축력 N 이 작용하여 발생되는 지보라이닝의 수축변위 ΔL 는 숏크리트 (Δl_s) 와 가축기구 (Δl_l) 의 수축변위의 합 ($\Delta l = \Delta l_s + \Delta l_l$) 이다.

$$\Delta L = \Delta l_s + \Delta l_l = \left(\frac{2\pi r - m\,l_s}{d\,E_s} + \frac{s_l}{F_l}\right)N$$

$$\Delta l_s = \left(\frac{2\pi r - m\,l_s}{d\,E_s}\right)N, \quad \Delta l_l = \left(\frac{s_l}{F_l}\right)N \tag{4.4.47}$$

내공변위 $u = \Delta L/(2\pi)$ 와 지보압 $p_A = N/r$ 의 관계에, 위의 ΔL 을 대입하여 정리하면, 가축기구의 지보압-내공변위 관계 (가축기구 지보특성곡선) 를 구할 수 있다.

$$p_A = u\frac{2\pi}{r\left(\dfrac{2\pi r - m\,l_s}{d\,E_s} + \dfrac{s_l}{F_l}\right)} \tag{4.4.48}$$

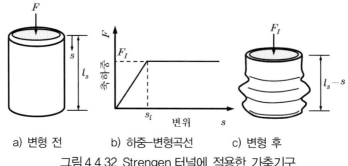

a) 변형 전   b) 하중-변형곡선   c) 변형 후

그림 4.4.32 Strengen 터널에 적용한 가축기구

터널 단위길이 당 n 개 가축기구(항복하중 F_{ln}, 항복변위 s_{ln})로 구성된 가축구조의 수축변위는 $\Delta l_l = N s_{ln}/(n F_{ln})$ 이고 가축기구 지보특성곡선식은 다음이 된다.

$$p_A = u \frac{2\pi}{r\left(\dfrac{2\pi r - m l_s}{d E_s} + \dfrac{s_{ln}}{n F_{ln}}\right)} \tag{4.4.49}$$

4) 가축성 지보공

팽창성이거나 과지압 상태인 지반에서는 굴착단면을 조기 폐합하는 것이 효과적이지만, 단면을 분할굴착하면 조기폐합하기 어렵고 내공변위가 여유변형보다 크게 발생할 수 있다. 이때에 가축성 지보공을 설치하면 굴착단면을 조기에 폐합할 수 있고 폐합상태에서도 변형이 충분히 일어날 수 있다.

내공변위가 터널 안정성에 영향을 미치지 않을 만큼 작아도, 숏크리트 휨압축응력이 허용 휨응력을 크게 초과하고 대다수 볼트의 축력이 항복강도에 이를 수 있다.

가축성 지보를 사용하면 숏크리트 변위를 더 허용할 수가 있으므로, 숏크리트가 연성거동하여 (휨압축응력이 허용치를 만족하여) 안정성 문제의 발생가능성이 낮다. 볼트에 가축성 부재를 사용하면 최대축력이 허용축력 이내로 줄어든다.

(1) 가축성 강지보공

한 개 단위부재로 구성된 강성지보와 2개 부재 및 연결부로 구성된 준강성지보는 하중이 증가하면 탄성변형 후 소성변형되고, 하중이 강도한계를 초과하면 지보재는 영구변형 되거나 파괴된다. 가축성 지보는 이러한 단점을 보완하여 보통 3개 곡선부재(측벽부재 2개와 상부아치부재)와 겹침부 및 훅크 볼트로 구성하며, 그림 4.4.33 은 종모양(bell type) 가축성 강재지보이다.

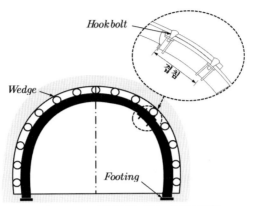

그림 4.4.33 가축성 강아치 지보의 겹침

터널 바닥 기초 위에 측벽부재를 (측벽에 기대어) 세우고, 측벽부재 상단 곡선부와 상부아치부재 하단을 적정길이 겹친 후에 훅크 볼트로 죄어서 겹침부를 만든다.

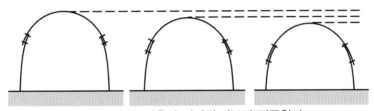

그림 4.4.34 가축성 강아치 지보의 작동원리

아치형 지보에 작용하는 하중이 겹침부 마찰강도 보다 크면, 상부아치부재가 측벽부재에 닿은 상태로 미끌어지면서 터널단면이 축소된다 (그림 4.4.34). 이때 부재는 탄성상태이므로 영구변형은 일어나지 않으며, 운영 중에 터널 내에서 훅크 볼트를 점검하여 조임상태가 일정하게 관리하면 터널이 장기간 안정한 상태로 유지된다.

터널 강재지보로 I 형강이나 H 형강 등이 널리 사용된다. 이들은 단위길이 당 중량에 비해 단면계수가 비교적 커서 경제적인 장점이 있으나, 횡방향 단면계수 Z_x 에 비해 종방향 단면계수 Z_y 가 매우 작으므로 부재를 겹쳐서 가축지보를 만들 수 없다. O 형강과 U 형강은 겹침하여 가축지보를 만들 수 있다. O 형은 U 형에 비하여 단면계수가 커서 경제성이 있으나, 곡선부재를 제작하기 어려워서 잘 사용되지 않는다.

U 형강은 겹침하여 가축지보를 만드는데 가장 유리하고, 종방향 및 횡방향 단면계수가 거의 비슷해서 3 차원 응력상태에 있는 터널구조물에 가장 적합한 형상이다.

(2) 가축성 숏크리트 라이닝

터널 주변지반은 적당량만 변형시켜서 하중을 감소시키고 숏크리트로 지지하여 과도한 이완을 방지한다.

숏크리트는 단면분할방법이나 굴착소요시간을 검토해서 최적시기에 시공해야만 효과가 좋으며, 너무 두꺼우면 효과가 없고 공사비만 낭비할 수 있다. 숏크리트는 초기 영률이 작아서 지표침하를 제한하거나 단기간의 작은 변형에 의해서도 쉽게 이완되는 지반 (사질토) 에는 숏크리트 취성파괴나 지반이완을 방지하기에 부족할 수 있다. 숏크리트는 두껍게 설치하거나 강지보공으로 보강한다.

숏크리트는 압축변형성은 작지만, 휨 변형성이 큰 재료이다. 두께가 얇아서 휨 변형성이 좋더라도 변형에 한계가 있기 때문에 Fenner 의 소요변형량에 미달될 수 있다. 지압을 줄이고 지반이완을 방지하기 위해 큰 변형을 수용할 때에는 지반아치 지지부 (각부) 의 침하를 허용하거나 숏크리트에 띠 모양으로 틈을 둔다. 종방향 틈은 숏크리트를 타설하지 않고 와이어 메쉬만 남기거나 띠 모양으로 얇게 타설하여 형성 하며, 잔여 지보저항력이 $0.1 \sim 0.2\ N/mm^2$ 정도가 되어야 한다. Rabcewicz 는 Tauern 터널에서 종방향 틈 (그림 4.4.27) 을 설치해서 큰 내공변위가 일어난 후 폐합되게 했다.

(3) 가축성 볼트두부

터널 주변지반변형이 볼트 부재의 변형능력 보다 크면, 볼트에 과도한 인장응력이 발생하여 원지반과 정착재 간 부착이 단절될 수 있다. 이때에는 볼트가 변형을 수용 할 수 있도록 가축성 볼트두부를 형성한다. 즉, 볼트 두부에 자유구간을 만들거나, 가변성 와셔 (스프링와셔, 탄성고무, 반할파이프 등) 를 설치하거나, 볼트 부재의 마 찰을 감소시킨다 (그림 4.4.35).

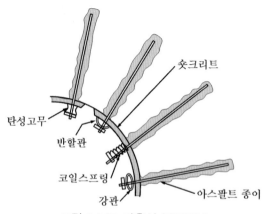

그림 4.4.35 가축성 볼트두부

5. 터널의 이차 라이닝

재래공법에서 일차 라이닝으로 사용하는 강재나 목재는 시간이 지남에 따라 열화되어 기능이 저하되므로, 터널의 궁극적인 안정을 확보하기 위해서는 콘크리트로 이차 라이닝을 추가 설치 (**double shell tunnel**) 해야 한다. 그러나 숏크리트를 일차 라이닝으로 사용하면 숏크리트는 열화되지 않기 때문에 이차 라이닝을 추가로 설치하지 않더라도 터널의 안정을 확보할 수 있다. 최근 숏크리트의 내구성과 신뢰성이 높아져서 얕은 터널에서 조차 이차 라이닝을 생략하는 경우 (**single shell tunnel**) 가 많고, 별도의 목적이 있을 때에만 이차 라이닝을 설치한다.

변형하기 쉽고 얇은 라이닝이 두껍고 강한 라이닝 보다 지지력이 크며, 이 같은 사실은 Fenner 계산식과 실제 시공 및 계측에서 확인할 수 있다. 따라서 Rabcewicz 는 터널 라이닝이 파괴되면 (더 두껍고 강한 라이닝 대신) 변형하기 쉽게 얇은 라이닝을 설치하였고, 이 같은 생각을 바탕으로 새로운 터널공법 (NATM) 을 개발하였다.

터널 이차 라이닝의 기능 (**5.1 절**) 은 여유 안전율을 확보하고 수압을 지지하며, 소요단면의 크기와 형상의 확보 등 여러 가지가 있다. 이차 라이닝의 균열 (**5.2 절**) 은 콘크리트의 건조수축이나 온도변화에 의한 응력, 터널공법에 따른 독특한 역학조건, 라이닝에 작용하는 외력, 이들의 합성작용 등에 의하여 발생된다. 터널 이차 라이닝은 하중을 지지하는 구조체가 아니므로 균열이 생기면 자체 안정성은 영향을 받을 수 있으나, 터널 안전성에는 문제가 없는 경우가 많다. 그러나 그 원인을 분석하여 진행가능성과 터널 안정성 저하여부를 판단해야 한다.

5.1 이차 라이닝의 기능

터널의 지보라이닝과 이차 라이닝은 기능이 다르다는 주장이 우세하지만 동일하다는 주장도 있다. 터널굴착 직후 작용하중은 지보라이닝이 부담하고 시간경과에 따라 발생되는 추가하중은 지보라이닝과 이차 라이닝이 공동 부담한다고 생각하면 이차 라이닝이 필요하지만, 시간의 영향을 생각하지 않으면 이차 라이닝은 불필요하다.

이차 라이닝은 지보라이닝이 지지하지 못하는 수압을 지지하고 여유안전율을 확보하며, 소요단면의 크기 및 형상 확보, 미장, 지하수 차단, 터널 내 공기저항 절감, 배선 설치, 조명/표식 부착, 선로 매달기, 안전율 향상 등의 역할을 한다.

지보 라이닝과 이차 라이닝의 강도는 단순하게 더할 수 있는 것이 아니므로, 지보 라이닝이 부담 못하는 하중을 이차 라이닝이 부담한다고 보기 어렵고, 이차 라이닝을 설치하면 안전율이 증가된다고 보기 어렵다. 실제 터널에서 지보라이닝은 무사하고 이차 라이닝만 파괴된 경우도 있고, 이차 라이닝에 하중이 작용할 경우도 있다.

이차 라이닝을 (두껍게 하거나 고강도 콘크리트를 사용하여) 강성으로 설치하더라도, 안전율은 등압상태에서는 다소 향상되지만 선대칭 응력상태 (측압계수 $K \neq 1$) 에서는 별로 향상되지 않는다. 지반이 소성변형 될 때에는 이차 라이닝이 두꺼우면 오히려 휨모멘트의 영향이 커지고 안전율이 작아질 수 있다.

휨성이 좋은 지보라이닝을 설치해서 지반의 응력 재분배가 충분히 일어나면 굴착 직후 터널의 안정성을 확보할 수 있다. 지보 (1 차) 라이닝과 2 차 라이닝 사이에 방수 쉬트 등을 설치하여 이들을 구조적으로 분리하면, 접촉면에서 수직력만 전달되고 전단력은 전달되지 않으며, 휨모멘트에 의한 응력은 커지지만 단면계수와 단면 2 차 모멘트가 작아져서, 변형량은 커지고 휨강성은 작아진다. 따라서 전체 단면적을 크게 하여도 단면계수와 단면 2 차모멘트는 별로 커지지 않고, 강도는 있으나 휘어지기 쉬운 이상적 지보라이닝에 가까워진다.

지보 라이닝 (두께 t_1) 과 이차 라이닝 (두께 t_2) 을 같은 두께 ($t_1 = t_2$) 로 설치하면, 휨모멘트에 의한 응력은 2 배이지만, 휨강성은 1/4 이 된다. 지보라이닝과 이차 라이닝을 일체로 시공할 때와 분리하여 시공할 때의 특성은 표 4.5.1 과 같다.

표 4.5.1 1차 및 2차 라이닝의 일체 및 분리시공

경우	1, 2차 라이닝 일체 시공	비교	1, 2차 라이닝 분리 시공
폭×높이	$b(t_1 + t_2)$	=	$b t_1 + b t_2$
단면적	$A_1 = b(t_1 + t_2)$	=	$A_2 = b(t_1 + t_2)$
단면계수	$z_1 = \dfrac{b}{6}(t_1 + t_2)^2$	>	$z_2 = \dfrac{b}{6}(t_1^2 + t_2^2)$
단면 2차모멘트	$I_1 = \dfrac{b}{12}(t_1 + t_2)^3$	>	$I_2 = \dfrac{b}{12}(t_1^3 + t_2^3)$
휨 응력	小	<	大
휨 강성	大	>	小
휨 성	小	<	大
모멘트	大	>	小

5.2 이차 라이닝의 균열

이차라이닝의 균열은 온도차에 의한 수축에 의해 발생되거나 외력, 터널의 형상, 지질, 시공법, 콘크리트 배합 등에 의한 영향을 받아서 발생한다.

이차라이닝의 균열은 매우 다양하고 불규칙한 특성 (5.2.1 절) 으로 발생된다. 콘크리트는 경화되는 동안 발열 반응하여 온도가 상승되지만, 경화 후 대기온도로 낮아져서 온도차가 생겨서 인장응력이 발생되어 수축균열 (5.2.2 절) 이 생긴다. 지보 라이닝이 쳐져서 이차 라이닝에 접촉되면, 접촉점을 통해 지반압력이 이차라이닝에 외력으로 작용하며, 접촉면적이 작을수록 하중 집중도가 커져서 아주 작은 변형이나 하중에서도 이차 라이닝에 외력에 의한 균열 (5.2.3 절) 이 발생될 수 있다.

5.2.1 라이닝 균열의 특성

이차 라이닝 균열이 발생하더라도 터널 안전성이 현저히 손상되는 일은 드물다. 단지, 균열이 발생되면 지하수가 유출되고, 석회나 탄산염 등이 벽면에 침착되어서 미관이 나빠지고, 겨울에 고드름이 생기거나 균열 내 물의 동결융해에 의해 콘크리트가 손상되는 등 터널의 안전성이 간접적으로 영향을 받을 수 있다. 이차 라이닝의 균열은 거푸집을 탈형할 때부터 발생되는 경우는 드물고, 콘크리트 타설 후 3~7 일경이나 수주일 후에 많이 발생된다.

이차라이닝의 균열은 대체로 지질이 좋을수록 적게 발생되며, 습기가 많은 곳은 적게, 팽창 시멘트를 사용하면 적고 늦게, 그리고 이차라이닝의 두께가 국부적으로 얇은 곳에서는 쉽게 발생된다. 이차 라이닝의 균열특성은 터널의 형상, 지질, 시공법, 콘크리트 배합 등의 영향을 받으므로 매우 다양하고 규칙성을 찾기 어렵다.

터널굴착공법의 독특한 역학적 상황에 따른 하중에 의해서도 이차 라이닝에 균열이 발생되며, 이러한 균열은 철근배근이나 콘크리트 배합을 개선하거나 팽창시멘트를 사용해도 완전히 방지하기 어렵다.

이차 라이닝의 균열은 재래공법으로 건설한 터널 보다 NATM 터널에서 많이 발생된다. 재래공법의 일차 라이닝은 얇고 처지기 쉬워서 지반과 같이 변형하기 때문에 지반과 밀착상태가 양호하여 라이닝 하중은 분포하중으로 작용한다. 그러나 강지보공은 강성이 커서 쉽게 휘어지지 않기 때문에 이차 라이닝과 점접촉이 되지 않아서 재래공법에서는 균열이 적게 발생된다.

NATM 터널에서는 지보라이닝과 이차 라이닝이 측벽에서는 잘 밀착되어 있으나 천단에 가까울수록 서로 분리 되고, 천정에서는 완전히 분리된 경우가 많다. 또한, 미소한 지반변형이 오래 계속되기 때문에 지보라이닝이 처져서 이차 라이닝에 접촉 되면, 하중이 이차 라이닝에 직접 작용하게 된다. 이때에 접촉면적이 작을수록 하중 집중도가 커져서 균열이 발생되기 쉽다.

이차 라이닝에서 배후 지반까지 관통된 균열은 많지 않다. 인버트 횡방향 연장균열 은 대개 관통되어 있고, 천단이나 측벽의 균열은 대개 내측표면에만 발생된다. 이차 라이닝 균열은 보통 내측표면부터 이차라이닝 두께의 $1/2 \sim 2/3$ 깊이로 발생된다. 수축균열은 건조나 온도강하에 의해 발생되며, 대개 별로 구속되지 않은 천단부근 에서 발생되고 균열 폭도 넓으며, 강하게 구속된 인버트에서 발생될 경우도 있다.

배면이 구속상태인 콘크리트는 수축하면 균열이 발생되므로, 지보 라이닝과 이차 라이닝 사이에 적절한 두께의 절연재 (쉬트 $2 \sim 10\,mm$, 아스팔트 $1\,mm$, 발포 몰탈 $5\,mm$ 이상) 를 설치하면 균열을 대폭 감소시키거나 방지할 수 있다.

인버트를 설치한 NATM 터널에서는 인버트에 의한 구속 때문에 횡방향 균열과 종방향 균열 및 기타 균열 등이 발생된다. 터널의 종방향 균열은 종방향 선하중에 의해 발생되며, 대개 천단이나 스프링라인 부근에서 길게 나타난다. 횡방향 균열은 라이닝 중앙 측벽하단에서 발생되어 연직으로 전파되거나, 천단부에서 발생되어서 대각선 방향이나 $3 \sim 4$ 방향으로 전파된다. 점하중이나 짧은 선하중에 의한 균열은 하중 작용점에서 발생하여 반경방향 또는 $3 \sim 4$ 방향으로 확산된다.

터널의 균열상태 (그림 4.5.1) 는 실측하여 평면상에 나타내고 균열 폭을 기록한다.

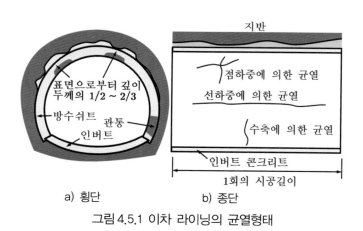

a) 횡단   b) 종단

그림 4.5.1 이차 라이닝의 균열형태

5.2.2 온도강하에 의한 수축균열

콘크리트는 경화되는 동안 발열 반응하여 온도가 상승되지만, 경화된 후에는 대기 온도로 낮아지며 (온도강하) 이로 인해 수축된다. 이때 콘크리트에는 온도차에 의한 인장응력 즉, 온도응력 $\sigma_{\Delta T}$ 가 발생되며, 온도응력 크기는 콘크리트의 구속 상태에 따라 다르고, 콘크리트의 인장강도 σ_{ZB} 와 온도응력 $\sigma_{\Delta T}$ 의 비 (균열지수 I_t) 가 일정한 값 보다 작으면 ($I_t < 0.7$), 콘크리트에 균열이 발생된다.

배면구속조건 때문에 발생되는 균열은 폭이 넓다. 그러나 균열이 구속도가 낮은 천단부근에서 시작되고 폭이 가장 큰 현상은 온도응력만으로는 설명하기 어렵다.

1) 온도응력 $\sigma_{\Delta T}$

콘크리트는 절연체이므로 국부적 온도차가 생길 수 있으며 이에 의한 온도응력 $\sigma_{\Delta T}$ 는 온도차 ΔT 와 외부 구속도 R_d 및 콘크리트의 열팽창률 m_T 와 영률 E (검토 시점의 재령에 대한 값) 로부터 계산한다.

$$\sigma_{\Delta T} = \triangle T \, m_T \, E \, R_d \tag{4.5.1}$$

외부 구속도 R_d 는 자유 신축조건의 수축변형률 ϵ_0 와 실제 수축변형률 ϵ 의 비를 1 에서 뺀 값이며, 구속조건에 따라서 표 4.5.2 와 같고, 완전 구속조건에서 $R_d = 1.0$ 이고 완전 자유조건에서 $R_d = 0$ 이다.

$$R_d = 1 - \frac{\epsilon_0}{\epsilon} \tag{4.5.2}$$

표 4.5.2 외부구속도 R_d

외부 구속도	완전 자유	비교적 연한 암반	기설 콘크리트	단단한 암반	완전 구속
R_d	0	0.5	0.6	0.8	1.0

2) 온도균열지수 I_t

온도균열지수 I_t 는 온도변화에 의한 균열발생 여부를 판단하는 기준이며, 콘크리트 인장강도 f_t 와 온도응력 $\sigma_{\Delta T}$ 의 비이고, 0.7 보다 작으면 균열이 발생되고,

$$I_t = \frac{f_t}{\sigma_{\Delta T}} \tag{4.5.3}$$

구속조건에 따라 다음 값을 적용한다.

$I_t \geq 1.5$: 균열을 방지하는 경우

$I_t = 1.2 \sim 1.4$: 균열은 허용하나 폭과 수를 제한하는 경우

$I_t = 0.7 \sim 1.1$: 그 밖의 경우

(1) 내부 구속조건

내부보다 외측 콘크리트가 먼저 냉각·수축되는 것을 내측 콘크리트가 방해할 경우에, 온도균열지수 I_t 는 최고 온도가 될 때 내외온도차 $\Delta T_i \, ^{\circ}C$ 로부터 개략적으로 다음과 같다.

$$I_t = \frac{15}{\triangle T_i} \tag{4.5.4}$$

(2) 외부 구속조건

내측 콘크리트가 외부보다 먼저 냉각되어 수축하는 것을 외측 콘크리트가 방해할 경우이며, 이때 온도균열지수 I_t 는 콘크리트의 평균 최고온도와 최종온도 (즉, 외부온도) 의 차이 ΔT_0 와 구속도 R_d 로부터 개략적으로 다음과 같다.

$$I_t = \frac{10}{R_d \Delta T_0} \tag{4.5.5}$$

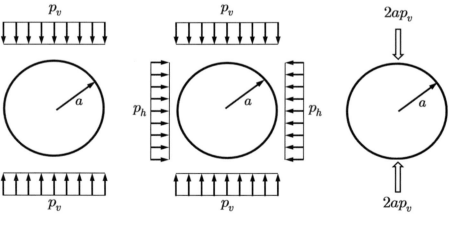

a) 연직등분포하중   b) 연직 및 수평 등분포하중   c) 연직선하중

그림 4.5.2 이차 라이닝 하중조건

5.2.3 외력에 의한 균열

지보 라이닝에 처짐이 발생하여 이차 라이닝과 접촉되면, 접촉점을 통해 지반압력이 이차 라이닝에 작용하며, 접촉 면적이 작을수록 하중 집중도가 커져서 아주 작은 변형이나 하중에서도 이차 라이닝에 균열이 발생될 수 있다. 하중형태별 균열발생특성은 이차라이닝을 원통형 쉘로 간주하고 여러 가지 형태의 하중 (합력의 크기는 같다) 을 작용시켜서 확인할 수 있다. 원형터널의 이차 라이닝을 원통 쉘 대신에 두께가 같은 단순지지 원판으로 간주하여 계산하면 계산도 쉽고 그 결과도 충분히 정확하다.

대표적으로 다음 4 가지 형태 하중에 대해 처짐을 검토한다.
  - case 1 : 연직등분포하중이 상하에서 작용 (그림 4.5.2a)
  - case 2 : 연직등분포하중과 등분포 측압이 동시에 작용 (그림 4.5.2b)
  - case 3 : 종방향 선하중이 작용 (그림 4.5.2c)
  - case 4 : 하중이 좁은 면적에 집중 작용 (그림 4.5.3)

1) 등분포 연직하중이 상하에서 작용 (case 1)

이차 라이닝 (내경 a , 두께 t) 에 연직방향으로 등분포하중 p_v 가 상하에서 작용할 때 휨모멘트 M, 수직응력 σ, 휨 처짐 ω 는 다음과 같다.

$$M = 0.25\,p_v a^2$$
$$\sigma = M/Z = 1.5\,p_v a^2/t^2$$
$$\omega = p_v \frac{a^4}{12EI} \tag{4.5.6}$$

여기서 $I = t^2/12$ 는 이차라이닝의 단면이차 모멘트, $Z = t^2/6$ 는 단면계수이다.

2) 등분포 연직하중과 등분포 측압이 동시에 작용 (case 2)

이차 라이닝에 등분포 연직압 p_v 외에 등분포 측압 $p_h = 0.5\,p_v$ 이 작용 (그림 4.5.2b) 할 때 발생되는 휨모멘트 M, 수직응력 σ , 휨 처짐 ω 는 다음과 같다.

$$M = 0.125\,p_v a$$
$$\sigma = \frac{M}{Z} - \frac{N}{A} = 0.75\,p_v \frac{a^2}{t^2} - 0.5\,p_v \frac{a}{t}$$
$$\omega = p_v \frac{a^4}{24EI} \tag{4.5.7}$$

이 식을 식 (4.5.6) 과 비교해보면 측압 $p_h = 0.5\,p_v$ 이 작용하면, 발생되는 인장응력의 크기가 절반이므로, 이차라이닝은 2 배의 하중에 견디며 그 때의 처짐이 같다.

3) 등분포 연직하중과 같은 크기의 선하중이 작용 (case 3)

숏크리트 지보 라이닝과 이차라이닝이 천단에서 좁은 폭으로 접촉되면 외력이 접촉면에서 선하중 (그림 4.5.2c) 으로 전달되며, 그 크기가 등분포하중의 합력 $P = 2ap_v$ 와 같으면 이차 라이닝에 발생되는 모멘트 M, 수직응력 σ, 휨 처짐 ω 는 다음이 된다.

$$M = 0.318\,Pa = 0.636\,p_v a^2$$
$$\sigma = M/Z = 3.816\,p_v a^2/t^2$$
$$\omega = 0.15\,p_v \frac{a^4}{EI} \tag{4.5.8}$$

따라서 이차 라이닝에 종방향 선하중이 작용하면 case 1 의 절반 이하나 case 2 의 약 1/5 에 해당하는 작은 하중에 의해서도 균열이 생기는 것을 알 수 있다.

4) 직사각형면에 등분포 하중이 작용 (case 4)

원통 쉘 (두께 t, 길이 l, 영률 E, 푸아송비 ν) 천단 중앙 ($b = l/2$) 의 좁은 직사각형 단면 (넓이 $2c_1 \times 2c_2 = 2a\beta_1 \times 2a\beta_2$) 에 등분포 하중 p 가 작용하는 경우 (그림 4.5.3) 에 이차 라이닝에 발생되는 모멘트 M, 응력 σ, 처짐 ω 는 Bijlaard (1993) 가 Fourier 의 급수를 써서 구하였다. 이하에서는 Bijlaard 의 해석식을 제시한다.

원통 쉘의 반경방향 처짐 ω 와 반경응력 σ_z 는 다음과 같고, 여기서 z_{mn} 은 하중계수이고, m, n 은 적분상수이고, $\lambda = n\pi a/l$ 이다.

$$\omega = \sum\sum w_{mn} \cos m\phi \sin(\lambda/a)x$$
$$\sigma_z = \sum\sum z_{mn} \cos m\phi \sin(\lambda/a)x \tag{4.5.9}$$

내압의 영향이 없는 경우에 ω_{mn} 은 쉘의 휨강도 $D = \dfrac{E t^3}{12(1-\nu^2)}$ 을 도입하면,

$$\omega_{mn} = \frac{\phi_{mn} z_{mn} l^4}{2D} \tag{4.5.10}$$

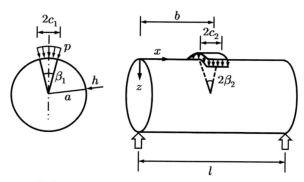

그림 4.5.3 천단중앙 좁은 직사각형 접촉면에 등분포 하중 p 가 작용

이고, 여기에서 ϕ_{mn} 은 다음과 같다 (중간 유도과정 생략, $\alpha = l/a$, $\gamma = a/t$).

$$\phi_{mn} = \frac{2(m^2\alpha^2 + n^2\pi^2)^2}{(m^2\alpha^2 + n^2\pi^2)^4 + 12(1-\nu^2)n^4\pi^4\alpha^4\gamma^2 - m^2\alpha^4\{2m^4\alpha^4 + (6+\nu-\nu^2)n^4\pi^4 + (7+\nu)m^2\alpha^2n^2\pi^2\}}$$

(4.5.11)

연직 등분포 반경하중 p 가 원통 셸 중간 ($x = l/2$) 천단상부 직사각형 단면 ($\phi = \pm\beta_1$, $x = b \pm c_2$) 에 작용할 때 하중계수 z_{mn} 은 다음과 같다.

$$z_{mn} = (-1)^{\frac{n-1}{2}} \frac{4\beta_1}{\pi^2} \frac{p}{n} \sin\left(\frac{n\pi}{\alpha}\beta_2\right) \quad (m = 0, n = 1,3,5,\ldots)$$

$$z_{mn} = (-1)^{\frac{n-1}{2}} \frac{8}{\pi^2} \frac{p}{mn} \sin(m\beta_1)\sin\left(\frac{n\pi}{\alpha}\beta_2\right) \quad (m = 1,2,3,\ldots \ n = 1,3,5,\ldots)$$

$$z_{mn} = 0 \ (m = 0,1,2,3,\ldots \ n = 짝수)$$

(4.5.12)

여기서 $\beta_2 = c_2/a$ 이며, $m = 0$ 는 하중이 터널길이방향 $2c_2$ 에서 등분포인 경우이다.

연직 절점하중 P 가 원통 셸 중간 ($x = l/2$) 의 천단상부 절점 ($\phi = 0$) 에 작용하면 하중계수 z_{mn} 과 반경방향 처짐 ω (식 4.5.9) 는 다음이 되고 ($P = 4c_1c_2p = 4a^2\beta_1\beta_2\,p$),

$$z_{mn} = (-1)^{\frac{n-1}{2}} \frac{P}{\pi al} \ (m = 0, n = 1,3,5,\ldots)$$

$$z_{mn} = (-1)^{\frac{n-1}{2}} \frac{2P}{\pi al} \ (m = 1,2,3,\ldots \ n = 1,3,5,\ldots)$$

$$\omega = \frac{l^4}{2D} \sum\sum \phi_{mn} z_{mn} \cos m\phi \sin\left(\frac{\lambda}{a}\right)x$$

(4.5.13)

이차라이닝의 휨모멘트 M 과 축력 N 은 다음과 같다.

$$M_x = \frac{1}{2}\alpha^2 l^2 \sum\sum \phi_{mn} z_{mn} \left\{\frac{n^2\pi^2}{\alpha^2} + \nu(m^2-1)\right\} \cos m\phi \sin\left(\frac{\lambda}{a}\right)x$$

$$M_\phi = \frac{1}{2}\alpha^2 l^2 \sum\sum \phi_{mn} z_{mn} \left\{m^2 - 1 + \frac{\nu n^2\pi^2}{\alpha^2}\right\} \cos m\phi \sin\left(\frac{\lambda}{a}\right)x$$

$$N_x = -6\pi^2(1-\nu^2)\alpha^6\gamma^2 a \sum\sum \phi_{mn} z_{mn} \left\{\frac{m^2n^2}{(m^2\alpha^2 + n^2\pi^2)^2}\right\} \cos m\phi \sin\left(\frac{\lambda}{a}\right)x$$

$$N_\phi = -6\pi^4(1-\nu^2)\alpha^4\gamma^2 a \sum\sum \phi_{mn} z_{mn} \left\{\frac{n^4}{(m^2\alpha^2 + n^2\pi^2)^2}\right\} \cos m\phi \sin\left(\frac{\lambda}{a}\right)x$$

(4.5.14)

따라서 하중 분포 폭이 좁거나 ($\beta_1 \to 0$, $\beta_2 \to 0$) 같은 하중에서 작용 면적이 작으면, 처짐 ω 는 별로 변하지 않으나 휨모멘트 M 은 크게 증가한다.

작용 면적이 아주 작아서 절점 하중 ($\beta_1 = \beta_2 \to 0$) 상태가 되면 $M \to \infty$ 로 된다. 절점 하중 작용면적 $2c_1$ 을 라이닝 두께 t 로 해도 무방하다. 위 식을 $\beta_1 = \beta_2$ 별로 계산하여 정리하면 표 4.5.3 이 된다.

표 4.5.3 하중 폭에 따른 라이닝 부재력과 처짐(Bijlaard (1993) 식의 계산결과)

하중 폭	처 짐	모 멘 트		축 력	
$\beta_1 = \beta_2$	$\omega/(P/Ea)$	M_ϕ/P	M_x/P	$N_\phi/(P/a)$	$N_x/(P/a)$
1/8	269.5	0.132	0.1047	-2.6304	-2.3070
1/16	288.6	0.2037	0.1743	-2.9943	-2.4614
1/32	294.98	0.2489	0.2286	-3.1297	-2.5139
1/64	296.7	0.2648	0.2491	-3.1694	-2.5288
1/128	297.2	0.2691	0.2548	-3.1798	-2.5326
1/256	297.3	0.2703	0.2563	-3.1825	-2.5336
1/512	297.4	0.2706	0.2567	-3.1832	-2.5339
1/1024	297.4	0.2706	0.2568	-3.1834	-2.5399
1/2048	297.4	0.2707	0.2569	-3.1834	-2.3540
1/4096	297.4	0.2707	0.2569	-3.1834	-2.3540
0	300.0	∞	∞		

주) $a/t = 15$, $l/a = 3$, $a = 4.5m$, 라이닝 두께 $t = 30cm$, 라이닝길이 $13.5m$

5) 원형평판에 반경방향 집중하중이 작용

원래 원형터널의 이차라이닝을 원통 쉘 (내경 a, 두께 t, 길이 $l = 3a$) 로 생각하고 전단력, 두께, 소성변형 등을 계산해야 정확하지만, 계산이 매우 어렵다. 그런데 이차라이닝을 원통 쉘과 두께가 같은 단순지지 원판 (두께 t, 반경 $r = 0.6a$) 으로 간주하여 계산하면, 계산도 쉽고 그 결과도 충분히 정확하다.

원판의 중심에 집중하중 $P = 2alp_v = 6a^2p_v$ 가 작용하는 경우에 하중 작용점에서 판의 하측 인장응력 σ_{max} 은 다음과 같다.

$$\sigma_{max} = \frac{P}{t^2}(1+\nu)\left\{0.485\ln\left(\frac{r}{t}\right) + 0.52\right\} \tag{4.5.15}$$

6) 외력 형태별 균열상태

인장응력이 인장강도에 도달되면 균열이 발생되므로, 하중상태가 case 1 → case 2 → case 3 → case 4 로 변할수록 하중집중도가 커져서 휨모멘트나 응력이 증가하여 작은 하중이나 변위에서도 인장균열이 발생된다. 특히 case 4 에서는 계측에서 감지하기 어려울 정도로 작은 변위 (0.4 mm) 나 작은 하중 (10 kPa 즉, case 2 균열발생 하중의 약 1/15 크기) 에서도 이차 라이닝에 균열이 발생될 만큼 응력이 커진다.

NATM 이나 쉴드공법에서 이차 라이닝은 점접촉상태가 될 가능성이 충분히 있고, 잔류침하에 의해 수 mm 처지거나 10 kPa 정도의 하중이 작용하여, 이차 라이닝에 균열이 발생할 가능성은 항상 있다. 온도변화나 건조수축 등에 의해 인장응력상태가 된 이차 라이닝에 이런 외력이 추가되면 예상보다 쉽게 균열이 발생될 수 있다. 지보공과 라이닝의 접촉면적은 클수록 유리하고, 두꺼운 시트로 효과를 볼 수 있다.

※ **연습문제** ※

【예제 1】 숏크리트 (압축강도 $\sigma_{DB} = 21\ MPa$, 탄성계수 $E_c = 24000\ MPa$, 푸아송비 $\nu_c = 0.17$) 를 두께 $15\ cm$ 로 타설하고, 볼트 ($SD350,\ D25$) 두부에 설치한 정사각형 지압판 (한변 $10\ cm$) 의 안정성을 검토하시오.

【예제 2】 등방성 지반 ($\gamma = 28\ kN/m^3$, $\phi = 30°$) 의 심도 $100\ m$ 에 직경 $12.0\ m$ 의 원형터널을 굴착하고 시스템볼트로 지보한다. 초기응력이 등압 축대칭조건일 때에 점착성 ($c = 100\ kPa$) 및 비점착성 ($c = 0$) 지반에 대해 다음을 구하시오. 단, 볼트 한 개의 지지력이 $T_{uB} = 100\ kN$ 이다.

1) $6.0\ m$ 길이의 볼트를 터널단위길이 당 24 개 설치할 때에 소요지보저항력.
2) 별도의 지보공 없이 시스템 볼트만으로 지지하고자 할 때,
   (1) $6.0\ m$ 길이의 볼트로 가능한가 ?
   (2) $8.0\ m$ 길이의 볼트로 가능한가 ?

【예제 3】 균질한 등방성 점성토 ($c = 30\ kPa$, $\gamma = 20\ kN/m^3$, $\phi = 30°$) 에서 심도 $50\ m$ 에 원형 터널 (반경 $5.0\ m$) 을 굴착하고 숏크리트로 지보라이닝 (두께 $30\ cm$) 을 설치할 경우에 다음 물음에 답하시오. 단, 터널중심 위치의 초기응력이 주변지반의 경계에 등방압으로 작용하며, 콘크리트와 강지보공의 탄성계수와 푸아송 비는 각각 $E_c = 24000\ MPa, \nu_c = 0.17$ $E_s = 210000\ MPa, \nu_s = 0.2$ 이다.

1) 지보공 설치여부 판단
2) 최소 지보공 압력
3) 숏크리트만 설치할 경우에 최소 숏크리트 두께와 내공변위
4) 3)의 단면에 강지보공 ($H100$ $1.0\ m$ 간격) 을 병용할 경우에 내공변위

【예제 4】 균질한 등방성 점성토 ($c = 30\ kPa$, $\gamma = 20\ kN/m^3$, $\phi = 30°$) 에서 심도 $50\ m$ 에 원형 터널 (반경 $5.0\ m$) 굴착 후 숏크리트 라이닝 (두께 $30\ cm$) 과 강지보공 ($H100, 2.0\ m$ 간격) 및 볼트 ($\phi25\ mm$, 길이 $4.0\ m$, 간격 $1.5\ m$) 를 설치할 때 다음을 구하시오. 단, 터널중심위치의 초기응력이 경계에 등방압으로 작용하며, 지반과 볼트(강지보공) 및 콘크리트의 탄성계수와 푸아송 비는 각각 $E = 10\ MPa, \nu = 0.33$, $E_{st} = 210000\ MPa, \nu_{st} = 0.2$, $E_{sc} = 24000\ MPa, \nu_{sc} = 0.17$ 이다.

1) 최소 지보공 압력

2) 지보공 설치 전·후 내공변위 (강지보공 설치 유무 구분)

3) 각 지보공 부담내압과 내공면 내압

4) 볼트부담 내압 (프리스트레스를 가하지 않은 경우와 $20\,kN$ 가한 경우)

5) 볼트 내측 정착점 변위

    (프리스트레스를 가하지 않은 경우와 $20\,kN$ 가한 경우)

6) 볼트 외측 정착점의 변위와 압력

    (프리스트레스를 가하지 않은 경우와 $20\,kN$ 가한 경우)

【예제 5】 균질한 등방성 점성토 ($c = 30\,kPa$, $\gamma = 20\,kN/m^3$, $\phi = 30^o$) 에서 심도 $50\,m$ 에 원형터널 (반경 $5.0\,m$) 굴착 후 숏크리트 라이닝 (두께 $30\,cm$) 을 설치한다.

인버트를 폐합한 경우와 폐합하지 않은 경우에 대해 라이닝 부재력 (모멘트와 축력) 과 내공변위를 구하시오. 단, 터널중심위치 초기응력은 경계에 등방압으로 작용한다. 콘크리트의 탄성계수와 푸아송비는 $E_c = 24000\,MPa$, $\nu_c = 0.17$ 이다.

【예제 6】 풍화암 ($c = 100\,kPa$, $\gamma = 28\,kN/m^3$, $\phi = 24^o$) 에 직경 $11.0\,m$ 인 터널을 건설할 때에 전단파괴될 가능성에 대해 검토하시오. 단, 터널의 유효토피는 직경의 3 배 ($3D$) 이고, 1 차 지보가 변형되면 지반압력이 $15\,\%$ 로 감소된다.

볼트는 단위면적당 1 개를 설치하였고, 전체 볼트개수의 $2/3$ 는 길이 $l_B = 6.0\,m$ ($\phi 36\,mm$, 파괴하중 $F_{uB} = 250\,kN$, 항복강도 $\sigma_{yrB} = 24\,kN/cm^2$), 나머지는 $9.0\,m$ ($\phi 26\,mm$, 항복강도 $\sigma_{yrB} = 60\,kN/cm^2$, 단면적 $A_{rB} = 5.3093\,cm^2$) 를 사용하였다.

【예제 7】 균질한 등방성 지반 ($c = 30\,kPa$, $\gamma = 20\,kPa$, $\phi = 30^o$) 에 직경 $10.0\,m$ 터널을 굴착하고 숏크리트 (두께 $20\,cm$) 와 볼트 (내공면 $1.4\,m$ 간격, 선단간격 $3.3\,m$) 를 설치할 때에 다음을 구하시오.

1) 원지반 지지링 크기

2) 활동파괴체 치수

【예제 8】 균질한 등방성 지반 ($c = 93\ kPa$, $\phi = 30^0$, 일축압축강도 $\sigma_{DF} = 322\ kPa$) 에 반경 $a = 5.0\ m$ 인 터널을 굴착할 때 다음 조건에서 지보공의 저항력을 구하시오.

1) 직경 $26\ mm$, 단면적 $A_{rB} = 5.3\ cm^2$, 길이 $l_{Bo} = 3.5\ m$, 중심간격 $1.4\ m$ ($e_B \times g_B = 1.4\ m \times 1.4\ m$), 항복강도 $\sigma_{yrB} = 500\ MPa$인 볼트로 지보한다.

2) Case I 에 추가로 숏크리트를 $10\ cm$ 두께로 설치한다. 단, 숏크리트의 압축강도 $\sigma_{Dsc} = 30\ MPa$, 전단강도 $\tau_{fsc} = 0.2\ \sigma_{sc} = 6\ MPa$ 이다.

【예제 9】 아치형 터널 (폭 $6.4\,m$, 높이 $4\,m$) 을 토피고 $H_t = 16\ m$ 로 건설한다. 지반은 연암이며 풍화가 심하고 절리가 많아서 터널굴착에 불리한 상태이고 등압조건 (측압계수 $K = 1.0$) 이다. 다음을 결정하고, 필요 시 강지보재의 지지력과 설치간격을 정하시오. 단, 지반과 지보재의 물성이 다음 표와 같고, 숏크리트 (두께 $t = 15\ cm$) 는 항복강도가 압축강도와 크기가 같으며 ($\sigma_y = \sigma_{Dsc} = 21.0\ MPa$), 강지보재는 H 형강 (H-100×100×6×8, $\sigma_{yst} = 240\ MPa$) 을 사용한다.

1. 지보아치의 설계외력
2. 지보아치의 설계하중
3. 숏크리트 지보아치의 허용응력
4. 강지보와 숏크리트 합성지보아치의 지보간격과 하중분담

구분	탄성계수 $E\ [MPa]$	단위중량 $\gamma\ [kN/m^3]$	점착력 $c\ [MPa]$	내부마찰각 $\phi\ [\degree]$	푸아송비 ν
연암	1000	23	0.7	24	0.3
숏크리트	10000	23	-	-	0.2
강재	210000	-	-	-	0.3

【예제 10】 반경 $a = 5.0\ m$ 터널에서 두께 $t = 30\ cm$ 인 콘크리트 이차 라이닝 (허용 인장강도 $\sigma_{az} = 3\ MPa$, 탄성계수 $E = 20,000\ MPa$) 을 설치할 때 다음 하중조건에서 허용 연직응력과 허용 처짐을 구하시오. 단, 각 조건에서 합력은 같다.

1) 등분포 연직하중 p_v 가 작용 (Case1, 그림 4.5.2a)
2) 등분포 연직압 p_v 외에 등분포 측압 $p_h = 0.5\,p_v$ 가 작용 (Case2, 그림 4.5.2b)
3) 연직 선하중 p_v 가 천단 상부에 작용 (Case3, 그림 4.5.2c)
4) 연직 절점하중 P 가 천단상부 절점 ($\phi = 0$) 에 작용 (Case4, 그림 4.5.3)

⇨ 터널이야기

≫ 운하터널

터널은 고대 용수로시대 − 운하시대 − 철도시대 − 자동차 도로시대 − 현대 터널로 구분할 수 있다.

근대 터널기술의 기원은 17 세기부터 활발하게 굴착된 운하터널이었다.

프랑스의 Languedoc 운하 (1679년~1681 년) 에서는 갱구 부근을 절취할 때에 흑색화약을 사용하여 시공효율이 크게 향상되었다. 프랑스 **Malpasset 터널**(1681 년) 은 단면 (폭 6.7 m, 높이 8.2 m) 이 당시 세계 최대 규모이었던 운하터널이며, 흑색화약이 처음 사용되었다. 그러나 화약으로 발파ㆍ굴진한 것이 아니고, 입구에 있던 암석을 폭파하고 제거하는 정도였다.

영국에서는 웨스레빌 탄광에서 맨체스터까지 석탄을 운송하기 위해 1761 년에 제임스 블린돌에 의해 운하가 건설되었다. 흑색화약에 의한 터널굴진은 영국 Grand Trunk 운하에서 1766 년에 완공된 연장 2,620 m 의 **Harecastle 터널**에서 처음 적용되었고, 아미티지 터널, 밴톤 터널, 살타스포드 터널, 브래스톤 터널 등의 건설에 적용되었다.

미국에서는 1821 년 경에 미국 최초 운하터널인 **Auburn tunnel** (연장 137 m)이 펜실베이니아 주 Schuylkill 운하에 완공되었으나 1850 년도에 개착되었기 때문에 현존하지는 않는다. 두 번째의 운하터널은 1828 년에 완공된 **Lebanon tunnel** (연장 218 m) 이며 농작물을 운반하기위해 펜실베이니아의 Union 운하에 건설하였고, **현존하는 미국 최고의 터널**로 보존되고 있다.

운하터널의 **단면**은 주로 마제형이었는데 이후에 산악터널의 기본형이 되었다. 한편 **Harecastle 터널**은 지반 침하로 인해 방치되었고, Tomas Telford 의 감독 하에 기존 터널과 평행하게 높이 4.9 m, 폭 4.3 m의 **제2의 Harecastle 터널**이 굴착되어 1827년 완공되었다.

제 5 장
터널의 탄성해석

제5장 **터널의 탄성해석**

1. 개 요

터널의 거동은 지반 (상태와 응력수준) 과 터널 (단면 크기와 형상) 및 지반-지보공의 상호거동은 물론 시간에 의해 영향을 받아 매우 복잡하기 때문에 정확히 파악하기 어렵다. 그렇지만 지반을 균질한 등방탄성체로 가정하고 경계조건을 단순화시키면 (시간의 영향을 고려할 수 없더라도) 정역학을 적용하여 근사적으로는 해석할 수 있다. 대신 그 결과가 현장 값과 다소 다를 수 있다.

지반을 균질한 등방 탄성체로 가정하고 터널을 해석하면 터널단면의 크기나 작용하중의 크기는 물론 시간의 영향을 알 수 없다. Terzaghi 식이나 Lauffer 도표 등에서는 작용하중이 터널 크기에 비례하여 달라지지만 이론적 근거가 부족하다.

암반에서 일상적 깊이로 굴착한 터널은 탄성범위 내에서 안정해지는 경우가 많다. 터널의 탄성해석은 암반강도를 최대로 활용할 수 있는 크기로 터널을 계획하거나, 낙반 및 주변지반의 손상방지가 최소가 되게 지보를 계획할 때 의미가 있다.

토압이 정수압적으로 작용하는 등방압 상태 원형터널 (2 절) 의 거동은 두꺼운 관 이론이나 유공판 이론을 적용하여 해석할 수 있다. 반면 자중이 없고 균질한 등방 탄성지반에서 연직 및 수평방향의 토압이 다른 선대칭 응력상태 원형터널 (3 절) 은 지반을 무한히 큰 판으로 간주하고 유공판 이론을 적용하여 측압계수 영향을 고려 하고 해석할 수 있다.

실제 터널에 작용하는 주하중은 지반의 자중이므로 중력의 영향 (4 절) 을 고려하여 해석해야 실제에 더 근접한 해를 구할 수 있다. 토피가 충분히 큰 깊은 터널에서는 중력의 영향을 고려해서 해석하기가 용이하나, 얕은 터널에서는 지표 상태에 따라서 큰 영향을 받기 때문에 중력의 영향을 고려하기가 매우 어렵다.

터널에서 단면형상에 따른 영향은 타원형 터널 (5 절) 과 원형터널의 해석결과를 비교하면 알 수 있고, 터널 주변지반의 3 차원 거동은 구형공동 (6 절) 과 원통형 공동 의 해석결과를 비교하면 확인할 수 있다.

2. 등방압 상태 원형터널의 탄성해석

원형 터널 (직경 D) 의 심도가 $\geq 10D$ 이거나, 심도는 얕지만 구조지질압력이 작용하여 초기 연직응력과 수평응력의 편차가 작은 경우 (대개 15 % 이내) 에는, 지압이 정수압적 (등방압 상태) 으로 작용한다고 간주하고 해석해도 크게 문제되지 않는다.

균질한 등방 탄성지반에 굴착한 원형터널 주변지반의 응력과 변위는 등방 내압과 외압이 동시에 작용하는 두꺼운 관이론 (2.1 절) 이나 등압상태 유공 판 이론 (2.2 절) 으로 해석할 수 있다. 이는 실제보다 매우 단순화시킨 조건에 대한 탄성해석에 불과하지만, 그 결과로부터 실제 터널에서 일어나는 많은 사실들 (터널굴착에 따른 주변지반의 응력분포와 변위 및 지반-지보공 상호거동에 따른 지보공의 응력과 변위 등) 을 파악할 수 있다. 무한히 큰 유공판과 무한히 두꺼운 관의 응력상태는 같다.

2.1 두꺼운 관이론 해석

직경에 비해 상당히 깊은 터널은 내압과 외압이 동시에 작용하는 평면변형률상태의 두꺼운 관으로 간주하고 두꺼운 관 이론을 적용하여 주변지반의 응력 (2.1.1 절) 과 변위 (2.1.2 절) 를 구한다. 원통관 내경은 터널반경이고 외경은 지반의 외곽경계이다. 두꺼운 관 이론으로 계산한 터널주변지반의 응력과 변위는 그림 5.2.2 와 같다.

2.1.1 주변지반 응력

두꺼운 원통 내 미소요소에 대해 힘의 평형식과 Hooke 식을 적용하면 터널 주변지반의 응력과 터널굴착에 의한 지반응력 및 내공면응력을 구할 수 있다.

1) 힘의 평형

두꺼운 원통 (내경 a , 외경 b , 내압 p_i , 외압 p_o) 의 일부 즉, 부채꼴 미소요소 (그림 5.2.1b) 에 힘의 평형식과 Hooke 식을 적용하여 터널 주변지반 반경응력과 접선응력 및 종방향응력 $\sigma_r, \sigma_t, \sigma_l$ 를 구하면, 식 (2.3.8) 과 (2.3.9) 가 되며, 이는 다음이 된다.

$$\sigma_r = -\frac{p_i a^2 - p_o b^2}{b^2 - a^2} + \frac{p_i - p_o}{b^2 - a^2}\frac{a^2 b^2}{r^2}$$

$$\sigma_t = -\frac{p_i a^2 - p_o b^2}{b^2 - a^2} - \frac{p_i - p_o}{b^2 - a^2}\frac{a^2 b^2}{r^2} \tag{5.2.1}$$

$$\sigma_l = \nu(\sigma_r + \sigma_t)$$

2) 지반응력

직경에 비해 상당히 깊은 터널에 대하여 내압 p_i 와 외압 p_o 및 외경 $b \approx \infty$ 를 식 (5.2.1) 에 대입하면 터널 주변의 지반응력을 나타내는 식이 된다 (단, $X = a/r$).

$$\sigma_r = p_o + (p_i - p_o)X^2$$
$$\sigma_t = p_o - (p_i - p_o)X^2$$
$$\sigma_l = \nu(\sigma_r + \sigma_t) = 2\nu p_o \tag{5.2.2}$$

위 식에서 내압 p_i 는 외압 p_o (덮개지반 자중에 의한 압력 $p_o = -\gamma H$) 즉, 토피에 따라 달라지며, 이는 원지반 분류-지보공 관계와는 상반되는 경향이다. 내압 p_i 는 지보공 반력이며, 지보공의 형식이나 설치시기에 따라 변하고, 터널내측 압출변위로 부터 구해서 위 식에 대입하면 원지반의 응력분포를 알 수 있고, 반경응력 σ_r 이나 접선응력 σ_t 를 $X^2 = a^2/r^2$ 에 대해 나타내면 직선이 된다. 따라서 현장계측한 지반 응력이 a^2/r^2 에 대해 직선관계가 되면 지반이 탄성상태이다.

초기응력이 등방압상태이므로 터널굴착으로 인한 응력은 위 식의 제 2 항이다.

$$\sigma_r = \quad (p_i - p_o)X^2$$
$$\sigma_t = -(p_i - p_o)X^2 \tag{5.2.3}$$

3) 내공면 응력

터널 내공면 응력은 식 (5.2.2) 에서 $X = 1.0$ ($r = a$) 인 경우이며, 주변지반의 응력은 내공면에서 가장 크고 내공면에서 멀수록 작다. 내공면 근접부에서는 접선방향응력 σ_t 가 크며 이 응력이 원지반의 강도보다 커지면 터널 주변지반이 붕괴된다.

$$\sigma_r = p_i$$
$$\sigma_t = 2p_o - p_i \tag{5.2.4}$$

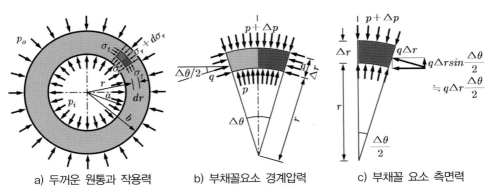

a) 두꺼운 원통과 작용력   b) 부채꼴요소 경계압력   c) 부채꼴 요소 측면력

그림 5.2.1 두꺼운 원통에 작용하는 힘

2.1.2 주변지반 변위

축대칭 응력상태지반에서 원형 터널을 굴착하면 주변지반의 변위는 터널 반경방향으로만 일어난다. 축대칭 상태 내·외압이 작용하는 두꺼운 원통에 대하여 Hooke 의 법칙을 적용하면 반경 및 접선방향 변형률을 구할 수 있다. 반경방향 변위는 반경방향 변형률을 적분하여 구하며, 그림 5.2.2 와 같다.

1) 반경 및 접선방향 변형률

내압 p_i 와 외압 p_o 가 동시에 작용하는 두꺼운 원통 (내경 a, 외경 b) 의 반경 및 접선방향 변형률 ϵ_r 과 ϵ_t 는 **Hooke** 의 법칙에 축대칭인 경우의 반경 및 접선응력 σ_r 과 σ_t (식 5.2.1) 을 대입하면 구할 수 있고 이는 식 (2.3.13) 이 된다.

그런데 깊은 터널에서는 외경이 무한대 ($b \rightarrow \infty$) 이므로 이를 대입하면 식 (2.3.14)이 되고, 이를 다시 쓰면 다음 식이 된다.

$$\epsilon_r = \frac{1+\nu}{E} \left\{ p_o(1-2\nu) + (p_i - p_o)X^2 \right\}$$

$$\epsilon_t = \frac{1+\nu}{E} \left\{ p_o(1-2\nu) - (p_i - p_o)X^2 \right\} \tag{5.2.5}$$

위 두 식에서 반경 및 접선방향 변형률의 합이 일정하므로,

$$\epsilon_r + \epsilon_t = \frac{1+\nu}{E} 2p_o(1-2\nu) = const. \tag{5.2.6}$$

터널의 주변지반은 등체적 변위거동 한다. 터널 내공면의 압출이 (주변지반의 체적팽창에 의한 것이 아니고) 무한히 멀리 떨어진 외곽 지반의 미소변위가 터널 가까이에 모아져서 나타나는 것이다. 반경 및 접선방향 변형률 ϵ_r, ϵ_t 은 $X^2 = a^2/r^2$ 에 대해 직선관계가 된다.

직경에 비해 깊이가 상당히 큰 깊은 터널 주변지반의 변형률-응력 관계는 식 (5.2.5) 로부터 다음이 된다.

$$\epsilon_r = \frac{1+\nu}{E}(\sigma_r - 2\nu p_o)$$

$$\epsilon_t = \frac{1+\nu}{E}(\sigma_t - 2\nu p_o) \tag{5.2.7}$$

2) 반경변위 및 내공변위

축대칭상태 변형률-변위 관계에서 $\epsilon_r = du/dr$ 은 변형의 적합조건이고, $\epsilon_t = u/r$ 은 지반이 터널중심 쪽으로 이동하면 반경이 작아지고 둘레길이도 감소함을 나타낸다.

반경변위 u 는 반경방향 변형률 ϵ_r 을 적분하여 구하며, 깊은 터널에서는 외경이 무한대이고 내압이 지보공압력이며 외압이 초기압력이므로 다음 식이 된다.

$$u = \frac{1+\nu}{E}(p_o - p_i)\frac{a^2}{r} + \frac{(1+\nu)(1-2\nu)}{E}p_o r \tag{5.2.8}$$

터널굴착에 의한 변위 u_r 는 위 식의 제1항이며, 터널 중심으로부터 거리 r 에 반비례하고, 가로축을 a/r 로 하면 직선이 된다 (제2항은 터널굴착 전 변위).

$$u_r = \frac{1+\nu}{E}(p_o - p_i)\frac{a^2}{r} \tag{5.2.9}$$

위 식에 내공반경 $r = a$ 를 대입하면 내공변위 u_a 에 대한 식이 되고,

$$u_a = \frac{1+\nu}{E}(p_o - p_i)a \tag{5.2.10}$$

이는 내공변위 u_a 와 지보공 반력 p_i 의 관계 즉, 지반특성곡선 (**Fenner-Pacher 곡선**) 이며, 이로부터 터널 내공변위는 직경과 내·외 압력차에 비례하고, 원지반의 영율에 반비례함을 알 수 있다. 부호 (-) 는 터널중심을 향한 변위를 나타낸다.

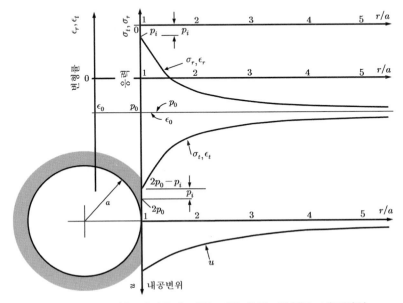

그림 5.2.2 두꺼운 관이론에 의한 지반 응력, 변형률, 내공변위

2.2 유공판 이론 해석

등방압력 상태 균질한 등방탄성 지반에 굴착한 원형터널은 토압을 경계압력으로 간주하고 유공 판 이론을 적용하여 해석하고, 유공 판에 경계압이 작용 **(2.2.1 절)** 하는 경우와 경계압이 작용하는 판에 천공 **(2.2.2 절)** 하는 경우로 구분한다.

2.2.1 유공판에 경계압이 작용하는 경우

유공판에 등분포 내·외압이 작용할 때, 평면응력상태와 평면변형률상태에서 반경 및 접선방향 응력은 같고 변위는 다르다.

1) 주변지반 응력

등분포 외압 p_o 와 등분포 내압 p_i 가 동시에 작용할 때 $(p_i \neq 0, p_o \neq 0)$, 응력은 평면응력상태와 평면변형률상태일 때에 동일하며, 터널로부터 이격거리에 따라 반경응력 σ_r 과 접선응력 σ_t 은 다음과 같다 (단, $X = a/r$).

$$\begin{aligned} \sigma_r &= p_i X^2 + p_o \left(1 - X^2\right) \\ \sigma_t &= - p_i X^2 + p_o \left(1 + X^2\right) \end{aligned}$$
(5.2.11)

원형공동 주변 응력은 위 식 (5.2.11) 에 등분포 내압 p_i 만 작용하면 $(p_i \neq 0, p_o = 0)$, $p_o = 0$ 를 대입하여 구하고 그 분포는 그림 5.2.3 과 같고,

$$\begin{aligned} \sigma_r &= p_i X^2 \\ \sigma_t &= - p_i X^2 \end{aligned}$$
(5.2.12)

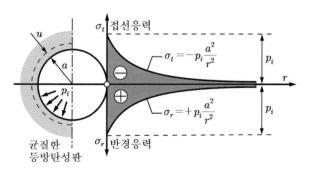

그림 5.2.3 균질한 무한등방탄성 유공 판에서
등방내압에 의한 주변지반응력 ($p_o = 0$, $p_i \neq 0$)

등분포 외압 p_o 만 작용하면 ($p_i = 0$, $p_o \neq 0$), $p_i = 0$ 을 위 식 (5.2.11) 에 대입한다.

$$\sigma_r = p_o\left(1 - X^2\right)$$
$$\sigma_t = p_o\left(1 + X^2\right)$$

(5.2.13)

2) 주변지반 변위

등분포 외압 p_o 와 등분포 내압 p_i 가 동시에 작용할 때 ($p_i \neq 0$, $p_o \neq 0$), 주변지반 반경변위는 평면응력상태 (u_{rS}) 와 평면변형률상태 (u_{rF}) 에서 다르다 (식 5.2.8).

$$u_{rS} = -\frac{1+\nu}{E}\left\{r\frac{1-\nu}{1+\nu}p_o + \frac{a^2}{r}(p_o - p_i)\right\}$$
$$u_{rF} = -\frac{1+\nu}{E}\left\{r(1-2\nu)p_o + \frac{a^2}{r}(p_o - p_i)\right\}$$

(5.2.14)

원형공동에 등분포 내압 p_i 만 작용할 때 ($p_i \neq 0$, $p_o = 0$) 는 위 식에 $p_o = 0$ 을 대입하면 주변지반 변위는 평면응력상태나 평면변형률상태에서 같은 크기로 발생되고,

$$u_{rF} = u_{rS} = \frac{1+\nu}{E}\frac{a^2}{r}p_i$$

(5.2.15)

유공 판 경계에 등분포 외압 p_o 만 작용하는 경우 ($p_i = 0$, $p_o \neq 0$) 에 주변지반의 변위는 식 (5.2.14) 에 $p_i = 0$ 을 대입하면 다음이 된다.

$$u_{rS} = -\frac{1+\nu}{E}p_o\left\{r\frac{1-\nu}{1+\nu} + \frac{a^2}{r}\right\}$$
$$u_{rF} = -\frac{1+\nu}{E}p_o\left\{r(1-2\nu) + \frac{a^2}{r}\right\}$$

(5.2.16)

2.2.2 경계압이 작용하는 판에 천공한 경우

경계압 즉, 초기응력에 의해 판과 외부경계에서 변위가 일어난 후 천공할 경우에 초기응력과 굴착 후 응력의 차이에 의해 추가로 변위가 발생된다. 평면변형상태나 평면응력상태에서 이차응력과 내공변위는 같다.

1) 주변지반 응력

굴착 전 초기응력은 판의 경계에 작용하는 경계압 p_o 와 같다.

$$\sigma_r = \sigma_v = p_o$$
$$\sigma_t = \sigma_v = p_o$$

(5.2.17)

터널굴착에 의한 응력 (이차응력) 은 식 (5.2.11) 에 $p_i = 0$ 을 대입하면 구할 수 있고 평면응력상태나 평면변형률상태에서 크기가 같고, 유공 판에 외압이 작용한 경우 (식 5.2.13) 와 같아진다.

$$\sigma_r = p_o(1 - X^2)$$
$$\sigma_t = p_o(1 + X^2)$$

(5.2.18)

2) 주변지반 변위

초기응력과 이차응력의 차이 $\Delta\sigma_r$ 과 $\Delta\sigma_t$ 는 다음이 되고,

$$\triangle\sigma_r = p_o(1 - X^2) - p_o = -p_o X^2$$
$$\triangle\sigma_t = p_o(1 + X^2) - p_o = \quad p_o X^2$$

(5.2.19)

이는 식 (5.2.18) 의 제 2 항에 해당되며, 등분포 내압에 의한 주변 지반응력 (그림 5.2.3) 과 크기가 같고 부호만 다르다 (그림 5.2.4b).

그런데 터널 주변지반의 변위 u_{rS} 는 초기응력과 이차응력의 차이에 의하여 발생 되므로, 등분포 내압에 의한 변위 (식 5.2.15) 와 크기가 같고 부호만 다르다.

$$u_{rS} = -\frac{1 + \nu}{E}\frac{a^2}{r}p_o$$

(5.2.20)

내공면 $(r = a)$ 변위는 평면변형률 상태 u_{aF} 와 평면응력상태 u_{aS} 에서 같다.

$$u_{aF} = u_{aS} = -\frac{1 + \nu}{E}a p_o$$

(5.2.21)

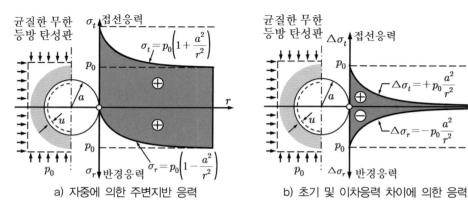

a) 자중에 의한 주변지반 응력　　　　b) 초기 및 이차응력 차이에 의한 응력

그림 5.2.4 균질한 무한등방탄성판에서 자중 p_o 에 의한 터널주변 응력변화
(단, 초기응력 $p_o \neq 0$, 천공후 응력 $p_i = 0$)

3. 선대칭 압력상태 원형터널의 탄성해석

실제 지반에서는 대체로 연직압력보다 수평압력이 작고 (측압계수 $K = 0.2 \sim 0.5$), 응력은 터널의 연직 축에 대해 대칭일 때가 많다. 이때는 터널과 주변지반을 중심에 원형 공동이 있는 무한히 큰 직사각형 판으로 간주하고 유공 판 이론으로 해석해서 터널굴착으로 인해 주변지반에 발생하는 응력과 변위를 구할 수 있다.

직사각형 판은 자중이 없고 균질한 등방 탄성체이며, 콘크리트 라이닝과 지반은 평면응력상태로 가정한다. 유공 직사각형 판의 경계에는 지반압력 (지반의 자중에 의한 연직 및 수평응력) 이 외압으로 작용하고 지보공 압력은 내압으로 작용한다. 선대칭 압력상태에 대한 유공판 이론은 제 2 장에서 상세히 설명하였으므로, 여기에서는 그 결과 식을 적용하여 터널의 거동을 분석하는 내용만을 다룬다.

양방향 경계압이 작용하는 유공판의 응력상태 **(3.1 절)** 는 일방향 경계압이 작용하는 유공판에 대한 해를 확장하여 적용하며, 유공판에 경계압이 작용하는 경우와 경계압이 작용하는 판에 천공하는 경우로 구분한다.

양방향 경계압이 작용하는 지반에 터널을 굴착하고 지보공을 설치할 경우에 숏크리트 링의 경계에 작용하는 수직응력과 전단응력 및 변위가 동일하다고 가정하고 터널 시공공정 **(3.2 절)** 에 따른 주변지반의 응력과 변위를 구한다.

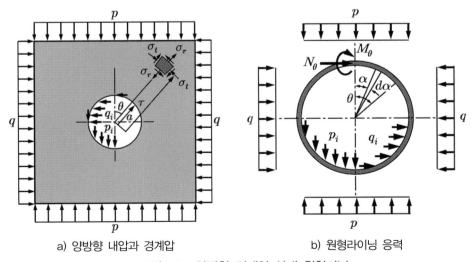

a) 양방향 내압과 경계압　　　　　b) 원형라이닝 응력

그림 5.3.1 양방향 경계압 상태 원형터널

3.1 양방향 경계압이 작용하는 유공판의 응력

터널과 주변지반은 경계압력과 내압이 양방향 (연직 및 수평 방향) 으로 동시에 작용하는 유공 판으로 간주하고, 일방향 경계압력이 작용 (3.1.1 절) 하는 판의 응력을 중첩하여 주변지반의 응력을 구한다. 지반은 무한히 큰 직사각형 판이고 터널 작용압력 (지반의 자중에 의한 연직 및 수평력) 은 판의 경계압력이며 지보공 압력은 내압이라고 가정한다. 유공판에 대한 해는 유공판에 경계압이 작용 (3.1.2 절) 하는 경우와 경계압이 작용하는 판에 천공 (3.1.3 절) 하는 경우로 구분하여 계산한다.

3.1.1 일방향 경계압이 작용하는 유공판

무한히 멀리 떨어진 경계에 일방향 인장력 p 가 작용하는 직사각형 판 (그림 5.3.1) 의 중앙에 있는 원형구멍 (반경 a) 주변의 응력은 다음 Kirsch (1898) 해와 같다 (단, 인장상태가 양 (+) 이고, $X = a/r$). 여기에서 θ 는 천정기준으로 시계방향각도이다.

$$\sigma_r = \frac{p}{2}\left(1 - X^2\right) + \frac{p}{2}\left(1 - 4X^2 + 3X^4\right)\cos 2\theta$$

$$\sigma_t = \frac{p}{2}\left(1 + X^2\right) - \frac{p}{2}\left(1 + 3X^4\right)\cos 2\theta$$

$$\tau_{rt} = \frac{p}{2}\left(1 + 2X^2 - 3X^4\right)\sin 2\theta \tag{5.3.1}$$

3.1.2 양방향 경계압이 작용하는 유공판

경계압과 내압이 동시에 작용하는 유공판의 응력은 일방향 경계압이 작용하는 유공판의 응력을 중첩하여 구할 수 있다.

1) 주변지반 응력

양방향 경계압이 작용하는 유공판의 응력은 일방향 경계압이 작용하는 유공판의 응력 (식 5.3.1) 과 이것을 90° 좌표 변환한 응력을 중첩해서 구한다.

(1) 지반응력

지반의 자중에 의한 연직 및 수평 경계압력이 p 및 q 이고, 원형 터널에 작용하는 연직 및 수평내압이 p_i 및 q_i 일 때에 주변지반의 응력은 다음과 같다.

$$\sigma_r = \frac{p+q}{2}\left(1 - X^2\right) + \frac{p-q}{2}\left(1 - 4X^2 + 3X^4\right)\cos 2\theta + \frac{p_i + q_i}{2}X^2 + \frac{p_i - q_i}{2}\left(-4X^2 + 3X^4\right)\cos 2\theta$$

$$\sigma_t = \frac{p+q}{2}\left(1 + X^2\right) - \frac{p-q}{2}\left(1 + 3X^4\right)\cos 2\theta - \frac{p_i + q_i}{2}X^2 + \frac{p_i - q_i}{2}3X^4\cos 2\theta$$

$$\tau_{rt} = \frac{p-q}{2}\left(1 + 2X^2 - 3X^4\right)\sin 2\theta + \frac{p_i - q_i}{2}\left(2X^2 - 3X^4\right)\sin 2\theta \tag{5.3.2}$$

(2) 내공면 응력

터널 내공면 응력은 위 식에 내공반경 $r = a$ ($X = 1.0$) 를 대입하면 구할 수 있고,

$$\sigma_r = \frac{1}{2}(p_i + q_i) - \frac{1}{2}(p_i - q_i)\cos 2\theta$$

$$\sigma_t = (p + q) - \frac{1}{2}(p_i + q_i) - \left\{ 2(p - q) - \frac{3}{2}(p_i - q_i) \right\}\cos 2\theta$$

$$\sigma_l = \nu(\sigma_r + \sigma_t) = \nu \left[(p + q) - \left\{ 2(p - q) - (p_i - q_i) \right\}\cos 2\theta \right]$$

$$\tau_{rt} = -\frac{1}{2}(p_i - q_i)\sin 2\theta \tag{5.3.3}$$

천단 ($\theta = 0°$) 과 측벽 ($\theta = 90°$) 의 접선응력 σ_t 는 위 식으로부터 다음이 된다.

천단 : $\sigma_t = -p + 3q + p_i - 2q_i$

측벽 : $\sigma_t = 3p - q - 2p_i + q_i$ $\tag{5.3.4}$

따라서 지보공 설치 전에는 ($p_i = q_i = 0$) 측압계수가 $K = q/p < 1/3$ 이면, 터널의 천단에 인장응력이 발생되는 것을 알 수 있다.

내압과 외압이 같을 때 ($p = p_i$, $q = q_i$) 에 내공면 응력은 다음이 되며, 이는 터널 굴착 전 초기응력과 같다.

$$\sigma_r = \frac{p + q}{2} + \frac{p - q}{2}\cos 2\theta$$

$$\sigma_t = \frac{p + q}{2} - \frac{p - q}{2}\cos 2\theta$$

$$\tau_{rt} = -\frac{p - q}{2}\sin 2\theta \tag{5.3.5}$$

(3) 응력의 직각좌표 변환

터널 주변지반응력은 보통 극좌표 σ_r, σ_t, τ_{rt} 로 표시하지만 직각좌표 σ_x, σ_y 로 나타내면 편리할 때가 많다. 임의 각도 θ_2 에 대해서 극좌표 σ_r, σ_t, τ_{rt} 로 표시한 지반응력은 주응력 σ_1, σ_3 로 나타내면 직각좌표 σ_x, σ_y 로 변환이 쉬워진다.

$$\sigma_1 = \frac{\sigma_t + \sigma_r}{2} + \frac{2\tau_{rt}}{\sin 2\theta_2}$$

$$\sigma_3 = \frac{\sigma_t + \sigma_r}{2} - \frac{2\tau_{rt}}{\sin 2\theta_2}$$

$$\tan 2\theta_2 = \frac{2\tau_{rt}}{\sigma_t - \sigma_r} \tag{5.3.6}$$

이를 직각좌표로 바꾸면 (극좌표와 직각좌표가 이루는 각도 θ_1) 다음이 된다.

$$\sigma_x = \frac{\sigma_1+\sigma_3}{2} + \frac{\sigma_1-\sigma_3}{2}\cos2(\theta_1+\theta_2)$$

$$\sigma_y = \frac{\sigma_1+\sigma_3}{2} - \frac{\sigma_1-\sigma_3}{2}\cos2(\theta_1+\theta_2)$$

$$\tau_{xy} = \frac{\sigma_1-\sigma_3}{2}\sin2(\theta_1+\theta_2) \tag{5.3.7}$$

2) 주변지반 변형

터널굴착 후 주변지반의 변위는 응력을 Hooke 의 법칙에 대입하여 구한 변형률을 적합조건 (변형률-변위 관계식) 에 대입하고 적분해서 구할 수 있다.

(1) 변형률

탄성 상태 평면변형률조건일 때에 **변형률**은 다음과 같다 (단, $X=a/r$).

$$\epsilon_r = \frac{1+\nu}{E}\left[\frac{p+q}{2}(1-2\nu-X^2) + \frac{p_i+q_i}{2}X^2\right]$$
$$+ \frac{1+\nu}{E}\left[\frac{p-q}{2}(1+3X^4-4(1-\nu)X^2) - \frac{p_i-q_i}{2}\{3X^4-4(1-\nu)X^2\}\right]\cos2\theta$$

$$\epsilon_t = \frac{1+\nu}{E}\left[\frac{p+q}{2}(1-2\nu+X^2) - \frac{p_i+q_i}{2}X^2\right]$$
$$+ \frac{1+\nu}{E}\left[-\frac{p-q}{2}(1+3X^4-4\nu X^2) + \frac{p_i-q_i}{2}(3X^4-4\nu X^2)\right]\cos2\theta \tag{5.3.8}$$

(2) 지반변위

주변지반의 변위는 변형률-변위 관계를 극좌표로 나타낸 후에 적분하여 구한다. 반경변위 u_r 는 외측, 접선변위 u_t 는 연직을 기준으로 시계방향을 양($+$) 으로 한다.

$$u_r = \frac{1+\nu}{E}\left[\frac{p+q}{2}\left\{(1-2\nu)r + \frac{a^2}{r}\right\} - \frac{p_i+q_i}{2}\frac{a^2}{r}\right]$$
$$+ \frac{1+\nu}{E}\left[\frac{p-q}{2}\left\{r - \frac{a^4}{r^3} + 4(1-\nu)\frac{a^2}{r}\right\} - \frac{p_i-q_i}{2}\left\{-\frac{a^4}{r^3} + 4(1-\nu)\frac{a^2}{r}\right\}\right]\cos2\theta$$

$$u_t = \frac{1+\nu}{E}\left[\frac{1}{2}(p-q)r + \frac{1}{2}(p-q-p_i+q_i)\left\{\frac{a^4}{r^3} + 2(1-2\nu)\frac{a^2}{r}\right\}\right]\sin2\theta \tag{5.3.9}$$

위 식은 터널굴착 전과 후의 변위를 모두 포함하므로, 굴착 전 변위 ($r \to \infty$ 일 때 ∞ 인 항) 를 제외하면 터널굴착에 의한 반경변위 u_r 와 접선변위 u_t 가 된다.

$$u_r = \frac{1+\nu}{E}\frac{(p-p_i)+(q-q_i)}{2}\frac{a^2}{r} + \frac{1+\nu}{E}\frac{(p-p_i)-(q-q_i)}{2}\left[-\frac{a^4}{r^3} + (1-\nu)\frac{4a^2}{r}\right]\cos2\theta$$

$$u_t = -\frac{1+\nu}{E}\frac{1}{2}\{(p-p_i)-(q-q_i)\}\left\{\frac{a^4}{r^3} + 2(1-2\nu)\frac{a^2}{r}\right\}\sin2\theta \tag{5.3.10}$$

(3) 내공변위

터널내공면의 반경 및 접선방향 변위 u_{ra} 와 u_{ta} 는 위 식에서 $r = a$ 인 경우이다.

$$u_{ra} = \frac{a}{2}\{(p-p_i)+(q-q_i)\}\frac{1+\nu}{E}+\frac{a}{2}\{(p-p_i)-(q-q_i)\}\frac{(1+\nu)(3-4\nu)}{E}\cos 2\theta$$

$$u_{ta} = -\frac{a}{2}\{(p-p_i)-(q-q_i)\}\frac{(1+\nu)(3-4\nu)}{E}\sin 2\theta \qquad \text{(5.3.11)}$$

따라서 천단 ($\theta = 0°$) 과 바닥 ($\theta = 180°$) 및 측벽 ($\theta = 90°, 270°$) 의 반경변위는 다음이 되고, 접선변위는 영이다 ($u_{ta} = 0$).

천단 (바닥) : $u_{ra} = \frac{1+\nu}{E}\{2(p-p_i)(1-\nu)-(q-q_i)(1-2\nu)\}a$

측벽 : $\qquad u_{ra} = \frac{1+\nu}{E}\{-(p-p_i)(1-2\nu)+2(q-q_i)(1-\nu)\}a \qquad \text{(5.3.12)}$

평균 내공변위 (천단과 측벽 반경변위의 평균) u_{rm} 는 다음이 되어, 평균외압 $(p+q)/2$ 와 평균내압 $(p_i+q_i)/2$ 를 받는 등방압 상태 내공변위와 같다.

$$u_{rm} = \frac{1}{2}\{(p-p_i)+(q-q_i)\}a\frac{1+\nu}{E} \qquad \text{(5.3.13)}$$

천단과 측벽 내공변위의 차이 $2\delta_G$ 는 다음이 된다.

$$\delta_G = \frac{1}{2}\{(p-p_i)-(q-q_i)\}a\frac{(1+\nu)(3-4\nu)}{E} \qquad \text{(5.3.14)}$$

터널의 지보공과 주변지반은 같이 변형하므로, (숏크리트나 강지보공의 하중-변형 관계를 알면) 내공변위로부터 지반과 지보공의 응력상태를 구할 수 있다. 선대칭상태 일 경우는 정수압상태에 비해 천단침하는 커지고 측벽은 외측으로 밀린다.

(4) 변위의 직각좌표 변환

터널의 내공변위나 주변지반의 변위는 극좌표로 계산하는 것이 편리하나, 지표 침하는 다음 같이 직각좌표로 계산해야 계측결과 등과 비교하거나 평가하기가 쉽다.

$$u_y = \frac{1+\nu}{E}\frac{a^2}{r}\left[\frac{1}{2}(p+q)\cos\theta+\frac{1}{2}(p-q)\{(1-\nu)(\cos 3\theta+3\cos\theta)-\cos 3\theta\}\right]$$

$$u_x = \frac{1+\nu}{E}\frac{a^2}{r}\left[\frac{1}{2}(p+q)\sin\theta+\frac{1}{2}(p-q)\left\{(1-\nu)(\sin 3\theta-3\sin\theta)-\frac{a^2}{r^2}\sin 3\theta\right\}\right]$$

$$\text{(5.3.15)}$$

3.1.3 양방향 경계압이 작용하는 판에 천공

터널은 압력이 작용하는 상태의 지반에서 굴착하므로, 유공판이론을 적용할 때에 경계압 (초기응력) 이 작용하는 판에 천공하는 경우로 생각하는 것이 실제에 더 잘 부합될 수 있다.

1) 초기응력

터널 굴착 전 지반의 초기응력은 주로 자중에 의해 발생되며, 토피 H_t 가 반경 a 에 비해 매우 클 때 $(a/H_t \rightarrow 0)$ 에는 연직응력 σ_v 는 터널 상부지반의 자중 즉, 덮개 압력이고, 수평응력 σ_h 는 수평변위가 영 $(\epsilon_h = 0)$ 이라는 조건을 **Hooke** 법칙에 적용 하여 구할 수 있다.

$$\sigma_v = \rho\, g\, H_t$$
$$\sigma_h = \frac{\nu}{1-\nu}\,\sigma_v = K\sigma_v \tag{5.3.16}$$

위 식에서 K 는 측압계수 (수평응력과 연직응력의 비 $K = \sigma_h/\sigma_v$) 이고, 지반이 탄성상태이면 푸아송 비 ν 의 함수이다. K 는 암반에서는 ($\nu = 0.1 \sim 0.33$ 이므로) $K = 0.1 \sim 0.5$ 이고, 연직 개구절리가 있으면 거의 영이고, 구조지질압력이 작용하면 $K > 1$ 일 수 있다.

초기응력을 (터널 중심이 원점인) 극좌표로 나타내면 다음과 같다.

$$\sigma_r = \frac{\sigma_v}{2}\{(1+K)+(1-K)\cos 2\theta\}$$
$$\sigma_t = \frac{\sigma_v}{2}\{(1+K)-(1-K)\cos 2\theta\}$$
$$\tau_{rt} = \frac{\sigma_v}{2}(1-K)\sin 2\theta \tag{5.3.17}$$

2) 터널굴착 후 주변지반 응력

터널굴착 후 주변지반 응력은 터널중심의 연직응력 σ_v 와 수평응력 σ_h 를 무한히 큰 등방탄성 직사각형판의 연직 경계압 $p = \sigma_v$ 와 수평 경계압 $q = \sigma_h = K\sigma_v = Kp$ 로 생각하고 양방향 경계압이 작용하는 유공판에 대한 식 (5.3.2) 를 적용하여 구할 수 있다.

지보공 설치 전에는 내압이 영 $(p_i = q_i = 0)$ 이므로, 주변지반 응력은 식 (5.3.2) 에 $p = \sigma_v$ 및 $q = \sigma_h = K\sigma_v$ 을 적용하여 구하면 다음과 같으며 $(0 \leq K \leq 1.0)$, 측압이 영 $(K = 0)$ 이면 $\sigma_h = 0$ 이고, 등방압 $(K = 1.0)$ 이면 $\sigma_v = \sigma_h$ 이다.

$$\sigma_r = \frac{\sigma_v}{2}\{(1+K)(1-X^2) + (1-K)(1-4X^2+3X^4)\cos 2\theta\}$$

$$\sigma_t = \frac{\sigma_v}{2}\{(1+K)(1+X^2) - (1-K)(1+3X^4)\cos 2\theta\}$$

$$\tau_{rt} = -\frac{\sigma_v}{2}(1-K)(1+2X^2-3X^4)\sin 2\theta \tag{5.3.18}$$

터널 굴착으로 인하여 내공면 (굴착면) 에 발생되는 이차응력은 위 식에 $r = a$ $(X = 1.0)$ 를 대입한 다음 식으로 구한다. 터널 굴착면에서는 반경응력 및 전단응력이 영이다.

$$\sigma_t = \sigma_v\{(1+K) - 2(1-K)\cos 2\theta\}$$

$$\sigma_r = \tau_{rt} = 0 \tag{5.3.19}$$

위 식에서 접선응력은 측압계수 K 에 따라 다르며, 천단에서 $K = 0$ 인 경우에는 $\sigma_t = -\sigma_v$ 가 되고, $K = 1.0$ 이면 $\sigma_t = 2\sigma_v$ 가 된다.

3) 주변지반 변위

터널 주변지반의 변위는 초기응력과 이차응력의 차이에 의해 발생되며, Hooke 의 법칙을 적용하고 변형률을 적분해서 구한다. 그런데 평면변형률상태에서는 변형률을 적분할 수 없기 때문에 먼저 평면응력상태로 가정하고 적분한 후 변환하여 평면변형률 상태의 터널주변지반의 변위를 구한다.

평면응력상태일 때에 터널의 반경변위는 (전단변형을 무시하면) 측압계수 K 에 따라 다음과 같고,

$$u_{rS} = -\frac{\sigma_v}{2}\frac{a}{E}\{(1+K)(1-\nu) - (1-K)(3-\nu)\cos 2\theta\} \tag{5.3.20}$$

측압이 영 $(K = 0)$ 이거나 등압상태 $(K = 1)$ 일 때에 내공변위는 다음이 된다.

$$K = 0 \;:\; u_{rS} = -\frac{\sigma_v}{2}\frac{a}{E}\{(1-\nu) - (3-\nu)\cos 2\theta\}$$

$$K = 1 \;:\; u_{rS} = -\sigma_v\frac{a}{E}(1-\nu) \tag{5.3.21}$$

3.2 터널시공 공정에 따른 응력과 변위

지반 내의 응력과 변형률은 함수관계이지만 직접 풀기가 어렵다. 그러나 응력과 변위를 위치의 함수 (평형방정식, 구성방정식, 변형률-변위 관계식과 경계조건을 만족 하는 임의 포텐셜 함수) 로 나타내면 직접 풀 수 있다. 터널 주변지반 내 위치는 터 널 중심을 원점으로 하고 직각좌표나 극좌표로 나타낼 수 있다 (그림 5.3.2).

터널시공공정에 따른 터널굴착 후 지보공설치 전 (3.2.1 절) 이나 설치 후 (3.2.2 절) 주변지반의 응력과 변위를 직접 풀 수 있다.

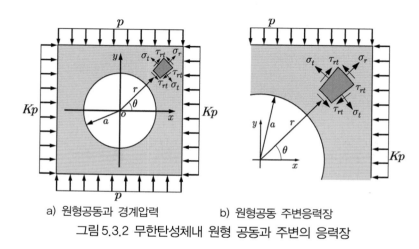

a) 원형공동과 경계압력   b) 원형공동 주변응력장
그림 5.3.2 무한탄성체내 원형 공동과 주변의 응력장

3.2.1 터널굴착 후 지보공 설치 전

지보공 설치 전 주변지반의 응력과 변위는 내압이 영 ($p_i = q_i = 0$) 인 조건을 적용 하여 구할 수 있으며, 평면응력상태와 평면변형률상태의 응력은 같고 변위는 다르다.

1) 주변지반 응력

터널굴착 후 지보공 설치 전 터널 주변지반 응력 $\sigma_r^{(2)}$, $\sigma_t^{(2)}$, $\tau_{rt}^{(2)}$ 은 평면응력상태와 평면변형률상태에서 다음의 크기로 동일하고, 측압계수에 따라 그림 5.3.3 과 같다 (상재압 $- p$, 측압 $- Kp$, $X = a/r$).

$$\sigma_r^{(2)} = -\frac{p}{2}\{(1+K)(1-X^2) - (1-K)(1-4X^2+3X^4)\cos2\theta\}$$

$$\sigma_t^{(2)} = -\frac{p}{2}\{(1+K)(1+X^2) + (1-K)(1+3X^4)\cos2\theta\}$$

$$\tau_{rt}^{(2)} = -\frac{p}{2}(1-K)(1+2X^2-3X^4)\sin2\theta$$

(5.3.22)

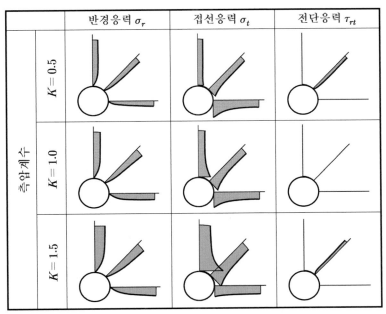

| | | 반경응력 σ_r | 접선응력 σ_t | 전단응력 τ_{rt} |

그림 5.3.3 측압계수와 터널주변지반 응력분포

반경응력 σ_r 은 터널 굴착면에서 영이고 굴착면에서 멀수록 증가하며, 접선응력 σ_t 는 굴착면에서 가장 크고 멀어질수록 작아진다. 반경응력과 접선응력 모두 이격 거리가 $r \geqq 2a$ 이면 터널굴착 전 초기응력과 거의 같아진다. 즉, 터널굴착에 의한 영향이 거의 없어진다. 전단응력 τ_{rt} 는 $K = 1$ 일 때에 영 ($\tau_{rt} = 0$) 이다.

2) 주변지반 변위

등방압력에 의한 지반의 압축변형은 터널굴착 전에 이미 발생했다고 간주하고, 식 (5.3.9) 로부터 평면응력상태 터널 주변지반의 변위를 계산하면,

$$u_r^{(2)} = -\frac{p}{2}\frac{1+\nu_0}{E_0}a\left\{(1+K)X - (1-K)X\left(\frac{4}{1+\nu_0} - X^2\right)\cos2\theta\right\}$$

$$u_t^{(2)} = -\frac{p}{2}\frac{1+\nu_0}{E_0}a(1-K)X\left\{\frac{2(1-\nu_0)}{1+\nu_0} + X^2\right\}\sin2\theta \tag{5.3.23}$$

이고, 위 식의 E_0 와 ν_0 를 $E_0 = E/(1-\nu^2)$ 와 $\nu_0 = \nu/(1-\nu)$ 로 치환하면, 평면 변형률상태 터널 주변지반의 변위가 된다.

$$u_r^{(2)} = -\frac{p}{2}\frac{1+\nu}{E}a[(1+K)X - (1-K)X\{4(1-\nu) - X^2\}\cos2\theta]$$

$$u_t^{(2)} = -\frac{p}{2}\frac{1+\nu}{E}a(1-K)X\{2(1-2\nu) + X^2\}\sin2\theta \tag{5.3.24}$$

3.2.2 지보공 설치 후

터널 굴착면에는 지보공 (강지보공, 숏크리트, 볼트) 을 설치해서 지반변형을 억제하여 터널굴착에 의한 영향을 최소화한다. 지보공은 그 역할에 맞게 사용하고 그에 따른 응력과 변위를 구하여 효과를 판단한다.

강지보공은 주로 터널단면을 축소시키는 지반변형 (체적변형) 을 억제 (강성 지보 개념) 하기 위해 적용한다. 터널주변지반에서 체적변형이 일어나면 체적변형에너지가 발생되며, 체적변형을 억제하려면 전단응력은 물론 반경응력과 접선응력을 구속해야 한다. 그러나 체적변형에너지는 매우 커서 지보공으로 완전히 억제하기 힘들다.

숏크리트와 볼트는 지반변형을 적극적으로 이용하는 지보공이다. 즉, 설치 후에 지반이 변형되어야 지보공에 응력이 발생하고 그 반력이 축차응력의 발생을 억제하는 방향으로 작용한다. 따라서 숏크리트와 볼트는 굴착 전 초기응력상태가 아직 유지되는 굴진면 근접부에서 최대한 빨리 설치해야 한다. 지반변형이 정지된 후에 지보공을 설치하면 지보공에 응력이 발생되지 않기 때문에 진정한 지보효과를 기대하기 어렵다. 이러한 지보공은 터널의 안정성 향상에는 기여하지 못하고 굴착면을 보호하고 열화를 방지하며 터널을 지탱하는 정도의 역할만 할 수 있다.

1) 숏크리트 링 설치에 따른 응력과 변위

선대칭 응력상태에서 원형터널을 굴착할 때에 인버트를 폐합한 지보공은 터널의 연직축에 대해 좌우대칭 하중을 받는 원형 링 (숏크리트 링) 으로 간주하고 단면력 (모멘트, 축력, 전단력) 을 계산한다. 각 점의 회전각과 축방향 변위 및 내공변위는 그 점의 변형에너지를 그 점에 작용하는 힘으로 간주하여 Castigliano 정리 (가상일의 원리) 를 적용하여 구한다. 인버트를 폐합하지 않은 지보공의 부재력과 변위는 하단을 고정한 캔틸레버 보로 간주하고 구한 지보공 강성으로부터 계산한다.

연직 상재압 $-p$ 와 수평측압 $-Kp$ 가 작용하는 지반에 터널을 굴착하고 굴진면 근접부에서 즉시 숏크리트 링을 시공할 때 전체응력은 지반과 숏크리트 링의 응력의 합이다 (그림 5.3.4). 지보공을 설치하고 충분한 시간이 경과된 후 주변지반의 응력과 변위는 지반과 숏크리트 링의 경계에서 발생하는 수직응력과 전단응력 및 변위가 서로 같다고 보고 구한다. 평면변형률상태와 평면응력상태에서는 응력은 같고 변위는 다르므로, 평면응력상태 변위를 계산하여 평면변형률상태 변위로 변환한다.

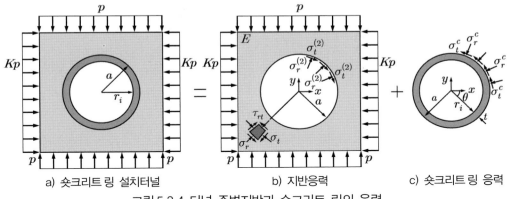

a) 숏크리트 링 설치터널   b) 지반응력   c) 숏크리트 링 응력

그림 5.3.4 터널 주변지반과 숏크리트 링의 응력

① 숏크리트 링의 축응력

숏크리트 링의 축응력은 접선응력 σ_t^c 과 같고, 반경응력 σ_r^c 과 전단응력 τ_{rt}^c 는 거의 무시할 수 있는 크기이다.

$$\sigma_t^c = -\frac{p}{2}\frac{E_{0c}}{E_0}(1+\nu_0)\left\{(1+K)\left(1-\frac{t}{a}\right)+(1-K)\frac{3-\nu_0}{1+\nu_0}\left(1+\frac{t}{a}\right)\cos 2\theta\right\} \qquad \textbf{(5.3.25)}$$

② 숏크리트 링 설치로 인한 주변지반 응력과 변위

숏크리트 링 설치 후 추가로 발생된 지반응력 $\sigma_r^{(3)}, \sigma_t^{(3)}, \tau_{rt}^{(3)}$ 은 다음과 같고, 지반의 소성화방지에 효과적이며, 이로 인해 변위 $u_r^{(3)}, u_t^{(3)}$ 가 추가로 발생된다 $(X=a/r)$.

$$\sigma_r^{(3)} = -p\alpha_A\left\{(1+K)X^2+(1-K)\frac{3-\nu_0}{1+\nu_0}(-2X^2+3X^4)\cos 2\theta\right\}$$

$$\sigma_t^{(3)} = p\alpha_A\left\{(1+K)X^2+3(1-K)\frac{3-\nu_0}{1+\nu_0}X^4\cos 2\theta\right\}$$

$$\tau_{rt}^{(3)} = p\alpha_A(1-K)\frac{3-\nu_0}{1+\nu_0}(X^2-3X^4)\sin 2\theta \qquad \textbf{(5.3.26)}$$

여기에서 구조계수비 α_A 는 응력상태에 따라 다음과 같은 무차원 값이다.

평면응력상태   : $\alpha_A = \dfrac{1}{2}\dfrac{E_{0c}}{E_0}(1+\nu_0)\dfrac{t}{a}$

평면변형률상태 : $\alpha_A = \dfrac{1}{2}\dfrac{E_c}{E}\dfrac{1+\nu}{1-\nu_c^2}\dfrac{t}{a}$ \qquad **(5.3.27)**

평면응력상태일 때 숏크리트 링 설치로 인해 주변지반에 발생되는 변위 $u_r^{(3)}$, $u_t^{(3)}$ 는 다음이 되고,

$$u_r^{(3)} = p\,\frac{1+\nu_0}{E_0}\,a\,\alpha_A\left\{(1+K)\,X - (1-K)\,\frac{3-\nu_0}{1+\nu_0}\,X\left\{2\,(1-\nu_0)-X^2\right\}\cos2\theta\right\}$$

$$u_t^{(3)} = p\,\frac{1+\nu_0}{E_0}\,a\,\alpha_A\,(1-K)\,X(X^2+1-2\nu_0)\sin2\theta \tag{5.3.28}$$

평면변형률상태이면 E_0 와 ν_0 를 $E_0 = E/(1-\nu^2)$ 와 $\nu_0 = \nu/(1-\nu)$ 로 치환한다.

③ 숏크리트 링 설치 후 주변지반 응력과 변위

숏크리트 링 설치 후 지반응력은 터널굴착에 의한 지반응력 $\sigma_r^{(2)}$, $\sigma_t^{(2)}$, $\tau_{rt}^{(2)}$ (식 5.3.22) 와 숏크리트 링 설치로 인한 지반응력 $\sigma_r^{(3)}$, $\sigma_t^{(3)}$, $\tau_{rt}^{(3)}$ (식 5.3.26) 의 합이고,

$$\sigma_r = \sigma_r^{(2)} + \sigma_r^{(3)}$$
$$\sigma_t = \sigma_t^{(2)} + \sigma_t^{(3)}$$
$$\tau_{rt} = \tau_{rt}^{(2)} + \tau_{rt}^{(3)} \tag{5.3.29}$$

숏크리트 링 설치 후 주변지반의 변위는 터널굴착 후 변위 $u_r^{(2)}$, $u_t^{(2)}$ 에 숏크리트 링 설치 후 추가된 변위 $u_r^{(3)}$, $u_t^{(3)}$ 을 합한 크기이다. 터널굴착 후 지반변위 $u_r^{(2)}$, $u_t^{(2)}$ 는 평면응력상태일 때 (식 5.3.23) 와 평면변형률상태일 때 (식 5.3.24) 에 다르다.

$$u_r = u_r^{(2)} + u_r^{(3)}$$
$$u_t = u_t^{(2)} + u_t^{(3)} \tag{5.3.30}$$

2) 볼트 설치에 따른 응력과 변위

터널굴착에 의한 응력집중으로 이완되는 영역은 터널중심부터 $2\,a$ 까지이고, 이에 상응하는 긴 볼트를 굴착 직후에 설치하면 응력집중영역에 의해 이완된 영역의 변형 증가를 방지할 수 있다.

볼트는 항복응력상태 σ_{yrB} 이고, 전체 볼트에 대한 축력의 합력을 굴착면에 분배시킨 등분포 응력 (볼트 등가응력) 이 지반에 부과되며, 볼트의 응력-변형률거동은 완전 탄소성이라고 가정한다.

① 볼트 등가응력

길이 L 인 터널에 볼트(단면적 A_{rB})를 n 개 설치하면, 볼트에 의한 힘 $nA_{rB}\sigma_{yrB}$ 가 숏크리트 지보링과 지반의 경계부에서 등분포 하중으로 지반에 부가되는데, 이를 볼트 등가응력 σ_{erB} 라 하며, 이로 인한 지반응력은 숏크리트 지보링에서와 동일한 방법으로 구한다.

$$\sigma_{erB} = \frac{nA_{rB}\sigma_{yrB}}{2\pi a L} \tag{5.3.31}$$

볼트 등가응력 σ_{erB} 는 상재압력 p 로 무차원화 하여 나타내는데 이를 볼트비 α_B (rock-bolt ratio) 라고 한다.

$$\alpha_B = \frac{\sigma_{erB}}{p} = \frac{nA_{rB}\sigma_{yrB}}{2\pi a L p} \tag{5.3.32}$$

② 볼트 설치로 인한 주변지반 응력과 변위

볼트 설치로 인해 주변지반에 발생되는 지반응력 $\sigma_r^{(4)}$, $\sigma_t^{(4)}$, $\tau_{rt}^{(4)}$ 은 볼트비 α_B 와 상재압력 p 및 위치 $X = a/r$ 로부터 구할 수 있고 (Matsumoto/Nishioka, 1991),

$$\sigma_r^{(4)} = \quad \sigma_{erB}X^2 = -\alpha_B pX^2$$
$$\sigma_t^{(4)} = -\sigma_{erB}X^2 = \quad \alpha_B pX^2$$
$$\tau_{rt}^{(4)} = 0 \tag{5.3.33}$$

볼트 설치로 인해 발생되는 터널 주변지반의 변위 $u_r^{(4)}$, $u_t^{(4)}$ 는 평면응력상태일 때에 다음이 되고,

$$u_r^{(4)} = p\,r_1\frac{1+\nu_o}{E_o}\alpha_B X$$
$$u_t^{(4)} = 0 \tag{5.3.34}$$

위 식의 E_o 와 ν_o 를 $E_o = E/(1-\nu^2)$ 와 $\nu_o = \nu/(1-\nu)$ 로 치환하면 **평면변형률 상태 변위**가 된다.

볼트가 균일하게 설치되지 않으면 등가응력 σ_{erB} 는 볼트 설치각 θ 의 함수이므로 이를 고려하여 계산한다.

③ 볼트 설치 후 주변지반 응력과 변위

볼트 설치 후 주변지반응력은 터널굴착에 의한 지반응력 $\sigma_r^{(2)}$, $\sigma_t^{(2)}$, $\tau_{rt}^{(2)}$ (식 5.3.22) 와 볼트 설치로 인한 지반응력 $\sigma_r^{(4)}$, $\sigma_t^{(4)}$, $\tau_{rt}^{(4)}$ (식 5.3.33) 의 합이다.

$$\sigma_r = \sigma_r^{(2)} + \sigma_r^{(4)}$$
$$\sigma_t = \sigma_t^{(2)} + \sigma_t^{(4)}$$
$$\tau_{rt} = \tau_{rt}^{(2)} + \tau_{rt}^{(4)} \qquad\qquad\qquad (5.3.35)$$

볼트 설치 후 주변지반의 변위는 터널굴착 후 변위 $u_r^{(2)}$, $u_t^{(2)}$ 에 볼트 설치로 인해 추가된 변위 $u_r^{(4)}$, $u_t^{(4)}$ 를 합한 크기이다.

$$u_r = u_r^{(2)} + u_r^{(4)}$$
$$u_t = u_t^{(2)} + u_t^{(4)} \qquad\qquad\qquad (5.3.36)$$

터널굴착 후 지반변위 $u_r^{(2)}$, $u_t^{(2)}$ 는 평면응력상태일 때 (식 5.3.23) 와 평면변형률상태일 때 (식 5.3.24) 에 다르다.

3) 숏크리트 링과 볼트 병행설치 후 응력과 변위

숏크리트 링과 볼트 병행설치 후 주변지반 응력은 지반 (식 5.3.22) 과 숏크리트 (식 5.3.26) 및 볼트 (식 5.3.33) 각각의 효과를 모두 포함한 응력이고,

$$\sigma_r = \sigma_r^{(2)} + \sigma_r^{(3)} + \sigma_r^{(4)}$$
$$\sigma_t = \sigma_t^{(2)} + \sigma_t^{(3)} + \sigma_t^{(4)} \qquad\qquad (5.3.37)$$

숏크리트 링과 볼트 병행설치 후 주변지반 변위는 지반 (식 5.3.23) 과 숏크리트 (식 5.3.28) 및 볼트 (식 5.3.34) 각각의 효과를 모두 포함한 지반변위이다.

$$u_r = u_r^{(2)} + u_r^{(3)} + u_r^{(4)}$$
$$u_t = u_t^{(2)} + u_t^{(3)} + u_t^{(4)} \qquad\qquad (5.3.38)$$

숏크리트 링의 내면과 외면의 상대변위는 무시할 수 있으므로, 위 식에서 계산한 숏크리트 외면 ($X = 1$) 의 변위는 숏크리트 링의 변위와 같다고 할 수 있다.

4. 지반자중 작용상태 원형터널의 탄성해석

터널에 작용하는 주하중은 경계압력이 아니고 지반의 자중이므로 경계압을 적용한 유공 판 이론으로 해석한 결과는 실제와 다를 수 있다.

토피가 작은 얕은 터널에서는 지표의 영향을 고려해야 하기 때문에 주변지반의 거동이 매우 복잡하여 수학적으로 취급하기가 어렵다. 토피가 작으면 천단에 인장 영역이 크게 형성되고, 터널 바로 위의 지표부근에는 쐐기모양의 압축영역이 형성 되며, 최소주응력이 인장이 되는 영역이 넓게 형성된다. 이에 대해 Mindlin (1969) 은 쌍극좌표를 이용해서 터널과 지표면의 문제를 풀었으나 그 해가 매우 복잡하므로 여기에서는 언급하지 않는다.

토피가 충분히 큰 깊은 터널에 대해 지반자중의 영향을 고려한 주변지반의 응력 과 변위는 Yamakuchi (1969) 해를 적용하여 구한다.

내공면 반경응력이 영인 조건을 적용하여 주변지반 응력 **(4.1 절)** 을 구하고 주변 지반 변위 **(4.2 절)** 는 변형률을 적분하여 구한다.

4.1 터널 주변지반 응력

터널굴착 전 지반응력은 지반의 단위중량 γ 와 토피 H_t 및 측압계수 K 로부터,

$$\sigma_v = -\gamma H_t \ , \quad \sigma_h = -K\gamma H_t \tag{5.4.1}$$

이고, 이 식을 터널 중심을 원점으로 하는 극좌표로 변환하면 다음이 된다.

$$\sigma_r = -\frac{\gamma h}{2}(1+K) - \frac{\gamma h}{2}(1-K)\cos 2\theta + \frac{\gamma r}{4}(3+K)\cos\theta + \frac{\gamma r}{4}(1-K)\cos 3\theta$$

$$\sigma_t = -\frac{\gamma h}{2}(1+K) + \frac{\gamma h}{2}(1-K)\cos 2\theta + \frac{\gamma r}{4}(1+3K)\cos\theta - \frac{\gamma r}{4}(1-K)\cos 3\theta$$

$$\sigma_l = \nu(\sigma_r + \sigma_t)$$

$$\tau_{rt} = (1-K)\left[-\frac{\gamma r}{4}\sin\theta + \frac{\gamma h}{2}\sin 2\theta - \frac{\gamma r}{4}\sin 3\theta \right] \tag{5.4.2}$$

여기에서 $h = H_t + a$ 는 지표로부터 터널 중심까지의 깊이이다.

Yamakuchi 는 위 식을 이용하여 Airy 응력함수를 구하고, 내공면 반경응력이 영 $(\sigma_r = 0)$ 인 조건을 적용하여 주변지반 내 응력분포를 구하였다 (단, $X = a/r$).

$$\sigma_r = -\frac{\gamma h}{2}(1+K)(1-X^2)+\frac{\gamma a}{4}(3+K)\left(\frac{1}{X}-X\right)\cos\theta$$

$$-\frac{\gamma h}{2}(1-K)(1-4X^2+3X^4)\cos 2\theta +\frac{\gamma a}{4}(1-K)\left(\frac{1}{X}-5X^3+4X^5\right)\cos 3\theta +p_i\,X^2$$

$$\sigma_t = -\frac{\gamma h}{2}(1+K)(1+X^2)+\frac{\gamma a}{4}\left\{(1+3K)\frac{1}{X}+(1-K)X\right\}\cos\theta$$

$$+\frac{\gamma h}{2}(1-K)(1+3X^4)\cos 2\theta -\frac{\gamma a}{4}(1-K)\left(\frac{1}{X}-X^3+4X^5\right)\cos 3\theta -p_i\,X^2$$

$$\sigma_z = \nu(\sigma_r+\sigma_t)$$

$$\tau_{rt} = -\frac{\gamma a}{4}(1-K)\left(\frac{1}{X}-X\right)\sin\theta +\frac{\gamma h}{2}(1-K)(1+2X^2-3X^4)\sin 2\theta$$

$$-\frac{\gamma a}{4}(1-K)\left(\frac{1}{X}+3X^3-4X^5\right)\sin 3\theta$$

$$\tau_{rz} = \tau_{tz} = 0 \qquad\qquad\qquad\qquad\qquad (5.4.3)$$

이 식은 Kirsch 식에 $\sin\theta, \cos\theta, \sin 3\theta, \cos 3\theta$ 항이 추가된 것이며 터널의 깊이가 반경에 비해 매우 깊은 터널에서는 이 항들에 의한 영향이 크지 않다. 따라서 **보통 터널에서는 Kirsch 식도 충분히 정확**하다는 것을 알 수 있다.

위 식을 직각좌표로 고치면 다음과 같아진다.

$$\sigma_x = \frac{\sigma_r+\sigma_t}{2}+\frac{\sigma_r-\sigma_t}{2}\frac{\cos 2(\theta_1+\theta_3)}{\cos 2\theta_3}$$

$$\sigma_y = \frac{\sigma_r+\sigma_t}{2}+\frac{\sigma_r-\sigma_t}{2}\frac{\cos 2(\theta_1+\theta_3)}{\cos 2\theta_3}$$

$$\theta_3 = \frac{1}{2}\,atan\,\frac{\tau_{rt}}{\sigma_t-\sigma_r} \qquad\qquad\qquad\qquad (5.4.4)$$

4.2 터널 주변지반 변형

터널주변지반의 변형률 **(4.2.1 절)** 과 변위 **(4.2.2 절)** 는 변형률-변위 식에서 구한다.

4.2.1 주변지반 변형률

터널 주변지반의 변형률은 반경변위를 적합조건에 적용하고 극좌표로 나타내면 다음과 같다.

$$\varepsilon_r = \frac{\partial\,u_r}{\partial\,r}$$

$$\varepsilon_t = \frac{u_r}{r}+\frac{\partial\,u_t}{r\,\partial\,\theta}$$

$$\gamma_{rt} = \frac{\partial\,u_r}{r\,\partial\,\theta}+\frac{\partial\,u_t}{\partial\,r}-\frac{u_t}{r} \qquad\qquad\qquad (5.4.5)$$

4.2.2 주변지반 변위

터널 주변지반의 변위는 위의 변형률-변위 관계식을 적분하여 구할 수 있다.

1) 반경변위

반경변위 u_r 은 식 (5.4.3) 의 반경응력 σ_r 을 Hooke 의 법칙에 대입하여 변형률을 구하고, 이를 적분해서 구할 수 있다.

축대칭인 경우 **변형률-변위관계** 및 **Hooke** 의 법칙은 다음과 같다.

$$\varepsilon_t = \frac{u_r}{r} = \frac{1+\nu}{E}\{(1-\nu)\sigma_t - \nu\sigma_r\}$$

$$\varepsilon_r = \frac{du_r}{dr} = \frac{1+\nu}{E}\{(1-\nu)\sigma_r - \nu\sigma_t\} \tag{5.4.6}$$

따라서 반경변위 u_r 은 다음과 같으며 (p_i 와 q_i 는 연직 및 수평내압),

$$
\begin{aligned}
u_r &= \int \epsilon_r \, dr \\
&= \frac{1+\nu}{E}\left[
\begin{aligned}
&-\frac{1}{2}\gamma h(1+K)(1-2\nu)r - \frac{a}{2}\{\gamma h(1+K)+p_i+q_i\}X \\
&+\frac{\gamma a}{4}\left\{\frac{1}{2}(3+K-4\nu-4\nu K)\frac{r}{X}-(3+K-2\nu-2\nu K)a\ln\frac{r}{a}\right\}\cos\theta \\
&-\frac{\gamma h}{2}(1-K)r\cos 2\theta - \frac{a}{2}\{\gamma h(1-K)+p_i-q_i\}\{4(1-\nu)X-X^3\}\cos 2\theta \\
&+\frac{\gamma a}{4}(1-K)\left\{\frac{1}{2}\frac{r}{X}+\frac{1}{2}aX^2(5-4\nu)-aX^4\right\}\cos 3\theta
\end{aligned}
\right] \tag{5.4.7}
\end{aligned}
$$

이 식은 터널굴착 전 변위와 터널굴착으로 인한 변위를 모두 포함하고 있다.

위 식에서 터널굴착 전의 변위를 나타내는 항은 반경 $r \to \infty$ 일 때에 영이 되지 않으므로, 이를 생략하면 터널굴착으로 인한 반경변위 u_r 에 대한 식이 된다.

$$
u_r = \frac{1+\nu}{E}\left[
\begin{aligned}
&-\frac{a}{2}\{\gamma h(1+K)+p_i+q_i\}X \\
&-\frac{a}{2}\{\gamma h(1-K)+p_i-q_i\}\{4(1-\nu)X-X^3\}\cos 2\theta \\
&+\frac{\gamma a^2}{8}(1-K)\{(5-4\nu)X^2-2X^4\}\cos 3\theta
\end{aligned}
\right] \tag{5.4.8}
$$

위 식은 등방압력 조건이면 $p_i = q_i$ 가 되어 단순해진다. 그밖에도 터널굴착 전의 지반응력 (식 5.4.2) 과 Hooke 의 법칙을 이용하여 변위를 계산할 수 있다.

2) 접선변위

접선변위 u_t 는 터널 주변지반의 변형률-변위 관계를 극좌표로 나타낸 접선방향 변형률에 대한 식을 적분하고 Hooke 의 법칙을 적용하여 구한다.

$$
\begin{aligned}
u_t &= \int (r\epsilon_t - u_r)d\theta \\
&= \frac{1+\nu}{E}\left[\begin{array}{l} \dfrac{\gamma a^2}{4}(3-2\nu+K-2\nu K)\ln\dfrac{r}{a} \\[2mm] + \dfrac{\gamma a^2}{4}\left\{1+2\nu-K+2\nu K-\dfrac{1}{2X^2}(3-4\nu+K-4K\nu)\right\}\sin\theta \\[2mm] + \dfrac{a}{2}\{\gamma h(1-K)+p_i-q_i\}\{2(1-2\nu)X+X^3\}\sin2\theta \\[2mm] - \dfrac{\gamma a^2}{24}(1-K)\left\{\dfrac{3}{X^2}+(3-12\nu)X^2+6X^4\right\}\sin3\theta \end{array}\right].
\end{aligned}
$$

$$\tag{5.4.9}$$

3) 변위의 직각좌표 변환

이상에서 구한 변위를 직각좌표로 바꾸면 다음과 같다.

$$
\begin{aligned}
u_x &= u_r\sin\theta + u_t\cos\theta \\
&= \frac{1+\nu}{E}a\left[\begin{array}{l} \left\{\dfrac{\gamma h}{4}(4-8K-6\nu+6K\nu)-p_iX\right\}\sin\theta \\[2mm] - \dfrac{\gamma a}{12}(1-K)\{(3-\nu)X^2+2\nu X^4\}\sin2\theta \\[2mm] + \dfrac{\gamma h}{2}(1-K)\{-(1-\nu)X+2\nu X^3\}\sin3\theta \\[2mm] + \dfrac{\gamma a}{48}(1-K)\{(12-20\nu)X^2-(9-8\nu)X^4\}\sin4\theta \end{array}\right]
\end{aligned}
$$

$$
\begin{aligned}
u_y &= u_r\cos\theta - u_t\sin\theta \\
&= \frac{1+\nu}{E}a\left[\begin{array}{l} \{-\gamma h(2-K-2\nu+2K\nu)X-p_iX\}\cos\theta \\[2mm] + \dfrac{\gamma a}{48}(1-K)\left\{(18-4\nu)\dfrac{X^2}{r^2}-(3+8\nu)X^4\right\}\cos2\theta \\[2mm] - \dfrac{\gamma h}{2}(1-K)(X-X^3)\cos3\theta \\[2mm] + \dfrac{\gamma a}{48}(1-K)\{(12-20\nu)X^2-(9-8\nu)X^4\}\cos4\theta \end{array}\right]
\end{aligned}
$$

$$\tag{5.4.10}$$

5. 타원형 터널의 탄성해석

최근에 대심도 터널이나 대단면 터널은 가로 타원형 단면으로 건설하는 경우가 많으며, 타원형 터널은 단면이 좁고 길수록 선단에서 응력집중이 심해진다.

가로 타원형 터널에 연직압력이 작용하면 천단에 연직압력과 동일한 크기로 인장 응력이 발생되고, 수평압력이 작용하면 측벽응력이 원형 단면일 때 보다 작아진다. 응력집중의 관점에서 보면 연직응력이 우세한 경우에는 (천정에서 인장응력이 발생 되므로) 세로 타원이 유리하고, 수평응력이 우세한 경우에는 (측벽에서 인장응력이 발생되므로) 가로 타원이 유리하다.

불연속면이 있는 지반에서 타원의 편평도 (납작한 정도) 가 크면 이완하중이 커서 불리하다. 터널의 단면은 곡률이 클수록 응력이 크게 집중되므로 곡률이 큰 부분이 형성되지 않도록 단면형상을 다심 원으로 하는 것이 유리하다. 응력이 문제가 되는 경우에는 원형 단면이 이상적이다.

터널단면이 원형이면 이론해석이 쉬워서 주변지반의 응력상태를 쉽게 검토할 수 있으나 실제 형상의 터널주변 지반응력과 차이가 클 수 있다. 원형터널에서 내공면 의 요철에 응력이 집중되어 국부적으로 커진 응력과 숏크리트의 요철 메움 효과는 타원공식으로 계산할 수 있다.

타원형 터널 주변지반의 응력과 변위는 타원을 타원좌표나 극좌표 또는 직각좌표 로 나타내어 표시할 수 있다. 타원 (5.1 절) 은 실제 터널형상에 가깝고 이론해석이 가능하므로, **타원형 터널 주변지반의 응력과 변위 (5.2 절)** 로부터 터널형상에 따른 측벽의 응력집중정도를 알 수 있다. **타원형 터널의 안정 (5.3 절)** 은 타원의 편평도에 따라서 다르며, 지반은 등방성이고 지반경계에 연직방향 상재 토피압과 수평방향 압력 (상재토피압에 측압계수를 곱한 크기) 이 작용하는 것으로 가정하고 지반의 형상 변형에너지를 구하여 판정할 수 있다.

타원형 터널은 무지보 굴착 (Arai, 1942) 하거나, 강성라이닝을 설치 (Yu, 1952) 하거나, 라이닝의 변형을 고려 (Oda, 1955) 한 경우에 대해서는 연구된 바 있다. 그러나 지반 의 초기응력을 고려하여 타원터널의 안정성을 전반적으로 연구한 경우는 거의 없다.

5.1 타원공식

타원 **(5.1.1 절)** 은 타원좌표 (타원 R, 쌍곡선 θ) 나 극좌표 **(5.1.2 절)** 또는, 직각좌표 **(5.1.2 절)** 로 나타내어 타원형 터널 주변지반의 응력과 변위를 표시한다.

5.1.1 타원의 식

x 축상 두 정점 (초점) $F(c, 0)$ 와 $F'(-c, 0)$ 로부터 거리의 합이 $2a$ $(a > c > 0)$ 로 일정한 점 $(\overline{PF} + \overline{PF'} = 2a)$ 의 궤적을 타원이라 하고, 다음 식으로 나타낸다.

$$\frac{x^2}{a^2} + \frac{y^2}{b^2} = 1 \tag{5.5.1}$$

여기에서 a 는 타원장축의 x 좌표이고, c 는 타원의 초점이다.

반면에 거리의 차가 $2a$ 로 일정한 점 $(|\overline{PF} - \overline{PF'}| = 2a)$ 의 궤적을 쌍곡선이라 하고 다음 식으로 나타낸다.

$$\frac{x^2}{a^2} - \frac{y^2}{b^2} = 1 \tag{5.5.2}$$

타원형 터널과 주변지반 내 임의 점의 위치는 타원 R 과 쌍곡선 θ 를 조합한 타원 좌표 (R, θ) 로 나타낼 수 있다 (그림 5.5.1).

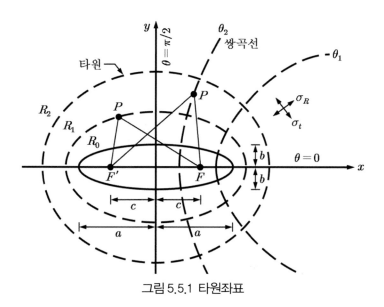

그림 5.5.1 타원좌표

5.1.2 타원좌표와 극좌표

타원형 터널 주변지반의 응력과 변위는 z 평면에서 타원좌표 (타원 R, 쌍곡선 θ) 로 나타내거나, 타원을 w 평면에 원으로 사상하여 극좌표 (R, θ) 로 표현할 수 있으며, 타원좌표를 직각좌표 (x, y) 로 변환하여 나타내기도 한다 (그림 5.5.2). 타원은 복소함수로 해석하며 복소수 i 는 계산중에 나오지만 최종 결과에서는 드러나지 않는다.

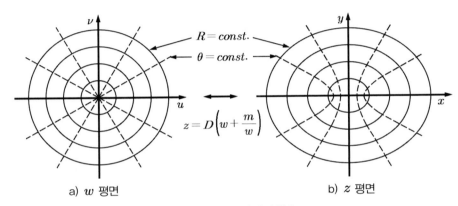

그림 5.5.2 등각사상함수

z 평면과 w 평면의 각 점은 다음 복소함수 w, z 로 나타낼 수 있고,

$$w = u + iv = r + i\theta = re^{i\theta}$$
$$z = x + iy = c\cosh\omega \tag{5.5.3}$$

z 평면의 타원을 등각사상함수 (conformal mapping function) 를 이용하여 w 평면의 원으로 사상하면, 타원좌표를 w 평면상의 극좌표 R 과 θ 로 나타낼 수 있다.

$$z = w(w) = D(w + \frac{m}{w}) \tag{5.5.4}$$

여기에서 D 는 타원의 대표반경 (평균반경) 이고, m 은 타원의 편평도 (평평한 정도) 이다. D 와 m 은 w 평면에 사상하면 단위원 $(r = 1)$ 이 되는 타원 (z 평면) 의 장반경 a 와 단반경 b 를 이용하여 정의한다.

$$D = \frac{a+b}{2} \ , \quad m = \frac{a-b}{a+b}$$

$$\tag{5.5.5}$$

편평도 m 은 $-1 < m < 1$ 이며, $m < 0$ 이면 세로 타원형이고, $m > 0$ 이면 가로 타원형이며, $m = 0$ 이면 원이다. 보통 터널에서는 $m = 0 \sim 0.3$ 이다.

5.1.3 타원좌표의 직각좌표 변환

타원좌표 (타원 R, 쌍곡선 θ) 는 직각좌표 (x, y) 로 변환할 수 있다 (c 는 초점 x 좌표).
$$x = c \cosh R \cos \theta$$
$$y = c \sinh R \sin \theta \tag{5.5.6}$$

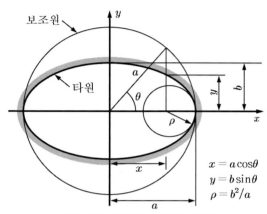

그림 5.5.3 타원의 직각좌표변환

타원형 터널 내공면 ($R = R_0$) 의 장반경 a ($\theta = 0$) 와 단반경 b ($\theta = \pi/2$) 는 식 (5.5.6) 에서 다음이 되고 ($\theta = 0$ 일 때 $\cos \theta = 1.0$, $\theta = \pi/2$ 일 때 $\sin \theta = 1.0$),
$$a = x_{\theta=0} \quad = c \cosh R_0$$
$$b = y_{\theta=\pi/2} = c \sinh R_0$$
$$\tanh R_o = b/a \tag{5.5.7}$$

이로부터 타원 초점의 x 좌표 c 를 계산할 수 있다.
$$c^2 = a^2 - b^2 \tag{5.5.8}$$

식 (5.5.6) 의 θ 항을 소거하면 R 이 일정한 ($R = const.$) 곡선 (타원) 식이 되고, 타원 주축 (장축과 단축) 과 직각좌표 축 (x, y축) 이 일치하면 내공면 ($R = R_o$) 식은 다음같다.
$$\frac{x^2}{c^2 \cosh^2 R_o} + \frac{y^2}{c^2 \sinh^2 R_o} = \frac{x^2}{a^2} + \frac{y^2}{b^2} = 1 \tag{5.5.9}$$

식 (5.5.6) 의 R 항을 소거하면 편각이 일정한 ($\theta = const.$) 곡선 (쌍곡선) 식이 된다.
$$\frac{x^2}{c^2 \cos^2 \theta} - \frac{y^2}{c^2 \sin^2 \theta} = \frac{x^2}{a^2} - \frac{y^2}{b^2} = 1 \tag{5.5.10}$$

편각 θ 와 극좌표의 관계는 그림 5.5.3 과 같으며, 보조원의 반경은 $c \cosh R$ 이다. 타원의 선단에서는 곡률이 최대 (곡률반경 최소) 이고, 최소곡률반경 ρ_E 는 다음이 된다.
$$\rho_E = b^2/a \tag{5.5.11}$$

5.2 타원형 터널 주변지반 응력과 변위

터널 단면의 우각부나 내공면 요철부에는 응력이 집중되며, 최대응력은 곡률반경이 같은 타원형으로 치환하여 근사적으로 계산할 수 있다.

타원형 터널 주변지반의 응력 **(5.2.1 절)** 과 변위 **(5.2.2 절)** 는 복소수형태의 해석함수로 된 Airy 응력함수를 풀어서 구하며, 여기에서는 상세한 풀이과정 (Matsumoto /Nishioka, 1991 참조) 을 생략하고 결과만을 적용한다.

타원형 터널에서는 내공면 곡률이 위치마다 달라서 선단부 등에서 **타원 형상에 따른 응력집중 (5.2.3 절)** 이 발생되어 문제가 될 수 있으므로, 타원의 형상이 유리한 것인지 검토할 필요가 있다.

5.2.1 타원형 터널 주변지반 응력

타원형 터널 주변지반 응력 (Inglis, 1913, Neuber, 1937) 은 외곽경계의 경계압 p 가 타원 장축에 대해 각도 β 만큼 경사져서 작용하는 경우를 기본으로 하여 구한다.

수평 경계압이 작용하는 상태는 그림 5.5.4 에서 $\beta = 0$ 인 경우이고, 연직 경계압이 작용하는 상태는 $\beta = \pi/2$ 인 경우이다. 연직 경계압과 수평 경계압이 동시에 작용하면, 각각의 경우에 대해 주변지반의 응력을 구하여 중첩한다.

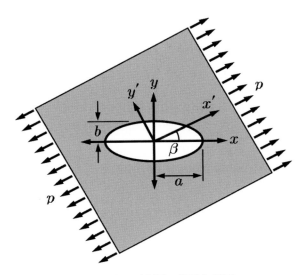

그림 5.5.4 타원형 개구부 외력

1) 일축 응력장 상태

(1) 일방향 경계압이 작용하는 가로 타원형 터널

타원의 장축에 각도 β 만큼 경사진 방향으로 경계압력 p 와 내공면의 내압 p_i 가 동시에 작용하는 경우에 경계압력과 내압에 의해 가로 타원형 터널 주변지반에 발생되는 응력은 다음과 같다.

$$\sigma_R = \frac{p - p_i}{2}\left\{ \frac{L}{\cosh 2R - \cos 2\theta} - \frac{M}{(\cosh 2R - \cos 2\theta)^2} \right\} + \frac{p}{2}e^{2i\alpha}\{1 + \cos 2(\alpha - \beta)\}$$

$$\sigma_t = \frac{p - p_i}{2}\left\{ \frac{L}{\cosh 2R - \cos 2\theta} + \frac{M}{(\cosh 2R - \cos 2\theta)^2} \right\} + \frac{p}{2}e^{2i\alpha}\{1 - \cos 2(\alpha - \beta)\}$$

$$\tau_{Rt} = \frac{p - p_i}{2}\frac{N}{(\cosh 2R - \cos 2\theta)^2} - pe^{2i\alpha}\sin 2(\alpha - \beta) \tag{5.5.12}$$

위 식의 각도 α 는 직각 좌표축과 타원 좌표의 주축이 이루는 각도이고 다음의 식으로 계산하고,

$$e^{2i\alpha} = \frac{\sinh \omega}{\sinh \overline{\omega}} = \frac{\sinh(R + i\theta)}{\sinh(R - i\theta)} \tag{5.5.13}$$

L 과 M 및 N 은 다음과 같다.

$$
\begin{aligned}
L =~& \sinh 2R + e^{2R_o - 2R}\cos 2\beta - e^{2R_o}\cos(2\theta - 2\beta)\\
M =~& -\sinh 2R \cos 2\theta + \sinh 2R(\cosh 2R_o - \cos 2\beta)\\
& + e^{2R_o}\sinh 2R \cos 2\theta \cos 2\beta + e^{2R_o}\cosh 2R \sin 2\theta \sin 2\beta\\
& + e^{2R_o}\sinh 2(R - R_o)\cos 2(\theta - \beta)\sinh 2R\\
& + e^{2R_o}\cosh 2(R - R_o)\sin 2(\theta - \beta)\sin 2\theta\\
& - 2e^{2R_o}\cosh 2(R - R_o)\cos 2(\theta - \beta)(\cosh 2R - \cos 2\theta)
\end{aligned}
$$

$$
\begin{aligned}
N =~& \cosh 2R \sin 2\theta - (\cosh 2R_o - \cos 2\beta)\sin 2\theta\\
& + e^{2R_o}\sinh 2R \cos 2\theta \sin 2\beta - e^{2R_o}\cosh 2R \sin 2\theta \cos 2\beta\\
& + e^{2R_o}\cosh 2(R - R_o)\sin 2(\theta - \beta)\sinh 2R\\
& - e^{2R_o}\sinh 2(R - R_o)\cos 2(\theta - \beta)\sin 2\theta\\
& - e^{2R_o}\sinh 2(R - R_o)\sin 2(\theta - \beta)(\cosh 2R - \cos 2\theta)
\end{aligned} \tag{5.5.14}
$$

터널의 축방향 응력 σ_z 는 반경응력 σ_R 과 접선응력 σ_t 로부터 결정된다.

$$\sigma_z = \nu(\sigma_R + \sigma_t) \tag{5.5.15}$$

(2) 연직 경계압이 작용하는 가로 타원형 터널

장축이 수평 (x 축) 인 가로 타원형 터널에서 연직방향 ($\beta = \pi/2$) 경계압 p 가 작용하는 가로 타원형 터널 장·단축선상 지반응력은 식 (5.5.12) 로부터 다음이 된다.

$$\sigma_R = \frac{p}{8}\left(-\frac{4X\cos2\theta}{h^2} + \frac{X\sin^2 2\theta + Z\sinh2R}{h^4}\right) \tag{5.5.16}$$

$$\sigma_t = \frac{p}{8}\left[\frac{4}{h^2}\{\cosh2R - Ce^{-2R} + (X + C - 1)\cos2\theta\} - \frac{X\sin^2 2\theta + Z\sinh2R}{h^4}\right]$$

$$\tau_{Rt} = \frac{p}{8}\left\{-\frac{4H\sin2\theta}{h^2} + \frac{\sin2\theta}{h^4}(X\sinh2R - \sinh2R - Ce^{-2R} + A - H\cos2\theta)\right\}$$

여기에서 A, B, C, X, Z, H 값과 형상변형 변수 h 는 다음과 같다.

$$A = 1 + \cosh2R_0$$

$$B = \frac{3}{2} + e^{2R_o} - \frac{1}{2}e^{4R_o}$$

$$C = 1 + e^{2R_o}$$

$$X = \cosh2R + 1 - Be^{-2R} - C(1 - e^{-2R})$$

$$Z = \sinh2R(1 + \cos2\theta) + Ce^{-2R}(1 - \cos2\theta) - A + 2Be^{-2R}\cos2\theta$$

$$H = \sinh2R + 2Be^{-2R} - Ce^{-2R}$$

$$h^2 = \sinh^2 R + \sin^2\theta = (\cosh2R - \cos2\theta)/2 \tag{5.5.17}$$

연직 경계압 p 가 작용하는 가로 타원형 터널 내공면 ($R = R_0$) 에서 접선응력 σ_t 는 식 (5.5.16) 에 $R = R_0$ 을 대입하면 구할 수 있고,

$$\sigma_t = \frac{p}{2h^2}(\sinh2R_0 - 1 + e^{2R_0}\cos2\theta) \tag{5.5.18}$$

측벽 ($\theta = 0$) 과 천단 ($\theta = \pi/2$) 에서 다음이 된다.

$$측벽 : \sigma_t = p\frac{\sinh2R_o - 1 + e^{2R_o}\cos2\theta}{2\sinh^2 R_o}$$

$$= p(1 + 2\coth R_0)$$

$$= p\left(1 + \frac{2a}{b}\right)$$

$$천단 : \sigma_t = p\frac{\sinh2R_o - 1 + e^{2R_o}\cos2\theta}{2(\sinh^2 R_o + 1)} = -p \tag{5.5.19}$$

2) 이축 응력장 상태

연직 경계압 p 와 수평 경계압 q 가 동시에 작용하고, 전단 경계압이 작용하지 않아서 이축응력상태인 가로 타원형터널 주변지반응력은 연직 경계압 $p\,(\beta = \pi/2)$ 및 수평 경계압 $q\,(\beta = 0)$ 가 작용하는 상태의 응력을 중첩해서 구한다.

(1) 타원 장·단축 상 지반응력

가로 타원형 터널의 장·단축상 지반응력분포는 식 (5.5.16) 으로 계산한다. 내공면에서 반경응력은 영이지만 접선응력은 가장 크며, 내공면에서 멀어질수록 반경응력은 증가하고 접선응력은 감소한다 (그림 5.5.5).

측벽에서는 반경응력 (수평응력) 이 영이고 멀수록 증가하여 $x > 3.5\,a$ 에서 수평경계압력에 수렴하며, 접선응력 (연직응력) 은 가장 크고 멀어질수록 감소하여 $x > 3.5\,a$ 에서 연직경계압력에 수렴한다.

천단에서는 반경응력 (연직응력) 이 영이고, 천단에서 멀어질수록 증가하여 $z > 3.5\,a$ 부터 연직경계압력에 수렴한다. 천단에서 접선응력 (수평응력) 은 측압계수가 $K > 1.0$ 이면 수평경계응력과 같고, $z > 3.5\,a$ 부터 수평경계응력에 수렴한다. $K < 1.0$ 이면 천단 접선응력이 인장응력이 된다.

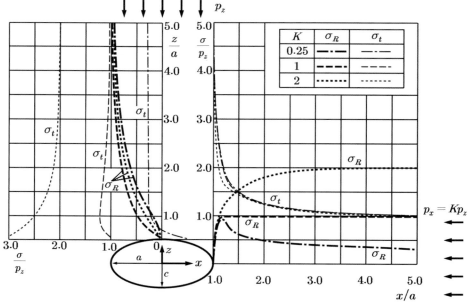

그림 5.5.5 측압계수 K 에 따른 타원형 $(a/c = 2.0)$ 터널 주변지반 응력분포

(2) 가로타원형 터널의 내공면 응력

연직 및 수평 경계에 수직압력이 동시에 작용하고, 전단 경계압은 작용하지 않아서 이축응력상태인 가로 타원형 터널의 내공면에서 접선응력은 최대이고 전단응력은 영이며, 반경응력은 내압과 크기가 같아진다.

① 내공면 응력

연직 및 수평 경계압이 p 와 q 인 이축응력상태 가로 타원형 터널 내공면 $(R=R_0)$ 의 접선응력은 다음과 같고, 반경 및 전단응력은 영이다.

$$\sigma_t = \frac{(p+q)\sinh 2R_0 - (p-q)\{1-e^{2R_0}\cos 2\theta\}}{2(\cosh 2R_0 - \cos 2\theta)}$$ (5.5.20)

$$\sigma_R = 0$$
$$\tau_{Rt} = 0$$

접선응력 σ_t 는 위 식에 타원의 장반경 $a=\cosh R_o$ 와 단반경 $b=\sinh R_o$ 를 대입하여 구하며,

$$\sigma_t = p+q - \frac{2(ap-bq)(a\sin^2\theta - b\cos^2\theta)}{a^2\sin^2\theta + b^2\cos^2\theta}$$ (5.5.21)

내공면 천단 $(\theta=\pi/2)$ 과 측벽 $(\theta=0^o)$ 및 어깨 $(\theta=\pi/4)$ 에서,

$$\text{천단} : \sigma_t = -p + q\left(1+\frac{2b}{a}\right)$$

$$\text{측벽} : \sigma_t = -q + p\left(1+\frac{2a}{b}\right)$$ (5.5.22)

$$\text{어깨} : \sigma_t = p+q - 2(ap-bq)\frac{a-b}{a^2+b^2}$$

이고, 경계압이 등방압 $(p=q)$ 이면 내공면 천단과 측벽 및 어깨에서 다음이 된다.

$$\text{천단} : \sigma_t = p\frac{2b}{a}$$

$$\text{측벽} : \sigma_t = p\frac{2a}{b}$$ (5.5.23)

$$\text{어깨} : \sigma_t = p\frac{4ab}{a^2+b^2}$$

② 내압 영향

타원형 터널의 내공면에 연직내압 p_i 와 수평내압 q_i 가 동시에 작용하면 식 (5.5.12) 로부터 천단과 측벽의 접선 및 반경응력은 다음이 된다 (여기서 α 는 직각 및 타원 좌표가 이루는 각도).

천단 : $\sigma_t = -(p-p_i) + (q-q_i)\dfrac{a+2b}{a} + \dfrac{p_i+q_i}{2} - \dfrac{p_i-q_i}{2}\cos 2\alpha$ **(5.5.24)**

$\quad\quad \sigma_R = p_i$

측벽 : $\sigma_t = -(q-q_i) + (p-p_i)\dfrac{2a+b}{b} + \dfrac{p_i+q_i}{2} + \dfrac{p_i-q_i}{2}\cos 2\alpha$

$\quad\quad \sigma_R = q_i$

직각좌표와 타원좌표의 축이 같으면 ($\alpha = 0$), 식 (5.5.12) 에서 $e^{2i\alpha} = 1.0$ 이므로 위 식은 다음이 되고,

천단 : $\sigma_t = -(p-p_i) + (q-q_i)\dfrac{a+2b}{a} + q_i$

$\quad\quad \sigma_R = p_i$

측벽 : $\sigma_t = -(q-q_i) + (p-p_i)\dfrac{2a+b}{b} + p_i$ **(5.5.25)**

$\quad\quad \sigma_R = q_i$

내압이 등방압 ($p_{io} = p_i = q_i$) 일 때에는 다음이 된다.

천단 : $\sigma_t = -p + 2p_{io} + (q-p_{io})\dfrac{a+2b}{a}$ **(5.5.26)**

$\quad\quad \sigma_R = p_{io}$

측벽 : $\sigma_t = -q + 2p_{io} + (p-p_{io})\dfrac{2a+b}{b}$

$\quad\quad \sigma_R = p_{io}$

내압과 외압이 크기가 같으면 ($p_i = p$, $q_i = q$), 내공면 응력은 식 (5.5.12) 로부터 다음이 되며, 이는 터널굴착 전 초기응력에 해당된다.

$\sigma_R = \dfrac{p}{2}(1-\cos 2\alpha) + \dfrac{q}{2}(1+\cos 2\alpha),$ **(5.5.27)**

$\sigma_t = \dfrac{p}{2}(1+\cos 2\alpha) + \dfrac{q}{2}(1-\cos 2\alpha),$

$\tau_{Rt} = -\dfrac{p}{2}\sin 2\alpha - \dfrac{q}{2}\cos 2\alpha$

③ 천단에서 인장응력 발생조건

터널 천단부에서는 인장응력이 발생되기 때문에 암석이 응력파괴 (stress induced failure) 되거나 기존의 불연속면이 느슨해져서 블록파괴 (joint structural failure) 가 일어날 수 있다. 즉, 인장응력이 발생하는 천단부가 지보되어 있지 않으면 암석이 인장파괴 되거나 절리암반이 분리되어 낙반이 발생할 수가 있고, 지보되어 있으면 지보재에 이완하중으로 작용한다.

연직 및 수평 경계압 p 와 q 가 동시에 작용하는 이축응력상태 가로 타원형 터널의 천단에 인장응력이 발생할 조건은 $\sigma_t \leq 0$ 이므로 식 (5.5.22) 로부터,

$$\sigma_t = -p + q\frac{a+2b}{a} \leq 0 \tag{5.5.28}$$

이고, 이를 정리하면 다음이 된다.

$$K \geq \frac{q}{p} = \frac{a}{a+2b} \quad \text{또는} \quad \frac{b}{a} \geq \frac{1-K}{2K} \tag{5.5.29}$$

따라서 측압계수를 알면 천단부에 인장응력이 발생되지 않는 터널모양 b/a 를 구할 수 있다. 즉, 측압계수가 $K=1.0$ 이면 어떤 형상에서도 인장이 발생하지 않고, $K=0.5$ 이면 $(b/a) > 0.5$ 이어야 인장응력이 발생되지 않으며, $K=0$ 이면 항상 인장응력이 발생된다.

원형터널 $(a=b)$ 에서는 $K < 0.33$ 이면 천단과 바닥에 인장응력에 의한 인장균열이 발생된다. 굴착면 주변의 인장응력이 암반의 인장강도보다 더 크면 인장균열이 발생되어 응력이 해방된다.

절리가 없는 신선한 암반에 굴착한 터널에서는 인장응력이 발생되면 인장균열이 천단과 바닥에서 얕은 깊이로 확산되어 응력이 평형을 이루게 되어 안정해지므로, 유발된 인장균열이 터널의 붕괴과정에 거의 아무런 역할도 하지 않는다.

그러나 절리가 발달된 암반에 굴착한 터널에서는 인장응력에 의하여 절리면 구속응력이 저하되면 낙반이 발생하게 된다. 따라서 대규모 암반블록이 형성될 것으로 예상될 경우에는 그 하중규모를 예측하여 낙반방지대책을 마련해야 한다.

그러나 인장균열 자체는 터널안정에 큰 영향을 주지 않으므로, 인장균열발생으로 인해 터널이 붕괴된다고 보기는 어렵다.

5.2.2 타원형 터널 주변지반 변위

지반이 탄성 상태이면 지반응력을 Hooke 법칙에 대입하여 구한 변형률을 적분하면 터널주변지반의 변위 (터널굴착 전 초기변위와 터널굴착에 의한 변위의 합) 가 된다.

1) 터널굴착 전 초기변위

경계압 p 가 수평축에 대해 β 만큼 경사진 경우 (그림 5.5.4) 에 터널주변지반의 반경 및 접선응력 σ_R 과 σ_t (식 5.5.12) 로부터 x 와 y 방향 수직응력 (식 5.3.7) 을 구하면,

$$\sigma_x = (p/2)(1+\cos 2\beta)$$
$$\sigma_y = (p/2)(1-\cos 2\beta) \tag{5.5.30}$$

이고, 이를 Hooke 의 법칙에 적용하면 변형률을 계산할 수 있고,

$$\epsilon_x = \frac{1+\nu}{E}\left\{(1-\nu)\sigma_x - \nu\sigma_y\right\} = \frac{1+\nu}{E}\frac{p}{2}(1-2\nu+\cos 2\beta)$$
$$\epsilon_y = \frac{1+\nu}{E}\left\{(1-\nu)\sigma_y - \nu\sigma_x\right\} = \frac{1+\nu}{E}\frac{p}{2}(1-2\nu-\cos 2\beta) \tag{5.5.31}$$

변형률 ϵ_x 와 ϵ_y 를 적분하면 터널굴착 전 x 및 y 방향 지반변위 u_0 와 v_0 가 된다.

$$u_0 = \int \epsilon_x\, dx = \frac{1+\nu}{2E}pc\cosh R\cos\theta(1-2\nu+\cos 2\beta)$$
$$v_0 = \int \epsilon_y\, dy = \frac{1+\nu}{2E}pc\sinh R\sin\theta(1-2\nu-\cos 2\beta) \tag{5.5.32}$$

2) 타원형 터널 내공변위

Hooke 의 법칙으로부터 반경 및 접선방향 변형률 ϵ_R 과 ϵ_t 는 다음이 되고,

$$\epsilon_R = \frac{1+\nu}{E}\left\{(1-\nu)\sigma_R - \nu\sigma_t\right\}$$
$$\epsilon_t = \frac{1+\nu}{E}\left\{(1-\nu)\sigma_t - \nu\sigma_R\right\} \tag{5.5.33}$$

위 식에 내공면 $(R=R_0)$ 에서 반경 및 접선방향 응력 σ_R 과 σ_t (식 5.5.12) 를 대입하여 적분하면 타원터널굴착에 의한 반경 및 접선방향 변위 u_R 과 u_t 가 된다.

$$
\begin{aligned}
u_R &= \int \epsilon_R\, dR \\
&= \frac{1+\nu}{E}\frac{c}{\cosh 2R_0 - \cos 2\theta}\left[\begin{array}{l}\left\{\frac{p+q}{2}\sinh R_0\cosh 2R_0 + \frac{p-q}{2}(e^{2R_0}\sinh 2R_0 - 1)\sinh R_0\right\}\cos\theta \\ -s\, e^{2R_0}\cosh R_0\cosh 2R_0\sin\theta\end{array}\right] \\
u_t &= \int \epsilon_t\, dt \\
&= \frac{1+\nu}{E}\frac{c}{\cosh 2R_0 - \cos 2\theta}\left[\begin{array}{l}\left\{\frac{p+q}{2}\sinh R_0\cosh 2R_0 + \frac{p-q}{2}(e^{2R_0}\sinh 2R_0 - 1)\cosh R_0\right\}\sin\theta \\ +s\, e^{2R_0}\sinh R_0\cosh 2R_0\cos\theta\end{array}\right]
\end{aligned}
\tag{5.5.34}
$$

5.2.3 타원 형상에 따른 응력집중

타원형 터널에서는 내공면의 곡률이 위치마다 다르기 때문에, 선단부 등에서 응력이 집중되어 문제가 되므로, 타원의 형상이 유리한 것인지 검토할 필요가 있다.

1) 타원형 터널의 편평도에 따른 천단과 측벽응력

타원형 터널의 내공면 응력은 지반의 측압계수와 타원의 편평도에 따라 다르며, 타원의 편평도에 따른 천단 축과 측벽 축 상의 반경응력과 접선응력은 각각 그림 5.5.6 및 그림 5.5.7 과 같다.

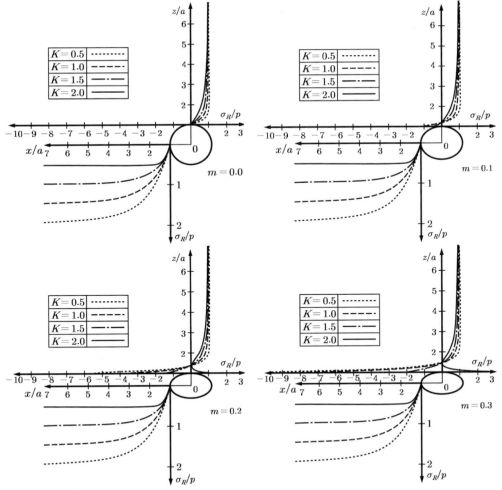

그림 5.5.6 측압계수 K 와 타원편평도 m 에 따른 연직 및 수평축상 반경응력

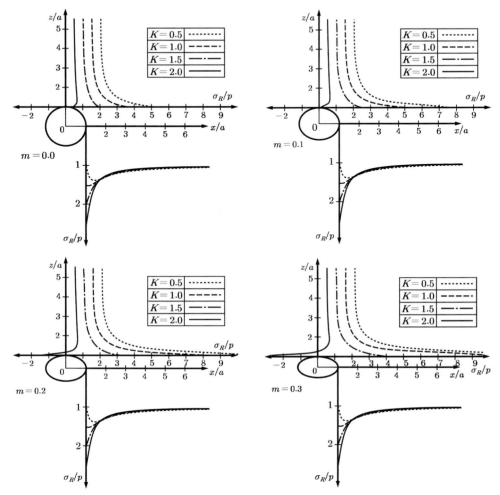

그림 5.5.7 측압계수 K 와 타원편평도 m 에 따른 연직 및 수평축상 접선응력

2) 타원형 터널의 최적 형상

타원형 터널 내공면 응력이 위치에 무관하게 모두 같아지는 모양이면 역학적으로 가장 유리하다. 따라서 측벽과 천단에서 접선응력의 크기가 같다고 놓고 식 (5.5.22) 를 풀어서 역학적으로 유리한 형상을 구한다.

타원좌표의 주축이 직각좌표의 축과 같고, 연직 ($p = p_v$) 및 수평 ($q = p_h$) 경계압이 작용할 때에, 천단과 측벽의 접선응력이 같으면 식 (5.5.22) 로부터 다음이 성립된다.

$$- p_v + p_h \frac{a + 2b}{a} = - p_h + p_v \frac{2a + b}{b} \tag{5.5.35}$$

위 식을 정리하면 다음 관계가 성립된다.

$$\frac{b}{a} = \frac{p_v}{p_h} = \frac{1}{K}$$

(5.5.36)

즉, 측압계수의 역수 $1/K$ 와 타원의 반경비 b/a 는 같다. 따라서 측압계수 $K=1$ 이면 $b/a = 1.0$ (원형), $K = 0.5$ 이면 $b/a = 2.0$ (세로 타원형) 이 유리하다. 곡률반경이 작을수록 응력집중이 커지므로, 터널은 단면이 원형에 가까워질수록 유리하다. 수평응력이 탁월한 지반에서 터널의 단면이 납작하면 응력집중 측면에서는 유리 하지만 불연속면 영향에 의한 지반이완이 문제가 된다. 따라서 곡률이 작은 부분 이 없도록 터널단면을 다심 원으로 조합하며, 가장 이상적 터널형상은 단심원이다.

3) 타원형 터널의 응력집중

타원형 터널의 반경비가 크고 연직토압이 크면 주변지반의 응력집중도는 측벽 부근에서 심하다. 파괴에 근접한 상태에서는 Hooke 법칙이 성립되지 않으므로 응력 집중도와 파괴정도는 서로 비례하지 않는다. 최대응력이 암반 허용강도를 초과할 때에 터널이 붕괴된다고 생각하면, 최대응력만 알면 되므로 **FEM** 해석 등 복잡 한 수단을 동원해서 주변지반 응력분포를 정확히 계산할 필요가 없고, 내공면의 응력만 계산해도 충분하다. 신선한 암반에 굴착한 터널은 국부적 응력집중에 의해 붕괴되지 않고, 붕괴확률이 응력이 높은 부분의 체적 (즉, 각 부분의 파괴확률을 체 적에 대해 적분한 값) 에 비례하여 붕괴한다. 따라서 국부적 응력집중을 정밀하게 계산하는 것은 의미가 별로 없다. 터널 주변지반 응력집중도는 지반의 측압계수나 터널형상에 따라 다르며, 응력집중에 의한 인장응력은 측압계수가 작을 때에는 천정에서 발생되고, 측압계수가 클 때에는 측벽에서 발생된다.

연직외력 p 와 수평외력 q 가 작용하는 타원 터널에서 반경비와 편각에 따른 응력 집중정도는 표 5.5.1 과 같다.

표 5.5.1 타원의 응력집중 (외력 p 와 q 가 작용하는 경우)

편 각 $\theta[^o]$	반경비 b/a				
	0	0.1	0.2	0.5	1.0(원형)
0(측벽)	∞	$21p - q$	$11p - q$	$5p - q$	$3p - q$
30	$-p + q$	$-0.359p + 1.136q$	$0.286p + 1.143q$	$1.571p + 0.714q$	$2p$
45	$-p + q$	$-0.782p + 1.178q$	$-0.538p + 1.308q$	$0.200p + 1.400q$	$p + q$
60	$-p + q$	$-0.927p + 1.193q$	$-0.842p + 1.368q$	$-0.538p + 1.769q$	$2p$
90(천단)	$-p + q$	$-p + 1.2q$	$-p + 1.4q$	$-p + 2q$	$-p + 3q$

4) 타원의 형상 및 측압계수에 따른 내공면 접선응력

Hoek/Brown (1980) 은 터널형상별로 계수 A 와 B (그림 5.5.8c) 를 결정하여 측압계수에 따른 터널 천정부와 측벽부 접선응력을 연직응력으로부터 구하였다.

$$\sigma_t = (AK_o - 1)\sigma_v \quad : 천정부 \tag{5.5.37}$$

$$\sigma_t = (B - K_o)\sigma_v \quad : 측벽부$$

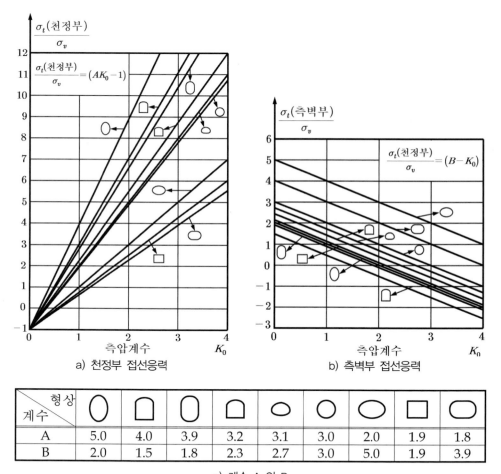

a) 천정부 접선응력   b) 측벽부 접선응력

계수＼형상	◯	⌂	◯	⌂	⬭	◯	◯	☐	⬭
A	5.0	4.0	3.9	3.2	3.1	3.0	2.0	1.9	1.8
B	2.0	1.5	1.8	2.3	2.7	3.0	5.0	1.9	3.9

c) 계수 A 와 B

그림 5.5.8 터널형상에 따른 접선응력 (Hoek/Brown, 1980)

5.3 타원형 터널의 안정성 분석

터널굴착 전·후에 지반은 등방성이재료고, 지반경계에 연직방향 상재 토피압과
수평방향 경계압력 (상재 토피압에 측압계수를 곱한 크기) 이 작용한다고 가정한다.

타원형 터널은 주변지반의 형상변형에너지 (5.3.1 절) 를 구하여 안정성 (5.3.2 절) 을
판정한다. 지반 강도에 따른 소성역의 형상 (5.3.3 절) 은 터널굴착 후 지보 전 주변
지반 응력을 von Mises 항복조건을 적용하여 지반강도 비 σ_{yd}/p 에 따른 소성영역을
구하여 판정한다. 터널 굴착 후 지보 전 타원형과 원형터널의 형상변형에너지로부터
초과비 S_R 를 구하여 형상에 따른 안정성을 비교 (5.3.4 절) 할 수 있다.

5.3.1 타원형 터널 주변지반 형상변형에너지

타원형 터널의 안정성은 시공공정별로 지반의 포텐셜 $\triangle U_s$ 를 구하여 분석한다.
지반 포텐셜은 형상변형에너지가 최대치에 도달되기까지 여유변형에너지 즉, 형상
변형에너지 U_s 와 최대 형상변형에너지 U_{smx} 의 차이 이다.

$$U_s = \frac{1+\nu}{2E}\left\{(\sigma_1 - \sigma_m)^2 + (\sigma_2 - \sigma_m)^2 + (\sigma_3 - \sigma_m)^2\right\} = \frac{1+\nu}{2E}p^2 F$$

$$U_{smx} = \frac{1+\nu}{E}p^2 F_{\max}$$

$$\triangle U_s = U_{smx} - U_s = \frac{1+\nu}{E}p^2(F_{\max} - F) = \frac{1+\nu}{E}p^2 \triangle F \tag{5.5.38}$$

여기에서 σ_1 와 σ_2 및 σ_3 은 주응력이고, σ_m 은 평균응력이며, p 는 상재 토피압이다.

형상변형에너지 U_s 와 최대형상변형에너지 U_{smx} 및 지반 포텐셜 $\triangle U_s$ 는 상재 토피압
p 로 무차원화하여 각각 F 와 $F_{\max}$ 및 $\triangle F$ 로 나타내며, F 와 $F_{\max}$ (표 5.5.2) 의 차이
($\Delta F = F_{\max} - F$) 의 최소치 $\Delta F_{\min}$ 로부터 타원형 터널의 안정성을 판정할 수 있다.
타원형 터널의 안정성은 시공공정별로 $\Delta F_{\min}$ 를 구하여 판정한다. $\triangle F_{\min} > 0$ 이면
지반이 탄성상태이므로 안정하고, $\triangle F_{\min} < 0$ 이면 소성화되어 불안정하다.

1) 시공공정별 무차원 형상변형에너지 F

시공공정별 무차원 형상변형에너지 F 는 터널의 시공공정 (터널굴착 전, 굴착 후
지보 전, 숏크리트 타설 후, 볼트설치 후) 에 상응하는 주변지반 응력으로부터 구한
주응력을 식 (5.5.38) 에 적용하여 구한다.

$$F = \left\{(\sigma_1 - \sigma_m)^2 + (\sigma_2 - \sigma_m)^2 + (\sigma_3 - \sigma_m)^2\right\}/p^2 \tag{5.5.39}$$

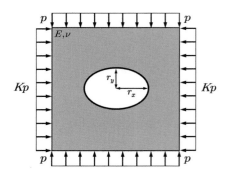

그림 5.5.9 굴착 후 지보 전 타원형 터널 모델

① 터널굴착 전 초기응력 $\sigma_{ij}^{(1)}$: 연직방향으로 (터널중심 토피압에 해당하는) 압축응력 $-p$, 수평방향으로 (토피압에 측압계수를 곱한 크기의) 압축응력 $-Kp$ 이 작용하여 지반변위가 발생되므로, 터널주변지반 응력은 측압계수 K 에 의존한다.

$$\sigma_x = -Kp , \quad \sigma_y = -p, \quad \tau_{xy} = 0 \tag{5.5.40}$$

② 터널굴착 후 지보설치 전 주변지반응력 $\sigma_{ij}^{(2)}$: 평면변형률 상태 무한탄성체에서 모든 변위를 구속하고 지압에 상응하는 외력을 가한 상태로 타원형 (장경 a, 단경 b) 구멍을 뚫고 변위구속을 해제할 때와 같다 (그림 5.5.9). 지반경계가 무한히 멀면 터널 굴착면 응력 (내압) 과 주변지반응력은 측압계수 K 와 터널 편평도 m 에 의존한다.

　　터널의 외경 $(r=1)$ 　: $\sigma_r = \sigma_t = 0$
　　무한히 먼 경계 $(r \to \infty)$: $\sigma_x = -Kp, \sigma_y = -p$ (5.5.41)

③ 숏크리트 타설 후 터널 주변지반 응력 $\sigma_{ij}^{(3)}$: 평면변형률상태 무한탄성체에서 모든 변위를 구속하고 지압에 상응하는 외력을 가한 상태로 타원형 구멍을 뚫은 후 타원형 링을 끼우고 변위구속을 해제한 경우와 같다 (그림 5.5.10). 터널 주변지반의 응력은 측압계수 K, 편평도 m, 숏크리트 링과 지반의 상대강성 (구조계수 비 α_A), 지반과 숏크리트의 푸아송 비 ν 및 ν_c 에 의존한다. 무한 탄성체는 주변지반, 구멍은 터널, 링은 숏크리트에 해당되고, 타원은 숏크리트 링의 내주면으로 생각한다. 숏크리트 링 (첨자 c) 과 지반의 상대강성은 무차원 구조계수비 α_A 로 나타낸다.

$$\alpha_A = (1 - r_0)E_c / E \tag{5.5.42}$$

이때에 경계조건은 다음과 같다.

　　숏크리트 내주면 $(r = r_0)$: $\sigma_r^c = \sigma_t^c = 0$
　　숏크리트 외주면 $(r = 1)$ 　: $\sigma_r^c = \sigma_r$, $\sigma_t^c = \sigma_t$, $u_r^c = u_r$, $u_t^c = u_t$ (5.5.43)
　　무한히 먼 경계 $(r \to \infty)$ 　: $\sigma_x = -Kp$, $\sigma_y = -p$

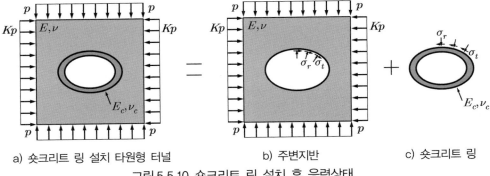

a) 숏크리트 링 설치 타원형 터널   b) 주변지반   c) 숏크리트 링

그림 5.5.10 숏크리트 링 설치 후 응력상태

④ 볼트 설치 후 터널 주변지반응력 $\sigma_{ij}^{(4)}$: 볼트 설치 전 (무지보 상태 $\sigma_{ij}^{(2)}$ 나 숏크리트 타설상태 $\sigma_{ij}^{(3)}$) 응력에 볼트에 의한 응력 $\Delta\sigma_{ij}$ 를 더한 값이다.

볼트만 설치한 경우 : $\sigma_{ij}^{(4)} = \sigma_{ij}^{(2)} + \Delta\sigma_{ij}$

숏크리트와 볼트를 병용한 경우 : $\sigma_{ij}^{(4)} = \sigma_{ij}^{(3)} + \Delta\sigma_{ij}$ **(5.5.44)**

이때에 지반응력 σ_{ij} 은 측압계수 K, 편평도 m, 지반과 숏크리트의 푸아송비 ν 및 ν_c , 숏크리트 라이닝과 지반의 상대강성 (구조계수비 α_A), 볼트에 의한 무차원 등가응력 (볼트비 α_B) 에 의존한다.

볼트 (단면적 A_{rB}, 항복응력 σ_{yrB}) 를 n 개 설치한 터널 (굴착면 횡단길이 S_d, 길이 L) 에서 볼트에 의한 등분포 등가응력 σ_{erB} 는 볼트가 완전탄소성체이고 항복응력 상태이며, 볼트에 의해 지반에 전달되는 압력은 등분포이고, 볼트 효과는 전체에서 일정하다고 가정하고 계산하면 다음과 같다.

$$\sigma_{erB} = \frac{n\,A_{rB}\,\sigma_{erB}}{S_d L} \tag{5.5.45}$$

볼트비 α_B 는 볼트 등분포등가응력을 덮개압력 p 로 무차원화 한 값이다.

$$\alpha_B = \frac{\sigma_{erB}}{p} \tag{5.5.46}$$

볼트에 의해 발생된 지반응력 변화량 $\Delta\sigma_{ij}$ 는 초기응력 $\sigma_{ij}^{(1)}$ 과 굴착 후 지보설치 전 응력 $\sigma_{ij}^{(2)}$ 의 차이에 볼트비를 곱한 크기이다.

$$\triangle\sigma_{ij} = -\,\alpha_B(\sigma_{ij}^{(2)} - \sigma_{ij}^{(1)}) \qquad (ij = xx, yy, xy) \tag{5.5.47}$$

2) 무차원 최대 형상변형에너지 $F_{\max}$

무차원 최대 형상변형에너지 $F_{\max}$ 는 항복조건에 따라 결정되며 표 5.5.2 와 같다.

표 5.5.2 항복조건에 따른 U_{smx} 를 무차원화한 $F_{\max}$ 값 (c 는 점착력, ϕ 는 내부마찰각)

Yield condition	$F_{\max}$
Von Mises	$\dfrac{1}{3}\dfrac{\sigma_y^2}{p^2}$
Drucker-Prager	$\dfrac{\{3(2\sigma_m/p)\sin\phi - 3(2c/p)\cos\phi\}^2}{3(3-\sin\phi)^2}$

3) 터널의 안전율

균질한 탄성지반 (이완되거나 소성화 되지 않고 그라우팅 보강하지 않은 지반) 에 굴착한 타원형 터널의 안정성은 굴착공법과 지보방법 및 깊이비 h/r_0 를 고려하고 터널과 주변지반의 특성과 계측데이터를 입력하고 역해석하여 터널의 깊이에 따른 측압계수 K 와 지반변형계수 E 및 안전율 f 의 관계를 구하여 판정한다.

역해석으로 구한 지반변형계수는 터널깊이에 비례해서 증가하고, 측압계수는 터널이 깊지 않으면 불규칙하게 변하지만, 깊어질수록 $K=0.5 \sim 1.5$ (평균 $K=1.1$) 의 범위에서 등방압에 근접한다. 안전율 f 는 역해석에서 구한 측압계수 K 와 변형계수 E 를 적용하여 계산하며, 대개 $f=4.0 \sim 8.0$ 범위이다.

$$f = \sqrt{U_{smx}/U_s} \tag{5.5.48}$$

깊이 h 의 증가에 따라 상재 토피압 s 가 증가하는 만큼 강도비 σ_{yd}/p 가 증가하는 것은 아니기 때문에, 안전율은 깊이증가에 따라 감소하는 경향을 보인다. 즉, 암반의 강도가 깊이에 무관하게 일정할 때에 굴착유발응력이 암반강도를 초과하는 대심도 ($h > 1000\,m$) 터널에서는 과도한 응력해방과 변형을 고려하여 굴착 및 지보계획을 수립해야 한다.

일반 심도 ($h < 500\,m$) 에서 터널 안정이 불연속면의 특성에 의해 결정되는 경우에는 (터널이 깊을수록 구속압력이 증가하기 때문에) 안전율이 깊이에 대해 반비례 한다고 보기 어렵다.

5.3.2 타원형 터널 주변지반 안정성

타원형 터널의 안정성은 시공 공정별로 무차원 지반포텐셜 ΔF (형상변형에너지 U_s 와 항복조건별 최대 형상변형에너지 U_{smx} 를 상재 토피압 p 로 무차원화 한 F 와 F_{max} (표 5.5.2) 의 차이 $\Delta F = F_{max} - F$) 의 최소치 (ΔF_{min}) 를 계산하여 판정한다. F_{max} 는 보통 von Mises 항복조건으로부터 구하며, 점착력비 $2c/p$ 와 내부마찰각 ϕ 를 (von Mises 항복조건) 항복응력 σ_{yd}/p 로 변환하면 Drucker-Prager 항복조건으로 F_{max} 를 구할 수 있다.

터널굴착 전 ΔF 의 최소치가 음 (-) 이면 ($\Delta F_{min}^{(1)} < 0$), 지반은 터널굴착 전에 이미 소성상태이어서, 터널굴착 즉시 숏크리트 링과 볼트를 설치하여도 효과가 없다. 그러나 지보설치 전 ΔF 의 최소치가 양 (+) 이면 ($\Delta F_{min}^{(2)} > 0$), 지반이 탄성상태이므로 지보하지 않더라도 안정하다. 지반이 터널굴착 이전에 소성화되어 있지 않으나 굴착 후에 안정하지도 않으면 지보하여 안정화시킨다.

타원형 터널 주변지반의 안정성은 숏크리트 링과 지반의 상대 강성을 나타내는 무차원 구조계수비 α_A 로부터 판정할 수가 있다. 즉, 구조계수비가 일정하면 탄성 상태이기 때문에 안정하다.

$$\alpha_A = (1 - r_o)E_c/E \tag{5.5.49}$$

5.3.3 타원형 터널 주변 소성영역의 형상

터널굴착 후 지보공 설치 전 주변지반에서 무차원 지반포텐셜이 음 ($\Delta F < 0$) 인 영역 (von Mises 항복조건에 따른 소성영역) 을 지반강도 비 σ_{yd}/p 에 따라 나타내면 (그림 5.5.11), 소성영역의 외곽경계와 지반의 소성화 여부를 판단할 수 있다.

터널 주변지반의 소성영역은 지반강도 비 σ_{yd}/p 가 작을수록, 측압계수 K 가 클수록, 편평도 m 이 클수록 확대된다.

측압계수가 $K > 1$ 일 때에 편평도 m 이 작으면 천단과 바닥에서 먼저 소성화 되고, 측압계수가 $K < 1$ 인 경우에는 측벽에서 먼저 소성화된다.

또한, 지반강도비가 $\sigma_{yd}/p < 4.0$ 인 타원형 터널에서는 숏크리트와 볼트의 지보 효과가 뚜렷하다. 지반을 탄성상태로 유지하려면 숏크리트를 두껍게 하고, 볼트를 설치하며, 단면이 둥글수록 유리하다.

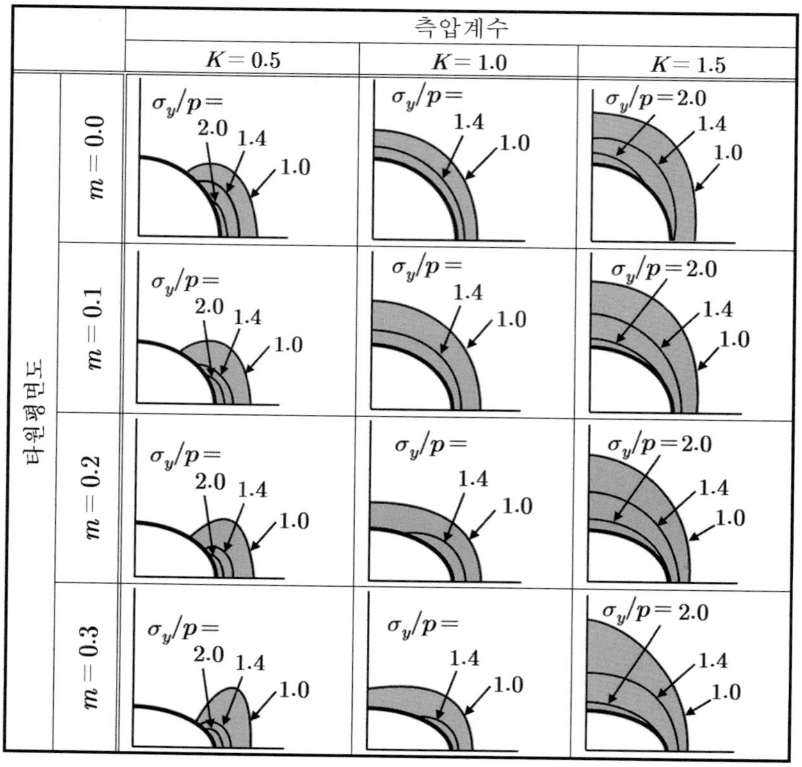

그림 5.5.11 타원 주변지반 소성영역
(von Mises 항복조건 $\triangle F^{(2)} < 0$ 영역, Matsumoto/Nishioka, 1991)

그림 5.5.11 은 타원형 터널 주변지반에 형성된 소성영역을 나타내며, 소성영역은 측면이나 천단과 바닥에서 시작하여 확대되고, 측압계수 K 가 클수록, 편평도 m 이 작을수록 천단과 바닥에서 소성영역이 발생된다.

원형 터널에서 측압계수가 $K < 1$ 일 때는 측면에서, $K > 1$ 일 때는 천단과 바닥에서 응력이 증가되며, $|K - 1|$ 이 클수록 크게 증가된다. 타원형 터널에서는 응력이 측면에서 크게 증가되고 m 이 커질수록 더 크게 증가된다.

소성영역은 $K > 1$ 이고 K 보다 m 의 영향이 클 때에는, 측벽에서부터 발생되고, 동일한 σ_{yd}/p 에서 K 가 작거나 m 이 클수록 지반이 더 쉽게 소성화 된다. 반면 $K > 1$ 이고 m 보다 K 의 영향이 클 때에는, 터널의 천단과 바닥에서 소성영역이 발생되고, 동일한 σ_{yd}/p 에서 K 가 클수록 m 이 작을수록 더 쉽게 소성화된다.

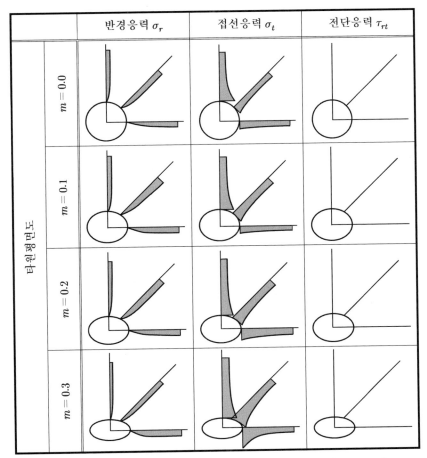

그림 5.5.12 무지보 상태 터널 주변지반 응력분포 양상 $(K = 1.5)$

5.3.4 타원형터널과 원형터널의 안정성 비교

타원형 터널 주변지반의 응력분포 양상은 원형터널과 큰 차이가 없으며, 편평도에 따라 그림 5.5.12 와 같다. 지반의 형상변형에너지 U_s 가 클수록 최대형상변형에너지 U_{smx} 와 차이 ΔU_s (즉, ΔF) 가 작아져서 지반의 안정성이 낮아진다. 라이닝이 없는 상태에 대해서 타원형 터널의 형상변형에너지 U_s^E 와 원형터널의 형상변형에너지 U_s^C 로부터 초과비 S_R (surplus ratio) 를 계산하여 안정성을 비교할 수 있다. 우변의 지수 1/2 은 응력차원을 맞추기 위한 것이다.

$$S_R = \sqrt{U_{s\,max}^E / U_{s\,max}^C} \tag{5.5.50}$$

초과비가 **1.0** 보다 클 때에는 즉, $S_R > 1.0$ 일 때에는 타원형 터널의 형상변형에너지가 원형 터널의 형상변형에너지에 비해 크기 때문에 타원형 터널 보다 원형터널이 더 안정하다.

반면에 초과비가 **1.0** 보다 작을 때 즉, $S_R < 1.0$ 일 때는 원형터널 보다 타원형 터널이 더 안정하다 (실제의 터널에서는 대체로 $m < 0.3$, $S_R = 0.7 \sim 1.9$).

초과비 S_R 은 측압계수 K 의 영향을 적게 받고, $K = 1$ 일 때에 최대이다. $K = 1$ 일 때에는 편평도 m 이 커질수록 (즉, 터널이 납작할수록) 측벽의 접선응력이 증가하여 $K < 1.0$ 인 원형터널의 측벽접선응력과 유사해지며, 숏크리트를 설치하지 않으면 $(\alpha_A = 0)$, 형상변형에너지 U_s 는 원형 보다 타원형에서 더 크게 증가하므로 초과비 S_R 은 편평도 m 이 클수록 크다.

측압계수 K 가 클 때 $(K > 1)$ 에는 초과비 S_R 이 최소가 되는 최적 편평도 m_{opt} 가 존재하며, 이때에는 형상변형에너지 U_s 가 최소가 되므로 터널의 단면이 원형보다 타원형이 더 안정하다.

최적 편평도 m_{opt} 는 측압계수로부터 계산할 수 있다.

$$m_{opt} = \frac{K-1}{K+1}$$

(5.5.51)

타원형 터널에 숏크리트 링을 설치하면 $(\alpha_A \neq 0)$, 주변지반에 응력이 재분배 되어 형상변형에너지가 감소하며, 형상변형에너지가 감소되는 정도는 타원형과 원형터널인 경우에 거의 같다.

타원형 터널의 안정성은 원형 터널과 거의 같은 양상을 보이고, 초과비 S_R 에 대한 숏크리트 두께의 영향은 크지 않다.

타원형 터널의 편평도는 대체로 $m \leq 0.3$ 이다. 따라서 초과비는 측압계수가 $K = 0.5$ 일 때는 $S_R = 1.0 \sim 1.7$ 이고, $K = 1.0$ 일 때에는 $S_R = 1.0 \sim 1.9$ 이기 때문에 원형터널이 더 안정하다. 그러나 $K = 1.5$ 일 때에는 $S_R = 0.7 \sim 1.0$ 정도이어서 타원터널이 더 안정하다.

6. 돔형 공동의 탄성해석

터널은 대개 평면변형률상태 (원통형 터널) 로 생각하고 해석한다. 그런데 자립할수 있는 굴진면은 지보설치 전까지 전방지반의 응력해방을 구속하므로 굴진면 주변에 3차원 지반아치가 생성되며 이로인해 돔형 공동상태가 되어, 원통형 터널 보다내공면 접선응력과 변위 (약 절반정도) 가 작게 발생된다. 따라서 자립할 수 있는 굴진면 주변지반을 평면변형률상태로 계산하면 정확성이 떨어지고, 돔형 공동상태에서지보공을 설치하면 원통형 터널이 된다고 보고 구한 지보재 응력은 터널을 처음부터원통형 상태라고 생각하고 계산한 것과 많이 다르다.

돔형 공동상태에서는 응력집중과 변위발생이 작지만, 지보설치 후 굴착을 진행하면응력상태가 원통응력상태로 변하며 지반응력이 증가하여 지보재 부담하중이 커진다.

주변지반의 응력은 측벽에서는 돔형 공동일 때가 원통형 터널 보다 작으며, 천단에서는 돔형공동일 때가 약간 크다. 접선응력은 측압계수가 작을수록 돔형공동일때와 원통형 상태의 차이가 크며, 내공면에서 가장 크고 내공면에서 멀수록 감소한다.대체로 돔형 공동이 원통형 터널 보다 발생응력이 작고 응력분포양상이 유리하다.

터널 굴착 후 지보공 설치 전까지 등방압상태 돔형 공동 **(6.1 절)** 에서는 주변지반을 등분포 내·외압을 받는 구형용기로 간주하고, 응력과 변위를 계산한다. 비등방압상태 돔형 공동 **(6.2 절)** 에서는 주변지반을 회전타원체로 간주하여 주변지반의 응력과 변위를 계산하며, 이때에는 형상이 다양한 공동을 해석할 수 있다.

굴진면 주변지반의 응력상태 **(6.3 절)** 는 초기에 돔형 응력상태이므로 응력집중과변위발생이 작아서 지보설치 전 안전성 측면으로는 유리하지만, 지보설치 후 굴착을진행함에 따라 원통형 응력상태로 변하여 지보재 부담하중이 증가하므로 불리할 수도 있다. 따라서 돔형공동을 고려하여 지보공을 설치 **(6.4 절)** 하여야 하고, 지보공설치위치와 시기는 단면크기에 따라 다를 수 있다.

6.1 등방압상태 돔형 공동

돔형공동이 등방압상태이면 내벽과 외벽에 등분포 내압 p_a 와 외압 p_b 가 작용하는구형 용기 (내경 a, 외경 b) 로 이상화 (그림 5.6.1b) 하고 구형용기의 응력과 변위 **(6.1.1절)** 에 대한 식을 적용하여 돔형 공동 주변지반의 응력과 변위 **(6.1.2 절)** 를 계산할수 있다.

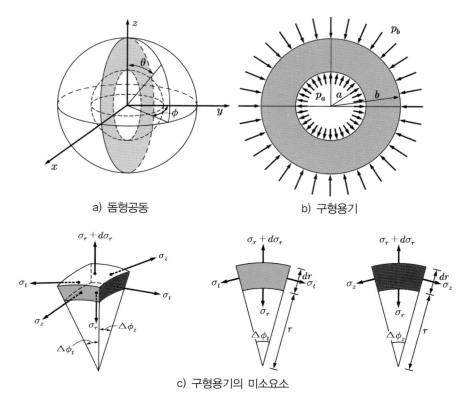

a) 돔형공동   b) 구형용기

c) 구형용기의 미소요소

그림 5.6.1 두꺼운 구형 용기에 작용하는 압력과 응력

6.1.1 구형 용기 응력과 변위

1) 구형 용기 변위

구형용기의 미소요소 (그림 5.6.1c) 에서 반경방향 힘의 평형을 적용하면,

$$-\sigma_r(r\,d\phi_t)(r\,d\phi_z)+(\sigma_r+d\sigma_r)(r+dr)^2d\phi_t\,d\phi_z-\sigma_t(r\,dr\,d\phi_z)\,d\phi_t-\sigma_z(r\,d\phi_t\,dr)\,d\phi_z=0$$

$$(5.6.1)$$

이고, $\sigma_t=\sigma_z$ 이므로 위 식은 다음이 된다.

$$2(\sigma_r-\sigma_t)+r\frac{d\sigma_r}{dr}=0$$

$$(5.6.2)$$

변위의 적합조건에서 변형률-변위 관계는 다음과 같다.

$$\varepsilon_t=\varepsilon_z=\frac{(r+u)\,d\phi_t-r\,d\phi_t}{r\,d\phi_t}=\frac{u}{r}$$

$$\epsilon_r=\frac{(u+du)-u}{dr}=\frac{du}{dr}$$

$$(5.6.3)$$

위 식에 Hooke 법칙을 대입하면 반경응력 σ_r 과 접선응력 σ_t 에 대한 식이 된다.

$$\sigma_t = \sigma_z = \frac{E}{(1+\nu)(1-2\nu)}\left(\frac{u}{r} + \nu\frac{du}{dr}\right)$$

$$\sigma_r = \frac{E}{(1+\nu)(1-2\nu)}\left\{2\nu\frac{u}{r} + (1-\nu)\frac{du}{dr}\right\} \tag{5.6.4}$$

반경응력 σ_r 을 r 로 미분하여,

$$\frac{d\sigma_r}{dr} = \frac{E}{(1+\nu)(1-2\nu)}\left[2\nu\frac{\dfrac{rdu}{dr} - u}{r^2} + (1-\nu)\frac{d^2u}{dr^2}\right] \tag{5.6.5}$$

평형식 (식 5.6.2) 에 대입하면 다음 미분방정식이 되고,

$$\frac{d^2u}{dr^2} + \frac{2}{r}\frac{du}{dr} - \frac{2u}{r^2} = 0 \tag{5.6.6}$$

이 식을 풀면 반경변위 u 에 대한 식이 된다.

$$u = \frac{A}{r^2} + Br + C \tag{5.6.7}$$

위 식의 $A,\ B,\ C$ 는 적분상수이며, 내공면 $(r=a)$ 반경압력이 $\sigma_r = p_a$ 인 조건과 외측 $(r=b)$ 압력이 $\sigma_r = p_b$ 인 조건으로부터 구할 수 있다.

$$A = \frac{1+\nu}{2E}(p_a - p_b)\frac{a^3b^3}{b^3 - a^3}$$

$$B = \frac{1-2\nu}{E}\frac{p_aa^3 - p_bb^3}{b^3 - a^3}$$

$$C = 0 \tag{5.6.8}$$

따라서 구형 용기의 반경변위 u (식 5.6.7) 는 다음이 된다.

$$u = \frac{1+\nu}{2E}(p_a - p_b)\frac{a^3b^3}{b^3 - a^3}\frac{1}{r^2} + \frac{1-2\nu}{E}\frac{p_aa^3 - p_bb^3}{b^3 - a^3}r \tag{5.6.9}$$

2) 구형용기 응력

위 식을 식 (5.6.4) 에 대입하면 구형 용기의 반경 및 접선응력 σ_r 과 σ_t 가 된다.

$$\sigma_r = -p_a\frac{a^3(r^3 - b^3)}{r^3(b^3 - a^3)} + p_b\frac{b^3(r^3 - a^3)}{r^3(b^3 - a^3)}$$

$$\sigma_t = -p_a\frac{a^3(2r^3 + b^3)}{2r^3(b^3 - a^3)} + p_b\frac{b^3(2r^3 + a^3)}{2r^3(b^3 - a^3)} \tag{5.6.10}$$

6.1.2 등방압 상태 돔형 공동 주변지반 응력과 변위

1) 돔형 공동 주변지반 응력

(1) 주변지반 응력

돔형 공동 주변지반의 반경 및 접선응력 σ_r 과 σ_t 는 구형 용기에 대한 식 (5.6.10)에 외경이 무한히 큰 조건 ($b = \infty$) 을 대입하여 구할 수 있다.

$$
\begin{aligned}
\sigma_r &= p_a \frac{a^3}{r^3} + p_b \frac{r^3 - a^3}{r^3} \\
&= p_b - (p_b - p_a)\frac{a^3}{r^3} \\
\sigma_t &= -p_a \frac{a^3}{2r^3} + p_b \frac{2r^3 + a^3}{2r^3} \\
&= p_b + (p_b - p_a)\frac{a^3}{r^3}
\end{aligned}
\tag{5.6.11}
$$

(2) 내공면 응력

터널 내공면의 반경 및 접선응력 σ_r 과 σ_t 는 위 식에 외압 $p_b = p_o = -\gamma H$ 와 내압 p_i 및 내공면 $r = a$ 를 대입하면 구할 수 있다.

$$
\begin{aligned}
\sigma_r &= p_o - (p_o - p_i)\frac{a^3}{r^3} \\
\sigma_t &= p_o + (p_o - p_i)\frac{a^3}{2r^3}
\end{aligned}
\tag{5.6.12}
$$

위 식에서 지보설치 이전 ($p_i = 0$) 에 내공면 ($r = a$) 의 접선응력 σ_t 는 돔형 공동에서는 다음이 되고,

$$
\sigma_t = 1.5\, p_o = 1.5\, \gamma H
\tag{5.6.13}
$$

원통형 터널 (평면변형상태) 에서는 식 (5.3.19) 로부터 다음과 같다.

$$
\sigma_t = 2.0\, p_o = 2.0\, \gamma H
\tag{5.6.14}
$$

따라서 위 두 식을 비교하면 터널굴착 후 지보공 설치 전 내공면 접선응력은 돔형공동일 경우가 원통형 터널일 경우보다 **25%** 작다. 따라서 터널굴착 직후에 굴진면 근접지반은 돔형공동 응력상태가 되어 원통형 응력상태일 경우 보다 더 작다.

2) 돔형 공동 주변지반 변위

(1) 주변지반 변위

등방압 상태 돔형 공동 주변지반의 반경변위 u 는 구형 용기의 반경변위 (식 5.6.9)
에 외경이 무한히 큰 조건 ($b = \infty$) 을 대입하여 구한다.

$$u = -\frac{1+\nu}{2E}(p_a - p_b)\frac{a^3}{r^2} + \frac{1-2\nu}{E}p_b r \tag{5.6.15}$$

여기에서 제1항은 돔형 공동의 굴착에 따른 변위, 제2항은 굴착 전 변위이다.

(2) 내공변위

돔형 공동의 내공변위 u_a 는 위 식에 $p_b = p_o$, $p_a = p_i$, $r = a$ 를 대입하여 구한다.

$$u_a = -\frac{1+\nu}{2E}(p_i - p_0)a \tag{5.6.16}$$

그런데 반경이 같은 원통형 터널의 내공변위 u_a 는 식 (5.3.10) 에서 다음이 되어,

$$u_a = -\frac{1+\nu}{E}(p_i - p_0)a \tag{5.6.17}$$

돔형 공동 내공면의 변위 (식 5.6.16) 는 원통형 터널 내공면의 변위 (식 5.6.17) 의
절반 크기이며, 반경변위는 터널반경 a 가 커질수록 증가하고 지반의 탄성계수가
커질수록 감소한다는 것을 알 수 있다.

3) 돔형 공동 주변지반 변형률

돔형 공동 주변지반 변형률은 식 (5.6.15) 의 변위를 적합조건 (식 5.6.3) 에 대입하여
구한다.

$$\varepsilon_t = \frac{u}{r} = \frac{(1+\nu)(p_o - p_i)}{2E}\frac{a^3}{r^3} + \frac{1-2\nu}{E}p_o$$

$$\varepsilon_t = \frac{du}{dr} = -\frac{(1+\nu)(p_o - p_i)}{E}\frac{a^3}{r^3} + \frac{1-2\nu}{E}p_o \tag{5.6.18}$$

따라서 변위는 $\left(\dfrac{a}{r}\right)^2$ 에 대하여 그리고 응력과 변형률은 $\left(\dfrac{a}{r}\right)^3$ 에 대하여 선형적
비례관계이다.

6.2 비등방압상태 돔형 공동

비등방 (연직 등분포) 외력에 의해 발생되는 응력은 Neuber (1937), Sadowsky/ Sternberg (1947), Edwards (1951) 등이 돔형 공동과 주변지반을 등방탄성체 내에 있는 (타원형 단면을 연직 축을 중심으로 회전시킨) 회전타원체와 주변탄성체로 간주하고 탄성이론을 적용하여 구하였다. 이때에 회전타원체 (돔형 공동) 는 타원의 편평도에 따라 다양한 형상 (원형 포함) 을 나타낸다.

비등방성 외력에 의하여 돔형공동 주변에 발생되는 응력은 연직 등분포 경계압 **(6.2.1 절)** 이 작용하는 경우를 기본식으로 하고, 수평방향 외력 **(6.2.2 절)** 이 작용하는 경우에는 기본식을 90° 회전시켜서 구한다. 비등방압 상태 **(6.2.3 절)** 즉, 외부경계에 x, y, z 방향 외력 p_x, p_y, p_z 가 작용할 때에는 각 외력에 의한 응력을 중첩한다.

6.2.1 연직외력이 작용하는 돔형 공동 주변지반 응력

Neuber (1946) 는 연직방향 등분포 경계압력 p_z 가 작용하는 **회전타원체 (돔형공동)** 주변 탄성체 **(주변지반)** 내 응력은 탄성이론을 적용하여 구하였다. Neuber 의 식을 극좌표로 변환하면 다음이 되어 Terzaghi 및 Richart 와 동일한 식이 된다. 그런데 이 식은 주어진 푸아송 비 ν 에 한해 사용할 수 있다.

$$\sigma_R = \left\{ -\frac{36B}{R^5} + \frac{(10-2\nu)C}{R^3} \right\} \sin^2\theta + p_z \cos^2\theta + \frac{24B}{R^5} - \frac{2A+(10-4\nu)C}{R^3}$$

$$\sigma_\theta = \left\{ \frac{21B}{R^5} + \frac{(2\nu-1)C}{R^3} \right\} \sin^2\theta + p_z \sin^2\theta - \frac{12B}{R^5} + \frac{A+(3-4\nu)C}{R^3}$$

$$\sigma_\phi = \left\{ \frac{15B}{R^5} + \frac{3(2\nu-1)C}{R^3} \right\} \sin^2\theta - \frac{12B}{R^5} + \frac{A+(3-4\nu)C}{R^3}$$

$$\tau_{r\theta} = \left\{ \frac{24B}{R^5} - \frac{2(1+\nu)C}{R^3} \right\} \sin\theta \cos\theta - p_z \sin\theta \cos\theta$$

$$\tau_{R\theta} = 0 \ , \ \tau_{\theta\phi} = 0 \tag{5.6.19}$$

여기에서 R, θ, ϕ 는 3 차원 극좌표 (그림 5.6.2) 이다. R 은 원점으로부터의 거리를 공동의 x 축 반경 a 로 무차원화 한 $(R=r/a)$ 값이고, θ 는 yz 평면에 투영한 선이 양(+)의 z 축과 이루는 각이고, ϕ 는 xy 평면에 투영한 선이 양(+)의 y 축과 이루는 각도이다. 상수 A, B, C 는 각각 다음과 같다.

$$A = \frac{(-6+5\nu)p_z}{14-10\nu} \ , \ B = \frac{p_z}{14-10\nu} \ , \ C = \frac{5p_z}{14-10\nu} \tag{5.6.20}$$

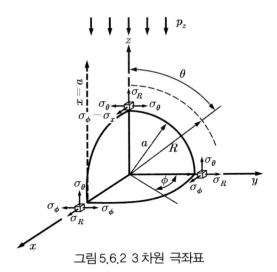

그림 5.6.2 3차원 극좌표

6.2.2 연직 및 수평외력이 작용하는 돔형 공동 주변지반 응력

연직 (z 축) 및 수평 (x 나 y 축) 방향 외력이 동시에 작용하는 경우에 회전타원체 주변지반의 응력은 Neuber 식과 이를 90° 회전시킨 식을 중첩하여 구할 수 있다.

연직외력 $p_z = 1.0$ 과 수평외력 $p_x = p_y = 0.25$ 이 동시에 작용할 때 x 축과 y 축 및 z 축상 응력은 3방향 외력에 의해 발생된 응력을 중첩하여 구하며, 다음 식이 된다. 수평 (x 축과 y 축) 방향에 같은 크기의 외력이 작용하는 경우, σ' 는 연직외력 $p_z = 1.0$ 작용방향 (z 축, $\theta = 0$) 응력이고, σ'' 는 수평외력 $p_x = 1.0$ (또는 $p_y = 1.0$) 작용방향 (x 축 또는 y 축상, $\theta = \pi/2$) 의 응력이다. K 는 측압계수이다.

z 축 : $\sigma_R = \sigma_R{}' + K(\sigma_R{}'' + \sigma_R{}'')$

$\qquad \sigma_\theta = \sigma_\phi = \sigma_\theta{}' + K(\sigma_\theta{}'' + \sigma_\phi{}'')$

x 축 : $\sigma_R = \sigma_R{}'' + K(\sigma_R{}' + \sigma_R{}'')$

$\qquad \sigma_\theta = \sigma_\theta{}'' + K(\sigma_\theta{}' + \sigma_\phi{}'')$

$\qquad \sigma_\phi = \sigma_\phi{}'' + K(\sigma_\phi{}' + \sigma_\theta{}'')$ **(5.6.21)**

연직압력 $p_z = 1.0$ 만 작용하는 경우에 발생하는 지반응력 (식 5.6.19) 을 적용하여 x 축 ($\theta = \pi/2$) 및 z 축 ($\theta = 0$) 상 응력을 구하면 푸아송비가 $\nu = 0.2$ 일 때에 표 5.6.1 과 같다.

표 5.6.1 연직압력만 작용하는 경우 ($p_z = 1.0$, $p_x = p_y = 0$, $\nu = 0.2$)

R/a	z 축상 응력 ($\theta = 0$)		x 축상 응력 ($\theta = \pi/2$)		
	$\sigma_R{}'$	$\sigma_\theta{}' = \sigma_\phi{}'$	$\sigma_R{}''$	$\sigma_\theta{}''$	$\sigma_\phi{}''$
1.00	0	-0.500	0	2.000	0
1.05	-0.024	-0.352	0.080	1.804	-0.020
1.10	-0.012	-0.245	0.130	1.654	-0.033
1.20	0.068	-0.113	0.177	1.446	-0.044
1.40	0.279	-0.004	0.178	1.231	-0.045
1.70	0.530	0.031	0.133	1.104	-0.033
2.00	0.688	0.031	0.094	1.055	-0.023
2.50	0.828	0.022	0.054	1.024	-0.013
3.00	0.897	0.014	0.033	1.012	-0.008
6.00	0.986	0.002	0.005	1.001	-0.001
∞	1.000	0	0	1.000	0

반면에 수평압력 $p_x = 1.0$ (또는 $p_y = 1.0$) 만 작용할 경우에 x 축 ($\theta = \pi/2$) 상의 응력은 연직압력이 작용할 경우의 z 축 ($\theta = 0$) 상 응력과 같고, z 축상 응력은 연직 압력이 작용하는 경우의 x 축상 응력과 같아서 표 5.6.1 의 x, z 축이 바뀐 값이다.

연직압력 $p_z = 1.0$ 과 수평압력 $p_x = p_y = 0.25$ 이 동시에 작용할 때에는 각 경우에 대한 응력을 중첩하면 표 5.6.2 와 같다 (단, $K = 0.25$, $\nu = 0.2$).

표 5.6.2 연직 및 수평압력이 동시에 작용 ($p_z = 1.0$, $p_x = p_y = 0.25$, $K = 0.25$)

R/a	z 축상 응력 ($\theta = 0$)		x 축상 응력 ($\theta = \pi/2$)		
	σ_R	$\sigma_\theta = \sigma_\phi$	σ_R	σ_θ	σ_ϕ
1.00	0	0	0	1.875	0.375
1.05	0.016	0.094	0.094	1.711	0.343
1.10	0.053	0.160	0.160	1.584	0.319
1.20	0.156	0.238	0.238	1.407	0.289
1.40	0.368	0.293	0.248	1.218	0.262
1.70	0.597	0.299	0.299	1.103	0.250
2.00	0.734	0.289	0.289	1.057	0.248
2.50	0.855	0.274	0.274	1.026	0.248
3.00	0.914	0.265	0.267	1.014	0.249
6.00	0.989	0.252	0.252	1.002	0.250
∞	1.000	0.250	0.250	1.000	0.250

6.2.3 비등방압 상태 돔형 공동 내공면 응력

돔형공동 외부경계에 크기가 다른 x, y, z 방향 외력 p_x, p_y, p_z 가 작용할 때에 x 축과 y 축 및 z 축상 응력은 3 방향 외력에 의해 발생된 응력을 중첩하여 구하며, 다음 식이 된다. 이때 연직외력 $p_z = 1.0$ 작용방향 (z 축상, $\theta = 0$) 의 응력을 σ' 라 하고, 수평외력 $p_x = 1.0$ 작용방향 (x 축상, $\theta = \pi/2$) 의 응력을 σ'' 라 하고, 수평외력 $p_y = 1.0$ 작용방향 (y 축 상, $\theta = \pi/2$) 의 응력을 σ''' 라 하면 편리하다.

$$z \text{ 축} : \sigma_R = \sigma_R' + K(\sigma_R'' + \sigma_R''')$$
$$\sigma_\theta = \sigma_\phi = \sigma_\theta' + K(\sigma_\theta'' + \sigma_\phi''')$$

$$x \text{ 축} : \sigma_R = \sigma_R'' + K(\sigma_R' + \sigma_R''')$$
$$\sigma_\theta = \sigma_\theta'' + K(\sigma_\theta' + \sigma_\phi''')$$
$$\sigma_\phi = \sigma_\phi'' + K(\sigma_\phi' + \sigma_\theta''')$$

$$y \text{ 축} : \sigma_R = \sigma_R''' + K(\sigma_R' + \sigma_R'')$$
$$\sigma_\theta = \sigma_\theta''' + K(\sigma_\theta' + \sigma_\phi'')$$
$$\sigma_\phi = \sigma_\phi''' + K(\sigma_\phi' + \sigma_\theta'') \tag{5.6.22}$$

위 식에서 K 는 측압계수이다.

위 식에 식 (5.6.19) 를 적용하여 풀면 측벽 적도상 ($\theta = \pi/2$) 내공면 응력은 다음이 된다.

$$\sigma_R = 0$$
$$\sigma_\theta = \frac{27 - 15\nu}{2(7 - 5\nu)} p_z + \frac{15\nu - 3}{2(7 - 5\nu)} p_x - \frac{3 + 15\nu}{2(7 - 5\nu)} p_y$$
$$\sigma_\phi = \frac{15\nu - 3}{2(7 - 5\nu)} p_z + \frac{27 - 15\nu}{2(7 - 5\nu)} p_x - \frac{3 + 15\nu}{2(7 - 5\nu)} p_y \tag{5.6.23}$$

연직방향 외력만 작용할 때 ($p_x = p_y = 0$) 에 측벽 ($R = r/a = 1$, $\theta = 90^o$) 의 적도 상에서 내공면 접선응력은 $\nu = 0.2$ 일 때 다음이 된다.

$$\sigma_\theta = \frac{27 - 15\nu}{14 - 10\nu} p_z = \frac{24}{12} p_z = 2p_z \tag{5.6.24}$$

이는 원통형 터널 내공면의 접선응력 $\sigma_\theta = 3p_z$ 보다 작은 값이다.

6.3 굴진면 주변지반의 응력상태

터널굴착 후 굴진면이 자립하는 지반에서 굴진면 부근 굴착공간은 처음에는 돔형 공동상태이지만 지보공 설치 후 굴착을 진행하면 원통형 상태 (평면변형률 상태) 로 변하여 지반응력이 달라진다.

이 같은 지반응력의 변화는 지반을 균질하고 등방성인 탄성체로 가정하고 동일 직경의 돔형 공동과 원통형 터널의 수평 및 연직축 상 반경 (그림 5.6.3) 및 접선 (그림 5.6.4) 응력을 구하여 비교하면 알 수 있다.

터널의 측벽에서 접선응력은 돔형 공동일 때가 원통형 터널일 때 보다 작으며, 천단에서는 돔형공동일 때가 원통형 터널일 때보다도 약간 크다. 접선응력 차이는 측압계수가 작을수록 크며, 내공면에서 가장 크고 내공면에서 멀어질수록 감소한다. 따라서 돔형 공동이 원통형 터널 보다 주변지반에 발생되는 응력이 더 작고 응력의 분포양상이 더 유리하다.

터널 주변지반 내에서 접선응력은 항상 초기응력 보다 더 크며, 내공면에서 가장 크고 내공면에서 멀어질수록 급격하게 감소하여 초기응력에 수렴하고, 측압계수가 작을수록 그리고 원통형 터널보다 돔형 공동일 경우에 내공면에 가까운 거리에서 수렴한다.

터널 주변지반에서 반경응력은 내공면에서는 항상 영 (zero) 이며, 내공면으로부터 멀어질수록 증가하여 초기응력 (즉, 천단을 지나는 연직축에서는 연직응력, 측벽을 지나는 수평축에서는 수평응력) 에 수렴하고, 원통형 터널보다 돔형 공동일 경우에 굴착면에서 멀지 않은 거리 (즉, 내공면에 가까운 곳) 에서 수렴한다.

터널 주변지반의 반경응력은 측벽에서는 측압계수가 작을수록 그리고 천단에서는 측압계수가 클수록 터널 굴착면에 가까운 거리에서 수렴한다.

측압계수가 $K = 1.0$ 인 경우에 원통형 터널에서는 굴착면으로 부터 터널반경의 3 배 거리보다 멀어지면 초기응력에 거의 수렴하지만 돔형 공동에서는 터널반경의 1.5 배 거리보다 멀어지면 초기응력에 거의 수렴한다.

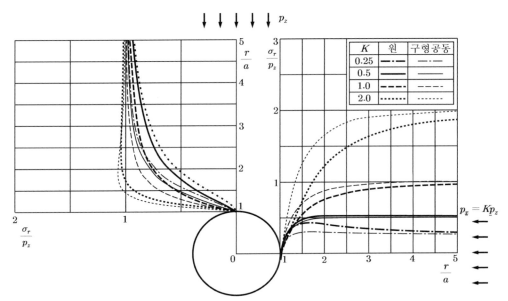

그림 5.6.3 원형 터널과 돔형공동 주변지반의 반경응력

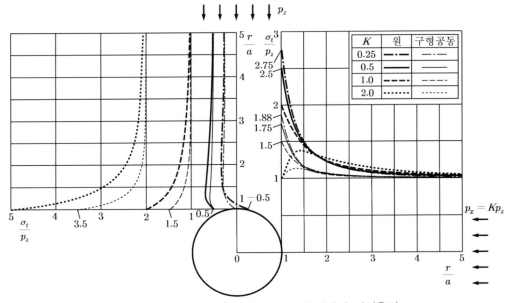

그림 5.6.4 원형 터널과 돔형공동 주변지반의 접선응력

6.4 돔형 공동을 고려한 지보공 설계

터널의 내공변위는 굴착 즉시 전부 일어나지 않고 일부는 지보공이나 숏크리트링 설치 후에 발생한다. 따라서 지보설치 후 변위를 발생시키는 하중은 지보재가 부담하고, 라이닝 설치 후 변위를 발생시키는 하중은 라이닝이 부담한다.

지보설치 전 굴진면 부근 지반에 굴착 폭 크기의 3차원 지반아치가 형성되어 굴착공간이 돔형 공동상태가 되면, 응력집중이 작아서 지보 설치 전에는 일시적으로 유리할 수 있다. 그러나 지보재를 설치하고 굴착을 속행하면 평면변형률상태로 변화되면서 응력이 증가하여 지보재에 작용하는 하중이 증가할 수 있다.

굴진면 후방으로 굴착 폭의 절반정도 거리만큼 이격된 곳은 입체아치의 지점이 되어 응력이 집중됨에 따라 (평면변형률상태일 때보다 큰 응력이 발생되어) 지보재에 의외로 큰 하중이 작용할 수 있다. 굴착 직후 돔형공동상태에서 지보 후 평면변형률상태로 변하며 증가된 응력에 의해 지보설치 후에도 내공변위가 일어나고, 이 하중은 지보재가 부담한다.

따라서 돔형공동상태에서 평면변형률상태로 변하는 경우에 대한 지반응답곡선 (그림 5.6.5) 을 참조하여 지보공을 설치할 필요가 있다. 3차원 지반아치의 규모는 터널의 직경에 의해 결정되기 때문에 최초 지보공을 설치하는 위치와 시기가 단면의 크기 별로 다를 수 있다.

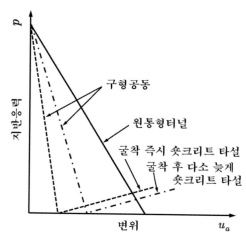

그림 5.6.5 돔형공동에서 지보 후 원통상태로 바뀔 경우 지반응답곡선

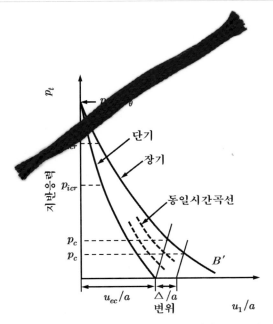

그림 5.6.6 시간에 따른 지반강도저하를 고려한 지반응답곡선 변화

원지반의 영율 E 와 강도정수 c, ϕ 는 시간이 경과됨에 따라 감소되므로 그림 5.6.6 과 같이 터널굴착 후 시간경과에 따른 지반응답곡선을 여러 개 그려서 지보설치 후 지보공과 원지반이 접촉한 후에 발생하는 원지반의 변위를 예측하여 그에 상당 하는 하중을 지보공과 라이닝이 부담하도록 하는 것이 좋다.

터널굴착 후 지보공 설치 전에 형성되는 입체 지반아치의 규모는 터널 (단면분할) 굴착방법에 따라서도 영향을 받는다. 선진 저설도갱 등의 공법에서는 변형의 대부분 이 지보공을 설치하기 전에 발생하기 때문에 지보재 부담하중이 매우 작지만, 숏크 리트와 볼트로 지지하면서 굴착하는 다단벤치 공법에서는 지보재 부담하중이 보통 이상으로 클 수도 있다.

따라서 지보설치 후 터널이 돔형 공동상태에서 원통형 터널상태로 변하여 주변지반 응력이 증가한다고 생각하고 지보재의 변위로부터 결정한 지보재 응력은 처음부터 원통형 터널이라고 생각하고 계산한 것과 많이 다르다.

지보재에 발생되는 변위나 지중변위 및 그에 따른 지보재 응력의 크기와 분포는 지보공의 설치위치나 시기에 따라 다르다.

※ 연습문제 ※

【예제 1】 등방압 상태 등방성 탄성지반 ($c = 100\,kPa$, $\gamma = 20\,kN/m^3$, $E = 10\,MPa$, $\nu = 0.33$) 에 반경 $a = 5.0\,m$ 인 원형터널 (중심깊이 $50\,m$) 을 굴착할 때에 중심깊이의 연직응력이 등방압 p_i 로 작용한다고 생각하고 다음을 구하시오.

1) 두꺼운 관 이론을 적용하여 다음을 구하시오.
　① 주변지반 응력 ② 주변지반 변형률과 변위 ③ 내공면 응력과 내공변위

2) 유공 판 이론을 적용하여 다음을 구하시오.
　① 주변지반 응력과 변위 ② 내공면 응력과 내공변위

3) 유공판 이론을 적용하여 다음의 경우에 대해 물음에 답하시오.
(1) 유공판에 양방향 경계압이 작용할 때
　① 주변지반 응력 ② 주변지반 변형률과 변위 ③ 내공면 응력과 내공 변위
(2) 양방향 경계압이 작용하는 판에 천공할 때
　① 주변지반 응력 ② 주변지반 변위

4) 시공 공정에 따라 다음을 구하시오. 단, 숏크리트 단위중량 $\gamma_c = 25.0\,kN/m^3$, 푸아송비 $\nu_c = 0.17$, 탄성계수 $E_c = 24000\,MPa$ 이다.
(1) 초기응력상태 :
(2) 터널굴착 후 지보공 설치 전 :
　① 주변지반 응력 ② 주변지반 변위
(3) 숏크리트 설치 후 :
　① 주변지반 응력 ② 주변지반 변위 ③ 숏크리트 링 축응력
(4) 록볼트 설치 후 :
　① 주변지반 응력 ② 주변지반 변위 ③ 록볼트 등가응력
(5) 숏크리트와 록볼트 병행설치 후 :
　① 주변지반 응력 ② 주변지반 변위

5) 지반의 자중을 고려하고 다음을 구하시오. 단, 콘크리트 단위중량과 탄성계수 및 푸아송 비는 $\gamma_c = 25\,kN/m^3$, $E_c = 24000\,MPa$, $\nu_c = 0.17$ 이다.
　① 초기응력상태 ② 주변지반의 응력 ③ 주변지반의 변위

【예제 2】 장축 길이가 $18.8\,m$, 단축 길이가 $10.8\,m$ 인 타원에서 다음을 구하시오.
① 대표반경, ② 편평도, ③ 초점의 좌표, ④ 타원방정식, ⑤ 최소곡률반경

【예제 3】 가로 타원형 터널의 경계에 장축의 $30°$ 방향 $(\beta = 30°)$ 으로 경계압 $p = 500\,kPa$ 가 작용할 때 굴착면의 천단과 측벽 및 어깨부의 접선응력을 구하시오.

【예제 4】 연직 및 수평 경계압 비 $p/q = 0.5,\,1.0,\,2.0$ 인 타원형 터널의 다음을 구하시오.
1) 내공면의 천단과 어깨 및 측벽에서 접선 및 반경응력을 구하시오.
 ① 내압이 없을 때
 ② 비등방 내압이 작용할 때
 ③ 등방압 내압이 작용할 때
2) 내공면 천단과 어깨 및 측벽의 변위를 구하시오.
 ① 터널굴착 전 초기변위 ② 터널굴착으로 인한 변위

【예제 5】 타원형터널 편평도가 $m = -\,0.3,\,0,\,0.1,\,0.2,\,0.3$ 일 때 다음을 구하시오.
1) 시공공정별 무차원 형상변형에너지
2) 무차원 최대 형상변형에너지 (단, von Mises 항복조건에 대해)
3) 터널의 시공공정별 안전율

【예제 6】 토피 $40\,m$ 인 4차선 도로터널을 장반경 $10\,m$, 단반경 $5.0\,m$ 인 가로 타원형 터널로 이상화하여 다음을 구하시오.
1) 시공공정별 무차원 형상변형에너지
2) 무차원 최대 형상변형에너지 (단, von Mises 항복조건에 대해)
3) 터널의 시공공정별 안전율

【예제 7】 등방외압이 $p_b = 1.0\,MPa,\,r = 10.0\,m$ 인 돔형 공동에서 다음을 구하시오.
1) 굴착 후 지보공 설치 전 내공면 응력과 내공변위
2) 지보공 설치 후 내공면 응력과 내공변위

【예제 8】 지반의 푸아송비에 따라 돔형공동 내공면 측벽 적도상에서 접선응력의 크기가 다음의 경우에 어떻게 달라지는지 확인하시오.
1) 연직외력만 작용할 때
2) 연직외력과 수평외력 $(p_x = p_z/2)$ 이 동시에 작용할 때

⇨ 터널이야기

》 철도터널

19 세기 초반에는 철도가 새로운 교통수단으로 등장했는데 때마침 산업혁명이 일어나서 그 영향으로 급속히 발전하였다.

세계 최초의 철도는 1825 년에 개통한 영국의 스톡튼과 타린톤을 연결하는 철도이었고, 1830 년에 개통된 리버풀~맨체스터 간 철도에서는 2 개소에 터널이 굴착되었다. 이후 철도는 유럽 대륙에서 발전을 거듭하여 육상에서의 운송은 점점 운하에서 철도로 바뀌었다.

이 시대 **최장의 터널**은 영국의 Great Western Railway 에 건설된 Box tunnel 이며 Brunel 의 감독 하에 1841 년에 준공되었다. 이 터널은 총 연장 2,880 m 인데, 알프스 터널들이 완성되기 전에는 세계에서 가장 긴 철도터널이었다.

》 알프스 관통터널

알프스에 터널을 굴착하려는 시도는 1450년경부터 있었으며 프랑스 니스와 이탈리아 제노아 사이 마리타임 알프스에 있는 **골치틴도 봉**에 터널이 굴착되다가 완성되지 못하고 1728 년에 재개되었으나 2,500 m 를 굴착하고 폐기되었다.

1857년 이탈리아와 프랑스 국경의 몽세니 봉을 관통하는 Mont Cenis tunnel (연장 12,847 m) 의 건설이 개시되어 화약과 인력으로 굴착하였다. 그러나 굴착이 원활하지 않아 프랑스의 자멘과 솜에이아가 **착암기**를 도입해 1870 년에 관통에 성공하였다. 그러나 시운전 중 증기기관차 연기에 의해 기관사 2 명이 질식사했고, 연기가 적은 기관차를 급히 영국에서 도입하여 투입해서 1872 년에 개통하였다.

제 6 장
터널의 탄소성 해석

제6장 터널의 탄소성 해석

1. 개 요

삼축압축 응력상태 (연직응력이 최대주응력이고 수평응력이 최소주응력) 인 지반에 터널을 굴착하면 굴착면 주변지반이 평면변형률상태 (접선응력이 최대주응력이고 반경응력이 최소주응력) 가 되어 주응력의 편차가 커진다. 균질하고 강도가 큰 지반은 이 주응력 편차를 지지할 수 있기 때문에 항복하지 않으며, 변형도 작아서 터널이 안정하다. 그렇지만 지반의 강도가 작거나 덮개압력이 크면, 굴착면 근접부 일정한 영역의 지반응력 (접선응력) 이 항복강도를 초과 (항복) 하여 소성화 (소성영역) 되고, (항복 후 강도가 유지되는) 완전탄소성체로 거동한다.

소성영역 외측 지반은 탄성 상태 (탄성영역) 를 유지한다. 소성영역과 탄성영역의 경계 (탄소성경계) 외측 지반응력은 (내공면이 탄소성 경계인) 축대칭 상태 터널로 간주하고 탄성 해석하여 구한다. 소성영역은 내압이 작을수록 넓게 형성되어서 소성 영역과 탄성영역의 경계가 굴착면에서 멀어지고, 탄소성경계 형상은 압력의 크기와 형태에 따라 결정된다.

터널거동을 해석하기 위하여 대체로 지반을 탄소성체로 가정하고 수치해석 (FEM 등) 하지만, 지반이 탄소성체라는 가정과 수치해석기법이 모두 적용한계가 있다.

터널은 그림 6.1.1 의 흐름도 및 순서에 따라 탄소성 해석한다.

탄성상태 지반에 터널을 굴착하면 **등방압 상태 원형터널 (제 2 절)** 주변지반에 축대칭 상태 응력과 변위가 발생되고, 작용하중이 커져서 강도를 초과하면 지반이 소성화 되어 원형 소성역 (탄소성경계) 이 형성된다. 지반경계에 작용하는 수평 및 연직방향 경계압이 서로 상이한 **선대칭 상태 원형터널 (제 3 절)** 에서는 소성역이 수평축 폭이 최대인 타원형 (연성지반) 이나 어깨부 폭이 최대인 꽃잎 형 (취성지반) 으로 형성된다.

터널이 중력의 영향을 받는 상태 (주하중이 지반의 자중) 에서는 접선 및 반경응력 의 방향과 주응력 방향이 일치하지 않을 수 있다. 즉, **중력작용 원형터널 (제 4 절)** 에서는 접선 및 반경응력이 항상 최대 및 최소 주응력이 되지는 않는다.

터널굴착 후 지보설치 전에는 굴진면이 전방지반의 응력해방을 구속하므로, 굴진면 주변에 한시적으로 입체형 지반아치가 생성되어 **돔형 공동상태 (제 5 절)** 가 된다.

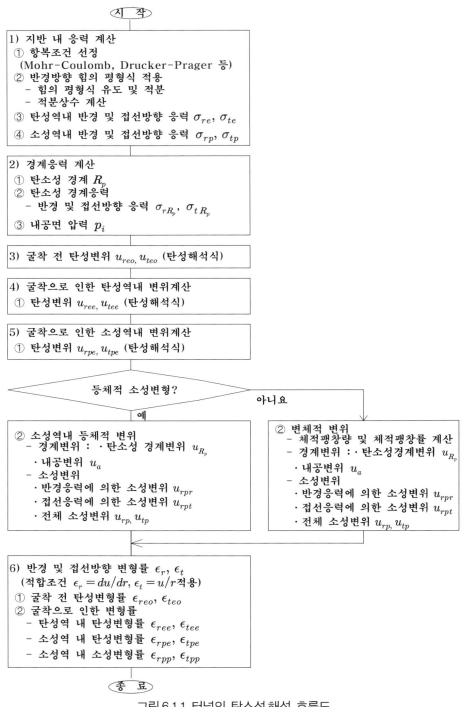

그림 6.1.1 터널의 탄소성 해석 흐름도

2. 등방압 상태 원형터널의 탄소성해석

실제터널의 형상과 주변지반 상태는 매우 복잡하여 있는 그대로 해석하기 어렵지만, 균질한 등방성 탄성지반에 굴착한 원형터널은 쉽게 해석할 수 있고, 그 결과로부터 터널현장에서 일어나는 많은 사실들을 알 수 있다. 등방압상태 지반에 굴착한 원형 터널과 주변지반의 응력과 변위는 축대칭이다.

지반은 체적이 팽창되면 강도 (강도정수 c, ϕ) 와 강성 (탄성계수 E) 이 감소된다. 또한, Montmorillonite 등 점토광물을 함유한 흙 지반은 물을 흡수하면 체적이 팽창 되며, 암석이나 콘크리트는 응력해방과 소성변형에 의하여 체적이 팽창된다.

최근에는 지반팽창의 주원인이 **흡수**가 아니라 응력해방과 소성변형임을 알게 되었다. 연속체는 소성 변형되며 작은 입자로 파쇄 되면 체적이 팽창되지만, (느슨한 모래와 같이) 소성 변형되면서 입자배열만 변하는 경우에는 체적이 변하지 않는다.

지반의 강도가 작거나 하중이 커서 지반응력이 항복강도를 초과하면 굴착면 인접 지반이 국부적으로 소성화 (소성역) 되고 그 외곽은 탄성 상태 (탄성역) 가 유지되며, 그 경계 (탄소성 경계) 는 원형이다.

터널 단면크기에 비해 지반강도가 크면 터널 굴착 후 주변지반이 탄성상태 (그림 6.2.1a) 를 유지한다. 이때에 반경응력은 굴착면에서 가장 작고 굴착면에서 멀수록 커져서 초기응력에 수렴하며, 접선응력은 굴착면에서 가장 크고 굴착면에서 멀수록 감소하여 초기응력에 수렴한다. 내압이 클수록 반경응력은 크고 접선응력은 작다.

터널 단면크기에 비해 지반강도가 작은 경우에는 터널 굴착 후에 굴착면에 근접한 지반이 소성상태 (소성역, 그림 6.2.1b) 가 되고, 그 외부는 탄성상태 (탄성역) 를 유지 한다. 이때에 반경응력은 굴착면에서 가장 작고 그 크기는 영이거나 내압 (지보압) 이고, 굴착면에서 멀수록 커지며, 탄소성 경계에서 변곡되고 탄소성경계에서 멀수록 감소하여 초기응력에 수렴한다. 접선응력은 굴착면에서 일축압축강도와 같고, 굴착면 으로부터 멀어질수록 증가하여 **탄소성 경계**에서 **최대**가 되지만, 그 외곽의 탄성역 에서는 굴착면에서 멀어질수록 감소하여 초기응력 p_o 에 수렴한다. 내압이 작을수록 굴착면 주변에 소성영역이 넓게 형성되어 탄소성경계가 굴착면에서 멀어지고 접선 응력은 커지며, 내압이 영일 때에는 접선응력이 최대 $2p_o$ 가 된다. 탄소성 경계 외측 탄성역의 응력은 (반경이 탄소성 경계와 같은) 축대칭 응력상태 원형터널에 대한 탄성 해석 식으로 구할 수 있다.

602

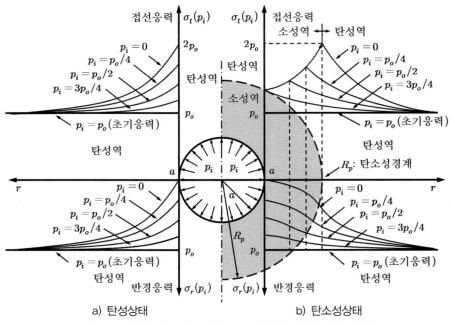

그림 6.2.1 등압상태 지반에서 터널굴착 후 주변지반의 응력

터널의 탄소성 해석체계는 축대칭 해석과 선대칭 해석 및 지반의 자중을 고려한 해석체계와 같으며, 항복조건에 따라 소성역 내 응력을 계산하는 식만 다를 뿐이다. 여기에서는 Mohr-Coulomb (2.1 절), Drucker-Prager (2.2 절), Hoek/Brown (2.3 절), Tresca (2.4 절) 항복조건을 적용하는 탄소성 해석체계를 설명한다.

2.1 Mohr-Coulomb 항복조건

Mohr-Coulomb 의 항복조건은 지반의 강도정수를 직접 사용하고 식이 간단하여 편리하기 때문에, 터널 등 지반문제 해석에 가장 보편적으로 적용된다.

Mohr-Coulomb 의 항복조건식 (2.1.1 절) 을 적용하여 주변지반 응력 (2.1.2 절) 과 지반 지지링의 지지력을 구하며, 주변지반의 변위 (2.1.3 절) 는 등체적 변형할 때와 변체적 변형할 때로 구분하여 계산한다. 접선 및 반경방향 응력과 변형률 그래프를 겹쳐서 연속적으로 표시하면 터널을 굴착하는 동안에 발생되는 응력과 변형률의 변화경로 (2.1.4 절) 를 알 수 있다.

2.1.1 Mohr-Coulomb 항복조건식

소성역 $(R_p > r > a)$ 내 지반은 탄성-완전소성 거동한다고 가정하고 Mohr-Coulomb 항복조건식 (그림 6.2.2, 식 1.6.5) 을 적용해서 해석할 수 있다.

$$\tau = c + \sigma \tan\phi \tag{6.2.1}$$

축대칭상태 터널에서는 최소주응력이 반경응력 σ_r 이고 최대주응력이 접선응력 σ_t 이므로 **Mohr-Coulomb** 항복조건식을 주응력으로 표시하면 다음과 같다 (식 1.6.7).

$$\sigma_t = \frac{1+\sin\phi}{1-\sin\phi}\sigma_r - \frac{2\,c\cos\phi}{1-\sin\phi} = (m+1)\sigma_r - s \tag{6.2.2}$$

여기에서 $m+1 = \dfrac{1+\sin\phi}{1-\sin\phi} = K_p$ (Rankine 의 수동토압계수와 같은 모양) 이고 $s = \dfrac{2c\cos\phi}{1-\sin\phi}$ 는 지반의 일축압축강도이다.

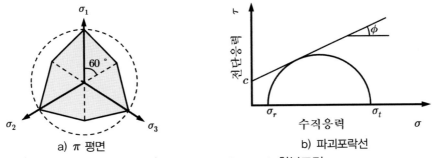

a) π 평면   b) 파괴포락선

그림 6.2.2 Mohr-Coulomb 항복조건

2.1.2 주변지반 응력

터널 단면크기에 비하여 지반강도가 작을 때에는 터널 굴착 후 굴착면 근접지반에 소성역이 생성되고, 그 외부는 탄성상태를 유지하며 그 경계를 탄소성 경계라 한다. 탄성영역의 응력은 반경이 탄소성경계인 탄성상태 터널식을 적용하여 구한다. 지반 아치의 지지력은 탄소성경계 압력과 지보압의 차이이다.

1) 소성영역의 생성

(1) 반경방향 힘의 평형

축대칭조건에 대한 소성역내 반경방향 힘의 평형식은,

$$\sigma_r + r\frac{d\sigma_r}{dr} = \sigma_t \tag{6.2.3}$$

이고, 이를 축차응력으로 표현하면 다음이 된다.

$$\frac{d\sigma_r}{dr} + \frac{\sigma_r - \sigma_t}{r} = 0 \tag{6.2.4}$$

여기에 Mohr-Coulomb 항복조건을 대입하면 다음 소성평형식이 된다.

$$-m\sigma_r + r\frac{d\sigma_r}{dr} = -s \tag{6.2.5}$$

이 식을 이항정리하고 r 에 대해 적분하면 다음과 같고,

$$\ln r = \frac{1}{m}\ln(\sigma_r - \frac{s}{m}) + A \tag{6.2.6}$$

여기서 적분상수 A 는 적분상수이다.

굴착면 반경응력은 지보공 압력 p_i 이고, 탄소성경계 반경응력은 탄소성 경계 압력 σ_{rR_p} 인 조건에서 적분상수 A 를 구하여 대입하면 위 식은 다음 소성 평형식이 되고,

$$(a/R_p)^m = \frac{p_i - s/m}{\sigma_{rR_p} - s/m} \tag{6.2.7}$$

비점착성 지반 ($c = 0$, $\phi \neq 0$) 에서는 다음이 된다.

$$(a/R_p)^m = p_i/\sigma_{rR_p} \tag{6.2.8}$$

(2) 외부경계 (탄소성 경계) 압력
① 탄소성 경계 반경응력 σ_{rR_p}

소성 평형식 (식 6.2.7) 을 정리하여 소성측 탄소성경계 반경응력 σ_{rR_pp} 를 구하면,

$$\sigma_{rR_pp} = s/m + (p_i - s/m)(a/R_p)^{1/m} \tag{6.2.9}$$

이고, 비점착성 지반 ($c = 0$, $\phi \neq 0$) 에서는 $s = 0$ 이므로 다음이 된다.

$$\sigma_{rR_pp} = p_i(a/R_p)^{1/m} \tag{6.2.10}$$

탄소성 경계의 내측은 소성상태이고 외측은 탄성 상태이므로, 탄소성 경계의 반경응력 σ_r 과 접선응력 σ_t 사이에는 Mohr-Coulomb 항복조건식 (식 6.2.2) 과 탄성해석 식 $\sigma_r + \sigma_t = 2p_o$ (식 5.2.11) 이 모두 성립되어 다음 관계가 구해지고,

$$2p_o = \sigma_r + \sigma_t = (m+2)\sigma_r - s \tag{6.2.11}$$

이로부터 탄성측 탄소성 경계에 대한 반경응력 σ_{rR_pe} 를 구할 수 있다.

$$\sigma_{rR_pe} = \frac{2p_o + s}{m+2} = p_o - \frac{m}{m+2}\left(p_o - \frac{s}{m}\right) = p_o(1 - \sin\phi) + c\cos\phi \tag{6.2.12}$$

위 식은 터널 주변지반을 탄성상태로 유지하기 위하여 필요한 최소 지보공 압력식이며, 제1항은 초기하중, 제2항은 탄성상태 지반의 부담하중 (탄성지반 지지력) 이다.

따라서 탄소성경계의 반경응력 σ_{rR_p} 는 지보공 압력 p_i 나 소성역 크기 R_p 에 상관없이 초기지압 p_o 와 지반 강도특성 c, ϕ 에 의해 결정되며, 이는 반경응력이 작용하중이면 소성역이 원지반 아치라는 주장과 일치한다.

비점착성 지반 ($c = 0$, $\phi \neq 0$) 에서는 $s = 0$ 이므로 위 식 (6.2.12) 는 다음이 된다.

$$\sigma_{rR_pe} = \frac{2p_o}{m+2} = \frac{2p_o}{K_p+1} = p_o(1-\sin\phi) \tag{6.2.13}$$

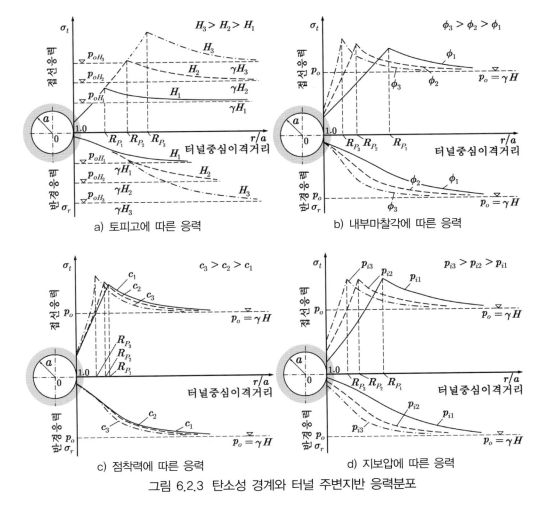

그림 6.2.3 탄소성 경계와 터널 주변지반 응력분포

② 탄소성 경계 반경 R_p

탄소성 경계에서는 소성측에서 구한 반경응력 σ_{rR_pp} (식 6.2.9) 와 탄성측에서 구한 반경응력 σ_{rR_pe} (식 6.2.12) 의 크기가 같다.

이 조건으로부터 탄소성경계의 반경 R_p 를 구할 수 있고,

$$R_p = a\left(\frac{2}{m+2}\frac{p_o - s/m}{p_i - s/m}\right)^{1/m} \tag{6.2.14}$$

여기에 Mohr-Coulomb 항복조건 (식 6.2.2) 을 대입하여 정리하면 다음이 된다.

$$R_p = a\left(\frac{2}{m+2}\frac{p_o - s/m}{p_i - s/m}\right)^{1/m}$$
$$= a\left\{\frac{p_o(1-\sin\phi) - c(\cot\phi - \cos\phi)}{p_i - c\cot\phi}\right\}^{\frac{1}{K_p - 1}} \tag{6.2.15}$$

위 식에서 터널이 규모가 크고 깊을수록, 그리고 지보공 반력 p_i 와 지반의 강도 (s, m) 가 작을수록 소성영역이 넓게 형성 즉, 탄소성 경계가 커진다는 사실을 알 수 있다 (그림 6.2.3).

비점착성 지반 ($c = 0$, $\phi \neq 0$) 에서는 $s = 0$ 이므로 위 식 (6.2.15) 는 다음이 된다.

$$R_p = a\left(\frac{2}{m+2}\frac{p_o}{p_i}\right)^{1/m} \tag{6.2.16}$$

(3) 내부경계 압력 (지보공) p_i

소성역 내부경계 압력은 지보공 압력 p_i 이고 소성 평형식 (식 6.2.7) 에서 구한다.

$$p_i = \frac{s}{m} + \left(\sigma_{rR_p} - \frac{s}{m}\right)\left(\frac{a}{R_p}\right)^m \tag{6.2.17}$$

여기에 탄소성경계 반경응력 σ_{rR_pe} (식 6.2.12) 를 대입하면 다음이 되고 (압축이 정 (+)), 이는 Fenner 식과 (모양은 약간 다르지만) 근본적으로 같은 식이다.

$$p_i = \frac{s}{m} + \frac{2}{m+2}\left(p_o - \frac{s}{m}\right)\left(\frac{a}{R_p}\right)^m \tag{6.2.18}$$

비점착성 지반 ($c = 0$, $\phi \neq 0$) 에서는 $s = 0$ 이므로 위 식은 다음이 된다.

$$p_i = \frac{2p_o}{m+2}\left(\frac{a}{R_p}\right)^m \tag{6.2.19}$$

2) 탄성역 $(R_p < r < \infty)$ 내 응력 :

소성영역 외곽 탄성영역 내 응력은 반경이 탄소성 경계이고 내압이 탄소성 경계의 반경응력인 탄성 상태 터널로 간주하여 계산할 수 있다.

탄성역내에서 반경 및 접선응력은 두꺼운 탄성 관의 응력에 대한 식 (식 2.3.10) 에서 내부경계와 내압을 탄소성 경계 $(r = R_p)$ 와 탄소성 경계의 반경응력 $(p_i = \sigma_{rR_p})$ 으로 대체하여 구할 수 있다.

$$\sigma_r = p_o - (p_o - \sigma_{rR_p})\left(\frac{R_p}{r}\right)^2$$
$$\sigma_t = p_o + (p_o - \sigma_{rR_p})\left(\frac{R_p}{r}\right)^2$$

(6.2.20)

3) 소성역 $(a < r \leq R_p)$ 내 응력

소성영역에서는 응력이 한계상태가 되어 응력변화 없이도 변형이 발생 (소성유동) 된다. 축차응력 (최대 및 최소 주응력의 차이 $\sigma_t - \sigma_r$) 은 식 (6.2.20) 으로부터 다음이 되고, 내압 p_i 가 감소하면 증가한다.

$$\sigma_t - \sigma_r = 2(p_o - p_i)\frac{a^2}{r^2}$$

(6.2.21)

축차응력의 한계치는 Mohr 응력원에서 구하고, 지반에 따라 다음과 같다.
비점착성 지반 $(c = 0, \phi \neq 0)$: $\sigma_t - \sigma_r = (\sigma_t + \sigma_r)\sin\phi$
점착성 지반 $(c \neq 0, \phi \neq 0)$: $\sigma_t - \sigma_r = (\sigma_t + \sigma_r)\sin\phi + 2c\cos\phi$

(6.2.22)

소성영역에서 반경응력 σ_{rp} 는 식 (6.2.17) 의 탄소성 경계의 반경 R_p 와 반경응력 σ_{rR_p} 를 임의 반경 r 과 반경응력 σ_r 로 대체하여 구하고, 접선응력 σ_{tp} 는 반경응력 σ_{rR_p} 를 Mohr-Coulomb 항복조건 (식 6.2.2) 에 적용하여 구한다.

$$\sigma_{rp} = \frac{s}{m} + \left(p_i - \frac{s}{m}\right)\left(\frac{r}{a}\right)^m$$
$$\sigma_{tp} = \frac{s}{m} + (m+1)\left(p_i - \frac{s}{m}\right)\left(\frac{r}{a}\right)^m$$

(6.2.23)

위 식에 지보공 압력 p_i 에 대한 식 (6.2.18) 을 대입하면, 소성역내 지반의 반경 및 접선 응력 $(\sigma_{rp}, \sigma_{tp})$ 는 초기응력 p_o 의 함수식이 된다.

$$\sigma_{rp} = p_o - \frac{m}{m+2}\left(p_o - \frac{s}{m}\right) + \frac{2}{m+2}\left(p_o - \frac{s}{m}\right)\left\{\left(\frac{r}{R_p}\right)^m - 1\right\}$$

$$\sigma_{tp} = p_0 + \frac{m}{m+2}\left(p_o - \frac{s}{m}\right) + \frac{2m+2}{m+2}\left(p_o - \frac{s}{m}\right)\left\{\left(\frac{r}{R_p}\right)^m - 1\right\} \qquad \text{(6.2.24)}$$

여기에서 제1항은 터널굴착 전 초기응력, 제2항은 탄성역 지반 부담하중, 제4항은 소성영역 지반의 부담하중, 제3항은 지보공 부담하중이다. 따라서 소성영역 내 지반응력은 터널굴착 전 초기응력과 터널굴착 후 탄성영역 및 소성영역 지반의 부담하중은 물론 지보공 부담하중을 모두 고려하여 결정한다.

소성역이 확장되면, 최대 접선응력의 발생위치가 굴착면에서 멀어지지만, 크기는 변하지 않는다. 반경 및 접선응력은 초기응력에 수렴하고 그 분포는 그림 6.2.4 와 같다.

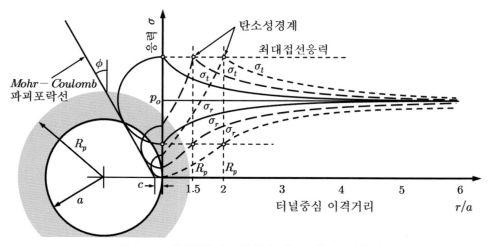

그림 6.2.4 터널주변 소성영역 확장에 따른 지반응력

(1) 비점착성 지반

비점착성 지반 $(c = 0,\ \phi \neq 0)$ 인 경우에 소성역 내 반경응력 σ_{rp} 는 식 (6.2.23) 에 $s = 0$ 을 대입하여 구하고, 접선응력 σ_{tp} 는 반경응력 σ_{rp} 를 Mohr-Coulomb 의 항복조건 (식 6.2.2) 에 적용하여 구한다. 반경 및 접선응력은 지보공 압력 p_i 의 함수이다.

$$\sigma_{rp} = p_i\left(\frac{r}{a}\right)^m = p_i\left(\frac{r}{a}\right)^{K_p - 1} \qquad \text{(6.2.25)}$$

$$\sigma_{tp} = K_p\sigma_{rp} = K_p\,p_i\left(\frac{r}{a}\right)^{K_p - 1} = (m+1)\,p_i\left(\frac{r}{a}\right)^m$$

위 식에 지보공 압력 p_i 에 대한 식 (6.2.19) 를 대입하면 소성역내 반경 및 접선응력 σ_{rp} 와 σ_{tp} 는 초기응력 p_o 의 함수이고, 이는 식 (6.2.24) 에 $s = 0$ 을 대입한 것과 같다.

$$\sigma_{rp} = p_o - \frac{m}{m+2}\,p_o + \frac{2}{m+2}\,p_o\left\{\left(\frac{r}{R_p}\right)^m - 1\right\}$$

$$\sigma_{tp} = p_o + \frac{m}{m+2}\,p_o + \frac{2m+2}{m+2}\,p_o\left\{\left(\frac{r}{R_p}\right)^m - 1\right\} \qquad \text{(6.2.26)}$$

여기에서 제 1 항은 터널굴착 전 지반 내 초기응력, 제 2 항은 탄성역 지반 부담하중, 제 4 항은 소성역 지반 부담하중, 제 3 항은 지보공 부담하중이다.

(2) 점착성 지반

소성영역 내 응력 (식 6.2.18) 은 $\phi = 0$ 이면 직접적으로 해를 구할 수 없다. 따라서 점착성 지반 ($\phi = 0$) 에서 지보공 압력 p_i 는 표 (6.2.1) 의 근사값을 적용해야만 구할 수 있다.

$$p_i = \frac{s}{m} + \frac{2}{m+2}\left(p_o - \frac{s}{m}\right)\left\{1 + m\ln\left(\frac{a}{R_p}\right)\right\} \qquad \text{(6.2.27)}$$

$$\simeq p_o - p_o\phi\left\{1 - 2\ln\frac{a}{R_p}\right\} + s\,(1-\phi)\left\{\frac{1}{2} - \ln\frac{a}{R_p}\right\}$$

$$= p_o + s\left\{\frac{1}{2} - \ln\left(\frac{a}{R_p}\right)\right\}$$

소성영역 내 반경 및 접선 응력 (σ_{rp}, σ_{tp}) 도 마찬가지로 근사적 방법으로 초기 응력 p_o 나 지보공 압력 p_i 의 함수로 나타낼 수 있고,

$$\sigma_{rp} = p_o + s\left\{\frac{1}{2} - \ln\left(\frac{r}{R_p}\right)\right\} = p_i - s\ln\left(\frac{a}{r}\right)$$

$$\sigma_{tp} = p_o - s\left\{\frac{1}{2} + \ln\left(\frac{r}{R_p}\right)\right\} = p_i - s\ln\left(\frac{a}{r}\right) - s \qquad \text{(6.2.28)}$$

여기에서 반경 r 을 탄소성 경계 R_p 로 대체하면, 탄소성 경계의 반경응력 σ_{rR_p} 와 반경 R_p 를 구할 수 있다.

$$\sigma_{rR_p} = p_o + \frac{s}{2} = p_i + s\ln\left(\frac{a}{R_p}\right) \qquad \text{(6.2.29)}$$

$$R_p = a\,\exp\left\{-\frac{p_o - p_i + s/2}{s}\right\}$$

표 6.2.1 근사값 적용

급 수 ≃ 근 사 값
$\sin\phi = \phi - \phi^3/6 + \cdots \simeq \phi$
$\cos\phi = 1 - \phi^2/2 + \phi^4/24 + \cdots \simeq 1 - \phi^2/3$
$\cot\phi = 1/\phi - \phi/3 - \phi^3/45 + \cdots \simeq 1/\phi - \phi/3$
$m = \dfrac{2\sin\phi}{1-\sin\phi} \simeq \dfrac{2\phi}{1-\phi}$
$a^m = 1 + m\ln a + (m\ln a)2 + \cdots \simeq 1 + m\ln a$
$c = \dfrac{s(1-\sin\phi)}{2\cos\phi} \simeq \dfrac{s(1-\phi)}{2}$

4) 지반 아치의 지지력

지반 아치의 지지력 $\Delta\sigma_r$ 즉, 터널 주변지반이 부담할 수 있는 하중은 탄소성 경계의 반경응력 σ_{rR_p} (식 6.2.12) 와 지보공 압력 p_i (식 6.2.18) 의 차이이다.

$$\Delta\sigma_r = \sigma_{rR_p} - p_i = \frac{2}{m+2}\left(p_o - \frac{s}{m}\right)\left[1 - \left(\frac{a}{R_p}\right)^m\right] = \left(p_i - \frac{s}{m}\right)\left[\left(\frac{R_p}{a}\right)^m - 1\right] \quad \textbf{(6.2.30)}$$

이 식에서 지반 아치의 지지력은 지반의 강도정수 (c, ϕ 또는, s, m) 와 소성영역의 크기 R_p/a 는 물론 지반의 초기응력 p_o 의 함수이다. 따라서 비점착성 지반 ($c = 0$, $s = 0$) 에서는 지보공이 없으면, 지반 아치의 지지력이 없으므로 변형을 아무리 크게 허용해도 터널이 안정되지 않음을 알 수 있다.

위 식을 보면 큰 변형이 허용되는 조건에서는 지반강도가 일정한 크기로 확보되면 지보공 없이도 터널을 형성할 수 있는데, 이것은 지반을 자중이 없는 완전 소성체로 가정했기 때문이다. 위 식에서는 지반 아치의 지지력 $\Delta\sigma_r$ 은 소성역이 클수록 (즉, R_p/a 가 클수록) 커지고 내압 p_i 에 비례하여 증가되며, 이는 내압 p_i 가 크면 소성 영역 크기 R_p 가 작아진다는 식 (6.2.15) 와 상반된다. 이와 같이 두 식이 서로 상반 되므로 경계조건 등을 참조하여 최적의 내압을 정해야 한다.

지반 아치의 지지력은 내공면과 지반아치에서 반경응력 크기가 같다고 가정 (실제 로는 내공면에서 멀어질수록 커지지만) 하고 단순화시켜서 계산할 수 있다. 그러나 단순화하면 지반 아치의 지지력이 작게 계산된다.

단순화 과정에서 발생되는 오차는 반경응력의 증가량이 작고, 지반 특성곡선의 편차가 클수록 작다. 정확한 반경응력은 계측결과를 역해석하여 구할 수 있다.

2.1.3 주변지반 변위

터널굴착 후 인접지반이 소성화된 경우에 소성역 외부 (탄성역) 에서는 탄성변형이 발생되고 소성역에서는 탄성 및 소성변형이 모두 발생되므로, 굴착면에는 탄성역지반의 탄성변형에 의한 반경변위 u_{aee} 와 소성역 지반의 탄성 및 소성변형에 의한 반경변위 u_{ape} 및 u_{app} 를 합한 크기로 변위 u_{af} 가 발생된다 ($u_{af} = u_{aee} + u_{ape} + u_{app}$).

탄성 변형과 변형률은 탄성식을 적용하여 구하고, 소성역의 소성 변형 및 변형률은 소성변형에 따른 체적변화 여부 (등체적 또는 변체적 소성변형) 에 따라 다르다.

1) 탄성역 ($R_p < r < \infty$) 지반의 탄성변위

탄성역 지반의 탄성변위는 탄소성 경계의 변위로 나타나고, 탄소성 경계를 통해서 소성역과 굴착면에 전달된다.

(1) 탄성역 지반의 탄성변위

탄성역 지반 (반경 r) 에 발생되는 탄성 반경변위 u_{ree} 는 접선응력 σ_t 와 반경응력 σ_r 및 중간주응력 σ_l 의 변화에 의한 반경변형률 ϵ_r 을 반경 r 부터 무한경계 ∞ 까지 적분해서 구한다.

$$u_{ree} = \frac{1}{E} \int_r^\infty \epsilon_r \, dr = \frac{1}{E} \int_r^\infty \left\{ \Delta\sigma_r - \nu(\Delta\sigma_t + \Delta\sigma_l) \right\} dr \tag{6.2.31}$$

그런데 탄성상태에서 접선응력과 반경응력 변화량의 합은 영 ($\Delta\sigma_t + \Delta\sigma_r = 0$) 이다. 터널 길이방향 응력 (중간 주응력) 의 변화량 $\Delta\sigma_l$ 은 영 (중간 주응력은 불변) 이 되어 탄소성 경계 반경변위 발생에 아무런 영향도 주지 못한다.

$$\Delta\sigma_l = \nu(\Delta\sigma_r + \Delta\sigma_t) = 0 \tag{6.2.32}$$

결과적으로 식 (6.2.31) 의 우변에서 중간 주응력 항 $\Delta\sigma_l$ 이 없어지고, 반경 및 접선 응력 항만 남으며, 접선응력은 (초기응력 보다 크므로) 재하 변형계수 V 를 적용하고, 반경응력은 (초기응력 보다 작으므로) 제하 변형계수 E 를 적용하여 적분한다 (그림 6.2.5). 그런데 응력은 반경의 제곱에 반비례하여 금방 수렴하므로 (지표위에 작용외력이 없으면) 무한경계 ∞ 대신 토피고 H_t 나 $3R_p$ 중 큰 값을 경계값으로 취해도 된다.

결국 식 (6.2.31) 은 다음이 된다.

$$u_{ree} = \frac{1}{E} \int_r^{3R_p} \Delta\sigma_r \, dr - \frac{\nu}{V} \int_r^{3R_p} \Delta\sigma_t \, dr \tag{6.2.33}$$

(2) 탄성역 지반의 탄성변위에 의한 탄소성 경계 변위

탄성역 지반의 탄성변위에 의한 탄소성 경계 변위 u_{R_p} 는 터널굴착 전 변위 $u_{R_p o}$ 와 굴착 후 변위 $u_{R_p f}$ 를 합한 크기이며, 위 식 (6.2.33) 의 r 대신 탄소성 경계 R_p 를 적용하고 적분해서 구한다. 탄소성 경계 변위는 R_p / r 만큼 증폭되어 터널주변 소성영역에 전달되어 터널변형의 주원인이 될 수 있다.

터널굴착 전 탄소성경계의 반경방향 탄성변위 $u_{R_p o}$ 는 다음이 된다.

$$u_{R_p o} = \frac{(1+\nu)(1-2\nu)}{E} p_o R_p \tag{6.2.34}$$

터널굴착으로 인한 탄소성경계의 반경변위 $u_{R_p f}$ 는 외압과 내압이 각각 p_o 와 $\sigma_{r R_p}$ 인 탄성상태 터널 (반경 R_p) 의 내공변위와 같고 (식 5.2.8),

$$u_{R_p f} = -R_p \frac{1+\nu}{E} (\sigma_{r R_p} - p_o) \tag{6.2.35}$$

탄소성경계 압력 $\sigma_{r R_p} = p_o - \frac{m}{m+2}(p_o - s/m)$ (식 6.2.12) 를 대입하면 다음이 된다.

$$u_{R_p f} = \frac{1+\nu}{E} \frac{m}{m+2} \left(p_o - \frac{s}{m} \right) R_p \tag{6.2.36}$$

탄소성 경계의 반경변위 u_{R_p} 는 터널굴착 전 반경변위 $u_{R_p o}$ (식 6.2.34) 와 터널굴착으로 인한 반경변위 $u_{R_p f}$ (식 6.2.36) 를 합이고, 이는 내경이 탄소성 경계 R_p (식 6.2.14) 이고, 내압이 $\sigma_{r R_p}$ (식 6.2.12) 이며, 초기응력 p_o 가 외압으로 작용하는 두꺼운 관의 내공변위 (식 5.2.8) 와 같다.

$$u_{R_p} = u_{R_p o} + u_{R_p f} = \frac{(1+\nu)(1-2\nu)}{E} p_o R_p + \frac{1+\nu}{E} \frac{m}{m+2} \left(p_o - \frac{s}{m} \right) R_p \tag{6.2.37}$$

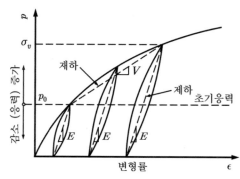

그림 6.2.5 변형계수 V 와 제하변형계수 E

2) 소성역($a < r < R_p$) 지반의 등체적 변위

소성역 지반이 이상적으로 소성거동하면, (변형 전과 후에 부피가 같다는) 등체적 변형조건을 적용하여 소성역 지반의 임의 위치에서 변위와 변형률을 구할 수 있다.

(1) 지반의 등체적 소성거동

소성역 지반 (외경 R_p, 내경 r) 이 등체적 변형거동하면 (그림 6.2.6), 변형 전·후에 부피가 같으므로 탄소성 경계 변위 u_{R_p} 와 소성역 변위 u_r 은 다음 관계를 보인다.

$$(R_p^2 - r^2)\pi = [(R_p + u_{R_p})^2 - (r + u_r)^2]\pi$$
$$u_r = -r \pm \sqrt{r^2 + 2R_p u_{R_p} + u_{R_p}^2} = -r \pm \sqrt{(r + R_p u_{R_p}/r)^2 - (R_p u_{R_p}/r)^2 + u_{R_p}^2} \qquad \text{(6.2.38)}$$

그런데 위 식에서 $u_{R_p}^2$ 항은 다른 항에 비해 매우 작으므로 무시하면 다음이 되어, 등체적 소성변형상태에서는 반경과 반경방향변위를 곱한 값은 크기가 일정하다.

$$u_r = u_{R_p} R_p / r \qquad \text{(6.2.39)}$$

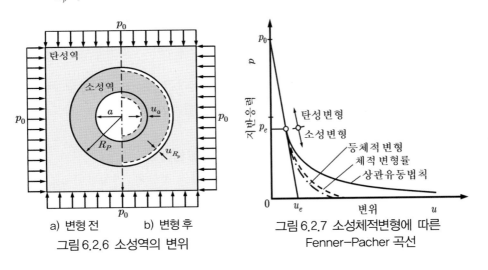

a) 변형전   b) 변형후
그림 6.2.6 소성역의 변위

그림 6.2.7 소성체적변형에 따른 Fenner-Pacher 곡선

(2) 탄성역 지반의 탄성변형에 의한 소성역 지반의 반경변위

탄성역 탄성변위 u_{ree} 는 소성역의 변위 u_{rpee} 와 굴착면 변위 u_{apee} 를 발생시킨다.

① 탄성역 지반의 탄성변형에 의한 소성역지반의 반경변위 u_{rpee}

탄성역 지반 탄성변위 u_{ree} 에 의해 소성역 (반경 r) 에 발생되는 변위 u_{rpee} 는 터널 굴착에 의한 탄소성 경계 변위 $u_{R_p f}$ (식 6.2.36) 을 식 (6.2.39) 에 적용하여 계산한다.

$$u_{rpee} = u_{R_p f}\frac{R_p}{r} = \frac{1+\nu}{E}\frac{m}{m+2}\left(p_o - \frac{s}{m}\right)\frac{R_p^2}{r} \qquad \text{(6.2.40)}$$

② 탄성역 지반의 탄성변형에 의한 내공변위 u_{apee}

탄성영역 지반의 탄성변위 u_{ree} 에 의하여 발생된 탄소성 경계 변위에 의한 터널 내공변위 u_{apee} 는 위 식에 $r = a$ 를 대입하여 구하며, 이는 터널굴착에 의한 탄소성 경계 변위 u_{R_pf} (식 6.2.36) 를 식 (6.2.39) 에 대입한 값과 같다.

$$u_{apee} = u_{R_pf}\frac{R_p}{a} = \frac{1+\nu}{E}\frac{m}{m+2}\left(p_o - \frac{s}{m}\right)\frac{R_p^2}{a} = \Delta a \tag{6.2.41}$$

이 식에 지보공반력 p_i 에 대한 식 (6.2.18) 을 대입하여 R_p 를 소거하면, 내공변위 u_{apee} 와 내압 p_i 의 관계 즉, 지반 응답곡선 (Fenner-Pacher 곡선) 이 된다.

$$u_{apee} = -\frac{1+\nu}{E}\frac{a}{(p_i - s/m)^{2/m}}(p_o - s/m)^{1+2/m}\frac{m}{2}\left(\frac{2}{m+2}\right)^{1+2/m} \tag{6.2.42}$$

Rabcewicz-Pacher 는 반대수 눈금과 보통 눈금으로 지반응답곡선 ($p_i - u_a$ 관계도, Fenner-Pacher 곡선) 을 표시하였고, Rabcewicz 는 최대토압을 터널 영향권 R 의 반경 응력 σ_R 또는 초기응력 p_o 로 했으나 굴착순간에 발생하기 때문에 계측이 불가능한 탄성변형은 제외하고 탄소성 경계점 도달 이후에 해당하는 변형률만을 나타냈다.

반대수 눈금 대신 보통 눈금으로 표시하면 (그림 6.2.7), $u_o = 0$ 인 점을 표시할 수가 있고, 탄성역에서는 지반압력 p 와 내공변위 u_a 의 관계가 선형이므로 작도하기 쉽다.

(3) 소성역 지반의 변형에 의한 소성역지반의 반경변위

터널굴착 후 소성역 지반의 반경변위 u_{rf} 는 소성역 지반의 탄성변위 u_{rpe} 및 응력 (반경응력과 접선응력 및 중간 주응력) 의 변화에 의한 소성변위 u_{rpp} 의 합 즉, $u_{rf} = u_{rpe} + u_{rpp}$ 이다.

① 소성역 지반의 탄성변형에 의한 반경변위 u_{rpe}

소성역 지반의 탄성변형에 의한 반경변위 u_{rpe} 는 터널굴착 전 탄성변위 u_{rpeo} 와 터널굴착으로 인해 발생된 탄성변위 u_{rpef} 의 합 즉, $u_{rpe} = u_{rpeo} + u_{rpef}$ 이다.

터널굴착 전 소성역 지반 (반경 r) 의 반경방향 탄성변위 u_{rpeo} 는 식 (6.2.34) 에서 다음이 된다.

$$u_{rpeo} = \frac{(1+\nu)(1-2\nu)}{E}p_o r \tag{6.2.43}$$

터널굴착으로 인해 소성역 지반 (반경 r) 의 탄성변형에 의한 반경변위 u_{rpef} 는
외압 σ_{R_p} 이고 내압 p_i 인 터널의 반경변위와 같고, 식 (6.2.35) 로부터 다음이 된다.

$$u_{rpef} = -\frac{1+\nu}{E}(p_i - \sigma_{R_p})r \tag{6.2.44}$$

탄성변형에 의한 전체반경변위 u_{rpe} 는 터널굴착 전 변위 u_{rpeo} (식 6.2.43) 와 굴착 후
소성영역의 탄성변위 u_{rpef} (식 6.2.44) 의 합이며,

$$u_{rpe} = u_{rpeo} + u_{rpef} = \frac{(1+\nu)(1-2\nu)}{E}p_o r - \frac{1+\nu}{E}(p_i - \sigma_{R_p})r \tag{6.2.45}$$

위 식에 r 대신 a 를 대입하면 굴착면 반경변위 즉, 내공변위 u_{ape} 가 된다.

$$u_{ape} = \frac{(1+\nu)(1-2\nu)}{E}p_o a - \frac{1+\nu}{E}(p_i - \sigma_{R_p})a \tag{6.2.46}$$

② 소성역 지반의 응력변화에 의한 반경변위 u_{rpp}

소성역의 반경변위 u_{rpp} 는 반경응력과 접선응력은 물론 중간주응력에 의해서도
발생되고, 반경응력을 내경 a 로부터 탄소성 경계 R_p 까지 적분해서 구한다 (압축영역
에서는 재하변형계수 V_p 를 적용하고, 이완영역에서는 제하변형계수 E_p 를 적용).

a) 소성역지반의 응력변화에 의한 반경변위 u_{rpp}

지반의 초기응력 p_o 가 압축강도 σ_{DF} 보다 작으면 ($p_o < \sigma_{DF}$), 소성영역 전체
($a{\rightarrow}R_p$) 에서 터널굴착에 의한 접선응력 σ_{tp} 가 압축강도 σ_{DF} 보다 작고, 중간주응력
변화에 의한 반경변위가 발생되지 않는다. 반경변위 u_{rpp} 는 반경응력에 의한 변위
u_{rpr} 과 접선응력에 의한 변위 u_{rpt} 의 합이다.

$$u_{rpp} = u_{rpr} + u_{rpt} \tag{6.2.47}$$

반면에 지반의 초기응력 p_o 가 일축압축강도 σ_{DF} 보다 크면 ($p_0 > \sigma_{DF}$), 굴착면
에 근접한 소성영역 ($a{\rightarrow}r_1$) 에서는 접선응력 σ_{tp} 가 초기응력 p_o 보다 작은 ($\sigma_{tp} < p_o$)
제하상태이고, 그 외곽 ($r_1{\rightarrow}R_p$) 에서는 접선응력이 초기응력보다 큰 ($\sigma_{tp} > p_o$) 재하
상태이다.

접선응력이 초기응력 보다 작은 굴착면 근접부에서는 최대 및 중간주응력의 변화
가 같아서 중간주응력 변화에 의한 반경변위가 발생되어, 반경변위 u_{rpp} 는 반경응력
u_{rpr} 과 접선응력 u_{rpt} 및 중간주응력 u_{rpl} 에 의한 반경변위의 합이다.

$$u_{rpp} = u_{rpr} + u_{rpt} + u_{rpl} \tag{6.2.48}$$

b) 소성역지반의 반경응력 σ_{rp} 에 의한 반경변위 u_{rpr}

소성역 내 반경응력 변화에 의한 반경변위 u_{rpr} 은 반경응력을 적분해서 구하며, 이때에 소성역에서는 반경응력이 항상 초기응력보다 작으므로 $(\sigma_{rp} < p_0)$, 제하변형계수를 적용한다. 제하변형계수는 탄성역 (제하변형계수 E_e) 과 소성역 (제하변형계수 E_p) 에서 크기가 같다 $(E = E_e = E_p)$.

$$u_{rpr} = \frac{1}{E} \int_a^{R_p} \Delta\sigma_{rp}\, dr \tag{6.2.49}$$

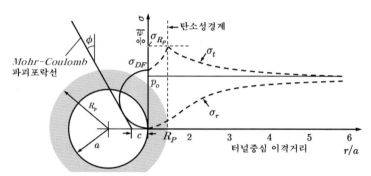

a) 초기응력이 압축강도보다 큰 $(\sigma_v > \sigma_{DF})$ 경우

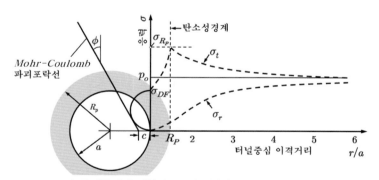

b) 초기응력이 압축강도보다 작은 $(\sigma_v < \sigma_{DF})$ 경우

그림 6.2.8 압축강도-초기응력에 따른 소성역 내 응력

c) 소성역지반의 접선응력 σ_{tp} 에 의한 반경변위 u_{rpt}

소성역 내 접선응력의 변화에 의한 반경변위 u_{rpt} 는 초기응력이 일축압축강도보다 작을 때 $(p_o < \sigma_{DF}$, 재하변형계수 V_p) 와 클 때 $(p_o > \sigma_{DF}$, 제하변형계수 E_p) 로 구분하여 계산한다.

가) 초기응력이 일축압축강도 보다 작을 때 ($p_o < \sigma_{DF}$) :

초기응력 p_o 가 일축압축강도 σ_{DF} 보다 작으면 ($p_o < \sigma_{DF}$, 그림 6.2.8a), 접선응력 변화량 $\Delta\sigma_{tp}$ 를 적분해서 접선응력에 의한 소성변위 u_{rpt} 를 구한다.

그런데 터널 굴착에 의한 접선응력 σ_{tp} 는 항상 초기응력 p_o 보다 크므로 ($\sigma_{tp} > p_o$) 초기응력에 대한 응력변화가 양 (+) 즉, 재하상태이기 때문에 재하변형계수 V_p 를 적용한다.

$$u_{rpt} = -\frac{1}{V_p}\int_a^{R_p}\Delta\sigma_{tp}\,dr \tag{6.2.50}$$

나) 초기응력이 일축압축강도 보다 클 때 ($p_o > \sigma_{DF}$) :

지반 초기응력 p_o 가 일축압축강도 σ_{DF} 보다 크면 ($p_o > \sigma_{DF}$, 그림 6.2.8b), 소성역 은 접선응력이 초기응력 보다 작은 부분과 큰 부분으로 구분된다.

반경이 r_1 보다 작은 굴착면 근접부 소성역 ($a \rightarrow r_1$) 은 접선응력이 초기응력 보다 작은 제하상태 ($\sigma_{tp} < p_o$) 이고, 반경 r_1 부터 탄소성경계 R_p 까지 외곽 소성역 ($r_1 \rightarrow R_p$) 은 접선응력이 초기응력 보다 큰 재하상태 ($\sigma_{tp} > p_o$) 이다.

재하영역 ($r_1 \rightarrow R_p$, 변형계수 V_p) 에서 접선응력변화 $\Delta\sigma_{tp}$ 에 의한 소성변위 u_{rptV} 는,

$$u_{rptV} = -\frac{1}{V_p}\int_{r_1}^{R_p}\Delta\sigma_{tp}\,dr \tag{6.2.51}$$

이고, r_1/r 배 크기로 제하영역 ($a \rightarrow r_1$) 에 전달되어 소성변위 u_{rpt3} 를 발생시킨다.

$$u_{rpt3} = \frac{r_1}{r}u_{rptV} \tag{6.2.52}$$

제하영역 ($a \rightarrow r_1$) 에서 접선응력 변화 $\Delta\sigma_{tp}$ 에 의한 소성변위 u_{rptE} 는 변형계수 E_p 를 적용하여 구한다.

$$u_{rptE} = -\frac{1}{E_p}\int_a^{r_1}\Delta\sigma_{tp}\,dr \tag{6.2.53}$$

따라서 초기응력이 일축압축강도 보다 클때 접선응력의 변화에 의한 변위 u_{rpt} 는 재하영역 ($r_1 \rightarrow R_p$) 의 변위 u_{rpt3} 와 제하영역 ($a \rightarrow r_1$) 의 변위 u_{rptE} 의 합이다.

$$u_{rpt} = u_{rpt3} + u_{rptE} = \frac{r_1}{r}u_{rptV} + u_{rptE} \tag{6.2.54}$$

다) 소성영역의 접선응력변화에 의한 반경변위 u_{rpt}

소성영역의 접선응력변화에 의한 전체 소성변위 u_{rpt} 는 다음이 된다.

$$u_{rpt} = u_{rpt} \qquad\qquad (p_o < \sigma_{DF})$$

$$= \frac{r_1}{r} u_{rptV} + u_{rptE} \qquad\qquad (p_o > \sigma_{DF}) \qquad\qquad \textbf{(6.2.55)}$$

d) 소성역지반의 중간주응력 σ_{lp} 에 의한 반경변위 u_{rpl}

초기응력이 압축강도보다 크면 ($p_o > \sigma_{DF}$), 최대주응력과 터널 길이방향 (중간) 응력이 크기와 변화가 같으므로, 중간주응력의 변화에 의해 반경변위가 발생된다.

제하영역에서는 터널굴착에 의해 발생되는 접선응력과 중간주응력 변화량이 같고 ($\Delta\sigma_{lp} = \Delta\sigma_{tp}$), 초기응력 보다 작으므로 제하변형계수 E_p 를 적용하여 반경변위를 계산한다. 이때 소성역 중간주응력 변화 $\Delta\sigma_{lp}$ 에 의한 소성변위 u_{rpl} 은 다음이 된다.

$$u_{rpl} = -\frac{1}{E_p}\int_a^{r_1} \Delta\sigma_{lp}\,dr = -\frac{1}{E_p}\int_a^{r_1} \Delta\sigma_{tp}\,dr = u_{rptE} \qquad\qquad \textbf{(6.2.56)}$$

e) 소성역의 응력변화에 의한 반경변위 u_{rpD}

소성영역에서 반경방향 소성변위 u_{rpp} 는 초기응력이 일축압축강도 보다 작으면 ($p_o < \sigma_{DF}$), 반경 (식 6.2.49) 및 접선응력 (식 6.2.50) 변화에 의해 발생된다 (식 6.2.47).

그러나 초기응력이 일축압축강도 보다 더 크면 ($p_o > \sigma_{DF}$), 반경응력 (식 6.2.49) 과 접선응력의 변화 (식 6.2.50) 는 물론 중간주응력의 변화 (식 6.2.56) 에 해서도 반경 방향 소성변위가 발생된다.

따라서 소성역의 응력변화에 의한 반경변위 u_{rpp} 는 다음이 된다.

$$u_{rpp} = u_{rpr} + u_{rpt} \qquad\qquad (p_0 < \sigma_{DF})$$

$$= u_{rpr} + 2u_{rptE} + \frac{r_1}{r}u_{rptV} \qquad\qquad (p_0 > \sigma_{DF}) \qquad\qquad \textbf{(6.2.57)}$$

③ 터널굴착 후 소성역 지반의 반경변위 u_{rf}

터널굴착에 의한 반경변위 u_{rf} 는 소성역 지반의 탄성변위에 의한 반경변위 u_{rpe} (식 6.2.44) 및 응력변화에 의한 반경변위 u_{rpp} (식 6.2.57) 의 합이다.

$$u_{rf} = u_{rpee} + u_{rpe} + u_{rpp}$$

$$= u_{rpee} + u_{rpe} + (u_{rpr} + u_{rpt}) \qquad\qquad (p_0 < \sigma_{DF})$$

$$= u_{rpee} + u_{rpe} + (u_{rpr} + 2u_{rptE} + u_{rptV}\, r_1/r) \qquad\qquad (p_0 > \sigma_{DF}) \qquad\qquad \textbf{(6.2.58)}$$

표 6.2.2 터널 주변지반 소성역 내 반경변위(등체적 변형)

굴착단계			반경방향 변위		
굴착 전	탄성 변형		$u_{reo} = \dfrac{(1+\nu)(1-2\nu)}{E} p_o r$		식 (6.2.43)
굴착 후	탄성 영역	탄성 변형	$u_{ree} = \dfrac{1}{E}\displaystyle\int_r^{3R_p} \Delta\sigma_r\,dr - \dfrac{\nu}{V}\int_r^{3R_p} \Delta\sigma_t\,dr$ 식 (6.2.33)		
		탄성영역 으로부터 전달된 변위	$u_{rpee} = \dfrac{1+\nu}{E}\dfrac{m}{m+2}\left(p_o - \dfrac{s}{m}\right)\dfrac{R_p^2}{r}$	식 (6.2.40)	$u_{re} = \dfrac{(1+\nu)(1-2\nu)}{E} p_o r$ $+ \dfrac{1+\nu}{E}\dfrac{m}{m+2}\left(p_o - \dfrac{s}{m}\right)\dfrac{R_p^2}{r}$ $- \dfrac{1+\nu}{E}(p_i - \sigma_{rR_p})r$
			$u_{apee} = \dfrac{1+\nu}{E}\dfrac{m}{m+2}\left(p_o - \dfrac{s}{m}\right)\dfrac{R_p^2}{a}$	식 (6.2.41)	
		탄성변형에 의한 변위	$u_{rpe} = -\dfrac{1+\nu}{E}(p_i - \sigma_{rR_p})r$	식 (6.2.44)	
			$u_{ape} = -\dfrac{1+\nu}{E}(p_i - \sigma_{rR_p})a$		
	소성 영역	소성 변위	반경응력에 의한 변위 : $u_{rpr} = \dfrac{1}{E}\displaystyle\int_a^{R_p} \Delta\sigma_{rp}\,dr$		식 (6.2.49)
			접선응력에 의한 변위 : $p_0 < \sigma_{DF} : u_{rpt} = -\dfrac{1}{V_p}\displaystyle\int_a^{R_p} \Delta\sigma_{tp}\,dr$		식 (6.2.50)
			$p_0 > \sigma_{DF} : u_{rptE} = -\dfrac{1}{E_p}\displaystyle\int_a^{r_1} \Delta\sigma_{tp}\,dr$		식 (6.2.53)
			$u_{rptV} = -\dfrac{1}{V_p}\displaystyle\int_{r_1}^{R_p} \Delta\sigma_{tp}\,dr$		식 (6.2.51)
			$u_{rpt} = u_{rptE} + \dfrac{r_1}{r}u_{rptV}$		식 (6.2.55)
			$= -\dfrac{1}{E_p}\displaystyle\int_a^{r_1} \Delta\sigma_{tp}\,dr - \dfrac{r_1}{r}\dfrac{1}{V_p}\int_{r_1}^{R_p} \Delta\sigma_{tp}\,dr$		
			중간주응력 에 의한 변위 : $u_{rpl} = -\dfrac{1}{E_p}\displaystyle\int_a^{r_1} \Delta\sigma_{lp}\,dr = -\dfrac{1}{E_p}\int_a^{r_1} \Delta\sigma_{tp}\,dr = u_{rptE}$		식 (6.2.56)
			전체 소성변위 : $u_{rpp} = u_{rpr} + u_{rpt} + u_{rpl}$ $\quad (p_0 < \sigma_{DF})$		식 (6.2.57)
			$= u_{rpr} + \left(2u_{rptE} + \dfrac{r_1}{r}u_{rptV}\right)$ $\quad (p_0 > \sigma_{DF})$		
	소성영역 전체변위		$u_{rf} = u_{rpe} + u_{rpp}$		식 (6.2.58)
			$= u_{rpe} + (u_{rpr} + u_{rpt})$ $\quad (p_0 < \sigma_{DF})$		
			$= u_{rpe} + \left(u_{rpr} + 2u_{rptE} + \dfrac{r_1}{r}u_{rptV}\right)$ $\quad (p_0 > \sigma_{DF})$		
전체 변위			$u_{rT} = u_{reo} + u_{rf}$		식 (6.2.59)
			$= u_{reo} + u_{rpe} + u_{rpe} + (u_{rpr} + u_{rpt})$ $\quad (p_0 < \sigma_{DF})$		
			$= u_{reo} + u_{rpe} + u_{rpe} + \left(u_{rpr} + 2u_{rptE} + \dfrac{r_1}{r}u_{rptV}\right)$ $(p_0 > \sigma_{DF})$		

(4) 터널주변지반의 등체적 변형에 의한 반경변위 u_{rT}

터널굴착 후 반경변위 u_{rT}는 터널굴착 이전에 발생된 변위 u_{reo} 와 터널굴착 후 소성역 지반의 반경변위 u_{rf} 의 합이다. 터널굴착후 소성역 지반의 변경변위 u_{rf}는 탄소성 경계를 통해 소성역에 전달되는 탄성역의 탄성변형에 의한 반경변위 u_{rpee} 와 소성역 지반의 탄성 및 소성변위의 u_{rpe} 와 u_{rpp} 의 합이다. 지반이 등체적 변형하면 탄소성경계 변위 u_{R_pf} 는 R_p/r 배 확대된 크기로 소성역 (반경 r) 에 전달되어 반경변위 $u_{rpee} = u_{R_pf} R_p/r$ (식 6.2.40) 가 발생된다. r 에 a 를 대입하면 내공변위 u_{aT} 가 된다.

$$
\begin{aligned}
u_{rT} &= u_{reo} + u_{rf} \\
&= u_{reo} + u_{rpee} + u_{rpe} + (u_{rpr} + u_{rpt}) && (p_0 < \sigma_{DF}) \\
&= u_{reo} + u_{rpee} + u_{rpe} + \left(u_{rpr} + 2u_{rptE} + u_{rptV}\frac{r_1}{r}\right) && (p_0 > \sigma_{DF})
\end{aligned}
\tag{6.2.59}
$$

(5) 소성역의 등체적 지반 변형률

터널 주변지반의 변형률은 터널굴착 전 변위와 터널굴착으로 인한 변위를 합한 전체변위 u 를 적합조건 ($\epsilon_r = du/dr$, $\epsilon_t = u/r$) 에 적용하여 구하며, 표 6.2.3 과 같다.

반경 및 접선방향 변형률 ϵ_r 과 ϵ_t 는 터널굴착 전 탄성변형률 (ϵ_{reo}, ϵ_{teo}) 에 터널굴착으로 인한 탄성영역과 소성영역의 탄성변형에 의한 변형률 (ϵ_{re}, ϵ_{te}) 및 소성영역의 소성변형에 의한 변형률 (ϵ_{rpp}, ϵ_{tpp}) 을 합한 크기이다.

$$
\begin{aligned}
\epsilon_r &= \epsilon_{reo} + \epsilon_{re} + \epsilon_{rpp} \\
\epsilon_t &= \epsilon_{teo} + \epsilon_{te} + \epsilon_{tpp}
\end{aligned}
\tag{6.2.60}
$$

① 터널굴착 전 탄성 변형률

터널굴착 전 주변지반의 반경 및 접선 탄성변형률 (ϵ_{reo}, ϵ_{teo}) 은 다음이 된다.

$$
\epsilon_{reo} = \epsilon_{teo} = \frac{(1+\nu)(1-2\nu)}{E}p_o
\tag{6.2.61}
$$

② 터널굴착 후 탄성 변형률

터널굴착으로 인해 발생하는 탄성 및 소성영역의 탄성변형에 의한 변형률 (ϵ_{ree}, ϵ_{tee}) 와 (ϵ_{rpe}, ϵ_{tpe}) 는 서로 부호가 반대이고 크기가 같으므로,

$$
\epsilon_{ree} = -\epsilon_{tee} = -\frac{1+\nu}{E}\frac{m}{m+2}\left(p_o - \frac{s}{m}\right) = \epsilon_{rpe} = -\epsilon_{tpe}
\tag{6.2.62}
$$

터널굴착 후 탄성영역과 소성영역 내 총 탄성변형률 (ϵ_{re}, ϵ_{te}) 는 다음이 된다.

$$
\epsilon_{re} = \epsilon_{ree} + \epsilon_{rpe} = -\frac{1+\nu}{E}\frac{2m}{m+2}\left(p_o - \frac{s}{m}\right) = -\epsilon_{te} = \epsilon_{tee} + \epsilon_{tpe}
\tag{6.2.63}
$$

③ 소성영역내 소성변형에 의한 변형률

탄성역 탄성변위에 의한 소성역 탄성변형률 (ϵ_{rpee}, ϵ_{tpee}) 는 (터널굴착으로 인해 탄성영역에서 발생되고 탄소성경계를 통해 R_p/r 배 확대되어 소성영역에 전달되는) 탄성변형에 의한 반경변위 (식 6.2.40) 에 적합조건을 적용하여 구하면 다음이 된다.

$$\epsilon_{rpee} = -\epsilon_{tpee} = -\frac{1+\nu}{E}\frac{m}{m+2}\left(p_o - \frac{s}{m}\right)\frac{R_p^2}{r^2} \tag{6.2.64}$$

그런데 위 식은 소성영역 내 전체 변형률 (탄성 및 소성 변형률의 합) 이므로, 소성 영역의 탄성변형률 (ϵ_{rpe}, ϵ_{tpe} ; 식 6.2.62) 을 빼면 터널굴착으로 인해 소성영역에 발생한 소성 변형률 (ϵ_{rpp}, ϵ_{tpp}) 이 된다.

$$\epsilon_{rpp} = -\epsilon_{tpp} = -\frac{1+\nu}{E}\frac{m}{m+2}\left(p_o - \frac{s}{m}\right)\left(\frac{R_p^2}{r^2} - 1\right) \tag{6.2.65}$$

④ 전체 변형률

전체 변형률 (ϵ_r, ϵ_t) 은 터널굴착 전 탄성변형률 (ϵ_{reo}, ϵ_{teo} ; 식 6.2.61) 과 터널굴착 후 탄성 변형률 (ϵ_{re}, ϵ_{te} ; 식 6.2.63) 및 소성 변형률 (ϵ_{rpp}, ϵ_{tpp} ; 식 6.2.65) 의 합이다.

$$\epsilon_r = \frac{(1+\nu)(1-2\nu)}{E}p_o - \frac{1+\nu}{E}\frac{2m}{m+2}\left(p_o - \frac{s}{m}\right) - \frac{1+\nu}{E}\frac{m}{m+2}\left(p_o - \frac{s}{m}\right)\left(\frac{R_p^2}{r^2} - 1\right)$$

$$\epsilon_t = \frac{(1+\nu)(1+2\nu)}{E}p_o + \frac{1+\nu}{E}\frac{2m}{m+2}\left(p_o - \frac{s}{m}\right) + \frac{1+\nu}{E}\frac{m}{m+2}\left(p_o - \frac{s}{m}\right)\left(\frac{R_p^2}{r^2} - 1\right) \tag{6.2.66}$$

표 6.2.3 굴착단계별 변형률 (등체적 변형률)

굴착단계			반경방향 변형률 ϵ_r 및 접선방향 변형률 ϵ_t		
굴착전	탄성 변형률		$\epsilon_{reo} = \dfrac{(1+\nu)(1-2\nu)}{E}p_o$ $\epsilon_{teo} = \dfrac{(1+\nu)(1-2\nu)}{E}p_o = \epsilon_{reo}$	식 (6.2.61)	
굴착후	탄성역	탄성 변형률	$\epsilon_{ree} = -\dfrac{1+\nu}{E}\dfrac{m}{m+2}\left(p_0 - \dfrac{s}{m}\right)$ $\epsilon_{tee} = \dfrac{1+\nu}{E}\dfrac{m}{m+2}\left(p_0 - \dfrac{s}{m}\right) = -\epsilon_{ree}$	식 (6.2.62)	ϵ_{re} ϵ_{te} 식 (6.2.63)
	소성역	탄성 변형률	$\epsilon_{rpe} = -\dfrac{1+\nu}{E}\dfrac{m}{m+2}\left(p_0 - \dfrac{s}{m}\right)$ $\epsilon_{tpe} = \dfrac{1+\nu}{E}\dfrac{m}{m+2}\left(p_0 - \dfrac{s}{m}\right) = -\epsilon_{rpe}$	식 (6.2.62)	
		소성 변형률	$\epsilon_{rpp} = -\dfrac{1+\nu}{E}\dfrac{m}{m+2}\left(p_0 - \dfrac{s}{m}\right)(R_p^2/r^2 - 1)$ $\epsilon_{tpp} = \dfrac{1+\nu}{E}\dfrac{m}{m+2}\left(p_0 - \dfrac{s}{m}\right)(R_p^2/r^2 - 1) = -\epsilon_{rpp}$	식 (6.2.65)	
전체변형률			$\epsilon_r = \epsilon_{reo} + \epsilon_{re} + \epsilon_{rpp} = \epsilon_{reo} + (\epsilon_{ree} + \epsilon_{rpe}) + \epsilon_{rpp}$ $\epsilon_t = \epsilon_{teo} + \epsilon_{te} + \epsilon_{tpp} = \epsilon_{teo} + (\epsilon_{tee} + \epsilon_{tpe}) + \epsilon_{tpp}$	식 (6.2.66)	

3) 소성역 $(a < r < R_p)$ 지반의 변체적 변위 (체적탄성률 적용)

(1) 소성역 지반의 변체적 변위

① 소성역 지반의 체적변화

터널주변 지반의 체적은 터널굴착 후에 구성광물 (점토광물 등) 의 팽창에 의해 변하며, 변체적 소성변형거동 (상관유동법칙, Associative Flow Rule) 에 의해서도 변한다. 지반의 체적이 팽창되면 전 압축응력 $(I_{1a} = \sigma_x + \sigma_y + \sigma_z = \sigma_r + \sigma_t + \tau_{rt})$ 이 작아지고, 지반이 등체적 변형할 때에는 소성체적변형률과 체적탄성률이 영이다.

소성역 지반의 체적변화는 체적 탄성률을 적용하여 계산할 수 있고, 체적탄성률은 중간주응력 (터널 축방향의 수직응력 σ_z) 을 알아야만 구할 수 있다. 그런데 Mohr-Coulomb 항복조건에서는 소성영역 내 중간주응력은 (크기는 알 수 없고) 그 범위 $(\sigma_r \leq \sigma_z \leq \sigma_t)$ 만 알 수 있기 때문에 체적 탄성률을 구할 수 없다.

그러나 Mohr-Coulomb 의 항복조건을 적용하더라도 소성영역에서 중간주응력을 $\sigma_z = \nu(\sigma_r + \sigma_t)$ (단, $\sigma_z > \sigma_r$, $\nu \leq \sigma_r / (\sigma_r + \sigma_t)$) 로 가정하면 체적탄성률을 구해서 소성영역 지반의 체적변화를 구할 수 있다. 실제에서 이 가정이 성립되지 않을 만큼 반경응력 σ_r 이 크거나 푸아송 비 ν 가 작은 경우는 거의 없기 때문에 대체로 σ_z 가 중간주응력이다.

② 터널 주변지반의 체적변화량

터널 주변지반의 체적변화량은 주변지반을 원형 고리 (내경 r , 외경 $r + dr$, 폭 dr) 로 간주하고 계산할 수 있다. 터널굴착 전·후 원형 고리의 응력과 체적은 표 6.2.4 와 같다.

표 6.2.4 원형 고리의 굴착 전후 응력과 체적

	응 력	체 적
굴착 전	$I_{1a} = \sigma_r + \sigma_t + \sigma_l = 2p_o(1 + \nu)$	$V_1 = [(r + dr)^2 - r^2]\pi = (2rdr + dr^2)\pi$
굴착 후	$I_{1b} = (1 + \nu)(\sigma_r + \sigma_t)$ $= 2(1 + \nu)\left\{\dfrac{s}{m} + \left(p_o - \dfrac{s}{m}\right)\left(\dfrac{r}{R_p}\right)^m\right\}$	$V_2 = \{(r + dr + u_r + du_r)^2 - (r + u_r)^2\}\pi$ $= (2rdr + dr^2 + 2rdu_r + 2u_r dr + 2drdu_r + 2u_r du_r + du_r^2)\pi$

터널굴착 전·후 원형 고리의 체적 (표 6.2.4) 으로부터 체적변화량 ΔV 는 다음이 된다.

$$\Delta V = V_2 - V_1 = \pi(2rdu_r + 2u_r dr + 2drdu_r + 2u_r du_r + du_r^2) \tag{6.2.67}$$

위 식에서 미소한 항 $(drdu_r, du_r^2)$ 을 생략하면 다음 미분방정식이 된다.

$$dV = 2\pi(rdu_r + u_r dr + u_r du_r) = \frac{2(1 + \nu)(1 - 2\nu)}{E}\left(p_o - \frac{s}{m}\right)\left[\left(\frac{r}{R_p}\right)^m - 1\right]2\pi rdr \tag{6.2.68}$$

위 식을 적분하면 체적변화량 ΔV는 다음이 되고,

$$\Delta V = \left\{ u_r\, r + \frac{1}{2} u_r^2 + A \right\} 2\pi \tag{6.2.69}$$

이는 체적 팽창률 e_V의 정의로부터 구한 체적변화량 ΔV와 같고, 응력 I_{1a}과 I_{1b} (표 6.2.4)를 대입하면 다음이 된다 (체적팽창계수 K, 탄성계수 E, 부피 $V = 2\pi r\, dr$).

$$\Delta V = e_V V = \frac{I_{1b} - I_{1a}}{3\,\mathrm{K}} V = \frac{1-2\nu}{E} (I_{1b} - I_{1a})\, V$$

$$= \frac{2(1+\nu)(1-2\nu)}{E} \left(p_o - \frac{s}{m} \right) \left[\left(\frac{r}{R_p} \right)^m - 1 \right] (2\pi r\, dr) \tag{6.2.70}$$

적분상수 A는 탄소성경계 반경변위가 $u_r = u_{R_p}$인 조건에서 구할 수 있다.

$$A = - u_r R_p - \frac{(1+\nu)(1-2\nu)}{E} \left(p_o - \frac{s}{m} \right) \frac{m}{m+2} R_p^2 \tag{6.2.71}$$

따라서 터널굴착 후 주변지반의 체적변화량 ΔV는 다음이 된다.

$$\Delta V = \frac{2(1+\nu)(1-2\nu)}{E} \left(p_o - \frac{s}{m} \right) \left\{ \frac{(r/R_p)^{m+2}}{m+2} R_P^2 - \frac{r^2}{2} \right\} 2\pi \tag{6.2.72}$$

③ 탄소성 경계의 반경변위

탄소성경계 반경변위 u_{R_p} (식 6.2.37)는 터널굴착 전 탄성변위 (식 6.2.34)와 터널굴착으로 인해 발생된 변위 (식 6.2.35)의 합이다.

$$u_{R_p} = \frac{(1+\nu)(1-2\nu)}{E} p_o R_p + \frac{1+\nu}{E} R_p \frac{m}{m+2} \left(p_o - \frac{s}{m} \right) \tag{6.2.73}$$

④ 소성역의 변위

체적변화량에 관한 식 (식 6.2.69)에 적분상수 A (식 6.2.71)를 대입하고, u_r^2 항은 (크기가 매우 작으므로) 생략한 후 소성역내 반경변위 u_r에 대해 정리하고 탄소성경계변위 u_{R_p} (식 6.2.73)를 대입하면,

$$u_r = u_{R_p} \frac{R_p}{r} + \frac{(1+\nu)(1-2\nu)}{E} \left(p_o - \frac{s}{m} \right) \left\{ \frac{2}{m+2} \left(\frac{r}{R_p} \right)^m - 1 + \frac{m}{m+2} \left(\frac{R_p}{r} \right)^2 \right\} r \tag{6.2.74}$$

$$= \frac{(1+\nu)(1-2\nu)}{E} \left[p_o \left(\frac{R_p}{r} \right)^2 + \left(p_o - \frac{s}{m} \right) \left\{ \frac{m}{m+2} \frac{2(1-\nu)}{1-2\nu} \left(\frac{R_p}{r} \right)^2 + \frac{2}{m+2} \left(\frac{r}{R_p} \right)^m - 1 \right\} \right] r$$

이고, 위 식에 내공반경 $r = a$를 대입하면 내공변위 u_a가 된다.

$$u_a = \frac{(1+\nu)(1-2\nu)}{E} \left[p_o \left(\frac{R_p}{a} \right)^2 + \left(p_o - \frac{s}{m} \right) \left\{ \frac{m}{m+2} \frac{2(1-\nu)}{1-2\nu} \left(\frac{R_p}{a} \right)^2 + \frac{2}{m+2} \left(\frac{a}{R_p} \right)^m - 1 \right\} \right] a \tag{6.2.75}$$

(2) 변체적 변형상태 변형률

① 탄성 변형률

탄성 변형은 탄성역에서 뿐만 아니라 소성역에서도 발생되며, 평면변형률조건에서 탄성상태 응력-변형률 관계는 Hooke 의 법칙에서 다음과 같다.

$$\epsilon_r = \frac{1+\nu}{E}\big\{(1-\nu)\sigma_r - \nu\sigma_t\big\}$$

$$\epsilon_t = \frac{1+\nu}{E}\big\{(1-\nu)\sigma_t - \nu\sigma_r\big\} \tag{6.2.76}$$

소성역내 반경 및 접선방향 전체응력 (σ_{rp}, σ_{tp}) 에 대한 식은 식 (6.2.24) 에서,

$$\sigma_{rp} = p_o - \frac{m}{m+2}\Big(p_o - \frac{s}{m}\Big) + \frac{2}{m+2}\Big(p_o - \frac{s}{m}\Big)\bigg\{\Big(\frac{r}{R_p}\Big)^m - 1\bigg\}$$

$$\sigma_{tp} = p_o + \frac{m}{m+2}\Big(p_o - \frac{s}{m}\Big) + \frac{2(m+1)}{m+2}\Big(p_o - \frac{s}{m}\Big)\bigg\{\Big(\frac{r}{R_p}\Big)^m - 1\bigg\} \tag{6.2.77}$$

이고, 여기에서 제 1 항은 터널굴착 전 초기응력, 제 2 항은 탄성영역의 부담하중, 제 3 항은 소성역의 부담하중, 제 4 항은 지보공 부담하중이다. 제 1 항과 제 2 항의 합은 탄소성경계 응력 σ_{R_p} (식 6.2.12) 를 나타낸다.

반경 및 접선 탄성변형률 (ϵ_{re}, ϵ_{te}) 는 위 식을 Hooke 법칙 (식 6.2.76) 에 대입하면,

$$\epsilon_{re} = \frac{(1+\nu)(1-2\nu)}{E}p_0 + \frac{1+\nu}{E}\Big(p_0 - \frac{s}{m}\Big)\bigg[\frac{-m}{m+2} + \frac{2(1-2\nu-m\nu)}{m+2}\bigg\{\Big(\frac{r}{R_p}\Big)^m - 1\bigg\}\bigg]$$

$$\epsilon_{te} = \frac{(1+\nu)(1-2\nu)}{E}p_0 + \frac{1+\nu}{E}\Big(p_0 - \frac{s}{m}\Big)\bigg[\frac{m}{m+2} + \frac{2(1+m-2\nu-m\nu)}{m+2}\bigg\{\Big(\frac{r}{R_p}\Big)^m - 1\bigg\}\bigg]$$

$$\tag{6.2.78}$$

이고, 여기에서 제 1 항은 터널굴착 전 탄성 변형률 (ϵ_{reo}, ϵ_{teo}), 제 2 항은 터널굴착 후 탄성역내 탄성 변형률 (ϵ_{ree}, ϵ_{tee}), 제 3 항은 터널굴착 후 소성역 내 탄성 변형률 (ϵ_{rpe}, ϵ_{tpe}) 이다. 제 3 항에는 중간주응력 σ_l 의 영향이 포함되어 있다.

반경 및 접선방향 전체 변형률은 전체 반경변위 u_r (식 6.2.74) 을 적합조건 즉, $\epsilon_r = du/dr$, $\epsilon_t = u/r$ 에 적용하여 구한다.

표 6.2.5 굴착단계별 응력, 변위, 변형률 (변체적 변형) 의 표기

굴 착 단 계			응력			변위				변형률		
굴착 전	지 반	응력상태	σ_{reo} σ_{teo}			u_{reo} u_{teo}				ϵ_{reo} ϵ_{teo}		
굴착 후	탄성역	탄성상태	σ_{re}	σ_{ree} σ_{tee}		u_{re}	u_{ree} u_{tee}		u_{rT}	ϵ_{re}	ϵ_{ree} ϵ_{tee}	
	소성역	탄성상태	σ_{te}	σ_{rpe} σ_{tpe}	σ_{rp}	u_{te}	u_{rpe} u_{tpe}	u_{rp}	u_{rf} u_{tT}	ϵ_{te}	ϵ_{rpe} ϵ_{tpe}	ϵ_{rp}
		소성상태		σ_{rpp} σ_{tpp}	σ_{tp}		u_{rpp} u_{tpp}	u_{tp}	u_{tf}		ϵ_{rpp} ϵ_{tpp}	ϵ_{tp}
전 체			σ_r σ_t			u_r u_t				ϵ_r ϵ_t		

② 소성 변형률

터널굴착 후에 발생하여 체적변화를 동반하는 소성역 내 지반의 소성변형률 $(\epsilon_{rp},\ \epsilon_{tp})$ 은 전체 변형률 $(\epsilon_r,\ \epsilon_t)$ (소성+탄성) 중에서 탄성 변형률 $(\epsilon_{re},\ \epsilon_{te})$ (굴착 전 + 탄성역 + 소성역) 을 제외한 값이다.

$$\epsilon_{rp} = -\frac{1-\nu^2}{E}\left(p_0 - \frac{s}{m}\right)\frac{2m}{m+2}\left\{\left(\frac{R_p}{r}\right)^2 - \left(\frac{r}{R_p}\right)^m\right\}$$

$$\epsilon_{tp} = \frac{1-\nu^2}{E}\left(p_0 - \frac{s}{m}\right)\frac{2m}{m+2}\left\{\left(\frac{R_p}{r}\right)^2 - \left(\frac{r}{R_p}\right)^m\right\} = -\epsilon_{rp} \tag{6.2.79}$$

③ 전체 변형률

변체적 상태 터널주변지반의 전체 변형률은 탄성 및 소성 변형률을 합한 크기이다. 전체 반경 및 접선 변형률 ϵ_r 과 ϵ_t 는 터널굴착 전 탄성변형률 $(\epsilon_{reo}, \epsilon_{teo})$ 에 굴착 후 탄성영역의 탄성변형률 $(\epsilon_{ree}, \epsilon_{tee})$ 과 소성영역의 탄성변형률 $(\epsilon_{rpe}, \epsilon_{tpe})$ 및 소성변형률 $(\epsilon_{rpp}, \epsilon_{tpp})$ 을 합한 크기이다.

$$\epsilon_r = \epsilon_{reo} + \epsilon_{ree} + \epsilon_{rpe} + \epsilon_{rpp}$$

$$\epsilon_t = \epsilon_{teo} + \epsilon_{tee} + \epsilon_{tpe} + \epsilon_{tpp} \tag{6.2.80}$$

변체적 상태에서 반경방향 전체 변형률 ϵ_r 은 지반의 체적변형에 의하여 영향을 받기 때문에 터널 중심으로부터 이격거리 $\ln r/a$ 에 따라 그림 6.2.9 와 같다.

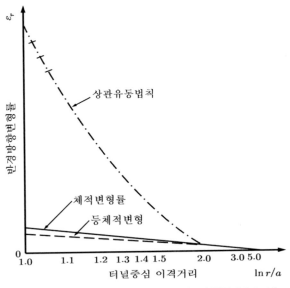

그림 6.2.9 체적변형에 따른 원지반 변형률 분포 예

변체적 상태에서 굴착단계별 반경 및 접선방향 변형률은 표 6.2.6 과 같다. 터널굴착 전 접선 및 반경 탄성변형률 (ϵ_{reo}, ϵ_{teo}) 은 크기가 동일하고, 굴착 후 탄성역내 탄성변형률 (ϵ_{ree}, ϵ_{tee}) 과 소성영역 내의 소성변형률 (ϵ_{rpp}, ϵ_{tpp}) 은 부호는 반대이고 그 절대치는 같다. 소성영역 내에서 반경 및 접선방향 탄성변형률 (ϵ_{rpe}, ϵ_{tpe}) 의 비는 $(1-2\nu-m\nu)$: $(m+1-2\nu-m\nu)$ 이다 (그림 6.2.9).

터널굴착 후 등체적 변형에 대한 식 (6.2.62) 의 계수 $\left(R_p^2/r^2-1\right)$ 와 변체적 변형에 대한 식 (6.2.79) 의 계수 $\left(R_p^2/r^2-R_p^m/r^m\right)$ 를 보면, 체적이 변할 때에는 체적불변일 때보다 변형률이 **2 배 이상 증가하므로, 체적팽창을 무시하면 큰 오차가 발생된다.**

탄성역 및 등체적 (체적탄성률이 영) 상태 소성역에서는 가로 축에 $(a/r)^2$, 세로 축에 반경변위 u_a 를 취하고 식 (6.2.47) 의 관계를 그리면 직선이 된다. 그러나 변체적 상태 소성역에서는 체적탄성률을 고려해야 하기 때문에 $1/r^2$ 의 항 이외에 $(r/R)^m$ 을 포함하는 항이 있으므로 (식 6.2.74) 일직선상에 들지 않는다.

표 6.2.6 굴착단계별 변형률 (변체적 변형)

굴 착 단 계			반경방향 변형률 ϵ_r 과 접선방향 변형률 ϵ_t	
굴착전	탄성변형률		$\epsilon_{reo} = \dfrac{(1+\nu)(1-2\nu)}{E}p_o$ $\epsilon_{teo} = \dfrac{(1+\nu)(1-2\nu)}{E}p_o = \epsilon_{reo}$	식 (**6.2.78**) 제1항
굴착후	탄성역	탄성변형률	$\epsilon_{ree} = -\dfrac{1+\nu}{E}\dfrac{m}{m+2}\left(p_0-\dfrac{s}{m}\right)$ $\epsilon_{tee} = \dfrac{1+\nu}{E}\dfrac{m}{m+2}\left(p_0-\dfrac{s}{m}\right) = -\epsilon_{ree}$	식 (**6.2.78**) 제2항
	소성역	탄성변형률	$\epsilon_{rpe} = \dfrac{1+\nu}{E}\dfrac{2(1-2\nu-m\nu)}{m+2}\left(p_0-\dfrac{s}{m}\right)\left(\dfrac{r^m}{R_p^m}-1\right)$ $\epsilon_{tpe} = \dfrac{1+\nu}{E}\dfrac{2(m+1-2\nu-m\nu)}{m+2}\left(p_0-\dfrac{s}{m}\right)\left(\dfrac{r^m}{R_p^m}-1\right)$	식 (**6.2.78**) 제3항
		소성변형률	$\epsilon_{rpp} = \dfrac{1-\nu^2}{E}\dfrac{2m}{m+2}\left(p_0-\dfrac{s}{m}\right)\left(\dfrac{r^m}{R_p^m}-\dfrac{R_p^2}{r^2}\right)$ $\epsilon_{tpp} = -\dfrac{1-\nu^2}{E}\dfrac{2m}{m+2}\left(p_0-\dfrac{s}{m}\right)\left(\dfrac{r^m}{R_p^m}-\dfrac{R_p^2}{r^2}\right) = -\epsilon_{rpD}$	식 (**6.2.79**)
전 체 변형률			$\epsilon_r = \epsilon_{reo} + \epsilon_{ree} + \epsilon_{rpe} + \epsilon_{rpp}$ $\epsilon_t = \epsilon_{teo} + \epsilon_{tee} + \epsilon_{tpe} + \epsilon_{tpp}$	식 (**6.2.80**)

2.1.4 응력과 변형률 경로

반경응력-접선응력 관계 $(\sigma_r\text{-}\sigma_t)$ 와 반경변형률-접선변형률 관계 $(\epsilon_r\text{-}\epsilon_t)$ 를 원점과 축척을 적당하게 취하고 한 그래프에 연속적으로 겹쳐서 나타내면, 터널을 굴착하는 동안에 발생하는 응력과 변형률의 변화경로를 알 수 있다. 탄성영역에서는 응력과 변형률이 같은 점이 되고, 소성역내 응력은 항복곡선 상에서만 변한다.

세로축과 가로축을 반경응력 σ_r 과 접선응력 σ_t 로 하여 $\sigma_r\text{-}\sigma_t$ 그래프를 그리면, 등방압 상태일 때에는 원점을 지나고 좌표축에 45° 로 경사진 직선이 되고, 터널 굴착 전 초기응력 p_o 는 ($\sigma_r = \sigma_t = p_o$ 이므로) Ⓐ 점이 된다 (그림 6.2.10).

$\sigma_r\text{-}\sigma_t$ 관계곡선에서 **Mohr-Coulomb** 항복조건 (식 6.2.2) 은 기울기가 $1/(m+1)$ 이고 σ_r 축 절편이 $s/(m+1)$ 인 직선이고, 탄소성경계 응력 σ_{rR_p} 는 항복곡선의 Ⓑ 점이다.

$$\sigma_{rR_p} = \frac{2p_o + s}{m+2} = p_o - \frac{m}{m+2}\left(p_o - \frac{s}{m}\right) \tag{6.2.81}$$

세로축과 가로축을 반경변형률 ϵ_r 과 접선응력 ϵ_t 로 하고, $\epsilon_r\text{-}\epsilon_t$ 그래프의 축척과 좌표축을 적절히 취하여 터널굴착 전 초기 탄성변형률 $(\epsilon_{reo}, \epsilon_{teo})$ 을 나타내는 점이 초기응력 p_o 와 동일한 점 (Ⓐ점) 이 되게 하면, 등방압 상태 변형률은 좌표축에 $45°$ 경사진 직선이고, 터널굴착 전 Ⓐ 점의 응력 p_o 와 변형률 $(\epsilon_{reo}, \epsilon_{teo})$ 은 다음이 된다.

$$\sigma_t = \sigma_r = p_o$$
$$\epsilon_{reo} = \epsilon_{teo} = \frac{(1+\nu)(1-2\nu)}{E}p_o \tag{6.2.82}$$

$\epsilon_r\text{-}\epsilon_t$ 그래프에서 탄소성경계의 변위 u_{R_p} 은 항복곡선상의 Ⓑ 점이다.

$$u_{R_p} = \frac{1+\nu}{E}R\frac{m}{m+2}\left(p_o - \frac{s}{m}\right) + \frac{(1+\nu)(1-2\nu)}{E}p_o\,r \tag{6.2.83}$$

터널굴착 후 탄성역 탄성변형률 $(\epsilon_{ree}, \epsilon_{tee}$; 식 6.2.62) 은 Ⓐ→Ⓑ 를 따라 발생되고,

$$\epsilon_{ree} = -\epsilon_{tee} = -\frac{1+\nu}{E}\frac{m}{m+2}\left(p_o - \frac{s}{m}\right) \tag{6.2.84}$$

소성역 탄성 변형률 $(\epsilon_{rpe}, \epsilon_{tpe}$; 식 6.2.62) 은 Ⓑ→Ⓓ' 를 따라 증가한다.

$$\epsilon_{rpe} = \epsilon_{tpe} = -\frac{1+\nu}{E}\frac{m}{m+2}\left(p_o - \frac{s}{m}\right) \tag{6.2.85}$$

최종 탄성 변형률 (ϵ_{re} , ϵ_{te}) (ⓓ 점) 는 다음이 된다.

$$\epsilon_{re} = \epsilon_{te} = \frac{s}{m} \frac{(1+\nu)(1-2\nu)}{E} \tag{6.2.86}$$

소성변형은 소성영역에서 탄성변형에 무관하게 발생하며, 소성 변형률은 지반이 변형될 때에 체적의 변화여부 (등체적 또는 변체적 변형) 에 따라 다르게 발생된다.

지반이 등체적 변형할 때에 소성 변형률 (ϵ_{rppc}, ϵ_{tppc}) (표 6.2.3) 은 등압응력선 (양의 좌표 축에 45° 경사진 직선) 에 직각방향 (ϵ_t 축에 135° 경사) 으로 증가 (ⓑ→ⓔ 경로) 한다 (첨자 'c' 는 등체적 변형 (volume constant) 을 나타냄).

$$\epsilon_{rppc} = - \epsilon_{tppc} = \frac{1+\nu}{E} \frac{m}{m+2} \left(p_o - \frac{s}{m}\right)\left(\frac{R_p^2}{r^2} - 1\right) \tag{6.2.87}$$

지반이 변체적 변형할 때에 소성 변형률 (ϵ_{rppv}, ϵ_{tppv}) (표 6.2.6, 식 6.2.80) 은 ⓑ→ⓓ →ⓕ 경로를 따라 발생된다 (첨자 v 는 변체적 변형(volume variable)을 나타낸다).

$$\epsilon_{tppv} = - \epsilon_{rppv} = \frac{1-\nu^2}{E} \frac{2m}{m+2} \left(p_o - \frac{s}{m}\right)\left(\frac{R_p^2}{r^2} - \frac{r^m}{R_p^m}\right) \tag{6.2.88}$$

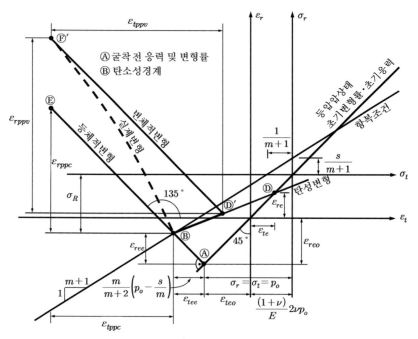

그림 6.2.10 터널굴착에 따른 응력과 변형률

2.2 Drucker-Prager 항복조건

Mohr-Coulomb 항복조건에서는 항복거동에 최대 및 최소 주응력만 관여하고 중간 주응력은 무관하므로 실제 적용에 한계가 있다.

Drucker-Prager 항복조건 **(2.2.1 절)** 은 중간주응력을 고려하고 있어서 평면변형률 상태에서도 Mohr-Coulomb 항복조건 보다 실제에 더 근접하기 때문에 자주 사용된다. 소성역 지반의 응력-변형률 거동 **(2.2.2 절)** 은 소성 포텐셜과 항복함수로부터 결정된다. 터널 주변지반은 변위 **(2.2.3 절)** 가 진행되면 미세균열이 발생되거나 항복면의 직각 방향으로 변형되면서 부피가 팽창된다.

Drucker-Prager 항복조건의 기본이론은 제 1 장 6.3 절에서 상세히 설명하였으므로 여기에서는 개념만 설명한다.

2.2.1 Drucker-Prager 항복조건식

Drucker-Prager 항복조건 (Drucker-Prager, 1952) 은 Mohr-Coulomb 의 항복조건과 본질적으로 다르지 않고, 2 차원 상태에서는 서로 일치한다. π 평면에서 Drucker-Prager 의 항복조건은 Mohr-Coulomb 항복조건 (6 각형) 의 외접원이지만, 축차응력은 모서리가 둥근 3 각형이고 압축응력이 커지면 원형에 가까워진다 (그림 6.2.11).

1) Drucker-Prager 항복조건식

Drucker-Prager 항복함수 f 는 3 개의 주응력 ($\sigma_1 > \sigma_2 > \sigma_3$) 이 대등하게 관여하며, 항상 $f \leq 0$ 이고, 항복상태에서 $f = 0$, 탄성 상태에서 $f < 0$ 이다.

$$f = \alpha J_1 + \sqrt{J_{2D}} - k = 0 \tag{6.2.89}$$
$$J_1 = \sigma_1 + \sigma_2 + \sigma_3$$
$$J_{2D} = \frac{1}{6}\left\{(\sigma_1 - \sigma_2)^2 + (\sigma_2 - \sigma_3)^2 + (\sigma_3 - \sigma_1)^2\right\} = k^2$$

여기에서 J_1 은 제 1 불변 주응력, J_{2D} 는 제 2 불변 축차응력이다. α 와 k 는 지반에 따른 Drucker-Prager 항복조건의 계수이며, 항상 $\alpha \geq 0$ 이고, 취성 재료에서 $\alpha \gneqq 0$, 연성 재료에서 $\alpha = 0$ 이다.

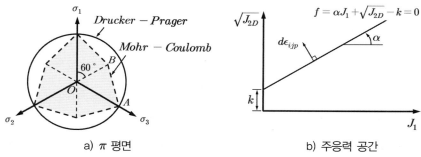

a) π 평면   b) 주응력 공간

그림 6.2.11 Drucker-Prager 항복조건

2) Drucker-Prager 항복조건 계수 α, k

Drucker-Prager 항복조건 계수 α, k 는 응력조건 (삼축 압축조건과 평면변형률조건)
에 따라 다르다.

(1) 삼축압축조건

삼축압축조건 ($\sigma_1 > \sigma_2 = \sigma_3$) 에서 **Drucker-Prager** 항복조건식 (식 6.2.89) 은,

$$f = (2\sqrt{3}\,\alpha + 1)\sigma_1 + (\sqrt{3}\,\alpha - 1)\sigma_3 = \sqrt{3}\,k \tag{6.2.90}$$

이고, 이는 다음 Mohr-Coulomb 항복조건식과 같으므로,

$$\frac{\sigma_1}{2}(1 - \sin\phi) - \frac{\sigma_3}{2}(1 + \sin\phi) = c\cos\phi$$
$$\sigma_1 - (m+1)\sigma_3 + s = 0 \tag{6.2.91}$$

삼축압축조건의 계수 α 와 k 는 다음이 된다.

$$\alpha = \frac{2\sin\phi}{\sqrt{3}\,(3 - \sin\phi)} = \frac{m}{\sqrt{3}\,(m+3)}$$
$$k = \frac{6c\cos\phi}{\sqrt{3}\,(3 - \sin\phi)} = \frac{s\sqrt{3}}{m+3} \tag{6.2.92}$$

(2) 평면변형률조건

평면변형률 조건에서 Drucker-Prager 항복계수 α 와 k 는 중간 주응력을 Drucker-
Prager 항복조건식에 대입하고 Mohr-Coulomb 식과 같다고 놓고 구한다. 이때 중간
주응력은 중간주응력방향 (z 방향) 소성변형률이 영 ($\epsilon_{zp} = 0$) 인 조건이나 **탄성변형률**
이 영 ($\epsilon_{ze} = 0$) 인 조건을 적용하여 구한다. 그런데 탄성 변형률이 영인 조건을 적용할
때는 α 와 k 가 간단히 풀리지 않으므로 소성 변형률이 영인 조건을 주로 적용한다.

중간 주응력방향의 소성 변형률이 영 ($\epsilon_l = 0$) 인 조건에서 중간 주응력을 구하여 Drucker-Prager 항복조건 (식 6.2.89) 에 대입하면,

$$f = 3\alpha \frac{\sigma_1 + \sigma_3}{2} - \sqrt{1 - 3\alpha^2} \frac{\sigma_1 - \sigma_3}{2} - k = 0 \tag{6.2.93}$$

이고, 이는 Mohr-coulomb 항복조건식 (식 6.2.91) 과 같으므로, 평면변형률조건의 계수 α 와 k 는 다음이 되며, 이는 삼축 압축조건의 값 (식 6.2.92) 과 다르다.

$$\alpha = \frac{\sin\phi}{\sqrt{9 + 3\sin^2\phi}} = \frac{m}{2\sqrt{3(m^2 + 3m + 3)}}$$

$$k = \frac{3c\cos\phi}{\sqrt{9 + 3\sin^2\phi}} = \frac{s\sqrt{3}}{2\sqrt{m^2 + 3m + 3}} \tag{6.2.94}$$

Drucker-Prager 항복계수 α 와 k 는 평면변형률조건 값 (식 6.2.94) 을 적용하면 그 결과가 실제에 근접하고, 삼축압축 조건 값 (식 6.2.92) 을 적용하면 결과가 지나치게 안전측이다.

2.2.2 소성 지반의 응력–변형률 거동

1) 상관유동법칙

물체에 힘이 작용하여 물체가 탄성변형 되면 물체 내에 에너지가 저장되고, 힘을 제거하면 물체는 외부에 대해 일을 한다. 물체 내 탄성변형에너지 $W = \frac{1}{2}\sum\sum\sigma_{ij}\epsilon_{ij}$ 를 응력 σ_{ij} 로 편미분하면 그 방향의 **탄성 변형률** ϵ_{ij} 가 되고, 이는 위치에너지 (스칼라) 와 힘 (벡터) 의 관계와 같으므로 탄성변형에너지 W 를 **탄성 포텐셜**이라 한다.

$$\frac{\partial W}{\partial \sigma_{ij}} = \epsilon_{ij} \tag{6.2.95}$$

그런데 물체가 소성변형할 때에는 소성 포텐셜 (응력×변형률) 이 전혀 증가하지 않기 때문에, 소성 포텐셜 증분은 영이다.

$$d\sigma_{ij}d\epsilon_{ijp} = 0 \tag{6.2.96}$$

물체 내 소성변형에너지 g (소성 포텐셜) 로부터 소성 변형률을 구하면 다음이 된다.

$$d\epsilon_{ijp} = \lambda \frac{\partial g}{\partial \sigma_{ij}} \tag{6.2.97}$$

여기에서 λ 는 소성 변형 시 응력-변형률 관계를 나타내는 **변형계수** (영률 같은 상수 가 아님) 이며, 적합조건과 응력-변형률 관계식 (소성에서 직교법칙) 으로부터 구한다. Drucker-Prager 항복조건을 적용할 때에 소성 포텐셜 g 를 중간 주응력 σ_2 로 편미분 하고 변형계수 λ 를 곱한 값은 중간주응력방향 소성변형률 증분 $d\epsilon_{2p}$ 이다.

항복함수 f 는 응력 σ_{ij} 만의 함수이고, 이상적 소성재료 (ideal plastic material) 는 변형률경화 (strain hardening) 되지 않기 때문에 항복함수는 $f(\sigma_{ij}) < 0$ 이며, $f = 0$ 이면 항복하고, $f(\sigma_{ij}) = 0$ 일 때에만 소성 변형률이 증가한다 ($\epsilon_{ijp} \fallingdotseq 0$).

항복함수 f 는 (응력 σ_{ij} 만의 함수이므로) 소성변형이 발생되는 동안에 영을 유지 하고, 다음 관계가 성립되며, 이를 항복함수 f 에 대한 **상관유동법칙**이라 한다.

$$d\epsilon_{ijp} = \lambda \frac{\partial f}{\partial \sigma_{ij}} = G \frac{\partial f}{\partial \sigma_{ij}} df \tag{6.2.98}$$

그런데 식 (6.2.97) 과 식 (6.2.98) 을 비교하면 완전 소성상태에서는 항복함수 f 와 소성 포텐셜 g 는 크기가 같다.

실제에서는 소성 포텐셜 g 와 항복함수 f 가 서로 다른 ($g \neq f$) 경우 (비상관 유동 법칙, non-associated flow rule) 가 많으나 계산하는데 많은 노력이 소요되고, 소성 포텐셜 g 를 결정하는 이론은 아직까지 확립되어 있지가 않다.

따라서 소성 포텐셜 g 가 항복함수 f 와 같다 ($g = f$) 고 가정할 수 있으며, 이를 **상관유동법칙** (associated flow rule) 이라 하고, 이렇게 하면 계산이 매우 간단해진다. 아주 간단한 상관유동법칙만 적용해도 여러 현상들을 설명할 수 있을 때가 많다.

2) 이상적 소성물체의 응력–변형률 거동

소성역의 변형률 $d\epsilon_{ij}$ 는 탄성변형에 의한 변형률 $d\epsilon_{ije}$ 와 소성변형에 의한 변형률 $d\epsilon_{ijp}$ 의 합이며, 각 변형률에 의해 체적이 팽창한다.

$$d\epsilon_{ij} = d\epsilon_{ije} + d\epsilon_{ijp} = \frac{1}{9K} dJ_1 \delta_{ij} + \frac{1}{2G} dS_{ij} + \lambda \frac{\partial f}{\partial \sigma_{ij}} \tag{6.2.99}$$

위 식에서 K 및 G 는 체적 및 전단탄성계수이며, 위 식을 응력 식으로 변환하면 다음이 된다.

$$d\sigma_{ij} = 2G d\epsilon_{ij} + \left(\frac{1}{3} - \frac{2G}{9K}\right) dJ_1 \delta_{ij} - 2G\lambda \frac{\partial f}{\partial \sigma_{ij}} \tag{6.2.100}$$

(1) 소성역 지반의 탄성변형에 의한 변형률 (체적탄성계수)

소성역의 탄성변형에 의한 변형률 $d\epsilon_{ije}$ 는 Hooke 법칙으로부터 구하며, 제1항은 체적팽창률에 의한 탄성 변형률, 제2항은 전단변형률에 의한 탄성 변형률이다.

$$d\epsilon_{ije} = \frac{1}{9\mathrm{K}} dJ_1 \delta_{ij} + \frac{1}{2G} dS_{ij} \qquad (6.2.101)$$

여기에서 δ_{ij} 는 크로네커 델타 (Kronecker delta, $i = j$ 에서 $\delta_{ij} = 1$, $i \neq j$ 에서 $\delta_{ij} = 0$) $dJ_1 = \sigma_{11} + \sigma_{22} + \sigma_{33}$, $S_{ij} = \sigma_{ij} - (\sigma_1 + \sigma_2 + \sigma_3)/3$ 는 축차응력 (deviatoric stress) 이다.

(2) 소성역 지반의 소성변형에 의한 변형률 (소성체적팽창)

소성역 소성변형률 $d\epsilon_{ijp}$ 는 소성 포텐셜 g 를 응력 σ_{ij} 로 편미분한 값에 비례하며, 비례상수 λ 는 변형계수이고, 상수가 아니고 경계조건에 따라 다르다.

$$d\epsilon_{ijp} = \lambda \frac{\partial g}{\partial \sigma_{ij}} \qquad (6.2.102)$$

상관유동법칙 (associated flow rule) 이 성립되면, $g = f$ 이므로 위 식은 다음이 된다.

$$d\epsilon_{ijp} = \lambda \frac{\partial f}{\partial \sigma_{ij}} \qquad (6.2.103)$$

그런데 Drucker-Prager 항복함수 f (식 6.2.89) 를 σ_{ij} 로 편미분하면 다음이 된다.

$$\frac{\partial f}{\partial \sigma_{ij}} = \frac{S_{ij}}{2\sqrt{J_{2D}}} - \alpha \delta_{ij} \qquad (6.2.104)$$

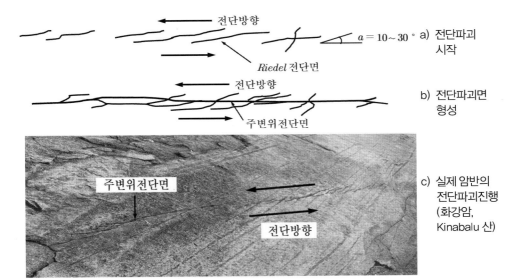

그림 6.2.12 전단변형의 진행에 따른 전단면의 발달과정

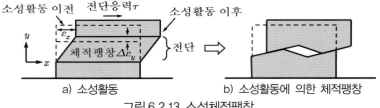

그림 6.2.13 소성체적팽창

3) 중간주응력과 직교법칙

(1) 중간주응력

터널은 평면변형률상태이므로 종방향 응력 σ_l 가 중간주응력 σ_2 이다.

$$\sigma_2 = \sigma_l = \nu(\sigma_r + \sigma_t) \tag{6.2.105}$$

종방향 변형률 ϵ_l 은 종방향 탄성 및 소성변형률 ϵ_{le} 및 ϵ_{lp} 의 합이고, 영 ($\epsilon_l = 0$) 이다.

$$\epsilon_l = \epsilon_{le} + \epsilon_{lp} = 0 \tag{6.2.106}$$

그러나 이 식은 풀기가 어렵고 계산이 복잡하기 때문에 대개 터널길이방향 탄성변형률 ϵ_{le} 와 소성변형률 ϵ_{lp} 가 모두 영 즉, $\epsilon_{le} = \epsilon_{lp} = 0$ 이라고 가정하고 푼다.

소성 변형률 ϵ_{lp} 는 탄성변형률 ϵ_{le} 보다 훨씬 크므로 ($\epsilon_{le} < \cdots < \epsilon_{lp}$) 무시할 수 있고, 중간 주응력 방향 총변형률이 영 ($\epsilon_l = 0$) 이므로, 탄성 변형률을 무시하면 중간주응력 방향 소성 변형률은 영 $\epsilon_{lp} = 0$ 이 된다. 실제로 소성역 내 탄소성경계 인접부에서는 소성변형률 보다 탄성 변형률이 클 수도 있다.

상관유동법칙이 성립되는 경우에는 소성 포텐셜 g 와 항복함수 f (식 6.2.89) 를 식 (6.2.97)에 대입하여 중간주응력 방향 소성변형률 ϵ_{lp} 을 구할 수 있다.

$$g = f = \alpha(\sigma_1 + \sigma_2 + \sigma_3) + \frac{1}{6}\sqrt{(\sigma_1 - \sigma_2)^2 + (\sigma_2 - \sigma_3)^2 - (\sigma_3 - \sigma_1)^2} - k = 0$$

$$d\epsilon_{lp} = \lambda \frac{\partial f}{\partial \sigma_2} = \lambda\left\{\alpha + \frac{1}{6}\frac{1}{\sqrt{J_{2D}}}(2\sigma_2 - \sigma_1 - \sigma_3)\right\} \tag{6.2.107}$$

그런데 중간주응력 $\sigma_l = \sigma_2$ 는 중간주응력 방향의 소성변형률 $d\epsilon_{lp}$ 은 영이므로 위 식의 큰 괄호 안이 영이다 (α 는 Drucker-Prager 항복계수).

$$6\alpha\sqrt{J_{2D}} + 2\sigma_2 - \sigma_1 - \sigma_3 = 0 \tag{6.2.108}$$

위 식에 삼축 압축조건 (식 6.2.91) 에 대한 제 2 불변응력텐서 J_{2D} 를 대입하면 이차방정식이 되고 그 해를 구하면 두 개의 σ_2 값이 구해지는데,

$$\sigma_2 = \frac{\sigma_1 + \sigma_3}{2} \pm \frac{3\alpha(\sigma_1 - \sigma_3)}{2\sqrt{1 - 3\alpha^2}} \tag{6.2.109}$$

이 응력은 소성변형에 따라 발생되므로 큰 압축력('-' 부호)이 실제의 응력이다.

$$\sigma_2 = \frac{\sigma_1 + \sigma_3}{2} - \frac{3\alpha(\sigma_1 - \sigma_3)}{2\sqrt{1 - 3\alpha^2}} \tag{6.2.110}$$

(2) 소성변형률

물체의 위치에너지 mgh 를 임의방향으로 편미분하면 물체에 작용하는 힘이고, 이 힘은 등에너지 면에 직각으로 작용하므로, 물체는 등 에너지 면의 직각방향으로 운동하고, 경사면에서 공이 등고선에 직각으로 굴러간다 (직교법칙, normality rule).

중간주응력 $\sigma_l = \sigma_2$ (식 6.2.110) 를 Drucker-Prager 의 항복조건식 (식 6.2.89) 에 대입하여 **항복함수 f** 를 구하고, $f = 0$ 조건을 적용하면 (식 6.2.93)

$$f = \alpha I_1 + \sqrt{J_{2D}} - k = 3\alpha \frac{\sigma_r + \sigma_t}{2} - \sqrt{1 - 3\alpha^2} \frac{\sigma_r - \sigma_t}{2} - k = 0 \tag{6.2.111}$$

이고, 이 식을 이항정리하면 다음이 된다.

$$\sigma_r (3\alpha - \sqrt{1 - 3\alpha^2}) + \sigma_t (3\alpha + \sqrt{1 - 3\alpha^2}) = 2k \tag{6.2.112}$$

이 식에서 반경응력 σ_r 과 접선응력 σ_t 의 비 $d\sigma_r/d\sigma_t$ 를 구하면, 항복조건을 나타내는 직선의 기울기는 $1/(m+1)$ 이 된다.

$$\frac{d\sigma_r}{d\sigma_t} = -\frac{3\alpha + \sqrt{1 - 3\alpha^2}}{3\alpha - \sqrt{1 - 3\alpha^2}} = \frac{1}{m+1} = \frac{1 - \sin\phi}{1 + \sin\phi} \tag{6.2.113}$$

등 포텐셜 에너지면에 직각으로 힘이 작용하고 물체가 움직이는 것처럼, 등 소성에너지면 (**associated flow rule** 의 항복면) 에 직각으로 힘이 작용하고 변형이 생긴다.

그런데 항복면과 변형방향이 직각 (normality rule) 이 되려면 반경 및 접선방향 응력비 $d\sigma_{rp}/rd\sigma_{tp}$ 와 소성 변형률 비 $d\epsilon_{rp}/d\epsilon_{tp}$ 의 곱이 -1 즉,

$$\frac{d\sigma_r}{d\sigma_t} \frac{d\epsilon_{rp}}{d\epsilon_{tp}} = \frac{1}{m+1} \frac{d\epsilon_{rp}}{d\epsilon_{tp}} = -1 \tag{6.2.114}$$

이 되어야 하므로, 이로부터 소성 변형률의 비 $d\epsilon_{rp}/d\epsilon_{tp}$ 는 다음이 된다.

$$\frac{d\epsilon_{rp}}{d\epsilon_{tp}} = \frac{3\alpha + \sqrt{1 - 3\alpha^2}}{3\alpha - \sqrt{1 - 3\alpha^2}} = -\frac{1 + \sin\phi}{1 - \sin\phi} = -(m+1) \tag{6.2.115}$$

반경 및 접선방향 소성변형률증분 $d\epsilon_{rp}$ 및 $d\epsilon_{tp}$ 는 다음같다 (dekkp 소성변형률증분).

$$d\epsilon_{rp} = \frac{3\alpha + \sqrt{1 - 3\alpha^2}}{6\alpha} dekkp = \left(1 + \frac{1}{m}\right) dekkp = \frac{1 + \sin\phi}{2\sin\phi} dekkp$$

$$d\epsilon_{tp} = \frac{3\alpha - \sqrt{1 - 3\alpha^2}}{6\alpha} dekkp = -\frac{1}{m} dekkp = -\frac{1 - \sin\phi}{2\sin\phi} dekkp \tag{6.2.116}$$

2.2.3 터널 주변지반의 변위

터널굴착 후 인접지반이 소성화된 경우에 소성역 외부 (탄성역) 에서는 탄성변형이 발생되고 소성역에서는 탄성 및 소성변형이 모두 발생된다. 탄성 변형과 변형률은 탄성식으로 구하고, 소성 변형과 변형률은 소성변형에 따른 체적변화 여부 (등체적 또는 변체적 소성변형) 를 고려하여 계산한다.

1) 탄성역의 변위

탄성영역 지반 (반경 r) 에 발생되는 탄성 반경변위는 반경변형률 ϵ_r 을 반경 r 부터 무한경계 ∞ 까지 적분해서 구하며 (식 6.2.31), 탄소성 경계를 통해 소성역과 굴착면에 전달된다 (식 6.2.37). 탄성역의 변위는 제 2.1.3 절에서 설명한 방법으로 구한다.

2) 소성역의 변위

소성변형은 재하경로에 따라서 다르므로 소성역 지반의 응력-변형률 관계식은 증분으로 나타낸다. 지반이 소성변형 되면 반경변위 (소성체적팽창, **dilatancy**) 나 접선변위 (상관흐름법칙, 직교법칙) 에 의해 체적이 팽창한다.

소성역의 변형률 $d\epsilon_{ij}$ 은 탄성변형에 의한 변형률 $d\epsilon_{ije}$ 와 소성변형에 의한 변형률 $d\epsilon_{ijp}$ 의 합이며, 각 변형률에 의해 체적이 팽창한다.

$$d\epsilon_{ij} = d\epsilon_{ije} + d\epsilon_{ijp} = \frac{dJ_1}{9\mathrm{K}} \delta_{ij} + \frac{dS_{ij}}{2G} + \lambda \frac{\partial f}{\partial \sigma_{ij}} \tag{6.2.117}$$

(1) 소성역 지반의 탄성변형에 의한 변형률 (체적탄성계수)

소성역의 탄성변형에 의한 변형률 $d\epsilon_{ije}$ 는 Hooke 법칙으로부터 구하며, 제 1 항은 탄성 체적팽창률에 의한 변형률, 제 2 항은 탄성전단변형률에 의한 변형률이다.

$$d\epsilon_{ije} = \frac{dJ_1}{9\mathrm{K}} \delta_{ij} + \frac{1}{2G} dS_{ij} \tag{6.2.118}$$

여기서 δ_{ij} 는 크로네커 델타 (Kronecker delta, $i = j$ 에서 $\delta_{ij} = 1$, $i \neq j$ 에서 $\delta_{ij} = 0$) $J_1 = \sigma_{11} + \sigma_{22} + \sigma_{33}$ 이고, $S_{ij} = \sigma_{ij} - (\sigma_1 + \sigma_2 + \sigma_3)/3$ 는 축차응력 (deviatoric stress) 이며, K 및 G 는 체적 및 전단탄성계수이다.

(2) 소성역 지반의 소성변형에 의한 변형률 (소성체적팽창)

내부마찰각 ϕ (또는 Drucker-Prager 의 계수 α) 가 영이 아닌 지반은 소성변형에 의해 체적이 팽창되며, 그 팽창량은 변형계수 λ 로 계산할 수 있다. 그런데 소성상태에서는 중첩원리가 적용되지 않기 때문에 하중별로 계산하여 합칠 수 없다.

식 (6.2.104) 는 소성 체적팽창률 ($dekkp$) 이며, 축차응력 S 의 합계는 영 ($\sum S_{ij} = 0$) 이고, 크로네커 델타의 합계는 3 ($\sum \delta_{ij} = 3$) 이므로 그 크기는 다음과 같다.

$$dekkp = 3\alpha\lambda \qquad\qquad\qquad (6.2.119)$$

위 식에서 $\alpha \neq 0$ 일 때에는 (취성재료에서는 $\alpha > 0$) 소성 체적팽창률이 영이 아니므로 ($dekkp \neq 0$), 소성변형에 의해 체적팽창이 발생된다.

소성 체적팽창 (dilatancy) 은 터널에서 매우 큰 변형요인이며, 체적 탄성률에 의한 체적변화와 별도로 발생한다. 소성 체적팽창은 소성변형이 진행되는 동안에 새로 생기는 미세균열 때문에 발생하며 (그림 6.2.12), 요철면 사이의 미끄러짐 현상 (그림 6.2.13) 으로부터 설명할 수 있다. 활동면의 경사가 영이 아니면 활동방향변형의 수직성분에 의해 체적팽창이 발생된다.

(3) 소성역 지반의 접선방향 변형에 따른 체적팽창 (직교법칙)

터널 주변지반은 반경방향 변형률 뿐만 아니라 (직교법칙이 성립되면) 접선방향 변형률에 의해서도 체적이 팽창된다.

축대칭상태 원형 터널에서 탄소성 경계의 반경변위 u_{R_p} 로부터 계산한 접선 변형률 ($\epsilon_t = \dfrac{u}{r} = \dfrac{u_{R_p}}{R_p}$) 에서 탄성변형률 ϵ_{te} 을 뺀 나머지는 소성접선변형률 ϵ_{tp} 이다. 소성 반경변형률 ϵ_{rp} 는 (직교법칙이 성립되면) 소성 접선변형률 ϵ_{tp} 로부터 계산할 수 있다.

① 소성역의 변형률

소성역의 변형률은 탄성 변형률과 소성 변형률의 합이며, 적합조건을 따른다.

$$\epsilon_{rp} = \epsilon_{rpe} + \epsilon_{rpp} = \frac{du}{dr}$$
$$\epsilon_{tp} = \epsilon_{tpe} + \epsilon_{tpp} = \frac{u}{r} \qquad\qquad (6.2.120)$$

소성역의 탄성변형률 ϵ_{rpe} 와 ϵ_{tpe} 는 Hooke 법칙에 소성역 응력 (식 6.2.23) 을 적용하고 내공면 압력 p_i (식 6.2.18) 를 적용하여 구하면 다음이 되고, 제1항과 제2항은 터널굴착 전과 후의 변형률이다.

$$\epsilon_{rpe} = \frac{(1+\nu)(1-2\nu)}{E}\frac{s}{m} + \frac{1+\nu}{E}\left(p_o - \frac{s}{m}\right)\frac{2}{m+2}(1-2\nu-m\nu)\left(\frac{r}{R_p}\right)^m$$

$$\epsilon_{tpe} = \frac{(1+\nu)(1-2\nu)}{E}\frac{s}{m} + \frac{1+\nu}{E}\left(p_o - \frac{s}{m}\right)\frac{2}{m+2}(1-2\nu+m-m\nu)\left(\frac{r}{R_p}\right)^m$$

$$\text{(6.2.121)}$$

소성역 내 지반의 소성변형에 의한 접선방향 변형률 ϵ_{tpp} 는 위의 접선방향 탄성변형률 ϵ_{tpe} 를 식 (6.2.120) 에 대입하여 구하고, 반경방향의 소성변형률 ϵ_{rpp} 는 직교법칙을 적용하여 접선방향 소성변형률 ϵ_{tpp} 를 식 (6.2.115) 에 대입하여 구한다.

$$\epsilon_{tpp} = \frac{u}{r} - \epsilon_{tpe} = -\frac{1-\nu^2}{E}\frac{m}{m+1}\left(p_0 - \frac{s}{m}\right)\left(\frac{r^m}{R_p^m} - \frac{R_p^{m+2}}{r^{m+2}}\right)$$

$$\epsilon_{rpp} = \frac{1-\nu^2}{E}m\left(p_0 - \frac{s}{m}\right)\left(\frac{r^m}{R_p^m} - \frac{R_p^{m+2}}{r^{m+2}}\right) = -(m+1)\epsilon_{tpp} \qquad \text{(6.2.122)}$$

② 소성역의 반경변위 및 내공변위

직교법칙이 성립되면 $\epsilon_{rpp} = -(m+1)\epsilon_{tpp}$ (식 6.2.115) 이고, 식 (6.2.120) 에 대입하여 소성변형률 ϵ_{rpp} 와 ϵ_{tpp} 를 소거하면 다음이 되고,

$$\epsilon_r + (m+1)\epsilon_t = \frac{du}{dr} + (m+1)\frac{u}{r} \qquad \text{(6.2.123)}$$
$$= \epsilon_{rpe} + (m+1)\epsilon_{tpe}$$

위 식에 식 (6.2.121) 을 대입하면 다음이 된다.

$$\frac{du}{dr} + (m+1)\frac{u}{r} = \frac{1+\nu}{E}\left[(1-2\nu)(m+2)\frac{s}{m} + \{m^2+2m+2-\nu(m+2)^2\}\left(p_i - \frac{s}{m}\right)\left(\frac{r}{a}\right)^m\right]$$

$$\text{(6.2.124)}$$

이고, 위 식을 적분하면 반경변위 u_r 을 구할 수 있다.

$$u_r = \frac{1+\nu}{E}\left[\frac{(1-2\nu)s}{m} + \frac{1}{2(m+1)}\{m^2+2m+2-\nu(m+2)^2\}\left(p_i - \frac{s}{m}\right)\left(\frac{r}{a}\right)^m\right]r + \frac{C}{r^{m+1}}$$

$$\text{(6.2.125)}$$

여기에서 C 는 적분상수이다.

탄소성 경계 ($r = R_p$)에서 반경방향 변위가 $u = u_{R_p}$ (식 6.2.43) 인 조건으로부터 적분상수를 구하면,

$$C = \frac{1-\nu^2}{E}\frac{m}{m+1}\left(p_0 - \frac{s}{m}\right)R_p^{m+2} \tag{6.2.126}$$

이고, 내공면 압력 $p_i = \frac{s}{m} + \frac{2}{m+2}\left(p_0 - \frac{s}{m}\right)\left(\frac{a}{R_p}\right)^m$ (식 6.2.18) 를 위 식 (6.2.125) 에 대입하여 정리하면 **반경방향 변위 u_r** 은 다음과 같고,

$$u_r = \frac{1+\nu}{E}r\left[(1-2\nu)\frac{s}{m} + \frac{m^2+2m+2-\nu(m+2)^2}{(m+1)(m+2)}\left(p_0-\frac{s}{m}\right)\left(\frac{r}{R_p}\right)^m \right. \\ \left. + (1-\nu)\frac{m}{m+1}\left(p_0-\frac{s}{m}\right)\left(\frac{R_p}{r}\right)^{m+2}\right] \tag{6.2.127}$$

제 1 항은 터널굴착 전 변위, 나머지 항은 터널굴착으로 인해 발생된 변위이다.

위 식에 $r = a$ 를 대입하면 **반경방향 내공변위 u_a** 가 된다.

$$u_a = \frac{1+\nu}{E}a\left[(1-2\nu)\frac{s}{m} + \frac{m^2+2m+2-\nu(m+2)^2}{(m+1)(m+2)}\left(p_0-\frac{s}{m}\right)\left(\frac{a}{R_p}\right)^m \right. \\ \left. + (1-\nu)\frac{m}{m+1}\left(p_0-\frac{s}{m}\right)\left(\frac{R_p}{a}\right)^{m+2}\right] \tag{6.2.128}$$

3) 소성역의 체적팽창

터널굴착 전·후 주변지반 변형률은 상관 유동법칙과 직교법칙을 적용하고 구하면 표 6.2.7 과 같고, 체적탄성률을 적용하고 응력해방에 따른 체적팽창을 고려하여 구하면 표 6.2.6 과 같다. 체적변화를 동반하는 소성역 내 지반의 소성 변형률 (ϵ_{rp}, ϵ_{tp}) 은 전체 변형률에서 탄성 변형률 (ϵ_{re}, ϵ_{te}) 을 제외한 값으로 상관 유동법칙과 직교법칙을 적용하면 식 (6.2.122) 와 같고, 체적탄성률을 적용할 때에는 식 (6.2.79) 와 같다.

그런데 식 (6.2.122) 는 식 (6.2.79) 에 비하여 $\frac{\epsilon_{rp}}{\epsilon_{tp}} = -1$ 이 $\frac{\epsilon_{rp}}{\epsilon_{tp}} = -(m+1)$ 이 되고, $\left(\frac{r^m}{R_p^m} - \frac{R_p^2}{r^2}\right)$ 가 $\left(\frac{r^m}{R_p^m} - \frac{R_p^{m+2}}{r^{m+2}}\right)$ 로, $\frac{1-\nu^2}{E}\frac{2m}{m+2}\left(p_0 - \frac{s}{m}\right)$ 가 $\frac{1-\nu^2}{E}m\left(p_0 - \frac{s}{m}\right)$ 로 된다.

따라서 상관 유동법칙과 직교법칙을 적용하여 구한 지반 압출량과 체적탄성률을 적용하고 응력해방에 따른 체적팽창을 고려하여 구한 지반 압출량이 차이가 큰 것을 알 수 있다.

숏크리트로 잘 지보된 지반에서는 전단면이 1~2 개만 발생되며, 폭이 좁은 활동 영역에서만 전단변형이 발생되고, 직교법칙이 성립되므로 소성변형에 따라 체적이 팽창한다. 직교법칙에서는 소성변형이 진행됨에 따라 체적팽창이 무한정 지속된다.

그러나 실제로는 변형이 어느 한도 (보통 항복변형의 3 배 정도) 를 초과한다면 체적팽창이 중단되거나 강도정수 c, ϕ 가 감소된다.

따라서 직교법칙과 상관유동법칙을 적용하는 데에 한계가 있다.

표 6.2.7 터널굴착 전과 후 주변지반 변형률 (Drucker-Prager 항복조건)

굴착단계			반경방향 변형률 ϵ_r 과 접선방향 변형률 ϵ_t	
굴착전	탄성변형률		$\epsilon_{reo} = \dfrac{(1+\nu)(1-2\nu)}{E} p_o$ $\epsilon_{teo} = \dfrac{(1+\nu)(1-2\nu)}{E} p_o = \epsilon_{reo}$ 　　　식 (6.2.78) 제 1 항	
굴착후	탄성역	탄성 변형률	$\epsilon_{ree} = \dfrac{1+\nu}{E}\dfrac{m}{m+2}\left(p_0 - \dfrac{s}{m}\right)$ $\epsilon_{tee} = -\dfrac{1+\nu}{E}\dfrac{m}{m+2}\left(p_0 - \dfrac{s}{m}\right) = -\epsilon_{ree}$ 　식 (6.2.78) 제 2 항	ϵ_{re} ϵ_{te}
	소성역	탄성 변형률	$\epsilon_{rpe} = \dfrac{1+\nu}{E}\dfrac{2(1+m-2\nu-m\nu)}{m+2}\left(p_0 - \dfrac{s}{m}\right)\left(\dfrac{r^m}{R_p^m}-1\right)$식 (6.2.121) $\epsilon_{tpe} = \dfrac{1+\nu}{E}\dfrac{2(1+m-2\nu-m\nu)}{m+2}\left(p_0 - \dfrac{s}{m}\right)\left(\dfrac{r^m}{R_p^m}-1\right) = \epsilon_{rpe}$	
		소성 변형률	$\epsilon_{rpp} = \dfrac{1-\nu^2}{E} m\left(p_0 - \dfrac{s}{m}\right)\left(\dfrac{r^m}{R_p^m}-\dfrac{R_p^{m+2}}{r^{m+2}}\right)$ 　　식 (6.2.122) $\epsilon_{tpp} = -\dfrac{1-\nu^2}{E}\dfrac{m}{m+1}\left(p_0 - \dfrac{s}{m}\right)\left(\dfrac{r^m}{R_p^m}-\dfrac{R_p^{m+2}}{r^{m+2}}\right) = -\dfrac{\epsilon_{rpp}}{m+1}$	
전체 변위			$\epsilon_r = \epsilon_{reo} + \epsilon_{ree} + \epsilon_{rpe} + \epsilon_{rpp}$ $\epsilon_t = \epsilon_{teo} + \epsilon_{tee} + \epsilon_{tpe} + \epsilon_{tpp}$	

2.3 Hoek – Brown 항복조건

Mohr-Coulomb 항복기준이나 Drucker-Prager 항복기준은 파괴면상의 수직응력과 전단응력 사이에 선형관계를 가정하고 있으나, 많은 연구와 실험 결과 이차곡선식이 실제에 더 근접하는 것으로 알려졌다.

Hoek/Brown 은 수직응력과 전단응력의 관계를 이차곡선으로 나타내는 항복조건 식 (2.3.1 절) 을 제시하고, 이를 적용하여 소성역과 경계면 (탄소성경계와 내공면) 의 응력 (2.3.2 절) 과 변위 (2.3.3 절) 를 계산하였다. 특히, 축대칭 문제에서 식의 전개 가 쉽고, 계수 (m 과 s) 의 개략치가 암석의 종류 별로 제시되어 쓰기에 편하다.

2.3.1 Hoek – Brown 항복조건식

Hoek/Brown (1980) 은 많은 실험결과를 참고하여 암반의 강도특성 (m, s, σ_{DF}) 에 의한 영향을 고려하고 다음 항복조건식을 제안하였으며, m, s 는 계수, σ_{DF} 는 암석의 일축압축강도 (압축에서 음'‒') 이다.

$$\sigma_1 = \sigma_3 + \sqrt{m\,\sigma_{DF}\,\sigma_3 + s\,\sigma_{DF}{}^2} \tag{6.2.129}$$

구속압력이 영 ($\sigma_3 = 0$) 인 경우에 위 식은 다음이 되고,

$$\sigma_1 = \sqrt{s}\,\sigma_{DF} \tag{6.2.130}$$

여기에서 $\sqrt{s}$ 는 암석과 암반의 강도비를 나타내는 계수 (표 1.6.1 참조) 로 신선한 암석에서는 $\sigma_1 = \sigma_{DF}$ 이므로, $s = 1$ 이다.

최대주응력이 영 ($\sigma_1 = 0$) 인 경우에 σ_3 는 일축 (또는 이축) 인장강도 σ_{ZF} 를 나타 내고, **Hoek/Brown** 항복조건에서는 (중간주응력이 항복강도에 영향을 미치지 않아서) 일축 인장강도와 이축 인장강도가 같다. 식 (6.2.129) 에 $\sigma_1 = 0$ 을 적용한 후 양변을 제곱하면 σ_3 의 2 차식이 되며 그 해는 다음이 된다.

$$\sigma_3 = \sigma_{ZF} = \frac{1}{2}\sigma_{DF}(m + \sqrt{m^2 + 4s}\,) \tag{6.2.131}$$

무결함 암석에서는 $s = 1$ 이고 $m > \cdots > 1$ ($4/m^2 ≒ 0$) 이므로, 위 식은 다음이 되고,

$$\sigma_{ZF}/\sigma_{DF} ≒ -m \tag{6.2.132}$$

결국 m 은 암석의 인장강도 σ_{ZF} 와 압축강도 σ_{DF} 의 비의 절대치를 나타낸다. m, s 의 값은 암질에 따라 표 1.6.1 과 같다.

2.3.2 주변지반 응력

터널에 인접한 주변지반은 소성화되고 그 외부는 탄성상태를 유지하는 경우에, 소성역 응력은 소성역을 소성평형상태로 가정하여 소성식으로 구하고, 탄성역 응력은 탄성식으로 구하며, 탄소성 경계에서는 탄성식과 소성식이 모두 성립된다.

1) 소성역내 응력

(1) 소성평형

축대칭일 때에 **힘의 평형식** (식 6.2.3, 6.2.4) 은 다음과 같고,

$$\sigma_r + \frac{r d\sigma_r}{dr} = \sigma_t \tag{6.2.133}$$

이를 다음과 같이 정리할 수 있다.

$$\frac{dr}{r} = -\frac{d\sigma_r}{\sigma_r - \sigma_t} \tag{6.2.134}$$

최대 주응력이 접선응력 σ_t 이고, 최소 주응력이 반경응력 σ_r 일 경우에 ($\sigma_r = \sigma_3$, $\sigma_t = \sigma_1$), Hoek/Brown 항복조건 (식 6.2.129) 을 적용하면 위 식은 다음이 된다.

$$\frac{dr}{r} = -\frac{d\sigma_r}{\sqrt{m\,\sigma_{DF}\,\sigma_r + s\,\sigma_{DF}{}^2}} \tag{6.2.135}$$

(2) 소성역내 소성응력

소성평형식 (식 6.2.135) 을 적분하면 다음이 되고,

$$\log r = -\frac{2\sqrt{m\,\sigma_{DF}\,\sigma_r + s\,\sigma_{DF}{}^2}}{m\,\sigma_{DF}} + C \tag{6.2.136}$$

적분상수 C 는 터널 내공면 ($r = a$) 에서 반경응력 σ_a 가 지보공의 반력 p_i 이라는 조건 ($\sigma_a = p_i$) 으로부터 구할 수 있고,

$$C = \log a + \frac{2\sqrt{m\,\sigma_{DF}\,p_i + s\,\sigma_{DF}{}^2}}{m\,\sigma_{DF}} \tag{6.2.137}$$

이를 식 (6.2.136) 에 대입하면 임의 위치의 반경응력 σ_r 을 나타내는 식이 된다.

$$\log\frac{r}{a} = -\frac{2\sqrt{m\,\sigma_{DF}\,\sigma_r + s\,\sigma_{DF}{}^2}}{m\,\sigma_{DF}} + \frac{2\sqrt{m\,\sigma_{DF}\,p_i + s\,\sigma_{DF}{}^2}}{m\,\sigma_{DF}} \tag{6.2.138}$$

위 식 (6.2.138) 을 정리하고 양변을 제곱하면 반경방향 응력 σ_r 에 대한 이차식이 되며, 이를 풀면 소성역 내 반경응력 σ_{rp} 를 구할 수 있고, Hoek/Brown 항복조건 (식 6.2.129) 에 대입하면 소성역내 접선응력 σ_{tp} 가 구해진다.

$$\sigma_{rp} = \frac{m\,\sigma_{DF}}{4}\left(\log\frac{r}{a}\right)^2 - \log\frac{r}{a}\sqrt{m\,\sigma_{DF}\,p_i + s\,\sigma_{DF}{}^2} + p_i \tag{6.2.139}$$

$$\sigma_{tp} = \frac{m\,\sigma_{DF}}{4}\left(\log\frac{r}{a}\right)^2 - \log\frac{r}{a}\sqrt{m\,\sigma_{DF}\,p_i + s\,\sigma_{DF}^2} + p_i - \left(-\frac{m\,\sigma_{DF}}{2}\log\frac{r}{a} + \sqrt{m\,\sigma_{DF}\,p_i + s\,\sigma_{DF}{}^2}\right)$$

2) 탄성역내 응력

소성역 외측 탄성역 내 응력상태는 탄소성경계가 내공면인 탄성터널 주변지반의 응력상태와 같다고 가정하고 초기응력과 지반의 강도특성을 고려하여 구할 수 있다.

축대칭 초기하중 p_o 가 작용하는 경우에 탄성역 내 반경 및 접선 응력 σ_{re} 와 σ_{te} 는 합이 일정하며 ($\sigma_{re} + \sigma_{te} = 2p_o$, 식 5.2.10, 5.2.11) 그 차이는 다음이 되고 (탄성식),

$$\sigma_{te} - \sigma_{re} = 2(p_o - \sigma_{re}) \tag{6.2.140}$$

소성역내 반경 및 접선응력 (식 6.2.139) 의 차이는 **Hoek/Brown** 의 항복조건식 (식 6.2.129) 에서 다음이 된다 (소성식).

$$\sigma_{tp} - \sigma_{rp} = \sqrt{m\,\sigma_{DF}\,\sigma_{rp} + s\,\sigma_{DF}{}^2} = \sigma_{DF}\sqrt{m\,\sigma_{rp}/\sigma_{DF} + s} \tag{6.2.141}$$

탄소성경계에서는 탄성식 (식 6.2.140) 과 소성식 (식 6.2.141) 에서 구한 값이 같아서,

$$2(p_o - \sigma_{re}) = \sigma_{DF}\sqrt{m\,\sigma_{re}/\sigma_{DF} + s} \tag{6.2.142}$$

이고, 이 식의 양변을 제곱하면 탄성역내 반경응력 σ_{re} 에 대한 이차식이 되어, 두 개의 해 (탄성 반경응력 σ_{re}) 가 구해진다.

$$\sigma_{re} = p_o + \frac{m\,\sigma_{DF}}{8} \pm \frac{\sigma_{DF}}{2}\sqrt{\frac{p_0\,m}{\sigma_{DF}} + \frac{m^2}{16} + s} \tag{6.2.143}$$

탄성반경응력 σ_{re} 는 강도 (m , s , $-\sigma_{DF}$) 가 클수록 증가하므로 '$-$'부호를 취한다.

$$\sigma_{re} = p_o + \frac{m\,\sigma_{DF}}{8} - \frac{\sigma_{DF}}{2}\sqrt{\frac{p_o m}{\sigma_{DF}} + \frac{m^2}{16} + s} = p_o - \sigma_{DF}\left\{\frac{1}{2}\sqrt{\left(\frac{m}{4}\right)^2 + \frac{m p_o}{\sigma_{DF}} + s} - \frac{m}{8}\right\}$$

$$\tag{6.2.144}$$

위 식의 중괄호 { } 안은 지반의 강도특성 (σ_{DF} , m , s) 과 초기지압 p_o 만에 의한 값이며, $M = \frac{1}{2}\sqrt{\left(\frac{m}{4}\right)^2 + \frac{m p_0}{\sigma_{DF}} + s} - \frac{m}{8}$ 로 대체하면 위 식은 다음이 된다.

$$\sigma_{re} = p_o - M\,\sigma_{DF} \tag{6.2.145}$$

3) 경계면 응력

(1) 탄소성 경계의 응력

탄소성경계에서는 소성역 응력식 (식 6.2.139) 과 탄성역 응력식 (식 6.2.145) 이 모두 성립되어, 반경응력 σ_{rR_p} 은 다음이 되며, 이를 Hoek/Brown 항복조건 (식 6.2.129) 에 대입하면 접선응력 σ_{tR_p} 를 구할 수 있다.

$$\sigma_{rR_p} = \frac{m\,\sigma_{DF}}{4}\left(\log\frac{R_p}{a}\right)^2 - \log\frac{R_p}{a}\sqrt{m\,\sigma_{DF}\,p_i + s\,\sigma_{DF}{}^2} + p_i = p_o - M\sigma_{DF} \quad \textbf{(6.2.146)}$$

$$\sigma_{tR_p} = \sigma_{rR_p} - \sqrt{m\,\sigma_{DF}\,\sigma_{rR_p} + s\,\sigma_{DF}{}^2} = p_o - M\sigma_{DF} - \sqrt{m\,\sigma_{DF}\,p_o - m\,\sigma_{DF}{}^2 M + s\,\sigma_{DF}{}^2}$$

(2) 탄소성 경계

소성반경응력 σ_{rR_p} 에 대한 식 (6.2.146) 은 $\log(R_p/a)$ 의 2차식이므로, 이를 풀면

$$\log\frac{R_p}{a} = \frac{2}{m\,\sigma_{DF}}\left[\sqrt{m\,\sigma_{DF}\,p_i + s\,\sigma_{DF}{}^2} \pm \sqrt{m\,\sigma_{DF}\,p_o + s\,\sigma_{DF}^2 - m\,M\,\sigma_{DF}{}^2}\right]$$

$$\textbf{(6.2.147)}$$

이고, $R_p > a$ 이므로 $\log(R_p/a) > 0$ 이며, 큰 괄호 [ ] 내는 영보다 작으므로 부호 '$-$' 를 취하면 탄소성경계 R_p 는 다음이 된다.

$$R_p = a\exp\left\{-\frac{2}{m\,\sigma_{DF}}\left(\sqrt{m\,\sigma_{DF}\,p_o + s\,\sigma_{DF}^2 - m\,M\,\sigma_{DF}^2} - \sqrt{m\,\sigma_{DF}\,p_i + s\,\sigma_{DF}^2}\right)\right\} \quad \textbf{(6.2.148)}$$

(3) 내공면 압력

탄소성경계의 반경응력 σ_{rR_p} 에 관한 식 (6.2.146) 을 이항하고,

$$p_o - M\sigma_{DF} - \frac{m\,\sigma_{DF}}{4}\left(\log\frac{R_p}{a}\right)^2 - p_i = -\log\frac{R_p}{a}\sqrt{m\,\sigma_{DF}\,p_i + s\,\sigma_{DF}{}^2} \quad \textbf{(6.2.149)}$$

양변을 제곱하면, 지보공 반력 p_i 의 이차식이 되어 지보반력 p_i 를 구할 수 있다.

$$p_i = p_o - M\sigma_{DF} + \frac{m\,\sigma_{DF}}{4}\left(\log\frac{R_p}{a}\right)^2 \pm \sqrt{4\left(\log\frac{R_p}{a}\right)^2(m\,\sigma_{DF}\,p_0 - Mm\,\sigma_{DF}^2 + s\,\sigma_{DF}^2)} \quad \textbf{(6.2.150)}$$

그런데 탄소성경계 R_p 가 커지면 지보공 반력 p_i 도 커지므로 부호는 '+' 를 취한다.

따라서 내공면 지보공 압력 p_a 는 다음과 같다.

$$p_a = p_o - M\sigma_{DF} + \frac{m\,\sigma_{DF}}{4}\left(\log\frac{R_p}{a}\right)^2 + 2\log\frac{R_p}{a}\sqrt{m\,\sigma_{DF}\,p_o - Mm\,\sigma_{DF}{}^2 + s\,\sigma_{DF}{}^2}$$

$$\textbf{(6.2.151)}$$

2.3.3 주변지반 변위

Brown 등은 응력-변형률 관계를 완전 탄소성으로 가정하고, 축변형과 횡변형 및 체적변형의 관계를 그림 6.2.14 와 같이 표현하였다. 평면변형률 상태이므로 $\epsilon_2 = 0$ 이며, 탄성범위 내에서는 ϵ_1 이 증가하면, ϵ_3 가 감소하여 압축변형 $-\epsilon_1$ 이 증가하면 체적이 감소한다.

그러나 소성영역에서는 $f = -\epsilon_3/\epsilon_1$ 이 증가하므로 주압축변형 $-\epsilon_1$ 이 증가하면 그 이상으로 횡변형 ϵ_3 가 증가하여 체적이 증가된다 (그림 6.2.14). 탄성영역에서는 σ_1 이 증가하고, σ_3 가 감소해도 다음 식이 성립되므로 체적이 변하지 않는다.

$$\sigma_1 + \sigma_3 = 2p_o \tag{6.2.152}$$

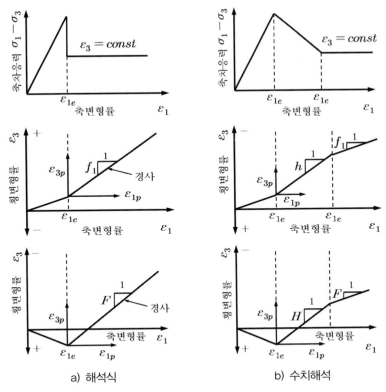

a) 해석식   b) 수치해석

그림 6.2.14 Brown 등이 가정한 응력-변형률 관계

1) 경계면 변형률과 변위

(1) 탄소성 경계 탄성변형률

탄소성경계에서 반경응력이 초기응력 p_o 에서 σ_{rR_p} 로 감소되면서 반경방향 탄성 변형률 ϵ_{rR_pe} 이 다음 크기로 발생한다.

$$\epsilon_{rR_pe} = \epsilon_{tR_pe} = -\frac{1+\nu}{E}(p_o - \sigma_{rR_p}) = -\frac{M\sigma_{DF}}{2G} \tag{6.2.153}$$

여기에서 G 는 전단탄성계수 $G = E/2(1+\nu)$ 이며 터널굴착 전 변형을 포함하지 않으므로 변형증분으로 표시해야 탄성식 (식 5.2.12, 5.2.13) 과 같아진다.

탄성접선변형률 ϵ_{tR_pe} 는 탄소성경계 접선변형률의 적합조건 $\epsilon_t = u/r$ 으로 계산한다.

$$\epsilon_{tR_pe} = \epsilon_{1e} = \frac{M\sigma_{DF}}{2G} \tag{6.2.154}$$

(2) 탄소성 경계 반경변위

탄소성경계의 반경변위 u_{R_p} 는 반경방향 변형률의 적합조건 $\epsilon_r = du/dr$ 에 따라 굴착 전 변형을 포함하는 전체 변형률에 대한 식 (5.2.14, 5.2.15) 을 적분하여 구한다.

$$u_{R_p} = \frac{M\sigma_{DF}R_p}{2G} \tag{6.2.155}$$

(3) 내공변위

터널 내공변위 u_a 는 위 식의 탄소성경계 R_p 를 내공반경 a 로 대체하여 구한다.

$$u_a = \frac{M\sigma_{DF}a}{2G} \tag{6.2.156}$$

2) 소성역내 변위와 변형률

소성역내 반경변위는 탄소성경계의 접선변형률에 적합조건을 적용하여 구하고, 반경변위를 알면 반경 변형률을 구할 수 있다.

미소변형에서는 체적변화량이 $\Delta V = \epsilon_1 + \epsilon_2 + \epsilon_3$ 이고, 평면변형조건에서는 $\epsilon_2 = 0$ 이며, 탄소성 경계에서는 반경 (식 6.2.153) 및 접선방향 탄성변형률 (식 6.2.154) 의 합은 영이므로 탄성변형에 의한 체적변화량 ΔV_e 는 다음 관계를 갖는다. (그러나 이는 그림 6.2.14 와 모순된다.)

$$\Delta V_e = \epsilon_{te} + \epsilon_{re} = 0 \tag{6.2.157}$$

소성역의 변형률은 탄성변형률 ϵ_{rpe} 과 소성변형률 ϵ_{rpp} 의 합이다.

$$\epsilon_{tp} = \epsilon_1 = \epsilon_{tpe} + \epsilon_{tpp}$$
$$\epsilon_{rp} = \epsilon_3 = \epsilon_{rpe} + \epsilon_{rpp} \tag{6.2.158}$$

소성역내 최대주응력방향(접선방향) 소성변형률 ϵ_{tp} 와 최소주응력방향(반경방향) 소성변형률 ϵ_{rp} 의 관계(그림 6.2.14)는 다음 같고, 계수 f 는 실험 등에서 구한다.

$$\epsilon_{rp} = -f\,\epsilon_{tp} \tag{6.2.159}$$

평면변형률조건에서 소성변형에 의한 체적변화량 $\triangle V_p$ 와 반경 및 접선방향 응력방향 변형률 ϵ_r 및 ϵ_{tp} 의 관계는 다음과 같다.

$$\triangle V = v_p = \epsilon_{tp} + \epsilon_{rp} = F\epsilon_{tp} \tag{6.2.160}$$

여기에서 F 는 체적변화량 $\triangle V_p$ 와 최대주응력방향 즉 접선방향 변형률의 비이다

따라서 위 두 식으로부터 $f = 1 - F$ 이고, 상관유동법칙을 적용하면 다음이 된다.

$$\frac{d\sigma_t}{d\sigma_r} = -\frac{\epsilon_{rp}}{\epsilon_{tp}} = f = 1 - F \tag{6.2.161}$$

Hoek/Brown 의 항복조건(식 6.2.129)을 σ_r 로 미분하면,

$$\frac{d\sigma_t}{d\sigma_r} = 1 - \frac{m\,\sigma_{DF}}{2}\sqrt{m\,\sigma_{DF}\,\sigma_r + s\,\sigma_{DF}{}^2} \tag{6.2.162}$$

이므로, 이것을 식 (6.2.161) 과 조합시키면 다음 관계가 성립된다.

$$F = 1 - \frac{d\sigma_t}{d\sigma_r} = \frac{1}{2}\frac{m\sigma_{DF}}{\sqrt{m\,\sigma_{DF}\,\sigma_r + s\,\sigma_{DF}^2}} = -\frac{m}{2}\sqrt{m\,\sigma_{re}/\sigma_{DF} + s} \tag{6.2.163}$$

(1) 소성역내 반경변위

축대칭 조건에서 소성영역 지반의 반경 변형률에 대한 적합조건은 탄소성경계에 대해 탄성변형률을 적용한 미분방정식이 되고, 이를 풀어서 소성역내 반경변위를 구하여 적합조건에 적용하면 접선 변형률을 구할 수 있다. 축대칭상태이면 소성역내 반경 변형률(식 6.2.158)은 적합조건 ($\epsilon_r = du/dr$) 에서 다음이 되고,

$$\frac{du}{dr} = \epsilon_r = \epsilon_{rpe} + \epsilon_{rpp} = \epsilon_{rpe} - f\epsilon_{tpp} = \epsilon_{rpe} - f\left(\frac{u}{r} - \epsilon_{tpe}\right) \tag{6.2.164}$$

탄소성경계 탄성 반경 및 접선변형률 ϵ_{rpe}(식 6.2.153) 과 ϵ_{tpe}(식 6.2.154) 를 대입하면,

$$\frac{du}{dr} = -\frac{M\sigma_{DF}}{2G} - f\left(\frac{u}{r} - \frac{M\sigma_{DF}}{2G}\right) = \frac{M\sigma_{DF}}{2G}(f-1) - f\frac{u}{r} \tag{6.2.165}$$

이고, 이 미분방정식을 풀기 위해 $u/r = t$ (즉, $u = rt$) 로 두면,

$$du/dr = t + r\,dt/dr \tag{6.2.166}$$

이므로, 식 (6.2.165) 는 다음이 되며,

$$-(1+f)\frac{dr}{r} = dt/\left(t + \frac{M\sigma_{DF}}{2G}\frac{1-f}{1+f}\right) \tag{6.2.167}$$

양변을 적분하고 $u = rt$ 로 대체하면 소성역내 반경변위 u 를 구할 수 있다.

$$u = rt = Cr^{-f} - \frac{M\sigma_{DF}}{2G}\frac{1-f}{1+f}r \tag{6.2.168}$$

접선 변형률 ϵ_{tp} 는 소성역내 반경변위 u (식 6.2.168) 로부터 구한다.

$$\epsilon_{tp} = \frac{u}{r} = -\frac{M\sigma_{DF}}{2G}\frac{1-f}{1+f} + Cr^{-1-f} \tag{6.2.169}$$

적분상수 C 는 탄소성경계의 탄성 접선변형률이 $r = R_p$ 때에 $\epsilon_{tpe} = -M\sigma_{DF}/2G$ (식 6.2.153) 인 조건에서 구한다.

$$C = -\frac{M\sigma_{DF}}{G}\frac{f}{1+f}R_p^{1+f} \tag{6.2.170}$$

따라서 소성역의 반경변위는 다음이 된다.

$$u = \epsilon_{tp}r = -\frac{M\sigma_{DF}}{G(f+1)}\left\{\frac{1-f}{2} - \left(\frac{R_p}{r}\right)^{1+f}\right\}r \tag{6.2.171}$$

(2) 소성역내 접선변형률

소성역의 접선방향 변형률 ϵ_{tp} (식 6.2.169) 는 다음이 된다.

$$\epsilon_{tp} = \frac{u}{r} = -\frac{M\sigma_{DF}}{G(f+1)}\left\{\frac{1-f}{2} - \left(\frac{R_p}{r}\right)^{1+f}\right\} \tag{6.2.172}$$

이상에서 변형량에 관계없이 $f = const.$ 로 간주하였으나, f 는 상수가 아니므로 수치적분해서 풀어야 한다. 탄성변형률 $-M\sigma_{DF}/2G$ 는 탄소성경계에 적용할 수는 있으나, 소성역내 탄성 변형률 ϵ_{rpe} 계산 (식 6.2.164) 에 대입하면 안된다.

(3) 소성역내 반경변형률

적합조건을 적용해서 접선변형률로부터 반경변위를 계산하여 적용하면 반경방향 변형률을 구할 수 있다. 이때 u, ϵ_r, ϵ_t 등은 소성체적 팽창분을 고려한 크기이다.

반경변형률 ϵ_r 은 반경변위 식 (6.2.171) 에 적합조건을 적용하여 구한다.

$$\epsilon_r = \frac{du}{dr} = -\frac{fM\sigma_{DF}}{G(f+1)}\left\{\frac{f-1}{2f} - \left(\frac{R_p}{r}\right)^{1+f}\right\} \tag{6.2.173}$$

이상에 의해 $f = const.$ 인 경우에는 지반응답곡선을 그릴 수 있다. f 가 반경 r 이나 변형률 ϵ 의 함수 ($f = f(\epsilon) = f(r)$) 인 경우에는 아직 식이 제시되어 있지 않으므로, 수치 적분해야만 지반응답곡선을 구할 수 있다.

2.4 Tresca 항복조건

Tresca 는 축차응력이 일정한 값 (일축압축강도) 에 도달되면 항복이 일어난다고 가정하고 항복식을 제안하였으며, 항복조건식이 단순하여 적용하기 쉽다. 일축압축 조건에서 최대축차주응력이 일축압축강도 q_u 와 같을 때 항복이 일어난다.

소성상태 지반은 항복 후에 강도는 감소하지 않고 유지되어 유동하므로 **Tresca 항복조건식 (2.4.1 절)** 을 적용하여 응력 **(2.4.2 절)** 과 변위 **(2.4.3 절)** 를 구하기가 쉽다.

2.4.1 Tresca 항복조건식

Tresca 항복조건 (Tresca, 1864) 은 축차응력 $(\sigma_t - \sigma_r)$ 이 일축압축강도 σ_{DF} 에 도달 될 때를 나타내며 이는 π 평면상에서 정육각형이다 (그림 6.2.15).

$$\frac{\sigma_t - \sigma_r}{2} = \frac{\sigma_{DF}}{2} \tag{6.2.174}$$

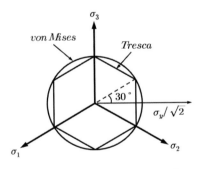

그림 6.2.15 Tresca 항복조건
(π−plane)

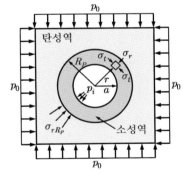

그림 6.2.16 등방압 상태 원형터널 주변
소성역과 경계응력

2.4.2 주변지반 응력

터널을 굴착하여 근접지반이 소성화 (소성역) 되더라도 그 외부 지반은 탄성상태를 유지 (탄성역) 하고 (그림 6.2.16), 경계면에서 탄성식과 소성식이 모두 성립된다.

1) 탄성역내 응력

탄소성경계 외측 $(R_p < r)$ 의 탄성역내 반경 및 접선방향 응력 σ_{re} 와 σ_{te} 는 탄성 상태 응력에 관한 식 (5.2.9) 에서 터널반경 a 를 탄소성경계 R_p 로 대체하고, 내압 p_i 를 탄소성경계의 응력 σ_{rR_p} 로 대체하여 구한다.

$$\sigma_r = \sigma_{re} = p_o\left(1 - \frac{R_p^2}{r^2}\right) + \sigma_{rR_p}\frac{R_p^2}{r^2}$$

$$\sigma_t = \sigma_{te} = p_o\left(1 + \frac{R_p^2}{r^2}\right) - \sigma_{rR_p}\frac{R_p^2}{r^2} \tag{6.2.175}$$

2) 소성역내 응력

소성역 내의 지반은 소성평형상태이므로 반경방향 힘의 평형식과 항복조건식을 적용하여 소성역 내 응력을 구할 수 있다.

극좌표계에서 반경방향 힘의 평형식은 다음과 같고,

$$\frac{\partial \sigma_r}{\partial r} = \frac{\sigma_t - \sigma_r}{r} \tag{6.2.176}$$

여기에 Tresca 항복조건 (식 6.2.175) 을 대입하면 다음 소성평형식이 되며,

$$\frac{\partial \sigma_r}{\partial r} = \frac{\sigma_{DF}}{r} \tag{6.2.177}$$

이 식을 적분하면 다음과 같다.

$$\sigma_r = \sigma_{DF}\log r + C_1 \tag{6.2.178}$$

적분상수 C_1 은 터널 내공면 $(r = a)$ 에서 내압이 지보압 p_i 이라는 조건에서 구한다.

$$C_1 = p_i - \sigma_{DF}\log a \tag{6.2.179}$$

소성역내 반경응력 σ_r 은 식 (6.2.178) 에서 구하고, 접선응력 σ_t 는 반경응력 σ_r 을 Tresca 항복조건식 (식 6.2.174) 에 대입하여 구한다.

$$\sigma_r = \sigma_{DF}\log r + p_i - \sigma_{DF}\log a$$

$$= \sigma_{DF}\log\frac{r}{a} + p_i$$

$$\sigma_t = \sigma_{DF}\left(1 + \log\frac{r}{a}\right) + p_i \tag{6.2.180}$$

여기에서 반경 r 이 커지면 반경응력 σ_r 이 매우 커지므로 Tresca 항복조건이 성립되지 않으며 (탄성거동), 소성역 내의 응력은 내압 p_i 와 일축압축강도 σ_{DF} 에 의해 결정됨을 알 수 있다.

3) 경계면 응력

(1) 탄소성경계 응력

탄소성경계 외측은 탄성 상태이고 내측은 소성상태이므로, 탄성 상태 응력식 (식 5.2.9) 과 소성상태 응력식 (식 6.2.180) 이 모두 성립된다.

탄성상태 응력식 (식 5.2.9) 에 반경 $r = R_p$ 을 대입하면, 탄성상태 축대칭 원형터널 (반경 R_p, 내공면 압력 σ_{rR_p}) 의 내공면 응력에 대한 식 (5.2.11) 과 일치하며,

$$\sigma_r = \sigma_{rR_p}$$
$$\sigma_t = 2p_o - \sigma_{rR_p} \tag{6.2.181}$$

이는 소성상태 응력에 대한 식 (6.2.180) 에서 구한 응력과 같다.

$$\sigma_{DF} \log \frac{R_p}{a} + p_i = \sigma_{rR_p}$$
$$\sigma_{DF} \left(1 + \log \frac{R_p}{a} \right) + p_i = 2p_o - \sigma_{rR_p} \tag{6.2.182}$$

위 식으로부터 탄소성경계 응력 (다음 식 6.2.183) 과 탄소성경계의 반경 (다음 식 6.2.184) 은 물론 내공면 압력 (다음 식 6.2.185) 을 구할 수 있다.

탄소성경계의 반경응력 σ_{rR_p} 은 위 식 (6.2.182) 에 $r = R_p$ 을 대입하고 p_i 를 소거하여 구하고, 접선응력 σ_{tR_p} 은 반경응력 σ_{rR_p} 을 식 (6.2.181) 에 대입하여 구한다.

$$\sigma_{rR_p} = p_o - \sigma_{DF}/2$$
$$\sigma_{tR_p} = p_o + \sigma_{DF}/2 \tag{6.2.183}$$

여기에서 탄소성 경계 반경 및 접선 응력 σ_{rR_p} 과 σ_{tR_p} 는 지보공 지지력 p_i 에 상관 없이 초기지압 p_o 와 지반의 일축압축강도 σ_{DF} 에 의해 결정되는 것을 알 수 있다.

(2) 탄소성 경계

탄소성경계 $\boldsymbol{R_p}$ 는 위 식 (식 6.2.182) 에서 구할 수 있고,

$$R_p = a \exp \left(\frac{2p_o - 2p_i - \sigma_{DF}}{2\sigma_{DF}} \right) \tag{6.2.184}$$

초기지압 p_o 가 클수록 탄소성경계가 커짐 (소성영역이 크게 형성됨) 을 알 수 있다.

(3) 내공면 압력

내공면 압력 $\boldsymbol{p_i}$ 는 식 (6.2.182) 에 탄소성 경계 반경응력 σ_{rR_p} 를 대입하여 구한다.

$$p_i = 2p_o - \sigma_{rR_p} - \sigma_{DF} \left(1 + \log \frac{R_p}{a} \right) \tag{6.2.185}$$

2.4.3 주변지반 변위

소성역 내 지반 변형률은 전체 반경변위 u (탄성변위와 소성변위의 합) 에 적합조건을 적용하여 구한다. 전체변위는 (직접 구하기 어렵기 때문에) 소성역내 탄성 변형률로부터 구하고, 이를 적합조건에 적용해서 소성역내 전체 변형률을 구한다.

1) 소성역내 탄성 변형률

축대칭 상태의 적합조건은 다음과 같고,

$$\epsilon_r = \frac{du}{dr}, \quad \epsilon_t = \frac{u}{r} \tag{6.2.186}$$

평면변형률 조건에서 **탄성 상태 응력-변형률 관계**는 다음과 같다 (Hooke 법칙).

$$\epsilon_r = \frac{1+\nu}{E}\{(1-\nu)\sigma_r - \nu\sigma_t\}$$

$$\epsilon_t = \frac{1-\nu}{E}\{(1-\nu)\sigma_t - \nu\sigma_r\} \tag{6.2.187}$$

소성역 반경 및 접선방향 전체변형률 ϵ_r, ϵ_t 은 탄성변형률 ϵ_{rpe}, ϵ_{tpe} 과 소성변형률 ϵ_{rpp}, ϵ_{tpp} 의 합이고, 반경 및 접선방향 소성변형률 증가속도 $\dot{\epsilon}_{rp}$ 와 $\dot{\epsilon}_{tp}$ 비율이 일정하다고 가정하면 다음 관계가 성립된다.

$$\epsilon_r = \epsilon_{rpe} + \epsilon_{rpp} = \epsilon_{rpe} - \alpha\,\epsilon_{tpp} = \frac{\partial u}{\partial r}$$

$$\epsilon_t = \epsilon_{tpe} + \epsilon_{tpp} = \frac{u}{r} \tag{6.2.188}$$

여기에서 α 는 반경 및 접선방향의 소성변형률 증가속도 $\dot{\epsilon}_{rp}$ 와 $\dot{\epsilon}_{tp}$ 의 비이다.

위 식에서 소성역내 소성변형에 의한 접선변형률 ϵ_{tpp} 를 소거하면 전체반경변위 u 와 반경 및 접선방향 탄성변형률 ϵ_{rpe} 및 ϵ_{tpe} 의 관계식 이 된다.

$$\frac{\partial u}{\partial r} + \alpha\frac{u}{r} = \epsilon_{rpe} + \alpha\epsilon_{tpe} \tag{6.2.189}$$

소성역내에서는 항복식이 성립되므로 Tresca 항복조건 (식 6.2.174) 을 Hooke 의 식 (6.2.187) 에 대입하면 소성역내 반경 및 접선방향 탄성변형률 ϵ_{rpe} 와 ϵ_{tpe} 식이 된다.

$$\epsilon_{rpe} = \frac{1-\nu^2}{E}\left(\frac{1-2\nu}{1-\nu}\sigma_r - \frac{\nu}{1-\nu}\sigma_{DF}\right)$$

$$\epsilon_{tpe} = \frac{1-\nu^2}{E}\left(\frac{1-2\nu}{1-\nu}\sigma_r + \sigma_{DF}\right) \tag{6.2.190}$$

2) 소성역내 변위

(1) 소성역 내 반경변위 u

위 식 (6.2.190) 의 탄성 변형률을 식 (6.2.189) 에 대입하고, 반경방향 응력 σ_r (식 6.2.180) 을 대입하면 다음이 된다.

$$\frac{du}{dr} + \alpha \frac{u}{r} = \frac{1+\nu}{E}\left[(1+\alpha)(1-2\nu)\left\{ \sigma_{DF}\log\frac{r}{a} + p_i \right\} + \{\alpha - (1+\alpha)\nu\}\sigma_{DF} \right] \quad \textbf{(6.2.191)}$$

위 식을 적분하면, 소성역내 반경방향 변위 u_{rp} 에 대한 식이 되고,

$$u_{rp} = \frac{(1+\nu)(1-2\nu)}{E}\left\{ \log\frac{r}{a} + \frac{p_i}{\sigma_{DF}} + \frac{(1-\nu)(\alpha-1)}{(1-2\nu)(\alpha+1)} \right\}\sigma_{DF}\, r + C_2\, r^{-\alpha} \quad \textbf{(6.2.192)}$$

적분상수 C_2 를 탄소성경계의 변위가 u_{R_p} 인 조건에서 구하여 대입하면,

$$C_2 = R^\alpha u_{R_p} - \frac{(1+\nu)(1-2\nu)}{E}\left\{ \log\frac{R_p}{a} + \frac{p_i}{\sigma_{DF}} + \frac{(1-\nu)(\alpha-1)}{(1-2\nu)(\alpha+1)} \right\}\sigma_{DF}\, R_p^{\alpha+1}$$

$$\textbf{(6.2.193)}$$

소성역내 반경방향 변위 u_{rp} 는 다음이 된다.

$$u_{rp} = \frac{(1+\nu)(1-2\nu)}{E}\left\{ \log\frac{r}{a} + \frac{p_i}{\sigma_{DF}} + \frac{(1-\nu)(\alpha-1)}{(1-2\nu)(\alpha+1)} \right\}\sigma_{DF}\, r + R_p^\alpha u_{R_p}\, r^{-\alpha}$$

$$- \frac{(1+\nu)(1-2\nu)}{E}\left\{ \log\frac{R_p}{a} + \frac{p_i}{\sigma_{DF}} + \frac{(1-\nu)(\alpha-1)}{(1-2\nu)(\alpha+1)} \right\}\sigma_{DF}\, R_p^{\alpha+1}\, r^{-\alpha} \quad \textbf{(6.2.194)}$$

(2) 탄소성경계 반경변위 u_{R_p}

탄소성경계 반경변위 u_{R_p} 는 소성역 내 반경변위식 (식 6.2.194) 에 탄소성경계 R_p 를 대입하거나, 탄성상태 원형터널 내공변위 (식 5.2.11) 에 내압 p_i 대신에 탄소성 경계 응력 σ_{rR_p}, 반경 a 대신 탄소성 경계 R_p 를 대입하여 구한다.

$$u_{R_p} = \frac{1+\nu}{E}(p_o - \sigma_{rR_p})\frac{R_p^2}{r} + \frac{(1+\nu)(1-2\nu)}{E}p_o r \quad \textbf{(6.2.195)}$$

여기에서 2 항은 터널굴착 전, 1 항은 터널굴착으로 인한 변위이다.

3) 내공변위 u_a

내공변위 u_a 는 소성역 내 반경변위식 (식 6.2.194) 에 내공반경 a 를 대입하여 구한다.

$$u_a = \frac{(1+\nu)(1-2\nu)}{E}\left\{\frac{p_i}{\sigma_{DF}} + \frac{(1-\nu)(\alpha-1)}{(1-2\nu)(\alpha+1)}\right\}\sigma_{DF}\,a + R_p^{\alpha}u_{R_p}a^{-\alpha}$$
$$- \frac{(1+\nu)(1-2\nu)}{E}\left\{\log\frac{R_p}{a} + \frac{p_i}{\sigma_{DF}} + \frac{(1-\nu)(\alpha-1)}{(1-2\nu)(\alpha+1)}\right\}\sigma_{DF}R_p^{\alpha+1}a^{-\alpha} \tag{6.2.196}$$

이 식에서 터널굴착 전의 변위를 빼면 터널굴착에 의한 굴착면 실제변위가 된다.

3) 소성역내 변형률

소성역 내 변형률은 전체반경변위를 적합조건에 적용하여 구하며, 소성역내 전체 변형률은 탄성 및 소성 변형률의 합이다.

(1) 변형률

소성역내 반경 및 접선방향 전체 변형률 ϵ_r 과 ϵ_t 은 전체 반경변위 (식 6.2.188) 를 적합조건 (식 6.2.186) 에 적용하여 구하고,

$$\epsilon_r = \frac{du}{dr}$$
$$= \frac{(1+\nu)(1-2\nu)}{E}\left\{\log\frac{r}{a} + \frac{p_i}{\sigma_{DF}} + \frac{(1-\nu)(\alpha-1)}{(1-2\nu)(\alpha+1)}\right\}\sigma_{DF} - \alpha R_p^{\alpha}u_{R_p}r^{-\alpha-1}$$
$$+ \frac{(1+\nu)(1-2\nu)}{E}\left\{\log\frac{R_p}{a} + \frac{p_i}{\sigma_{DF}} + \frac{(1-\nu)(\alpha-1)}{(1-2\nu)(\alpha+1)}\right\}\alpha\,\sigma_{DF}R_p^{\alpha+1}r^{-\alpha-1}$$

$$\epsilon_t = \frac{u}{r}$$
$$= \frac{(1+\nu)(1-2\nu)}{E}\left\{\log\frac{r}{a} + \frac{p_i}{\sigma_{DF}} + \frac{(1-\nu)(\alpha-1)}{(1-2\nu)(\alpha+1)}\right\}\sigma_{DF} + R_p^{\alpha}u_{R_p}r^{-\alpha-1}$$
$$- \frac{(1+\nu)(1-2\nu)}{E}\left\{\log\frac{R_p}{a} + \frac{p_i}{\sigma_{DF}} + \frac{(1-\nu)(\alpha-1)}{(1-2\nu)(\alpha+1)}\right\}\sigma_{DF}R_p^{\alpha+1}r^{-\alpha-1}$$
$$\tag{6.2.197}$$

(2) 소성역 내 소성변형률

소성역 내 반경 및 접선방향 소성 변형률 ϵ_{rpp} 와 ϵ_{tpp} 는 전체 변형률 ϵ_r 과 ϵ_t (식 6.2.197) 에서 탄성변형률 ϵ_{rpe} 와 ϵ_{tpe} (식 6.2.190) 를 뺀 값이다.

$$\epsilon_{rpp} = \epsilon_r - \epsilon_{rpe}$$
$$\epsilon_{tpp} = \epsilon_t - \epsilon_{tpe} \tag{6.2.198}$$

3. 선대칭 압력상태 원형터널의 탄소성해석

지반경계에 작용하는 수평 및 연직방향 경계압력이 같지 않은 선대칭 압력상태 원형터널에서 굴착면 근접부 지반응력이 항복강도를 초과하면, 항복하여 초기응력과 측압계수에 따라 타원형 또는 꽃잎형으로 소성역이 형성된다.

소성영역 형상 (3.1 절) 은 등방압 상태일 때는 원형이고, 축대칭이나 선대칭 응력 상태이면 초기응력과 측압계수에 의해 결정된다. 소성영역 내 지반의 응력과 변위 **(3.2 절)** 는 지반응력이 선대칭 응력상태와 축대칭 상태일 때 같다고 간주하고 구하고, 변위와 변형률은 탄소성 경계 반경변위와 접선변형률로부터 구한다.

3.1 소성역 형상

선대칭 압력상태 원형터널 굴착면 근접부에 형성되는 소성역의 형상은 초기응력 과 측압계수에 의해 결정된다.

탄소성 경계의 폭이 터널의 수평축에서 최대 (타원형 소성역, **3.1.1 절**) 라는 **Galin** 이론과 터널의 어깨부 (45°) 에서 최대 (꽃잎형 소성역) 라는 **Kastner** 이론 **(3.1.2 절)** 이 있고, 각각 실험결과나 현장 관측자료 또는 수치해석결과를 통해 그 당위성을 주장 하였다. 그러나 소성역의 형상 **(3.1.3 절)** 은 초기응력 (지반특성) 과 측압계수에 의해 결정된다. 즉, 지반이 취성거동하면 꽃잎형이 되고, 연성거동하면 타원형이 된다

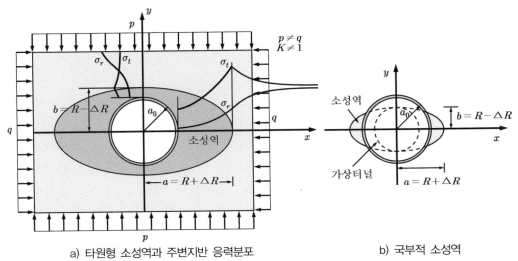

a) 타원형 소성역과 주변지반 응력분포　　b) 국부적 소성역

그림 6.3.1 비등방압 ($K \neq 1.0$) 일 때 원지반의 소성상태

3.1.1 타원형 소성역

연직 및 수평방향 경계압 p 와 q 가 작용하는 지반에 굴착한 원형 터널에서는 응력이 측벽에서 가장 크게 집중되기 때문에 경계압이 어느 한계 이상 커지면 이 부분이 제일 먼저 항복하여 (그림 6.3.1b) 국부적으로 소성역이 형성된다.

하중이 더욱 커져서 터널 주변지반 전체가 항복하는 경우에도 (그림 6.3.1a) 항복깊이가 측벽에서 가장 커지므로 소성영역의 모양이 타원형이 된다. 타원형 탄소성경계는 경계면 압력에 따라 계산할 수 있고, 탄소성 경계를 타원형으로 가정하면 응력을 구할 수 있다.

탄소성 경계를 타원의 식으로 표시하면 다음이 되고,

$$\frac{x^2}{(R+\Delta R)^2} + \frac{y^2}{(R-\Delta R)^2} = 1 \tag{6.3.1}$$

여기서 R 은 터널중심에서 탄소성경계까지 평균거리이다.

$$R = a\,e^{-\frac{p+q}{2s} - \frac{1}{2} + \frac{p_i}{s}} \tag{6.3.2}$$

위 식에서 p 와 q 는 지반 경계압력이고, $s = 2c\cos\phi/(1-\sin\phi)$ 이며, p_i 는 원형 터널 지보압이다. 따라서 탄소성 경계 (타원) 의 편평률은 다음이 된다.

$$\frac{\Delta R}{R} = \frac{a-b}{a+b} = \frac{p-q}{s} \tag{6.3.3}$$

경계압이 등방압 $(p=q)$ 이면 주변 지반응력이 축대칭상태가 되어 탄소성 경계의 평균거리 R (식 6.3.2) 은 축대칭 상태의 탄소성 경계 (식 6.2.29) 와 일치한다.

$$R = a\exp\{-(p_o - p_i + s/2)/s\} \tag{6.3.4}$$

3.1.2 꽃잎형 소성역

Kastner (1962) 는 탄성계산을 바탕으로 터널 주변지반에 발생되는 소성역의 형상을 구하였다. **Kastner** 의 해석에서는 소성영역이 측벽에서 시작하지만 45° 방향으로 확대되어 탄소성 경계가 꽃잎모양으로 된다. 탄성 상태 지반에 터널을 굴착할 때에 굴착면 주위에 형성되는 소성영역의 형상과 크기는 측압계수 K 에 따라서 다르고, 토피압력이 클수록 소성역이 확장되어 꽃잎형 소성역이 된다.

1) Kastner의 해석

축대칭 해석법 (Galin 해석법) 은 탄성역과 소성역 각각의 응력함수를 연립시켜서 해를 구하는 정식 해석법이다. 그러나 이러한 수학적 해석이 가능한 경우는 드물고 가능하더라도 매우 어렵기 때문에 편법을 써서 먼저 탄성적으로 계산하고, 재료의 강도개념을 도입하여 그 결과를 판단할 수 있는데 이를 간편해석법이라 한다.

Kastner (1962) 는 간편 해석법을 채택하여 측압계수를 $K = 0$, 0.141, 0.2, 0.3, 0.5, 0.75, 1.0 로 변화시키고, 지반강도 비 (일축압축강도와 연직토압의 비) 를 ∞, 5, 3, 1.0, 0.8, 0.6, 0.4, 0.2 로 변화시켜가며 탄성 계산하여 구한 전단응력이 지반의 전단강도 τ_f 보다 크면 소성상태라고 판단하였다. 그리고 탄성계산에 의한 등응력 분포도를 지반강도로 나눈 값에 따라 소성역 발생형상을 구분하였다. 그러나 탄성해석하면 (강도에 근접하는 큰 응력은 재분배되지 않고) 강도를 초과한 응력만 비현실적으로 재분배되므로 처음부터 탄소성 계산한 것 보다 더 큰 응력이 계산된다.

지반 강도비가 1.5 ~ 2.5 이면 측벽만 소성화되고, 수평방향에서 압출되는 것으로 계산된다. 그러나 초연약지반이나 토피가 큰 연암에서 강도비가 0.2 이하일 때에는 터널 어깨부 (중심각 45°) 부근 소성역이 무한히 확장된다. 이때는 과도한 하중에 의한 어려움이 예상되어 정확한 역학적 해석이 필요하지만 Kastner 는 이를 누락하였다.

Kastner 해석은 응력이 복잡하게 바뀌는 45° 방향에 적용했기 때문에 계산조건의 선택이 부적절하였고, 탄성계산을 통하여 소성역을 추정하였기 때문에 계산결과에 오차가 다소 발생하지만 실용상 쓸 수 있는 정도는 된다. 소성역이 아주 작고, 응력 분포구배가 매우 급하며, 경계가 뚜렷한 경우에 한해 탄성계산결과로부터 소성범위 를 추정할 수 있다.

Kastner 소성역은 탄성계산에 의한 등응력 분포도를 지반의 비강도로 나누어 구별한 것이므로, 광탄성 실험결과나 Carrara 대리석 실험결과와 잘 맞는다. Carrara 대리석 판은 취성파괴 되는 재료이고, 두께가 얇아서 평면응력조건이므로 두께방향 응력 σ_z 가 영이어서 반경응력 σ_r 이 중간주응력이다. 따라서 파괴기준이 실제의 터널과 다르다. 소성파괴 되는 연암으로 실험했다면 수평방향으로 압출되었을 것이다.

최악의 상태를 추정하기 위하여 측압계수를 작게, 강도는 작게, 하중은 크게 채택 하는 것이 항상 안전한 것은 아니다. 터널은 힘의 상호작용이 복잡한 구조물이므로 안전을 취한다는 이유로 실제와 다른 조건으로 계산할 때에는 주의해야 한다.

2) 소성역의 확장

소성거동에 의해 발생된 힘 P_0 와 P_u 는 터널수평축에 대해 대칭이지만, 미끄러져 나오는 지반의 자중 때문에 합력 R 은 중심이하에 작용하여 터널 수평축 둘레의 힘이 비대칭이 된다. 따라서 지보공을 설치한 터널에서 지보재 파괴가 일어나는 위치가 터널측벽의 중앙이 아니고 하부 1/3 지점이다 (그림 6.3.2).

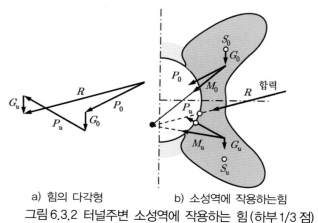

a) 힘의 다각형   b) 소성역에 작용하는힘
그림 6.3.2 터널주변 소성역에 작용하는 힘 (하부 1/3 점)

Kastner 소성역의 형상은 측압계수와 토피압에 의하여 영향을 받는다. 측압계수가 $K = 0.5$ 이면 (그림 6.3.3b) 소성역은 측벽에서 초생달 모양이고, $K = 0.3$ 이면 '+'자 형으로 확대되며, $K = 0.2$ 에서는 (그림 6.3.3a) 꽃잎모양이 된다.

터널 측벽주변에는 응력이 심하게 집중되므로 소성역이 수평축에서부터 발달하기 시작해서 얇은 초생달 모양으로 확대된다. 토피압이 더 증가하면 소성역이 상하로 비스듬하게 지반 내부로 퍼져서 점점 확대되어 꽃잎 모양이 된다. 토피압이 더욱 더 증가하면 천단과 바닥에도 소성역이 발생된다 (그림 6.3.3a). 지반 내에 깊숙하게 꽃잎모양 소성역이 형성되면, 지반은 측벽방향으로 움직인다. 압력이 크면 천단과 바닥에서 지반활동이 횡방향으로 일어나서 바닥이 꺾여 올라가는 현상이 일어난다.

토피가 깊으면 중력은 결정적인 역할을 하지 못하므로 소성이론으로 하중을 결정 한다. 터널단면은 원형에 가까울수록 좋고, 지보공 저항력이 클수록 소성역이 축소 되므로 넓어진 소성역을 축소시킬 수 있는 반경방향 압력을 결정할 수 있다 (그림 6.3.3b). 내압 즉, 지보공 압력의 증가에 따른 소성역의 거동과 비스듬한 소성역대가 끊기기 시작하는 위치는 광탄성 실험으로 구할 수 있다.

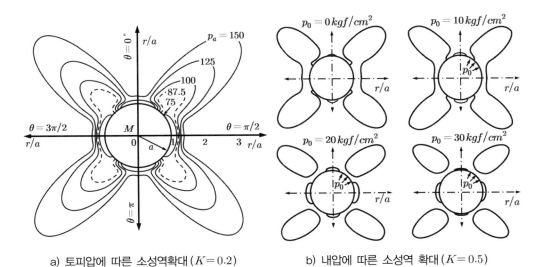

a) 토피압에 따른 소성역확대 ($K = 0.2$) b) 내압에 따른 소성역 확대 ($K = 0.5$)

그림 6.3.3 토피압과 내압에 따른 소성역 확대 (Kastner, 1962)

3.1.3 소성역의 형상

Rabcewicz 는 참토압 (echter Erddruck) 으로 인해 큰 수평토압이 유발되면 횡방향 압출이 일어나기 때문에 라이닝이 전단파괴된다 주장하고, 그것을 뒷받침하기 위해 실험결과와 실제 무너진 터널사례를 제시하였다.

터널 주변지반에서 소성역이 수평방향으로 확장 (타원형) 된다는 주장과 45° 방향으로 확장 (꽃잎형) 된다는 주장이 맞서고 있으나, 소성역 확장 형상은 지반의 취성 (꽃잎형) 또는 연성 (타원형) 거동에 따라 다르다. 소성역의 확장 형상은 측압계수에 따라서도 다르며, $K = 0.5$ 이면 지반이 45° 방향에서 압출되지 않고 Rabcewicz 주장처럼 수평으로 압출된다.

FEM 계산에서도 소성영역이 45° 방향 또는 수평방향으로 확장된 경우가 모두 발표되었다 (그림 6.3.4). Zienkiewicz (1968) 는 측압계수 $K = 0.2$ 에 대해서 탄소성 FEM 해석한 결과, 소성영역이 어깨부 방향으로 확장되었으나, Lombaldi (1970) 의 FEM 계산결과에서는 소성영역이 수평방향으로 확장되는 경향이 뚜렷하였다.

지반의 강도와 연직압력을 알고 있을 때 수평토압을 작게 할 수 있는 한계 (최소 측압계수) 는 Mohr 응력원으로부터 정할 수 있다 (그림 6.3.5).

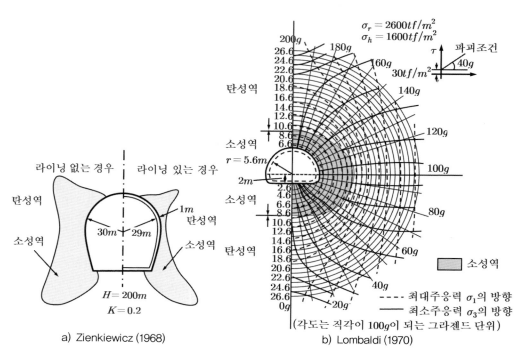

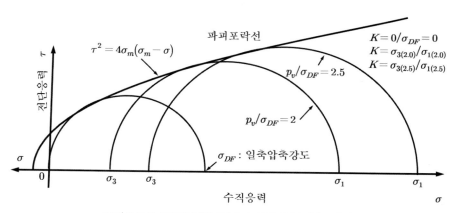

그림 6.3.4 소성역의 FEM 계산 예

a) Zienkiewicz (1968)

b) Lombaldi (1970)

그림 6.3.5 항복조건으로부터 최소측압계수 결정

3.2 소성역 내 지반의 응력

선대칭 압력상태 원형터널의 굴착면 주변 소성역내 지반응력과 탄소성경계응력은 축대칭상태일 때와 같다고 보고 구한다.

소성영역 내 응력 **(3.2.1 절)** 은 선대칭 응력상태와 축대칭 응력상태일 때에 같다고 보고 구한다. 탄소성경계 응력 **(3.2.2 절)** 은 탄성영역에 대한 식은 물론 소성영역에 대한 식으로 구할 수 있으며 그 결과들은 서로 같다.

3.2.1 소성역내 지반의 응력

터널굴착 후에 발생된 소성역내 지반의 응력은 연약한 점성토 ($\phi=0$ 지반) 에서는 von Mises 항복조건을 적용하여 계산할 수 있고, 마찰지반 ($\phi\neq0$ 지반) 에서는 탄소성 경계가 타원형이며 축대칭 응력상태와 선대칭 응력상태에서 소성역내 지반응력이 같다고 가정하고 계산할 수 있다.

1) $\phi=0$ **지반**

연약한 점토 ($\phi=0$ 지반) 에서는 이수 쉴드를 사용해야 터널을 굴착할 수 있으므로 해석식을 적용하기에 비현실적이지만 Galin 식으로 타원형 탄소성경계를 구할 수 있다. 소성역 내 응력은 von Mises 항복조건을 적용하여 구하며, 전단응력은 영이고, 탄성역내 응력과 변형률은 탄성 해석식으로 계산한다.

소성역 내 지반의 반경 및 접선 응력은 축대칭에 대한 식 (6.2.28) 으로 구한다.

$$\sigma_{rp} = s \ln \frac{a}{r} + p_a \tag{6.3.5}$$
$$\sigma_{tp} = s \ln \frac{a}{r} + p_a - s$$

2) $\phi\neq0$ **지반**

마찰지반 ($\phi\neq0$ 지반) 에서는 (Mohr-Coulomb 항복조건을 적용하고 지반의 응력과 변위를 직접 구할 수 없으나) 탄소성 경계를 타원으로 가정하고 x 축과 y 축 상에서 반경응력의 연속조건을 적용하면 풀 수 있다.

탄소성 경계 외측의 탄성역 내 지반응력은 타원형 탄소성경계가 내공면인 타원형 터널 주변의 지반응력에 대한 식 (5.5.12) 로 계산한다. 소성역내 응력은 선대칭 응력 상태일 때와 축대칭 응력상태일 때와 같다고 보고 구한다.

축대칭상태의 소성역내 반경 및 접선방향 응력 σ_r 과 σ_t 는 터널 내공면 $(r=a)$ 에서 지보공 반력이 p_a 이면 식 (6.2.23) 과 같다.

$$\sigma_{rp} = \frac{s}{m} + \left(p_a - \frac{s}{m}\right)\left(\frac{r}{a_o}\right)^m$$

$$\sigma_{tp} = \frac{s}{m} + (m+1)\left(p_a - \frac{s}{m}\right)\left(\frac{r}{a_o}\right)^m \tag{6.3.6}$$

3.2.2 탄소성경계 응력

(타원형) 탄소성 경계에 작용하는 응력은 수평 및 연직 경계면에 작용하는 외압이 각각 p 와 q 이고 내압이 p_i 와 q_i 인 타원형 탄성터널의 내공면 (장반경 a, 단반경 b) 에 작용하는 응력과 같다. 따라서 탄성지반에 굴착한 타원형 터널 내압에 대한 식 (5.5.14) 와 식 (5.5.15) 를 적용해서 계산한다.

$$x\,축 : \sigma_r = q_i$$
$$\sigma_t = -q + q_i + (p - p_i)\frac{2a+b}{b} + p_i$$
$$y\,축 : \sigma_r = p_i$$
$$\sigma_t = -p + p_i + (q - qi)\frac{a+2b}{a} + q_i \tag{6.3.7}$$

탄소성경계 응력은 탄성역에 대한 식 (6.3.7) 과 소성역에 대한 식 (6.3.6) 에서 모두 구할 수 있으며 이들이 서로 같으므로 다음 관계가 성립된다. 이 식은 대수적으로 직접 풀기가 어렵기 때문에 시산법으로 풀어서 타원형 탄소성경계의 장반경 a 와 단반경 b 를 구한다.

$$x\,축 : \sigma_r = q_i = \frac{s}{m} + \left(p_a - \frac{s}{m}\right)\left(\frac{a}{a_0}\right)^m$$

$$\sigma_t = -q + q_i + (p - p_i)\frac{2a+b}{b} + p_i \tag{6.3.8a}$$
$$= \frac{s}{m} + (m+1)\left(p_a - \frac{s}{m}\right)\left(\frac{a}{a_0}\right)^m$$

$$y\,축 : \sigma_r = p_i = \frac{s}{m} + \left(p_a - \frac{s}{m}\right)\left(\frac{b}{a_0}\right)^m$$

$$\sigma_t = -p + p_i + (q - q_i)\frac{a+2b}{a} + q_i \tag{6.3.8b}$$
$$= \frac{s}{m} + (m+1)\left(p_a - \frac{s}{m}\right)\left(\frac{b}{a_0}\right)^m$$

3.3 소성역 내 지반의 응력

소성역 내 변형률 (3.3.1 절) 과 반경변위 (3.3.2 절) 는 탄소성 경계의 반경변위와 접선변형률로부터 구할 수 있다. 터널 주변지반이 등체적 소성변형하면 측벽이 밀려 들어가서 터널 폭이 넓어지고, 변체적 소성변형하면 측벽이 압출되어 터널의 폭이 좁아진다. 소성역에서는 반경 및 접선응력 σ_r 과 σ_t 가 주응력이므로 반경 및 접선 방향에 관한 전단변형률은 없고, θ 가 같은 곳에서는 접선변위가 같은 각도로 발생 된다. 터널 주변 임의위치 (r, θ) 에서 반경 및 접선 변위 u 와 v 는 그림 6.3.6 과 같다.

3.3.1 소성역내 지반의 변형률

선대칭 응력상태일 때에 소성역내 전체 변형률 ϵ_r 과 ϵ_t 는 다음과 같고,

$$\epsilon_r = \frac{du}{dr}$$
$$\epsilon_t = \frac{u}{r} + \epsilon_{tR} - \frac{u}{r}\epsilon_{tR} \fallingdotseq \frac{u}{r} + \epsilon_{tR} \tag{6.3.9}$$

전체 변형률은 탄성 변형률 ϵ_{re} 및 ϵ_{te} 와 소성 변형률 ϵ_{rp} 및 ϵ_{tp} 의 합 (식 6.2.160),

$$\epsilon_r = \epsilon_{re} + \epsilon_{rp}$$
$$\epsilon_t = \epsilon_{te} + \epsilon_{tp} \tag{6.3.10}$$

이므로, 반경 및 접선방향 소성 변형률 ϵ_{rp} 와 ϵ_{tp} 는 전체 변형률에서 탄성 변형률 을 뺀 값이다.

$$\epsilon_{rp} = \epsilon_r - \epsilon_{re}$$
$$\epsilon_{tp} = \epsilon_t - \epsilon_{te} \tag{6.3.11}$$

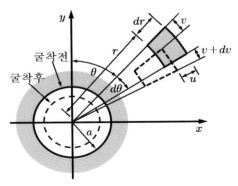

그림 6.3.6 터널 주변지반의 변위

3.3.2 소성역내 지반의 반경변위

직교법칙 (항복면과 변형의 방향이 직각) 을 적용하면 반경방향과 접선방향 소성 변형률의 비가 $-\dfrac{1}{m+1}$ 이 되고 (식 6.2.114),

$$\epsilon_{rp} + (m+1)\epsilon_{tp} = 0 \tag{6.3.12}$$

이를 위 식 (6.3.10) 를 대입하여 정리하면 다음 관계식이 된다.

$$\epsilon_r + (m+1)\epsilon_t = \epsilon_{re} + (m+1)\epsilon_{te} \tag{6.3.13}$$

여기에 소성역내의 반경 및 접선방향 전체변형률 ϵ_r 과 ϵ_t (식 6.3.8) 및 탄성변형률 ϵ_{re} 와 ϵ_{te} (식 6.2.123) 을 대입하여 정리하면 식 (6.2.124) 와 같고,

$$\frac{du}{dr} + (m+1)\frac{u}{r} + (m+1)\epsilon_{tR} = \epsilon_{re} + (m+1)\epsilon_{te}$$
$$= \frac{1+\nu}{E}\left[(1-2\nu)(m+2)\frac{s}{m} + \{m^2+2m+2-\nu(m+2)^2\}\left(p_a - \frac{s}{m}\right)\left(\frac{r}{a}\right)^m\right] \tag{6.3.14}$$

위 식을 적분하면 다음이 된다.

$$u = \frac{1+\nu}{E}\left[(1-2\nu)\frac{s}{m} + \{m^2+2m+2-\nu(m+2)^2\}\frac{p_a - s/m}{2m+2}\frac{r^m}{a^m}\right]r \tag{6.3.15}$$
$$+ \frac{m+1}{m+2}\epsilon_{tR}\,r + \frac{C}{r^{m+1}}$$

위 식의 적분상수 C 는 탄소성경계 변위조건으로부터 구할 수 있으나 계산이 매우 복잡하여 대개 전산해석해서 구한다. 결국 탄소성 경계 반경변위 u_{Rp} 와 접선변형률 ϵ_{tRp} 을 알면 식 (6.3.9) 와 식 (6.3.15) 에서 소성역내 변위와 변형률을 구할 수 있다.

3.3.3 변체적 소성변형

터널 주변지반이 등체적 소성변형하면 측벽이 밀려들어가서 터널 폭이 넓어지고, 변체적 소성변형하면 측벽이 압출된다. 체적 탄성률이나 직교법칙을 적용하여 체적 변형률을 계산하면 터널 측벽이 압출되는 결과가 나오므로 연직압력에 의해 측벽이 압출된다는 Rabcewicz 의 주장이 뒷받침된다.

터널 측벽의 압출은 연직압이 측압에 비해 월등히 클 때 생긴다. 연직압이 크면 탄성 상태에서는 천단과 바닥이 압출되지만, 소성상태에서는 측벽이 압출된다. 이와 같이 터널 주변지반은 탄성상태와 소성상태일 때 거동이 다르므로 변형측정치 로부터 추정한 토압과 측압계수가 실제 값과 다를 수 있다.

천단과 바닥은 탄성상태이고 측벽의 일부만 소성상태일 때는 해석식으로 해석할 수 없고 (이것이 해석식의 한계) 수치해석을 수행해야 한다.

4. 지반자중 작용상태 원형터널의 탄소성해석

터널에 작용하는 실제하중은 지반의 경계하중이 아니고 중력에 의한 지반의 자중이다. 지반에 경계하중이 작용할 때는 주응력방향과 반경 및 접선방향이 일치하여 접선응력이 최대주응력이고 반경응력이 최소주응력이다. 그러나 중력이 작용할 때는 주응력방향과 반경 및 접선방향이 항상 일치하지는 않으므로 접선 및 반경응력이 항상 최대 및 최소 주응력이 되지는 않는다.

덮개압력이 크거나 강도가 작아서 지반이 항복하거나 (파괴되어) 이완되면 터널 주위에 소성영역이 생긴다. 또한, 지보공이 변형되면 소요반력 (지압) 이 감소하고, 변형이 지속되면 Fenner-Pacher 곡선 (지반응답곡선) 이 최소가 되었다가 (이완하중에 의해) 다시 증가하여 우상향곡선이 되며, 상향곡선 부분의 하중이 터널에 압력으로 작용한다. 지반응답곡선에서 지압이 최소가 되었다가 다시 증가하기 시작하는 변형의 크기, 또는 (하중이 너무 증가하여 위험상태가 되는데) 변형의 한계치를 해석적으로 계산하거나 예측하려는 시도가 많았으나 아직 뚜렷한 성과가 없다.

소성영역 내 지반의 자중에 의한 응력식 (4.1 절) 으로부터 지반응답곡선식 (4.2 절) 을 유도할 수 있다. 또한, 암석의 파괴 후 강도저하 현상 (4.3 절) 을 고려하여 실제에 더 근접한 지반응답곡선 계산식을 구하려는 시도가 지속되고 있다. 탄소성경계가 타원형이거나 얕은 터널에서도 같은 방법으로 중력영향을 고려할 수 있다.

4.1 주변지반 응력

중력 작용상태 원형터널에서 주응력방향과 반경/접선방향이 늘 일치하지는 않는다.

소성역에서 지반의 자중을 고려하고 힘의 평형 (4.1.1 절) 을 적용하면 소성역내 응력분포 (4.1.2 절) 와 경계면 응력 (4.1.3 절) 을 구할 수 있다.

4.1.1 힘의 평형

천단으로부터 각도 θ 인 소성역내 미세지반요소에서 자중을 고려한 반경 및 접선방향 힘의 평형식은 다음과 같다 (ρ 는 지반의 밀도, g 는 중력가속도).

$$\frac{\partial \sigma_r}{\partial r} + \frac{1}{r} \frac{\partial \tau_{rt}}{\partial \theta} + \frac{\sigma_r - \sigma_t}{r} = \rho g \cos\theta$$

$$\frac{1}{r} \frac{\partial \sigma_t}{\partial \theta} + \frac{\partial \tau_{rt}}{\partial r} + \frac{2\tau_{rt}}{r} = -\rho g \sin\theta \tag{6.4.1}$$

소성역내 반경 및 접선방향 응력 σ_r 과 σ_t 는 주응력 방향과 반경방향의 각도 α 를 알면 주응력으로 표시할 수 있고,

$$\sigma_r = \frac{\sigma_1 + \sigma_3}{2} - \frac{\sigma_1 - \sigma_3}{2} cos2\alpha$$

$$\sigma_t = \frac{\sigma_1 + \sigma_3}{2} + \frac{\sigma_1 - \sigma_3}{2} cos2\alpha$$

$$\tau_{rt} = \frac{\sigma_3 - \sigma_1}{2} sin2\alpha \tag{6.4.2}$$

Mohr-Coulomb 항복조건을 반경 및 접선응력으로 나타내면 다음이 되고,

$$\sigma_t = \frac{1 + \sin\phi\cos2\alpha}{1 - \sin\phi\cos2\alpha}\sigma_r - \frac{2c\cos\phi\cos2\alpha}{1 - \sin\phi\cos2\alpha} \tag{6.4.3}$$

반경방향 힘의 평형식 (식 6.4.1) 에 대입하여 접선응력 σ_t 를 소거하면 다음이 된다.

$$\frac{\partial\sigma_r}{\partial r} + \frac{1}{r}\frac{\partial\tau_{rt}}{\partial\theta} - \frac{2}{r}\frac{\sigma_r \sin\phi - c\cos\phi}{1 - \sin\phi\cos2\alpha}\cos2\alpha = \rho g\cos\theta \tag{6.4.4}$$

주응력 방향이 접선 및 반경방향과 거의 일치 (즉, $\alpha \fallingdotseq 0$) 하는 경우에는,

$$\sin2\alpha \simeq 0 \; , \; \cos2\alpha \fallingdotseq 1 \; , \; \tau_{rt} \fallingdotseq 0 \tag{6.4.5}$$

이므로, 반경방향 힘의 평형식 (식 6.4.1) 은 다음과 같이 간단해 진다.

$$\frac{\partial\sigma_r}{\partial r} - \frac{m\sigma_r}{r} - \rho g\cos\theta = \frac{s}{r} \tag{6.4.6}$$

주응력 방향이 접선 및 반경방향과 일치 한다 ($\alpha = 0$) 는 가정은 반경방향 각도 가 $\theta = 0°$ 및 $\theta = 180°$ 일 때는 정확하게 성립되지만, 다른 각도에서는 오차가 다소 발생한다. 그러나 실무에서 가장 필요한 경우는 $\theta = 0°$ 인 경우이므로 주응력 방향 이 접선 및 반경방향과 일치 한다고 가정해도 실용적으로는 문제가 없다.

4.1.2 소성역내 응력

반경방향 응력 σ_r 을 두 부분 즉, θ 와 상관없이 r 만의 함수인 응력 σ_{r1} 과 θ 와 r 모두의 함수인 응력 σ_{r2} 으로 구분하고,

$$\sigma_r = \sigma_{r1} + \sigma_{r2} \tag{6.4.7}$$

반경방향 힘의 평형식 (식 6.4.6) 도 θ 와 무관한 항과 θ 의 함수인 항으로 구분할 수 있다.

먼저, 식 (6.4.6) 에서 θ 와 무관한 항에 대한 반경방향 힘의 평형식은

$$r\frac{\partial \sigma_{r1}}{\partial r} - m\sigma_{r1} = s \tag{6.4.8}$$

이며, 이 경우에는 축대칭 상태이므로 그 해는 다음과 같다.

$$\sigma_{r1} = \frac{s}{m} + \left(p_i - \frac{s}{m}\right)\left(\frac{r}{a}\right)^m \tag{6.4.9}$$

식 (6.4.6) 에서 θ 의 함수인 항에 대한 반경방향 힘의 평형식은 다음과 같다.

$$r\frac{\partial \sigma_{r2}}{\partial r} - m\sigma_{r2} - r\rho g\cos\theta = 0 \tag{6.4.10}$$

그런데 σ_{r2} 는 θ 에 무관하게 성립되어야 하므로, 좌우대칭이므로 $\cos\theta$ 항은 있고 $\sin\theta$ 항은 없으며, 상·하 대칭이 아니므로 $\cos2\theta$ 항이 없어야 한다.

따라서 σ_{r2} 는 다음 모양이고 P 와 R 은 상수이고 Q 는 반경 r 에 따른 값이다.

$$\sigma_{r2} = Pr\cos\theta + Q\cos\theta + R\cos\theta \tag{6.4.11}$$

위 식을 반경방향 힘의 평형식 (식 6.4.10) 에 대입하면 다음과 같고,

$$Pr(1-m) - r\rho g + r\frac{\partial Q}{\partial r} - m(Q+R) = 0 \tag{6.4.12}$$

이 식은 다시 두 개의 식으로 나눌 수 있다.

$$Pr(1-m) - r\rho g = 0 \tag{6.4.13a}$$

$$r\frac{\partial Q}{\partial r} - m(Q+R) = 0 \tag{6.4.13b}$$

위의 식들은 θ 와 관계없이 성립되므로, 식 (6.4.13a) 에서 P 는 다음이 된다.

$$P = \frac{\rho g}{1-m} \tag{6.4.14}$$

그런데 식 (6.4.13b) 를 변형하면

$$\frac{\partial Q}{Q+R} = m\,\frac{\partial r}{r} \tag{6.4.15}$$

이고, R 과 Q 는 서로 독립된 값이므로 양변을 적분하면 다음이 되고,

$$\log(Q+R) = m\log r + C \tag{6.4.16}$$

적분상수 C 는 터널의 내공면 $(r=a)$ 에서 $\sigma_{r2}=0$ (식 6.4.11 에서 $Pa+Q+R=0$) 인 조건을 적용해서 구하면,

$$C = \log(-Pa) - m\log a \qquad (6.4.17)$$

이고, 위 식 (6.4.16) 에 P (식 6.4.14) 를 대입하고 정리하면,

$$Q+R = -\frac{\rho g a}{1-m}\left(\frac{r}{a}\right)^m \qquad (6.4.18)$$

이고, P 와 $Q+R$ (식 6.4.17) 을 식 (6.4.11) 에 적용하면 σ_{r2} 는 다음이 된다.

$$\sigma_{r2} = \frac{\rho g}{1-m}\left\{r - a\left(\frac{r}{a}\right)^m\right\}\cos\theta \qquad (6.4.19)$$

반경응력 σ_r 은 식 (6.4.7) 에 따라 위의 식과 식 (6.4.9) 의 합이고,

$$\sigma_r = \sigma_{r1} + \sigma_{r2} = \frac{s}{m} + \left(p_i - \frac{s}{m}\right)\left(\frac{r}{a}\right)^m + \frac{\rho g}{1-m}\left[r - a\left(\frac{r}{a}\right)^m\right]\cos\theta \qquad (6.4.20)$$

접선응력 σ_t 는 반경응력 σ_r 을 Mohr-Coulomb 항복식에 대입하면 구할 수 있다.

$$\sigma_t = \frac{s}{m} + (m+1)\left(p_i - \frac{s}{m}\right)\left(\frac{r}{a}\right)^m + \frac{\rho g(1+m)}{1-m}\left[r - a\left(\frac{r}{a}\right)^m\right]\cos\theta \qquad (6.4.21)$$

따라서 천단부 $(\theta \fallingdotseq 0)$ 에서 $m < 1$ ($\sin\theta < \frac{1}{3}$, $\theta < 19.30°$) 이면, 반경 및 접선 응력 σ_r 과 σ_t 의 절대값에 극소치 (Fenner-Pacher 곡선 최소치) 가 존재할 수 있다.

탄성역은 정수압상태이고, 지반의 자중은 없으며, 탄소성경계는 중심이 터널중심보다 조금 위에 있는 원형이라고 가정 (그림 6.4.1) 하고, 소성역의 자중을 생각하여 지반응답곡선 (Fenner-Pacher 곡선) 을 구한다.

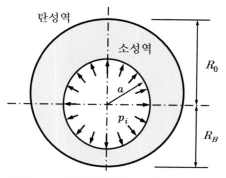

그림 6.4.1 자중작용상태 소성영역의 형상

4.1.3 경계면 응력

탄소성경계의 반경응력 σ_{rR_p} 은 식 (6.2.12) 로부터 다음과 같고,

$$\sigma_{rR_p} = \frac{2p_o + s}{m+2} \tag{6.4.22}$$

이는 소성역내 반경응력 σ_r (식 6.4.20) 에 $r = R_p$ 를 대입한 경우와 같다.

$$\sigma_{rR_p} = \frac{2p_o + s}{m+2} = \frac{s}{m} + \left(p_i - \frac{s}{m}\right)\left(\frac{R_p}{a}\right)^m + \frac{1}{1-m}\rho g R_p \left\{1 - \left(\frac{R_p}{a}\right)^{m-1}\right\}\cos\theta \tag{6.4.23}$$

위 식으로부터 내압 p_i 나 각도 θ 에 따른 탄소성경계 R_p 및 Fenner-Pacher 곡선을 구할 수 있다. 즉, 위 식을 p_i 에 대해 정리하면 다음이 되고,

$$p_i = \frac{s}{m} + \frac{2}{m+2}\left(p_o - \frac{s}{m}\right)\left(\frac{a}{R_p}\right)^m - \frac{1}{m-1}\rho g a\left[1 - \left(\frac{R_p}{a}\right)^{1-m}\right]\cos\theta \tag{6.4.24}$$

내압 p_i 의 최대치 존재여부는 p_i 를 R_p 로 미분하여 알 수 있다.

$$\frac{\partial p_i}{\partial R_p} = \left(p_o - \frac{s}{m}\right)\frac{-2m}{a(m+2)}\left(\frac{R_p}{a}\right)^{-1-m} - \rho g\cos\theta\left(\frac{R_p}{a}\right)^{-m}$$

$$= \frac{a^m}{R_p^{m+1}}\left\{-\frac{2m}{m+2}\left(p_o - \frac{s}{m}\right) - \rho g\cos\theta R_p\right\} \tag{6.4.25}$$

내압 p_i 의 최대치가 존재하면 $\partial p_i / \partial R_p = 0$ 이며, 이때는 위 식의 { } 안이 영이 된다. 따라서 내압이 최대 (지보하중 최소) 인 탄소성경계 R_{pm} 을 구할 수 있고,

$$R_{pm} = -\frac{2m}{m+2}\frac{p_o - s/m}{\rho g\cos\theta} \tag{6.4.26}$$

$\cos\theta$ 이외 항은 항상 양이므로 $\cos\theta > 0$ ($-\pi/2 < \theta < \pi/2$) 이면, 유효한 R_{pm} 이 존재할 수 있다. $|p_o| > > s/m$ 이고, 천단에서 $\cos\theta = 1.0$ 이므로 위 식은 다음이 되고,

$$R_{pm} = -\frac{2m}{m+2}\frac{p_o}{\rho g} \tag{6.4.27}$$

식 (6.2.2) 에서 $m+1 = \dfrac{1+\sin\phi}{1-\sin\phi}$ 이므로 $\dfrac{2m}{m+2} = 2\sin\theta$ 이고, $\phi = 5 \sim 19^o$ 이면 $2\sin\phi = 0.1 \sim 0.6$ 이므로 터널 토피가 H 일 때 다음이 된다.

$$R_{pm} \fallingdotseq 2\sin\theta\frac{p_o}{\rho g} = 2\sin\theta H = (0.1 \sim 0.6)H \tag{6.4.28}$$

지표까지 지반의 대부분이 소성역이 될 정도로 내공이 변형 되어야 비로소 하중이 최소치가 되므로, 실용적 최소치는 존재하지 않는다. 실제에서는 하중이 최소치가 되기도 전에 대개 지보공 반력 p_i 가 인장응력상태로 된다.

4.2 지반응답곡선

Rabcewicz 는 유한요소법을 이용하여 지반자중의 영향을 고려한 지반응답곡선을 구하려고 시도하였으나, 우상향 곡선은 구현하지 못하였다. 최근 개별요소법 (DEM) 을 사용한 계산도 시도되고 있으나, 아직 초보단계이다.

내압 p_i 곡선이 최저치에 도달하고 그 이후 증가하는 현상을 실제에서 볼 수 없는 것은 지반이 항복 후에 강도가 떨어지지 않기 때문이다. 지반은 항복점을 지나면 강도가 급격히 떨어지지만 (굴착 후 지보하여) 구속압력이 작용하면 곡선이 완만해 진다 (그림 6.4.3). 따라서 지반응답곡선은 이런 영향을 고려하고 계산해야 한다.

Hoek-Brown 이나 Egger 도 지반의 자중을 고려한 Fenner-Pacher 곡선 (그림 6.4.2) 계산식을 제시하고 있으나 소성상태가 된 지반의 전체무게를 축대칭 상태 (즉, 등압상태) 일 때의 하중에 더하기 때문에 하중이 너무 크게 계산된다.

이차곡선 항복조건식 (Hoek-Brown 등) 을 적용한 지반응답곡선 계산식이 Mohr-Coulomb 항복조건보다 좀 더 현실에 가깝다고 생각할 수도 있지만, 상관유동법칙 (associative flow rule) 을 채택하면서 체적탄성률을 고려하지 않았기 때문에, 항복곡선의 모양이 지반응답곡선과 다소 다르다.

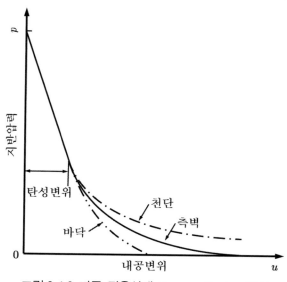

그림 6.4.2 자중 작용상태 Fenner-Pacher 곡선

지반이 하중을 지지하기 때문에 지보공이 불필요 하다고 생각하고, 무지보 상태 지반의 Fenner-Pacher 곡선에서 내압의 최저치를 계산하거나, 그때 변형률을 지반의 한계 변형률로 제한하는 것은 재고할 필요가 있다.

내압이 최소가 되는 변형에 맞추어 지보하면 지보량을 최소로 할 수 있으나 그 만큼 큰 변형을 허용할 수 있도록 단면을 굴착해야 하므로 굴착비가 증액된다. 즉, 변형량과 소요 지보압 p_i 관계에 최소치가 존재하더라도 변형량이 커지면 그 만큼 굴착량이 많아져서 굴착비용이 많이 소요된다.

따라서 굴착비와 지보비의 합계의 최소치를 설계목표로 하는 경우도 있다.

4.3 항복 후 강도저하를 고려한 해석

취성암반에서는 파괴 후에 강도가 소멸되어 외력에 저항할 수 없다. 그러나 연암 에서는 파괴 후에 상당한 크기의 강도가 잔류하여 외력에 저항하고, 구속압에 따라 강도가 증가되고 응력-변형률 관계 곡선이 달라지기 때문에 구속압에 의한 강도 증가를 고려하는 것이 좋다.

암석은 구속압 크기에 따라 연성 또는 취성거동하고, 구속압이 커질수록 강도가 증가 (그림 6.4.3) 하기 때문에, 구속압에 따른 암석의 강도증가와 응력-변형률관계는 그림 6.4.3b 와 같이 이상화할 수 있다.

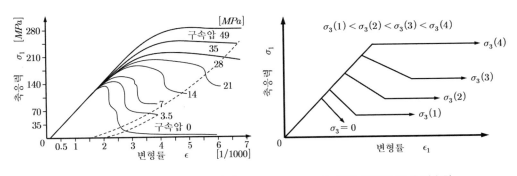

a) Tennessee 대리석의 응력-변형률 관계　　b) 응력-변형률 관계 단순화

그림 6.4.3 암석의 구속압에 따른 응력-변형률 관계 (福島, 1991)

항복 후 강도가 저하되는 암석에 대해서는 응력-변형률곡선을 그림 6.4.4 와 같이 탄성구간 (AB 구간) - 강도저하구간 (BC 구간) - 잔류강도구간 (CD 구간) 으로 구분하고, 각 구간별로 곡선식을 구하여 지반응답곡선을 계산할 수 있다.

탄성구간 (AB 구간) 을 2차 곡선으로 가정하면 더 정확할 수 있으나 계산노력에 비해 효과가 적으며, 직선으로 간주하여 해석하더라도 그 결과가 완전 탄소성 계산 결과 보다 실험값에 더 가깝다.

강도저하구간 (BC 구간) 은 대개 직선이고, 잔류강도구간 (CD 구간) 은 압축강도에 대한 비율이 일정하다고 생각한다. 강도저하 정도와 잔류강도의 크기는 암질에 따라 다르며, 지압이 매우 큰 연암 등에서는 잔류강도가 크다.

잔류강도는 대개 최대강도의 20% ($0.2\sigma_{DF}$) 로 하며, 20% 보다 더 작아도 지압이 급격히 증가하지는 않는다. 강도저하를 감안한 계산식을 유도하기 위해 많이 노력하고 있으나 실제와 유사한 Fenner-Pacher 곡선 (최소치가 있고, 변형이 더 커지면 토압이 급증하는) 을 계산으로 구한 예는 아직 없다.

암석에서는 파괴 후 거동까지 정리한 실험데이터가 별로 없으므로 암석과 유사한 콘크리트 실험데이터를 이용하여 항복 후 강도가 저하되는 암석의 지반응답곡선을 계산할 수도 있다.

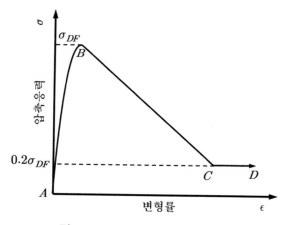

그림 6.4.4 암석의 응력-변형률 관계

 Park (1971) 등은 철근 콘크리트 부재에 대한 실험결과로부터 응력-변형률 관계식을 도출하여 그림 6.4.5 와 같이 탄성구간 (A-B 구간) - 강도저하구간 (B-C 구간) - 잔류강도 구간 (C-D 구간) 으로 구분하고, 각 구간별 곡선식을 제시하였다.

 탄성구간 **(AB 구간)** 은 다음 이차곡선으로 나타낼 수 있고, $f_c{}'$ 은 철근 콘크리트 압축강도, $\epsilon_{c0} = 0.002$ 는 압축강도 도달 변형률이다.

$$\sigma_c = f_c{}' \left\{ \frac{2\epsilon}{\epsilon_{c0}} - \left(\frac{\epsilon}{\epsilon_{c0}} \right)^2 \right\} \tag{6.4.29}$$

 강도저하구간 **(BC 구간)** 은 직선이고, 응력이 콘크리트 압축강도의 1/2 일 때에 변형률 ϵ_{50} 점을 지나며, p'' 는 용적철근비, b'' 는 철근에 의해 둘러싸인 직사각형의 단변 길이, b_{st} 는 철근 간격이다.

$$\epsilon_{50} = \frac{0.21 + 0.002 f_c{}'}{f_c{}' - 70} + \frac{3}{4} p'' \sqrt{\frac{b''}{b_{st}}} \tag{6.4.30}$$

 잔류강도구간 **(CD 구간)** 은 철근콘크리트에서는 압축강도의 20% $(0.2 f_c{}')$ 로 일정하다. 철근에 의해서 구속효과가 발생하므로 철근량에 따른 거동은 구속압이 다른 암석의 파괴거동 (그림 6.4.3) 과 같아진다. 따라서 철근량에 따라 그림 6.4.5 와 같이 응력-변형률 관계곡선이 된다.

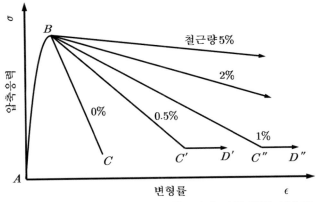

그림 6.4.5 철근콘크리트에서 철근량에 따른 응력-변형률
관계 (Kent/Park, 1971)

5. 돔형공동의 탄소성해석

터널굴착 후 지보공 설치 전에는 굴진면 전방지반이 응력해방을 구속함에 따라 굴진면 주변에 한시적으로 입체 지반아치가 생성되어서 돔 (dome) 형 즉, 반구형 공동 상태가 되어 내공변위와 접선응력이 평면변형상태일 때 보다 작다. 이때는 터널과 주변지반을 구 (球) 형 용기로 이상화해서 응력과 변형률을 계산한다. 돔형 공동 주변 지반 변형은 변형률을 적분해서 구하며, 등체적 및 변체적 소성변형할 때 서로 다르다.

돔형상태 공동 주변지반의 응력과 변형은 초기응력이 등방압 (5.1 절) 이거나 자중 (5.2 절) 이 작용하는 상태이면 어렵지 않게 계산할 수 있으며, 대개 Mohr-Coulomb 항복조건을 적용한다.

5.1 등방압 상태

등방압상태인 지반에 굴착한 원형터널의 굴진면 주변에는 한시적으로 돔형 입체 지반아치가 생성된다.

돔형공동은 등분포 내압과 외압을 받는 구형용기로 이상화해서 주변지반의 응력 (5.1.1 절) 과 변형 (5.1.2 절) 을 계산하고 응력과 변형률 경로 (5.1.3 절) 를 구한다.

5.1.1 주변지반 응력

돔형공동 (그림 6.5.1a) 주변지반의 응력은 굴착면 주변 소성화된 지반영역 (내·외경 이 a 와 b 이고 내·외벽에 작용하는 등분포 내·외압이 p_a 와 p_b) 을 구형용기 (그림 6.5.1b) 로 간주하고 계산할 수 있다.

1) 반경방향 힘의 평형

터널 주변에 형성되는 소성역내 지반은 소성평형상태이다.

그런데 터널 주변지반의 반경방향 힘의 평형식은 다음과 같고,

$$2(\sigma_r - \sigma_t) + r \frac{d\sigma_r}{dr} = 0 \tag{6.5.1}$$

Mohr-Coulomb 항복조건을 주응력으로 표시하면 다음이 된다.

$$\sigma_t = (m+1)\sigma_r - s \tag{6.5.2}$$

여기에서 $m+1 = \frac{1+\sin\phi}{1-\sin\phi} = K_p$ 이고, $s = \frac{2c\cos\phi}{1-\sin\phi}$ 는 일축압축강도이다.

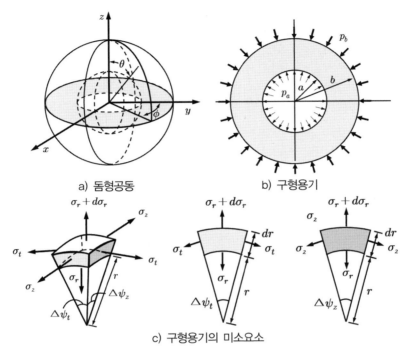

a) 돔형공동   b) 구형용기

c) 구형용기의 미소요소

그림 6.5.1 두꺼운 구형용기에 작용하는 압력과 응력

소성역 내 반경방향 힘의 평형식은 식 (6.5.1) 에 항복조건 (식 6.5.2) 을 대입한 후,

$$\frac{dr}{r} = \frac{1}{2m}\frac{d\sigma_r}{\sigma_r - s/m} \tag{6.5.3}$$

r 로 적분하고 (적분상수 C 는 내공면 반경응력이 내압인 조건 $(p_a = p_i)$ 에서 계산),

$$\ln r = \frac{1}{2m}\ln\left(\sigma_r - \frac{s}{m}\right) + C \tag{6.5.4}$$

적분상수를 대입하면 다음이 된다.

$$\ln\frac{r}{a} = \frac{1}{2m}\ln\frac{\sigma_r - s/m}{p_i - s/m} \tag{6.5.5}$$

2) 경계면 응력

탄소성 경계의 탄성상태 응력은 탄성상태 경계를 탄성상태 돔형공동의 내공면으로 보고 탄성상태 돔형공동 주변지반의 탄성상태 응력식 (식 5.6.11) 에 내압으로 탄소성 경계압력 $(p_a = p_{R_p})$, 외압으로 초기응력 $(p_b = p_o)$ 을 적용하면 구할 수 있다.

$$\sigma_{rR_p} = p_{R_p}, \quad \sigma_{tR_p} = -\frac{1}{2}p_{R_p} + \frac{3}{2}p_o \tag{6.5.6}$$

탄소성 경계에서는 탄성식과 소성식이 모두 성립되므로, 위 식과 Mohr-Coulomb 항복식 (식 6.5.2) 을 연립해서 풀면 소성측 탄소성 경계 압력 σ_{rR_p} 를 구할 수 있다.

$$\sigma_{rR_p} = p_{R_p} = \frac{s}{m} + \frac{3}{2m+3}\left(p_o - \frac{s}{m}\right) = \frac{3p_o + 2s}{2m+3} \tag{6.5.7}$$

탄소성 경계 R_p 는 식 (6.5.6) 에 위 식과 $r = R_p$ 를 적용하여 구하고,

$$R_p = a\left\{\frac{3(p_o - s/m)}{(2m+3)(p_i - s/m)}\right\}^{1/2m} \tag{6.5.8}$$

위 식을 정리하면 내압 p_i 를 구할 수 있다.

$$p_i = \frac{s}{m} + \frac{3}{2m+3}\left(p_o - \frac{s}{m}\right)\left(\frac{a}{R_p}\right)^{2m} \tag{6.5.9}$$

3) 소성역 내 지반응력

(1) 내압작용상태

식 (6.5.5) 에서 내압 p_i 에 의한 소성역내 반경 r 위치의 반경응력 σ_{rp} 를 구하고, 이를 Mohr-Coulomb 항복조건 (식 6.5.2) 에 대입하면 접선응력 σ_{tp} 를 구할 수 있다.

$$\sigma_{rp} = s/m + (p_i - s/m)(r/a)^{2m}$$
$$\sigma_{tp} = s/m + (m+1)(p_i - s/m)(r/a)^{2m} \tag{6.5.10}$$

(2) 외압작용상태

위 식 (6.5.10) 에 내압 p_i (식 6.5.9) 를 대입하면 외압 p_o 에 의한 소성역 내 반경응력 σ_{rp} 를 구하고, 이를 Mohr-Coulomb 항복조건 (식 6.5.2) 에 대입하면 소성역 내 접선응력 σ_{tp} 를 구할 수 있다.

$$\sigma_{rp} = \frac{s}{m} + \frac{3}{2m+3}\left(p_o - \frac{s}{m}\right)\left(\frac{r}{R_p}\right)^{2m}$$
$$\sigma_{tp} = \frac{s}{m} + \frac{3}{2m+3}(m+1)\left(p_o - \frac{s}{m}\right)\left(\frac{r}{R_p}\right)^{2m} \tag{6.5.11}$$

4) 탄성역 내 지반응력

탄성역내 응력은 내공면이 탄소성경계 R_p $(a = R_p)$ 인 탄성 상태 돔형공동 주변지반 내 응력 식 (식 5.6.10) 에 $b = \infty$, $p_b = p_o$, $a = R_p$, $p_a = p_{R_p}$ (식 6.5.7) 을 대입하여 구한다.

$$\sigma_{re} = p_o\left(1 - R_p^3/r^3\right) + \frac{3p_o + 2s}{2m+3}(R_p/r)^3$$
$$\sigma_{te} = p_o\left(1 + 0.5R_p^3/r^3\right) - \frac{1}{2}\frac{3p_o + 2s}{2m+3}(R_p/r)^3 \tag{6.5.12}$$

5.1.2 주변지반 변형

돔형 공동에서 반경응력 σ_r 을 반경방향 힘의 평형식 (식 6.5.1) 에 대입한 반경변위에 대한 미분방정식을 적분하면 전체 반경방향 변위 u 를 구할 수 있다.

전체 (초기 + 터널굴착 후) 반경변위를 적합조건식에 대입하면 반경 및 접선방향 변형률을 구할 수 있다. 탄성역의 변위/변형률은 탄성식으로 (비교적) 간단히 구할 수 있으나, 소성역의 변위/변형률은 지반의 소성변형에 따른 체적변화 여부 (등체적 변형 또는 변체적 변형) 를 고려하여 해석한다.

1) 주변지반이 탄성상태인 돔형공동

터널굴착 후 주변지반이 소성화 되지 않은 탄성상태 돔형공동은 내경이 터널반경 이고 외경이 무한대인 구형용기로 간주하고, 내·외압으로 지보압과 초기응력을 적용하여 전체 반경변위를 계산한 후 이를 적합조건에 적용하여 변형률을 계산한다.

(1) 반경변위

탄성상태 돔형공동의 반경변위 u_r 은 내경이 터널반경이고 외경이 무한대인 구형 용기의 반경변위 식 (제 5 장의 식 5.6.15) 에 내·외압으로 지보압 p_i 과 초기응력 p_o 을 적용하여 구한다 (1 항은 터널굴착에 따른 변위, 2 항은 터널굴착 전 초기변위).

$$u_r = -\frac{1+\nu}{2E}(p_i - p_o)\frac{a^3}{r^2} + \frac{1-2\nu}{E}p_o r \tag{6.5.13}$$

(2) 내공변위

터널굴착에 의한 **내공변위 u_a** 는 위 식 1 항에 $r = a$ 를 대입하면 된다.

$$u_a = -\frac{1+\nu}{2E}(p_i - p_o)a \tag{6.5.14}$$

(3) 변형률

주변지반의 **변형률**은 전체반경변위 u 를 적합조건에 대입하여 구한다.

$$\epsilon_r = \frac{du}{dr} = -2u_R\frac{R^2}{r^3}$$

$$\epsilon_t = \frac{u}{r} = u_R\frac{R^2}{r^3} \tag{6.5.15}$$

2) 주변지반이 소성화된 돔형공동

터널굴착 후 주변지반 일부가 소성화된 돔형공동의 반경변위는 굴착면에 인접한 소성역 (탄성변형 및 소성변형) 과 그 외곽의 탄성역 (탄성변형) 에서 발생되는 반경 변위의 합이다. 소성역의 변위는 대개 탄성역의 변위보다 작다.

(1) 탄성역의 탄성변형에 의한 반경변위 u_{ree}

돔형공동 주변지반의 일부가 소성화된 경우에 소성역의 외곽 탄성역 지반의 탄성 변형에 의해 탄소성경계의 반경변위 u_{R_p} 가 발생되며, 이는 내경이 탄소성경계이고 외경이 무한대 ($a \to R_p$, $b \to \infty$) 인 탄성상태 구형용기 반경변위에 대한 식 (5.6.15) 을 적용하여 계산한다. 이때 내·외압은 각각 탄소성 경계 압력과 초기응력 ($p_a \to p_{R_p}$, $p_b \to p_o$) 이다. 다음 식에서 제 2 항은 터널굴착 전 변위를 나타낸다.

$$u_{R_p} = -\frac{1+\nu}{2E}(p_{R_p} - p_o)R_p + \frac{1-2\nu}{E}p_o R_p \tag{6.5.16}$$

터널굴착에 의한 탄소성경계 반경변위 $u_{R_p f}$ 는 위 식의 제 1 항에 탄소성경계 응력 p_{R_p} 에 식 (6.5.7) 을 대입하여 구한다. 이는 내·외압이 각각 p_{R_p} 과 p_o 인 탄성 돔형 공동 내공변위와 같고, 소성역 지반을 통해 소성역내 임의위치 (반경 r) 에 전달된다.

$$u_{R_p f} = \frac{1+\nu}{2E}(p_o - p_{R_p})R_p = \frac{1+\nu}{E}\frac{m(p_o - s/m)}{2m+3}R_p \tag{6.5.17}$$

소성역 지반이 등체적변형하면 탄소성경계 (반경 R_p) 와 임의위치 (반경 r) 의 반경 변위 u_{R_p} 와 u_r 의 사이에 다음 관계가 성립되고,

$$\frac{4\pi}{3}(R_p^3 - r^3) = \frac{4\pi}{3}\left\{(R_p + u_{R_p})^3 - (r + u_r)^3\right\} \tag{6.5.18}$$

u_{R_p} 와 u_r 의 2 차 이상 항을 생략하면, 탄성역 지반의 탄성변형에 의한 탄소성경계 변위 $u_{R_p f}$ 가 전달되어 발생되는 탄성변형에 의한 소성역 반경변위 u_{rpee} 가 된다.

$$u_{rpee} = u_r = u_{R_p f}(R_p/r)^2 \tag{6.5.19}$$

따라서 터널굴착에 의해 발생되는 탄성역의 탄성변형에 의한 탄소성경계의 반경 변위 $u_{R_p f}$ 가 전달되어 발생하는 굴착면 내공변위 u_{apee} 는 위 식에 반경 r 대신 내공 반경 a 를 대입하면 다음이 된다.

$$u_{apee} = u_a = u_{R_p f}(R_p/a)^2 \tag{6.5.20}$$

(2) 소성역의 탄성변형에 의한 반경변위 u_{rpe}

돔형공동 주변 소성역 지반에서는 탄성변형과 소성변형이 모두 발생하며, 소성역 내 임의위치 (반경 r) 에서 탄성변형에 의한 반경변위 u_{rpe} 는 구형용기의 반경변위 식 (식 5.6.9) 에서 외압을 탄소성 경계압력 p_{R_p} $(p_b \to p_{R_p})$ 로 대체한 값이고, 다음 식의 제 1 항은 터널굴착에 의한 변위이다.

$$u_{rpe} = -\frac{1+\nu}{2E}(p_r - p_{R_p})\frac{r^3}{R_p^2} + \frac{1-2\nu}{E}p_{R_p}R_p \tag{6.5.21}$$

내압을 지보압 p_i 로 하면 소성역내 탄성변형에 의한 내공변위 u_{ape} 가 된다.

$$u_{ape} = -\frac{1+\nu}{2E}(p_i - p_{R_p})\frac{a^3}{R_p^2} + \frac{1-2\nu}{E}p_{R_p}R_p \tag{6.5.22}$$

(3) 소성역의 소성변형에 의한 반경변위 u_{rpp}

소성역 지반의 소성변형에 의한 돔형공동 주변지반의 반경변위는 체적변형이 발생하지 않거나 (등체적 변형) 발생 (변체적 변형) 하는 경우로 구분하여 계산한다.

① 소성역의 등체적 소성변형에 의한 반경변위 u_{rpp}

소성영역 지반이 등체적 소성변형하면 임의 반경 r 에서 발생하는 반경변위 u_r 이 굴착면 (반경 a) 에 r/a 의 비율로 전달된다.

소성역 지반의 반경방향 소성변위 u_{rp} 는 소성역 내 반경응력 σ_{rp} 에 의한 변위 $u_{rp}(\sigma_{rp})$ 와 접선응력 σ_{tp} 에 의한 변위 $u_{rp}(\sigma_{tp})$ 의 합이다.

$$u_{rp} = u_{rp}(\sigma_{rp}) + u_{rp}(\sigma_{tp}) \tag{6.5.23}$$

a) 반경응력변화 $\Delta\sigma_{rp}$ 에 의한 반경변위 u_{rpr}

소성역내 반경응력변화에 의해 발생되는 소성반경변위 u_{rpr} 은 반경응력변화 $\Delta\sigma_{rp}$ 를 내공반경 a 부터 탄소성 경계 R_p 까지 적분해서 구하며, 반경응력은 항상 초기응력 보다 작으므로 제하변형계수 E 를 적용한다.

$$u_{rpr} = \frac{1}{E}\int_a^{R_p}\Delta\sigma_{rp}dr \tag{6.5.24}$$

제하변형계수 E 는 탄성역과 소성역에서 크기가 같다 $(E = E_e = E_p)$.

b) 접선응력변화 $\Delta\sigma_{tp}$ 에 의한 반경변위 u_{rpt}

소성영역내 접선응력 변화에 의해 발생되는 소성 반경변위 u_{rpt} 는 접선응력의 변화 $\Delta\sigma_{tp}$ 를 반경 r 부터 탄소성경계 R_p 까지 적분해서 구한다. 소성역 내 지반은 터널굴착에 의한 접선응력 σ_{tp} 가 일축압축강도 보다 크면 지반이 이완되고 작으면 압축되며, 경우에 따라 응력전이에 의해 접선응력이 일축압축강도 보다 큰 부분 (굴착면 근접부, $a{\to}r_1$, 이완영역) 과 작은 부분 ($r_1{\to}R_p$, 압축영역) 이 생길 수 있다.

따라서 접선응력의 변화에 의해 발생되는 소성변위는 일축압축강도가 초기응력 보다 클 때 ($p_o < \sigma_{DF}$, 압축영역, 재하상태, 재하변형계수 V_p) 와 작을 때 ($p_o > \sigma_{DF}$, 이완영역, 제하상태, 제하변형계수 E_p) 로 구분하여 계산한다.

(a) 초기응력이 일축압축강도 보다 작을 때 ($\sigma_v < \sigma_{DF}$) :

초기응력 p_o 가 일축압축강도 σ_{DF} 보다 작으면, 터널굴착에 의한 접선응력 σ_{tp} 는 항상 초기응력 보다 커서 ($\sigma_{tp} > p_o$) 재하상태 (재하변형계수 V_p) 이다.

접선응력에 의한 소성변위 u_{rpt1} 은 접선응력 변화량 $\Delta\sigma_{tp}$ 를 적분해서 구한다.

$$u_{rpt1} = -\frac{\nu}{V_p}\int_a^{R_p}\Delta\sigma_{tp}\,dr \qquad (6.5.25)$$

(b) 초기응력이 일축압축강도 보다 클 때 ($p_o > \sigma_{DF}$) :

초기응력이 일축압축강도 보다 더 크면, 소성역 내 굴착면 근접부에 제하영역이 형성되고, 그 외곽에는 재하영역이 형성되며 각기 다른 변형계수를 적용한다.

접선응력이 초기응력 보다 작아서 ($\sigma_{tp} < p_o$) 제하상태인 내공면 근접부 ($a{\to}r_1$) 는 제하변형계수 E_p 를 적용하고, 접선응력이 초기응력 보다 커서 ($\sigma_{tp} > p_o$), 재하상태인 외곽 소성영역 ($r_1{\to}R_p$) 에는 재하변형계수 V_p 를 적용한다.

가) 재하영역 ($r_1{\to}R_p$) 의 접선응력에 의한 반경변위 u_{rp2}

재하영역 접선응력 변화 $\Delta\sigma_{tp}$ 에 의해 발생된 소성변위 u_{rpt2} 는 다음과 같고,

$$u_{rpt2} = -\frac{\nu}{V_p}\int_{r_1}^{R_p}\Delta\sigma_{tp}\,dr \qquad (6.5.26)$$

지반이 등체적 변형하면 소성변위 u_{rptV} 는 경계 r_1 을 통해서 제하영역 ($a{\to}r_1$) 에 전달되어 크기가 r_1/r 배 증가된다.

$$u_{rptV} = \frac{r_1}{r}u_{rpt2} \qquad (6.5.27)$$

나) 제하영역 $(a{\rightarrow}r_1\,)$ 의 접선응력변화에 의한 반경변위 u_{rp1}

제하영역 소성변위 u_{rp1} 은 터널굴착으로 인한 접선응력과 중간주응력 변화에 기인하며, (접선응력과 중간주응력이 초기응력보다 작으므로) 제하변형계수 E_p 를 적용한다.

접선응력 변화 $\Delta\sigma_{tp}$ 에 의해 발생되는 소성변위 u_{rpt1} 은 다음과 같고,

$$u_{rpt1} = -\frac{\nu}{E_p}\int_a^{r_1}\Delta\sigma_{tp}\,dr \qquad\qquad\qquad (6.5.28)$$

중간주응력 변화 $\Delta\sigma_{lp}$ 에 의하여 발생되는 변위 u_{rpl} 은 (제하영역에서는 최대주응력과 중간주응력의 변화량이 같아서 $\Delta\sigma_{lp}=\Delta\sigma_{tp}$ 이므로) 다음이 된다.

$$u_{rpl} = -\frac{\nu}{E_p}\int_a^{r_1}\Delta\sigma_{lp}\,dr = u_{rpt1} \qquad\qquad (6.5.29)$$

제하영역의 소성변위 u_{rp1} 은 접선응력 변화에 의한 변위 u_{rpt1} 과 중간주응력의 변화에 의한 변위 u_{rpl} 의 합이다.

$$u_{rp1} = u_{rpt1} + u_{rpl} \simeq 2u_{rpt1} \qquad\qquad\qquad (6.5.30)$$

다) 소성역에서 접선응력 변화에 의한 소성변위 u_{rpt}

따라서 소성역에서 접선응력변화에 의한 소성변위 u_{rpt} 는 다음이 된다.

$$\begin{aligned} u_{rpt} &= u_{rpt1} & (p_o < \sigma_{DF}) \\ &= u_{rp1} + u_{rp2} = 2u_{rpt1} + u_{rptV}\,r_1/r & (p_o > \sigma_{DF}) \end{aligned} \qquad (6.5.31)$$

c) 소성역의 소성변형에 의한 반경변위 u_{rpp}

소성역 지반의 소성변위에 의한 반경변위 u_{rpp} 는 반경응력변화에 의한 반경변위 u_{rpr} (식 6.5.24) 와 접선응력변화에 의한 반경변위 u_{rpt} (식 6.5.31) 의 합이다.

접선응력 변화에 의한 반경변위는 초기응력이 일축압축강도 보다 작으면 $(p_o < \sigma_{DF})$ u_{rpt1} (식 6.5.25) 이고, 일축압축강도 보다 크면 $(p_o > \sigma_{DF})$, u_{rptV} 이고, 재하영역 $(r_1{\rightarrow} R_p)$ 변위 u_{rp2} (식 6.5.27) 와 제하영역 $(a{\rightarrow}r_1)$ 변위 u_{rp1} (식 6.5.30) 의 합이다.

$$\begin{aligned} u_{rpp} &= u_{rpr} + u_{rpt} & (p_o < \sigma_{DF}) \\ &= u_{rpr} + 2u_{rpt1} + u_{rptV}\,r_1/r & (p_o > \sigma_{DF}) \end{aligned} \qquad (6.5.32)$$

소성역의 소성변위에 의한 내공변위 $u_{app}\,(r=a)$ 는 다음이 된다.

$$\begin{aligned} u_{app} &= u_{apr} + u_{apt} & (p_o < \sigma_{DF}) \\ &= u_{apr} + 2u_{apt1} + u_{aptV}\,r_1/a & (p_o > \sigma_{DF}) \end{aligned} \qquad (6.5.33)$$

② 소성역의 변체적 소성변형에 의한 반경변위 u_{rpp}

소성변형 시 체적이 변화하는 지반에서는 체적팽창률을 적용하여 변위를 구한다.

a) 소성역 지반의 체적팽창률

소성역내 지반의 터널굴착 전 초기응력 p_o 와 터널굴착 후 응력 σ_s 는 다음 같다.

$$\sigma_o = \sigma_1 + \sigma_2 + \sigma_3 = 3p_o$$
$$\sigma_s = \sigma_r + 2\sigma_t \tag{6.5.34}$$

터널굴착 후 응력식에 소성역내 지반응력 (식 6.5.11) 을 대입하면 다음이 된다.

$$\sigma_s = 3\frac{s}{m} + 3\left(p_o - \frac{s}{m}\right)\left(\frac{r}{R_p}\right)^{2m} \tag{6.5.35}$$

체적팽창률 e 는 정의에 따라 다음 식과 같고,

$$e = \frac{3(1-2\nu)}{E}\Delta\sigma_m = \frac{3(1-2\nu)}{E}(\sigma_s - p_o) \tag{6.5.36}$$

초기응력 σ_o (식 6.5.34) 와 굴착 후 지반응력 σ_s (식 6.5.35) 를 대입하여 구한다.

$$e = \frac{3(1-2\nu)}{E}\left(p_o - \frac{s}{m}\right)\left\{\left(\frac{r}{R_p}\right)^{2m} - 1\right\} \tag{6.5.37}$$

b) 소성역 지반의 반경변위

내경 r 이고 외경 $r+dr$ 인 미소 구형요소 (두께 dr) 에서 반경변위가 내면에서 u , 외면에서 $u+du$ 가 발생할 경우에 변위발생 전과 후 미소구형요소의 체적은 각각,

$$\text{변위발생 전 : } V_1 = \frac{4\pi}{3}\{(r+dr)^3 - r^3\} = \frac{4\pi}{3}(3r^2dr + 3rdr^2 + dr^3)$$

$$\text{변위발생 후 : } V_2 = \frac{4\pi}{3}\{(r+dr+u+du)^3 - (r+u)^3\} \tag{6.5.38}$$
$$= \frac{4\pi}{3}\{3(r+u)^2(dr+du) + 3(r+u)(dr+du)^2 + (dr+du)^3\}$$

이고, 그 차이 즉, 체적변화량 ΔV 는 다음이 된다.

$$\Delta V = V_2 - V_1 = \frac{4\pi}{3}\{(6ru+3u^2)(dr+du) + 3rdu^2 + \cdots\} \tag{6.5.39}$$

따라서 체적팽창률 e 을 구할 수 있다.

$$e = \frac{\Delta V}{V} = \frac{(6ru+3u^2)(dr+du) + 3rdu^2 + \cdots}{3r^2dr + 3rdr^2} \tag{6.5.40}$$

식 (6.5.37) 과 식 (6.5.40) 에서 구한 체적탄성률이 같으므로,

$$e = \frac{(6ru+3u^2)(dr+du) + 3rdu^2 + \cdots}{3r^2dr + 3rdr^2} = \frac{3(1-2\nu)}{E}\left(p_o - \frac{s}{m}\right)\left\{\left(\frac{r}{R_p}\right)^{2m} - 1\right\} \tag{6.5.41}$$

이고, 위 식에서 dr^2 과 du^2 이하의 항은 (값이 작으므로) 생략하면,

$$\frac{3r^2du + 6\,r\,u\,dr + 6rudu + 3u^2dr + 3u^2du + \cdots}{3r^2dr} = \frac{3(1-2\nu)}{E}\left(p_o - \frac{s}{m}\right)\left\{\left(\frac{r}{R_p}\right)^{2m} - 1\right\} \quad \textbf{(6.5.42)}$$

이고, 우변을 정리하면 다음 관계가 성립되고,

$$3r^2du + 6\,r\,u\,dr + 6rudu + 3u^2dr + 3u^2du + \cdots = \frac{9(1-2\nu)}{E}\left(p_o - \frac{s}{m}\right)\left\{\left(\frac{r}{R_p}\right)^{2m} - 1\right\}r^2dr \quad \textbf{(6.5.43)}$$

양변을 적분하면 반경변위 u 를 구할 수 있다.

$$u = \frac{1-2\nu}{E}\left(p_o - \frac{s}{m}\right)r\left\{\frac{3}{2m+3}\left(\frac{r}{R_p}\right)^{2m} - 1\right\} + \frac{C}{r^2} \quad \textbf{(6.5.44)}$$

탄소성 경계 ($r = R_p$) 의 반경변위가 $u = u_{R_p}$ 인 조건에서 적분상수 C 를 구하고,

$$C = u_{R_p}R_p^2 - \frac{1-2\nu}{E}\left(p_o - \frac{s}{m}\right)\left\{\frac{3}{2m+3} - 1\right\}R_p^3 \quad \textbf{(6.5.45)}$$

식 (6.5.44) 에 대입하면 터널굴착 후 변체적 소성변형에 의한 반경변위 u_{rpp} 가 된다.

$$u_{rpp} = u_{R_p}\frac{R_p^2}{r^2} + \frac{1-2\nu}{E}\left(p_o - \frac{s}{m}\right)r\left[-1 + \left(\frac{R_p}{r}\right)^3 + \frac{3}{2m+3}\left\{\left(\frac{r}{R_p}\right)^{2m} - \left(\frac{R_p}{r}\right)^3\right\}\right] \quad \textbf{(6.5.46)}$$

전체변위 u_r 은 위 식에 터널굴착 전 변위 (식 6.5.16 의 2 항) 를 더한다.

$$u_r = u_{R_p}\frac{R_p^2}{r^2} + \frac{1-2\nu}{E}\left(p_o - \frac{s}{m}\right)r\left[-1 + \left(\frac{R_p}{r}\right)^3 + \frac{3}{2m+3}\left\{\left(\frac{r}{R_p}\right)^{2m} - \left(\frac{R_p}{r}\right)^3\right\}\right] + \frac{1-2\nu}{E}p_o r$$
$$\textbf{(6.5.47)}$$

(4) 전체 반경변위 u_r

터널굴착면 인접지반의 전체 반경변위 u_r 은 탄성역의 탄성변위 u_{ree} (식 5.6.16a) 와 소성역의 탄성변위 u_{rpe} (식 5.6.15b) 및 소성변위 u_{rpp} (식 6.5.32, 6.5.46) 의 합이다. 소성역의 등체적 소성변위 u_{rppc} 는 식 (6.5.32) 를 적용하고 변체적 소성변위 u_{rppv} 는 식 (6.5.46) 을 적용하여 계산한다.

$$u_r = u_{ree} + u_{rppc} + u_{rppv} \quad \textbf{(6.5.48)}$$

$$= u_{R_p}\frac{R_p^2}{r^2} - \frac{1+\nu}{2E}(p_r - \sigma_{R_p})\frac{r^3}{R_p^2} + \frac{1-2\nu}{E}\sigma_{R_p}R_p \qquad (\text{등체적})$$

$$= u_{R_p}\frac{R_p^2}{r^2} + \frac{1-2\nu}{E}\left(p_o - \frac{s}{m}\right)r\left[-1 + \left(\frac{R_p}{r}\right)^3 + \frac{3}{2m+3}\left\{\left(\frac{r}{R_p}\right)^{2m} - \left(\frac{R_p}{r}\right)^3\right\}\right] + \frac{1-2\nu}{E}p_o r \quad (\text{변체적})$$

(5) 변형률

소성역 지반의 변체적 소성변형에 의한 터널 굴착면 인접지반의 반경 및 접선 변형률은 (터널굴착 전 변위를 포함한) 전체 반경변위를 적합조건에 적용하여 구한다.

$$\epsilon_r = du_r/dr = -2u_{R_p}R_p^2/r^3 \qquad (\text{등체적})$$

$$= -2u_{R_p}\frac{R_p^2}{r^3} - \frac{1-2\nu}{E}\left(p_o - \frac{s}{m}\right)\left\{1 + 2\left(\frac{R_p}{r}\right)^3 - \frac{3(2m+1)}{2m+3}\left(\frac{r}{R_p}\right)^{2m} - \frac{6}{2m+3}\left(\frac{R_p}{r}\right)^3\right\} + \frac{1-2\nu}{E}p_o \,(\text{변체적})$$

$$\epsilon_t = u_r/r = u_{R_p}R_p^2/r^3 \qquad (\text{등체적})$$

$$= u_{R_p}\frac{R_p^2}{r^3} + \frac{1-2\nu}{E}\left(p_o - \frac{s}{m}\right)\left[-1 + \left(\frac{R_p}{r}\right)^3 + \frac{3}{2m+3}\left\{\left(\frac{r}{R_P}\right)^{2m} - \left(\frac{R_p}{r}\right)^3\right\}\right] + \frac{1-2\nu}{E}p_o \,(\text{변체적})$$

$$\textbf{(6.5.49)}$$

5.1.3 응력과 변형률 경로

터널굴착 후 지반변형은 굴착즉시 모두 발생하지 않고, 일부는 지보설치 후에 발생하고 그 변형에 상당하는 하중을 지보공이 부담하고, 그 이후 변형에 상당하는 하중은 2차 라이닝이 부담한다. 굴진면 전방지반의 지지효과는 굴착 후 지보설치까지 시간과 굴진면까지 거리 외에도 단면분할굴착방법에 따라서도 달라진다. 선진저설도갱 공법에서는 변형의 대부분이 지보공설치 전에 발생하지만, 숏크리트와 볼트로 지지하는 다단 벤치공법에서는 지보공이 예상보다 큰 하중을 부담할 때가 있다.

돔형 공동상태에서는 볼트 지보한 후에 굴착을 진행함에 따라 원통형터널 상태가 된다고 생각하고 변위로부터 결정한 볼트 응력과 순간적으로 원통형 터널을 굴착한다고 간주하고 계산한 볼트응력은 많이 다르다 (그림 6.5.2). 이와 같이 시간경과에 따라 변하는 응력상태를 지반응답곡선으로 나타내면 그림 6.5.3 과 같다.

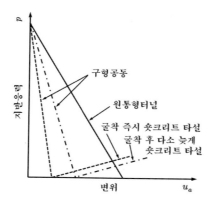

그림 6.5.2 지반응답곡선 (돔형공동
굴착 즉시 지보한 후 원통형으로 확장)

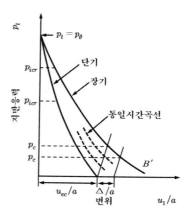

그림 6.5.3 응력상태 변화에 따른
지반응답곡선의 변화

5.2 자중 작용상태 돔형 공동

자중이 작용하는 지반에 굴착한 원형공동에서도 (지보공 설치 전에는) 굴진면이 전방지반에서 응력이 해방되는 것을 구속하기 때문에 굴진면의 주변에 입체형 지반 아치가 한시적으로 생성되어 돔형공동상태가 된다.

자중이 작용하는 조건에 있는 돔형 공동 주변지반의 응력 (**5.2.1**절) 과 경계응력 (**5.2.2**절) 은 원통형 공동으로 간주하고 계산할 수 있다.

5.2.1 주변지반 응력

1) 힘의 평형

자중이 작용하는 지반에 굴착한 원형공동 주변에 소성영역이 형성될 경우 **힘의 평형식**은 다음과 같이 된다.

$$2(\sigma_r - \sigma_t) + r\frac{d\sigma_r}{dr} = r\rho g \cos\theta \qquad (6.5.50)$$

여기에서 반경 및 접선방향 응력 σ_r 과 σ_t 는 반드시 주응력은 아니지만 그 차이는 매우 작다. 천정 ($\theta = 0°$) 과 바닥 ($\theta = 180°$) 에서는 σ_r 과 σ_t 가 주응력이라 가정한다.

위 식에 **Mohr-Coulomb** 항복조건 (식 6.5.2) 을 대입하면 소성 평형식이 되고,

$$-2m\sigma_r + 2s + r\frac{d\sigma_r}{dr} = r\rho g \cos\theta \qquad (6.5.51)$$

이를 이항하여 정리하면 다음이 된다.

$$r\frac{d\sigma_r}{dr} = 2m\sigma_r - 2s + r\rho g \cos\theta \qquad (6.5.52)$$

2) 주변지반 응력

터널 주변지반 응력을 구하기 위하여 반경응력 σ_r 을 r 과 θ 에 무관한 항 (제 1 항) 과 $r\cos\theta$ 에 관련한 항 (제 2 항), 그리고 r 및 $\cos\theta$ 에 관련한 항 (제 3 항) 으로 구별 하여 표시하면 다음 식이 되고,

$$\sigma_r = \sigma_1 + Pr\cos\theta + Q\cos\theta \qquad (6.5.53)$$

위 식을 적분하면 아래 식이 되며,

$$\frac{d\sigma_r}{dr} = \frac{d\sigma_1}{dr} + P\cos\theta + \frac{dQ}{dr}\cos\theta \qquad (6.5.54)$$

식 (6.5.53) 을 식 (6.5.52) 에 대입한 식과 위 식 (6.5.54) 에 r 을 곱한 식이 같으므로 다음 조합이 성립된다.

제 1 항 : $r \dfrac{d\sigma_1}{dr} = 2m\left(\sigma_1 - \dfrac{s}{m}\right)$ **(6.5.55a)**

제 2 항 : $Pr\cos\theta = 2m\,Pr\cos\theta + r\rho g\cos\theta$ **(6.5.55b)**

제 3 항 : $r\dfrac{dQ}{dr}\cos\theta = 2m\,Q\cos\theta$ **(6.5.55c)**

위 식 (6.5.55a) 의 σ_1 은 내압 p_i 일 때 반경응력 (식 6.2.22) 으로 나타낼 수 있다.

$$\sigma_{rp} = \sigma_1 = \frac{s}{m} + \left(p_i - \frac{s}{m}\right)\left(\frac{r}{a}\right)^{2m} \qquad \textbf{(6.5.56)}$$

위 식 (6.5.55b) 를 풀면 P 가 구해진다.

$$P = \frac{\rho g}{1 - 2m} \qquad \textbf{(6.5.57)}$$

위 식 (6.5.55c) 를 이항하고 정리하여 적분하면 다음이 되고,

$$\ln Q = 2m\ln r + C \qquad \textbf{(6.5.58)}$$

내공면 ($r = a$) 압력이 등분포이므로 $\theta = 0$ 에 대해 풀면 식 (6.5.53) 은 $Pr + Q = 0$ 이 되는 조건에서 적분상수 C 를 구하여 대입하면,

$$\ln\left(\frac{Q}{-Pa}\right) = 2m\ln\left(\frac{r}{a}\right) \qquad \textbf{(6.5.59)}$$

이므로, Q 는 다음이 된다.

$$Q = -Pa\left(\frac{r}{a}\right)^{2m} = -\frac{1}{1 - 2m}\rho g a\left(\frac{r}{a}\right)^{2m} \qquad \textbf{(6.5.60)}$$

결국 반경응력 σ_r (식 6.5.53) 은 다음이 되고, 접선응력 σ_t 는 반경응력식을 Mohr-Coulomb 항복식 (식 6.5.2) 에 대입하여 구한다.

$$\sigma_r = \frac{s}{m} + \left(p_i - \frac{s}{m}\right)\left(\frac{r}{a}\right)^{2m} + \frac{1}{1 - 2m}\rho g\cos\theta\left\{r - a\left(\frac{r}{a}\right)^{2m}\right\}$$

$$\sigma_t = \frac{s}{m} + (m+1)\left(p_i - \frac{s}{m}\right)\left(\frac{r}{a}\right)^{2m} + \frac{1+m}{1 - 2m}\rho g\cos\theta\left\{r - a\left(\frac{r}{a}\right)^{2m}\right\} \qquad \textbf{(6.5.61)}$$

위 식에서 지반의 자중을 무시하면 세 번째 항이 사라져서 탄성 혹은 등방압 상태 에 대한 식 (6.5.10) 이 된다.

3) 내공면 응력

내공면의 반경응력 σ_{ra} 과 접선응력 σ_{ta} 는 위 식에 $r = a$ 를 대입하여 구한다.

$$\sigma_{ra} = \frac{s}{m} + \left(p_i - \frac{s}{m}\right)$$

$$\sigma_{ta} = \frac{s}{m} + (m+1)\left(p_i - \frac{s}{m}\right) \tag{6.5.62}$$

5.2.2 경계면 응력

탄소성경계가 구형이면 지보공 소요반력 p_i 식을 적용하여 암반의 자중을 고려한 지반응답곡선을 구할 수 있다.

1) 탄소성 경계 압력

탄소성경계의 압력 $\sigma_{R_p e}$ 는 탄성식 (식 6.5.6) 에서 구하면 다음이 되며,

$$\sigma_{R_p e} = \frac{3p_o + 2s}{2m + 3} \tag{6.5.63}$$

소성식에서 구한 반경응력 σ_r (식 6.5.61) 과 같다.

$$\sigma_{R_p p} = \frac{3p_o + 2s}{2m + 3}$$

$$= \frac{s}{m} + \left(p_i - \frac{s}{m}\right)\left(\frac{r}{a}\right)^{2m} + \frac{1}{1 - 2m}\rho g \cos\theta\left\{r - a\left(\frac{r}{a}\right)^{2m}\right\} \tag{6.5.64}$$

2) 지보공 소요반력

위 식 (6.5.64) 를 정리하면 지보공의 소요반력 p_i 를 구할 수 있다.

$$p_i = \frac{s}{m} + \left\{\frac{3p_o + 2s}{2m + 3} - \frac{s}{m}\right\}\left(\frac{r}{a}\right)^{-2m} - \frac{1}{1 - 2m}\rho g a \cos\theta\left\{\left(\frac{r}{a}\right)^{1-2m} - 1\right\} \tag{6.5.65}$$

$$= \frac{s}{m} + \left\{\frac{3}{2m + 3}\left(p_o - \frac{s}{m}\right)\right\}\left(\frac{a}{R_p}\right)^{2m} - \frac{1}{1 - 2m}\rho g a \cos\theta\left\{\left(\frac{R_p}{a}\right)^{1-2m} - 1\right\}$$

위 식에서 중력의 영향은 제 2 항이고, 제 1 항은 등압상태의 내압 (식 6.5.9) 이다.

따라서 탄소성경계 R_p 를 알면 소요 지보반력 p_i (식 6.5.65) 를 구할 수 있으나, 지보반력 p_i 의 최대값 존재여부를 알 수 없으므로 실용적이지 못하다. 탄소성경계 변위 u_{R_p} 는 제 5.1.2 절에서 구하였다.

※ 연습문제 ※

【예제 1】 등방압 상태 ($p_0 = 1.0 \, MPa$) 지반 ($\phi = 42^o$, $\gamma = 25 \, kN/m^3$, $E = 100 \, MPa$, $\nu = 0.2$) 에 굴착한 원형터널 ($a = 5.0 \, m$) 에서 항복기준별로 다음을 구하시오.
  - Mohr-Coulomb 항복기준
  - Drucker-Prager 항복기준
  - Hoek/Brown 항복기준 (탄소성경계 $r = 6.0 \, m$,)
  - Tresca 항복기준

  1) 지반의 점착력에 따른 소성역 발생여부와 소성역의 크기(단, 지반의 점착력은 $c = 100, 200, 300, 400, 500 \, kPa$ 로 가정한다).
  2) 주변지반에 소성역이 생성 되고 등체적 변형할 경우 :
    ① 탄성역내 응력과 지반변위
    ② 탄소성 경계 반경과 반경응력 및 반경변위
    ③ 소성역내 응력과 원지반 지지아치의 지지력
    ④ 탄소성경계변위와 그에 따른 소성역내 반경변위 및 내공변위
    ⑤ 지보공 압력
  3) 주변지반에 소성역이 생성 되고 변체적 변형할 경우에 문 2) 의 ①~⑤ 항

【예제 2】 등방성 지반에 터널을 굴착하는 경우에 다음 조건에서 중간주응력을 구하시오. 단, 지반에서 푸아송비가 $\nu = 0.3$ 이고, 점착력이 $c = 0.2 \, MPa$ 이며, 내부마찰각 $\phi = 30°$ 이다.

【예제 3】 등방압 상태 ($p_0 = 1.0 \, MPa$) 지반 ($\phi = 42^o$, $\gamma = 25 \, kN/m^3$, $E = 100 \, MPa$, $\nu = 0.2$) 에 굴착한 원형 터널 ($a = 5.0 \, m$) 에서 다음을 구하시오. 단, Hoek/Brown 항복기준을 적용한다.
  1) 지반의 점착력에 따른 소성역 발생여부와 소성역의 크기(단, 지반의 점착력은 $c = 100, 200, 300, 400, 500 \, kPa$ 로 가정한다).
  2) 주변지반에 소성역이 생성 되고 등체적 변형할 경우 :
    ① 탄성역내 응력과 지반변위 (단, $r = 30.0 \, m$)
    ② 탄소성 경계의 반경과 반경응력 및 반경변위
    ③ 소성역내 응력과 반경변위 (단, $r = 6.0 \, m$)
    ④ 지보공 압력과 내공변위
  3) 주변지반에 소성역이 생성 되고 변체적 변형할 경우에 문 2) 의 ①~⑤ 항

【예제 4】 선대칭응력 상태 ($\sigma_v = 0.5\,MPa$, $K = 0.6$) 지반 ($\gamma = 20\,kN/m^3$, $\nu = 0.33$, $E = 10\,MPa$)에 굴착한 원형터널 ($a = 5.0\,m$)에서 다음을 구하시오. 단, Mohr-Coulomb 항복기준을 적용한다.

1) $\phi = 0$ 지반의 점착력에 따른 소성역 발생여부와 소성역의 크기(단, 지반의 점착력은 $c = 20, 40, 60, 80\,kPa$로 가정한다).

2) $\phi = 30^o$ 지반의 점착력에 따른 소성역 발생여부와 소성역의 크기(단, 지반의 점착력은 $c = 20, 40, 60, 80\,kPa$로 가정한다) 및 내공변위.

【예제 5】 중력이 작용하는 지반 ($\phi = 42^o$, $\gamma = 25\,kN/m^3$, $E = 100\,MPa$, $\nu = 0.2$)에 굴착한 원형터널 ($a = 5.0\,m$)에서 다음을 구하시오. 단, Mohr-Coulomb 항복기준을 적용하고, 터널의 토피고는 $H = 50, 100, 150, 200, 400\,m$로 가정한다.

1) 점착력 $c = 100\,kPa$ 일 때 토피고에 따라 다음을 구하시오
   ① 소성역의 발생여부와 크기 및 모양
   ② 소성역내 응력
   ③ 탄소성 경계와 반경응력 및 내압이 최대가 되는 탄소성 경계

2) 점착력 $c = 50\,kPa$ 일 때 토피고에 따른 소성역의 발생여부와 크기 및 모양.
   ① 소성역의 발생여부와 크기 및 모양
   ② 소성역내 응력
   ③ 탄소성 경계와 반경응력 및 내압이 최대가 되는 탄소성 경계

【예제 6】 전단면 굴착하는 원형터널 ($a = 5.0\,m$)의 굴진면 부근을 돔형공동으로 간주하고 다음을 구하시오. 지반정수 $c = 100\,kPa$, $\phi = 42^o$, $\gamma = 25\,kN/m^3$ 이고, $\nu = 0.2$ $E = 100\,MPa$ 이며, Mohr-Coulomb 항복기준을 적용하고, 터널의 토피고는 $H = 50, 100, 150, 200, 400\,m$ 로 가정한다.

1) 등압작용상태에서 토피고에 따라 다음을 구하시오
   ① 소성역의 발생여부와 크기
   ② 탄소성 경계면 압력과 내압
   ③ 탄성역과 소성역의 지반응력
   ④ 등체적상태에서 주변지반과 탄소성 경계 및 내공면의 변위
   ⑤ 변체적 상태에서 주변지반과 탄소성 경계 및 내공면의 변위

2) 자중작용상태에서 토피고에 따라 다음을 구하시오
   ① 소성역의 발생여부와 크기
   ② 탄소성 경계면 압력과 내압
   ③ 탄성역과 소성역의 지반응력

⇨ 터널이야기

》알프스 관통터널

알프스 산맥의 지질 및 지질 구조는 매우 복잡하고, **알프스 관통 터널**들은 높은 정상 아래를 통과하므로 토피고가 엄청나게 커서 지반조사를 충분히 시행할 수가 없었다. 따라서 초기의 알프스 터널들은 지반조건에 대한 정보가 불충분한 상태에서 착공하였기 때문에 시공 중에 많은 어려움을 겪었다.

몽세니 터널의 완성은 유럽 대륙 교통 수송의 큰 장애물이었던 알프스 관통계획에 크나큰 자극을 주었고, 스위스와 이탈리아 국경의 쌍 고타르트 봉에 St. Gotthard tunnel 이 계획되어 굴착되었다.

쌍 고타르트 터널은 몽세니 터널 관통 다음 해인 1872 년에 시작하여 연장 15,000 m 복선단면으로 건설되었다. 이 터널에서는 **착암기**가 이용되었으며 다량의 용수와 환기 문제, 전염병 등이 발생되어 난관에 부딪혔으나 1880 년에 관통하여 1882 년에 상용운전을 시작하였다. 그러나 8 년 공사기간에 터널시공기술이 크게 발전하여 몽세니 터널보다도 훨씬 단기간에 건설되었다. 그러나 터널을 시공 할 때 혹독한 자연조건, 높은 지열과 큰 수압에 의한 돌발용수를 처리하기 힘들었다. 따라서 엔지니어들은 열악한 작업 환경 속에서 국가 간 경쟁의식 하에 막대한 인적, 물적 희생을 감수해야 했다. 생고타르트 터널 건설 중에 310 명이 사망했고 877 명이 사고로 신체장애를 갖게 되었다.

이후 오스트리아와 스위스 국경을 관통하는 **Arlberg tunnel** (연장 10,250 m) 이 계획되어 1880 년에 착공해 1883 년에 완성했다.

스위스와 이탈리아 국경의 **Simplon tunnel** 은 병설터널로 계획되어 첫 번째 터널은 1898 ~ 1906 년에 연장 19,700 m 로 완성되었고, 장대터널 시대의 정점을 이루었다. 두 번째 Simplon 터널은 1912 ~ 1921년에 연장 19,824m 로 완성하였고, 세이칸 터널이 완성되기 전에는 세계에서 가장 긴 철도터널이었다.

제 7 장
터널의 수치해석

제 7 장 **터널의 수치해석**

1. 개 요

　최근 컴퓨터와 더불어 수치해석기법이 발달되고 다양한 지반 구성모델이 개발됨에 따라, 지반상태 (이방성, 비균질성, 비선형성, 불연속성 등) 나 경계조건 및 시공과정이 특수하거나 복잡하여 이론 해 (closed form solution) 를 구할 수 없었던 여러 가지 지반문제를 해석할 수 있게 되었다. 즉, 수치해석을 통해 터널굴착에 따른 지보공과 주변지반의 거동을 예측하고, 터널 안정성을 평가하며, 계측자료를 역해석하여 설계 및 시공에 반영할 수 있게 되었다. 그러나 현장 경계조건과 지반특성을 제대로 적용해야 신뢰성 있는 결과를 산출할 수 있고, 모든 경우를 정확하게 해석할 수 있는 절대적 해석기법이 아직까지 없기 때문에 수치해석에만 의존하여 현장문제를 해결하는 것은 시기상조이다.

　터널의 수치해석 기법 **(2 절)** 은 여러 가지가 있으나 각각 바탕이론과 적용조건이 다르다. 따라서 경계조건이나 지보공 및 주변지반의 거동특성은 물론 해석목적에 부합되는 적정한 기법을 선정해서 그 특성을 숙지한 후에 적절하게 적용해야 좋은 결과를 얻을 수 있다.

　유한요소법 **(3 절)** 은 불규칙한 형태의 대상을 쉽게 모델링할 수 있고 경계조건을 다양하게 부여할 수 있으므로 터널 해석에 널리 적용되고 있다. 유한요소법에서는 전체 구조물을 유한요소로 모델화하고 공식화하여 시공단계에 따른 해를 구한다.

　터널의 수치해석은 **지반 모델링 방법 (4 절)** 에 따라 연속체 해석 (연속체 모델) 과 불연속체 해석 (불연속체 모델) 으로 구분하며, 문제의 규모와 균열시스템의 형상 및 구조물이나 하중에 대한 불연속군의 상대적인 크기 등을 참고하여 선택·적용한다.

　터널의 수치해석 과정 **(5 절)** 은 현장조건을 고려하여 적합한 해석방법을 선정한 후에 지반과 지보공을 모델링하여 2 차원이나 3 차원으로 수행한다.

　터널 수치해석 결과는 적절히 평가 **(6 절)** 한 후 설계에 반영한다. 수치해석결과는 굴착단계, 미시적 및 거시적 거동, 계측결과와 비교·검증, 인접 터널과의 상호작용 영향 등을 복합적 관점으로 평가한다.

2. 터널 적용가능 수치해석법

수치해석기법은 아직 발전과정에 있기 때문에 많은 제약조건이 있으나 터널해석에 유용하게 적용할 수 있는 도구이다. 수치해석은 설계된 터널의 안정성을 파악하거나 현장 계측치를 분석하는 데 적용할 수 있다.

터널과 주변 지반은 비선형 거동을 보이고 터널은 시공과정과 경계조건이 매우 복잡하여 이론 해 (analytical solution) 를 구하기가 매우 어렵거나 거의 불가능하지만, 수치해석하면 완벽하지는 않더라도 어느 정도 근접한 해를 구할 수 있다.

따라서 수치해석은 시공계획의 적합성을 판정하거나 굴착단계 및 지보방법에 따른 터널 및 주변지반의 거동을 예측하는데 자주 적용된다. 또한, 실제 시공 시 발생되는 여러 가지 현상들을 설명하거나, 계측자료를 분석하거나 역해석 (back analysis) 하는데 적용되고, 터널시공에 필요한 구조요소를 설계하는데 적용된다.

터널 수치해석은 그 목적과 해석 결과의 이용방법에 따라 정성적 해석과 정량적 해석으로 구분한다.

정성적 해석 (qualitative analysis) 은 특정한 인자가 터널과 주변 지반의 응력과 변형률에 미치는 영향을 분석하기 위하여 수행한다. 즉, 불확실하거나 변화폭이 큰 지반물성을 변수로 삼고 (가능한 범위 내에서) 해석하여 특정한 지반물성이 터널과 주변지반의 거동에 미치는 영향을 분석 (매개변수 연구, parametric study) 하는 데 적용한다. 또한, 지반의 물성을 고정시키고 터널의 단면형태와 깊이, 굴착공정, 굴진속도, 지보형식 등을 변수로 삼고 해석하여 이들이 터널과 주변지반의 거동에 미치는 영향을 분석 (예민성 연구, sensitivity analysis) 하여 터널의 구조물과 시공 및 지보방법을 최적화하는데 적용한다.

정량적 해석 (quantitative analysis) 은 그 결과가 절대 수치로 제시되어서 대개 회의적이지만, 설계해석이나 역해석에 적용된다. 설계해석 (design analysis) 은 터널의 지보와 라이닝 설계에 필요한 파라메터와 지표침하 및 주변구조물에 미치는 영향을 평가하기 위하여 수행하며, 해석결과를 검증 (validation) 및 보정 (calibration) 한 후에 정량적으로 설계에 반영할 수 있다. 역해석 (back analysis) 은 터널 시공 중에 취득한 계측 결과와 비교하여 이미 수행된 정량적 수치해석 결과의 타당성을 검증하거나 다음 단계 수치해석에 적용할 지반물성 입력치를 결정하기 위해 수행한다.

수치해석 기법들은 그 기본이론과 적용조건이 각기 다르므로 해석모델의 특성을 숙지한 후에 실제 경계조건이나 지보공 및 주변지반의 거동특성에 부합하는 기법을 선별해서 적용해야 좋은 결과를 얻을 수 있다.

수치해석에서는 대상지반을 연속체나 불연속체로 취급하여 해석하며, 연속체 모델 중에서 유한요소법 (2.1 절), 유한차분법 (2.2 절), 경계요소법 (2.3 절) 등이 불연속체 모델 중에서 개별요소법 (2.4 절) 이 자주 사용된다. 그 밖에 보요소법 (Beam Element Method, 2.5 절) 과 무한요소법 (Infinite Element Method) 및 운동요소법 (Kinematic Element Method : Guβmann, 1986) 이 사용되고, 두 가지 이상 수치해석기법의 장점을 조합한 혼합법 (Hybrid Method) 이 사용되고 있다. 여기에서는 최근에 자주 이용되는 유한요소법을 주로 설명하고 다른 방법들은 개념적 내용만 소개한다.

매우 우수한 수치해석기법임에도 불구하고 연구가 부족하거나 사용자가 적어서 제대로 활용되지 못하는 방법들도 있다. 또한, 수치해석기법의 정밀도에 비해 입력 자료의 정밀도는 매우 낮으므로 결과를 적용할 때 많은 주의가 필요하며, 수치해석을 과신하는 일이 없어야 한다.

터널 수치해석 기법의 일반적인 특성은 표 7.2.1 과 같다.

표 7.2.1 터널 수치해석 기법의 종류

구분	내용	장점	단점
유한요소법 **FEM** (Finite Element Method)	·지반을 유한수의 요소로 분할 후 초기지반상태변화에 따라 응력/변형해석 ·전체 행렬을 구성	·복잡한 층상지반과 터널형상, 터널굴진에 따른 시간영향을 고려한 해석이 가능 ·지반의 불균질성 반영가능	·대용량의 컴퓨터와 큰 저장용량 필요
유한차분법 **FDM** (Finite Difference Method)	·지반을 유한수 요소로 분할 ·해석방법은 Explicit 함 ·전체 행렬구성 불필요 ·불균형력에 따라 미소변화	·시간에 따른 거동해석 용이 ·행렬을 구성하지 않으므로 컴퓨터 소요용량 적음 ·동적계산에 효과적임	·정적해석 시 다른 수치해석법 보다 긴 연산시간 소요
경계요소법 **BEM** (Boundary Element Method)	·굴착경계만의 해석영역 생성 ·편미분방정식을 적분해서 선형방정식을 풀며, 굴착경계는 외부경계	·방정식생성이 상대적으로 적음 ·컴퓨터 소요용량이 작음 ·입/출력 간단하고 과정용이	·선형거동 연속체 지반에 국한 ·복잡한 건설공정과 재료의 시간의존 거동 고려 곤란
개별요소법 **DEM** (Discrete Element Method)	·지반을 개별요소 (블록, 볼) 로 분할 ·전체변형이 개별요소 간 불연속 이동/회전에 의해 지배됨	·불연속체 거동현상에 효과적 ·절리도가 높은 모델에 대단히 효과적	·불연속면 정보 (절리 위치와 방향) 필요 ·개별 볼요소에서는 미시 물성치 산정 필요

2.1 유한요소법 (Finite Element Method)

유한요소법은 지반을 연속체 (continuum) 로 간주하여 (특정한 크기를 갖는) 유한 개수의 요소로 나누고, 그 요소들을 (두개 이상 요소가 공유하는) 절점이나 경계선 또는 경계면으로 연결해서 모델화한후 연속체 내 각 절점에서 미지의 값을 (근사적으로) 구하는 방법이다 (그림 7.2.1). 문제를 미분방정식으로 공식화한 후 이에 대응하는 연립방정식을 풀어서 미지의 값을 구한다. 외력에 의한 지반의 변형은 지반의 구성법칙 (constitutive law) 즉 응력-변형률 관계를 적용하여 계산한다.

유한요소법을 적용하면 지반의 비균질성 (non-homogeneity), 비등방성 (anisotropy), 시간 의존성(time dependency) 등을 비교적 간단하게 해석할 수 있다. 터널을 유한 요소법으로 해석할 때에는 지반과 지보공을 적절하게 모델링하고 터널의 시공단계 (단계적 시공 등) 를 반영할 수 있는 전산프로그램을 사용하여야 한다.

a) 유한요소망   b) 유한요소해석결과
그림 7.2.1 터널의 유한요소 해석모델과 결과 예

2.2 유한차분법 (Finite Difference Method)

유한차분법은 지반을 연속체로 간주하고 각 절점으로 연결된 요소로 이상화한다는 점은 유한요소법과 유사하지만, 미지수를 푸는 방법이 양해법 (explicit method) 이라는 점이 다르다. 양해법에서는 Newton 운동법칙과 재료의 구성방정식으로부터 가속도를 구하고, 이를 매우 작은 시간간격 (time step) 에 대해 적분하여 구한 속도로부터 변형을 구한다. 따라서 유한차분법에서는 각 절점에서 '해'를 구하므로 유한요소법과 같이 행렬을 구성하여 문제를 풀 필요가 없기 때문에 컴퓨터의 소요 용량이 작지만 반면에 소요 계산시간이 길다.

2.3 경계요소법 (Boundary Element Method)

경계요소법은 최근 들어 많은 공학 분야에 적용되는 수치해석기법 중 하나이며, 특히 터널해석에서 적용사례가 증가되고 있다.

유한요소법이나 유한차분법과 마찬가지로 지반을 연속체로 간주한다. 경계 요소법에서는 경계부분만 이상화하여 수치적으로 연산하기 때문에, 다루어야할 방정식의 수가 유한요소법에 비해 매우 적어서 컴퓨터의 소요용량이 작으며, 입·출력자료가 비교적 간단하다는 장점이 있다. 또한, 경계면의 거동해석이 매우 중요한 2차원 및 3차원 해석에 매우 효율적으로 적용될 수 있다는 장점이 있다.

경계요소 법은 아직 발전 단계에 있다고 할 수 있으며, 침투해석 및 열전달해석에 매우 유용하게 적용될 수 있으나, 재료의 비선형 거동해석이나 시공단계별 해석 및 시간 의존적 재료의 거동해석이 매우 어려운 단점이 있다.

2.4 개별요소법 (Discrete Element Method)

개별요소법은 개별적으로 거동하는 블록과 그들의 상호작용을 분석하여 절리 암반 등에서 나타나는 불연속 거동특성을 구하는 방법이다. 블록 상호작용의 지배 방정식은 비교적 단순하지만, 블록 개수가 많거나 3차원 해석할 경우에는 컴퓨터를 이용해야 한다. 지반을 2차원이나 3차원 개별요소는 물론 원형이나 사각형 개별요소의 집합체로 보고 개별요소의 움직임을 계산하고 위치와 접촉상태를 주기적으로 점검하는 PFC (Particle Flow Code) 모델이 있다(그림7.2.2).

개별요소모델은 절리 상태 (위치나 규모 등) 가 대부분 알려져 있지 않고, 현상학적 거시적 물량 (응력 등) 들이 제공되지 않으므로 특별한 경우에만 적용할 수 있다.

가장 단순한 개별요소모델은 평면이나 원형 또는 원통 면을 따라 활동하는 강체파괴모델이며, 접촉면에서 전단강도가 다 동원된다고 가정하는 한계상태분석만 가능하다.

개별요소 법은 다음과 같은 특징을 가진다.
① 개별블록에서 유한 변위와 회전 (융기 포함) 이 허용된다.
② 개별블록의 접촉상태를 탐지할 수 있는 알고리즘이 장착되어 있고, 이 알고리즘은 많은 계산시간 (블록 수 n 의 제곱으로 증가) 이 요구되며, 계산영역을 구역화하면 계산시간 (n 에 비례) 을 단축할 수 있다.

개별블록이나 그들의 접촉상태는 강성 (hard contacts) 이거나 변형성 (soft contacts) 일 수 있으며, 변형성 블록에서 발생하는 변형은 유한요소법으로 계산한다.

강성 접촉 개별요소 법은 조립재의 동적연구 (granular-dynamic investigation) 에 적용한다. 이때 조립매체 (흙 등) 는 구체나 타원체가 모여서 이루어진 누적체라고 생각하며, 이를 적용하여 토질역학과 화학공학의 일부 문제 (silo 내용물 배출 등) 를 수치적으로 모사할 수 있다.

Shi 와 Goodman 이 제시한 키 블록 이론 (key block theory) 은 회전이 가능한 강성블록을 기본으로 하는 방법이다.

개별요소 법 (Discrete Element Method 혹은 Rigid Block Method) 은 지반을 다수 의 강성 블록으로 모델링하며, 블록 사이 절리에서 발생하는 변위가 블록 자체의 변형보다 월등히 커서 지반의 변형이 절리의 움직임에 의하여 지배를 받는 경우에 효과적으로 적용할 수 있다.

개별요소 법은 절리가 대단히 많이 생성된 암반에서 터널굴착에 의한 거동과 큰 블록 시스템의 거동을 해석하는데 매우 유용하다 (Heutz 등, 1990). 일반적으로 연속체 개념에 기반을 둔 수치해석기법에 비하여 큰 변위가 산출된다.

절리가 대단히 발달된 암반을 정확히 해석하기 위해서는 절리의 분포특성 (위치 및 방향 등) 에 관한 상세한 입력 값이 필요하다.

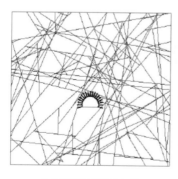  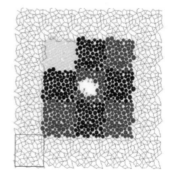

a) 2차원 모델 (UDEC) b) 3차원 모델 (3 DEC) c) PFC 모델

그림 7.2.2 터널의 개별요소 해석모델 종류

2.5 보요소법 (Beam Element Method)

보요소법은 터널과 쉴드 터널의 라이닝 설계에 주로 적용하며, 보요소 (라이닝) 와 스프링 요소 (주변지반) 로 터널구조와 주변지반을 모델링하여 해석하는 방법이다.

지반으로부터 전달되는 수직응력은 라이닝에 직각방향 스프링 요소로 모사하고, 라이닝과 지반 사이의 전단응력은 라이닝에 접선방향으로 설치된 전단스프링으로 모사한다. 스프링 요소 강성은 지반과 라이닝의 곡률 (Curvature) 에 따라 결정하며, 계산과정에서 인장상태 스프링 요소가 생기지 않도록 반복법을 적용하여 제거한다.

보요소법은 강성계수 β_k 가 200 이하일 경우에 적용하는 것이 바람직하다.

$$\beta_k = \frac{E_{se}\, r_a^3}{EI} < 200 \tag{7.2.1}$$

여기에서 E_{se} 는 지반의 할선탄성계수이고, r_a 는 터널 반경이며, EI 는 라이닝의 휨 강성 (bending stiffness) 이다.

보요소법은 구조해석용 범용프로그램이 개발되어 있어서 실무에 활용할 수 있고, 해석과정이 단순하며, 소요 연산시간 및 컴퓨터 용량이 작다는 장점이 있다. 지반의 강성을 나타내는 스프링 요소의 강성 (지반 반력계수) 과 외력은 세심하게 주의하여 설정해야 한다. 흙 지반의 측압계수 K_o 와 지반반력계수 k_v 는 표 7.2.2 를 참조하여 표준 관입 저항치 즉, N 값으로부터 결정할 수 있다.

표 7.2.2 측압계수 K_0 및 지반반력계수 k_v

흙의 종류	N value	K_0	$k_v\ [kgf/cm^3]$
조밀한 모래질 흙	$N \geq 30$	0.35 ~ 0.45	3.0 ~ 5.0
압밀된 점토질 흙	$N \geq 25$		
보통 다짐한 모래질 흙	$15 \leq N < 30$	0.45 ~ 0.55	1.0 ~ 3.0
단단한 점토질 흙	$8 \leq N < 25$		
보통의 점토질 흙	$4 \leq N < 8$		0.5 ~ 1.0
느슨한 모래질 흙	$N < 15$	0.50 ~ 0.60	0.0 ~ 1.0
연약한 점토질 흙	$2 \leq N < 4$	0.55 ~ 0.65	0.0 ~ 0.5
매우 연약한 점토질 흙	$N < 2$	0.65 ~ 0.75	0

3. 유한요소법의 실행

유한요소법은 불규칙한 형태의 대상을 쉽게 모델링할 수 있고 다양한 경계조건을 부여할 수 있어서 일반 구조물은 물론 터널의 해석에 널리 적용되고 있다.

유한요소법은 일정한 단계로 실행 (3.1 절) 한다. 즉, 전체 구조물을 서로 연결된 작은 유한요소로 모델링하고, 임의절점의 거동을 표현하는 방정식의 전체집합 (연립방정식) 을 행렬식으로 나타내어 단계적으로 풀어나간다. 2 차원 요소에 대한 절점 평형방정식을 세우는 동안 적당한 변위함수를 채택하면 공동 주변을 따라 절점의 적합조건을 충족시킬 수 있다.

얇은 판 형태의 **2 차원 요소를 공식화 (3.2 절)** 하여 절점 평형방정식을 세우며, 적당한 변위함수를 채택하면 공동 주변을 따라 절점의 적합조건이 만족된다.

2 차원 해석 보다 정확한 해석이 필요하거나, 지형이 복잡하거나, 터널이 비대칭 이거나, 접속부가 발생하는 경우의 터널에서는 지반을 3 차원 물체로 간주하고 **3 차원 요소를 공식화 (3.3 절)** 하여 해석하면 보다 실제에 근접한 거동을 이해할 수 있다.

3.1 유한요소법 실행순서

유한요소법에서는 전체 구조물을 서로 연결된 작은 유한요소들로 모델화하고, 각 요소들의 특성 값으로 부터 구조물의 거동을 결정한다. 구성 재료의 응력-변형률 관계 로부터 각 요소 내 절점의 변위함수를 결정하며, 각 절점의 거동을 방정식으로 표현 하면 전체 절점에 대한 식의 집합은 연립방정식이 되고 이를 행렬식으로 표현하면 해를 구할 수 있다.

유한요소해석에서는 다음 단계를 따라 공식화하여 그 해를 구한다.
- 물체를 유한요소 시스템으로 분할하고 그에 적합한 **요소형태를** 결정한다.
- 각각의 요소 내에서 절점의 **변위함수를** 선택한다.
- **변형률 - 변위 관계와 응력 - 변형률 관계를** 정한다.
- 요소의 강성행렬과 방정식을 유도한다.
- 각각의 요소 방정식을 중첩하여 **전체 행렬을** 구성하고 경계조건을 적용한다.
- 변위에 대해 행렬식을 푼다.
- 요소의 **변형률과 응력을** 계산한다.

1) 제1단계 : 연속체의 유한요소시스템 분할과 요소형태의 결정

제 1 단계에서는 물체를 서로 연결된 절점으로 된 등가 유한요소 시스템으로 분할하고, 그에 적합한 요소형태는 물론 필요한 요소의 수와 크기 및 형태를 결정한다.

유한요소의 크기는 유용한 결과를 얻을 수 있을 만큼 충분히 작아야 하며, 또한 계산시간이 경제적일 수 있을 만큼 충분히 커야 한다. 요소의 크기는 기하형상이 변하는 곳에서는 작게 하고, 결과 값이 일정한 부분에서는 크게 한다. 범용프로그램에서는 요소분할 프로그램이나 전처리 (preprocessor) 프로그램으로 요소를 분할한다.

유한요소는 스칼라 요소와 기하 요소가 있다. 스칼라 요소에는 기하특성을 갖지않는 mass, damper, spring 요소 등이 있고, 기하 요소에는 1 차원 (line) 요소, 2 차원 평면 (plane) 요소 (삼각형이나 사각형), 3 차원 고체 요소 (사면체, 오면체, 육면체) 등이 있다. 1 차원 요소는 봉 (truss) 이나 보 (beam) 요소가 대표적이다 (그림 7.3.1a).

2 차원 평면요소는 평면응력 (plane stress) 이거나 평면변형률 (plane strain) 상태인 경우에 보통 삼각형이나 사각형 요소로 한다 (그림 7.3.1b). 3 차원 입체요소는 그림 7.3.1c 와 같이 사면체 (tetrahedral element) 와 육면체 요소 (hexahedral element) 가 대표적이다. 3 차원 요소는 꼭지점 (절점) 과 직선 (변) 으로 구성된다.

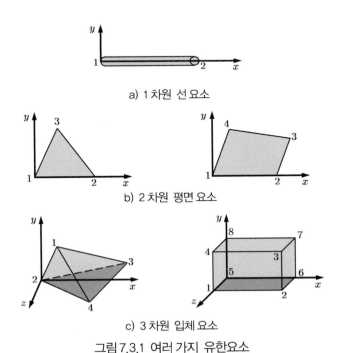

a) 1 차원 선요소

b) 2 차원 평면요소

c) 3 차원 입체요소

그림 7.3.1 여러 가지 유한요소

2) 제2단계 : 변위 함수의 선택

제 **2** 단계에서는 형태가 결정된 각각의 요소 안에서 **변위함수** (근사해를 구하기 위한 방정식)를 선택하며 요소 내부 절점의 변위 값을 정의한다. 변위함수는 선형 이나 2차 또는 3차 다항식을 사용하면 유한요소 공식화 과정이 매우 편리하다. 변위 함수들은 미지수인 절점변위로 표현한다.

3) 제3단계 : 변형률–변위, 응력–변형률 관계의 정의

제 **3** 단계에서는 각 유한요소에 대한 방정식을 유도하는데 필요한 변형률-변위 관계와 응력-변형률 관계를 정한다.

변형률-변위 관계는 1차원 (x 방향) 변형인 경우에 가장 간단하며, x 방향 **변형률** ϵ_x 는 변위 u 로부터 다음과 같이 정한다.

$$\epsilon_x = du/dx \tag{7.3.1}$$

응력-변형률 관계는 재료의 구성 법칙으로부터 구한다. 대상 지반의 거동을 정확 하게 예측하려면 구성 법칙이 적합해야 한다. 가장 간단하면서 응력해석에서 자주 쓰이는 응력-변형률 법칙은 다음 **Hooke** 법칙이다.

$$\sigma_x = E\epsilon_x \tag{7.3.2}$$

여기서 σ_x 는 x 방향 응력이고 E 는 탄성계수이다.

4) 제4단계 : 요소 강성행렬과 방정식의 유도

제 **4** 단계에서는 변형률-변위 관계식과 응력-변형률 관계식을 이용하여 요소의 거동을 나타내는 방정식 즉, 절점 하중벡터 f - 절점 변위 d 의 관계식을 유도하여 일반 행렬형태로 표현한다.

$$\{f\} = [K]\{d\} \tag{7.3.3}$$

여기에서 f 는 요소의 절점하중벡터, $[K]$ 는 요소의 강성행렬, d 는 미지 n 개 절점 에 대한 변위이다. 이 과정에서 절점평형법과 에너지법 및 가중잔차 법이 적용된다.

(1) 직접 평형법 (Direct equilibrium method)

절점 하중과 절점 변위의 관계를 나타내는 강성행렬과 요소 방정식은 한 요소에 대한 하중 평형조건과 하중-변형 관계식을 사용해서 구할 수 있다. 직접 평형법은 스프링, 봉, 보 등 1차원 요소에서 편리하게 사용된다.

(2) 일 또는 에너지 방법 (Energy method)

일 또는 에너지 방법은 2차원 및 3차원 요소의 강성 행렬과 강성 방정식을 유도하기에 편리하다. 유도과정에서 가상 변위를 이용하는 가상 일 (virtual work) 법칙과 최소 포텐셜 에너지 원리 및 카스틸리아노 (Castigliano) 법칙 등이 적용된다.

(3) 가중 잔차법 (Weighted residual method)

가중 잔차법은 요소 방정식을 유도하는데 매우 유용하며, 갤러킨의 가중 잔차법 (Galerkin's weighted residual method) 이 널리 알려져 있고, 포텐셜 에너지 원리가 적용되지 않는 경우에 특히 유용하다.

5) 제5단계 : 전체 행렬 구성 및 경계조건 적용

제 5 단계에서는 제 4 단계에서 유도된 각 요소의 방정식 (식 7.3.3) 을 중첩의 원리를 적용하고 전체 좌표계의 방정식으로 통합하여 전체행렬로 표현한다.

$$\{F\} = [K]\{d\} \tag{7.3.4}$$

여기에서 $\{F\}$ 는 전체 좌표계의 절점하중 벡터이고, $[K]$ 는 해당 구조물의 전체 좌표계에서의 강성행렬, $\{d\}$ 는 미지 또는 기지의 절점변위이다. 이 단계에서 전체 좌표계에서의 강성행렬 $[K]$ 는 행렬식 (determinant) 값이 0 이 되는 특이행렬이다.

이 방법은 절점 하중의 평형조건을 기본 개념으로 구조물이 연속체를 유지하며 어느 곳에서도 분리되지 않는 상태로 있다는 적합조건을 내포하고 있다.

6) 제6단계 : 변위 계산

식 (7.3.4) 를 경계조건을 만족하도록 수정하면 아래와 같은 확장 행렬형태의 연립 대수방정식이 된다.

$$\begin{Bmatrix} F_1 \\ F_2 \\ \vdots \\ F_n \end{Bmatrix} = \begin{bmatrix} K_{11} & K_{12} & \cdots & K_{1n} \\ K_{21} & K_{22} & \cdots & K_{2n} \\ \vdots & \vdots & & \vdots \\ K_{n1} & K_{n2} & \cdots & K_{nn} \end{bmatrix} \begin{Bmatrix} d_1 \\ d_2 \\ \vdots \\ d_n \end{Bmatrix} \tag{7.3.5}$$

위 식에서 n 은 해석대상에 포함된 전체 미지 절점의 자유도수 (number of degree of freedom) 이다. 이 식을 적용하면 변위 $\{d\}$ 를 구할 수 있다.

7) 제7단계 : 요소 변형률과 응력 계산

제 7 단계에서는 제 6 단계에서 결정된 각 절점변위를 적용하여 전체 좌표계 각 요소에 대한 절점 변위를 구하고, 이 변위로부터 응력을 구한다.

3.2 2차원(평면) 요소의 공식화

2차원 요소는 그 위치를 2개의 좌표로 나타낼 수 있는 얇은 판 형태의 삼각형 또는 사각형 요소이며, 공통 절점과 공통 변에서 서로 연결되어 해석대상 구조물을 연속적으로 표현한다. 2차원 요소에 대한 절점 평형방정식을 세우는 동안 절점의 적합조건이 만족되어야 하며, 변위함수를 적절히 채택하면 공통변에서 적합조건이 만족된다.

2차원 요소는 그림 7.3.2a 와 같이 국부적 응력집중이 발생하는 유공 판이나 기하학적으로 급격한 변화가 있는 구조물 등을 다루는 **평면응력**(plane stress) 문제와, 그림 7.3.2b 와 같이 길이 방향으로 일정하고 균일한 하중을 받는 긴 터널이나 길이방향에 따라 일정한 하중을 받는 긴 원통형 구조물 등을 다루는 **평면변형률**(plane strain) 문제에서 매우 유용하다.

평면응력상태는 $x-y$ 평면에 수직인 수직응력 σ_z 과 전단응력 τ_{xz} 및 τ_{yz} 이 0 이 되는 응력상태 ($\sigma_z = \tau_{xz} = \tau_{yz} = 0$) 이다. 일반적으로 얇고 (평면 안에 있는 x 와 y 의 치수보다 훨씬 작은 z 치수를 가진) $x-y$ 평면에서만 하중이 작용하는 부재는 평면 응력상태로 가정할 수 있다.

평면변형률상태는 $x-y$ 평면에 수직인 변형률 ϵ_z 와 전단 변형률 γ_{xz}, γ_{yz} 이 0 이 되는 변형률상태 ($\epsilon_z = \gamma_{xz} = \gamma_{yz} = 0$) 이다. 단면적이 일정하고 z 방향으로 긴 물체가 x 방향 혹은 y 방향으로만 작용하면서 z 방향으로 변하지 않는 하중을 받는 경우에 적용된다.

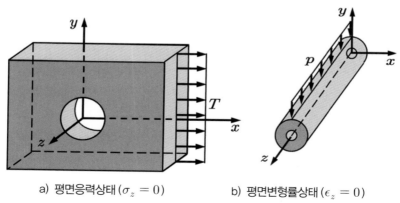

a) 평면응력상태 ($\sigma_z = 0$) 　　　 b) 평면변형률상태 ($\epsilon_z = 0$)

그림 7.3.2 평면응력상태와 평면변형률상태

2차원 요소는 삼각형이나 사각형 모양이 대표적이다. 평면응력 요소는 평면 내 인장과 압축 및 전단강성 만을 갖는 반면 평면변형률 요소는 인장과 압축 및 전단 강성과 두께방향 인장, 압축강성을 갖는다. 사각형 요소는 변위나 응력이 근사한 결과 가 산출되지만, 삼각형 요소는 변위는 비교적 정확하나 응력은 정확성이 떨어지는 경향이 있다고 알려져 있다. 요소의 형상은 요소 형상비가 가능한 **1.0**에 가깝게 즉, 정삼각형이나 정사각형에 가깝게 하는 것이 좋다.

삼각형 요소는 강성방정식 공식화 과정이 단순하여 강성행렬을 유도하기가 쉽고, 일정 변형률 삼각형 요소 (constant-strain triangular element)에 의한 강성방정식 공식화 과정은 다음 단계에 따라 유도한다.

1) 제1단계 : 연속체 분할 및 요소형태 선정

2차원 해석을 위해 삼각형 (또는 사각형) 요소로 분할하고 각 요소에 i, j, k와 같은 절점 번호를 부여 한다 (그림 7.3.3). 각 절점은 x와 y 방향 변위를 가지며, u_i와 v_i는 각각 i 절점에서 x와 y 방향의 변위성분이다.

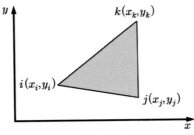

그림 7.3.3 삼각형 요소의 절점변위

따라서 절점 i, j, k를 갖는 임의의 요소의 절점 변위는 아래와 같다.

$$\{d\} = \left\{ \begin{array}{c} \{d_i\} \\ \{d_j\} \\ \{d_k\} \end{array} \right\} = \left\{ \begin{array}{c} u_i \\ v_i \\ u_j \\ v_j \\ u_k \\ v_k \end{array} \right\} \tag{7.3.6}$$

여기서 각 절점의 순서는 반시계 방향으로 취하며, 이는 공식화 과정이 반시계 방향 순서로 절점의 이름을 붙였기 때문이다.

2) 제2단계 : 변위함수 선정

일반적 변위 함수를 절점의 변위 $\{\psi\}$ 로 정의하면 다음과 같다.

$$\{\psi\}=\begin{Bmatrix} u(x,y) \\ v(x,y) \end{Bmatrix} \tag{7.3.7}$$

여기에서 $u(x,y)$ 와 $v(x,y)$ 는 요소 내부 점의 변위를 나타내며, 각 함수는 요소의 종류에 대해 적합해야 하고, 요소에 대한 변위함수는 적합성이 보장되도록 다음과 같이 선형함수로 간주한다.

$$u(x,y)=a_1+a_2x+a_3y$$
$$v(x,y)=a_4+a_5x+a_6y \tag{7.3.8}$$

식 (7.3.7) 에 식 (7.3.8) 을 대입하여 아래 같은 일반 변위함수 $\{\psi\}$ 를 얻을 수 있다.

$$\{\psi\}=\begin{Bmatrix} a_1+a_2x+a_3y \\ a_4+a_5x+a_6y \end{Bmatrix}=\begin{bmatrix} 1 & x & y & 0 & 0 & 0 \\ 0 & 0 & 0 & 1 & x & y \end{bmatrix}\begin{Bmatrix} a_1 \\ a_2 \\ a_3 \\ a_4 \\ a_5 \\ a_6 \end{Bmatrix} \tag{7.3.9}$$

식 (7.3.9) 에서 a_i 의 값을 구하기 위해 절점의 좌표를 대입하여 행렬형태로 아래와 같이 나타낸다.

$$\begin{Bmatrix} u_i \\ u_j \\ u_k \end{Bmatrix}=\begin{bmatrix} 1 & x_i & y_i \\ 1 & x_j & y_j \\ 1 & x_k & y_k \end{bmatrix}\begin{Bmatrix} a_1 \\ a_2 \\ a_3 \end{Bmatrix} \tag{7.3.10}$$

$$(a)=[x]^{-1}\{u\}$$

이를 절점변위에 대한 변위함수 $\{\psi\}$ 로 재정리하면 아래와 같다.

$$\{\psi\}=\begin{bmatrix} N_i & 0 & N_j & 0 & N_k & 0 \\ 0 & N_i & 0 & N_j & 0 & N_k \end{bmatrix}\begin{Bmatrix} u_i \\ v_i \\ u_j \\ v_j \\ u_k \\ v_k \end{Bmatrix} \tag{7.3.11}$$

$$\{\psi\}=[N]\{d\}$$

여기에서 N_i, N_j, N_k 는 각각 다음과 같고,

$$
\begin{aligned}
N_i &= \frac{1}{2A}\left(\alpha_i + \beta_i x + \gamma_i y\right) \\
N_j &= \frac{1}{2A}\left(\alpha_j + \beta_j x + \gamma_j y\right) \\
N_k &= \frac{1}{2A}\left(\alpha_k + \beta_k x + \gamma_k y\right)
\end{aligned}
\tag{7.3.12}
$$

위 식의 A 는 삼각형 요소의 면적이고, α, β, γ 는 아래와 같다.

$$
\begin{aligned}
\alpha_i &= x_j y_k - y_j x_k, \quad \alpha_j = y_i x_k - x_i y_k, \quad \alpha_k = x_i y_j - y_i x_j \\
\beta_i &= y_j - y_k, \quad \beta_j = y_k - y_i, \quad \beta_k = y_i - y_j \\
\gamma_i &= x_k - x_j, \quad \gamma_j = x_i - x_k, \quad \gamma_k = x_j - x_i
\end{aligned}
\tag{7.3.13}
$$

3) 제3단계 : 변형률–변위와 응력–변형률 관계 정의

일반적으로 평면 내 응력-변형률 관계는 다음과 같다.

$$
\begin{Bmatrix} \sigma_x \\ \sigma_y \\ \tau_{xy} \end{Bmatrix} = [D] \begin{Bmatrix} \epsilon_x \\ \epsilon_y \\ \gamma_{xy} \end{Bmatrix}
\tag{7.3.14}
$$

여기서 $[D]$ 는 평면 변형률 문제에 대해서 다음과 같이 표현된다.

$$
[D] = \frac{E}{(1+\nu)(1-2\nu)} \begin{bmatrix} 1-\nu & \nu & 0 \\ \nu & 1-\nu & 0 \\ 0 & 0 & \dfrac{1-2\nu}{2} \end{bmatrix}
\tag{7.3.15}
$$

식 (7.3.14) 에 응력-변형률 관계를 적용하면 평면 내 응력에 대한 식은 미지 절점의 자유도 형태로 나타낼 수 있다.

$$
\{\sigma\} = [D][B]\{d\}
\tag{7.3.16}
$$

여기서 $[B]$ 를 결정하기 위한 **변형률-변위** 관계는 아래와 같다.

$$
\{\epsilon\} = \frac{1}{2A} \begin{bmatrix} \beta_i & 0 & \beta_j & 0 & \beta_k & 0 \\ 0 & \gamma_i & 0 & \gamma_j & 0 & \gamma_k \\ \gamma_i & \beta_i & \gamma_j & \beta_j & \gamma_k & \beta_k \end{bmatrix} \begin{Bmatrix} u_i \\ v_i \\ u_j \\ v_j \\ u_k \\ v_k \end{Bmatrix}
\tag{7.3.17}
$$

4) 제4단계 : 요소 강성행렬과 방정식 유도

전체 좌표계에서의 구조물의 강성행렬과 방정식을 아래와 같이 조합할 수 있다.

$$\{F\}=[K]\{d\}$$
(7.3.18)

여기에서 $\{F\}$ 는 요소 절점에 분포된 하중과 요소의 체적력을 절점에 배분하여 얻은 전체 좌표계에서 등가 절점 하중행렬이고, $[K]$ 는 전체 구조 강성행렬이다.

5) 제5단계 : 절점 변위 결정

식 (7.3.18) 의 연립 대수방정식을 풀면 전체 좌표계의 미지 절점변위를 결정할 수 있다. 이 때 변위에 대한 경계조건이 고려되어야 한다.

6) 제6단계 : 요소의 힘 결정

변형률을 절점변위 $\{d\}$ 로 표현한 후에 요소 변형률을 계산할 수 있으며, 응력은 식 (7.3.16) 으로 구할 수 있다. 절점변위가 결정되면 변형률-변위 관계 $\{\epsilon\}=[B]\{d\}$ 와 응력-변형률 관계 $\{\sigma\}=[D][B]\{d\}$ 를 적용하여 전체 좌표계의 x 와 y 방향에 대한 요소 내 변형률과 응력을 구할 수 있다.

3.3 3차원 요소의 공식화

2차원 해석보다 정확한 해석이 필요하거나, 복잡한 지형이나 비대칭 단면 터널 또는 터널과 접속부 등의 거동을 정확히 이해할 필요가 있는 경우에는 3차원 고체 요소를 적용한 3차원 해석결과가 유용하다.

1) 3차원 고체요소의 응력과 변형률

직교 좌표계에서 크기가 d_x, d_y, d_z 인 3차원 미소요소에 작용하는 3차원 응력상태 는 그림 7.3.4 와 같다.

요소의 모멘트 평형으로부터 다음이 성립되고,

$$\tau_{xy}=\tau_{yx} \qquad \tau_{yz}=\tau_{zy} \qquad \tau_{zx}=\tau_{xz}$$
(7.3.19)

요소의 변형률-변위 관계는 아래와 같다.

$$\epsilon_x=\frac{\partial u}{\partial x} \qquad\qquad \epsilon_y=\frac{\partial v}{\partial y} \qquad\qquad \epsilon_z=\frac{\partial w}{\partial z}$$
(7.3.20)

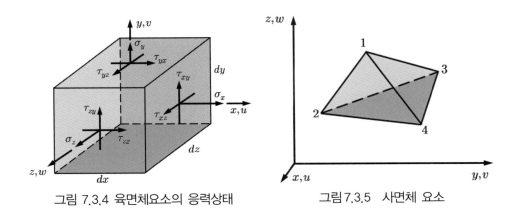

그림 7.3.4 육면체요소의 응력상태　　　그림 7.3.5 　사면체 요소

u, v, w 는 각각 x, y, z 방향의 변위이고, 전단변형률 γ 는 다음과 같다.

$$\gamma_{xy} = \frac{\partial u}{\partial y} + \frac{\partial v}{\partial x} = \gamma_{yx}$$

$$\gamma_{yz} = \frac{\partial v}{\partial z} + \frac{\partial w}{\partial y} = \gamma_{zy} \qquad\qquad (7.3.21)$$

$$\gamma_{zx} = \frac{\partial w}{\partial x} + \frac{\partial u}{\partial z} = \gamma_{xz}$$

응력과 변형률은 열행렬로 표시하면 다음과 같다.

$$\{\sigma\} = \begin{Bmatrix} \sigma_x \\ \sigma_y \\ \sigma_z \\ \tau_{xy} \\ \tau_{yz} \\ \tau_{zx} \end{Bmatrix} \qquad\qquad \{\epsilon\} = \begin{Bmatrix} \epsilon_x \\ \epsilon_y \\ \epsilon_z \\ \gamma_{xy} \\ \gamma_{yz} \\ \gamma_{zx} \end{Bmatrix} \qquad\qquad (7.3.22)$$

등방성 재료의 응력-변형률 관계는 다음과 같고,

$$\{\sigma\} = [D]\{\epsilon\} \qquad\qquad (7.3.23)$$

$\{\sigma\}$ 와 $\{\epsilon\}$ 는 식 (7.3.22) 에 의해 정의되고, 재료구성 행렬 $[D]$ 는 아래와 같다.

$$[D] = \frac{E}{(1+\nu)(1-2\nu)} \begin{bmatrix} 1-\nu & \nu & \nu & 0 & 0 & 0 \\ & 1-\nu & \nu & 0 & 0 & 0 \\ & & 1-\nu & 0 & 0 & 0 \\ & & & \frac{1-2\nu}{2} & 0 & 0 \\ & & & & \frac{1-2\nu}{2} & 0 \\ Sym. & & & & & \frac{1-2\nu}{2} \end{bmatrix} \qquad (7.3.24)$$

2) 4면체 요소 강성 방정식의 공식화

3차원 요소에는 사면체, 오면체, 육면체 요소가 있다. 가장 기본적인 3차원 요소는 사면체 형상이며, 이를 이용하여 전체 좌표계에 대한 형상함수, 강성행렬, 힘행렬 등을 유도한다. 육면체요소 등의 강성행렬도 사면체와 같은 방법으로 유도한다.

(1) 요소의 종류 선택

4절점 (절점 1, 2, 3, 4) 을 가진 사면체 고체요소 (삼각뿔) 는 그림 7.3.5 와 같다. 각 요소별 절점 번호는 요소에 대한 음의 부호가 계산되지 않도록 사용 프로그램의 요소좌표계 규약에 따라 순차적으로 부여한다.

미지의 절점변위는 다음과 같으며, 사면체 고체요소에서는 각 절점마다 3개씩 총 12개 변위가 있다.

$$\{d\} = (u_1 \, v_2 \, w_3 \cdots u_4 \, v_4 \, w_4)^T \tag{7.3.25}$$

(2) 변위 함수 선택

사면체 요소의 변위는 u, v, w 이고, 요소 각 모서리는 2개 절점으로 구성되어서 선형이다. 사면체 각 평면도 선형이어야 하므로, 다음 선형 변위 함수를 선택할 수 있다.

$$u(x, y, z) = a_1 + a_2 x + z_3 y + a_4 z$$
$$v(x, y, z) = a_5 + a_6 x + z_7 y + a_8 z \tag{7.3.26}$$
$$w(x, y, z) = a_9 + a_{10} x + z_{11} y + a_{12} z$$

2차원 요소와 마찬가지로 미지 절점변위 (u_1, v_1, w_1, ..., w_4) 를 주어진 절점좌표 (x_1, y_1, z_1, ..., z_4) 의 함수로 표현하면 다음 식이 된다.

$$u(x, y, z) = \frac{1}{6V}(\alpha_1 + \beta_1 x + \gamma_1 y + \delta_1 z)u_1 + (\alpha_2 + \beta_2 x + \gamma_2 y + \delta_2 z)u_2$$
$$+ (\alpha_3 + \beta_3 x + \gamma_3 y + \delta_3 z)u_3 + (\alpha_4 + \beta_4 x + \gamma_4 y + \delta_4 z)u_4 \tag{7.3.27}$$

여기에서 $6V$ 는 다음 행렬식을 계산하여 얻으며, V 는 사면체의 부피를 나타낸다.

$$6V = \begin{vmatrix} 1 \; x_1 \; y_1 \; z_1 \\ 1 \; x_2 \; y_2 \; z_2 \\ 1 \; x_3 \; y_3 \; z_3 \\ 1 \; x_4 \; y_4 \; z_4 \end{vmatrix} \tag{7.3.28}$$

변위 v 와 w 는 식 (7.3.27) 의 u_i 를 v_i 나 w_i 로 대체하여 얻을 수 있다. 식 (7.3.27) 의 변위 u, v, w 는 형상함수와 미지절점변위 항을 써서 다음 형태로 표현할 수 있다.

$$\begin{Bmatrix} u \\ v \\ w \end{Bmatrix} = \begin{bmatrix} N_1 & 0 & 0 & \dots & N_4 & 0 & 0 \\ 0 & N_1 & 0 & \dots & 0 & N_4 & 0 \\ 0 & 0 & N_1 & \dots & 0 & 0 & N_4 \end{bmatrix} \begin{Bmatrix} u_1 \\ v_1 \\ w_1 \\ . \\ . \\ . \\ v_4 \\ u_4 \\ w_4 \end{Bmatrix} \tag{7.3.29}$$

여기에서 **형상함수** $\boldsymbol{N_i}$ 는 다음과 같다.

$$N_i = \frac{\alpha_i + \beta_i x + \gamma_i y + \delta_i z}{6V}, \ (i = 1, \ 4) \tag{7.3.30}$$

(3) 변위–변형률과 응력–변형률 관계식 정의

3 차원 응력상태에 대한 요소의 **변형률-변위** 관계는 다음과 같이 주어지고,

$$\{\epsilon\} = \begin{Bmatrix} \epsilon_x \\ \epsilon_y \\ \epsilon_z \\ \gamma_{xy} \\ \gamma_{yz} \\ \gamma_{zx} \end{Bmatrix} = \begin{Bmatrix} \dfrac{\partial u}{\partial x} \\[2mm] \dfrac{\partial v}{\partial y} \\[2mm] \dfrac{\partial w}{\partial z} \\[2mm] \dfrac{\partial u}{\partial y} + \dfrac{\partial v}{\partial x} \\[2mm] \dfrac{\partial v}{\partial z} + \dfrac{\partial w}{\partial y} \\[2mm] \dfrac{\partial w}{\partial x} + \dfrac{\partial u}{\partial z} \end{Bmatrix} \tag{7.3.31}$$

위 식에 식 (7.3.29) 를 대입하면 다음 식이 된다.

$$\{\epsilon\} = [B]\{d\} \tag{7.3.32}$$

여기에서 $[B]$ 는 변형률-변위 행렬이며, 변형률을 구하기 위해서는 형상함수를 요소 x 와 y 축에 대해 미분하여야 한다. 요소 응력은 변형률의 탄성 재료에 대한 구성행렬을 이용하여 구한다.

4. 지반모델 및 구성법칙

터널의 수치해석은 현장의 조건에 따라 2차원이나 3차원으로 수행하며, 지반을 모델링하는 방법에 따라 연속체 해석 (연속체 모델) 과 불연속체 해석 (불연속체 모델) 으로 구분한다.

지반거동을 모사할 수치해석기법은 터널의 안정성에 영향을 미칠 가능성이 있는 메커니즘 (likely mechanism) 즉, 절리의 미끄러짐, 절리의 개구, 블록 회전 및 이동 등의 해석과 공동크기에 대한 상대적 절리간격에 근거하여 결정한다.

문제규모 (problem scale), 균열시스템의 형상 (fracture system geometry), 구조물이나 하중에 대한 불연속군의 상대적 크기 등을 참고하여 지반을 연속체 모델이나 불연속체 모델 중 어떤 모델로 취급해야할지를 결정한다.

균열이 소수 존재하거나 균열의 벌어짐과 블록의 완전분리가 중요한 요인이 아닌 경우에는 연속체 모델 (4.1 절) 을 적용하고, 연속체 모델에 맞지 않을 만큼 균열 수가 많은 암반에는 불연속체 모델 (4.2 절) 을 적용한다. 대개 암반이 강할수록 불연속면 상태에 따라서 파괴형태가 달라지고 불연속면이 주요한 영향인자이므로 불연속체 모델로 해석하는 것이 바람직하다.

4.1 연속체 모델

연속체역학에 근거한 수치해석기법으로 터널 형상이나 경계조건을 적절히 모델링하여 터널과 주변지반의 거동을 해석할 때에, 해석결과의 신뢰성은 적용한 지반의 구성법칙 (응력-변형 관계) 의 타당성에 의해 좌우된다.

지반의 구성모델은 선형/비선형 탄성모델 (4.1.1 절) 과 탄소성 모델 (4.1.2 절) 및 점탄성/점탄소성 모델 (4.1.3 절) 을 적용한다.

4.1.1 탄성모델

1) 선형탄성모델 (Linear Elastic Model)

선형탄성 모델은 가장 고전적인 구성모델 (Hooke 법칙) 이며, 그림 7.4.1 과 같이 응력-변형률 관계가 직선이고, 필요한 재료상수는 탄성계수 E 와 푸아송 비 ν 이다.

2) 비선형 탄성모델(Non-linear Elastic Model)

응력-변형률 관계가 비선형 탄성인 재료에 적용하는 모델이다. 가장 대표적 비선형 탄성모델은 외력에 의하여 지반에 발생하는 응력수준에 따라 탄성계수가 변하는 Duncan-Chang (1970) 의 Hyperbolic 모델이며, 이는 Kondner (1963) 의 모델에 근거한다.

지반의 비선형 거동은 부분 선형탄성 (piecewise linear elastic) 거동으로 근사화하는 하중증분법 (incremental method) 으로 모델링 할 수 있다 (그림 7.4.2). 순간하중재하 단계에서 지반은 선형 탄성거동 한다고 가정하고 응력수준에 따라 다른 접선탄성 계수 (tangential modulus) 를 적용하며, 각 하중재하 단계에서 응력증분과 변형증분의 관계는 다음 접선탄성계수 E_t 로 나타낼 수 있다.

$$E_t = \left[1 - \frac{R_f(1-\sin\phi)(\sigma_1-\sigma_3)}{2c\,\cos\phi + 2\sigma_3\sin\phi}\right]^2 K p_a \left(\frac{\sigma_3}{p_a}\right)^n \tag{7.4.1}$$

여기서, R_f 는 극한축차응력과 파괴 시 축차응력의 비이며 일반적으로 $R_f = 0.7 \sim 1.0$ 이고, p_a 는 대기압이다. K 와 n 은 지반의 재료상수이고 삼축압축시험으로 결정한다.

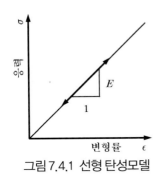

그림 7.4.1 선형 탄성모델

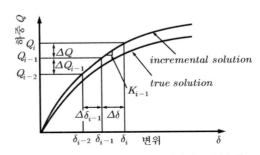

그림 7.4.2 비선형 탄성모델 (하중증분법)

4.1.2 탄소성 모델

지반에 외력이 작용하면 응력과 변형이 발생되고, 외력을 제거하면 변형의 일부만 회복되고 (탄성변형) 나머지는 잔존한다 (소성변형, 그림 7.4.3). 재료의 변형을 탄성 변형과 소성변형으로 나타내는 탄소성 모델에서는 응력수준이 항복점에 도달하기 전에는 탄성거동하므로 탄성 모델로 모사하고, 항복점 도달 후에는 소성거동하므로 소성 모델로 모사한다. 탄소성 모델에서는 항복응력을 결정하는 항복규준 (failure criteria) 과 항복 후 거동을 나타내는 유동법칙 (flow rule) 이 필요하다.

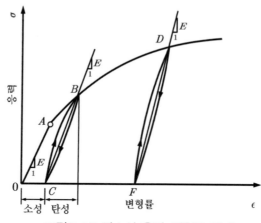

그림 7.4.3 탄소성 응력-변형률 관계

1) 항복규준

수치해석에서는 대상지반에 적합한 항복규준을 적용해야 한다. 항복규준은 탄성 거동의 한계이며 항복함수 f 는 응력불변량(stress invariant) J_1, J_2, J_3 로 표현한다.

$$f(\sigma) = f(J_1, J_2, J_3) = 0 \tag{7.4.2}$$

항복함수가 $f > 0$ 이면 지반은 탄성 상태이고, $f = 0$ 이면 소성상태이다. 현재까지 지반에 적용할 수 있는 여러 가지 항복규준이 개발되어서 대부분의 상용 터널해석 프로그램에 포함되어 있다. 터널에서는 대체로 Mohr-Coulomb, Drucker-Prager, Hoek-Brown 등의 항복규준이 많이 적용되며, Mohr-Coulomb 이나 Drucker-Prager 항복규준을 적용한 탄소성 모델의 해석결과가 만족할 만한 것으로 알려져 있다.

Drucker-Prager 항복규준이 중간주응력의 영향을 고려하므로 Mohr-Coulomb 항복 규준보다 진보된 규준이라 할 수 있으나, 각기 다른 장·단점을 갖고 있어서 실무에 적용하는 데에는 차이가 별로 크지 않다. Hoek-Brown 항복규준은 현장에서 얻은 암반평가 자료를 이용하여 재료상수를 결정할 수 있는 이점이 있으나, 무리 없이 실무에 적용하기 위해서는 많은 연구와 경험이 필요하다.

(1) Mohr-Coulomb 항복규준

Mohr-Coulomb 항복규준에 따르면 흙의 전단강도는 항복면의 수직응력이 커짐에 따라 다음과 같이 증가된다.

$$\tau = c + \sigma \tan\phi \tag{7.4.3}$$

여기서, τ 와 σ 는 항복면의 전단응력과 유효수직응력, c 와 ϕ 는 지반의 점착력과 내부마찰각이다. Mohr-Coulomb 항복규준을 응력불변량으로 표현하면 다음 같다.

$$f = J_1 \sin\phi + \sqrt{J_{2D}} \cos\theta - \frac{1}{3} \sqrt{J_{2D}} \sin\phi \sin\theta - c\cos\phi = 0$$

$$\theta = -\frac{1}{3} \sin^{-1}\left(-\frac{3\sqrt{3}}{2} \frac{J_{3D}}{J_{2D}^{3/2}}\right) \qquad (-\frac{\pi}{6} \le \theta \le \frac{\pi}{6}) \qquad \textbf{(7.4.4)}$$

여기에서, J_1 은 **제 1 응력불변량** (first stress invariant) 이고, J_{2D} 와 J_{3D} 는 각각 **제 2 및 제 3 축차응력불변량** (second and third deviator stress invariant) 이다.

(2) Drucker-Prager 항복규준

Drucker-Prager 항복규준 (1952) 은 Mohr-Coulomb 항복규준을 (최대 및 최소 주응력은 물론 중간주응력을 고려한) 응력불변량 J_1 과 J_{2D} 를 사용하여 수정한 규준이다.

$$f = \sqrt{J_{2D}} - \alpha J_1 - k \qquad \textbf{(7.4.5)}$$

여기에서, α 와 k 는 재료상수로 양 (+) 이고, J_1-J_{2D} 평면에 도시한 파괴포락선의 절편과 기울기이며, 지반의 강도정수 c 와 ϕ 로 표현하면 다음과 같다.

$$① 삼축압축상태 : \alpha = \frac{2\sin\phi}{\sqrt{3}(3-\sin\phi)} \ , \ k = \frac{6c\cos\phi}{\sqrt{3}(3-\sin\phi)} \qquad \textbf{(7.4.6)}$$

$$② 평면변형상태 : \alpha = \frac{\tan\phi}{\sqrt{9+12\tan^2\phi}} \ , \ k = \frac{3c}{\sqrt{9+12\tan^2\phi}} \qquad \textbf{(7.4.7)}$$

Mohr-Coulomb 과 Drucker-Prager 의 파괴규준은 증분소성이론에서 항복규준으로 사용되며, 직교법칙 (normality rule) 및 유동법칙 (flow rule) 과 함께 증분응력-변형 관계를 유도하는데 사용된다.

(3) Hoek-Brown 항복규준

Hoek-Brown 항복규준 (1980) 은 Griffith 규준에 기반을 두고 다양한 강도의 암석시험 결과를 이용하여 개발한 암석의 경험적 파괴규준이며, 무결함 암석뿐만 아니라 절리암반에도 적용할 수 있는 비선형 (포물선) 조건식으로 최근 많이 적용되고 있다.

$$\sigma_1' = \sigma_3' + \sqrt{m\sigma_{DF}\sigma_3' + s\sigma_{DF}^2} \qquad \textbf{(7.4.8)}$$

σ_1' 은 최대 주응력이고, σ_3' 은 최소 주응력이며, σ_{DF} 는 암석의 일축압축강도이다.

m 과 s 는 항복규준정수라고 하는 경험적 상수이다 (Hoek, 1983, 1994). m 은 지반 교란정도를 나타내고, 심한 파쇄암반에서 $m = 0.001$, 경암에서 $m = 25$ 이다. s 는 절리상태를 나타내며, 무결함 암석에서 $s = 1.0$ 이고 절리가 많을수록 0에 접근한다. Hoek-Brown (1988) 은 암석을 5가지 종류로 구분하고, 각각에 대해서 6가지 암질 (무결함, 매우양호, 양호, 보통, 불량, 매우불량) 로 분류하여 총 30종류 항복규준 정수 m 과 s 를 제시하였다 (표 1.6.1).

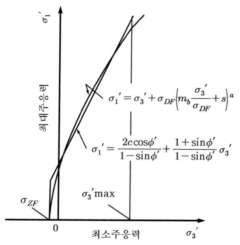

그림 7.4.4 Hoek/Brown 파괴기준

Hoek 등 (1992, 2002) 은 암석 파괴규준 (식 7.4.8) 을 일반화 시켜서 다음 암반 파괴 규준을 제시하였다 (표 1.6.1).

$$\sigma_1' = \sigma_3' + \sigma_{DF}\left(m_b\frac{\sigma_3'}{\sigma_{DF}} + s\right)^a \tag{7.4.9}$$

m_b 와 s 및 a 는 암석계수 m_i 와 지질 강도 지수 GSI (Geological Strength Index) 및 암반교란계수 D_f (disturbance factor) 로부터 계산한다 (Hoek 등, 1997, 1998, 2005).

$$m_b = m_i \exp\left(\frac{GSI - 100}{28 - 14D_f}\right) \tag{7.4.10}$$

$$s = \exp\left(\frac{GSI - 100}{9 - 3D_f}\right) \tag{7.4.11}$$

$$a = \frac{1}{2} + \frac{1}{6}\left(e^{-GSI/15} - e^{-20/3}\right) \tag{7.4.12}$$

암석계수 m_i 는 무결함 암석으로 삼축 압축시험한 결과를 적용하여 다음 식으로 구하고, 표 1.6.3 과 같다 (Hoek 등, 2000, 2005).

$$m_i = \frac{1}{\sigma_{DFi}} \left[\frac{\sum \sigma_{3i}\sigma_{1i} - \frac{1}{n}\sum \sigma_{3i}\sum \sigma_{1i}}{\sum \sigma_{3i}^2 - \frac{1}{n}\left(\sum \sigma_{3i}\right)^2} \right] \tag{7.4.13}$$

암반 지질강도지수 GSI (Marinos 등, 2000, 2005, 2006) 는 암반에 따라서 표 1.6.3 과 같고, 암반교란계수 D_f 는 발파충격과 응력이완에 의한 암반 교란정도를 나타내고, 암반에 따라 표 1.6.4 와 같다.

2) 유동법칙

재료의 응력상태가 항복규준을 초과한 이후에 발생되는 소성변형을 소성유동 (plastic flow) 이라 하며, 소성변형 벡터의 방향은 소성 포텐셜 함수에 의한 유동법칙 (flow rule) 으로 정의한다.

유동법칙은 소성 포텐셜 함수 Q 를 정의하는 방법에 따라 상관 및 비상관 유동법칙으로 구분한다. 즉, 포텐셜 함수 Q 를 항복함수 f 로 취하는 경우를 상관유동법칙 (associated flow rule) 이라 하며, 항복함수와는 다른 함수로 취하는 경우를 비상관 유동법칙 (non-associated flow rule) 이라 한다.

대부분의 지반은 비상관유동법칙을 따르지만, 이를 적용하면 계산시간과 컴퓨터 용량이 많이 소요된다. 대개 비상관 유동법칙을 적용함으로써 얻어지는 이점보다는 이를 적용하는 데서 비롯되는 수치적 어려움이 더 크게 발생하므로 상관유동법칙을 적용하며, 상관유동법칙을 적용하여도 큰 무리가 없는 것으로 알려져 있다. 유동 법칙에 대한 자세한 사항은 Desai /Siriwardane (1984) 의 문헌을 참조한다.

4.1.3 점탄성 및 점탄소성 모델

점성을 고려하는 탄성 (점탄성 모델) 및 탄소성 (점탄소성 모델) 모델은 계산과정이 매우 복잡하고, 연산에 많은 노력이 소요된다. 점탄소성 모델은 탄성과 소성 및 점성 거동을 고려하여 주변지반 거동을 실제에 가깝게 모델링할 수 있다는 장점이 있으나 점성거동은 모델링하기가 쉽지 않다. 점성을 고려하는 모델은 터널과 주변지반의 거동이 지보와 라이닝의 타설 시기에 의해 큰 영향을 받거나, 시공단계에 따른 터널의 거동평가가 매우 중요한 경우에 채택된다.

4.2 불연속체 모델

최근 조립재료나 절리암반 등 불연속체의 역학적 특성과 거동을 예측하기 위한 수치해석이 활발히 진행되고 있다. 불연속면이 발달한 암반에 굴착한 터널의 거동은 불연속면의 역학적 특성에 의해 좌우된다. 불연속면은 joint 요소, pin 요소 등의 interface element (그림 7.4.5) 를 이용하여 모델링한다. Barton 등 (1974) 은 불연속체 모델링이 적합한 Q 값의 범위 ($Q \simeq 0.1 \sim 100$) 를 제시하였다.

지반의 물리현상은 입자복합체의 상호거동 즉, 불연속체 거동으로 설명할 수 있다. 따라서 조립토나 절리 암반을 개별요소법의 개념 (4.2.1 절) 으로 강성블록의 집합체로 모델링하는 경우가 늘고 있다. 개별요소법의 종류 (4.2.2 절) 는 DEM 과 DDA 및 PFC 등이 있으나, 그 기본이론 (4.2.3 절) 을 잘 알고 적용해야 한다 (Cook 등, 2002).

불연속체 해석이 요구되는 경우가 증가하고 있으나, 지반의 불연속성을 규정할 수 있는 지반조사방법의 한계로 인해 연속체 해석만큼 폭넓게 사용되지는 않는다.

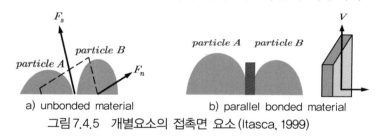

a) unbonded material b) parallel bonded material
그림 7.4.5 개별요소의 접촉면 요소 (Itasca, 1999)

4.2.1 개별요소법의 개념

개별 요소법 (Discrete Element Method) 은 지반을 (연속체가 아닌) 강성 블록의 집합체로 모델링하여 해석하는 방법으로 Cundall (1971) 에 의해서 개발되고 수식화 되었으며, 많은 연구자들에 의해 발전되어 과립상 재료의 미세 메커니즘 (Cundall/ Strack, 1979), 암석과 콘크리트내의 균열진전, 절리암반 문제 등에 적용되었다 (Lorig/Cundall, 1983).

개별요소법에서는 절리에 작용하는 증분하중을 계산하고, 이로부터 구한 블록의 가속도를 적분하고 연산을 통해 각 블록의 중심과 절리의 방향을 결정한다. 지반변형 은 강성블록 간 경계 (절리) 에서 상대변위에 의해 발생된다. 개별 요소법은 절리암반 터널 해석 등 큰 블록 시스템의 거동연구에 유용하고, 대개 연속체 개념의 수치해석 기법 보다 큰 변위가 계산되고, 컴퓨터 소요용량이 작다. 그러나 절리의 위치와 방향 을 구하기 어려워서, 절리형상에 대한 매개변수 변환방법을 연구할 필요가 있다.

4.2.2 개별요소법의 종류

개별요소법은 지금까지 다양한 형태로 개발되고 코드화되어 적용되며, 잘 알려진 개별요소법은 **DEM** (Discrete Element Method), **DDA** (Discontinuous Deformation Analysis) 및 **PFC** (Particle Flow Code) 등이 있다.

대표적 개별요소법 코드로 **TRUVAL** (Cundall/Strack, 1979), **UDEC** (Cundall, 1980 ; Cundall/Hart, 1985), **3DEC** (Cundall, 1988), **3DSHEAR** (Walton et al., 1988), **PFC** (Itasca, 1999) 등이 있다.

DEM 은 시간적분을 통하여 요소 상호간 힘의 방정식을 직접 풀어내는 명시적 (explicit) 알고리즘을 적용한 방법으로 불평형력을 계산하고 별도로 damping 개념을 적용하여 에너지 소산을 푼다.

DDA 는 각 시간 단계마다 변위를 이용해서 평형을 수립하는 암시적 (implicit) 알고리즘에 기반을 둔 운동학적 수치해석법이다.

UDEC 은 1980 년에 개발된 2 차원 개별요소 프로그램이며, 강체와 변형성 블록을 표현하는 수식과 불연속면을 하나의 코드 내에 표현하여, 정적 또는 동적으로 해석할 수 있다. 그 후에 Cundall (1988) 이 3 차원 개별요소 모델을 개발하여 프로그램 3DEC 에 적용하였고, 대심도 광산에서 암파열 (rockburst) 현상과, 절리암반 굴착에 의한 3 차원 응력변화를 평가하는데 사용되어 왔다.

3DEC 은 인도 지하 발전소의 설계 및 석조 아치형 구조물 (Lemos, 1995) 의 극한하중을 평가하는 등 적용빈도가 많아지고 있다.

PFC 는 지반을 원형 또는 사각형 개별요소의 집합체로 모사하고, Newton 의 운동법칙을 적용하여 개별요소들의 움직임을 계산하는 방법이다. 이때에는 개별요소 간 접촉점에 특정구성 방정식을 적용하고 각 요소들의 위치와 접촉상태를 주기적으로 갱신해 나가는 방법으로 해석을 수행한다.

최근에는 개별요소법의 2 차원 및 3 차원 입자유동 코드인 **PFC2D** 와 **PFC3D** 가 개발되어 모래와 같은 과립상 재료 (granular material) 와 콘크리트 및 암석과 같은 결합 재료 (bonded material) 를 모사하는데 적용되고 있다. 여기에서 균열은 점진적 결합파괴 (bond Breakage) 로 모사한다 (Lorig 등, 1995).

4.2.3 개별요소법의 기본이론 체계

개별 요소법에서는 블록 (또는 입자) 의 집합체와 이들 간의 접촉면으로 구성된 영역이 변형 (또는 운동) 과정을 통해 지속적으로 변화된다. 블록은 강체이거나 변형가능하고, 접촉점들은 변형가능하며, 정적이완 (static relaxation) 은 변형을 나타낸다.

운동방정식은 명시적 시간 - 진행체계 (explicit time - marching scheme) 로 푼다. 블록 (또는 입자) 집합체와 접촉면은 적절한 구성블록으로 표현한다 (그림 7.4.6).

개별요소법은 균열시스템 내 블록 (입자) 의 위상을 식별하고, 블록 (입자) 의 운동방정식을 수식화하여 해를 구하는 방법이며, 개별 시스템의 이동 (변형) 으로 인한 블록 (입자) 간 접촉변화를 감지하고 업데이팅 하는 일련의 계산과정이다.

개별요소법에서 암반은 개별블록의 집합체이고, 절리는 개별블록 간 접촉면이다. 블록집합체간 접촉면의 접촉력 (contact force) 과 변위는 일련의 블록이동 계산과정을 통해 구해진다.

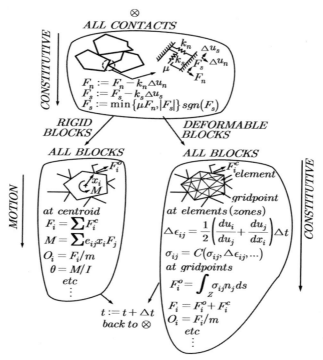

그림 7.4.6 개별요소법 계산과정 (Itasca, 1999)

블록이동은 하중이나 물체력 (body force) 에 의한 블록 시스템의 교란상태가 전파 (propagation) 되어 발생하는데, 이는 전파속도가 개별시스템의 물리적 특성에 의존하는 동적 과정이다.

개별요소의 동적거동은 시간단계 알고리즘을 적용해서 수치적으로 표현한다. 하나의 시간단계 동안 속도와 가속도는 일정하며, 교란은 하나의 개별요소로부터 인접한 개별요소로 전달되지 않을 정도로 충분히 작다고 가정한다.

개별요소법의 해는 명시적 유한차분법 (explicit finite-difference method) 과 같은 방법으로 구한다. 즉, 명시적 방법으로 강체블록에 작용하는 불평형력으로부터 블록의 가속도를 구하고, 평형상태에 이르기까지 속도와 변위를 구한다.

접촉면과 블록에서 모두 시간적 단계의 한계를 정한다. 강체 블록에서는 블록의 무게와 블록 간 접촉면의 강성으로부터 시간단계의 한계를 결정하고, 변형성 블록에서는 사용영역의 크기와 시스템의 강성이 무결함 암석의 계수와 접촉면의 강성에 영향을 미친다.

개별요소법에서 **힘-변위의 운동법칙**은 모든 접촉점에서 알려진 (고정된) 변위로부터 접촉력을 찾는데에 사용하고, 뉴턴의 **제 2 운동법칙**은 모든 블록에 작용하는 알려진 (고정된) 힘으로부터 블록의 이동량을 계산하는데에 사용한다.

변형성 블록의 이동은 블록 내 **삼각형 유한-변형률 요소** (triangular finite-strain element) 의 절점에서 계산하며, 블록 재료의 구성관계를 적용하면 요소 내에 발생되는 새로운 응력을 계산할 수 있다.

개별요소법을 적용할 때 암반의 거동에 매우 큰 영향을 미치는 절리를 구현하기 위해 **절리에 관한 기하학적 자료**가 필요하고, 절리의 강성 및 강도특성을 모델절리에서 나타내기 위하여 절리의 물성이 필요하다. 그러나 절리의 기하학적 자료와 물리적 성질은 도출하기가 매우 어렵다.

불연속체 모델링에 필요한 입력 자료에 관한 문헌 및 자료는 쉽게 구할 수 있고, 시추코어 내에 있는 절리의 지표시험 (index testing) 과 터널현장에서 취득한 맵핑 (mapping) 자료로부터 도움을 받을 수 있다.

5. 터널의 수치해석 과정

터널 수치해석은 경계조건과 지보공 및 주변지반의 거동특성은 물론 해석목적에 부합하는 적정한 기법을 선정해서 수행한다.

터널의 수치해석은 현장조건에 적합한 방법으로 터널주변지반 (5.1 절) 과 지보공 (5.2 절) 을 적절히 모델링하여 2 차원 (5.3 절) 또는, 3 차원 (5.4 절) 적으로 수행한다.

5.1 지반모델링

터널을 수치해석할 때에 경제성 측면에서 터널 영향이 미치는 지반영역을 해석 영역 (5.1.1 절) 으로 모델링하고, 그 외의 영역은 상재하중으로 처리하여 해석해도 된다. 수치해석 영역의 경계 (5.1.2 절) 는 해석결과에 영향을 미치지 않는 곳 보다 더 외곽으로 정한다. 예비 해석하여 지반요소의 크기와 배열 (5.1.3 절) 을 정하며, 터널주변 등 응력구배가 급한 영역은 조밀하고 외곽은 거칠게 요소를 배열한다. 터널굴착과정은 지반요소를 제거하고 지반 하중을 굴착면 경계에 가상 외력 (굴착 상당외력) 으로 작용시키는 방법으로 지반굴착을 모사 (5.1.4 절) 한다.

5.1.1 해석영역

얕은 터널에서는 천단 상부지반 전체를 모델링에 포함시키지만, 대심도 터널에서는 이렇게 하면 해석영역이 넓어서 절점과 요소의 수가 너무 많아 과대한 컴퓨터 처리 시간이 필요하며, 이는 3차원 해석에서 현저하다. 대심도 터널에서는 경제성을 고려 하여 터널 영향이 미치는 영역 (천단상부 $3 \sim 4D$) 만 모델링하고 그 외 지역은 상재 하중으로 처리하는 방법으로 해석영역을 간소화하여 해석해도 무방하다 (그림 7.5.1).

5.1.2 경계조건

수치해석 영역은 해석결과에 영향을 미치지 않는 곳 (터널굴착으로 인한 응력변화가 발생하는 위치) 보다 외곽에 가상 경계면을 설정하여 결정한다. 측면은 굴착면에서 터널직경의 3 배 이상, 하부경계는 바닥에서 높이의 2 배 이상 되게 하는 것이 좋다. 무한요소 (infinite element) 를 적용할 때는 경계면을 설치하지 않아도 된다.

경계조건은 다음과 같이 부여한다.
  ① 2차원모델   측면경계 : x-방향변위구속
                  하부경계 : y-방향변위구속

② 3차원모델 A 측면경계 : z-방향변위구속

B 측면경계 : x-방향변위구속

하부경계 : y-방향변위구속

5.1.3 요소의 크기 및 배열

유한요소해석에서 지반요소는 크기가 작고 균일하게 배열할수록 해석결과가 정확하지만, 절점 수에 따라 연산시간이 급격히 증가하기 때문에 지반요소를 너무 작게 하여 절점 수가 너무 많아지면 비경제적이다.

따라서 예비해석을 수행하여 적합한 요소 크기를 정하며, 터널주변 등 응력구배가 급한 영역에서는 조밀하고 외곽지역은 거칠게 요소를 배열한다.

5.1.4 지반굴착 모사

지반을 굴착하는 과정은 지반요소를 제거하고 지반 하중을 굴착면의 경계에 가상외력 (굴착상당외력) 으로 작용시키는 방법으로 모사한다.

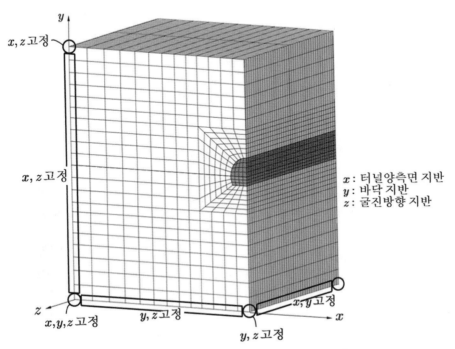

x : 터널양측면 지반
y : 바닥 지반
z : 굴진방향 지반

그림 7.5.1 3 차원 유한요소해석의 지반모델링 예

5.2 지보공 모델링

지반거동이나 지보공 응력 등에 대한 수치해석결과는 지보공 모델링 방법에 따라 큰 차이를 보인다. 2차원 해석은 터널 단위 길이별로 수행하므로 지보공은 굴진방향 설치간격을 고려하여 단위 길이 당 환산 강성을 구하고 이를 적용하여 모델링 한다 (그림 7.5.2).

터널 지보공은 주변지반과 같은 연속체 요소나, 구조요소 (보나 봉요소 등) 로 모델링 하며, 경우에 따라 지보에 의해 개선된 지반조건 (주변지반의 점착력, 탄성계수 등 공학적 성질이 개선된다고 간주) 을 적용해서 모델링할 수 있다.

① 주변지반과 같은 연속체 요소로 모델링 : 라이닝과 숏크리트를 모델링하는데 적용되며, 요소와 절점 수가 많아지고 지보재의 부재력을 다시 계산해야 하는 단점 이 있다.

② 보 (beam) 요소나 봉 (truss) 요소 등 구조요소로 모델링 : 숏크리트나 볼트의 모델링에 가장 널리 적용되는 방법으로 지보공설계에 필요한 부재력을 알 수 있고, 절점 수가 증가하지 않는 이점이 있다.

③ 주변지반의 공학적 성질을 상향조정 : 지보에 의해 주변지반의 공학적 성질 (점착력이나 탄성계수 등) 이 개선된다고 가정하고, 개선된 지반조건을 적용해서 지반 을 모델링한다. 그러나 지보공에 의한 공학적 성질의 개선정도를 정확히 설정하기 어렵고 지보공의 부재력을 평가할 수 없는 단점이 있다.

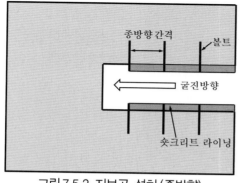

그림 7.5.2 지보공 설치 (종방향)

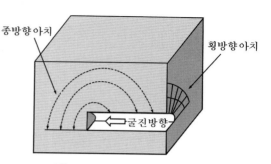

그림 7.5.3 굴진면 주변 3차원아치

5.3 터널의 2차원 수치해석

터널 굴진면 주변지반은 3차원적으로 거동한다. 터널굴착으로 인한 굴착 상당력 즉, 불균형력은 굴진면에서 멀리 떨어진 후방에서는 횡방향 아치에 의해서만 지지 되지만, 굴진면에 근접한 곳에서는 횡방향 아치뿐만 아니라 (굴진면 전면부) 종방향 아치에 의해서도 지지된다 (그림 7.5.3). 따라서 터널거동 (응력-변형률 관계) 을 정확 하게 알기 위해서는 3차원 수치해석해야 하지만 입력 및 출력자료가 방대하여 처리 와 분석이 어렵고 많은 시간과 노력이 필요하다. 대신에 시공과정을 적절히 고려한 모델을 적용하면 2차원 해석으로도 상당히 근접한 결과를 얻을 수 있다.

굴진면의 3차원응력과 하중조건은 굴진면과 주변지반의 강성과 밀접한 관련이 있다. 굴진면에서 멀수록 종방향 아치가 감소하는 사실을 바탕으로 위치별 종방향 아치의 감소율을 각 해석단계에 적용하여 시공과정을 모사할 수 있다 (그림 7.5.4).

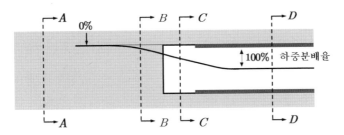

공정	초기상태	굴진면 전방	터널굴착 직후	터널지보 후
	단면 $A-A$	단면 $B-B$	단면 $C-C$	단면 $D-D$
응력분배법	p_0 예정 굴착선 $p_0 = p$	p_1 예정 굴착선 $p_1 = \alpha_1 p$	p_2 $p_2 = \alpha_2 p$	p_N $p_N = \alpha_N p$
강성변화법	E_{ext} E_{int} $E_{ext} = E_{int}$	E_{ext} E_{int} $E_{int} = (1-\beta_1)E_{ext}$	E_{ext} E_{int} $E_{int} = (1-\beta_2)E_{ext}$	E_{ext} E_{int} $E_{int} = 0$

$0 \leq \alpha_i \leq 1$: 하중분배율 $(\alpha_1 \leq \alpha_2 \leq \alpha_N)$, $0 \leq \beta_i \leq 1$: 하중분배율 $(\beta_1 < \beta_2)$

그림 7.5.4 터널 굴진면 주변 3차원 아치 (E : 지반변형률)

종방향 아치는 강성변화 모델 (5.3.1절) 이나 하중분배 모델 (5.3.2절) 로 모사하며, 대개 하중분배모델이 많이 적용된다. **2** 차원 유한요소해석 예 (5.3.3절) 를 제시한다.

5.3.1 강성변화모델

터널 주변지반은 터널굴착이 진행됨에 따라 이완되어서 강성이 감소하므로, 응력 변수를 직접 사용하지 않고 지반이나 숏크리트의 강성을 변화시킴으로써 응력분배 효과를 내는 방법을 강성변화모델이라 한다. 지반의 강성감소는 강성감소계수로 나타낸다. 반면에 숏크리트 (또는 grouted segment) 는 시간경과에 따라 강성이 증가 하여 응력을 유발시킨다.

5.3.2 하중분배모델

하중분배모델은 굴진면으로부터 거리에 따른 종방향 아치효과의 변화경향을 반영 하기 위하여 2 차원 해석단계와 터널 축 상의 위치를 대응시켜서 해석단계별로 굴착 상당력을 분배하여 적용시키는 방법이다.

터널의 변위가 응력의 수준에 비례하여 발생된다고 가정하고 응력분배 정도 즉, 하중분배율 **λ** 로 굴착 상당력을 조절하여 해석한다. 하중분배율은 시공조건과 지반 조건을 고려해서 정하며, 일률적으로 적용하면 오히려 더 많은 문제를 야기 시킬 수 있다. 하중분배율은 터널시공과정을 고려하여 선정하며, 이때에 유사한 지반과 시공조건의 계측자료를 참조하거나, 3 차원 예비해석을 통해 구한 **종방향 침하곡선** 즉, 종방향 천단변위곡선 $u(x)$ 를 참조할 수 있다 (그림 7.5.5).

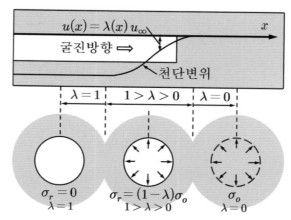

그림 7. 5. 5 터널 천단변위와 하중 분배율

터널 시공과정을 고려한 하중분배모델을 이용한 2차원해석 과정은 다음과 같다.

1) 지반조건이 양호하면 무지보 구간이 길고 변위가 수렴된 곳에서 숏크리트를 타설하며 (그림 7.5.6), 굴착으로 인한 응력 재분배영역은 굴진면과 하반굴착부이다. 무지보 상태 굴진면부와 변형 수렴부를 해석단면으로 택하면 해석과정이 표 7.5.1 과 같다. 상·하반 숏크리트는 응력 재분배영역을 벗어난 곳에 타설하므로 이때의 하중 분배율은 1.0 이다.

표 7.5.1 양호한 지반조건에서 해석과정

단 계	해 석 과 정
①	상반굴착 상당외력 F_s 산정
②	상반굴착 상당외력 $F_{s1} = \alpha F_s$ 적용 (하중분배율 : $\alpha = 1.0$)
③	상반 숏크리트 타설
④	하반굴착 상당외력 F_a 산정
⑤	하반굴착 상당외력 $F_{a1} = \beta F_a$ 적용 (하중분배율 : $\beta = 1.0$)
⑥	하반 숏크리트 타설

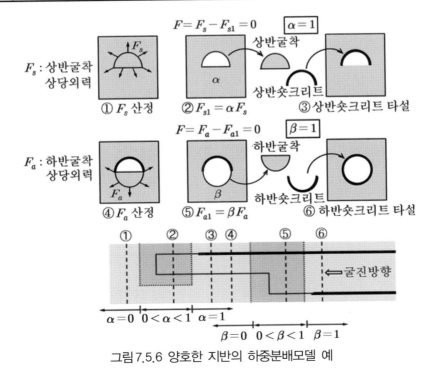

그림 7.5.6 양호한 지반의 하중분배모델 예

2) 지반조건이 불량한 경우에는 지반변위를 억제하기 위하여 굴진면에 근접한 곳에 지보공을 타설하며 (그림 7.5.7), 하중 분배율을 이용해서 굴착으로 인한 응력의 재분배 효과를 해석한다. 해석단면을 굴진면부, 상반 연성 숏크리트 부, 하반 연성 숏크리트부로 채택하면 해석이 8단계가 된다.

표 7.5.2 불량한 지반조건에서 해석과정 ($\alpha_1 + \alpha_2 = 1$, $\beta_1 + \beta_2 = 1$)

단 계	해 석 과 정
①	상반굴착 상당외력 F_s 산정
②	상반굴착 상당외력 $F_{s1} = \alpha_1 F_s$ 적용
③	상반 숏크리트 타설
④	상반 숏크리트 상당외력 $F_{s2} = \alpha_2 F_s$ 적용 ($\alpha_2 = 1 - \alpha_1$)
⑤	하반굴착 상당외력 F_a 산정
⑥	하반 숏크리트 상당외력 $F_{s2} = \alpha_2 F_a$ 및 하반굴착 상당외력 $F_{a1} = \beta_1 F_a$ 적용
⑦	하반 숏크리트 타설
⑧	하반 숏크리트 상당외력 $F_{s2} = \alpha_2 F_a$ 및 하반굴착상당외력 $F_{a2} = \beta_2 F_a$ 적용

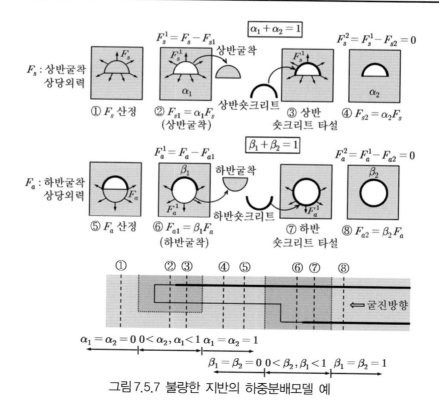

그림 7.5.7 불량한 지반의 하중분배모델 예

3) 지반조건이 매우 불량하여 **Short Bench Cut** 하는 경우 (그림 7.5.8) 에는 상반에 근접하여 하반을 굴착하므로 상반 및 하반 굴착의 영향이 중복되며, 중복영향을 고려해서 8 단계로 해석한다.

표 7.5.3 Short Bench Cut 해석과정 $(\alpha_1 + \alpha_2 + \alpha_3 + \alpha_4 = 1 \; ; \; \beta_1 + \beta_2 = 1)$

단 계	해 석 과 정
①	상반굴착 상당외력 F_s 산정
②	상반굴착 상당외력 $F_{s1} = \alpha_1 F_s$ 적용
③	상반 숏크리트 타설
④	상반 숏크리트 상당외력 $F_{s2} = \alpha_2 F_s$ 적용
⑤	하반굴착 상당외력 F_a 산정
⑥	하반 숏크리트 상당외력 $F_{s3} = \alpha_3 F_s$ 및 하반굴착 상당외력 $F_{a1} = \beta_1 F_a$ 적용
⑦	하반 숏크리트 타설
⑧	하반 숏크리트 상당외력 $F_{s4} = \alpha_4 F_s$ 및 하반굴착 상당외력 $F_{a2} = \beta_2 F_a$ 적용

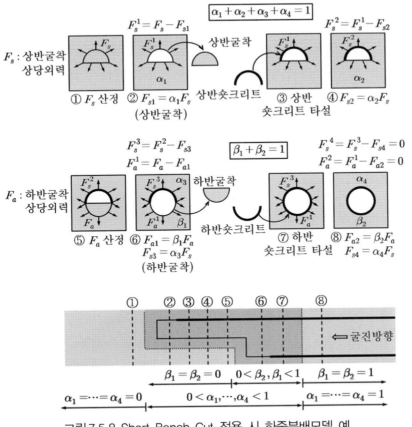

그림 7.5.8 Short Bench Cut 적용 시 하중분배모델 예

5.3.3 유한요소법을 이용한 터널 2 차원해석 예

풍화토에 굴착한 터널에서 지반과 지보공을 경계조건에 맞게 모델링하고, 2 차원 유한요소해석하여, 터널굴착에 따른 지반거동과 지보공하중 및 지표침하를 구했다.

1) 해석 개요

본 예에서는 종점부 편토압 구간에 위치한 터널 (지보패턴 TYPE-5) 에 대해 Mohr-Coulomb 모델을 적용하고 시공단계를 고려하여 해석한 후 안정성을 검토하였다. 즉, 지반-구조물 상호작용과 시공순서를 고려하고, 시공단계별로 지반변위와 지보재응력 의 과다발생 여부를 검토하였다. 해석영역과 하중분담율은 예비해석하여 결정하였다.

2 차원 해석과정은 다음과 같다.

① 지반조사 자료를 분석하여 지형과 지질의 특성 (저토피, 단층대, 계곡부, 편경사, 주요 지장물 근접통과 구간) 및 지반정수를 확인한다. 해석위치와 터널단면형상 및 지보패턴을 결정한다.

② 예비해석을 통해 해석조건 (해석영역과 경계조건 및 하중분담율) 을 결정하여 모델링한다. 하중분담율은 경험식 또는 3 차원해석을 수행하여 결정한다.

③ 해석요소 생성 및 지반물성치 입력 후 시공순서를 고려하여 해석을 수행한다.

④ 터널굴착에 따른 터널 및 주변지반 변위, 인접 구조물 침하량, 지반의 최대·최소 주응력, 소성역 발생을 검토하고. 지보재의 부재력 (숏크리트의 휨압축응력 및 전단응력, 볼트 축력 등) 을 검토하여 설계 적정성을 판단한다.

(1) 해석위치 결정

일반적으로 수치해석위치는 지형 및 지질특성(저토피, 단층대, 편경사 및 계곡부, 암종경계 등), 주요 지장물의 근접도를 고려하여 선정한다. 본 예에서는 OO 터널 종점부 편토압 구간 (그림 7.5.9) 을 해석단면으로 선정하였다.

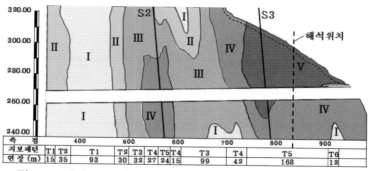

그림 7.5.9 터널 종단지질 및 지보패턴 개요도 예 (STA. 293km820)

(2) 지보패턴 결정

지보패턴은 지층분포와 토피고 및 주요 지장물 등을 고려하여 정한다. 본 예에서는 지층조건과 지반물성을 고려하여 TYPE-5 패턴을 적용하였다. 굴진면의 상·하반은 각 1.2 m로 분할굴착하고, 숏크리트 (두께 16 cm)와 볼트 (길이 4.0 m, 간격 1.2 m) 로 지보하였다 (그림 7.5.10).

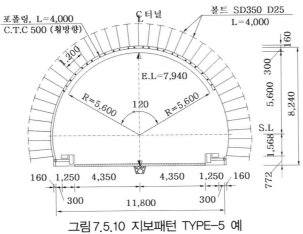

그림 7.5.10 지보패턴 TYPE-5 예

(3) 해석영역과 경계조건 결정

해석영역을 작게 설정하면 응력전이나 아칭효과 등을 제대로 반영하기가 어렵고, 너무 크게 설정하면 비효율적이므로, 예비 해석하여 적정한 해석영역을 설정한다. 본 예에서는 충분히 큰 영역에 대해 측압계수를 변화하면서 해석하여, 터널굴착의 영향이 거의 없는 영역을 찾아서 최적해석영역으로 선정하고 정밀·해석하였다.

경계조건으로 측면은 수평 방향 변위, 하부는 연직 방향 변위를 구속하였다.

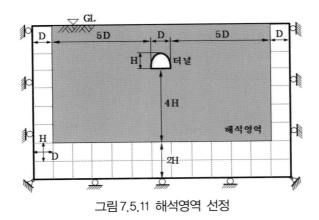

그림 7.5.11 해석영역 선정

암반등급 V 에 대해 좌·우경계는 터널직경 D 의 6 배, 하부경계는 터널높이 H 의 6 배로 두고 해석한 후 천단레벨의 연직침하를 검토하여 좌·우측 영향거리를 정하고, 하부 영향거리는 터널중심을 지나는 연직축 상 연직응력을 검토하여 정했다. 터널굴착의 영향이 미미한 경계는 좌·우측 4.5D (그림 7.5.12a), 바닥하부 3.5H 정도 (그림 7.5.12b) 이었다. 따라서, 해석영역을 좌·우측 5.0D, 하부 4.0H 로 정하였다 (그림 7.5.11).

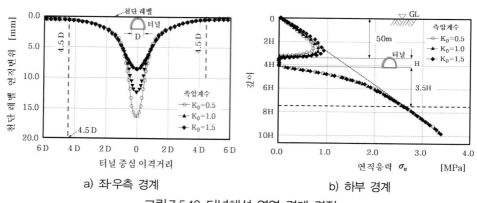

a) 좌우측 경계 b) 하부 경계

그림 7.5.12 터널해석 영역 경계 결정

(4) 하중분담율 산정

하중 분담율은 터널 굴착으로 인한 3 차원 거동을 2 차원으로 모사하기 위한 응력 분담기법으로 경험식을 이용하거나 3 차원 수치해석을 이용하여 산정한다.

본 예제에서는 1 일 2 발파를 기준으로 발파굴착하는 경우에 대하여 3 차원 수치 해석 (그림 7.5.13a) 을 수행한 후, 시공단계별로 굴착면 변위 (천단 및 좌·우 측벽) 를 검토 (그림 7.5.13b) 하여 하중 분담율을 50-20-30 로 산정하였다.

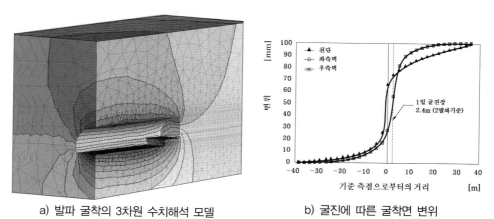

a) 발파 굴착의 3차원 수치해석 모델 b) 굴진에 따른 굴착면 변위

그림 7.5.13 터널해석 영역

2) 지반과 지보재 모델링

수치해석은 해석요소를 생성 (그림 7.5.14) 하고 지반 물성치를 입력한 후 시공순서를 고려하여 수행한다.

(1) 지반 모델링

지반은 평면요소 (surface element), 숏크리트는 frame 요소, 볼트는 embedded bar 또는 cable 요소로 모델링한다. 각 지층별로 지반특성을 입력하고, Mohr-Coulomb 파괴모델을 적용하며, 좌·우경계는 수평변위를 바닥면 경계는 연직변위를 구속한다.

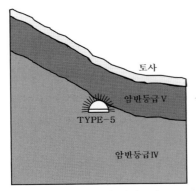

a) 해석단면 및 해석조건

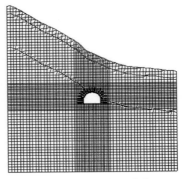

b) 터널 및 지반 모델링

그림 7.5.14 터널해석 영역

(2) 지반 물성치

터널 주변지반 및 지보재의 변형과 응력은 지반 및 지보재의 물성과 측압계수의 영향을 크게 받는다. 현실적으로 해석단면 마다 (수압파쇄시험 등으로 현장) 초기응력과 지반물성을 측정하기가 어렵다. 측압계수는 대개 0.5~1.5 이며, 임의로 2 개 이상 측압계수를 가정하고 각 단면에 대해 해석을 수행한다.

각 지층별 지반 물성치 및 지보재 특성은 표 7.5.4 및 표 **7.5.5** 와 같다.

표7.5.4 지반 물성치

구 분	변형계수 $[MPa]$	단위중량 $[kN/m^3]$	포아송비	내부마찰각 $[^o]$	점착력 $[MPa]$
암반등급 IV	5,000	23.0	0.27	31	1.50
암반등급 V	800	21.0	0.30	28	0.60
풍화토	50	20.0	0.33	31	0.025

표7.5.5 지보재 특성

구 분	단위중량 $[kN/m^3]$	푸아송비 ν	탄성계수$[MPa]$	직경 /두께 $[m]$
볼 트	78.5	0.3	210,000	0.025
숏크리트	24.0	0.2	1,500	0.16

3) 해석 수행

지반과 지보재를 모델링하고 굴착순서와 하중분담율을 적용하여 해석을 수행한다. 본 예에서는 총 7 개 STEP 으로 굴착·지보하고 하중분담율은 50-20-30 을 적용하였다.
1) STEP 1 : 초기응력
2) STEP 2 : 상반굴착 (하중분담율 50)
3) STEP 3 : 상반 숏크리트+볼트 타설 (하중분담율 20)
4) STEP 4 : 상반 굳은 숏크리트 (하중분담율 30)
5) STEP 5 : 하반굴착 (하중분담율 50)
6) STEP 6 : 하반 숏크리트+볼트 타설 (하중분담율 20)
7) STEP 7 : 하반 굳은 숏크리트 (하중분담율 30)

4) 해석결과

수치해석을 수행하여 터널 주변지반의 응력과 변위 및 지보재 (숏크리트, 볼트) 부재력을 구하였다.

(1) 주변지반 응력

터널 굴착단계별로 터널과 주변지반에 발생된 최대 및 최소 주응력과 전단응력 (또는 소성도) 을 구하여 (그림 7.5.15), 응력집중의 정도와 위치 및 소성영역의 발생 여부를 확인하여 터널과 주변지반의 안정성을 검토한다.

 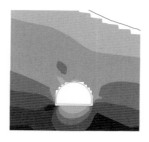 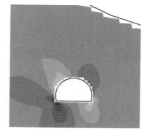

a) 최대주응력   b) 최소주응력   c) 소성도

그림 7.5.15 터널주변 최대주응력과 소성도 예

(2) 주변지반 변위

터널굴착 단계별로 주변 지반변위의 크기와 경향을 변위 벡터와 연직 및 수평변위 (그림 7.5.16) 를 구하여 검토하고, 허용치와 비교해서 시공 중 안정성을 검토한다.

시공단계별 (총 7 단계) 로 굴착면 변위거동을 나타내면, 천단변위 (그림 7.5.17a) 는 측압계수가 증가하면 약간 감소하고, 내공변위 (그림 7.5.17b) 는 측압계수가 증가할수록 하반굴착단계에서 크게 증가하였다. 굴착면 변위는 10 mm 이내 즉, 허용치 이내이었고, 측압계수에 따라서 다소 차이는 있으나 천단변위는 상반굴착단계에서 대부분 발생하고, 내공변위는 하반굴착단계에서 대부분 발생하였다.

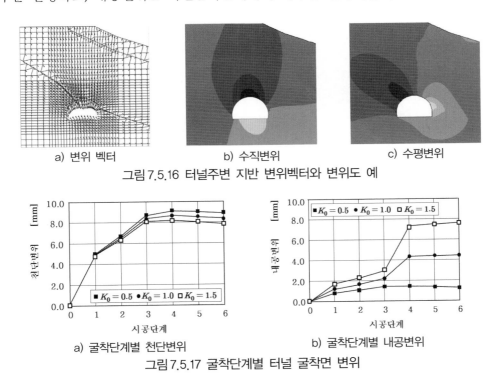

a) 변위 벡터 b) 수직변위 c) 수평변위

그림 7.5.16 터널주변 지반 변위벡터와 변위도 예

a) 굴착단계별 천단변위 b) 굴착단계별 내공변위

그림 7.5.17 굴착단계별 터널 굴착면 변위

(3) 지보재 부재력

적용한 지보패턴의 적정성은 지보재 (숏크리트와 볼트) 의 부재력을 구하여 검토한다. 숏크리트 부재력 (모멘트, 축력, 전단력) 을 나타내면 그림 7.5.18 과 같이 지형적 특성에 의하여 우측 어깨부에 집중된다. 숏크리트는 얇게 설치하므로 모멘트 보다 축력이 안정성에 결정적이다. 숏크리트 최대 압축응력은 $K_o = 1.5$ 일 때 우측 어깨에서 가장 크고 7.61 MPa 이지만, 허용 값 8.4 MPa ($= 0.4f_{ck}$) 보다 작았다 (그림 7.5.19a).

볼트는 $K_o = 1.5$ 일 때 좌측 천단부에서 $37.66\,kN$ 으로 가장 크게 발생하였으나, 허용 값 $88.67\,kN\,(=f_y A_s)$ 을 초과하지 않았다 (그림 7.5.19b).

이상에서 지보가 안정한 것으로 판단되지만 숏크리트의 압축응력은 측압계수의 영향을 크게 받으므로 측압계수가 $K_o > 1.5$ 이면 허용 값을 초과할 가능성이 있다.

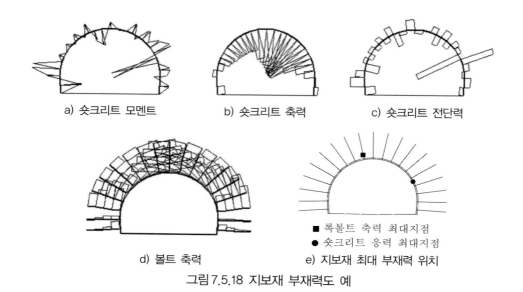

a) 숏크리트 모멘트 　　b) 숏크리트 축력 　　c) 숏크리트 전단력

d) 볼트 축력 　　　　e) 지보재 최대 부재력 위치

■ 록볼트 축력 최대지점
● 숏크리트 응력 최대지점

그림 7.5.18 지보재 부재력도 예

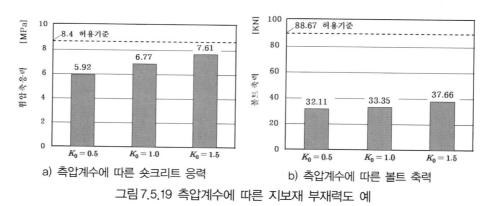

a) 측압계수에 따른 숏크리트 응력 　　b) 측압계수에 따른 볼트 축력

그림 7.5.19 측압계수에 따른 지보재 부재력도 예

5) 해석결과 평가

종점부 편토압 구간에 위치한 터널 (지보패턴 TYPE-5) 에서 Mohr-Coulomb 모델을 적용하고 시공단계를 고려하여 해석한 후 안정성을 검토하였다. 예비 해석하여 해석 영역과 하중분담율을 결정하였다. 해석결과 지반 변위는 10 mm 이내로 발생하고, 지보재 응력은 모두 허용치 이내이어서 지보패턴은 적절한 것으로 판단되었다.

5.4 터널의 3차원 수치해석

균질한 지반에 건설된 직선 터널의 해석은 2차원 수치해석이 주가 된다. 그러나 터널을 굴착할 때 시공과정과 경계조건에 따라 종방향 아칭에 의해 종방향 변위가 발생되어 3차원상태가 되는 경우에는 3차원으로 해석한다.

터널의 3차원 수치해석은 2차원 수치해석을 위한 하중분배율을 산정 (5.4.1 절) 하거나, 터널이 3차원 해석조건 (5.4.2 절) 이거나, 시공과정 (5.4.3 절) 과 경계조건 (5.4.4 절) 이 종방향 아칭에 의해 3차원 상태가 되는 경우에 수행한다. 병설터널을 3차원 수치해석 예 (5.4.5 절) 로 수행하였다.

5.4.1 하중분배율 산정하기 위한 3차원 해석

하중분배율은 3차원 거동하는 터널거동을 2차원으로 해석하기 위해 적용하며, 터널에 대해서 3차원 수치해석을 수행하여 산정할 수 있다. 현장 지반조건을 고려하여 표준지보패턴을 적용할 경우에는, 표준지보패턴별로 하중분배율을 산정하여 2차원 수치해석하여 터널과 지보의 안정성을 검토한다. 하중분배율은 초기응력과 시공 싸이클 타임 및 지반·지보재의 강성에 의해 영향을 받으므로, 현장의 대표 지형 및 지층조건과 현장지반의 공학적 특성을 적절히 모사하고 3차원 해석하여 정한다.

2차원과 3차원 수치해석을 반복 수행하여 숏크리트 부재응력을 구하고, 이로부터 하중분배율을 산정할 수 있다 (그림 7.5.20a). 그러나 터널 굴착면에서 가장 안전측인 결과 또는, 터널거동을 대표할 수 있는 지점의 응력이나 변형 값을 이용하여 하중분배율을 구해도 큰 무리가 없다 (그림 7.5.20b).

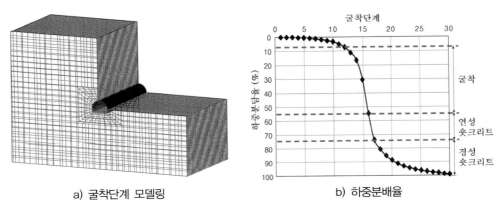

a) 굴착단계 모델링   b) 하중분배율

그림 7.5.20 3차원 수치해석을 통한 하중분배율 산정 예

5.4.2 해석조건을 고려한 3차원 해석

주변지반이 불균질하거나, 터널의 형상이 종방향으로 변하거나, 터널에 근접해서 터파기 하거나, 터널이 상부 지표 구조물의 영향을 받는 경우 등 시공과정이나 터널 형상의 변화가 터널 및 주변지반 거동에 민감한 영향을 미쳐서 터널 종방향 변위가 발생되어 3차원 해석조건이 되면, 3차원 수치해석이 필요하다.

지반과 시공과정에 설치하는 구조물 (지보공, 콘크리트 라이닝) 의 거동은 이론으로 해석하기 어려우므로 수치해석하여 구한다. 터널은 시공 중에 공간적 경계조건이 변하므로 터널굴진에 따른 주변지반의 응력과 변형은 물론 시공과정이나 형상변화에 의하여 종방향 변위가 발생되는 경우에는 3차원 수치해석 해야 한다.

최근에는 컴퓨터가 발달되고 효과적인 소프트웨어가 개발되어 구조물의 규모와 형상 및 재료에 의한 별도의 제약을 받지 않게 됨에 따라 3차원 수치해석이 광범위 하게 수행되고 있다.

굴착면 주변지반 응력이 매우 크거나 지반조건과 굴착공법에 따라 안정성이 문제 되는 터널시공과정에서는 굴착형상과 시공 싸이클 (cycle) 을 고려한 3차원 수치해석 을 수행하여 안정을 검토할 필요가 있다.

또한, 터널을 굴진하는 동안에 지반의 조건이 변하거나 지반이 국부적으로 불균질 하거나 터널 단면형상이 변하는 곳에서는 3차원적으로 수치해석 해야 터널의 형상 변화에 의한 영향을 파악할 수 있다.

5.4.3 시공과정을 고려한 3차원 해석

터널굴착 후 지보설치 전에는 종방향 아칭에 의하여 3차원 응력상태이고 이때는 시공과정 경계조건을 고려하고 3차원 수치해석해야 터널거동을 파악할 수 있다.

지반의 자중과 구조지질압력 (tectonic stress) 에 의한 초기응력이 평형상태인 지반 에 터널을 굴착하면 응력불균형이 유발되지만, 변형을 관찰하면서 적절한 시점에 지보를 설치하여 구속하면 응력이 다시 평형상태가 된다. 터널굴착 이전부터 터널 굴착이 완료되기까지 몇 가지 굴착공정이 진행되는 동안에는 경계조건이 3차원적 으로 변한다.

터널 주변지반에 가장 큰 응력이 작용하는 시점은 굴착에 따른 응력의 재분배가 완료되는 시공완료단계이며 이때는 평면변형률상태이다. 굴착 후 지보설치 전에는 종방향 아칭에 의하여 굴진면 주변 지반응력이 작게 발생되지만 아직 응력평형이 이루어지지 않으며, 이때 응력은 3차원 수치해석하면 알 수 있다. 또한 최종단계에 대한 2차원 평면변형해석에 필요한 하중분배율은 3차원 수치해석하여 알 수 있다.

터널의 3차원 수치해석은 2차원 수치해석을 위한 **하중분배율을 산정**하거나 **분할굴착 등 굴착방식에 따른 터널거동을 분석**하거나 **강관다단 그라우팅 등 종방향 지반보강공법의 적용성을 검토**하기 위하여 실시한다.

1) 분할굴착에 따른 터널거동 분석

터널에서는 Drill & Blast 공법과 기계굴착공법 (TBM, Shield, Shield-TBM) 이 자주 적용되고, 상·하반 분할굴착, 중벽 분할굴착 및 링컷 분할 굴착하며, 전 굴착공정 동안 주변지반의 응력과 변형을 적절히 유지하는 것이 중요하다. 표준지보패턴을 적용할 때에는 각 지보패턴별 지반특성에 따라 적절한 분할굴착공법을 적용한다.

분할굴착에 의한 불평형력을 안정적으로 조절하고 변형을 허용치 이내로 제어하여 소요 내공단면적을 확보하고 터널굴착의 영향을 최소화 할 수 있는지 여부는 터널을 3차원 수치해석하여 검토한다. 분할굴착공법은 다양한 형태에 대해서 검토하여 선정하며 (그림 7.5.21a), 링컷 분할 굴착공법을 적용할 때에는 굴진면 코어의 최적 크기를 검토 (그림 7.5.21b) 한다.

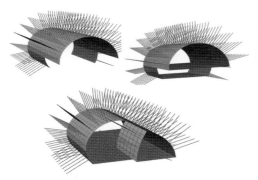
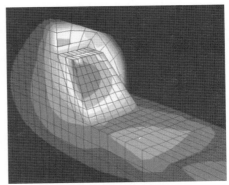

a) 분할굴착 형태   b) 링컷 분할굴착시 코어 영향 검토

그림 7.5.21 터널의 분할굴착 수치해석 예

2) 종방향 보강공법의 적용성 검토

터널굴착 시 횡단과 종단으로 보강하여 지반의 공학적 특성을 개선한다. 볼트는 선형 인장부재를 굴착면에 설치하여 횡단면 구속응력을 증진시켜 지반의 연성거동을 유도하는 지보재이다. 횡방향 보강공법을 보완하거나 지반을 개량하거나 낙반을 방지하기 위해서 보조공법 (포어폴링, 강관다단그라우팅, 프리그라우팅) 을 적용하여 종방향으로 보강한다.

강관다단그라우팅 공법은 토사나 취약 암반에서 터널굴착 직후 지반붕괴를 방지하기 위해 굴착면 주변지반에 종방향으로 강관을 삽입하여 아치를 형성해서 굴진면 전방 지반을 선행 보강하는데 적용되는 **Umbrella Arch** 형태의 보강공법이다.

강관은 축방향 부재이므로 굴착면 주변의 주응력방향을 고려하면 **터널보호개념**이 타당하지만, 강관삽입 후 주입하여 지반의 공학적 특성을 개량하는 관점에서는 **지반보강법**이라 할 수 있다. 강관 다단그라우팅공법은 메커니즘이 복잡하여 보강재 설치시점과 형상을 고려하고 3차원 수치 해석해야 보강효과를 예측할 수 있다.

강관 다단그라우팅공법의 적정성은 강관-그라우팅 구근 복합체를 등가강성을 적용한 8 절점 입체요소로 모사하고 (그림 7.5.22) 주입재 특성에 따른 지반강성 증대 효과를 기준으로 검토한다. 수치적 정확성, 모델링 편의성 및 보강재 부재력 산출 등의 측면에서 각각 실무에 적용하는데 장·단점이 있다.

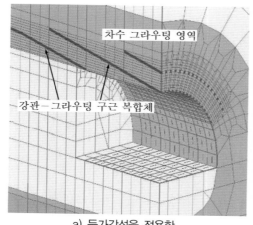

a) 등가강성을 적용한
터널 보조공법 모사

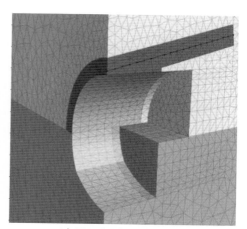

b) 구조요소를 적용한
강관다단그라우팅 모사

그림 7.5.22 터널보조공법의 수치해석 예

5.4.4 경계조건 변화를 고려한 3 차원 해석

터널형상과 지형 및 지층조건이 종방향으로 균일한 경우에는 시공과정을 고려한 하중분배율 개념을 적용하여 2 차원 평면변형상태로 수치 해석할 수 있다. 그러나 지반이 불연속적이고 불균질할 때는 3 차원해석 해야 터널거동을 파악할 수 있다.

지반조건 (암종, 불연속 지층, 상부지형 등) 이 변화되거나, 종방향으로 터널형상 (피난 연결통로, 비상주차대 등) 이 변화되거나, 터널에 근접하여 터파기하거나, 터널 상부 지표에 구조물이 있어 터널거동이 영향을 받는 경우에도 3 차원으로 수치해석 해야 터널거동을 파악할 수 있다.

1) 지반조건 변화구간

초기응력 (중력, 구조지질응력, 지진이력 등) 이 평형을 이루고 있는 지반에 터널을 굴착할 때에는 시공 중 및 완공 후 운용기간 동안 주변지반에 발생된 불균형력을 정확히 예측하여 관리해야 한다. 암종과 지층이 변하거나, 지중에 특정한 방향성을 갖는 단층 및 단층파쇄대가 존재하거나 (그림 7.5.23a), 터널 상부지형이 급격히 변화 하는 경우 (그림 7.5.23b) 에는 초기응력이 균일하지 않으며, 이때에 터널을 굴착하면 주변지반이 3 차원적으로 거동한다.

최근에는 컴퓨터의 성능이 발달하고, 요소 자동생성 기능을 가진 상용 유한요소 프로그램이 다양하게 개발됨에 따라, 불연속 지층이나 복잡한 지형 등 실제 형상을 거의 완벽하게 모사할 수 있다.

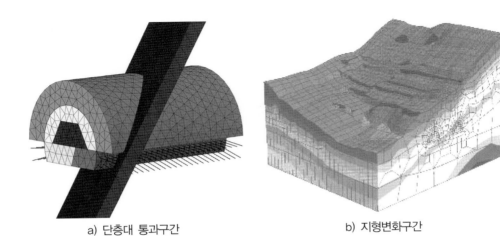

a) 단층대 통과구간   b) 지형변화구간

그림 7.5.23 지반조건 변화부 3 차원 수치해석 예

2) 터널형상 및 하중조건의 변화구간

균질한 지반에서는 터널굴착 중에 굴진면의 위치나 지보공의 설치공정에 따라서 종방향 변형이 유발되는 경계조건인 경우가 많다. 그러나 이러한 경계조건이더라도 변형이 횡단면에서 지배적으로 발생하기 때문에, 터널의 단면은 평면변형률상태로 간주할 수가 있다. 이 조건에서는 하중분배율로 시공과정을 모사하고 2차원적으로 수치해석 하여 터널의 안정성을 검토할 수 있다.

그러나 터널과 주변지반의 형상이 변화하여 종방향 변형을 배제할 수 없는 경우에는 3차원 수치해석을 수행해야 터널안정성을 파악할 수 있다.

환기소 터널과 본선터널의 접속부 (그림 7.5.24a) 나 평면변형률 형상이 아닌 터널 입·출구부 (그림 7.5.24b) 는 입체요소로 실제 형상과 거의 동일하게 모사하면 그 곳에서 발생되는 응력집중과 3차원 변형특성을 파악할 수 있다.

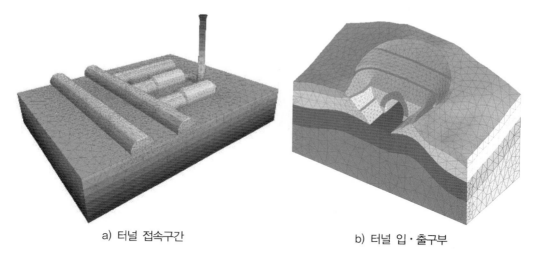

a) 터널 접속구간   b) 터널 입·출구부

그림 7.5.24 터널 형상변화부 3차원 수치해석 예

신설터널 주변에 기존터널이 있거나 가까운 지상에 건축물이 존재하여 초기지중응력에 영향을 미치는 경우 (그림 7.5.25) 에는 기존구조물도 응력-변형률 거동 검토 대상에 포함시킨다. 구조물 분포형태를 고려하여 3차원 수치해석을 수행하여 초기지중응력의 변화 및 인접 구조물에 작용하는 터널굴착의 영향을 분석한다.

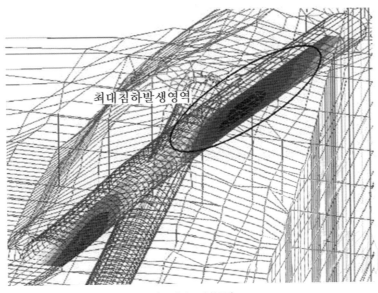

a) 터널 교차구간

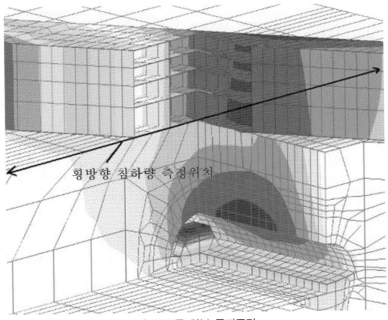

b) 구조물 하부 통과구간

그림 7.5.25 터널 주변 구조물을 고려한 3차원 수치해석 예

5.4.5 유한요소법에 의한 터널 3차원 수치해석 예

3차원 유한요소해석을 통하여 병설터널 굴착 시 주변지반의 거동 및 지보공 작용하중과 지표면 침하정도를 확인한 예와 그 결과를 제시한다.

1) 해석 개요

폭 $13.0\,m$ 인 터널(지표로부터 터널 바닥깊이 $48.3\,m$)이 좌우로 나란히 병설되어 있으며, 필라 폭은 $1.5D$ 이다. 지표로부터 토사층(두께 $30\,m$)과 연암층(두께 $30\,m$)이 있으며, 그 하부는 경암층이다. 터널은 연암층에 위치하며, 상·하 분할굴착하고, 굴진장은 상하 각각 $2\,m$ 로 하고, 숏크리트(두께 $16\,cm$)와 볼트(길이 $4.0\,m$, 간격 $1.5\,m$)로 지보한다(그림 7.5.26).

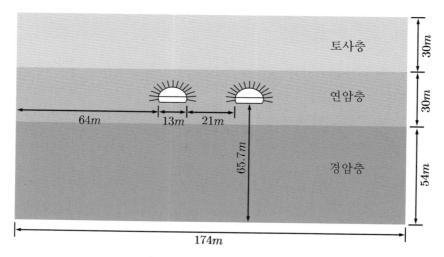

그림 7.5.26 지층조건 및 터널규모

2) 입력 물성치

지보공과 지반에 대한 입력 물성치는 표 7.5.6 및 7.5.7 과 같이 현장지반과 일반적인 지보공에 대한 값을 적용한다.

표 7.5.6 지보재 특성

구 분	단위중량 $[kN/m^3]$	푸아송비 ν	탄성계수 $[MPa]$	직경/두께 $[m]$
볼 트	78.5	0.3	210,000	0.025
숏크리트	24.0	0.2	1,500	0.16

표 7.5.7 지반특성(입력 물성치)

구 분	단위중량 $[kN/m^3]$	점착력 $[kPa]$	내부마찰각 $[\,°\,]$	포아송비 ν	탄성계수 $[MPa]$
토사층	19.0	15	30	0.34	40
연암층	23.5	200	33	0.30	900
경암층	26.0	3000	42	0.25	6100

3) 지반과 지보재 모델링

지반은 고체요소 (solid element) 로 모델링하고, 숏크리트는 판 (plate) 요소, 볼트는 트러스 (truss) 요소로 모델링한다 (그림 7.5.27).

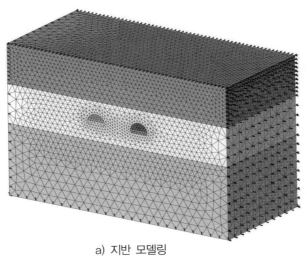

a) 지반 모델링

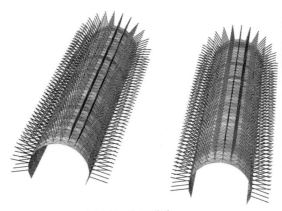

b) 지보재 모델링

그림 7.5.27 지반 및 지보재 모델링 예

각 지층별 지반특성을 입력하고, Mohr-Coulomb 모델을 적용하여 해석하며, 좌우 경계면에서는 수평변위를 구속하고, 바닥면 경계에서는 연직변위를 구속하였다.

4) 시공단계 모델링

지반의 초기응력 조건을 부여한 후에 시공단계 순서에 따라 굴착 및 지보재 설치 단계를 지정하여 해석을 수행하였다 (그림 7.5.28).

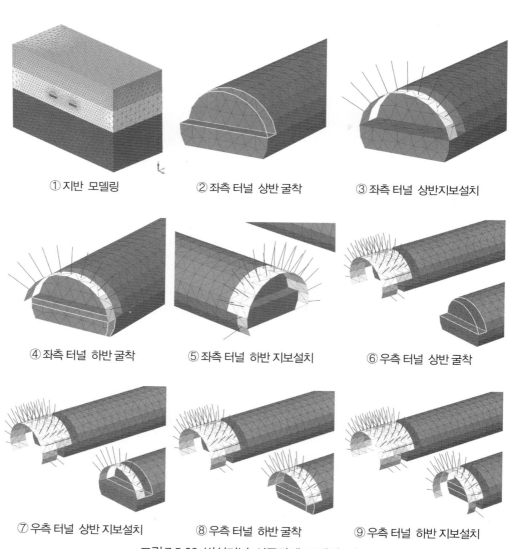

① 지반 모델링   ② 좌측 터널 상반 굴착   ③ 좌측 터널 상반지보설치

④ 좌측 터널 하반 굴착   ⑤ 좌측 터널 하반 지보설치   ⑥ 우측 터널 상반 굴착

⑦ 우측 터널 상반 지보설치   ⑧ 우측 터널 하반 굴착   ⑨ 우측 터널 하반 지보설치

그림 7.5.28 병설터널 시공단계 모델링 예

5) 해석 결과

수치해석하여 터널주변지반의 응력과 변위분포를 구하고, 볼트 축력과 숏크리트 응력 및 지표 침하를 구하였다 (그림 7.5.29).

① 응력 분포

병설터널 굴착으로 인한 최대주응력과 전단응력도 또는 소성도를 확인하여 터널 간 적정 이격거리 (필러 폭) 와 터널 주변지반의 이완영역을 확인하였다.

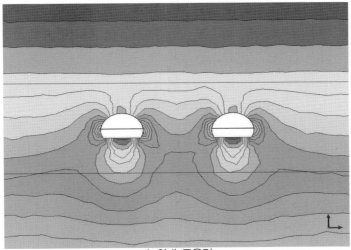

a) 최대 주응력

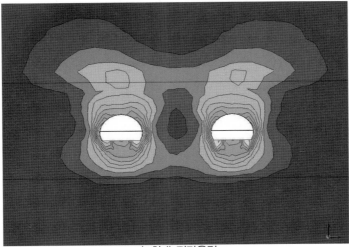

b) 최대 전단응력

그림 7.5.29 터널주변 최대주응력과 최대전단응력 예

② 천단침하 경향

터널 시공중 안정성은 터널 굴착단계별 천단변위의 크기와 경향을 검토하여 사전 예측하고 시공관리 자료로 활용한다. 또한, 최대 천단변위를 구하여 허용치와 비교해서 터널시공 중 안정성을 판정한다 (그림 7.5.30).

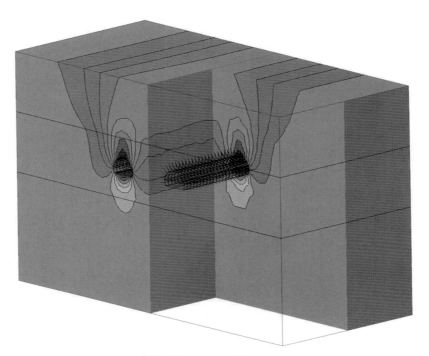

a) 터널주변지반 연직침하 분포

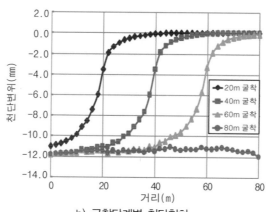

b) 굴착단계별 천단침하

그림 7.5.30 터널주변지반의 연직침하분포와 굴착단계별 천단침하 예

③ 볼트 축력

볼트에 작용하는 축력은 위치별로 확인하며, 경향을 파악하고 최대축력이 허용 값 ($f_y A_s$) 보다 작게 발생하면 안정한 것으로 판정한다 (그림 7.5.31).

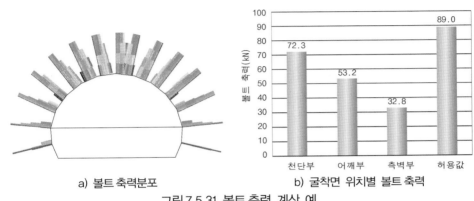

a) 볼트 축력분포　　　　　　　b) 굴착면 위치별 볼트 축력

그림 7.5.31 볼트 축력 계산 예

④ 숏크리트 응력

숏크리트에 작용하는 휨 압축응력을 위치별로 확인하여 경향을 파악하고, 최대 휨 압축응력이 허용압축응력 $0.4f_{ck}$ 보다 작으면 안정한 것으로 판정한다 (그림 7.5.32).

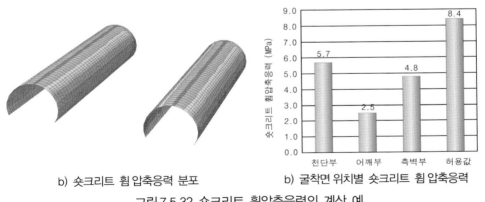

b) 숏크리트 휨압축응력 분포　　　b) 굴착면 위치별 숏크리트 휨압축응력

그림 7.5.32 숏크리트 휨압축응력의 계산 예

⑤ 지표면 침하

지표면 침하의 발생경향과 최대 침하량을 구하고 허용치와 비교해서 안정성을 판정한다. 지표침하는 터널 중심부에서 가장 크고, 횡단방향으로 이격거리가 증가함에 따라 급격히 감소하는 경향을 보인다.

6. 터널 수치해석 결과의 평가

터널과 주변지반 및 인접 구조물의 변형이나 부재력 등을 탄성이론과 소성파괴 이론에 기초한 (이론적) 방법으로 알 수 없을 때에는, 2차원 또는 3차원 수치해석 을 수행하여 안전율을 구하고 이론적 방법과 비교할 수 있다.

지보공이나 가시설 및 인접구조물 등을 구조요소로 모사하면, 구조부재의 부재력 (축력, 모멘트 및 전단력) 을 구할 수 있다. 또한, 터널 굴착 개시단계부터 시공완료 시까지 터널구조물과 굴착면 주변지반 및 인접 구조물의 미시적거동과 거시적 거동 을 구할 수 있다.

터널시공은 일정한 공종이 반복되는 작업이며, 굴착이 진행됨에 따라서 굴착면 주변 경계조건과 구조요소 특성이 3차원 응력상태에서 2차원 평면변형률 상태로 변하고, 무지보 상태에서 최종 콘트리트 라이닝 설치상태로 변한다.

따라서 시공 상태를 고려하고 수행한 굴착단계별 해석결과 (각 요소의 변위, 응력, 파괴접근도, 주변지반의 이완정도, 응력상태 등) 로부터 굴착면 주변 지반요소와 구조 요소의 (응력-변형 거동과 파괴 접근도 및 주변지반의 이완정도 등) 미시적 거동과 터널을 포함한 지반전체의 거시적 거동을 검토하여 터널의 안정성을 평가한다.

터널 시공과정에서 가장 위험한 시점은 굴착 직후 무지보 상태일 수도 있고, 굴착 완료 후 2차원 평면변형상태일 수도 있다.

터널거동에 대한 수치해석 결과는 굴착단계별 안정성 평가의 근거로 활용할 수 있다. 터널의 수치해석 결과는 미시적 (6.1 절) 은 물론 거시적 기준에 따라 평가 (6.2 절) 하며, 터널시공 중에 실시한 계측결과로 검증하여 평가 (6.3 절) 하고, 복합적 관점으로 적절하게 평가하여 설계에 반영한다.

6.1 미시적 평가

터널의 미시적 평가는 구조적 파쇄대 등이 없거나 영향이 미약한 지반에 적용하며, 지반을 연속체로 보고 (유한요소법 등으로) 수치해석하여 지반 및 지보공 각 요소가 재료파괴상태에 도달했는지를 판단하여 평가하는 것을 의미한다.

터널의 미시적 평가에서는 터널을 수치해석해서 구한 응력-변형률에 관한 정보로부터 지반 **(6.1.1 절)** 과 지보공 **(6.1.2 절)** 의 구조적 안정성 (굴착면 주변지반과 지보재의 재료파괴) 을 판단한다. 터널 주변지반의 안전성 (전단파괴) 은 지반을 평면 또는 입체요소로 모사하고 수치해석해서 응력 (압축응력, 인장응력, 전단응력) 과 변형 (체적변형, 전단변형) 을 구해서 확인한다. 지보공의 안정성은 지보공을 구조요소 (보요소, 봉 요소) 로 모사하고 부재력 (축력, 전단력, 모멘트) 과 변형을 구해서 확인한다.

6.1.1 지반평가

터널굴착에 의한 지반파괴는 불연속면의 거동에 의한 지질구조 파괴와 터널굴착에 의해 유발된 불평형력에 의한 응력파괴로 구분하며, 지질구조 파괴는 불연속체 해석하고, 응력파괴는 연속체 해석하여 파악한다. 규칙적인 절리를 갖는 지반은 직교 이방성 모델이나 편재절리 모델을 적용하고 연속체 해석법을 적용하여 해석하여도 그 거동을 근사적으로 분석할 수 있다.

미시적 평가에서는 해석결과를 분석하여 지반의 파괴여부와 파괴형상을 판단한다. 지반이 파괴상태에 도달되면 터널과 주변지반에 상당한 크기의 변형이 발생되어 터널과 주변 구조물의 사용성에 문제가 된다. 따라서 터널의 안정은 터널 및 주변지반과 지보공의 파괴뿐만 아니라 과도한 변형의 발생여부도 파악하여 분석한다.

흙이나 취약 암반에 굴착한 터널의 안정성은 굴착에 의해 발생된 주변지반 응력으로부터 판단할 수 있다. 지반이 선형 탄성-완전소성 거동하는 것으로 연속체 해석하여 전단강도-전단응력비나 소성역으로부터 지반파괴나 그 형상을 확인할 수 있다. 터널 주변지반에 발생된 소성영역 (그림 7.6.1) 으로부터 볼트길이를 정하고 콘크리트 라이닝에 작용하는 이완하중을 산정한다.

소성영역이 형성되었다고 터널이 붕괴되는 것은 아니다. 항복 이후 (소성상태) 의 응력-변형거동은 소성유동 법칙을 따르며, 수치해석 프로그램마다 결과가 다를 수 있으므로 기존 경험적 자료를 이용하거나 시공 초기단계에서 확인한 후 적용한다.

등압 상태인 지반에 원형터널을 굴착하는 경우에 탄성해석하고 각 굴착단계별로 측벽부의 수직 및 수평응력 (그림 7.6.2a) 과 천단 및 측벽부의 응력경로 (그림 7.6.2b) 를 구하면, 터널굴착 전 및 굴착완료 단계를 제외하고 나머지 단계 굴착 중에 발생되는 주변지반의 응력변화를 3 차원 해석해야 실제와 근사한 예측이 가능함을 알 수 있다.

그림 7.6.1 수치해석에 의한 소성영역 발생 예

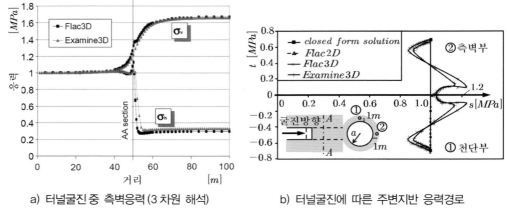

a) 터널굴진 중 측벽응력 (3 차원 해석)   b) 터널굴진에 따른 주변지반 응력경로

그림 7.6.2 원형터널 주변지반 ($K_o = 1.0$) 의 응력과 응력경로 예

굴진면의 안정은 굴진면의 응력-변형률 관계곡선 (characteristic curve) 을 그려서 (그림 7.6.3a) 확인할 수 있다. 전단면굴착 (CASE 1) 하면 큰 변형이 발생하지만, 분할 굴착하고 보조공법을 병용 (CASE 3) 하여 굴진면에서 응력-변형률이 적절한 수준을 유지되면 안정하다. 굴진면에 대한 응력경로 (그림 7.6.3b) 로부터 종방향 보조공법을 시행하면 굴진면의 안정성이 확보됨을 확인할 수 있다.

터널을 굴착할 때는 터널 자체의 안정성 (굴착면이 소요단면을 유지하는지 여부) 뿐만 아니라, 터널에 인접한 지중 시설이나 지상 구조물의 안정성도 고려한다.

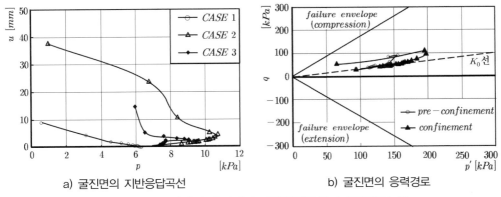

a) 굴진면의 지반응답곡선   b) 굴진면의 응력경로

그림 7.6.3 토사터널 굴진면의 지반응답곡선과 응력경로 예

흙 지반이나 취약암반에서는 터널굴착으로 인하여 응력이 재배치되는 과정에서 큰 변형이 발생되므로 터널굴착으로 인한 지반침하를 분석할 필요가 있다.

구조물 하부를 통과하여 터널을 굴착할 때에 발생하는 지반침하가 상부 구조물에 미치는 영향은 3차원 수치해석해서 분석한다. 이때 상부 구조물은 실제 형상을 구조 요소와 입체요소로 직접 모사하거나, 구조물 위치를 고려하고 입체요소로 모사한다.

구조물 위치를 고려하고 입체요소로 모사하면 수치 해석적 오류 가능성을 배제할 수 있으나, 구조물 손상여부는 안정도표 (그림 7.6.4) 를 이용하여 간접적으로 파악한다. 구조물을 직접 모사하면 터널굴착이 구조물에 미치는 영향을 부재력이나 부재 변형으로부터 알 수 있으나, 구조물과 지반의 interface 문제, 상대강성차이, 터널과 상대위치 및 기하 형상에 따라 해석결과가 다를 수 있으므로, 이를 고려해야 한다.

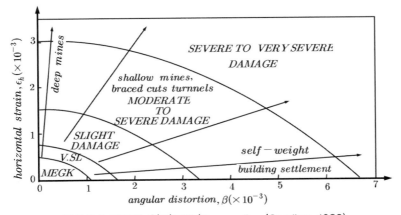

그림 7.6.4 구조물 안정도표 (Boscarding/Cording, 1989)

6.1.2 지보재 평가

터널은 시공과정이 복잡하고 지반조건이 불확실하여 이론이나 수치해석으로 모든 공정을 완벽하게 안정한 상태로 제어할 수 없고, 굴착 초기단계의 현장 지반거동을 분석해야 정확한 예측이 가능하다. 경계조건이 단순하지 않을 때는 이론적 방법보다 수치해석에 의한 안정성평가의 신뢰도가 높다. 그러나 취득할 수 있는 지반의 공학적 특성 자료가 제한적이고 근사화 및 대표화 시킨 지반모델을 적용해야 하므로 여전히 불확실성을 내포하고 있다. 따라서 이론적 방법을 적용하여 개략적으로 안정성을 평가하되, 통계적 분포를 갖는 자료를 적용하여 굴착에 따른 지반의 붕괴확률이나 지보재의 파괴확률을 분석해서 터널 전 연장에 걸쳐 분포하는 불확실성을 고려하는 것이 합리적이다.

지보공은 지반의 응력-변형 특성과 파괴메커니즘에 따라 발생되는 부재력을 분석하여 미시적으로 평가한다. 지보공의 부재력은 터널과 주변지반의 변형과 함께 터널 굴착 및 지보설계 적정성을 판단하는 주요 요소이다. 지보공 부재력의 적정성은 (설계목표에 따라) 허용기준을 정하여 판단한다.

굴착 직후에 설치하는 1차 지보공 (숏크리트) 은 허용응력설계법을 적용하고, 굴착 완료 후에 설치하는 2차 지보공 (콘크리트 라이닝) 은 강도설계법으로 설계한다.

지보량은 주로 경험적 암반분류법에 의한 추정식을 사용하여 선정하되, 수치해석 해서 부재력이 허용응력이나 공칭강도 이내에 있는지 검토한다. 공칭강도는 부재 하단의 인장균열을 고려하여 부재강도의 약 80 % 정도이고, 허용응력은 탄성범위 내 부재강도의 50 % 이다. 1차 지보공의 부재력이 반드시 허용응력 범위 이내이어야 하는가 하는 문제는 방·배수 개념 등 터널공정 전반을 고려하여 포괄적으로 검토한다. 각부에서 부재력의 국부적 허용응력 초과에 따른 1차 지보공의 붕괴여부나, 균열이 발생된 숏크리트가 1차 지보로서 기능수행에 문제가 될지는 지반강도특성과 부재력 분포형상 및 시공 싸이클 타임을 고려하여 판단한다.

1차 지보공이 탄성거동하면, 2차 지보공 작용하중을 재래식 터널공법의 이완하중 개념을 적용하여 산정하는 것이 타당한지 검토할 필요가 있다. 그러나 터널의 설계와 시공에서 기술자의 역할이 분리되어 있으면 터널의 설계개념이나 역학적 측면에서 다소 불합리하더라도 지보공 거동의 정량적 범위를 경험적으로 설정하는 것이 불가피 하다. 일부 대표 단면이나 구간에 대해 수행한 수치해석에서 구한 지보공 부재력을 터널의 안정성 판단에 결정적 자료로 활용하는 것은 타당하지 않다.

지반특성곡선과 지보반응곡선을 작성하여 지보설치의 적정성을 판단할 수 있으며 (그림 7.6.5a), 이론식으로 지반과 지보재의 붕괴확률을 분석할 수 있다 (그림 7.6.5b).

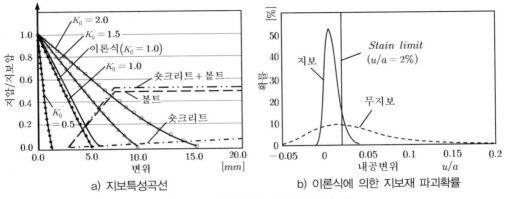

a) 지보특성곡선 b) 이론식에 의한 지보재 파괴확률

그림 7.6.5 지보설치의 적정성 평가 예

경계조건이 복잡할 때에는 지반정보를 최대한 많이 확보하고 실제거동에 부합하는 지반모델을 적용하여 경제성이나 효율성보다 정확성과 신뢰도 향상에 역점을 둔다.

최근에는 퍼스널 컴퓨터 등 하드웨어가 급속히 발달하고 다양한 수치해석용 프로그램이 개발됨에 따라 통계적 분포를 갖는 지반의 공학적 특성치를 적용하여 터널 전체연장에서 단면별로 수행한 수치해석의 결과로부터 터널의 안전성과 지보공의 부재력을 구하고 있다. 지보공의 파괴확률로부터 지보공의 위험도를 산정하고 그 역의 관계를 이용하여 지보패턴별로 신뢰도를 분석할 수 있다 (그림 7.6.6).

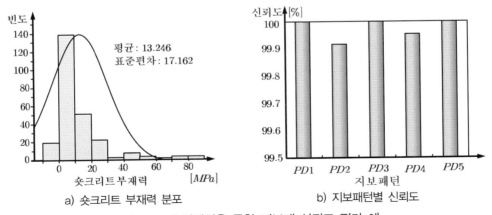

a) 숏크리트 부재력 분포 b) 지보패턴별 신뢰도

그림 7.6.6 수치해석을 통한 지보재 신뢰도 평가 예

6.2 거시적 평가

터널의 거시적 평가는 주변지반에 (절리나 단층 등) 구조적 파쇄대가 발달하여 터널거동을 지배할 가능성이 있는 경우에 적용하며, 불연속체를 포함한 지반과 터널의 전체적 거동을 해석하여 안정성을 평가한다. 반면에 미시적 평가는 주변지반을 연속체로 보고, 유한 요소법 등으로 해석하여 지반 및 지보공 각 요소가 재료파괴 상태에 도달했는지를 판단하여 평가한다.

불연속면이 존재하는 암반에 굴착한 터널 및 주변지반의 거동은 불연속면 공학적 특성 및 공간적 분포 특성에 의해 지배되므로, 터널 설계 및 시공 단계에서 불연속면이 터널의 거동에 미치는 영향을 반드시 고려해야 한다 (이상덕 등, 2006).

불연속면은 불연속면 상태에 맞추어 모델링 (6.2.1 절) 한다. 소수 불연속면으로 분리된 암반은 불연속체로 간주하고 개별요소법으로 해석하거나, 개개 불연속면을 절리요소를 사용하여 명시적으로 모델링하고 유한요소법으로 해석한다. 반면 다수의 불연속면이 군을 이루는 지반은 절리를 개별적으로 모델링하면 대단히 비효율적이므로 준 연속체로 간주하고 비등방성 모델이나 multilaminate 모델을 사용하여 암시적으로 모델링하여 간접적으로 해석한다.

불균질하고 절리나 단층 또는 파쇄대 등 불연속면이 존재하는 암반에 굴착되는 터널에서는 불연속면의 영향 (6.2.2 절) 즉, 불연속면의 공학적 특성과 공간적 분포 특성이 터널의 거동에 미치는 영향을 고려한다.

6.2.1 불연속면의 역학적 모델링

터널 및 기타 지하공간을 시공하는 지반은 역학적 측면에서 연속체나 불연속체로 구분하며, 이에 따라 암반의 수치모델링 접근방법이 달라진다.

흙 지반이나 불연속면이 존재하지 않는 무결함 암반은 연속체 (그림 7.6.7a) 로 간주하며, 소수 불연속면으로 분리된 암반은 불연속체 (그림 7.6.7b) 로 간주한다. 한편, 절리암반과 같이 다수 불연속면이 군을 이루는 경우에는 불연속면의 효과를 간접적으로 고려하는 준 연속체 (그림 7.6.7c) 로 간주한다.

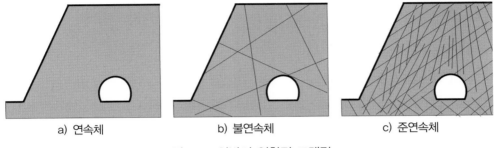

a) 연속체	b) 불연속체	c) 준연속체

그림 7.6.7 암반의 역학적 모델링

불연속체로 간주되는 암반은 ① 불연속체 개념의 개별요소법 (Cundall, 1987) 을 적용하여 해석하거나 ② 절리요소 (Goodman 등, 1968, Gahboussi 등, 1973, Desai 등, 1984) 로 각 불연속면을 명시적 모델링 (explicit modelling) 하고 유한요소법으로 해석한다.

절리가 다수 존재하는 암반은 각 절리의 공간적 분포특성과 역학적 특성을 개별적으로 모델링하면 매우 비효율적이고, 이런 암반은 역학적으로 연속체 거동을 나타내므로, 비등방성 모델이나 **multilaminate** 모델 (Zienkiewicz/Pande, 1977) 을 이용하여 준 연속체로 간주하고 암시적 모델링 (implicit modelling) 하여 해석한다.

6.2.2 불연속면의 영향

터널과 지하공간의 설계 및 시공에서는 지반의 공학적 특성 평가가 대단히 중요하므로, 대상 암반의 특성 (암종 및 암석의 강도, 절리 및 풍화 발달상태) 과 응력이력 및 지하수 존재 여부를 정확히 평가하여 설계 및 시공에 반영한다.

터널이 시공되는 암반은 불균질하고 불연속면이 존재하는 경우가 많으며, 여기에 굴착되는 터널에서는 불연속면의 공학적 특성과 공간적 분포 특성이 터널의 거동에 미치는 영향을 고려한다.

선정된 터널단면에 대하여 유한요소법이나 유한차분법 등으로 수치해석하고, 그 결과를 토대로 터널의 거동과 지보패턴의 타당성 등과 구조적 안정성을 검토한다. 수치해석 결과의 타당성은 주변 암반 및 지보시스템에 대한 수치모델링의 적합성에 따라서 결정되며, 특히 불연속면을 포함하는 암반에서는 불연속면에 대한 모델링의 적합성에 의해 좌우된다.

그러나 불연속면에 대한 구체적 모델링기준이 아직 정립이 되어 있지 않고 이에 대한 인식부족으로 인하여 실무에서는 불연속면에 대한 모델링이 거의 이루어지지 않고 있다.

암반의 역학적 특성을 인위적으로 감소시키는 방법을 적용하여 불연속면을 설계에 반영하면, 불연속면이 터널 및 주변 지반의 거동에 미치는 영향에 대한 정성적인 평가나 정량적인 평가가 매우 어렵고, 부적절한 설계나 시공을 초래하게 되는 경우가 많다.

불연속면은 터널과 주변지반의 응력-변형률 거동은 물론 숏크리트 라이닝의 응력 분포에도 현저한 영향을 미친다. 따라서 불연속면을 적절하게 모델링할 경우에만 불연속면의 상대변위로 인하여 발생되는 변위의 패턴이나 불연속면에서 발생하는 국부적인 불안정 현상을 모사할 수가 있고, 터널의 설계와 시공에 적용할 수 있는 현실적인 결과를 얻을 수 있다.

숏크리트의 축력이나 휨모멘트도 불연속면의 모델링 여부에 따라 매우 다른 경향으로 발생된다. 불연속면을 경계로 상대변위가 발생하여 불연속면 관통부 주변에서는 축력 (그림 7.6.8a) 과 휨모멘트 (그림 7.6.8b) 가 현저하게 증가하고, 전단응력이 집중되어, 전단응력 등고선 (그림 7.6.8c) 이 비대칭이 된다.

계측결과로부터 주변지반의 불연속면 분포상태를 예측하여 시공 중에 능동적으로 대처할 수 있는 방법을 개발해야 한다. 이를 위해 불연속면의 공간적 분포에 대한 매개변수의 변환을 연구해야 하고 불연속면 분포특성에 따른 터널의 거동을 패턴화할 필요가 있다.

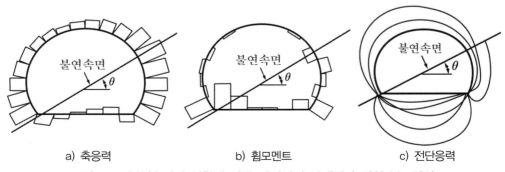

a) 축응력   b) 휨모멘트   c) 전단응력

그림 7.6.8 불연속면의 영향에 따른 라이닝의 부재력과 변위 분포양상

6.3 계측검증을 통한 평가

지반은 공학적 성질이 매우 복잡하여 모델링하는데 한계가 있기 때문에 터널해석을 통해 구한 지반과 지보재의 변위나 응력이 시공 중 계측한 결과와 상이한 경우가 많다. 따라서 계측결과를 분석하고 평가하여 입력자료의 적합성과 지보설계의 적정성을 검토한다. 계측결과를 참조하고 입력 자료를 수정해서 해석결과와 계측결과가 부합될 때까지 안정성 해석을 반복한다. 해석결과와 계측결과가 부합되면 그 값을 적용하여 재설계한다.

터널을 시공하는 동안 계측 **(6.3.1 절)** 을 수행하여 해석 입력 자료와 지보설계의 적정성을 검토하고, 굴착 후 내공변위와 지표침하 및 지중변위에 대한 계측결과로부터 암반거동 **(6.3.2 절)** 을 파악할 수 있다. 계측변위를 유한요소법 등을 이용하여 현장에서 역 해석 **(6.3.3 절)** 하여 암반의 역학정수를 구해서 터널의 시공관리 기준치로 설정한다.

6.3.1 터널 계측

터널계측에서는 터널갱내를 관찰하고 암반거동, 지보부재, 지표면 침하 (얕은 터널) 등을 계측하며 경시 변화도와 분포도 및 굴진면 진행과의 관계 도면을 작성한다. 터널계측은 터널과 주변 암반의 안정성을 평가하고, 설계 타당성을 확인하며, 주변 구조물에 미치는 영향을 파악하는데 필요한 자료를 획득하고, 현장상황을 파악하기 위하여 실시하며, 부수적으로 계측결과를 역해석하여 물성치를 구해서 각종 판단 근거로 활용할 수 있다.

계측결과는 시공방법 (굴착단면 분할, 시공순서, 시공시기, 굴착속도, 사용재료), 암반조건 (지질, 피복두께, 용수상태, 약층상태), 계측방법 (사용계기, 설치상황) 을 참조하여 계측항목이나 현장상황을 판단한 후 지질공학, 토목공학, 계측공학의 측면에서 분석하고 계측 관리 기준치를 정하여 터널의 안전성을 관리한다. 계측결과로부터 터널거동을 예측해서 될수록 빨리 시공에 반영한다.

터널의 전체연장에 대한 정기계측결과로부터 암반거동과 현장상황을 판단해서 시공관리에 활용한다. 시공 중에 계측치 경시변화와 계측항목 간 상호관계를 검토하여 암반의 상태변화를 수시로 판단한다. 계측한 측정치가 작다고 지반이 안정한 상태라고 할 수 없는 경우가 있다.

6.3.2 계측을 통한 암반거동의 평가

암반거동은 굴착 전에는 정확히 파악하기가 어렵고, 굴착 후 내공변위와 지표면 침하 및 지중변위에 대한 계측을 통해 파악할 수 있다.

1) 내공변위 (Convergence)

초기 측정치로부터 내공변위 수렴시기와 최종 변위량을 예측하여 암반과 지보공의 안정성을 판단한다. 내공 변위량 u 는 굴진면 (직경 D) 의 이격거리 L 과 지수함수 관계라 하고 겉보기 **creep** 계수 ξ 를 적용하여 근사적으로 산출할 수 있다. 점탄성 암반에서는 내공변위가 시간에 따라 변하므로 우변에 시간함수를 추가한다.

$$u = u_m \left(1 - e^{\xi(L/D)}\right) \tag{7.6.1}$$

내공변위는 굴진면에서 $(2 \sim 3)D$ 만큼 떨어지면 수렴하며 3차원 FEM 해석으로 확인할 수 있다. 지질이나 시공조건이 크게 변하지 않을 때에는 실측치로부터 최대 변위속도와 수렴 시 최대 변위량의 관계를 구하여 시공 중 변위와 내공변위를 예측할 수 있으므로 (그림 7.6.9), 측정개시 시기와 굴착 후 측정 빈도 및 측정법을 규격화할 필요가 있다.

라이닝 콘크리트를 타설하기 직전의 내공 변위량 및 변위속도와 폐합 후의 암반 하중 및 콘크리트응력의 관계는 콘크리트를 타설하기 전에 내공변위를 측정해야만 알 수 있다.

인버트를 타설하여 숏크리트 링을 폐합하면 내공변위가 급히 수렴하지만, 하중과 숏크리트 응력이 증가하여 숏크리트에 균열이 발생될 수 있다. 암반이 중경암이나 경암일 경우에는 계측을 통해 변위의 수렴을 확인하고 나서 2차 라이닝 타설시기를 판단할 때가 많다.

2) 지표면 침하

터널 상부에 있는 지상구조물의 부등침하는 지표침하 분포의 경사각과 기준치를 비교해서 관리한다. 허용 경사각은 구조물의 종류와 용도 및 형식에 따라 다르다. 미고결 암반에서 얕은 터널 상반을 빔 (beam) 부재로 보면 지표 침하량은 빔 휨량이며, 휨 분포형상으로부터 굴진면의 전방과 터널 상부 암반의 전단응력을 추정하여 지표 침하를 평가한다.

3) 지중변위

지중변위를 측정하여 불연속면 유무, 균열의 개구정도, 이완영역의 범위, 볼트길이 적부 및 지중 변위분포와 이완영역을 정성적으로 추정하며 경험을 필요로 한다.

등방초기지압 p_0 가 작용하는 등방탄성 암반 내 원형터널에서 지보내압이 없을 때 터널중심부터 거리 r 인 지반의 반경변위 u_r 는 다음과 같다.

$$u_r = \frac{1+\nu}{E} a_2 p_0 \tag{7.6.2}$$

탄성암반에서 지중변위분포형상은 아래로 볼록한 곡선이므로, 측정치를 직선으로 연결한 교점은 이완영역의 경계라고 하기 어렵다. 이완영역은 구간변형률분포, 경시 변화, 암반의 파괴변형률, 지질상황, 볼트 축력분포 등을 검토하여 결정한다.

6.3.3 역해석을 통한 평가

계측을 통하여 측정한 변위로부터 구한 지중 변형률과 지반의 한계변형률을 비교해서 터널 안정성과 지보부재의 적정성을 정량적으로 평가할 수 있다. 측정변위는 한 방향뿐이고 측정 데이터 개수도 한정되므로, 변형률 분포를 직접 구하기 어렵고 측정변위를 역해석하여 구한 굴착 전 초기지압과 탄성계수를 적용하고 탄성 해석하여 구한다.

변형률과 한계변형률을 상호비교하거나 계측변위의 경시변화를 역해석하여 이완 영역의 크기를 추정하며, 암반의 역학정수를 구하여 시공의 관리기준치로 설정한다. 최근 유한요소법 역해석 프로그램이 개발되어 계측결과를 현장에서 즉각 역해석할 수 있다.

⇨ 터널이야기

》 미국의 터널

미국 철도 터널은 과거에는 먼저 정설 도갱을 굴착하고, 아치를 따라 절개한 후 확장하여 한단 또는 두 단의 벤치를 만들어 굴착하였고, 유럽과 달리 **목재 아치 지보공**을 사용하였다. 개척 중인 서부에서는 라이닝 용도의 콘크리트나 벽돌, 석재 등을 입수하기가 어려웠고 개통을 서둘렀기 때문에 목재 아치 지보공이 설치된 상태에서 열차를 운행하게 하였다. 증기 기관차 열에 의해 타서 떨어지는 지보공도 발생하고 단점도 있었지만 목재 지보공은 큰 작업공간을 얻을 수 있었고, 나중에는 대형 굴착기에 의한 미국식 공법을 만드는 모태가 되었다.

미국에서는 Hoosac tunnel (연장 7,064 m) 이 1854~1876 년에 건설되었는데 압축공기 식 **착암기**와 **다이너마이트** 및 **전기뇌관**이 사용된 획기적 터널이었다.

후삭 터널은 경제적인 문제로 공사가 자주 중단되어 완성하는데 24년이나 걸렸지만 다수의 기술적으로 혁신적인 공적을 올렸다.

미국인 바리가 발명한 압축공기 구동식 착암기를 사용 (1866 년) 하였고, 처음에 **흑색화약**을 사용하여 굴착하였지만 나중에는 흑색화약을 대신한 **니트로 글리세린** (1867 년) 을 사용하여 터널을 굴착하였다.

이 시기는 유럽에서 알프스의 터널건설이 일단락된 시기이었기 때문에 장대터널의 건설이 주춤해졌지만, 미국에서는 로키 산맥을 관통하여 Moffat tunnel (연장 9,802 m) 이나 캐스케이드 산맥을 관통하는 New Cascade tunnel (연장 12,400 m) 이 계획되었다. Moffat 터널은 철도기사인 D. Moffat 에 의하여 처음으로 계획되었지만 자금 조달 문제로 실행되지 않다가, 1913 년에 덴버 & 솔트레이크 철도에 의해 다시 착수되어 1923 년에 착공되었다. 연장 9,802 m 로 평행한 선진 도갱을 굴착한 후에 본갱은 철도터널로 이용하였고, 도갱은 디트로이트 시의 하수관으로 이용했다.

제 8 장
터널과 지하수

제8장 **터널과 지하수**

1. 개 요

터널은 대개 지하수위 하부에 굴착하므로 용수가 발생하며, 용수가 많으면 굴착하거나 지보공을 설치하기가 어렵고 위험하므로 수발한 후에 작업해야 한다. 용수압력이 크면 라이닝에 수압으로 작용하여 안정을 저해하거나 터널내부로 유입되어 터널운용에 지장을 준다.

지반 내 물의 흐름 (2 절) 은 수두차에 의하여 발생되며, 지하수는 연결된 공간을 따라 흐르면서 흙 입자나 구조골격에 힘 (침투력) 을 가하고 (물체력 즉, body force 로 작용하여) 흙 지반의 단위중량을 변화시키며 구조골격을 이완시킨다. 지하수가 유출될 때 절리 충진물이 세굴되거나 세립분이 동반 유출되면 지반의 구조가 느슨해지고 강도가 저하되어 주변지반이 쉽게 이완되고 침하된다.

터널굴착으로 인한 지하수 흐름 (3 절) 은 둥근 섬의 중앙에 원형단면으로 굴착한 우물과 동일한 개념으로 풀 수 있다. 지반의 틈이나 파쇄대 또는 공동에 고여 있는 물의 수량이 많고 수압이 매우 크면 터널시공 중에 굴진면이나 측벽이 파괴되면서 돌발유출 되어 대형사고로 이어질 수 있다. 비배수 터널에서는 주변 지하수위가 변하지 않으나 전체 수압이 라이닝에 작용하고, 배수터널에서는 지하수가 터널 내부로 유입되지 않도록 차수 및 배수시스템을 설치하여 물을 외부로 배출한다.

2 차라이닝은 완공 후에도 정수압을 지지할 수 있도록 **라이닝에 작용하는 수압 (4 절)** 을 예측하여 휨모멘트가 작게 발생되도록 치수와 형상으로 설계한다. 수압이 매우 커서 2 차 라이닝만으로 지지하기 어려울 때나 용수량이 너무 많아서 배수계통으로 감당하기 어려울 때는 터널주변 일정범위 내 지반을 불투수성이 되도록 개량하여 용수량을 극소화 하고 개량지반이 대부분의 수압을 부담하도록 한다.

비배수 터널에서는 수압을 지지할 수 있도록 강성 지보구조물을 설치한다. 반면 배수터널에서는 지하수가 터널 내부로 유입되지 않게 **방수 및 배수시스템 (5 절)** 을 설치하여 유출되는 물을 측벽하부 배수관에 모아서 주배수관을 통해 배출시킨다. 터널의 방수는 무조건 물을 막는 데 치중하기보다 터널기능에 지장이 없는 범위 내에서 누수로 인한 손상을 줄이고 쉽게 보수할 수 있도록 하는 것이 중요하다.

2. 지반 내 물의 흐름

지하수는 지반 내부의 연결된 공간을 통해서 수두차에 의해 흐른다.

지반 내 지하수 흐름 (2.1 절) 은 흙과 암석에서 다르다. 흙과 암석의 흐름통로는 형상이 유사하지만 그 구조골격은 차이가 많다 (그림 8.2.1). 암석의 구성광물은 서로 결합되어 있어서 물의 흐름에 의해 구조가 변하지 않지만, 흙 입자는 결합되어 있지 않아서 그 구조골격이 물의 흐름에 의해 달라질 수 있다.

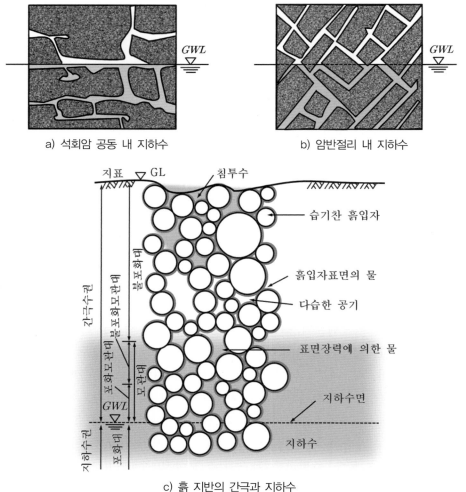

a) 석회암 공동 내 지하수   b) 암반절리 내 지하수

c) 흙 지반의 간극과 지하수

그림 8.2.1 지반의 공극특성과 지하수

흙 지반에서 입자간 공간 (간극) 에 있는 지하수는 연결된 간극을 따라 수두차에 의해 흐르며, 지하수의 흐름특성 **(2.2 절)** 은 흙의 구조골격은 물론 지하수의 특성 (밀도, 점성계수) 에 따라 다르다. 지하수가 흐르면서 흙입자나 구조골격에 가하는 침투력은 물체력 (body force) 으로 작용하여 (구성입자들이 결합되어 있지 않은) 흙 지반의 단위중량을 변화시키고 구조골격을 이완시킨다.

암반 내 지하수 흐름특성 **(2.3 절)** 은 연결된 공극의 특성에 따라 결정된다. 암석의 공극 내의 유체에 공극수압이 발생되면 구조골격에 작용하는 유효응력이 달라져서 암석의 강도나 변형성이 영향을 받으므로, 공극수압을 알아야 암반의 역학적 거동을 알 수 있다. 암반의 공극수압은 피에조미터나 전기식 압력계 또는 공기압 센서를 이용하여 측정한다. 암석의 투수계수는 실내에서는 토질시험에서와 같은 방법으로 결정하고, 현장에서는 standpipe 시험이나 packer 시험으로 결정한다.

지하수가 있으면 지반의 특성이 변화 **(2.4 절)** 하여 시공 중에는 물론 공용 중에도 터널의 안정에 영향을 미칠 수 있다. 지하수가 있으면 지반 강도가 변하여 지하수위 상·하부의 이완높이가 다르며, 오랜 동안 주변지반으로부터 용수와 함께 세립분이나 토사가 유출되어 지반이 느슨해져 지반침하가 일어나거나 지반아치 배면에 공동이 생겨 지반이 붕괴되거나 라이닝 아치부가 손상되고 터널이 붕락될 수 있다. 공극 내 물에 의해 암석의 광물이 용해되어 공동이 생기면 지반의 지지력이 감소하여 구조물의 안정성이 저해되고, 공동의 물이 터널 내로 유입되어 사고가 일어날 수 있다.

2.1 지하수 흐름

지하수는 강우가 침투하거나 인접수원에서 유입·생성되며 연결된 틈을 통해 흐른다.

지하수 흐름특성 **(2.1.1 절)** 은 지반과 지하수의 특성에 따라 영향을 받는다. 지하수 흐름은 지반을 균질하고 등방성 비압축성 물체로 간주하고 지하수 흐름방정식 **(2.1.2 절)** 을 직접 풀거나 유한요소 해석하여 구할 수 있다. 지하수는 흐름에 방해가 되는 흙 입자나 구조골격에 대해 힘을 가하며, 그 힘 즉, 침투력 **(2.1.3 절)** 은 단위부피당 작용력이며 물체력 (body force) 으로 작용한다.

2.1.1 지하수 흐름특성

지반은 생성원인이 다른 여러 가지 형태의 물을 내부공간에 포함하고 있으며, 그 중에서 일정한 수위를 유지하고 중력에 의해 흐르는 물을 지하수라 한다.

　지하수위는 대개 일정하지만 지표에 노출되어 샘이 되거나 지표를 따라 흘러서 수시로 변한다. 수두가 높은 곳에서 낮은 곳으로 물이 흐르는 성질을 투수성 (permeability) 이라고 한다. 지반 내 유로는 단면크기가 매우 작고 변화가 심하며 불규칙하게 연결되어 있어 물이 흐르기가 쉽지 않다. 따라서 지하수 흐름은 대개 층류 (laminar flow, 레이놀즈 수 Re< 2000) 이다. 흙속에서 난류 (turbulent flow) 흐름은 해석하기가 어려우며, 특수한 때에만 발생할 것으로 예상된다 (그림 8.2.2).

　지반의 구조골격은 압축성이며, 지하수의 표면장력과 모관력은 무시하고 점성과 밀도는 일정하다고 가정한다. 지반에 있는 공극의 형태는 석회암 균열과 암반절리 및 흙 지반의 간극이 가장 대표적이며 각각에 따른 특성은 다음 표 8.2.1 과 같다.

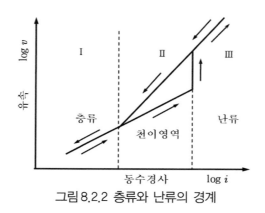

그림 8.2.2 층류와 난류의 경계

표 8.2.1 지반 공극형태에 따른 지하수 특성

공극형태	평균유속	흐름저항력	내부표면적	필터작용
석회암 균열	높음	낮음	작음	나쁨
암반 절리	형태·크기별로 다름	낮음	작음	보통
흙 지반 간극	낮음	양호	매우 큼	양호

　지하수는 수두차가 영이 아니면 흐르며, 흐르는 동안에 에너지손실 (수두손실) 이 발생한다. 단위거리를 흐르는 동안에 발생되는 수두손실을 동수경사 i (hydraulic gradient) 라 하며, 거리 L 을 흐를 때 발생되는 수두차가 Δh 이면 다음 크기가 된다.

$$i = \Delta h / L \tag{8.2.1}$$

　지하수 흐름이 층류일 때에 단위시간당 유량은 $q = Av$ 이고 동수경사 i 에 비례하므로, 침투속도 v 와 동수경사 i 사이에는 비례관계가 성립된다 (Darcy 법칙).

$$v \propto i, \quad v = k i \tag{8.2.2}$$

비례상수 k 는 hydraulic conductivity 또는 **투수계수** (coefficient of permeability) 라고 하며 공극의 형상 (크기, 굴곡) 에 무관하고 물의 성질에 의존 (밀도 ρ 에 비례하고 점성 μ_w 에 반비례 $k \propto \rho/\mu_w$) 한다. 투수계수 k 는 단위 동수경사 ($i = 1$) 가 되는 수두차에 의해 단위면적을 흐르는 지하수의 접근유속 v (superficial velocity) 이므로 속도의 차원 $[LT^{-1}]$ 이고 지반에 따라 일정한 고유 값을 갖는다 (그림 8.2.3).

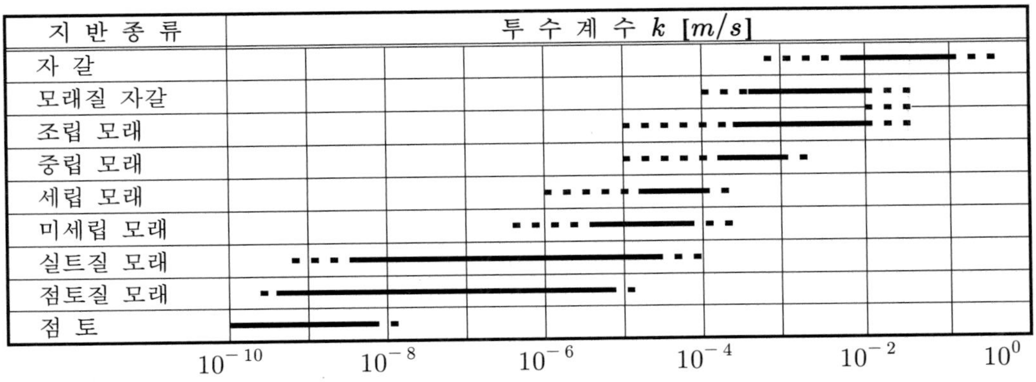

지 반 종 류	투 수 계 수 k [m/s]
자 갈	
모래질 자갈	
조립 모래	
중립 모래	
세립 모래	
미세립 모래	
실트질 모래	
점토질 모래	
점 토	
	10^{-10} 10^{-8} 10^{-6} 10^{-4} 10^{-2} 10^{0}

그림 8.2.3 지반에 따른 투수계수

물의 밀도 ρ 와 점성 μ 는 온도에 따라 다르므로 투수계수 k 도 온도의 함수이다. 투수계수 k 에 투수단면적 A 를 곱한 kA 값 (두께 d 인 투수층 단위 폭에 대해 kd) 은 배수능력 (transmissivity) 이라 한다.

단위시간당 유량 q 는 연속의 법칙으로부터 유속 v 에 단면적 A 를 곱한 크기이다.

$$q = v A = k i A \qquad \text{(8.2.3)}$$

여기에서 A 는 흙 입자와 간극을 포함하는 전체 단면적이며 (그림 8.2.4), 지반의 간극률은 $n < 1$ 이므로 실제 유로 (간극) 의 단면적 A_v 는 전체단면적 A 보다 작다. 따라서 실제 침투유속 v_v 는 접근유속 v 보다 크다.

$$v_v = v \frac{A}{A_v} = \frac{v}{n} = \frac{k i}{n} > v \qquad \text{(8.2.4)}$$

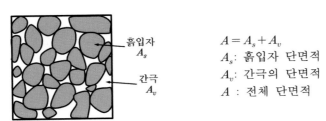

$A = A_s + A_v$
A_s: 흙입자 단면적
A_v: 간극의 단면적
A : 전체 단면적

그림 8.2.4 지하수의 통수단면

2.1.2 지하수 흐름방정식

균질하고 등방성인 완전 포화상태 비압축성 지반에서 지하수 흐름이 속도가 느린 층류이면, **Darcy** 의 법칙과 연속의 법칙 (continuity) 을 적용하여 지하수 흐름방정식을 유도할 수 있다. 흐름방정식은 편미분식을 직접 풀거나 유한요소해석을 실시하여 해를 구한다. 미소요소에서 유입수량과 유출수량이 같으면 구속흐름 (confined flow) 이라 하고, 다르면 불구속흐름 (unconfined flow) 이라 한다.

구속흐름에 대한 지하수 흐름 방정식은 다음과 같다.

$$\frac{\partial}{\partial x}\left(k_x \frac{\partial h}{\partial x}\right) + \frac{\partial}{\partial y}\left(k_y \frac{\partial h}{\partial y}\right) + \frac{\partial}{\partial z}\left(k_z \frac{\partial h}{\partial z}\right) = 0 \tag{8.2.5}$$

여기서, h 는 전수두이고, k_x, k_y, k_z 는 각각 x, y, z 방향의 투수계수이다.

불구속흐름에서는 유출량과 유입량이 같지 않으며 그 차이만큼 체적이 수축하며 피압대수층 흐름과 자유수면 대수층 흐름으로 구분할 수 있다.

피압 대수층의 흐름방정식은 단위길이 피압 대수층을 흐르면서 단위크기의 수두 저하가 발생되는데 필요한 단위부피당 배출수량 q $[m^3/m^3/m]$ 즉, 비저류계수 S_s (specific storage coefficient) 로 나타낸다.

$$\frac{\partial}{\partial x}\left(k_x \frac{\partial h}{\partial x}\right) + \frac{\partial}{\partial y}\left(k_y \frac{\partial h}{\partial y}\right) + \frac{\partial}{\partial z}\left(k_z \frac{\partial h}{\partial z}\right) + q = S_s \frac{\partial h}{\partial t} \tag{8.2.6}$$

비저류계수 S_s 는 L^{-1} 단위이고 보통 $S_s = 10^{-5} \sim 10^{-7} \, [m^{-1}]$ 이다.

자유수면 대수층의 흐름방정식은 피압 대수층의 흐름방정식 (식 8.2.6) 과 동일하나, 자유수면의 비저류 계수 S_s 가 무시할 만큼 작아서 식 (8.2.5) 에 가깝고 식 (8.2.6) 의 비저류 계수 S_s 대신에 비산출률 S_y (specific yield) 를 사용한다. S_y 는 자유수면의 단위 수두저하에 의해 단위 면적에서 배출되는 물의 양이며 $S_y = 0.01 \sim 0.30$ 이다.

3 차원 흐름방정식은 요소분할도 쉽지 않고, 계산 소요시간도 과다하기 때문에 대개 (y 방향의 흐름을 무시하고) 2 차원으로 단순화하여 문제를 해결한다.

구속흐름에 대한 **2** 차원 흐름방정식은 식 (8.2.5) 에서 다음과 같고,

$$\frac{\partial}{\partial x}\left(k_x \frac{\partial h}{\partial x}\right) + \frac{\partial}{\partial z}\left(k_z \frac{\partial h}{\partial z}\right) = 0 \tag{8.2.7}$$

불구속 흐름에 대한 **2** 차원 흐름방정식은 식 (8.2.6) 에서 다음과 같이 된다.

$$\frac{\partial}{\partial x}\left(k_x \frac{\partial h}{\partial x}\right) + \frac{\partial}{\partial z}\left(k_z \frac{\partial h}{\partial z}\right) + q = S_s \frac{\partial h}{\partial t} \tag{8.2.8}$$

2.1.3 침투력

지하수는 흐름에 방해가 되는 물체 (흙입자나 구조골격) 에 대해 힘을 가하는데 이 힘을 침투력 F_w (seepage force) 라고 한다. 침투력 F_w 는 단위부피당 작용력이며 물체력 (body force) 으로 작용하고 동수경사 i 에 물의 단위중량 γ_w 를 곱한 크기이다. 따라서 동수경사가 크면 침투력도 크다. 침투력의 중력방향 성분은 지반 단위중량을 증가시키고, 중력의 반대방향 성분은 지반 단위중량을 감소시킨다.

$$F_w = i\,\gamma_w \qquad\qquad\qquad\qquad\text{(8.2.9)}$$

터널 굴착면에서는 압력수두가 영이므로 지하수가 주변지반에서 터널 내부로 유입되는 동안 침투력이 작용하여 천단부에서는 작용압력이 증가하고 바닥에서는 구조골격이 이완된다. 흙 지반은 구성입자들이 결합되어 있지 않아서 (구조골격이 변할 수 있어) 침투력의 영향이 크다. 반면에 암반은 침투력의 영향이 크지 않다.

2.2 흙 속의 지하수 흐름

흙 입자들은 결합되지 않고 흙의 간극은 서로 연결되어 있어서 지하수 통로가 된다.

흙 속의 물 (2.2.1 절) 은 연결된 간극을 따라 흐르고, **흙의 투수성 (2.2.2 절)** 은 지반의 구조골격 및 지하수의 물리적 성질에 따라 달라진다.

2.2.1 흙 속의 물

흙은 구성입자들이 결합되지 않은 채 쌓여 있고 간극을 채우고 있는 물과 공기는 압력에 따라 압축되거나 연결된 간극을 따라 흐른다. 흙 지반의 지하수 흐름은 중력에 의해 발생되기 때문에 입도분포와 투수계수에 따라 다르며, 조립토에서는 비교적 빠르지만 세립토에서는 상당히 느리다. 침투력의 중력방향 성분은 흙의 단위중량을 증가시키고, 중력 반대방향 성분은 단위중량을 감소시키고 구조골격을 이완시킨다.

2.2.2 흙의 투수성

흙의 투수성은 지반의 구성과 구조골격 (흙입자 크기, 지반의 포화도, 간극의 배열 상태, 간극비) 은 물론 지하수의 물리적 성질 (점성계수) 에 따라 다르다 (그림 8.2.4). 특히 구조골격에 따라 간극 (통로) 이 달라지므로 조금이라도 교란되면 구조골격이 변하여 투수성이 달라진다. 점착력이 없는 흙 (사질토) 은 구조골격이 교란되지 않은 채로 시료채취가 어렵기 때문에 실제 투수계수를 현장에서 구할 수밖에 없다.

2.3 암반내 지하수 흐름

암반의 공극은 여러 가지 유체 즉, 기체 (공기, 메탄 등) 와 액체 (물, 석유 등) 로
채워져 있고, 공극에 있는 액체 중에는 경제성이 있는 자원 (석유, 음용수 등) 도 있다.
공극에 있는 물중에서 전기화학적으로 광물과 결합되어 있는 물을 제외하고 나머지
물은 유동성이어서 공극을 따라 흐를 수 있다.

암반 내 물 (2.3.1 절) 은 유동성이어서 공극을 따라 흐를 수 있고, 공극수압 (2.3.2
절) 을 유발한다. 암반의 투수성 (2.3.3 절) 은 물의 침투특성과 암반내 연결된 틈
즉, 유로의 형상에 의해 결정된다.

2.3.1 암반내의 물

암석에는 공극 (porous) 이 있으며, 흙에 비해 공극률 (전체부피에 대한 공극부피의
비율) 이 훨씬 작다. 대표적인 암석의 공극률 (porosity) 은 대체로 표 8.2.2 와 같다.

표 8.2.2 암석의 공극률

암석 종류	화성암	변성암	사 암	슬레이트	연석회암
공극률 [%]	< 2	< 2	1 ~ 5	5 ~ 20	20 ~ 50

무결함 암석에는 입자간 구조적 공간 (퇴적암), 입자배열에 의한 공간 (퇴적암반),
마그마 배출시 생성된 공간 (화성암)이 있는데 이를 초기공극 (primary porous) 이라
한다. 암반에는 편리나 층리 또는 절리 이외에도 외력에 의해 파괴되거나(파쇄대)
수용성 광물의 용해 (화학적 풍화) 또는 조직·결정의 와해로 인해서 생성된 공극이
있는데 이를 이차공극 (secondary porous) 이라 하고 공극률의 계산에 포함한다.

이차공극은 대체로 초기공극보다 크고 연속성이 좋으므로 암반의 투수성은 주로
이차공극에 의해 결정되고 암반종류와 관계가 적다. 반면 암석의 초기공극은 암석
종류별로 일정하므로 암석종류별 투수계수는 표 8.2.3 과 같이 일정한 범위에 있다.

표 8.2.3 암석종류별 투수계수

암석 종류	슬레이트	석회암	단단한 석탄	화성암·변성암
투수계수 $k \, [m/s]$	$10^{-12} \sim 10^{-9}$	$< 10^{-7}$	$10^{-6} \sim 10^{-4}$	$10^{-12} \sim 10^{-11}$

2.3.2 암반의 공극수압 측정

암반의 변형성과 강도는 흙에서처럼 유효응력에 의해 영향을 받으며, 삼축 시험을에서 측압별 축차응력-축변형률 관계 ($(\sigma_1 - \sigma_2) - \varepsilon_1$ 관계) 를 구하여 확인할 수 있다.

삼축 압축시험은 서로 연결된 공극 내에서 물이 흐를 수 있을 정도로 충분히 작은 변형률로 실시한다. 유효응력은 암반내의 공극수압을 측정하여 구한다.

투수성 암반의 공극수압 u 는 피에조미터를 보링공 내에 설치하여 측정한다. 이때에 측점 상하에 있는 고리모양 틈은 점토나 시멘트로 메운다. 피에조미터의 수위는 압력수두 u/γ_w 만큼 상승하며, 투수성이 작은 암반일수록 수위가 상승되는데 긴 시간이 소요된다. 공극수압은 전기식 압력계나 공기압 센서로 신속하게 측정할 수 있다.

2.3.3 암반의 투수성

지반 내 물의 흐름은 물의 특성 (압력, 자중) 과 유로의 형상 (크기, 굴곡) 에 의해 결정되고 그 흐름속도 v 는 다음과 같다 (μ_w 는 물의 점성계수).

$$v = -\frac{d^2}{\alpha}\frac{\gamma_w}{\mu_w}\frac{dh}{dL} \qquad (8.2.10)$$

$$= -K\frac{\gamma_w}{\mu_w}\frac{dh}{dL} = -k\frac{dh}{dL}$$

여기에서 K 는 물의 침투특성에 무관하고 유로 형상에 의존하며, 절대투수성 K (absolute permeability) 라 하고 단위 $[m^2]$ 이고, 투수계수 k 와 다음 관계가 성립된다.

$$K = k\mu_w/\gamma_w \qquad (8.2.11)$$

평행 절리 암반에서 절리에 평행한 흐름의 절대 투수성은 절리 폭 b 의 세제곱에 비례 ($K \propto b^3$) 하고 간격 s 에 반비례한다. 다음 관계는 절리 폭 $10\ \mu m$ 까지 적용된다.

$$K = \frac{b^3}{12s} \qquad (8.2.12)$$

2.3.4 암반 투수계수의 측정

암석은 시료채취한 후에도 물의 통로 (공극) 가 교란되지 않으므로 실험실에서도 투수성을 측정할 수 있다. 그러나 암반의 투수성은 주로 절리 등 이차공극상태에 의해 결정되므로 현장에서 시험해야 결정할 수 있다.

1) 실내시험

암석의 투수계수가 $k \geq 10^{-6} \, m/s$ 이면 투수성 암석이라고 하고, 투수계수 k 는 실내 토질시험과 동일한 방법 (등수두 시험과 변수두 시험) 으로 측정한다.

불투수성 암석에서는 압력파를 공시체의 한 단면에 가하고 반대측 면에서 압력의 감소를 측정하여 투수계수 k 를 결정한다. 그밖에 공시체를 통해 질소가스를 흐르게 하여 투수계수 k 를 신속하게 측정할 수도 있다.

2) 현장시험

현장에서는 standpipe 시험이나 packer 시험으로 투수계수 k 를 측정할 수 있다. 이 시험들은 (동수경사 i 를 모르는 상태에서 수행하므로) 주로 암반 불투수성을 판정하거나 (그라우팅 전과 후에 실시하여) 그라우팅의 효과를 확인하기위해 수행한다.

stand pipe 시험에서는 길이 l, 직경 d 인 stand pipe 를 보링공에 설치하고 수위를 측정한다. 일정량의 물을 주입한 후에 주입을 정지하고 stand pipe 수위가 어떻게 원래상태로 저하되는지 시간에 따른 수위를 측정한다. 초기수두 h_1 이고 t 시간경과 후 수두가 h_2 일 때 **투수계수 k** 는 다음과 같다. M 은 l/d 에 의존하고, 1 에 가깝다.

$$k \simeq M \frac{d^2}{lt} ln \frac{h_1}{h_2} \tag{8.2.13}$$

packer test 에서는 직경 d 인 보링공의 측정구간 (길이 l, 보통 $3 \sim 6 \, m$) 에 팩커를 삽입하고 유량 Q 를 주입하여 팩커의 수두를 h_1 으로 일정하게 유지하면서, 보링공에서 r 떨어진 보링공의 수두 h_2 를 측정하여 투수계수 k 를 다음 식으로 계산한다.

$$k = \frac{Q}{2\pi l (h_1 h_2)} ln \frac{2r}{d} \tag{8.2.14}$$

보통 하나의 보링공에서 실시하며, 일정압력 p 로 물을 주입하고 각 압력 p 마다 일정한 Q 에 도달 되도록 하여 (도달되지 않을 수도 있다) $p-Q$ 관계를 얻는다. $p-Q$ 관계곡선은 형상이 다양하므로 적절한 해석 (interpretation) 이 필요하다.

Lugeon test 에서 물을 압력 $1 \, MPa$ ($10 \, bar$) 로 주입하면서 단위길이에 대해 분당 유량 ($l/\min$) 을 측정하면 **Lugeon** 값이 되며, 1 Lugeon 은 hydaulic conductivity 가 $10^{-7} \, m/s$ 이다. Lugeon test 는 원래 그라우트 가능성을 판단하기 위한 시험이며, $Q > 1$ Lugeon 이면 그라우팅이 가능하고, $Q < 1$ Lugeon 이면 불투수성 암반이다. 그런데 주입압력이 $> 1 \, MPa$ 이면 일부 절리가 벌어질 수 있으므로 주의한다.

2.4 지하수에 의한 터널 주변지반의 특성변화

터널주변지반에 지하수가 존재하면 강도가 저하되고, 세립토가 유출되며, 암석구성 광물이 용해되어 공동이 생기고 지지력이 감소되고 주변구조물 안정성이 저해된다.

지하수가 있으면 지반의 강도가 저하 (2.4.1절) 되어 지하수위 위치에 따라 천단 상부 이완높이 (이완하중) 가 다르다. 용수와 함께 주변지반으로부터 세립토사가 장시간 유출 (2.4.2절) 되면 주변지반이 느슨해져서 광범위한 지반침하가 일어나거나 아치 배면에 공동이 생겨서 아치 부 라이닝이 손상되고 터널이 붕락될 수 있다.

지하수가 침윤된 굴착 바닥면이 반복하중을 받아 흡수·배수가 교대로 이루어지면, 표층이 점토화 되고 강도가 손실되어 연약해 지고 그 범위가 확대되면 바닥이 융기 되고 지보공기초가 침하되어 측압에 의하여 변위가 일어난다. 공극 내 물에 의하여 인접 암석의 광물이 용해 (2.4.3절) 되면 공동이 생겨서 지지력이 감소하여 구조물의 안정성이 저해되고, 공동의 물이 터널 내로 유입되어 사고원인이 될 수 있다.

2.4.1 지반의 강도저하

Terzaghi 는 지하수에 의해 모래의 강도가 변하며 (암석이나 점토에서는 무시하고) 같은 지질에서도 지하수위 상·하부에서 이완높이가 다르기 때문에 지하수위 하부의 이완하중이 상부의 2 배가 된다고 (표 8.2.4, **Terzaghi 이완하중**) 가정하였다. 모래에서는 함수비에 따라 강도가 변하고 동수압에 의해 유동하므로 배수시키는 것이 효과적이다.

굴진면의 상부와 하부에서 함수비가 다르면 원지반의 거동이 변하며, 이에 의한 영향은 특히 압기공법을 적용한 경우에 심하다. 이수실드공법은 이런 영향이 적고 함수비가 감소되지 않으며 동수압이 없어지기 때문에 사질토에 적당하다.

표 8.2.4 사질토에서 Terzaghi 의 이완하중　　　　　　　(단, t_B : 터널폭, t_H : 터널높이)

암 질		지하수위 상부	지하수위 하부
조밀한 모래	초기하중	0.27~0.60 $(t_B + t_H)$	0.54~1.20 $(t_B + t_H)$
	최종하중	0.31~0.69 $(t_B + t_H)$	0.62~1.38 $(t_B + t_H)$
다지지 않은 느슨한 모래	초기하중	0.47~0.60 $(t_B + t_H)$	0.94~1.20 $(t_B + t_H)$
	최종하중	0.54~0.69 $(t_B + t_H)$	1.08~1.38 $(t_B + t_H)$

Wickham 등의 **RSR 분류법**에서는 계수 A, B, C 의 합계점수 (만점 100점) 에 따라서 암반등급을 나누고 지하수 용수량과 갈라진 틈의 조건에 따라 표 8.2.5 와 같이 계수를 증감시켜서 암반등급을 다르게 하고 있다. RSR 분류법에서 용수에 의한 영향은 전체 점수의 10 ~ 20% 이지만, 용수의 영향이 가장 큰 흙 지반은 언급하지 않고 있다.

표 8.2.5 RSR 분류법에서 지하수 영향을 나타내는 계수 C

예상 용수량 ($l/min/m$)		계수 $A+B$					
		20 ~ 45			46 ~ 80		
		절리 상태					
		1	2	3	1	2	3
없음	0	18	15	10	20	18	14
소량	< 2.5	17	12	7	19	15	10
보통	2.5 ~ 12.5	12	9	6	18	12	8
다량	12.5 <	8	6	5	14	10	6

절리상태　　**1.** 양호 : 치밀 또는 보통.　**2.** 보통 : 약간 풍화·변질　**3.** 불량 : 심한 풍화·변질

Q 치에서는 용수영향을 표 8.2.6 과 같이 고려하고 지질에 상관이 없이 용수량과 수압에 따라 암석의 강도가 작아진다. Q 치에서는 흙지반은 고려하지 않고 있다. Q 치에서는 각 계수를 서로 곱하므로 물의 영향이 매우 큰 것처럼 보인다. 그러나 Q 치와 RSR 이 대수관계이기 때문에 용수에 의한 영향정도는 RSR 과 거의 같다.

표 8.2.6 Q 치에 대한 용수의 영향

절리간 물에 의한 저감계수	J_w	개략수압 $[MPa]$
A. 건조상태에서 굴착, 소량 용수, 국부적으로 < 5l/min	1.0	< 0.1
B. 보통정도 용수, 중간정도 수압, 절리충전물 유출	0.66	0.1~0.25
C. 충전물 없는 절리를 갖는 암반 내 다량용수, 높은 수압	0.5	0.25~1.0
D. 다량 용수, 높은 수압, 충전물의 상당량 유출	0.33	0.25~1.0
E. 발파시 예외적으로 다량 용수, 예외적으로 높은 수압, 시간경과에 따라 감쇄	0.2~0.1	> 1.0
F. 예외적으로 다량 용수, 예외적으로 높은 수압, 시간경과에 따라 감쇄 없이 지속	0.1~0.05	> 1.0
1. C 와 D의 항은 극히 개략적 추정치, 배수공을 설치하면 J_w를 늘린다. 2. 동결에 따른 문제는 고려하고 있지 않다.		

2.4.2 세립분의 유출

지하수가 터널 주변지반에서 터널내로 유출될 때 세립분이나 모래가 동반 유출될 수 있으며, 용수가 탁하면 원지반 세립분이 유출되는 징후이다. 특히 비중이 작은 화산회토, 미세모래, 바인더가 없는 세사 등은 용수에 의해 쉽게 유출된다.

세립분이 적고 (10% 이하) 균등계수가 큰 (5 이상) 모래에서는 용수와 함께 모래가 유출되어 굴진면이 유지되지 않을 때가 많다. 이때에는 지하수위를 저하시킨 후에 굴착한다. 지반이 너무 건조해도 자립하지 않으므로 적당한 습기가 있는 것이 좋다. 물이 흐르는 정도가 아니면 지하수가 강도에 미치는 영향은 크지 않다.

오랫동안 용수를 터널 내로 배출시킬 때에는 모래가 동반세굴되지 않도록 필터를 설치할 필요가 있다. 손상된 라이닝이나 배수구를 통해 용수와 함께 세립분이 유출되면 주변지반 전체가 느슨해져서 광범위한 침하가 일어날 수 있다.

또한, 토사가 유출되어 아치의 배면에서 공동화가 진행되면 원지반 붕괴가 확대되어 라이닝 아치부가 손상되고 천단지층의 평형이 깨어져서 붕락되는데 이런 예는 오래된 터널에서 자주 볼 수 있다. 대규모 붕락이 지표까지 이르러 지표함몰이 일어나는 경우도 있다.

2.4.3 광물의 용해

공극내 물은 인접 암석의 광물을 용해시킬 수 있다. 물이 흐르지 않는 상태에서는 포화농도에 도달되면 용해작용이 정지되지만 신선한 물이 계속 공급되면 용해작용이 지속되어 공동이 생긴다 (Karst 지형 등). 용해작용에 의해 공동이 발생되면 지지력이 감소하여 구조물 안정성이 저해될 수 있고, 공동 내 물이 터널내로 유입되어서 사고가 일어날 수 있다. 용해성은 농축암염 ($NaCl$), 석고 ($CaSO_4 \cdot 2H_2O$), 경석고 ($CaSO_4$) 등에서 크고, 이어서 석회암 ($CaCO_3$), 돌로마이트 등 순서로 크다. 석영도 용해되어 석영 절리는 100,000 년에 0.4 mm 정도씩 넓어진다.

공극 내 물에 의해 암석을 구성하는 일부 광물이 팽창되면 균열이 발생되어 전파된다. slate 와 shale 등 암석은 물과 접촉되면 물의 침투현상에 의해 폐쇄된 공극내 공기압이 증가되거나 삼투작용에 의하여 점토광물이 팽창되어 분리현상 (slake) 이 일어난다.

3. 터널의 수리

터널을 굴착하여 터널 내 압력수두가 영이 되면 주변지반과 터널 사이에 수두차가 발생하여 지하수가 주변지반으로부터 터널내로 유입되며, 이때 유입되는 지하수의 흐름거동은 수치해석하거나 이론식 (analytical solution) 으로 구한다.

터널의 수리거동에 대한 수치해석 모델은 많은 사람들에 의해 개발되어 터널설계에 적용되고 있고, 이론식은 수치해석결과를 평가하는 데 활용하거나 설계에 직접 적용한다.

터널은 지하수 처리방식에 따라 **배수 터널**과 **비배수 터널 (3.1 절)** 로 구분한다.

배수 터널에서는 배수시스템을 통해 터널의 내부에서 지하수를 집수하여 외부로 배출시키므로 라이닝 배면에 수압이 작용하지 않는다. 배수터널은 터널내부로 유입되는 지하수 수량이 적거나 지하수위가 저하되어도 사회·경제적 문제가 심각하지 않을 경우에 적용한다. 또한, 지하수위는 높지만 지반 투수성이 작아서 터널내부로 유입되는 지하수가 소량일 경우에도 적용한다.

비배수 터널에서는 지하수가 터널내로 유입되지 않으므로 주변지반 지하수위는 변하지 않으나 전수압이 라이닝에 작용한다. 용수가 바람직하지 않은 지하철 터널 등은 비배수형으로 설계할 때가 많다. 비배수 터널에서는 배수계통의 시설 및 운영비가 소요되지 않지만 수압을 지지할 수 있는 강성라이닝이 필요하다.

터널 주변지반 내 지하수 흐름 (3.2 절) 은 지반 투수성은 물론 지하수 공급원과 관계가 있다. **수저터널의 토피 (3.3 절)** 는 용수량이 최소가 되는 토피 또는 이보다 조금 얕은 깊이로 정한다.

복류수 취득을 위해 하천이나 호수의 바닥이나 수변투수층에 설치하는 **취수터널의 용수량 (3.4 절)**은 수저터널 용수량에 대한 식을 적용하여 계산한다.

굴진면의 용수량 (3.5 절) 은 굴진면과 대수층의 거리가 멀면 지하수흐름이 층류가되어 쉽게 계산할 수가 있으나, 거리가 터널반경 이내로 가까워지면 지하수흐름이 난류가 되어 계산하기 어렵다. 터널시공 중에 인접한 대수층 (공동이나 단층파쇄대 등) 에 고여 있던 물이 굴진면이나 측벽에서 돌발용출 되면 매우 위험하다.

3.1 배수터널과 비배수 터널

터널과 주변지반 사이에 수두차가 발생되어 지하수가 터널내부로 유입되면, 배수조건에 따라 침투력이 작용하여 주변지반의 유효응력 분포가 영향을 받는다.

터널은 배수조건에 따라 주변지반의 응력분포 (3.1.1 절) 가 다르므로 터널의 사용목적과 경계조건을 고려하여 배수형식을 정한다. 비배수 터널 (3.1.2 절) 에서는 주변지반에서 터널내로 지하수흐름을 허용하지 않으나, 배수 터널 (3.1.3 절) 에서는 터널내부로 유입되는 지하수를 구간별로 집수하여 외부로 배제한다.

3.1.1 배수조건에 따른 주변지반의 응력분포

터널굴착 전에는 지반의 유효응력이 지표로부터 깊이에 비례 (그 기울기는 수중단위중량) 하여 증가하지만, 터널을 굴착하면 (굴착면 배후지반의 변형에 의해 아칭이 발생하여) 지반의 유효응력이 감소한다.

비배수 터널 (watertight tunnel) 에서는 터널내부로 지하수유입을 허용하지 않으므로 주변 지하수위는 변하지 않고 정수압이 라이닝에 작용한다. 터널굴착 중 저하되었던 지하수위가 완공 후에 원래 수위로 회복되면 지반응력이 안정된다. 이때에 지보공에는 유효응력이 작용하지 않으나 회복된 지하수위에 해당하는 수압이 2 차 라이닝에 직접 작용한다.

비배수 터널의 중심을 지나는 연직축 상에서 덮개압력은 깊이에 선형 비례하여 증가 ($\sigma_v = \gamma z$) 하지만, 유효연직응력은 (지반변형에 따른) 아칭효과에 의해 감소되어 깊이에 선형 비례하여 증가하지 않고 일정한 크기에 수렴한다 (그림 8.3.1a). 비배수 터널의 한계수두는 지보공으로 지탱할 수 있는 수두 한계치 (즉, $60 \sim 70\,m$) 이다 (Kolymbas, 2005).

비배수 터널에서 지하수가 비상 배수시스템을 통해 배수되거나 라이닝 균열을 통해 누수되면 주변지반의 수두가 재분포 되고, 라이닝 작용 수압이 감소되거나 영이 된다. 그러나 간극수압이 재분포 되고 간극수가 배수되는 데는 (특히, 불투수지반) 긴 시간이 소요된다.

배수 터널 (leaking tunnel) 에서는 터널의 내부로 지하수가 유입되기 때문에 주변지반의 지하수위가 변하며, 지반이나 라이닝에는 수압이 현저하게 작아지는 반면 침투압이 작용하여 지반거동이 영향을 받을 수 있다.

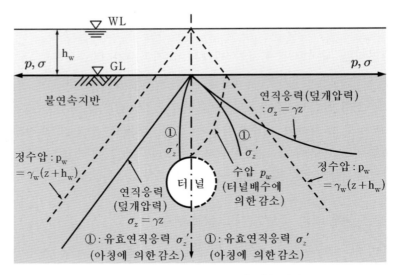

a) 비배수 터널   b) 배수 터널
그림 8.3.1 배수조건에 따른 터널주변 지반응력분포

터널내부와 라이닝 배면은 대기압 상태 (수압이 영) 이어서 침투력이 작용하면 그만큼 유효응력이 증가되고, 이에 의해 지반이 변형되어 라이닝압력이 비배수 터널의 라이닝압력과 크기가 같아져서 지중응력은 그림 8.3.1b 와 같이 된다.

양호한 암반에서는 침투력이 문제가 되는 경우가 드물지만 파쇄성 암반이나 흙 지반에서는 침투력이 터널안정에 큰 영향을 미칠 수 있다.

배수터널 덮개압력은 깊이에 비례하여 증가하지 않고 아칭효과에 의해 감소된다. 그러나 침투에 의해 단위중량이 커져서 비배수 터널일 때 보다 더 증가하기 때문에 γz 보다 더 커진다. 배수시스템 배수능력이 불충분하거나 저하되면 2차 라이닝에 수압이 작용한다.

라이닝이 지지하기 어려울 만큼 수압이 커서 터널을 비배수형으로 하기 어렵거나, 일상 배수시스템으로 감당하기 어려울 만큼 유량이 많아서 터널을 배수형으로 하기 어려운 때는, 주변지반을 개량 (그라우팅) 하여 투수성을 낮춘다. 이렇게 하여 개량 지반이 수압을 부담하면 라이닝 부담수압이 감소되고, 일상 배수시스템으로 배수할 수 있을 만큼 터널 내 유입수량이 감소한다.

3.1.2 비배수 터널의 수리

비배수 터널에서는 주변지반에서 터널내로 지하수흐름이 발생되지 않기 때문에 지하수위가 변하지 않고 정수압이 2 차 라이닝에 작용한다.

터널굴착 중에 저하되었던 주변 지하수위가 완공 후에 원래 수위로 복원되면 지반 응력이 안정되고, 지보공에 유효응력이 작용하지는 않으나 회복된 지하수위에 해당 하는 수압이 작용하므로 2 차 라이닝 부담수압이 증가된다.

비배수 터널에서 시공오차나 재료적 특성 등 여러 가지 요인에 의하여 지하수를 완벽하게 막는 것이 어렵기 때문에 허용 누수량을 정하여 누수를 관리하며, 비상 배수시스템을 설치하는 경우가 있다 (표 8.3.1).

표 8.3.1 터널의 허용누수량 예 (STUVA, Germany)

방수 등급	내부 상태	용 도	누 수 상 태	허용누수량 ($l/m^2/day$) 10m	100m
1	완전 건조	주거공간, 저장실, 작업실	벽면에 수분얼룩이 안 보일 정도	0.02	0.01
2	거의 건조	동결위험 있는 교통터널, 정거장 터널	벽면에 약간의 국부적 수분얼룩. 건조한 손에 물이 묻지 않을 정도, 흡수지나 신문지를 붙이면 변색 않됨	0.1	0.05
3	모관 습윤	2 등급 미만 방수 요구되는 교통터널	벽면에 국부적 수분얼룩. 흡수지나 신문지를 붙이면 변색되나 수분이 방울져 떨어지지 않음.	0.2	0.1
4	가끔 방울짐	시설물 터널	독립된 곳에서 물방울이 가끔 떨어짐.	0.5	0.2
5	자주 방울짐	하수터널	독립된 곳에서 물방울이 자주 떨어 지거나 방울져 흐름.	1.0	0.5

3.1.3 배수 터널의 수리

배수터널에서는 지하수를 터널내로 유도하고 유입된 지하수를 외부로 배제하므로, 유입수량을 예측해서 배수시스템의 규모를 정한다 (Raymer, 2001).

수위가 낮고 배수용량을 초과할 만큼 충분한 지하수의 공급원이 없으면, 지하수 흐름은 부정류이고 수위가 터널 바닥까지 낮아져서 침투력이 작용하지 않으므로 터널내부와 라이닝 배면에서 수압이 영 (Zero) 이 된다. 따라서 지하수를 고려하지 않고 터널을 해석한다.

터널 주변 지하수위가 높고 근접한 지하수 공급원으로부터 충분한 양의 지하수가 유입되는 경우에, 지하수 흐름은 정상류이고 터널중심방향으로 침투력이 작용하며 지하수위는 거의 변하지 않는다. 터널내부와 라이닝 배면은 대기압 상태 (수압이 영) 이어서 유효응력이 침투력 만큼 증가되어 지반이 변형되기 때문에 라이닝 압력이 비배수형 터널의 라이닝압력과 크기가 같아진다.

양호한 암반에서는 침투력이 문제가 되는 경우가 드물지만 파쇄성 암반이나 흙 지반에서는 침투력이 터널안정에 미치는 영향이 클 수 있다.

배수터널에서는 지하수 배수시스템 설치비가 소요되고, 완공 후 막대한 유지관리 및 운영비가 지속적으로 소요된다. 배수시스템의 통수기능은 배수통로가 미생물이나 유기물 및 미세 흙입자 등에 의하여 막히거나 (clogging), 배수통로가 수압이나 외부 하중에 의하여 숏크리트 층이 변형되어 압착되어 단면이 작아져도 저하될 수 있다. 그밖에 배수시스템의 통수기능은 시공오차나 재료특성으로 인해 저하될 수 있다.

1) 터널 주변지반의 침투력

배수터널에서 지하수가 터널내로 유입되면 유선의 접선방향 (터널중심방향) 으로 침투력이 작용하여 그 만큼 수두가 손실되고 (그림 8.3.2), 침투력에 의해서 지반이 변형되므로 라이닝 작용하중이 증가된다. 양호한 암반에서는 변형이 무시할 정도로 작아서 에너지 (수두) 손실 없이 탄성변형만 존재한다. 지반과 라이닝 간 상대변위가 발생하지 않으면 지반 내에서는 에너지가 거의 손실되지 않으므로 배수 및 비배수 조건에서는 수두영향이 거의 같다.

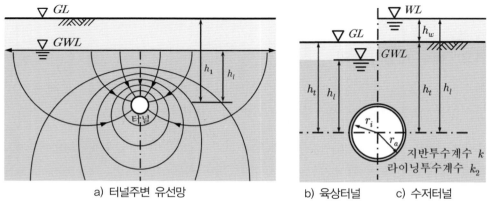

a) 터널주변 유선망   b) 육상터널   c) 수저터널

그림 8.3.2 배수터널 주변의 유선망과 경계조건

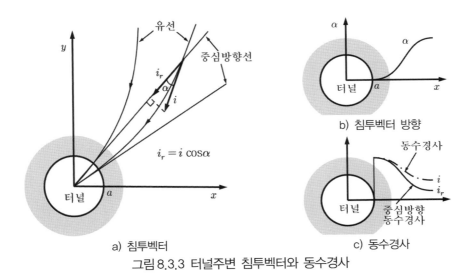

a) 침투벡터
b) 침투벡터 방향
c) 동수경사
그림 8.3.3 터널주변 침투벡터와 동수경사

터널 중심방향 침투력 F_w 는 터널중심방향 동수경사 i_r 을 적용하여 (물의 단위중량 γ_w 로부터) 계산한다. 터널 주변지반 동수경사는 그림 8.3.3c 와 같이 굴착면으로부터 멀수록 작아진다.

$$F_w = i_r \gamma_w \tag{8.3.1}$$

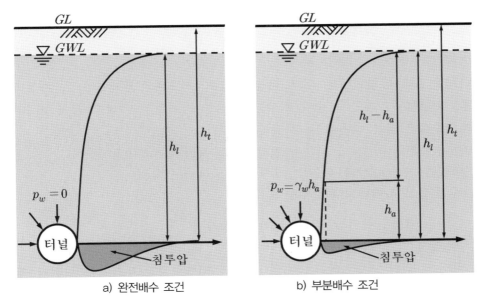

a) 완전배수 조건
b) 부분배수 조건
그림 8.3.4 배수조건에 따른 터널주변지반 내 침투압 분포

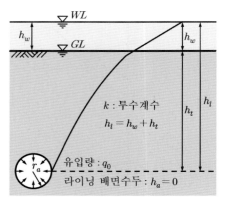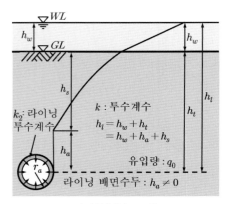

a) 완전배수 조건   b) 부분배수 조건

그림 8.3.5 터널의 배수조건에 따른 주변지반 내 수두변화

지하수가 유입될 때에는 터널중심수두 h_l 과 굴착면 수두 h_a 의 수두차 $h_l - h_a$ 에 의한 압력이 침투력으로 작용한다. 라이닝이 없는 완전 배수조건 (그림 8.3.4a) 에서 굴착면 수두가 영 ($h_a = 0$) 이므로, 침투력은 수두차 h_l 에 의해 발생된다. 라이닝을 설치한 부분 배수조건 (그림 8.3.4b) 에서는 터널 굴착면의 수두가 영이 아니므로 ($h_a \neq 0$), 라이닝 통과 후에는 전체수두 h_l 중에서 수두 h_a 는 잔류(잔류수압)하고, $h_l - h_a$ 는 침투력으로 작용하여 손실된다 (그림 8.3.5). 침투력은 완전배수조건일 때 보다 부분 배수조건일 때에 더 작다.

2) 이중구조 라이닝의 잔류수압

NATM 터널에서 라이닝은 대개 이중구조 (숏크리트와 이차라이닝) 로 하고 배수 시스템을 채택하기 때문에 수압 작용 메커니즘이 지반과 지하수 통로 (배수재) 의 상대적 투수성은 물론 다음에 따라 달라진다.

- 배수시스템 통수기능의 시간적 열화특성과 장기적 수리작용
- 라이닝과 지반의 상대 투수성
- 1 차 및 2 차 라이닝의 하중배분 특성

긴 시간이 지나면 라이닝 열화 (deterioration) 나 배수 시스템의 기능저하가 발생 되어 라이닝에 잔류수압이 작용하거나 부분적으로 라이닝이 박락되어 지반이 이완 될 수 있다. 그러나 지반이완과 잔류수압에 대한 정량적인 대책기준이 없기 때문에 설계자의 판단에 따라 잔류수압을 고려하지 않거나, 침투 해석한 결과를 적용하거나, 또는, 측벽부에만 잔류수압 (최대 터널높이 H_t 의 $1/2 \sim 1/3$) 을 적용한다 (그림 8.3.6).

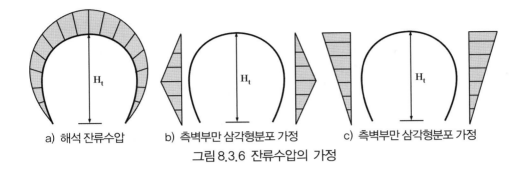

a) 해석 잔류수압   b) 측벽부만 삼각형분포 가정   c) 측벽부만 삼각형분포 가정

그림 8.3.6 잔류수압의 가정

3.2 지하수의 터널유입

터널주변 지하수 흐름은 지반 투수성과 지하수 공급수량 및 경계조건과 관계가 있다.

지하수의 터널 내 유입특성 **(3.2.1 절)** 은 균질한 등방성 지반에 굴착한 원형터널에서 지하수는 터널중심방향으로 흐르는 정상류로 가정하고 해석한다. 지하수공급이 충분하고 투수성이 크면 터널 주변지반 내 지하수흐름은 지하수면이 변하지 않는 **구속흐름 (3.2.2 절)** 이고, 터널유입수량은 시간에 관계없이 일정하다. 반면에 지반투수성이 크지 않고 지하수 공급이 충분하지 않으면, 터널주변 지하수위가 강하되는 **불구속흐름 (3.2.3 절)** 이며 터널 내 유입수량은 시간에 따라 감소한다. 터널 주변지반에서 지하수 흐름은 경계조건 **(3.2.4 절)** 에 따라 크게 다르다.

3.2.1 지하수의 터널 내 유입특성

터널주변 지하수의 터널유입특성은 다음과 같이 가정하고 해석한다.
- 터널단면은 원형이다. 원형이 아닌 경우에는 등가원의 반경을 적용한다.
- 지반은 역학적으로 균질 (homogeneous) 하고 등방성 (isotropic) 인 탄성체이다.
- 지반 투수계수는 균일하고 등방성이다.
- 지하수는 터널중심방향으로 흐르고 시간에 관계없이 흐름이 일정한 정상류이다.
- 터널내유입량은 지반과 라이닝의 상대투수성 (즉, k_l / k_2) 에 의해 좌우된다.

강우가 빈번하거나 호수나 하천에 근접하여 지하수의 공급이 충분하고, 지반의 투수성이 큰 경우에 터널주변지반의 지하수흐름은 그림 8.3.7a 와 같이 지하수면이 변하지 않고 터널유입수량이 시간에 관계없이 일정한 구속흐름 (confined flow) 이다.

반면에 지반의 투수성이 크지 않고 지하수 공급이 충분하지 않은 경우에는 터널주변지반 내의 지하수 흐름이 그림 8.3.7b 와 같이 터널주변에서 지하수위가 강하되는 불구속흐름 (unconfined flow) 이며 터널 내 유입수량은 시간에 따라 감소한다.

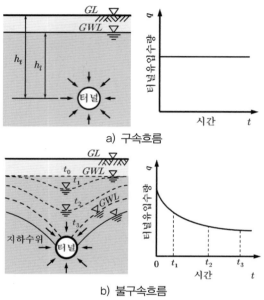

a) 구속흐름

b) 불구속흐름

그림 8.3.7 구속흐름과 불구속흐름

지하수위 상부 불포화지반의 투수계수는 하부 포화지반의 투수계수 보다 작고, 그 차이는 지반이 세립일수록 크다. 라이닝이 없거나 라이닝 (또는 배수시스템) 의 투수계수가 주변지반 투수계수 보다 현저히 크면 지하수가 흐르며 수두가 완전히 손실되어 라이닝배면 간극수압이 대기압 ($p = 0$) 인 완전배수조건이 된다.

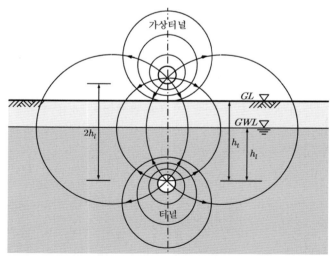

그림 8.3.8 얕은 터널 정상류조건의 가상 유선망

얕은 터널 (shallow tunnel) 에서 터널로 유입되는 유량과 수압은 균질한 지반 내 정상류흐름에 대한 유선망 (그림 8.3.8) 을 그려서 (Harr, 1962) 구한다.

실제 지하수 흐름은 완전배수조건과 다를 수 있으나 지하수 흐름을 해석할 때는 배수시스템이 원활하게 작동하여 흐름저항이 없고 간극수압의 영향이 무시할 만큼 작다고 전제한다. 토피가 터널직경의 50 배 이상 큰 대심도 터널 (deep tunnel) 에서는 지하수 흐름을 터널의 중심방향 흐름 (radial flow) 이라고 가정하고 해석한다.

3.2.2 구속흐름

지하수가 균질한 등방성 지반을 정상상태로 흘러서 완전 배수조건의 원형터널 내부로 유입될 때에는 그 유입수량을 예측할 수 있다.

1) 기본 이론식

수심 h_w 인 호수나 바다의 수저로부터 깊이 h_t 에 위치하는 원형단면 (반경 r_a) 의 수평터널 주변 지반 (투수계수 k) 이 완전하게 포화되고 균질하고 등방성인 반무한 대수층 (그림 8.3.9) 이며, 완전 배수조건인 원형터널의 내부로 유입되는 비압축성인 지하수의 흐름은 정상류이고, 수저면과 터널 주면에서 수두가 일정하다고 가정한다.

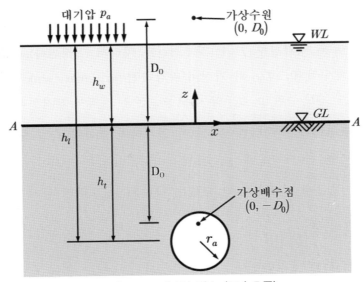

그림 8.3.9 터널의 배수 (구속흐름)

터널 주변지반 내 지하수의 **2**차원 흐름은 **Darcy** 의 법칙과 질량보존의 법칙에 따라 다음 **Laplace** 방정식으로 표시할 수 있다.

$$\frac{\partial^2 h}{\partial x^2} + \frac{\partial^2 h}{\partial z^2} = 0 \tag{8.3.2}$$

여기서 h 는 위치수두 z 와 압력수두 $p/(\rho_w g)$ 를 합한 전수두이고, 지표를 기준면으로 한다. 중력가속도는 g 이고 물의 밀도는 ρ_w 이다.

위의 2차원 침투방정식은 다음 2가지 경계조건을 적용하여 풀 수 있다.

① 지표 $(z = 0)$ 는 등수두선이고 수두는 수심 h_w 와 대기압 수두 h_{pa} 의 합이다.

$$h_{(z=0)} = h_w + h_{pa} \tag{8.3.3}$$

② 터널굴착면 $(x^2 + (z - h_t)^2 = r_a^2)$ 은 등수두선이고 수두는 h_a 이다.

$$h_{(x^2 + (z - h_t)^2 = r_a^2)} = h_a \tag{8.3.4}$$

터널굴착면의 수두 h_a 는 수저지표 (그림 8.3.9 의 A-A 면) 를 기준으로 한 압력수두이며 z 좌표 양의 방향을 양(+)으로 한다. 터널 배수시스템이 폐쇄되어 있으면 터널 주면이 등수두면이 되어 수두가 h_a 로 일정하지만, 대기에 노출되어 있으면 터널의 주면은 등수두면이 되지 않고, 터널이 깊을수록 $(h_t > .. > r_a)$ 등수두면에 가까워진다.

기준면 (지표) 으로부터 거리가 D_0 로 같은 지표상부 가상 수원과 지표 하부 가상 배수점 (그림 8.3.9) 을 생각한다 (D_0 는 경계조건에 따라서 결정된다). 유량 q 를 양수함에 따른 가상 배수점 $(0, -D_0)$ 의 가상 수위강하선 (imaginary sink line) 과 유량 q 를 주수함에 따른 가상 수원 $(0, D_0)$ 의 수위상승선을 겹쳐서 생각한다.

양수에 의한 수위강하선과 터널 중심선이 일치하지 말아야 터널 주면에서 수두가 일정하다는 경계조건이 성립된다.

터널 중심방향 흐름에 의해 강하된 수위는 터널 (x_a, z_a) 주변 임의 점 (x, z) 에서

$$h = \frac{q}{2\pi k} \ln r_a + C \tag{8.3.5}$$

이며, 여기에서 터널 굴착면은 $r_a = \sqrt{(x - x_a)^2 + (z - z_a)^2}$ 이고 C 는 상수이다.

겹침 원리에 따라 임의 점 (x, z) 에서 양수에 의한 수두강하선과 가상 주수에 의한 수두상승선을 겹친 흐름의 수두 $h(x, z)$ 를 직각 좌표로 나타내면,

$$h(x, z) = \frac{q}{4\pi k} ln \frac{x^2 + (z - D_0)^2}{x^2 + (z + D_0)^2} + C \tag{8.3.6}$$

이고, 지표 경계조건 (식 8.3.3) 을 위 식에 적용하여 상수 C 를 구하여,

$$C = h_w + h_{pa} \tag{8.3.7}$$

식 (8.3.6) 에 대입하면 다음이 된다 (이하에서는 $h(x, z)$ 를 h 로 표기 한다).

$$h = -\frac{q}{4\pi k} ln \frac{x^2 + (z + D_0)^2}{x^2 + (z - D_0)^2} + h_w + h_{pa} \tag{8.3.8}$$

이 식을 변형하여 상수 α 를 다음과 같이 정의하고,

$$\frac{x^2 + (z + D_0)^2}{x^2 + (z - D_0)^2} = \exp\left\{ \frac{4\pi k(h_w + h_{pa} - h)}{q} \right\} = \alpha \tag{8.3.9}$$

이항정리하면 다음 식이 된다.

$$x^2 + \left(z - D_0 \frac{\alpha + 1}{\alpha - 1} \right)^2 = D_0^2 \left\{ \left(\frac{\alpha + 1}{\alpha - 1} \right)^2 - 1 \right\} \tag{8.3.10}$$

터널 주면에 대한 경계조건 (즉, 식 8.3.4) 을 식 (8.3.9) 에 적용해서 터널 굴착면에 대한 상수 α 즉, α_0 를 구하여,

$$\alpha_0 = \exp\left\{ \frac{4\pi k(h_w + h_{pa} - h_a)}{q} \right\} \tag{8.3.11}$$

식 (8.3.9) 의 α 를 대체하면 다음 식이 된다.

$$x^2 + \left(z - D_0 \frac{\alpha_0 + 1}{\alpha_0 - 1} \right)^2 = D_0^2 \left\{ \left(\frac{\alpha_0 + 1}{\alpha_0 - 1} \right)^2 - 1 \right\} \tag{8.3.12}$$

그런데 터널 주면에 대한 식 $x^2 + (z - h_t)^2 = r_a^2$ 이므로 위 식은 다음이 된다.

$$h_t = D_0 \frac{\alpha_0 + 1}{\alpha_0 - 1}$$

$$r_a = D_0 \sqrt{\left(\frac{\alpha_0 + 1}{\alpha_0 - 1} \right)^2 - 1} \tag{8.3.13}$$

따라서 이 두 식을 연립해서 α_0 를 구하여

$$\alpha_0 = \left\{ \frac{h_t}{r_a} + \sqrt{\left(\frac{h_t}{r_a} \right)^2 - 1} \right\}^2 \tag{8.3.14}$$

식 (8.3.11) 에 대입하여 정리하면 터널의 용수량 q 에 대한 식이 된다.

$$q = 2\pi k \frac{h_w + h_{pa} - h_a}{\ln\left\{ \dfrac{h_t}{r_a} + \sqrt{\left(\dfrac{h_t}{r_a}\right)^2 - 1} \right\}}$$

(8.3.15)

위 식은 깊은 터널은 물론 얕은 터널에도 적용할 수 있으나, 투수계수가 불균질하고 측정치의 분산 폭이 큰 경우에는 적합하지 않을 수 있다.

Kolymbas (2005) 가 투수성이 균질한 등방성 지반에 굴착한 원형 터널에서 터널의 유입수량에 대해 유도한 엄밀 해는 위 식 (8.3.15) 와 정확하게 일치한다. 지표로부터 심도가 깊어질수록 투수계수가 감소하는 경우에 대해서는 Zhang/Franklin (1993) 이 해를 구하였다.

2) 개략식

등방성 균질 지반을 정상상태로 흘러서 원형터널로 유입되는 완전배수조건 구속 흐름상태 지하수 유입수량에 대한 이론식들은 기본가정이 달라서 직접비교가 어렵다.

(1) Polubarinova-Kochina 식

위 식 (8.3.15) 에서 터널이 깊으면 ($h_t/r_a > > 1$), 분모의 중괄호 안은 $2h_t/r_a$ 가 되므로, $p_a = 0$ (즉, $h_{pa} = 0$) 일 때에 다음과 같이 간략해 진다.

$$q = 2\pi k \frac{h_w - h_a}{\ln(2h_t/r_a)}$$

(8.3.16)

이 식은 **Polubarinova-Kochina** 식으로 알려져 있으며 식 (8.3.15) 의 특수해이고 주로 깊은 터널에 적용한다. 정밀해 (식 8.3.15) 에 비하여 터널유출수량이 과소평가 되고 h_t/r_a 가 클수록 (터널이 깊을수록) 정밀해와 차이가 작아지고 ($h_t/r_a = 2$ 일 때 약 5% 작고) $h_t/r_a > 3.5$ 이면 1% 미만으로 작아진다.

(2) Muskat 식

Muskat (1937) 은 주변지반에서 터널 내부로 유입되는 지하수의 수리거동은 하부지반이 피압 대수층이 있는 원형 섬 중앙에 굴착한 원형우물의 수리거동과 같다고 보고 터널의 유입수량을 구하였다.

수심 h_w 인 수저부터 심도 h_t 에 설치된 터널 (내부수두 h_a) 단위길이에 대한 유입수량 q_0 는 반경이 터널깊이 h_t 의 2 배 (즉, $R = 2h_t$) 인 원형 섬 중앙에 있는 우물의 양수량과 같다.

이를 **Muskat** 식이라 하며, **Polubarinova-Kochina** 식 (식 8.3.16) 과 일치한다.

$$q_0 = 2\pi k \frac{h_w + h_t - h_a}{\ln(2h_t/r_a)} \tag{8.3.17}$$

(3) Goodman 식

Goodman 등 (1965) 은 수치해석결과과 등을 분석하여 계산식을 제안하였으며,

$$q_0 = 2\pi k \frac{h_l}{\ln(2h_t/r_a)} \tag{8.3.18}$$

이를 **Goodman** 식이라 하고 식 (8.3.16) 와 일치한다. 여기서 h_l 은 육상터널에서는 터널중심에서 지하수위까지 거리이며, 수저터널 (수심 h_w, 토피 h_t) 에서는 터널중심에서 수면까지의 거리 $(h_l = h_t + h_w)$ 가 된다.

표 8.3.2 터널 내 지하수 유입수량 이론식 (M. El Tani, 2003)

저 자	식
Muskat (1937), Goodman 등 (1965)	$q_o = \dfrac{2\pi k h_l}{\ln(2h_t/r_a)}$
Karlsrud (2001)	$q_o = \dfrac{2\pi k h_l}{\ln(2h_t/r_a - 1)}$
Rat (1973), Lei (1999), Schleiss (1988)	$q_o = \dfrac{2\pi k h_l}{\ln\left(h_t/r_a + \sqrt{h_t^2/r_a^2 - 1}\right)}$
Lombardi (2002)	$q_o = \dfrac{2\pi k h_l}{\left\{1 + 0.4(r_a/h_t)^2\right\}\ln(2h_t/r_a)}$
El Tani (1999)	$q_o = \dfrac{2\pi k h\left\{1 - 3(0.5r_a/h_t)^2\right\}}{\left\{1 - (0.5r_a/h_t)^2\right\}\ln(2h_l/r_a) - (0.5r_a/h_l)^2}$

3) 이론식의 상호비교

식 (8.3.16), (8.3.17), (8.3.18) 은 식 (8.3.15) 의 간략식이며, 각각 이름 (Polubarinova-Kochina 식, Muskat 식, Goodman 식 등) 은 다르나 모두 동일한 식이다. 유입수량 이론식 (그림 8.3.10) 들의 적용성은 터널의 크기와 심도에 따라 다르다 (El Tani, 2003). 터널의 직경이 작고 심도가 깊을수록 (지하수위로부터 터널중심까지 수두 h_l 에 대한 터널의 반경 r_a 의 비 r_a/h_l 가 작을수록) 엄밀해 (absolute solution) 에 대한 이론해의 오차 즉, 오차율 $\Delta(\%)$ 가 작아서 대부분 이론식을 적용할 수 있다.

대단면이나 얕은 터널에 (r_a/h_l 가 클수록) 적용하기 어려운 식도 있으나 El Tani (1999) 식의 적용성이 좋다고 알려져 있다. r_a/h_l 가 0.2 이하 대심도일수록 이론해 간 차이가 10% 이내이다.

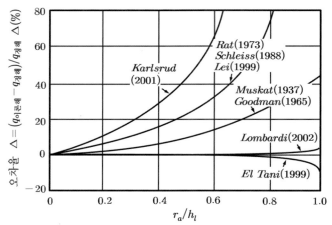

그림 8.3.10 터널유입수량 이론식 비교 (M. El Tani, 2003)

3.2.3 불구속 흐름

육상 배수터널 ($h_w = 0$) 에서 지하수가 불구속 흐름일 때에는 배수에 의하여 터널 가까이에서는 지하수면 (수두) 이 낮아지므로 이를 고려하면 식이 매우 복잡해질 것 이다. 그러나 지하수는 강우에 의하여 지속적으로 공급되므로 평균지하수면 높이 h_m 을 적용하면 실제와 근사한 결과를 얻을 수 있다 (그림 8.3.11a).

식 (8.3.16) 는 $h_w = 0$, $h_a = -h_m$, $h_t = h_m$ 이면 다음이 된다.

$$q = 2\pi k \frac{h_m}{\ln(2h_m/r_a)} \tag{8.3.19}$$

지하수위가 더욱 강하되어 터널천단보다 낮아지면 (그림 8.3.11b) 다음이 된다.

$$q = \frac{k}{R} \frac{H_R^2 - h_u^2}{\left(\dfrac{h_u}{d + r_a/2}\right)^{1/2} \left(\dfrac{h_u}{2h_u - d}\right)^{1/4}} \tag{8.3.20}$$

부정류 흐름 (unsteady flow) 일 때에는 배수에 의하여 지하수위가 터널바닥까지 낮아지므로 라이닝에 수압은 영이 된다 (그림 8.3.11b). 그러나 장기적으로 배수기능 이 저하되면 이에 상응한 수압이 라이닝에 작용할 수 있다.

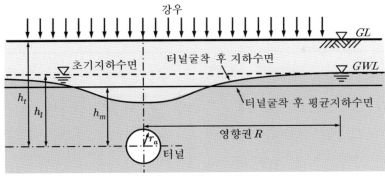

a) 지하수위가 터널 상부지반에 있는 경우

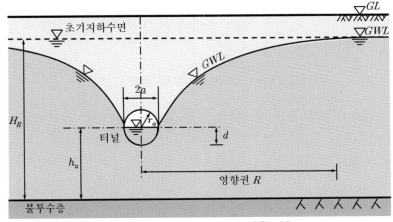

b) 지하수위가 터널 천단보다 낮은 경우

그림 8.3.11 육상터널 주변의 수위저하

3.2.4 경계조건의 영향

완전히 포화된 반무한 등방성 균질지반에서 수심 h_w 인 수저 지표를 기준면으로 하고 양수에 의해 수위강하선이 터널중심에 위치한 상태일 때는 수평터널 단위길이 당 유출수량 q 는 **Polubarinova-Kochina** 식 (식 8.3.16) 으로 계산할 수 있다.

$$q = 2\pi k \frac{h_w - h_a}{\ln(2h_t/r_a)}$$

(8.3.21)

여기에서 h_a 는 터널굴착면의 수두이다. 매우 깊은 터널 $(h_t > .. > r_a)$ 에서는 터널 굴착면의 등수두선이 거의 원형이 된다. 지반이 무한히 큰 투수층이어서 지하수가 모든 방향에서 유입되면 유선망은 그림 8.3.12 와 같다.

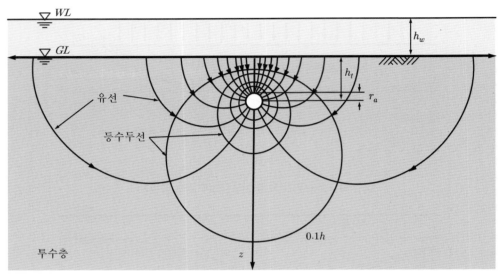

그림 8.3.12 배수터널 주변지반의 유선망

터널이 투수층 하부에 있는 불투수층 상부경계에 설치되어 있어 지하수가 상부의 투수층 (h_t) 에서만 유입되는 경우에 주변지반의 유선망은 그림 8.3.13 과 같고 터널 단위길이당 유출수량 q 는 다음과 같다.

$$q = \pi k \frac{h_w - h_a}{\ln\left(0.5 \pi r_a / h_t\right)} \tag{8.3.22}$$

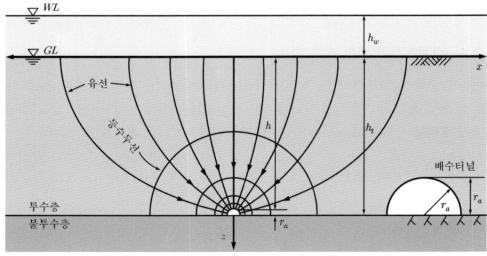

그림 8.3.13 투수층 하단에 설치한 배수터널 주변의 유선망

3.3 수저터널의 토피

수저 터널이 얕으면 공사비가 적게 들고 터널을 이용하고 유지관리 하기에 유리하지만 안전성확보비용이 많이 든다. 그러나 수저터널이 깊으면 연결터널이나 작업용 수직갱이 길고 깊어야 하고 터널에 작용하는 수압도 크며 완공 후 이용하기도 불편하다. 따라서 현장상황 (지질상태, 투수계수 등) 에 따라 적정한 깊이에 설치한다.

수저터널의 적정심도에 대해서는 상반된 주장이 제기되어 있다. 지표에 가까운 지반은 대개 풍화되어 있고 이완토압도 커서 터널이 깊을수록 안전할 것 같지만 (토피가 클수록 수압이 커지므로) 반드시 그렇지도 않다. 수심과 터널심도를 합한 수두 ($h_w + h_t$) 는 침투수로 손실수두보다 커서 (식 8.3.21) 토피가 클수록 수압도 커서 용수량이 증가한다고 생각하면 수저터널을 얕게 설치하는 것이 유리하다.

암석의 갈라진 틈을 통해 터널내로 물이 유입될 때 처음에는 수심과 터널심도를 합한 수두가 걸리지만 정상상태가 되면 수심크기 수두 h_w 가 걸린다. 그리고 토피가 커질수록 침투수로가 길어지기 때문에 마찰저항이 커지고 용수량이 점차로 감소한다고 생각하면 수저터널을 깊게 건설하는 것이 유리하다 (세이칸 터널 등).

수저터널은 깊이별로 용수량을 계산 (식 8.3.18) 하여 용수량이 최소가 되는 깊이 (그림 8.3.14) 또는, 이보다 조금 얕은 깊이에 설치한다. 이때 지표부근 풍화토층과 터널천단 상부 이완영역은 최소 소요토피에 포함시키지 않는다. 최근에 계획하는 해저터널에서는 토피를 크게 하지 않는다 (표 8.3.3).

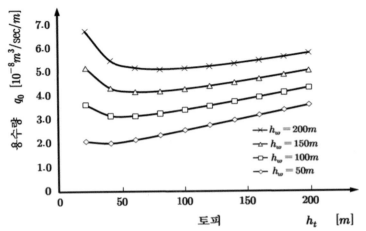

그림 8.3.14 수저터널의 토피에 따른 용수량 ($k = 10^{-10}m/\sec$, $a = 3.6m$)

표 8.3.3 주요 해저터널의 제원

터 널	연장 [km]	수심 [m]	토피 [m]
관문 철도터널	3.6	14	7
관문 도로터널	3.5	27	20
관문 신간선 터널	18.7	32	24
세이칸 터널	53.8	140	100
도버 해협	50.5	60	40

3.4 취수터널의 수리

취수터널은 대개 호소바닥 하부 수저지반이나 수변 투수층에 설치한다.

수저 취수터널 (3.4.1 절) 을 하천이나 호수의 바닥에 설치하며, 수변 취수터널 (3.4.2 절) 은 수변 투수층에 설치하고 복류수를 취득한다. 수변 취수터널의 용수량은 수저터널의 용수량 식으로 계산할 수 있다.

3.4.1 수저 취수터널

수심 h_w 인 수저아래 깊이 h_t 에 수저취수터널을 굴착할 때 지반이 무한히 크고 균질하며 등방성이어서 지하수가 모든 방향에서 터널 내로 유입되면 터널 단위 길이 당 유출수량 q 는 식 (8.3.21) 을 적용해서 계산할 수 있고, 터널이 매우 깊어서 ($h_t > \cdots > r_a$) 터널 굴착면 등수두선이 거의 원형일 때에 적용한다.

$$q = 2\pi k \frac{h_w + h_t - h_a}{\ln(2h_t/r_a)} \qquad (8.3.23)$$

터널의 중심이 상부 투수층 (두께 h_t) 과 하부 불투수층 사이의 경계에 위치하여 지하수가 상부 투수층에서만 유입될 때에 터널 단위 길이 당 유출수량 q 는 식 (8.3.22) 로부터 계산한다 (그림 8.3.13).

$$q = \pi k \frac{h_w - h_a}{\ln(0.5\,\pi r_a/h_t)} \qquad (8.3.24)$$

3.4.2 수변 취수터널

1) 지하수위가 천단보다 높은 경우

강이나 호수 수변 대수층에 설치한 취수 터널에서 지하수위가 낮아지더라도 그림 8.3.11a 와 같이 터널의 천단보다 높게 위치하면 평균지하수면 높이 즉, 터널중심과 평균지하수위면간 거리 h_m 을 Goodman 의 식 (식 8.3.18) 에 적용하여 터널 단위길이 당 용수량 q 를 계산할 수 있다.

$$q = 2\pi k \frac{h_m}{\ln\left(\frac{2h_t}{r_a}\right)} \tag{8.3.25}$$

2) 지하수위가 천단보다 낮은 경우

취수에 의해 지하수면이 천단보다 하부로 낮아지면 (그림 8.3.11b) 육상배수터널에 대한 식 (8.3.20) 이나 수평배수관에 대한 식 (Dupuit, 1863) 으로 취수량을 계산할 수 있다.

(1) 육상 배수터널의 식

지하수위면이 취수터널의 천단보다 하부에 있는 육상 배수터널의 단위길이 당 지하수 유입량 q 는 불구속 흐름에 대한 식 (8.3.20) 을 적용하여 계산할 수 있다.

$$q = \frac{k}{R} \frac{H_R^2 - h_u^2}{\left(\frac{h_u}{d + r_a/2}\right)^{\frac{1}{2}} \left(\frac{h_u}{2h_u - D}\right)^{\frac{1}{4}}} \tag{8.3.26}$$

(2) Dupuit 의 식

취수에 의해 지하수면이 천단 아래로 낮아지면 용수량은 수평배수관에 대한 **Dupuit** 의 식 (1863) 으로 계산한다.

이때에 지하수 흐름은 층류이며 Darcy 의 법칙을 따르고 지하수 유출입이 없어서 연직방향 흐름속도가 변화하지 않는다고 가정한다. 침윤선은 Darcy 의 법칙과 연속 방정식으로부터 구한다.

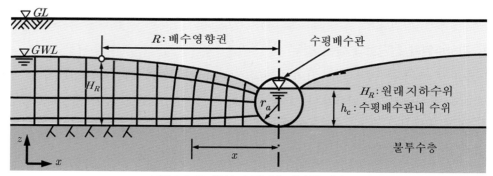

그림 8.3.15 육상 수평배수터널의 배수

Dupuit은 양수영향권 R 이내에서 등포텐셜 라인이 투수층 하부 불투수층 경계면에 수직이라고 가정하였으나, 실제로 지하수위는 수평배수관에 가까울수록 낮아지기 때문에 등포텐셜라인과 하부 경계면이 항상 수직이 되지는 않는다 (그림 8.3.15).

수평배수관의 지하수 유입량 q 에 대한 **Dupuit (1863)** 식은 다음이 되며,

$$q = const. = kz\frac{dz}{dx} = \frac{k}{2}\frac{d(z^2)}{dx}$$
(8.3.27)

배수터널 내 수위는 $z(0) = h_c$ 이므로 위의 식을 적분하면 다음이 되고,

$$\frac{k}{2}(z^2 - h_c^2) = qx \quad (x \geq 0)$$
(8.3.28)

육상 배수터널의 지하수 유입량 q 는 배수영향권 $x = R$ 의 수위가 H_R 일 때 다음 식이 된다.

$$q = \frac{k}{2}\frac{H_R^2 - h_c^2}{R}$$
(8.3.29)

위 식을 적용하면 배수터널로부터 임의 거리 x 만큼 떨어진 지점의 지하수위 z 를 구할 수 있고, 침윤선의 모양과 지하수위가 유량에 영향을 미치는 것을 알 수 있다.

일반적으로 Dupuit 식은 $x > 1.5\, H_R$ 에서만 실제와 잘 부합하는 것으로 알려져 있다 (Boulton, 1951, Smoltczyk, 1993).

3.5 굴진면의 용수

지반 내 공동이나 단층파쇄대는 대수층인 경우가 많으나 대체로 경계부분에 점토층이 분포하여 지하수가 쉽게 유출되지는 않는다. 그러나 터널굴착 등으로 인하여 점토층이 교란되면 지하수가 터널 내부로 유출되고, 수압이 크면 굴진면에서 돌발 유출되어서 위험하다.

불투수층에서 대수층으로 터널을 굴착해 나아갈 때에 대수층을 개구하는 순간에 지하수 용출이 시작하면 대수층 내 침윤선이 점차 낮아지고 오랜 시간이 지나서야 굴진면의 지하수 유출량과 대수층내 침윤선이 일정해진다.

굴진면과 대수층 간의 거리가 멀면 지하수의 흐름이 정상상태이므로 Muskat 식 (식 8.3.17) 으로 굴진면 용수량을 계산할 수 있지만, 거리가 터널반경 보다 가까우면 지하수흐름이 난류가 되어 **Muskat** 식은 쓸 수 없다. 이때는 **Wenzel** 의 우물함수나 **Theis** 의 비정상상태 식으로 계산을 할 수가 있으나 터널용으로 제시된 식은 아직 존재하지 않는다.

식 (8.3.17) 에서 정상상태일 때 용수량은 $q_0 = 2\pi k(h_w + h_t)/\ln(2h_t/r_a)$ 이고, 영향 반경이 $R = 2.3 r_a$ 이면, $\ln(R/r_a) = 1$ 이 되므로 대수층에 진입하는 순간 용수량은 $q_0 = 2\pi k(h_w + h_t)$ 이므로, 대수층에 진입하는 순간의 용수량은 정상상태의 용수량 보다 $\ln(2h_t/r_a)$ 배 더 크다. 즉, 깊이 $50\,m$ 에 굴착한 반경 $5\,m$ 인 터널에서는 $\ln(2h_t/r_a) = \ln(100/5) = 2.996$ 가 되어서 대수층 진입순간의 용수량은 정상상태의 용수량보다 약 3 배 크다.

대수층을 개구하는 순간 지하수 용출이 시작되면 그림 8.3.16a 와 같이 대수층 내 침윤선이 차츰 낮아져서 오랜 시간이 지나면 차츰 일정해진다. 유출량 Q 의 시간에 따른 변화는 수두 저하 dh 에 의한 지하수 (원지반) 의 체적변화 (팽창) 와 그 크기가 같다고 간주한다.

$$\int Q\,dt = \int_{r_a}^{R} \frac{dh}{K}dy \tag{8.3.30}$$

여기서 K 는 **체적탄성률**이다. 대수층 폭 B 가 굴진장 D 보다 크면 (그림 8.3.16b) 불완전 관입우물 식을 사용하여 수정할 수 있다.

굴진면이 대수층 내로 전진하지 않은 그림 8.3.17a 와 같은 상태 (R 과 h_t 가 고정)에서 유출개시 후 t 시간 경과 시 유출수량 q_t 는 다음과 같다 (Takabashi, 1963).

$$q_t = q_0 \left[1 - \frac{2R}{\sqrt{R^2 + 4h_t^2} - R} \left\{ 1 - \frac{\sqrt{R^2 + 4h_t^2}}{\sqrt{R^2 + (2h_t + kt/n)^2}} \right\} \right] \tag{8.3.31}$$

위 식에서 n 은 지반의 간극률이고, q_0 는 대수층 개구 순간 ($t = 0$) 유출량이다. q_0 는 식으로 나타내기 어렵다.

대수층이나 단층파쇄대가 터널 축에 평행하게 측방에 근접해 있는 경우에 수압이 크면 굴착 즉시 또는 오랜 시간이 지난 후 측벽이 붕괴되면서 돌발유출될 수 있다. **측방 돌발유출은 굴진면 돌발유출보다 더 위험하다.** 용수가 가능한 지층이 존재할 것으로 예상되면 예방대책과 조기 및 사전대책을 강구하여 두고, 탐사천공 등으로 확인하고 수발 천공하여 용출시킨다. 투수층 경계에 있는 불투수층은 두께가 얇아도 지하수흐름에 큰 영향을 미치므로 정밀조사가 필요하다.

용수가 발생되면 단계적으로 지반강도가 저하되어 소규모 붕락이 일어나고, 이로 인해 지반이 이완되면 용수량이 증가된다. 이 과정이 반복되어 터널이 붕락될 수 있다. 용수량은 투수계수와 지하수위에 따라서 다르며 시간이 흐르면 일정한 값에 수렴한다 (그림 8.3.17b).

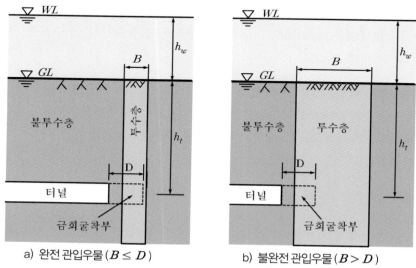

a) 완전 관입우물 ($B \leq D$) b) 불완전 관입우물 ($B > D$)

그림 8.3.16 굴진면 용수량의 계산조건

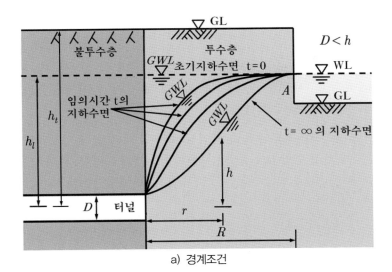

a) 경계조건

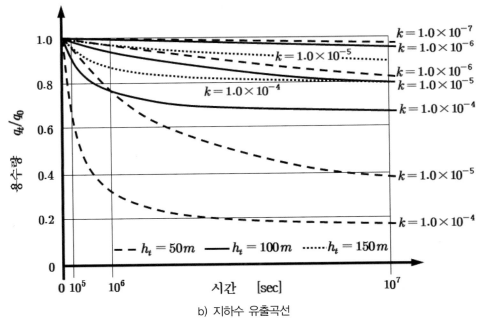

b) 지하수 유출곡선

그림 8.3.17 굴진면에서 지하수유출 (Takabashi, 1963)

4. 라이닝에 작용하는 수압

용수가 바람직하지 않은 지하철 터널 등은 비배수형으로 설계할 때가 많다. 비배수 터널에서는 배수계통의 시설·운영비가 소요되지 않지만 라이닝에 작용하는 수압을 지지할 수 있는 강성라이닝이 필요하다.

배수터널에서는 용수가 배출되므로 라이닝에 수압이 작용하지 않지만, 배수기능이 저하되면 라이닝에 잔류수압 (4.1 절) 이 작용하며, 수압 크기는 라이닝과 주변지반의 상대투수성으로부터 결정된다. 수압이 너무 커서 라이닝만으로 지지할 수 없거나, 배수형으로 하면 용수량이 너무 많아 양수가 불가능하거나 막대한 비용이 소요될 때는 터널주변 일정범위 내의 지반을 그라우팅 개량 (4.2 절) 하여 투수성을 낮추고 배수형 터널로 하는 것이 유리하다. 이때에는 개량지반이 수압을 분담하여 라이닝 부담수압이 작아지고 경제적 양수가 가능한 정도로 용수량이 극소화된다.

지하수 배수에 의한 침투력은 터널 주변지반에 물체력으로 작용하여 라이닝 압력을 증가시킨다. 따라서 터널 라이닝의 천단압력 (4.3 절) 은 비배수 터널에서는 지압과 정수압의 합력이며, 배수터널에서는 지압과 침투력의 합력이다.

4.1 라이닝 배면 잔류수압

지하수는 주변지반과 라이닝을 통해 터널 내로 유입되는 동안에 수두가 손실된다.

라이닝 통과중에 발생되는 손실수두에 해당하는 수압이 라이닝 배면에 잔류수압 으로 작용한다. 터널 라이닝에 잔류수압 (4.1.1 절) 이 발생할 조건 (4.1.2 절) 은 라이닝 과 주변지반의 상대투수성으로부터 결정된다. 잔류수압 크기는 터널의 배수조건과 주변지반의 수두손실로부터 예측 (4.1.3 절) 한다.

4.1.1 터널의 잔류수압

석회나 탄산염 등이 침적되어 배수시스템이 막히면 라이닝에 큰 수압이 작용하여 스프링라인 부근에 균열이 발생된다. 이때는 라이닝 측벽하부에 천공하여 압력수를 분출시킨다. 약간 스며들 정도로 용수가 적어도 수압이 커서 숏크리트가 박락될 수 있다. 편수압이 작용하면 휨모멘트가 발생되어 라이닝이 파괴되기 쉬우므로 숏크 리트에 배수공을 설치해서 배수한다. 수압이 작용할 경우에 터널은 휨모멘트가 작게 발생되는 형상 즉, 외압과 그 점 곡률반경의 역수가 비례하는 형상 (수압이 주하중이면 아래로 갸름한 달걀형) 이 유리하다.

4.1.2 잔류수압 발생 조건

지하수위 아래에 건설한 터널에서 터널 내 유입량이나 라이닝에 작용하는 수압은 라이닝과 주변지반의 상대투수성으로부터 결정된다.

지하수가 주변지반과 라이닝을 통해 터널 내로 유입되는 동안 수두가 손실되며, 그림 8.4.1 은 터널 주변지반의 수두변화를 나타낸다 (Fernandez, 1994). 라이닝 배면의 잔류수압은 라이닝을 통과하면서 발생되는 손실수두에 해당하는 수압이다.

라이닝 투수계수 k_2 가 지반의 투수계수 k 보다 큰 ($k_2 > k$) 완전배수조건 (fully permeable) 에서는 라이닝 배면에 수압이 작용하지 않는다. 그러나 오랜 시간이 지나 배수층 (부직포 등) 의 통수능력이 저하되어 배수재 투수계수 k_f 가 숏크리트 투수계수 k_{sc} 보다 작아지면 ($k_f < k_{sc}$) 투수계수 차이에 의한 수압이 발생되어 라이닝 배면에 잔류수압 (수두 h_a) 으로 작용하여 구조적 손상이나 누수의 원인이 될 수 있다.

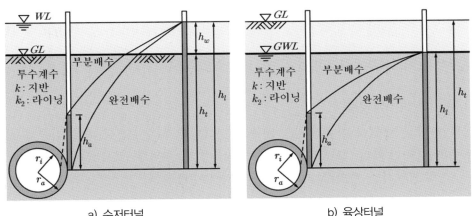

a) 수저터널   b) 육상터널

그림 8.4.1 라이닝 배수상태에 따른 터널 주변지반의 수두

라이닝이 지반 보다 투수계수가 작은 ($k_2 < k$) 부분배수조건 (partially permeable) 에서는 지반을 흐르면서 손실되고 남은 수두 h_a 에 해당되는 수압이 라이닝에 작용하고, 그 크기는 라이닝과 지반의 상대 투수계수 k_2 / k 에 따라 다르다. 실제 터널 주변지반에서 지하수 흐름은 완전배수조건이라고 하기 보다도 부분배수조건이라고 하는 편이 더 타당할 수도 있다.

4.1.3 잔류수압의 예측

1) 터널 내 유입수량

주변지반을 통해 라이닝으로 유입되는 유입량 q_s 는 Goodman (1965) 식에서

$$q_s = 2\pi k \frac{h_l - h_a}{\ln(2h_t/r_a)} \tag{8.4.1}$$

이고, 라이닝 (내경 r_i, 외경 r_a) 을 통한 터널 내 유입량 q_i 는 다음과 같으며,

$$q_i = 2\pi k_2 \frac{h_a}{\ln(r_a/r_i)} \tag{8.4.2}$$

그런데 이들은 (연속의 법칙에 의해) 서로 같다 (즉, $q_s = q_i$).

완전배수조건에서 터널유입수량 q_o 는 Goodman (1965) 식으로 구하지만 (그 식이 실제와 다른 가정 하에 유도되었기 때문에) 그 결과가 실제와 차이날 수 있다. 따라서 수치해석을 병용하면 계산정확도를 높일 수 있다.

$$q_o = 2\pi k \frac{h_l}{\ln(2h_t/r_a)} \tag{8.4.3}$$

여기서 r_a 는 굴착반경이고, h_l 은 터널중심으로부터 지하수위까지의 수두이다.

2) 라이닝 배면의 잔류수압

터널 라이닝 배면에 작용하는 잔류수압은 터널의 배수조건에 따라 다르다.

부분배수 조건 터널 (그림 8.4.2) 에서는 지하수가 지반을 흐르면서 손실되고 남은 수두 h_a 에 해당하는 수압이 라이닝배면에 잔류수압 $p_l = \gamma_w h_a$ 으로 작용한다.

완전배수 조건 터널 (그림 8.4.3) 에서는 내압 $p_l = \gamma_w h_a$ 과 전수압 $p_0 = \gamma_w h_l$ 의 압력차에 의해 주변지반의 지하수가 (침투거리 h 를 흘러서) 터널 내로 유입된다.

터널의 배수연장 단위길이 당 실측한 유입수량 q_i 는 부분 배수조건에서 라이닝을 통과한 유량 (식 8.4.2) 이며 지반과 라이닝 및 배수재의 상대 투수성에 따라서 결정된다. 부분배수 (또는 비배수) 조건에서 라이닝을 통과한 터널의 실측 유입유량 q_i (식 8.4.2) 와 완전배수 조건에서 터널 내 유입수량 q_0 (식 8.4.3) 비는 다음과 같고,

$$\frac{q_i}{q_0} = 1 - \frac{1}{1 + \dfrac{k_2}{k} \dfrac{\ln(2h_t/r_a)}{\ln(r_a/r_i)}} = 1 - \frac{h_a}{h_l} \tag{8.4.4}$$

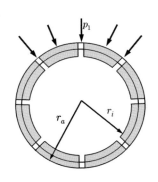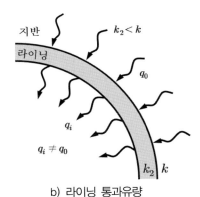

a) 부분배수조건 라이닝   b) 라이닝 통과유량

그림 8.4.2 부분배수조건의 지하수 유입 (Fernandez, 1994)

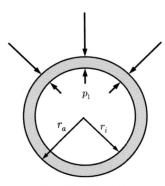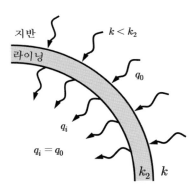

a) 완전배수조건 라이닝   b) 라이닝 통과유량

그림 8.4.3 완전배수조건의 지하수 유입 (Fernandez, 1994)

이로부터 라이닝과 지반의 투수계수 비 k_2/k 와,

$$\frac{k_2}{k} = \frac{\ln\left(r_a/r_i\right)}{\ln\left(2h_t/r_a\right)}\left(\frac{1}{1-q_i/q_0}-1\right)$$
(8.4.5)

라이닝 투수계수 k_2 를 구할 수 있다.

$$k_2 = k\frac{\ln\left(r_a/r_i\right)}{\ln\left(2h_t/r_a\right)}\left(\frac{1}{1-q_i/q_0}-1\right)$$
(8.4.6)

라이닝 배면의 잔류수압 p_{wr} 은 실제터널의 제원 (라이닝 외경 r_a, 터널내경 r_i, 터널 중심 깊이 h_t, 침투거리 h_l, 투수계수 k 등) 을 적용하여 계산할 수 있다.

터널주변지반으로부터 유입량 q_s 와 라이닝 통과유량 q_i 가 서로 같으므로 ($q_s = q_i$, 연속의 법칙), 식 (8.4.1) 과 식 (8.4.2) 로부터 다음식이 성립되어,

$$\frac{h_a}{h_l} = \frac{1}{1 + \dfrac{k_2}{k} \dfrac{\ln\left(2h_t/r_a\right)}{\ln\left(r_a/r_i\right)}} \tag{8.4.7}$$

라이닝 배면의 수두 h_a 를 구할 수 있다.

$$h_a = \frac{h_l}{1 + \dfrac{k_2}{k} \dfrac{\ln\left(2h_t/r_a\right)}{\ln\left(r_a/r_i\right)}} \tag{8.4.8}$$

라이닝 배면 잔류수압 p_{wr} 은 다음이 된다.

$$p_{wr} = \gamma_w h_a = \frac{\gamma_w h_l}{1 + \dfrac{k_2}{k} \dfrac{\ln\left(2h_t/r_a\right)}{\ln\left(r_a/r_i\right)}} \tag{8.4.9}$$

위 식에서 완전배수 조건이면 $h_a = 0$ 이므로 잔류수압은 $p_{wl} = 0$ 이다.

완전배수조건 터널에서 터널 내 유입량 q_0 와 실측 유량 q_i 를 알면 식 (8.4.5) 에서 라이닝과 지반의 투수계수 비 k_2/k 를 알 수 있고, k_2/k 와 현재 지하수위 h_l 을 식 (8.4.9) 에 대입하여 라이닝에 작용하는 잔류수압을 계산할 수 있다.

따라서 라이닝 배면 잔류수압 p_{wl} 은 지하수 침투거리 h_l, 터널 중심깊이 h_t, 지반 및 라이닝의 투수계수 (k 및 k_2), 굴착반경 및 라이닝반경 (r_a 및 r_i) 로부터 결정된다.

4.2 주변지반 개량 후 잔류수압

지하수위 아래 $50\,m$ 이상 깊은 곳에 터널을 굴착할 때에는 라이닝 작용수압이 크므로 주변지반을 그라우팅으로 개량하여 용수량을 영에 가깝게 낮추거나 경제적으로 양수가 가능한 정도까지 감소시킨다. 이렇게 하면 수압 대부분을 개량지층이 부담하게 된다.

터널 단위길이 당 용수량 q 는 Polubarinova-Kochina 식에서 다음과 같고,

$$q = 2\pi k \frac{\Delta H}{\ln\left(2h_t/r_a\right)} \tag{8.4.10}$$

위 식을 정리하면 지하수가 원형 고리 단면 (내경 r_a, 외경 $2h_t$) 의 외부에서 내부로 유입되면서 발생되는 수두손실 ΔH 을 구할 수 있다.

$$\Delta H = \frac{q}{2\pi} \frac{\ln(2h_t/r_a)}{k}$$ (8.4.11)

터널의 근접지반 (투수계수 k) 을 그라우팅하여 개량 (투수계수 k_1) 하고 콘크리트 라이닝 (투수계수 k_2) 을 설치하는 경우에, 지하수는 외측으로부터 원지반 (내경 r_2, 외경 $2h_t$, 수두손실 $h_w + h_t - h_1$) → 개량지층 (내경 r_a, 외경 r_2, 수두손실 $h_1 - h_2$) → 라이닝 (내경 r_i, 외경 r_a, 수두손실 h_2) 을 통해 터널내로 유입된다 (그림 8.4.4).

터널주변지반 개량 후 지하수 흐름은 투수성이 다른 3 개 지층으로 구성된 지반에서 층면에 수직한 방향의 지하수 흐름과 같다.

이때 통과유량은 각층에서 동일하며 각 지층별 수두손실은 위 식으로부터 다음이 된다.

원지반 : $\Delta h_0 = \dfrac{q}{2\pi} \dfrac{\ln(2h_t/r_2)}{k}$

개량지반 : $\Delta h_1 = \dfrac{q}{2\pi} \dfrac{\ln(r_2/r_a)}{k_1}$

콘크리트 라이닝 : $\Delta h_2 = \dfrac{q}{2\pi} \dfrac{\ln(r_a/r_i)}{k_2}$

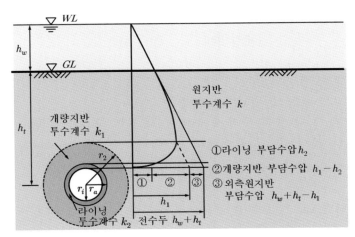

그림 8.4.4 터널주변에 작용하는 수압

전체 수두손실 ΔH 는 각 층별 수두손실을 합한 크기이다.

$$\Delta H = \Delta h_0 + \Delta h_1 + \Delta h_2$$
$$= \frac{q}{2\pi}\left\{\frac{\ln(r_a/r_i)}{k_2} + \frac{\ln(r_2/r_a)}{k_1} + \frac{\ln(2h_t/r_2)}{k}\right\} \tag{8.4.12}$$

투수계수가 작은 층에서 동수경사와 수두손실이 크므로 개량지층에서 수두손실을 크게 하려면 개량지층의 투수계수를 작게 해야 한다.

터널 측벽중간의 초기수두가 $h_w + h_t - h_a$ 인 배수터널 내에서 수두가 $h_a = 0$ 이면 터널 내부로 유입되는 동안에 발생되는 손실수두는 $\Delta H = h_w + h_t$ 이므로, 이를 위 식에 대입하면 터널 단위길이 당 용수량 q 는 다음이 된다.

$$q = 2\pi\frac{h_w + h_t}{\dfrac{\ln(r_a/r_i)}{k_2} + \dfrac{\ln(r_2/r_a)}{k_1} + \dfrac{\ln(2h_t/r_2)}{k}} \tag{8.4.13}$$

위 식으로부터 터널 목표용수량과 그라우트 개량목표 (예상 투수계수) 및 개량 범위를 정할 수 있다.

터널 내 유입수량 q 는 (외측 원지반과 그라우트 개량지층 및 콘크리트라이닝에서 동일하므로) 다음과 같으며,

$$q = 2\pi k_2 \frac{h_2}{\ln(r_a/r_i)} \qquad (\text{콘크리트라이닝}) \tag{8.4.14}$$
$$= 2\pi k_1 \frac{h_1 - h_2}{\ln(r_2/r_a)} \qquad (\text{개량지반})$$
$$= 2\pi k \frac{h_w + h_t - h_1}{\ln(2h_t/r_2)} \qquad (\text{원지반})$$

위 식을 적용하면 각 층의 두께와 투수계수로부터 그라우팅으로 개량한 지반의 외측수두 h_1 이나 라이닝의 외측경계에 작용하는 수두 h_2 를 구할 수 있고, 이로 부터 개량지층이나 라이닝이 부담하는 수압을 구할 수 있다.

용수를 라이닝만으로 막으려면 콘크리트 라이닝이 불투수성 ($k_2 \rightarrow \infty$) 이고 용수량 이 영 ($q \rightarrow 0$) 이어야 하므로, $h_1 \fallingdotseq h_2 \fallingdotseq h_w + h_t$ 가 된다.

4.3 수압이 작용하는 라이닝의 천단압력

터널 라이닝의 천단압력은 비배수 터널 **(4.3.1 절)** 에서는 지압과 정수압의 합이고, 배수 터널 **(4.3.2 절)** 에서는 지압과 침투력의 합이다.

4.3.1 비배수 터널

비배수 터널 라이닝의 천단압력 p_{fu} 는 지압 (제 1 항) 과 정수압 (제 2 항) 의 합이다.

$$p_{fu} = \left(h_t - \frac{r_a}{2}\right) \frac{\gamma' - \dfrac{c}{r_a}\dfrac{\cos\phi}{1-\sin\phi}}{1 + \left(h_t/r_a - \dfrac{1}{2}\right)\dfrac{\sin\phi}{1-\sin\phi}} + \gamma_w(h_w + h_t - r_a/2) \tag{8.4.15}$$

4.3.2 배수 터널

배수터널 굴착면에서는 수두가 일정 $(h_a = const.)$ 하므로 위 식의 제 2 항 (수압) 이 없어지고 침투력 $i\gamma_w$ 이 추가된다. 침투력은 지반에 물체력으로 작용하여 지하수가 중력방향으로 침투하면 지반 단위중량이 침투력만큼 증가된 효과가 발생된다.

1) 라이닝 천단에 작용하는 지압

라이닝 천단 지압 p_{fg} 는 터널 배수형식에 상관없이 식 (8.4.15) 의 제 1 항이다.

$$p_{fg} = \left(h_t - \frac{r_a}{2}\right) \frac{\gamma' - \dfrac{c}{r_a}\dfrac{\cos\phi}{1-\sin\phi}}{1 + \left(h_t/r_a - \dfrac{1}{2}\right)\dfrac{\sin\phi}{1-\sin\phi}} \tag{8.4.16}$$

2) 침투에 의한 라이닝 천단압력 증가

동수경사 i 는 천단부근에서 수압이 선형분포하면,

$$i = \frac{h_w + h_t - r_a/2}{h_t - r_a/2} \tag{8.4.17}$$

이므로, 침투에 의한 라이닝 천단압력의 증가분 p_{fsp} 는 다음과 같다.

$$p_{fsp} = \gamma_w \frac{h_w + h_t - r_a/2}{1 + \left(h_t/r_a - \dfrac{1}{2}\right)\dfrac{\sin\phi}{1-\sin\phi}} \tag{8.4.18}$$

3) 라이닝 천단에 작용하는 전압력

배수터널 천단압력 p_{fd} 는 지압 p_{fg} (식 8.4.16) 와 침투압 p_{fsp} (식 8.4.18) 의 합이다.

$$p_{fd} = \left(h_t - \frac{r_a}{2}\right) \frac{\gamma' - \dfrac{c}{r_a}\dfrac{\cos\phi}{1-\sin\phi}}{1 + \left(h_t/r_a - \dfrac{1}{2}\right)\dfrac{\sin\phi}{1-\sin\phi}} + \gamma_w \frac{h_w + h_t - r_a/2}{1 + \left(h_t/r_a - \dfrac{1}{2}\right)\dfrac{\sin\phi}{1-\sin\phi}} \tag{8.4.19}$$

5. 터널의 배수와 방수

터널은 대개 지하수위 하부에서 굴착하고 운용하므로 시공 중은 물론 운용 중에도 물의 영향을 많이 받는다. 시공 중에 유입되는 지하수의 수량이 많으면 작업이 어렵거나 위험할 수 있다.

터널의 배수 (5.1 절) 는 배수 시스템을 구축하여 달성하며, 공용중 배수형태에 따라 배수형과 비배수형으로 구분한다. 공용 중에 지하수를 배출하지 않는 비배수 터널에서는 수압을 지지할 수 있는 지보구조물을 설치해야 하므로 건설비가 많이 든다.

공용 중에 지하수를 배출하는 배수 터널에서는 배수시스템 유지·관리비용이 많이 소요된다. 물에 매우 민감한 암석 (점토광물 함유암석 등) 은 물과 접촉하면 팽창하여 터널이나 지보공에 불필요한 하중을 가하여 터널안정에 문제가 될 수 있다.

터널의 방수 (5.2 절) 는 (지나치게 강조하여) 과다하지 않고 터널 운용에 큰 지장이 없는 정도로 한다. 도로터널에서는 대개 물웅덩이가 생기거나, 시야가 가려질 정도로 누수 되거나 고드름이 생기지 않으면 된다. 방수라이닝은 누수로 인한 손상을 줄이고 쉽게 보수할 수 있도록 설계하는 게 중요하다.

5.1 터널의 배수

터널의 배수에 의해 지하수분포가 달라지면 (수원이 마르거나 지반이 침하되어) 환경에 심각한 영향을 미칠 수 있기 때문에 터널시공 중은 물론 공용 중에도 배수를 방지하거나 유출수를 정화한 후 다시 지반에 유입시켜야 할 경우도 있다.

터널에 인접한 수원은 장시간 수위를 관찰하고 수원과 터널유입수의 전기 전도도 (electric conduction) 와 생화학적 수질을 측정하여 수원이 터널에 의하여 영향을 받는지 확인한다.

터널은 굴착작업이 가능한 한계유입수량 (5.1.1 절) 을 확인하고 굴착한다. 배수터널에서는 배수계통 (5.1.2절) 을 갖추어서 숏크리트를 통해 유출되는 물을 라이닝 배면에서 모아서 측벽하부 종배수관으로 흘려보내고, 이를 다시 주배수관에 유입시켜서 배출한다. 터널 배수에 의해 지하수의 분포가 달라지면, 주변의 수원이 고갈되거나 지반침하가 일어나는 등 주변 환경이 심각한 영향을 받을 수 있으므로 터널 배수에 의한 영향을 환경적인 측면에서 검토하여 대처한다.

5.1.1 터널의 허용유입수량

터널유입수량은 터널 바닥에 댐을 만들고 V 위어를 설치해서 측정할 수가 있다. 터널굴착작업이 가능한 한계 유입수량은 작업 방법과 환경에 따라 다르다. 대개 TBM 굴착에서 $\leq 2.0 \sim 2.5\ m^3/m$ 이고, 발파 굴착하는 경우에 $\leq 0.5\ m^3/m$ 이다.

터널의 허용누수량은 터널의 용도에 따라 다르지만 대체로 터널길이 $100\ m$ 당 $2 \sim 40\ l/\min$ 이고, 동절기에 환기되는 도로터널에서는 길이 $100\ m$ 당 $1\ l/\min$ 보다 작더라도 동결되면 문제가 될 수 있다.

파쇄대 등 지하수 포함구역을 관통하여 터널을 굴착할 때 굴진면에서 유입되는 지하수는 예측하기가 어려우므로 만일에 대비하여 펌프 등을 준비한 후에 굴착을 시작한다. 터널을 하향굴착하거나 수직구를 굴착하기 시작할 때에는 특히 지하수 유입이 위험할 수 있다. 초기 유입량이 매우 많더라도 공동 내의 저장수량이 많지 않으면 시간이 지나갈수록 유량이 감소한다. 시간이 지나도 유입수량이 감소되지 않으면 지하수통로가 되는 절리를 (규산소다 (sodium silicate) 나 폴리우레탄 거품을 10 % 까지 혼합한 시멘트 모르타르 등) 주입하여 폐색한다. 보링공이나 지중차수벽을 설치해서 유입압력을 줄이고 그라우팅하여 작업의 확실성을 높이는 경우도 있다.

유속이 빠른 지하수를 막기 위해 주입한 유독성 주입재료 (acrylamide 계통 플라스틱 등) 에 의해 지하수가 오염되어 그 지역에서 생산된 농산물을 폐기하고 우물을 폐쇄했던 경우 (스웨덴의 Hallandsas 터널 등) 도 있다.

물에 민감한 암석 (점토광물 함유암석 등) 은 물과 접촉을 최소로 한다. 고결도가 약한 제 3 기의 이암이나 변질된 안산암 등은 노출되어서 건조수축이 반복되면 이완 되므로 굴착 즉시 숏크리트 등으로 굴착면을 피복한다.

지하수면에 가까운 바닥면은 지하수에 의해 침윤된 상태에서 공사장비 등에 의해 반복하중을 받아 흡수와 배수가 교대로 이루어지면 표층이 점토화 되어서 배수불량 상태가 되고 점토화가 더욱 촉진되는 악순환이 되풀이 되어 연약화가 된다. 연약화된 범위가 확대되면 바닥 지반이 융기되고 지보공기초가 침하되며 측압에 의한 변위가 일어난다. 이런 현상은 자주 일어나므로 NATM 으로 시공하는 경우에 굴착바닥의 이차라이닝은 생략하더라도 인버트 콘크리트를 시공하는 것이 좋다. 터널시공 중에 바닥이 연화되어서 자갈을 부설하거나 레일 공법으로 변경해야할 만큼 연약화되기 쉬운 지반에서도 인버트를 빨리 폐합하면 연약화를 방지할 수 있다.

5.1.2 터널의 배수계통

터널은 내구년도(통상 100년) 동안 기능 손상 없이 잘 운영되도록 건설해야 한다. 터널 배수시설은 기능저하나 장애가 일어나면 원상회복이 거의 불가능하다.

지하수와 함께 유입되는 세립분, 그라우트재, 토사, 하수성분 등이 침전·퇴적되어 배수기능이 저하되면 지하수의 흐름이 정체되어 터널 내 환경이 나빠지고, 도상이 침수되어 터널이용에 장애가 발생된다. 또한 지하수위가 상승되면 잔류수압이 작용하여 라이닝이 손상되거나 균열이 발생되며, 라이닝에서 누수가 일어난다.

배수터널에서는 주변지반에서 유출되는 지하수가 터널 내부로 유입되지 않도록 라이닝 배면에서 모아서 측벽하부 종배수관으로 보내고 이를 다시 측벽 횡배수관을 통해 중앙배수관으로 보내서 배출하는 배수계통을 갖춘다 (그림 8.5.1). 비배수 터널에서도 허용누수량이나 사용용수를 처리하기 위해 배수시스템을 설치할 때가 많다. 숏크리트의 균열을 통해서 유출되는 지하수는 반경방향 유도배수공으로 유도하고, 국부적 유출량이 많으면 유도배수관을 설치하여 측벽하부 종배수관으로 유도한다.

숏크리트와 콘크리트 라이닝사이의 접촉부에는 배수량이 적으면 부직포나 복합섬유재 (composite geosynthetics) 를 설치하고, 배수량이 많으면 배수 통로를 일정하게 유지할 수 있는 요철부재 (air gap membrane 이나 geospace) 를 설치한다. 유도배수관과 접촉배수계통은 측벽하부 종배수관 주위에 설치한 자갈필터에 묻는다.

터널 내 배수시설은 배수로, 집수정, 배수펌프 시설로 구성한다. 배수터널의 배수시스템은 대개 측벽 종배수관, 측벽 횡배수관, 측벽 배수 확인구, 중앙 배수관, 중앙수직배수관, 맨홀 등으로 구성한다.

측벽 종배수관은 숏크리트로 침투한 지하수를 방수층 배면을 따라 측벽하단으로 배수하여 터널 라이닝에 수압이 작용하지 않도록 하는 기능을 가지며 THP 유공관 등으로 (직경 약 $100\,mm$) 좌·우 측벽의 하단에 설치한다. 측벽 종배수관은 직경이 작아서 외부로부터 유입되는 침전물에 의해 기능이 저하되거나 상실되기 쉬우며, 이로 인해 잔류수압이 작용하면 누수되거나 구조물 안정성이 저하될 수 있다.

측벽 횡배수관은 측벽 종배수관과 중앙배수관을 연결하는 기능을 가지며 일정한 (보통 $15\,m$) 간격으로 (직경 약 $150\,mm$) 설치한다. 좌·우측 바닥에 일정한 (보통 $15\,m$) 간격으로 측벽 배수 확인구를 설치하여 배수기능유지, 통수량, 흐름상태, 퇴적현황, 배수관 막힘 여부, 토사유입 등을 확인할 수 있게 한다.

중앙 배수관(직경 약 $300 \sim 400\,mm$)은 터널바닥의 중앙에 설치하며, 측벽하부에 있는 종·횡 배수관을 통해 터널 내로 유입된 지하수를 원활하게 배수하여 배수계통에 수압이 작용하지 않게 하는 기능을 갖는다. 터널 인버트에 유입된 물도 유사한 방법으로 배수한다. 중앙배수관은 배수구간 내에 있는 터널 지보패턴과 단면형식에 따라서 부설깊이가 다르고 개착 구조물과 연결 부분에서는 차단되므로 집수정까지 연속적인 기울기를 가질 수 없는 경우가 많다.

중앙수직배수관(직경 약 $100\,mm$)은 터널 내 도상배수로에서 발생된 물을 중앙 배수관으로 흐르도록 만든 수직구멍이며 일정한(보통 $10\,m$) 간격으로 설치한다.

중앙 맨홀은 중앙 배수관의 청소 등 배수계통의 유지관리를 위해 중앙배수관을 따라 일정한(보통 $30\,m$) 간격으로 터널 중앙에 설치한다. 중앙 배수관의 최저점에 설치한 집수정에 유입된 물은 배수펌프를 이용하여 지상 하수도로 배출시킨다.

터널 배수재료는 보통 다음의 규격을 사용한다.
* 숏크리트 접촉 부직포의 배수성능 :
  압력 $p = 200\,kPa$, $i = 1$ 일 때에 $7 \sim 14\,\ell/\min$

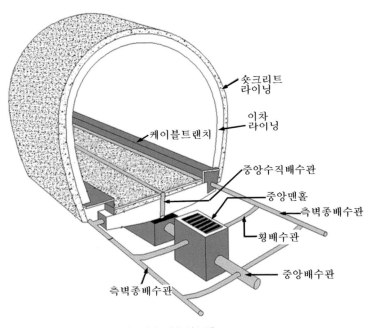

a) 터널 배수시스템
그림 8.5.1 터널의 배수 시스템(계속)

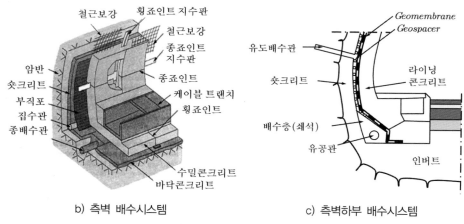

b) 측벽 배수시스템   c) 측벽하부 배수시스템

그림 8.5.1 터널의 배수 시스템

- 복합 섬유재 (composite geosynthetics) 의 배수성능 :
  압력 $p = 200\ kPa$, $i = 1$ 일 때에 $> 14\ \ell/\min$
- 요철부재 (air gap membrane) : 높이 $60 \sim 20\ mm$, 두께 $\geq 1.2\ mm$
  변형률 $\epsilon < 20\ \%$ 에 대한 압축강도가 $\geq 200\ kPa$
- 외부 배수관 내경 : $\phi \geq 200\ mm$
- 유도 배수관 내경 : $\phi = 10 \sim 15\ mm$
- 종방향 틈 (slot) 의 폭 : $5 \sim 10\ mm$

배수관은 탄소나 칼슘이 침적되거나 오염에 의하여 막힐 수 있으며, 탄소침적은 아스파라핀산을 액체상태로 물에 첨가하거나 고체 상태로 배수관에 설치하여 흘려 보내서 (유속 $1 \sim 2\ \ell/s$ 이상) 막을 수 있다. 지하수에 용해되어 있던 칼슘 (석회) 은 압력·온도·pH 등이 변하거나 산소나 시멘트와 반응하면 배수계통에 침적된다. 따라서 배수계통이 공기나 시멘트에 접촉되지 않게 사이폰으로 연결하고 연화제를 사용하여 칼슘의 침적을 방지한다.

배수관은 주기적으로 비디오 스캐닝 (video scanning) 하여 관리·청소하며, 막힌 배수관은 압력수 (최대 노즐압력 $150\ bar$) 를 $500\ \ell/\min$ 정도로 분사하여 뚫는다.
최근 유럽 (독일 철도 DB 등) 에서는 배수계통 청소로 인한 소통지장과 청소비용을 줄이기 위해 대부분의 터널을 비배수로 건설하고 있다.

5.2 터널의 방수

터널에서 물이 방울져 떨어지는 정도는 대개 터널운용에 큰 지장이 없고 누수량이 허용치 이내이다. 도로터널에서는 대개 물웅덩이가 생기거나, 시야가 가릴 정도로 누수되거나 고드름이 생기지 않으면 된다. 방수라이닝은 누수로 인한 손상이 적게 일어나고 쉽게 보수할 수 있도록 설계하는 것이 중요하다 (Kirschke, 1997).

터널이 지하수위 보다 상부에 위치하면 하향침투수로부터 터널이 보호되게 상부 방수 (umbrella water proofing) 한다. 반면에 터널이 지하수위 보다 하부에 위치하면 지하수가 압력을 받으므로 전면방수 (all-embracing water proofing) 한다. 방수층에서 차단된 물은 터널 측벽하부에 모아서 배수계통에 연결하여 배수시킨다 (EDT, 1997).

터널의 방수개념 (5.2.1 절) 은 지하수압의 크기를 고려하여 결정한다. 지하수압이 작으면 수밀콘크리트 방수 (5.2.2 절) 하고 중간크기의 수압에서는 쉬트 방수 (5.2.3절) 하고 지하수압이 크면 그라우팅 방수 (5.2.4 절) 한다.

5.2.1 터널의 방수개념

소위 상부방수는 지하수위의 상부에 있는 터널을 하향 침투수로부터 보호하기 위하여 터널바닥 보다 위쪽에만 방수한다 (그림 8.5.2).

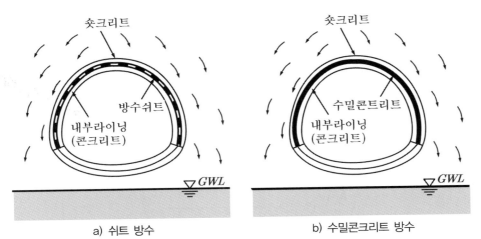

a) 쉬트 방수   b) 수밀콘크리트 방수

그림 8.5.2 상부방수 (umbrella waterproofing)

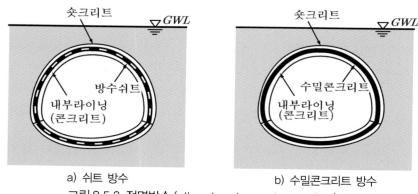

a) 쉬트 방수   b) 수밀콘크리트 방수

그림 8.5.3 전면방수 (all embracing waterproofing)

터널이 지하수위보다 더 하부에 위치하면 터널은 지하수압을 받으므로 전면 방수 (그림 8.5.3) 하는데, 수압이 $3\,bar$ 미만이면 수밀 콘크리트 (water tight concrete) 를 사용하고, $3 \sim 15\,bar$ 이면 방수 쉬트를 내부와 외부라이닝 사이에 설치한다. 수압이 $15\,bar$ 보다 클 때에는 선행그라우팅 (advance grouting) 하여 주변지반에 차수링을 형성시켜서 수압을 부담시킨다. 방수층에 의하여 차단된 물은 측벽 하부에 모아서 하부배수시스템에 연결하여 배수시킨다 (그림 8.5.4).

5.2.2 수밀 콘크리트 방수

수압이 $3\,bar$ 까지는 수밀콘크리트를 타설하여 방수한다. 공장제작한 콘크리트는 골재의 입도분포나 함수량이 적합하면 공극이 연결되지 않아서 두께 $\geq 30\,cm$ 에서 수밀성이 확보된다. 콘크리트는 인장응력, 온도, 크리프, 수축 등에 의한 미소 균열이 있으면 수밀성이 감소된다.

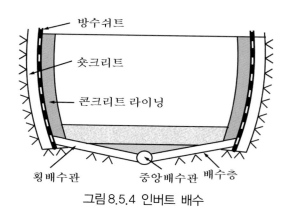

그림 8.5.4 인버트 배수

수밀 콘크리트로 방수할 때에는 **수화열**과 **건조수축** 문제를 생각해야 하고, 포틀랜드 시멘트를 자주 이용한다. 수화열은 콘크리트 양생과정에서 발생되며, 냉각될 때에 부적절한 응력이 유발되어 콘크리트에 미소균열이 발생된다. 수화열에 의한 영향은 거푸집을 늦게 제거하고, 절연 거푸집을 사용하고, 물과 골재를 냉각시켜서 사용하고, 오랫동안 (10 ~ 14일) 습윤 양생하면 대폭 줄일 수 있다.

혼합수의 일부만이 화학결합 (시멘트양의 약 25 % 정도) 하고 나머지 물은 공극을 채우고 있으므로 함수량이 적으면 공극이 적다.

콘크리트 부재는 자유수가 증발할 때에 수축되며 부재가 얇으면 수축하기 쉽다. 온도가 $15 \sim 20^o C$ 낮아질 때 길이가 변한다.

터널의 길이 방향으로 라이닝을 철근보강하면 미소 균열의 간격이 줄어 들지만 균열을 피할 수는 없으며, 이때에는 콘크리트 라이닝에 짧은 종단 길이로 조인트를 설치하는 것 만이 해결책이다. 그러나 조인트가 너무 많아지지 않도록 $12 \sim 20\,m$ 길이로 하는 것이 적합하다.

부적합한 미소 균열은 숏크리트와 현장타설 콘크리트 사이를 금속막 등으로 분리하면 피할 수가 있다. 수밀 콘크리트는 누수가 국부적으로 일어나므로 쉬트 방수에 비해 유리하다. 쉬트 방수에서는 누수가 분산된다.

5.2.3 쉬트 방수

터널에서 수압이 $3 \sim 15\,bar$ 일 때는 배수를 유도하고 차수하며, 이를 위해 대개 내부와 외부 라이닝의 사이에 **방수 쉬트**를 설치한다 (그림 8.5.5). 일반적으로 PE는 콘크리트 같은 알칼리 조건에서 수화되므로 방수 쉬트로 사용하는 것을 피하는 것이 좋다. PVC는 화재 시에 염산이 발생하여 위험하므로 콘크리트 라이닝으로 피복할 때에만 방수 쉬트로 사용한다.

방수 쉬트를 거친 숏크리트의 표면에 직접 설치하면 찢어지거나 구멍이 생길 수 있다. 따라서 부직포나 손상방지용 도료 ($100 \sim 1200\,g/m^2$ 도포) 를 써서 숏크리트의 표면을 마감처리한 후에 방수 쉬트를 설치한다. 방수 쉬트는 대체로 $200 \sim 300^o C$ 로 열 용접하며, 용접 시에 쉬트 보호층이 손상되지 않도록 한다.

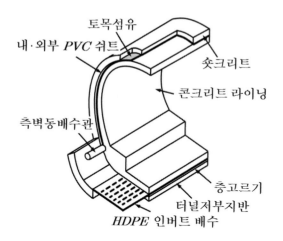

그림 8.5.5 터널의 쉬트 방수

5.2.4 Grouting 방수

수압이 $15\,bar$ 보다도 클 때에는 선행 그라우팅해서 터널 주변지반에 링모양으로 차수층을 형성하여 유입수량을 감소시키고 터널 내부로 유입된 수량은 터널의 배수 시스템을 통해 배수시켜서 콘크리트 라이닝에 수압이 작용하지 않게 한다. 이때에 선행그라우팅이 불충분하면, 후속 그라우팅 (post grouting) 한다. 대개 후속 그라우팅 보다 선행 그라우팅 (advance grouting) 이 더 효과적이고 경제적이다.

일반적으로 터널의 허용유입수량은 터널길이 $100\,m$ 당 $1 \sim 5\,l/min$ 이다. 굴진면에서 매 $10\,m$ 마다 약 $10\,m$ 길이로 천공하여 초미립 시멘트나 약액을 $50 \sim 60\,bar$ 로 주입하면 겹침이 잘된다.

매 천공홀마다 특정압력 (예, $60\,bar$) 에 도달되거나 주입량이 일정치 (예, $500\,l$) 가 되도록 주입한다. 지하수 흐름을 제한하기 위해 그라우팅 할 때마다 방수가 불충분하면 유속이 빨라져서 침식이 일어날 수 있다.

이때에 주입하여 보강된 지층을 통해 지하수가 흐르는 동안 침투압이 보강 층에 작용하며 보강 층은 이를 지지할 수 있을 만큼 지지력이 커야 한다.

※ 연습문제 ※

【예제 1】 평행 절리시스템을 갖는 암반에서 절리간격이 $s = 1.0\,m$ 일 때 다음 절리 폭에 따라 투수계수를 구하시오. 단, 온도 $20^o C$ 에서 물의 점성계수는 $\mu = 10.09 \times 10^{-3} Poise$ 이고 단위중량은 $\gamma_w = 9.982\,kN/m^3$ 이다.

　① 폭 $b = 0.01\,mm$　② 폭 $b = 0.1\,mm$　③ 폭 $b = 1\,mm$　④ 폭 $b = 10\,mm$

【예제 2】 포화 흙지반에 굴착한 원형터널 (반경 $r = 5.0m$) 에서 터널 단위길이 당 지하수유출량이 $100\,m^3/day$ 이고, 지하수와 함께 지반의 세립분이 $10.0\,g/m^3$ 만큼 유출될 때에 다음을 구하시오. 단, 터널굴착 전 지반의 간극비는 0.65 이고 최대 및 최소 간극비는 $e_{max} = 0.9$, $e_{min} = 0.4$ 이며, 유효입경 $D_{10} = 0.075\,mm$ 이고 흙입자 의 비중은 $G_s = 2.65$ 이다.

세립분은 터널굴착면에서부터 유출되고, 세립분이 유출된 영역 (반경 R_r) 이 배후 지반으로 확대되며, 조립토가 유출될 수 있을 만큼 큰 유로는 형성되지 않는다고 가정한다. 터널 주변 배수영향반경은 모든 방향으로 $R_w = 5.0\,r_a$ 이다.

1) 일정기간 (1 년, 30 년, 60 년) 이 지난 후
　① 세립분 유출량　② 이완영역
2) 세립분 유출 후 지반 특성변화
　① 지반의 간극비
　② 지반의 상대밀도
　③ 지반의 내부마찰각 (지반을 사질토로 가정)

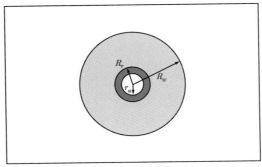

터널주변 배수영향범위

【예제 3】 터널 중심의 심도가 $h_t = 30.0\,m$ 인 터널 반경이 $r_a = 5.0\,m$ 에서 $r_a = 10.0\,m$ 로 커질 때에 터널 유입수량 q 이 얼마나 증가하는지 구하시오.

【예제 4】 수심 $4.0\,m$ 인 강의 바닥하부 $15.0\,m$ 에 설치한 배수터널(반경 $5.0\,m$)에서 하저지반 투수계수가 $k = 1.0 \times 10^{-5}\,m/s$ 이고, $h_a = 1.0\,m$ 일 때에 터널유입수량을 구하시오.

【예제 5】 균질하고 등방성인 수평지층에 설치한 배수터널(내경 $5.0\,m$, 콘크리트 라이닝 두께 $30.0\,cm$)에서 다음의 물음에 답하시오. 단, 초기지하수위는 터널 내공 천단상부 $14.0\,m$ 이고, 터널의 중심은 지표아래 $22.0\,m$ 이며 불투수층의 상부경계가 심도 $30.0\,m$ 에 있다. 지반의 투수계수는 $k = 1.0 \times 10^{-5}\,m/s$ 이다.
  1) 지하수면이 터널의 천단이하로 떨어지지 않을 때의 용수량.
  2) 지하수면이 터널의 중심이상을 유지하는 조건의 용수량.

【예제 6】 강의 하저에 설치한 취수터널(반경 $2.0\,m$)에서 용수량을 구하시오. 단, 하천의 수심은 $2.0\,m$ 이고, 터널중심은 하저 지표아래 $3.0\,m$ (즉, $h_a = 1.0\,m$) 이며, 지반의 투수계수는 $k = 1.0 \times 10^{-5}\,m/s$ 이다.

【예제 7】 지하수위가 지표면과 일치하는 사질토지반에 지표에서 터널중심까지 깊이 $25.0\,m$ 에 원형터널을 굴착하고 콘크리트 라이닝(내측반경 $5.0\,m$, 두께 $40\,cm$)을 설치하는 경우에 다음을 구하시오. 단, 원지반 투수계수는 $1.0 \times 10^{-6}\,m/s$ 이며, 콘크리트 라이닝의 투수계수는 $1.0 \times 10^{-10}\,m/s$ 이다.
  1) 터널 유입수량과 라이닝이 부담하는 수압
  2) 라이닝 외부 두께 $3.0\,m$ 범위내의 지반을 그라우팅하여 개량(투수계수 $1.0 \times 10^{-8}\,m/s$) 할 때에 용수량 및 라이닝과 개량지반이 부담하는 수압
  3) 라이닝이 부담할 수 있는 최대 수압이 $50\,kPa$ 일 때에 지반의 개량정도(투수 계수)와 범위 및 개량지반이 부담하는 수압
  4) 배수계통의 목표용수량이 $1.0 \times 10^{-7}\,m^3/s$ 일 때에 개량범위와 라이닝 부담 수압 및 개량지반 부담수압

【예제 8】하천의 수변에 설치한 취수터널(반경 $2.0\,m$)에서 다음의 물음에 답하시오. 단, 초기지하수면은 천단상부 $2.0\,m$ 이고, 터널중심은 지표아래 $5.0\,m$ 이다. 두께 $10.0\,m$ 인 투수성 지반의 투수계수는 $k = 1.0 \times 10^{-5}\,m/s$ 이다.

1) 지하수면이 터널의 천단이하로 떨어지지 않는 조건의 용수량.
2) 지하수면이 터널의 중심이상을 유지하는 조건의 용수량.

【예제 9】지하수위가 지표면에 있는 사질지반($c = 0$, $\phi = 30°$)의 깊이 $25.0\,m$ 에 원형터널을 굴착하고 콘크리트 라이닝(내경 $5.0\,m$, 두께 $40\,cm$)을 설치하는 경우에 다음을 구하시오. 단, 지반 포화단위중량은 $\gamma_{sat} = 26\,kN/m^3$ 이다.

1) 비배수 터널로 할 때에 라이닝의 천단압력
2) 배수터널로 할 때에 라이닝의 천단압력
3) 지반 점착력이 $c = 27kPa$ 일 경우($\phi = 30°$)에 배수터널 라이닝 천단압력

【예제 10】수심 $10.0\,m$ 인 강바닥 아래 $25.0\,m$ 깊이에 반경 $5\,m$ 인 배수터널을 굴착한다. 강 하부지반($c = 27\,kPa$, $\phi = 30°$)의 투수계수가 $1.0 \times 10^{-6}\,m/s$ 일 때에 다음을 구하시오. 단, 개량지반의 투수계수는 $1.0 \times 10^{-8}\,m/s$ 이고 콘크리트 라이닝(두께 $40\,cm$)의 투수계수는 $1.0 \times 10^{-10}\,m/s$ 이다.

1) 용수량과 라이닝에 작용하는 수압과 라이닝 천단압력
2) 터널 주변지반을 외경 $10.4\,m$ 까지 그라우팅하여 개량할 때에 개량된 지반과 라이닝이 부담하는 수압과 그때의 용수량.
3) 목표 용수량이 $0.003\,l/min/m$ 일 때에 그라우트 개량범위와 라이닝 부담수압 및 라이닝 천단에 작용하는 침투력.

⇨ 터널이야기

》 근대터널

19 세기에는 철과 콘크리트라는 새로운 **재료**가 개발되었고, 전기와 내연기관으로 대변되는 새로운 **동력원**이 등장되어 터널시공이 기계화되었으며, **화약**이 암반 굴착에 활용됨에 따라 터널건설기술이 획기적으로 발전하였다.

쉴드기가 발명됨에 따라 도시의 지하에서도 터널이 굴착되었고 당시까지의 산악터널에 비해 쉴드터널이나 개착터널의 발달을 촉진하였다.

세계 최초 쉴드터널은 영국으로 귀화한 프랑스 기사인 Brunel 이 자체 제작한 쉴드기로 템스 강 하부를 관통하여 굴착한 Thames 하저터널이다. 브루넬은 벌레가 목재에 구멍을 뚫고 뒤쪽을 껍질로 딱딱하게 감싸는 모습에서 힌트를 얻어 쉴드기를 발명했으며 1818 년에 특허를 취득하였다.

브루넬 쉴드는 폭 0.9 m, 높이 6.7 m 인 Frame 12 개를 책꽂이에 꽂힌 책처럼 옆으로 세워놓았는데 각 프레임은 3 층으로 나누고 36 개 격실 (0.9m×2.1m) 에 인부가 한명씩 들어가서 굴착하였다. 굴착이 끝나면 쉴드 후방에 설치한 벽돌 라이닝을 스크루 잭으로 밀면서 한번에 11.4 cm 씩 쉴드를 전진시켰다.

템스 터널은 직사각형 (폭 11.43 m, 높이 6.7 m) 으로 굴착하고 그 안에 마제형 터널 (폭 4.3 m, 높이 5.2 m) 한 쌍을 넣고 벽돌로 라이닝을 설치했다. 터널 시공중에 배수 및 토사를 반출하는데 **증기엔진**을 사용하였다. 처음에 인도 및 마차용 터널로 이용되었고 후엔 지하철터널로 전용되어 현재까지 이용되고 있다. 1863 년에 개통된 런던 지하철은 **세계 최초의 지하철**이었고, 전 구간이 개착공법으로 건설되었다. 증기기관의 중간 매연 배출을 위해 지상구간을 두었다.

1869 년에 영국의 Greathead 가 현재 쉴드공법의 원형인 원형 단면의 **쉴드 굴착기**를 개발해 런던의 **템스 강 하저터널** 굴착에 적용하였다. 이 쉴드 내부에서 인부들이 지반을 굴착하면 다른 인부들이 뒤로 반출·처리했으며 쉴드의 테두리에는 쉴드를 밀어주는 유압 램이 설치되어 있었다.

압기공법은 1830 년에 특허 출원되었고, 1884 년에 착공한 뉴욕지하철 **허드슨 강 하저터널** (1886 년 완공) 에서 쉴드공법과 병용·적용하였다.

19 세기 초반부터 구상된 **영불 해저터널**은 1881 년에 시험 갱 굴착이 개시되어 TBM 원형인 Beaumont 의 굴착기로 영국에서 800 m, 프랑스에서 1,700 m 를 굴착했지만 국방상의 이유로 1883 년에 공사가 중지되었다.

제 9 장
얕은 터널

제9장 **얕은 터널**

1. 개 요

최근에 다양한 깊이로 수많은 터널을 굴착하면서 얕은 터널과 깊은 터널의 거동이 많이 다른 것을 알게 되었다.

깊은 터널에서는 천단 상부지반에 지반아치가 형성되어 터널부에 작용하던 하중이 주변지반으로 전이되고, 이에 따라 측벽하중이 크게 증가하며, 측벽의 접선응력이 지반의 압축강도 보다 작으면 터널이 안정하다. 그러나 얕은 터널에서는 천단상부 지반에 지반아치가 형성되지 않기 때문에 작용하중의 크기가 작더라도 상부지반이 취성파괴 되어 터널 측벽을 지나는 연직 활동면을 따라 함몰 파괴될 수 있다.

터널 천단과 바닥의 (수준차이에 의한) 연직응력 차이가 터널의 응력수준에 비해 무시할 수 있을 만큼 작은 (10 % 이하) 깊은 터널에서는 주변경계에 등분포 압축응력 (등압상태 초기응력) 이 작용한다고 가정하고 해석할 수 있다. 그러나 연직응력의 차이가 큰 얕은 터널 에서는 등압상태 초기응력에 기초한 해법들을 적용할 수 없다.

최근 깊이 대신 특정한 거동특성을 기준으로 얕은 터널을 정의 (2 절) 하기도 한다.

얕은 터널 주변지반 내 응력 (3 절) 은 굴착 공정별로 다르며 지반을 무한탄성체로 가정하고 탄성이론으로 구한다. 얕은 터널의 지보 라이닝 (4 절) 은 아치형 빔 이론으로 해석하며, 천단과 인버트의 지보압은 연직토압분포를 근사적으로 가정하여 구한다.

얕은 터널의 안정성 (5 절) 은 굴착공정별 응력변화는 물론 전단파괴에 대해 검토 한다. 시공공정별 안정은 굴착 후 지보공설치 전·후 (응력을 적용하여 구한) 형상변형 에너지의 변화량으로 검토하고, 파괴에 대한 안정은 파괴 메커니즘을 적용하여 판정 한다. 지보아치 하부기초지반은 지지력에 대해 안정성을 검토한다. 얕은 터널에서는 천정 상부지반이나 굴진면 배후지반이 전단파괴 되면서 파괴가 지표까지 연장되어 지표가 함몰 되는 경우가 많다.

얕은 터널의 굴착에 의한 지표침하 (6 절) 는 지반이 등체적 변형한다고 가정하고 Lame 의 탄성해를 적용하거나, 지표침하 형상을 Gauss 분포나 포물선형으로 가정하고 구한다. 지표침하에 의한 지상구조물의 손상여부는 침하된 지표형상 대로 구조물이 처진다고 생각하고 구조물 변형률을 구하여 허용 인장변형률과 비교해서 판정한다.

2. 얕은 터널의 정의

과거에는 얕은 터널과 깊은 터널을 단순히 터널의 깊이를 기준으로 구분하였으나, 최근에는 응력상태를 기준으로 구분한다. 지표가 터널굴착에 의한 영향을 받으면 얕은 터널이라 한다.

터널굴착에 의해서 응력상태가 변하는 범위는 터널깊이는 물론 터널의 형상과 크기 및 지반특성 (응력상태와 변위) 에 의해서 영향을 받으므로, 얕은 터널과 깊은 터널은 이들을 종합한 기준에 따라 구별한다.

양호한 지반 (암반 등) 에서는 터널 주변지반의 특성과 주변현황 및 응력상태와 변위 등을 종합해서 얕은 터널을 정의한다.

취약한 지반 (상태가 불량한 암반의 파쇄대나 토사층 등) 에서는 터널굴착에 따른 영향범위가 터널의 크기뿐만 아니라 주변지반 물성에 의해서도 결정된다. 즉, 지반 강성이 작을수록 터널굴착에 의한 영향범위가 넓고 굴착공간의 자립이 어려우므로 해석을 통해 응력의 영향범위를 확인한 후에 얕은 터널을 정의한다.

얕은 터널은 터널 굴착에 의한 영향이 터널의 상부지반은 물론 지표에까지 즉, 터널상부 전체 지반에 미치는 터널을 말한다.

지금까지 문헌에 나타난 대표적인 얕은 터널 판정기준은 다음과 같다.

① 터널의 크기 : 토피고가 직경에 비해 별로 크지 않은 터널 즉, 토피고와 직경 의 비가 3 보다 작은 터널을 얕은 터널이라고 한다 (Duddeck/Erdmann, 1985).

② 터널의 거동 : 천단과 바닥에서 변형의 크기와 양상이 다른 터널을 얕은 터널 이라 한다 (Einstein 등, 1979). 이렇게 판단하면 심도가 깊은 토사터널은 천단과 바닥에서 변형의 크기와 양상이 다르므로 얕은 터널이고, 경암에 얕은 심도로 건설된 터널은 천단과 바닥에서 변형의 크기와 양상이 같으므로 깊은 터널이다.

③ 터널굴착에 의한 영향범위 : 터널굴착에 의해 영향을 받는 범위 보다 얕은 곳에 설치된 터널을 얕은 터널이라 한다.

개략적으로 터널굴착에 따라 응력이 변하는 깊이 (터널 직경의 1.5 배 정도) 까지를 얕은 터널로 정의하기도 한다.

3. 얕은 터널 주변 지반응력

터널 주변지반의 응력은 깊은 터널에서는 지반이 등방탄성체이고, 중력장의 영향을 받지 않으며 연직경계면에 등분포 측압이 작용한다고 가정하고 구한다. 반면에 얕은 터널에서는 지반이 등방 탄성체이며, 중력장의 영향을 받고, 연직 경계면에는 깊이에 비례하는 측압이 작용한다고 가정하고 구할 수 있다.

얕은 터널 지반의 측압계수 K 와 변형계수 E 는 역해석해서 구할 수 있고, 상반과 하반 굴착 시에 발생한 내공변위와 천단침하량의 측정값과 계산값이 일치할 때까지 반복하여 계산한다. 지질 상태와 토피가 다르더라도 측압계수는 차이가 적어서 얕은 터널에서 역해석해서 구한 측압계수는 $K = 0.8 \sim 1.0$ (평균 $K \simeq 0.9$) 범위이고, 지반 변형계수는 토피압력에 비례하고, 토피압력의 약 100 배 정도이다.

얕은 터널의 안정성은 굴착 후 지보설치 전 즉, 무지보 응력상태 (3.1 절) 와 지보 설치 후 응력상태 (3.2 절) 로부터 각 시공단계별로 지반의 형상변형에너지를 구하여 판정할 수 있다.

3.1 무지보 상태 얕은 터널 주변 지반응력

그림 9.3.1 과 같이 평면변형률 상태 무한 탄성체에 굴착한 원형터널 (반경 a) 주변의 응력장과 변위장으로부터 터널 주변지반 내 응력을 구할 수 있다.

단위체적 당 자중이 $-\rho g$ 인 지반의 지표면에서 터널의 중심까지 깊이가 h_t 이면, 터널 중심에서 z 만큼 이격된 점의 연직 압축응력은 $-\rho g (h_t - z)$ 이고, 수평 압축응력은 $-K\rho g (h_t - z)$ 이다. 여기에서 ρ 는 지반의 밀도이고, K 는 지반의 측압계수이다.

터널 주변지반의 응력장 (반경응력 σ_r, 접선응력 σ_t, 전단응력 τ_{rt}) 은 Airy 응력함수 ψ 로 나타내면 아래와 같고,

$$\sigma_r = \frac{1}{r}\frac{\partial \psi}{\partial r} + \frac{1}{r^2}\frac{\partial^2 \psi}{\partial \theta^2} + \rho g r \sin^3\theta$$

$$\sigma_t = \frac{\partial^2 \psi}{\partial r^2} + \rho g r \sin\theta \cos^2\theta$$

$$\tau_{rt} = -\frac{\partial}{\partial r}\left(\frac{1}{r}\frac{\partial \psi}{\partial \theta}\right) + \rho g r \cos\theta \sin^2\theta \tag{9.3.1}$$

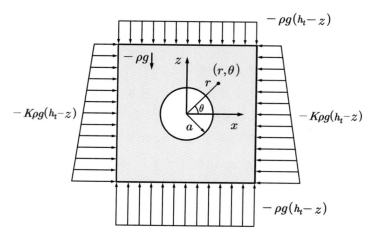

그림 9.3.1 원형터널 주변지반의 경계압력

터널이 연직 축 (z 축)에 대해 대칭일 때에 대해 위 식의 해를 구하면 터널굴착에 의해 주변지반에 발생되는 응력이 된다 (단, $X = a/r$).

$$\sigma_r^g = -p\left[\frac{1}{2}(1+K)(1-X^2) - \frac{a}{4h_t}\left\{-\frac{3-2\nu}{1-\nu}X + \left(\frac{\nu}{1-\nu}-K\right)X^3 + \frac{K+3}{X}\right\}\sin\theta\right.$$
$$\left. - \frac{1}{2}(1-K)\left\{(1-4X^2+3X^4)\cos2\theta + \frac{1}{2}\frac{a}{h_t}\left(\frac{1}{X}+4X^5-5X^3\right)\sin3\theta\right\}\right]$$

$$\sigma_t^g = -p\left[\frac{1}{2}(1+K)(1+X^2) - \frac{a}{4h_t}\left\{\frac{1-2\nu}{1-\nu}X + \left(\frac{\nu}{1-\nu}-K\right)X^3 + \frac{3K+1}{X}\right\}\sin\theta\right.$$
$$\left. + \frac{1}{2}(1-K)\left\{(1+3X^4)\cos2\theta - \frac{1}{2}\frac{a}{h_t}\left(\frac{1}{X}+4X^5-3X^3\right)\sin3\theta\right\}\right]$$

$$\tau_{rt}^g = -p\left[\frac{a}{4h_t}\left\{\frac{1-2\nu}{1-\nu}X + \left(\frac{\nu}{1-\nu}-K\right)X^3 - \frac{1-K}{X}\right\}\cos\theta\right. \tag{9.3.2}$$
$$\left. + \frac{1}{2}(1-K)\left\{(1+2X^2-3X^4)\sin2\theta + \frac{1}{2}\frac{a}{h_t}\left(\frac{1}{X}-4X^5+3X^3\right)\cos3\theta\right\}\right]$$

위 식에서 $p = -\rho g h_t$ 는 터널중심의 덮개압력이고, $X = a/r$ 은 터널중심으로부터 이격거리 r 을 반경 a 로 무차원화 한 값의 역수이다.

접선응력 σ_t 는 터널 경계 (굴착면)에서 최대이며, 터널 중심에서 멀어지면 점차 감소하고, $r = 2a$ 보다 먼 위치에서는 굴착 전 초기응력과 거의 같다. 접선응력 σ_t 는 측압계수 $K < 1$ 일 때에는 측벽 ($\theta = 0°$), $K \geq 1$ 일 때에는 천정 ($\theta = -90°$) 부근에서 크다. 측압계수가 $K = 1$ 일 때에는 전단응력 τ_{rt} 가 발생하지 않는다 (그림 9.3.2).

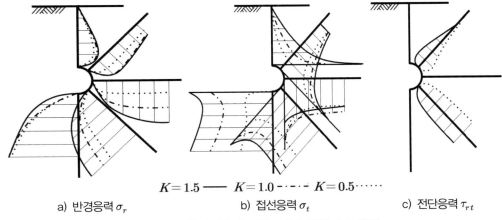

$$K=1.5 ——— \quad K=1.0 -·-·- \quad K=0.5 ······$$

a) 반경응력 σ_r b) 접선응력 σ_t c) 전단응력 τ_{rt}

그림 9.3.2 측압계수에 따른 터널 주변지반 응력

3.2 지보설치 후 얕은 터널 주변 지반응력

굴진면에 인접한 굴착면의 응력과 변위는 (굴진면 전방 지반의 구속 때문에) 굴착 전과 거의 같으므로, 이 상태에서 지보하면 이후 굴착진행에 따라 발생되는 지반 변형을 억제할 수 있다. 따라서 굴착과 동시에 지보하는 것이 이상적이다. 굴진면이 상당히 진행되어 이미 변형이 발생된 후에 지보하면 지보효과를 기대하기 어렵다. 볼트와 숏크리트는 서로 독립적으로 작용하므로 상호영향을 무시할 수 있다.

지보설치 후 얕은 터널 주변지반의 응력은 지보공의 설치상태 즉, 숏크리트 **(3.2.1 절)** 와 볼트 **(3.2.2 절)** 및 두 가지 병용설치 **(3.2.3 절)** 에 따라 다르다.

3.2.1 숏크리트 설치 후 얕은 터널 주변 지반응력

숏크리트 (두께 $t < < a$) 효과는 측압계수 $K \neq 1$ 이거나, 변형계수가 작은 지반 (연암 및 흙지반) 에서 현저하다. 숏크리트에 의해 발생되는 응력 σ_r^c, σ_t^c, τ_{rt}^c 는 다음과 같다.

$$\sigma_r^c = b_0 X^2 + \left\{ b_1 X - 2c_1 X^3 - 2A_1 X + (3/4)\rho gr \right\} \sin\theta - (6c_2 X^4 + 4d_2 X^2)\cos 2\theta$$
$$\quad - \left\{ 12c_3 X^5 + 10d_3 X^3 + (1/4)\rho gr \right\} \sin 3\theta$$

$$\sigma_t^c = - b_0 X^2 + \left\{ b_1 X + 2c_1 X^3 + (1/4)\rho gr \right\} \sin\theta + 6c_2 X^4 \cos 2\theta$$
$$\quad + \left\{ 12c_3 X^5 + 2d_3 X^3 + (1/4)\rho gr \right\} \sin 3\theta$$

$$\tau_{rt}^c = \left\{ - b_1 X + 2c_1 X^3 + (1/4)\rho gr \right\} \cos\theta - (6c_2 X^4 + 2d_2 X^2)\sin 2\theta \qquad \textbf{(9.3.3)}$$
$$\quad + \left\{ 12c_3 X^5 + 6d_3 X^3 + (1/4)\rho gr \right\} \cos 3\theta$$

위 식의 계수들은 아래와 같다.

$$b_0 = \rho g(1+K)h_t \delta_d(\nu_o + 1)/(2Q_1)$$

$$A_1 = -\delta_d \rho_c g a$$

$$b_1 = -(1-\nu_o)\delta_d \rho_c g a/2$$

$$c_1 = a\delta_d(\nu_o + 1)\{\rho g(K-\nu_o)(\nu_o - 3) - 2\rho_c g e\}/(8Q_1)$$

$$c_2 = \rho g(1-K)h_t \delta_d(\nu_o - 3)/(4Q_2)$$

$$d_2 = -\rho g(1-K)h_t \delta_d(\nu_o - 3)/(4Q_2)$$

$$c_3 = -\rho g(1-K)a\delta_d(\nu_o - 3)/(8Q_3)$$

$$d_3 = \rho g(1-K)a\delta_d(\nu_o - 3)/(8Q_3) \tag{9.3.4}$$

$$Q_1 = \delta_d(e\nu_o^c + e - \nu_o - 1) - e$$

$$Q_2 = \delta_d(e\nu_o^c + 3e - \nu_o - 3) - e$$

$$Q_3 = \delta_d(e\nu_o^c + 5e - \nu_o - 5) - e \tag{9.3.5}$$

ν_o^c 와 ρ_c 는 숏크리트의 푸아송비와 밀도이고, a 와 r_i 는 라이닝의 외경과 내경이다. 평면변형률상태 E_o, ν_o 와 평면변형률상태 E, ν 사이에는 다음 관계가 성립된다.

$$E_o = \frac{E}{1-\nu^2} \ , \quad \nu_o = \frac{\nu}{1-\nu} \tag{9.3.6}$$

숏크리트 두께비 δ_d 는 숏크리트 두께 t 를 터널의 반경 a 로 나누어서 무차원화 한 값이고, 무차원 정수 e 는 지반과 숏크리트의 재료정수에 따라 정해지는 값이다.

$$\delta_d = \frac{t}{a}, \ \ e = \frac{E(1-\nu_c^2)}{E_c(1-\nu^2)} \tag{9.3.7}$$

숏크리트 설치 후에는 지반과 숏크리트 라이닝을 구분하여 해석한다 (그림 9.3.3).

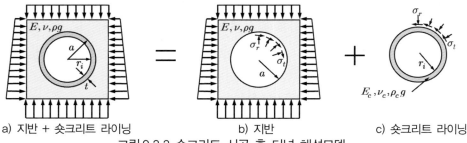

a) 지반 + 숏크리트 라이닝   b) 지반   c) 숏크리트 라이닝

그림 9.3.3 숏크리트 시공 후 터널 해석모델

3.2.2 볼트 설치 후 주변 지반응력

볼트의 지보효과는 지반의 변형계수와 거의 무관하고, 측압계수가 1 에서 벗어날수록, 깊이비가 작을수록 크다. 측압계수가 1 에 가까우면 깊이비가 커도 볼트설치 전 형상변형에너지가 작으므로, 볼트를 설치해도 형상변형에너지가 개선되기 어렵다.

터널 길이 L 당 n 개 볼트 (단면적 A_B) 를 $-90^o \sim 270^o$ 의 범위에 설치할 때에, (응력 크기가 항복응력 σ_B 로 일정한) 볼트의 축력에 의한 굴착면의 등분포 외력 $\sigma_r^B(\theta)$ 는 Fourier 급수로 분포시키면 (그림 9.3.4) 아래와 같다.

$$\sigma_r^B(\theta) = \frac{4}{3}\,\alpha_B\,p\left(\frac{3}{4} + \frac{\sqrt{2}}{\pi}\sin\theta + \frac{1}{\pi}\cos 2\theta\right) \tag{9.3.8}$$

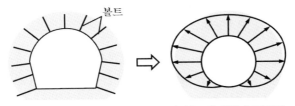

볼트

a) 볼트설치상태　　　　b) 볼트에 의한 분포하중
그림 9.3.4 볼트 축력에 의한 굴착면 분포하중

여기서 α_B 는 볼트비이고, 볼트효과를 나타내는 무차원 수이다.

$$\alpha_B = \frac{n\,A_B\sigma_B}{2\,\pi\,a\,L\,p} \tag{9.3.9}$$

볼트에 의해 발생되는 지반응력 σ_r^B, σ_t^B, τ_{rt}^B 는 아래와 같다.

$$\sigma_r^B = \frac{\alpha_B p}{\pi}\left[-\frac{3\pi}{4}X^2 + \sqrt{2}\left\{\frac{1}{4}\frac{1-2\nu}{1-\nu}(X-X^3) - X\right\}\sin\theta + (X^4 - 2X^2)\cos 2\theta\right]$$

$$\sigma_t^B = \frac{\alpha_B p}{\pi}\left[\frac{3\pi}{4}X^2 + \frac{\sqrt{2}}{4}\frac{1-2\nu}{1-\nu}(X+X^3)\sin\theta - X^4\cos 2\theta\right]$$

$$\tau_{rt}^B = 0 \tag{9.3.10}$$

지반이 소성화되는 것을 방지하기 위해 필요한 숏크리트 두께 t 와 볼트 개수 n 은 볼트비 α_B 와 숏크리트 두께비 δ_d 로부터 정할 수 있다. 볼트비나 숏크리트 두께비가 커질수록 소성화되는 지반강도 비 σ_y/p 가 작아진다.

3.2.3 숏크리트와 볼트를 병용 후 주변 지반응력

숏크리트와 볼트를 병용 설치한 경우에 발생되는 지반응력 σ_r, σ_t, τ_{rt} 은 터널 굴착 (σ^g, 식 9.3.2) 과 숏크리트 (σ^c, 식 9.3.3) 및 볼트 (σ^B, 식 9.3.10) 의 설치에 따른 지반응력의 합이다.

$$\sigma_r = \sigma_r^g + \sigma_r^c + \sigma_r^B$$
$$\sigma_t = \sigma_t^g + \sigma_t^c + \sigma_t^B \tag{9.3.11}$$
$$\tau_{rt} = \tau_{rt}^g + \tau_{rt}^c + \tau_{rt}^B$$

터널굴착 직후 지보설치 전 (무지보 상태) 과 숏크리트를 설치한 후 및 숏크리트와 볼트를 병용하여 설치한 후 각각의 경우에 터널굴착면과 주변지반에 발생되는 지반응력 즉, 반경방향 응력과 접선응력 및 전단응력을 연직방향과 수평방향 및 어깨방향에서 나타내면 그림 9.3.5 와 같다.

여기에서 터널굴착 후 지보설치 전 응력상태와 지보설치 후 응력상태를 비교해 보면 지보설치에 의해 굴착면 주변지반의 응력집중이 완화되는 것은 물론 주변지반 내 응력이 감소되는 것을 알 수 있다.

그러나 전단응력 τ_{rt} 는 측벽과 천단에서는 발생되지 않고, 어깨부와 정강이부에서만 나타나는 것을 알 수 있으며, 지보에 대해 거의 무관하게 발생한다.

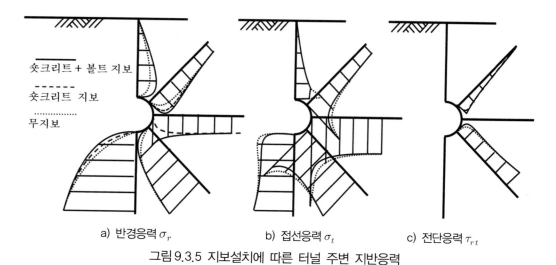

숏크리트 + 볼트 지보
------ 숏크리트 지보
.... 무지보

a) 반경응력 σ_r b) 접선응력 σ_t c) 전단응력 τ_{rt}

그림 9.3.5 지보설치에 따른 터널 주변 지반응력

4. 얕은 터널의 지보라이닝

터널굴착 전 지반 내 초기 연직응력은 지표에서 영 (zero) 이고 깊이에 선형 비례하여 증가한다. 그러나 터널굴착 후에 터널의 연직 대칭축 상 연직응력은 천단 상부지반에서는 지표 (상재하중이 없으면 영) 에서 시작하여 깊이에 선형 비례하여 증가하고, 천단에 근접하면 증가율이 둔화되고 천단압력에 접근한다. 그러나 바닥의 하부 지반에서는 인버트 압력에서 시작하여 급격히 증가하고 깊어질수록 증가율이 둔화되어 초기 연직응력에 수렴한다.

얕은 터널의 지보압 **(4.1 절)** 은 파괴조건을 적용하여 구한다. 이때 터널 대칭축 상 연직응력분포가 천단 상부지반에서는 이차 포물선이고, 바닥 하부지반에서는 쌍곡선이며, 천단과 바닥에서 지반강도가 전부 발휘된다고 가정한다. 얕은 터널 지보라이닝 **(4.2 절)** 의 부재치수는 아치형 빔으로 가정하고 부재력을 구해서 정할 수 있다.

4.1 얕은 터널의 지보압

얕은 터널에서는 천단과 바닥의 응력상태가 다르기 때문에 천단과 바닥에서 곡률 반경이 각기 다른 (천단 r_f 및 바닥 r_s) 지보 라이닝을 설치한다 (그림 9.4.2).

얕은 터널 (그림 9.4.1) 의 주변지반 내 주응력선은 터널 굴착면에 대해 평행하거나 수직이며, 천단과 바닥의 최대 주응력선 반경은 천단과 바닥의 곡률반경 r_f 및 r_s 와 일치한다고 가정하고 연직응력을 구하여 지보압을 구할 수 있다.

터널굴착 후 연직대칭축 (그림 9.4.1 의 ABC 축) 상에서 연직응력 σ_z 의 분포는 천단 상부지반에서는 지표 연직응력 영 (zero) 에서 시작하여 깊이에 선형 비례하여 증가하고 천단에 가까워질수록 증가율이 둔화되어 천단압력 p_f 에 접근하며, 터널의 바닥에서는 인버트 압력 p_s 에서 시작하여 급격하게 증가하고 깊어질수록 증가율이 둔화되어 터널굴착 전 초기 연직응력 분포에 수렴한다. 천단압력 p_f 와 인버트 압력 p_s 는 천단과 바닥의 지보압 즉, 터널 지보공 (숏크리트) 에 작용하는 압력이다.

얕은 터널 연직 대칭축 상의 연직응력 분포는 천단 상부지반에서는 이차포물선으로 가정하고, 인버트 하부지반에서는 쌍곡선으로 가정하여 구하며, 연직 대칭축 상의 연직응력으로부터 천단 **(4.1.1 절)** 과 인버트의 지보압 **(4.1.2 절)** 을 구할 수 있다.

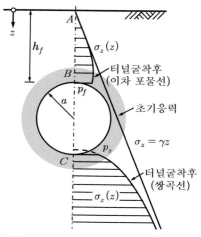

그림 9.4.1 연직 대칭축상 연직응력분포

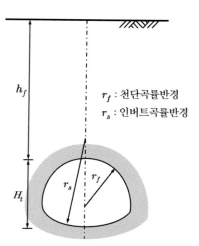

그림 9.4.2 굴착면의 곡률반경

4.1.1 얕은 터널 천단의 지보압

얕은 터널에서 천단 지보라이닝의 필요 여부나 소요 지보압은 터널중심을 지나는 연직대칭축 상 천단 상부지반 내 연직응력으로부터 구할 수 있다.

1) 천단상부 지반 내 연직응력

얕은 원형터널 (반경 r)에서 천단상부 지반 $(0 \leq z \leq h_f)$ 내 연직 대칭축 상의 연직응력 σ_z 는 다음 이차포물선분포로 가정하여 구한다.

$$\sigma_z = a_1 z^2 + a_2 z + a_3 \tag{9.4.1}$$

여기에서 계수 a_1, a_2, a_3 은 다음 3가지 경계조건으로부터 구할 수 있다.

- 지표 $(z=0)$ 에 아무런 응력도 작용하지 않는다 $(\sigma_z = 0)$.
- 지표에서 수평응력선의 곡률반경은 무한히 크다 $(r = \infty)$.
- 천단에서 지반의 강도가 전부 발휘된다.

① 지표 $(z=0)$ 에 아무런 응력도 작용하지 않는다 $(\sigma_z = 0)$.

위 식 (9.4.1) 에 적용하면, $\sigma_z = a_1 z^2 + a_2 z + a_3 = a_3 = 0$ 이므로, $\boldsymbol{a_3 = 0}$ 이다.

② 지표에서 수평응력선의 곡률반경은 무한히 크다 $(r = \infty)$. $\frac{d\sigma_z}{dz}\big|_{z=0} = \gamma$

$\frac{d\sigma_z}{dz}\big|_{z=0} = 2a_1 z + a_2 = a_2 = \gamma$ 이므로, $\boldsymbol{a_2 = \gamma}$ 이다.

③ 천단에서 지반의 강도가 전부 발휘된다.

식 (9.4.1) 에 a_2 와 a_3 를 대입하면 연직응력분포 σ_z 는 다음이 되고,

$$\sigma_z = a_1 z^2 + a_2 z + a_3 = a_1 z^2 + \gamma z \tag{9.4.2}$$

평형조건식이 성립된다.

$$\frac{d\sigma_z}{dz} = \gamma - \frac{\sigma_x - \sigma_z}{r} \tag{9.4.3}$$

그런데 터널 천단에서 최대주응력은 접선응력 (수평응력) σ_x 이고 최소주응력은 반경응력 (연직응력) σ_z 이므로, **Mohr-Coulomb** 파괴식을 주응력으로 표시하고,

$$\sigma_x = \sigma_z \frac{1 + \sin\phi}{1 - \sin\phi} - \frac{2c\cos\phi}{1 - \sin\phi} \tag{9.4.4}$$

이를 변형하면 다음이 되고,

$$\sigma_x - \sigma_z = \sigma_z \frac{2\sin\phi}{1 - \sin\phi} + \frac{2c\cos\phi}{1 - \sin\phi} \tag{9.4.5}$$

평형식 (식 9.4.3) 에 대입하고 정리하면 다음이 된다.

$$\frac{d\sigma_z}{dz} = \gamma - \frac{\sigma_x - \sigma_z}{r} = \gamma - \frac{1}{r}\left(\sigma_z \frac{2\sin\phi}{1 - \sin\phi} + \frac{2c\cos\phi}{1 - \sin\phi}\right) \tag{9.4.6}$$

그런데 식 (9.4.2) 를 미분하면,

$$\frac{d\sigma_z}{dz} = 2a_1 z + \gamma \tag{9.4.7}$$

이고, 이를 위 식 (9.4.6) 에 대입하면 계수 a_1 을 구할 수 있다.

$$a_1 = -\frac{1}{rz} \frac{\sigma_z \sin\phi + c\cos\phi}{1 - \sin\phi} \tag{9.4.8}$$

이상에서 구한 계수 a_1, a_2, a_3 를 식 (9.4.1) 에 대입하면 연직 대칭축 상 연직응력 σ_z 는 다음이 된다.

$$\sigma_z = -\frac{1}{rz} \frac{\sigma_z \sin\phi + c\cos\phi}{1 - \sin\phi} z^2 + \gamma z \tag{9.4.9}$$

따라서 원형터널 (반경 r) 천단 상부지반 터널 대칭축 상 연직응력 σ_z 는 지표면에 등분포 상재하중 q 가 작용하는 경우에 다음이 된다.

$$\sigma_z = \frac{q + \gamma z - \dfrac{z}{r} \dfrac{c\cos\phi}{1 - \sin\phi}}{1 + \dfrac{z}{r} \dfrac{\sin\phi}{1 - \sin\phi}} \tag{9.4.10}$$

2) 천단 소요 지보압

얕은 터널의 천단 소요지보압과 지보라이닝 필요여부는 연직응력에서 구할 수 있다.

① 천단 소요지보압

얕은 터널에서 필요한 천단지보저항력 p_f 는 위 식 (9.4.10) 에 천단의 반경과 위치 $(r = r_f,\ z = h_f)$ 를 대입하면 구할 수 있고,

$$p_f = \sigma_z = \frac{\gamma h_f - \dfrac{h_f}{r_f}\dfrac{c\cos\phi}{1-\sin\phi}}{1 + \dfrac{h_f}{r_f}\dfrac{\sin\phi}{1-\sin\phi}} \tag{9.4.11}$$

위 식으로부터 지반이 이완되어 점착력이 작아지면 (지반 응답곡선의 증가부분) 천단 지보저항력 p_f 가 증가하는 것을 알 수 있다.

점토에서는 $\phi = 0$ 이므로 위 식은,

$$p_f = \sigma_z = h_f(\gamma - c/r_f) = (\gamma r_f - c)h_f/\gamma_f \tag{9.4.12}$$

이 되고, 여기에 $z = h_f$ 를 대입하면, 천단 지보저항력 p_f 는 다음이 된다.

$$p_f = \sigma_z = z(\gamma - c/r_f) = (\gamma r_f - c)z/r_f \tag{9.4.13}$$

② 천단지보 필요여부

지보저항력 p_f (식 9.4.11) 가 음 $(p_f \leq 0)$ 이면 지보공이 불필요하다.

$$p_f = \sigma_z = \frac{\gamma h_f - \dfrac{h_f}{r_f}\dfrac{c\cos\phi}{1-\sin\phi}}{1 + \dfrac{h_f}{r_f}\dfrac{\sin\phi}{1-\sin\phi}} \leq 0 \tag{9.4.14}$$

그런데 위 식의 분모는 항상 양 (+) 이어서 분자가 음 (-) 이면 지보압이 음이 된다. 따라서 얕은 터널에서 천단의 반경 r_f 가 다음 크기이면 지보공이 불필요하다.

$$r_f \leq \frac{c}{\gamma}\frac{\cos\phi}{1-\sin\phi} \tag{9.4.15}$$

따라서 지보공 필요여부는 토피고에 무관하게 점착력에 의해 결정되므로 동일한 지반에서 구한 소형시험터널의 안전율로부터 대형터널의 안전율을 구할 수 있다.

점토에서는 위 식 (9.4.15) 는 다음이 되어,

$$r_f \leq c/\gamma \tag{9.4.16}$$

토피고 h_f 와 상관없이 점착력 $2c(h_f + r)$ 만으로 터널 상부 함몰파괴체의 자중 $2r\gamma(h_f + r) - (0.5)\pi r^2\gamma$ 를 지탱할 수 있다.

③ 지표하중의 영향

지표면에 등분포 상재하중 q 가 작용할 때 천단의 소요 지보압 p_f 는 식 (9.4.11) 의 분자에 등분포하중 q 를 추가하면 다음이 된다.

$$p_f = \frac{q + \gamma h_f - \dfrac{h_f}{r_f}\dfrac{c\cos\phi}{1-\sin\phi}}{1 + \dfrac{h_f}{r_f}\dfrac{2\sin\phi}{1-\sin\phi}} \tag{9.4.17}$$

점토에서는 위 식에 $\phi = 0$ 과 천단의 곡률반경 $r_f = a$ 를 대입하면 다음이 되고,

$$p_f = q + (\gamma\,a - c)\frac{h_f}{a} \tag{9.4.18}$$

이를 무차원화해서 지보압 $(p-q)/c$ 과 토피 (h_f/a) 의 관계를 나타낼 수 있다.

$$\frac{p-q}{c} = \left(\frac{\gamma a}{c} - 1\right)\frac{h_f}{a} \tag{9.4.19}$$

위 식에서 토피고 h_f/a 가 깊어질수록 지보압 $(p-q)/c$ 이 $\gamma a/c$ 에 따라 다른 기울기로 선형 비례하며, 이는 수치해석 결과 (그림 9.4.3) 와 일치한다 (Davis, 1980).

Atkinson 등 (1977) 은 $h/a \geq 1/\sin\phi - 1$ 인 경우에 대해 상한계 (upper bound) 개념의 지지력을 구하였다.

$$\frac{p}{\gamma a} = \frac{1}{2\cos\phi}\left(\frac{1}{\tan\phi} + \phi - \frac{\pi}{2}\right) \tag{9.4.20}$$

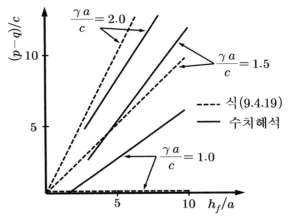

그림 9.4.3 점토에서 토피고에 따른 지보압 (Davis, 1980)

4.1.2 얕은 터널 인버트의 지보압

얕은 터널에서 인버트의 필요 여부나 소요 지보압은 터널중심을 지나는 연직대칭축 (그림 9.4.1 의 ABC) 상 인버트 하부 지반 내 연직응력으로부터 구할 수 있다. 터널 바닥 중앙 (C 점, 곡률반경 r_s) 의 연직응력 σ_v 는 인버트 지보압 p_s (미지수) 이며, 터널 바닥부터 깊이 z 가 깊어질수록 정역학적 초기응력분포 $\sigma_v = \gamma z$ 에 가까워진다.

1) 인버트 하부지반 내 연직응력

인버트 하부지반 ($z \geq (h_f + H_t)$) 의 대칭축 상 연직응력분포 $\sigma(z)$ 는 쌍곡선으로 가정하고 구할 수 있다. 여기에서 m 은 쌍곡선의 자유변수이다.

$$\sigma_z(z) = \gamma z + \frac{m}{z} \tag{9.4.21}$$

인버트에서는 $\rho g e_r = \gamma$, $dr = dz$, $\sigma_r = \sigma_z$, $\sigma_\theta = \sigma_x$ 이므로 평형식은 다음이 된다.

$$\frac{d\sigma_z}{dz} - \frac{\sigma_x - \sigma_z}{r} = \gamma \tag{9.4.22}$$

터널 바닥하부 지반에서 지반강도가 완전히 발현된다고 가정하고 Mohr-Coulomb 파괴조건식을 적용한다. 터널에서 최대주응력은 접선응력 σ_x 이고 최소주응력은 σ_z 이므로, **Mohr-Coulomb** 파괴조건식을 주응력으로 표시하고,

$$\sigma_x = \sigma_z \frac{1 + \sin\phi}{1 - \sin\phi} - \frac{2c\cos\phi}{1 - \sin\phi} \tag{9.4.23}$$

이 식을 변형하면,

$$\sigma_x - \sigma_z = \sigma_z \frac{2\sin\phi}{1 - \sin\phi} + \frac{2c\cos\phi}{1 - \sin\phi} \tag{9.4.24}$$

이고, 이를 평형식 (식 9.4.3) 에 대입하고 정리하면 다음이 된다.

$$\frac{d\sigma_z}{dz} = \gamma - \frac{\sigma_x - \sigma_z}{r} \tag{9.4.25}$$
$$= \gamma - \frac{1}{r}\left(\sigma_z \frac{2\sin\phi}{1 - \sin\phi} + \frac{2c\cos\phi}{1 - \sin\phi}\right)$$

그런데 위 식 (9.4.21) 을 z 에 대해 미분하면 다음이 되고,

$$\frac{d\sigma_z}{dz} = \gamma - \frac{m}{z^2} \tag{9.4.26}$$

이는 식 (9.4.25) 와 같다는 조건으로부터 쌍곡선의 자유변수 m 을 구하여,

$$m = -\frac{z^2}{r}\left(\sigma_z \frac{2\sin\phi}{1-\sin\phi} + \frac{2c\cos\phi}{1-\sin\phi}\right) \tag{9.4.27}$$

식 (9.4.21) 에 대입하면, 인버트 하부지반 내 연직응력 σ_z 는 다음이 된다.

$$\sigma_z = z\frac{\gamma r(1-\sin\phi) - 2c\cos\phi}{r(1-\sin\phi) + 2z\sin\phi} \tag{9.4.28}$$

2) 인버트 소요 지보압

얕은 터널의 인버트 소요지보압과 인버트 라이닝필요성은 연직응력에서 구할 수 있다.

① 인버트 소요지보압

인버트 지보압 p_s 는 위 식에 인버트 반경 $r = r_s$ 와 $z = h_f + H_t$ 를 대입하면,

$$\begin{aligned} p_s &= \sigma_z(h_f + H_t) \\ &= \frac{\gamma r_s(1-\sin\phi) - 2c\cos\phi}{r_s(1-\sin\phi) + 2(h_f + H)\sin\phi}(h_f + H_t) \end{aligned} \tag{9.4.29}$$

이고, 점토에서는 다음이 된다.

$$p_s = p_s(z = h_f + H_t) = (h_f + H_t)(\gamma - 2c/r_s) \tag{9.4.30}$$

② 인버트 필요여부

터널바닥에서 인버트 소요 지보압이 음 $(p_s \le 0)$ 이 되어 인버트가 불필요한 조건은 식 (9.4.29) 에서 다음이 된다.

$$p_s = (h_f + H_t)\frac{\gamma r_s(1-\sin\phi) - 2c\cos\phi}{r_s(1-\sin\phi) + 2(h_f + H_t)\sin\phi} \le 0 \tag{9.4.31}$$

그런데 위 식은 분모가 양이고 $h_f + H_t > 0$ 이어서 분자가 음이어야 성립되므로, 인버트 반경 r_s 가 다음 크기이면 인버트가 불필요하고,

$$r_s \le \frac{2c}{\gamma}\frac{\cos\phi}{1-\sin\phi} \tag{9.4.32}$$

점토에서는 $r_s \le 2c/\gamma$ 가 된다.

4.2 얕은 터널의 지보라이닝

얕은 터널의 천단과 바닥은 응력상태가 다르므로, 천단 라이닝과 인버트 라이닝은 곡률이 다른 원호로 구성한다. 라이닝은 아치형 빔으로 간주하고 부재치수를 정한다.

얕은 터널의 지보라이닝 (4.2.1 절) 은 천단부와 인버트에서 반경이 서로 다른 두 개 원호로 구성하며, 지보 라이닝 부재의 두께 (4.2.2 절) 는 아치 지보구조에 대해 반경 방향 힘의 평형식을 적용해서 결정한다.

4.2.1 얕은 터널 지보라이닝의 형상과 작용하중

터널의 단면형상이 극좌표 $X(\theta)$ 로 주어지면, 빔에 작용하는 수직 및 접선방향 분포하중 p 및 q, 축력 N, 전단력 Q, 휨모멘트 M 은 θ 의 함수로 나타낼 수 있다. $ds = rd\theta$ (r 은 곡률반경) 이므로 호의 길이 s 에 대한 미분 $\acute{X} = dX/ds$ 와 θ 에 대한 미분 $\dot{X} = dX/d\theta$ 의 관계는 $\dot{X} = \acute{X}r$ 이 된다.

길이 ds 인 빔 요소에 대한 힘의 평형으로부터 다음 관계를 유추할 수 있다.

$$\dot{Q} - N = -pr$$
$$\dot{N} + Q = -qr$$
$$\dot{M} = rQ$$

(9.4.33)

위 식에서 $\dot{N} = dN/d\theta$, $\dot{Q} = dQ/d\theta$, $\dot{M} = dM/d\theta$ 이다. 완전하게 경화되지 않은 숏크리트에서는 크리프 변형이나 균열 때문에 휨모멘트는 영 ($M = 0$) 이고, 암반과 숏크리트 라이닝 사이에 전단력이 작용하지 않는 경우 ($Q = 0$) 에는 곡률반경 r 이 일정한 라이닝 단면에서는 식 (9.4.33) 으로부터 $p = const$, $N = -pr = const$ 이다.

두 개의 원호로 구성된 터널단면 (그림 9.4.4) 에서 합력 R 은 암반에 전달되며 천단 아치각부를 확대한 기초 (코끼리 발 형상 기초) 나 마이크로 파일 등으로 지지한다.

4.2.2 얕은 터널 지보라이닝의 두께

아치형 지보구조의 치수는 극좌표에서 반경방향 힘의 평형을 고려하여 정한다.

$$\frac{d\sigma_r}{dr} + \frac{\sigma_r - \sigma_\theta}{r} = -\rho g$$

(9.4.34)

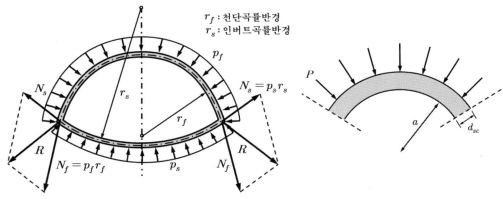

그림 9.4.4 2개 원호 지보 라이닝의 하중   그림 9.4.5 지보 라이닝 두께

위의 $\sigma_\theta - \sigma_r$ 을 숏크리트 일축압축강도 σ_{Dsc} 로 대체하면 천단영역에서

$$\frac{d\sigma_r}{dr} - \frac{\sigma_{Dsc}}{r} + \gamma_c = 0 \tag{9.4.35}$$

이고, 라이닝 외주면에 외력 p 가 작용하는 조건 (그림 9.4.5) 즉, $\sigma_r(r = a + d_{sc}) = p$ 를 적용하여 위 식을 적분하면 다음이 된다.

$$p = \sigma_{Dsc} \ln \frac{a + d_{sc}}{a} + \gamma_c d_{sc} \tag{9.4.36}$$

지보라이닝 (두께 d_{sc}) 의 자중 $\gamma_c d_{sc}$ 가 외력 p 에 비해 무시할 수 있을 만큼 작은 경우 ($\gamma_c d_{sc} < \cdots < p$) 에는 위 식으로 지보라이닝의 소요두께 d_{sce} 를 계산할 수 있고,

$$d_{sce} \fallingdotseq a(e^{p/\sigma_{Dsc}} - 1) \tag{9.4.37}$$

외력 p 가 숏크리트의 일축압축강도 σ_{Dsc} 에 비하여 무시할 수 있을 만큼 작으면 ($p < \cdots < \sigma_{Dsc}$), $e^x \approx 1 + x$ 이므로 위 식은 다음과 같이 단순해진다.

$$d_{sce} = a \frac{p}{\sigma_{Dsc}} \tag{9.4.38}$$

터널 천단과 인버트에서 숏크리트의 일축압축강도 σ_{Dsc} 와 소요 두께 d_{sce} 의 관계로부터 숏크리트 압축응력이 허용치 이내인지 확인할 수 있다.

$$\text{천 단} : \quad d_{sce} > \frac{p_f r_f}{\sigma_{Dsc}}$$

$$\text{인버트} : \quad d_{sce} > \frac{p_s r_s}{\sigma_{Dsc}} \tag{9.4.39}$$

5. 얕은 터널의 안정성

얕은 터널은 상부지반에 지반아치가 형성되지 않기 때문에 굴착단계별로 민감하게 안정성이 변하며, 천단 상부지반 (함몰파괴) 이나 굴진면 배후지반 (굴진면파괴) 또는 지보아치 하부 기초지반이 강도가 부족하여 전단파괴 될 때에 불안정해 진다.

얕은 터널의 시공 단계별 안정성 (5.1 절) 은 시공단계별로 주변지반에서 발생되는 형상탄성변형에너지 변화를 구해서 판정한다. 얕은 터널 파괴에 대한 안정성 (5.2 절) 은 함몰파괴와 굴진면 붕괴 위주로 판정한다. 함몰파괴에 대한 안정성은 파괴체 작용하중과 측면 전단저항력으로부터 판정하고, 굴진면의 붕괴에 대한 안정성은 활동쐐기 상부하중을 구해 판정한다. 지보아치 기초지반의 정성 (5.3 절) 은 지반지지력을 구하여 판정한다. 얕은 터널은 부력에 대한 안정성 (5.4 절) 을 검토한다.

5.1 얕은 터널의 시공단계별 안정성

얕은 터널에서도 시공단계별로 주변지반의 형상탄성변형에너지 변화를 추적하여 안정성을 판정한다. 지보를 설치하면 형상변형에너지가 감소되어 안정성이 향상된다.

터널의 무지보 자립조건 (5.1.1절) 은 굴착으로 인한 형상탄성변형에너지와 지반의 최대 형상변형에너지로부터 구할 수 있다. 터널 시공단계별 안전율 (5.1.2절) 은 단계별 시공 전·후 지반의 형상변형에너지 변화량과 최대 형상변형에너지로부터 구한다.

5.1.1 터널의 무지보 자립조건

터널굴착으로 인해 주변지반에 발생되는 형상 탄성변형에너지가 지반의 최대 형상변형에너지보다 작으면 굴착 후 지보하지 않아도 터널이 유지된다.

1) 주변지반의 형상변형에너지

터널 주변지반에 발생하는 **형상탄성변형에너지** U_s 는 다음 식으로 구할 수 있다 (단, 3 차원 응력 상태에서는 $\sigma_z = -Kp$, $\tau_{zr} = \tau_{z\theta} = 0$).

$$U_s = \frac{1}{6G}[(Kp)^2 + (\sigma_r + \sigma_t)(\sigma_r + \sigma_t + Kp) - 3\sigma_r\sigma_t + 3\tau_{rt}^2] \tag{9.5.1}$$

2) 주변지반의 최대 형상변형에너지

형상변형에너지는 항복순간에 크기가 최대가 되므로 **최대 형상탄성변형에너지** U_{smx} 는 항복규준에 따라 다르게 정의된다 (σ_{DF}: 일축압축강도, G: 전단탄성계수).

$$U_{smx} = \frac{1}{2\,G}\frac{\sigma_{DF}^2}{3} \quad (von\ Mises)$$

$$U_{smx} = \frac{1}{2\,G}\frac{12(\sin\phi\,\sigma_m - c\cos\phi)^2}{(3-\sin\phi)^2} \quad (Drucker - \text{P}rager) \tag{9.5.2}$$

3) 터널의 무지보 자립조건

터널굴착 후 형상변형에너지 $U_s^{(1)}$가 최대형상변형에너지 U_{smx} (식 9.5.2) 보다 작으면 ($U_{smx} - U_s^{(1)} > 0$), 지반이 탄성 상태이므로 지보하지 않아도 터널이 자립 (유지) 된다.

터널의 무지보 자립조건은 터널굴착 후 주변지반이 소성화 되지 않는 데 (무지보로 자립하는 데) 필요한 지반강도 비 σ_{DF}/p (점착력 비 $2c/p$) 로 나타낸다.

무지보 자립에 필요한 지반강도 비는 깊이비가 작고 측압계수 K 가 커지면 급격히 커지며, $K < 1.0$ 일 때 최소이고 등압 ($K = 1.0$) 상태에 가까울수록 터널이 안정하다. 깊은 터널은 거의 등압상태이므로 무지보 자립에 필요한 지반강도비가 작고, 깊이 비가 $h_f/a \geqq 10$ 이면 중력장의 영향을 거의 무시할 수 있다.

5.1.2 얕은 터널의 시공단계별 안전율

터널의 안전율은 시공단계별로 구한 시공 전·후 형상변형에너지 감소량과 지반의 최대 형상변형에너지를 비교하여 구할 수 있다.

1) 터널의 시공단계별 안전율

터널굴착 후 지보설치 전 형상변형에너지 $U_s^{(1)}$ 은 터널굴착 후 지보설치 전 지반 응력 (식 9.3.2) 을 식 (9.5.1) 에 대입하여 구할 수 있다. 지보설치 후 형상변형에너지 $U_S^{(1)} - U_S^{(2)}$ 는 지보설치 후 지반응력 (식 9.3.3, 9.3.10) 을 식 (9.5.1) 에 대입하여 구하고, $K \leq 1.0$ 이면 측벽에서 가장 크다. 지보설치에 의한 형상변형에너지 감소량 $U_S^{(2)}$ 는 지보설치 전·후 형상변형에너지의 차이 $U_s^{(2)} = U_s^{(1)} - (U_s^{(1)} - U_s^{(2)})$ 이다.

지보설치 후 형상변형에너지 $U_s^{(1)} - U_s^{(2)}$ 가 최대치 U_{smx} 보다 작으면 주변지반이 탄성 상태이어서 터널이 안정하며, 이로부터 터널의 안전율을 정의할 수 있다.

$$U_{smx} > \left(U_s^{(1)} - U_s^{(2)}\right) \tag{9.5.3}$$

터널의 안전율 η_E 는 지보설치 후 형상변형에너지 여유 값 (지반의 최대 형상변형에너지와 지보설치 후 형상변형에너지의 차이) 과 지보설치 전 형상변형에너지의 비로부터 정의하며, 최대 형상변형에너지 U_{smx} (항복조건식) 에 따라 다르다 (그림 9.5.1).

$$\eta_E = \sqrt{(U_{smx} + U_s^{(2)})/U_s^{(1)}} \tag{9.5.4}$$

2) 숏크리트 설치 후 터널의 안전율

숏크리트 설치 후 형상변형에너지 $U_S^{(1)} - U_S^{(2)}$ 는 숏크리트 설치에 따른 지반응력 (식 9.3.3) 을 식 (9.5.1) 에 대입하여 구한다.

숏크리트 설치 후 형상변형에너지 감소량 (숏크리트 설치 전·후 형상변형에너지 차이) $U_S^{(2)} = U_S^{(1)} - (U_S^{(1)} - U_S^{(2)})$ 가 최대형상탄성변형에너지 U_{smx} (식 9.5.2) 보다 작으면 (식 9.5.3) 터널은 안정하고, 숏크리트 설치 후 터널 안전율 η 는 식 (9.5.4) 로 구한다.

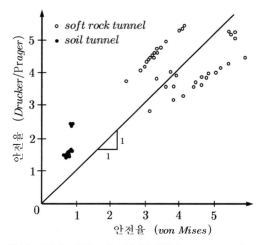

그림 9.5.1 항복조건에 따른 터널의 안전율 (Matsumoto/Nishioka, 1991)

3) 볼트 설치 후 터널의 안전율

볼트설치 후 형상변형에너지 $U_S^{(1)} - U_S^{(2)}$ 는 볼트설치 후 지반응력 (식 9.3.10) 을 식 (9.5.1) 에 대입하여 구한다. 볼트설치 후 형상변형에너지 감소량 (볼트설치 전·후 형상변형에너지 차이) $U_S^{(2)} = U_S^{(1)} - (U_S^{(1)} - U_S^{(2)})$ 가 최대형상변형에너지 U_{smx} (식 9.5.2) 보다 작으면 (식 9.5.3) 터널이 안정하다. 볼트설치 후 터널 안전율 η 는 식 (9.5.4) 에서 구한다.

4) 숏크리트와 볼트 병용 설치 후 터널의 안전율

숏크리트와 볼트 병용설치 후 형상변형에너지 $U_S^{(1)} - U_S^{(2)}$ 는 숏크리트와 볼트 병용 설치 후 지반응력 (식 9.3.11) 을 식 (9.5.1) 에 대입하여 구한다. 숏크리트와 볼트 병용 설치에 따른 형상변형에너지 감소량 (숏크리트와 볼트의 병용설치 전·후 형상변형 에너지의 차이) $U_S^{(2)} = U_S^{(1)} - (U_S^{(1)} - U_S^{(2)})$ 가 최대 형상탄성변형에너지 U_{smx} (식 9.5.2) 보다 작으면 (식 9.5.3) 터널은 안정하다.

숏크리트와 볼트 병용 설치 후 터널 안전율 η 는 식 (9.5.4) 로부터 구한다.

5.2 얕은 터널의 파괴에 대한 안정성

얕은 터널의 파괴에 대한 안정성은 파괴형태를 고려하여 판정한다.

얕은 터널의 파괴 (5.2.1절) 는 터널 상부지반이 연직 활동파괴면을 따라 터널내부로 활동하는 함몰파괴와 굴진면의 붕괴형태로 발생될 수 있다.

얕은 터널에서 주변지반의 강도가 작으면 지반아치가 형성되지 않고 터널의 상부 지반이 취성파괴 되어서 측벽을 지나는 연직 활동면을 따라 **함몰파괴 (5.2.2절)** 될 수 있으며, 얕은 터널의 함몰파괴거동은 **트랩도어** 시험에서 확인할 수 있다. 함몰파괴 유발하중은 연직 활동파괴면을 사일로 벽면으로 간주하고 사일로 이론을 적용하여 구할 수 있다. 얕은 터널에서 토피고가 터널높이 보다 작을 때에는 굴진면 붕괴 **(5.2.3절)** 가 지표까지 연장되어 지표가 함몰될 수 있다.

5.2.1 얕은 터널의 파괴

터널 측벽을 지나는 연직면에 전단응력과 전단변위가 과도하게 집중되고 지반의 전단강도가 작으면 연직 활동면이 형성되고, 터널 상부지반이 이 연직 활동면을 따라 활동하여 지표가 함몰파괴될 수 있다 (그림 9.5.2).

얕은 터널 굴진면은 지반의 자립성이 부족하거나, (굴착 후 지보하지 않고 긴 시간 방치하여) 지반이 크리프 거동하거나, 간극수압이 변화되면 붕괴되며, 토피고가 터널 높이 보다 작으면 굴진면 붕괴가 지상까지 연장되어 지표가 함몰될 경우가 많다.

소성지반에 굴착한 터널에서 굴진면의 안정은 극한해석하거나 지표에까지 연장된 3 차원 파괴모델을 적용하여 굴진면 소요 지지압력을 구해서 평가한다.

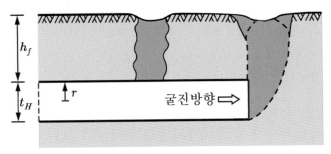

a) 함몰파괴   b) 굴진면파괴
그림 9.5.2 얕은 터널의 파괴거동

5.2.2 얕은 터널의 함몰파괴에 대한 안정

얕은 터널 상부지반의 지지력이 부족하거나 큰 외력이 작용하여 전단파괴가 일어나면 연직 활동면이 형성되어 지반이 굴뚝형으로 함몰파괴 되며, 그 안정성은 연직방향 힘의 평형을 적용하여 검토한다. 연직방향 작용력은 파괴체 측면의 전단저항에 의해 파괴체자중 보다 작고, 사일로 이론이나 2 차원 또는 3 차원 파괴모델로 구한다.

얕은 터널의 굴뚝모양 함몰파괴거동은 Terzaghi (1936) 의 트랩도어 시험 (그림 9.5.3) 으로 설명할 수 있다. 얕은 터널의 함몰파괴 가능성은 파괴체 단면을 원으로 대체하고 사일로 이론을 적용하여 구한 최대 연직토압과 파괴체 측면의 저항력을 비교하여 검토하거나, 터널 단면을 원형으로 가정하고 연직 활동면을 따라 함몰하는 2 차원 및 3 차원 파괴모델에 연직방향 힘의 평형을 적용하여 검토한다.

1) 얕은 터널의 함몰파괴거동

터널굴착에 따른 주변지반의 파괴거동은 Terzaghi (1936) 의 트랩도어 시험 (그림 9.5.3) 으로 설명할 수 있다. 트랩도어 시험에서 토피고를 변화시키면 얕은 터널과 깊은 터널의 거동을 모두 확인할 수 있다.

토피가 작을 때 (얕은 터널) 에는 트랩도어 측면의 연직 연장선을 따라 활동면이 형성되어 상부지반이 트랩도어와 같이 움직인다. 즉, 함몰파괴가 일어난다. 그러나 토피가 클 경우 (깊은 터널) 에는 일정한 범위 내 지반만 트랩도어와 같이 이동하고 그 상부지반은 영향을 받지 않는다.

트랩도어 하중은 토피지반의 자중 (초기하중) 이고, 트랩 도어가 하향으로 움직이면 측면 전단저항력만큼 감소되어 토피지반의 자중보다 작아진다. 반면 트랩도어 외측 인접지반에서는 연직하중이 초기하중보다 측면 전단저항력 만큼 커진다 (그림 9.5.3a).

트랩도어 하중은 변위가 커질수록 감소하고 변위가 일정한 크기가 되면 최소가 된다. 그 후에 트랩도어가 계속해서 하강하면 트랩도어 양단의 연직 연장선을 따라 활동파괴면이 형성되어 트랩도어 하중이 증가하고 최대치에 도달된다 (그림 9.5.3b).

토피가 작을 때 (얕은 터널) 는 측면활동면이 지표까지 연장되고, 토피가 클 경우 (깊은 터널) 에는 트랩도어 상부에 지반아칭이 형성되어 아치 하부지반만 트랩도어와 같이 이동한다. 아치 상부지반의 자중은 트랩도어에 영향을 받지 않고 주변에 전달되므로 트랩도어 양단 외측 바닥면에서는 연직하중이 증가한다.

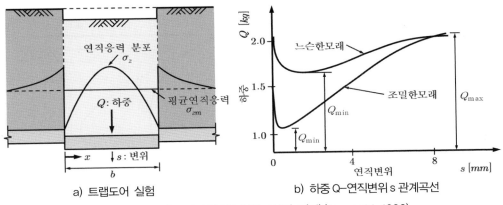

a) 트랩도어 실험   b) 하중 Q–연직변위 s 관계곡선

그림 9.5.3 트랩도어 실험의 하중–변위 관계 (Terzaghi, 1936)

트랩도어 (폭 b) 에 작용하는 연직응력 σ_z 는 중앙에서 크고 양단에서 작으며, 평균 연직응력 σ_{zm} 은 다음과 같이 깊이 z 에 무관하다 (그림 9.5.3a).

$$\sigma_{zm} = \frac{1}{b} \int_0^b \sigma_z \, dx = \frac{Q}{b} \tag{9.5.5}$$

수평 트랩도어가 하강하는 동안에 트랩도어에 작용하는 연직하중 Q 를 측정하여 연직변위 s 에 대해 나타낸 $Q-s$ 곡선 (그림 9.5.3b) 은 지반응답곡선으로 간주할 수 있고, 이 곡선의 후반 증가부분은 NATM 개념과 상관이 있다.

트랩도어에서 측정한 $Q-s$ 곡선 후반의 하중 증가부 곡선은 수치해석하여 구할 수 있다. 다만 Mohr-Coulomb 구성 방정식을 적용하면 mesh 크기가 작을 때만 구할 수 있다. **변형률 연화** (strain softening) 모델을 적용 (non local approach) 하면 후반 이 증가하는 지반응답곡선을 구할 수 있다 (Vermeer 등, 2002).

트랩도어 양단 연직 연장선 (흙벽) 을 사일로의 벽이라고 생각하고 사일로 이론을 적용할 수 있다. 그러나 흙벽은 변형될 수 있으므로 사일로 이론식에 의한 결과와 Terzaghi 트랩도어 시험의 결과 (그림 9.5.4) 가 완전히 일치하지는 않는다.

그림 9.5.5 는 모래 ($K=1$) 에 대한 트랩도어 시험에서 측정한 평균연직응력 σ_{zm} 과 연직변위 s 의 관계 곡선이며, 초기에는 감소하고 최저점에 도달되었다가 다시 증가하며, 이러한 경향은 전단 팽창성 (dilation) 지반 ($\psi = 30°$) 에서 더욱 뚜렷하다.

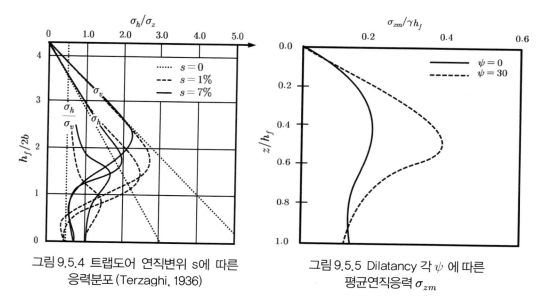

그림 9.5.4 트랩도어 연직변위 s에 따른
응력분포 (Terzaghi, 1936)

그림 9.5.5 Dilatancy 각 ψ 에 따른
평균연직응력 σ_{zm}

2) 사일로 모델

사일로는 입상 물체를 저장하기 위하여 원형단면으로 길게 만든 용기이며, 내부 입상체가 내벽면 마찰에 의해 부분적으로 지지되기 때문에 내벽 연직응력은 깊이에 비선형 비례하여 증가하고, **Janssen**의 사일로이론 (1895) 으로 구할 수 있다. 입상체 와 사일로 내벽면의 마찰로 인해 사일로 내벽면에 매우 큰 연직응력이 유발된다.

얕은 터널에서 굴뚝모양으로 함몰 파괴되는 경우에는 사일로 이론으로 작용하중 (아칭에 의해 파괴체의 중량보다 작다) 을 구하고 활동파괴면 (사일로 벽면) 의 전단 저항력과 비교하여 함몰파괴에 대한 안전율을 구할 수 있다.

사일로 이론으로 얕은 박스터널 상부 슬래브에 작용하는 하중을 구할 수 있다.

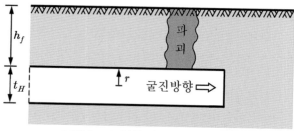

그림 9.5.6 얕은 터널의 함몰파괴

(1) Janssen의 사일로 이론

얕은 터널에서 굴뚝모양으로 함몰 파괴될 경우 (그림 9.5.6) 에 작용하중은 아칭에 의해 파괴체 중량보다 작고 사일로 이론 (Janssen, 1895) 으로 구한다.

폭이 좁고 단면이 원형인 Silo 에서 파괴를 발생시키는 힘은 원형단면요소 (반경 r, 두께 dz) 의 자중 $W = \pi r^2 \gamma dz$ 와 상부 경계하중 $\sigma \pi r^2$ 과 하부 경계 하중 $-(\sigma + d\sigma)\pi r^2$ 이며, 파괴에 저항하는 힘은 측면 전단력 (측벽마찰저항력 $-\tau 2\pi r dz$) 이고 (그림 9.5.7), 이들은 평형을 이룬다. 측벽전단응력 τ 는 수평응력 σ_h 에 비례하고 ($\tau = \mu \sigma_h$, μ 는 벽 마찰계수), 수평응력 σ_h 는 연직응력 σ_z 에 비례한다 ($\sigma_h = K_o \sigma_z$, K_o 는 정지토압계수).

연직방향 힘의 평형방정식은 중력방향을 양 (+) 으로 하면 다음이 되고,

$$\frac{d\sigma}{dz} = \gamma - \frac{2K_0\mu}{r}\sigma \tag{9.5.6}$$

지표에서 연직응력이 영 ($\sigma_{z=0} = 0$) 인 경우에 위 식을 적분하여 구한 내벽 면의 연직응력 $\sigma(z)$ 는 깊이에 비례하여 증가하지 않고 $\gamma r/(2K_0\mu)$ 에 수렴한다.

$$\sigma(z) = \frac{\gamma r}{2K_0\mu}(1 - e^{-2K_0\mu z/r}) \tag{9.5.7}$$

사일로의 단면이 원형이 아니면, 수리반경 r_h (r_h =단면적/주변장$/2 = A/U/2$) 를 구하여 ($r = r_h$) 위 식에 적용한다 (A 사일로 단면적, U 주변장).

$$r_h = 2A/U \tag{9.5.8}$$

사일로 내벽 면과 지반사이에 부착력 c_a 와 지표면 ($z = 0$) 에 작용하는 등분포하중 q 를 고려하면 연직응력 $\sigma(z)$ (식 9.5.7) 는 다음이 된다.

$$\sigma(z) = \frac{(\gamma - 2c_a/r)r}{2K_0\mu}(1 - e^{-2K_0\mu z/r}) + qe^{-2K_0\mu z/r} \tag{9.5.9}$$

지반이 상향으로 움직이는 경우에 연직응력 $\sigma(z)$ (식 9.5.7) 은 다음이 된다.

$$\sigma(z) = \frac{\gamma r}{2K_0\mu}(e^{2K_0\mu z/r} - 1) \tag{9.5.10}$$

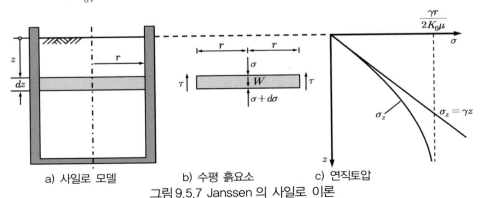

a) 사일로 모델   b) 수평 흙요소   c) 연직토압

그림 9.5.7 Janssen 의 사일로 이론

(2) 함몰파괴에 대한 안정조건

식 (9.5.9) 에서 최대 연직응력은 $\dfrac{\gamma r}{2K_o\mu}$ 이므로, 활동력은 파괴체의 자중에 의한 하중 W (파괴체 평면적 πr^2 에 최대 연직응력을 곱한 크기) 이다.

$$W = \pi r^2 \frac{\gamma r}{2K_o\mu} \tag{9.5.11}$$

파괴에 저항하는 전단응력 τ 는 파괴체 측면의 마찰 및 점착 저항력의 합이고,

$$\tau = K_o\sigma_z\mu + c = K_o\mu\gamma z + c \tag{9.5.12}$$

위 식을 파괴체 측면에 대해 적분하면 측면저항력 T_{ts} 를 구할 수 있다.

$$T_{ts} = \int_0^{h_f} 2\pi r\{K_o\mu\gamma z + c\}dz = \pi r\left(K_o\mu\gamma h_f^2 + 2ch_f\right) \tag{9.5.13}$$

파괴체 자중에 의한 하중 W 가 측면저항력 T_{ts} 보다 작으면 ($W < T_{ts}$) 터널이 안정하므로, 얕은 터널의 함몰파괴에 대한 안정조건은 다음이 된다.

$$W = \pi r^2 \frac{\gamma r}{2K_o\mu} < \pi r\{K_o\mu\gamma h_f^2 + 2ch_f\} = T_{ts} \tag{9.5.14}$$

(3) 박스터널의 상부 슬래브 하중

직사각형 박스 터널 (그림 9.5.8, 박스 높이 H_t) 의 상부슬래브 경계 BC 에 작용하는 압력 p 는 터널 상부지반 ($ABCD$ 영역) 을 높이 h_f (측면 $\overline{AB}$, $\overline{CD}$) 인 사일로로 간주할 수 있고, 직사각형인 단면 (폭 b) 을 원형단면 (수리반경 $r_h = b/2$) 으로 대체한다.

$$p = \frac{(\gamma - c/b)b}{4K_0\tan\phi}\left(1 - e^{-4K_0h_f\tan\phi/b}\right) + qe^{-4K_0h_f\tan\phi/b} \tag{9.5.15}$$

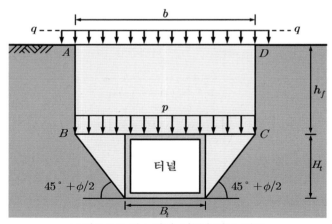

그림 9.5.8 박스터널 상부슬래브 하중

3) 2차원 파괴모델

얕은 터널의 굴뚝형 함몰파괴 가능성은 2차원 파괴모델 (그림 9.5.9) 로 검토할 수 있다. 파괴체 $AIFE$ 에 작용하는 **활동력**은 자중 W 이고, **활동저항력**은 파괴체 측면 (연직 활동파괴면 EF 와 AI) 의 전단저항력 (마찰력 R 과 점착력 C) 이다. 활동 저항력 과 활동력은 힘의 평형을 이루고, 마찰저항력 R 은 수평력 F_H 로부터 구할 수 있다.

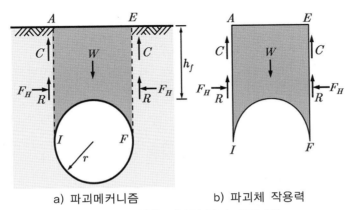

a) 파괴메커니즘　　　　b) 파괴체 작용력

그림 9.5.9 얕은 터널의 붕괴 메커니즘

천단에서는 최대 주응력이 접선응력 σ_{xf} (수평응력) 이고 최소 주응력이 반경응력 (연직응력 즉, 지보압 p_f) σ_{zf} 이므로 **Mohr-Coulomb** 파괴조건식은 다음이 된다.

$$\sigma_{xf} = \sigma_{zf}\frac{1+\sin\phi}{1-\sin\phi}+\frac{2c\cos\phi}{1-\sin\phi} \tag{9.5.16}$$
$$= p_f K_p + \frac{2c\cos\phi}{1-\sin\phi}$$

지표의 직하부 지반은 초기응력장이 교란되지 않아서 $\sigma_x = 0$ 이고, 수평응력의 기울기가 $d\sigma_x/dz = K_o\gamma$ 이므로 **수평응력** σ_x 는 포물선분포로 가정하면 다음이 되고,

$$\sigma_x = K_o\gamma z + bz^2 \tag{9.5.17}$$

여기에서 계수 b 는 식 (9.5.16) 에 $\sigma_x(z=h_f) \fallingdotseq \sigma_{xf}$ 조건을 적용하여 구할 수 있다.

$$b = \frac{1}{h_f^2}\left(p_f K_p - K_o\gamma h_f + \frac{2c\cos\phi}{1-\sin\phi}\right) \tag{9.5.18}$$

따라서 연직 활동파괴면상 수평응력 σ_x 의 분포 (식 9.5.17) 는 다음이 된다.

$$\sigma_x = K_o\gamma z + \left(p_f K_p - K_o\gamma h_f + \frac{2c\cos\phi}{1-\sin\phi}\right)\left(\frac{z}{h_f}\right)^2 \tag{9.5.19}$$

위 식을 적분하여 연직활동파괴면 (FE 와 AI 면) 에 작용하는 **수평력 F_H** 를 구하고,

$$F_H = \int_0^h \sigma_x dz = \frac{1}{6} K_o \gamma h_f^2 + \frac{1}{3}\left(p_f K_p + \frac{2c \cos\phi}{1 - \sin\phi}\right)h_f \tag{9.5.20}$$

연직 활동면에 작용하는 **마찰저항력 R** 은 수평력에 마찰계수를 곱하여 구하고,

$$R = F_H \tan\phi \tag{9.5.21}$$

점착 저항력 C 는 연직활동면의 면적에 지반의 점착력 c 를 곱하여 구한다.

$$C = (h_f + r)c \tag{9.5.22}$$

터널 종방향 단위길이당 파괴체 자중 W 는 파괴체 부피에 지반의 단위중량 γ 를 곱한 크기이다.

$$W = \gamma\left\{2r(h_f + r) - \frac{1}{2}\pi r^2\right\} = 2\gamma r\left\{h_f + r\left(1 - \frac{\pi}{4}\right)\right\} \tag{9.5.23}$$

활동력이 활동저항력보다 작으면 **함몰파괴가** 일어나지 않는다.

$$W < 2C + 2R \tag{9.5.24}$$

여기에 F_H (식 9.5.16) 와 W, C, R (식 9.5.23, 9.5.22, 9.5.21) 을 대입하면 다음이 되고,

$$2\gamma r\left\{h_f + r\left(1 - \frac{\pi}{4}\right)\right\} < 2(h_f + r)c + 2\tan\phi\left\{\frac{1}{6}K_o\gamma h_f^2 + \frac{1}{3}\left(p_f K_p + \frac{2c\cos\phi}{1-\sin\phi}\right)h_f\right\} \tag{9.5.25}$$

위 식에 p_f (식 9.4.11) 를 대입하면 함몰파괴가 일어나지 않기 위한 조건이 된다. 즉, $\gamma r / c$ 이 안정수 N_{ham} 보다 작으면 안정하다.

$$\frac{\gamma r}{c} < \frac{1 + B(h_f/r) - F(h_f/r)^2}{(h_f/r) + 1 - \pi/4 - A(h_f/r)^2} = N_{ham} \tag{9.5.26}$$

여기에서 A, B, F 는 다음과 같다 (단, $n = 1 + \dfrac{h_f}{r}\dfrac{\sin\phi}{1-\sin\phi}$).

$$A = \frac{1}{6}\tan\phi\left(K_o + \frac{2K_p}{n}\right)$$
$$B = 1 + \frac{2}{3}\frac{\sin\phi}{1-\sin\phi}$$
$$F = \frac{1}{3}\frac{K_p}{n}\frac{\sin\phi}{1-\sin\phi} \tag{9.5.27}$$

점착력은 충분히 큰 안전율로 감소시켜서 적용한다. 함몰파괴를 방지하려면 각부 말뚝 등을 설치하여 측벽의 지지력을 증가시키거나 측벽을 바닥에 강결시킨다.

4) 3차원 파괴모델

얕은 터널 (폭 D) 이 굴뚝모양으로 함몰파괴 될 가능성은 3차원 파괴모델 (그림 9.5.10) 을 적용하여 검토할 수 있다.

함몰 파괴체는 대개 단면이 정사각형 (변 길이 D) 이나 원형 (직경 D) 인 기둥모양 이고, 측면의 연직 전단면을 따라 하향으로 활동한다 (그림 9.5.10).

이때에 활동파괴를 일으키는 힘은 활동 파괴체의 자중 W 이고, 활동파괴에 대해 저항하는 힘은 활동 파괴체의 측면에 작용하는 점착저항력 C 와 마찰저항력 R 이다. 그런데 얕은 터널은 토피가 크지 않아서 측면의 면적이 매우 작고, 측면에 작용하는 수직력 (수평토압) 이 매우 작다.

따라서 파괴체의 측면에 작용하는 마찰 저항력 R 은 매우 작기 때문에 대개 무시하고 점착저항력 C 만 생각한다. 따라서 얕은 터널의 함몰형 활동파괴에 대한 활동 저항력은 C 이며, 이는 안전측이다.

얕은 터널의 함몰파괴에 대한 안정성은 파괴체에 대해 연직방향 힘의 평형식을 적용하고 (활동저항력 C > 활동력 W) 안정수 N_{ham} 을 구하여 판정한다.

$$\frac{\gamma D}{c} < N_{ham} \tag{9.5.28}$$

안정수 N_{ham} 은 터널의 중심깊이와 직경 비 h_t/D 에 반비례하고 파괴체의 단면 모양에 따라 다음과 같이 결정되는 값이다.

$$N_{ham} = 4.0 + \frac{2\pi}{8h_t/D - \pi} \quad \text{(정사각형 단면, 그림 9.5.10a)}$$

$$= 4.0 + \frac{-3\pi + 16}{3\pi h_f/D - 4} \quad \text{(원형 단면, 그림 9.5.10b)} \tag{9.5.29}$$

따라서 터널의 안정수를 알고 있으면 위의 식 (9.5.28) 을 적용하여 굴착 가능한 터널 폭 **D** 와 특정 크기로 터널을 굴착하는데 필요한 지반의 소요 점착력 c 를 구할 수 있다.

얕은 터널의 함몰파괴에 대한 안정성은 천단상부 파괴체 만을 생각하여 개략적으로 구할 수 있으며 (그림 9.5.10c), 이때에는 위 식 (9.5.29) 의 안정수가 파괴체 단면 형상에 무관하게 $m = 4.0$ 이다.

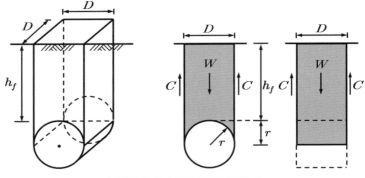

a) 정사각 기둥형 3차원 파괴모델

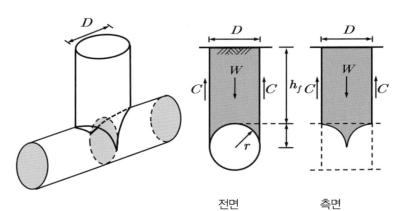

전면   측면

b) 원기둥형 단면 3차원 파괴모델

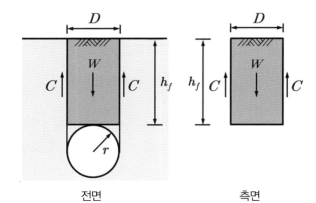

전면   측면

c) 개략적 3차원 파괴모델

그림 9.5.10 얕은 터널 3차원 파괴모델

5.2.3 얕은 터널 굴진면의 안정성

얕은 터널의 굴진면은 지반의 자립성이 부족하거나, 굴착 후 지보하지 않고 긴 시간 동안 방치하여 지반의 크리프 거동이 발생하거나, 간극수압이 변화될 때 붕괴된다.

얕은 터널에서 토피고 h_f 가 터널 높이 t_H 보다 작으면 ($h_f < t_H$), 굴진면 붕괴가 지표까지 연장되어 발생된다 (그림 9.5.11a). 이때에 지반이 소성지반이거나 점성토 (직교법칙이 성립) 이면, 굴진면의 안정은 극한해석하거나 지표까지 연장된 3차원 파괴모델로부터 굴진면의 소요 지지압력을 구해서 평가할 수 있다.

깊은 터널 ($h_f > t_H$) 에서는 굴진면이 변형되면 배면지반 상부 일정범위 내 지반이 이완되어 상재하중으로 작용한다 (그림 9.5.11c). 이완된 지반의 자중을 이완하중으로 간주하고 쐐기모델이나 무라야마 모델로 굴진면 안정을 검토한다 (제 3 장 6.2.2 절).

1) 극한해석

터널 굴진면의 안정은 극한해석의 하한이론이나 상한이론을 적용하여 해석할 수 있다. 극한해석에 의한 굴진면의 안정검토는 제 3 장 **6.2.2** 절에서 상세히 설명하였다.

하한이론 (lower bound) 에서는 평형조건과 경계조건을 만족하는 상태에서 응력장 이 지반강도를 초과하지 않으면 파괴되지 않는다고 생각하며, 계산된 하중이 지지력 보다 작으므로 그 결과가 안전측에 속한다.

상한이론 (upper bound) 에서는 가능한 파괴메커니즘에 대해 전단응력이 지반강도 를 초과하면 파괴되며, 지반지지력보다 큰 하중이 계산되어 결과가 불안전측이다.

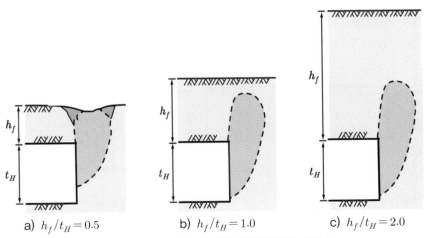

a) $h_f/t_H = 0.5$　　　　b) $h_f/t_H = 1.0$　　　　c) $h_f/t_H = 2.0$

그림 9.5.11 토피고에 따른 굴진면의 붕괴형상

2) 굴진면의 3차원 파괴모델

얕은 터널에서 굴진면의 안정성은 **3차원 파괴메커니즘** (그림 9.5.12) 을 적용하고 소요 지지압력 S (슬러리 쉴드 등) 를 추정해서 평가할 수 있다.

3차원 활동쐐기 $ABDCIJ$ (전면 $ABDC$ 는 터널의 외접직사각형) 가 수평에 대해 각도 θ 인 바닥면 $CDIJ$ 를 따라 활동하면, 상부 직육면체형 파괴체 $ABIJFEGH$ 는 연직 활동면 (수평압력 $\sigma_x = K\gamma z$) 을 따라 하향으로 활동한다. 활동쐐기 $ABDCIJ$ 에 작용하는 활동력은 자중 W 와 상부면에 작용하는 연직력 V_V 가 있고, 활동저항력은 활동쐐기의 바닥면 저항력 Q 와 측면 저항력 T 및 상부면 저항력 H 가 있다.

연직력 V_V 는 활동쐐기 상부면 상부 토체의 자중에 의해 발생되며, Janssen 사일로 이론 (식 9.5.9) 으로 계산한다. 상부면 저항력 H 는 활동쐐기 상대변위 (그림 9.5.12) 에 의해 발생되고, 점착저항력 C_o 와 마찰저항력 R_o 의 합 ($H = C_o + R_o = C_o + V_V \tan\phi$) 이다. 측면 저항력 T 는 측면에 작용하는 수직력 F_H 에 의한 마찰력 R_s 와 점착력 C_s 의 합 ($T = C_s + R_s$) 이다. 바닥면의 저항력 Q 는 점착저항력 C_l 과 마찰저항력 R 의 합 ($Q = C_l + R$) 이다. 굴진면 활동파괴를 억제하는 지지력 S 는 활동쐐기에 작용하는 힘의 평형으로부터 구하며, 소요지지력이 최소가 되는 활동면의 각도 θ 를 구한다.

활동쐐기에 작용하는 힘의 수평 및 연직방향 힘의 평형식은 다음과 같고,

$$\sum H = 0 : S + H + (T + Q)\cos\theta - P\cos\phi\sin\theta = 0$$
$$\sum V = 0 : V_V + W - (T + Q)\sin\theta - P\cos\phi\cos\theta = 0 \qquad \textbf{(9.5.30)}$$

위 식을 연립해서 풀면 굴진면 소요지지력 S 를 구할 수 있다.

$$S = -H - (T + C_l)\cos\theta - \{V_V + W - (T + C_l)\sin\theta\}\tan(\phi - \theta) \qquad \textbf{(9.5.31)}$$

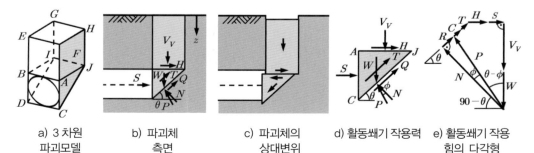

| a) 3차원 파괴모델 | b) 파괴체 측면 | c) 파괴체의 상대변위 | d) 활동쐐기 작용력 | e) 활동쐐기 작용 힘의 다각형 |

그림 9.5.12 굴진면의 3차원 붕괴메커니즘

5.3 지보아치 기초지반의 안정성

터널 상반을 굴착한 후 숏크리트로 지보하면, 상부 토체 (그림 9.5.13 의 $ABDC$) 의 자중에 의한 연직하중 Q 는 숏크리트 지보아치의 기초를 통해 하부지반에 전달되며, 하부지반의 지지력이 커야 터널이 안정하다. 지반 지지력이 작으면 교란을 최소화할 수 있는 자천공 볼트 (그림 9.5.14) 를 설치하거나, 주입하여 지반을 보강·고결 (그림 9.5.15a) 하거나, 마이크로 파일이나 고압분사 레그파일 (그림 9.5.16) 및 고압분사 포어 파일 (그림 9.5.17) 을 설치하여 보강한다. 취성지반은 아치기초지반의 침하에 민감하다.

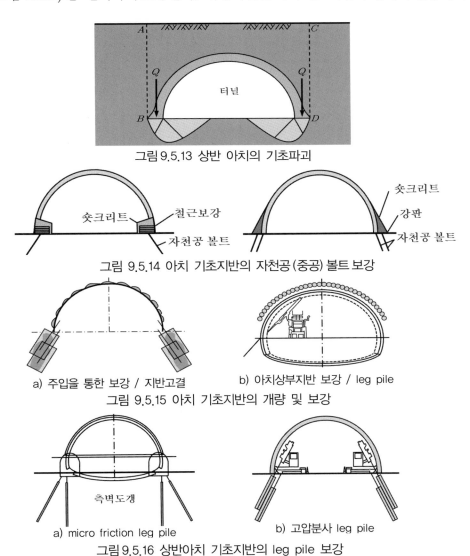

그림 9.5.13 상반 아치의 기초파괴

그림 9.5.14 아치 기초지반의 자천공 (중공) 볼트 보강

a) 주입을 통한 보강 / 지반고결

b) 아치상부지반 보강 / leg pile

그림 9.5.15 아치 기초지반의 개량 및 보강

a) micro friction leg pile

b) 고압분사 leg pile

그림 9.5.16 상반아치 기초지반의 leg pile 보강

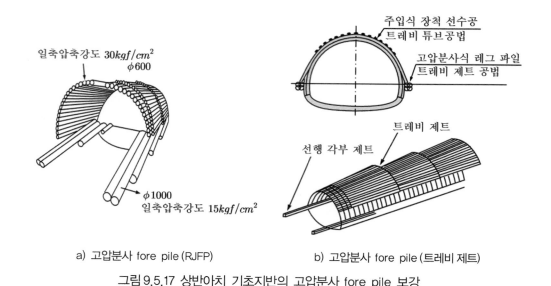

a) 고압분사 fore pile (RJFP) b) 고압분사 fore pile (트레비 제트)

그림 9.5.17 상반아치 기초지반의 고압분사 fore pile 보강

5.4 얕은 터널의 부력에 대한 안정성

지하수위 아래에 설치한 얕은 터널, 천단 상부지반이 침수된 얕은 터널 또는 침매 터널은 부력에 의해 그 안정성이 저해될 수 있다.

또한, 지하철 정거장과 본선 터널의 접속부 등 단면이 급변하는 구간에서는 양측 다른 크기의 부력으로 인해 큰 전단력이 작용한다. 단면형상이 비대칭이거나 곡선 터널 구간에서는 터널에 비틀림 모멘트가 작용하여 라이닝이 손상될 수 있다.

부력의 크기는 구조물 외부면과 같은 부피의 물의 무게이고, 부력에 저항하는 힘 은 토피하중, 지표하중, 구조물 하중, 지반의 전단저항력 등이 있다.

개착식 터널에서는 되메움 지반의 전단강도가 작기 때문에 측벽의 전단저항력이 작을 수 있다. 이때는 전단키를 설치하여 측면의 전단저항력을 증가시키거나 돌출 바닥판을 설치하여 토피하중을 증가시킨다. 부력에 대한 저항력이 매우 작을 때는 구조물의 바닥에 앵커나 인장말뚝을 설치할 수 있다.

6. 얕은 터널의 굴착에 의한 지표침하

얕은 터널은 굴착에 의한 주변지반의 변형이 지상까지 영향을 미칠 수 있으므로 상부 영향권 내 구조물의 손상을 방지하도록 지반변형과 상부 구조물의 손상정도를 예측하여 설계한다. 지반은 응력-변형률 관계가 비선형적이어서 변형을 예측하기가 매우 어렵다. 따라서 지반변형 예측 정확도는 안전율 예측 정확도 보다 떨어진다.

얕은 터널의 상부 및 주변 지반은 불균질하고 비등방성이지만, 대개 절대하중의 크기가 작고 응력이 강성의 1/3 미만이기 때문에 지반은 거의 탄성적으로 거동한다. 터널굴착에 의한 주변지반의 변위는 3차원으로 일어나고, 보통 지반조건에서는 천단상부 연직 축 상 지반에서 변위가 연직방향으로만 발생한다.

얕은 터널은 천단 상부지반이 터널 내부로 함몰되거나 (함몰파괴), 취약층을 따라 붕괴되며 (터널 내 붕괴), 소성유동 되어 터널 내공면이 축소된다 (소성유동파괴). 천단 상부 지지 암반층의 두께가 (터널규모에 비해) 얇을 때에는 대개 함몰파괴가 일어나서 지표에 구멍이 생긴다. 천단상부 지지 암반층 두께가 터널 반경보다 두껍고, 불연속면 경사가 굴진방향과 반대 (역경사 against dip) 이거나 불연속면을 따라 지하수가 과다하게 유입되면 지반이 취약층을 따라 파괴되어 대형 사고로 이어질 수 있다.

터널 주변지반은 굴착에 의해 이완되면, 지지력이 상실되어 전단변형이 증가되고 소성역이 확대되며, 유효응력이 변화되어 지반이 압밀되거나 터널 내로 밀려 들어와서 지반이 손실 (6.1 절) 된다. 얕은 터널에서 지반손실의 영향이 지표면까지 전달되면, 지표가 침하 (6.2 절) 되며, 지표침하는 토피가 작을수록 크게 일어난다.

얕은 터널 상부의 지표침하는 지반이 등체적 변형한다고 가정하고 **Lame** 탄성해를 적용하여 구하거나, 지표침하를 **Gauss** 분포나 포물선형으로 가정하고 구한다. 얕은 병설터널 굴착에 의한 지표침하 (6.3 절) 는 지표가 포물선형으로 침하된다고 가정하고 구할 수 있다.

지표침하가 과도하게 발생되면 침하영향권 내 구조물이 손상될 수 있으며, 지표침하에 의한 지상 구조물의 손상 (6.4 절) 은 지상 구조물이 지표침하의 형상을 따라 강제로 처진다고 생각하고 구조물의 변형률을 구하여 구조물의 허용 인장변형률과 비교해서 판정한다.

6.1 터널굴착에 의한 지반손실

터널을 굴착하면 주변지반의 응력이 변화 (반경방향응력이 최소주응력으로) 되어 굴착면은 터널 중심방향으로 변형되며, 굴진면은 터널 축방향으로 변형된다. 지반이 터널의 반경 및 축 방향으로 변형되면서 손실되면 지표가 침하되며, 지표의 침하량은 지반 손실량에 비례한다.

지반손실은 터널 주변에서 발생되는 지반변위의 가장 큰 원인이고, 굴진면 전·후·측방에서 굴착면에 수직으로 발생하는 지반변위의 합이며, 터널이 깊을수록 크고, 굴진면이 안정할수록 작게 일어난다. 지반의 손실은 가설 또는 영구 지보하여 억제할 수 있다. 지반손실은 최대지표침하와 지표경사를 측정하여 구할 수 있다.

터널 바닥 하부에 있는 지반은 터널굴착으로 인하여 융기되며, 지반융기가 지표변위에 미치는 영향은 미약하지만 라이닝의 하중이나 변위에 미치는 영향은 크다.

지반침하는 대개 시공 중에 **빠른** 속도로 발생하지만, 점토에서는 터널이 배수통로가 되어 주변지반이 압밀 또는 재압축되면서 지표침하가 오랜 시간동안 일어날 수 있다. 터널이 깊어질수록 응력수준 (stress level) 이 높아져서 내공면의 압출이 크고 최대 침하 크기 (maximum settlement) 도 커진다.

터널굴착에 의한 지반침하는 터널 내 배수, 주변 지반응력변화에 의한 압축변형, 굴진면 및 내공면의 압출, 과굴착, 지보재 변형 등에 의해 일어난다. 터널 내 배수에 의한 지반침하는 넓은 범위에서 일정한 크기로 발생한다. 지반의 응력변화에 의한 지반의 압축변형이나 터널 내의 배수에 의한 지반침하는 서서히 일어나고, 내공면의 압출에 의한 지반침하는 **빠른** 속도로 크게 발생된다.

등체적 거동하는 (비배수조건) 점토에서 터널 주변지반의 침하는 지반의 응력변화에 의한 부피변화와 굴착면 변위 (내공면 변위) 에 의해 일어나지만, 주로 굴착면 변위에 의해 발생된다. 터널 내공변위에 의한 지반의 손실은 지반손실 V_L (터널 단위길이 당 지반손실부피) 또는 지반손실율 $\% V_L$ 로 표시한다.

등방압력 σ_0 상태 (측압계수 $K = 1$) 탄성지반 (탄성계수 E, 푸아송 비 ν) 에서 터널굴착에 의한 지반 손실 V_L 은 지반의 응력상태와 전단강도로부터 구할 수 있다.

지반 손실율 V_L 은 터널 주변 지반 응력상태만 고려하면,

$$V_L = \frac{\Delta V}{V_0} = (1 + K)\frac{1 + \nu}{E}\sigma_0 \tag{9.6.1}$$

이고, 여기에서 ΔV 는 터널의 부피감소량이고, V_0 는 터널의 초기부피이다. 등방압력 σ_0 상태 ($K = 1$) 에서 등체적 변형 ($\nu = 0.5$) 하면 다음이 되고,

$$V_L = 2\frac{1 + \nu}{E}\sigma_0 = 3\frac{\sigma_0}{E} \tag{9.6.2}$$

지반의 응력상태와 비배수 전단강도를 모두 고려하면 다음과 같다.

$$V_L = \frac{\Delta V}{V_0} = 2(1 + \nu)\frac{S_u}{E}e^{(\sigma_0/S_u - 1)} \tag{9.6.3}$$

$$= 3\frac{S_u}{E}e^{(\sigma_0/S_u - 1)} = m\,e^{(\sigma_0/S_u - 1)} \quad \text{(등체적 변형인 경우, } \nu = 0.5\text{)} \tag{9.6.4}$$

위에서 S_u/E 는 지반 비배수전단강도와 탄성계수의 비이고, σ_0/S_u 는 등방압력의 비배수전단강도에 대한 비 (surplus ratio) 이며, $m = 3S_u/E = 3c_u/E$ 이다.

터널 작용압력 $\gamma h_t - p_i$ (또는 등방압력 σ_0) 와 비배수 전단강도 S_u 의 비를 굴진면 안정지수 N_s 라하며, 이는 지반이동의 잠재위험성 (potential severity) 을 나타낸다.

$$N_s = \frac{\sigma_0}{S_u} = \frac{\gamma h_t - p_i}{S_u} \tag{9.6.5}$$

안정지수가 작으면 내공변위가 주로 굴착 중에 발생되고 시간적 변화가 작다.

굴진면 배후지반은 안정지수가 $N_s = 1 \sim 2$ 이면 탄성거동하고, $N_s = 2 \sim 4$ 이면 탄소성 거동하며, $N_s = 4 \sim 6$ 이면 소성 거동한다 (Attewell, 1978).

안정지수가 한계치인 $N_s = 6$ 를 초과하면 굴진면이 불안정해져서 즉, 전단파괴가 지표까지 연장되어서 발생된다 (Broms/Benneermark, 1967). 이때에는 압축공기나 슬러리를 이용하여 전체 굴진면을 지지하고 터널을 굴착해야 한다.

탄성조건에서 지반 손실 V_L 은 터널 굴착부피의 0.2~0.6% 에 불과하지만, 안정지수 N_s 가 커지면 지반손실이 급격히 증가한다. 안정지수가 $N_s = 2 \sim 4$ 인 지반에서는 잠재적 지반손실 (potential ground loss) 이 10% 미만이고, 쉴드 터널에서는 2 ~ 3% 미만으로 작다.

안정지수가 $N_s = 6$ 이면 굴착부피의 $30 \sim 90\%$ 에 이른다. 매우 연약한 지반에서는 지반손실이 100% 가 될 수도 있지만 실제로는 흔하지 않다.

Clough 등 (1981) 과 Leach (1985) 는 지반손실 V_L 을 안정지수 N_s 로 나타내었고 (그림 9.6.1), 계수 m 은 최대치 0.018, 최소치 0.002 (평균 0.006) 로 가정하였다.

$$V_L = m(N_s - 1) \quad (\text{단}, \quad N_s > 1) \tag{9.6.6}$$

그림 9.6.1 은 지반손실과 안정지수의 관계를 나타내며, Schmidt 선은 터널굴착 후 지보하지 않은 상태에 대해서 지반의 체적변화를 무시하고 탄소성 해석하여 구한 결과를 나타낸 것이다.

Schmidt 선을 보면 탄소성 해석하여 구한 지반손실은 $N_s < 3$ 이면 계측치와 잘 일치하고, $N_s > 3$ 이면 계측치보다 크다. 지반손실 발생위치와 발생량을 상세하게 규정하기 힘든 NATM 터널에서도 (그림 9.6.1 의 굴진면 안정지수) 이 결과를 적용하여 지반 손실량을 추정할 수 있다.

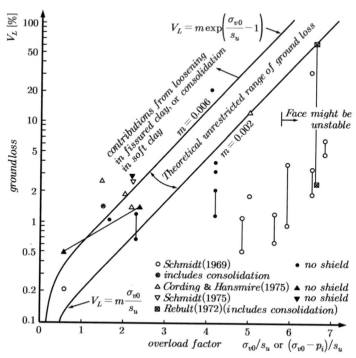

그림 9.6.1 지반손실량 추정치와 계측치의 비교 (Clough/Schmidt, 1981)

6.2 터널 상부 지표침하

얕은 터널에서 내공변위에 의한 지반손실의 영향이 지표까지 전달되어 발생되는 지표침하는 3차원형상이다.

터널굴착에 의한 상부 수평지표면의 침하 (연직변위 u_v, 그림 9.6.2a) 는 지반과 터널 상태를 고려하여 관리 (**6.2.1** 절) 한다. 횡방향 지표침하 (**6.2.2** 절) 는 지반손실 영향범위 내에서 발생하고, 최대 지표침하 (**6.2.3** 절) 는 지표의 침하부피나 천단의 반경과 체적변형률로부터 구한다. 종방향 지표침하 (**6.2.4** 절) 는 굴진면 위치와 굴진장 및 최대 지표침하량으로부터 예측한다. 터널상부 지표면 위 임의지점의 지표침하 (**6.2.5** 절) 는 종방향 및 횡방향 거리별 침하형태로부터 구한다.

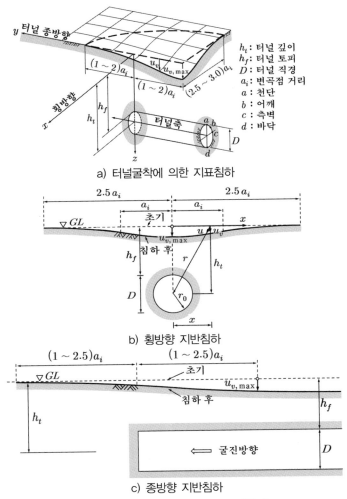

a) 터널굴착에 의한 지표침하

b) 횡방향 지반침하

c) 종방향 지반침하

그림 9.6.2 터널굴착에 의한 지반침하

6.2.1 지표침하의 관리

얕은 터널 상부 지표면의 침하가 최대가 되는 위치는 터널 굴진면에서 일정 거리만큼 떨어진 후방 중심축 상이며, 여러 가지 요소에 의해 영향을 받는다. 굴진면의 변형은 다양한 방법으로 관리할 수 있다.

1) 지표침하 영향요소

지표침하는 지반형태, 터널 크기와 깊이 및 굴착방법, 라이닝 형태에 따라 다르게 발생된다. 지표침하는 지반이 약할수록 (무지보 자립시간이 짧을수록) 크게 일어나고, 사질토는 굴진면에서 유실되고, 약한 점성토에서는 소성변형이 일어난다.

지반손실은 반경방향과 굴진면의 변형에 의하여 발생하며, 반경방향 변형에 의한 지반손실은 터널 직경에 비례하고, 굴진면 변형에 의한 지반손실은 터널직경의 제곱에 비례한다. 터널이 깊을수록 지표 침하영향권의 폭이 넓어지기 때문에 최대 지표침하는 작아진다. 점성토에서 배수와 압밀이 촉진되면 지표침하가 점차 커진다.

터널굴착방법이 지반손실에 결정적 요소이며, 기계굴착 하더라도 운영자의 자질과 능력이 중요하고, 선형과 레벨유지, 장비 유격, 굴진속도와 굴진장, 라이닝의 배후 그라우팅 시점 등이 중요하다. 조기에 설치한 유연성 라이닝이 그라우팅한 강성 라이닝 보다 반경방향 지반손실 관리에 유리하다.

2) 굴진면의 지반변형 관리

터널굴착에 의한 지반침하는 굴진면에서 직접 관리하거나 지표에서 관리할 수 있다.

연약한 점토나 유동성 이완 사질토에서 지반을 개량하거나 압축공기를 사용하지 않고 지하수아래에서 쉴드 굴착할 때에는 쉴드 전면을 완전히 폐쇄해야 한다.

압축공기를 가하면 간극수가 배출되지만 렌즈모양 포화모래층이 있으면 효과가 적으며, 슬러리를 사용하고 가압하면 압축공기처럼 전면 폐쇄효과가 있다.

점토나 느슨한 사질지반에서 배수공법을 적용하여 지하수위를 낮추면 지반부피가 감소되므로 터널굴착에 의한 지반손실을 감소시킬 수 있다.

그라우팅하면 지반의 투수성이나 압축성을 낮추고 강도를 증가시킬 수 있으며, 지반이 융기하지 않도록 그라우팅 압력과 그라우트재의 점성을 관리해야 한다.

지반을 동결시키는 방법은 비싼 공법이지만 미세 실트렌즈 등도 안정화 시킬 수 있을 만큼 효과가 우수하다.

6.2.2 횡방향 지표침하

얕은 터널 상부 수평지표면의 침하는 중심축상에서 가장 크고, 터널 횡방향으로는 좌·우 대칭으로 일정한 범위 내 $(2.5\,a_i)$ 에서 발생한다 (그림 9.6.2b).

횡단 지표침하는 지반이 등체적 변형하는 균질한 탄성체라고 가정하고 Lame 의 탄성해를 적용하여 구하거나, 지표침하형상이 Gauss 분포나 포물선 모양이며 지표 침하부피와 터널 내공축소에 의한 부피변화가 같다고 가정하고 구할 수 있다.

1) Lame 의 탄성해

터널상부 지표면의 침하는 횡방향 (x 방향) 으로는 좌우 대칭으로 일정한 범위에서 발생되며, 터널 횡단면 상 지표의 임의지점 (x, h_t) 의 연직 및 수평변위 u_v 와 u_h 는 무게가 없는 탄성체 내 터널이 평면변형률상태 (원통) 이고 등방압 σ_{v0} 이 작용한다고 가정하고 **Lame** 의 해를 적용하여 구할 수 있다.

$$u_v = u\,h_t/r \, , \quad u_h = u_v\,x/h_t \tag{9.6.7}$$

터널 (반경 r_o) 굴착으로 인해 굴착면 압력이 초기응력 σ_{v0} 에서 지보압 p_i 로 감소할 때에 연직 지표변위 u_v 는 식 (5.3.9) 로부터 다음과 같고 $(r^2 = h_t^2 + x^2)$,

$$u_v = \frac{1+\nu}{E}(\sigma_{v0} - p_i)\frac{r_o^2}{r} = \frac{1+\nu}{E}(\sigma_{v0} - p_i)\frac{r_o^2}{\sqrt{h_t^2 + x^2}} \tag{9.6.8}$$

횡단 지표침하 분포는 다음 식과 같고, 터널 축 ($x = 0$) 에서 최대값 $u_{v\,\max}$ 이 된다.

$$u_v = \frac{u_{v\,\max}}{\sqrt{1 + (x/h_t)^2}} \tag{9.6.9}$$

이는 무한 탄성체에 대한 것이어서 (실제조건은 반무한 탄성체) 비현실적이다.

2) Gauss 분포형 횡단 지표침하

터널굴착 후 상부 지표면의 횡단 지표침하는 그 분포형태를 지반조건에 상관없이 Gauss 정규 확률 분포함수로 구현하여 해석할 수 있고, 그 결과는 **Lame** 의 탄성해 보다 실제에 더 가깝다. Gauss 곡선은 연약지반에 굴착한 터널에도 적용할 수 있고, 식이 간단하여 사용하기 편리하지만, 지표침하를 일반적인 형태만 표현할 수 있기 때문에 (현장상황에 따라) 실제 지표침하와 차이가 날 수 있다.

터널상부지반의 횡단 지표침하를 **Gauss** 정규 확률분포함수로 해석하려면 지표침하 발생영역의 횡방향 폭 a_i 및 최대 지표침하량 $u_{v\,\max}$ 를 알아야 한다.

(1) Gauss 정규 확률분포함수

Peck (1969) 은 터널굴착 후 침하가 완전하게 수렴된 상태일 때 터널 중심으로부터 횡방향 수평으로 거리 x 만큼 떨어진 임의의 수평지표면에 발생되는 지표침하 u_v 를 다음 **Gauss** 정규 확률분포함수로 나타내었다 (그림 9.6.3).

$$u_v = u_{v\,\max} \exp\left[-\frac{1}{2}\left(\frac{x}{a_i}\right)^2\right] \tag{9.6.10}$$

여기서 $u_{v\,\max}$ 는 **최대 지표 침하량** (터널 중심선 상) 이며, a_i 는 터널 중심선에서 Gauss 곡선의 변곡점 (inflection point 최대 경사지점) 까지 수평거리이다.

위 식을 적분하면 터널 단위길이 당 침하곡선의 체적 V_s 를 구할 수 있다.

$$V_s = \sqrt{2\pi}\,a_i u_{v\,\max} \cong 2.5\,a_i u_{v\,\max} \tag{9.6.11}$$

Gauss 분포함수의 경사 **(slope)** 와 곡률 **(curvature)** 은 식 (9.6.10) 의 지표침하 u_v 를 1 차 및 2 차 미분하여 구할 수 있다 (그림 9.6.3).

$$\frac{du_v}{dx} = -u_{v\,\max}\frac{x}{a_i^2}\exp\left[-\frac{1}{2}\left(\frac{x}{a_i}\right)^2\right] = \frac{-V_s x}{\sqrt{2\pi}\,a_i^3}\exp\left[-\frac{1}{2}\left(\frac{x}{a_i}\right)^2\right] = -x\frac{S_s}{a_i^2}$$

$$\frac{d^2 u_v}{dx^2} = u_{v\,\max}\frac{1}{a_i^2}\left\{\left(\frac{x}{a_i}\right)^2 - 1\right\}\exp\left[-\frac{1}{2}\left(\frac{x}{a_i}\right)^2\right] \tag{9.6.12}$$

$$= \frac{V_s}{\sqrt{2\pi}\,a_i^3}\left\{\left(\frac{x}{a_i}\right)^2 - 1\right\}\exp\left[-\frac{1}{2}\left(\frac{x}{a_i}\right)^2\right] = \frac{S_s}{a_i^2}\left\{\left(\frac{x}{a_i}\right)^2 - 1\right\}$$

$$S_s = \frac{V_s}{\sqrt{2\pi}\,a_i}\exp\left[-\frac{1}{2}\left(\frac{x}{a_i}\right)^2\right]$$

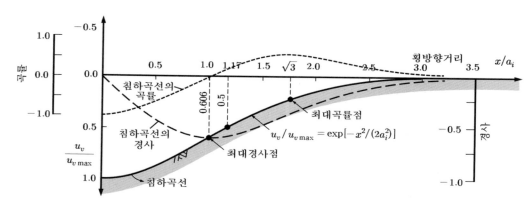

그림 9.6.3 횡방향 지표침하곡선의 형상과 경사 및 곡률

(2) 침하발생 한계영역

터널 횡단방향으로 지표침하가 발생하는 한계범위는 대개 터널 중심에서 침하 곡선의 최대경사 지점까지 수평거리 a_i 의 2.5 ~ 3.0 배 즉, $(2.5 \sim 3.0)\,a_i$ 이며, 대체로 $2.5\,a_i$ 를 적용한다 (Hansmire/Cording, 1972; Clough 등, 1981; Attewell, 1978).

(3) 침하곡선 최대경사 지점의 위치 a_i

침하곡선 최대경사 지점의 위치 a_i 는 터널 형상, 지반특성, 지반손실, 시공방법 등 다양한 요인에 의해 영향을 받기 때문에 추정하기 어려우며 (Peck, 1969; Clough 등, 1981), 현장 측정한 침하곡선에서 구하거나, 측정치를 보정한 Gauss 곡선의 변곡점 (표준편차) 으로부터 구하거나, Peck 이 제시한 $(2a_i/D)$-(h_t/D) 그래프 (그림 9.6.4) 에서 구하거나, 경험식으로 부터 구한다 (D 는 터널직경).

① 횡단방향 지표침하곡선

횡단방향 지표침하 곡선의 최대경사 지점 a_i 는 지표 침하량 u_v 를 횡방향 거리 x 별로 나타낸 횡단방향 지표침하곡선으로부터 다음과 같이 구할 수 있다.

- 침하곡선 ($\log u_v/u_{v\,\max}$ - y^2) 기울기가 최대값 $0.61\,u_{v\,\max}$ ($\log u_v/u_{v\,\max} = 0.61$) 인 변곡점까지 거리 x 이다.
- 지표침하 곡선의 체적 V_s (식 9.6.11) 를 $2.5u_{v\,\max}$ 로 나눈 값 $V_s/2.5\,u_{v\,\max}$ 이다.

② Gauss 곡선의 변곡점

지표침하 곡선의 최대경사지점 a_i (Gauss 곡선 변곡점) 는 지반에 따라 다음이 된다.

$$a_i \simeq (0.4 \sim 0.6)\,h_t \quad : \text{점토}$$
$$\simeq (0.25 \sim 0.45)\,h_t \quad : \text{비점착성 지반}$$
$$\simeq (0.2 \sim 0.3)\,h_t \quad : \text{조립토}$$
$$\simeq (0.4 \sim 0.5)\,h_t \quad : \text{stiff clay}$$
$$\simeq 0.7\,h_t \quad : \text{soft silty clay} \tag{9.6.13}$$

③ 경험식

지표침하 곡선의 최대경사지점 a_i 는 다음 경험식으로부터 구하거나, 그림 9.6.4 의 $(2a_i/D)$ - (h_t/D) 관계 그래프 (Peck, 1969) 에서 구할 수 있다.

$$a_i = 0.5D\left(\frac{h_t}{D}\right)^{0.8} \tag{9.6.14}$$

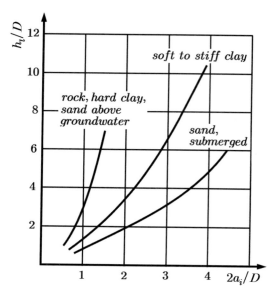

그림 9.6.4 토피고에 따른 지표 침하 $2\,a_i/D-h_t/D$ (Peck, 1969)

(4) 횡방향 지표침하량 u_v

터널 중심으로부터 횡방향으로 수평으로 거리 x 만큼 떨어진 지표지점에 발생되는 **Gauss** 정규 확률분포 지표침하 u_v 는 최대 지표침하량 $u_{v\,max}$ 과 침하곡선 최대경사 지점까지 수평거리 a_i 로부터 구한다. 최대 지표침하량 $u_{v\,max}$ 는 지반손실부피 V_L 과 지표침하부피 V_s (식 9.6.11) 가 같다 ($V_L = V_s = \sqrt{2\pi}\,a_i\,u_{v\,max}$) 는 조건에서 구한다.

$$u_v = u_{v\,max} \exp\left[-\frac{1}{2}\left(\frac{x}{a_i}\right)^2\right]$$

$$u_{v\,max} = \frac{V_s}{\sqrt{2\pi}\,a_i}$$

(9.6.15)

3) 포물선형 횡방향 지표침하

터널굴착에 의한 지표침하는 침하영향권 내에서 포물선형상으로 일어난다고 가정할 수 있으며 터널 중심선상에서 가장 크고 침하 집중권에 집중되어 일어난다.

침하 집중권은 터널의 스프링라인 점 A (원형터널에서는 측벽중심) 에서 시작하여 지표까지 연장한 Rankine 주동 활동면 (연직에 대해 $\beta = 45^o - \phi/2$, ϕ 는 내부마찰각) 의 지표경계 F 까지 구간 (폭 B) 이다.

침하 영향권은 침하 집중권 폭 B 의 2 배 $(2B)$ 라고 가정한다 (그림 9.6.5).

지표침하 형상이 포물선이고 침하 영향권이 침하 집중권 폭의 2 배이면, 침하곡선은 침하 집중권 경계점 (주동활동면이 지표와 만나는 점 F) 의 침하 후 위치 M 에 대해서 대칭이므로, 터널굴착에 의한 지표 침하부피 V_s 는 다음이 된다.

$$B = D + 2h_t \tan\beta$$
$$V_s = u_{v\max}B \tag{9.6.16}$$

지표에 하중 p_0 가 작용하는 지반 (단위중량 γ, 토피 h_f, 측압계수 $K_0 = 1.0$) 에 있는 원형터널 (직경 D, 반경 $r_a = D/2$) 중심에서 초기응력은 $\sigma_{v0} = p_0 + \gamma h_t$ 이므로, 내공변위 u_a 와 내공변위에 의한 단면 축소량 A_{u_a} 는 다음이 된다.

$$\begin{aligned} u_a &= 1.5\,\sigma_{v0}\frac{r_a}{E_s} \\ &= 0.75\,\sigma_{v0}\frac{D}{E_s} = 0.75\,(p_o + \gamma h_t)\frac{D}{E_s} \\ A_{u_a} &= u_a \pi D \end{aligned} \tag{9.6.17}$$

최대 지표침하량 $u_{v\max}$ 은 지반이 등체적 변형하면 침하집중권의 부피 V_s 와 내공변위 u_a 에 의한 단면 축소부피가 같은 조건 $(V_s = A_{u_a})$ 에서 구할 수 있다.

$$\begin{aligned} u_{v\max} &= u_a\pi\frac{D}{B} \\ &= \frac{3\pi}{4}(p_0 + \gamma h_t)\frac{D^2}{BE_s} \end{aligned} \tag{9.6.18}$$

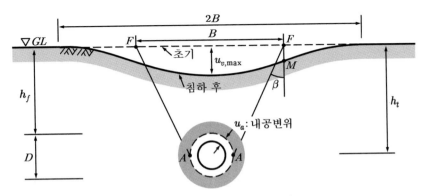

그림 9.6.5 터널상부 지표침하

6.2.3 최대 지표침하량 $u_{v\,\max}$

최대 지표침하량 $u_{v\,\max}$ 는 지표 침하부피 V_s 로부터 계산하거나, 천단 반경변형률과 체적변형률을 적용하여 구한다. 토사 터널에서는 지반손실이 최소가 되도록 굴착 방법과 보강공법을 선택하기 때문에 대개 $u_{v\,\max}/h_t$ 가 0.5 % 미만이다.

1) 지표의 침하부피 적용

최대 지표침하량 $u_{v\,\max}$ 는 터널 단위길이 당 지반손실 부피 $V_L = \sqrt{2\pi}\,a_i\,u_{v\,\max}$ (식 9.6.11) 과 Gauss 분포를 적용한 지표 침하부피 V_s 가 같다는 조건에서 구할 수 있다.

$$u_{v\,\max} = \frac{V_s}{\sqrt{2\pi}\,a_i} \tag{9.6.19}$$

지표 침하부피 V_s 는 굴착공법에 따라 다르며, 최근 굴착기술이 발달하여 대폭 감소 되었다. 지표 침하부피의 터널단면적 A_{tun} 에 대한 비 V_s/A_{tun} 를 간접적으로 구하여 ($V_s = (V_s/A_{tun})A_{tun}$) 적용하면, 위 식은 다음이 된다.

$$u_{v\,\max} = \frac{A_{tun}(V_s/A_{tun})}{\sqrt{2\pi}\,a_i} \tag{9.6.20}$$

지표 침하부피 V_s 의 터널 단면적 A_{tun} 에 대한 비 V_s/A_{tun} 는 굴진면 안정지수 N_s 와 파괴 시 안정지수 N_L 로부터 계산하거나 표 9.6.1 의 값을 적용한다.

$$V_s/A_{tun} \simeq 0.23\,e^{4.4N_s/N_L} \tag{9.6.21}$$

굴진면 안정지수 N_s 는 스프링라인 (대개 터널 중심위치) 의 연직응력 $\sigma_v = \gamma h_t$ 와 굴진면 지보압 p_i 및 비배수 점착력 c_u 로부터 정의한다 (식 9.6.5).

$$N_s = \frac{\gamma h_t - p_i}{S_u} = \frac{\sigma_v - p_i}{c_u} \tag{9.6.22}$$

표 9.6.1 침하부피의 터널단면적에 대한 비 V_s/A_{tun} (Mair/Taylor 등, 1997)

지반과 지보상태	V_s/A_{tun} [%]
Stiff clay 에서 굴진면 무지보 굴착	$1 \sim 2$
Sand 에서 굴진면 지보굴착	0.5
Soft clay 에서 굴진면 지보굴착	$1 \sim 2$
London clay 에서 숏크리트를 사용하여 재래식 굴착	$0.5 \sim 1.5$

2) 반경 및 체적변형률 적용

최대 지표침하량 $u_{v\max}$ 는 삼축 또는 이축인장시험에서 구한 터널 (반경 r_o) 천단의 반경 및 체적변형률 ϵ_{rf} 및 ϵ_{vf} 를 적용하여 개략적으로 구할 수 있다. 즉, 터널 천단의 접선변형률은 $\epsilon_{tf} = \epsilon_{vf} - \epsilon_{rf} = u_f/r_o$ 이므로 천단침하 u_f (반경변위) 는 다음이 된다.

$$u_f = \epsilon_{tf} r_o = (\epsilon_{vf} - \epsilon_{rf}) r_o \qquad (9.6.23)$$

터널의 천단상부 연직 중심축 상 임의위치의 연직변위 u 는 다음 식으로 가정하고,

$$u = u_f (r_o/r)^d \qquad (9.6.24)$$

이로부터 천단의 반경방향 변형률 ϵ_{rf} 와 체적변형률 ϵ_{vf} 를 구한다.

$$\epsilon_{rf} = \left(\frac{du}{dr}\right)_{r=r_o} = -d\frac{u_f}{r_o}$$
$$\epsilon_{vf} = \epsilon_{rf}\tan\psi \qquad (9.6.25)$$

여기서 ψ 는 다일러턴시 각도이고, 다일러턴시를 무시하면 체적변형률은 영이다.

위 식과 식 (9.6.23) 으로부터 d 를 구하고,

$$d = -\frac{\epsilon_{rf}}{\epsilon_{vf} - \epsilon_{rf}} \qquad (9.6.26)$$

식 (9.6.24) 와 적합조건으로부터 터널 연직 중심축 상 반경방향 변형률 ϵ_r 을 구하면,

$$\epsilon_r = \frac{du}{dr} = -u_f d \left(\frac{r_o}{r}\right)^{d-1} \frac{r_o}{r^2} \qquad (9.6.27)$$

이고, 위 식에 $r = r_o$ 를 대입하면 천단의 반경방향 변형률 ϵ_{rf} 이 된다.

$$\epsilon_{rf} = -u_f \frac{d}{r_o} = -d\epsilon_{tf} \qquad (9.6.28)$$

식 (9.6.23) 과 식 (9.6.24) 로부터 터널 연직 중심축 상 연직변위 u_v 는 다음이 된다.

$$u_v = (\epsilon_{vf} - \epsilon_{rf}) r_o \left(\frac{r_o}{r}\right)^d \qquad (9.6.29)$$

최대 지표침하 $u_{v\max}$ 는 위 식에 $r = r_o + h_f$ 을 대입하여 구할 수 있다.

$$u_{v\max} = (\epsilon_{vf} - \epsilon_{rf}) r_o \left(\frac{r_o}{r_o + h_f}\right)^d \qquad (9.6.30)$$

따라서 토피가 클수록 지표 및 천단침하가 작고, 굴착 후 신속히 폐합하여 천단의 변형률 ϵ_{rf} (및 ϵ_{vf}) 를 작게 하면 지표침하가 작게 일어난다.

6.2.4 종단방향 지표침하

종단방향 지표침하는 굴진면 전·후방 같은 범위 $(1 \sim 2.5)\,a_i$ 에서 발생되고 굴진면의 후방에서 가장 크다 (그림 9.6.2c). 터널 상부지표 위 임의지점에서 종단방향 지표침하 형상은 시공상황과 지반상태에 따라 다르지만, 보통의 경우에는 그림 9.6.6 과 같이 누적 가우스 정규분포함수 (cumulative Gaussian normal distribution function) 로 간주하고 해석하여도, 비교적 근접하게 예측할 수 있다 (Attewell, 1978).

누적 가우스 정규분포함수를 이동 (translation) 하여 굴진면의 위치에서 침하비가 측정값과 같아지게 조절하면, 현장계측결과와 잘 일치하는 해석결과를 얻을 수 있다.

6.2.5 임의지점의 지표침하

터널 중심선부터 횡방향 거리 x, 굴진면으로부터 굴진방향으로 거리 y 만큼 떨어진 임의지점 (x, y) 의 지표침하 u_v 는 다음 3 차원 지표침하 형상으로부터 구할 수 있다.

$$u_v = u_{v\,\max} \exp\left[-\frac{1}{2}\left(\frac{x}{a_i}\right)^2 \right]\left\{ G\left(\frac{y-y_l}{a_{iy}}\right) - G\left(\frac{y-y_f}{a_{iy}}\right) \right\} \tag{9.6.31}$$

여기에서, $G(a_i) = \dfrac{1}{\sqrt{2\pi}} \displaystyle\int_{a_i}^{-a_i} \exp\left[-\frac{1}{2}u^2 \right] du$

$\quad y_l \quad$: 터널 굴착시점의 위치, $\quad y_f$: 터널 굴진면의 위치

$\quad a_{iy} \quad$: 터널 굴진방향 (y 방향) 최대 경사점의 위치 $(a_{iy} \fallingdotseq a_i)$

지표침하는 굴진면의 위치에 대한 침하비 $u_v/u_{v\,\max}$ 로 나타내면 (그림 9.6.6) 편리 하며, 누적 가우스 정규분포함수에서는 보통 $50\,\%$ 를 적용하고, 이것이 누적 가우스 정규분포함수의 한계이다. 굴진면 위치의 침하비는 지반에 따라 다르며, Attewell 등 (1986) 은 단단한 점토에서 $30 \sim 50\,\%$ 로 제안했다.

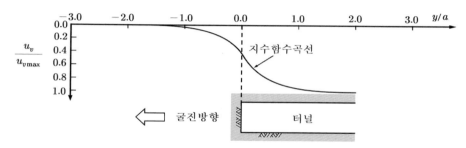

그림 9.6.6 지수함수형태의 종방향 지표침하곡선

6.3 병설터널 굴착에 의한 지표침하

축간 간격이 $a_t < B$ 인 병설터널 상부의 지표침하는 침하집중부에서 최대 $u_{v\,\max}$ 로 일정하고 양측에서는 포물선형으로 발생된다고 가정하고 구할 수 있다 (그림 9.6.7).

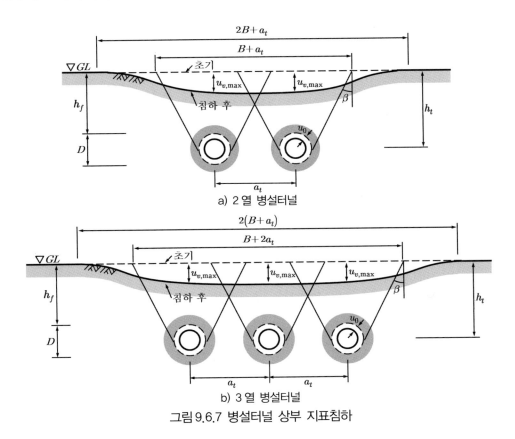

a) 2 열 병설터널

b) 3 열 병설터널

그림 9.6.7 병설터널 상부 지표침하

2 열 병설터널 (그림 9.6.7a) 상부지표의 침하 집중부는 폭 $B + a_t$ 로 형성되고 침하 영향권은 $2B + a_t$ 이며, 최대지표침하량 $u_{v\,\max}$ 는 각 터널의 천단상부에서 발생된다.

$$u_{v\,\max} = u_o \frac{2\pi D}{B + a_t} = \frac{3\pi}{2}(p_0 + \gamma h_t) \frac{D^2}{(B + a_t)E_s} \tag{9.6.32}$$

3 열 병설터널 (그림 9.6.7b) 상부지표의 침하 집중부는 폭 $B + 2a_t$ 로 형성되고 침하 영향권은 $2(B + a_t)$ 이며, 최대지표침하량 $u_{v\,\max}$ 는 각 터널의 천단상부에서 발생된다.

$$u_{v\,\max} = u_o \frac{3\pi D}{B + 2a_t} = \frac{9\pi}{4}(p_0 + \gamma h_t) \frac{D^2}{(B + 2a_t)E_s} \tag{9.6.33}$$

6.4 지표침하에 의한 지상구조물의 손상

터널상부의 지표위에 있는 구조물은 터널굴착에 의해 지표가 과도하게 침하되면 손상될 수 있다. 터널상부의 지표침하에 의한 구조물의 손상여부는 구조물이 완전 연성 (강성이 없어서) 이어서 지표의 침하거동에 영향을 미치지 않는다고 가정하고 지표침하를 구하고 (그림 9.6.8), 지표침하 형상대로 구조물이 강제로 처진다고 생각 하고 구조물의 변형률을 구하여 허용인장변형률과 비교해서 판정한다.

일반구조물의 허용 인장변형률은 표 9.6.2 와 같으며, 보통 구조물은 최대 처짐각이 $1/500$ 보다 작고 침하량이 $10\,mm$ 보다 작으면 손상될 염려가 없다.

Burland 등 (1974) 은 구조물을 **Timishenko** 보로 간주하고, 처짐 Δ 로부터 변형률 ϵ 을 유도하였다. 구조물의 균열은 전단과 휨에 의하여 발생되며 (그림 9.6.9), 최대 변형률에 직각방향으로 발생된다. 실제 구조물은 강성을 가지고 있어서 지표침하가 작게 발생되므로 중요한 구조물에서는 구조물의 강성을 고려하고 FEM 등으로 수치 해석하여 지표침하를 정밀하게 구하여 안정성을 판정한다.

지반의 시간 의존적 침하는 보통 손상이 발생된 수년 후에 관찰되고, 침하 곡선은 시간이 지날수록 수평방향으로 확대된다.

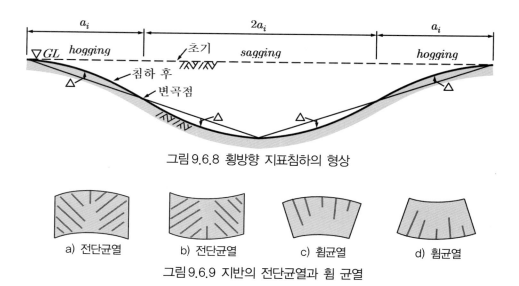

그림 9.6.8 횡방향 지표침하의 형상

a) 전단균열   b) 전단균열   c) 휨균열   d) 휨균열

그림 9.6.9 지반의 전단균열과 휨 균열

표 9.6.2 건물손상정도와 변형률 관계 (Burland 등, 1974)

손상등급	손 상 정 도	인장변형률 ϵ [%]
무시가능	0.1 mm 보다 작은 미세균열 (hair crack)	0 ~ 0.05
매우 경미	손상이 내벽마감에 국한. 근접 관찰하면 조적벽 외부에 약간 균열보임. 균열은 1 mm 미만. 쉽게 처리가능.	0.05 ~ 0.075
경미	균열이 외부에서 보이고 국부적 단열처리 필요. 창문과 출입문이 약간 걸림. 균열은 5 mm 미만.	0.075 ~ 0.15
보통	창문과 출입문이 걸림. 서비스관로가 파괴되기도 함. 단열처리부가 자주 손상. 균열은 5 ~ 15 mm	0.15 ~ 0.30
심각	창틀과 문틀 뒤틀림. 바닥 기울어짐이 보임. 벽이 기울거나 배부름이 보임. 보의 지지력 일부손실. 균열은 15 ~ 25 mm. 벽의 일부 특히 창문과 출입문 상부 벽체 교체.	> 0.30
매우 심각	보의 지지력 상실. 벽이 흉하게 기울어서 교정이 필요함. 창이 뒤틀어져 깨짐. 불안정하여 위험. 균열은 > 25 mm. 일부 개축이나 전면 재건축이 필요함.	

※ 연습문제 ※

【예제 1】 사질토 ($c = 0\ kPa$, $\gamma = 20.0\ kN/m^3$, $\phi = 38^o$) 에 굴착한 직경 $12.0\ m$ 인 무지보 상태 원형터널에서 천단과 어깨 및 측벽 배면지반의 응력을 구하시오. 단, 터널의 천단은 지표아래 $30.0\ m$ 이고, 지하수위는 지표하부 $1.0\ m$ 에 있으며, 지표에 상재하중 $10.0\ kPa$ 이 작용한다. 평면변형률상태인 지반과 숏크리트의 탄성계수와 푸아송 비는 각각 $E = 10\ MPa$, $\nu = 0.33$, $E_c = 2400\ MPa$, $\nu_c = 0.17$ 이다.

【예제 2】 사질토 ($c = 0\ kPa$, $\gamma = 20.0\ kN/m^3$, $\phi = 38^o$) 에 직경 $12.0\ m$ 원형터널을 굴착하고 숏크리트 (두께 $30\ cm$, 탄성계수와 푸아송 비 $E_c = 2400\ MPa$, $\nu_c = 0.17$) 와 볼트 (길이 $4.0\ m$, 직경 $\phi 29\ mm$, 중심간격 $1.0\ m$, 탄성계수/푸아송비 $E_s = 210000\ MPa$, $\nu_s = 0.2$) 를 설치할 때 다음을 구하시오. 단, 터널의 천단은 지표하부 $h_f = 30.0\ m$, 지하수위는 지표하부 $1.0\ m$, 지표상재하중 $10.0\ kPa$ 이 작용한다.
  1) 숏크리트 응력
  2) 볼트에 의해 천단과 어깨 및 측벽 배면지반에 발생되는 응력

【예제 3】 토피고 $h_f = 45.0\ m$ 에 지보 없이 굴착할 수 있는 원형터널의 반경과 인버트가 불필요한 조건을 결정하시오. 지반은 사문암 파쇄대이고 $\gamma = 27\ kN/m^3$, $\phi = 30^\circ$, $c = 54.0\ kPa$ 이다.

【예제 4】 사질토 ($c = 0\ kPa$, $\gamma = 20.0\ kN/m^3$, $\phi = 38^o$) 에 난형터널 (천단곡률반경 $6.0\ m$, 인버트 곡률반경 $10.0\ m$) 을 굴착할 때 다음을 구하시오. 터널천단 깊이는 지표아래 $30.0\ m$ 이고, 지표에 상재하중 $10.0\ kPa$ 이 작용한다.
  1) 터널의 연직중심축상의 연직응력분포(단, 이차포물선 분포로 가정)
  2) 천단의 소요 지보압
  3) 인버트의 소요 지보압

【예제 5】 점토 ($c = 30.0 \, kPa$, $\gamma = 20.0 \, kN/m^3$, $\phi = 0$) 에 직경 $12.0 \, m$ 원형터널을 굴착할 때 숏크리트 지보라이닝의 지보압과 두께 및 소요강도를 구하시오. 터널의 천단은 지표하부 $h_f = 30 \, m$ 이고, 지표하중 $q = 10.0 \, kPa$ 이 작용한다. 숏크리트 단위 중량은 $\gamma_c = 23 \, kN/m^3$ 이다 (터널반경 $r = a = 6.0 \, m$).

【예제 6】 사질토 ($c = 0 \, kPa$, $\gamma = 20.0 \, kN/m^3$, $\phi = 38^o$) 에 설치한 폭 $21.0 \, m$, 높이 $H_t = 8.3 \, m$ 인 박스구조물 상부슬래브에 작용하는 하중을 계산하시오. 박스구조물 상부 토피는 $20.0 \, m$ 이고, 지하수위는 수평한 지표의 하부 $1.0 \, m$ 에 있으며, 지표에 상재하중 $10.0 \, kPa$ 이 작용한다.

【예제 7】 반경 $r = 7 \, m$ 인 원형터널의 토피고가 $h_f = 25 \, m$ 일 때에 붕괴에 대한 안정성을 검토하시오. 단, 지반정수는 $c \simeq 80 \, kPa$, $\phi \simeq 7\,^\circ$, $\gamma \simeq 20 \, kN/m^3$ 이다.

【예제 8】 흙지반 ($c = 20.0 \, kPa$, $\gamma = 20.0 \, kN/m^3$, $\phi = 38^o$) 에 직경 $12.0 \, m$ 원형터널을 굴착할 때 다음을 구하시오. 3차원 활동쐐기 전면 (굴진면) 의 형상은 터널의 외접 직사각형이고, 천단은 지표아래 $30.0 \, m$ 이고, 지표에 상재하중 $10.0 \, kPa$ 이 작용한다.
 1) 활동쐐기 바닥면의 경사를 $\theta = 45^o$ 로 가정할 경우에 굴진면의 소요지지력
 2) 활동쐐기 바닥면의 경사를 $\theta = 45^o + \phi/2$ 로 가정할 경우에 굴진면 소요지지력

【예제 9】 흙지반에 지표에서 천단까지 깊이가 $h_f = 18.0 \, m$ 인 터널을 건설하기 위해 상반을 먼저 굴착할 때에 다음 물음에 답하시오. 단, 상반은 반경 $r = 6.0 \, m$ 의 반원형이고, 지반정수는 $c = 30 \, kPa$, $\phi = 27^o$, $\gamma = 18.0 \, kN/m^3$ 이다.
 1) 상반굴착 직후 붕괴에 대한 안정성을 검토하고 필요시 보강방안을 제시하시오.
 2) 상반굴착 후 숏크리트 아치를 설치할 때 아치기초 (폭 $50 \, cm$) 의 지지력에 대한 안정성을 검토하고 필요시 보강방안을 제시하시오.

【예제 10】 개착식으로 건설하는 지하철 정거장이 부력에 대해 안정하기 위해 필요한 터널심도를 다음 경우에 대해 구하시오. 지하수위는 지표에 있고, 측면 상부 지반의 전단저항력은 무시한다. 단, 지반은 단위중량 $\gamma_t = 20\ kN/m^3$ 이고, 구조물은 외형 폭 $t_B = 50.0\ m$, 높이 $t_H = 20\ m$, 자중 $W = 1000\ kN/m$ 이다 (부력 안전율 1.1).

 1) 측면저항을 무시하는 경우
 2) 바닥판 양측을 $2.0\ m$ 씩 증폭하는 경우 (증폭한 바닥판의 무게 및 부력 무시)

【예제 11】 균질한 점토지반에 중심 깊이 $h_t = 40.0\ m$ 에 직경 $10.0\ m$ 인 원형터널을 건설할 때에 다음을 구하시오. 터널은 등방압상태이며, 지반정수는 $c = 50\ kPa$, $\phi = 20^o$, $\gamma = 20.0\ kN/m^3$ 이고, 지반의 변형계수는 $100\ MPa$ 이다.

 1) 침하 트라프의 폭 a_i
 2) 최대 지표침하량 $u_{v\,\mathrm{max}}$
 3) 터널 횡방향으로 중심선부터 $5.0\ m$, $10.0\ m$, $15.0\ m$, $20.0\ m$, $25.0\ m$, $30.0\ m$ 위치의 지표침하량과 기울기
 4) 터널 종방향으로 굴진면부터 전후방으로 $5.0\ m$, $10.0\ m$, $15.0\ m$, $20.0\ m$ 이격된 위치의 지표침하량과 기울기

【예제 12】 균질한 풍화암에 지표에서 천단까지 깊이가 $h_f = 25.0\ m$ 인 터널을 건설할 때 다음 경우에 터널굴착 후 최대 지표침하량과 내공변위를 구하시오. 터널은 원형 (반경 $r_o = 5.0\ m$) 이고 등방압상태이며, 지반정수는 $c = 20\ kPa$, $\phi = 33^o$, $\gamma = 20.0\ kN/m^3$ 이고, 지반의 변형계수는 $100\ MPa$, 지표하중은 $48.0\ kPa$ 이다.

 1) 단선터널인 경우
 2) 2열 병설터널인 경우 (터널 중심 간격 $25\ m$)
 3) 3열 병설터널인 경우 (터널 중심 간격 $25\ m$)

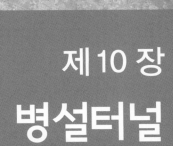

제 10 장
병설터널

제 10 장 **병설터널**

1. 개 요

폭이 넓은 도로나 교량에 바로 접속하여 터널을 굴착할 경우에는 터널의 단면을 크게 하여 바로 연결하면 간단하지만, 큰 단면으로 터널을 굴착하기 어려운 (지반 등) 조건에서는 여러 개 터널을 근접하여 병설할 때가 많다. 이같이 서로 근접하여 상·하 또는 좌·우로 나란히 건설한 터널을 병설터널이라고 한다. 이런 경우에는 터널 간 상호영향에 의하여 응력장이 겹쳐서 그 거동이 단일터널과 다르기 때문에 지반상태와 터널 상호 영향정도에 따라 터널의 간격을 조절한다.

좌우 병설터널은 일정거리 (양호한 지반에서 굴착직경의 2배 정도, 취약한 지반에서 굴착직경의 5배 정도) 이상 이격시키면, 상호 역학적 영향이 거의 없고 각각 독립적으로 거동하므로 단일터널로 취급해도 된다. 그러나 여러 가지 여건 (지리적, 환경적, 경제적) 때문에 두 터널을 상호영향 범위 이내에 설치해야 하는 경우에는 계획단계부터 터널 간 상호영향을 고려한다. 터널을 서로 겹쳐서 시공해야할 만큼 두 터널을 근접시켜야할 경우에는 2아치 터널로 계획한다.

병설터널을 해석할 때에는 지반이 등방탄성체이고, 연직 상재압력 (덮개압력) 에 의한 측방압력이 작용하며, 원형단면으로 평행하게 수평으로 굴진한다고 가정한다. 병설터널은 한 터널 (선행터널) 을 먼저 굴착한 후 다른 터널 (후행터널) 을 굴착하며, 후행터널을 굴착하는 동안에 지반을 탄성상태로 유지하려면 선행터널의 숏크리트 라이닝을 두껍게 하거나 볼트를 조밀하게 설치하거나 또는, 이격거리를 크게 한다.

주변여건에 따라 불가피하게 상호영향권 내에 근접해서 터널을 건설할 경우에는 근접병설터널의 상호작용 (2절) 을 고려하여 건설한다. 인접터널의 상호거동은 지반 조건과 상호위치를 고려하여 해석하고 시공 중 계측을 통해 확인한다.

병설터널을 근접하여 굴착함에 따라 나타나는 상호영향은 병설터널과 주변지반의 응력과 변위 (3절) 및 형상변형에너지를 구하여 파악하며, 병설터널과 주변지반의 안정성 (4절) 을 분석하여 후행터널을 설계한다. 두 개 터널이 서로 겹쳐야할 만큼 근접할 경우에는 2아치 터널 (5절) 로 건설한다.

2. 근접 병설터널의 상호작용

터널을 굴착하면 주변 지반에 이차응력이 발생하고, 시간이 경과됨에 따라서 응력이 안정화 된다. 기존 터널에 인접해서 평행하거나 교차하여 신설 터널을 굴착하면 서로 영향을 미쳐서 기존터널 주변지반 내 응력이 재편되고, 신설터널 주변지반에 새로운 응력이 발생한다. 근접터널의 상호영향과 안정성은 수치해석 등을 통해 알 수 있고, 경험적으로 근접도를 판정하여 개략적으로 알 수도 있다.

기존 및 신설터널의 상호영향은 양 터널의 상대적 크기와 지반조건은 물론 근접 병설터널의 상호근접도 (2.1 절) 에 따라서 다르다. 신설터널을 굴착하면 기존터널 주변지반이 변형되고 이완 (2.2 절) 되어 라이닝 하중이 증가된다. 근접한 두 터널의 응력장이 겹쳐서 병설터널 사이 지반 (필라 부) 에 응력이 집중 (2.3 절) 되며, 응력의 집중정도와 크기는 이격거리에 따라 다르다.

병설터널에서 굴착면 접선응력 (2.4 절) 은 이격거리와 상호 위치에 따른 영향을 받고, 병설터널 간 상호영향과 대책공 효과는 수치해석 (2.5 절) 하여 예측할 수 있다. 병설터널은 시공단계별로 터널과 주변지반의 거동 (2.6 절) 을 예측하여 건설한다.

2.1 병설터널의 상호 근접도

근접터널의 안정성은 주변 여건을 고려한 해석결과를 보고 판정하지만, 터널 간 상호위치와 근접범위로부터 근접도를 정하여 경험적으로 판정할 수도 있다. 근접 터널의 상호위치는 그림 10.2.1 과 같이 좌·우 또는 상·하인 경우가 많다.

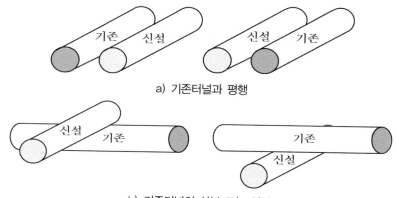

a) 기존터널과 평행

b) 기존터널의 상부 또는 하부

그림 10.2.1 병설터널의 상호위치

신설터널을 근접 굴착함에 따라서 기존터널이 받는 영향은 기존터널의 상부보다 하부지반 (특히 어깨부 배면지반) 에서 더 크다. 병설터널의 상호 영향범위는 기존 및 신설터널의 상대적 위치와 크기에 따라 다르며, 터널 간 이격거리를 기준으로 하는 경험적 근접도로부터 개략적으로 판단한 후에 상세 해석하여 검토한다. 신설터널을 발파 굴착할 때에는 발파진동에 의한 영향을 별도로 검토한다.

병설터널의 근접도는 터널 간 이격거리 즉, 기존터널 라이닝 외주면과 신설터널 굴착면 간 최단거리로 나타내고, 대체로 터널의 굴착직경 D 를 기준으로 한다. 터널 굴착직경은 기존터널 라이닝 외주면의 연직높이와 수평 폭 중에서 큰 값이고, 병설 및 교차터널에서는 신설터널의 외경 D' 이다.

근접터널의 근접도 (그림 10.2.2) 는 대체로 상호영향에 대한 대책이 필요한 제한 범위와 주의를 요하는 요주의 범위 및 상호영향을 고려하지 않는 무영향 범위로 구분하여 관리한다.

좌우병설터널에서 신설터널이 기존터널의 좌·우 인장영역 (기존터널의 중심에서 좌우 45° 하부영역) 내에서 2.5D' 이내 또는 기존터널의 좌·우 압축영역 (기존터널의 중심에서 좌우 45° 상부영역) 내에서 3.0D' 이내로 이격되면 영향이 있다 (표 10.2.1). 좌·우 수평으로 나란한 좌우병설 터널에서는 개략적으로 터널 간 순 간격이 $D+D'$ 이상이면 영향이 없다고 보기도 한다.

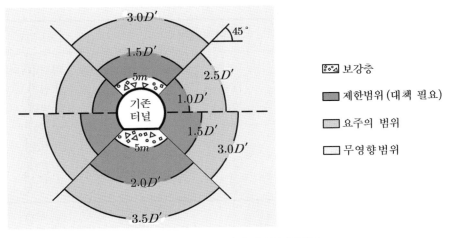

그림 10.2.2 인접터널의 근접도

기존터널의 상·하 인장영역 (터널중심에서 좌·우 45° 상부 또는 하부) 에 평행 (상하 병설터널) 하거나 교차 (교차터널) 되게 신설터널을 굴착하는 경우에는 신설터널을 최소한 기존터널의 보강 층 두께 (볼트길이, 최소 $5\,m$) 만큼 서로 이격시켜야 하며, 기존터널의 상부에서는 $3.0D'$ 이상, 하부에서는 $3.5D'$ 이상 이격시켜야 영향이 없다 (표 10.2.2).

상·하로 나란한 상하병설터널에서는 개략적으로 터널 간 순 간격이 상부 터널의 직경 D_o 의 절반과 하부터널 직경 D_u 의 합 $(D_o/2 + D_u)$ 보다 크면 영향이 없다고 보기도 한다.

표 10.2.1 좌우 병설터널의 근접도

병설터널의 위치	이격거리	근접도
• 신설터널 (외경 D') 이 기존터널의 좌우측 상부	$1.0D'$ 미만 $(1.0 \sim 2.5)D'$ $2.5D'$ 이상	• 제한 범위 (대책필요) • 요주의 범위 • 무영향 범위
• 신설터널 (외경 D') 이 기존터널의 좌우측 하부	$1.5D'$ 미만 $(1.5 \sim 3.0)D'$ $3.0D'$ 이상	• 제한 범위 (대책필요) • 요주의 범위 • 무영향 범위

표 10.2.2 상하 병설터널의 근접도

병설터널의 위치	이격거리	근접도
• 신설터널 (외경 D') 이 기존터널의 상부	$1.5D'$ 미만 $(1.5 \sim 3.0)D'$ $3.0D'$ 이상	• 제한 범위 (대책필요) • 요주의 범위 • 무영향 범위
• 신설터널 (외경 D') 이 기존터널의 하부	$2.0D'$ 미만 $(2.0 \sim 3.5)D'$ $3.5D'$ 이상	• 제한 범위 (대책필요) • 요주의 범위 • 무영향 범위

2.2 근접터널굴착에 의한 기존터널의 변형과 주변지반 이완

기존터널에 근접하여 신설터널을 굴착하면, 터널의 상호크기와 상대적 위치 및 지반상태에 따라 기존터널이 받는 영향이 달라진다.

신설터널 굴착에 의한 영향으로 터널 사이 지반이 변형되어 기존터널이 신설터널 방향으로 **변형 (2.2.1 절)** 되고, 주변지반이 이완 **(2.2.2 절)** 되어 하중으로 작용하기 때문에 기존터널 라이닝에서 하중이 증가된다 (그림 10.2.3a).

2.2.1 기존터널의 변형

신설터널굴착에 의해 기존터널이 받는 영향은 두 터널의 이격거리와 상대적 위치, 신설터널의 크기와 시공법 (특히 굴착방식), 지형 및 지질 조건 (지반의 경연, 토피 등), 기존터널 라이닝의 구조와 건전도 등에 의해 결정된다. 신설터널 굴착에 의한 영향으로 기존터널의 pillar 쪽 spring line 부근 라이닝이 증가된 휨모멘트에 의해 변형되기 때문에 기존터널이 신설터널 방향으로 변형된다.

교차터널은 3 차원 거동하므로 해석이 어려우며, 신설터널의 위치에 따라서 기존터널이 받는 영향이 병설터널보다 작을 수 있다. 신설터널이 기존터널 상부를 통과하면 기존터널이 상향으로 변형되거나 아치작용이 차단되어 라이닝 하중이 증가된다. 신설터널이 기존터널 하부를 통과하면 터널이 침하되고 (그림 10.2.3b), 아주 근접한 경우에는 기존터널에 부등침하가 발생되거나 관리기준을 초과하는 변형이 발생된다.

2.2.2 주변지반의 이완

터널을 굴착하면 주변지반이 이완되어 부피와 변형성 및 투수성은 커지고 강도와 지지력은 감소된다. 흙 지반은 쉽게 소성화되거나 이완되고, 암반은 응력해방과 하중 전이로 인해 이완된다. 발파 진동에 의하여 인장응력이 발생되면 지반에 새 균열이 발생되고 이완된다. 지보공설치 전 지반변형이나 기설치 지보공의 변형이나 지보공과 지반사이 공동의 압축에 의해 유발된 배면지반 변형 등에 의해 지반이 이완된다.

터널굴착에 의해 이완되거나 시공 중에 원 지반에서 분리된 지반의 자중은 라이닝에 직접압력으로 작용하는데 이를 이완하중이라 하며, 이완하중의 크기는 천단에서 크고 측벽에서 작고 바닥에서는 거의 발생하지 않는다.

이완하중 결정이론은 제 3 장에서 상세히 설명하였으며, 터널 깊이의 영향은 고려 (Bierbäumer, Terzaghi 이론 등) 하거나 무시 (Kommerell, Protodyakonov, Engesser 이론 등) 할 때도 있다.

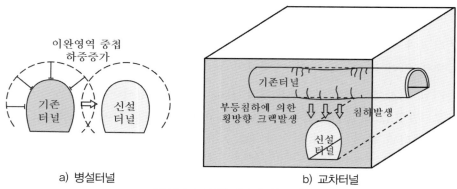

a) 병설터널   b) 교차터널

그림 10.2.3 근접터널의 상호영향

2.3 병설터널에 의한 주변지반 응력집중

두 터널이 근접하면 사이지반에서 각 응력장이 중첩되어 두 터널에 영향을 미친다.

두 터널 사이지반에서 응력집중 (2.3.1 절) 효과 (집중정도와 크기) 는 이격거리 (2.3.2 절) 에 따라 결정된다.

2.3.1 병설터널 사이지반 응력집중

근접 굴착한 두 원형터널에서 상호 간섭에 의해 사이지반의 응력집중 효과는 그림 10.2.4 와 같이 원형 강봉 사이에 유선이 집중되는 현상으로부터 설명할 수 있다.

그림 10.2.5 는 연직 병설터널 사이지반에서 주응력에 따른 응력변화 양상을 보여준다. 주응력방향이 연직 ($K < 1.0$) 이면 상부터널에 의한 응력그늘 (stress shadow) 때문에 사이지반 응력이 감소하고, $K > 1.0$ (수평 주응력방향) 이면 사이지반 응력이 커진다.

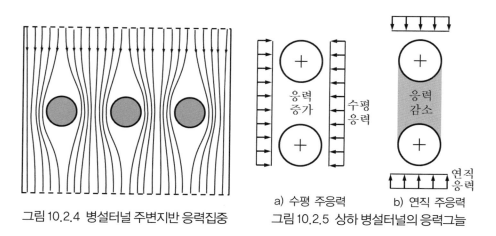

그림 10.2.4 병설터널 주변지반 응력집중   a) 수평 주응력   b) 연직 주응력

그림 10.2.5 상하 병설터널의 응력그늘

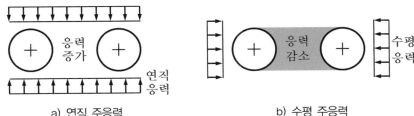

a) 연직 주응력   b) 수평 주응력

그림 10.2.6   좌우 병설터널의 응력그늘 (Hoek/Brown, 1980)

수평으로 나란하게 배치된 병설터널에서 연직응력이 최대 주응력이면 필라응력이 증가하지만, 수평응력이 최대 주응력이면 필라응력은 감소한다 (그림 10.2.6). 따라서 필라응력에 미치는 영향은 연직응력이 최대 주응력일 때에 크고, 수평축에 나란한 최대 주응력이 작용할 때에는 크지 않다.

2.3.2 병설터널 이격거리에 따른 응력집중

병설터널에서는 서로의 응력장이 겹쳐서 두 터널 사이지반에 응력이 집중되고, 병설터널 응력집중정도는 이격거리가 작을수록 커진다.

표 10.2.3 병설터널 필라부의 하중집중 (Hoek/Brown, 1980)

병설터널 응력집중						
이격거리비	단일터널	$\dfrac{d}{r_o}=1.00$	$\dfrac{d}{r_o}=0.50$	$\dfrac{d}{r_o}=0.33$	$\dfrac{d}{r_o}=0.25$	$\dfrac{d}{r_o}=0.20$
필라응력	$\sigma_p=\sigma_z$	$\sigma_p=2\sigma_z$	$\sigma_p=3\sigma_z$	$\sigma_p=4\sigma_z$	$\sigma_p=5\sigma_z$	$\sigma_p=6\sigma_z$
접선응력	$\sigma_t=3\sigma_p$ $=3.0\sigma_z$	$\sigma_t=1.65\sigma_p$ $=3.30\sigma_z$	$\sigma_t=1.27\sigma_p$ $=3.81\sigma_z$	$\sigma_t=1.1\sigma_p$ $=4.4\sigma_z$	$\sigma_t=1.04\sigma_p$ $=5.20\sigma_z$	$\sigma_t=1.03\sigma_p$ $=6.18\sigma_z$

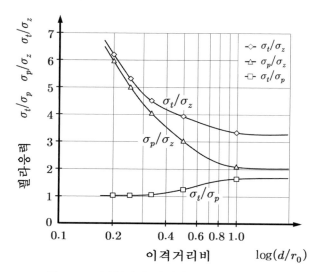

그림 10.2.7 병설터널 이격거리에 따른 필라응력

표 10.2.3 에서 이격거리비가 $d/r_0 = 0.2$ 일 때에 필라응력 σ_p 가 초기 연직응력 σ_z 의 6 배로 증가하며, 접선응력 σ_t 는 단일터널 접선응력보다 2 배정도 커진다. 그리고 이격거리가 증가할수록 연직응력의 증가율이 둔화되어 이격거리비가 $d/r_0 = 0.5$ 일 때에 필라응력 σ_p 가 초기 연직응력 σ_z 의 3 배로 증가하며, 접선응력 σ_t 는 단일터널 접선응력보다 약 1.27 배 정도 더 커진다.

터널 간 순간격이 터널의 직경과 같을 때에 즉, 이격거리비가 $d/r_0 = 1.0$ 일 때에 필라 응력 σ_p 가 초기 연직응력 σ_z 의 2 배로 증가하며, 접선응력 σ_t 는 단일터널 접선응력보다 약 1.1 배 정도 더 커진다.

필라 부의 접선응력 σ_t 과 평균응력 σ_p 의 초기응력에 대한 비 σ_t/σ_z 와 σ_p/σ_z 및 접선응력과 평균응력의 비 σ_t/σ_p (표 10.2.3) 를 이격거리 비 d/r_0 별로 나타내면 그림 10.2.7 과 같다.

여기에서 좌우 병설터널의 이격거리가 증가할수록 필라 부에서 접선응력과 평균 응력이 감소하여 초기연직응력에 수렴하며, 이격거리 비 $d/r_0 > 0.5$ 부터 병설터널의 영향이 매우 작아지는 것을 알 수 있다. 또한, 이격거리가 증가할수록 접선응력과 평균응력의 차이가 커지므로 필라 안정성은 평균응력 보다 접선응력으로 판단하는 것이 타당하다.

2.4 병설터널 굴착면의 접선응력

병설터널에서 굴착면의 응력상태 즉, 필라 측 측벽 (A 점) 과 천단 (C 점) 및 필라 반대 측 측벽 (B 점) 의 접선응력 σ_t 는 이격거리에 따라 그림 10.2.8 과 같이 변한다.

연직압력만 작용 ($K=0$) 할 경우 (그림 10.2.8 점선) 에 응력에 비해 지반 강도가 매우 크면 소성역이 발생되지 않는다.

터널 간 순 간격이 터널직경보다 크면 ($d/r_0 \geqq 2.0$), 인접터널의 영향을 거의 받지 않고 굴착면 접선응력은 단일터널의 경우와 거의 같다.

순간격이 터널직경 보다 작으면 ($d/r_0 < 2.0$) 인접터널의 영향을 받아 필라 측벽부 (A 점) 에서는 응력이 증가하며, 이격거리 $d/r_0 \leqq 1.2$ 부터 급격히 증가되고, 이격 거리 $d/r_0 = 0.2$ 에서는 단일터널 측벽응력의 약 2 배가 된다. 증가된 응력을 지반이 지지할 수 있을 때까지 필라 폭을 줄일 수 있다. 필라 반대편 측벽 (B 점) 의 응력은 이격거리 영향이 매우 미약하고, $d/r_0 < 0.25$ 가 되어야 약간 증가되며, 천단응력 (C 점) 은 이격거리의 영향이 거의 없다.

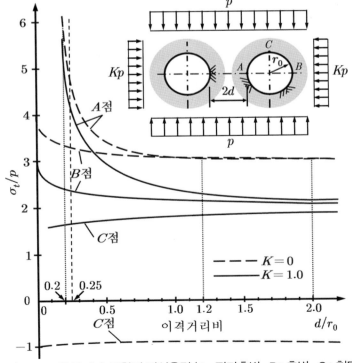

그림 10.2.8 병설터널 굴착면 접선응력 (A : 필라측벽, B : 측벽, C : 천단)

등압상태 ($K=1$) 인 경우 (그림 10.2.8 의 실선) 에 터널 간 순간격이 터널직경보다 크면 ($d/r_0 \geqq 2.0$), 인접한 터널의 영향을 거의 받지 않으므로 각 터널은 단일터널에 가깝게 거동하고, $d/r_0 \leqq 1.2$ 부터 이격거리가 작을수록 필라 측 측벽 (A 점) 의 응력이 급히 증가하여 $K=0$ 인 경우에 거의 접근한다.

필라 반대측에 있는 측벽 (B 점) 의 접선응력은 $d/r_0 \leqq 2.0$ 부터 증가하기 시작하여 $d/r_0 < 1.2$ 이면 뚜렷하게 증가하며, 증가량도 $K=0$ 때 보다 크다. 터널 어깨부 위쪽 굴착면의 접선응력은 필라 반대측 측벽의 접선응력 보다 작고, 접선응력은 필라 측 어깨부와 천단사이에서 가장 작다. 필라 측 측벽의 접선응력은 반대 측 측벽보다도 2 배 정도 크다. 천단 (C 점) 의 접선응력은 터널 간 이격거리의 영향을 거의 받지 않는다.

병설터널에서 굴착면 접선응력이 문제가 되는 곳은 터널 필라 부이며, 지반강도가 작거나 필라 안전성이 문제가 되면, 2 아치 터널로 계획하는 경우가 많다.

2.5 수치해석에 의한 병설터널 상호영향 예측

병설터널을 건설할 때에 근접도가 요주의 범위이고 영향을 예측하는데 참고할 만한 자료가 없거나, 근접도가 제한 범위 (대책필요 범위) 일 경우에는 수치해석을 수행하여 병설터널의 상호영향을 평가해서 설계 등에 반영한다.

수치해석기법 자체의 정밀도는 매우 높지만, 응력해방율과 변형계수의 설정정밀도가 높지 않고 판정조건이 많기 때문에 수치해석결과의 정밀도는 기대하는 것 만큼 높지 않다 (유효숫자 1 자리 정도).

기존터널이 지반거동에 큰 영향을 미칠 경우에는 기존터널과 지반을 일체로 보고 수치해석하여 평가한다. 다만, 기존터널이 지반거동에 큰 영향을 미치지 않거나 3 차원 거동을 고려하여 2 차원 해석할 때는 별도로 구한 지반변형을 기존터널의 강제변형으로 입력하고, 기존터널의 강성이 커서 예상지반거동에 의하여 터널이 거의 변형되지 않을 것으로 예상될 경우에는 기존터널에 하중을 입력한다.

근접터널의 영향을 수치 해석할 때에는 해석기법이 적절해야 하고, 합리적인 해석영역과 경계조건을 설정한 후에 정확한 입력정수와 라이닝 상태를 적용해야 한다.

① 근접터널의 영향을 확실하게 예측하기 위해서는 **해석기법이 적절해야 하고,** **해석 프로그램이** 해석결과와 실측치의 비교를 통해 검증된 것이어야 한다.

② 터널 상부지반을 성토·개착할 경우에는 해석영역을 대체로 성토 폭·개착 폭의 7 배 이상으로 설정한다. 터널 하부지반의 영역설정에 의한 영향도 크므로 이를 참조하여 결과를 평가한다. 해석영역 경계의 지지조건 (핀이나 롤러) 의 영향을 예측해서 **경계조건을** 설정한다.

③ 지반의 변형거동은 지반 변형계수 등 **입력정수에** 의해 크게 영향을 받으므로, 입력정수가 합리적이고 안전측으로 설정되어 있는지 충분히 검토한다.

④ 기존터널 라이닝의 응력상태를 정확하게 알아야 기존터널에 대한 근접시공의 영향을 평가할 수가 있다. 라이닝은 응력이 한계상태에 있으면 사소한 변위에 의해서도 변상 또는 파괴될 수 있고, 자중만 작용해서 내력에 여유가 있으면, 상당한 변위·변형에도 견딜 수 있다. 그러나 라이닝 응력상태는 파악하기가 어렵기 때문에 라이닝 건전도에 따라 개략적 허용치를 적용할 수밖에 없다.

일반적으로 기존터널 라이닝의 안정성을 검토할 경우에는 초기응력을 적용하지 않고 근접공사의 영향에 의해 증가된 응력만 적용한다. 라이닝 응력을 실제로 측정하였거나 균열의 패턴을 인식할 수 있을 정도의 정밀도로 라이닝 응력을 평가할 수가 있을 때에는, 굴착 상당외력 또는 이완하중을 작용시켜서 라이닝 응력상태를 재현한 후 근접시공 영향을 평가하여 안전성을 검토한다.

2.6 병설터널 시공단계별 주변지반의 거동

병설터널은 대개 선행터널 상반 - 선행터널 하반 - 후행터널 상반 - 후행터널 하반의 순서로 굴착하며, 굴착단계에 따라 주변지반의 거동이 다르다. 병설터널 이격거리가 크면 선행터널과 후행터널 간 상호영향이 거의 없어서 두 터널이 거의 독립적으로 거동하여 시공단계의 영향이 거의 없다.

그러나 이격거리가 작으면 두개 터널이 상호영향을 미치고 이격거리가 작을수록 시공단계의 영향이 커진다. 병설터널의 이 같은 거동은 수치해석하거나 모형시험을 통해 확인할 수 있다 (이 상덕 등, 2010).

이격거리가 $d/r_0 > 0.5$ 인 경우에는 주변지반의 거동과 터널 (및 필라) 상부지반의 변위 및 필라 작용하중이 단일터널과 유사하다. 그러나 이격거리가 $d/r_0 \leqq 0.5$ 가 되면 두 터널이 상호영향을 미치고, 근접할수록 상호영향이 커진다.

이격거리가 $d/r_0 < 0.2$ 이 되면, 두 터널의 상호영향이 아주 커져서 선행터널의 천단변위와 필라 상부지반의 변위가 선행터널을 굴착할 때 보다 오히려 후행터널을 굴착할 때에 더 크게 발생할 수 있다 (그림 10.2.9).

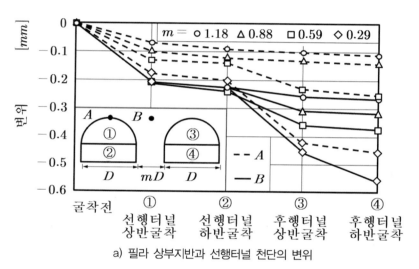

a) 필라 상부지반과 선행터널 천단의 변위

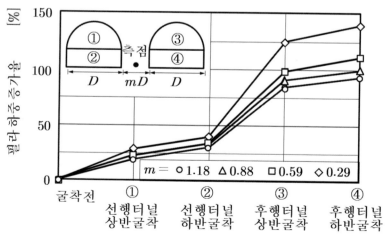

b) 필라하중 증가율

그림 10.2.9 필라부 변위 및 하중증가율

3. 병설터널 주변지반의 응력과 변위

병설터널은 선행터널을 먼저 굴착하여 지보하고난 후 후행터널을 굴착하고 지보하므로 시공단계에 따라 주변지반 응력이 복잡하게 변하기 때문에 이를 모두 고려하여 해석하기 어렵다. 주변지반이 탄성상태이면 병설터널을 동시에 굴착 및 지보한다고 생각하고 해석해도 결과가 크게 어긋나지 않는다.

병설터널 및 주변지반의 응력과 변위는 **bi-polar** 좌표계 (3.1 절) 로 나타내면 편리하며, 유공판 이론 (3.2 절) 을 적용하고 두 개 원형공동이 있는 유공판을 해석하여 구할 수 있다.

굴착 후 지보하지 않은 병설터널 주변지반의 응력 (3.3 절) 은 지반의 초기응력과 터널굴착으로 인해 발생된 이차응력의 합이다.

숏크리트 라이닝 설치 후 병설터널 주변지반의 응력과 변위 (3.4 절) 는 초기응력과 터널굴착에 의한 응력 및 숏크리트 시공에 의한 응력의 합이다. 볼트 설치 후 병설터널 주변지반의 응력과 변위 (3.5 절) 는 초기응력과 터널굴착에 의한 응력 및 볼트에 의한 응력의 합이다.

숏크리트 라이닝과 볼트를 병설한 주변지반의 응력 (3.6 절) 은 초기응력과 터널굴착에 의한 응력 및 숏크리트와 볼트 시공에 의한 응력의 합이다.

3.1 Bi-polar 좌표

bi-polar 좌표계 (α, β) 는 서로 직교하는 2 개의 원 (α 원과 β 원) 으로 이루어지며, α 원은 y 축상의 2 개 pole (점 $O_1(0, -a)$ 과 $O_2(0, a)$) 을 초점으로 공유하고 y 축에 대칭이며, x 축에서 $\alpha = 0$ 이고, α 가 커질수록 원의 크기가 작아져서 $\alpha \simeq \infty$ 이면 pole 이 된다. β 원은 x 축에 대칭이고 (그림 10.3.1a), y 축 상의 2 개 pole 을 공유한다.

원형 (반경 r_0) 병설터널의 굴착면은 bi-polar 좌표로 $\alpha = \alpha_0$ 이고, 직각좌표로 나타내면 중심점이 $O_1{}'(0, -a \coth \alpha_0)$ 과 $O_2{}'(0, a \coth \alpha_0)$ 이므로 다음 식이 된다.

$$x^2 + (y - a \coth \alpha)^2 = a^2/\sinh^2 \alpha = r_0^2 \tag{10.3.1}$$

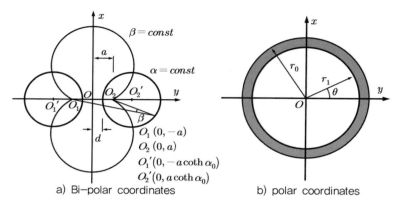

a) Bi-polar coordinates   b) polar coordinates

그림 10.3.1 bi-polar 좌표계

bi-polar 좌표 α 는 병설터널의 이격거리 d 와 반경 r_0 에 의해 결정되고, **pole a** 는 α 좌표와 반경 r_0 로부터 결정된다.

$$\alpha = \ln\left\{\left(\frac{d}{r_0}+1\right)+ \sqrt{\left(\frac{d}{r_0}\right)\left(\frac{d}{r_0}+2\right)}\right\}$$

$$a = r_0 \sinh\alpha \tag{10.3.2}$$

bi-polar 좌표 β 는 (x, y) 좌표로 중심 $(a\cot\beta, 0)$, 반경 $\dfrac{a}{\sin\beta}$ 원이고, β 가 커지면 반경이 작아지고 중심이 원점에 근접하며, $\beta = \dfrac{\pi}{2}$ 일 때 중심이 원점이 된다.

$$(x - a\cot\beta)^2 + y^2 = \frac{a^2}{\sin^2\beta} \tag{10.3.3}$$

bi-polar 좌표 (α, β) 를 (x, y) 좌표로 나타내면 다음이 되고,

$$x = \frac{a \sinh\alpha}{\cosh\alpha - \cos\beta}$$

$$y = \frac{a \sin\beta}{\cosh\alpha - \cos\beta} \tag{10.3.4}$$

임의 점의 x 좌표를 알면 위 식으로부터 β 좌표를 구할 수 있다.

$$\beta = \cos^{-1}\left(\cosh\alpha - \frac{a}{x}\sinh\alpha\right) \tag{10.3.5}$$

병설터널의 이격거리는 이격거리비 $\dfrac{d}{r_0} = \cosh\alpha_0 - 1$ 로 나타낸다.

3.2 유공판 이론

병설터널과 주변지반의 응력과 변위는 (순간격 $2d$ 만큼 이격된 병설터널에 해당하는) 두 개 원형공동 (반경 r_0) 이 있는 유공 판을 해석하여 구할 수 있다. 유공 판은 유한 탄성체이고 평면변형률 상태이며, 공동은 동시에 천공한다고 가정한다.

병설터널 주변지반의 반경응력과 접선응력 및 전단응력은 $\sigma_{\alpha\alpha}$ 와 $\sigma_{\beta\beta}$ 및 $\sigma_{\alpha\beta}$ 이며, 유공 판 (그림 10.3.2) 의 경계조건은 다음과 같다 (p 는 덮개압력, K 는 측압계수).

① 터널 굴착면 ($\alpha = \alpha_0$) : $\sigma_{\alpha\beta} = \sigma_{\alpha\alpha} = 0$

② 무한 경계 ($\alpha = \beta = 0$) : $\sigma_{xx} = -p$, $\sigma_{yy} = -Kp$ **(10.3.6)**

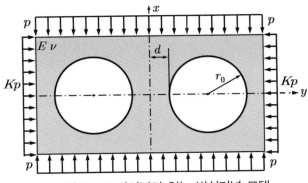

그림 10.3.2 라이닝이 없는 병설터널 모델

병설터널 주변지반의 반경응력 $\sigma_{\alpha\alpha}$ 와 접선응력 $\sigma_{\beta\beta}$ 및 전단응력 $\sigma_{\alpha\beta}$ 는 Airy 의 응력함수 χ 를 이용하여 구하며, 덮개압력 p 로 무차원화하면 (단, $\eta = \cosh\alpha - \cos\beta$),

$$\frac{\sigma_{\alpha\alpha}}{p} = \left\{ \frac{\partial \eta^2}{\partial \beta^2} - \sinh\alpha \frac{\partial}{\partial \alpha} - \sin\beta \frac{\partial}{\partial \beta} + \cosh\alpha \right\}(h\chi') \qquad \textbf{(10.3.7)}$$

$$\frac{\sigma_{\beta\beta}}{p} = \left\{ \frac{\partial \eta^2}{\partial \alpha^2} - \sinh\alpha \frac{\partial}{\partial \alpha} - \sin\beta \frac{\partial}{\partial \beta} + \cos\beta \right\}(h\chi')$$

$$\frac{\sigma_{\alpha\beta}}{p} = - \frac{\partial \eta^2}{\partial \alpha \partial \beta}(h\chi')$$

이고, 여기에서 h 는 다음과 같고 ($a = r_0 \sinh\alpha_0$),

$$h = \frac{\eta}{a} = \frac{\cosh\alpha - \cos\beta}{r_0 \sinh\alpha_0} \qquad \textbf{(10.3.8)}$$

$h\chi$ 는 x 축과 y 축에 대칭이고, 그 일반해 $h\chi'$ 는 다음과 같다.

$$h\chi' = -K \eta \log \eta - \sum_{n=1}^{\infty} \left\{ A_n \cosh(n+1)\alpha + B_n \cosh(n-1)\alpha \right\} \cos n\beta \qquad \textbf{(10.3.9)}$$

3.3 무지보상태 병설터널 주변지반의 응력

터널굴착 후 지보하지 않은 상태 병설터널 주변지반의 응력 σ_{ij} 는 터널굴착 전 지반의 초기응력 $\sigma_{ij}^{(0)}$ **(3.3.1 절)** 와 병설터널 굴착에 의하여 발생된 지반응력 즉, 이차응력 $\sigma_{ij}^{(1)}$ **(3.3.2 절)** 를 합한 크기 **(3.3.3 절)** 이다.

$$\sigma_{ij} = \sigma_{ij}^{(0)} + \sigma_{ij}^{(1)} \qquad (i,j = \alpha,\beta) \tag{10.3.10}$$

3.3.1 초기 응력

터널굴착 전 지반의 초기응력 $\sigma_{ij}^{(0)}$ 은 연직압축응력 $-p$ 와 수평압축응력 $-Kp$ 에 의하여 발생되며, 양방향 (x 축, y 축) 압축응력 $-p$ 에 의한 응력 $\sigma_{ij}^{(01)}$ 와 수평방향 (y 축) 압축응력 $-p$ 에 의한 응력 $\sigma_{ij}^{(02)}$ 을 중첩하여 구할 수 있다.

$$\sigma_{ij}^{(0)} = \sigma_{ij}^{(01)} + (K-1)\sigma_{ij}^{(02)} \qquad (i, j = \alpha, \beta) \tag{10.3.11}$$

위 식의 무차원 응력요소들은 다음과 같다 (단, $\eta = \cosh\alpha - \cos\beta$).

$$\sigma_{\alpha\alpha}^{(01)}/p = \sigma_{\beta\beta}^{(01)}/p = -1$$

$$\sigma_{\alpha\beta}^{(01)}/p = 0$$

$$\sigma_{\alpha\alpha}^{(02)}/p = -(1-\cosh\alpha\cos\beta)^2/\eta^2$$

$$\sigma_{\beta\beta}^{(02)}/p = -\sinh^2\alpha\sin^2\beta/\eta^2$$

$$\sigma_{\alpha\beta}^{(02)}/p = \sinh\alpha\sin\beta(1-\cosh\alpha\cos\beta)/\eta^2 \tag{10.3.12}$$

3.3.2 이차응력

병설터널 굴착에 의해 발생되는 지반응력 $\sigma_{ij}^{(1)}$ 은 양방향 (x 축, y 축) 압축응력 $-p$ 에 의한 응력 $\sigma_{ij}^{(11)}$ 과 수평방향 (y 축) 압축응력 $-p$ 에 의한 응력 $\sigma_{ij}^{(12)}$ 으로부터,

$$\sigma_{ij}^{(1)} = \sigma_{ij}^{(11)} + (K-1)\sigma_{ij}^{(12)} \qquad (i, j = \alpha, \beta) \tag{10.3.13}$$

이며, 각 무차원 응력 요소들은 (단, $Y = 2\cosh\alpha\cos\beta - \cosh 2\alpha - \cos 2\beta$),

$$\sigma_{\alpha\alpha}^{(11)}/p = -\kappa_{11}\left\{ \frac{Y}{2} + 2f_{\alpha\alpha}(\Psi_1) \right\} + 1$$

$$\sigma_{\beta\beta}^{(11)}/p = -\kappa_{11}\left\{ -\frac{Y}{2} + 2f_{\beta\beta}(\Psi_1) \right\} + 1$$

$$\sigma_{\alpha\beta}^{(11)}/p = -\kappa_{11}\left\{ -\sinh\alpha\sin\beta + 2f_{\alpha\beta}(\Psi_1) \right\} \tag{10.3.14}$$

$$\sigma_{\alpha\alpha}^{(12)}/p = -\kappa_{12}\left\{\frac{Y}{2}+2f_{\alpha\alpha}(\Psi_1)\right\}+1+f_{\alpha\alpha}(\Psi_2) \qquad = \sigma_{\alpha\alpha}^{(11)}/p+f_{\alpha\alpha}(\Psi_2)$$

$$\sigma_{\beta\beta}^{(12)}/p = -\kappa_{12}\left\{-\frac{Y}{2}+2f_{\beta\beta}(\Psi_1)\right\}+1+f_{\beta\beta}(\Psi_2) \qquad = \sigma_{\beta\beta}^{(11)}/p+f_{\beta\beta}(\Psi_2)$$

$$\sigma_{\alpha\beta}^{(12)}/p = -\kappa_{12}\left\{-\sinh\alpha\,\sin\beta+2f_{\alpha\beta}(\Psi_1)\right\}+f_{\alpha\beta}(\Psi_2) = \sigma_{\alpha\beta}^{(11)}/p+f_{\alpha\beta}(\Psi_2)$$

이고, κ_{11} 과 κ_{12} 및 $G(\alpha_0)$ 는 $Z = n\sinh 2\alpha_0 + \sinh 2n\alpha_0$ 일 때에 다음이 된다.

$$\kappa_{11} = \frac{1}{G(\alpha_0)}$$

$$\kappa_{12} = \frac{1}{G(\alpha_0)}\left(1-2\sinh^2\alpha_0\sum_{n=1}^{\infty}\frac{n}{Z}\right) \tag{10.3.15}$$

$$G(\alpha_0) = \frac{1}{2}+\frac{\sinh^3\alpha_0}{\cosh\alpha_0}-4\sum_{n=1}^{\infty}\frac{1}{n^2-1}\frac{1}{n}\left\{\frac{1}{2}+\frac{1}{Z}(n^2\sinh^2\alpha_0-\sinh^2 n\alpha_0)\right\}$$

식 (10.3.14) 의 함수 $f_{\alpha\alpha}(\Psi_i)$, $f_{\beta\beta}(\Psi_i)$, $f_{\alpha\beta}(\Psi_i)$ $(i=1, 2)$ 는 $\eta = \cosh\alpha - \cos\beta$ 일 때,

$$f_{\alpha\alpha}(\Psi_i) = \sum_{n=1}^{\infty}\left(\frac{\partial\eta^2}{\partial\beta^2}-\sinh\alpha\frac{\partial}{\partial\alpha}-\sin\beta\frac{\partial}{\partial\beta}+\cosh\alpha\right)(\Psi_i\cos n\beta)$$

$$f_{\beta\beta}(\Psi_i) = \sum_{n=1}^{\infty}\left(\frac{\partial\eta^2}{\partial\alpha^2}-\sinh\alpha\frac{\partial}{\partial\alpha}-\sin\beta\frac{\partial}{\partial\beta}+\cos\beta\right)(\Psi_i\cos n\beta)$$

$$f_{\alpha\beta}(\Psi_i) = \sum_{n=1}^{\infty}\left(-\frac{\partial\eta^2}{\partial\alpha\partial\beta}\right)(\Psi_i\cos n\beta) \tag{10.3.16}$$

이고, 여기에서 Ψ_i $(i=1, 2)$ 는 다음 식과 같다.

$$\Psi_i = M_{in}\cosh(n+1)\alpha - N_{in}\cosh(n-1)\alpha \tag{10.3.17}$$

위 식의 계수 M_{in} $(i=1, 2)$ 은 i 와 n 에 무관하게 (즉, $i=1$ 과 2 인 경우에 모두 $n \geq 1$ 에 대해) 식 (10.3.18a) 로 계산한다. 그러나 N_{in} $(i=1, 2)$ 은 i 에 따라 다른 식을 적용한다. 즉, N_{in} 은 $i=2$ 인 경우에는 n 에 무관하게 (즉, $n \geq 1$ 에 대해) 식 (10.3.18b) 로 계산하지만, $i=1$ 인 경우에는 n 에 따라 다른 식 즉, $n \geq 2$ 에 대해 식 (10.3.18b) 를 적용하고, $n=1$ 에 대해 식 (10.3.18c) 를 적용하여 계산한다.

$$M_{in} = \{n(n+1)\}^{i-2}\left(X_{in}-\frac{n}{Z}\sinh^2\alpha_0\right) \quad (i=1, 2, \ n \geq 1) \tag{10.3.18a}$$

$$N_{in} = \{n(n-1)\}^{i-2}\left(X_{in}+\frac{n}{Z}\sinh^2\alpha_0\right) \quad (i=1 \ \text{및} \ n \geq 2, \ i=2 \ \text{및} \ n \geq 1) \tag{10.3.18b}$$

$$= 0 \qquad\qquad\qquad\qquad (i=1 \ \text{및} \ n=1) \tag{10.3.18c}$$

위 식의 $X_{in}(i=1, 2)$ 는 다음과 같고, Z 는 식 (10.3.15) 와 같이 정의한다.

$$X_{in} = \frac{1}{2}-\frac{1}{Z}\left\{(2-i)\sinh^2 n\alpha_0-(1-i)\cosh^2 n\alpha_0\right\} \tag{10.3.19}$$

3.3.3 병설터널 굴착 후 주변지반의 응력

병설터널을 굴착한 후 지보를 설치하기 전에 터널 주변지반 내의 응력 σ_{ij} 은 지반의 초기응력 $\sigma_{ij}^{(0)}$ (식 10.3.11) 와 병설터널 굴착으로 인해 발생된 응력변화 $\sigma_{ij}^{(1)}$ (식 10.3.13) 를 합한 크기이다.

$$\sigma_{ij} = \sigma_{ij}^{(0)} + \sigma_{ij}^{(1)} \qquad (i,j = \alpha, \beta) \qquad \textbf{(10.3.20)}$$

탄성체 내에 있는 평면변형률상태의 2 개 원형공동 (반경 r_0) 주변의 응력과 변위는 그림 10.3.3a 의 모델을 적용하여 계산한다. 여기에서 2 개의 원형공동은 병설터널을 나타내고 공동 주변 탄성체는 지반을 나타낸다.

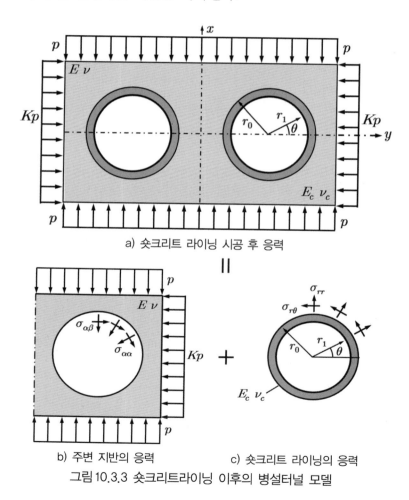

a) 숏크리트 라이닝 시공 후 응력

b) 주변 지반의 응력   c) 숏크리트 라이닝의 응력

그림 10.3.3 숏크리트라이닝 이후의 병설터널 모델

3.4 숏크리트 설치 후 병설터널 주변지반의 응력과 변위

터널굴착 후 숏크리트를 설치한 상태 병설터널은 탄성체내 평면변형률상태 2 개 원형 공동으로 보고 주변지반의 응력과 변위를 구한다.

병설터널 굴착 후 숏크리트를 설치한 상태 지반 (3.4.1 절) 과 숏크리트 (3.4.2 절) 의 응력과 변위는 초기응력과 같은 크기로 외부 압력을 경계에 재하하고, 지반을 고정 (변위발생 억제) 한 상태에서 2 개 원형 공동을 굴착한 후 (그림 10.3.3b) 각 공동에 꼭 맞는 링 (그림 10.3.3c) 을 설치하고 지반 고정을 해제하여 구한다.

3.4.1 숏크리트 설치 후 병설터널 주변지반 응력과 변위

평면변형률상태인 2 개 원형공동 (반경 r_0) 주변의 응력과 변위는 그림 10.3.3a 의 모델로 계산한다. 그림 10.3.3b 와 c 는 각각 쌍극좌표계 탄성체와 링 (내경 r_1, 외경 r_0) 즉, 원형공동은 병설터널, 링은 숏크리트 라이닝, 공동 주변은 지반을 나타낸다.

숏크리트 라이닝 타설 이후 병설터널 모델의 경계조건은 다음과 같다.

① 숏크리트 내주면 $(r = r_1)$: $\sigma_{rr}^c = \sigma_{r\theta}^c = 0$

② 숏크리트 외주면 $(r = r_0, \alpha = \alpha_0)$:

    응력 : $\sigma_{\alpha\alpha} = \sigma_{rr}^c,\ \sigma_{\alpha\beta} = \sigma_{r\theta}^c$

    변위 : $u_\alpha = -u_r^c,\ u_\beta = -u_\theta^c$

③ 터널에서 충분히 먼 곳 $(\alpha = \beta = 0)$: $\sigma_{xx} = -p,\ \sigma_{yy} = -Kp$ **(10.3.21)**

1) 주변지반 응력

숏크리트 설치 후 주변 지반응력 σ_{ij} 는 초기응력 $\sigma_{ij}^{(0)}$ 과 터널굴착에 의한 응력 $\sigma_{ij}^{(1)}$ 및 숏크리트 시공에 의한 응력 $\sigma_{ij}^{(2)}$ 의 합이다.

$$\sigma_{ij} = \sigma_{ij}^{(0)} + \sigma_{ij}^{(1)} + \sigma_{ij}^{(2)} \qquad (i, j = \alpha, \beta) \qquad \textbf{(10.3.22)}$$

숏크리트 시공 후 주변지반 내 반경응력 $\sigma_{\alpha\alpha}^{(2)}$ 와 접선응력 $\sigma_{\beta\beta}^{(2)}$ 및 전단응력 $\sigma_{\alpha\beta}^{(2)}$ 의 무차원 응력요소 $\sigma_{ij}^{(2)}/p$ 는 $Y = 2\cosh\alpha\cos\beta - \cosh 2\alpha - \cos 2\beta$ 라 하면,

$$\sigma_{\alpha\alpha}^{(2)}/p = -\frac{1}{2}\kappa_2 Y - f_{\alpha\alpha}(\Psi_3)$$

$$\sigma_{\beta\beta}^{(2)}/p = \frac{1}{2}\kappa_2 Y - f_{\beta\beta}(\Psi_3)$$

$$\sigma_{\alpha\beta}^{(2)}/p = \kappa_2 \sinh\alpha\sin\beta - f_{\alpha\beta}(\Psi_3)$$

    (10.3.23)

이고, 여기에서 $f_{\alpha\alpha}(\Psi_3)$, $f_{\beta\beta}(\Psi_3)$, $f_{\alpha\beta}(\Psi_3)$ 는 식 (10.3.16) 의 값이고, Ψ_3 는 다음과 같으며, κ_2, A_n, B_n 는 미정계수이다.

$$\Psi_3 = A_n \cosh(n+1)\alpha + B_n \cosh(n-1)\alpha \qquad (10.3.24)$$

식 (10.3.22) 에 초기응력 $\sigma_{ij}^{(0)}$ (식 10.3.11) 와 터널굴착에 의한 응력 $\sigma_{ij}^{(1)}$ (식 10.3.13) 및 숏크리트 시공 후 지반응력 $\sigma_{ij}^{(2)}$ (식 10.3.23) 를 대입하면, 터널굴착 및 숏크리트 시공 후 터널 주변 지반 응력 σ_{ij} 는 다음이 된다.

$$\sigma_{ij} = \sigma_{ij}^{(01)} + (K-1)\sigma_{ij}^{(02)} + \sigma_{ij}^{(11)} + (K-1)\sigma_{ij}^{(12)} + \sigma_{ij}^{(2)} \quad (i,j=\alpha,\beta) \qquad (10.3.25)$$

2) 주변지반 변위

병설터널을 굴착하고 숏크리트 설치 후 주변 지반변위 u_{ij} 는 (굴착 전 변위 제외),

$$u_{ij} = u_{ij}^{(2)} \qquad\qquad (i = \alpha, \beta) \qquad (10.3.26)$$

이고, 병설터널 굴착과 숏크리트 설치 후 무차원 지반변위 변화 $u_{ij}^{(2)}$ 는 다음 같다.

$$\begin{aligned}
\frac{E_0 u_\alpha^{(2)}}{ap} = &-[-(1+\nu_0)\kappa_2 \sinh\alpha + \sum_{n=1}^{\infty}[A_n[[\{(1-\nu_0)(n+1)-2n\}\sinh(n+1)\alpha \\
&-(1-\nu_0)\frac{\sinh\alpha\cosh(n+1)\alpha}{\cosh\alpha-\cos\beta}]\cos n\beta + 2\frac{\sinh(n+1)\alpha}{\cosh\alpha-\cos\beta}\sin\beta\sin n\beta] \\
&+B_n[[(1-\nu_0)(n-1)-2n\sinh(n-1)\alpha-(1-\nu_0)\frac{\sinh\alpha\cosh(n-1)\alpha}{\cosh\alpha-\cos\beta}]\cos n\beta \\
&+2\frac{\sinh(n-1)\alpha}{\cosh\alpha-\cos\beta}\sin\beta\sin n\beta]]]
\end{aligned}$$

$$\begin{aligned}
\frac{E_0 u_\beta^{(2)}}{ap} = &-[-(1+\nu_0)\kappa_2 \sin\beta + \sum_{n=1}^{\infty}[A_n[[\{-(1-\nu_0)n+2(n+1)\}\cosh(n+1)\alpha \\
&-2\frac{\sinh\alpha\sinh(n+1)\alpha}{\cosh\alpha-\cos\beta}]\sin n\beta - (1-\nu_0)\frac{\cosh(n+1)\alpha}{\cosh\alpha-\cos\beta}\sin\beta\cos n\beta] \\
&+B_n[[-(1-\nu_0)n+2(n-1)\cosh(n-1)\alpha-2\frac{\sinh\alpha\sinh(n-1)\alpha}{\cosh\alpha-\cos\beta}]\sin n\beta \\
&-(1-\nu_0)\frac{\cosh(n-1)\alpha}{\cosh\alpha-\cos\beta}\sin\beta\cos n\beta]]]
\end{aligned}$$

$$(10.3.27)$$

위 식은 평면응력상태에 대한 식이고, 지반의 변형계수 E_o 와 푸아송 비 ν_o 를 다음으로 대체하면 평면변형률상태에 대한 식으로 전환된다.

$$E_o = \frac{E}{1-\nu^2}, \qquad \nu_o = \frac{\nu}{1-\nu} \qquad (10.3.28)$$

3.4.2 숏크리트 라이닝의 응력과 변위

1) 숏크리트 라이닝의 응력

숏크리트 라이닝의 무차원 응력 σ_{cij}/p 는 경계조건 (식 10.3.21) 에서 구하면 다음이 되고, 여기에서 $X = r_1/r$ 및 $Y = r/r_0$ 이다.

$$
\frac{\sigma_{rr}^c}{p} = -[2c_0(1-X^2) + 2d_1\,Y(1-X^4)\cos\theta
$$
$$
+ \sum_{n=2}^{\infty}[(n+1)b_n\,Y^n\{-X^{2n+2}+(n-1)X^2-(n-2)\}
$$
$$
+ (n-1)d_n\,Y^{-n}\{X^{-2n+2}+(n+1)X^2-(n+2)\}]\cos n\theta]
$$

$$
\frac{\sigma_{\theta\theta}^c}{p} = -[2c_0(1+X^2) + 2d_1\,Y(3+X^4)\cos\theta
$$
$$
- \sum_{n=2}^{\infty}[(n+1)b_n\,Y^n\{-X^{2n+2}+(n-1)X^2-(n+2)\}
$$
$$
+ (n-1)d_n\,Y^{-n}\{X^{-2n+2}+(n+1)X^2-(n-2)\}]\cos n\theta]
$$

$$
\frac{\sigma_{r\theta}^c}{p} = -[2d_1\,Y(1-X^4)\sin\theta + \sum_{n=2}^{\infty}[(n+1)b_n\,Y^n\{-X^{2n+2}-(n-1)X^2+n\}
$$
$$
+ (n-1)d_n\,Y^{-n}\{-X^{-2n+2}+(n+1)X^2-n\}]\sin n\theta]
$$

$$
\text{(10.3.29)}
$$

2) 숏크리트 라이닝의 변위

숏크리트 라이닝의 무차원 변위 u_{cij} 는 아래와 같다.

$$
\frac{E_0 u_r^c}{ap} = -[2c_0 Y\{(1-\nu_0^c)+(1+\nu_0^c)X^2\} + d_1 Y^2\{(1-3\nu_0^c)+(1+\nu_0^c)X^4\}\cos\theta
$$
$$
+ \sum_{n=2}^{\infty}[b_n Y^{n+1}[(1+\nu_0^c)\{X^{2n+2}+(n+1)X^2-n\}+2(1-\nu_0^c)]
$$
$$
+ d_n Y^{-n+1}[(1+\nu_0^c)\{X^{-2n+2}-(n-1)X^2+n\}+2(1-\nu_0^c)]]\cos n\theta + u_h\cos\theta]\frac{E_0 r_0}{E_0^c a}
$$

$$
\frac{E_0 u_\theta^c}{ap} = -[d_1 Y^2\{(5+\nu_0^c)+(1+\nu_0^c)X^4\}\sin\theta
$$
$$
+ \sum_{n=2}^{\infty}[b_n Y^{n+1}[(1+\nu_0^c)\{X^{2n+2}-(n+1)X^2+n\}+4]
$$
$$
+ d_n Y^{-n+1}[(1+\nu_0^c)\{-X^{-2n+2}-(n-1)X^2+n\}-4]]\sin n\theta - u_h\sin\theta]\frac{E_0 r_0}{E_0^c a}
$$

$$
\text{(10.3.30)}
$$

여기서 E_0^c 와 ν_0^c 는 숏크리트 탄성계수와 푸아송 비이고, u_h 는 (극좌표로 표시한) 터널중심의 수평방향 변위이다. 미정계수 c_0, d_1, b_n, d_n ($n \geq 2$) 은 터널에서 충분히 먼 곳 ($\alpha = \beta = 0$) 의 경계조건 (식 10.3.21) 을 적용하여 병설터널 굴착과 숏크리트 시공 후 지반응력 σ_{ij} (식 10.3.25) 와 변위 u_{ij} (식 10.3.26) 및 숏크리트 라이닝 응력 σ_{cij} (식 10.3.29) 와 변위 u_{cij} (식 10.3.30) 를 계산하면 구할 수 있다.

내공면 $(r = r_o)$ 에서 $X = r_1/r_0 = 1 - t/r_0$ 이고, 숏크리트 (두께 t) 타설 후 지반의 무차원 응력과 변위는 거리비 d/r_0, 측압계수 K, 숏크리트 두께비 $\delta_d = t/r_0$, 지반과 숏크리트의 변형계수비 $e = E_0/E_0^c$ 와 푸아송 비 ν, ν^c 에 의해 결정된다.

3.5 볼트 설치 후 병설터널 주변지반의 응력과 변위

볼트 축력은 굴착면 배후지반에 등분포하중으로 전달되어 지반응력이 발생되며, 볼트는 완전 탄소성재료이고 이미 항복응력상태에 있다고 가정한다.

볼트설치 후 터널 주변지반응력 σ_{ij} 는 초기응력 $\sigma_{ij}^{(0)}$ (식 10.3.11) 과 터널굴착에 의한 응력변화 $\sigma_{ij}^{(1)}$ (식 10.3.13) 및 볼트 시공에 의한 응력변화 $\sigma_{ij}^{(3)}$ 의 합이다.

$$\sigma_{ij} = \sigma_{ij}^{(0)} + \sigma_{ij}^{(1)} + \sigma_{ij}^{(3)} \qquad (i, j = \alpha, \beta) \tag{10.3.31}$$

터널 (반경 r_o) 길이 L 당 볼트를 n 개 설치할 때 볼트 (단면적 A_{rB}, 항복응력 σ_{yrB}) 에 의해 생기는 균일한 분포의 볼트 등가응력 σ_{erB} 이 발생되고,

$$\sigma_{erB} = \frac{nA_{rB}\sigma_{yrB}}{2\pi r_o L} > 0 \tag{10.3.32}$$

이로부터 볼트비 α_B (볼트에 의한 등가응력 σ_{erB} 의 덮개압력 p 대한 비) 를 구하여,

$$\alpha_B = \frac{\sigma_{erB}}{p} = \frac{nA_{rB}}{2\pi r_o L}\frac{\sigma_{yrB}}{p} \tag{10.3.33}$$

적용하면, 볼트 설치로 인한 지반의 응력변화 $\sigma_{ij}^{(3)}$ 를 구할 수 있다.

$$\sigma_{ij}^{(3)} = -\alpha_B \sigma_{ij}^{(11)} \qquad (i, j = \alpha, \beta) \tag{10.3.34}$$

볼트설치 후 지반응력 σ_{ij} 는 식 (10.3.31) 에 초기응력 $\sigma_{ij}^{(0)}$(식 10.3.11) 와 터널굴착에 의한 응력 $\sigma_{ij}^{(1)}$(식 10.3.13) 및 볼트설치로 인한 응력 $\sigma_{ij}^{(3)}$(식 10.3.34) 의 합이다.

$$\sigma_{ij} = \sigma_{ij}^{(01)} + (K-1)\sigma_{ij}^{(02)} + \sigma_{ij}^{(11)} + (K-1)\sigma_{ij}^{(12)} + \sigma_{ij}^{(3)} \quad (i, j = \alpha, \beta) \tag{10.3.35}$$

3.6 숏크리트와 볼트 병설 후 터널 지반의 응력

숏크리트와 볼트 병용설치 후 주변지반의 응력 σ_{ij} 는 지반의 초기응력 $\sigma_{ij}^{(0)}$ (식 10.3.11) 와 터널굴착에 의한 응력변화 $\sigma_{ij}^{(1)}$(식10.3.13) 에 숏크리트 설치로 인한 응력변화 $\sigma_{ij}^{(2)}$ (식 10.3.24) 및 볼트 설치로 인한 응력변화 $\sigma_{ij}^{(3)}$ (식 10.3.34) 를 합한 값이다.

$$\sigma_{ij} = \sigma_{ij}^{(0)} + \sigma_{ij}^{(1)} + \sigma_{ij}^{(2)} + \sigma_{ij}^{(3)} \tag{10.3.36}$$
$$= \sigma_{ij}^{(01)} + (K-1)\sigma_{ij}^{(02)} + \sigma_{ij}^{(11)} + (K-1)\sigma_{ij}^{(12)} + \sigma_{ij}^{(2)} + \sigma_{ij}^{(3)} \quad (i, j = \alpha, \beta)$$

4. 병설터널과 주변지반의 안정성

병설터널에서는 선행터널을 먼저 굴착하고 시간차를 두고 후행터널을 굴착하므로 시공단계에 따라 주변지반의 응력상태가 변하며, 최대 및 시공단계별 응력에 따른 형상변형에너지로부터 최소 지반 포텐셜을 구하여 병설터널 안정성을 판단할 수 있다. 병설터널은 굴착 후 주변지반이 탄성상태이면 안정하고, 소성화 되면 불안정하다.

병설터널에서는 시공단계별로 형상변형에너지를 구하여 병설터널과 주변지반의 안정성을 분석 (4.1 절) 할 수 있다. 또한, 지반 포텐셜을 알면 주변지반의 소성화 (4.2 절) 즉, 소성역 발생여부와 소성역 형상을 구할 수 있다. 병설터널에서 선행터널은 단일터널 조건을 기준으로 안정성을 검토하고, 후행터널의 굴착에 의한 영향 (4.3 절) 은 선행터널 관측결과를 역해석하여 구한 변형계수를 적용하여 검토한다.

4.1 병설터널 안정성 분석

병설터널 시공단계별 형상변형에너지와 최대형상변형에너지의 차이 (지반 포텐셜) 로부터 최소 지반포텐셜 (4.1.1 절) 을 구하여 주변지반의 탄성상태 유지 또는 소성화 여부를 확인하여 안정성을 판단할 수 있다. 그리고 병설터널은 지반강도비가 최소 지반강도비 (4.1.2 절) 보다 크거나 안정거리 (4.1.3 절) 보다 멀리 이격되면 안정하다.

4.1.1 최소 지반 포텐셜 기준 안정성 판정

병설터널은 시공단계별로 지반응력상태가 변하므로, 시공단계별로 형상변형에너지로부터 구한 최소지반포텐셜이나 지반강도비 또는 안정거리로부터 안정성을 판정한다.

병설터널 주변지반의 형상변형에너지는 단위부피에 대해 구하며, 지반 포텐셜은 시공단계에 따른 형상변형에너지와 축적 가능한 최대 형상변형에너지의 차이이다.

병설터널 시공단계별 지반의 형상변형에너지 U_s 와 최대 형상변형에너지 U_{smx} 및 지반포텐셜 ΔU_s 는 다음 같다 (주응력 $\sigma_1, \sigma_2, \sigma_3$, 평균주응력 σ_m, 전단탄성계수 G),

$$U_s = \frac{1}{4G}\left[(\sigma_1-\sigma_m)^2+(\sigma_2-\sigma_m)^2+(\sigma_3-\sigma_m)^2\right]=\frac{1}{2G}p^2F=\frac{1+\nu}{E}p^2F \quad \textbf{(10.4.1)}$$

$$U_{smx}=\frac{1}{2G}p^2F_{\max}=\frac{1+\nu}{E}p^2F_{\max}$$

$$\Delta U_s = U_{smx}-U_s = \frac{1}{2G}p^2(F_{\max}-F)=\frac{1}{2G}p^2\Delta F=\frac{1+\nu}{E}p^2\Delta F$$

위 식 (10.4.1) 에서 시공단계 (굴착전[0], 굴착 후 무지보상태[1], 숏크리트 타설 후[2], 볼트 설치 후[3]) 별 형상변형에너지를 나타내는 F 는 시공단계별 지반응력 (식 10.3.7, 식 10.3.22, 식 10.3.31, 식 10.3.36) 에서 구한 주응력을 대입하여 구할 수 있다.

$$F = \frac{2G}{p^2} U_s = \frac{1}{2p^2} \left[(\sigma_1 - \sigma_m)^2 + (\sigma_2 - \sigma_m)^2 + (\sigma_3 - \sigma_m)^2 \right] \tag{10.4.2}$$

항복상태의 형상변형에너지 즉, 최대 형상변형에너지 F_{max} 는 항복조건에 따라서 표 10.4.1 과 같으며, 시공단계별 F (식 10.4.2) 와 차이는 $\Delta F = F_{max} - F$ 이다.

표 10.4.1 항복조건별 F_{max}

항 복 조 건	F_{max}
Von Mises	$\dfrac{1}{3} \dfrac{\sigma_{DF}^2}{p^2}$
Drucker-Prager	$\dfrac{\{3(2\sigma_m/p)\sin\phi - 3(2c/p)\cos\phi\}^2}{3(3-\sin\phi)^2}$

시공단계별 F 와 항복상태 F_{max} 의 차이 $\Delta F = F_{max} - F$ 의 최소치 ΔF_{min} 로부터 터널의 안정성을 판정할 수 있다. 즉, 지반이 $\Delta F_{min} > 0$ 이면 탄성상태이어서 안정하고, $\Delta F_{min} < 0$ 이면 소성화되어 불안정하다. ΔF_{min} 은 적용하는 항복조건 (von Mises 항복조건과 Drucker-Prager 항복조건) 에 따라 다를 수 있으나 차이는 작고, 지반 강도비 σ_{DF}/p (ground strength ratio) 를 쓰는 von Mises 항복조건을 적용하는 것이 안전측이다. Drucker-Prager 항복조건을 적용하면, 점착력비 $2c/p$ 와 내부마찰각 ϕ 를 등가지반강도비 σ_{DF}/p 로 변환하여 von Mises 항복조건에 적용한 것과 같다.

지반이 터널굴착 전에 이미 소성상태 ($\Delta F_{min}^{(0)} < 0$) 이면, 터널굴착 즉시 지보해도 안정화 (탄성상태로 변화) 시키기가 어렵기 때문에 터널을 굴착하기가 어렵다.

4.1.2 최소 지반강도비 기준 안정성 판정

지반강도 비 σ_{DF}/p 가 최소치 (최소 지반강도비) 보다 더 작은 지반은 터널굴착 후 즉시 지보하더라도 안정화 (탄성상태로 유지) 시킬 수 없다. 따라서 그라우팅 등으로 보강하여 지반강도를 증가시키거나 보조공법을 적용해야 굴착할 수 있다.

지반강도비가 충분히 큰 (최소 지반강도비 보다 3 이상 크지 않다) 지반은 터널을 굴착한 후 지보 (숏크리트 라이닝이나 볼트) 를 설치하지 않더라도 탄성 응력상태 ($\Delta F_{min}^{(1)} > 0$) 로 유지되어 안정하다.

지반강도비가 일정한 범위 내에 있는 지반은 터널굴착으로 인하여 소성화 ($\triangle F_{\min}^{(1)} < 0$) 되더라도 굴착 즉시 적절히 지보하면 소성화를 방지할 수 있다. 이같이 지보효과가 있는 지반강도비의 범위는 최소 지반강도비 보다 3 이상 크지 않다.

최소지반강도비 σ_{DF}/p 는 구조계수비 $\alpha_A{}'$ (structure coefficient ratio, 지반에 대한 숏크리트 상대강성, 작을수록 터널이 안정) 와 볼트비 α_B (rock-bolt ratio, 볼트 등가응력 σ_{BL} 의 p 대한 비) 및 이격거리비 d/r_o 로부터 개략적으로 계산할 수 있다 ($K \leq 0.7$). 최소 지반강도비는 구조계수비와 볼트비 및 이격거리가 클수록 감소한다 (그림 10.4.1).

$$\frac{\sigma_{DF}}{p} \geq (2.04 - 3.44\alpha_A{}' - 1.69\alpha_B) + \left(\frac{d}{r_o}\right)^{-1.3}(0.24 + 0.284\alpha_A{}' - 0.343\alpha_B) \quad \textbf{(10.4.3)}$$

구조계수비 α'_A (E_o^c, t 는 숏크리트 탄성계수, 두께) 와 볼트비 α_B 는 다음과 같다 (n, A_B, L, σ_B, σ_{erB} 는 볼트 개수, 단면적, 간격, 항복응력, 등가응력).

$$\alpha'_A = \frac{E_o^c\, t}{E_o\, r_o} \quad \textbf{(10.4.4)}$$

$$\alpha_B = \frac{\sigma_{erB}}{p} = \frac{nA_{rB}}{2\pi r_0 L}\frac{\sigma_B}{p}$$

병설터널은 두꺼운 라이닝을 설치 (구조계수비 $\alpha_A{}'$ 증가) 하거나, 볼트를 조밀하게 설치 (볼트비 α_B 증가) 하거나, 터널을 멀리 이격시키면 (이격거리 비 d/r_o 증가), 주변지반이 탄성 상태로 유지되어 안정성을 확보할 수 있다.

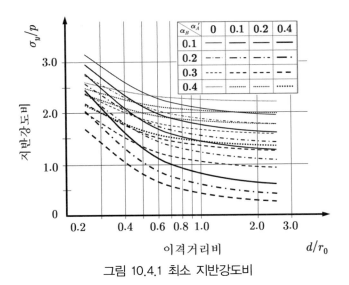

그림 10.4.1 최소 지반강도비

4.1.3 안정거리 기준 안정성 판정

병설터널은 안정거리보다 멀리 떨어져 있으면 안정하다. 병설터널 안정거리는 초과비 S_R (surplus ratio, 병설터널과 단일터널 주변지반의 형상변형에너지 최대치 U_s^D 와 U_s^S 비의 제곱근) 로부터 구할 수 있다.

$$S_R = \sqrt{\frac{U_s^D}{U_s^S}} \tag{10.4.5}$$

터널 간 상호영향은 초과비가 $S_R = 1.0$ 이면 없고, 초과비가 클수록 크다. 초과비는 이격거리와 구조계수비 α_A' 가 클수록 작다 (그림 10.4.2). 이격거리비가 작으면 ($d/r_o < 0.5$) 필라 부에서 응력집중이 크게 발생하여 초과비가 급격히 증가한다.

숏크리트 라이닝이 두꺼울수록 (구조계수비 α_A' 가 클수록) 초과비가 1.0 에 근접하므로, 병설터널의 안정성은 단일터널의 안정성에 근접한다. 천단과 바닥 부근의 응력감소는 단일터널 보다 병설터널에서 더 크게 발생하므로, 측압계수 $K > 1$ 일 때는 초과비가 $S_R < 1.0$ 이다.

대체로 $d/r_o > 1.7$ 일 때에는 $|S_R - 1| < 0.10$ 이므로 즉, 병설터널과 단일터널 간 차이가 없으므로, 병설터널의 안정성은 터널 간 이격 거리비가 $d/r_o < 1.7$ 인 경우에만 검토한다.

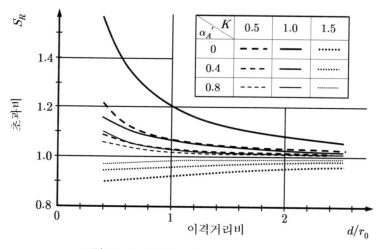

그림 10.4.2 이격거리비 d/r_o 에 따른 초과비 S_R

4.2 병설터널 주변지반의 소성화

병설터널 주변지반에서 소성역의 발생여부와 소성역의 형상 (그림 10.4.3) 은 지반 포텐셜로부터 판정할 수 있다. 소성영역에서는 지반 포텐셜이 음 (-) 이다.

측압계수가 큰 경우 ($K > 1$) 에 굴착면 접선응력은 (단일터널처럼) 천단과 바닥에서 크고, 측압계수 K 나 이격거리 비 d/r_0 가 클수록 커진다. 따라서 측압계수가 $K > 1$ 이면 천단과 바닥에 소성영역이 형성된다.

측압계수가 작은 경우 ($K < 1$) 에 굴착면 접선응력은 두 터널 사이의 측벽에서 가장 크고, 측압계수 K 와 이격거리 비 d/r_0 및 지반 강도비 σ_{DF}/p 가 작을수록 크다. 따라서 $K < 1$ 이면 터널 사이 지반이 소성화되고 소성역도 크게 형성된다.

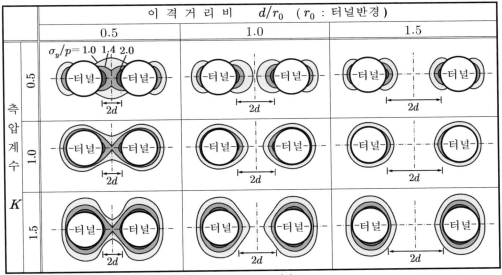

그림 10.4.3 병설터널 주변지반의 소성화 ($\Delta F^{(1)} < 0$) 영역 (von Mises 항복조건)

4.3 병설터널에서 후행터널굴착에 따른 영향

병설터널에서 선행터널 굴착에 의한 주변지반의 거동은 단선터널의 경우와 같고, 병설터널 효과는 후행터널을 굴착하는 동안에 일어난다.

선행터널에 적용하는 측압계수 K 와 변형계수 E_F 는 선행터널 실측결과를 역해석하여 구한다.

후행터널에서 측압계수 K 는 (후행터널굴착 시 측압이 변하지 않는다고 가정하고) 선행터널을 역해석하여 구한 값을 적용한다. 반면 후행터널의 변형계수 E_S 는 (후행터널 굴착에 의해 주변지반이 이완되므로) 선행터널 변형계수 E_F 와 달라지며, 병설터널 실측결과를 역해석하여 구한 값을 적용하여 후행터널을 해석한다.

후행터널 설계에 적용하는 변형계수 E_S 는 선행터널의 구조계수비 α'_A 와 이격거리 비 d/r_o 로부터 개략적으로 계산할 수 있다.

$$\frac{E_S}{E_F} = 1 + 0.07\left(1 - \frac{1}{\alpha'_A}\right)\frac{r_o}{d} \qquad (\alpha'_A \geq 0.1,\ d/r_o \geq 1.0) \tag{10.4.6}$$

이격거리비가 $d/r_o > 1.5$ 이면, E_S 와 E_F 가 비슷하여 ($E_S/E_F \simeq 1.0$), 후행터널 굴착에 의한 영향을 적게 받게 받기 때문에 지반이 거의 이완되지 않는다. 반면 $d/r_o \leq 1.5$ 일 때는 d/r_o 가 작을수록 E_S/E_F 가 작아진다. 즉, 후행터널 굴착에 의해 영향을 받아서 지반이 더욱 크게 이완된다.

병설터널 간 이격거리 d/r_o 와 구조계수비 α'_A 가 클수록 선행터널굴착에 의한 영향을 적게 받으므로 E_S/E_F 가 1.0 에 근접한다 (그림 10.4.4).

선행터널을 효과적으로 지보하여 구조계수비 α'_A 가 커지면 ($\alpha'_A > 0.25$), E_S/E_F 가 1.0 에 근접 (후행터널굴착에 의한 영향이 감소) 하므로 지반이 적게 이완된다.

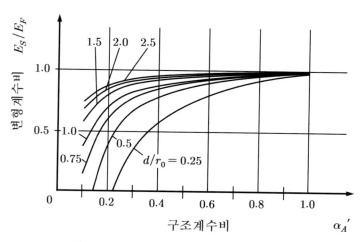

그림 10.4.4 병설터널 후행터널굴착에 의한 영향

5. 2 아치 터널

양 방향 차로가 나란하게 설치된 도로나 철도에 접속하는 터널은 도로나 철도의 폭을 유지할 수 있는 큰 단면으로 건설하면 되지만, 아주 양호한 지반이 아니라면 그렇게 큰 터널을 안정하게 굴착하기가 어렵다. 반면 터널을 충분히 이격시켜 굴착하면 터널은 안정하지만, 먼 곳부터 차로를 분리해야 하므로 교통소통에 불리하고 넓은 부지가 소요된다. 이와 같이 도로나 교량에 접속하여 노선 분리를 최소화하고 도로 선형을 최적화하기 위해 중앙에 지지체 (벽체나 기둥) 를 설치하고 2 개 터널을 겹친 단면으로 건설하는 형식으로 개발된 터널을 **2 아치 터널**이라 한다.

2 아치 터널은 먼저 중앙터널을 굴착하고 중앙에 벽체 또는 기둥을 설치하여 지반 하중을 지지한 후에 좌·우 본 터널을 굴착하므로, 굴착과정이 복잡하지만 그에 따른 구조적 거동은 규명하기가 매우 어렵다. 쉽게 이완되는 취약지반에 얕은 심도로 2 아치 터널을 건설할 때에는 이완하중 (지반응력) 증가에 대응하기 어렵고, 불연속면에 의해 응력집중영역이 달라지고 편향적인 경향을 나타내는 경우가 많다. 따라서 대개 2 아치 터널은 경제성보다 안정성 위주로 설계·시공한다.

2 아치 터널은 대개 강도가 약하고 얕은 지반에 건설하므로, 터널굴착에 의해 쉽게 이완되고 응력집중영역이 달라져서 지반보강이 필요할 경우가 많다.

2 아치 터널은 다양한 형식이 개발되어 있고 누수발생에 다소 취약하며 시공순서가 복잡한 특성 (5.1절) 이 있다.

2 아치 터널은 2 개 터널이 겹치는 형상이고 여러 단면으로 분할굴착하기 때문에 시공단계에 따라 응력중첩이 복잡하게 발생된다. 따라서 이를 고려하여 주변지반과 필라 (중앙벽체) 에 작용하는 하중 (5.2절) 을 파악해야 한다.

최근에는 라이닝과 필라에 작용하는 하중을 고려하고 정확히 모델링하여 연속체 해석하고 콘크리트 라이닝과 중앙벽체 및 보강영역에 대해서 구조 검토하여 **2 아치 터널의 안정성 (5.3절)** 을 판단하는 경우가 많다.

2 아치 터널시공에 의한 영향범위 내 주변 구조물의 안정성 (5.4절) 은 최대 침하량과 부등침하량 및 각 변위량을 구하고 기준치나 안정도표를 참조하여 판정한다.

5.1 2아치 터널의 특성

2아치 터널은 취약지반의 얕은 심도에서 대단면 터널을 안정하게 굴착하기 위해, 지반의 응력변화를 억제하고 변화된 응력을 적절히 분배시키면서 순차적으로 분할 굴착하는 공법이다. 먼저 중앙터널을 굴착하고 중앙벽체(또는 기둥)를 설치하거나 두꺼운 선행터널 라이닝을 설치하여 지반하중을 지지하고 좌·우 본선터널을 굴착한다.

2아치 터널은 적용목적(5.1.1절)에 따라서 형식(5.1.2절)이 다양하게 개발되어 있고, 누수 및 동결(5.1.3절)이 발생되지 않게 설계하고, 일정한 순서에 따라 시공(5.1.4절)한다.

5.1.1 2아치 터널의 적용목적

2아치 터널은 대체로 다음 목적으로 적용한다.
- 주변 구조물이나 지장물의 저촉을 최소화, 인접한 문화재 등의 발파영향 감소
- 산지절토나 산림훼손 및 환경영향을 최소화, 경관보호 및 동물 이동통로 확보
- 도로나 교량에 접속하여 노선분리를 최소화, 도로선형을 최적화
- 구조물 설치나 사토 여건 등 경제성 향상
- 주변의 지형과 지질 및 공사여건에 따라 불가피

표10.5.1 대단면 2아치 터널의 형식 및 특징

구 분	단 면 형 상	주 요 특 징
근접 분리		• 중앙 pilot 터널 및 중앙 필라를 생략하고 원지반을 양 터널사이의 지지체로 활용 • 양 터널 사이 지반에 별도 지반보강 필요 • 터널 간 이격거리 3~7m인 경우에 적용
근접 분리		• 중앙부 라이닝 두께를 증가시켜 양 터널 사이 지반을 콘크리트로 대체 • 후행터널 굴착 시 선행터널 라이닝 선시공 필요 • 도로와 구조물 교차구간 등 특수경우에 적용
2 arch 1 pilot		• 중앙 pilot 터널 굴착 후 상부지반의 집중하중을 받는 중앙필라부에 매스콘크리트로 구조체 형성 • 중앙 필라 보호시설 및 방수공법 등 조치필요 • 중앙 pilot 터널규모 확대 등 변형형태 많음
2 arch 1 pilot		• 중앙 pilot 터널굴착 후 콘크리트 중앙벽체 설치 • 중앙벽체 보호시설 및 방수공법 등 조치필요 • 대부분 도심지하철 터널과 고속도로터널에 적용
2 arch 3 pilot		• 중앙 pilot 터널굴착 후 중앙벽체 설치하고 본선 굴착 전에 측벽 pilot 터널을 굴착하여 초기 지반이완 최소화 도모

5.1.2   2 아치 터널의 형식

2 아치 터널은 양 터널 사이 (양호한) 의 지반을 일정한 폭 (필라) 으로 남겨서 지반 하중을 지지하고 좌우 본선 터널을 굴착하거나, (중앙에 pilot 터널을 굴착하고) 중앙 벽체를 설치하여 지반하중을 지지하고 좌우 본선 터널을 굴착하는 터널형식이다. 지하철 정거장이나 도로터널에는 중앙벽체를 설치하는 **2 arch - 1 pilot** 형식이 많이 적용되고, 중앙 벽체를 선행터널의 라이닝으로 대체하거나 중앙터널의 면적을 확대·축소한 형식도 있다. 단면이 큰 경우에는 **2 arch - 3 pilot** 형식이 적용된다 (표 10.5.1).

5.1.3   2 아치 터널의 누수 및 동결방지

2 아치 터널에는 중앙벽체 상단과 라이닝 콘크리트 사이에 연결부가 생기는데 이를 통해 지하수가 누수 되어 중앙벽체를 따라 흘러 내려서 노면에 고이거나 결빙되고, 천단부에 고드름이 생기거나, 콘크리트 부식 등의 문제가 발생될 수 있다.

누수는 중앙벽체 상단이나 배수관 이음부 방수 쉬트가 손상되거나, 배수계통의 용량 이나 체계가 부적합하거나, 중앙벽체와 라이닝의 시공이음부가 어긋날 때 발생된다.

따라서 2 아치 터널은 중앙벽체와 본선 터널 라이닝 콘크리트의 시공 이음부가 어긋나지 않게 하고, 연결부 배수기능을 증대시키며, 집수정과 연결되는 수직배수관 굴곡을 완화시켜서 원활한 배수성능을 확보해야 한다. 그리고 본선 터널 발파 굴착 시공 중에 보호용 철판 (터널 중앙부 상부면) 과 가시설 (중앙벽체 전면) 등 보호시설을 미리 설치하여 비석 등으로부터 방수쉬트와 중앙벽체를 보호해야 한다.

또한, 동결을 방지하기 위해 중앙벽체 수직배수관으로 열전도율이 좋은 동관을 사용하고, 외부에는 heating cable 을 부착하거나 보온재로 감싸며, 중앙벽체 하부 종방향 배수관은 열전도율이 작은 재료의 관을 사용하고 포장면 아래에 설치한다.

유지관리가 용이하도록 수직배수관 연결부에 집수정을 설치하고, 하부에 청소용 Clean-out hole 을 설치하며, 중앙벽체에 홈을 내고 수직배수관을 노출·고정시킨다.

5.1.4   2 아치 터널의 시공

2 아치 터널은 대개 지반상태에 비해 단면이 커서 응력상태가 불안정하므로, 중앙 벽체를 설치하여 지반하중을 지지한 후 본선터널을 분할·굴착하여 시공 중 응력변화 를 최대한 억제하고 변화된 응력을 적절히 분배시켜야 안정성을 확보할 수 있다.

　이를 위해 그림 10.5.1 과 같이 먼저 중앙터널을 굴착하여 중앙벽체를 설치한 후에 본선터널을 굴착하고 라이닝을 타설한다. 지반이 불량한 경우가 아니면 중앙터널은 전단면 굴착하고, 본선 터널은 상·하 반 단면씩 분할하여 굴착한다.

　2 아치 터널의 필라는 리브 형 (rib pillar), 정사각형, 직사각형, 불규칙형 등 다양한 형상으로 설치하며, 리브 형 필라가 중앙벽체와 유사하다.

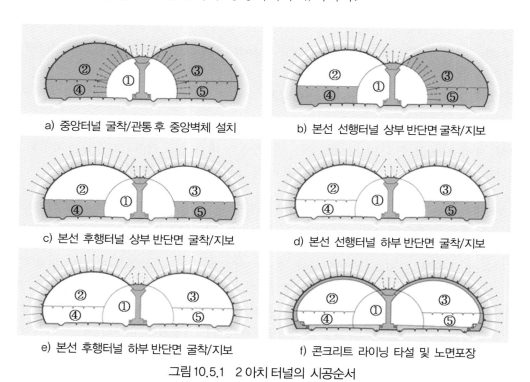

a) 중앙터널 굴착/관통 후 중앙벽체 설치　　　b) 본선 선행터널 상부 반단면 굴착/지보

c) 본선 후행터널 상부 반단면 굴착/지보　　　d) 본선 선행터널 하부 반단면 굴착/지보

e) 본선 후행터널 하부 반단면 굴착/지보　　　f) 콘크리트 라이닝 타설 및 노면포장

그림 10.5.1　2 아치 터널의 시공순서

5.2　2 아치 터널의 작용하중

　2 아치 터널은 여러 단면으로 분할하여 굴착하므로 주변지반의 응력상태 **(5.2.1 절)** 는 시공단계별로 다르며, 중앙벽체 하중 **(5.2.2 절)** 은 주로 이완하중이다.

5.2.1　2 아치 터널 주변지반 응력

　2 아치 터널은 여러 단면으로 분할하여 굴착하므로 주변지반 응력은 시공단계별로 다르며, 중앙터널의 굴착에 따른 접선응력과 지반응력의 분포는 단일터널일 경우와 같고 병설터널 굴착효과는 본선터널 굴착 시 발생한다.

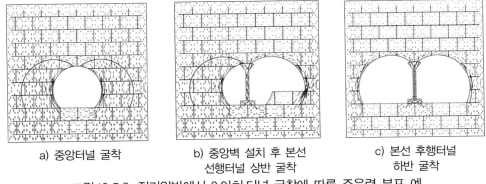

| a) 중앙터널 굴착 | b) 중앙벽 설치 후 본선
선행터널 상반 굴착 | c) 본선 후행터널
하반 굴착 |

그림 10.5.2 절리암반에서 2 아치 터널 굴착에 따른 주응력 분포 예

그림 10.5.2 는 절리암반에서 2 아치 터널 굴착시공과정을 수치해석하여 구한 주응력 분포 예이다. 중앙터널에 중앙벽체를 설치하고 선행 터널을 굴착하면 중앙벽체 하중이 증가하고, 후행 터널을 굴착하면 중앙벽체 하중이 추가로 증가된다. 중앙 벽체에는 주로 압축응력이 작용하며, 굴착단계에 따라 국부적으로 인장응력이 발생할 수 있다.

좌·우 분할굴착에 따른 불평형 응력은 중앙벽체의 기초를 통해 지반에 전달되고, 선행터널 상반을 굴착할 때 가장 크게 발생한다. 2 아치 터널은 한 개 터널이지만 매우 근접한 병설터널로 간주하여 중앙벽체의 응력분포 특성을 파악할 수 있다.

5.2.2 2 아치 터널 중앙벽체 하중

2 아치 터널의 중앙벽체에 작용하는 하중을 알면 중앙벽체와 기초의 치수를 결정할 수 있다. 중앙벽체 하중은 주로 터널상부 이완지반의 자중 (이완하중) 이며, 매우 근접한 병렬터널로 간주하고 수치해석하거나 이완하중 이론을 적용하여 구한다.

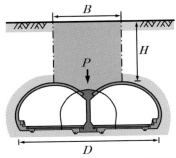

그림 10.5.3 2 아치 터널 중앙벽체
하중 (Matsuda, 1997)

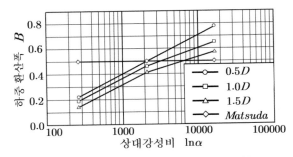

그림 10.5.4 상대강성비 α 와 토피에 따른
하중환산 폭 B (Lee, 2004)

Matsuda 등 (1997) 은 2 아치 터널의 토피가 전체 폭 D 보다 작을 때 ($H \le D$), 중앙 벽체에는 주로 터널 상부토체의 자중 (토피하중) 이 작용하며, 그 크기 즉, 중앙벽체 하중 P 는 좌·우 터널 천단 사이 폭 B 에 포함된 지반의 자중으로 하였다. 2 아치 터널 토피가 전체 폭 D 보다 크면 ($H > D$), 토피를 D 로 제한한다 (그림 10.5.3).

$$P = \gamma HB \quad (H \le D)$$
$$\quad = \gamma DB \quad (H > D)$$

(10.5.1)

보통 지반을 연속체로 보고 수치해석하여 터널굴착에 따른 소성역의 발생여부를 파악한 후에 Matsuda 하중과 비교하여 보수적인 결과를 적용하는 경우가 많다. Matsuda 식은 하중이 보수적으로 계산되고 간편하여 자주 사용되지만 과다설계가 될 수 있다.

지반의 강성이나 토피가 클 경우나 지반이 균질한 경우에는 2 아치 터널 상부에 아칭이 발생하여 중앙벽체하중이 토피하중보다 작고 그 크기가 제한된다. 반면에 지반의 강성이나 토피가 작은 경우나 지반이 불균질한 경우에는 아칭이 형성되지 못하므로 2 아치 터널 상부 넓은 지반의 자중이 중앙벽체에 하중으로 작용하여 토피 하중보다 커질 수 있다.

2 아치 터널의 중앙벽체 하중은 전단저항이 취약한 불연속층에 의한 영향을 크게 받고, 본선 터널 라이닝의 강성이 작을수록 (휨 변형성이 양호할수록) 크고, 인버트를 폐합하면 작다.

Lee (2007) 는 많은 실험 및 수치해석 연구를 통해 2 아치 터널의 중앙벽체 하중은 전체 터널 폭 D 뿐만 아니라 지반 불연속성, 토피고, 본선 터널 라이닝의 강성과 지점 조건, 본선 터널 라이닝과 지반의 상대 강성에 따라 다른 것을 확인하였다.
또한, 본선 터널 라이닝과 지반의 강성의 비 (라이닝 강성비) 에 의한 영향을 고려 하여 환산하중 폭을 구한 결과, 라이닝 강성비가 8 배 정도 커질 때마다 환산 폭이 2 배 정도 증가하였다 (그림 10.5.4).

중앙벽체하중은 2 아치 터널의 굴착방법에 의해서도 크게 영향을 받는다. 즉, 중앙 벽체하중은 본선 터널을 굴착하면 증가되며, 본선 선행터널의 상반을 굴착할 때에 대부분 발생하고, 후행터널을 굴착할 때는 하중이 전이되어 선행터널과 주변지반에 추가응력이 발생한다.

5.3 2 아치 터널의 안정성

2 아치 터널은 굴착 및 시공과정이 복잡하여 그 거동이 정확히 알려져 있지 않다. 따라서 기존 시공 및 설계 사례를 참조하고 연속체 해석 등을 통해 시공단계별로 작용하중의 변화와 주변지반의 변형 및 지보재 응력을 검토하여 안정성을 판정한다.

2 아치 터널은 연속체 해석 (5.3.1 절) 을 실시하여 시공단계별로 터널과 주변지반의 변위량과 지보재 응력을 검토하고, 콘크리트 라이닝 안정성 (5.3.2 절) 과 중앙벽체 안정성 (5.3.3 절) 을 판정한다. 보조공법을 적용하여 지반을 보강한 경우에는 터널 종·횡방향 보강영역의 안정성 (5.3.4 절) 과 보강계획의 적정성을 검토한다.

5.3.1 2 아치 터널의 연속체 해석

일반 터널과 같이 2 아치 터널도 연속체 수치해석을 실시하여 시공단계별로 중앙 벽체의 하중변화와 주변 지반변형 및 지보재 응력을 검토하여 안정성을 판정한다.

2 아치 터널에 대하여 2 차원 연속체 해석하여 터널과 인접구조물의 안정성을 검토 하고, 지보패턴별로 안정해석을 수행하여 라이닝의 지보기능과 인버트 설치 필요성을 검토한다. 갱구부와 중앙벽체는 3 차원 응력상태이므로, 3 차원 수치해석을 수행하여 보조공법과 시공단계별로 안정성을 검토한다 (그림 10.5.5, 10.5.6).

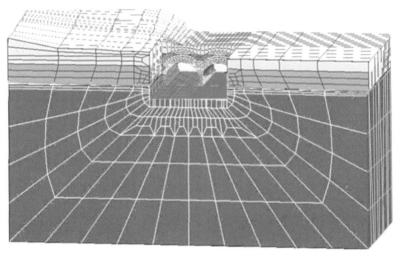

a) 3 차원 해석 영역

그림 10.5.5 3 차원 해석영역 및 지보재 모델링 예 (계속)

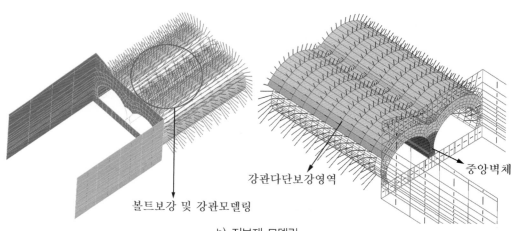

볼트보강 및 강관모델링

강관다단보강영역

중앙벽체

b) 지보재 모델링

그림 10.5.5 3 차원 해석영역 및 지보재 모델링 예

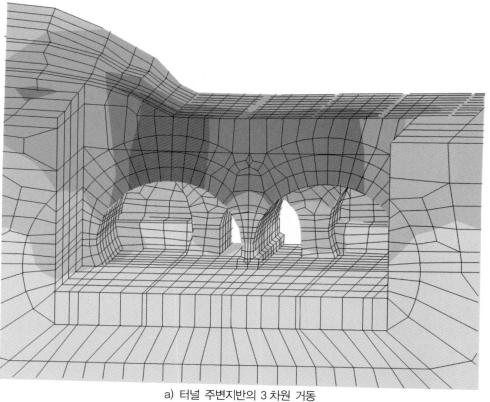

a) 터널 주변지반의 3 차원 거동

그림 10.5.6 3 차원 연속체해석 예 (계속)

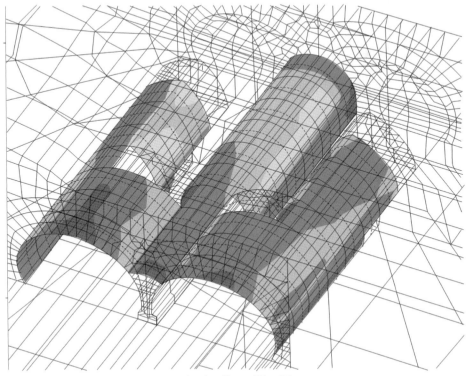

b) 지보 후 3차원 거동

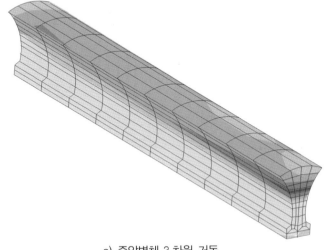

c) 중앙벽체 3차원 거동

그림 10.5.6 3차원 연속체해석 예

5.3.2 콘크리트 라이닝의 안정성

일반 터널의 라이닝은 터널굴착에 의한 지반변형이 수렴된 후 설치하므로 라이닝에 외력이 작용하지 않지만, 2아치 터널 라이닝은 외력이 작용하는 구조체이다.

2아치 터널 라이닝의 작용하중은 터널의 중요도와 시공단계에 따른 응력거동의 불확실성을 고려하여 결정한다. 라이닝과 중앙벽체는 분리된 구조로 모델링한다. 인버트는 지반강도와 터널 및 라이닝 해석 결과를 바탕으로 검토한다.

1) 콘크리트 라이닝 작용하중

본선 터널 콘크리트 라이닝에 작용하는 하중은 라이닝의 자중과 지반의 이완하중 외에도 잔류수압과 온도하중이 있다 (그림 10.5.7). 이완하중은 터널구조물 중요도와 시공단계별로 응력거동의 불확실성 등을 고려하여 결정한다. 작용하중이 결정되면, 합리적으로 하중을 조합하여 시공 중이나 완공 후 장기적 측면에서 가장 불리한 경우에 대해 허용응력 설계법이나 강도 설계법으로 라이닝을 설계한다.

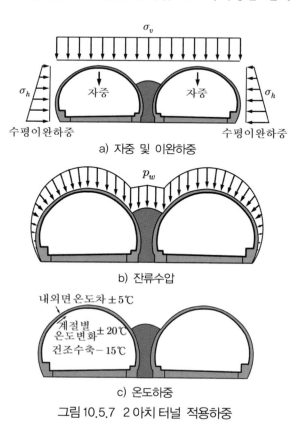

a) 자중 및 이완하중

b) 잔류수압

c) 온도하중

그림 10.5.7 2아치 터널 적용하중

2) 콘크리트 구조체 모델링

2 아치 터널의 라이닝과 중앙벽체는 서로 분리된 구조이므로, 이들을 모두 2차원 frame 요소로 모델링하면, 라이닝과 중앙벽체 연결부의 실제거동을 파악하기 어렵다. 또한, 매스 콘크리트 구조체인 중앙벽체를 축력만 전달되는 frame 요소로 모델링하면 모순이 된다. 따라서 중앙벽체를 (축력과 전단력이 다 전달된다고 보고) shell 요소로 모델링한 경우와 (축력만 전달된다고 보고) frame 요소로 모델링한 경우에 대해서 각각 해석하고 그 결과를 비교하여 라이닝과 중앙벽체의 거동과 안정성을 검토한다.

3) 콘크리트 인버트 라이닝

2 아치 터널에서 인버트 필요성은 지반강도와 터널 안정해석 및 라이닝 해석결과를 토대로 장기 이완하중에 대해 본선 터널 라이닝의 지보기능 확보여부와 중앙 벽체가 분담하는 하중의 크기를 확인하여 검토한다 (그림 10.5.8).

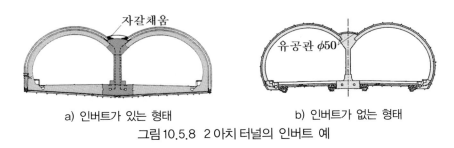

a) 인버트가 있는 형태   b) 인버트가 없는 형태

그림 10.5.8 2 아치 터널의 인버트 예

5.3.3 중앙벽체의 안정성

중앙벽체 기초의 안정성은 수치해석하거나 얕은 기초의 지지력 및 침하에 대한 이론식이나 경험식을 적용하고 지지력과 침하를 구하여 검토하며, 작용하중은 대개 Matsuda 등 (1997) 등의 방법으로 계산한다. 중앙 벽체는 수치해석 (그림 10.5.6c) 하여 구조적 안정성과 응력상태 및 철근보강 여부를 검토한다.

5.3.4 보강영역의 안정성

2 아치 터널의 안정성을 확보하기 어려우면 **보조공법 (강관다단 그라우팅 보강 등)** 을 적용하여 지반을 보강한다. 굴진면 상단경계 상부지반에 일정 간격으로 강관을 설치하고, 강관을 통해 압력 그라우팅하여 지반 강도를 증대시키고 천단 상부에 beam arch 를 형성시켜 작용하중을 좌·우 측벽으로 전이시킨다. 종방향 (두께와 겹침 길이) 및 횡방향 보강영역 ($90^o \sim 180^o$) 은 일체로 거동할 수 있어야 효과가 있다.

보강영역의 적정성은 시공단계를 고려하고 3차원 유한요소해석을 수행하고 강관 응력과 강관보강영역의 응력을 계산하여 평가 (수치해석법) 하거나, 아치형 보강체를 단순보로 가정하여 개략적으로 검토 (개략적 검토방법) 한다. 개략적으로 검토할 때 지반 보강체는 단순보로 가정하며, 횡방향으로 아칭에 의하여 압축력을 받고 종방향 으로 (강관이) 휨 인장을 받는다고 생각한다.

1) 보강영역의 수치해석 검토

강관다단 그라우팅 보강영역의 적정성은 시공단계별로 3차원 유한요소 해석하여 구한 강관과 보강영역의 응력을 허용응력과 비교해서 평가한다 (그림 10.5.9).

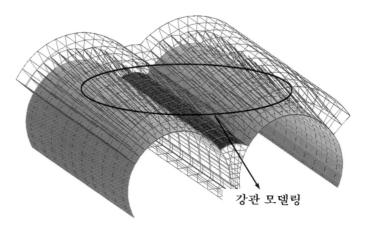

강관 모델링

a) 보강그라우팅 모델링

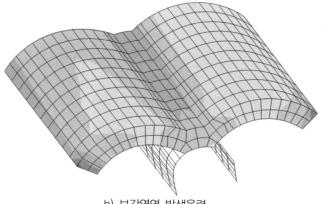

b) 보강영역 발생응력

그림 10.5.9 강관다단그라우팅보강 적정성 검토 예

2) 보강영역의 개략적 검토

보강영역의 횡방향 안정성은 아치형 그라우팅 보강체를 단순보로 간주하고 개량지반의 두께를 계산해서 검토한다 (그림 10.5.10a). 즉, 개량영역 (두께 t, 폭 $b = 1\,m$, 길이 D) 을 이완하중이 등분포 상재하중 w 로 작용하는 단순보 (모멘트 $M = w\,D^2/8$, 단면계수 $Z = b\,t^2/6$) 로 보고 계산한 휨응력 σ 과 허용 휨응력 σ_a 으로부터 판정한다.

$$\sigma = \frac{M}{Z} < \sigma_a \tag{10.5.2}$$

보강영역의 종방향 안정성은 굴진면부 무지보 구간의 하중을 강관이 부담한다고 생각하고 1 회 굴진장 L 을 산정하고, 겹침길이를 참고하여 검토한다 (그림 10.5.10b). 강관은 보통 구조용 탄소 강관을 사용하며, 상재하중 w 을 단위 폭에 설치한 강관의 개수로 나눈 하중 w' 을 개별강관 (그림 10.5.10c) 이 부담한다.

$$\sigma = \frac{M}{Z} = \frac{w'L^2}{8Z} \quad \rightarrow \quad L = \sqrt{\frac{8Z\sigma}{w'}} \tag{10.5.3}$$

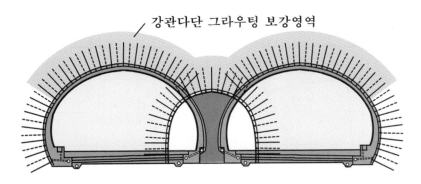

강관다단 그라우팅 보강영역

a) 2 아치터널의 종방향 천단보강

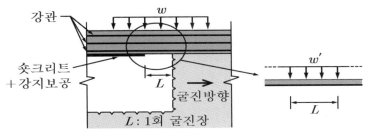

b) 종방향 천단보강 계산모델　　　c) 개별강관

그림 10.5.10 2 아치 터널의 종방향 천단보강

5.4 2 아치 터널 인접구조물의 안정성

2 아치 터널주변 영향권 내에 있는 구조물의 안정성은 터널시공에 의해 발생되는 최대 침하량과 부등침하량 및 각변위량이 근접시공에 대한 검토기준 (표 10.5.2) 과 안정도표 (그림 10.5.11) 를 만족하는지 여부로부터 판정한다.

표 10.5.2 인접구조물 안정성 검토기준

구 분	허용기준	적용근거
최대 침하량	25mm	최대 허용 침하량 (Sowers, 1962)
부등침하량	0.003S	철근콘크리트 구조 (Sowers, 1962)
각변위량	1/750	예민한 기계기초의 한계 (Bjerrum, 1963)
뒤틀림각	1/300	Skempton/MacDonald(1956), Bjerrum(1963)
수평변형률	2.5mm	Littlejohn(1982)

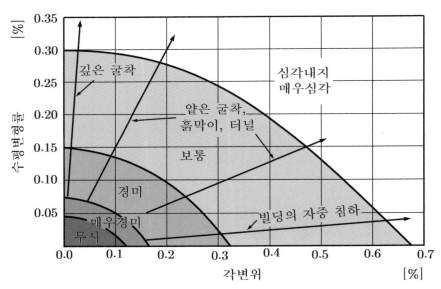

그림 10.5.11 근접시공 안정도표 (Boscardin/Cording, 1989)

※ 연습문제 ※

【예제 1】 연암지반 ($\gamma = 26\ kN/m^3$, $c = 100\ kPa$, $\phi = 33°$, 일축압축강도, $\sigma_{DF} = 3.0\ MPa$) 에서 중심 깊이 $20\ m$ 인 터널 (반경 $r_o = 5.0\ m$) 을 이격거리 d/r_o 로 병설할 때 터널 안정성을 확보할 수 있는 이격거리를 필라하중을 근거로 구하시오.

【예제 2】 풍화암 지반 ($\gamma = 20\ kN/m^3$, $c = 100\ kPa$, $\phi = 33°$) 의 지하 $46\ m$ 심도에 천단이 위치하도록 2아치 터널 (폭 $D = 14.0\ m$, 높이 $m = 8.0\ m$) 을 건설한다. 2아치 터널을 안정하게 굴착하기 위해 천단 아치 상부지반을 강관다단 그라우팅하여 보강영역 (두께 $t = 3.0\ m$, 폭은 터널 폭과 같은 $14m$, 일축압축강도 $5\ MPa$) 을 형성할 경우에 다음을 개략적으로 검토하시오. 강관은 구조용 탄소 강관 ($\phi 60.5\ mm$, 두께 $t = 4.0\ mm$, 단면계수 $Z = 9.41\ cm^3$, 허용응력 $\sigma_a = 210\ MPa$) 을 사용한다.

1) 보강영역의 일축압축강도 σ_c 가 $5\ MPa$ 일 때 횡방향 안정성
2) 평균 15개 강관을 설치할 때 무지보 최소 굴진장 L

⇨ 터널이야기

» NATM 의 발달

NATM (New Austrian Tunneling Method) 은 오스트리아의 Rabcewicz 가 1948 년에 취득한 특허이며 얇은 라이닝을 지반에 밀착시켜 설치하여 하중을 지지하는 터널 시공법이다.

NATM 은 숏크리트 보급과 함께 적용 예가 넓어지고 그 효과가 확인되었다. 또한 1952 년에 완성한 Forcacava 수력발전소의 공사에서 **록볼트**가 지보재로 사용되었고 1955 년에는 **시스템 볼트**의 적용이 실험적으로 확인되었다. 그 후 스위스 Maggia 수력발전소, 오스트리아 Kaunertal 수력발전소와 Massenberg 수로터널, 베네수엘라 Cabrera 철도터널 등이 이 공법으로 건설되었다. 1962 년 제 13 회 국제암반역학회의 (Salzburg) 에서 NATM 으로 명명되었고, 1964 년 New Austrian Tunneling Method 라는 논문이 Water power 에 발표되었다.

NATM 은 **도심지 터널**에도 성공적으로 적용되었다. 1968 년 **Frankfurt 지하철**에 처음 성공적으로 적용되었고, 1970년대 Muenchen 이나 Nuerberg 지하철에도 적용되었다.

» 터널기술의 발달

지하공간 개발은 **우주개발**, **해양개발**에 이어서 향후 또 하나의 미지 세계에 대한 도전이며, 다음 터널기술이 발달하여 지하공간 개발에 대한 도전이 가능해졌다.

첫째, 다수의 대규모 터널공사에서 **굴착경험**이 다양하게 축적되었다.

둘째, 전 세계적으로 **NATM** 이 일반화되고 확산되며 적용범위가 확대되었다. NATM 은 원래 연암 정도의 지반을 대상으로 개발되었으나 풍화암과 풍화토를 거쳐 조밀한 충적층 지반까지도 적용범위가 확대되었다. 즉, 대부분의 지반에 적용할 수 있게 되었다.

셋째, **지반조사 기법**이 발전되어 지반상태 (지질조건과 지하수 현황 등) 를 어느 정도 예측할 수 있게 됨에 따라 시공 중에 겪던 어려움이 다수 해결되었다. 최근 물리탐사기법, 물리검층기법, 원위치시험기법 등이 비약적으로 발전하고 있다.

넷째, **컴퓨터**와 **수치해석 기법**은 물론 첨단 계측기기를 사용한 현장계측성과를 처리하는 **역산기법**도 발전하였다. 그리고 시공 중에 굴진면에서 활용할 수 있는 **수평시추기법**, **암판정 및 암반분류기법**의 설계 · 시공 활용기술도 개발되었다.

다섯째, 다양한 시공조건에 대응 가능한 **보조공법**들이 개발되어 활용되고 있다.

여섯째, 여러가지 **시공장비** (쉴드, TBM 등) 가 개발되어 기계화 및 자동화시공이 가능해졌다. **비개착 기술** (renchless technology) 또는 micro-tunneling 기술의 발전으로 지반교란 없이 작은 터널 굴착이나 기설 도관 개수가 가능해졌다.

제 11 장
침매터널

제11장 **침매터널**

1. 개 요

　최근 터널관련 학문은 물론 수치해석기술과 컴퓨터 및 기계공학의 발전에 힘입어 터널기술이 고도로 발전하여 지반상태와 굴착 가능한 터널크기에 대한 제한이 거의 없어지게 되었다. 또한, 교량 건설기술도 혁신적으로 발달되어 교량스팬이 점점 더 길어지고 기초도 더욱 깊어졌다. 따라서 상당히 깊고 넓은 수로에서도 수로를 횡단하는 터널이나 교량을 건설하는 사례가 늘고 있다.

　큰 강 하구에 있는 항구도시나 대도시 등이 발달함에 따라 강이나 호수 또는 바다 수로를 건너는 교통수요가 급증하고 있다. 수로는 교통량이 적을 때에는 선박으로 건너는 것이 가장 경제적이지만, 통과시간이 많이 걸리고 날씨의 영향을 많이 받고 교통량이 많으면 교량이나 터널을 건설하여 건널 수밖에 없다.

　교량은 통과하는 선박에 따라 설치높이와 램프길이가 다르고 기상의 영향을 많이 받는다. 반면 터널은 설치깊이를 조절할 수 있고 기상의 영향을 적게 받아서 유리한 점이 많기 때문에 수요가 급증하고 있다.

　수로 횡단터널 (제 2 절) 은 수로의 수심이 깊으면 일정한 깊이에 터널 구조체를 부유시키고, 보통 수심에서는 수중 교량식으로 설치한다. 수심이 깊지 않으면 개착식이나 굴착식 또는 침매식으로 수저지반에 설치하며, 개착식이나 굴착식 건설방법은 육상에서 설치할 때와 차이가 없으므로 물 문제만 해결하면 건설하는데 문제가 없다.

　수저터널 (제 3 절) 은 비교적 새로 발전된 구조물이며, 최근 시공기술이 발전하여 지질조건에 거의 상관없이 설치할 수 있고 경제성이 향상되어 건설사례가 많아지고 있으나 아직 관련기술의 정리가 더 필요한 분야이다.

　침매터널은 터널굴착이 어렵거나 불가능한 지반에도 적용할 수 있는 특성 (제 4 절) 이 있고, 접근램프의 소요길이, 수저지반 상태, 수심이 깊어서 개착식으로 터널을 축조하기 어려울 때 유리하다.

　침매터널의 함체 (제 5 절) 는 선대나 호안벽 또는 드라이 도크에서 강재 케이싱이나 철근 콘크리트로 제작한 후에, 현장으로 운반하여 사전에 준비한 기초 위에 침설 (제 6 절) 한다.

2. 수로횡단 터널

수로를 횡단하는 터널은 수심에 따라 부유식이나 수중 또는 수저지반에 설치한다.

수심이 깊으면 수중 일정한 깊이에 터널 구조체를 부유 (2.1 절) 시키고 보통 수심에서는 수중에 교각을 만들고 수중 교량식 (2.2 절) 으로 만들 수 있다. 수심이 얕으면 수저지반 하부에 수저터널 (2.3 절) 을 침매식이나 개착식 또는 굴착식으로 설치한다.

2.1 부유식 터널

깊은 해협 등 수로에서 부유식 터널을 계획 (Gibralta, Messiana, Tsugara) 하였으나 아직 실현되지 않고 있다. 타당성조사에서는 경제성이 있는 것으로 판정되었다.

2.2 교량식 수중터널

교량식 수중터널은 수중에 말뚝으로 교각을 설치하고 그 위에 터널함체를 고정하여 건설한다. Paris Metro Danube 역에는 1916 년에 교량식 수중터널을 건설하였으며, 수저지반 $30 \sim 50\ m$ 깊이에 분포하는 지지층까지 콘크리트 말뚝 (직경 $\phi\ 2.0\ m$, 길이 $35\ m$) 으로 기초를 설치하여 수심 $-20 \sim -25\ m$ 에 단선 병설터널 (높이 $6.0\ m$, 간격 $2.0\ m$) 을 설치하였다 (그림 11.2.1). 독일남부 Boden See 의 Meersburg 에서 스위스 Konstanz 간 $4\ km$ 구간에서도 교량식 수중터널을 Span 길이 $300\ m$ 로 건설하였다.

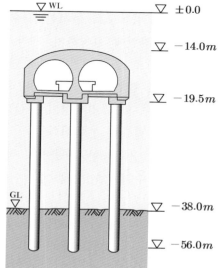

그림 11.2.1 Paris Metro 의 수중 터널교량 단면 (Place du Danube)

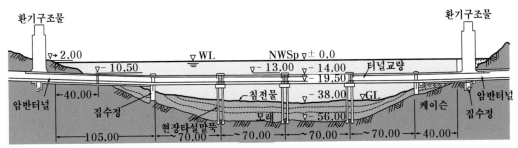

그림 11.2.2 Paris Metro 의 Danube 역 수중 터널교량 (Fliesinger, 1954)

2.3 수저터널

수저터널은 수심과 지질조건 및 주변여건 등을 고려하여 건설방법을 결정한다.

수심이 얕은 수저지반에서는 개착식 (2.3 절) 이나 굴착식 (2.3 절) 또는 침매식 (2.3 절) 으로 터널을 건설할 수 있다. 수저지반에 개착식 또는 굴착식으로 터널을 설치할 경우에는 육상에서의 터널굴착방법과 차이가 없고, 다만 지질조건과 지반의 지지력 및 투수성이 다를 수 있다. 따라서 물과 관련된 문제만 잘 해결한다면 건설하는데 문제가 없다.

2.3.1 개착식 수저터널

주변에 가물막이를 설치하고 양수하여 수저지반을 노출시킨 후 건조한 상태에서 수저지반을 개착하여 터널을 건설할 수 있다. 수저지반 하부에 개착식 수저터널을 건설하는 일은 연성지반 (흙) 에서는 유리하지만 경성지반 (암반) 에서는 불리하며, 깊이가 $30\,m$ 이상이면 기술적으로 곤란하고 경제성이 떨어진다. 수저지반이 점토질 이나 롬질 흙이면 cofferdam 으로 가물막이를 설치할 수 있으나, 가물막이의 안정과 부력에 유의해야 하고, 선박운항이나 물의 흐름에 지장을 줄 수 있다.

2.3.2 굴착식 수저터널

수저터널은 지질상태가 양호하고 수심이 $50 \sim 100\,m$ 보다 깊으면 산악터널식으로 굴착하는 것이 유리하다. 그러나 수저지반에 굴착한 터널에서는 물의 침투흐름에 의한 영향을 크게 받을 수 있으므로 이를 고려하여 건설하며, 굴착식 수저터널은 역학적 안정성을 확보하기 위해 굴착직경의 2 배 정도 토피가 필요하다 (원형단면의 소요 토피는 $t_f > 1.5 D_o$).

굴착식 수저터널에서는 시공 중 발생하는 지하수 침투에 의한 영향과 공용 중에 터널에 작용하는 지하수압에 의한 영향을 고려하여 터널주변지반과 지보공의 안정상태를 검토해야 한다. 수저지반에서 터널을 굴착하는 동안에 지하수 관리에 실패하여 발생한 사고기록이 많이 있다.

침매터널의 소요 토피는 불과 $t_f = 1.5 \sim 2.0\,m$ 이면 충분하다. 그러나 굴착터널에서는 토피가 직경의 1.5 배 이상 ($t_f \geq 1.5 D_o$) 소요된다 (그림 12.2.3). 따라서 2 차로 도로터널에서 침매터널과 굴착터널의 토피차가 약 $14\,m$ 가 되며, 램프경사를 $3.5\,°$ 로 하면 굴착터널은 침매터널보다 $800\,m$ 정도 더 긴 램프가 필요하다.

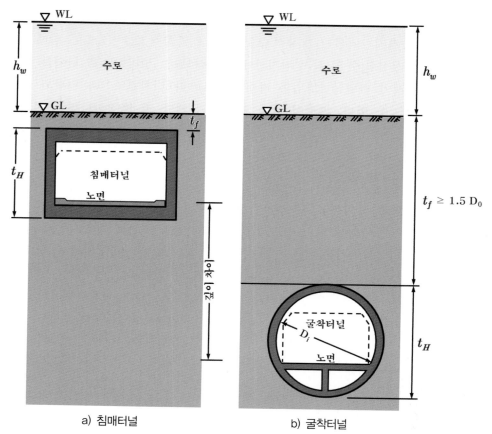

a) 침매터널   b) 굴착터널

그림 11.2.3 침매터널과 굴착터널의 설치깊이 차이

수저터널에서 지하수에 의한 문제는 해결이 매우 어렵다. 수저터널에는 토피와 수위에 해당하는 수압이 작용하며, 터널내부로 배수가 억제되면 주변지반에 침투력이 작용함에 따라 지반응력이 커져서 터널 주변지반과 라이닝이 전단파괴 될 수가 있다. 반면 배수를 억제하지 않는 배수터널로 수두차가 매우 크기 때문에 배수량을 감당하기 어렵다.

수저터널에 대한 지하수 문제는 제 8장에 상세하게 제시되어 있다.

2.3.3 침매식 수저터널

침매식 수저터널은 외지에서 터널 함체 (segment) 를 제작한 후 현지로 운반해 와서 침설하여 건설하는 터널을 말한다. 침매터널은 육상에서도 지하수위가 높을 때에 시공할 수 있다.

Amsterdam 의 Ij 터널 (연장 786 m) 은 9 개 함체 (길이 68.5 ~ 91.5 m) 를 제작하여 건설하였으며, 이때 말뚝기초는 총 25 개 그룹을 30 m 간격으로 설치하였고 각 그룹마다 8~10 개 말뚝 (직경 ϕ 1.08 m, 길이 80 ~ 90 m) 을 사용하였다.

터널 함체를 압축공기식 케이슨으로 제작하여 침매 시킨 후 압축공기를 가한 상태로 굴착하면서 침매 시킬 때에는 굴착 중에 기초지반을 직접 육안으로 관찰 및 판정할 수 있고 장애물 제거 및 부분적 지반개량이 가능하다는 일반 압축공기식 케이슨의 장점을 살릴 수 있다. 그러나 여러 개의 함체가 필요하고 케이슨이 부등침하 (깊이의 0.1~1%) 되는 단점이 있다.

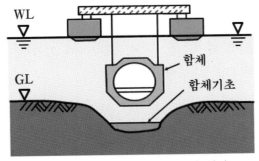

그림 11.2.4 침매터널의 예인 및 설치

3. 수저터널

항구도시 등에서는 수로횡단 교통량을 처리하기 위해 교량이나 터널을 건설하는 사례가 많아지고 있다. 그러나 도심지에서는 교량이나 터널에 필요한 램프를 설치할 공간적 여유가 부족하여 가동식 교량을 설치할 때가 많다. 수준이 고정된 지하철을 연결하기 위해 터널을 건설해야 하는 경우도 많다.

수저 하부지반에 건설하는 터널을 하저터널이나 해저터널 또는 수저터널이라고 부르고 있으나, 여기에서는 혼란을 피하고 대표성을 나타내기 위하여 수저의 하부지반에 건설하는 터널을 모두 **수저터널**로 통일하여 호칭한다.

수저터널 건설은 비교적 새로운 토목분야이기 때문에 기술적으로 아직 충분하게 정리되거나 체계화 되어 있지 않지만, 최근에 시공기술이 발전하여 과거 기술로는 터널굴착이 불가능 했던 지반에서도 굴착할 수 있게 되어 시공사례가 증가되고 있다.

1842 년에 영국 Themse 강에는 단면적이 $78 \, m^2$ 인 수저터널이 굴착되었고, 1830 년에 Sir Thomas Cochrane 은 압축공기 암거를 발명하였고, 1869 년에 원형 shield 를 개발하여 수저터널 개발이 본격화 되었다. 1910 년에는 Detroit 강에 부유식 케이슨을 적용하여 철도터널을 성공적으로 건설함에 따라 수저터널에 대한 관심이 높아지게 되었다. 1960 년에는 슬러리로 채운 폐쇄식 shield 가 개발되어 연약한 사질토에서 지하수나 해수가 있는 상태에서도 터널시공이 가능해졌다.

수저터널은 최근에 터널시공기술이 발전하여 과거에는 터널건설이 불가능했던 연약한 지반에서도 굴착할 수 있게 되었다. 따라서 수로터널에 대한 관심이 높아지고 있으나 아직 체계적화 되어 있지 못하여 다소 낯선 분야이다.

강이나 바다와 같은 수로를 횡단 (3.1 절) 하기 위하여 교량이나 터널을 건설하며, 해변의 높이 및 램프길이, 환경조건, 날씨, 교각설치 가능성, 경제성 등을 고려하여 교량 또는 터널을 선택 (3.2 절) 한다.

수로를 횡단하는 터널 (3.3 절) 은 수심이 아주 깊으면 수중 일정한 깊이에 터널 구조체를 부유 (부유식 터널) 시켜 만들거나, 보통 정도의 수심이면 수중에 교각을 세우고 그 위에 터널 구조체를 설치 (수중 교량형식) 하여 만든다. 또한, 수저지반에 침매 (침매식 터널) 시키거나 개착식 또는 굴착식으로 터널을 설치할 수 있다.

3.1 수로 횡단 방법

자연은 인간의 활동을 돕고 인간을 유익하게 하지만 때로는 인간의 활동을 억제하기도 한다. 산과 물은 인간의 교통과 각종 통신설비를 설치하기에 장애가 되는 경우가 많다. 호수 또는 강 하구에 있어서 수로나 하천이 많은 항구도시나 대도시에서는 교통량이 증가함에 따라 수로를 건너는 교통수요가 급증하고 있다.

일반적으로 강이나 바다와 같은 수로는 선박 (3.1.1 절), 고정 또는 가동식 판교 (3.1.2 절), 교량 (3.1.3 절), 터널 (3.1.4 절) 등을 이용하여 건널 수 있다. 수로는 폭이 좁고 교통량이 적을 때는 선박을 이용하여 건널 수 있지만, 날씨의 영향이 크거나 교통량이 많아지면 (안정적 통행을 위해) 교량이나 터널을 건설할 수밖에 없다. 최근 교량이나 터널의 건설기술이 발달되어 폭이 넓은 수로에 장대교량이나 장대터널을 건설하는 사례가 증가하고 있다.

수로를 횡단하는 방법은 주변의 경관이나 기후는 물론 소요램프길이를 고려하여 결정하며, 어느 경우에나 주변 환경을 훼손하지 않아야 하고 경제성이 있어야 한다.

3.1.1 선박이용 횡단 방법

횡단 교통량이 많지 않으면 수로를 선박으로 건너는 것이 초기투자가 적으므로 가장 경제적이다. 그러나 선박이용하여 수로횡단하려면 교통수단을 옮겨 타야 하기 때문에 시간이 많이 걸리며, 운송능력이 한정되기 때문에 횡단 교통량이 많을 때는 교통체증이 생긴다. 특히 날씨가 나쁘거나 바람이 심하고 일기가 불량한 때 (태풍, 설풍, 폭풍 등) 에는 선박운항이 어렵거나 불가능하고 매우 위험하여, 1954 년에 승객 1140 명을 태운 Toya Maru 선이 일본 북해도 운항 중에 태풍으로 침몰한 것과 같은 선박 침몰사고가 많이 일어났다.

선박으로 수로를 횡단하는데 시간이 많이 필요하고 운송능력이 제한되므로 교량이나 터널을 건설하는 경우가 증가하고 있고, 수로의 폭이 넓으면 경간장이 긴 장대교량이나 장대 수저터널을 건설하고 있다.

Hamburg 에서 Kohlbrard 페리선의 운송능력은 1 일 6000 대 이었으나, 교량건설 이후에는 운송능력이 5 배로 증가되었다. 일본 Seikan Tunnel 의 개통으로 해협횡단 시간이 5 시간에서 14 분으로 단축되었고, 도버해협을 관통하는 Channel 터널 건설로 파리와 런던 사이 운행시간이 6 시간에서 2 시간으로 단축되었다.

3.1.2 판교이용 횡단 방법

터널이나 교량 건설이 경제성이 없거나 공사가 불가능하여 선박을 계속 운항할 수밖에 없는 경우에는 페리선 보다 운송능력이 큰 이동식 판교를 설치할 수 있다.

3.1.3 교량이용 횡단 방법

수로를 횡단하는데 선박횡단방법 다음으로 쉬운 것이 교량횡단방법이며, 선박이 운항하지 않는 수로는 소요 형하고가 낮아서 교량건설에 제약이 없다. 그러나 주운 수로에서는 횡단교량이 선박운항에 지장이 없을 만큼 높아야 하고 이를 위해 램프가 필요하다. 램프를 설치할 수 없을 때는 교량을 가동식이나 회전식으로 건설한다.

선박운항에 필요한 높이 (소요 형하고) 는 내수 선박은 $9 \sim 10\ m$ (라인강 $9 \sim 10\ m$), 연안선은 $25\ m$, 원양선박은 $42 \sim 70\ m$ 이다. 따라서 소요 형하고를 확보하기 위해 교량을 들어 올리거나 램프를 설치하여 교량을 높여야 하며 수로의 양안이 높으면 이 높이가 낮아진다. 교량의 소요 램프길이는 선박의 높이와 양안의 높이 및 램프 경사로부터 결정한다. 수로 양안의 표고가 높을수록 교량의 소요 램프길이가 짧다. 램프 길이를 줄이기 위해 교량을 경사지게 건설할 수 있으나 노면에 습기찰 때나 동절기에 눈이 오거나 결빙될 때에 위험할 수 있다.

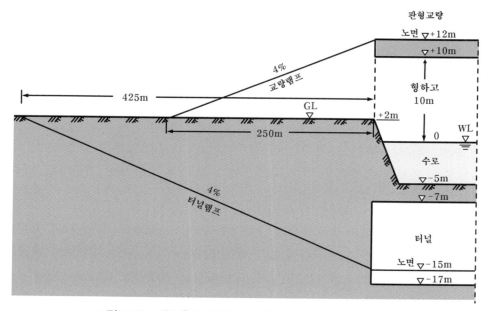

그림 11.3.1 내수운하 횡단 교량과 터널의 램프 소요 길이

　연안 운항 수로에서는 소요 형하고가 $25\,m$ 이어서 긴 램프가 필요하여 배후에 장애물이 있거나 인구 밀집지역, 주택가, 상가 등에는 적용하기 어렵다. 원양 운항수로에서는 소요 형하고가 $70\,m$ 이어서 양안이 벼랑이면 소요 형하고를 확보할 수 있는 교량을 건설할 수 있으나, 폭이 넓고 수심이 깊으면 교량형식을 현수교나 사장교로 하지만, 현재 교량 기술수준으로 가능한 최장 경간장이 $2000\,m$ 내외이다.

3.1.4 터널이용 횡단 방법

　수저터널은 건설 및 유지관리 비용이 많이 들고 어려운 지질조건에서는 건설비가 급격히 증가된다. 수로를 횡단하는 터널은 수심에 따라 다른 형태로 건설한다.

　수심이 깊지 않으면 수저지반에 터널을 설치할 수 있고, 수저터널은 개착식이나 굴착식 또는 침매식으로 건설할 수 있다. 수심이 깊으면 수중에 교각을 만들고 수중 교량형식으로 수중터널을 설치하고, 수심이 아주 깊으면 터널 구조체를 일정 깊이에 부유시켜 부유식 터널을 설치할 수 있다. 수중 교량형식 수중터널은 독일 Boden See 와 프랑스 Paris Metro 등에 시공한 사례가 있으나 부유식 터널은 시공사례가 없다.

　수저지반에 개착식이나 굴착식으로 터널을 설치하는 방법은 육상 터널굴착방법과 차이가 없으나 누수와 수압 등 물과 관련된 어려움이 자주 발생된다. 수저터널은 설치심도가 작을수록 육상교통과 연결하기 쉽고 램프 소요길이가 짧아서 유리하지만 작은 심도에서는 터널건설이 어렵다. 포화 연약지반에서는 개착식이나 굴착식으로는 터널을 설치하기 어렵고 침매식만 가능하다. 지반이 양호하더라도 굴착식 터널은 안정성을 유지하기 위하여 설치심도가 커야하므로 램프소요길이가 길어진다 (그림 11.2.1). 운하교차 수저터널은 수저하부 토피가 $2\,m$ 만 되어도 선박운항에 지장이 없다.

3.2 교량과 수저터널의 선택기준

　수로를 횡단하기 위해 설치하는 교량이나 터널은 호안 높이 및 램프길이 (3.2.1 절), 환경조건과 날씨 (3.2.2 절), 교각설치 가능성 (3.2.3 절), 경제성 (3.2.4 절) 등을 고려하여 선택한다. 안보목적에 따라 터널이 필요한 특수한 경우도 있다.

3.2.1 호안 높이 및 램프길이

　교량의 소요 램프길이는 선박 운항고와 양안높이 및 램프 경사로부터 결정하고, 수로의 양안이 높을수록 교량의 소요램프길이가 짧아진다. 터널의 소요 램프길이는 터널의 높이와 토피고는 물론 수심과 램프 경사로부터 결정하고, 터널이 깊을수록 소요 램프길이가 길어진다. 터널 높이는 터널 용도에 따라 정해지므로 변수가 아닐 수 있다. 터널의 깊이는 굴착방법에 따라 다르다.

원양선박의 운항고가 $70\,m$ 이면 소요수심은 $10 \sim 30\,m$ 이며 수심이 $21\,m$ 이상인 경우는 드물다 (파나마 운하 수심 $12.6\,m$, 수에즈 운하는 수심 $23.5\,m$). 주변 지반고가 일정 높이 이상으로 높아지면 교량의 소요램프길이가 짧아져서 교량이 유리해진다.

3.2.2 주변 환경과 경관 및 날씨

교량은 일정한 길이 (최소 $200 \sim 250\,m$) 이상 램프가 필요하여 인구밀집지역에서는 채택하기 어렵다. Hamburg Kohlbrad 교는 $520\,m$ 수로를 횡단하기 위해 $1048\,m$ 와 $1896.5\,m$ 길이로 램프를 설치하였다. Brunsbuttel 에서는 폭 $461.5\,m$ 인 수로를 횡단하기 위해 $971\,m$ 와 $1371.3\,m$ 램프가 필요하였다.

수로를 횡단하는 교량이나 터널은 주변 경관과 환경 및 기후조건 등을 고려하여 선택한다. 높은 교량구조물을 설치하면 주변지형과 맞지 않고, 배후에 램프를 설치할 면적이 없으며, 동절기 결빙에 의한 위험성이 있다.

원양수로에 설치하는 높은 교량 (높이 $42 \sim 70\,m$) 은 날씨의 영향이 커서 위험하여 악천후에는 통행을 금지할 때가 있다. 높은 교량은 대개 2층 교량으로 하고, 풍속 $300\,km/h$ 에 대해 풍동 실험하여 안정성을 확인하고 시공한다. 동절기에 결빙이나 강설에 의한 위험이 있는 지역에서는 날씨영향을 고려한다. 미국 Golden Gate Bridge 는 폭풍에 의해 수평으로 $1.5\,m$ 정도 진동하므로 노면이 습기 찬 경우에는 위험하다.

3.2.3 교각의 문제

폭이 $1400 \sim 1800\,m$ 이상 큰 수로에 교량을 설치하려면 수로 중간에 교각이 필요하며, 수심이 깊으면 교각기초의 설치가 어렵고, 조류가 빠른 해협 등에서는 기초를 설치하기가 어렵다. 수심이 깊은 수중에서는 지진에 견딜 수 있는 교각설치가 어렵다.

시계불량이나 강풍 또는 폭풍 등에 의해 선박이 교각에 충돌할 위험이 높으며, 큰 선박이 충돌하면 교량에 치명적일 수 있다. 선박충돌 사고는 스웨덴 Almo 교, 플로리다 Sunshine - Skyway - Bridge, 버지니아 Chesapeake-Bay-Bridge 등이 있다.

3.2.4 경제성

교량이나 터널을 선택할 때 가장 결정적 요소는 경제성이며, 건설공사비는 물론 유지관리비를 포함해서 생각한다. 교량이나 터널은 현장 및 공사여건을 고려하여 시공 가능한 공법을 선정하여 공사비를 구체적으로 예측해야 비교할 수 있다. 교량에 교각을 설치하면 공사비가 급격히 증가한다. 페리선박을 이용하면 공사비는 적게 들지만 유지관리비가 많이 들고, 교량은 건설비는 많이 들지만 유지관리비가 적게 든다. 대개 터널은 교량보다 건설비가 적지만 유지관리비가 더 들기 때문에 전체 비용은 교량보다 터널이 더 많이 소요될 수 있다.

4. 침매터널의 특성

수저지반에서는 개착식이나 굴착식 또는 침매식으로 터널을 건설할 수가 있다. 터널을 개착식이나 굴착식으로 건설하는 방법은 수저지반이나 육상지반에서 별로 차이가 없으나, 수저지반에서는 수두가 크기 때문에 지하수가 터널의 내부로 침투되어 어려움이 발생한다.

수저지반이 연약하고 두꺼우면 수저지반에 터널을 굴착하는데 개착식이나 굴착식이 불리하고 침매터널이 유리하다. 여기에서는 수저터널을 개착식이나 굴착식으로 굴착하는 경우는 언급하지 않고 수저지반에 자주 적용되는 침매터널을 주로 다룬다.

침매터널은 접근램프 길이가 짧게 소요되는 경우, 수저지반이 연약하거나 상태가 불량하여 굴착식으로 터널을 굴착하기 어렵거나 불가능할 경우 또는 수심이 깊어서 개착식으로 터널을 축조하기 어려울 때에 유리하다.

침매터널의 특성 (4.1 절) 은 터널 구조체를 여러 개 함체 (segment) 로 나누어 선대나 dry dock 에서 제작하고, 함체양단을 가벽으로 폐쇄한 후에 물에 띄워서 현장까지 예인해서 수저 trench 에 앉히고, 함체를 수중에서 접합한 이후에 가벽을 철거하고 정해진 토피로 피복하여 수저터널을 건설하는 것이다.

침매터널의 형식 (4.2 절) 은 원형 강재케이싱 방식과 구형 철근콘크리트 방식이 있으며, 각각의 특성을 고려하여 적용여부를 판정한다. 침매터널은 외지에서 함체를 제작하고 현장에 예인·침설하여 건설하며, 조사 (4.3 절) 를 통해 전체 건설과정에 필요한 자료를 획득하여 설계에 적용한다. 침매터널을 건설할 때는 수로조건, 함체 제작부지, 측량, 수리와 수질, 지질과 지반 등에 대해 조사해야 한다.

침매터널은 구조적 특성상 환기에 유의해야 하며, 모든 공정을 관리하고 해결할 수 있는 시스템 (4.4 절) 을 형성하여 시공한다.

침매터널은 연약한 육상지반에서 지하철 터널 등을 굴착할 때에 적용할 수 있다. 즉, 연약지반 일정한 심도에 말뚝 등으로 지지점을 형성하고 케이슨을 침매식으로 침설하고 접합·연결하여 육상 침매터널 (4.5 절) 을 건설할 수 있다. Amsterdam 의 지하철 건설에 이 공법이 적용되었다.

4.1 침매터널 특성

침매터널은 수심이 깊어 개착식으로 터널을 축조하기 어렵고, 수저지반의 상태가 터널굴착이 어렵거나 불가능할 경우에 적용할 수 있다.

침매공법은 다음 특성이 있다.
- 터널단면을 용도와 목적에 따라서 자유롭고 유효한 크기와 모양으로 설계할 수 있고 대형단면도 가능하다.
- 터널의 토피를 최소로 할 수 있어서 터널접근램프가 짧아져서 경제적이다.
- 함체는 선대나 드라이 도크 등 좋은 조건에서 제작하기 때문에 수밀성이 높다.
- 함체제작과 현장작업이 서로 분리되어 다른 곳에서 이루어지므로 병행작업이 가능하기 때문에 공기를 단축할 수 있다.
- 예인·침설·굴착 등 기계 설비를 대형화하여 대단면 터널도 안전하고 확실하며 신속하게 시공할 수 있다.

4.2 침매터널 형식

침매공법에서 함체는 원형 강재케이싱 형식과 구형 철근콘크리트 형식이 있으며, 각각 장·단점이 있고, 단면 높이가 다르므로 이를 고려하여 적용여부를 판정한다.

원형 강재 케이싱 함체형식은 다음 특징을 갖는다.
① 원형단면이기 때문에 역학적으로 유리하고, 특히 깊은 수심의 터널에 유리하다.
② 최대 폭에 비해 저면 폭이 작고 동일한 연속지형의 기초를 쉽게 형성할 수 있다.
③ 함체 제작과 예인, 수저지반 트렌치 굴착, 침설을 일련의 흐름작업으로 할 수 있다.
④ 높은 방수효과를 기대 할 수 있다.
⑤ 이상 외력에 대해 어느 정도의 방수효과를 기대 할 수 있다.

직사각형 철근콘크리트 함체형식은 다음 특성을 갖는다.
① 터널 단면에 불필요한 공간이 적고, 대형단면을 유효하게 설계할 수 있다.
② 원형단면에 비해 도로면을 낮게 할 수 있어서 터널의 전장을 단축할 수 있고, 동시에 트렌치의 굴착 깊이도 얕게 할 수 있다.
③ 강재를 절감할 수 있다.

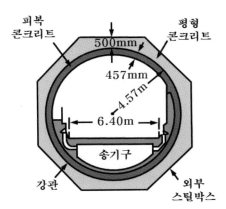

그림 11.4.1 강재 케이싱 침매터널(1910년에 건설한 Detroit 철도)

4.3 침매터널의 조사

침매터널은 외지에서 함체를 제작하고 현장에 예인·침설하여 건설하며, 조사를 통해 전체과정에 필요한 자료를 획득하여 설계에 적용한다.

침매터널의 건설을 위해 수로조건(4.3.1절), 함체제작부지(4.3.2절), 측량(4.3.3절), 수리와 수질(4.3.4절), 지질과 지반(4.3.5절) 등에 대해 조사해야 한다.

4.3.1 수로조건 조사

침매공법 적용여부는 수로조건에 달려있다. 항만지역에서는 장래계획을 포함하여 수로수심과 항로 폭, 운항선박 수, 선박 최대 톤 수 등 제반사항을 항만 관계자로부터 구하고, 하천지역에서는 하천 개수계획 등 자료를 하천 관리자로부터 얻어야 한다.

4.3.2 터널함체 제작부지 조사

터널함체 제작부지는 침매터널의 설계나 계획에 큰 영향을 미치므로 주의해서 조사를 해야 한다. 적합지역의 지형, 지질, 점용면적, 사용조건은 물론 현장까지의 수로조건 등을 조사한다.

4.3.3 측량 조사

육지측량조사의 노선측량과 같이 상세하고 광범위하게 조사한다. 수로는 깊이 측량이 주가 되지만 노선부근뿐만 아니라 트렌치 굴착 예정지역과 대체항로는 물론 함체의 예인경로 등도 조사한다.

4.3.4 수리 및 수질 조사

수위에 관한 기록과 예인·침매에 영향을 미치는 유속의 분포 및 시간적 변화를 조사한다. 또 물의 비중, 부유점토 함유율, 침강속도, 수질, 토양의 부식성, 지중전류의 유무 등도 조사한다.

4.3.5 지질 및 지반 조사

침매터널에서 기초지반은 크게 문제가 되지 않지만 매우 연약한 지반이나 침하가 일어나는 지반에서는 충분히 조사한다. 또한, trench 굴착 시공계획, trench 비탈면의 안정, 터널 침설, 되메우기에 의한 압밀, 부유점토 등의 조사에 유의한다.

4.3.6 기타 조사

이외에도 지진에 관한 조사, 용지 및 어업 등 기타 보상문제, 항로, 호안대책, 사토 및 토취, 풍향, 속도, 강우강도, 파랑 등에 관한 조사도 충분히 시행하여야 한다.

4.4 침매터널 시스템

침매터널에서 배기가스를 외부로 배출하기 위해 **환기시설 (4.4.1 절)** 을 설치해야 하고, 함체를 현장에 거치시키는데 **측량시스템 (4.4.2 절)** 을 구축해야 한다. 그밖에 함체, 강재 피복, 함체 접합부, 기초 등이 중요하다.

4.4.1 침매터널 환기

터널 내에 배기가스가 발생되면 인체에 해롭고 가시거리가 짧아지므로 환기시설을 설치하여 제거해야 한다. 자동차 배기가스는 CO, CO_2, NO_x, SO_2, CH, Pb, 매연 등을 포함하며, 일산화탄소 CO 의 허용치는 200 ppm (parts per million) 이다.

침매터널에서는 구조적 특성상 환기에 유의해야하고 터널 단위길이 당 0.2~0.3 m^3/s 가 필요하다. 자연환기가 가능한 길이는 일방통행 터널에서는 약 300 m, 교행 터널에서는 약 100 m 이고, 이보다 더 길면 대개 강제로 환기한다 (Härter, 1979).

터널 환기시설은 터널 목적에 따라 다르게 설계한다. 즉, 도로터널이면 빨리 지상에 나올 수 있도록 터널길이를 최대한 짧게 하고 터널양측에 수직갱 (환기탑) 을 open 경사로에 접합·설치하는 경우가 많다. 반면 철도터널에서는 연장을 짧게 할 필요는 있지만 경사 때문에 육지부 상당 구간을 터널로 해야 한다. 그러므로 환기시설은 터널 전장에서 시공조건과 사용목적을 종합적으로 비교검토해서 정한다.

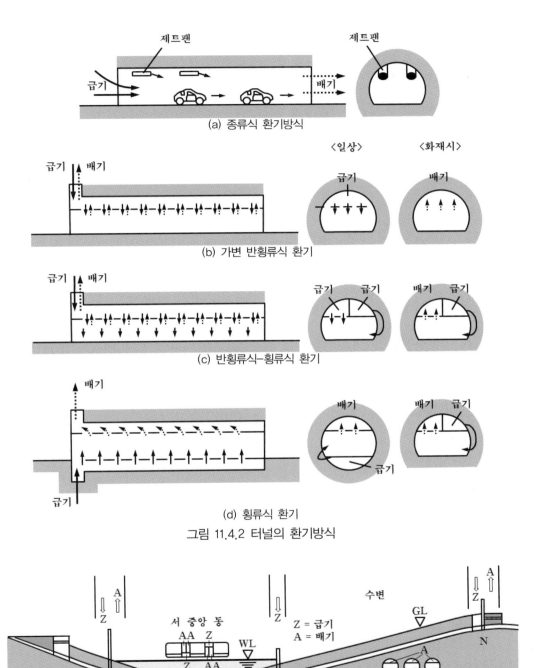

(a) 종류식 환기방식

〈일상〉　〈화재시〉

(b) 가변 반횡류식 환기

(c) 반횡류식–횡류식 환기

(d) 횡류식 환기

그림 11.4.2 터널의 환기방식

그림 11.4.3 Hamburg BAB Elb 터널의 환기 시스템 (H rter, 1979)

4.4.2 측량시스템

침매터널 작업에서는 측량 시스템을 구축하여 함체크기, 해저지반 굴착상태, 함체 설치용 보조 기초와 보조 앵커, 관측탑 저판의 기울기, 함체의 침매 및 설치 중의 위치와 침하 등을 측량한다. 경우에 따라 육상에 고정 관측탑을 구축하여 해상의 수준과 위치를 수시로 측량하고, 지상의 고정점과 삼각망을 형성한다.

4.5 육상 침매터널

침매터널공법은 연약한 육상지반에서 지하철 터널 등을 굴착할 때에도 적용할 수 있다. 즉, 연약한 지반의 일정한 심도에 말뚝 등을 설치하여 지지점을 형성한 후에 널말뚝 벽을 설치하고 지하수위를 유지하면서 지반을 굴착하여 터널함체를 침설할 수 있는 조건을 만들고 나서 터널함체를 침설하고 접합·연결하여 육상 침매터널을 건설할 수 있다. Amsterdam 과 Rotterdam 의 지하철 건설에 이 공법이 적용되었다 (그림 11.4.4).

또한, 연약한 지반의 일정한 깊이에 말뚝을 설치하여 함체의 지지점을 형성한 후 케이슨 식으로 구조체 내부에서 지반을 굴착하면서 함체를 계획된 위치에 설치할 수 있다. 배출한 흙으로 함체의 상부에 발생되는 공간을 채우면서 굴착할 수 있다. 이 경우에는 흙막이 벽을 별도로 설치하지 않으므로 유리할 수 있으나 높은 난이도의 기술이 필요하다.

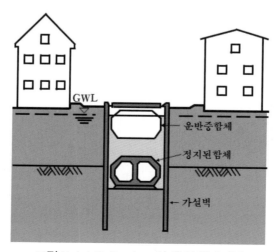

그림 11.4.4 Rotterdam 의 육상 침매터널

5. 침매터널의 함체

터널의 함체는 물에 떠우고 운반해서 수중의 소정위치에 가라 앉혀서 접합한다. 함체는 자체적으로 또는 약간의 부력을 가하면 물에 떠야 하므로 함체 겉보기 비중은 1.05~1.1 정도인 때가 많다. 함체 양단을 폐쇄하는 가설벽은 침설 시 수압에 견딜 수 있도록 강도와 수밀성이 충분해야 하며 침설 후 쉽게 철거할 수 있어야 한다.

수저 터널에서 함체의 방수는 특히 중요하다. 철근 콘크리트 방식 함체는 외벽에서 아스팔트계와 강판, 합성고무, 합성수지 등을 피복하여 방수한다. 강재 케이싱 방식 함체에서는 강재자체가 우수한 방수피복이지만 그 기능을 유지하려면 부식에 대해 안정해야 한다.

설계에 고려할 하중은 사하중, 활하중, 충격하중, 토압, 부력 등이며, 온도변화와 부등침하 및 지진의 영향에 의한 하중도 고려한다.

완성된 침매터널은 지반에 놓여 있는 긴 보 구조로 되어 하중의 국부적 재하나 지지조건의 불균등성이나 지반의 부등침하로 인해 변형 및 응력이 발생된다. 특히 터널 함체를 접합함에 따라서 발생되는 함체의 길이방향 휨모멘트는 상당히 크므로 터널 함체는 길이방향에 대해서 필요한 강도를 갖도록 해야 한다.

접속부의 가요성 신축이음은 응력경감에는 효과적이지만 수밀성과 강도 측면에서 취약지점이다.

침매터널의 함체는 시공방법, 재료, 경제성의 상호관계, 교통 및 유지관리, 환기, 시공조건을 고려하여 **단면형상 (5.1 절)** 을 결정하며, 함체는 **수밀성 (5.2 절)** 이 확보 되어야 한다.

침매터널 함체는 강재 케이싱 방식으로 선대나 호안벽에서 **제작 (5.3 절)** 하거나 Dock yard 에서 콘크리트를 타설하여 제작한다.

침매터널은 수중에서 다양한 깊이로 설치하므로 압력상태에서 **방수 (5.4 절)** 하고 강재케이싱 함체에서는 강재의 부식을 방지한다.

5.1 침매터널의 단면형상

침매터널 단면형상 (**5.1.1** 절) 은 침매터널의 크기와 시공법 (**5.1.2** 절), 재료, 경제성의 상호관계, 교통 및 유지관리, 환기, 시공조건을 고려하여 결정한다.

5.1.1 터널 크기와 시공법에 따른 단면형상

굴착식 터널 단면은 대개 원형과 타원형 및 마제형 (shield 공법에서는 원형) 이고, 침매터널의 단면은 주로 사각형과 원형이다. 압축공기 케이슨식은 사각형이 많다.

침매터널의 단면은 차선 수에 따라 다르다. 즉, **1~2** 차로 터널은 사각형과 원형을 모두 적용하며, **3** 차로 이상되는 터널은 단면이 크므로 대개 사각형으로 한다. 함체 단면을 원형으로 하면 터널의 상하에 불필요한 공간이 너무 많다 (그림 11.5.1).

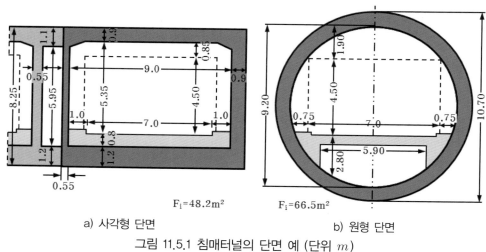

a) 사각형 단면   b) 원형 단면

그림 11.5.1 침매터널의 단면 예 (단위 m)

단면을 **3** 개 **2** 차로로 하면 교통량에 따라 신축적으로 대처할 수 있어서 유리하고, 사고 발생에 대처하거나 보수·관리에 매우 편하다 (Lincoln 터널, New York : BAB -Elb 터널).

교통량이 많은 경우에는 단면을 **2** 개 **3** 차로로 하는 경우가 많다 (Lafontain 터널, Canada : Tingstad, Sweden ; Limford, 덴마크 ; Vlake, J.F.kennedy, Botlek, 네덜란드 ; Wangan Sen, Kawasaki, 일본). 그리고 도로와 철도를 하나의 단면에 배치하는 경우도 있다 (J.F. Kennedy 터널, 네덜란드).

5.1.2 터널형식에 따른 단면형상

침매터널의 함체는 대체로 원형 강재 실린더를 콘크리트로 피복하여 제작하거나 철근 콘크리트로 박스형태로 제작한다.

1970년대까지 시공된 전체 63개 침매터널 중에 원형이 22개이고 사각형이 38개이며, 강재가 30개 철근콘크리트가 30개이다. 단면이 크고 사각형이면, 철근 콘크리트가 적합하고, 여건이 맞으면 강재로도 시공한다. 조선소가 가깝고 소요 단면이 2차로 이하인 경우에는 원형 단면이 많이 적용된다.

1944년 이후에 시공된 14개 침매터널 중에서 11개는 강재를 이용하여 사각형 단면으로 제작되었고 3개만 철근 콘크리트로 제작되었다.

강재 실린더는 Detroit 에서 1910년에 처음 적용한 이후에 자주 쓰인다. 길이가 중간이하로 짧은 경우에는 드라이 도크 운영비 때문에 철근콘크리트가 부적합하다.

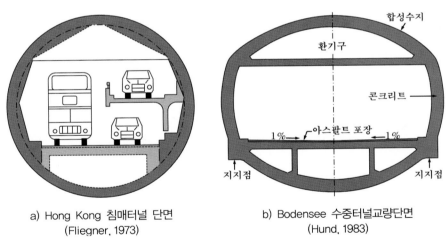

a) Hong Kong 침매터널 단면
(Fliegner, 1973)

b) Bodensee 수중터널교량단면
(Hund, 1983)

그림 11.5.2 특수 침매터널의 단면 (Kretschmer/Fliegner, 1987)

표 11.5.1 침매터널함체의 단면형상과 길이 (Kretschmer/Fliegner 1975/76) (계속)

Tunnel	전체길이 [m]	단면 개요 [m]	함체길이 [m]
Alter Maastunnel (1945)	1070		62
Elisabeth River Norfolk 1950 ~ 52	1020		91
Baytown Tunnel Texas 1950 ~ 53	915		97
Baltimore 1954 ~ 57	2332		92
velsen-Tunnel (Nordseekanal) 1957	768		널말뚝 시공
Havanna Cuba 1957 ~ 59	733		107,5
Deas Island Vancouver, 1957 ~ 59	658		105
Liljeholmsviken Stockholm 1958 ~ 60	160		125
Rendsburg 1957 ~ 61	640		140

표11.5.1 침매터널함체의 단면형상과 길이 (Kretschmer/Fliegner 1975/76)

Tunnel	전체길이 [m]	단면 개요 [m]	함체길이 [m]
Rotterdam	2740		90
Coen-Tunnel (Nordseekanal) 1966	587		90
BENELUX-Tunnel (Maas) 1967	794		90
Ij-Tunnel Amsterdam 1968	1039		90
Tingstadtunnel Goteborg	450		90
E3-Schelde-Tunnel 1969	514		-
Lafontanie-tunnel 1967	300		-
BAB-Elbtunnel 1975	1056		132
Bakar(Jugoslawien) 1978	359		40

5.2 침매터널의 수밀성

침매터널은 수중에 설치하므로 수밀해야하며, 함체종류에 따라 적합한 방법으로 수밀성을 확보해야 한다.

강재 케이싱 함체의 수밀성 (5.2.1 절) 은 강재를 용접하고 보강하면 비교적 용이하게 확보할 수 있다. 철근 콘크리트 함체의 수밀성 (5.2.2 절) 은 수밀 콘크리트를 제작하거나, 온도변화나 건조 및 크리프에 의해 콘크리트가 신축되지 않게 하거나, 콘크리트에 수화열이 발생되지 않게 하고 최대한 일체로 타설하며, 물-시멘트비를 잘 유지하고 적합한 거푸집을 사용하며, 필요에 따라서 콘크리트를 냉각하여 타설하는 방법으로 확보할 수 있다.

5.2.1 강재 케이싱 함체의 수밀성

강재 케이싱 함체는 Detroit 에서 1910 년에 최초로 적용한 이후에 자주 쓰인다. 강재 실린더로 원형 또는 사각형 침매터널을 만들 때에는 두께 약 10 mm 인 강재를 사용하여 용접하고 보강하면 강성뿐만 아니라 수밀성도 좋다.

강재피복은 콘크리트 타설 시 외측거푸집 및 지보공이 되고 동시에 수압에 저항하면서 콘크리트 중량을 지지하므로, 강도와 강성 및 수밀성이 충분해야 한다. 강재피복은 함체를 제작하여 침설 후 접합까지 시공 중 발생 하중 (진수 시 하중, 예인 시 응력, 풍하중, 라이닝 콘크리트 시공 시 하중, 침설 시 가설벽에 대한 수압 등) 을 주 하중으로 간주하여 설계하며, 대개 시공법에 따라 좌우된다. 이 외에도 철근조립과 라이닝 콘크리트 시공에 의해 발생되는 하중도 고려한다.

5.2.2 철근 콘크리트 함체의 수밀성

콘크리트 함체는 네덜란드에서 1972 년 Vlake 터널에 처음 적용한 이래 방수막을 설치하지 않고도 수밀성 콘크리트로 제작하고 있다. 콘크리트는 공극이 서로 연결되지 않아서 두께가 30 cm 이상이고 균열이 없으면 실제로 불투수재이다 (DIN 1048 방수시험에서 7 bar 기압에서 5 cm 이상 침투하지 않으면 수밀성으로 간주).

외벽 콘크리트는 방수와 강재부식 방지 기능을 갖는다. 콘크리트의 미세균열은 온도차, 진동, 크리프 등에 의해 발생되며, 굴착터널이나 쉴드터널에서는 시공조건상 균열이 잘 발생되지 않기 때문에 문제가 적게 발생되지만, 침매터널에서는 (도크에서 함체제작 중에 건조 및 온도변화로 인해) 균열이 발생하기 쉽다.

1) 온도수축

콘크리트 부재가 얇으면 경화될 때에 열이 직접 공기중에 발산되지만, 두꺼우면 경화 시 발생열 (수화열) 이 방출가능한 열 보다 더 많아서 콘크리트 부재내 온도가 상승한다. 콘크리트는 타설 시에 온도가 20℃ 까지 올라가지만 경화 중에는 온도가 떨어지고 이에 비례하여 수축한다. 이때에 변형이 억제되면 이미 20℃ 온도에서도 온도수축에 의해 인장강도보다 큰 응력이 콘크리트에 발생되어 인장균열이 발생된다.

2) 건조수축

콘크리트는 물의 증발에 의하여 **건조수축**한다. 화학반응에 참여하지 않은 물이 모세관 현상으로 증발할 때도 수축하며 그 크기는 부재 칫수, 콘크리트의 구성 및 특성에 따라 다르다. 두꺼운 콘크리트 부재에서는 모세관이 막혀 있어서 얇은 콘크리트부재 보다 적게 수축된다. 얇은 부재에서 수축에 의한 체적 감소는 온도가 15~20℃ 만큼 떨어진 것과 같은 효과를 나타낸다.

3) 크리프 수축

크리프에 의해 콘크리트 체적이 서서히 감소하면 재하중보다 더 큰 수축응력이 발생되어 작용하며 반응초기와 급히 건조된 때에 크고, 응력을 풀면 즉시 없어진다.

4) 수화열

터널 함체 콘크리트를 타설하는 동안 **수화열**이 발생되면, 바닥판 (인버트), 벽체 및 천정의 중심온도가 외부온도 보다 높아져서 내·외부 온도차가 발생되어 외부가 급격히 수축하므로 두 영역사이에 인장응력이 발생하여 균열이 생긴다. 콘크리트가 피복된 경우는 온도가 높을 때에 cold shock 이 발생한다. 특히 겨울에 온도가 강하되며, 온도가 15~20℃ 만큼 강하하면 균열이 생긴다.

5) 분리타설

대단면 터널에서는 균질하게 콘크리트를 타설할 수 없어서 보통 바닥을 먼저 타설하고 이어서 벽과 천정을 **분리타설**한다. 이때 먼저 경화된 바닥판에 의하여 벽체와 천정의 변형이 억제되고 수화열에 의하여 온도가 높아진다. 연결부 근처에 발생된 열은 연결부에서 바닥판으로 방출되어 연결부에는 균열이 발생하지 않으나 연결부에서 20~30 cm 이상 떨어진 곳은 온도가 높아지고 탄성계수가 압축응력을 받을 수 있을 만큼 크지가 않다. 또한 벽체의 변형은 바닥판에 의해서 억제된다.

냉각과정에서 탄성계수가 커지나 벽체 인장응력과 바닥 압축응력만큼 줄어든다. 인장응력이 콘크리트 인장강도보다 커지면 상향 균열이 발생한다. 이때에 천정과 벽체 상부는 압축응력만 발생하므로 벽체의 수직균열은 천정까지 전파되지 않는다.

6) 물–시멘트 비

인장응력 발생을 방지하려면 콘크리트의 구성이 중요하며 (DIN 1045 6.5.7 수밀 콘크리트), 시멘트와 0.25 mm 이하 세골재 단위수량을 $400 \sim 450 \, kg/m^3$ 로 유지한다.

콘크리트의 수밀성은 주로 물-시멘트비로 결정된다. 시멘트 중량의 약 25 % 에 해당하는 물만 화학반응에 관여하고 나머지 물은 시멘트 겔의 공극을 채우고 있다. 물시멘트비가 W/C > 0.4 부터 모세관이 생기며, W/C = 0.55~0.6 에서 이미 투수 위험이 있다. DIN 1045 6.5.7.1 에서 W/C < 0.7 을 유지하도록 규정하고 있다.

7) 거푸집 탈형

거푸집은 10~14 일 후에 충분히 냉각된 후에 제거한다. 거푸집은 중심부와 외부 사이의 급격한 온도 차이를 막아주므로 강재거푸집보다 목재거푸집이 효과가 좋다.

8) 철근응력

터널의 길이 방향 철근은 균열형성을 억제하지 못한다. 철근의 응력은 균열발생 전에는 작고, 균열이 발생하면서 증가한다. 철근량이 작으면 수축력이 커지지만 철근 이 받는 힘은 적어서 평형에는 영향을 미치지 못한다. 철근량을 크게 하면 수축된 콘크리트에 좁은 간격으로 균열이 발생하지만 균열의 폭이 극히 작다. 그러나 그 효과가 비용에 비례하지는 않는다.

콘크리트는 타설 두께를 제한하거나, 일체로 타설하거나, 콘크리트를 냉각시키거나, 가열하거나, 수밀 콘크리트를 타설하여 균열을 방지할 수 있다.

9) 일체타설

경험적으로 판단할 때 콘크리트 두께를 5 m 이하로 하면 균열을 방지할 수 있다. 그러나 연직으로 이음부가 많아져서 투수 위험이 높고, 경비가 많이 소요된다.

균열 방지를 위해 1 차로나 2 차로 터널에서 20 m 간격으로 바닥과 벽 및 천정을 일체로 타설할 수 있다 (Neueu Maas, 암스테르담). 그러나 단면이 크면 거푸집제작 이 어렵고, 소요 콘크리트 물량이 비현실적이다. 폭 20 m 인 터널에서는 일시에 3000 m³ 의 콘크리트 물량이 필요하다.

10) 콘크리트 냉각

콘크리트를 냉각하여 최대수화열만큼 온도를 강하시키면 반응시간이 길어져서 발열량을 긴 시간으로 분산시킬 수 있어서 균열을 방지할 수 있다. 첨가제를 넣거나 얼음조각을 물에 섞어 반죽하면 온도를 낮출 수 있다. Rendsburger 도로터널 등에서 이 방법으로 바닥판, 벽, 천정을 타설하여 좋은 결과를 얻었다.

콘크리트는 첨가제를 온도 10~13℃ 물로 혼합하거나, 물을 +2℃ 로 냉각시키거나, 물에 부분적으로 얼음가루를 살포하면 냉각시킬 수 있다. 그 밖에 시멘트 온도를 27℃ 이하로 유지하여도 콘크리트 반죽의 온도가 20℃ 에서 9℃ 로 낮아져서 11℃ 로 냉각되고 인장응력이 절반으로 감소되었다. 냉각법은 비용이 많이 소요되기 때문에 실제에 적용하기가 곤란할 수 있으며, 이때는 역으로 깊이 방향으로 관을 타설하고 더운 물을 순환시켜서 바닥판을 가열하여 벽체와 온도를 같게 할 수도 있다 (Stockhlom 지하철).

방수막을 사용하지 않고 대단면 터널을 균열없이 수밀콘크리트로 처리하는 방안이 네델란드 Vlake 터널에서 처음 시도되었다. 먼저 바닥판 콘크리트를 타설한 후 벽체와 천정 콘크리트를 타설하였다. 벽체의 하단부 부터 ⅔ 높이까지 냉각코일을 설치하고 냉각수를 순환시키고 온도를 확인하면서 벽체를 냉각해서 바닥과 같은 온도를 유지하였다. 이때에 터널단면 크기, 콘크리트 구성, 물과 콘크리트 반죽의 온도차, 냉각 시스템 길이와 직경 및 간격 등이 영향을 미친다.

콘크리트의 냉각시스템은 Mandry (1961) 를 참조하여 설계 및 계산하며, 운영에 특수한 기술과 비용이 필요하다. 온도가 급속히 강하되면 냉각을 진행하고, 온도가 5 시간 이상 강하되면 시스템을 정지하며, 온도가 상승되기 시작되면 냉각시스템을 추가로 가동한다.

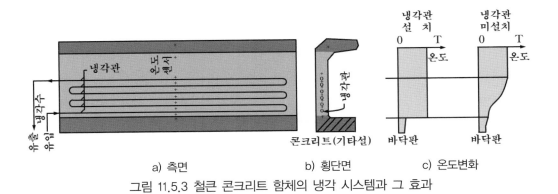

a) 측면   b) 횡단면   c) 온도변화

그림 11.5.3 철큰 콘크리트 함체의 냉각 시스템과 그 효과

5.3 침매터널 함체 제작

침매터널 함체 (5.3.1절) 는 강재 케이싱 방식 (5.3.2절) 으로 선대나 호안벽에서 제작하거나 **dock yard** 에서 철근 콘크리트를 타설 (5.3.3절) 하여 제작한다.

5.3.1 터널 함체

침매터널 함체는 선대, 도크, 항만, 대형 바지, 임시도크 등에서 원형 강재 케이싱 방식이나 사각형 철근 콘크리트 방식으로 제작하여 물에 띄워서 현장에 예인하여 가라앉히고 연결한다. 현재까지 건설한 최장 침매터널 함체는 네델란드 Hemspoor 터널로 길이 268 m 이고, 가장 넓은 함체는 Drecht 터널로 폭 48.80 m 이다.

함체단면은 아메리카나 동남아시아에서는 원형, 유럽과 캐나다에서는 사각형이 많다. 사각형 단면 함체는 1942 년 Rotterdam 의 Neuen Mass 에서 최초로 제작하였다. 단면형상을 정할 때는 우선 진수가능성을 검토한다. 시멘트는 첨가제가 콘크리트를 손상시키는 알카리 반응이 있는지 검토하고 함체 한 쪽에는 임시 벽체를 설치한다.
기초는 지반의 침하거동에 의존하며 함체가 고정 또는 가요성인지 판정하여 설치한다. 벽체를 너무 두껍게 하여 함체가 너무 무거우면 물에 뜨지 않을 수 있다.

터널 본체부분은 균열이 없는 수밀 콘크리트를 타설하여 방수하는 것이 기본이고, 연결부에 주입밴드를 설치하며, 고무피복강판을 고정하고 에폭시를 주입한다.
온도변화에 의한 응력으로 함체위치가 변하지 않고, 시간의 경과에 따라 터널이 옆으로 밀리지 않게 안정도를 검토하여 바닥에 키를 설치하거나 천정위에 돌출부를 만든다. 해저지반이 변하여 불균형력이 작용하는 경우에 대해 안정을 검토한다.

함체 진수시 물에 띄워 현장에 침매시키기 위해 다음 보조설비가 필요하다.
· 평형을 유지하기 위한 평형수조, 함체에 직접 설치하거나 환기채널에 설치한다.
· 평형거동을 유지하기 위한 물의 유입 및 배수 시스템이 필요하다.
· 예인할 때 필요한 고정점
· 침설위치를 잡기 위한 계선주
· 기초설치용 현장장비 고정고리
· 관측탑을 고정시키기 위한 출입구멍
· 침설된 함체 연결 장치

5.3.2 강재케이싱 방식

강재 케이싱 함체는 선대나 호안벽을 이용해서 강재케이싱을 제작하여 진수시켜 안벽 또는 잔교에 잡아매고 부상상태에서 강재 케이싱의 내부를 콘크리트로 채워서 완성한다. 함체에 사용할 강재 케이싱은 조선기술과 조선설비를 그대로 이용하여 제작할 수 있으나 함체 단부의 제작 정밀도는 선체 건조의 정밀도를 상회하기 때문에 주의해서 제작해야 한다.

강재 케이싱은 조립이 끝나면 부속설비를 부착하고 진수시킨다. 강재 케이싱을 진수할 때는 케이싱에 상당히 큰 응력이 발생되므로 사전에 응력을 검토하고 필요하다면 가설재로 보강한다.

강재 케이싱은 부상상태에서 라이닝 콘크리트의 시공에 필요한 각종 침설설비를 부착한다.

5.3.3 드라이 도크

침매터널의 함체는 현장에 인접한 조선소의 드라이 도크나 인근에 가설한 드라이 도크에서 제작한다. 침매터널 전체 공사비 중에서 드라이 도크 건설비가 차지하는 비율이 매우 높기 때문에 도크 적지의 선정나 도크 규모 등은 신중하게 검토하여 결정한다.

함체를 제작할 드라이 도크 야드는 깊이가 충분히 깊어서 함체를 완성한 후 도크를 물로 채웠을 때 함체를 부상시키고 예인할 수로로 인출할 때에 충분한 수심이 확보될 수 있는 것을 선택해야 한다.

함체를 제작할 드라이 도크 야드는 바닥에 두께 1 m 정도로 모래를 깔고 그 위에 20~30 cm 정도 두께로 자갈이나 쇄석 층을 설치한다. 모래 상부에 설치한 자갈이나 쇄석 층은 하부 지반의 지지력을 확보하고, 국부적인 부등침하를 방지하며, 바닥에 포설한 모래층의 국부적 횡이동을 방지한다.

함체제작이 완료되면 드라이 도크에 물을 채워 터널 함체를 띄운 후 예인선 (Tug-boat) 으로 끌어낸다. 이때에 함체의 바닥 하부에 설치한 자갈이나 쇄석층은 물을 도크 내에 유입시켜 함체를 진수할 때에 물이 기초바닥에서 쉽고 고르게 침투하여 함체가 원활하게 부상하는 데 도움이 된다.

5.4 함체의 방수 및 방식

침매터널은 수중에 다양한 깊이로 설치하며, 수압을 극복할 수 있도록 방수해야 하며, 강재함체는 강재의 부식을 방지해야 한다.

자동차용 터널은 완전한 방수 (5.4.1 절) 가 필요하지만 보조터널은 완전 방수까지는 필요하지 않다. 전체 비용에서 방수에 드는 비용은 크지 않으나 방수가 안되어서 보수하는 데는 비용이 매우 많이 든다. 침매터널은 수중에 설치하므로 강재 케이싱 함체에서 강재부식 (5.4.2 절) 은 전체 면적에서 고르게 일어나며, 콘크리트를 피복 (수동적 방법) 하거나 부식이 적게 일어나는 금속을 사용하거나 강재를 두껍게 하거나 전기적으로 처리하여 (능동적 방법) 방지한다.

5.4.1 함체의 방수

함체는 제작법에 따라 방수방법이 다르고 함체를 방수하면 연결부만 방수하면 된다.

1) 벽체 방수

침매터널 함체는 강재나 합성수지 쉬트를 설치하거나 타르를 도포하여 방수층을 설치하거나 수밀콘크리트를 타설하여 (별도의 방수층 없이) 방수한다. 방수층 없이 수밀콘크리트로 시공한 경우는 쿠바 Havana 의 도로 터널이 최초이고 네덜란드의 Vlake 터널 (1972) 이 유럽의 시초이다. 최근에는 바닥과 벽은 철판으로 감싸고 천정 부분만 타르 등으로 방수층을 형성하는 경우가 많다 (Elbe 터널, Hamburg).

Alte Maas Tunnel (1942) 와 Rendsburger Tunnel (1961) 에서는 예인 및 침매 중에 방수기능의 기계적 손상을 막기 위하여 약 6 mm 강판으로 함체를 감싸고 외부를 콘크리트로 보호하였다.

2) 방수상태 검사

벽체 방수상태는 진공 (진공법) 이나 압축공기 (압축공기법) 또는 압력수 (압력수법) 를 가하여 확인하거나, 암모니아 (암모니아법) 를 이용하여 확인할 수 있다.

① 진공법 : 비눗물을 벽에 바르고 종형 plexiglass 를 대고 부분적으로 진공을 걸어서 거품이 생기는지 관찰한다.

② 압축공기법 : 압축공기를 가해 검사하고, 비교적 간단하고 확실한 방법이다.

③ 압력수법 : 부분적으로 압력수를 가하여 검사하는 방법이다.

④ 암모니아법 : 암모니아 증기에 반응하는 반응용지를 부착하고 벽체 반대편에서 암모니아 가스를 고압으로 주입하면 방수되지 않은 부분은 용지색이 변한다.

방수 쉬트의 시공상태는 다음 방법으로 검사한다.
· 핀을 사용하여 연결부를 검사
· 고압전극이나 초음파를 사용해서 검사
· 진공법 : 종형 plexiglass 를 대고 부분적으로 진공을 가하여 검사
· 압축공기 : 부분적으로 압축공기를 가하여 검사하며, 간단하고 확실한 방법
· 압력수 사용 : 부분적으로 압력수를 가하여 검사

3) 연결부 방수

함체는 수중 콘크리트를 타설하거나 고무 gasket 을 설치한 후 수압을 이용하여 압접하며, 내부에서 다양한 결합구조로 접합할 수 있다. 접합부에 수중콘크리트를 타설하여 접합하면 함체는 거의 강결합이며, 이렇게 하면 지수공내부와 터널본체를 같은 단면으로 하기 쉽다.

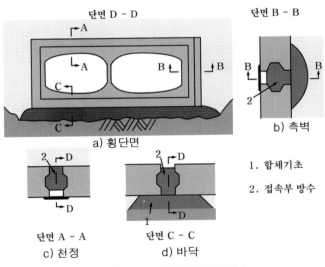

그림 11.5.4 함체 접합부 방수

5.4.2 함체의 방식

노출된 강재에 부식으로 인해 피복층이 형성되면 차츰 산소의 근접이 어려워져서 부식이 중단된다. 강재의 부식은 콘크리트를 피복하거나, 부식이 적은 금속을 사용하여 케이싱을 만들거나, 강재를 두껍게 하거나, 전기적으로 함체를 방식한다.

1) 콘크리트 방식피복

강재는 콘크리트로 방식피복하면 부식을 방지할 수 있으며 이를 위해서는 콘크리트 피복두께가 최소 4.0 cm 이상 되어야 한다.

2) 두꺼운 강재 이용

강재는 수면보다 아래에 있으면 전체면적에 고르게 부식이 일어나고, 대개 0.01~0.02 mm/year 만큼 부식된다. 구조물 수명이 100 년 이라면 최고 2 mm 정도 부식되므로, 보통 6.0 mm 강재를 사용하면 2 mm 가 부식되어도 아직 4 mm 가 남아서 안전하다. Cross-Harbour Tunnel (Hong Kong) 은 10 mm 철판을 사용하고 외벽은 숏크리트로 두께 6.5 cm 를 피복하였다.

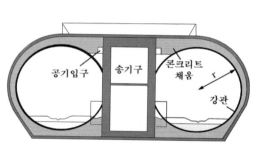

그림 11.5.5 San Francisco 지하철의
강재케이싱 침매터널단면 (Haack / Klawa,
1982)

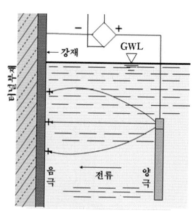

그림 11.5.6 전기식 방식 개념

3) 전기식 방식처리

음 (-) 전압을 가하면 철로부터 양 (+) 이온이 떨어져서 나오지 않는 즉, 산화되지 않는 원리를 적용하면 강재의 부식을 방지할 수 있다. 즉, 주석, 마그네슘, 알미늄 등 양극재를 강재에 부착하여 전류를 가하면 강재는 부식되지 않는다.

양극재는 에너지가 많이 소요되고, 유지기간이 대체로 6~10 년 정도이므로 주기적으로 교체하는데 비용이 많이 소요된다. 전기식 방식처리방법을 모든 조건에 적용하기는 어렵다. Tingstads 터널 (Goteberg, 스웨덴), Kennedy 터널 (Antwapen, 네델란드), Trans-Bay, San Francisco 등에서 적용되었다. 바닷물, 지진 피해지역, 수중 박테리아가 풍부한 경우, 수중산소 함유량이 높은 경우 등에서는 두께 3 mm 철판을 적용하는 비용보다, 전기처리 방법을 적용하는 것이 더 저렴할 수 있다.

6. 침매터널 함체의 침설

침매터널의 함체는 선대나 호안벽 또는 드라이 도크에서 강재 케이싱이나 철근 콘크리트로 제작 후에 현장으로 운반하여 미리 준비한 수저기초지반 (6.1절) 위에 설치한다. 함체는 부유시켜서 예인하여 설치하므로, 함체의 이동 중 안정 (6.2 절) 을 검토한다. 침매터널공사는 함체를 제작하고 현장으로 예인하여 사전에 준비한 기초지반 위에 침설 후 접합 (6.3 절) 하고 되메우는 작업이다.

6.1 함체 기초공

침매터널의 함체는 수저지반을 준설하고 수평으로 고른 후에 (특별한 구조물 없이) 직접 설치하거나, 가지지대를 만들고 그 위에 함체를 올려놓고 지면과 함체 사이를 흙으로 채우거나, 취약지반을 양호한 지반으로 치환하고 설치하거나, 철근콘크리트 지지대나 말뚝기초를 타설하고 그 위에 함체를 설치한다.

침매터널 함체를 정해진 선형과 레벨로 현장에 설치하고 안정을 유지하기 위해 트렌치를 굴착 (6.1.1절) 하여 함체를 설치하고 함체와 트렌치 바닥사이를 채우고, 함체상부를 덮어서 함체를 보호한다. 함체의 기초지반정지작업 (6.1.2절) 은 screed 방식이나 가지지 방식으로 수행한다. 침매터널의 함체는 겉보기 비중이 1.1 정도가 되게 제작하므로 트렌치에서 굴착·제거한 흙의 비중보다 작다. 따라서 지지력을 확보하고 동시에 함체를 고정시키기 위해 함체의 기초 (6.1.3절) 를 설치한다.

기초공은 깊은 수저에서 수행하는 작업이므로 시공 불확실성이 높다.

6.1.1 트렌치 굴착

침매터널용 트렌치 굴착은 일반 준설작업과 같지만 굴착 깊이와 마무리의 정밀도가 일반 준설작업 보다 높다. 준설 작업선은 펌프선, grab 선, bucket 선, dipper 선 등이 있으며 공사조건에 맞게 선택하고, 펌프선이나 grab 선을 자주 사용된다. 미리 전역에 걸쳐 보링이나 표준관입시험을 행하는 동시에 때로는 시험굴착도 실시한다.

6.1.2 기초지반 정지

침매터널 함체가 설치될 수저지반에 트렌치를 굴착하고, screed 방식이나 가지지대 방식으로 기초지반을 정지한 후 그 위에 함체를 위치시킨다.

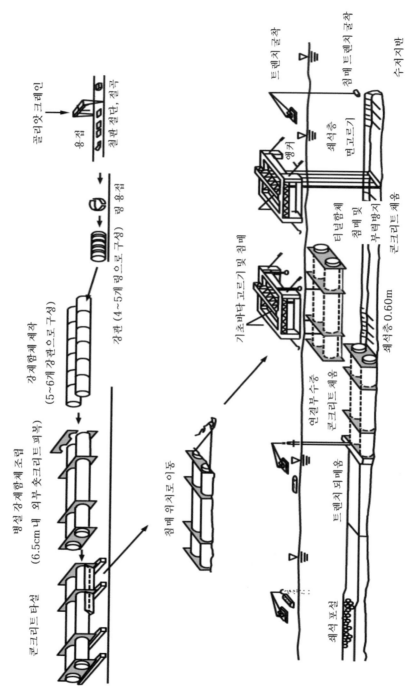

그림 11.6.1 강재함체 침매터널의 제작 및 침설

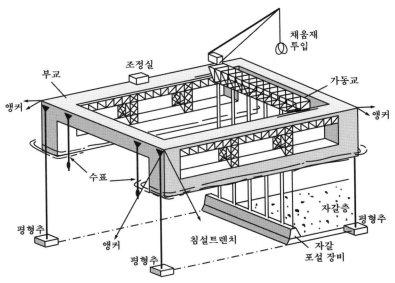

그림 11.6.2 침매터널 기초지반 모래매트 설치

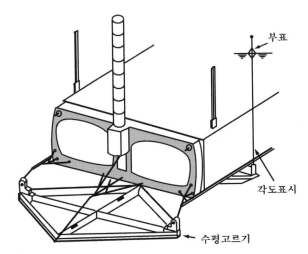

그림 11.6.3 screed 식 기초지반 수평 고르기(Rendsburg 도로터널, 1961)

1) screed 방식

굴착된 trench 바닥에 입경 40~100 mm 의 모래, 쇄석 또는 거친 모래를 두께 50~80 cm 정도로 부설하고 그 상부 면에 함체를 거치하는 기초조성 방법을 screed 라 하고 (그림 11.6.3), 주로 강재 케이싱 함체의 기초로 이용된다. 소규모이고 수심이 얕으면 잠수부가 인력작업으로 기층을 부설하고 규모가 크면 기계화가 필요하다.

2) 가지지 방식

평탄작업 후 강재박스나 수중 콘크리트로 가지지대나 받침대를 설치하고 그 위에 함체를 거치시킨다. 함체를 침설 후 가지지한 함체의 저부와 trench 저면과의 공간 (약 1 m) 에 모래를 뿜어 넣어서 기초를 조성하며 가장 널리 사용된다 (그림 11.6.4).

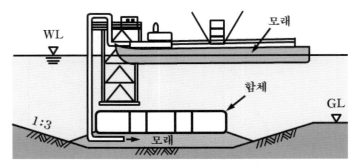

그림 11.6.4 가지지 방식 바닥 모래 뿜어 넣기

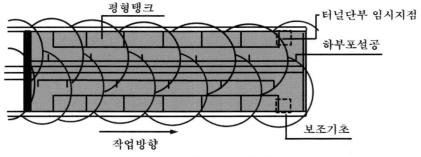

그림 11.6.5 함체 하부 모래 뿜어 넣기

6.1.3 함체 기초

수평으로 고른 지반 위에 함체를 직접 설치할 경우에는 평활작업장치를 전후로 움직여서 지반을 평탄화하거나, 매트설치장비로 수평지반매트를 설치하거나 (Hong Kong Cross-Harbour 터널), 평활작업장치가 부착된 작업대를 이동하여 지반을 수평이 되게 고른다 (그림 11.6.5).

함체 가지지대에 함체를 올려 놓은 후 지면과 함체 사이를 채워서 침상을 만든다. 스웨덴에서는 강봉으로 연결한 2 개 강재박스에 설치한 콘크리트 기초 위에 함체를 침설하였다. Elb 터널에서는 기설 함체에 끼워 맞추기 방식으로 침설하고, 기설터널 함체에 설치된 press 를 이용하여 높이를 조절하였다 (그림 11.6.6).

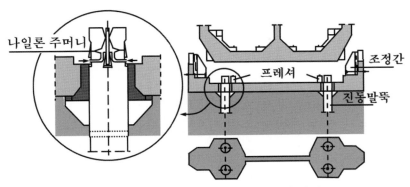

그림 11.6.6 침매터널 기초판 및 함체 설치

지지력이 불충분한 지반은 양호한 지반으로 **치환**하거나, 바닥에 수중콘크리트 지지대나 말뚝기초를 미리 설치하고 그 위에 터널 함체를 설치한다.

기초지반이 매우 연약해서 압밀침하가 예상되는 곳은 말뚝기초로 해야 할 경우가 있다. 이 때 말뚝두부와 터널 함체와의 접합방법이 문제가 되는 경우가 많다. 침매 터널의 램프구간에는 부력이 작용하므로 대개 인장형 말뚝을 사용하여 말뚝기초를 설치한다 (그림 11.6.8). Amsterdam Ij 터널에서는 지반이 좋지 않아서 ϕ1.08 m, 80 m 말뚝을 타입하고, 압축공기 케이슨방식으로 말뚝기초의 기초판을 설치하고 그 위에 터널 함체를 설치하였다 (그림 11.6.7).

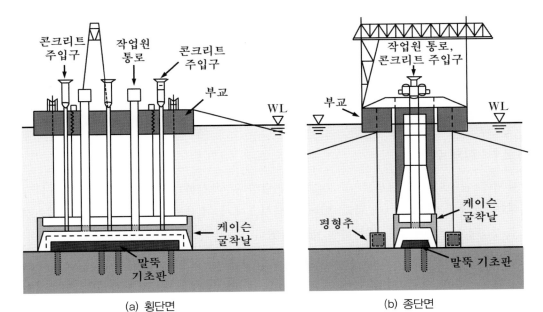

(a) 횡단면   (b) 종단면

그림 11.6.7 말뚝기초판 설치 (케이슨 방식)

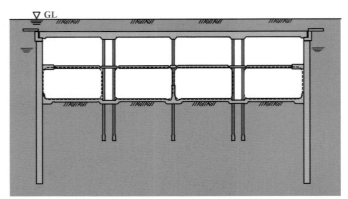

그림 11.6.8 수저터널 램프구간 인장말뚝

Detroitriver 의 철도터널에서는 하저지반을 굴착하고 수중 콘크리트를 타설하여 터널 함체를 정치시켰다. Marsaille 의 도로 터널에서는 지반에 수중 콘크리트로 링 기초를 만들고 그 위에 터널 함체를 설치하였다.

말뚝의 높이를 조절할 수 있게 특수 고안된 head 를 갖는 경우가 있다. 지하수위가 높은 지역에서 지하철을 시공할 때에는 지반을 굴착한 후에 침매 방식으로 시설한 경우도 있다.

6.2 터널 함체의 이동중 안정

함체가 완성되면 드라이 도크에 물을 채우거나, 야드를 준설하거나, 바지선을 기울 여서 함체를 물에 부상시켜 예인한다.

부상상태 침매터널 함체는 대개 강선 등으로 연결하여 예인 (6.2.1 절) 하며, 이동 도중에 파도나 추진력에 의해 진동하므로 부유 중 안정 (6.2.2 절) 을 검토한다.

6.2.1 함체 예인

함체에 관측탑과 접근통로 및 가교를 조립한 후 예인한다. Chesapeake bay (미국) 에서는 함체를 약 $3000\,km$ 멀리 떨어진 텍사스에서 제작하고 약 $2000\,PS$ 의 예인선 으로 $27.78\,km/h$ 속도로 예인하여 설치하였다.

4 각형 함체는 예인 시 유체의 저항이 극히 크므로 예인 시 조류에 의한 영향에 주의한다. Elb 터널에서 조류속도 $v = 0.8\,m/s$ 일 때 $550\,kN$ 가 작용하였고, 조류속도 $v = 1.3\,m/s$ 일 때 $1.47\,MN$ 의 힘이 작용하였다 (Kretschmer/Fliegner 1987).

6.2.2 부유중 안정

물 (단위중량 γ) 에 떠 있는 함체는 진동이 심하면 전복되거나 침수피해를 입을 수 있으며, 함체가 흔들리더라도 수면 위에서만 흔들리도록 안정검토가 필요하다. 예인 중에 함체의 안정성은 **수리모형** 시험을 수행하여 확인한다.

함체 (폭 b, 길이 l, 높이 h, 무게 G_p) 는 길이방향 보다 횡방향의 요동이 더 위험하다. 함체는 물에 t 만큼 잠겨 있고 잠긴 부피 (배수체적) 는 V_u 이며, 길이방향 축 (y 축) 을 중심으로 요동한다. 함체는 요동하더라도 함체 중심 (中心) S_G 가 잠긴 부분의 중심 S_V 보다 상부에 있기만 하면 전도되지 않는다. 함체의 중심과 잠긴 부분의 중심의 거리는 $e = S_G - S_V$ 이고, 함체 중심축과 부력 작용선의 교점은 M 이다.

함체는 자중과 부력이 짝힘이 되어 일부가 수면 아래로 잠겼다가 잠긴 부분 부력이 회복력으로 작용하여 잠긴 부분이 솟아오르고 그 반동으로 반대편이 잠기기를 반복하며, 결국 요동이 정지되고 수평상태가 된다. 이때 S_V 를 중심으로 회복모멘트와 회전모멘트의 평형을 취하면 경심 h_m (傾心, metacenter) 을 구할 수 있다.

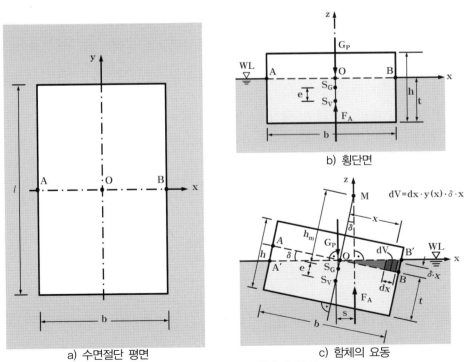

a) 수면절단 평면   c) 함체의 요동

그림 11.6.9 부유 함체의 안정

물에 잠긴 부분의 중심 (中心) S_V 를 중심으로 회복 모멘트와 전도 모멘트가 평형을 이룬다. 즉, 모멘트 평형식이 영 (0) 이 된다.

$$F_A\,s - \int x\,\gamma\,dV = 0 \tag{11.6.1}$$

그런데 부력 $F_A = \gamma V_u$ 와 잠긴 부분 미소부피 $dV = dA\,\delta x = dx\,y(x)\,\delta x$ 및 자중과 부력사이의 거리 $s = (h_m + e)\delta$ 를 위 식에 대입하면 다음 식이 된다.

$$\gamma V(h_m + e)\delta - \gamma\delta\int x^2\,dA = 0 \tag{11.6.2}$$

함체는 종축 (y 축) 을 중심으로 진동하고, 수면으로 절단된 수평면 (그림 11.6.9a, 폭 b, 길이 l) 은 y 축 단면 2 차모멘트가 $J_{yy} = \int x^2\,dA$ 이므로 모멘트 평형식은 다음이 된다.

$$\gamma V_u (h_m + e)\delta - \gamma\delta J_{yy} = 0 \tag{11.6.3}$$

경심 h_m (傾心, metacenter) 을 구하면 다음이 되고,

$$h_m = J_{yy}/V_u - e \tag{11.6.4}$$

배수체적 $V_u = l\,b\,h$ 와 수면 절단면의 단면 2 차 모멘트 $J_{yy} = lb^3/12$ 를 대입하면,

$$h_m = \frac{J_{yy}}{V_u} - e = \frac{b^2}{12h} - e \tag{11.6.5}$$

이고, 함체는 $h_m > 0$ 이면 안정하고, $h_m < 0$ 이면 불안정하다. 안정성 향상을 위해 함체 내부에 평형탱크를 설치할 때는 평형탱크 단면 2 차 모멘트 J_W 를 적용한다.

$$h_m = \frac{J_{yy} - \sum J_W}{V_u} - e \tag{11.6.6}$$

함체가 부유 중에 안정하려면 경심 h_m 이 크고 배수체적 V_u 가 커야 하지만, h_m 이 클수록 쉽게 진동하기 때문에 예인하기 어렵고, 배수체적 V_u 가 크면 h_m 이 작다. 따라서 안정하려면 h_m 이 너무 크지 않아야 되고 $h_m = 0.2 \sim 0.8\,m$ 가 적합하다.

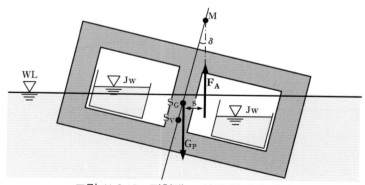

그림 11.6.10 평형탱크 설치 함체의 안정

6.3　터널 함체의 침설 및 접합

　현장으로 예인한 침매터널 함체는 미리 준비한 기초 위에 침설 **(6.3.1 절)** 후 접합 **(6.3.2절)** 하고　되메우기 **(6.3.3 절)** 한다.　침매터널공사는　고도의　정밀도를　요하므로 측량시스템을 구축하여 정확히 측량한다.

6.3.1　함체의 침설

　함체는 쌍통형 푸레싱 barge 방식, float 방식, floating 크레인 방식, 고정 비계방식, 가동 비계방식, 수저 흡입앵커 방식 등으로 계획한 위치에 침설한다.

　부상상태 함체는 쇄석이나 콘크리트로 부가하중을 가해서 침설하며, 수중중량은 함체 크기, 물의 비중변동, 유속 등에 따라 다르지만 대체로 $100 \sim 300\,t$ 정도가 많다.

　함체는 함체내 챔버에 물을 채워서 평형을 조절하면서 수침시키며, 이때에 물이 서서히 들어가게 하고, 위치를 잘 유지해 주어야 한다. 수심이 깊으면 수침 이전에 미리 어느 정도 가라앉힌다.

　조석간만의 차가 큰 지역에서는 만조 후에 정조 시간을 맞추어 함체 위치를 고정 시키고 함체를 수평으로 유지한 채 네 모서리에서 함체 내에 물을 주입하고, 한편 으로는 말뚝기초나 콘크리트 블록에 강선을 연결하고 잡아당겨서 평형력을 낮추며 서서히 느린 속도로 가라앉힌다. 최종 침설단계에서는 신속하게 물을 채워서 가라 앉힌다. 함체는 최소 $4 \sim 6\,cm/min$ 의 속도로 침설시킨다. 너무 빠른 속도로 침설 하거나 선박이 주위를 지나면서 파랑이 생기면, 함체의 위치가 변할 수 있다.

　함체를 수침할 때에는 주변을 통행하는 **통과선박의 영향**이 최소가 되도록 대형 선박은 3~5 시간 동안 통행을 금지하고, 소형 선박은 수시로 통행을 제한한다. 함체 를 지상 점에 고정시켜서 위치를 잡은 경우에는 선박통행을 전면금지 시킨다.

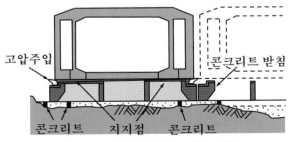

그림 11.6.11 함체 설치 후 바닥 채움

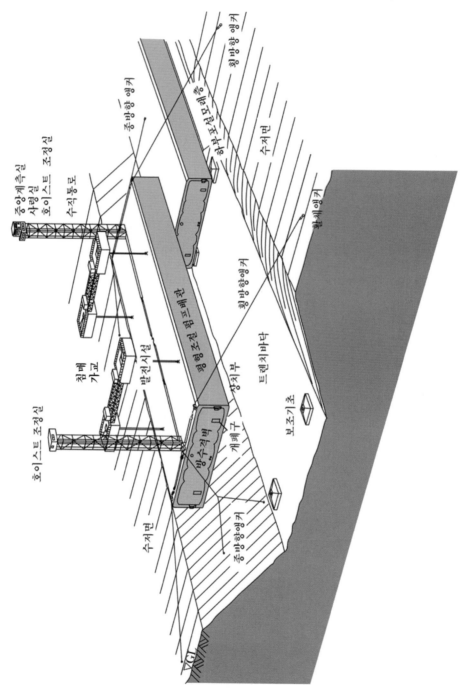

그림 11.6.12 침매터널의 침설

6.3.2 함체의 접합

평면 고르기한 기초지반과 함체를 밀착시키고 press 로 높이를 정확하게 조절하여 기설지점에 접합한다 (그림 11.6.13a). 강재로 피복한 원형 강재 케이싱 터널의 함체는 약 1.5 m 정도 길이로 연결부를 제작하여 서로 맞춘 후에 연결부 방수장치로 방수하고 압축공기를 가하여 물을 배수시킨다 (그림 11.6.17).

콘크리트 등으로 함체 지지점을 만들고 그 위에 함체를 안치시킨 후 기설 함체와 연결시키고 주변 여유공간은 콘크리트를 주입하여 안정시킨다 (그림 11.6.14b).

연결부에서 남은 공간은 콘크리트를 타설하여 채우고 난 후에 함체 내 물을 배수하고 함체 내부에 접근하여 연결작업과 방수작업을 마무리한다.

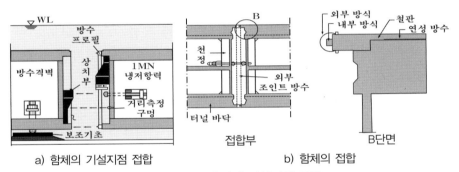

a) 함체의 기설지점 접합   b) 함체의 접합

그림 11.6.13 함체의 기설지점 접합

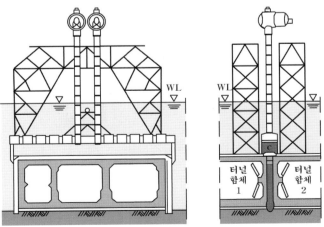

a) 박스형 침매터널 접합

그림 11.6.14 함체의 접합 (계속)

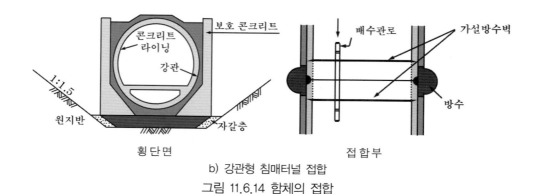

b) 강관형 침매터널 접합

그림 11.6.14 함체의 접합

함체는 내부에서 결합구조로 접합할 수 있다. 연결부에서 남은 공간은 콘크리트를 타설하여 채우고 내벽에는 강판을 용접하여 최종적으로 방수작업을 마무리한다. 연결부는 다양한 방법으로 방수처리할 수 있고, 연결부 내벽에는 강판을 용접하여 방수작업을 마무리한다. 연결부에서 방수가 완전하지 못할 때에는 별도로 주입하여 보완한다. 함체는 수중 콘크리트를 타설하거나 고무 **gasket** 을 설치한 후에 공기압 (그림 11.6.15a) 이나 수압 (그림 11.6.15b) 을 이용하여 압접한다.

함체단부에서 수압에 의한 고무 gasket 의 접합거동은 그림 11.6.15 와 같고, 함체는 강 결합이나 유연 결합하며, 접합부에 수중콘크리트를 타설하여 접합하면 함체는 거의 강결합이고 지수공내부와 터널본체를 같은 단면으로 하기 쉽다. 함체단부에서 고무 gasket 을 수압으로 압접하면 강결합과 유연결합을 다 구현할 수 있다 (그림 11.6.16).

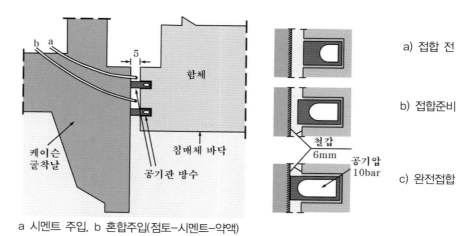

a 시멘트 주입, b 혼합주입(점토-시멘트-약액)

그림 11.6.15 압기식 고무 gasket 접합방식

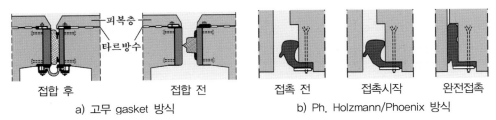

a) 고무 gasket 방식   b) Ph. Holzmann/Phoenix 방식

그림 11.6.16 고무 gasket 함체 접합방식 (우측 신설함체)

gasket 빔을 외부로 확대하고 결합부 단면을 본체 부분과 같게하거나, gasket 빔을 확대하지 않고 철근으로 보강하면 강결합이다. 반면에 나일론으로 보강된 Ω 형의 고무판을 누름쇠와 볼트로 체결하는 방식은 유연결합이며, 지반이나 구조물의 지지 조건변화가 심한 부분에 바람직하다.

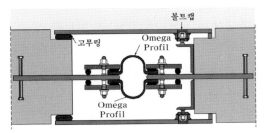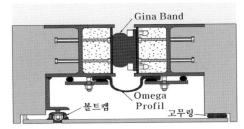

a) Omega profil   b) Gina band + Omega profil

그림 11.6.17 함체 연결방식 (Hochtief 방식)

6.3.3 되메우기 및 마무리 작업

함체의 침설 및 접합이 끝나면 되메우며, 되메우기 방법은 유속에 의한 세굴방지, 항로준설, 선박의 닻이나 침몰사고 등에 대한 방호, 지진 시 안정 등을 고려한다.

터널의 하반부를 되메우기 할 때에는 모래나 쇄석이 좋고 현장토사로도 충분하며, screed 기초방식일 때에는 연속해서 되메우기를 진행한다. 가지지 방식일 경우에는 기초지반을 처리하고 함체를 거치시킨 후 모래를 뿜어 넣어 되메운다 (그림 11.6.4).

강재로 피복한 원형 강재 케이싱 터널의 함체는 약 1.5 m 정도 길이로 연결부를 제작하여 서로 맞춘 후 연결부 방수장치로 방수하고 압축공기를 가하여 물을 배수시킨다 (그림 11.6.18).

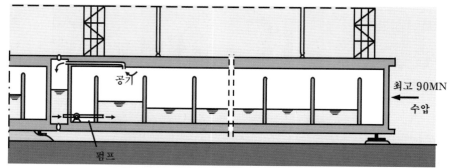

그림 11.6.18 함체 연결 후 압축공기 가압배수

함체를 수저에 설치한 후에 터널의 상부는 상황에 따라 방호가 필요하다. 함체 주변을 쇄석 등으로 덮어서 유사시에 발생할지도 모를 외부충격으로부터 보호한다. 즉, 배의 침몰 사고에 대비하여 $10 \sim 80\,kPa$ 크기 외부하중에 견딜 수 있고, 함체 바로 위에 배가 닻을 내려도 닻의 하중(현재 $20\,ton$ 정도)에 견딜 수 있도록 안전성 확보여부를 검토하여 쇄석 등으로 $0 \sim 3.0\,m$ 두께의 덮개를 설치한다(그림 11.6.19).

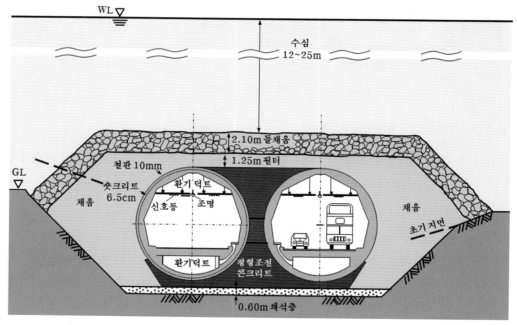

그림 11.6.19 완성된 함체 설치 단면 예(Hong Kong, Cross Harbour Tunnel)

※ 연습문제 ※

【예제 1】 양안 지반고가 수면 위 $10.0\,m$ 인 연안운항 수로 횡단교량을 설치할 때 경사 $4\,\%$ 램프의 소요길이를 구하시오. 교량 (상판두께 $3.0\,m$) 형하고는 $25.0\,m$ 이다.

【예제 2】 수심 $5.0\,m$ 이고 양안의 지반고가 수면 위로 $2.0\,m$ 인 내륙의 수로를 횡단할 때 다음을 구하시오. 램프는 경사 $4\,\%$ 이고, 교량 (상판두께 $2.0\,m$) 형하고는 $10.0\,m$ 이고, 터널 (바닥두께 $2.0\,m$) 은 복토가 $2.0\,m$ 이고, 높이가 $10.0\,m$ 이다.
  1) 교량의 소요 램프길이
  2) 터널의 소요 램프길이

【예제 3】 수심이 $21.0\,m$ 이고 양안의 지반고가 수면 위로 $2.0\,m$ 인 운하를 횡단하여 도로를 건설할 때 다음을 구하시오. 단, 램프는 경사 $4\,\%$ 이고, 교량 (상판두께 $5.0\,m$) 의 형하고는 $70.0\,m$ 이고, 터널 (바닥두께 $5.0\,m$) 은 복토가 $2.0\,m$ 이고, 높이가 $10.0\,m$ 이다.
  1) 교량의 소요 램프길이
  2) 터널의 소요 램프길이

【예제 4】 콘크리트로 함체를 제작하고 현장에 침매시켜서 교량기초를 설치한다. 함체의 폭/높이/길이는 $10.0\,m/5.0\,m/20.0\,m$ 이고, 벽두께는 $0.5\,m$ 이며, 함체에는 무게가 $500\,kN$ 인 작업대가 설치되어 있다. 다음을 구하시오. 작업대 기둥의 자중은 무시한다. $\gamma_B = 25.0\,kN/m^3$
  1) 작업대가 없는 경우 부유 안정성
  2) 작업대의 최대높이
  3) 함체를 예인하는데 안정한 작업대 높이

⇨ 터널이야기

》 초장대 터널

20세기에는 알프스를 관통하는 Arlberg 도로터널 (1974 년, 연장 13,972 m)과 프렌유스 도로터널 (1980 년) 등이 완공되어 이미 도로터널도 연장 10 km 시대가 열려졌다.

21 세기에는 터널의 대단면화나 장대화가 주류이며 대규모 해저터널 등 터널기술이 계속 새로운 진화를 거듭하고 있다. 특히 1999 년 착공해서 2015 년 완공예정인 **Gotthard Base 터널** (최대토피고 약 2,300 m) 은 길이가 57.07 km 나 된다.

일본 **Seikan 터널**은 홋카이도와 혼슈 사이 해협의 해수면하부 240 m 지반을 통과하는 총연장 53.85 km (해저구간 23.3 km) 의 철도터널이다. 1964 년에 조사 갱 굴착 착수 후 24 년간 시공 끝에 1988 년 3 월에 완공되었다. 굴진면 전방지질을 파악하기 위한 **선진보링**, 지반개량 및 지수를 위한 **약액주입공법**, 지반이완을 조기제어하기 위한 **숏크리트 공법** 등 신기술이 개발·적용되었다.

영국과 프랑스 사이 Dover 해협을 연결하는 **Channel 터널** (또는 Euro 터널)은 총 연장 50 km 이고, 해저부만 38 km 이며 내경 7.6 m 인 철도터널 2 기 사이에 내경 4.8 m 인 서비스 터널 1 기를 배치하였다. 1987 년 8 월에 착공해 11 대의 TBM 을 써서 1991 년 6 월에 관통하였고 1993 년에 첫 열차가 통과하였다.

해저터널은 악천후와 무관하게 도서지역 간 교통 및 물류수송체계 운용을 가능케 하는 주요 사회기반시설이다.

최근 괄목할 만큼 발전한 터널기술에 힘입어 전 세계적으로 **대규모 해저터널**이 계획되거나, 시공 및 운영 중이다. 현재 러시아–알래스카 사이 **베링해협**, 유럽과 아프리카 사이 **지브롤타 해협**에 해저터널 등이 구상중이다.

현재 시공중이거나 운영 중인 세계 10 대 초장대 터널은 다음과 같다.

터 널 명	연장(km)	국가	용도	터널공법
Gotthard Base Tunnel (시공중)	57.07	스위스	철도	4대의 경암반 TBM
Seikan Tunnel	53.85	일본	철도	재래식 공법
Channel Tunnel	50.45	영국–프랑스	철도	11대의 쉴드 TBM
Lötschberg Base Tunnel	34.58	스위스	철도	경암반 TBM
Hakoda Tunnel	26.46	일본	철도	NATM
Iwate–Ichinoe Tunnel	25.81	일본	철도	NATM
PAjares Base Tunnel (시공중)	24.67	스페인	철도	10대 쉴드TBM
Laerdal Tunnel	24.51	노르웨이	도로	NMT
Iiyama Tunnel (시공중)	22.23	일본	철도	NATM

제 12 장

수로터널

제12장 **수로터널**

1. 개 요

수로터널은 용수를 공급하거나 저장할 목적, 수력발전소 저수지에서 수차를 거쳐 방류하천까지 연결할 목적, (댐 치수능력을 증대하기 위해) 여수로 기능을 확보할 목적, (댐 본체를 축조하기 위해) 유수를 전환할 목적, 저수지로부터 생활용수나 농·공업 용수를 취수하거나 방류할 목적으로 설치하는 지하공간을 말한다. 수로터널은 역사가 매우 깊어서 문명 초기부터 건설하였다.

수로터널은 내부로 물을 통과시키거나 저류시키기 때문에 터널 내부에서 수압이 반복적으로 작용하는 특징이 있다.

수로터널은 대체로 단면이 작지만 최근 집중호우 등 이상 강우에 대비해서 댐의 치수능력을 증대시키기 위해 설치하는 터널식 비상 여수로나 지하 저류터널 등은 규모가 커서 직경이 10 m를 상회하는 경우도 자주 있다.

과거에는 대개 인구밀집 도시지역에 인접한 용수원까지 단거리 수로터널을 건설하여 용수를 공급하였다. 그러나 산업화가 진전된 후에는 각종 산업시설과 인구가 과밀화됨에 따라서 대도시가 발달하여 생활용수와 산업용수의 소요량이 거대화되고 도시환경오염이 극심해 졌다. 이에 따라 양질의 용수수요가 증가하여 오염되지 않은 대규모 용수를 확보하기 위해 점점 더 멀리 떨어진 공급원을 찾게 되었다. 그리고 터널굴착기술이 발달하여 연장이 긴 수로터널의 건설이 용이해졌다.

따라서 향후에는 양질의 용수에 대한 수요가 급증하고 수원의 거리가 멀어질 것이며, 저개발국의 산업화가 더 촉진되어 용수 및 수력발전을 위해 수로터널 수요가 급격히 증가하고, 효율증대를 위해 고압력화 및 장대화가 계속 추진될 것이다.

일반 교통터널에서는 외압만 작용하므로 주변 지하수가 터널 내부로 유입된다. 그러나 수로터널에서는 압력수가 내부를 흐르고 있어서 내수압이 외부의 절리수압 보다 크기 때문에 압력수가 주변지반으로 유출되고, 통수를 정지하면 반대로 주변 지반의 지하수가 터널 내부로 유입된다.

수로터널의 라이닝은 통수 중에는 인장 응력상태가 되어 인장균열이 발생되고, 정지 시에는 압축응력상태가 된다.

수로터널은 많은 양의 물을 빠르게 통수하는 것이 목적이므로 가능한 직선으로 수평하게 계획하고, 단면은 통수량이 가장 큰 형상으로 하고, 내부표면은 마찰손실이 최소가 되는 상태로 계획하며, 높은 압력도 견딜 수 있게 건설해야 한다.

수로터널은 직경이나 내수압 작용 유무 및 기능과 목적에 따라서 다양한 특성 (2 절) 을 고려하여 분류하며, 그 특성과 영향을 고려해서 계획한다.

수로터널의 거동에 영향을 미치는 지반과 라이닝 응력상태 (3 절) 는 시공방법과 시공과정 및 통수상태에 따라 상이하며, 지반압력으로는 초기응력과 이차응력 및 삼차응력이 작용한다. 수로터널에 작용하는 수압으로 라이닝에 내압으로 작용하는 내수압과 외압으로 작용하는 절리수압이 있다.

수로터널의 거동은 경계조건을 이상화하고, 지반과 하중 및 라이닝을 현장 경계조건에 적합하도록 모델링하여 해석 (4 절) 한다. 압력수로터널의 해석요소는 심도, 초기응력, 지압에 의한 라이닝 하중, 수압, 지반 지지력, 지하수의 제하효과 등이며, 두꺼운 관 이론이나 이중 관 이론 및 유공 판 이론 등의 해석이론으로 해석한다.

수로터널 주변지반에서 터널내부로 침투흐름이 발생한 경우에 침투에 의한 지반응력과 변위 (5 절) 는 지반의 자중과 침투압에 의한 응력과 변위를 합한 크기이다. 수로터널 라이닝 (6 절) 의 수밀성은 시멘트를 주입하거나 시공조인트를 방수하여 개선할 수 있고, 두꺼운 관 이론이나 이중 관 이론으로 해석하고, 얇은 라이닝이나 두꺼운 라이닝 개념을 적용할 수 있다.

수로터널에서는 내압이 작용하는 상태에서 라이닝과 주변지반에 인장응력이 발생되지 않아야 하며, 이를 위해 시멘트 등으로 주입하여 라이닝과 지반에 긴장력을 가압한다. 긴장력은 재료가 냉각되거나 크리프가 발생되면 손실되기 때문에 이를 고려하여 주입압력을 결정한다. 강재나 합성수지로 방수할 때도 주입할 수 있다.

수로터널 라이닝이 과다한 크기의 내수압에 의해 인장파괴 되거나 과다한 크기의 외압에 의해 좌굴되는 것을 방지하기 위해 강관 등으로 라이닝의 내부를 보강하는 경우가 많이 있다. 따라서 내수압이나 외압을 예측하여 라이닝의 보강여부를 판단한다. 라이닝을 보강한 강관과 콘크리트는 변형량이 다르기 때문에 강관에 응력이 집중될 수 있으며, 응력집중이 지나치게 크면 강관이 좌굴된다.

2. 수로터널의 특성

수로터널은 물을 저장하거나 공급하기 위한 목적으로 저수조나 수원을 소비처와 연결하기 위하여 설치하는 지하공간을 말하며, 다양한 형태로 발전하고 있다.

수로터널은 직경이나 내수압 크기 및 기능과 목적에 따라서 다양한 형태로 분류 **(2.1 절)** 한다. 수로터널은 아주 오랜 옛날부터 건설했기 때문에 역사 **(2.2 절)** 가 깊고, 각각 특성 **(2.3 절)** 과 굴착에 따른 영향을 고려해서 계획한다.

2.1 수로터널의 분류

수로터널은 터널의 직경 (대단면 터널, 중단면 터널, 소단면 터널) 이나 내수압의 작용 유무 (무압 수로터널, 압력 수로터널) 및 기능과 목적 (상수 터널, 발전용 터널, 여수로 터널, 가배수 터널) 에 따라 분류한다.

수로터널은 대개 소단면으로 건설하지만 터널식 비상여수로나 지하저류터널처럼 대단면도 있다. 현재는 효율증대를 위해 큰 단면보다 고압력화 하는 추세이다.

무압 수로터널은 상시사용 계획유량이 압력 없이 자유수면을 유지하면서 흐르는 터널이며, 하천 취수터널은 대부분 여기에 속한다. 압력 수로터널은 상시사용 계획 유량이 터널의 내공면을 가득차서 흐르는 터널이며, 압력이 작용하고 발전용 도수 터널이나 저수지 취수터널 또는 광역상수도터널 등이 있다 .

수로터널은 기능과 목적에 따라 상수터널과 발전용 터널 및 여수로 터널과 가배수 터널로 분류한다.
- 상수용 터널
  - 도수터널 (원수공급)
  - 송수터널 (정수공급)
  - 배수지터널 (저장)
- 발전용 터널
  - 도수터널 (저수지 → Penstock)
  - Penstock (도수터널 → 수차) : 수직, 경사
  - 방류터널 (수차하류 → 하천)
- 여수로 (Spillway) 터널
  - 압력터널 (Morning glory)
  - 자유수면 터널 (Side channel)
- 가배수 (Diversion) 터널

2.2 수로터널의 역사

인류의 문명초기에는 터널굴착이 매우 어려운 일이었다. 그러나 안정적 물공급이 절실하였기 때문에 인류가 최초로 굴착한 터널은 수로터널이었다. 인류는 암반을 굴착하여 지하 저수조를 만들어 물을 저장하거나 저수조나 수원을 물소비처와 연결하기 위해 지형에 따라 수로터널을 건설하였다.

카나트 (Qanaat) 는 고대 북아프리카에서 인도까지 광대한 지역에서 많이 건설된 급수시스템이며, 주로 페르시아 인이 건설하였고 3천년 간 총 22000 개 총연장 270000 km 가 건설되었다. 20~50 m 의 간격으로 수직갱 (최대 깊이 91m) 을 굴착하고 터널로 연결하였다. 아시리아 수도 Nimrud 에 BC 240 년 경에 건설한 기록이 있다.

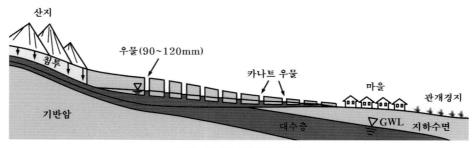

그림 12.2.1 카나트 단면

이집트인은 이미 BC 10 세기에 건기에 대비하기 위하여 수로터널과 지하수조를 건설하였다. 청동 톱과 갈대 줄에 금강사를 입혀서 천공하고, 암반에 홈을 파고 나무쐐기를 박은 후 물에 적셔서 나무쐐기 팽창력으로 균열을 발생시켰다. 또한, 암반에 불을 지펴서 가열했다가 급속하게 냉각하여 균열을 발생시켜서 파쇄하였다.

그리스에서 BC 550 년에 사모스 섬 카스트로 산을 횡단하여 길이 1.4 km 인 사모스 섬 수로터널을 에우파리노스 (유럽 최초 토목기술자) 가 완성하였다. 그러나 방향착오가 많고 수로경사가 불량하며 표고오차가 4m 나 발생하여 기술부족을 보여주었다.

이스라엘 여리고에서는 암반을 깎아 지하저수조를 건설하였다. BC 700 년경에 유다왕 히스기야는 앗쑤르왕 산헤립의 침공위협을 받고 예루살렘 남서쪽 오펠 언덕에 기혼 샘과 성안 실로암 연못을 연결하는 히스기야 수로터널을 건설하였다.

<table>
<tr><td>a) 정 면</td><td>b) 측 면</td></tr>
</table>

그림 12.2.2 로마시대 수로터널 예 (AD 2C, 독일 Eifel-K In 구간,
폭 약 $60\,cm$, 천정높이 약 $110\,cm$, 길이 $105\,km$, 유량 $30\,000\,m^3/day$)

석회암에 $0.7\,m \times 1.7\,m$ 단면으로 직선거리 335m 로 계획하고 양쪽에서 굴착했고, 선형이 틀려서 연장 $533\,m$ 의 S 자 곡선이 되었고 표고차가 $6\,m$ 나 났다. 이 터널은 성경 2 곳 (열왕기 하 제 20 장 제 20 절, 역대 하 제 32 장 제 30 절) 에서 언급되어 있다.

로마인이 건설한 아피아 수로 (로마 최초 수로) 등 총 11 개 수로 502 km 중 터널이 16 km 이다. 로마인은 터널기술을 높은 수준으로 발전시켰으며 도로나 수로 또는 배수용으로 흙이나 암반에 터널을 뚫고 돌과 시멘트로 라이닝을 설치하여 오늘까지 양호한 상태로 보존된 것도 있다.

로마시대 대표적 터널은 아래와 같다.

표 12.2.1 로마시대 터널

터 널 명	규 모	비 고
Alban lake 배수터널	단면 $1.5\,m \times 2.4\,m$ 연장 18298 m	BC 359 년 로마 남쪽 26 km 지점
Fucino lake 배수터널	높이 6.2 m 연장 5600 m	AD 41 년, 3 만명 11 년 시공, 수갱 40 개 최대깊이 122m
Emperor Hadrian 수로터널	단면 0.76 m×1.7 m 연장 2400 m	아테네에 로마인이 건설, 상수용 터널, 수갱간격 36.5 m, 깊이 40 m
Appian aqueduct 수로터널	총연장 25.6 km 중 16 km 가 터널	AD 100 년경

2.3 수로터널의 특성

수로터널은 한시적 (가배수 터널) 또는 영구적 (도·송수 터널 및 터널식 여수로) 으로 운용되므로, 각 터널의 목적과 기능, 내수압 및 수리·수문학적 안정성 (강우 시 댐의 안정성, 비상 여수로 터널 유출부 안정성), 공사 안정성 및 시공성 (굴착공법과 보강 공법 및 보조공법), 터널굴착이 주변 환경에 미치는 영향 등을 고려해서 계획한다.

수로터널은 선형과 경사 (2.3.1 절) 및 단면의 크기 (2.3.2 절) 를 고려하여 해석한다.

2.3.1 수로터널의 선형과 경사

수로터널의 선형과 경사는 터널의 목적과 기능, 지반조건, 공사 안정성, 주변환경 영향 등을 충분히 고려하여 계획한다. 최대한 지질이 양호한 지반을 통과하고, 주요 단층대는 직교하며, 불량지형이나 지질 (파쇄대, 애추지형) 이 존재하는 곳은 피한다. 터널굴착 시 지하수위 저하나 압력수 유출 등 환경적 영향을 최소화한다.

1) 수로터널의 선형

수로터널의 선형은 취수구, 저수지, 발전설비 및 부속시설을 고려하고 직선 또는 반경이 큰 곡선으로 정하고, 수리학적 소요반경과 굴착기계의 회전반경을 고려한다.

발전수로는 자연경사를 이용해서 낙차를 얻으므로 경제성을 고려하여 짧게 한다. 비상 여수로 터널의 선형은 시공 중 댐 유역의 수문학적 안정성을 확보하며, 접근 수로의 접근유속을 수용하고, 유출부 하천의 수리·수문학적 안정성을 확보한다.

수로터널의 갱구는 지반이 안정되고 재해 가능성이 없는 위치에 사면에 직각으로 토피고가 충분하고, 갱구사면의 안정성이 확보되도록 선정한다. 불안정성 (편토압, 사면활동, 낙석, 토석류, 홍수, 눈사태, 안개 등) 을 내포하는 지점이면, 갱구위치와 구조를 재검토하거나 보강·방재대책을 수립하고, 갱구부는 가능한 직선으로 한다.

수로터널의 피복두께는 터널안정성을 확보하기 위하여 직경이상으로 하고, 암반 수리·구조적 안정을 위해 내수압의 1/2 수두 이상을 유지하며, 피복두께가 확보되지 않으면 개착식으로 시공한다.

계곡이나 골짜기 하부통과 시 피복두께가 충분하도록 선형을 조정하고, 불가피한 경우에는 지보패턴을 조정하고 내수압에 대해 검토하며, 필요시 개착 시공한다.

장대 수로터널에서는 전체공정을 고려해서 공사용 기자재 운반이나 가설비, 버력처리 등이 원활하도록 작업갱의 노선과 위치를 선정한다. 최근 굴착기술과 지보공이 발전되어 시공속도가 개선되어 작업갱을 짧게하고 노선을 직선화하는 경향이 있다. 작업갱을 설치하면 설치비용은 추가되지만 전체공사비용은 경감된다.

터널이나 중요구조물이 근접해 있으면 수치해석하여 영향범위를 산정하고, 영향최소 시공법과 계측계획을 검토한다. 발파에 의한 동적영향은 지반조건, 발파공법, 장약량, 거리 등에 의해 영향 받는다. 터널굴착에 따른 지반 변위, 발파진동에 의한 주변지반의 이완상태 등을 검토하여 보호대책과 보조공법을 계획한다.

2) 수로터널의 경사

수로터널의 경사는 통수량, 통수단면적, 유속 등의 상호관계를 고려하여 정한다. 무압 수로터널의 경사가 급하면 유속은 빠르나, 수두손실이 크고 시공에 불리할 수 있다. 2 m/s 정도의 유속에서는 경사를 1/1000 ~ 1/1500 로 한다. 압력 수로터널의 유속은 동수경사에 의해 결정되며, 최소 동수경사선 이하인 정단식이 아니면 수로에 부압이 작용해서 라이닝에 악영향을 미칠 수 있다.

작업갱의 경사는 용수가 자연적으로 흐를 수 있도록 정하며, 용수가 적을 때에 0.3 %, 많을 때에는 0.5 % 정도로 한다. 비상여수로 터널의 경사는 수리모형 실험과 수치해석을 수행한 후 그 결과와 댐의 통수량과 통수단면적을 고려하여 결정한다.

2.3.2 수로터널의 단면

수로터널은 그 수문학적 용도와 목적에 따라서 소요공간을 정하고, 지반상태와 수리학적으로 유리하게 통수단면의 형상과 크기를 결정하며, 수로경사와 시공성을 고려한다. 최근에는 굴착 (기계 및 발파 굴착) 과 지보 및 라이닝 기술 (라이닝 긴장) 이 발달하여 굴착단면의 크기 제한이 거의 없어졌다.

1) 단면형상

수로터널 단면형상은 최소 윤변 길이로 최대 통수량을 갖는 형상으로 선정하는 것이 경제적이며, 일반적으로 구조적 측면이나 경제적 측면에서 원형 단면이 가장 유리하다.

마제형 단면은 소단면 무압터널에 적용하며, 시공 시 저면 폭을 취하기 쉽고, 곡선형 측벽이나 저부는 외압에 대해 유리하고, 윤변길이도 원형에 비해 별로 크지 않다. 표준마제형의 상부절반은 반원형이며, 측벽과 저부 곡률반경은 상부반경의 2배이다.

2) 단면크기

내공단면은 수로터널의 사용수량과 장래 증설계획, 지보재 및 라이닝두께의 허용오차, 구조적 안정성과 시공성 등을 고려하여 결정한다. 수로터널 내경은 통수 중 마찰에너지 손실과 기술적 한계치를 예측하여 결정하고, 터널 단면 크기는 응력거동과 그에 따른 변형 크기에 영향을 미친다. 기계굴착 시 단면크기는 불량 지층 보강과 라이닝 두께 및 여유공간을 고려하여 결정한다. 비상여수로 터널 단면은 댐 안정성이 확보되는 수량을 방류할 수 있는 크기로 선정한다. 병설터널 최적 내공단면은 병설터널 수량, 수로경사 및 접근 수로부, 위어부, 전이부, 도류부, 감세공 등에 따라 결정한다.

(1) 최소단면

최소단면은 소단면 수로터널이면 사용수량 보다 시공성과 작업성을 고려하여 정하며, 최소직경은 1.8 m 정도로 정한다. 수로터널의 단면이 커지면 지압의 영향이 커져서 터널 안정성이 주로 지질조건에 의하여 좌우된다. 지층이 불규칙하고 불량 지질이면 안정성과 시공성 측면에서 대단면 보다 복수의 소단면이 유리할 수 있다.

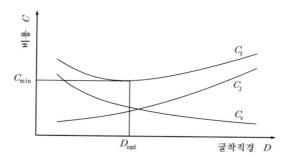

그림 12.2.3 에너지손실비와 건설비를 고려한 최적굴착직경

(2) 최적굴착반경

현대에는 기술이 발달하여 굴착가능한 터널크기가 거의 무한정이다. 수로터널은 단면 (직경 D) 이 클수록 에너지 손실이 작아서 유리하지만 건설비가 많이 소요된다. 수로터널은 연간에너지 손실 (마찰) 비 C_e 와 연간건설비 C_j (총 건설비의 약 10 %) 의 합이 최소 ($C_{\min}$) 인 크기 (직경 D_{opt}) 로 한다 (그림 12.2.3).

(3) 굴착면 마찰

수로터널은 지반이 큰 초기압력과 침식에 대해 안정하며, 수밀성이거나 절리수가 투수압보다 클 때에는 라이닝을 설치하지 않을 수 있다. 그러나 라이닝이 없으면 마찰이 크므로 통수능을 동일하게 유지하려면 더 큰 단면으로 굴착해야한다. 수로 터널 한계유속은 내벽상태와 직경에 따라 다음 표 12.2.2 와 같다.

표 12.2.2 내벽상태에 따른 한계유속

내벽상태	양호암반, 무라이닝	숏크리트	철근콘크리트	강재라이닝
한계유속 $v_{\max}\,[m/s]$	$1.5 \sim 2.0$	$1.5 \sim 3.0$	$4.0 \sim 5.0$	$6.0 \sim 10.0$

수로 내 유속 v 은 수리반경 r_h 와 동수경사 i 를 **Chezy** 식에 적용하여 계산하고,

$$v = C_z\, r_h^{2/3} i^{1/2} \tag{12.2.1}$$

Chezy 계수 $C_z = \sqrt{8g/\mu_{tb}}\;[m^{1/3}/s]$ 관마찰계수 μ_{tb} 는 Moody Diagram 에서 구한다.

Gauckler - Manning - Srickler 식을 사용할 때는 위 식의 Chezy 계수 C_z 대신 경험적인 **Strickler** 계수 $k_{st}\,[m^{1/3}/s]$ 를 적용한다 (Herr/Koschitzky, 1982).

$$v = k_{st}\, r_h^{2/3} i^{1/2} \tag{12.2.2}$$

위 식에 $r_h = \dfrac{A}{U} = \dfrac{\pi D^2/4}{\pi D} = \dfrac{D}{4}$ 와 $v = \dfrac{Q}{A}$ 를 대입하여 동수경사 i 를 구하면,

$$i = \frac{\Delta h}{L} = (101.594)\left(\frac{1}{k_{st}}\right)^2\left(\frac{Q}{\pi}\right)^2\frac{1}{D^{16/3}} \tag{12.2.3}$$

이고, 이로부터 수두손실 Δh 를 구할 수 있고,

$$\Delta h = L i = L(101.594)\left(\frac{1}{k_{st}}\right)^2\left(\frac{Q}{\pi}\right)^2\frac{1}{D^{16/3}} \tag{12.2.4}$$

이 식으로 마찰계수 k_{st} 가 다른 라이닝에 대한 소요굴착반경을 구할 수 있다. 즉, 동일 유량이 흐르는 수로터널에서 라이닝을 설치하지 않은 부분 (내경 D_2, Strickler 계수 k_{st2}, 수두손실 Δh_2) 과 라이닝을 설치한 부분 (내경 D_1, Strickler 계수 k_{st1}, 수두 손실 Δh_1) 에서 유량이 같으므로 위 식 (12.2.4) 를 적용하면 다음 관계가 유도된다.

$$\left(\frac{1}{k_{st2}}\right)^2\frac{1}{D_2^{16/3}} = \left(\frac{1}{k_{st1}}\right)^2\frac{1}{D_1^{16/3}} \tag{12.2.5}$$

이고, 이 식을 정리하면 다음 식이 성립된다.

$$D_2 = D_1\left(\frac{k_{st1}}{k_{st2}}\right)^{3/8} \tag{12.2.6}$$

표 12.2.3 Strickler 조도계수 (Herr/Koschitzky, 1982)

표 면 상 태			조도계수 $k_{st}\,[m^{1/3}/s]$
자연 하천	단단하고 평탄한 바닥		40
	수초성장 바닥		30 ~ 35
	울퉁불퉁한 불규칙 자갈바닥		30
	표석이 많은 바닥		28
	거친 자갈바닥의 숲속하천		19 ~ 28
수 로	토사수로	매끄럽고 단단한 지반	60
		모래 자갈 바닥	40 ~ 50
		자갈 $10 \sim 30\,mm / 50 \sim 150\,mm$	45/35
		거친 암괴 분포	25 ~ 30
	암반수로	중간정도 거친 굴착	25 ~ 30
		정밀발파 굴착	20 ~ 25
		매우 거친 발파, 불규칙한 면	15 ~ 20
	조적벽	벽돌, 양호한 이음	80
		쇄석을 이용한 양호한 마감	70
		보통 조적	60
		암석, 거친마감	50
	콘크리트 벽체	시멘트 미장, 철판	100
		깨끗한 거푸집 사용	80 ~ 90
		나무거푸집 사용	65 ~ 70
		거친 표면	55
		불규칙 표면	50
터널 / 콘크리트 관로	신선한 주철		90
	아스팔트 도포		70 ~ 75
	보통 콘크리트 라이닝		80 ~ 90
	거친 콘크리트, 오래된 시멘트 라이닝		65 ~ 75
	무라이닝 암석 (화강암, 현무암)		28 ~ 35
	강재 표면 연마		90 ~ 110
	강재		80 ~ 90
	숏크리트 면	기계굴착	50 ~ 65
		발파굴착	40 ~ 50
	암반굴착면	기계굴착	50 ~ 70
		발파굴착	30 ~ 35

3. 수로터널의 거동특성

일반 터널과 마찬가지로 수로터널에서도 시공과정과 운용상태에 따라 작용하는 하중이 상이하다. 터널굴착 전에는 주변지반에 초기응력이 작용하고 터널을 굴착하면 터널부에 작용하던 응력이 주변지반에 전이되어 이차응력상태가 된다. 이어 굴착 후 지보라이닝을 설치하면 지반-지보라이닝의 상호거동에 의해 주변 지반응력이 또다시 재편된다. 터널 내부에 설치한 콘크리트 라이닝은 콘크리트가 경화되면서 수축되고, 통수 중에는 온도가 낮은 물에 의해 냉각되어 더욱 수축된다.

주변지반에 발생된 균열에 주입재를 주입하여 균열을 충진하고, 지반을 보강하며, 주입압이 지반과 라이닝에 prestress 를 가하게 되지만, 주입재도 온도변화에 의해 부피가 변화된다. 즉, 물의 온도가 낮기 때문에 냉각 크리프가 발생되어 긴장력이 손실되고 균열이 열리는 현상이 일어난다. 수로터널 운용 중에는 내압이 재하되어 라이닝에 인장응력이 발생되고 주입재의 압축 긴장력이 감소되며, 보통의 수로터널 에서는 물의 온도 즉, 약 $0^{\circ}C$ 까지 냉각되어 주입재의 긴장력이 손실된다.

강성 지반에서는 이차응력이 탄성상태이므로 라이닝을 생략할 수가 있고, 이러한 경우에는 내압과 이차응력을 중첩하여 고려할 수 있다. 투수성 지반에서 절리수압이 내압보다 작으면 침투수에 의한 침투수압이 작용하며, 이때에도 침투수압을 탄성적 으로 중첩하여 고려할 수 있다.

지반이 강성이면 지보가 불필요하고, 콘크리트 라이닝은 수리기능만을 담당하면 되며, 원리적으로 이중관 이론으로 해석할 수 있고 각각의 강성에 따라 내압을 분담 하고, 탄성적으로 중첩할 수 있다.

라이닝과 지반 사이에 주입하면, 주입압은 라이닝에 외압으로 작용하고, 지반균열에 주입하면, 접선방향으로 인장응력 대신 주입압 크기의 압축응력이 발생한다. 균열 주입압은 라이닝의 전면에 외압으로 작용하여 라이닝이 지반과 무관하게 변형되고 경화 후에는 콘크리트 라이닝과 지반이 일체로 거동한다. 연성지반에서는 이차응력과 지보 저항력의 중첩응력이 소요 지보 저항력이 되도록 지보라이닝을 설계한다. 지보 라이닝 압축응력은 파괴강도에 근접하고, 암반앵커는 한계상태까지 긴장한다. 라이닝 은 수축/냉각에 의해 숏크리트(지반)로부터 분리되므로 부(-)의 응력으로 가정한다.

수로터널의 거동에 영향을 미치는 작용하중은 시공과정과 통수상태에 따라 상이하며, 지반압력 (3.1 절) 은 초기응력과 이차응력 및 삼차응력이 있다.

수압 (3.2 절) 은 터널 라이닝의 내측 (내압) 에 작용하고, 라이닝 외측 (외압) 에 절리수압이 작용한다. 수로터널은 굴착 전부터 통수하기까지 6 단계로 구분하고 단계별 하중이력에 따라 지반압력과 절리수압의 영향을 중첩 (3.3 절) 하여 안정성을 평가한다. 수로터널 주변지반에 침투수 흐름이 발생되면 지반의 응력이 영향을 받는다.

3.1 지반압력

수로터널에 고려해야할 지반압력은 초기응력과 이차응력 및 삼차응력이 있다.

수로터널 작용하중은 일반 터널에서와 마찬가지로 터널굴착 전 지반의 초기응력 (3.1.1 절) 과 터널굴착에 의해 발생되는 이차응력 (3.1.2 절) 이 있다. 또한, 내수압이 작용하더라도 라이닝에 인장균열이 발생되지 않고 수밀성이 확보되도록 하기 위해 라이닝에 긴장력을 가할 목적으로 배면에 주입할 때 발생하는 삼차응력 (3.1.3 절) 이 있다.

3.1.1 초기응력

초기응력은 지반의 자중에 의한 압력과 지질구조에 의한 구조지질압력 및 기타 특수한 압력이 있으며, 제 3 장 2 절에서 상세히 서술하였으므로, 여기에서는 개략적으로만 언급한다.

1) 자중에 의한 압력

지반의 자중에 의한 압력은 지형의 영향을 받아서 위치마다 다르며, 지형은 물론 지반의 자중과 측압계수 및 비등방성에 의해 영향을 받는다.

지반의 자중에 의한 압력은 평지에서는 연직응력 $\sigma_v = \gamma H$ 이 최대 주응력이고, 수평응력 $\sigma_h = K\sigma_v = K\gamma H$ 이 최소 주응력이다. 그러나 경사지에서는 최대 주응력 방향이 연직이 아니어서 최대주응력과 덮개압력이 같지 않다.

사면에 평행한 터널에서 지반 내 최대 주응력은 사면에 거의 평행하고, 최소 주응력은 매우 작고 터널에 거의 수직이다.

2) 구조지질 압력

지각을 이루는 대륙지괴는 지구 자전에 의해 상대적으로 운동하며, 이에 의하여 구조지질 압력이 발생하여 대개 수평방향으로 작용하고 지형 영향을 크게 받는다. 구조지질압력은 평지나 대지에서는 지표에도 작용하며, 산악지에서 산봉우리처럼 돌출지형에서는 거의 작용하지 않고, 수압파쇄법 등으로 실측해야 알 수 있다.

평지에서는 구조지질압력이 전 깊이에서 거의 일정하여 측압계수가 지표부근에서 크고 깊이에 따라 변한다 (Hoek/Brown, 1980). 반면에 경사지에서는 하부에만 구조 지질압력이 발생하여, 측압계수가 거의 일정하다.

산악지에서 산봉우리 부근에는 상당한 깊이까지 급경사 개구절리가 있는 경우가 많으며, 이때에는 상당히 깊은 곳까지 구조지질압력과 측압계수가 영이다.

3.1.2 이차응력

터널을 굴착하면 주변 지반응력이 재편되어서 이차응력이 발생되며, 지반압력과 지반의 강도 및 터널단면의 크기에 따라서 주변지반이 탄성상태를 유지하거나 소성 상태가 되어 굴착면 인접지반에 소성영역이 형성된다. 이차응력은 제 3 장 4 절에서 상세하게 서술하였으므로 여기에서는 개략적인 내용만 언급한다.

1) 탄성상태

터널굴착에 의해 발생되는 이차응력은 식 (3.4.7) 에 제시되어 있으며 다음과 같고, 초기응력과 이차응력의 차이에 의해 주변지반에 변위가 발생된다 ($X = a/r$, $0 \leq K \leq 1.0$).

$$\sigma_r = \frac{\sigma_v}{2}\{(1+K)(1-X^2)+(1-K)(1-4X^2+3X^4)\cos 2\theta\}$$

$$\sigma_t = \frac{\sigma_v}{2}\{(1+K)(1+X^2)-(1-K)(1+3X^4)\cos 2\theta\}$$

$$\tau_{rt} = -\frac{\sigma_v}{2}(1-K)(1+2X^2-3X^4)\sin 2\theta \qquad (12.3.1)$$

내공면 (굴착면) 에서 이차응력은 위의 식에 $r = a$ ($X = 1.0$) 를 대입하여 구하고, 반경응력 σ_r 및 전단응력 τ_{rt} 은 영이다 (식 3.4.10 과 동일한 식).

$$\sigma_t = \sigma_v\{(1+K)-2(1-K)\cos 2\theta\}$$

$$\sigma_r = \tau_{rt} = 0 \qquad (12.3.2)$$

위 식에서 접선응력 σ_t 는 측압계수 K 에 따라서 다르다. 즉, 천단 $(\theta = 0)$ 과 바닥 $(\theta = \phi)$ 에서 K 가 커질수록 접선응력이 증가하여 $K = 0$ 일 때는 $\sigma_t = -\sigma_v$ 이고, $K = 1.0$ 이면 $\sigma_t = 2\sigma_v$ 가 된다. 그러나 측벽 $(\theta = \phi/2)$ 에서는 K 가 커질수록 접선 응력이 감소하여 $K = 0$ 일 때에 $\sigma_t = 3\sigma_v$ 가 되고, $K = 1.0$ 이면 $\sigma_t = 2\sigma_v$ 가 된다. 탄성상태 원형터널 내공면의 측벽과 천정 및 바닥에서 접선응력은 측압계수에 따라 표 12.3.1 과 같다.

표 12.3.1 탄성지반 내 원형공동경계에서 측압계수에 따른 접선응력 σ_t

측압계수 K	0	0.5	1.0	2.0
측벽 $(\theta = \phi/2)$	$3.0\sigma_v$	$2.5\sigma_v$	$2.0\sigma_v$	$1.0\sigma_v$
천정 $(\theta = 0)$	$-1.0\sigma_v$	$0.5\sigma_v$	$2.0\sigma_v$	$5.0\sigma_v$
바닥 $(\theta = \phi)$	$-1.0\sigma_v$	$0.5\sigma_v$	$2.0\sigma_v$	$5.0\sigma_v$

접선응력 σ_t 는 초기응력이 비등방압 $(K \neq 1)$ 상태일 때는 천단 (바닥) 과 측벽에서 상이하지만, 등방압 $(K = 1)$ 상태 즉, 축대칭상태일 때에는 천단과 측벽에서 같다.

측벽 $(\theta = \phi/2)$ 에서는 반경 (수평) 응력이 영이고 접선 (연직) 응력만 작용하여 일축 압축상태이므로, 접선응력이 일축압축강도 보다 더 작으면 즉, $\sigma_t(r_i) < \sigma_{DF}$ 이면 굴착면이 안정하다. 천단 $(\theta = 0)$ 이나 바닥 $(\theta = \phi)$ 에서 접선응력은 인장상태가 되며, 인장응력이 인장강도보다 더 크면 콘크리트 라이닝에 균열이 발생하고 절리암반 에서는 천단쐐기가 탈락된다.

2) 탄소성 상태

굴착면의 주변지반에서는 접선응력이 최대 주응력이고 반경응력 (최소 주응력) 이 영이므로 일축응력상태가 되기 때문에 접선응력이 압축강도보다 크면 $(\sigma_t > \sigma_{DF})$, 파괴상태가 되어 소성역이 형성되고 굴착면의 배후 지반으로 전파된다.

(1) 소성역의 형상

소성역의 형상은 등압조건 $(K = 1)$ 이면 링모양이고 응력수준과 지반강도에 의해 크기가 결정된다. 비등압조건 $(K < 1)$ 이면 측벽에 반달모양으로 형성되고, 측압계수 가 작을수록 어깨부로 확장되어 $K < 0.5$ 때에는 나비모양으로 터널 어깨부에 깊게 형성된다 (그림 3.4.9).

(2) 소성역 내 응력

Kastner (1962) 는 Mohr-Coulomb 파괴조건을 적용하고, 덮개압력 σ_v 가 압축강도 σ_{DF} 보다 더 크면 ($\sigma_v > \sigma_{DF}$) 소성상태로 보고 다음 소성역 내 응력을 구하였고, 식 (3.4.21) 과 같다. 이때 탄성역과 소성역에서 동일한 지반정수를 적용하였다.

$$\sigma_{rp} = \left(\frac{r}{a}\right)^{K_p-1}\left(p_A + \frac{\sigma_{DF}}{K_p-1}\right) - \frac{\sigma_{DF}}{K_p-1}$$
$$\sigma_{tp} = \left(\frac{r}{a}\right)^{K_p-1} K_p\left(p_A + \frac{\sigma_{DF}}{K_p-1}\right) - \frac{\sigma_{DF}}{K_p-1} \qquad (12.3.3)$$
$$\tau_p = 0$$

위 식의 접선응력을 지지할 수 있는 소요 지보저항력 p_A 는 지보저항력이 위 식의 반경응력과 같아야 한다는 조건에서 구한다 (η_D 는 압축강도에 대한 안전율).

$$p_A = \sigma_{rp} = \frac{\eta_D - 1}{K_p}\sigma_{DF} \qquad (12.3.4)$$

Amberg/Rechsteiner (1974) 는 탄소성상태에 대하여 탄성역에는 최대강도에 대한 강도정수 c, ϕ 를 적용하고 소성역에는 잔류강도에 대한 강도정수 c_r, ϕ_r 를 적용하여 지반응력을 계산하였다. 소성역 내 응력 (식 3.4.22) 은 다음과 같다.

$$\sigma_{rp} = (p_A + c_a)(r/a)^{K_p-1} - c_a \qquad (c_a = c\cot\phi) \qquad (12.3.5)$$
$$\sigma_{tp} = K_p(p_A + c_a)(r/a)^{K_p-1} - c_a$$

(3) 탄성역 내 응력

굴착면에 근접한 지반에서 접선응력이 압축강도보다 커서 ($\sigma_t > \sigma_{DF}$) 소성역이 형성되더라도 그 외곽지반에서는 탄성상태가 유지되는 경우에 탄소성경계 외곽지반의 응력은 탄성상태이므로 탄소성경계가 굴착면인 탄성상태 터널로 간주하고 식 (12.3.1) 을 적용하여 지반응력을 구한다.

(4) 지보저항력의 영향

터널굴착 후 지보하면, 굴착면에서 반경응력 (최소주응력) 이 영 (0) 이 아니고 지보저항력의 크기와 같아져서 일축응력상태가 이축응력상태로 변하여 Mohr 응력원이 파괴포락선에 접한 상태로 이동하여 최대주응력이 일축압축강도 보다 커질 수 있다. 이런 효과는 내부마찰각이 클수록 Mohr 응력원이 뚜렷하게 커진다 (그림 3.4.15).

접선응력은 굴착면에서 지보압력과 크기가 같고, 굴착면에서 멀어질수록 증가하여 탄소성경계에서 최대이고, 그 후부터 굴착면에서 멀어질수록 감소하여 초기응력에 수렴한다. 반면에 반경응력은 굴착면에서 지보압과 크기가 같고, 굴착면에서 멀어질수록 증가하여 초기응력에 수렴한다. 거리에 따른 응력증가곡선이 탄소성경계에서 변곡된다 (그림 3.4.10).

터널굴착 후 지보하면 최소주응력이 지보압이 되고, 지보압이 증가할수록 탄소성 경계가 굴착면에 가까워지고 지보압이 어느 한도 이상 커지면 소성역이 형성되지 않는다 (이 관계를 적용하면 터널굴착 후 주변지반이 소성화되지 않기 위해 필요한 지보압을 구할 수 있다). 지보압에 따라 탄소성경계의 크기는 달라지지만, 최대접선 응력의 크기는 변하지 않는다 (그림 3.4.10).

3.1.3 삼차응력상태

터널 주변지반에 작용하며 초기응력이나 이차응력과 구분되는 재압밀, 잔류응력, 지보재 긴장력, 주입압 등에 의한 응력을 삼차응력이라고 한다. 삼차응력은 이차 응력에 추가로 작용하기 때문에 천단 (바닥) 응력이 인장에서 압축으로 전환되어 측벽의 접선방향 압축응력이 감소되는 효과가 있다.

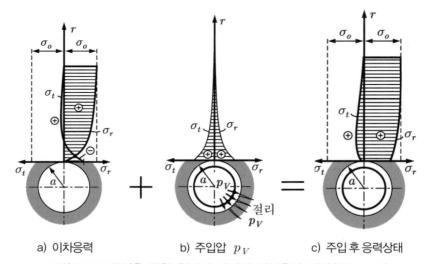

a) 이차응력   b) 주입압 p_V c) 주입후 응력상태

그림 12.3.1 주입을 통한 천단과 바닥의 인장응력 제거 ($K < 0.3$)

3.2 수압

수로터널은 일반 교통터널과 다르게 라이닝의 내측에는 내수압이 내압으로 작용하고, 라이닝 외측에는 지압과 절리수압이 외압으로 작용한다.

내수압 (3.2.1 절) 은 통수에 의해 발생되며 라이닝과 주변지반이 이를 지지한다. 내압에 의해 콘크리트 라이닝에 인장응력이 발생되고 이로 인하여 인장균열이 발생되면, 용수가 누출되어 주변지반의 절리가 확장되거나 새로운 균열이 발생되거나, 주변 지반이 전단파괴 된다. 내압에 대한 라이닝의 지지력은 라이닝의 접선응력과 라이닝 재료의 인장강도를 비교하여 검토한다.

외압은 절리수압 (3.2.2 절) 과 지반응력이며, 외압이 크면 라이닝이 좌굴되어 터널의 내측으로 변형되거나 압축파괴 되므로 외압에 대한 라이닝의 지지력은 라이닝 좌굴발생여부를 검토하거나 라이닝 부재의 압축파괴여부를 검토하여 판단한다.

3.2.1 내수압

수로터널에 정적 및 동적 내수압이 작용하면 주변 지반응력이 변하며, 압력수가 라이닝 횡균열이나 시공조인트를 통해 유출되면 주변지반이 불안정해질 수 있다.

1) 정적 내수압

수로터널 내 정적 내수압은 수로터널 상하 저수지의 수두차이다. 수로폐쇄 등에 의한 압력변화가 완만하면 유사정적상태로 보고 정적 내수압에 중첩시킨다.

2) 동적 내수압

수로터널을 폐색하거나, 통수수량을 감소시키거나, 터빈을 정지시키면, 물의 운동에너지는 물덩어리의 포텐셜 에너지로 바뀌어 진동하여 동적수압이 발생되며 정적 내수압보다 여러 곱절 크다. 동적 내수압은 위치에 따라 다르다.

(1) 갱구-수문 구간

수로를 폐색하면 흐르는 물의 운동에너지는 진동하는 물덩어리의 포텐셜 에너지로 바뀌고, 라이닝과 주변지반에 전이된다. 압력은 폐색위치에서 최고수위로 상승하고, 폐색위치에서 멀어질수록 거리에 선형적으로 감소하고 취수구에서 영이다. 통수량이 감소하면 감소저항 만큼 압력이 증가하고, 감소저항은 진동의 정점 (최고 파고수위) 에서 영이고, 속도가 느린 진동에 의한 압력증가는 유사정적상태로 가정할 수 있다.

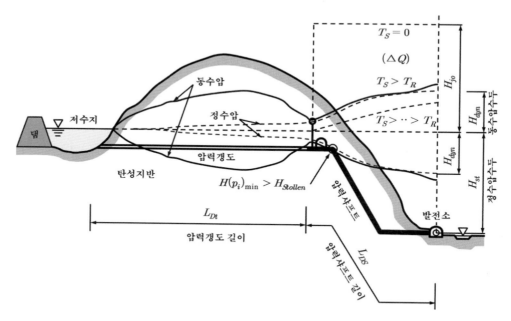

그림 12.3.2 수로터널 개폐 시(또는 노즐이상 시 $T_s{\rightarrow}0$) 수두변화

(2) 수문-터빈/펌프/개폐장치 구간

발전소 터빈이 정지되면 움직이는 물덩어리의 운동에너지는 라이닝이나 주변지반의 변형에너지로 전환되고 수격압 H_{dyn} (반사시간 내에 완전 폐쇄될 때 발생되는 최대 충격압) 이 발생된다. 압력파는 발생위치에서 가장 가까운 자유수면으로 전달되고, 거기에서 반사되어 발생위치로 되돌아 왔다가 다시 반사되기를 반복한다. 개폐시간 이 반사시간 보다 더 크면 충격압이 작고, 작으면 크기가 최대로 발생된다. 개폐를 빈번하게 운용하는 경우에는 피로에 의한 라이닝 손상이 나타난다.

통수정지에 의한 충격압의 일부가 상류측 압력터널까지 전달되어 공명파가 발생 되기도 하며, 그 크기는 통상적으로 동적압력수두보다 몇 배 크다. 최대 충격압은 압력터널의 길이가 샤프트 길이의 2 배 정도일 경우에 가장 크게 발생된다.

수격압의 크기는 압력파 개폐시간 T_S, 터빈특성 (진동장치, 밸브장치), 개폐장치, 반응시간 R 에 의존하며, 갱내유속의 약 100 배에 해당되는 수두를 갖는다. 갱내유속 이 $v = 6m/s$ 이면 $H_{dyn} \simeq 600m$ 이며, 이는 터빈날개가 파손될 만큼 위험한 상황이다.

$$H_{dyn} = \frac{a\,v}{g} \simeq 100\,v \tag{12.3.6}$$

3) 내압에 의한 지반응력

내압에 의하여 원형터널 주변지반에 발생되는 응력은 두꺼운 관 이론이나 유공판 이론으로 구하며, 그 분포양상은 그림 12.3.3 과 같다.

내압에 의해 굴착면에 발생되는 접선응력은 인장상태이고 지반 인장강도를 초과 하면 반경방향 균열이 발생된다. 접선응력은 균열발생부에서 영이고, 균열발생영역 외곽에서 최대이고 균열부에서 멀어질수록 거리의 제곱에 반비례하여 감소한다.

반경응력은 압축응력이고 굴착면에서 크기가 최대이고 내압과 같으며, 균열영역 에서는 굴착면부터 거리에 선형비례하여 감소하고, 균열영역을 벗어나면 비선형적 으로 감소한다. 균열영역의 최외곽은 균열이 없는 터널의 굴착면과 같다.

압력터널의 내압을 콘크리트 라이닝만으로 지지할 수 있는 경우는 극히 드물다. 내압이 크면 주변지반으로 지지하거나 인장저항 라이닝을 설치해야 균열이 발생되지 않고 지지할 수 있다. 지반에 전달되는 내압은 거리에 따라 급격히 감소한다.

(1) 균열이 없는 지반

굴착면 주변지반에 균열이 없는 경우에 반경 및 접선응력은 굴착면에서 절대값이 초기응력이고 거리에 따라 비선형적으로 감소한다.

$$\sigma_r = \quad p_i \frac{a^2}{r^2}$$
$$\sigma_t = - \, p_i \frac{a^2}{r^2} \tag{12.3.7}$$

(2) 균열이 발생된 지반

굴착면 주변지반에 균열이 발생된 경우에는 **균열부**에서 접선응력은 영이고 반경 응력은 굴착면에서 내압과 같고 굴착면에서 멀어짐에 따라서 선형적으로 감소한다.

균열부 외곽의 균열이 발생되지 않은 곳에서는 반경 및 접선응력이 거리에 따라 비선형적으로 감소한다. 외곽경계에서 반경 및 접선응력의 절대값은 $|p_i r_i / r_a|$ 이고, 외곽경계에서 멀어짐에 따라 비선형적으로 감소한다.

① 균열부

$$\sigma_r = p_i \frac{a}{r}$$
$$\sigma_t = 0 \tag{12.3.8}$$

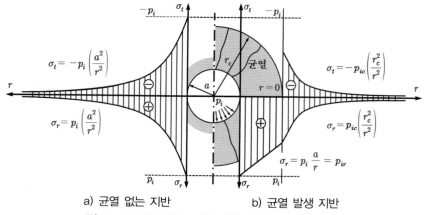

a) 균열 없는 지반   b) 균열 발생 지반

그림 12.3.3 내수압에 의한 원형터널 주변 지반응력

② 균열부 외곽

$$\sigma_r = p_i \frac{a}{r_c} \frac{r_c^2}{r^2}$$

$$\sigma_t = - p_i \frac{a}{r_c} \frac{r_c^2}{r^2}$$

(12.3.9)

4) 유출 압력수의 영향

수로터널은 대개 산지에 건설되므로 경사지를 횡단하거나 평행한 경우가 많다. 이때에 압력수가 주변지반 내의 균열이나 틈으로 유출되면 균열이 확대되거나 새로 발생되어 사면의 안정에 직접적인 위해요인이 될 수 있다.

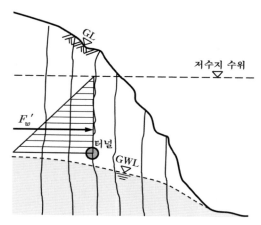

그림 12.3.4 사면 평행터널 (터널이 수밀하지 않으면 수압작용)

사면에 평행한 터널에서 사면에 평행하고 터널을 관통하는 절리가 급경사이면 (수평응력이 매우 작기 때문에) 콘크리트 라이닝에 균열이 생기고 압력수가 누수되어 내수압과 거의 같은 크기로 절리수압이 발생된다 (그림 12.3.4).

사면을 횡단하는 터널에서 사면에 평행한 급경사 절리는 터널을 횡단하게 되고 투수성 라이닝에서 수밀 라이닝으로 바뀌는 지점에는 유출 압력수에 의해 사면방향 으로 큰 압축력이 발생되어 사면 측 덮개지반이 파괴될 수 있다 (그림 12.3.5).

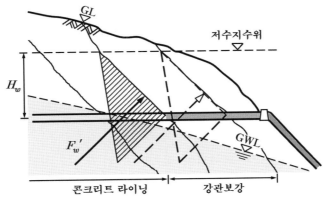

그림 12.3.5 사면횡단터널 (투수성 콘크리트 라이닝에서 강관 라이닝으로의 변화부)

3.2.2 절리수압

절리수 또는 산수 (Bergwasser) 는 강우가 지반의 틈 사이로 스며들어 절리 내에서 일정수위를 유지하는 물을 말하며, 침윤선을 형성하고 출구 (샘물) 를 통해 유출되고, 강우에 의해 재충전 된다. 절리수는 연결된 개구절리를 통해서만 흐르고 절리가 (흙 지반의 간극처럼) 균등하지 않으므로 흙 지반의 지하수와 비교하기 어렵다.

절리수압에 대해서 제3장 3절에서 상세하게 서술하였으므로 여기에서는 개략적 으로만 언급한다.

암반의 투수성은 절리 폭에 따라 다르고, 절리 폭은 지반응력과 수압에 따라 달라 진다. 절리수는 흐름속도가 매우 작기 때문에 정수압으로 가정할 수 있다.

정지상태 절리수압이 내수압보다 크면 외압으로 작용하고 라이닝이 수밀하지 않더 라도 누수 되지 않아서 압력수로터널에 유리하지만, 라이닝에 압축응력을 유발시키 므로 얇은 강재 라이닝이 좌굴될 수 있다.

절리수압은 위치와 시간에 따라 상태가 달라지므로 예측하기 어렵고, 특수한 경우에만 이론적으로 계산할 수 있기 때문에 실측해야 알 수 있다. 절리수압은 터널굴착 이전과 굴착시공 중은 물론 굴착 후와 통수 중에도 측정한다.

1) 정적 절리수압

절리수압은 개구 절리의 표면에 작용하고, 이로 인해 지반블록에 부력이 작용한다. 지압은 블록 간 무절리면이나 절리의 접촉면을 통해 전달되고 수압은 개구절리면을 통해 전달된다.

전체 면적에 대해서 수압이 전달되는 개구절리면의 비율은 **분리도** $\aleph$ (Pacher, 1959) 로 나타내고, 지압이 전달되는 접촉면의 비율을 사용도 α_I (Innerhofer, 1984) 로 나타내면, 개구 절리면 면적 A_k 와 접촉면 면적 $\alpha_I A$ 는 각각 $A_k = \aleph A = (1 - \alpha_I)A$ 와 $\alpha_I A = (1 - \aleph)A$ 이다.

접촉면은 일축응력상태이며 지압이 클수록 넓고, 접촉압 σ_{DG} 가 암석의 일축압축강도 σ_{DF} 를 초과하면 암석이 파괴되어 접촉면이 더 커지고 절리가 닫혀지기 때문에 접촉면의 지지력은 $(1 - \aleph)\sigma_{DF}$ 이다. 그런데 접촉압은 접촉면의 지지력 보다 작아야 하므로 $_{\max}\sigma_{DG} \leq (1 - \aleph)\sigma_{DF}$ 이다.

연직 덮개압은 수평지압보다 크므로 수평절리의 분리도 보다 연직절리의 분리도가 크다. 지압은 깊을수록 크지만, 암석강도는 일정하므로 분리도는 깊을수록 작아진다.

분리도가 작아서 지압 전달면적이 크면, (일축상태가 아니고) 다축응력상태로 되어 절리수압과 지압이 감소한다. 절리수압은 개구 절리면 $\aleph A$ 에만 작용한다. 연직절리에서 분리도가 같고 절리수위가 같으면 측면에 작용하는 수압은 크기가 같다.

(1) 수평 절리면

암체블록 상부 및 바닥의 수평 절리면에 작용하는 수압은 다음이 되고 (그림 3.3.1),

$$p'_{wu} = \aleph_u\, p_{wu} = \aleph_u \gamma_w H_w \qquad \text{(절리 바닥면)}$$
$$p'_{wo} = \aleph_o\, p_{wo} = \aleph_o \gamma_w (H_w - h) \quad \text{(절리 상부면)} \tag{12.3.10}$$

상하 절리면에 작용하는 절리수압의 합력 F_w' 은 부력 F_A' 이며, 개구절리면 면적 $(A_k = \aleph A)$ 만큼 감소된다.

$$F_w' = A_k(p'_{wu} - p'_{wo}) = F_A' \tag{12.3.11}$$

(2) 연직 절리면

연직 개구절리면에 작용하는 수평지압 σ_h 는 $\sigma_h = K\sigma_v = K\gamma_F H_F$ 이고, 수압은 $p_w{}' = ℵ\,p_w$ 이며, 평균지압이 절리수압보다 크면 절리수압에 의해 (평균지압은 변하지 않으나) 내부응력은 변화하며, 접촉면의 평균응력은 다음이 된다.

$$\sigma_{DG} = \sigma_{DF}\,\frac{1}{1-ℵ} \qquad \sigma'_{DG} = \frac{\sigma_{DF} - ℵ\,p_w}{1-ℵ} \tag{12.3.12}$$

절리수압 합력이 지압과 같으면 절리가 열리고 접촉면이 없어져서 전체면에 수압이 작용한다. 연직 개구절리에는 지반수평응력 대신에 수압이 작용하고, 강하게 접촉된 접촉면에서는 인장응력이 발생되어 전체 면적에 수압이 작용한다.

절리수압이 절리면에 수직으로 작용하면 암석이 파괴된다. 절리 내 수위가 지표와 일치하고 측압계수가 $K = 0.4$ 이면, 수압과 수평지반응력 분포선이 일치한다.

2) 절리수압이 라이닝에 미치는 영향

강재 및 콘크리트 라이닝은 수밀하다 가정하고, 수밀 콘크리트 라이닝의 분리도는 거의 영이고 암반의 분리도는 $ℵ$ 이다.

라이닝과 지반 사이에 틈이 없으면, 수압은 콘크리트 공극과 절리에만 작용하고,

$$p_w{}' = ℵ_F\,p_w \tag{12.3.13}$$

수압에 의하여 라이닝이 지반으로 부터 분리되면, 접촉면의 분리도는 $ℵ = 1$ 이고, 콘크리트 라이닝에는 완전한 크기의 수압이 작용하며, 지반에는 개구면과 절리면의 분리도 $ℵ_F$ 의 차이에 따른 차이압력이 작용한다.

$$p_w{}' = p_w(1 - ℵ_F) \tag{12.3.14}$$

라이닝에는 내압에 대항하여 절리수압이 외압으로 작용하며, 내압과 절리수압의 상대적 크기에 따라 라이닝-지반의 결합상태가 변한다.

(1) 절리수압이 내수압 보다 큰 경우 ($p_{iw} < p_w$)

절리수압이 내수압 보다 큰 경우 ($p_{iw} < p_w$) 에 라이닝과 지반의 접촉면이 개구상태 ($ℵ = 1$) 이면, 라이닝은 압축상태이고 지반에 수압 $p_{wF} = p_w(1 - ℵ_F)$ 이 작용하여 접촉면의 틈이 벌어진다. 라이닝이 수밀하지 않으면 절리수가 터널 내로 유입되고, 수압이 크고 지반이 강하면 라이닝 수밀성이 불필요하여 무 라이닝으로 할 수 있다.

(2) 내수압이 절리수압 보다 큰 경우 ($p_{iw} > p_w$)

콘크리트 라이닝은 건조·냉각되어 수축 ($\epsilon \simeq 3 \times 10^{-4}$) 되기 때문에 절리수압보다 큰 내압 ($p_{iw} > p_w$) 에 의해 균열이 생기지 않고는 지반에 완전히 접촉되지 않으므로, 개구절리가 있으면 $\aleph = 1$ 로 하고 수압을 계산할 수 있다.

콘크리트 라이닝은 내수압과 외압이 작용하고 구속되지 않은 두꺼운 관이 된다. 라이닝은 대개 균열이 생기지 않고 4 bar 까지 내수압을 지지할 수 있다. 내수압이 이보다 크면 주입하여 라이닝과 지반을 완전접촉시켜 지반 지보능력을 유발시킨다.

비수압 $\aleph\,p_w$ (specific water pressure) 는 라이닝에 외압으로 작용하고 그 크기 만큼 지반응력이 감소하여 절리수압의 제한작용이 가속된다. 절리수압에 의한 제한작용은 접촉면의 분리도가 지반의 분리도 보다 클 경우에 발생되고, 하중이 $p'_{W,A} = \aleph_k\,p_w$ 만큼 감소되어서 지반에는 하중 $p'_{W,F} = (\aleph_R - \aleph_F)p_w$ 이 작용한다.

3) 절리수의 흐름

절리수는 지형 (토피) 과 수리지질 특성 (실제 투수성) 에 따라 위치별로 그 수위가 다르며 (그림 12.3.6), 수두가 큰 구간에서는 라이닝에 외압으로 작용하고 라이닝이 수밀하지 않으면 터널 내부로 유입된다. 절리의 틈 간격이 일정하면, 절리수 흐름이 층류가 되어 압력이 선형으로 변한다.

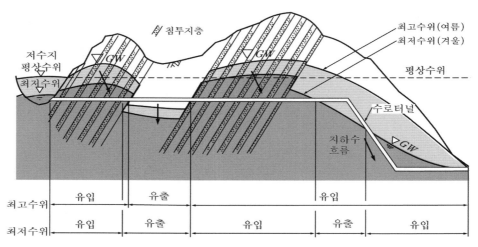

그림 12.3.6 수로터널의 절리수 유출입 ($H_{Bw} > H_{pi}$)

3.3 지반압력과 절리수압의 중첩

이차응력상태에서는 지반응력이 양 (+) 으로 증가하고, 내압이 작용하면 음 (-) 의 응력이 발생되어 탄성상태 응력분포와 크기가 같고 부호만 다르다.

토피가 크면 탄성거동하지 않고 등압상태 ($K \rightarrow 1.0$) 가 되며, 토피가 작으면 초기 응력이 작고 탄성 거동하지만, 측압이 작고 ($K \rightarrow 0$), 굴착면 응력집중이 감소된다.

압력수로터널은 초기응력상태부터 내수압 재하까지 6 단계로 나누고 단계별 하중 이력 **(3.3.1 절)** 을 고려하여 해석한다. 지반이 강성이고 이차응력이 탄성상태일 때에 라이닝을 생략 **(3.3.2 절)** 할 수 있다. 콘크리트 라이닝 **(3.3.3 절)** 이 분담하는 내압은 지반의 강성 (라이닝과 지반의 강성비) 에 따라 다르다.

3.3.1 하중이력

압력수로터널에서는 굴착단계에 따라 다음 하중이 작용한다.
- 초기상태 : 초기응력
- 굴착 : 이차응력
- 지보라이닝 설치 : 지반 - 지보라이닝 상호작용
- 내부 라이닝 설치, 수축, 냉각
- 주입 (틈주입)
  · 틈새 채움
  · 지반 보강
  · 프리 스트레스
  · 냉각, 크리프 → 긴장력 손실 , 틈새 벌어짐
- 통수상태
  · 내압 재하 → 인장응력 → 압축긴장력 감소
  · 계속 냉각 (약 $0^o C$ 까지) → 긴장력 추가 감소

정확한 계산은 초기응력상태부터 내수압 재하까지 6 재하단계로 나누고 analytical method 나 FEM 을 적용하여 수행한다. 이는 컴퓨터를 이용하면 아주 간단한 계산 이며, FEM 을 적용하면 축대칭상태가 아니어도 계산할 수 있다. 그러나 전체 계산 과정에 적용한 식에서 가정이 적합해야 한다.

계산을 다음 2 단계로 나누어 수행하면 통찰하기 좋고 효과적이다.

1 단계 : 상호거동하는 지보라이닝 계산단계 ; 적합성은 계측하여 관리한다.

2 단계 : 내압에 대항하는 라이닝을 설계하기 위한 계산단계 ; 지보대책과 주입의 역할을 고려하여 지반의 지지효과를 판단한다.

3.3.2 무라이닝 압력터널

압력터널의 라이닝은 지반이 강성이어서 이차응력이 탄성상태일 때에는 생략할 수 있다. 이차응력상태의 응력과 내수압은 중첩할 수 있다. 수밀하지 않은 지반은 절리수압이 내수압 보다 크지 않으면 침투흐름으로 인해 침투압이 작용하게 되며, 이는 탄성적으로 중첩할 수 있다.

3.3.3 콘크리트 라이닝

콘크리트 라이닝에 작용하는 하중은 지반의 강성에 따라 다르다. 라이닝과 지반은 강성비에 따라 내압을 분담하여 지지한다.

1) 강성지반

지반이 강성이면 지보할 필요가 없고, 콘크리트 라이닝에 지압이 작용하지 않고 수압만 작용한다. 라이닝과 지반은 강성비에 따라 내압을 분담해서 지지하고, 이중 관 이론으로 계산할 수 있다. 지반이 내압의 일부를 지지할 경우에는 건조수축 및 냉각에 의해 발생된 절리를 주입하여 채우고 주입압과 지반응력은 중첩하여 생각한다.

수로터널에 통수하면 온도가 $10 \sim 15^{\circ}C$ 강하되어서 라이닝과 지반이 수축되어 라이닝에 인장응력이 추가된다. 콘크리트 라이닝에 균열이 생기지 않게 하려면 통수 중에도 라이닝에 인장응력이 발생되지 않을 만큼 큰 압력으로 주입한다.

주입압은 라이닝과 지반 사이 틈에 가압하기 때문에 라이닝에는 외압으로 작용하고 지반에는 내압으로 작용하며 이차응력상태 지반응력과 탄성적으로 중첩할 수 있다.

지반에 주입할 수 있는 절리가 있으면 접선 인장응력 대신 접선 압축응력이 유효 주입압력의 크기로 발생된다. 주입압의 일부는 수축, 크리프, 냉각 등으로 소멸된다.

2) 강성이 아닌 지반

탄소성 이차응력과 지보라이닝의 지보저항력은 중첩할 수 있다. 숏크리트 라이닝에는 압축강도에 가까운 링 압축력이 작용하고, 볼트에는 탄성한계에 가까운 인장력이 작용한다. 가장 나중에 설치하는 콘크리트 라이닝은 지반의 수축과 냉각에 의하여 무응력 상태가 되었다고 가정한다. 콘크리트 라이닝이 균열 없이 내수압을 지지할 수 있으려면 내압은 물론 냉각, 수축, 크리프가 발생해도 균열이 생기지 않을 만큼 큰 프리스트레스를 가해야 한다.

틈새를 주입할 때 가하는 주입압은 지보링에 외압으로 작용하고 지반에 내압으로 작용한다. 주입압은 지보링의 접선압축응력을 감소시키며, 반경방향 압축응력으로 작용하여 지보링의 지보 저항력을 대신한다. 지보압은 지보 저항력과 같이 지반의 탄소성 이차응력과 중첩할 수 있다.

주입압이 크면 숏크리트 라이닝에 균열을 발생시키고, 주입재가 이를 통해 지반의 틈새로 흘러 들어가서 절리수압이 증가되며, 이는 탄소성 상태 응력과 중첩시킬 수 있다. 주입압은 국부적 지반응력보다 클 때만 효과가 있다. 따라서 주입하면 지반 내에 비교적 일정한 응력상태가 유지된다.

틈새에 주입할 때 주입압은 **내부라이닝** 전면에 외압으로 작용하여 콘크리트 링이 지반에 무관하게 변형된다. 주입재가 경화된 후에는 콘크리트 라이닝과 지반이 강하게 결합되어 일체로 변형한다. 이때 지반과 콘크리트 라이닝의 크리프와 냉각 수축에 의하여 프리 스트레스가 일부 소실된다. 주입재는 처음부터 절리에 영향이 있고, 주입압은 콘크리트 링 외곽의 분리도에 따라 일부 면에 작용한다.

내부 링에 내압이 작용하면 지보 링은 물론 지반의 접선방향 압축응력이 감소된다. 내부라이닝에서는 반경변위로 인해 접선방향 프리 스트레스가 감소하고, 반경방향 지반하중이 증가된다. 지반은 초기 유효주입압력 크기까지는 탄성거동한다 (재재하 하므로 탄성계수 적용). 이로부터 소성변형이 발생되고, 초기재하곡선 (특성곡선이 있으면) 이 유효하며, 그렇지 않으면 초기재하에 변형계수를 적용한다.

지보 링은 시공 어려움 때문에 시공 시에 기능을 파악하기 어렵다. 특히 숏크리트와 볼트를 병용한 지보 링이나 지반에까지 주입한 그라우팅이 효과가 있을 경우에 어렵다.

4. 수로터널의 거동해석

수로터널의 토피가 터널직경의 5 배 보다 작으면, 유공판 이론을 적용하기 어렵기 때문에 FEM 등으로 해석해야 한다. 이때는 지반의 지지거동이 불확실하므로 터널의 내압을 라이닝의 인장저항만으로 지지할 수 있도록 한다.

지반은 연속체로 간주한다. 불연속면 (층리, 편리, 절리) 의 간격이 터널 직경보다 작으면, 지반을 연속체로 간주한다. 측압이 작아 천단과 측벽에서 쐐기탈락이 발생 가능하면 추가로 불연속 거동을 해석한다.

압력터널의 단면은 역학적으로 유리한 원형으로 간주한다. 지반 내 원형공간은 유공판 이론으로 해석하고, 원형 라이닝은 두꺼운 관 이론으로 해석하며, 두꺼운 관의 외경을 무한히 크게 하면 유공판 이론과 같은 결과를 얻을 수 있다. 지반과 절리수 및 내압에 의한 하중이 축대칭이면 쉽게 해석할 수 있다. 이때 지반은 등방탄성체로 간주한다. 축대칭하중이 작용하는 비등방 탄성거동상태나 재료강도를 초과한 탄성-소성상태에서도 정밀해를 구할 수 있다. 얕은 터널의 초기응력은 축대칭 조건과 많이 달라서 analytical 방법으로 해를 구하기 어렵고 수치해석 해야 해를 구할 수 있다. 지반은 측압이 작고 지보기능이 약하며, 내압은 인장강도가 큰 라이닝으로 지지한다.

수로터널은 해석조건 (4.1 절) 을 이상화하고, 지반과 하중 및 라이닝을 경계조건에 맞게 모델링 (4.2 절) 하여 해석한다. 수로터널은 얇은 관 이론이나 두꺼운 관 이론 및 유공 판 이론 등 해석이론 (4.3 절) 으로 해석한다. 내압상태 수로터널에서 강재로 내부라이닝을 설치하여 보강한 경우에는 내압에 대한 강재 라이닝과 주변지반의 지지력 (4.4 절) 을 검토한다.

4.1 수로터널의 해석조건

수로터널은 다음과 같이 가정하고 해석한다.
- 터널단면형상이 축대칭
- 응력분포와 외력이 축대칭
- 지반과 라이닝재료는 균질하고 등방성
- 재료변화가 축대칭

① 터널 단면형상이 축대칭

터널의 단면이 원형으로 축대칭이다.

② 응력분포와 외력이 축대칭 (비탄성거동 지반)

터널굴착에 의한 응력변화는 굴착면 부터 $\pm 3R$ (즉, $1.5D$) 범위 이내에서 90% 이상 발생한다. 그런데 연직방향 초기응력이 15% 이내 편차이면 축대칭 조건으로 볼 수 있으므로 심도가 $\geq 10D$ 이거나 구조 지질압력이 작용하여 수평응력이 큰 터널은 축대칭으로 가정할 수 있다 (Kolymbas, 1998). 실제로 현장계측결과 축대칭인 경우가 많고 (Hoek/Brown, 1980), 접선응력은 거의 축대칭이다. 반면에 수평응력은 연직 응력의 70% 정도이고, $\pm 3R$ 에서 변하지 않으므로 축대칭 조건을 충족하기가 어렵다. 완전탄성지반에서 축대칭상태가 아니더라도 ($K < 1$) 수치해석하여 응력분포를 구할 수 있다.

터널 내·외부에 작용하는 수압은 축대칭이며, 초기응력이 축대칭이면 지압에 의한 지보저항력도 축대칭이다.

③ 지반과 라이닝 재료가 균질하고 등방성

지반은 절리간격이 $> D$ 이거나 $< 10D$ 이면 균질한 연속체로 간주할 수 있으나, 터널 길이방향 절리상태도 고려하여 판단한다. 퇴적암이나 변성암은 비등방성이지만 탄성상태에서는 등방성 지반으로 가정하고 최소 지반정수를 적용하여 해석해도 충분하게 정확한 결과를 구할 수 있다.

④ 재료변화가 축대칭 (링모양)

발파에 의한 이완영역이나 내압에 의한 방사 균열영역의 형상은 축대칭이다. 시공 중 바닥이완이나 경사진 암반의 경계선 및 파쇄대 등 국부적 비대칭 지반형상에 의한 영향은 수치해석을 통해서만 구할 수가 있다. 깊은 터널은 등압조건 ($K = 1$) 으로 가정해도 해석적으로 문제가 없다.

얕은 터널을 굴착하는 지표부근 지반에는 급경사 개구절리가 있는 경우가 많고, 급경사 개구절리가 있으면 초기 수평응력이 매우 작기 때문에 얕은터널을 굴착할 때 발생하는 이차 수평응력 또한 매우 작으며, 터널의 천단과 바닥에는 인장응력이 발생한다. 따라서 지반이 탄성상태일 때만 해석식을 적용하여 해석할 수 있다.

4.2 수로터널의 해석 모델링

수로터널은 지반과 하중 및 라이닝을 경계조건에 잘 맞도록 모델링하여 해석한다.

지반은 상재지반 자중에 의한 초기응력이 작용하는 불균질한 재료이며, 구조지질 압력 (대개 수평방향) 이 추가로 작용한다. 터널건설은 지반의 지보기능을 높일수록 경제성이 높아지므로, 암석종류와 초기응력상태는 최대한 정확하게 파악해야한다. 현장의 초기응력으로 덮개압력이 작용하고. 구조지질 압력은 수평하중에 추가한다.

압력터널은 원칙적으로 단면을 원형으로 하며, 대심도 터널 주변의 지반압력은 축대칭에 가깝고, 절리수압과 내수압은 축대칭으로 작용한다. 압력터널은 깊이에 따라 초기응력과 라이닝 하중 및 내수압이 결정되고, 지반의 지보하중과 절리수의 제하하중이 다르므로 깊이에 따라 라이닝 종류를 다르게 한다. 초기응력이 통수압 보다 커서 절리가 추가로 발생되거나 누수가 발생되지 않는 조건에서는 라이닝이 수밀하지 않아도 되고, 라이닝을 설치하지 않을 수도 있다. 얕은 터널은 초기응력이 축대칭상태와 많이 다르기 때문에 근사해석하거나 수치해석이 필요하고, 지반의 인 장지지력이 작아서 인장에 저항할 수 있는 라이닝이 필요하다.

암석은 종류가 많고 각각 역학특성이 다르며, 생성과정에서 다양하게 재하되고, 절리·파쇄대가 생성되어 초기특성이 상실된 때가 많고, 팽창압이 작용할 때도 있다.
지반은 불연속면 간격이 터널직경보다 작으면 연속체로 간주하며, 측압이 없는 상태에서 천단과 측벽에 절리가 있으면 지반을 불연속체로 간주한다.
지반은 등방 탄성체로 가정하고 얇은 관이론, 유공 판이론, 두꺼운 관 이론으로 해석한다. 축대칭 재하상태, 탄소성 상태, 비등방 탄성거동할 때는 엄밀해가 가능하다.

수로터널을 굴착시공하는 동안에 지보공이 불완전하고 지반이 불안정하면 지압이 주하중이며, 통수중에는 내수압 (동적, 정적) 과 지하수 (절리수) 압이 작용한다. 라이 닝 배면에 그라우팅하여 라이닝에 긴장력을 가하는 경우에 주입압은 외압으로 간주 하고, 압력이 자주 변하는 곳에서는 피로에 의한 영향을 검토한다.

라이닝 재료 특히 콘크리트와 강재는 재료특성이 잘 규정되어 있고 편차가 작지만, 지반은 종류가 많고 각 역학적 특성이 완전히 다르다. 암석은 생성과정에서 다양한 형태로 재하되고 국부적으로 과재하되어 층리와 편리 및 절리는 물론 교란영역이 생기고 원래 특성을 상실한 경우가 많다. 또한, 팽창압이 작용하는 암석도 있다.

4.3 수로터널의 해석이론

내압과 외압이 작용하는 원형 수로터널의 라이닝과 주변지반은 평면응력상태나 평면변형률상태 (4.3.1 절) 이고, 주변지반 응력과 라이닝 하중은 얇은 관이론 (4.3.2 절) 이나 두꺼운 관 이론 (4.3.3 절) 이나 이중 관 이론 (4.3.4 절) 또는 유공판 이론 (4.3.5 절) 으로 해석한다.

4.3.1 평면응력상태와 평면변형률 상태

터널 라이닝과 주변지반은 평면응력상태와 평면변형률상태로 구분된다. 평면응력 상태는 터널 길이방향 변형이 가능 ($\epsilon_l \neq 0$) 하고, 응력이 영 ($\sigma_v = 0$) 이다. 평면변형률 상태는 터널 길이방향으로 변형이 억제 ($\epsilon_l = 0$) 되고, 응력이 발생 ($\sigma_v \neq 0$) 된다. 평면 변형률상태와 평면응력상태에서 응력은 같고 변형률 (및 변위) 만 다르다.

표 12.4.1 평면응력 상태와 평면변형률 상태

평면응력 상태	평면변형률 상태
$\epsilon_r = -\dfrac{1}{E}\left(\sigma_r - \nu\,\sigma_t\right)$	$\epsilon_r = -\dfrac{1}{E}\left\{\sigma_r - \nu(\sigma_t + \sigma_l)\right\}$
$\epsilon_t = -\dfrac{1}{E}\left(\sigma_t - \nu\sigma_r\right)$	$\epsilon_t = -\dfrac{1}{E}\left\{\sigma_t - \nu(\sigma_r + \sigma_l)\right\}$
$\epsilon_l = \dfrac{\nu}{E}\left(\sigma_r + \sigma_t\right)$	$\epsilon_l = -\dfrac{1}{E}\left(\sigma_l - \nu(\sigma_r + \sigma_t)\right) = 0$
$\sigma_l = 0$	$\sigma_l = \nu(\sigma_r + \sigma_t)$

4.3.2 얇은 관 이론

라이닝의 두께 t 가 터널의 내경 a 에 비해 매우 얇은 경우 ($a/t > 50$) 에는 얇은 관 이론 (그림 12.4.1) 을 적용하여 해석할 수 있고, 관 부재 내에서 힘의 평형은 고려 하지 않고 응력과 변형률 및 변위를 계산한다. 라이닝은 평면응력상태이지만, 배면을 채우면 길이방향으로 변위가 억제되어서 ($\epsilon_l = 0$) 평면변형률상태가 된다. 라이닝은 내압이 크면 인장균열이 발생되고 외압이 크면 좌굴되어 터널내측으로 변형된다.

얇은 관은 두께가 매우 얇아서 ($r_i \simeq r_a \simeq a$) 부재 내에서 반경응력 σ_r 은 생각하지 않고, 접선응력 σ_t 만을 생각한다. 접선응력 σ_t 는 길이방향 응력 σ_l 에 무관하며, 내압 p_i 와 외압 p_o 에 따라 다음과 같다 (표 12.4.2).

$$\sigma_t = (p_o - p_i)\frac{a}{t} \tag{12.4.1}$$

표 12.4.2 내·외압에 따른 부재응력

내압 상태	외압 상태	내압 + 외압 상태
$F = -p_i a$ $\sigma_t = -p_i a/t$	$F = p_o r_a$ $\sigma_t = p_o r_a/t$	$\sigma_t = \dfrac{p_o r_a}{t} - \dfrac{p_i a}{t}$

변형률은 응력상태 즉, 평면응력상태와 평면변형률상태에 따라 다르게 발생된다. 평면응력상태일 때는 얇은 관의 길이방향으로는 자유스럽게 변형될 ($\epsilon_l \neq 0$) 수가 있지만, 응력은 발생되지 않는다 ($\sigma_l = 0$).

$$\epsilon_t = -\frac{1}{E}\sigma_t = -\frac{1}{E}(p_o - p_i)\frac{a}{t}$$
$$\epsilon_l = -\frac{1}{E}(\nu\sigma_t) = \nu\epsilon_t \qquad\qquad \textbf{(12.4.2)}$$

평면변형률상태이면 얇은 관의 길이방향으로 변형이 영 ($\epsilon_l = 0$) 이지만 응력이 발생된다 ($\sigma_l \neq 0$).

$$\epsilon_l = -\frac{1}{E}(\sigma_l - \nu\sigma_t) = 0 \;\Rightarrow\; \sigma_l = \nu\sigma_t$$
$$\epsilon_t = -\frac{1}{E}(1-\nu^2)(p_o - p_i)\frac{a}{t} \qquad\qquad \textbf{(12.4.3)}$$

반경변위 u 는 접선변형률 $\epsilon_t = u/a$ 에 의해 발생되고 반경변형률과 크기가 같다.

$$u = \epsilon_t a \qquad\qquad \textbf{(12.4.4)}$$

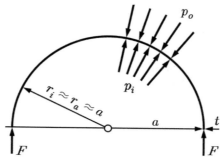

그림 12.4.1 내압과 외압이 작용하는 얇은 관의 하중상태

4.3.3 두꺼운 관 이론

터널의 라이닝은 10~60 m 간격으로 조인트가 설치되고, 그 사이에 수축균열이 발생되어 터널 길이방향 응력이 크지 않으므로 평면응력상태로 간주할 수 있다. 지반은 터널 길이방향으로 변위가 억제되므로 평면변형률상태이다.

평면응력상태나 평면변형률상태에서 응력은 같지만, 변형률과 변위는 다르다.

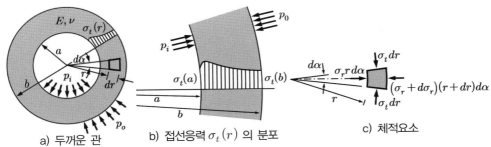

a) 두꺼운 관   b) 접선응력 $\sigma_t(r)$ 의 분포   c) 체적요소

그림 12.4.2 내압과 외압이 작용하는 두꺼운 관

1) 두꺼운 관

두꺼운 관의 부재응력은 응력상태에 상관없이 다음과 같고 ($\tau_{rt} = 0$),

$$\sigma_r = p_o \frac{b^2}{r^2} \frac{r^2 - a^2}{b^2 - a^2} + p_i \frac{a^2}{r^2} \frac{b^2 - r^2}{b^2 - a^2}$$

$$\sigma_t = p_o \frac{b^2}{r^2} \frac{r^2 + a^2}{b^2 - a^2} - p_i \frac{a^2}{r^2} \frac{b^2 + r^2}{b^2 - a^2}$$

(12.4.5)

변위 (또는 변형률) 은 응력상태에 따라 다르다.

$$u_{rS} = \frac{1+\nu}{E(b^2 - a^2)} \left[p_i a^2 \left\{ \frac{1-\nu}{1+\nu} r + \frac{b^2}{r} \right\} - p_o^2 b^2 \left\{ \frac{1-\nu}{1+\nu} r + \frac{a^2}{r} \right\} \right] \ : \ 평면응력$$

$$u_{rF} = \frac{1+\nu}{E(b^2 - a^2)} \left[p_i a^2 \left\{ (1-2\nu)r + \frac{b^2}{r} \right\} - p_o^2 b^2 \left\{ (1-2\nu)r + \frac{a^2}{r} \right\} \right] \ : \ 평면변형률$$

(12.4.6)

내압만 작용할 때에는 응력과 반경변위가 평면응력 및 평면변형률상태에서 같다.

$$응력 : \sigma_r = p_i \frac{a^2}{r^2}$$

$$\sigma_t = -p_i \frac{a^2}{r^2}$$

$$변위 : u_{rF} = u_{rS} = \frac{1+\nu}{E} p_i \frac{a^2}{r}$$

(12.4.7)

2) 균열 있는 두꺼운 관

강재에서 인장파괴가 일어나는 변형률은 $(0.5 \sim 1.5) \times 10^{-3}$ (평균 1.0×10^{-3}) 이며, 이는 콘크리트의 1.0×10^{-4} 보다 10 배 정도 크다. 따라서 강재가 인장파괴 되기 전에 배면 콘크리트나 지반이 인장파괴 되어서 일정한 깊이까지 균열이 생기며, 균열부 에서는 접선응력이 영 ($\sigma_t = 0$) 이고, 반경방향압축응력만 작용한다. 라이닝은 수밀성 이고 지반과 콘크리트의 탄성특성이 동일하다고 가정하고 균열부 지반을 균열이 있는 두꺼운 관으로 가정하고 균열부와 경계의 응력과 변위를 구할 수 있다.

굴착면 (반경 a) 에는 내압 p_i 가 작용 ($\sigma_r(a) = p_i$) 하고, 균열부의 경계 안쪽 (반경 r_c) 에 작용하는 압력은 $\sigma_r(r_c) = p_i a / r_c$ 이며, 바깥 쪽 (반경 r_a) 에는 외압 p_a 가 작용 ($\sigma_r(r_a) = p_a$) 한다. 내압 p_i 가 작용하는 굴착면 반경변위 u 는 무균열 지반 ($r \geq r_c$) 의 반경변위 u_c 와 균열부 지반 ($r_c > r \geq a$) 의 반경변위 u_{ic} 의 합이다 ($u = u_c + u_{ic}$).

균열부 지반 ($r_c > r \geq a$) 의 굴착면과 균열부 경계 및 무균열부에서 압력과 반경을 곱한 크기가 일정 ($p_i a = \overline{p_i} r_c = p_a r_a$) 한 관계로부터 반경응력은 $\sigma_r(r) = p_i a / r$ 이고, 반경변형률은 $\epsilon_r = \sigma_r / E = (p_i a / r)/E$ 이다.

반경변위 u_{cf} 는 반경변형률 ϵ_r 을 적분하여 구한다.

$$u_{cf} = \int_a^{r_c} \epsilon_r \, dr = \frac{1}{E} p_i a \int_a^{r_c} \frac{1}{r} dr = \frac{p_i a}{E} \ln \frac{r_a}{a} \tag{12.4.8}$$

무균열부 지반 ($r \geq r_c$) 은 평면응력상태이며, 압력과 반경을 곱한 크기가 일정하다 ($p_i a = \overline{p_i} r_c = p_a r_a$) 는 관계로부터 구하면, 반경응력은 $\sigma_r(r) = \overline{p_i} r_c^2 / r^2 = p_i a r_c / r^2$ 이 되고, $\sigma_t = -\sigma_r$ 이므로, 반경변형률은 $\epsilon_r = (\sigma_r - \nu \sigma_t)/E = \sigma_r (1 + \nu)/E$ 이다.

반경변위 u_{ci} 는 반경변형률 $\epsilon_r = (\sigma_r - \nu \sigma_t)/E$ 을 적분하여 구한다.

$$u_{ci} = \int_{r_c}^{\infty} \epsilon_r \, dr = \frac{1}{E} \int_{r_c}^{\infty} p_i a r_c (1 + \nu) \frac{1}{r^2} dr = \frac{1 + \nu}{E} p_i a = u_a \tag{12.4.9}$$

균열경계의 압력 $\overline{p_i}$ 에 의해 무균열부가 압축되어 발생되는 균열경계의 변위 u_c 는 무균열부 지반에서 내압 p_a 에 의한 굴착면 변위 u_a 와 크기가 같다 ($u_a = u_c$). 이는 균열경계 외부 일 $W_c = r_c \pi \overline{p_i} u_c$ 과 굴착면 외부 일 $W_i = (1/2) 2 a \pi p_i u_i = a \pi p_i u_i$ 이 같 다는 관계 ($W_i = W_c$) 와 균열경계의 압력 $\overline{p_i} = p_i a / r_c$ 으로부터 알 수 있다.

따라서 굴착면의 전체 반경변위 u 는 다음이 된다.

$$u = u_i + u_{ic} = u_c + u_{ic} = \frac{p_i a}{E} \left(1 + \nu + \ln \frac{r_a}{a} \right) \tag{12.4.10}$$

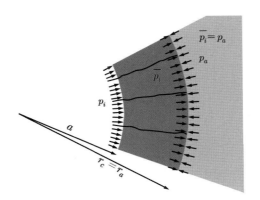

그림 12.4.3 균열발생 관(또는 암반) 모델

4.3.4   이중 관 이론

수로터널에서 라이닝이 완전 수밀하고 인장저항능력이 내압을 지지할 만큼 크면 압력수가 유출되거나 주변지반의 절리수가 터널내로 유입되지 않는다. 이 같이 주변 지반에 침투흐름이 발생되지 않을 때에는 이중 관 이론을 적용하여 라이닝은 내관 으로 간주하고 주변지반은 외경이 무한히 큰 외관으로 간주하고 탄성 해석한다.

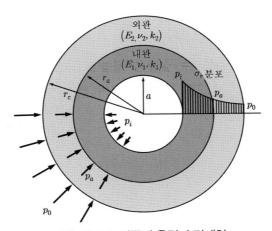

그림 12.4.4 이중관 응력과 경계압

수로터널에서 침투흐름이 터널에서 주변지반으로 일어나거나 (내수압 > 절리수압) 주변지반에서 터널 내부 (내수압 < 절리수압) 로 일어날 경우에 라이닝과 주변지반을 라이닝 - 침투영역 - 침투 무영향권으로 구분하고 이중 관 이론 (라이닝은 내관, 침투 영역은 외관) 으로 해석한다.

이때 내관 (내경 a, 외경 r_a, 투수계수 k_{D1}, 탄성계수 E_1, 푸아송비 ν_1) 즉, 라이닝에는 내압 p_i 와 외압 p_a 가 작용하고, 외관 (내경 r_a, 외경 r_c, 투수계수 k_{D2}, 탄성계수 E_2, 푸아송비 ν_2) 즉, 침투영역에는 내압 p_a 와 외압 p_o 가 작용한다. 절리수압 $p_F(r_a)$ 은 내관 외곽경계 r_a 에 작용하고, 투수성과 침투수 연속성에 의해 결정된다.

1) 내관 $(a \leq r < r_a)$ 의 응력과 변위

내관의 외부경계 즉, 라이닝의 외벽 r_a 에서 응력과 변위는 다음과 같고,

$$\sigma_r(r_a) = p_a - p_i \frac{a}{r_a} = p_a^* \tag{12.4.11}$$

$$\sigma_t(r_a) = \left(p_a - p_i \frac{a}{r_a}\right)\frac{r_a^2/a^2 + 1}{r_a^2/a^2 - 1}$$

$$u_{rS}(r_a) = -\left(p_a - p_i \frac{a}{r_a}\right)\frac{r_a}{E}\left(\frac{r_a^2/a^2 + 1}{r_a^2/a^2 - 1} - \nu\right)$$

내관의 내부경계 즉, 터널 내공면 a 에서는 $r = a$ 를 대입하면 다음과 같다.

$$\sigma_r(a) = p_i^* = 0 \tag{12.4.12}$$

$$\sigma_t(a) = \left(p_a - p_i \frac{a}{r_a}\right)\frac{2r_a^2/a^2}{r_a^2/a^2 - 1}$$

$$u_{rS}(a) = -\left(p_a - p_i \frac{a}{r_a}\right)\frac{a}{E}\frac{2r_a^2/a^2}{r_a^2/a^2 - 1}$$

2) 외관 $(r_a \leq r < r_c)$ 의 응력과 변위

지반의 내부경계 즉, 라이닝 외부경계 r_a 의 응력과 변위는 다음이 된다.

$$\sigma_r(r_a) = p_a^* \tag{12.4.13}$$

$$\sigma_t(r_a) = -p_a^*$$

$$u_{rF}(r_a) = p_a^* r_a \frac{1+\nu}{E}$$

4.3.5 유공 판 이론

반무한 등방탄성체에서 토피 h_f 가 반경 a 에 비해 매우 크면 $(a/h_f \simeq 0)$, 지반을 무한히 큰 관으로 가정할 수 있다. 관이 무한히 두꺼우면 유공판상태가 되어서 압력수로터널 주변지반에 적용할 수 있고, 내압상태 유공판에서 콘크리트 라이닝과 지반을 모두 평면응력상태로 가정할 수 있다.

1) 천공 후 내·외압이 작용하는 경우

내압 p_i 와 외압 p_o 가 작용하는 유공 판에서 평면변형률상태와 평면응력상태일 때
응력은 같고 변위는 다르다.

응력 : $\sigma_r = \quad p_i\, a^2/r^2 + p_o\left(1 - a^2/r^2\right)$

$\quad\quad\quad \sigma_t = -\,p_i\, a^2/r^2 + p_o\left(1 + a^2/r^2\right)$　　　　　　　　　　　**(12.4.14)**

변위 : $u_{rS} = -\,\dfrac{1+\nu}{E}\left[\dfrac{1-\nu}{1+\nu}\,r\,p_o \quad + \dfrac{a^2}{r}\left(p_o - p_i\right)\right]$　　（평면응력상태）

$\quad\quad\quad u_{rF} = -\,\dfrac{1+\nu}{E}\left[\left(1-2\nu\right)r\,p_o + \dfrac{a^2}{r}\left(p_o - p_i\right)\right]$　　（평면변형률상태）

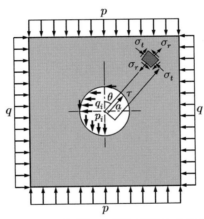

그림 12.4.5 양방향 경계압 작용상태 유공판

2) 외압 작용 유공판 ($p_i = 0,\ p_a \neq 0,\ r_a = \infty$)에 천공하는 경우

등압상태 초기응력이 작용하여 변형이 이미 발생된 판에 천공하면 초기응력
$\sigma_r = \sigma_t = \sigma_v = p_o$ 과 이차응력의 응력차이에 의해 추가 변형이 발생된다.

이차응력 : $\sigma_r = p_o\left(1 - a^2/r^2\right)$

$\quad\quad\quad\quad\ \ \sigma_t = p_o\left(1 + a^2/r^2\right)$

응력차이 : $\Delta\sigma_r = p_o\left(1 - a^2/r^2\right) - p_o = -\,p_o\,a^2/r^2$

$\quad\quad\quad\quad\ \ \Delta\sigma_t = p_o\left(1 + a^2/r^2\right) - p_o = \quad p_o\,a^2/r^2$

변 위　　: $u_{rS} = u_{rF} = -\,\dfrac{1+\nu}{E}\,p_o\,\dfrac{a^2}{r}$　　　　　　　　　　**(12.4.15)**

따라서 초기응력이 작용하여 변형된 판에 천공하여 발생된 응력 및 변위는 천공
후 내압이 작용하는 판의 응력 및 변위와 크기가 같고 부호만 다르다.

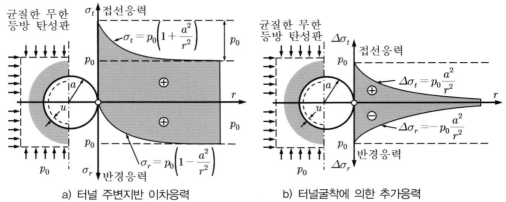

a) 터널 주변지반 이차응력   b) 터널굴착에 의한 추가응력

그림 12.4.6 등방 외압 p_o 에 의한 터널주변 지반응력

외압이 작용할 때 평면응력 및 평면변형률상태에서 응력은 같고 변위는 다르다.

응력 : $\sigma_r = p_a \left(1 - a^2/r^2\right)$ **(12.4.16)**

변위 : $u_{rS} = -\dfrac{1+\nu}{E} \dfrac{p_a}{r} \left[r^2 \dfrac{1-\nu}{1+\nu} + a^2 \right]$ (평면응력상태)

$\quad\quad\quad u_{rF} = -\dfrac{1+\nu}{E}\dfrac{p_a}{r} \left[r^2 \left(1-2\nu\right) + a^2 \right]$ (평면변형률상태)

3) 내압작용 유공판 ($p_i \neq 0$, $p_a = 0$, $r_a = \infty$)

내압만 작용할 때 평면응력 및 평면변형률상태에서 응력과 변위는 크기가 같다.

응력 : $\sigma_r = p_i a^2 / r^2$

변위 : $u_{rF} = u_{rS} = \dfrac{1+\nu}{E} p_i \dfrac{a^2}{r}$ **(12.4.17)**

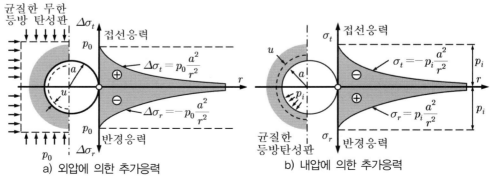

a) 외압에 의한 추가응력   b) 내압에 의한 추가응력

그림 12.4.7 등방 내·외압 작용 시 터널굴착으로 인해 발생되는 추가응력

4.4 내압 지지력

압력수로터널에서 내압은 라이닝과 주변지반이 분담하여 지지하므로, 강관으로 내면을 보강한 강관 라이닝 (4.4.1 절) 과 주변지반의 지지력 (4.4.2 절) 을 검토한다. 강재 내부라이닝은 얇은 관 이론 (제 2 장 2.3 절 참조) 을 적용하여 계산한다.

4.4.1 강관 라이닝의 내압 지지력

라이닝의 두께 t 가 반경 a 에 비하여 매우 얇으면 ($a/t > 50$), 얇은 관 (그림 12.4.1) 으로 간주하며, 부재 내에서 힘의 평형은 고려하지 않고 응력과 변형률 및 변위를 계산한다. 라이닝은 내압이 크면 인장균열이 발생되고 외압이 크면 좌굴되어 터널 안쪽으로 변형된다. 라이닝의 내압 지지력은 라이닝의 접선응력과 인장강도를 비교하여 검토하고, 외압 지지력은 라이닝의 좌굴발생 여부를 판단하여 검토한다.

1) 라이닝의 지지력

강재 라이닝은 두께 t 가 반경 a 에 비하여 매우 얇으므로 부재 내 접선응력 σ_t 는 길이방향 응력 σ_l 에 무관하고, 이 값이 인장강도 σ_y 보다 작으면 안정하다.

$$\sigma_t = (p_o - p_i) a/t \tag{12.4.18}$$

2) 라이닝의 변형률과 변위

강재 라이닝 배면을 채우지 않으면 터널의 길이방향으로 변위가 발생되고 ($\epsilon_l \neq 0$), 응력은 발생되지 않아서 ($\sigma_l = 0$) 평면응력상태가 되므로, 강재 라이닝의 접선 및 길이방향 변형률은 다음과 같다.

$$\epsilon_t = -\frac{1}{E} \sigma_t = -\frac{1}{E} (p_o - p_i) \frac{a}{t}$$
$$\epsilon_l = -\frac{1}{E} (\nu \sigma_t) = \nu \epsilon_t \tag{12.4.19}$$

강재 라이닝 배면을 채우면 변위가 억제되고 ($\epsilon_l = 0$), 응력이 발생되어서 ($\sigma_l \neq 0$) 평면변형률상태가 되므로 접선변형률 ϵ_t 는 다음 식으로 계산한다.

$$\epsilon_t = -\frac{1}{E} (1-\nu^2) (p_o - p_i) \frac{a}{t} \tag{12.4.20}$$

강재 라이닝의 반경변위 u 는 접선변형률 $\epsilon_t = u/a$ 에 의해 발생된다.

$$u = \epsilon_t a \tag{12.4.21}$$

4.4.2 주변지반의 내압 지지력

수로터널은 내압이 작용하며 주변지반이 이를 지지할 수가 있어야 한다. 지반의 지지력은 측압에 따라 다르므로 갱내 대형시험을 통해 측정하는 것이 가장 확실하다.

1) 주변지반의 지지력

내압이 작용하면 콘크리트 라이닝과 지반의 접선응력은 인장상태가 된다. 내압에 의한 지반응력 (그림 12.4.8b) 과 터널굴착 후 지반응력 (그림 12.4.8a) 을 중첩하면 내압 상태 지반응력 (그림 12.4.8c) 이 된다. 반경응력은 굴착면에서 크기가 최대이고 멀수록 비선형적으로 감소한다. 내압에 대한 지반의 안정성은 내압 작용상태에서 굴착면의 반경응력과 지반의 지지력을 비교하여 검토한다.

측압이 작은 지반 ($K < 0.3$) 에서는 천단 (바닥) 에 인장응력이 발생되어서 절리나 균열이 벌어지고, 지반이 크게 변형되며, (내압에 의하여 라이닝에 균열이 생기면) 측벽 압축응력이 증가하여 지지력이 감소한다. 반면에 측압이 커서 1 에 가까우면 ($K \rightarrow 1.0$), 굴착면 접선응력은 축대칭이고 크기가 초기응력의 2 배 ($\sigma_t = 2\sigma_v$) 이다. 내압이 초기응력과 같은 크기이면 응력이 중첩되어 다시 초기응력상태가 된다.

2) 주변지반과 라이닝의 부착상태 영향

라이닝과 지반의 부착이 양호하면 라이닝 변형이 억제되고, 콘크리트는 온도변형률 $\epsilon_{\Delta T}$ 이 인장파괴 변형률 $\epsilon_{ZB} = 1.0 \times 10^{-4}$ 보다 3 배이상 크면 인장파괴되어 균열이 생긴다.

라이닝과 지반의 부착상태가 불량하면, 유효균열 $u_{ce} = (3 \sim 4) \times 10^{-4} r$ 에 도달할 때까지 라이닝은 자유상태의 관처럼 거동한다.

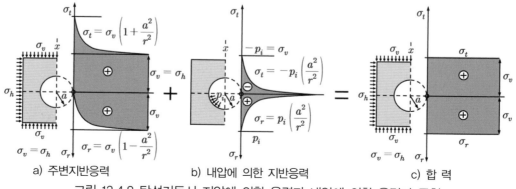

a) 주변지반응력   b) 내압에 의한 지반응력   c) 합 력

그림 12.4.8 탄성거동시 지압에 의한 응력과 내압에 의한 응력과 중첩

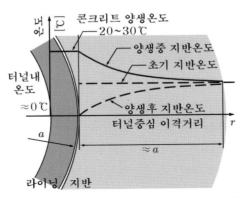

그림 12.4.9 콘크리트 양생으로 인한 주변지반 내 온도분포

3) 주변지반의 지지력 측정

내압에 대한 주변지반의 지지력은 터널 내 대형시험 (갱내가압시험, 반경재하시험, Stempel 재하시험) 을 통해 직접 측정할 수 있다. 반경재하시험에서는 굴착 후 주입하지 않은 상태인 굴착면에 16 개 재하판을 등간격으로 설치하고, 재하판의 간섭이 없는 위치에 90도 각도로 4 개 변위봉을 설치한 후 유압실린더를 이용하여 균등하게 재하하며, 하중과 굴착면 변위 (변위계) 및 지중변위 (변위봉) 를 측정한다. 단계별로 미리 정한 크기로 하중을 재하하고 유지했다가 제하 및 재재하 하기를 반복한다 (그림 12.4.10). 갱도가 지표부근이면 초기응력을 고려하지 않는데 이는 안전측이다.

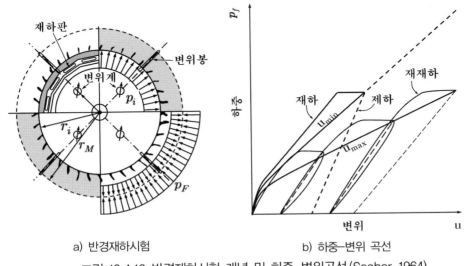

a) 반경재하시험 b) 하중–변위 곡선

그림 12.4.10 반경재하시험 개념 및 하중–변위곡선 (Seeber, 1964)

5. 침투에 의한 지반의 응력과 변위

수로터널의 압력수가 주변지반으로 유출되거나 주변지반의 절리수가 터널 내로 유입되는 경우에는 터널 주변에 물의 흐름이 발생되며, 이를 **침투흐름**이라고 하며, 침투흐름거동은 수로터널의 내수압과 절리수압의 상대적 크기와 라이닝 수밀성과 지반 투수성에 의해 결정되는 상대적 거동이다.

수로터널의 누수는 절리수압이 내압보다 작고 내수압이 초기 최소응력보다 크고 절리가 열려 있을 때에만 발생된다. 수로터널에서 누수는 곧, 경제적인 손실이다.

유출수량과 유출수에 의해 지반에 발생되는 외압 및 지반에 작용하는 침투력과 그에 따른 지반지지력의 감소정도 등은 지반과 라이닝의 투수성에 의해 결정된다.

수로터널주변의 **침투흐름 발생조건 (5.1 절)** 은 내수압과 절리수압의 상대적 크기 및 지반의 투수성이다. 수량손실은 라이닝의 수밀성과 지반의 투수성에 의하여 결정되며, 불량 내지 중간상태 지반에서는 라이닝 수밀성이 수량손실의 가장 큰 원인이고, 수밀성이 큰 지반에서는 라이닝 수밀성의 영향은 크지 않다.

라이닝과 터널 주변지반의 **침투흐름** 해석은 라이닝-침투영역-침투영향권 외곽으로 구분하여 이중관 이론을 적용하여 수행한다. 라이닝은 내관으로 침투영역은 외관으로 간주한다.

터널에서 지반으로 **침투 (5.2 절)** 되는 침투수 흐름은 투수성 물체를 통해 발생하는 축대칭 포텐셜 흐름으로 생각하고, 투수성 지반을 다공성 두꺼운 관으로 간주하여 해석하고 반경응력과 접선응력 및 절리내 수압을 구한다.

절리수압이 터널의 내수압 보다 크면 주변지반에서 **터널 내로 침투 (5.3 절)** 되며, 침투흐름이 발생한다.

침투는 터널주변의 일정한 범위 이내에서 일어나며, **침투영향권** 즉, 침투흐름이 일어나는 권역 (라이닝 - 주변 침투영역 - 침투 무영향권 외부 건조영역) 에 따라 응력과 변위가 다르다.

침투흐름이 발생한 경우에 수로터널 주변지반에 작용하는 전체 지반응력은 지반의 자중에 의한 응력과 침투압에 의한 응력을 합한 크기이다.

5.1 침투 발생조건

수로터널 라이닝이 완전 수밀하고 내압을 지지할 수 있을 만큼 인장저항능력이 있는 경우에는 지반의 수밀성에 상관없이 터널로부터 압력수가 유출되지 않는다.

터널 내·외에서 수압차가 크고 라이닝과 지반의 수밀도가 충분하지 않으면 침투가 발생될 조건 (5.1.1 절) 이 성립된다. 라이닝 수밀성 (5.1.2 절) 이나 지반의 투수성 (5.1.3 절) 에 따라 침투흐름 발생여부가 판가름 된다.

5.1.1 침투흐름 발생조건

지반이 투수성이 작고 지지력이 커서 내압을 지지할 수가 있으면 압력수가 유출 되지 않는다.

라이닝의 투수성이 지반 투수성 보다 작으면 라이닝을 통해 압력수가 유출되는 동안 수압이 감압된다. 지반 투수성이 라이닝 투수성 보다 작으면 라이닝 접촉면과 절리면에 수압이 작용하며, 터널내면 근접부는 수압이 내압과 크기가 거의 같다.

지반의 투수성이 크고 절리수압이 내수압 보다 작으면 침투흐름에 의하여 압력 경사가 발생되어 물체력 (massive force) 처럼 작용해서 지반이 추가재하 되므로 큰 지반변형이 유발된다. 지반의 투수성이 아주 클 경우에는 침투흐름이 일어나는 동안 라이닝에서 감압되거나 지반이 추가재하 되는 일이 없다.

암석의 투수성과 침투력에 의한 영향은 그동안 많이 연구되었으나 침투수에 의한 영향을 압력수로터널의 설계에 반영하는 방법은 별로 연구되지 않고 있다. 침투흐름 과 그에 따른 침투력이 지반과 라이닝에 미치는 영향은 Schleiss (1985, 1986) 가 많이 연구하였다.

라이닝과 지반을 침투하는 동안 침투수압이 감압되며, 침투통로를 따라 흐르면서 대수나선형이나 선형으로 감압된다고 생각한다. 라이닝은 터널 크기에 비해 두께가 얇은 부재이므로 지반의 투수성만을 생각하면 침투에 의한 지반응력은 두꺼운 관 이론을 적용하여 구한다. 그러나 라이닝과 지반의 투수성을 모두 고려할 경우에는 이중 관 이론을 적용하여 구한다.

5.1.2 라이닝의 수밀성

압력수로터널에서 라이닝의 내측 (내압) 에는 내수압이 작용하고 외측 (외압) 에는 절리수압과 지압이 작용하며, 라이닝이 수밀하거나 내수압이 절리수압 보다 작으면 압력수가 유출되지 않는다.

압력 수로터널의 라이닝은 강관으로 피복하거나 수밀 피복하면 수밀상태가 된다. 그러나 라이닝의 시공이 기준에 미달하거나, 지반의 지지력이 부족하거나, (손실된 물의 가격 보다 수밀대책 공사비가 더 비싸서) 수밀대책을 생략한 경우에는 라이닝이 수밀하지 않을 수 있다. 그리고 콘크리트 라이닝은 여러 가지 원인 (과도한 응력집중 이나 건조·냉각에 의한 수축 또는 시간이 지남에 따른 크리프 변형) 에 의해 균열이 발생되어 수밀하지 않을 수 있다.

또한, 값이 비싼 수밀 콘크리트를 사용해서 수밀 라이닝을 설치하더라도 터널은 길이 방향으로 길기 때문에 건조 및 냉각에 의하여 수축되면서 횡방향으로 균열이 발생하여 완벽한 수밀이 어려울 수 있다.

온도균열은 지반강성이 크고, 콘크리트 라이닝이 암반에 밀착되어 있으며, 굴착면이 거칠 때 발생하고, 이는 분리 층이나 분리 막을 설치하여 방지할 수 있다. 응력균열은 어떤 경우에도 생기지 말아야 한다. 내압에 의해 라이닝 투수성이 변할 수 있다.

라이닝 균열을 통해 압력수가 유출되면, 라이닝 배후 지반의 지지력이 감소되어 콘크리트 라이닝에 추가균열이 발생하고, 이로 인해 더 많은 물이 유출되어 지반의 지지력이 더 감소되며, 이 과정이 반복되어 유출수량이 계속 증가된다. 균열이 있는 라이닝은 배면에 주입하고 시공 조인트를 방수하여 수밀도를 개선할 수 있다.

라이닝 투수성 보다 지반 투수성이 크면 압력수가 유출되면서 침투력이 발생한다. 반면에 지반 투수성이 작으면 압력수 유출은 지반의 투수성에 의존하여 발생하며, 지반에 침투압이 작용하고 지압과 침투압의 차이만한 크기의 압력이 라이닝에 외력 으로 작용한다. 그리고 지반에서는 응력이 변하고 지지력이 감소된다.

라이닝이 없는 터널에서는 누수가 다량으로 발생하거나 유출 압력수에 의해 지표 지반이 기초파괴될 수 있다. 압력수로터널은 기계굴착하고, 라이닝을 생략할 때가 많으므로 침투 해석하여 안정성을 확인한다.

5.1.3 지반의 투수성

지반의 투수성은 암석의 투수성이 아니라 절리상태에 의해서 결정되며, 절리는 라이닝 균열부와 시공 조인트 부근에 집중되어 나타난다.

지반의 대표 투수계수는 절리 폭의 국부적 편차가 심하기 때문에 결정하기 어렵고, 큰 규모의 지반에 대해 개략적으로만 구할 수 있다. 지반의 투수계수를 측정하기 위해 보링공에서 수행하는 수압시험은 방법이 간단함에도 불구하고 수행한 예가 적어서 실험 값과 실제 값의 관계를 규명하기가 어렵다. 댐의 기초조사를 위한 수압시험은 시행사례가 많아서 자료가 충분하지만 얕은 심도에 대한 것이기 때문에 그 결과를 압력터널에 적용하기가 어렵다.

압력터널은 본격적으로 통수하기 전에 시험 통수하여 수밀도를 확인하고 전체적인 수량 밸런스를 구할 수 있다. 전체 유량손실은 수직구에서 수면의 침강속도를 측정하여 알 수 있다.

절리수 수위는 지형에 따라 다르다. 절리수압이 내수압 보다 크면 절리수가 터널 내로 유입되고, 반대로 통수압 보다 작으면 압력수가 지반으로 유출된다. 압력터널 투수성은 라이닝과 지반 중 한곳에서 투수계수를 측정하고, 개별수리단면에서 수량의 손실이나 증가를 측정하여 판단한다.

5.2 터널에서 지반으로 침투

터널에서 지반으로 유출되는 침투흐름은 일정한 영향권 (5.2.1 절) 이내에서 일어나고, 투수성 물체에서 발생하는 축대칭 포텐셜 흐름으로 설명할 수 있다. 투수성 지반을 다공성 물체로 간주하고 침투되는 동안 대수나선형으로 감압 (5.2.2 절) 된다고 가정하고 두꺼운 관 (5.2.3 절) 이나 이중 관 이론 (5.2.4 절) 으로 해석하여 반경응력과 접선응력 및 절리 내의 수압을 구한다.

5.2.1 침투 영향권

터널에서 주변지반으로 압력수가 유출될 때에 침투는 터널주변 일정한 범위 이내에서 일어나며, 침투영향이 미치는 권역 (라이닝 - 주변 침투영역 - 침투 무영향권 외부 건조영역) 에 따라 응력과 변위가 다르다.

침투에 의해 포화상태가 되는 터널주변지반의 **포화경계 a_W** 는 다음 식을 적용하여 시행착오법으로 계산한다.

$$\frac{p_i}{\gamma_w} - \frac{3}{4} r_a = \frac{a_W}{2\pi}\left(\ln\frac{a_W}{r_a\pi} + \frac{k_F}{k_B}\ln\frac{r_a}{r_i}\right)$$

(12.5.1)

침투 영향권 r_R 은 위 식의 a_W 로부터 추정하며, 천단과 측벽에서 다음이 된다.

$$천단부 : r_R = \frac{a_W}{\pi}\ln 2$$

$$측벽부 : r_R = \frac{a_W}{3}$$

(12.5.2)

5.2.2 대수나선형 감압

침투되는 동안 대수나선형으로 감압되고, Darcy 법칙이 성립되는 경우에 두꺼운 관 (내경 r_i, 내압 p_i, 외경 r_a, 외압 p_a) 의 임의 반경 r 에서 압력 p_r 은 다음이 된다.

$$p_r = \frac{1}{\ln(r_a/r_i)}\left(p_i\ln\frac{r_a}{r} + p_a\ln\frac{r}{r_i}\right)$$

(12.5.3)

따라서 절리수압의 변화에 의한 압력경사 dp/dr 는 다음이 된다.

$$\frac{dp}{dr} = \frac{p_a - p_i}{r\ln(r_a/r_i)}$$

(12.5.4)

5.2.3 두꺼운 관 이론

축대칭상태 평형조건에 지반의 분리도 $\aleph$ 를 고려한 수압변화를 적용하면,

$$\frac{\sigma_t - \sigma_r}{r} + \frac{d\sigma_r}{dr} = \aleph\frac{dp}{dr}$$

(12.5.5)

이고, 수압이 대수나선형으로 감압되는 경우에는 식 (12.5.4) 로부터 다음이 되고, 미지수가 2 개 (σ_r 과 σ_t) 이므로 이 식을 풀려면 하나의 식 (Hooke 식) 이 더 필요하다.

$$\frac{\sigma_t - \sigma_r}{r} + \frac{d\sigma_r}{dr} = \aleph\frac{1}{r}\frac{p_a - p_i}{\ln(r_a/r_i)}$$

(12.5.6)

무한히 긴 관 (평면변형률 상태) 에 응력-변형률 관계와 평형조건을 적용하여 구하면 반경변위 u 는 다음이 된다.

$$-\frac{u}{r^2} + \frac{du}{dr}\frac{1}{r} + \frac{d^2u}{dr^2} = \aleph\frac{dp}{dr}\frac{1+\nu}{E}\frac{1-2\nu}{1-\nu}$$

(12.5.7)

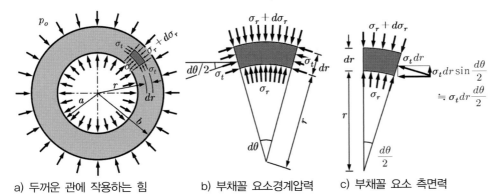

a) 두꺼운 관에 작용하는 힘   b) 부채꼴 요소경계압력   c) 부채꼴 요소 측면력

그림 12.5.1 두꺼운 관에 작용하는 힘

포텐셜 흐름에 의해 지반에 발생되는 응력은 다음이 된다.

$$\sigma_r = (p_a - p_i)\frac{1 - r_a^2/r^2}{r_a^2/r_i^2 - 1}\left\{1 - \aleph + \frac{\aleph}{2(1-\nu)}\right\} \tag{12.5.8}$$
$$+ \aleph\frac{(p_a - p_i)\ln(r_a/r)}{2(1-\nu)\ln(r_a/r_i)} + (1 - \aleph)p_a$$

$$\sigma_t = (p_a - p_i)\frac{1 + r_a^2/r^2}{r_a^2/r_i^2 - 1}\left\{1 - \aleph + \frac{\aleph}{2(1-\nu)}\right\}$$
$$+ \aleph\frac{(p_a - p_i)\{\ln(r_a/r) + (1-2\nu)\}}{2(1-\nu)\ln(r_a/r_i)} + (1 - \aleph)p_a$$

평면변형률상태 ($\varepsilon_z = 0$) 에서 관 길이방향 응력 σ_z 는 다음과 같다.

$$\sigma_z = \nu(\sigma_r + \sigma_t) \tag{12.5.9}$$

반경 r 위치에서 발생하는 반경변위 u 는 반경방향 변형률을 적분하고, 적분상수는 압력이 작용하지 않을 때 ($p_i = p_o = 0$) 에 변위가 영 (0) 인 조건을 적용하여 구하고, 평면변형률상태에서 다음이 된다.

$$\frac{u_{rF}}{r} = -\frac{1+\nu}{E}\left[(p_a - p_i)\frac{r_a^2/r^2 + 1 - 2\nu}{r_a^2/r_i^2 - 1}\left\{1 - \aleph + \frac{\aleph}{2(1-\nu)}\right\}\right.$$
$$\left. + \aleph(p_a - p_i)\frac{1-2\nu}{2(1-\nu)}\left\{1 + \frac{1-\nu}{\ln(r_a/r_i)}\right\} + (1 - \aleph)p_a(1-2\nu)\right] \tag{12.5.10}$$

초기응력이 영이고, 관이 무한히 두꺼운 경우 $(r_a > \cdots > r_i)$ 에는 다음이 된다.

$$\sigma_r = p_i\left[\frac{r_i^2}{r^2}\left\{1-\aleph+\frac{\aleph}{2(1-\nu)}\right\}-\frac{\aleph}{2(1-\nu)}\right]$$

$$\sigma_t = -p_i\left[\frac{r_i^2}{r^2}\left\{1-\aleph+\frac{\aleph}{2(1-\nu)}\right\}+\frac{\aleph}{2(1-\nu)}\right]$$

$$\sigma_l = -p_i\frac{\nu\,\aleph}{\nu-1}$$

$$\frac{u_{rF}}{r} = p_i\frac{1+\nu}{E}\left[\frac{r_i^2}{r^2}\left\{1-\aleph+\frac{\aleph}{2(1-\nu)}\right\}+\frac{\aleph}{2(1-\nu)}\right] \tag{12.5.11}$$

지반이 완전히 수밀한 경우 $(\aleph=0)$ 에는 다음이 된다.

$$\sigma_r = (p_a-p_i)\frac{1-r_a^2/r^2}{r_a^2/r_i^2-1}+p_a$$

$$\sigma_t = (p_a-p_i)\frac{1+r_a^2/r^2}{r_a^2/r_i^2-1}+p_a$$

$$\sigma_l = 2\nu\left\{(p_a-p_i)\frac{1}{r_a^2/r_i^2-1}+p_a\right\}$$

$$\frac{u_{rF}}{r} = -\frac{1+\nu}{E}\left[(p_a-p_i)\frac{1-2\nu+r_a^2/r^2}{r_a^2/r_i^2-1}+p_a(1-2\nu)\right] \tag{12.5.12}$$

지반이 완전히 투수성인 경우 $(\aleph=1.0)$ 에는 다음이 된다.

$$\sigma_r = (p_a-p_i)\frac{1}{2(1-\nu)}\left(\frac{1-r_a^2/r^2}{r_a^2/r_i^2-1}+\frac{\ln r_a/r}{\ln r_a/r_i}\right)$$

$$\sigma_t = (p_a-p_i)\frac{1}{2(1-\nu)}\left(\frac{1+r_a^2/r^2}{r_a^2/r_i^2-1}+\frac{\ln r_a/r}{\ln r_a/r_i}+\frac{1-2\nu}{\ln r_a/r_i}\right)$$

$$\sigma_l = (p_a-p_i)\frac{\nu}{1-\nu}\left\{\frac{1}{r_a^2/r_i^2-1}+\frac{\ln r_a/r}{\ln r_a/r_i}+\frac{1}{2}\frac{1-2\nu}{\ln r_a/r_i}\right\} \tag{12.5.13}$$

$$\frac{u_{rF}}{r} = -(p_a-p_i)\frac{1+\nu}{2E(1-\nu)}\left\{\frac{1-2\nu+r_a^2/r^2}{r_a^2/r_i^2-1}+(1-2\nu)\left(1+\frac{1-\nu}{\ln r_a/r_i}\right)\right\}$$

5.2.4 이중관 이론

침투흐름은 물이 침투되는 콘크리트 라이닝과 침투영역 지반 및 침투흐름의 영향이 없는 지반의 3개 영역으로 구분하여 이중관 이론으로 해석하며, 라이닝은 내관으로, 침투영역은 외관으로 간주한다.

라이닝 외주면 (반경 r_a) 에서 접촉압력 p_{Fa} 와 절리수압 p_a 및 침투영향권 r_R 의 접촉압력 p_{FR} 로부터 라이닝과 굴착면의 배후 3 구역 지반 (라이닝 - 침투영역 - 침투무영향권) 에 대해 응력과 변위를 구할 수 있다 (그림 12.4.4).

1) 접촉압력

침투영향권 r_R 의 **접촉압력 p_{FR}** 은 다음과 같고,

$$p_{FR} = p_a \frac{2 - \nu_F}{3\left(1 - \nu_F\right)} \left\{ \frac{r_a^2}{r_R^2} + \left(1 + \frac{r_a}{r_R}\right) \frac{1 - 2\nu_F}{2\left(2 - \nu_F\right)} \right\} + p_{Fa} \frac{r_a^2}{r_R^2} \tag{12.5.14}$$

라이닝 외부경계 r_a 의 접촉압력 p_{Fa} 는 경계부 변위가 같다고 간주하고 구한다.

$$p_{Fa} = p_i \frac{\dfrac{k_F}{k_B} \dfrac{r_a - a}{r_R - r_a} \left\{ \dfrac{2\left(2 - \nu_B\right)}{r_a^2/a^2 - 1} + \dfrac{r_a}{r_a - a}\left(1 - 2\nu_B\right) \right\} - 3 \dfrac{E_B\left(1 + \nu_F\right)}{E_F\left(1 + \nu_B\right)}}{3\left(1 + \dfrac{k_F}{k_B} \dfrac{r_a - a}{r_R - r_a}\right)\left\{ \dfrac{2\left(1 - \nu_B\right)}{1 - a^2/r_a^2} + \dfrac{E_B\left(1 + \nu_F\right)}{E_F\left(1 + \nu_B\right)} + 1 - 2\nu_B \right\}}$$

$$\tag{12.5.15}$$

암반이 상태가 양호해야 접촉점에서 인장응력을 지지할 수 있고, 인장응력을 지지하지 못하면 접촉점이 벌어진다. 라이닝 배면을 인장응력 보다 큰 압력으로 주입하여 선행가압하면 인장응력에 의해 주입압력이 감소되더라도 압축상태를 유지하고 인장상태가 되지 않으므로 주입을 통해 인장응력을 간접적으로 지지할 수 있다.

침투압으로 인하여 라이닝 - 암반의 접촉점에 거의 항상 인장응력이 발생되며, 이 경향은 라이닝 보다 투수성이 큰 암반에서 (라이닝 보다 암반 투수성이 20 % 이상 큰 경우) 뚜렷하고, 이 때에는 침투압의 영향이 거의 없다.

라이닝과 지반이 투수성이 같을 때는 지반상태가 불량할수록 인장응력이 커진다. 라이닝의 투수성이 지반의 투수성 보다 더 크면, 투수계수비 ($k_B/k_F > 1.0$) 가 접촉 응력에 미치는 영향은 무시할 수 있을 만큼 작다.

2) 라이닝 $(a \leq r < r_a)$ 의 응력과 변위

$$\sigma_r = \frac{p_a - p_i}{3} \frac{3 - 2\nu_B}{1 - \nu_B}\left(\frac{1 - r_a^2/r^2}{r_a^2/a^2 - 1} + \frac{r_a - r}{r_a - a}\right) + p_{Fa}\left\{\frac{1 - r_a^2/r^2}{r_a^2/a^2 - 1} + 1\right\}$$

$$\sigma_t = \frac{p_a - p_i}{3} \frac{3 - 2\nu_B}{1 - \nu_B}\left\{\frac{1 + r_a^2/r^2}{r_a^2/a^2 - 1} + \frac{r_a}{r_a - a}\left(1 - \frac{1 + \nu_B}{3 - 2\nu_B}\frac{r}{r_a}\right)\right\} + p_{Fa}\left\{\frac{1 + r_a^2/r^2}{r_a^2/a^2 - 1} + 1\right\}$$

$$\sigma_l = \nu_B(\sigma_r + \sigma_t) \tag{12.5.16}$$

$$\frac{u_{rF}}{r} = -\frac{p_a - p_i}{3} \frac{1 + \nu_B}{E_B} \frac{3 - 2\nu_B}{1 - \nu_B}\left\{\frac{1 - 2\nu_B + r_a^2/r_2}{r_a^2/a^2 - 1} + \frac{2 - \nu_B - r/r_a}{1 - a/r_a}\frac{1 - 2\nu_B}{3 - 2\nu_B}\right\}$$
$$- p_{Fa}\frac{1 + \nu_B}{E_B}\left\{\frac{1 - 2\nu_B + r_a^2/r^2}{r_a^2/a^2 - 1} + 1 - 2\nu_B\right\}$$

3) 침투영역 $(r_a \leq r < r_R)$ 의 응력과 변위

$$\sigma_r = \frac{p_a}{3} \frac{3 - 2\nu_F}{1 - \nu_F}\left(\frac{1 - r_R^2/r^2}{r_R^2/r_a^2 - 1} + \frac{r_R - r}{r_R - r_a}\right)$$
$$+ \{p_{FR} - p_{Fa}\}\frac{1 - r_R^2/r^2}{r_R^2/r_a^2 - 1} + p_{FR}$$

$$\sigma_t = \frac{p_a}{3} \frac{3 - 2\nu_F}{1 - \nu_F}\left\{\frac{1 + r_R^2/r^2}{r_R^2/r_a^2 - 1} + \frac{r_R}{r_R - r_a}\left(1 - \frac{1 + \nu_F}{3 - 2\nu_F}\frac{r}{r_R}\right)\right\}$$
$$+ \{p_{FR} - p_{Fa}\}\frac{1 + r_R^2/r^2}{r_R^2/r_a^2 - 1} + p_{FR}$$

$$\sigma_l = \nu_F(\sigma_r + \sigma_t) \tag{12.5.17}$$

$$\frac{u_{rF}}{r} = -\frac{p_a}{3} \frac{1 + \nu_F}{E_F} \frac{3 - 2\nu_F}{1 - \nu_F}\left\{\frac{1 - 2\nu_F + r_R^2/r^2}{r_R^2/r_a^2 - 1} + \frac{2 - \nu_F - r/r_R}{1 - r_a/r_R}\frac{1 - 2\nu_F}{3 - 2\nu_F}\right\}$$
$$- \{p_{FR} - p_{Fa}\}\frac{1 + \nu_F}{E_F}\frac{1 - 2\nu_F + r_R^2/r^2}{r_R^2/r_a^2 - 1} + p_{FR}(1 - 2\nu_F)$$

4) 무영향권 $(r_R \leq r)$ 의 응력과 변위

$$\sigma_r = p_{FR} r_R^2/r^2$$
$$\sigma_t = -p_{FR} r_R^2/r^2$$
$$\sigma_l = \nu_F(\sigma_r + \sigma_t)$$
$$u_{rF} = \frac{1 + \nu_F}{E_F}\frac{r_R^2}{r^2} p_{FR} \tag{12.5.18}$$

5.3 지반에서 터널 내로 침투

절리수압이 내수압 보다 더 크면 주변지반에서 터널 내로 침투흐름이 발생하며, 이는 교통터널의 침투와 같다.

침투되는 동안에 수압은 폭이 일정한 단일절리에서는 다공체 (대수나선형 분포) 와 달리 선형 분포 감압 (5.3.1 절) 이 더 현실적이고, 이는 이론적으로 유도할 수 있다. 응력과 변위는 두꺼운 관 이론 (5.3.2 절) 이나 이중 관 이론 (5.3.3 절) 으로 구할 수 있다.

5.3.1 선형 감압

선형 감압되는 경우에 임의 위치 r 에서 수압 p_{wr} 은 다음이 되고,

$$p_{wr} = \frac{1}{r_a - r_i}\{p_i(r_a - r) + p_a(r - r_i)\} \tag{12.5.19}$$

절리수압의 변화에 의해 발생되는 물체력 (mass force) 은 다음이 된다.

$$\frac{dp_w}{dr} = \frac{p_a - p_i}{r_a - r_i} = const. \tag{12.5.20}$$

5.3.2 두꺼운 관 이론

두꺼운 관에서 응력과 변위는 다음 Euler 식을 풀어서 구하며,

$$-\frac{u}{r^2} + \frac{du}{dr}\frac{1}{r} + \frac{d^2u}{dr^2} = \aleph\,\frac{p_a - p_i}{r_a - r_i}\frac{1+\nu}{E}\frac{1-2\nu}{1-\nu} \tag{12.5.21}$$

포텐셜 흐름에서 발생되는 응력과 변위는 다음이 된다.

$$\sigma_r = (p_a - p_i)\frac{1 - r_a^2/r^2}{r_a^2/r_i^2 - 1}\left\{1 - \aleph + \frac{\aleph\,(3-2\nu)}{3(1-\nu)}\right\}$$
$$+ \aleph\,\frac{p_a - p_i}{3}\frac{1 - r/r_a}{1 - r_i/r_a}\frac{3-2\nu}{1-\nu} + (1 - \aleph)p_a$$

$$\sigma_t = (p_a - p_i)\frac{1 + r_a^2/r^2}{r_a^2/r_i^2 - 1}\left\{1 - \aleph + \frac{\aleph\,(3-2\nu)}{3(1-\nu)}\right\} \tag{12.5.22}$$
$$+ \frac{\aleph}{3}\frac{p_a - p_i}{1 - r_a/r_i}\left(\frac{3-2\nu}{1-\nu} - \frac{1+\nu}{1-\nu}\frac{r}{r_a}\right) + (1 - \aleph)p_a$$

$$\sigma_l = \nu(\sigma_r + \sigma_t)$$

$$\frac{u_{rF}}{r} = -\frac{1+\nu}{E}\left[(p_a - p_i)\frac{1 - 2\nu + r_a^2/r^2}{r_a^2/r_i^2 - 1}\left\{1 - \aleph + \frac{\aleph\,(3-2\nu)}{3(1-\nu)}\right\}\right.$$
$$\left. + \frac{\aleph}{3}\frac{p_a - p_i}{1 + r_a/r_i}\frac{1 - 2\nu}{1-\nu}\left(2 - \nu - \frac{r}{r_a}\right) + (1 - \aleph)p_a(1-2\nu)\right]$$

주변지반에서 터널 내부로 절리수가 침투되는 동안에 절리 내 수압이 선형적으로 감소되는 경우에 무한히 두꺼운 관 ($r_a > \cdots > r_i$) 부재 내에서 발생되는 응력과 반경변위는 다음이 된다.

$$\sigma_r = p_i\left[\frac{r_i^2}{r^2}\left\{1-\aleph+\frac{\aleph(3-2\nu)}{3(1-\nu)}\right\}-\frac{\aleph(3-2\nu)}{3(1-\nu)}\right]$$

$$\sigma_t = -p_i\left[\frac{r_i^2}{r^2}\left\{1-\aleph+\frac{\aleph(3-2\nu)}{3(1-\nu)}\right\}+\frac{\aleph(3-2\nu)}{3(1-\nu)}\right]$$

$$\sigma_l = -p_i\,\aleph\,(3-2\nu)\frac{\nu}{1-\nu}$$

$$\frac{u_{rF}}{r} = p_i\frac{1+\nu}{E}\frac{r_i^2}{r^2}\left\{1-\nu+\frac{\aleph(3-2\nu)}{3(1-\nu)}\right\} \tag{12.5.23}$$

터널 주변이 완전히 수밀한 지반 ($\aleph=0$) 인 경우에 지반 내에 발생되는 응력은 침투흐름이 발생하지 않는 두꺼운 관의 부재 내 응력과 같다.

터널 주변이 완전히 투수성 지반 ($\aleph=1.0$) 인 경우에 지반 내에 발생되는 응력과 변위는 다음이 된다.

$$\sigma_r = \frac{p_a-p_i}{3}\frac{3-2\nu}{1-\nu}\left(\frac{1-r_a^2/r^2}{r_a^2/r_i^2-1}+\frac{r_a-r}{r_a-r_i}\right)$$

$$\sigma_t = \frac{p_a-p_i}{3}\frac{3-2\nu}{1-\nu}\left\{\frac{1+r_a^2/r^2}{r_a^2/r_i^2-1}+\frac{r_a}{r_a-r_i}\left(1-\frac{1+\nu}{3-2\nu}\frac{r}{r_a}\right)\right\}$$

$$\sigma_l = \nu(\sigma_r+\sigma_t) \tag{12.5.24}$$

$$\frac{u_{rF}}{r} = \frac{p_a-p_i}{3}\frac{3-2\nu}{1-\nu}\frac{1+\nu}{E}\left\{\frac{1-2\nu+r_a^2/r^2}{r_a^2/r_i^2-1}+\frac{r_a}{r_a-r_i}\left(1-\frac{1+\nu}{3-2\nu}\frac{r}{r_a}\right)\right\}$$

5.3.3 이중 관 이론

라이닝을 설치한 터널은 이중 관 (라이닝은 내관, 주변지반은 외경이 무한히 큰 외관) 으로 간주하고 이중관 이론을 적용하여 탄성해석 할 수 있다.

압력수로터널에서 침투흐름이 터널에서 주변지반으로 일어나거나 (내수압이 절리 수압 보다 더 클 때) 주변지반에서 터널 내부 (내수압이 절리수압 보다 작을 때) 로 일어나는 경우에는 라이닝과 주변지반을 라이닝 - 침투영역 - 침투 무영향권으로 구분 하고 이중 관 이론 (라이닝은 내관, 침투영역은 외관) 을 적용하여 해석할 수 있다.

이때 라이닝을 나타내는 내관 (내경 a, 외경 r_a, 투수계수 k_{D1}, 탄성계수 E_1, 푸아송 비 ν_1) 에는 내압 p_i 와 외압 p_a 가 작용하고, 침투영역을 나타내는 외관 (내경 r_a, 외경 r_c, 투수계수 k_{D2}, 탄성계수 E_2, 푸아송 비 ν_2) 에는 내압 p_a 와 외압 p_o 가 작용한다. 이때 내관 외곽경계 r_a 에는 절리수압 p_{Fa} 이 작용하고, 그 크기는 투수성과 침투수 연속성에 의해 결정된다.

침투흐름이 터널에서 주변지반으로 일어날 때에는 내수압 p_i 가 내관을 흐르면서 감압되어 내·외관 경계에서 경계수압 p_a 가 되고, 외관을 흐르면서 감압되어 외관의 외곽경계에서 절리수압 p_o 가 된다 ($p_i > p_a > p_o$).

침투흐름이 지반에서 터널로 일어날 경우에는 외관 외곽의 절리수압 p_o 가 외관을 흐르면서 감압되어 내·외관 경계에서 경계수압 p_a 가 되고, 내관을 흐르면서 감압되어 내관 내벽에서 내압 p_i 가 된다 ($p_i < p_a < p_o$).

침투수는 내관이나 외관을 흐르면서 침투수압 감압이 대수나선형 (Schleiss 1985, 1986)) 또는 선형으로 발생된다고 가정한다.

내관 및 외관의 투수계수가 k_1 및 k_2 인 경우에 침투수가 내관과 외관을 흐르는 동안에 침투수압이 선형적으로 감압된다고 가정하면, 침투수는 내관을 거리 $r_a - a$ 만큼 흐르는 동안에 $p_i - p_a$ 크기가 감압되고, 외관을 거리 $r_c - r_a$ 만큼 흐르는 동안에 $p_a - p_o$ 크기가 감압된다.

$$\frac{dp_1}{dr_1} = \frac{p_i - p_a}{r_a - a}, \ \frac{dp_2}{dr_2} = \frac{p_a - p_o}{r_c - r_a} \tag{12.5.25}$$

내·외관을 흐르는 유량이 같아서 (즉, $Q = k_1 \dfrac{dp_1}{dr_1} A = k_2 \dfrac{dp_2}{dr_2} A$) 다음이 성립되고,

$$p_a = p_i - k_{21}(p_a - p_o) \tag{12.5.26}$$

여기에서 $k_{21} = \dfrac{k_2(r_a - a)}{k_1(r_c - r_a)}$ 이다.

위 식을 정리하면 내·외관 경계의 압력 p_a 가 구해지고,

$$p_a = \frac{p_i + p_c k_{21}}{1 + k_{21}} \tag{12.5.27}$$

라이닝 외부경계 r_a 에서 접촉압력 p_{Fa} 은 다음이 된다.

$$bunza = \frac{E_1(1+\nu_2)}{E_2(1+\nu_1)}\frac{p_o-p_a}{3}\left\{\frac{1-2\nu_2+r_a^2/r_c^2}{r_c^2/r_a^2-1}\frac{2-\nu_2}{1-\nu_2}+\frac{2-\nu_2-r_a/r_c}{1-r_a/r_c}\frac{1-2\nu_2}{1-\nu_2}\right\}$$

$$-(p_a-p_i)\left\{\frac{2(2-\nu_1)}{r_a^2/a^2-1}+\frac{1-2\nu_1}{1-a/r_a}\right\}$$

$$p_{Fa}=\frac{bunza}{\dfrac{E_1(1+\nu_2)}{E_2(1+\nu_1)}\dfrac{1-2\nu_2+r_a^2/r_c^2}{r_c^2/r_a^2-1}+\dfrac{2(1-\nu_1)}{r_a^2/a^2-1}+1-2\nu_1} \tag{12.5.28}$$

5.4 침투영향을 고려한 지반응력

침투흐름이 발생하는 압력수로터널 주변지반에 작용하는 전체 지반응력은 침투압에 의한 응력과 지반의 자중에 의한 지반압력의 합이며, 지반의 분리도 $\aleph$ 를 적용하여 계산한다.

$$\sigma_{ri}=(1-\aleph)p_i+p_{Fi}$$

$$\sigma_{ra}=(1-\aleph)p_a+p_{Fa} \tag{12.5.29}$$

터널 주변지반이 완전 투수성 (지반 분리도가 $\aleph=1.0$) 이고, 라이닝의 내면에는 하중이 작용하지 않고 ($p_i=0$) 외주면에만 지반하중 p_{Fa} 이 작용하는 경우에, 전체 지반응력은 지반의 재하에 의한 응력 (외부압력 p_a 등) 과 절리수압 (대수나선형 또는 선형 분포) 에 의한 응력을 중첩하여 계산하고,

$$\sigma_r=p_{Fa}\frac{1-r_a^2/2}{r_a^2/r_i^2-1}+p_{Fa}$$

$$\sigma_t=p_{Fa}\frac{1+r_a^2/2}{r_a^2/r_i^2-1}+p_{Fa}$$

$$\sigma_l=p_{Fa}2\nu\left(\frac{r_i^2}{r_a^2-r_i^2}+1\right)=p_{Fa}\frac{2\nu}{1-r_i^2/r_a^2} \tag{12.5.30}$$

평면변형률 상태에서 반경방향 변위 u_{rF} 는 다음과 같다.

$$\frac{u_{rF}}{r}=-p_{Fa}\frac{1+\nu}{E}\left\{\frac{1-2\nu+r_a^2/r^2}{r_a^2/r_i^2-1}+1-2\nu\right\} \tag{12.5.31}$$

6. 수로터널의 라이닝

지반이 침식에 대해 안정하고, 불투수성이며, 외부 절리수압이 내압보다 큰 경우에는 수로터널의 라이닝을 생략할 수 있다. 그러나 라이닝이 없으면 내공면의 마찰이 크기 때문에 단면을 더 크게 굴착해야 목표유량을 유지할 수 있다.

수로터널 내의 압력수가 지반으로 유출되면 이는 곧, 경제적 손실이며, 침투압이 작용하여 지반의 변형이 커지고 지반반력이 감소되어, 콘크리트 라이닝에 균열이 발생될 수 있다. 수밀성이 비교적 양호한 암반의 지표부근에서는 동수경사가 커서 압력수에 의해 암석파괴가 일어날 수 있다.

내수압에 의한 지반하중이 지반지지력 보다 더 크면 이완영역에서 지반 크리프가 발생한다. 지반 크리프의 영향은 대개 강관 라이닝에서는 고려하지 않고 긴장력 가압 콘크리트 라이닝에서는 고려하며, 대형지속 (반경) 재하시험에서 구할 수 있다.

비등방성 지반에서는 취약 층에 수직 (변형계수 최소) 한 방향의 거동이 (큰 변형이 발생하여) 지반의 거동을 주도한다. 따라서 지반의 비등방 거동은 최소 (잔류) 변형 계수를 적용하고 등방해석하여 구할 수 있다. Seeber (1999) 에 의하면 오스트리아 Kaunertal 수력발전소에서 (최소 변형계수를 적용하고) 등방해석해서 구한 해석치와 실측치를 비교했을 때 그 결과가 충분히 정확하였다 (신뢰도 약 95 %).

압력 수로터널 라이닝 (6.1 절) 은 지반 및 경계조건을 단순하고 이상적 상태로 가정 하여 해석하고, 주입하거나 시공 조인트를 방수하여 수밀성을 개선하며, 강재 등을 설치하여 얇은 라이닝으로 하거나 콘크리트를 타설하여 두꺼운 라이닝으로 한다.

내압 (내수압) 과 외압 (절리수압과 주입압) 이 작용하는 압력 수로터널에서 라이닝 응력 (6.2 절) 은 지반의 초기응력과 비선형거동을 고려하고 두꺼운 관 이론을 적용 하여 해석한다.

수로터널 라이닝은 배면에 시멘트 등을 압력주입하여 긴장력을 가압해서 (내압에 의한) 인장응력이 발생되지 않게 할 수 있으며, 재료가 냉각·수축되거나 크리프가 발생되면 긴장력이 손실 (6.3 절) 된다. 강재나 합성수지로 방수할 때도 압력 주입하여 긴장력을 가할 수 있다. 강관으로 보강한 라이닝은 과다한 내수압에 의해 인장파괴 되거나 과다한 외압에 의해 **좌굴 (6.4 절)** 될 수 있다.

6.1 압력수로터널의 라이닝

압력수로터널의 라이닝은 물의 유출을 막고 터널안정을 유지하기 위해 설치하며, 라이닝의 재료와 지반 및 경계조건을 다음과 같이 단순하고 이상적인 상태로 가정하고 이중 관 이론으로 해석하여 부담압력을 구해서 형태와 소요치수를 정한다.

- 터널형상, 지반압력, 내수압, 절리수압 등은 축대칭 응력상태이다.
- 터널 외부지반에는 지하수가 없다.
- 콘크리트 라이닝은 균열이 없어서 누수되지 않는다.
- 암석과 콘크리트 라이닝 :
  · 강도 및 투수성은 균일하고 등방성이고, 완전 탄성변형거동한다.
  · 접선 및 반경방향 인장응력 지지가능하다.
  · 침투수 흐름의 압력은 선형적으로 감소한다.
  · 터널 외부수압은 완전한 크기로 작용한다 즉, 전부 유효하다.

압력수로터널의 라이닝은 수밀콘크리트를 사용하거나 주입하거나 시공조인트를 방수하여 수밀성 (6.1.1 절) 을 확보한다. 압력수로터널 라이닝의 형태 (6.1.2 절) 는 강관 배면을 콘크리트로 채운 얇은 라이닝과 콘크리트를 타설하여 두꺼운 라이닝이 있다.

6.1.1 라이닝의 수밀성

압력수로터널의 라이닝은 시공이 불완전하거나, 지반하중을 완전하게 지지하지 못하거나, 수밀작업비가 누수 손실비 보다 비싸서 수밀작업을 하지 않을 때 수밀하지 않을 수 있다. 또한, 내수압이나 외부수압에 의해 인장균열이 발생되거나 온도변화와 크리프 및 길이방향 수축에 의한 균열이 발생되어도 수밀하지 않을 수 있다.

라이닝이 수밀하지 않으면 압력수가 주변지반으로 유출되어 지반 지지력이 감소되고 라이닝 균열이 추가되는 과정이 심화되어 압력수가 더 많이 유출되고 라이닝이 파괴된다. 수로터널의 누수는 지질구조에 상관없이 라이닝 수밀성과 지반 투수성에 의해 결정되며, Gysel (1984) 이 스위스 23 개 수로터널에서 압력과 누수손실을 측정하여 확인하였다.

수로터널의 누수에 의한 침투력과 지압감소는 라이닝과 지반의 상대 투수성에 의존한다. 지반이 라이닝 보다 투수성이 크면 누수는 지반 투수성에 의존하여 일어나며, 라이닝의 수밀성이 양호하면 누수손실에 대한 암석의 투수성의 영향이 크지 않다.

라이닝이 수밀하지 않을 때 주변지반 내 침투흐름은 제 7 장에서 취급하였다.

수로터널 라이닝의 수밀성은 통수하기 이전에 설치한 압력측정장치를 이용하여 측정하고, 터널의 외부수위는 지형과 수리지질 (지반 투수성) 의 영향을 받아 위치에 따라서 다르다. 콘크리트 라이닝의 수밀성은 시멘트 등을 주입하거나 시공 조인트를 방수하여 개선한다.

6.1.2 라이닝의 형태

압력수로터널 라이닝은 강재 등 인장부재를 부설하고 배면을 콘크리트로 채우는 얇은 라이닝과 전체를 콘크리트로 두껍게 타설하는 두꺼운 라이닝이 있다.

1) 얇은 라이닝

압력수로터널의 라이닝은 수밀성을 확보하기 위해 내부에 강관을 설치하여 (강관 라이닝) 만들 수 있으며, 이때에는 콘크리트 라이닝에 비하여 두께가 얇은 편이다.

강관 라이닝의 형태는 전통적으로 터널 굴착 후 내부에 두꺼운 강관 (대개 $6 \sim 7 \, mm$ 이상) 을 설치하고 배후공간을 콘크리트로 채워서 터널 내공면을 강관으로 하는 두꺼운 강관 라이닝과 얇은 강관을 설치하고 안쪽에 콘크리트 라이닝을 설치하고 배면에 주입하여 콘크리트 라이닝에 긴장력을 가하는 얇은 강관 라이닝이 있다.

강관 라이닝의 소요두께는 최소 지반압력과 외부 수압 중에서 큰 쪽을 기준으로 결정하므로 지반의 측압계수와 분리도는 물론 외부 수위에 의하여 결정된다. 최소 지반압력은 대개 연직응력에 측압계수를 곱한 수평응력이고, 외부 수압은 지반의 분리도를 고려하여 결정한다. 강관은 외부에 링이나 스티프너를 설치하여 보강할 수 있고, 이때에는 소요 두께를 줄일 수 있다.

얇은 강관 라이닝은 합성수지 쉬트로 방수한 콘크리트 라이닝과 유사한 단면이며, 얇은 강관 라이닝에서는 내공면이 콘크리트이며 강관 소요 두께가 얇아서 경제적인 경우가 많다.

얇은 라이닝에서 강관 배면의 콘크리트는 얇은 두께로 채우므로 지반과 일체로 거동하고, 지반이 거동을 주도한다. 따라서 얇은 라이닝의 거동은 강관과 지반의 거동으로 해석한다. 얇은 라이닝의 거동은 채움 콘크리트 양생 후와 주입 후 (통수에 의한) 온도강하 (냉각) 로 인한 온도변형과 지반의 크리프 및 비등방 거동 등에 의해 영향을 받는다.

2) 두꺼운 라이닝

수로터널 라이닝은 배면의 지반상태가 양호 (지지력이 크고 수밀) 하면 콘크리트로 두껍게 설치하며, 대개 배면에 주입해서 긴장력을 가하여 통수에 따른 온도강하에 의한 라이닝의 수축에 대비한다.

주입압은 콘크리트 라이닝과 지반에 지속하중으로 작용하여 크리프 변형을 수반하므로 크리프 변형에 의한 긴장력 감소를 고려해야 한다. 주입압에 의한 콘크리트 라이닝과 지반의 크리프 변형은 통수가 시작되면 정지되므로 크리프에 의한 영향은 주입 후 통수 개시 직전까지만 고려한다.

콘크리트 라이닝은 시공조인트나 횡방향 수축균열에 의해 터널길이방향 응력전달이 차단되므로 **평면응력상태**로 가정하지만, 지반은 수평응력상태에 따라서 길이방향 응력이 존재하므로 **평면변형률상태**이다.

그런데 콘크리트 라이닝은 지반의 초기응력 (토피고, 측압) 과 비선형 거동을 고려하여 두꺼운 관 이론을 적용하여 해석하므로 라이닝과 지반의 상대거동을 해석할 때는 동일한 응력상태로 변환하여 적용해야 한다.

반경방향 변형률 ϵ_r 은 평면응력상태와 평면변형률상태에서 각각 다음과 같고,

$$\epsilon_r = -\frac{1}{E_o}\left\{\sigma_r - \nu_o \sigma_t\right\} \qquad : \ \text{평면응력상태}$$ (12.6.1)

$$\epsilon_r = -\frac{1-\nu^2}{E}\left\{\sigma_r - \frac{\nu}{1-\nu}\sigma_t\right\} \ : \ \text{평면변형률 상태}$$

위 식의 E_o 와 ν_o 및 E 와 ν 는 각각 평면응력상태와 평면변형률상태의 탄성계수와 푸아송 비를 나타낸다.

라이닝 (평면응력 상태) 과 지반 (평면변형률 상태) 의 접촉면에서 반경방향 변형률이 같으므로 위식으로부터 다음 관계가 성립된다.

$$E_o = \frac{E}{1-\nu^2}$$ (12.6.2)

$$\nu_o = \frac{1-\nu}{\nu}$$

따라서 위 관계를 적용하면 평면 변형률상태에 대한 반경방향 변형률을 평면응력 상태의 변형률로 전환할 수 있다.

6.2 압력수로터널의 라이닝 응력

수로터널 라이닝에는 내압 (내수압) 과 외압 (지압과 절리수압 및 주입압) 이 작용하며, 과도한 내압 (인장파괴) 이나 외압 (압축파괴) 에 의한 라이닝 파괴가 종종 일어난다.

라이닝에 작용하는 외력과 라이닝의 응력은 압축이 양 (+) 이고, 라이닝 변위는 내공방향을 음 (-) 으로 정의한다.

내수압에 의하여 라이닝 외주면에 경계외압이 유발되고, 경계외압과 같은 크기로 지반반력이 굴착면에 발생된다. 내수압에 의한 라이닝 응력 (6.2.1 절) 은 인장응력 이며, 강도를 초과하면 인장파괴 된다.

수로터널의 라이닝에는 지반압력 외에도 절리수압과 주입압이 외압으로 작용하여 내수압에 의한 영향을 감소시킨다. 외압에 의한 라이닝 응력 (6.2.2 절) 은 압축응력 이며, 강도를 초과하면 압축파괴 된다. 내·외압이 작용하는 라이닝의 응력과 변형률 은 얇은 관 이론이나 두꺼운 관 이론으로 해석한다.

6.2.1 내수압에 의한 라이닝 응력

라이닝에 작용하는 하중은 지반과 라이닝의 상대강성에 의해 결정된다. 강관으로 보강한 (얇은) 라이닝에서는 내수압을 강관과 지반이 분담·지지하지만, (인장강도가 크지 않은) 콘크리트 라이닝을 설치한 경우에는 (배면에 주입하여 긴장하지 않는 한) 지반의 역할이 커서 내수압의 거의 대부분을 지반이 지지한다. 극단적인 경우에는 라이닝이 전체 내수압을 지지하게 한다.

1) 라이닝 분담압력

내수압 p_i 에 의해 라이닝과 지반의 경계에 경계압 p_{ia} 가 유발되어 라이닝 외주면 에는 외압 p_B 로 작용하고, 지반 굴착면에는 지반반력 p_F 가 작용한다. 경계압은 (외부 수압 p_w 를 고려한) 유효 내수압 $p_i{'} = p_{ia} - p_w$ 을 적용하여 계산할 수도 있다.

내수압 p_i 는 지반과 라이닝이 상대강성에 따라 분담하며, 지반과 라이닝 경계에서 는 각 반경변위 u $(\epsilon_F = u/r = \epsilon_A)$ 와 허용변형률 ϵ_{al} 이 같다 $(\epsilon_{al} = \epsilon_F = \epsilon_A)$.

$$p_i = p_A + p_F,$$
$$p_i{'} = p_{ia} - p_w$$

(12.6.3)

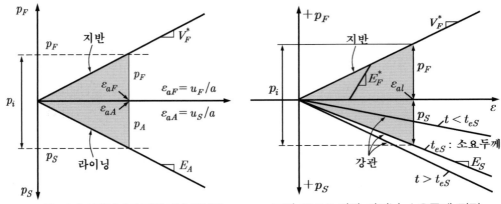

그림 12.6.1 라이닝과 지반 내수압분담   그림 12.6.2 강관 라이닝 소요두께 결정

라이닝과 지반에서 압력과 변형률이 비례한다고 가정하고 각 특성곡선을 그림 12.6.1 과 같이 나타내면 라이닝의 분담압력과 소요두께를 구할 수 있다.

라이닝 분담압력 p_A 는 라이닝과 지반의 허용 변형률 ϵ_{aA} 로부터 결정하며, 라이닝 허용변형률은 내압과 외압에 의한 탄성변형 외에도, 라이닝과 지반의 온도변화 및 크리프에 의한 변형과 라이닝 배면주입에 따른 변형을 고려하여 정한다.

지반 분담압력 p_F 는 지반특성곡선 (그림 12.6.1) 의 허용변형률 ϵ_{al} 에 대한 압력이다. 라이닝의 분담압력은 $p_A = p_i - p_F$ 이고, 콘크리트 라이닝에서 $p_A = p_B$ 이며, 강관 라이닝에서 $p_A = p_S$ 이므로, 강관 보강한 콘크리트 라이닝에서 $p_A = p_B + p_S$ 이다. 라이닝 분담압력으로부터 라이닝의 소요두께 t_{eA} 를 계산할 수 있다.

2) 강관 라이닝

지반과 강관은 강도에 따라 내수압 p_i 를 분담 ($p_i = p_S + p_F$) 하며, 이때에 지반 굴착면과 강관의 경계에서는 각 반경변위 u 의 크기가 동일하므로 반경변위가 $u = u_F = u_S$ 이고, 반경 변형률은 $\epsilon_F = u/r = \epsilon_S$ 이다. 강관 라이닝은 사용하중 상태 에서 완전탄성 거동하지만 지반은 조건에 따라 탄성거동하지 않을 수도 있다.

강관 라이닝 허용 변형률 ϵ_{aS} 로부터 지반분담압력 p_F 와 강관 라이닝의 분담압력 p_S 를 결정한다. 강관 라이닝의 소요두께 t_{eS} 는 강관 라이닝의 허용인장응력 σ_{azS} 을 인장강도 σ_{yzS} 의 60 % 로 설정하고, 얇은 관 이론을 적용하여 계산한다 (그림 12.6.2).

$$p_S = p_i - p_F$$
$$t_{eS} = p_i r_i / \sigma_{azS}$$

(12.6.4)

3) 콘크리트 라이닝

양호 (탄성상태) 한 지반에서는 압력수로터널의 라이닝을 콘크리트로 두껍게 설치한다. 내수압은 지반이 균열 없이 양호하면 라이닝의 내경과 외경의 비 r_i/r_a 만큼 감소되어서 굴착면에 전달된다. 지지력이 작은 지반에서는 라이닝을 (철근 등으로) 보강하여 라이닝이 분담할 수 있는 하중을 증가시켜서 굴착면에 전달되는 압력을 지반이 지지할 수 있을 만큼 감소시킨다.

콘크리트 라이닝은 **평면응력상태**로 하고, 지반은 **평면변형률상태**로 해석한다.

(1) 탄성 지반

지반이 탄성상태 (양호, 무균열) 이고 지지력이 크면, 콘크리트 라이닝과 지반의 경계면에서 라이닝 분담압력 p_B 는 라이닝 외주면의 응력 σ_{raB} 즉, $p_B = \sigma_{raB}$ 이고, 지반분담압력 p_F 는 지반굴착면의 압력 σ_{raF} 즉, $p_F = \sigma_{raF}$ 이며, 이들은 힘의 평형을 이루므로 $p_B = \sigma_{raB} = \sigma_{raF} = p_F$ 이다. 콘크리트 라이닝과 지반의 접촉면에서 각각의 반경 변형률이 같으면 ($\epsilon_a = \epsilon_B = \epsilon_F$) 상대변위가 일어나지 않는다.

터널주변 임의반경 r_n 에서 압력의 합력이 일정 ($2\pi r_n p_n = const.$) 하다는 관계로부터 라이닝 내 철근 부담압력 p_{irB} 을 계산할 수 있다 (철근위치 반경 r_{rB}).

$$p_{irB} = p_i r_i / r_{rB} \tag{12.6.5}$$

① 지반 경계압

내수압 p_i 는 라이닝을 통과하는 동안 (라이닝의 내경 r_i 와 외경 r_a 의 비 만큼) 감소되어 라이닝 외주면 경계압 $p_{ia} = p_i r_i / r_a$ 로 전달되며, (외부수압 p_w 를 고려한 유효내수압 $p_i{'}$ 을 적용하여 경계압을 계산할 수 있고) 이는 라이닝과 지반이 강성에 따라 분담하여 지지한다.

$$p_i{'} = p_{ia} - p_w = p_i r_i / r_a - p_w, \tag{12.6.6}$$

지반은 내수압에 의하여 발생되는 경계압 p_{ia} 를 지지할 수 있을 만큼 지지력이 커야 하며, 지반이 분담하는 압력 p_F 는 지반의 허용변형률 ϵ_{aF} 와 변형계수 V_F 에서 구한 압력보다 작아야 한다.

$$p_F \leq \epsilon_{aF} V_F^* \simeq (1.0 \times 10^{-4}) V_F^* \tag{12.6.7}$$

위 식에서 $V_F^* = V_F / (1 + \nu_F)$ 이다.

② 라이닝 응력

허용반경변형률 ϵ_{al} 에 대한 지반분담압력 p_F 를 두꺼운 관 이론에 적용하여 라이닝 외주면 반경변형률 ϵ_{Ba} 를 구하고, 라이닝 분담압력 $p_B = p_{ia} - p_F$ 를 구하여 Hooke 식에 적용하면 라이닝 외주면의 접선응력 σ_{ta} 를 구할 수 있다.

$$\epsilon_{Ba} = \frac{u_{Ba}}{r_a} = \frac{p_{ia} - p_F}{E_B}\left(\frac{r_a^2 + r_i^2}{r_a^2 - r_i^2} - \nu_B\right)$$

$$\simeq \frac{p_{ia} - p_F}{E_B}\frac{r_a^2 + r_i^2}{r_a^2 - r_i^2} = \frac{p_B}{E_B}\frac{r_a^2 + r_i^2}{r_a^2 - r_i^2}$$

$$\sigma_{ta} \cong \epsilon_{Ba} E_B = p_B \frac{r_a^2 + r_i^2}{r_a^2 - r_i^2} \tag{12.6.8}$$

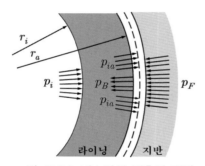

그림 12.6.3 내수압의 접촉면 전달

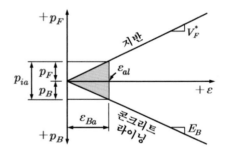

그림 12.6.4 지반과 라이닝의 내수압분담

라이닝 내공면의 허용 반경변형률 ϵ_{iB} 는 라이닝 분담압력 p_B 나 외주면 반경변형률 ϵ_{Ba} 로부터 구할 수 있고, ϵ_{iB} 를 Hooke 식에 적용하면 라이닝 내공면 접선응력 σ_{ti} 를 구할 수 있다. 접선응력이 인장강도 보다 크면 균열이 발생된다.

$$\epsilon_{iB} \simeq \frac{p_{ia} - p_F}{E_B}\frac{2r_a^2}{r_a^2 - r_i^2}$$

$$= \frac{p_B}{E_B}\frac{2r_a^2}{r_a^2 - r_i^2} = \epsilon_{Ba}\frac{2r_a^2}{r_a^2 - r_i^2}$$

$$\sigma_{ti} \cong \epsilon_{iB} E_B = p_B\frac{2r_a^2}{r_a^2 - r_i^2} \tag{12.6.9}$$

이상에서 라이닝에서 외주면 접선응력 σ_{ta} 가 내공면 접선응력 σ_{ti} 보다 더 크므로 $(\sigma_{ta} > \sigma_{ti})$, 내수압에 의한 균열발생여부는 내공면 응력에 의해 결정된다.

(2) 약한 지반

라이닝 배후지반이 취약하거나 터널굴착 후 반경 r_f 까지 이완되어 있으면 내수압 p_i 가 콘크리트 라이닝과 이완지반 및 외곽 신선암에 각기 다른 크기로 전달된다. 이완된 지반은 변형성이 크고 지지력이 작아서 내수압 분담능력이 제한되기 때문에 라이닝을 철근 등으로 보강하여 (내수압을 철근에 분담시켜) 지반에 전달되는 압력을 감소시킨다.

① 이완상태 지반

압축강도가 크고 인장강도와 신장률이 매우 작은 콘크리트 라이닝은 작은 변형률 ($\epsilon_{aB} = 1.0 \times 10^{-4}$) 에서 인장파괴 (균열발생) 되므로 아주 작은 내수압만 지지할 수 있다.

따라서 지반은 콘크리트 라이닝에 인장파괴 변형률을 초과하는 변형이 발생되지 않을 만큼 작게 변형 ($\epsilon_{aF} < \epsilon_{aB} = 1.0 \times 10^{-4}$) 되어야 하며, 이는 (라이닝을 두껍게 설치하거나 철근 보강하여) 굴착면에 전달되는 내수압 크기를 감소시키거나, 라이닝과 지반의 경계부에 (지반의 지지력 보다 작게) 주입압을 가하여 라이닝에 긴장력을 가하면 가능하다.

라이닝의 허용변형률 ϵ_{al} 에 대한 지반 분담압력 p_F 는 지반특성곡선에서 결정하며, (지반강성이 커서) 지반 분담압력이 크면 라이닝 분담압력 p_B 가 작아진다.

라이닝 측벽 배후 지반에 (터널 축에 평행한) 균열이 있으면 균열 직각방향으로는 압축성이 크므로 감소변형계수 $V_{Fr}^* = V_{Fr}/(1 + \nu_F)$ 를 적용한다.

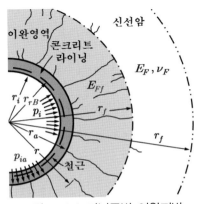

그림 12.6.6 터널주변 이완지반

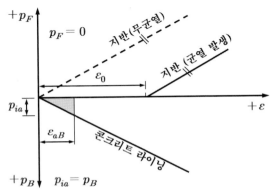

그림 12.6.6 라이닝–암반 접촉 전 균열영향

콘크리트 라이닝과 암반이 완전 부착상태이면, 지반은 ϵ_o 만큼 변형된 (그림 12.6.6 에서 지반특성곡선이 ϵ_o 만큼 양의 변형률 방향으로 이동) 후에나 압력을 지지할 수 있으므로, 지반이 지지력을 발휘하기 전에 콘크리트 라이닝이 인장파괴 된다. 그런데 시멘트 등을 주입하여 균열을 채우면 지반이 처음부터 지반분담 압력을 지지하도록 (그림 12.6.6 과 같이 지반특성곡선이 원점을 지나게) 할 수 있다.

② 라이닝의 철근 보강

콘크리트 라이닝을 두껍게 하거나 철근으로 보강하면, 라이닝과 지반의 경계에 전달되는 내수압의 크기가 감소되어 지반변형률이 콘크리트 인장파괴 변형률 보다 작거나 같게 발생될 수 있다 ($\epsilon_{aF} < \epsilon_{aB} = 1.0 \times 10^{-4}$).

라이닝을 두껍게 하면 굴착단면이 커지고 콘크리트 소요량이 많아져서 비경제적 일 수 있다.

콘크리트 라이닝을 철근보강 (철근중심 반경 r_{rB}) 하면 내수압에 의해 철근에 전달되는 철근이 부담하는 압력은 $p_{irB} = p_i r_i / r_{rB}$ (식 12.6.5) 이며, 이는 경계압 p_{ia} 의 m 배이고, 나머지 압력이 라이닝과 지반의 경계에 전달된다.

$$p_{ia} = p_i \frac{r_i}{r_a(1+m)} \tag{12.6.10}$$

$$m = \frac{A_{rB}}{r_{rB}} \left\{ \frac{E_{rB}}{E_B} \ln \frac{r_a}{r_{rB}} + \frac{E_{rB}}{E_{Ff}} \ln \frac{r_f}{r_a} + \frac{E_{rB}}{E_F} (1 + \nu_F) \right\}$$

위 의 $A_{rB} [cm^2/cm]$ 는 터널 단위길이 (cm) 당 철근 단면적이고, r_r 과 r_a 및 r_f 는 각각 철근중심 반경과 터널굴착반경 및 이완반경이고, E_B 와 E_{rB} 는 콘크리트와 철근 탄성계수, E_F 와 E_{Ff} 는 신선암과 이완암의 탄성계수, ν_F 는 신선암 푸아송 비이다.

지반에 전달되는 압력 p_{ib} 는 지반의 허용지지력 (대개 $\epsilon_{aF} V_F^* = (1.0 \times 10^{-4}) V_F^*$) 보다 작아야 ($p_{ia} \leq \epsilon_{aF} V_F^*$, $V_F^* = V_F/(1+\nu_F)$) 한다 (식 12.6.7).

철근에 발생되는 인장응력 σ_{zB} 는 다음 식과 같이 되고, 이는 허용 인장응력 σ_{azB} (대체로 $\sigma_{azB} = 0.6 \sigma_{yzB}$) 보다 작아야 한다.

$$\sigma_{zB} = \frac{p_i r_i - p_{ib} r_a}{A_{rB}} < \sigma_{azB} (\fallingdotseq 0.6 \sigma_{yzB}) \tag{12.6.11}$$

6.2.2 외압에 의한 라이닝 응력

압력수로터널 라이닝은 지반이 양호 (강성이 크고 수밀) 하면 콘크리트로 두껍게 설치하며, 지반이 강성이 작고 수밀하지 않아서 내수압을 지지하지 못하면 강관이나 철근으로 보강하여 내수압의 일부를 지지시켜서 (지반이 지지할 수 있을 만큼) 지반 부담압력을 감소시키거나, 라이닝 배면에 주입하여 라이닝에 긴장력을 가한다.

주입재 경화 후에 주입압은 긴장력으로 잔류하고, 라이닝과 지반은 결합되어 일체로 거동한다. 라이닝의 소요두께는 외압에 의한 접선응력이 콘크리트 허용응력 (대체로 압축강도의 약 75 %) 과 같은 경우에 대해 구한다.

압력수로터널 라이닝에는 지압 (대체로 영으로 가정) 과 내수압에 대한 반력 또한 경계압력, 외부수압 및 (라이닝 배면 압력주입에 의한) 주입압력이 외압 즉, 라이닝과 지반의 경계에 경계압력으로 작용한다.

경계압력은 라이닝에 외압으로 작용하고 지반에는 내압으로 작용하여 라이닝이 터널 안쪽으로 변형되고 지반은 바깥쪽으로 변형된다.

외압에 의해 라이닝은 압축상태이며 최대 압축응력은 라이닝 내공면에서 발생한다. 따라서 외압에 의한 라이닝 응력상태는 내공면 응력으로부터 판단한다.

1) 내수압에 의한 경계압력

수로터널 통수에 따른 내수압에 대한 반력은 라이닝과 지반의 경계에 경계압력으로 작용한다.

내수압 p_i 에 의하여 (라이닝과 지반의 경계부에) 발생되는 경계압력 $p_{ia} = p_i r_i / r_a$ (식 12.6.6) 는 라이닝에 외압으로 작용하고 지반에는 내압으로 작용하며, 그 크기가 라이닝 분담압력 p_B 와 지반분담압력 p_F 를 더한 값이다 ($p_{ia} = p_B + p_F$).

$$p_F = \epsilon_F V_F^* = \epsilon_B V_F^* \ (단, \ V_F^* = V_F / (1 + \nu_F) \tag{12.6.12}$$
$$p_B = p_{ia} - p_F$$

라이닝과 지반 접촉부에서 지반 (변형계수 V_F) 의 반경변형률 ϵ_F 와 콘크리트 (변형계수 E_B) 의 반경변형률 ϵ_B 는 크기가 같다 ($\epsilon_F = p_F / V_F^* = \epsilon_B$).

2) 외부수압에 의한 라이닝 응력

외부수압은 라이닝 투수성, 지반의 차수능력, 침투수량의 연속성 등에 의해 영향을 받아서 측정하기가 어렵기 때문에 지형으로부터 예측하는 경우가 많다.

외부수압이 라이닝에 외압으로 작용하여 발생하는 라이닝의 외주면 접선응력은 내공면의 접선응력 보다 더 크다 ($\sigma_{ta} > \sigma_{ti}$). 따라서 라이닝 압축파괴여부는 내공면 접선응력에 의해 결정되며, 허용치는 대개 압축강도의 75 % 로 한다.

외부수압 p_w 는 물의 단위중량 γ_w 에 수위 H_w 를 곱한 크기 $p_w = \gamma_w H_w$ 이다.

외부수압 p_w 에 의한 라이닝 외주면 접선응력 σ_{ta} 는 두꺼운 관 이론으로 라이닝 외주면 반경변형률 ϵ_{ra} 를 구하여 Hooke 식에 적용하면 구할 수 있다.

$$\epsilon_{ra} = \frac{u_{ra}}{r_a} \simeq \frac{p_w}{E_B} \frac{r_a^2 + r_i^2}{r_a^2 - r_i^2}$$

$$\sigma_{ta} \cong \epsilon_{ra} E_B = p_w \frac{r_a^2 + r_i^2}{r_a^2 - r_i^2} \tag{12.6.13}$$

외부수압 p_w 에 의해 라이닝 내공면 접선응력 σ_{ti} 는 라이닝 내공면의 반경변형률 ϵ_{ri} 를 구해서 Hooke 식에 적용하면 구할 수 있고, 콘크리트의 허용응력 (압축강도의 75 %, 즉, $0.75\,\sigma_{DB}$) 보다 작아야 한다.

$$\epsilon_{ri} \simeq \frac{p_w}{E_B} \frac{2r_a^2}{r_a^2 - r_i^2}$$

$$\sigma_{ti} \cong \epsilon_{ri} E_B = p_w \frac{2r_a^2}{r_a^2 - r_i^2} \leq 0.75\,\sigma_{DB} \tag{12.6.14}$$

3) 주입압에 의한 라이닝 응력

지반이 강성이 작아서 라이닝에 균열이 발생될 만큼 변형되면 콘크리트 라이닝 배면에 가압 주입을 통해 긴장력을 가하여 내수압을 지지한다.

주입압은 덮개압력이나 주변지반 지지력 보다 작아야 하고, 주입에 의한 라이닝 응력이 허용응력을 초과하지 않는 크기로 정한다.

주입압에 의해 발생된 라이닝 외주면의 접선응력은 내공면의 접선응력 보다 더 크므로, 라이닝의 균열발생여부는 내공면 접선응력으로부터 결정하고, 압축파괴 여부는 외주면 응력으로부터 결정한다.

(1) 라이닝의 긴장력 가압

수로터널에 내수압이 작용하면 콘크리트 라이닝이 인장상태가 되고, 인장응력이 인장강도를 초과하면 균열이 발생된다. 그러나 외압을 가하여 라이닝을 긴장시키면 내수압이 작용하더라도 라이닝의 응력이 인장응력 (또는 인장강도) 을 상쇄시키거나 초과하여 압축상태가 되게 할 수 있다.

콘크리트 라이닝은 내부에 강선을 매입하고 긴장 (적극적 방법) 하거나 (지반반력을 이용해서) 외주면과 지반의 사이에 압력·주입 (소극적 방법) 하여 긴장력을 가할 수 있고, 주입하는 방법은 시공이 간편하여 자주 이용된다. 콘크리트 라이닝에 강판이나 합성수지 쉬트를 접착한 합성 콘크리트 라이닝도 주입하여 긴장력을 가할 수 있다.

긴장력은 라이닝 및 지반이 냉각되거나 크리프 변형에 의해 수축되면 손실된다.

① 강선을 이용한 라이닝 긴장 (적극적 방법)

콘크리트 라이닝의 내부에 긴장한 강선을 매입 (pre-tension) 하고 콘크리트를 타설 (Wayss-Freytag system) 하거나, 하나의 강선 (VSL 방법, 그림 12.6.7a) 또는 다수의 강선 (DYWIDAG 방법, 그림 12.6.7b) 을 매설한 상태로 콘크리트를 타설하고 콘크리트가 경화된 후에 긴장 (post-tension) 하여 라이닝에 긴장력을 가한다.

강선긴장 방법은 지반의 반력이 없이 라이닝만으로도 내수압을 지지할 수 있는 장점이 있으나 기술적 어려움 때문에 높은 수압이 작용하는 짧은 구간을 보강하거나 손상된 라이닝을 수리할 때 등 제한된 때에만 적용한다. 이 방법은 내수압이 크지 않은 (중간정도 까지) 수로터널에 적용할 수 있다.

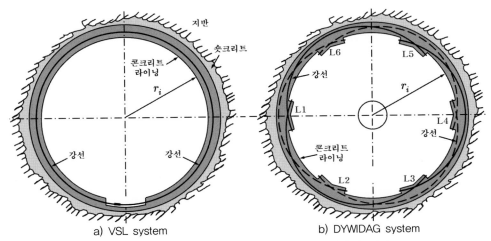

a) VSL system   b) DYWIDAG system

그림 12.6.7 강선을 이용한 콘크리트 라이닝 긴장

② 압력주입을 통한 라이닝 긴장 (소극적 방법)

라이닝 배면주입방법은 다양하게 개발되어 있으나 대부분 라이닝 타설 전에 설치한 주입공간 (Kieser 방법) 이나 주입관 (TIWAG, 틈새 주입 방법) 또는 라이닝 설치 후 지반까지 천공한 주입공 (천공 주입방법) 을 통해 주입하는 방법에서 파생된 것이다. 주입상태는 주입압이나 주입량 또는 압축량을 측정하여 확인한다.

라이닝을 관통하여 배후지반에 $2 \sim 3\,m$ 깊이까지 천공하여 주입하는 보링공 주입 방법 (그림 12.6.8a) 은 목표압력에 도달되는 것을 확인하면서 주입할 수 있는 장점이 있으나 천공비가 많이 든다.

Kieser 방법 (그림 12.6.8b) 에서는 $2.5\,cm$ 정도 크기 돌출부가 있는 석재를 (돌출부를 지반 쪽으로 향하도록) 쌓아서 주입공간을 만들고 내부라이닝을 설치한 후 석재 배면 주입공간에 시멘트 몰탈을 주입하여 채우고 내부 라이닝에 균등한 긴장력을 가하며, 지반이 불량하면 보강 후 시행한다. 목표압력에 도달하지 못하거나 긴장력이 손실되어도 추가·주입이 불가능하며, 주입압이 클 때에는 조적식으로 설치한 내부 라이닝 내부에 콘크리트 라이닝을 현장타설하여 설치한다.

틈새가 많은 불량지반에 내수압이 높은 수로터널을 굴착할 때에는 **TIWAG** 틈새 주입 방법 (그림 12.6.9) 을 적용하고, 굴착면에 석회밀크나 분산제를 도포하여 분리 층을 만들고 밸브 달린 합성수지 주입관을 $1 \sim 1.5\,m$ 간격으로 굴착면에 설치하고 숏크리트로 덮고 라이닝을 설치한 후 라이닝과 지반 사이 및 지반에 동시에 주입하며 (그림 12.6.9c), 20 bar 까지 주입할 수 있다.

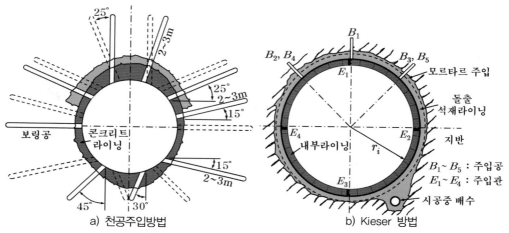

그림 12.6.8 주입을 이용한 콘크리트 라이닝 긴장

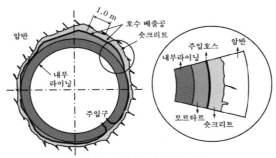

a) 일체 라이닝을 설치한 경우

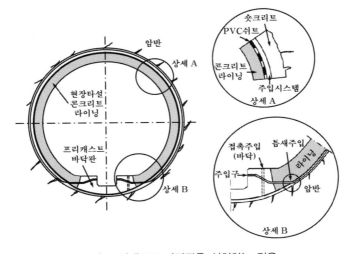

b) 프리캐스트 바닥판을 설치하는 경우

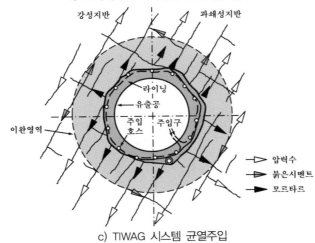

c) TIWAG 시스템 균열주입

그림 12.6.9 TIWAG 주입 시스템

주입구는 대개 라이닝을 일체로 타설할 때 (그림 12.6.9a) 에는 측벽하부에 만들고, 프리캐스트 바닥판을 설치하고 라이닝을 타설할 때 (그림 12.6.9b) 에는 프리캐스트 바닥판에 만든다. **TIWAG** 틈새 주입 방법에서는 먼저 압력수를 주입하여 틈을 벌린 후 시멘트 몰탈을 주입한다. 주입상태는 주입량 및 주입압을 측정하거나 라이닝의 축력 및 내공변위를 측정하여 관리한다.

③ 합성 라이닝의 긴장력 가압

수로터널에서는 콘크리트 라이닝의 배면에 강판이나 합성수지 방수쉬트를 설치 (합성 라이닝) 하여 수밀성을 확보할 수 있다. 방수 쉬트와 지반의 사이에 주입하면 내수압은 주입압에 의해 지지되고, 지반과 라이닝에 긴장력이 가해지며, 라이닝의 외력과 지반 작용하중이 내수압 만큼 증가된다.

강재와 콘크리트로 된 합성 라이닝 (그림 12.6.10) 에서 강관과 콘크리트는 강성비에 따라 주입압을 분담하므로 얇은 강관 ($a/t = 100 \sim 200$) 은 내수압의 일부분만을 지지한다. 합성 라이닝의 변형은 주로 콘크리트의 변형이다.

합성수지 방수 쉬트 (PVC 나 PE) 를 설치한 콘크리트 라이닝 (그림 12.6.9b) 에서는 방수 쉬트로 물의 유출을 막을 수 있지만 내수압을 지지할 수 없기 때문에 내수압은 라이닝으로 지지해야 한다. 내수압은 지반압력이 허용지지력의 크기로 유발될 때까지 가할 수 있다. 주입압에 의한 지반변형이 라이닝 변형 보다 작으면 내수압이 작용하여도 지반과 라이닝이 분리되거나 균열이 발생되지 않고 긴장력이 잔류한다. 절리가 있으면 절리 폭의 2 배이상 큰 방수쉬트를 사용하고, 접촉면에 받침 쉬트를 설치한다 (Seeber, 1975).

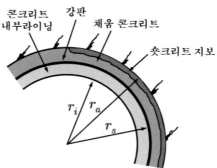

그림 12.6.10 강관보강 합성라이닝

(2) 주입압 결정

주입압은 대개 펌프압력이며, 주입 중에 주입관로나 절리틈새에서 마찰손실이나 수리손실에 의하여 감소되어서 주입구에서 멀어질수록 펌프압력 보다 작아진다. 절리의 간격과 틈새는 폭이 점차 좁아지는 형상이므로 절리내에서 주입재 흐름은 필터흐름과 유사하다. 유효 주입압은 주입설비와 틈새의 폭 및 암석의 절리도에 따라 다르며, 경험적으로 펌프압력보다 $20 \sim 30\,\%$ 정도 작다.

저온 $(10 \sim 15\,^{\circ}C)$ 으로 주입하더라도 통수하면 주입온도 만큼 냉각되어 균열이 발생되므로 내압을 지지하지 못할 수 있다. 균열은 무압 (또는 저압) 으로 채워서라도 (냉각 등에 의해) 더 이상 벌어지지 않으면, 주입하여 처음부터 내압을 지지하게 할 수 있다. 긴장력은 라이닝과 지반이 변형되거나 상대변위가 발생되면 손실되어서 크기가 주입압 보다 작아지며, 주입압은 적어도 긴장력 감소량 보다 커야 한다.

① 지반 분담압력에 따른 주입압

주입압 p_V 는 내수압에 의한 외주면 압력 p_{ia} 에서 지반분담압력 $p_{F1} = \epsilon_{F1} V_F^*$ 을 뺀 크기 즉, 라이닝 분담압력 p_B 보다 더 커야 라이닝이 인장상태가 되지 않으며, 라이닝 변위가 일부 회복된다 ($V_F^* = V_F / (1 + \nu_F)$).

$$p_V > p_{ia} - p_{F1} = p_i\, r_i / r_a - \epsilon_{F1} V_F^* = p_B \tag{12.6.15}$$

② 라이닝 응력에 따른 주입압

주입 후 라이닝 외주면과 내공면의 반경변형률 ϵ_{aV} 와 ϵ_{iV} 는 다음과 같다.

$$\epsilon_{aV} = \frac{p_V}{E_B}\left(\frac{r_a^2 + r_i^2}{r_a^2 - r_i^2} - \nu_B\right) \simeq \frac{p_V}{E_B}\frac{r_a^2 + r_i^2}{r_a^2 - r_i^2}$$

$$\epsilon_{iV} = \frac{p_V}{E_B}\frac{2\,r_a^2}{r_a^2 - r_i^2} = \frac{2\,r_a^2}{r_a^2 + r_i^2}\,\epsilon_{aV} \tag{12.6.16}$$

라이닝 내공면 허용 접선응력 σ_{ti} 는 주입시 (시간 t_1) 콘크리트 압축강도 $\sigma_{DB}(t_1)$ 의 **75 %** 라고 가정하면,

$$\sigma_{ti} = 0.75\,\sigma_{DB}(t_1) \tag{12.6.17}$$

이고, 이를 Hooke 법칙에 적용하여 구하면 내공면 반경방향 변형률 ϵ_{ri} 는,

$$\epsilon_{ri} = \frac{\sigma_{ti}}{E_B} = 0.75\frac{\sigma_{DB}(t_1)}{E_B} \tag{12.6.18}$$

이를 주입 후 라이닝 외주면 및 내공면의 반경변형률에 대한 식 (식 12.6.16) 에 대입하면 라이닝 외주면의 허용 반경변형률 ϵ_{aV} 를 구할 수 있다.

$$\epsilon_{aV} = \epsilon_{iV}\frac{r_a^2 + r_i^2}{2\,r_a^2} = 0.75\,\sigma_{DB}(t_1)\frac{1}{E_B}\,\frac{r_a^2 + r_i^2}{2\,r_a^2} \tag{12.6.19}$$

주입압 p_V 는 주입에 의해 발생되는 콘크리트 라이닝 외주면의 접선응력 σ_{ta} 가 콘크리트의 허용응력 $0.75\,\sigma_{DB}(t_1)$ 과 같아지는 압력으로 결정하며, 식 (12.6.16) 과 위 식에서 다음이 된다.

$$p_V \le \epsilon_{aV}\,E_B\,\frac{r_a^2 - r_i^2}{r_a^2 + r_i^2} = 0.75\,\sigma_{DB}(t_1)\frac{r_a^2 - r_i^2}{2\,r_a^2} \tag{12.6.20}$$

주입압을 지지할 수 있는 라이닝의 두께는 (라이닝 외경과 경계압이 굴착방식에 따라 다르기 때문에) 시행착오법으로 구한다. 라이닝 긴장력은 영보다 크게 유지되어야 하므로, 라이닝의 두께는 라이닝 분담압력 $p_{ia} - p_{F1}$ 대신 주입압이나 최소 긴장력을 기준으로 정한다.

주입압이 가해지면 지반은 인장상태 (라이닝은 압축상태) 가 되므로 지반의 특성곡선이 좌측으로 이동하여 세로 축과 p_{ia} 에서 만나도록 하면 (그림 12.6.11), 라이닝 특성곡선과 D 점에서 서로 만난다. 그런데 콘크리트 라이닝과 지반 접촉점의 압력은 주입압과 크기가 같기 때문에 지반과 라이닝의 특성곡선이 만나는 D 점의 압력이 곧, 주입압 p_V 가 된다.

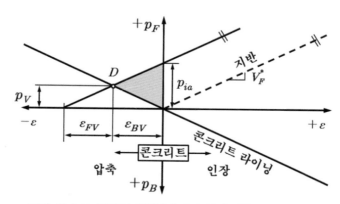

그림 12.6.11 균열의 영향 (라이닝 암반 접촉 전 균열발생)

이때에 지반특성곡선은 가로 축과 $\epsilon_{FV}+\epsilon_{BV}$ 에서 만나는데, ϵ_{FV} 와 ϵ_{BV} 는 각각 주입에 의한 지반과 콘크리트 라이닝의 변형률이며, 모두 다 허용치 이내 이어야 하고, 대개 콘크리트의 허용변형률이 기준이 된다.

(3) 강관 라이닝

강관 라이닝의 배면에 주입하면, 주입압 p_V 가 강관과 지반에 다같이 작용하며, 강관에 발생되는 압축응력은 얇은 관 이론으로 구하여 소요 두께를 정한다. 그런데 강재의 항복변형률은 콘크리트나 지반의 파괴 시 변형률 보다 크기 때문에 강관이 좌굴되지 않도록 **최대 주입압은** 대체로 강관 좌굴압력 (6.4 절) 보다 약 5 bar 정도 작은 값으로 한다. 주입압은 강관의 온도변형률 $\epsilon_{\triangle T}$ 로부터 구한 강관의 긴장력 변화량 보다 작지 않아야 ($p_V \geq \epsilon_{\triangle T} E_s^* t/a$, $E_s^* = E_s/(1-\nu^2)$) 한다 (6.3 절).

(4) 콘크리트 라이닝

주입압 등 외압이 작용하면 콘크리트 라이닝의 외주면은 압축상태가 되기 때문에 라이닝 외주면의 응력은 허용압축응력 보다 크지 않아야 하고, 라이닝 내공면은 인장상태가 되지 않아야 한다.

주입압 p_V 에 의해 콘크리트 라이닝 외주면에 발생되는 반경방향 변형률 ϵ_{aV} 을 두꺼운 관 이론으로부터 구하여 Hooke 식에 적용하면 라이닝 외주면의 접선응력 σ_{ta} 를 구할 수 있다 (식 12.6.16).

$$\sigma_{ta} = \epsilon_{aV} E_B \simeq p_V \frac{r_a^2+r_i^2}{r_a^2-r_i^2} \tag{12.6.21}$$

여기에서 소요 주입압 p_V 는 외주면의 접선방향 응력이 콘크리트의 허용압축응력 (대개 $0.75\,\sigma_{DB}$) 에 도달되는 압력이다.

주입압 p_V 에 의하여 라이닝 내공면에 발생되는 접선응력 σ_{ti} 는 내공면의 반경 변형률 ϵ_{iV} 를 Hooke 식에 적용하여 구하며, 이 값이 영 (또는 인장강도) 보다 크면 즉, 압축상태이면, 내공면에 균열이 발생되지 않는다.

$$\sigma_{ti} \cong \epsilon_{iV} E_B = p_V \frac{2\,r_a^2}{r_a^2-r_i^2} \tag{12.6.22}$$

6.3 라이닝 긴장력의 손실

라이닝의 긴장력은 라이닝과 지반이 변형되거나 상대변위가 발생되면 손실되어 크기가 (주입압 보다) 작아지고, 주입재가 경화된 이후에도 지반과 라이닝에 잔류한다. 잔류 긴장력은 (라이닝에 인장응력이 발생되지 않을 정도로) 충분히 커야 하므로 주입압은 적어도 긴장력의 손실량 보다 커야 한다.

라이닝의 허용변형률은 내압과 외압에 의한 탄성변형 이외에, 라이닝과 지반의 온도변화 및 크리프에 의한 변형과 배면주입에 따른 변형을 모두 고려하여 정한다.

라이닝과 지반은 상대강성에 따라 다른 크기로 변형되기 때문에 접촉점에서 상대변위가 발생되며, 냉각·수축되어 변형되고, 라이닝과 지반에서 초기응력이 (크리프를 억제할 정도로) 크지 않으면 크리프가 발생한다. 콘크리트의 인장강도는 작고 불확실하므로 대개 무시하며, 인버트 강재 등의 인장강도도 고려하지 않는다.

라이닝의 긴장력은 여러 가지 **영향요소 (6.3.1 절)** 에 의하여 결정되며, 라이닝과 지반이 **냉각수축 (6.3.2 절)** 이나 **크리프 (6.3.3 절)** 에 의하여 변형되거나 상대변위가 일어날 경우에 손실된다. 냉각수축과 크리프가 모두 발생될 경우에 **전체 긴장력 손실**은 각각에 의한 긴장력 손실을 합한 크기이다.

6.3.1 긴장력 영향 요소

긴장력에 영향을 미치는 요소는 다음과 같다.
· 콘크리트 라이닝 부재 두께와 강도 :
   굴착단면의 크기, 지보방법, 내공변위, 라이닝설치 등에 영향
· 지반강도와 지반변형 :
   강도나 변형계수는 시험방법에 따라 >100 % 분산 가능
· 초기 응력상태 : 특히 측압
· 온도영향 : 온도가 강하되면 라이닝이 수축되어 긴장력 감소
· 크리프 : 콘크리트에서는 잘 예측할 수 있으나 지반에서는 예측이 어렵다.
   크리프가 예상되는 경우에는 무근 콘크리트 라이닝이나 방수 쉬트 라이닝은 피한다.

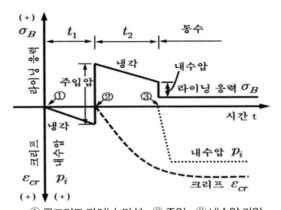

① 콘크리트 라이닝 타설 ② 주입 ③ 내수압 가압

그림 12.6.12 콘크리트 라이닝 응력발생과 크리프거동

· 내수압 :

최대 동적내압은 매우 정확하게 산정할 수 있으나 Resonance 현상 (장치형상, 운용방식 등) 이 발생하면 높은 압력이 발생될 수 있다.

· 터널 외부수압 :

터널 내부가 비어 있는 상태에서는 하중으로 작용하여 강관 라이닝에 문제가 발생될 가능성이 있다.

콘크리트와 지반 사이의 틈 즉, 반경변위 u 는 크기가 반경방향 변형률 ϵ_r 에 반경 r 을 곱한 크기 $(u = \epsilon_r r)$ 이며, 주입압과 온도변화 및 크리프에 의해 생긴다.

반경변형률 ϵ_r 은 압력과 온도변화 및 크리프에 의한 콘크리트 변형률 (ϵ_B 와 $\epsilon_{B\Delta T}$ 및 ϵ_{Bcr}) 과 지반 변형률 (ϵ_F 와 $\epsilon_{F\Delta T}$ 및 ϵ_{Bcr}) 의 합이다.

$$\epsilon_r = \epsilon_B + \epsilon_{B\Delta T} + \epsilon_{Bcr} + \epsilon_F + \epsilon_{F\Delta T} + \epsilon_{Fcr} \tag{12.6.23}$$

콘크리트 라이닝의 긴장력 손실은 콘크리트의 건조수축은 물론 콘크리트와 지반의 냉각수축 및 크리프에 의해 일어나며, 시간의 함수이다.

그런데 콘크리트의 건조수축은 지반이 건조하고 부재가 두꺼우며 시멘트 함량이 높으면 ($> 300\,kg/m^3$) 많이 발생하고, 습기찬 갱도에서는 발생하지 않는다. 주입은 콘크리트를 타설한 수개월 후 (건조수축이 대부분 종료된 후) 에나 시행하기 때문에 건조수축에 의한 긴장력 손실을 고려하지 않는다.

6.3.2 냉각수축에 의한 긴장력 손실

콘크리트 라이닝과 지반의 온도는 라이닝 콘크리트(얇은 라이닝에서는 강관 배면 채움 콘크리트)를 양생하거나 라이닝 배면을 주입하는 동안 상승했다가 수로터널에 통수하면 강하된다. 내수온도에 의한 영향은 터널 굴착면에서 가장 크고, 그 배후 지반에서는 온도가 hyperbolic 형태로 감소하며, 터널 굴착반경과 같은 깊이 a 까지 미친다 (그림 12.6.13).

1) 강관 라이닝

강관 라이닝 배면 채움 콘크리트 양생 후나 배면주입 후에 수로터널에 통수하면 채움 콘크리트는 온도가 물 온도로 강하되면서 수축되어 온도균열이 발생될 수 있다.

강관과 지반의 온도가 ΔT 강하되면 강관의 온도변형률 $\epsilon_{S\Delta T}$ 는 열팽창계수 $\alpha_T \cong 1.0 \times 10^{-5}/^{o}C$ 를 적용하여 계산하고, 굴착면 온도변형률 $\epsilon_{F\Delta T}$ 는 강관 변형률 의 약 1/3 이다.

$$\epsilon_{S\Delta T} = \alpha_T \Delta T = (1.0 \times 10^{-5}) \times \Delta T$$
$$\epsilon_{F\Delta T} = (1/3)\alpha_T \Delta T \tag{12.6.24}$$

전체 온도변형률 $\epsilon_{\Delta T}$ (강관과 지반의 온도변형률의 합) 는 다음이 되어,

$$\epsilon_{\Delta T} = \epsilon_{S\Delta T} + \epsilon_{F\Delta T} \tag{12.6.25}$$

온도강하에 의한 틈의 폭 $u_{\Delta T}$ 와 긴장력 변화량 $\Delta p_{V\Delta T}$ 를 구할 수 있다.

$$u_{\Delta T} = \epsilon_{\Delta T} a$$
$$\Delta p_{V\Delta T} = \epsilon_{\Delta T} E_{SP}^* \, t/a \quad (E_{SP}^* = E_{SP}/(1-\nu^2)) \tag{12.6.26}$$

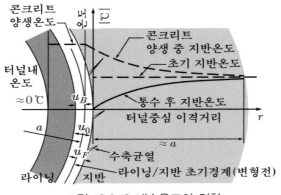

그림 12.6.13 내수온도의 영향

2) 콘크리트 라이닝

콘크리트와 지반의 온도는 콘크리트를 양생하거나 라이닝 배면을 주입하는 동안 상승하였다가 수로터널에 통수하면 강하되어 온도변형이 발생된다.

콘크리트는 온도변형률 $\epsilon_{B\Delta T}$ 이 인장파괴변형률 ($\epsilon_{ZB} = 1.0 \times 10^{-4}$) 보다 대체로 3배 정도 크므로 ($\epsilon_{B\Delta T} = 3\epsilon_{ZB}$), 온도변형에 의해 쉽게 인장파괴 된다.

콘크리트 온도가 양생 (또는 주입) 온도에서 통수 시 최저온도 (온대지방에서 대개 $0^{o}C$) 로 강하됨에 따른 변형률 $\epsilon_{\Delta T}$ 는 라이닝과 지반에서 발생되는 각 온도변형률 $\epsilon_{B\Delta T}$ 와 $\epsilon_{F\Delta T}$ 의 합이다. 라이닝과 지반이 분리상태인 경우 라이닝은 자유 변형관으로 거동하여 폭 $u_0 = \epsilon_{\Delta T} r$ 의 틈이 발생된다.

콘크리트 라이닝과 배후지반에서 온도강하에 의해 응력이 $\Delta p_{B\Delta T}$ 와 $\Delta p_{F\Delta T}$ 만큼 변함에 따라 긴장력이 Δp_B 와 Δp_F 만큼 감소된다.

온도변화에 의한 반경변위는 콘크리트와 지반을 탄성계수가 각각 E_B^* 와 E_F^* 이고 길이가 ($a = r_a$ 로) 같은 스프링으로 대체한 스프링 모델 (그림 12.6.14) 을 적용하여 구할 수 있다. 스프링은 직렬로 연결되어 있어서 각각에 작용하는 힘 $\Delta p_{B\Delta T}$ 와 $\Delta p_{F\Delta T}$ 는 크기가 같고, 전체 변위 u 는 각 변위 $u_B = \epsilon_{B\Delta T} a$ 와 $u_F = \epsilon_{F\Delta T} a$ 의 합 $u = u_B + u_F$ 이고 라이닝과 지반 초기접촉점 (그림 12.6.14의 원) 은 u 만큼 이동한다.

각 스프링에 작용하는 힘은 크기가 같으므로 콘크리트 라이닝 온도강하에 의한 응력 변화량 ($\Delta p_{B\Delta T}$) 와 냉각수축에 의한 긴장력 감소량 (Δp_B) 의 합 $\Delta p_{B\Delta T} + \Delta p_B$ 와 주변지반의 온도강하에 의한 응력 변화량 $\Delta p_{F\Delta T}$ 및 냉각수축에 의한 긴장력의 감소량 Δp_F 의 합 즉, $\Delta p_{F\Delta T} - \Delta p_F$ 는 크기가 같은 조건에서 구한다.

$$\Delta p_{B\Delta T} + \Delta p_B = \Delta p_{F\Delta T} - \Delta p_F \tag{12.6.27}$$

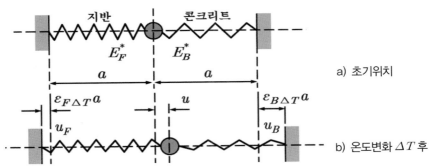

그림 12.6.14 콘크리트 라이닝과 지반의 온도변형 스프링 모델

콘크리트 라이닝과 주변 지반에서 온도강하에 의하여 발생되는 응력감소량은 각각 $\Delta p_{B\Delta T} = \epsilon_{B\Delta T} E_B^*$ 와 $\Delta p_{F\Delta T} = \epsilon_{F\Delta T} E_F^*$ 이고, 냉각수축 변위 u 에 의해 생긴 긴장력의 감소량은 각각 $\Delta p_B = -E_B^* u/a$ 와 $\Delta p_F = -E_F^* u/a$ 가 된다. 여기에서 $E_B^* = E_B d/a$ 는 콘크리트 강성이고, $E_F^* = E_F/(1 + \nu_F)$ 는 지반 강성을 나타낸다.

따라서 위 식은 다음이 되며, 이는 그림 12.6.14 의 스프링 모델과 일치한다.

$$\left(\epsilon_{B\Delta T} - \frac{u}{a} \right) E_B^* = \left(\epsilon_{F\Delta T} + \frac{u}{a} \right) E_F^* \tag{12.6.28}$$

라이닝의 온도변형률 $\epsilon_{B\Delta T}$ 는 열팽창계수 α_T 와 온도변화 ΔT 를 곱한 크기이고 지반의 온도변형률 $\epsilon_{F\Delta T}$ 은 라이닝의 대략 1/3 $(\epsilon_{F\Delta T_F} = \epsilon_{B\Delta T}/3)$ 이므로

$$\epsilon_{B\Delta T} = \alpha_T \Delta T$$
$$\epsilon_{F\Delta T} = \alpha_T (1/3) \Delta T \tag{12.6.29}$$

이고, 온도변화에 의한 반경변위 $u_{\Delta T}$ 는 식 (12.6.28) 에서 $u = u_{\Delta T}$ 로 대체하여 정리하면 라이닝과 지반의 강성으로부터 구할 수 있다.

$$u_{\Delta T} = -\epsilon_{B\Delta T} a \frac{E_B^* - E_F^*/3}{E_B^* + E_F^*} \tag{12.6.30}$$

따라서 온도변화에 의한 반경방향 변위 u 에 의해 발생되는 라이닝의 긴장력 감소량 Δp_B 는 다음이 된다.

$$\Delta p_B = \epsilon E_B^* = \frac{u}{a} E_B^* \tag{12.6.31}$$
$$= -\epsilon_{B\Delta T} E_B^* \frac{E_B^* - E_F^*/3}{E_B^* + E_F^*}$$

온도강하에 의해 콘크리트 라이닝에 발생되는 긴장력의 변화 $\Delta p_{V\Delta T}$ 는 냉각에 의한 압축응력 감소량 $\Delta p_{B\Delta T}$ 와 냉각수축에 의한 긴장력 감소량 Δp_B 의 합이고,

$$\Delta p_{V\Delta T} = \Delta p_{B\Delta T} + \Delta p_B \tag{12.6.32}$$
$$= \epsilon_{B\Delta T} E_B^* \left(1 - \frac{E_B^* - E_F^*/3}{E_B^* + E_F^*} \right)$$

온도강하에 의한 변형률 $\epsilon_{\Delta T}$ 와 반경변위 $u_{\Delta T}$ 는 라이닝과 지반에서 각각 발생되는 온도변형률과 반경변위의 합이다.

$$\epsilon_{\Delta T} = \epsilon_{B\Delta T} + \epsilon_{F\Delta T} \tag{12.6.33}$$
$$u_{\Delta T} = u_{B\Delta T} + u_{F\Delta T}$$

6.3.3 크리프에 의한 긴장력 손실

압력수로터널 라이닝의 배면에 주입 (재하) 하면 주입압이 지속적으로 작용하여 크리프가 발생하며, 터널에 통수하여 내수가압 (제하) 할 때까지 지속된다. 통수 중에는 긴장력이 거의 영이 되므로 크리프가 발생하지 않는다.

크리프 변형이 일어나면 콘크리트와 지반에서 긴장력이 손실되며, 긴장력 손실량은 지반과 콘크리트의 상대강성에 의해 결정된다. 지반에서는 크리프를 예측하기 어렵기 때문에 크리프가 예상되면 무근콘크리트나 쉬트방수 라이닝을 피한다.

전체 크리프 변형률은 콘크리트와 지반의 크리프 변형률의 합이고, 전체 긴장력 손실은 콘크리트와 지반의 긴장력 손실의 합이다.

1) 콘크리트의 크리프에 의한 긴장력 손실

주입압은 주입 후에 수로터널에 통수하여 내수압이 가해질 때까지 지속적으로 작용하여 크리프 변형을 발생시키며, 크리프 변형률은 응력에 비례한다. 주입압에 의한 크리프 변형은 주입압이 덮개압력 보다 작은 경우에만 고려한다.

(1) 크리프 변형률

크리프 변형은 재령 t_1 시점에 주입 (재하) 해서 주입압이 지속·작용하여 발생된 콘크리트 응력 σ_B 에 의해 일어나고, 주입 후 t_2 시간이 경과된 후에 내수가압 (제하) 하면 멈춘다. 크리프 응력 재하 후 제하시점 t_2 에 대한 크리프 변형률 $\epsilon_{Bcr}(t_2)$ 은 다음 (ÖNORM B 4250) 과 같이 구한다 (콘크리트 탄성계수 E_B, 탄성변형률 ϵ_{Be}).

$$\epsilon_{Bcr}(t_2) = \frac{\sigma_B}{E_B}\phi(t_f) = \epsilon_{Be}\,\phi(t_f) \tag{12.6.34}$$

위 식에서 $\phi(t_f)$ 는 크리프 계수 (크리프 변형률 ϵ_{Bcr} 의 탄성변형률 ϵ_{Be} 에 대한 비) 이고 시간의 함수이다.

크리프 계수 계산시점 t_2 는 가상시점 t_f 로 환산해서 적용한다 (d 는 라이닝두께).
$$t_f = t_2\, 0.3/d \tag{12.6.35}$$

주입압은 대개 콘크리트 압축강도의 75 % 크기의 응력이 라이닝에 발생되도록 가한다. 라이닝의 응력은 크리프가 진행되면 감소되고 통수를 시작하면 (시간 t_2) 영 (0) 에 가까워진다 (그림 12.6.12).

콘크리트 라이닝의 재령 90 일에 라이닝 허용 응력이 $\sigma_B = 0.75\,\sigma_{DB90}$ 이면, 주입 $(t_2 = 90\,일)$ 하여 발생되는 크리프 변형률 $\epsilon_{Bcr\,90}$ 은 다음이 된다.

$$\epsilon_{Bcr\,90} = \frac{0.75\,\sigma_{DB90}}{E_B}\phi(t_f) \tag{12.6.36}$$

크리프 계수 $\phi(t_f)$ 는 극한 크리프 계수 ϕ_∞ 와 시간함수 $\rho(t_f)$ 로부터 결정되고,

$$\phi(t_f) = \phi_\infty\,\rho(t_f) \tag{12.6.37}$$

극한 크리프 계수 ϕ_∞ 는 콘크리트 상태 (k-factor) 에 따라 결정된다.

$$\phi_\infty = k_f k_h k_b k_d \tag{12.6.38}$$

위 식의 k-factor 는 콘크리트 상태에 따라 결정된다.

k_f : 주변환경의 습윤상태 계수 : 상대습도 $f\,[\%]$ 의 함수이고,

$$k_f = 3.349 - 0.00029\,(f-10)^2 \tag{12.6.39a}$$

k_h : 지속하중재하시점의 콘크리트압축강도계수 (σ_{DB6} 는 지속하중 재하시점의 육면체 강도, $\sigma_{DB\infty}$ 는 최종강도이고 28 일 강도 σ_{DB28} 의 1.15 나 1.3 배로 가정)

$$k_h = 1.9 - 0.665\,\frac{\sigma_{DB6}}{\sigma_{DB\infty}}\left(1 + \frac{\sigma_{DB6}}{\sigma_{DB\infty}}\right) \tag{12.6.39b}$$

k_b : 콘크리트 구성계수 (콘크리트 함수량 $w\,[kgf/m^3]$, 시멘트 함량 $z\,[kgf/m^3]$)

$$k_b = 7\frac{w}{z}\frac{w+z/3}{1000} \tag{12.6.39c}$$

k_d : 부재 유효두께

$$k_d = -0.76 + e^{d_w - 0.247} \tag{12.6.39d}$$

위 의 k-factor 는 젖은 상태 $(f = 100\,\%)$/습한 상태 $(f = 90\,\%)$ 에서 $k_f = 1.0/1.5$, 콘크리트 재령 28 일/90 일에서 $k_h = 1.0/0.6$, 일반 프리스트레스 콘크리트 (시멘트량 $320 \sim 380\,kgf/m^3$ 이고, $(w/z) < 0.5$ 이므로) 에서 $k_b = 1.0$, 유효 벽두께 $d_w = 50\,cm$ 일 때 $k_d = 0.7$ 이므로, 극한크리프 계수는 $\phi_\infty = 0.4 \sim 1.0$ 범위이다.

콘크리트 재령 90 일 $(k_h = 0.6)$, 시멘트 량 $320 \sim 380\,kg/m^3$ $(k_b = 1.0)$, 유효 벽두께 $d_w = 50\,cm\,(k_d = 0.7)$ 이고, 습한 상태 $(k_f = 1.2)$ 이면, $\phi_\infty \simeq 0.5$ 이다.

크리프에 대한 시간함수 $\rho(t_f)$ 는 재하시간에 따라 결정된다.

$$\rho(t_f) = 1 - \exp(-0.025\,t_f^{\,0.604}) \tag{12.6.40}$$

(2) 크리프에 의한 긴장력 손실

콘크리트 라이닝과 지반의 접촉점에서 라이닝의 크리프 변형률과 지반 변형률의 변화 $d\epsilon_{Bcr}$ 과 $d\epsilon_F$ 는 크기가 같고 방향이 반대 ($d\epsilon_{Bcr} = -d\epsilon_F$) 인 관계를 적용하여 크리프 진행에 의해 변화된 주입압 $p_V(\phi)$ 를 구하고, 초기주입압 p_{Vo} 와 비교하여 크리프에 의한 압력손실량 $p_{cr}(t_2)$ 와 긴장력 손실률 $p_{cr}(t_2)/p_{Vo}$ 을 구할 수 있다.

라이닝 (두께 d) 과 지반의 접촉점 (반경 r_a) 에서 반경변형률 ϵ_F 와 ϵ_B 는 다음과 같고, 주입재 경화 이후에도 유지된다 ($\epsilon_{Ba} = \epsilon_{Fa}$).

$$\epsilon_B = \frac{\sigma_B}{E_B} = \frac{p_{Vo}}{E_B}\frac{r_a}{d} = \frac{p_{Vo}}{E_B^*}$$

$$\epsilon_F = p_{Vo}/E_F^* \tag{12.6.41}$$

라이닝 크리프 변형률과 지반 변형률의 변화 $d\epsilon_{Bcr}$ 과 $d\epsilon_F$ 는,

$$d\epsilon_{Bcr} = \frac{\sigma_B}{E_B}d\phi + \frac{d\sigma_B}{E_B} = \frac{p_V}{E_B^*}d\phi + \frac{dp_V}{E_B^*}$$

$$d\epsilon_F = dp_V/E_F^* \tag{12.6.42}$$

이고, 크기가 같고 방향이 반대 ($d\epsilon_{Bcr} = -d\epsilon_F$) 이므로 다음 관계가 성립된다.

$$\frac{dp_V}{E_B^*} + \frac{dp_V}{E_F^*} + \frac{p_V}{E_B^*}d\phi = 0$$

$$\frac{dp_V}{d\phi} + \frac{p_V E_F^*}{E_F^* + E_B^*} = \frac{dp_V}{d\phi} + p_V\alpha = 0 \quad (단, \ \alpha = E_F^*/(E_B^* + E_F^*)) \tag{12.6.43}$$

위 식을 적분하면 크리프 진행 중 주입압 $p_V(\phi)$ 에 대한 식이 되고,

$$p_V(\phi) = Ce^{-\alpha\phi(t_f)} \tag{12.6.44}$$

초기압력 ($t_2 = 0$) 이 $p_V(0) = p_{Vo}$ 인 조건에서 적분상수 $C = p_{Vo}$ 를 구해 적용하면 크리프 진행 중 주입압 $p_V(\phi)$ 는 다음이 된다.

$$p_V(\phi) = p_{Vo}e^{-\alpha\phi(t_f)} \tag{12.6.45}$$

따라서 크리프 계산시점 t_2 일 때 크리프에 의한 압력손실량 Δp_{Vcr} 는,

$$\Delta p_{Vcr} = p_{Vo} - p_V(\phi) = p_{Vo}\{1 - e^{-\alpha\phi(t_f)}\} \tag{12.6.46}$$

이고, 크리프에 의한 긴장력 손실률 $\Delta p_{Vcr}/p_{Vo}$ 을 구할 수 있다.

$$\Delta p_{Vcr}/p_{Vo} = 1 - e^{-\alpha\phi(t_1)} \tag{12.6.47}$$

2) 지반의 크리프에 의한 긴장력 손실

내수압이나 주입압에 의한 추가지반압력이 최소지반응력 보다 크면 이완영역에서 지반의 크리프가 발생되어 콘크리트 라이닝의 압축응력이 감소된다. 지반의 크리프 영향은 대개 강관 라이닝에서는 고려하지 않고 긴장력 가압 콘크리트 라이닝에서만 고려하며, 대형 반경재하시험에서 구할 수 있다.

내수압이나 주입압력이 작으면 크리프가 발생되지 않는다. 초기응력이 큰 경우에는 저항력이 (주입압이나 내수압 보다) 큰 지보공을 설치한다.

지반의 크리프 변형률 ϵ_{Fcr} 은 지반 변형률 ϵ_F ($\epsilon_F = p_F / V_F^*$) 의 $10 \sim 20\ \%$ 이므로, 전체 변형률 ϵ_{Ft} 는 콘크리트 파괴 변형률 (1.0×10^{-3}) 과 거의 같은 수준이 된다.

$$\epsilon_{Fcr} = (0.1 \sim 0.2)\,\epsilon_F = (0.1 \sim 0.2)\,p_F / V_F^* = (0.1 \sim 0.2) \times 10^{-3}$$

$$\epsilon_{Ft} = \epsilon_F + \epsilon_{Fcr} = (1.1 \sim 1.2) \times 10^{-3} \tag{12.6.48}$$

지반의 크리프에 의한 긴장력 손실 Δp_{VFcr} 은 다음이 된다.

$$\Delta p_{VFcr} = \epsilon_{Fcr}\,E_F^* \tag{12.6.49}$$

3) 라이닝과 지반의 상대강성에 따른 상대변위

크리프 변형률은 온도 변형률처럼 스프링 모델을 적용하여 구할 수 있다. 콘크리트 라이닝의 외주면과 지반 굴착면에서 총 응력감소량 (크리프에 의한 압축응력 감소 Δp_{cr} 및 냉각수축 반경변위에 의한 긴장력 손실 Δp 의 합) 은 크기가 같다.

$$\Delta p_{Bcr} + \Delta p_B = \Delta p_{Fcr} - \Delta p_F \tag{12.6.50}$$

콘크리트 라이닝과 지반에서 크리프에 의한 압축응력감소량은 $\Delta p_{Bcr} = \epsilon_{Bcr}\,E_B^*$ 와 $\Delta p_{Fcr} = \epsilon_{Fcr}\,E_F^*$ 이고, 반경방향 수축변위 $u = \epsilon_r r$ 에 따른 긴장력 감소량은 $\Delta p_B = E_B^*\,u/r$ 및 $\Delta p_F = E_F^*\,u/r$ 이므로, 위 식은 다음이 된다.

$$\epsilon_{Bcr}\,E_B^* - \epsilon_{Fcr}\,E_F^* = -\frac{u}{r}(E_B^* + E_F^*) \tag{12.6.51}$$

따라서 반경방향 수축변위에 의한 변형률 ϵ_r 을 구할 수 있고,

$$\epsilon_r = \frac{u}{r} = -\frac{\epsilon_{Bcr}\,E_B^* - \epsilon_{Fcr}\,E_F^*}{E_B^* + E_F^*} \tag{12.6.52}$$

라이닝의 반경방향 수축변위에 의한 긴장력 손실 Δp_B 는 다음과 같다.

$$\Delta p_B = -\epsilon_r E_B^* = -\frac{u}{r} E_B^* = -E_B^* \left(\frac{\epsilon_{Bcr} E_B^* - \epsilon_{Fcr} E_F^*}{E_B^* + E_F^*} \right) \qquad \textbf{(12.6.53)}$$

크리프 변형에 의한 콘크리트 라이닝의 긴장력 손실량 Δp_{Vcr} 은 크리프 변형 및 반경방향 수축변위에 의한 긴장력 손실량 Δp_{Bcr} 와 Δp_B 의 합이다.

$$\Delta p_{Vcr} = \Delta p_{Bcr} + \Delta p_B = E_B^* \left(\epsilon_{Bcr} - \frac{\epsilon_{Bcr} E_B^* - \epsilon_{Fcr} E_F^*}{E_B^* + E_F^*} \right) \qquad \textbf{(12.6.54)}$$

지반과 콘크리트는 크리프 변형률과 강성의 곱이 일정 ($\epsilon_{Fcr} E_F^* = \epsilon_{Bcr} E_B^*$) 하다.

지반과 콘크리트의 강성이 같으면 ($E_F^* \simeq E_B^*$) 크리프 변형률이 같고 ($\epsilon_{Fcr} \simeq \epsilon_{Bcr}$), 크리프 변형에 의한 라이닝 긴장력 손실 (식 12.6.54) 은 $\Delta p_{Vcr} = \Delta p_{Bcr}$ 로 크리프에 의한 압축응력 감소량 Δp_{Bcr} 과 같고, $u = 0$ 이므로 접촉면에서 상대변위가 일어나지 않는다.

지반이 양호하여 $E_F^* = 3 E_B^*$ 이면 $\epsilon_{Fcr} = \epsilon_{Bcr}/3$ 이 되고, 크리프 변형에 의한 라이닝의 긴장력 손실 (식 12.6.54) 은 $\Delta p_{Vcr} = \Delta p_{Bcr}$ 로 크리프에 의한 압축응력 감소 Δp_{Bcr} 과 같고, $u = 0$ 이므로 접촉면에서 상대변위가 일어나지 않는다.

지반이 불량 ($E_F^* << E_B^*$) 하면, 탄성거동하지 않아서 긴장력을 가할 수 없다.

깊은 흙 지반에서는 초기응력이 커서 콘크리트 라이닝이 크리프 변형하면 지반이 밀려 들어와서 라이닝에 작용하는 압력이 증가하기 때문에 긴장력을 가한 것과 같은 상황이 된다. 따라서 불량한 지반에서도 토피 (지압) 가 크면 압력수로터널을 굴착할 수 있다.

손실되고 남은 잔류 긴장력은 주입재 경화 이후에도 지반과 라이닝에 잔류하며 그림 12.6.12 와 같이 (내수압이 작용하는 동안 라이닝이 인장상태가 되지 않을 만큼) 커야 한다. 라이닝은 파괴되기 이전에 (콘크리트 파괴 변형률 $\epsilon_{zB} = 0.1 \times 10^{-3}$ 만큼) 변형될 수 있는 여유가 있어야 더 큰 압력을 지지할 수 있다.

6.4 수로터널 강관 라이닝의 좌굴

수로터널의 라이닝은 내압이 과대하면 인장파괴 되고, 외압이 과대하면 압축파괴 되며, 외압에 의한 파괴는 종종 일어난다.

라이닝을 강관 (6.4.1 절) 으로 보강하면 (강관의 인장저항력으로) 내압을 지지할 수 있기 때문에 내압에 의해 파괴되는 일은 거의 없으나, 과도한 외압이 작용하면 내부 강관이 좌굴 (6.4.2 절) 될 수 있다.

6.4.1 강관 라이닝

압력수로터널에서 라이닝을 설치하지 않거나 라이닝이 수밀하지 않으면 압력수가 유출되어 주변지반으로 침투되며, 침투의 영향은 압력터널 주변지반이 콘크리트 라이닝보다 20 % 이상 수밀 할 때 두드러진다. 라이닝을 설치하지 않은 경우에는 초기응력이 전부 유효하다고 보고 침투영향을 검토한다.

내수압이 작아서 내수압에 의한 라이닝의 변위가 침투압에 의한 지반변위 보다 작으면, 침투압에 의한 접촉압이 부압이 되어 (Schleiss, 1985, 1986), 라이닝과 지반이 분리된다. 이 경우에는 내수압이 라이닝 외측에 미치는 영향도 매우 작다.

수밀지반에서 고압상태 절리수나 유출수에 의해 라이닝 외주면에 반력이 유발 되면, 라이닝이 제하되어 균열이나 수량손실이 발생되지 않는다. 지반 변형계수가 콘크리트 변형계수에 비해 작을수록 라이닝의 외주면에 발생하는 인장응력이 커서 추가균열이 발생되고, 이로 인해 라이닝 투수계수가 커지고 지반반력이 계속 감소 한다. 따라서 라이닝에 추가 균열이 발생된 압력터널에서는 누수 손실량의 감내 가능성, 유출 압력수에 의한 지반의 기초파괴 가능성 및 외부수압으로 인한 지속적인 물의 유출방지 가능성을 검토한다.

압력수 유출 방지대책으로 저수축 콘크리트를 사용하거나, 길이방향으로 조인트 가 없는 완전한 라이닝을 설치하거나, 바닥 세그멘트에서 링 방향 및 길이방향의 조인트를 방수하거나, 주입재를 고압으로 주입하여 수축균열을 방지한다.

강관과 채움 콘크리트는 변형성이 다르므로 외부수압에 의해 콘크리트에 균열이 발생된다. 주입압은 라이닝 외주면에 반경방향으로 작용하여 강관과 콘크리트를 분리시키고 지반의 절리를 확대시킨다. 폭이 확장된 절리는 강관의 좌굴에 결정적 역할을 한다.

6.4.2 강관 라이닝의 좌굴

유연성 라이닝 (강관) 은 외압이 라이닝의 유동한계를 초과하면 좌굴되어 부풀어 오른다. 그러나 강관은 좌굴되어도 파괴되거나 수밀성이 손상되지 않아서 좌굴이 미소하면 통수에 지장이 없다. 강관은 평면성이 약간만 달라져도 좌굴저항력을 거의 다 상실하며, 외압이 지속되면 다시 좌굴되기를 반복하여 좌굴부가 확산된다. 강관 좌굴부를 절단·제거하고 새것으로 대체하려면 많은 비용이 소요된다.

Levy (1884) 는 실린더형 강관 (반경 a, 두께 t, 단면 이차모멘트 J, 강재 탄성계수 E_s) 에 대한 고전적 좌굴형상을 기준으로 한계좌굴압력 p_{kcr} 을 구하였다.

$$p_{kcr} = \frac{3E_s J}{a^3} \simeq \frac{E_s}{4}\left(\frac{t}{a}\right)^3 \qquad [MPa] \qquad \textbf{(12.6.55)}$$

터널 라이닝의 강관은 배면이 콘크리트로 채워져 있어서 외부방향 (지반 쪽) 으로 변형될 수 없어서 Levy 가 가정한 좌굴형상과는 완전히 다른 형상으로 좌굴된다. 그리고 실제경험과 실험에서 발생된 라이닝의 좌굴형상은 대개 축대칭이 아니다. 따라서 Levy 식을 수로터널에는 적용하기가 어렵고, 한계 좌굴압력 p_{cr} 이 너무 크게 계산된다.

Amstutz (1950, 1953, 1969) 는 비대칭 좌굴에 대한 한계외압 p_k 를 구하였다. 외압에 의해 강관 (두께 t, 반경 a) 주면이 단축되며, 기존 균열 (틈 d_o) 이 있으면 강관이 펴지고 좌굴 (개수 n) 된다 (강관 유동한계/한계응력 σ_{ys}/σ_{crs} , $E_s^* = E_s/(1-\nu^2)$)

$$\left(\frac{d_o}{a} + \frac{\sigma_{crs}}{E_s^*}\right)\left\{1 + 12\left(\frac{a}{t}\right)^2 \frac{\sigma_{crs}}{E_s^*}\right\}^{\frac{3}{2}} \leq n\frac{2a}{t}\frac{\sigma_{ys} - \sigma_{crs}}{E_s^*}\left(1 - \frac{1}{2}\frac{a}{t}\frac{\sigma_{ys} - \sigma_{crs}}{E_s^*}\right)$$

$$p_k = \sigma_{crs}\frac{t}{a} \qquad \textbf{(12.6.56)}$$

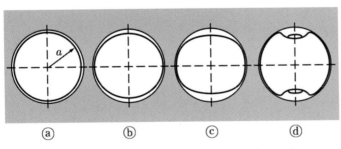

그림 12.6.15 대칭형 쌍 좌굴 발생단계 ($n = 2$)

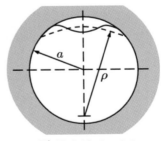

그림 12.6.16 Amstutz 좌굴모델 ($n = 1$)

Amstutz (1953) 는 스티프너로 보강한 라이닝에서 스티프너를 포함한 전체단면이 좌굴될 경우와 스티프너 사이의 판이 좌굴될 경우에 대해 개선식을 제안하였다. 여기에서 σ_V 및 $\sigma_N\,[N/mm^2]$ 은 주입압력에 의한 긴장압력 및 수직응력이다.

$$\left(\frac{\sigma_N - \sigma_V}{E_s^*}\right)\left[1 + 12\left(\frac{a}{t}\right)^2 \frac{\sigma_N}{E_s^*}\right]^{\frac{3}{2}} = 3.36 \frac{a}{t} \frac{\sigma_s^* - \sigma_N}{E_s^*}\left(1 - \frac{1}{2}\frac{a}{t}\frac{\sigma_s^* - \sigma_N}{E_s^*}\right)$$

$$\frac{\rho_m}{a} = \frac{\sigma_N}{\sigma_{crs}} \;,\quad \sigma_s^* = \frac{\sigma_{yst}}{\sqrt{1 - \nu + \nu^2}} \tag{12.6.57}$$

위 식에서 ρ_m 은 좌굴면 (cosine 곡선) 의 평균반경 (그림 12.6.16) 이고, 유동한계는 $\sigma_{yst} = 500\,N/mm^2$ 보다 커도 좌굴강도는 증가하지 않으므로 더 클 필요가 없다.

Montel (1960) 은 실험에 근거하여 강관 (두께 t) 으로 보강한 콘크리트 라이닝의 한계외압 p_k 에 대한 매우 실용적인 반경험식을 제안하였다 (j 는 강관과 콘크리트 사이 간격, u_1 은 Montelschablone [50°] 로 측정한 비원형성).

$$p_k = \frac{5\,\sigma_{yst}}{\left(\dfrac{a}{t}\right)^{1.5} + \left(\dfrac{a}{t}\right)^{2.5}\left(1.2\,\dfrac{u_1}{a} + 2.4\,\dfrac{j}{a}\right)} \tag{12.6.58}$$

이는 $30 \le a/t \le 170, 250 \le \sigma_{yst} \le 500, 0.1 \le u_1/t \le 0.5, j/t \le 0.25, j/a \le 0.025$ 일 때 적용한다. Montel 은 Amstutz 처럼 유동한계를 $\sigma_{ys} = 500\,N/mm^2$ 로 하였다.

Jakobsen (1972, 1978) 은 Amstutz 와 같은 비대칭형상 좌굴에 대해 강관 라이닝의 한계외압을 구하였고, 강관 라이닝의 단면 이차모멘트를 강관+라이닝의 단면 이차모멘트로 대체하고, p 대신 $p\,l_R$ 을 사용하였다 (l_R 은 링의 간격).

1970 년대에는 강재 라이닝을 리벳이나 뒤벨로 보강하는 방법이 도입되었고, Jakobsen 은 헤드볼트로 보강한 강재 라이닝에 대해 좌굴시험 (2 : 1 축척) 하고, 기존공식들과 비교하여 Amstutz 공식의 적용성을 확인하였다.

헤드볼트에 작용하는 하중이 과대하여 뒤벨이 부러지거나 (전단은 물론 외압과 온도수축에 의한) 인장하중으로 인해 콘크리트 쐐기가 빠져 나오면, 인접한 뒤벨이 과재하되어 파괴될 수 있다.

※ 연습문제 ※

【예제 1】 경암에 내경 $8.0\,m$ 인 원형 수로터널을 굴착하고 콘크리트 라이닝 (두께 $30\,cm$) 을 설치한다. 다음 경우에 대하여 터널의 굴착반경을 구하시오.
  1) 숏크리트 라이닝 (두께 $30\,cm$) 을 설치할 경우
  2) 연마강재 라이닝 (두께 $2.0\,cm$) 을 $8.0\,cm$ 두께 콘크리트로 뒤채움 할 경우
  3) NATM 이나 기계로 굴착하고 라이닝을 설치하지 않는 경우

【예제 2】 원형 수로터널을 굴착하고 $12.0\,bar$ 로 통수할 때 다음 경우에 라이닝에 균열이 발생되지 않을 지반의 소요 변형계수를 구하시오. 단, 콘크리트는 탄성계수 $E_B = 24000\,MPa$ 이고, 허용 인장변형률은 $\epsilon_{aB} = 1.0 \times 10^{-4}$ 이고, 지반의 푸아송 비는 $\nu_F = 0.25$ 이다.
  1) 굴착단면의 크기와 콘크리트 라이닝 두께의 영향
    ① 내경 $4.5\,m$ 인 원형 터널을 굴착하고 라이닝 (두께 $0.3\,m$) 을 설치
    ② 내경 $4.5\,m$ 인 원형 터널을 굴착하고 라이닝 (두께 $0.4\,m$) 을 설치
    ③ 내경 $7.0\,m$ 인 원형 터널을 굴착하고 라이닝 (두께 $0.3\,m$) 을 설치
  2) 지반상태에 따른 강관 라이닝 (내경 $4.5\,m$) 의 두께
    지반 변형계수는 $V_F^* = 2000\,MPa$ 일 때와 $1000\,MPa$ 일 때를 비교
    (강관은 탄성계수 $E_{sp} = 200000\,MPa$, 인장강도 $\sigma_{yzp} = 400\,MPa$, 허용인장응력
    σ_{azp} 은 인장강도의 0.6, 허용인장변형률 $\epsilon_{azp} = 1.0 \times 10^{-4}$)

【예제 3】 원형 수로터널 (내경 $4.5\,m$) 을 굴착 (이완영역 두께 $2.55\,m$) 하고 라이닝 (두께 $0.3\,m$) 을 설치한 후 $12.0\,bar$ 로 통수할 때에 다음을 구하시오.
  신선암은 탄성계수 $E_F = 8000\,MPa$, 푸아송 비 $\nu_F = 0.25$ 이고, 이완영역 탄성계수는 신선암의 절반이고, 지반의 변형계수는 탄성계수의 절반이다.
  콘크리트는 탄성계수 $E_B = 24000\,MPa$, 압축강도 $\sigma_{DB} = 25.0\,MPa$, 허용 휨압축응력 $\sigma_{aB} = 0.4\,\sigma_{DB}$, 허용인장변형률 $\epsilon_{Ba} = 1.0 \times 10^{-4}$ 이다. 라이닝 보강 철근은 탄성계수 $E_{rB} = 200000\,MPa$, 인장강도 $\sigma_{yzB} = 240\,MPa$, 허용 인장응력은 인장강도의 0.6 뱁, 사용 철근의 단면적은 $A_{rB} = 506.7\,mm^2$ 이다.

1) 내수압에 의한 지반 경계 접촉압력

2) 철근 (반경 $r_{rB} = 2.35\ m$) 보강 후

 (1) 굴착면에 전달되는 내수압의 크기

 (2) 내수압에 의한 철근 응력 (SD30에서 허용응력 $\sigma_{azB} = 150.0\ MPa$)

【예제 4】 예제 3의 원형 압력수로터널에서 다음을 구하시오.

1) 주입에 의한 콘크리트 라이닝의 긴장 필요성과 긴장 후 라이닝 응력

2) 통수 전 외부수압에 대한 콘크리트 라이닝의 안정

  (단, 외부수두 (터널중심 기준) 는 $H_w = 120.0\ m$)

 ① 콘크리트 라이닝의 소요압축강도 (일축압축강도의 75%) 로 판정

 ② 콘크리트 라이닝의 두께로 판정

 ③ 콘크리트 라이닝의 접선응력 σ_{ti} 로 판정

【예제 5】 예제 3의 원형압력수로터널에서 다음 경우에 온도변형률과 균열의 폭 및 긴장력의 손실을 구하시오. 단, 콘크리트의 양생온도는 $20^o C$ 이고, 주입온도는 $10 \sim 15^o C$ 이며, 통수 시 최저온도는 물의 온도 $0^o C$ 이다. 열팽창계수는 콘크리트에서 $\alpha_T = 1.0 \times 10^{-5}$ 이고, 암반에서 콘크리트의 1/3 이다.

 1) 강관 라이닝 (내경 $2.25\ m$, 두께 $5\ mm$) 을 설치하는 경우

  (강관 탄성계수 $E_{SP} = 200\,000\ MPa$, 푸아송비 $\nu_{SP} = 0.33$)

 2) 콘크리트 라이닝 (내경 $2.25\ m$, 두께 $0.3\ m$) 을 설치하는 경우

  (콘크리트 탄성계수 $E_B = 24000\ MPa$, $E_F = 8000\ MPa$, $\nu_F = 0.25$)

【예제 6】 예제 3의 원형압력수로터널에서 라이닝을 설치하고 $10\ bar$ 로 주입한 후 180 일 만에 통수할 때에 크리프 변형률을 구하시오. 단, 콘크리트의 탄성계수는 $E_B = 24000\ MPa$ 이고, 재령 90 일의 압축강도는 $25.0\ MPa$ 이다. 지반의 크리프 변형률은 지반 허용변형률의 20 % 로 가정한다.

제 13 장

터널역학의 응용

제13장 **터널역학의 응용**

1. 개 요

최근 들어 터널의 수요와 시공사례가 급증하고 있으나, 그 기본학문인 터널역학은 현장에서 발생되는 현상들을 완벽하게 설명하고 굴착방법이나 지보방법을 개선하는 데 무리 없이 적용할 수 있을 만큼은 발달되어 있지 않다. 따라서 터널은 역학적 계산만으로 부족하여 현장의 경험적 지식을 접목해서 건설하는 경우도 많다.

다행히 많은 기술자들이 현장에서 관찰되는 현상들을 이론적으로 설명하기 위해 부단히 노력해 왔기 때문에 터널역학이 상당한 수준으로 발달하였다. 향후에 터널 역학이 현장문제를 무리 없이 해결할 수 있을 정도로 발전하려면 기술자들이 터널 이론은 물론 기본역학과 재료, 지질, 지반역학, 기계이론 등에 대한 지식을 확실히 습득하여 현장문제 해결에 적용해야할 것이다.

터널은 고유의 **특수성과 어려움 (2 절)** 들이 많고, 해석하기가 어려우며, 그 기초 학문 (터널역학) 이 미완성상태이어서 현장의 경험적 지식이 필요한 구조물이다.

NATM 공법 (3 절) 은 Rabcewicz 가 최초로 제안하였고, 여러 기술자들에 의해 그 기본이론과 시공법이 성립되었다. 그러나 이론적으로 유도되지 않고 많은 현장경험 들을 암석 역학적으로 해석하여 탄생된 공법이기 때문에, 명확한 이론체계가 아직 확립되어 있지 않고 이론보다 계측과 경험에 의존하는 경향이 강하다.

터널을 굴착하다 보면 하중이나 지반상태 또는 사용하는 재료 (치수나 품질) 가 예정과 다를 수 있고, 현장의 복잡한 지반형상과 경계조건을 단순화시키고 재료를 이상화해야 터널을 해석할 수 있기 때문에, 터널을 해석하면 오차가 발생될 수밖에 없다. 이를 극복하기 위해 부재치수를 계산치보다 크게 할증하거나 계산된 응력을 실제 강도보다 작게 할인하여 적용하는데, 이와 같은 할증 또는 할인계수를 안전율 이라고 하며 이를 적용하여 터널의 안전성을 평가 **(4 절)** 한다.

터널역학은 아직 완성단계는 아니지만 많은 기술자들의 연구와 경험이 결집되어 이룩된 학문이므로, 현장에 적용할 만한 내용이 많다. 따라서 터널을 설계 **(5 절)** 할 때는 경험에 준거하여 미비점을 개선하면서 **터널역학이론을 적용**해야 할 것이다.

2. 터널의 특수성과 어려움

터널은 시공 중에 주변지반의 응력이 복잡하게 변하여 해석하기가 매우 어렵고, 기초학문인 터널역학이 미완성 상태이기 때문에 역학적 계산에만 의존하기가 어렵고 현장의 경험적 지식도 아울러 적용해야 건설할 수 있는 구조물이다.

터널은 터널역학 이론과 경험적 지식을 접목시켜야 건설할 수 있는 특수성 (2.1 절) 이 있다. 터널역학 이론이 아직까지 완전히 정립되어 있지 않고, 터널 거동메커니즘 을 완전하게 해석하기 어려운 것은, 터널기술자와 관련 학문 및 터널의 특수성에 기인한 문제점 (2.2 절) 이 완전히 해결되지 않고 있기 때문이다.

2.1 터널의 특수성

과거에는 상부구조물 (건축물이나 교량 등) 과 마찬가지로 양호한 지반에서 작은 규모의 터널만 굴착할 수 있었다. 그러나 요즈음에는 터널역학 이론이 발달하였고 많은 경험이 축적되어서, 갈수록 규모가 커지고, (과거에는 터널굴착이 불가능했던) 취약한 지반에서도 성공적으로 터널을 굴착하는 사례가 증가하고 있다.

최근에는 터널에 적용할 수 있는 기본역학 (재료역학, 구조역학, 탄성역학, 탄소성 역학) 이 발달되고, 이를 응용한 토질역학과 암석역학은 물론 암반공학과 터널공학 이 발달됨에 따라 다양한 현장문제를 해결할 수 있는 공학적 바탕이 마련되었다.

또한, 컴퓨터와 수치해석기법이 발달하여 다양한 조건에서도 복잡한 단면형상과 시공과정을 고려한 터널해석이 가능해짐에 따라, 불리한 지반에서도 크고 다양한 형상과 큰 단면으로 안전하고 경제적으로 신속하게 터널을 건설할 수 있게 되었다. 그리고 현대에는 터널 시공법 (TBM, NATM 굴착 등) 이 발달하여 시공 상에 한계가 거의 없어짐에 따라 터널 수요는 갈수록 증가하고 다양해지며 대형화되고 있다.

터널공학은 이론과 실무가 결합되고, 다양한 분야가 혼합·적용되므로 매우 복잡 하고 어려운 학문이다. 터널공학은 주변지반 지지력을 최대한 활용하고, 경제적이고 안전하게 라이닝의 형상과 치수를 정하며, 안전율의 크기와 한계치를 결정하는데 응용된다. 최근에는 지반공학과 터널공학이 많이 연구되었고, 수치해석기법이 발달 되었으며, 다양한 연구결과와 경험을 다수가 공유할 수 있게 됨에 따라, (터널역학 은 아직 미숙한 수준이지만) 터널공학은 급속도로 발달되고 있다.

터널에 작용하는 하중은 터널단면의 크기와 주변지반의 역학적 거동은 물론 터널 굴착방법 (굴착공법과 굴착단계) 에 따라 다르므로, 시공공정 (굴착, 지보, 라이닝 설치 등) 과 지보공설치 (시기와 방법) 를 고려해서 예측해야 한다.

터널 주변지반의 역학적 거동은 절리상태, 암석의 풍화정도, 지층상태, 불연속면의 주향과 경사, 지하수위, 상재하중, 지리학적 특성, 굴착방법, 터널 위치 등 여러 가지 원인에 의해 영향을 받아 변하므로 예측하기가 어렵다.

지반은 대체로 불균질하고 비등방성이며 주변여건에 따라 역학적 거동과 성질이 복잡하게 변하고 편차가 큰 재료이므로 그 응력-변형률거동을 일반식으로 나타내기 어렵다.

암반은 종류가 많고, 생성과정에서 다양한 하중을 경험하였으며, 한계를 초과한 하중이나 변형에 의해 절리나 파쇄대가 생성되고 초기특성이 사라진 경우도 많기 때문에 그 특성이 매우 복잡하고 역학적 특성치의 분산 폭이 상당히 큰 재료이다. 암반 불연속면 (절리, 층리, 편리 등) 이 터널의 직경보다 작으면 연속체로 간주할 수 있고, 측압이 없고 천단과 측벽에 절리가 있으면 불연속체로 간주한다.

터널 라이닝은 터널의 위치, 초기응력, 작용하중, 지하수압, 주변지반의 지지력, 지하수 상태 등을 고려하여 설계한다. 라이닝의 재료 (콘크리트나 강재) 는 그 특성이 잘 규정되어 있어서 특성치의 분산 폭이 적다.

터널의 단면 크기는 (이론적으로는) 응력과 이에 따른 변형의 크기에만 영향을 미치며, 터널단면이 매우 크거나 지반의 지지력이 불충분할 때에는 여러 단면으로 분할하여 굴착한다.

터널굴착 후 터널 지보공 (숏크리트와 볼트 등) 을 설치하면 터널 주변지반을 크게 이완 (내하능력 저하) 시키지 않고 본래의 내하능력을 유지시켜서 작용하는 하중을 지지할 수 있다.

터널 지보량은 각 지보재의 지보 원리를 정확히 알고 결정해야 하지만, 복잡하고 위치에 따라 다른 지반의 성질을 고려할 수 있는 일반화된 지보량 결정방법이 아직 제시되어 있지 않다. 지금까지는 사전에 수치해석하여 예측하고 시공 중에 계측하여 추정한 터널 주변지반의 소성화 영역을 참고해서 지보량을 결정하고 있다.

터널 주변지반이 터널굴착 전과 후에 동일한 상태를 유지하도록 하는 것이 가장 이상적인 터널공법이다. 그러나 아무리 좋은 방법으로 세심하게 잘 굴착하고 강성으로 지보하더라도 지반응력은 굴착순간에 해방되므로 주변지반 상태는 달라질 수밖에 없다. 따라서 이상적 터널공법은 현실적으로 불가능하다.

지반은 소성화 되면 (역학적으로는 물론) 재료적으로 변화되며, 이완되면 소성화가 진행된 상태와 같으므로, 터널굴착 후 소성화 되거나 이완되지 않아야 한다. 터널을 주의해서 잘 굴착하고 적절히 지보하면, 터널굴착으로 인한 지반의 (역학적 변화는 불가피하더라도) 재료적 변화 (소성화) 가 발생되지 않게 할 수가 있다. 이러한 터널 건설방법을 차선적 터널공법이라 한다.

지보공이 지반을 보강하고 하중전이를 돕는다는 터널이론 (NATM) 이 보급되고, 현장계측 등을 통해 확인됨에 따라 이론가와 현장기술자 간 거리가 좁혀지고 있다.

NATM 공법은 재래공법에 비해서 (아직은 불완전하지만) 이론적이고 암반역학의 비중이 (아직 불충분하지만) 크기 때문에 그 이론을 이해하지 못하거나 암반역학 기반이 약한 기술자들은 수용하기 어려울 수도 있다.

또한, **NATM** 이론이 (불완전하므로) 불명확하거나 모순된 부분이 있고, 재래이론이나 경험들도 무시할 수 없는 부분이 있다. 따라서 재래 이론과 경험 및 NATM 중 어느 것이나 맹목적으로 추종하거나 무시하는 것은 옳지 않다.

터널거동은 (아직 일반구조물 이론만큼 발달되어 있지 않은) 터널역학 이론으로 명확하게 설명하기가 어렵고, 특수한 경우에 한해 정확한 이론 해를 구할 수 있다. 따라서 완전한 이론 해를 구할 수 있을 만큼 터널역학 이론을 발전시키려면, 터널 기술자들이 그 감각 (Engineering Sense) 과 능력을 발휘해서 현장에서 관찰한 여러 가지 현상들을 분석하고 실제에 적용하면서 터널역학 이론을 보완해 나아가야할 것이다.

이론적 바탕 없이 축적된 경험은 상황이 바뀌면 적용할 수 없는 단순기능에 불과하다. 따라서 터널기술자는 먼저 이론을 습득한 후 터널을 경험해야 한다. 현장과 연결되지 않는 이론은 비현실적일 수 있고 이론적으로 뒷받침되지 않은 현장기술은 무모하거나 감정적일 수 있다.

2.2 터널의 어려움

터널역학 이론이 아직까지 완전하게 정립되어 있지 않고, 터널의 거동메커니즘을 완전히 해석하기 어려운 것은, 다음과 같이 터널기술자 (2.2.1 절) 와 관련 학문 (2.2.2 절) 및 터널의 특수성 (2.2.3 절) 에 기인한 수많은 어려움들이 아직 해결되지 않고 있기 때문이다.

2.2.1 터널 기술자 관련 어려움

터널을 건설하는 데에는 이론가, 실험가, 수치 해석가, 현장 시공자, 설계자 등이 참여하고 있으나 상호교류가 부족하여 서로 반목하고 비협조적일 수 있다. 이론가들은 현장경험이 부족하고 현장기술자들은 터널이론에 부정적 견해를 가질 때가 많다.

① 터널기술자간에 상호교류가 부족하다. 터널건설에 참여하는 다양한 분야의 기술자들 사이에 교류가 부족하여 상호불신하거나 비협조적일 수 있다.

② 터널이론가의 현장경험이 부족하다. 터널에 작용하는 하중은 지반의 특성은 물론 동일 지반에서도 시공방법 (굴착방법, 지보공 구조나 강성 및 설치시기, 지보공과 지반의 결합상태 등) 에 의해 영향을 받아서 달라진다. 그러나 터널이론가들이 현장 경험이 부족하여 시공법을 제대로 고려하지 못하고 이론을 전개할 때가 많다.

③ 현장기술자들이 터널이론에 대해 부정적 견해를 가질 때가 많다. 지질조건이 좋으면 역학적 검토가 없어도 터널을 건설할 수 있다. 주로 양호한 지질조건에서 터널을 건설했던 기술자들에게는 터널이론이 무의미하게 보일 수도 있다.

2.2.2 학문 관련 어려움

터널에 관련된 학문이나 이론이 터널의 복잡한 거동을 설명할 수 있을 만큼 발달되어 있지 않으므로 많은 기술자들이 이론연구에 대해서 회의적이다. 또한, 지반의 불연속 특성 때문에 터널과 주변지반의 안정성 판단에 연속체 역학이 부적합하다.

① 터널관련 학문이 덜 발달되어 있다. 현장지반은 (지질이 매우 다양하고 변화가 심하여) 터널굴착에 따른 거동이 매우 복잡하다. 그러나 현재의 학문이나 이론으로는 이를 설명하기가 어렵고, 최신방법을 적용하여 해석하더라도 한계가 있다. 따라서 기술자들이 (성취도가 낮은) 이론연구를 기피하는 경향이 있다.

② 터널과 주변지반의 안정성 판단에 연속체 역학이 부적합하다. 연속체 역학에 의한 터널안전율 한계치는 지반내 응력 및 변형률 크기와 작용방향에 관련된다.

그러나 불연속 지반 내 각 점의 응력 및 변형률의 작용방향은 무의미하고 너무 포괄적이다. 따라서 터널의 안전율은 터널의 안정성을 판정하는 척도로 부적합하다.

터널을 굴착하면 주변지반 형상변형에너지가 터널깊이와 단면크기에 상응하여 증가하므로, 터널 안정성은 굴착으로 인해 발생하는 형상변형에너지의 변화를 기준으로 판정하는 것이 더 적합하다. 에너지는 (방향성이 없는) 스칼라량이어서 에너지 이론을 적용하면 응력과 변형률 및 그들 작용면의 방향에 무관하게 터널 안정성을 판정할 수 있고, 굴착 전 지반상태를 평가하며, 많은 경험적 사실을 설명할 수 있다.

2.2.3 터널의 특수성 관련 어려움

터널은 고유한 특수성 때문에 터널이론의 발달이 늦다. 즉, 터널은 시공 재현성이 부족하며, 계측이 어렵고, 주변지반의 역학적 조건이 불명확하고, 터널굴착 전 초기 지압과 지반 내하력 관계의 평가방법이 불분명하다.

① 터널시공은 재현성이 부족하다. 현장의 지질상태나 터널 시공방법은 재현성 (reproducibility) 이 적어서 과거의 연구나 실무경험이 아무리 많아도 그대로 적용하기 어렵다. 즉, 현장조건으로부터 터널거동을 예측하기가 어렵다.

② 계측이 어렵다. 터널건설에서 역학적으로 가장 중요한 시기 (굴착 전부터 지보 설치까지) 에는 계측이 거의 불가능하고, 갱내에는 분진과 습기가 많기 때문에 계측 오차가 크고 노이즈가 심하며, 계측이 아예 불가능할 때도 많다. 따라서 터널에서는 계측을 수행하더라도 터널의 역학적 거동을 완전히 파악할 수 없다.

③ 터널 주변지반의 역학적 조건 (하중 크기와 작용방향 등) 이 불명확하다.

터널 주변지반의 역학적 조건 (하중의 크기와 작용방향, 지반물성 치 등) 이 불명확하고, 터널의 역학적 특성에 맞는 것이 없다. 실무에서는 대개 터널굴착 중 계측한 결과에 맞도록 역학적 조건을 조정하여 수치해석 한다.

④ 터널굴착 전 초기지압 - 지반 내하력 관계에 대한 평가방법이 불분명하다.

터널굴착 전 부터 라이닝 완성까지 각 시공단계별로 터널 및 주변지반상태와 터널 안정성의 변화를 설명할 수 있는 이론이 불분명하여 해석하기가 어렵다.

지지력이 작은 지반에서는 쉴드공법이나 특수공법 (주입공법이나 동결공법 등) 을 적용해야만 터널을 굴착할 수 있다. 강도가 작더라도 초기지압이 등방압 상태이면 지반에 축차응력이 발생되지 않아서 무리 없이 터널을 굴착할 수 있다. 그러나 초기 지압이 비등방압 상태이면 터널을 굴착하기 전 지반에 이미 형상변형에너지가 발생 되어 있어서 터널을 굴착하면 쉽게 소성화되므로 터널굴착이 어렵다.

3. NATM 공법

과거 오스트리아에서는 ATM (Austrian Tunneling Method) 이라는 자체적인 터널 굴착공법이 개발되어 많은 터널굴착에 적용되었으며, 20 세기에는 Rabcewicz 라는 대가가 이를 더욱 더 발전시켜서 NATM (New Austrian Tunneling Method) 이 탄생 하였다. NATM 은 Rabcewicz 의 연구결과를 바탕으로 다수의 오스트리아 기술자들 (Pacher, 1964 ; Müller, 1978 ; Sattler, 1965 ; Golser, 1978 등) 이 협력하여 그 이론과 시공법이 성립되었고, 그 후 여러 나라에 전파되어 많은 터널기술자들에 의해 검증 되고 발전되어 왔다. 그러나 (이론적으로 유도되지 않고) 계측과 경험을 바탕으로 개선시켜 왔기 때문에 명확한 이론체계가 확립되지 않아서 논리적 모순될 수 있다.

NATM 은 오스트리아 기술자들이 주축이 되어 개발하고 이름을 붙여서 그들만의 경험과 이론에 한정된 공법으로 오해를 받아 왔다. 옛날부터 오스트리아식, 미국식, 독일식, 벨기에식 등 터널공법이 나라별로 발달하였으므로 NATM 이라는 이름 때문에 오해가 생겨서 반 NATM 주의자들도 생겨나고 그 명칭에 대한 논쟁이 있다. 그러나 NATM 은 터널역학 측면으로 모든 터널기술자들이 지금까지 해왔던 일반적인 터널 굴착원리이며, 그동안 축적된 경험을 암반역학으로 해석한 공법이다. 최근 NATM 대신 고전공법 (Classical Tunnelling Method) 으로 불리기도 하지만 이 책에서는 NATM 을 그대로 사용한다.

NATM 은 암반역학 기본원리와 지보설계 방법을 바탕으로 발전 **(3.1 절)** 해 왔으나, 경험을 중시하는 특성 **(3.2 절)** 때문에 그 이론이 아직 체계적으로 완성되지 않고 있다. NATM 에서는 이론보다 경험에 의존해서 공법을 개선해 가는 경향이 강하여 계측 **(3.3 절)** 이 중요시 되고 있다. 터널에서는 지보부재의 변위나 응력만을 알고 지반의 성질이나 작용하중의 크기를 알 수 없을 때가 많으며, 이때에는 계측결과를 역해석 **(3.4 절)** 해서 그 크기를 추정할 수 있다.

3.1 NATM의 발전

Rabcewicz 는 Pacher 와 공동으로 **NATM** 공법에 적용되는 암반역학 기본사항과 지보공 설계방법을 설명하였으며 ("NATM 의 원리와 개발 역사", "Die Elemente der NöT und ihre geschichtliche Entwicklung", 1975), 그 내용은 다음과 같다. 그런데 특히 ② 항과 ⑥ 항은 터널원리를 이해하는 데 도움이 되고 수학적 취급이 가능하여 자주 언급되고 있다.

1) 암반역학적 기본사항

① 전단파괴설
② 원지반의 변형에 의한 압력의 저감 - 이중 쉘구조와 지반응답곡선
③ 원지반의 이완방지 : 주로 숏크리트 효과
④ 원지반의 보강 : 주로 볼트 효과
⑤ 원지반의 시간의존거동 : 지지링 폐합시간의 효과

2) 지보공 설계법

⑥ 전단파괴설에 의한 지보공의 치수 결정
⑦ 경험적 치수 결정
⑧ 계측에 의한 수정
⑨ 원지반 분류법에 의한 표준설계

3.2 NATM 의 특성

NATM 은 Rabcewicz 가 처음 창안한 후에 오스트리아 기술자들이 주축이 되어 발전시켰으나, 여러 나라 많은 기술자들이 경험을 공유하고, 계측, 계산, 실험, 실제 시공에 동참하여 효과를 공감하였기 때문에 개발과 보급이 급속도로 이루어졌다.

그러나 많은 기술자들의 의견을 수렴하여 정리할 기회가 적었고, 이론적 계산 보다 경험에 치중하였다. 이론체계가 불분명하여 기술자간 의견차가 많았고, 이론주의자와 경험주의자들의 심한 대결로 인하여 발전 속도가 늦어졌다.

기술자간 가장 심한 의견차는 지반 변형에 대한 것이다. 터널 주변지반의 변형을 약간 허용하면 지보공 하중을 대폭 감소시킬 수 있다는 사실은 Fenner-Talobre 식으로 설명할 수 있고 계측결과로 뒷받침할 수 있으나, 지반이 (변형으로 인해) 이완되면 심각한 문제가 발생된다는 주장과 이를 뒷받침하는 사례도 많이 있다.

Pacher 는 경험이나 이론으로 설명할 수 없는 이완하중개념을 Fenner 식에 도입하여 하중이 가장 작게 되는 최적 변형량을 제시하고 알기 쉽도록 그래프 (**Fenner -Pacher** 곡선) 로 표시하였고, 변형이 최적 변형량 보다 약간 작게 발생되도록 지반의 움직임을 관리하는 것이 **NATM** 의 원칙이라고 했다.

Rabcewicz 는 지반응력을 해방시키는 것이 가장 중요하다고 생각하고, 숏크리트에 종방향으로 틈을 두고 강지보공에 이음부를 두어서 Tauern 터널과 Arlberg 터널을 굴착하는데 성공하였으나, 그와는 정반대로 지반이완을 방지하는 것이 중요하므로 라이닝을 빨리 폐합하여 지반 움직임을 억제해야 한다고도 주장하였다.

링폐합 시간이 길어서 지반이 너무 크게 변형되면 지반이 이완되어 하중이 증가된다. Egger/Hoek/Brown 은 이완된 지반의 자중을 이완하중으로 간주했으나, 이는 실제 하중의 크기보다 너무 작은 값이다.

Rabcewicz 논문들은 (터널거동에 대한 수많은 관찰과 경험을 바탕으로 하였으므로) 터널시공법과 터널공학의 발전에 크게 기여하였으나, 기타 수많은 이론이나 역학적 연구결과들은 (역학적으로는 정확하지만) 실제 터널공사에는 Rabcewicz 논문만큼 큰 도움이 되지 못하였으므로, NATM 에서 이론보다 경험을 중시하는 풍조가 생겼다.

NATM 은 단순하게 **숏크리트 + 볼트 공법**이 아니며 Rabcewicz 등이 그 재료들을 선택했을 뿐이다. 일부 기술자들이 **숏크리트 공법**이나 **발파 및 굴착공법** (Drill and Blasting Method) 이라 하는 것도 적절하다고 보기 어렵다.

터널굴착 시 토압은 지반의 이완정도에 따라 변하며, 이완정도는 굴착방법, 굴착 후 라이닝 설치까지 방치시간, 굴착공간의 크기, 용수상태 등에 따라 다르고, 이에 대한 과거 연구나 실험은 대부분 불완전하므로 실용가치가 적다. 터널굴착 시 지반 상태의 변화나 발파 등의 영향에 의하여 발생되는 지압현상이나, 굴착 중에는 지반 이완에 의해 토압이 증가되고 라이닝으로 지지한 후 이완지반의 재압밀에 의해 토압이 감소되는 현상은 역학이론으로는 설명하기 어렵다. 따라서 토압을 정확히 알 수 있는 경우가 아니면 토압이론으로 터널 라이닝을 설계하는 것은 무의미하다.

지보공은 지반이 붕괴되거나 이완되지 않게 설계한다. 지보공의 강성은 토압에 의해 결정되고 토압의 크기는 지보공의 강성에 의해서 지배되므로, Rabcewicz 는 변위를 허용하여 지반응력을 해방시켜야 하고, 동시에 지반이완을 방지해야 한다고 상반되게 주장하였다.

3.3 NATM 과 계측

터널거동은 현장조건이나 시공법 등이 복잡하게 관계되어 나타나는 결과이므로 역학적으로 해석될 경우도 있지만 전혀 예측할 수 없는 경우도 있다. 암반의 시간에 따른 거동이나 링폐합 효과는 아직까지 확실히 계산할 수 있는 방법이 없고, 계측을 통해서만 확인할 수 있다.

따라서 계측은 NATM 과 더불어 발달하였다. NATM 초기에도 이미 보조 라이닝의 변형을 측정하여 지반이 안정된 (평형상태에 도달된) 것을 확인하고 2 차 라이닝을 시공하였다.

터널 내공변위는 암반조건에 따라 다르고 허용변위는 터널조건에 따라 변하므로, 계측을 실시하여 내공변위의 발생경향을 판단한 후에 경제적 기준에 맞추어 적정한 지보방법과 지보량을 결정한다. 계측은 지보공의 적정성을 판정하고 안전한 지보공을 설치하는데 도움이 된다. 그러나 계측결과를 보고 기계적으로 대책을 판단할 수 있을 만큼 계측기술이나 암반역학이론이 발달되어 있는 것은 아니다.

NATM 의 장점은 지반이 연성파괴 거동하도록 지보공으로 지반을 구속하는 점과 적절히 지보되었는지 계측으로 확인할 수 있는 점이다.

NATM 원리에 따라 적절히 지보한 지반과 지보공 복합구조는 연성파괴 거동하기 때문에 파괴진행과 토압감소가 서서히 일어난다. 따라서 계측으로 확인하여 대비할 수 있는 시간적 여유가 있어서 NATM 으로 굴착한 터널이 안전한 것이다.

지보하지 않거나 지보가 부적절하면 지반이 급격히 취성파괴 되므로 사전감지가 어렵고 위험상태가 된 후에나 확인된다. 따라서 계측은 (취성파괴 거동할 때는 효과가 거의 없고) 연성파괴 거동하는 NATM 터널에서는 효과가 크다.

터널 계측은 터널사고를 사전에 방지할 수 있는 진일보한 대책이지만, 계측으로 사고를 방지하거나 모든 위험을 예측할 수는 없다. 계측으로 **지반의 평균장기거동**을 알 수 있을 뿐이며, 계측한 값은 전체상황을 판단하는 자료에 불과하다.

계측을 실시하여 지보공을 시공하더라도 항상 경제적이며 사고를 방지할 수 있다고는 장담할 수는 없다.

3.4 역해석

역학적 성질을 아는 재료로 된 일반 구조물에서는 부재에 일정한 크기의 하중을 가할 때 발생되는 응력이나 변위를 부재 허용응력이나 허용변위와 비교해서 안정성을 판정한다. 그러나 터널에서는 주어진 재료 (지반) 의 역학적 성질이나 하중크기는 모른채 부재 (지보공) 의 변위나 응력만 알고 있을 때가 많으므로, 역학적 해석식을 적용해서 지보공 변위나 응력으로부터 지반성질이나 하중크기를 추정한다.

터널의 거동을 알기 위해서는 지보공 (구조부재) 이나 지반 (재료) 의 응력, 변형률, 변위, 지보공 작용하중 등을 알아야 한다. 강지보공 작용외력은 파괴된 지보공의 강도로부터 역산하거나, 강지보공과 지반 사이 또는 강지보공에 로드 셀을 설치하고 직접 측정하였다. 그 후에 여러 위치에서 측정한 강지보공 변형률에 상당하는 빔의 휨을 구하여 강지보공에 작용하는 외력 즉, 토압을 역산하는 방법이 나타났다.

강지보공이나 숏크리트의 모멘트나 축력은 표면 위 측점 간 상대변위를 측정하여 역산 **(3.4.1 절)** 할 수 있고, 지반의 측압계수와 전단탄성계수는 무지보 상태의 내공변위를 역해석 **(3.4.2 절)** 하고 지반의 연직방향 초기지압을 적용하여 역산할 수 있다.

3.4.1 강아치 지보공의 역해석

강아치 지보공에서 응력상태를 알면, 힘의 평형식을 적용하여 작용외력 (토압) 을 구할 수 있다. 강지보공에서 인접한 측정단면 A 와 B (그림 13.3.1) 의 사이 C 점에 임의방향 외력 P (반경방향 성분 P_i, 접선방향 성분 S_i, 작용위치 ϕ_i) 가 작용할 경우에 단면 A 와 B 의 부재력 (축력, 모멘트, 전단력) 을 각각 N_i, M_i, Q_i 및 N_{i+1}, M_{i+1}, Q_{i+1} 라 하면 $\phi = \phi_i + \phi_{i+1}$ 이므로 다음 3 개 평형식을 적용하여 3 개 미지수 (외력 P_i, S_i 와 작용점 ϕ_i) 를 구할 수 있다.

- O 점 중심에 대한 모멘트 평형 :

$$\sum M_o = 0 \ : \ S_i(r+t/2) + N_i r - N_{i+1} r + M_i - M_{i+1} = 0 \tag{13.3.1}$$

- C 점에서 반경방향 힘의 평형 :

$$\sum R_c = 0 \ : \ P_i + Q_i \cos\phi_i - Q_{i+1}\cos\phi_{i+1} - N_i \sin\phi_i - N_{i+1}\sin\phi_{i+1} = 0 \tag{13.3.2}$$

- C 점에서 접선방향 힘의 평형 :

$$\sum T_c = 0 \ : \ S_i + Q_i \sin\phi_i + Q_{i+1}\sin\phi_{i+1} + N_i \cos\phi_i - N_{i+1}\cos\phi_{i+1} = 0 \tag{13.3.3}$$

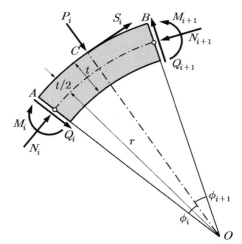

그림 13.3.1 강지보 요소의 힘의 평형

3.4.2 내공변위의 역해석

탄성지반에 굴착한 원형터널에서 무지보 상태 내공변위와 지반의 연직초기지압을 알면 지반의 측압계수 K 와 전단탄성률 $G = \dfrac{1}{2} \dfrac{E}{1+\nu}$ 를 역산할 수 있다.

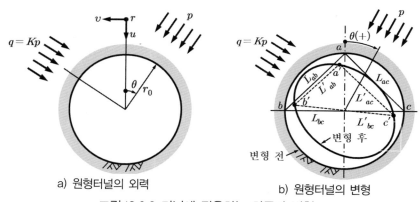

a) 원형터널의 외력   b) 원형터널의 변형

그림 13.3.2 터널에 작용하는 하중과 변형

터널중심을 지나는 연직선에 대해 각도 θ 만큼 경사진 하중 p 가 작용 (최대주응력)하고 p 에 직각으로 하중 $q = Kp$ 가 작용하면 (그림 13.3.2a), 터널 내공면이 변형하여 천단 (a 점) 과 좌우 측벽중심 (b, c 점) 의 위치가 a' 와 b', c' 로 변함에 따라, 삼각형 $\triangle abc$ (변 길이 L_{ab}, L_{bc}, L_{ca}) 는 변위 후 $\triangle a'b'c'$ ($L_{ab}', L_{bc}', L_{ca}'$) 가 된다 (그림 13.3.2b).

내공변위 전과 후 측점 a, b, c 와 a', b', c' 의 (x, z) 좌표는 다음과 같고,

변형 전 : $a(x_a, z_a)$, $b(x_b, z_b)$, $c(x_c, z_c)$

변형 후 : $a'(x_a + \Delta x_a, z_a + \Delta z_a)$

$\qquad b'(x_b + \Delta x_b, z_b + \Delta z_b)$

$\qquad c'(x_c + \Delta x_c, z_c + \Delta z_c)$ (13.3.4)

측점 a, b, c 의 초기좌표 $(x_a = 0, z_a = a)$, $(x_b = -a, z_b = 0)$, $(x_c = a, z_c = 0)$ 를 적용하면, 변위 후 측점 a', b', c' 의 좌표는 다음이 된다.

a' 점 : $a'(\Delta x_a, a + \Delta z_a)$

b' 점 : $b'(-a + \Delta x_b, \Delta z_b)$ (13.3.5)

c' 점 : $c'(a + \Delta x_c, \Delta z_c)$

측점 a, b, c 의 반경 및 접선방향 변위 u 및 v 는 식 (5.3.11) 에서 (단, $R = \dfrac{pa}{4G}$),

a점 : $u_a = R[(1+K) + (1-K)(3-4\nu)\cos 2\theta]$

$\qquad v_a = -R(1-K)(3-4\nu)\sin 2\theta$

b점 : $u_b = R[(1+K) - (1-K)(3-4\nu)\cos 2\theta]$

$\qquad v_b = R(1-K)(3-4\nu)\sin 2\theta$

c점 : $u_c = R[(1+K) - (1-K)(3-4\nu)\cos 2\theta]$ (13.3.6)

$\qquad v_c = R(1-K)(3-4\nu)\sin 2\theta$

이고, (x, z) 방향 변위를 각각의 반경 및 접선방향 변위 u, v 로 나타내면, 반경변위 u 는 내공방향이 양 (+) 이고, 접선변위 v 는 반시계방향이 양 (+) 이므로 $(\Delta x_a = -v_a, \Delta z_a = -u_a)$, $(\Delta x_b = u_b, \Delta z_b = -v_b)$, $(\Delta x_c = -u_c, \Delta z_c = v_c)$ 가 된다.

따라서 내공변위 후 측점 a', b', c' 의 좌표는 다음이 된다.

a' 점 : $a'(x_a', z_a') = (\Delta x_a, a + \Delta z_a) = (-v_a, a - u_a)$

b' 점 : $b'(x_b', z_b') = (-a + \Delta x_b, \Delta z_b) = (-a + u_b, -v_b)$ (13.3.7)

c' 점 : $c'(x_c', z_c') = (a + \Delta x_c, \Delta z_c) = (a - u_c, v_c)$

변형발생 후에는 측점 간 거리는 다음이 되고,

$$L_{ab}' = \sqrt{(x_a' - x_b')^2 + (z_a' - z_b')^2}$$

$$L_{ac}' = \sqrt{(x_a' - x_c')^2 + (z_a' - z_c')^2}$$ (13.3.8)

$$L_{bc}' = \sqrt{(x_b' - x_c')^2 + (z_b' - z_c')^2}$$

측점 a', b', c' 의 좌표 (식 13.3.7) 를 위 식에 대입하면 내공변위 발생 후 측점 간 거리 L_{ab}', L_{ac}', L_{bc}' 를 구할 수 있다.

$$L_{ab}' = \left[2a^2 + 2R^2 \left\{ \begin{array}{l} (1+K)^2 - 2(1-K^2)(3-4\nu)\sin2\theta \\ + (1-K)^2(3-4\nu)^2 \end{array} \right\} \right]^{1/2}$$
$$\quad\quad\quad - 4aR\{(1+K) - (1-K)(3-4\nu)\sin2\theta\}$$

$$L_{bc}' = \left[4a^2 + 4R^2 \left\{ \begin{array}{l} (1+K)^2 - 2(1-K^2)(3-4\nu)\cos2\theta \\ + (1-K)^2(3-4\nu)^2 \end{array} \right\} \right]^{1/2} \quad\quad \textbf{(13.3.9)}$$
$$\quad\quad\quad - 8aR\{(1+K) - (1-K)(3-4\nu)\cos2\theta\}$$

$$L_{ac}' = \left[2a^2 + 4R^2 \left\{ \begin{array}{l} (1+K)^2 + 2(1-K^2)(3-4\nu)\sin2\theta \\ + (1-K)^2(3-4\nu)^2 \end{array} \right\} \right]^{1/2}$$
$$\quad\quad\quad - 4aR\{(1+K) + (1-K)(3-4\nu)\sin2\theta\}$$

그런데 변형발생 전 측점간 거리는 $L_{ab} = L_{ac} = \sqrt{2}\,a$, $L_{bc} = 2a$ 이므로, 변형발생 후 측점간 거리의 변화량 ΔL_{ab}, ΔL_{bc}, ΔL_{ca} 는 다음이 된다.

$$\Delta L_{ab} = L_{ab} - L_{ab}' = \sqrt{2}\,a - L_{ab}'$$
$$\Delta L_{bc} = L_{bc} - L_{bc}' = 2a - L_{bc}' \quad\quad\quad\quad \textbf{(13.3.10)}$$
$$\Delta L_{ac} = L_{ac} - L_{ac}' = \sqrt{2}\,a - L_{ac}'$$

측점간 거리 변화량을 초기길이 L_{ab}, L_{bc}, L_{ca} 로 나누면 변형률비 ϵ_{ab}, ϵ_{bc}, ϵ_{ca} 가 된다

$$\epsilon_{ab} = \Delta L_{ab} / L_{ab}$$
$$\epsilon_{bc} = \Delta L_{bc} / L_{bc}$$
$$\epsilon_{ac} = \Delta L_{ac} / L_{ac} \quad\quad\quad\quad\quad\quad \textbf{(13.3.11)}$$

따라서 푸아송비 ν 를 가정하여 측점간 거리의 변화량 ΔL_{ab}, ΔL_{bc}, ΔL_{ca} 를 계산한 후 최대주응력 방향에 따른 변형률비를 나타내면, 이로부터 측압계수 K 와 최대지압의 방향 θ 를 추정할 수 있다.

실제 지반은 탄성체가 아니고 터널 단면도 대체로 원형이 아니다. 그리고 굴착 후 지보설치 전 즉, 무지보 상태의 내공변위는 측정하지 못하고, 숏크리트를 시공하고 계측점을 설치한 후의 변형만 측정할 수 있을 뿐이다. 따라서 실제 측정을 개시한 시점에서는 주변지반의 탄성 변형은 거의 끝나고 지보공에 의한 영향을 이미 받은 상태이다. 따라서 실제 현장에서 측정한 값을 그대로 적용하면 안되며, 측정한 값을 할인해서 적용해야 한다.

4. 터널의 안전성 평가

터널을 굴착하는 동안에 예상하지 못했던 불량한 지반이 존재하거나, 예상보다 큰 하중이 작용하거나, 지보재의 치수나 품질이 예상했던 것과 다른 경우를 만날 수 있다. 그리고 터널은 지보공 재료를 이상적인 재료 (탄성체나 탄소성체) 로 가정하고 복잡한 실제 형상과 경계조건을 단순화시켜서 해석하기 때문에 오차가 발생할 수 있다. 따라서 부재치수를 계산치보다 크게 할증하거나 계산된 응력을 실제강도보다 작도록 할인하여 적용하는데, 이 같은 할증 또는 할인계수를 안전율이라 한다.

안전율의 크기는 구조물의 목적, 사용법, 파괴 시 피해의 정도, 발생빈도, 파괴속도, 파괴정도, 수리나 응급대책 난이도, 하중이나 강도의 편차, 신뢰도, 계산정밀도, 내용연수 (耐用年數) 에 따라 변한다. 안전율을 계산할 때에는 장기간 재하 (크리프 강도), 반복재하 (피로강도), 치수효과, 재료 노후도 (녹, 부식, 풍화), 내용연수에 따른 기대강도 등을 고려한 재료강도를 적용한다. 응력이나 재료의 강도 및 계산이 정확하고 시공이 정밀하면 소요 안전율은 (실제 값에 가까우므로) 너무 크지 않아도 된다.

터널의 안전성은 설계방법에 따라 다른 안전율 (4.1 절) 을 적용하여 검토한다. **NATM** 에서 안전율 (4.2 절) 은 지보공의 내력과 지반응답곡선 (하중-내공변위관계) 에서 정한 하중을 기준으로 판정한다. 또한, 터널의 안전성 영향요소와 사용목적을 고려한 안전율을 적용 (4.3 절) 한다.

4.1 설계법과 안전율

구조물은 허용응력과 재료의 강도를 비교하여 안전율을 판정하거나 국부적으로 항복강도를 초과하더라도 구조물 전체가 안정하면 된다는 개념으로 해석한다.

허용응력 설계법 (4.1.1 절) 에서는 재료의 탄성한도를 강도로 간주하고 안전율로 나누어 구한 허용응력과 재료의 강도를 비교한 안전율을 적용하여 설계하고, 극한 설계법 (4.1.2 절) 에서는 국부적으로 항복강도를 초과하더라도 구조물 전체가 불안정하지만 않으면 된다는 개념을 적용하여 설계한다.

원지반이 국부적으로 응력이 항복강도를 초과하여 지지력이 상실되고 소성변형이 발생되어도 나머지 지반이 전이된 하중을 지지하여 구조물이 전체적으로 안정하면 된다는 개념을 적용하여 터널을 설계하면 이는 극한 설계법에 해당된다.

4.1.1 허용응력 설계법

응력이 탄성한도 (항복점) 보다 작으면 응력에 비례하여 변형이 발생 (Hooke 법칙이 성립) 하지만, 탄성한도를 초과한 후부터 재료가 파괴되기 전까지는 변형이 급히 증가하여 Hooke 법칙이 성립되지 않는다.

따라서 탄성한도를 재료강도로 간주하여도 틀리지 않는다고 생각하고, 탄성한도 (강도) 를 안전율로 나눈 허용응력과 계산상의 최대응력을 비교하여 안전성을 판정하는 설계방법을 허용응력 설계법이라고 한다. 이때에는 최대응력이 구조물 어느 부분에서도 허용응력을 초과하지 않아야 한다. 취성재료로 된 (단순보나 기둥 등) 정정 구조물이 국부적으로 파괴되면, 파괴되지 않은 다른 부분이 하중을 지지하여 그 곳의 응력이 증가하며, 증가된 응력이 강도를 초과하면 구조물이 파괴된다.

4.1.2 극한 설계법

인성이나 연성이 있는 재료로 구성된 구조물은 일부 부재가 파괴 (항복) 되더라도 아직 파괴되지 않은 다른 부재가 하중을 지지하여 구조물이 파괴되지 않는 경우가 많다. 이런 구조물을 (구조물 모든 부재가 허용응력을 초과하지 않아야 하는) 허용응력법으로 설계하면 과다설계가 되고 비경제적이다. 최근에는 구조물 전체가 불안정해지지만 않는다면 일부 구조부재가 항복해도 된다고 생각하고 설계하는 경우가 많은데 이러한 설계방법을 극한 설계법이라고 한다.

사면이나 제방 또는 댐은 일부가 항복하더라도 그 부분에 작용하던 하중이 다른 부분에 배분되어 지지되므로 무너지지 않는다. 즉, 활동력과 총저항력의 비가 소정 안전율 이상이면, 국부적으로 응력이 항복강도 보다 커져도 무방하다. 터널 주변 지반은 국부적으로 소성변형이 일어나서 그 지지력이 상실되더라도 나머지 지반이 전이된 하중을 지지하므로 주변지반 전체가 안정하기만 하면 된다. 따라서 이들의 안정계산에는 극한설계법을 적용한다.

최근 강구조나 철근 콘크리트 구조물을 탄소성 설계할 때도 (하중계수로 할증한 하중에 의해 발생된) 응력이 (안전율로 나누어 할인한) 재료강도 보다 작도록 설계하고 있다. **FEM** 해석하고 부분 안전율을 적용할 경우에는 정밀한 계산이 아니다. 이는 극한 설계법에서 허용응력 설계법으로 회귀하는 것이 되기 때문에 좋다고 할 수가 없다.

4.2 NATM 터널의 안전율

과거에는 터널에 작용하는 하중 (이완하중) 이 지질에 따라 일정하다고 생각하고 그 하중의 크기에 적합한 강도를 갖는 지보공을 사용하였으며, 안전율을 지보공의 강도와 응력의 비로 정의하였다. 그러나 NATM 에서는 주변지반이 하중으로 작용하고 동시에 하중을 지지하는 재료 (지보공) 이므로 안전율을 정의하기가 어려우며, 실제에서는 주변지반 전체가 터널굴착 전에 이미 소성화되어 있는 경우도 있으므로 지반이 소성상태가 되면 위험하다고 할 수도 없다.

표준관입저항치 (N 값) 가 영 (zero) 인 지반에서도 터널을 굴착할 수 있고 수중에서도 터널을 건설할 수 있는 것을 생각하면, 소성역이 넓거나, 지보공의 일부가 무너지거나, 볼트가 파단되거나 콘크리트에 균열이 발생된다고 바로 위험한 것은 아니다. 터널에서는 안전율을 단순히 응력과 강도의 비로만 정의하지 말고, 전체 안정성과 안전에 미치는 영향을 생각하고 정의해야 한다.

NATM 터널의 안전성을 평가하기 위하여 **Rabcewicz** 는 안전율 (4.2.1 절) 을 지반 응답곡선 (하중-내공변위 곡선) 과 지보공 반력곡선의 교점 하중과 지보공 내력의 비로 정의하였다. 그러나 이는 실제의 위험성에 대한 것이 아니며, 지보공의 한계 변형을 고려하여 안전율 **(4.2.2 절)** 을 파단 시의 지보공 내력과 주변지반 하중의 비로 정의하는 것이 더 현실적이다.

4.2.1 Rabcewicz 의 안전율

Rabcewicz (1969) 는 지반응답곡선 (Fenner-Pacher 곡선) 과 지보공반력곡선의 교점 하중 p_{ia} 에 대한 지보공의 극한내력 즉, 파단시 내력 $p_{sf} (= p_{ia} + p_{ir})$ 의 비 (그림 13.4.1) 를 안전율 η_a 로 제안하고, 지반 내에서 응력 재배분이 충분히 일어나도록 안전율이 최대한 **1.0** 에 가까워지게 해야 한다고 하였다.

$$\eta_a = \frac{p_{sf}}{p_{ia}} = \frac{p_{ia} + p_{ir}}{p_{ia}} \qquad \textbf{(13.4.1)}$$

이때 응력재분배에 따른 변형은 서서히 일어나므로 천정붕락 등 위험상황은 일어나지 않는다. 지보아치를 1 차지보공으로만 사용할 때에는 항복점을 초과하여 파단 한계에 매우 가까운 값을 허용응력으로 취하여도 안전하고, 지보아치를 영구적으로 사용할 때에도 안전율이 1.5 ~ 2.0 이면 충분하다.

Rabcewicz는 주변지반 내 응력재분배가 잘 일어나게 터널을 굴착하는 것이 가장 중요하므로 처지기 쉬운 (재료강도가 작아서 안전율이 1.0에 가깝고, 크기가 작고 얇은 부재로 된) 지보공을 설치할 것을 권장하였다. 터널은 다수 인원이 폐쇄된 공간에서 작업하므로 붕락이 일어나면 대형사고로 이어져서 지보공의 안전율이 1.0에 가까우면 계측으로 안전성을 확인하면서 작업하더라도 불안할 수밖에 없다. 따라서 계측치나 계산치 또는 조사치와 안전율의 관계를 확실하게 규명하고, 계측을 소요 빈도와 정밀도로 수행해서 붕괴를 예측하여 조치할 수 있어야 한다.

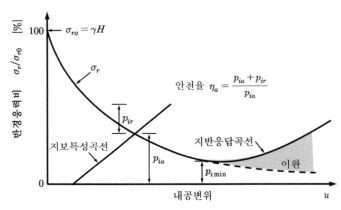

그림 13.4.1 지보공 극한지지력에 대한 안전율

4.2.2 지보공의 한계변형을 고려한 안전율

터널은 고도의 부정정 구조물이며, 일부 부재가 항복하더라도 구조물 전체가 즉시 취성파괴 되지 않고 연성변형이 진행되어 응력이 재분배되므로 안전율이 1.0인 상태로 두어도 안전하다.

Rabcewicz의 안전율 1.0은 장시간 방치상태에 대한 것이고 실제 위험성에 대한 것이 아니다. 그러나 공사 중에는 장시간 방치하지 않고 관리하므로, 시공단계 별로 시간관리만 잘하면 장시간 강도에 대한 안전율이 1.0에 가깝더라도 단시간의 지압이나 강도에 대한 안전율은 충분히 크게 유지된다.

축대칭 터널의 지보공 파단에 대한 안전율 η_f는 지보공의 파단 시 내력 p_{sf}와 지반 압력 p_{if}의 비로 정의할 수 있으며 (그림 13.4.2),

$$\eta_f = \frac{p_{sf}}{p_{\mathrm{if}}} \tag{13.4.2}$$

위 식 (13.4.2) 의 안전율과 Rabcewicz (식 13.4.1) 의 안전율 (지반 응답곡선과 지보 특성곡선의 교차점에 대한 지보공 내력과 하중의 비) 의 격차는 Fenner-Pacher 곡선 의 우측 하부로 갈수록 벌어진다.

Rabcewicz 안전율이 1.0 에 가까운 상태에서 위 식 (13.4.2) 의 안전율은 2.0 정도 ($p_{sf}/p_{\mathrm{if}} \simeq 2.0$) 가 되므로, 지보공의 변형능력이 남아 있으면 Rabcewicz 안전율을 적용해도 무리가 없다 (그 만큼 변형능력이 큰 대표적인 지보공이 볼트이다).

터널주변지반의 하중-변위곡선이 거의 수평일 때에는 숏크리트를 두껍게 하거나 고강도 콘크리트를 사용하여 강성과 강도를 크게 할 필요가 있다. 지압이나 지보공 강도가 시간의 함수가 아니고 일정하면 안전율을 1.0 가까이 취할 필요가 있다.

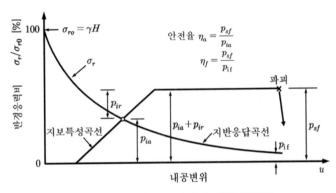

그림 13.4.2 지보공 파단에 대한 안전율

4.3 안전율의 적용

터널에서 항복에 대한 안전율과 파괴에 대한 안전율은 별도로 생각한다. 항복이 일어난 후 대책을 취할 수 있는 시간 내에 붕괴되지 않으면 안전율은 1 이상이다. 추가하중이 작용하는 지질에서는 추가하중으로 인한 붕괴에 대한 안전율은 물론 균열발생에 대한 안전율도 고려한다. 파괴가 일어나기 전에 징조가 있을 수 있는 경우 (음향, 변형, 응력집중 등) 에는 안전율을 작게 취한다.

터널에 적용하는 안전율 **(4.3.1 절)** 은 지반의 파괴형태와 라이닝 강성 및 물 등 안전율 영향요소 **(4.3.2 절)** 를 확인하고 적용한다. Barton (1974) 은 안전율과 유사한 개념으로 터널의 사용목적별로 공동지보비 **(4.3.3 절)** 를 제안하였는데 공동지보비가 클수록 안전율은 작다.

4.3.1 터널의 안전율

대단면 터널에서는 시공 시작부터 굴착완료까지의 변형률, 변위, 소요 내공압력, 지보공의 응력 등의 경향을 파악한 후에 안전율을 추정하며, 개별 지보부재는 물론 터널 전체에 대한 안전율도 생각한다. 평균 안전율은 공사 중에는 시간요소도 포함하여 1.5 ~ 2.0 정도, 완공 후에는 2.5 ~ 5.0 정도가 되어야 하며, Fenner-Pacher 곡선 우하부분에서는 개별부재의 안전율은 1.0 이라도 된다.

터널의 안전율은 다음을 고려하여 적용한다.
- 활동파괴의 방향, 진행시기, 이에 따른 하중의 증감 여부
- 지보부재의 파괴 후 내력의 급격한 감소 여부
- 지보부재의 항복 후 강도유지 또는 증감여부
- 파괴속도가 느려서 작업원이 대피하거나 지보공 보강시간 존재여부
- 파괴의 급격한 진행 여부
- 파괴의 징후 (음향, 변형, 응력집중 등) 및 예지 가능성 여부

4.3.2 안전율 영향요소

터널의 안전율은 지반의 파괴형태와 라이닝 강성 및 물에 의해 영향을 받는다.

1) 취성파괴와 안전율

취성파괴는 순식간에 일어나고 파괴된 후에는 강도가 급격히 떨어진다. 암석에서 잔류강도는 초기강도나 항복강도에 비해 매우 작으므로 구속하지 않은 상태로 방치하면 취성파괴 되어 붕괴된다. 연암에서는 구속압력이 크면 강도가 떨어지지 않고 **변형경화** (strain hardening) 되어 강도가 커질 수 있다.

암석이나 지보공은 흡수에너지가 작고 취성이 강할수록 큰 안전율을 취하고, 항복 후에도 강도가 저하되지 않으면 작은 안전율을 취한다.

2) 라이닝 강성과 안전율

인버트 아치나 이차 라이닝을 시공하면, 지보공의 내력과 강성이 커져서 지보공이 부담해야 할 하중이 커지므로, 안전율은 작아지고 콘크리트에는 균열이 발생되어 확산된다. 따라서 이차 라이닝이나 인버트 아치 시공시기는 작용하중이 증가하는 시간적 관계를 파악하여 결정한다.

터널 라이닝의 강성을 크게 하면 부담하중이 커지며, 강성이 큰 지보공이 좌굴되면 주변지반이 이완되어 하중이 증가한다. 따라서 위험징후가 보이면, 지반에 따라 지주식 지보로 보강하거나 지보공을 변형시켜서 하중을 감소시킨다. 천단의 숏크리트가 압출될 때에 지주식 지보로 보강하고 기다리면, 시간이 경과됨에 따라 (지주식 지보를 제거해도 될 만큼) 지반의 강도가 회복되는 경우도 있다. 이 경우에는 하중이 지반과 지보공의 변형량 차이에 따라 달라지므로 안전율을 정하기가 어렵다.

3) 물과 안전율

지보공이 변형되어도 수압은 감소하지 않으므로 수압이 작용할 때는 안전율을 크게 취한다. 터널에서 물 문제는 시공 중과 준공 후로 구분하여 생각하며, 준공 후 물의 작용에 대비해서 충분히 큰 안전율을 적용한다. 시공 중 발생하는 돌발용수나 토사유출 문제는 매우 복잡하고 어렵기 때문에 사항별로 대비한다.

4.3.3 Barton 의 공동 지보비

Barton (1974) 은 터널의 용도별로 공동지보비 (**ESR** ; Excavation Support Ratio) 를 제안하였는데 (표 13.4.1), 이는 안전율의 역수와 거의 유사한 값이다.

유사 시 즉각 대처할 수 있는 경우에는 작은 안전율을 적용해도 되지만, 준공 후에 추가하중이 작용할 수 있는 경우에는 충분하게 큰 안전율을 적용한다. 사용목적이 중대한 터널, 균열이나 변상을 발견하거나 대처하기 어려운 대단면 터널이나 얕은 터널, 상부 지표에 건물 등이 있는 터널에서는 큰 안전율을 적용한다.

표 13.4.1 Barton 의 ESR 과 이로부터 유도한 안전율

공동의 종류	ESR	안전율
A. 가설 채광공동 등	약 3~5	1~1.67
B. 수직구 : (1) 원형 단면 (2) 정사각형 / 직사각형 단면	약 2.5 약 2.0	2.0 2.5
C. 영구 광산공동, 수력발전용 수로터널 (고압터널 제외) 대규모 굴착을 위한 시굴갱 도갱 및 선진 굴진면 등	1.6	3.1
D. 저장소, 수처리 플랜트, 써지 탱크, 소단면 도로/ 철도터널, 진입로터널 (원통형 공동)	1.3	3.85
E. 발전소, 대단면 도로/철도터널, 갱구부, 교차부	1.0	5.0
F. 지하 원자력발전소, 지하 철도역, 지하 체육관, 지하 공항시설, 지하공장	약 0.8	6.25

5. 역학적 터널설계

터널의 형상과 크기 및 지반조건 (토피, 지반강도 등) 은 매우 다양한데, 터널역학은 아직 미숙한 학문이고, 많은 기술자들의 다양한 경험들이 역학적으로 덜 정리되어 있기 때문에 역학적으로 잘된 터널설계에 대해 정의하기가 어렵다. 그래도 현재 터널역학은 상당히 체계화 되어 있어서, 실제에 적용해도 될 수 있을 만큼은 정확 하며 현장에 도움이 될 내용을 많이 포함하고 있다.

터널의 거동은 아직 규명되지 않은 부분과 이론적으로 정리되지 않거나 정리가 불가능한 부분이 많고, 지질이나 토피 및 단면 크기에 따라 발생되는 문제점과 해결책 이 아직 완전하게 정리되거나 이론이 정립되어 있지 않기 때문에 현장에서 체득할 수밖에 없는 경우가 많이 있다. 또한, 지반의 탄소성거동, 비등방성, 불균질성, 시간 의존성, 이완특성 등은 매우 복잡하여 그 영향을 완전히 고려할 수 없다.

따라서 터널은 계산에만 의존하지 말고 시공사례와 현장경험들을 참조해서 설계 하며, 경험과 이론 중 어느 한 쪽에만 치우쳐서 터널을 설계하면 위험할 수 있다.

터널설계 시 터널 역학적 지식과 경험을 응용해서 결정하는 사항들은 다음과 같다.
- 터널의 파괴메커니즘 (5.1 절)
- 지반판정 (5.2 절)
- 지반굴착방법 (5.3 절)
- 지반 지지아치의 거동 (5.4 절)
- 지보공과 2 차라이닝의 거동 (5.5 절)
- 터널의 안전율과 계측 및 해석 (5.6 절)
- 얕은 터널과 대심도 터널의 거동 (5.7 절)

5.1 터널의 파괴메커니즘

터널의 파괴메커니즘 (전단파괴나 천정 붕락파괴) 과 굴착 가능한 크기 및 최소 토피가 지반 (지반상태, 토피고) 과 터널 (형상, 크기) 조건에 따라 다르다.

터널에서 휨파괴는 급격하게 발생되어 위험하지만, 전단파괴는 천천히 발생되어 사전에 감지하여 조치할 수 있는 시간여유가 있으므로 덜 위험하다. 따라서 터널은 휨파괴되기 전에 전단파괴 되는 조건으로 설계한다.

5.2 지반판정

터널을 건설할 때는 강도정수 (c , ϕ) 와 탄성계수 (E , ν) 뿐만 아니라 인성 (靭性), 강도의 편차, 시간의 계수, 물의 영향, 영률과 변형률의 관계, 절리의 크기/방향/성질 /상태, 항복후 강도저하 형태 등의 요소를 고려하여 지반을 분류하고, 터널 크기와 지하수의 영향을 고려하여 지반상태를 판정한다.

5.3 지반굴착

터널 굴착방법 (굴착면적, 굴착순서, 방치시간 등) 은 지반의 이완과 변형이 최적 범위 내에 드는 것으로 결정한다. 과도한 응력집중으로 인해 주변지반이 이완되지 않도록 방법과 순서를 정하여 지반거동을 조절하면서 굴착하고, 굴착 후에는 지반에 따라 방치시간과 지반변형을 관리한 후에 지보공을 설치한다.

지반이완 (5.3.1 절) 은 차후에 굴착할 곳에서만 발생하고, 완공 후에 잔류할 지반 (측벽부 등) 에서는 발생되지 않도록 굴착순서와 방법을 결정한다. 차후에 굴착할 곳은 붕괴되지만 않으면 되며, 이완되면 오히려 굴착하기가 쉬울 수도 있다.

상태가 불량한 지반에 굴착하거나 단면이 큰 터널은 적당한 크기와 순서로 분할 굴착 (5.3.2절) 하면 지반 이완을 최소화할 수 있다. 단면 분할방법은 시공능률과 총 공사비 (굴착비, 지보공비, 보조공법비, 기타 비용 등) 가 가장 유리한 것을 선택한다. 그러나 지질이나 토피 및 단면크기에 의한 영향 때문에 분할굴착 시 발생할 문제점과 대책이 충분히 알려져 있지 않으므로 기존의 시공 예를 참조하여 결정한다.

지반굴착 후 지보공 설치 전까지 방치시간 (5.3.3 절) 은 짧게 하고, 지보공을 설치 해서 지반을 구속 (5.3.4 절) 한다. 이때 소요 지반구속력을 확보하기 위한 지보공의 종류와 방법은 터널 역학적으로 정한다.

5.3.1 지반이완

터널은 주변지반의 이완 (이완정도 및 이완하중) 과 변형 (허용 변형량) 및 이들의 시간에 따른 영향을 고려하여 설계한다. 터널굴착 시 지반이완은 대개 굴진면 주변 에서 발파 진동이나 굴착에 의한 응력집중에 의해 발생되며, 초기지압이 크고 단면이 크면 굴진면의 분할과 보강 및 방치시간이 시공능률에 맞아야 적게 발생된다.

굴진면의 시간에 따른 거동은 알려지지 않은 것이 많다. 굴진면은 폭이 좁아도 높이가 높으면 불리하고, 지압이 매우 클 때는 상반굴착과 벤치굴착 사이에 시간차를 두면 유리하다. 굴진면 가까이에 볼트를 설치하면 다음 굴착 후 지보할 부분의 지반 이완을 방지할 수 있다.

1) 지반이완 영향요소
현장조건에 따른 지반이완 영향요소는 대체로 다음과 같다.
- 굴착방법 (측벽 도갱, 벤치굴착, 좌우 분할굴착, 파이프 루프나 코어 굴착)
- 단면 분할방법 (상반 선진, 측벽 선진 도갱 등)
- 기계굴착 (TBM, 로드헤더)
- 화약장약방법 (스므스 블라스팅)
- 내공면의 요철상태
- 가 인버트 설치유무

2) 이완하중
이완하중은 토피에만 의존한다는 주장 (Fenner, 1938) 과 터널 크기에만 의존한다는 주장 (Terzaghi, 1946) 및 터널크기와 자립시간에 의존한다는 주장 (Bieniawski, 1974; Lauffer, 1958 등) 이 있으며 현장조건을 참조하여 판단한다.

3) 허용 변형량
지반변형이 작으면 지보공이 부담하는 하중이 크고, 너무 크면 지반이 이완된다. 지반응답곡선 (Fenner-Pacher 곡선) 의 최소 하중점에 근거하여 **최적 (허용) 변형량**을 결정하여 설계에 적용한다.

4) 시간효과
터널은 지반의 시간 의존성을 파악하고 지반상태 (강도 및 변형특성, 성상) 와 터널 조건 (크기, 형상) 및 굴착방법 (단면크기, 1 구간 길이, 굴착고 등) 에 따라 굴착 후 부터 지보공을 설치하기까지 방치시간과 **최적 링폐합 시간**을 정하여 공정을 계획 한다. 방치시간은 지반의 이완과 변형이 최적범위 내에서 유지되도록 시공능률에 따라서 정한다.

5) 과도한 지반이완 방지

터널을 굴착할 때에 다음과 같이 조치하면 **과도한 지반이완을 방지**할 수 있다.
- 굴진면의 높이를 낮게 하고,
- 굴진면을 작은 단면 (미니벤치, 마이크로 벤치) 으로 분할굴착 (벤치굴착이나 코어굴착 등) 하고,
- 굴진면을 볼트로 보강하고,
- 천단을 Fore poling 으로 보강하고,
- 굴착 후 지보공 설치까지 방치시간을 단축 (지보공은 되도록 빨리 폐합) 하고,
- 1 회 굴진장을 짧게 한다.

5.3.2 지반굴착 방법

NATM 에서는 굴착 후 지보공의 설치시기를 늦추어서 (응력해방법) 변형과 응력해방을 적당한 정도까지 허용하지만, 먼저 여건이 적합한지를 확인해야 한다. 폭이 넓은 지하공동 (지하발전소 등) 에서는 지보아치 하부의 기초지반이 침하되지 않도록 굴진면의 중앙부를 먼저 굴착하고 난 후에 측벽부를 조금씩 굴착하면서 지보공을 설치한다.

터널의 단면모양은 지반이 탄성체이면 둥근 것이 유리하며 이는 계산을 통해서 뒷받침할 수 있다. 그러나 지반이 소성변형 될 경우에는 응력이 완화되기 때문에 단면형상에 따른 차이가 별로 없으므로 단면을 둥글게 하는 것이 만능은 아니다. 단면이 둥글면 응력집중은 작게 일어나지만 굴착량이 많아지므로 굴착 및 구조물 설치에 따르는 비용이 많이 증가하기 때문에 둥근 인버트는 사전에 충분히 검토한 후에 설치한다.

터널은 지반상태가 불량하거나 단면이 크면 적당한 크기로 분할하여 굴착한다. 분할굴착하면 하중을 점진적으로 제거하는 것과 같은 효과를 보이기 때문에 변형이 작게 일어나고, 잔류강도가 커지며, 지반이완이 최소가 된다.

분할 굴착공법은 지반응력을 완공 시의 응력상태로 전환시킬 수 있고, 추가적인 지반이완을 방지할 수 있으며, 시공성이 좋고, 공사비 (굴착비, 지보공비, 보조공법비, 기타 비용 등) 가 적게 드는 방법을 선택한다.

대체로 다음 단면 분할공법이 자주 적용된다.
- 측벽 도갱 선진굴착
- 중앙벽을 두고 좌우 반단면을 먼저 굴착
- 상반선진과 가인버트 아치시공

5.3.3 방치시간

일회 굴착고와 굴착면적 및 굴착 후 지보설치까지 방치시간은 (시공능률이 저하되지 않는 범위에서) 지반의 이완량과 변형량이 최적 범위 내에 들도록 정해야 한다.

지반은 굴착 후 지보공을 설치하기 전까지 취성파괴조건이므로, 방치시간을 최대한 짧게 (지반변형을 최소로 제한) 하여 이완되거나, 강도가 과도하게 저하되거나, 취성파괴 되지 않도록 한다. 지반의 이완에 따른 강도저하 정도는 공사조건과 시공능률을 고려하여 판단한다. 지압이 클 경우에는 상반굴착과 벤치굴착 사이에 적절하게 시간차를 두는 것이 좋다.

5.3.4 지반구속

취성변형은 대개 취성파괴를 동반하기 때문에 크기가 작아도 위험하지만, 연성변형은 연성항복을 동반하기 때문에 크더라도 덜 위험하다. 지반은 터널을 굴착한 후 지보공설치 전에는 취성파괴조건이지만, 적절한 강성과 변형성을 갖는 지보공을 설치하여 구속하면 연성파괴조건으로 변한다.

지반이 연성파괴조건이면 굴착면이 내공면을 침범할 만큼 변형이 크거나 Fenner-Pacher 곡선이 거의 수평일 때가 아니면, (지보공이 좌굴되거나 파단 되지 않는 한) 변형이 커도 안정성에는 큰 지장이 없다.

터널의 소요내공변형이 지보재 변형능력 보다 클 때는 가축성 이음, 숏크리트 틈, 압축성 볼트와셔 등을 설치한다. 벤치 컷 할 때에는 소요내공변형이 발생되게 1 회 굴진장이나 굴착 후 지보까지 시간차를 조절한다.

5.4 지반 지지아치의 거동

강도가 큰 지반에서 대심도로 굴착하는 터널은 주변지반이 탄성상태를 유지하도록 지반아치의 침하가 과도하게 발생하지 않도록 지보공을 설치하여 구속력을 가한다.

큰 지압 (덮개압력) 에 의해 주변지반이 국부적으로 소성화 되지 않게 지압을 감소 시켜야할 때는 지반이 연성거동 할 수 있을 만큼 지보공을 설치하고 구속력 (5.4.1 절) 을 가한다. 지보공은 지반 지지아치 침하 (5.4.2 절) 가 과도하지 않을 만큼 설치한다.

5.4.1 지보공 구속력

지반이 연성파괴거동 하는데 필요한 구속력은 지질에 따라서 다르며, Moki 나 Byerlec 에 의하여 판단할 수 있지만, 계측이나 관측에 의한 판단이 더 중요하다.

지보공은 지반에 충분히 큰 구속력을 가할 수 있을 만큼 그 강성과 변형성이 적당 하고, 좌굴되거나 파단 되지 않아야 하며, 그 종류와 방법은 역학적으로 정한다.

지보재의 변형능력 만으로 지반의 소요 변형을 수용할 수 없을 경우에는 가축성 이음, 숏크리트 틈, 가축성 볼트 와셔 등을 설치한다. 벤치굴착할 경우에는 측벽부 1 회 굴진장이나 굴착에서 지보까지의 시간차 등을 이용하여 소요변형을 유도한다.

5.4.2 지반 지지아치의 침하방지

지반 지지아치 기초부의 침하에 의한 문제점을 사전에 파악하고, 볼트 등을 설치 하여 지지아치 기초부 하부지반의 지지력을 보강 (아치 기초 침하방지) 하여 기초부 침하가 과도하게 일어나지 않도록 한다. 분할굴착하는 대단면 터널에서는 벤치를 굴착하는 동안 숏크리트나 강지보공의 기초부 아래 기초지반이 지지력을 상실하지 않게 벤치 굴착고나 1 회 굴진장을 적절하게 정해야 한다.

지반 지지아치 기초부의 침하방지 보다 측벽 배후지반의 이완방지가 더 중요 하다. 시공능률이 떨어지더라도 중앙부를 선 굴착하고 측벽부를 조금씩 굴착하면서 볼트와 숏크리트로 지보하면 측벽 배후지반의 이완을 방지할 수 있다. 벤치 굴착할 때에 벤치를 너무 낮게 하면 시공능률이 나빠지며, 벤치의 끝부분을 먼저 굴착하고 즉시 숏크리트를 시공하여 상반아치 기초부가 떠 있는 (하부지반이 지지력을 상실 하는) 시간을 최소한으로 하면 침하가 적게 일어난다.

5.5 지보공과 이차 라이닝

터널 지보공은 지압을 지지하는 역할 보다 지반 지지력감소를 최소화하는 역할이 더 크도록 지반특성에 맞게 설치하고, 지보공설치에 따른 지반거동 및 인버트 폐합 여부와 폐합시기를 정한다.

터널지보공 (5.5.1 절) 은 지압의 대부분 (50 ~ 80%) 을 지지하는 터널 주변지반이 취성파괴 되거나 이완되는 것을 방지하기 위하여 설치한다. 터널의 이차 라이닝 (5.5.2 절) 은 그 기능과 필요성 및 안전율과의 관계를 확실히 규정하여 설계한다.

5.5.1 지보공

지보공은 설치 순서와 시기가 매우 중요하며, 변형되기 쉬워야 하고, 변형되더라도 터널 내공크기가 유지되어야 한다.

지반의 일부를 소성화시켜서 하중을 감소시킬 필요가 있을 때는 지보공으로 구속 하여 지반이 연성거동하게 한다. 지보공은 지반분류법이나 경험에 기초한 표준도 또는 수치해석결과나 전단파괴설을 참조하여 결정하고, 계측을 통해 수정한다.

지반거동은 시간 의존적이며, 변형속도가 작을수록 잔류강도가 크다. 파괴될 지반은 변형과정의 변화에 매우 민감하므로, 미니벤치나 마이크로 벤치공법으로 굴착한 후 지보공을 최적시간에 폐합한다.

지보공 조기폐합의 중요성은 NATM 이전 시대부터 경험적으로 알려져 있었다. 인버트 폐합시간은 Fenner-Pacher 곡선과 재하속도-잔류강도 관계 및 시간에 따른 지반 강도회복현상을 고려해서 결정한다.

지보공의 허용변형과 최적안전율은 설치시기와 응력해방 관계를 고려해서 지반 특성에 알맞게 정한다. 지보공 변형은 터널에 유리한 것과 불리한 것이 있으므로, 허용 변형량은 지반의 특성에 따라 가장 경제적인 크기로 정한다. 지보공은 응력이 작용하지 않더라도 안전상 필요할 수 있으며 계측결과에 따라 증감할 수 있다.

숏크리트는 지반이완을 방지하고 볼트는 지반을 보강하는 개념으로 적용한다. 숏크리트는 경화 전 영률이 작으므로, 지표침하를 엄격히 제한할 때나 작은 변형에 의해서 쉽게 이완되는 (사질) 지반에서는 (취성파괴나) 과도한 이완방지 효과를 얻기 어려울 수 있다. 이때에는 숏크리트 두께를 증가시키고 강지보공을 병용한다.

볼트는 기술자 판단하에 긴 볼트를 소수 설치하거나 짧은 볼트를 다수 설치한다. 볼트는 파단되거나 압축상태가 될 조건이 아닌지 확인하고 터널크기에 따른 효과를 파악해서 설계하며, (필요하면) 프리스트레스를 가할 수 있다.

긴 볼트는 설치하는데 긴 시간이 소요되고 소요공간이 크므로, 볼트에 의한 지지력 향상보다 설치 중이 발생되는 지반이완에 의한 지지력저하가 오히려 더 클 수 있다. 지질이 나쁘면, 시공능률이 떨어지고 많은 시간과 품이 들며 몰탈 충진이 불충분할 때가 많으므로 볼트가 길다고 항상 유리한 것은 아니다.

굴진면에 가까운 볼트는 차후 굴착하여 지보할 부분의 이완을 방지하는데 효과적이다. 볼트는 (FEM 등) 계산으로는 파악되지 않는 효과가 있어서 계산보다 관찰 결과를 신용할 수 있는 때가 많다.

5.5.2 이차 라이닝

터널의 이차 라이닝은 그 역할과 필요성을 정확히 규정하여 적용하고, 이차 라이닝과 안전율의 관계를 반영하여 설계한다. 특히 NATM에서는 이차 라이닝의 필요성과 균열발생 원인 (NATM 특유의 현상 또는 콘크리트 성질) 을 확인해서 그 결과를 설계에 반영한다.

5.6 터널의 안전율과 계측 및 해석

터널의 안전율과 부분 안전율과 전체 안전율의 상호관계에 대한 여러 가지 이론들이 제시되어 있고, 그들 중에 서로 상반된 것도 있다. 따라서 각 이론들의 특성과 터널 역학적 의미를 먼저 파악한 후에 설계에 적용한다.

터널을 설계할 때에는 터널의 계측과 안전성의 관계, 현행 계측의 충족성, 현행 계측으로 예지 못 할 위험성 등을 파악하여 지질, 토피, 터널의 크기 및 시공방법에 따라 유효한 계측방법과 계측으로 판단할 내용 및 결과분석 방법을 제시해야 한다.

탄소성 거동하지 않는 지반을 탄소성체로 간주하고 계산해야 하는 필요성과 지반을 연속체로 간주하고 수행한 계산결과의 유효성을 이해하고 터널을 해석해야 한다. 터널은 극한해석법을 적용하여 해석할 수도 있다.

5.7 얕은 터널과 대심도 터널의 거동

터널은 심도에 따라 거동특성이 다르다.

대심도 터널 (5.7.1 절) 에서는 천단의 상부에 지반아치가 형성되어 굴착부에 작용하던 하중이 주변지반으로 전이되므로 하중이 측벽에서 가장 크다. 따라서 대심도 터널은 측벽 접선응력이 지반의 압축강도보다 작으면 안정하다.

그러나 얕은 터널 (5.7.2 절) 에서는 작용하는 하중은 작지만 지반아치가 형성되지 않고, 터널 측벽을 지나는 연직면을 따라 활동 파괴면이 형성되어 상부지반이 함몰되는 형태로 갑작스럽게 취성파괴 되기 때문에 위험하다.

5.7.1 대심도 터널의 거동

지반 내 연직응력은 지표로부터 깊이에 비례하여 증가하고 수평응력은 연직응력과 같거나 작다. 지각 변동 등에 의해 수평응력이 연직응력 보다 커지면, 내공변위와 천정부에 응력집중이 더 커져서 터널이 불안정해질 수 있다.

터널굴착으로 인해 발생되는 **지반압력**은 주변의 일정한 영역 내 지반이 소성화되어 움직임에 따라 발생하는 순지압, 여러 가지 원인에 의해 지반이 팽창하면서 나타나는 팽창압이 있다. 대규모 단면이나 대심도 또는 불량한 지반에 굴착한 터널에서는 이완압력 뿐만 아니라 덮개압력에 의해서도 지반압력이 발생된다.

초기응력 (토피) 이 크고 응력전이에 의해 응력이 증가하여 지반응력과 암반강도의 비가 일정한 값 이상 (과지압 상태) 커지면, 흙이나 취약한 암반에서는 **압출현상** (squeezing) 이 일어나고, 양호한 암반은 취성파괴되어 파괴음 (popping) 을 내면서 굴착면에 평행하게 암편이 탈락 (spalling) 되는 **암파열** (rock bursting) 이 일어난다.

압출현상이나 암파열이 발생되면 터널의 굴착시공은 물론 안전성 확보가 어렵기 때문에 굴착단면의 형상을 변경하거나 특수 보강공법을 적용해야 한다. 터널을 추가 보강하면 공기가 지연되고, 암반강도가 클수록 시공효율이 저하될 때가 많다.

대심도 구간은 지반조사가 곤란하여 지반상태를 파악하기 어렵고, 대심도 **터널**은 이론연구와 시공경험이 불충분하므로 그 안정성을 확신하기 어렵다. 대심도 구간의 암반은 **과지압 상태**이므로 그 거동특성을 파악하고 터널굴착에 따른 주변지반과 지보의 거동을 분석해서 지보시스템 적정성을 판정하고 대책을 마련해야 한다.

암석은 응력과 온도 및 변형 정도에 따라 취성 또는 연성거동하며, 연성거동하면 붕괴되지 않고도 큰 내공변위가 일어나고, 취성거동하면 불연속면이 발생되고 초기 변형단계에서 경고 없이 암파열이 발생되어 위험해진다.

과지압 상태인 지반의 암질이 양호하면 (수치해석하거나 손상지수를 계산하여) 취성파괴나 암파열의 발생가능성을 검토한다. 암파열은 무결함 암석에서 일어나기 쉽고, 암석의 특성과 암반의 강성 및 주위암반에서 공급되는 에너지에 의해 영향을 받는다. 암표면 오목한 곳에는 응력이 집중되고 돌기뿌리에는 인장응력이 발생된다. 돌기의 뿌리부분에서 인장응력이 커져서 인장파괴 되면 돌기가 튀어나오는 현상이 일어나는데 이를 암파열이라 하고, 그 파괴면은 지층구조와 상관이 적다.

과지압 상태 지반의 암질이 취약 (파쇄대나 연약대가 존재) 하면 내공변위가 터널 안정에 영향을 끼치지 않을 만큼 작게 일어날 때에도, 숏크리트의 응력이 허용압축 응력과 설계 강도를 초과하고 볼트가 항복강도에 도달될 수 있다.

암반강도가 작거나 강도에 비해 초기응력이 클 때, 암반이 크리프 거동 광물 (규산염 등) 을 포함할 때, 편리 등을 갖는 이방성구조일 때, 또는 간극수압이 클 때에는 암반압출에 의해 내공변위가 크게 일어나므로 터널굴착이 어렵고, 내공변위를 억제하면 지보압이 증가한다.

터널에 작용하는 지압의 대부분은 지반 (주지보재) 이 지탱하고 나머지를 지보공 (보조 지보재) 이 지지한다. 따라서 초기응력이 이미 소성상태이거나 잠재소성상태인 지반은 지지력이 작아서 거의 모든 지압을 지보공이 지탱해야 하므로 지보공 지보 저항력보다 큰 지압이 작용하면 터널을 굴착하기가 매우 어렵다.

과지압 상태 대심도 터널에서는 주변지반이 지지할 몫을 크게 하고 지보공 부담 하중을 작게 해야 지보공이 파괴되지 않고 지압을 지지할 수 있다. 따라서 지반이 충분히 변형된 후 지보공을 설치하거나, 굴착 직후에 허용변위가 큰 가축성 지보재를 설치하여 지보공이 지지할 수 있을 만큼 지압을 감소시켜야 하며, 취성파괴나 압출 현상이 발생될 경우에 대비하여 지보공을 설치해야 한다.

가축성 지보재를 사용하면, 지보 라이닝의 허용 변형량이 커져서 내공변위가 일상 지보재를 사용한 경우보다 더 크게 발생되더라도 터널의 안정이 유지될 수 있다.

숏크리트에 가축성 지보재를 적용하면 지보 라이닝의 허용변형이 커지므로 숏크리트의 압축응력이 허용압축응력 이내로 작아질 수 있다. 볼트에서도 마찬가지로 가축성 부재를 사용하여 허용변위를 크게 하면 볼트의 최대축력이 허용치 이내로 줄어들 수 있다.

따라서 가축성 지보재를 사용하면 대심도 구간에서도 터널의 안정성 문제가 발생될 가능성이 낮아진다.

5.7.2 얕은 터널의 거동

얕은 터널과 깊은 터널을 과거에는 깊이를 기준으로 구별하였으나, 최근에는 특정한 거동을 기준으로 구별한다.

터널은 대체로 주변 경계에 등분포 압축응력 (초기응력이 등압상태) 이 작용한다고 가정하고 해석한다. 터널 상·하부 경계 (천단과 바닥) 의 심도차이에 의한 연직응력 차이가 터널 응력수준에 비하여 무시할 수 있을 만큼 작은 (10 % 이하) 터널 (깊은 터널) 에서는 이 가정이 성립되어서 등압상태 초기응력에 기초한 해법들을 그대로 적용할 수 있다.

그러나 얕은 터널에서는 터널의 천단과 바닥에서 연직응력의 차이가 크기 때문에 등압상태 초기응력에 기초한 해법들을 바로 적용할 수 없다.

얕은 터널의 지보 라이닝은 아치형 빔 이론으로 해석하며, 천단과 인버트 지보압은 연직토압분포에 대한 근사해법을 적용해서 구한다. 얕은 터널의 안정성은 굴착 후 지보공 설치 전·후의 지반응력으로부터 형상변형에너지를 구하여 판정하거나, 연직 활동파괴면을 따라 함몰하는 붕괴 메커니즘을 적용하여 검토한다.

얕은 터널 상부의 지표침하는 지반이 등체적 변형한다고 가정하고 Lame 탄성해를 적용하여 구하거나, 지표침하가 Gauss 분포나 포물선 형상이라고 가정하고 구한다. 얕은 터널 상부지반의 지표가 침하되는 경우에 지상건물은 침하된 지표를 따라서 강제로 처진다고 생각하고 건물의 변형률을 구한 후에 건물의 허용 인장변형률과 비교해서 지상 건물의 손상여부를 판정한다.

참고문헌

▌1장

Adachi T., Oka F., Zhang F. : An elasto-viscoplastic constitutive model with strain softening, Soils and Foundations, Vol. 38, No.2, pp. 27-35, 1998.

Alpan L. : The geotechnical properties of soils, Earth-Science Reviews 6, pp.5-49, 1970

Bieniawski Z. T. : Geomechanics Classification of Rock Masses and its Application in Tunneling. 3rd. IGFM Kongr. Dennver, 1974. Advances in Rock Mechanics, Band IIa, S. 27-32

Bieniawski Z.T. : Engineering rock mass classifications, Wiley & Sons, p.251, 1989

Desai C.S., Siriwardane H.J. : Constitutive law for engineering material with emphasis on geologic material, Prentice Hall, 1984

Diederichs, M.S. : Instability of hard rock mass : The Role of Tensile Damage and elaxation, PhD. thesis, Uni. of Waterloo, 1999. Quoted in : P.K. Kaiser and others, Underground works in hard rock tunnelling and mining, GeoEng 2000, Melbourne. Re-quoted in : Tunnelling and Tunnel Mechanics, D. Kolymbas, Springer, 2005

Empfehlungen des AK 9 : Baugrunddynamic der DGEG, Bautechnik 69, 1992

Egger P. : Einfluß des Post-Failure-Verhaltens von Fels auf den Tunnelausbau unter besonderer Berücksichtigung des Ankerausbau, 1973.

Fairhurst C. : Methods of determining in-situ rock stresses at great depth. Missouri River Diversion, Corps of Engineers, Techn. Rep. No. 1-68, 1968.

Fairhurst C. : Geomaterials and recent developments in micro-mechanical numerical models, ISRM News Journal, Vol. 4, Number 2, 1997.

Goddard, E.N. [and others] of the Rock-Color Chart Committee, The Geological Society of America. 1963

Griffith A.A. : The phenomena of rupture and flow in solid, philosophical transactions of Royal Society of London, A221, p.163-198, 1921

Griffith A.A. : Theory of rupture, Proc. 1st. Int. Conf. for Appl. Mech., 1924

Hoek E. : Strength of jointed rock masses. 23rd. Rankine Lecture. Geotechnique 33(3), pp.187-223. 1983

Hoek E. : Estimating Mohr-Coulomb friction and cohesion values from the Hoek-Brown failure criterion. Int. J. Rock Mech. & Mining Sci. & Geomechanics abstracts, 12(3), pp.227-229, 1990.

Hoek E. : Strength of rock and rock masses. ISRM News Journal, 2(2), PP. 4-16, 1994

Hoek E., Brown E.T. : Underground excavations in rock. Institution of mining and metallurgy, London, 1980.

Hoek E., Brown E.T. : Empirical strength criterion for rock masses. J. Geotech. Eng. Div. ASCE 106 (GT9). pp.1013-1035, 1980.

Hoek E., Brown E.T. : The Hoek-Brown failure criterion- a 1988 update. Proc. 15th Canadian Rock Mech. Symp. (ed. J.H. Curran) pp.31-38, Toronto, Civil Eng. Dept. University of Toronto, 1988.

Hoek E., Brown E.T. : Practical estimates or rock mass strength, Int. J. Rock Mech. & Mining Sci. & Geomechanics Abstracts. 34(8), pp.1165-1186. 1997.

Hoek, E., Carranza-Torres, C., Corkum, B. : Hoek-Brown failure criterion - 2002 edition. In : Proc. 5 th. North American Rock Mechanics Symposium-TAC Conference, Toronto, 1. pp.267-273, 2002

Hoek E., Diedrichs M.S. : Empirical estimation of rock mass modulus. Int. J. of Rock Mech. & Mining Sci. 43, pp.203-215, 2006.

Hoek E., Kaiser P.K., Bawden W.F. : Support of underground excavations in hard rock, Rotterdam, Balkemma, 1995

Hoek E., Marinos P. : Predicting tunnel squeezing. Tunnels and tunnelling international. Part 1, 32/11, pp.45-51, Nov. 2000, Part 2, 32/12, pp.33-36. Dec. 2000.

Hoek E., Marinos P., Benissi M. : Applicability of the Geological Strength Indax (GSI) classification for very weak and sheared rock masses. The case of the Athens Schist Formation. Bull. Eng. Geol. Env. 57(2), pp.151-160, 1998.

Hoek E., Parinos P., Marinos V. : Characterization and engineering properties of tectonically undisturbed but lithologically varied sedimentary rock masses, Int. J. of Rock Mech. & Mining Sci. 42/2. pp.277-285, 2005.

Hoek E., Wood D., Shah S. : A modified Hoek-Brown criterion for jointed rock masses. Proc. rock charaterization Symp. Int. Soc. Rock Mech : Eurock '92, (ed. J. Hudson), pp209-213, 1992.

Karman T. : Festigkeitsversuche unter allseitigem Druck, Berlin, 1912.

Kastner, H. : Statik des Tunnel und Stollenbaus, Berlin-Goettingen, Springer-Verlag, 1962.

Lackner, E : Empfehlungen des Arbeitsausschusses "Ufereinfassung", 1975.

Luong, M.P. : Un nouvel essai pour la mesure de la resistance a la traction. Revue Francaise de Geotechnique, 34, 69-74, 1986

Marinos P., Hoek E. : GSI : a geologically griendly tool for rock mass strength estimation. Proc. Int. Conf. on Geotech. & Geol. Eng. GeoEng2000, Technomic Pub. pp.1422-1442, Melbourne, 2000.

Marinos P., Hoek E., Marinos P : Variability of the engineering properties of rock masses qualified by the geological strength index : the case od ophiolites with special emphasis on tunnelling, Bull. Eng. Geol. Env. 65(2), pp.129-142, 2006.

Marinos V., Marinos P., Hoek E. : The geological Strength Index : applications and limitations, Bull. Eng. Feol. Environ. 64. pp.55-65., 2005.

Martin C. D. : "The effect of cohesion loss and stress, path on brittle rock strength", Canadian Geotechnical Journal Vol. 34, pp.698-725. 1997

Martin C. D., : Preliminary assessment of potential underground stability (wedge and spaling) at Forsmark, Simpevarp and Laxemar sites, SKB Report. path on brittle rock strength, Canadian Geotechnical Journal Vol. 34, pp.698-725. 2005

Martin C.D., Kaiser P.K., McCreath D.R. : "Hoek-Brown parameters for predicting the depth of britte failure around tunnels" Can. Geotech. J. 36, pp. 136–151, 1999.

Ortlepp W.D., O'ferral, R.C., Wilson : Support method in tunnel, Association of Mine managers of South Africa, Paper and Discussion. pp.167-195, 1972

Peck R.B., Hanson, W.E., Thornburn T.H. : Foundation Engineering, 1st. ed. New York, John Wiley & sons 1953.

Paterson M.S. : Experimental Rock deformation, the brittle field, Berlin, Springer, 1978

Ramana, Y.V., B.S. Gogte : Quantitative studies of weathering in saprolitized charnockites associated with a land slip zone at the Porthimund dam, India. Bull. Int. Assoc. Engng. Geol. 19 : p. 29-46, 1982

Ros M., Eichinger A. : Diskussionsbererricht Nr.28 der EMPA, Zürich, 1928

Rösch H. : Der Einfluβ der Deformationseigenschaften des Betons auf den Spannungs-verlauf, Schweiz. Bauzeitung 77, Heft 9. 1959.

Seeber G. : Druckstollen und Druckschächte, Bemessung-Konstruktion. und Ausführung, Enke Verlag, Stuttgart/New York, 1999.

Sowers G.B., Sowers G.F. : Introductory soil mechanics and foundations, 3rd. ed. Macmillian, New York, 1970.

Terzaghi K. : Theoretical Soil Mechanics, John Wiley & Sons, New York, 1944.

Terzaghi K.v., Peck R.B. : Soil Mechanics in Engineering Practice, 2nd. ed. Wiley, 1967.

Tresca H. : Traité élémentaire de géométrie descriptive 1814-1885. Published: 1864

von Mises, R. : Mechanik der festen Körper im plastisch deformablen Zustand. Göttin. Nachr. Math. Phys., vol. 1, pp. 582–592. 1913

Wang J. A. and Park H. D. : Comprehensice prediction of rockburst based n analysis of strain energy in rock, Tunnelling and underground space technology. pp.49-57, 2001

Weibull W. : The Phenomenon of Rupture in Solids, IVA. Handl.153, 1939.

van Heerden W.L. : Comparison of static and dynamic elastic moduli of rock material, Pretoria, South Africa : Council for Scientific and Industrial Research, National Mechanical Engineering Research Institute, 1987.

이상덕 : 토질역학, 제3판, 새론, 2005.

이상덕 : 토질시험, 새론, 1996.

이성민 : 산악 TBM 터널에서 발생한 암반파열 현상에 대한 연구, 한국지반공학회논문집, pp. 39-47, 2003

▌ 2장

Barton N.R., Lien R., Lunde J. : Engineering classification of rock masses for the design of tunnel support. Rock Mechanics and Rock Engineering, 6(4), p.189-236, Springer, 1974

Bieniawski, Z.T. : Estimating the strength of rock materials. J. S. Afr. Inst. Min, Metall. 74: 312-320, 1974

Drucker D.C., Prager W. : Soil Mechanics and Plastic Analysis or Limit Design, Quarterly of Applied Mathematics, Vol-10, No.2, 1952.

Heim, A. : Untersuchungen uber den Mechanismus der Gebirgsbildung, in Anschluss and die Geologische Monographie der Todi-Windgalen-Gruppe, B. Schwabe, Basel, 1878

Hoek E., Brown E.T. : Empirical Strength Criterion for Rock Masses, J. of GE, Sept. 1980, ASCE.

Janssen H.A. : Versuche über Getreidedruck in Silozellen. Z.VDI, Band 39, No.35, 1895.

Kastner, H. : Statik des Tunnel- und Stollenbaus, Berlin-Göttingen, Springer-Verlag,

1962.

Kirsch G. : Die Theorie der Elastizität und die Bedrüfnisse der Feistigkeitslehre, Zeitschrift des Vereins Deutscher Enginieure 29, S.797-807, 1898.

Kommerell O. : Statische Berechnungen von Tunnelmauerwerk, 2. Aufl. Ernst & Sohn, 1940

Lauffer, H : Gebirgsklassifizierung fur den Stollenbau, Geologic and Bauwesen, 1958

Rabcewicz L.v. : The New Austrian Tunnelling Method, Water Power, Nov./Dec, 1964.

Rabcewicz L.v. : Gebirgsdruck und Tunnelbau, Wien, Springer, 1944

Rutledge J.C., Preston, R.L. : New Zealand experience with engineering classification of rock for the prediction of tunnel support, ITA, Tokyo, 1978.

Seeber G. : Druckstollen und Druckschachte. Enke, Stuttgart, 1999

Stini, J. : Tunnelbaugeologic, Wion, Springer Verlag, 1950

Tresca H. : Traité élémentaire de géométrie descriptive 1814-1885. Published: 1864

von Mises, R. : Mechanik der festen Körper im plastisch deformablen Zustand. Göttin. Nachr. Math. Phys., vol. 1, pp. 582–592. 1913

Wiesmann E. : Ueber Gebirgsdruck, Schweizerische Bauzeitung, 60. S.87, 1912

Willmann E. : Ueber einige Gebirgsduckerscheinungen in ihren Beziehungen zum Tunnelbau, Leipzig, Engelmann, 1911

▌3 장

Amberg W.A., Rechesteiner G.F. : An elasto-plastic analysis of the stress-strain state around an underground opening. Part 1 and 2, 3 ISRM Congr., Denver, 1974.

Bhasin, R. : Forecasting stability problems in tunnels constructed through clay, soi~ rocks and hard rocks using an inexpensive quick approach, Gallerie e Grandi Opere Sotterranee, 42 (1994), pp. 14–17 (In Italian and English)1994.

Bieniawski Z.T. and R.K.A. Maschek : Monitoring the Behavior of Rock Tunnels During Construction, civ. Eng. S. Afr. 17. 1975. pp. 256-264

Bonapace B. : Verspanninjektion für Stollenauskleidungen von Wasserkraftanlagen. Druckstollen und Druckschächte, Vorträge zum 39, Salzburger Kolloquium für Geomechanik 1989, Österr. Gesellschaft für Geomechanik, Salzburg, 1989.

Broms B.B. and Bennermark H. : 'Stability of clay at vertical opening'. ASCE, Journal of Soil. Mechanics and Foundation Engineering Division, SM1, Vol 93 pp.71-94, 1967

Caqout A. : Methode exacte pour le calcul de la rupture dun msaaif par glissement cylinderique. Proc. Eur. Conf. Stockholm, Bd.1, s.28, 1954

Casarin, C and Mair, RJ : The assessment of tunnel stability in clay by model tests. In: Soft-Ground Tunnelling: Failures and Displacements. A.A. Balkema Rotterdam. 1981

Chambon, P. and J.F. Corte : Shallow Tunnels in Cohesionless Soil: Stability of Tunnel Face, Journal of Geotechnical Engineering, ASCE, 120(7): 1148-1165, 1994.

Davis E.H., Gunn M.J., Mair R.J., Seneviratnes H.N : The stability of shallow tunnels and underground openings in cohesive materials. Geotechnique 30, No. 4, 397-416, 1980

Deere D.U., Peck R.B., Monsees J.E., Schmidt B. : Design of Tunnels, Liners and Support Systems, Report for Office of High Speed Transportation, U.S.D.O.T., No.3-0152, 1969.

Engesser F. : Uber den Erddruck gegen innere stutzwande, Deutsche Bauzeitung: 36, 1882

Feder G., Arwanitakis F. : Zur Gebirgsmechanik ausbruchnaher Bereiche tief liegender Hohlraumbauten. Berg-und Hüttenmännische Monatshefte, Jg. 121, Heft4, Springer-Verlag, Wien-New York, 1976.

Fenner R. : Untersuchungen zur Erkenntnis des Gebirksdruckes. Glückauf 74, 1938, S. 681-695 und S. 705-715.

Frey-Bär O. : Sicherung des Stollenvortriebes. Schweiz. Bauzeitung, 74. 1956,

Gesta, P. : Recommendations for use of convergence confinement method, Recommandations de l'association francaise des travaux en souterrains (AFTES), Tunnels et ouvrages souterrains N" 73 Janvier-Fevrier, 1986.

Goel. R.K., Jethwa J.L. : Effect of Depth on support pressures and closures in Tunnels, International Conference Tunnelling Asia 2000 New Delhi, 1995

Griffith, A.A. : The phenomena of rupture and flow in solids, Philosophical Transactions of Royal Society of London, A221, p.163-198, 1921.

Hajiabdolmajid V., Kaiser P.K., Martin C.D. : Modeling brittle failure of rock. Rock Mechanics and Mining Sciences, 2002.

Heim A. : Mechanismus der Gebirgsbildung. Basel, 1878

Herzog A.M. Max : Elementare Tunnelbemessung, Werner Verlag, Düsseldorf, 1999

Hoek, E. : Support for very weak rock associated with faults and shear zones. Rock Support and Reinforcement Practice in Mining, Proc. Int. Sym., Kalgoorlie, Australia, 1999

Hoek E., Brown E.T. : Trends in relationships between measured in-situ stresses and depth. Int. Rock Mech. Min. Sci. & Geomech. Vol. 15, 1978

Hoek E., Brown E.T. : Empirical Strength Criterion for Rock Masses, J. of GE, Sept. 1980, ASCE.

Hoek E., Marinos P. : Predicting Tunnel squeezing. Tunnels and Tunnelling International. Part1, 32/11, pp.45-51, Nov.2000, Part2, 32/12, pp.33-36. Dec.2000.

Innerhofer G. : Wirkung des Kluftwasserdruckes auf einen FelskÖrper. Der Felsbau, Jg.2, Heft 1, 1984.

Irwin G. : Analysis of stress and strains near the end of a crack transversing a plate, journal of Applied Mechanics 24, 361-364. 1957.

Janssen H.A. : Versuche über Getreidedruck in Silozellen. Z. VDI, 1895.

Jethwa, J.L., Dube, A.K., Singh, B., Singh, Bhawani : Sqeezing problems in Indian tunnels, Procd. of Int. Conf. on Case Histories in Geot. Eng., Univ. of Missouri, Rolla Missouri, U.S.A, May 6-11, 1984.

John M. : Adjustment of programs of measurements based on the results of curre nt evaluation, Int. Symp. on Field Measurements in Rock Mech., Zuerich, 1977

Kastner H. : Zur Theorie des echten Gebirgsdruckes im Felshohlraumbau, Österr. Bauzeitschrift, Jg.7, H.6, 1952.

Kastner H. : Statik des Tunnel und Stollenbaues, Springer Verlag, Berlin, 1962

Kirsch A., Kolymbas D. : Theoretische Untersuchung zur Ortsbrust-stabilität, Bautechnik, 82(7): pp. 449-456, 2005

Kolymbas D. : Geotechnik- Tunnelbau und Tunnelmechanik, Springer, 1998

Kolymbas D. : Tunnelling and Tunnel Mechanics, Springer, 2005

Kommerell : Grundlagen för die statische Berechnung von Tunnelmauerwerk. Berlin, 1912

Lame G. : Lecons sur la theorie mathematique de l'elasticite' des corps solides. Paris, 1852

Lauffer, H. : Gebirgsklassifizierung für den Stollenbau. Geology Bauwesen 74(1): 46-51. 1958

Malvern L. : Introduction to the Mechanics of a Continuous Medium, Prentice-Hall, 1969.

Marston, A., Anderson, A.O. : The Theory of Loads on Pipes in Ditches and Test of Cement and Clay Drain Tile and Sewer Pipe. Bulletin 31, Iowa Eng. Experiment Station, Ames, Iowa. U.S.A. 1913

Mihalis I.K., Kavvadas M.J. and Anagnostopoulos A.G. : "Tunnel Stability Factor-A new parameter for weak rock tunneling", Proc. 15th Inter. Conference on Soil Mechanics and Geotechnical Engineering, 2, Istanbul, Turkey, 1403-1406. (2001)

Mindlin R.D. : Stress distribution around a tunnel, Proc. ASCE, Vol.65, No.4, Apr. 1939.

Murayama S, Endo M, Hashiba T, Yamamoto K, Sasaki H, : Geotechnical aspects for the excavating performance of the shield machines. In: The 21st annual lecture in meeting of Japan Society of Civil Engineers; 1966.

Murrel S.A.F : A criterion for brittle fracture of rocks and concrete unde triaxial stress and the effect of pore pressure on the criterion, Fairhurst ed. Rock Mechanics, 5th. Int. Conf. Rock Mech. Quarterly Colorado Sch. Mines, 1985.

Pacher, F. : Kennziffern des Flachengefuges. Geologie and Bauwesen, 24, 223–227,1959.

Peck R.B., Hendron Jr.A., Mohraz B. : State-of-the-Art of soft ground tunnelling, Procd. North American Rapid Excavation and Tunnelling Conference, Chicago, III, AIME Vol.1, p.259-286, 1972.

Rabcewicz, L., : Gebirgsdurck und Tunnelbau, Wien, Springer, 1944

Rabcewicz, L., Sattler, K. : Die neue Österreichische Tunnelbauweise, Entstehung, Ausführungen und Erfahrungen. Der Bauingenieur, 40. Jahrg., H. 8, 1965.

Rice J.R. : A path independent integral and the aproximate analysis of strain concentration by notches and cracks. Journal of Applied Mechanics 35, 379-386. 1968.

Seeber G. : Prestressing a power tunnel (Gordon River), Water Power & Dam Construction, Apr., 1976

Seeber G. : Druckstollen und Druckschächte, Bemessung-Konstruktion. Ausführung, ENKE Verlag, Stuttgart/New York, 1999.

Seeber G., Keller S. : Beitrag zur Berechnung und Optimierung von Felsankern im Tunnelbau. Rock Mechanics, Springer-Verlag, 1979.

Seeber G. e.a. : Bemessungsverfahren für die Sicherungsmaßnahmen und die Auskleidung von Straßentunneln bei Anwendung der Neuen Österreichischen Tunnel-bauweise. Bundeministerium för Bauten und Technik, Straßenforschung, H133, 1980.

Singh, Bhawani, Jethwa, J.L., Dube, A.K., Singh, B. : Correlation between observed support pressure and rockmass quality, Tunnelling and Underground Space Technology 7(1), pp. 59-74, 1992.

Spangler M.G., Handy R.L. : Soil Engineering. 4th. ed. Harper & Row, New York, 1982

Stini J. : Tunnelbaugeologie. Wien, 1950.

Terzaghi K., : Introduction to tunnel geology. Rock tunnelling with steel supports. Proctor and White, pp. 5-153. 1946

Terzaghi K., : Teoretical Soil Mechanics, John Wiley & Sons, 1948

Vaughan P.R., Walbancke H.J : Pore pressure changes and the delayed failure of cutting slopes in overconsolidated clay. Geotechnique 23, 4, 1973.

Wang, J.A., Park H.D. : Comprehensive prediction of rockburst based on analysis of strain energy in rocks, Tunnelling and Underground Space Technology, pp.49-57, 2001.

이성민 : 산악 TBM 터널에서 발생한 암반파열 현상에 대한 연구, 한국지반공학회논문집, pp.39-47.

福島啓一 : 알기쉬운 터널역학, 土木工學社 , 1991

▌ 4장

Amberg W.A., Rechesteiner G.F. : An elasto-plastic analysis of the stress-strain state around an underground opening. Part 1 and 2, 3 ISRM Congr., Denver, 1974.

Barton N.R., Lien R., Lunde J. : Engineering classification of rock masses for the design of tunnel support. Rock Mech 6(4):189-239. doi:10.1007/BF01239496, 1974

Berger H : Anregunen aus dem Bau von Wasserstollen fuer den Eisenbahn-Tunnelbau, Eisenbahntechnische Rundschau 1.(1952), H12. s. 437-449, 1952

Bieniawski Z. T. : "Engineering classification of jointed rock masses". Trans. South Afr. Inst. of Civ. Eng. Vol. 15, N12, p 355-344. (1973)

Bijlaard F. : The general method for assessing the out-of-plane stability of structural members and frames and the comparison with alternative rules in EN 1993, Eurocode 3-Part 1-1.

Bjurström S. : Shear Strength of hard Rock Joints Reinforced by Grouted untensioned Bolts. Swedish Rock Mechanics Research Foundation. Stockholm, 3rd. ISRM

Kongreß, Denver, Colorado, S. 1194-1200, 1974

Deere, D.U., Peck, R.B., Monsees, J.E., Schmidt, B. : Design of Tunnel Liners and Support Systems, Highway Research Record 339, U.S. Department of Transportation, Washington, D.C., 1969.

Egger P. : Einfluß des Post-Failure-Verhaltens von Fels auf den Tunnelausbau unter besonderer Berücksichtigung des Ankerausbau, 1973.

Egger, P : Influence of rock post failure on tunnel supports, Boden. Felsmech. Karlsruhe, D 28F, 35R. Univ. Fridericana, Inst. Bodenmech. Felsmech. Karlsruhe, N57, 1973.

EN 1993, Eorocode EC3 : Design of steel structures, European Committee for Standardization, Brussels.

Herzog A.M. Max : Elementare Tunnelbemessung, Werner Verlag, Düsseldorf, 1999

Hoek E. : Big Tunnels in Bad Rock, 36th Terzaghi Lecture, Journal of Geotechn. and Geoenvir. Eng., P726-740, Sept., 2001.

Kastner, H. : Statik des Tunnel- and Stollenbaues. Springer, Berlin. Schach, R., Garshol, K. and Heltzen, A.M., 1979. Rock Bolting-A Practical Handbook. 1962.

Lombardi G. : Zur Bemessung der Tunnelauskleidung mit Berücksichtigung des Bauvorganges. Schweiz. Bauzeitung, Jg. 89, Heft 32, 1971.

Müller B. : Geotechnische Analyse von Festgesteinen und ihre Bedeutung für den Felsbau und die Natursteinindustrie. Diss. HIV, Dresden, 1978.

Pacher F. : Deformationsmessungen im Versuchsstollen als Mittel zur Erforschung des Gebirgsverhaltens und zur Bemessung des Ausbaues, Felsmechanik und Ingenieurgeologie, Suppl. I. Wien, Springer-Verlag, 1964

Pacher F., Rabcewicz L.v., Golser J. : Zum Derzeitigen Stand der Gebirgs-klassifizierung im Stollen und Tunnelbau, Heft 18 der Schriften Straßen Forschung Herausgegeben vom Bundesministerium für Bauten und Technik, Wien, 1974.

Rabcewicz L.v. : Effect of Modern Constructional Methods on Tunnel Design. Water Power, Teil 2, Jan., 1956.

Rabcewicz L.v. : Modellversuche mit Ankerung in kohaesionslosem Material, Die Bautechnik 34, H5., s.171-173, 1957

Rabcewicz L.v. : Aus der Praxis des Tunnelbaues. Einige Erfahrungen über echten Gebirgsdruck, Geologie und Bauwesen 27, H.3-4, 1962.

Rabcewicz L.v. : Stability of Tunnels under Rock Load, Water Power, Jun/Ju1/Aug. 1969.

Rabcewicz L.v. : Stability of Tunnels under Rock Load. Water Power 21(6~8), 225-229, 266-273, 297-304, 1969

Rabcewicz L.v., Golser J. : Principles of Dimensioning the Supporting System for the New Austrian Tunnelling Method. Water Power, May 1973.

Rabcewicz L.v., Sattler K.: Die Neue Österreichische Tunnelbauweise, Bauingenieur, Jg. 40, H.8, 1965.

Sattler K. : Österreichische Tunnelbauweise-statische Wirkungsweise und Bemessung. Der Bauingenieur, Jg. 40, H.8, S. 197-301, 1965.

Seeber G., e.a. : Bemessungsverfahren für die Sicherungsmaßnahmen und die Auskleidung von Straßentunneln bei Anwendung der Neuen Österreichischen Tunnel-bauweise. Bundeministerium für Bauten und Technik, Straßenforschung, H133, 1980.

Seeber G. : Neue Entwicklungen im Druckstollenbau. ISRM-Symposium. Aachen,1982.

Talobre J. : La Mechanique des Roches, Duno, Paris, 1957 (進藤一夫 日譯, 森北出版, 1966)

Wickham, G.E., Tiedemann, H.R., Skinner, E.H. : Support Determination Based On Geologic Predictions. In : Procd. of Conf. Rapid Excavation and Tunneling. pp. 43-64. 1972.

안정환, 이상덕 : 록볼트 긴장에 의한 수평절리암반의 보강효과, 터널과지하공간 제19권 제5호 통권82호 (2009. 10) pp.388-396 ISSN 1225-1275, 2009

▌5장

Arai R. : Stress State around Unlined Elliptic Tunnels (in Japanese), Japan Soc. of Civil Engrs., Vol.28, No.12, 1942

Edwards R.H. : Stress concentration around spheroidal inclusions and cavities. J. of Appl. Mech. March, 1951.

Fenner R. : Untersuchungen zur Erkenntis des Gebirgsdrucks, Glueckauf, 13-20, 1938.

Inglis C. E. ; Stress in a Plate Due to the Presence of Cracks and Sharp Corners, Trans. Inst. Naval Architects, vol-LV, 1913.

Kirsch G. : Die Theorie der Elastizität und die Bedürfnisse der Festigkeitslehre. Zeitschr. VDI 42, 1898.

Matsumoto Y., Nishioka T. : Theoretical Tunnel Mechanics, Univ. Tokyo, Press,1991

Mindlin R.D. : Stress distribution around a tunnel. Proc. ASCE Vol.65, No.4, Apr. 1969

Neuber H. : Kerbspannungslehre, J. Springer, Berlin, 1937.

Neuber H. : Theory of notch stress, Edwards Bros., Ann Arber, Michigan, 1946

Oda E. : On the Distribution of Stress around an Elliptic Tunnel with Lining (in Japanese)., Proc. of Japan Soc. of Civil Engnrs., No.24, 1955

Sadowsky M.A., Sternberg E. : Stress concentration around an ellipsoidal cavity in an infinite body under arbitrary plane stress perpendicular to the axis of revolution of the cavity. J. Appl. Mech. Sept. 1947

Yamakuchi H. : Elsto-plasticity, Morikita-shuppan, 1975

Yamaguchi I, Yamazaki I, Kiritani Y. Study of ground–tunnel interactions of four shield tunnels driven in close proximity, in relation to design and construction of parallel shield tunnels. Tunnel Undergr Space Technol 1998;13(3):289–304.

Yu Y.Y. : Gravitational Stress on Deep Tunnels, Journ. of Applied Mechanics, Vol.19, No.4, 1952

von Mises, R. : Mechanik der festen Körper im plastisch deformablen Zustand. Göttin. Nachr. Math. Phys., vol. 1, pp. 582–592. 1913

▌ 6장

Coulomb, C. A. : Essai sur une application des regles des maximis et minimis a quelquels problemesde statique relatifs, a la architecture. Mem. Acad. Roy. Div. Sav., vol. 7, pp. 343–387. 1776.

Drucker, D. C. and Prager, W. : Soil mechanics and plastic analysis for limit design. Quarterly of Applied Mathematics, vol. 10, no. 2, pp. 157–165. 1952

Galin, L. A. : Plane elastoplastic problem, Prikl. Mat. Mekh., 10, 367–.386. 1946

Hoek E., Brown T. : Empirical Strength Criterion for Rock Masses, J. of GE ASCE, Sept. 1980.

Hoek E. and Brown E.T. : Underground excavations in rock. Institution of Mining and Metallurgy, London 1980, 527 pp. 1980

Kastner H. : Statik des Tunnels und Stolleubones Springer, Heidelberg, Berlin, 1962

Kent D.C., Park R. : Flexural members with confined concrete, J. of ST. Proc. ASCE, July, 1971.

Lombaldi, G. : The influence of rock characteristics on the stability of rock cavities, Tunnel and tunnelling, March, 1970.

Tresca, H. : Mémoire sur l'écoulement des corps solides soumis à de fortes pressions. C.R. Acad. Sci. Paris, vol. 59, p. 754. 1864.

Zienkiewicz, O.C. : Continuum mechanics as an approach to rock mass problems.

▌ 7장

Barton N., Lien R., Lunde J. : Engineering Classification of Rock Masses for the Design of Tunnel Support. in Rock Mechanics 6, 1974.

Boscardin, M. D. and Cording, E. J. : Building Response to Excavation Induced Settlement, Journal of Geotechnical Engineering, ASCE, Vol.115, No.1, 1989

Cook B.K., Jensen R.P ; Editor of Discrete Element Methods, Numerical Modeling of Discontinua ; Geotechnical Special Publication, No.117, , ASCE, 2002

Cundall P.A. : A computer model for simulating progressive, large scale movements in blocky rock systems. Intn. Symp. on Rock mechanics, ISRM, Nancy, France, 1971.

Cundal P.A. : The measurement and analysis of accelerations in rock slopes. Ph.D Thesis, University of London, Imperial College, 1971.

Cundall, P. : A generalized distinct element program for modelling jointed rock. Report PCAR-1-80, Contract DAJA37-79-C-0548. 1980

Cundall P.A. : Distinct element models of rock and soil structures, Analytical and Computational Methods in Engineering Rock Mechanics, E.T. Brown Ed. 1987.

Cundall, P.A.. : Computer simulations of dense sphere assemblies.,. Micromechanichs of granular materials. Pag. 113-123. 1988.

Cundall P. A., Hart R. D. : Development of generalized 2-D and 3-D distinct element programs for modeling jointed rock. Itasca Consulting

Cundall P.A., Strack O.D.L. : A discrete numerical model for granular assemblies, Geotechnique, Vo. 29, No. 1, 1979.

Gahboussi J., Wilson E.L., Isenberg J. : Finite element for rock joints and interfaces, J. of Soil Mechanics and Foundations, Div. ASCE, Vol.99, SM10, 1973.

Desai C.S., Zaman M.M., Lightner J., Siriwardane H.J. : Thin-layer elements for interfaces and joints, Int. J. for Num. Anal. Mech. in Geomechanics, Vol.8, 1984.

Drucker D.C., Prager W. : Soil mechanics and plastic analysis or limit design, Quarterly of applied mathematics, Vol.10, No.2, 1952.

Duncan J.M., Chang C.Y. : Nonlinear Analysis Stress and Strain in Soils. FSMF Div. ASCE Vol.96 No. SM5, pp.1629-1653, Sept. 1970.

Goodmann R.E., Taylor R.L., Brekke T.L. : A model for the mechanics of jointed rock. Soil Mech. Found. Div., Proc. ASCE, Vol. 94/SM3, S. 637-659, 1968)

Gußmann P. : Die Methode der Kinematischen Elemente, Mitt. H.25, Uni. Stuttgart, 1986.

Heutz et al. : Analysis of Explosions in Hard Rocks ; The Power of Discrete Element Modeling, in Mechanics of Jointed and Faulted Rock, Rotterdam, A.A. Balkema, 1990.

Hoek E. : Strength of jointed rock masses. 23rd. Rankine Lecture. Geotechnique 33(3), pp.187-223. 1983

Hoek E. : Estimating Mohr-Coulomb friction and cohesion values from the Hoek-Brown failure criterion. Int. J. Rock Mech. & Mining Sci. & Geomechanics abstracts, 12(3), pp.227-229, 1990.

Hoek E. : Strength of Rock and Rock masses. ISRM News Journal, 2(2), PP. 4-16, 1994

Hoek E., Brown E.T. : Empirical strength criterion for rock masses. J. Geotech. Eng. Div. ASCE 106(GT9). pp.1013-1035, 1980.

Hoek E., Brown E.T. : Underground excavations in rock. The Institution of Mining and Metallurgy, London, 1988.

Hoek E., Brown E.T. : The Hoek-Brown failure criterion- a 1988 update. Proc. 15th Canadian Rock Mech. Symp.(ed. J.H. Curran) pp.31-38, Toronto, Civil Eng. Dept. University of Toronto, 1988.

Hoek E., Brown E.T. : Practical estimates or rock mass strength., Int. J. Rock Mech. & Mining Sci. & Geomechanics Abstracts. 34(8), pp.1165-1186. 1997.

Hoek E., Carranza-Torres C., Corkum B. : Hoek-Brown criterio- 2002 edition, Proc. NARMS-TACConference, Toronto, 2002 1. pp.267-273. 2002.

Hoek E., Diedrichs M.S. : Empirical estimation of rock mass modulus. Int. J. of Rock Mech. & Mining Sci. 43, pp.203-215, 2006.

Hoek E., Marinos P. : Predicting Tunnel squeezing. Tunnels and Tunnelling International. Part 1, 32/11, pp.45-51, Nov. 2000, Part 2, 32/12, pp.33-36. Dec. 2000.

Hoek E., Marinos P., Benissi M. : Applicability of the Geological Strength Index (GSI) classification for very weak and sheared rock masses. The case of the Athens Schist Formation. Bull. Eng. Geol. Env. 57(2), pp.151-160, 1998.

Hoek E., Marinos P., Marinos V. : Characterization and engineering properties of tectonically undisturbed but lithologically varied sedimentary rock masses, Int. J. of Rock Mech. & Mining Sci. 42/2. pp.277-285, 2005.

Hoek E., Wood D., Shah S. : A modified Hoek-Brown criterion for jointed rock masses. Proc. rock charaterization, symp. Int. Soc. Rock Mech. : Eurock '92, (ed. J. Hudson), p.209-213, 1992.

Itasca consulting groupe : PFC2D User's Guide, 1999.

Kondner R.L. : Hyperbolic Stress-Strain Response, Cohesive Soils. JSMF Div. ASCE Vol.89. No. SM1. pp.115-143, Jan. 1963

Lemos J.V. : Assessment of the Ultimate Load of Masonry Arch Using Discrete Elements, 3rd. Int. Symp. on Computer Methods in Structural Masonry, Lisbon, Apr. 1995.

Lorig, L., et al. : Gravity Flow Simulations with the Particle Flow Code (PFC), ISRM News J 3(1): 1 8-24. 1995

Lorig, L., Board, M., Potyondy, D., Coetee, M. : Numerical modeling of caving using continuum and micro-mechanical models. CAMI''95 Canadian Conference on Computer Applications in the Mining Industry, Montreal, Quebec, Canada, Oct.22-25, p.416-424. 1995

Lorig L.J., Cundall P.A. : Modelling of Reinforced Concrete Using the Distinct Element Method, in Fracture of Concrete and Rocks, Edited by Shah S.P. and Swarz, Bethel, Conn., SEM, 1983.

Marinos P., Hoek E. : GSI : a geologically friendly tool for rock mass strength estimation. Proc. Int. Conf. on Geotech. & Geol. Eng. GeoEng2000, Technomic Pub. pp.1422-1442, Melbourne, 2000.

Marinos P., Hoek E., Marinos P : Variability of the engineering properties of rock masses qualified by the geological strength index : the case od ophiolites with special emphasis on tunnelling, Bull. Eng. Geol. Env. 65(2), pp.129-142, 2006.

Marinos V., Marinos P., Hoek E. : The geological Strength Index : applications and limitations, Bull. Eng. Feol. Environ. 64. pp.55-65., 2005.

Walton, O.R., Braun R.L., Mallon R.G., Cervelli D.M. : Micromechanics of Granular Materials (Eds. Satake M., Jenkins J.T.) Elsevier Science, pp153-161, 1988.

Yamamuro J.A., Kaliakin V.N. ; Editor of Soil Constitutive Models, Evaluation,

Selection, amd Calibration, Geotechnical Special Publication, No.128, ASCE, 2005.

Zienkiewicz O., Pande G.N : Time-dependent multi-laminate model of rocks - a numerical study of deformation and failure of rock masses. Int. J. Numerical and Analytical Methods in Geomech. 1, 219-247, 1977.

이상덕 : 기초공학, 새론, 2006.

▌8장

Boulton N.S. : Das Strömungsnetz in einem Gravitationsbrunnen J. Inst. Civil Eng., London, 1951

Dupuit A.J. : Etudes theoretiques et pratiques sur le mouvement des eaux & travers les terrains permeables, Paris, 1863

EDT - Empfehlungen Doppeldichtung Tunnel, Deutsche Gesellschaft f. Geotechnik, Ernst & Sohn, 1997.

El Tani M. : Water inflow into tunnels, Procd. World Tunnel Congress, ITA-AITES, Oslo, 1999

El Tani M. : Circular tunnel in a semi-infinite aquifer, Tunnelling and Underground Space Technology, 2003

Fernandez G. : Behavior of pressure tunnels and guidelines for liner design, Journ. of Geotechnical Eng. ASCE, Vol. 120, No. 10, 1994

Goodmann R.D., Schalwyk A., Javandal I. : Groundwater inflow during tunnel driving, Engrg. Geol., Vol. 2, 1965

Harr M.E. : Groundwater and seepage, McGraw-Hill, New York, 1962

Karlsrud K. : Water control when tunnelling under urban areas in the Oslo region, NFF Publication No.12, pp.27-33, 2001

Kirschke D. : Neue Tendenzen bei der Dränage und Abdichtung bergmännisch aufgefahrener Tunnel. Bautechnik 74, Heft 1, 1997

Kolymbas D. : Tunnelling and Tunnel Mechanics, Springer, 2005

Lei S. : An analytic solution for steady flow into a decomposed granite soil, Ground Water 37, pp.23-26, 1999

Muskat M. : The Flow of Homogeneous Fluids through Porous Media, McGraw-Hill,

New York, 1937.

Polubarinova-Kochina P.Ya. : Theory of Ground Water Movement. Princeton University Press, 1962

Rat M. : Ecoulement et repartition des pressions interstitielles autour des tunnels, Bull Liaison Laboratoire des Ponts et Chaussees 68, pp.109-124, 1913

Raymer J.H. : Predicting groundwater inflow into hard-rock tunnels ; Estimating the high-end of the permeability distribution. Procd. of the Rapid Excavation and Tunnelling Conference, Soc. f. Mining, Metallurgy and Exploration, 2001.

Schleiss A. : Bemessungskriterien für betonverkleidete und unverkleidete Druckstollen. Wasserwirtschaft, Heft 3, S.118-122, 1988

Schleiss A. : Design of reinforced concrete-lined pressure tunnel, International Congress on Tunnels and Water, Madrid, Sereno(ed.), Balkema, p.1127-1133, 1988

Schulze E. : Der Reibungswinkel nicht bindiger Böden. Bauingenieur 43. S.313-320, 1968

Shin Y.S. : A Study on Hydraulic Tunnel-Ground Interaction, PhD. Thesis, Konkuk Uni, 2007

Smoltczyk U. : Bodenmechanik und Grundbau, IGS, Uni. Stuttgart, 1993

Takabashi (高橋彦治) : 湧水와 地壓, 山海堂, 1963

Zhang L., Franklin J.A. : Prediction of Water Flow into Rock Tunnels ; An Analytical Solution Assuming a Hydraulic Conductivity Gradient. Int. J. Rock Mech. Min. Sci. & Geomech. Abstr., 30, No.1, 1993 Lombardi (2002)

▌9장

Atkinson J.H, Potts D.M. : Stability of shallow circular tunnel in cohesionless soil, Geotechnique 27, No.2, p. 203-215, 1977

Atkinson J.H, Potts D.M. : Subsidence above shallow tunnels in soft ground, Jour. of the Geotech. Eng. Div. ASCE, Vol.103, No. GT4, p.307-325, 1977

Attewell, P.B. : Ground movements caused by tunnelling in soil, Conference on Large Ground Movements and Structures, p.812-948, ed. Geddes J.D., Pentech Press, London, 1978.

Attewell, P.B., Gloosop, N.H. Farmer, I.W. : Ground deformarions caused by tunnelling in a silty alluvial clay, Ground Engineering, 1978.

Attewell, P.B., and Woodman : "Predicting the Dynamics of Ground Settlement and its Derivatives Caused by Tunneling in Soil" Ground Eng., 1982.

Attewell P.B., Yeates J., Selby A.R. : Soil movements induced by Tunnelling and their effects on pipelines and structures, Blackie, London, 1986.

Broms, B.B., Benneermark, H. : Stability of clay at vertical openings, Journal of the Soil Mechanics and Foundation Division, 93, pp. 71-95., 1967

Burland J.B., Standing J.R. and Jardine F.M. : Building Response to Tunnelling, Case studies from construction of the Jubilee Line Extension, London. 2001

Burland J.B. et al. : Assessing the risk of building damage due to tunnelling-Lessons from the Jubilee Line Extension, London. In : Proceed. 2nd. Int. Conf. on Soil Structure Interaction in Urban Civil Engineering, Zuerich 2002, ETH Zuerich 2002, ISBN 3-00-009169-6, p. 11-38, Vol. 1.

Burland J.B., Wroth C.P. : Settlement of buildings and associated damage, Proc. Conf. on Settlement of structures, Cambridge, Pentech press, p.611-654, London, 1974

Clough G.W., Schmidt B. : Design and performance of excavations and tunnels in soft clay. Soft Clay Engineering. Ed. by Brand E.W. and Brenner R.P., 1981

Cording, E. J., Hansmire, W. H. : Displacements around Soft Ground Tunnels, Proc. 5th Pan American Conf. SMFE, Buenos Aires, pp.571633, 1975.

Davis E.H. : The stability of shallow tunnels and underground openings in cohesive materials, Geotechnique 30, No.4, p. 397-416, 1980

Drucker D.C., Prager W. : Soil mechanics and plastic analysis or limit design, Quarterly of applied mathematics, Vol.10, No.2, 1952.

Duddeck H., Erdmann J. : On structural design model for tunnels in soft soil, Underground Space, Vol. 9, Pergamon Press, 1985.

Einstein H.H., Schwarz Ch.W. : Simplified analysis for tunnel supports, Jour. of the Geotechnical Eng. Div. ASCE 105, GT. 4, 499-517, 1979

Janssen H.A. : Versuche ueber Getreidedruck in Silozellen, z.VDI, 1895

Mair R.J./Taylor R.N./Bracegirdle A. : Subsurfacesettlement profile above tunnel in clays, Geotechnique 43(2), p.713-718, 1996

Mair R.J./Taylor R.N./Burland J.B. : Prediction of ground movements and assessment of risk of building damage due to bored tunnelling in Mair and Taylor, p.713-718, 1996

Matsumoto Y./Nishioka T. : Theoretical tunnel mechanics, Tokyo university ptrss, 1991

Peck R.B. : Deep excavations and tunnelling in soft ground. State-of-the-Art report. In

Procd. of the 7th Int. Conf. on SMFE, Mexico City, State-of-the-Art Volume, p.225-290, 1969.

Peck, R.B., Hendron, A.J., Jr., Mohraz, B. : State of the art of soft ground tunnelling, Procd., 1st Rapid Excavation Tunneling Conference, Chicago, vol.1, pp. 259-286, 1972.

Rowe R.K, Lee K.M. : Subsidence owing to tunnelling, Evaluation of a prediction technique, Can. Geotech. J. Vol. 29, p.941-954, 1992

Sagaseta C. : Analysis of undrained soil deformation due to ground loss. Geotechnique 37, No.3, p.301-320, 1987.

Terzaghi K.v. : Stress distribution in dry and in saturated sand above a yielding trapdoor. Proceed. Int. Conf. Soil Mechanics, Cambridge Mass., Vol. 1, 307-311. 1936

Terzaghi K.v., : Teoretical Soil Mechanics, John Wiley & Sons, 1948

Vermeer P.A., Ruse N. : Die Stabilität der Tunnelortsbrust im homogenen Baugrund, Geotechnik 24, Nr.3, S.186-193, 2001

Vermeer P.A., Marcher Th., Ruse, N. : On the Ground Response Curve, Felsbau 20, No.6, p19-24, 2002.

von Mises, R. : Mechanik der festen Körper im plastisch deformablen Zustand. Göttin. Nachr. Math. Phys., vol. 1, pp. 582–592. 1913

▌ 10 장

Bjerrum L. : Allowable Settlement of Structures. Proc. 3rd. ECSMFE, S.135, Wieswaden 1963

Boscardin, M. D., Cording, E. J. : Building Response to Excavation Induced Settlement,. Journal of Geotechnical Engineering, ASCE, Vol.115, No.1, 1989

Hoek E., Brown E.T. : Underground Excavations in Rock. Institution of Mining and Metallurgy, London, 1980.

Lee S.D. : Pillar load and ground deformation in 2-arch tunnel in the jointed rock mass. KTA Journal Vol.9, p.91-97, 2007.

Littlejohn G.S. : The practical applications of ground anchors. Proc. 9th FIP Conress, Stockholm, 1982

Matsuda, t., Toyosato, E., Igarashi, M., Nashimoto, Y. and Sugiyama, T. "A Stuudy on design methods for twin tunnels constructed by the single drift and central pier method" Proceed. of studies on Tunnel Engneering, Vol. 7, p.898-906, 1997.

Matsuda T., Terada K., Igarashi M., Miura K. : Ground behavior and settlement control of twin tunnels in soil ground, Tunnels and Metropolises, Balkema, pp.1193-1198, 1988.

Skempton A.W., MacDonalds D.H : The allowable settlement of buildings, Proc. ICE. Vol.5, London, 1956

Sowers G.F., : Shallow foundations, Chap.6 from Foundation Engineering. Leonards G.A.ed. McGraw-Hill, New York, 1962.

Sowers G.B., Sowers G.F., : Introductory soil mechanics and foundations, 3rd. ed. Macmillian, New York, 1970.

Cheon E.S., Kim H.M., Lee S.D. : Behavior of Shallow 2-Arch tunnel due to excavation under horizontal discontinuity plane, KTA Journal. Vol.9., 2005.

Lee S.D., Jun E.S. : A Behavior of Two-Arch Tunnel at Sandy Ground. KTA Journal, Vol.6., p.171-172, 2003.

Bhasin, R. Bhasin : "Forecasting stability problems in tunnels constructed through clay" soft rocks and hard rocks using an inexpensive quick approach. Gallerie e Grandi Opere Sotterranee 42, pp. 14–17 (In Italian and English)., 1994

Casarin. C, Mair. R.J : "The assesment of tunnel stability in clay by model tests. Soft Ground Tunnelling" Failures and Displacement. Edited by D, Resendiz and M. Romo, Balkema, Rotterdam, pp.33-44., 1981

Chambon P., Jean-François Corté : "Shallow Tunnels in Cohesionless Soil" Stability of Tunnel Face, ASCE, 1994.

Cording EJ, Deere DU : Rock tunnel supports and field measurements. In: Proceedings of the 1st NARETC, Chicago, pp 601–622, 1972

Deere DU, Peck RB, Monsees JE, Parker HW, Schmidt B: Design of tunnel support systems. Highway Research Record No. 339, pp 26–33, 1969

Duddeck H. : Was Finite-Element-Methoden im Grund-und Felsbau leisten und leiten sollten. In: Finite Elemente, Anwendungen in der Baupraxis. Berlin, 1985

Hansmire, W. H., and E. J. Cording : "Performance of a Soft Ground Tunnel on the Washington Metro," North American Rapid Excavation and Tunneling Conference Proceedings, Chicago, Illinois, 5-7 June 1972. p. 271-2890. 1972

Herzog, M. : Statische Probleme des Tunnelbaues in elementarer Darstellung. Straßen-

und Tiefbau 39 s, S.5-12, H.10, 1985.

Hoek E. : Big Tunnels In Bad Rock (The Thirty-Sixth Karl Terzaghi Lecture)" Journal of Geotechnical and Geoenvironmental Engineering, pp.726-740., 2001

Jansecz S. et al. : Minimierung von Senkungen beim Schildvortrieb am Beispiel der U-Bahn Düsseldorf. Tunnelbau 2001, VGE Essen, 165-214.

Leach(1985) : 지반손실율과 막장안정지수 관계

Lee K.M., Rowe R. K., Lo K.Y. : Subsidence owing to tunnelling, Estimating the gap parameter, Geotechnical Research Centre, Faculty of Engineering Science, 1991.

Macklin S.R. : The prediction of volume loss due to tunnelling in overconsolidated clay based on heading geometry and stability number. Ground Engineering, Apr. 1999.

Maehr M. : Settlements from tail gap grouting due to contractancy of soil, Felsbau, 2004.

Mair. R.J., Taylor. R.N. : "Bored tunnelling in the urban environment" State-of-the-art Report and Theme Lecture, Proceedings of 14th International Conference on Soil Mechanics and Foundation Engineering, Hamburg, Balkema, 1997.

Müller-Salzburg L., Fecker R. : Grundgedanken und Grundsätze der Neuen Österreichsischen Tunnelbauweise. In : Grundlagen und Anwendungen der Felsmechanik. Fehlsmechanik Kolloquium Karlsruhe 1978.

▌11 장

Fiesinger J. : Tunnel- und Brückenbauten unter Wasser. 31 Jahrsg. H.5, Bautechnik, Verlag Ernst & Sohn, Berlin, 1954.

Haack A., Klawa N. : Unterirdische Stahltragwerke, Hinweise und Empfehlungen zu Planung, Berechnung und Forschung.Herausgeben von der Beratungsstelle für Stahlverwendung, Düssedorf. Alba Buchverlag, Düsseldorf, 1982. 40

Harding P. G. : Mezzanine car lanes could increase capacity of Hongkong Harbour Tunnel, Vol. 11, H.7/8, 1979 152

Kretschmer M., Fliegner E. : Unterwassertunnel in offener und geschlossener Bauweise. Ernst & Sohn, Berlin, 1987.

Mandry W. : Ueber das Kühlen von Beton, Springer Verlag, Berlin, 1961

▌12 장

Fliegner E. : Untertagebauten in Hongkong, Straße- Brücke - Tunnel, 25 Jahrg, Verlag W. Ernst & Sohn, Berlin, H.8, 1973.

Härter A. : Tunnellüftungssysteme mit geringer Abluftimmission, Forschung + Praxis -U- Verkehr und Tunnelbau, Band 23, Alba-Buchverlag, Düsseldorf, 1979

Hund J. : Bodenseebrücke oder Bodenseetunnel. Tunnelentwurf Ingenieurbüro Leonhardt und Andrä. Verlag Südkurier, 1983

Innerhofer G. : Wirkung des Kluftwasserdruckes auf einen FelskÖrper. Der Felsbau Jg.2. Heft 1, 1984

Kastner, H. : Statik des Tunnel- und Stollenbaus, Berlin-GÖttingen, Springer, 1962.

Pacher F. : Deformationsmessungen im Versuchsstollen als Mittel zur Erforschung des Gebirgsverhaltens und zur Bemessung des Ausbaues, Felsmechanik und Ingenieur- geologie, Suppl. I., Jg. 1964

Kolymbas D. : Geotechnik- Tunnelbau und Tunnelmechanik, Springer, 1998

Seeber G. : Druckstollen und Druckschächte, Enke, Stuttgart, 1999

▌13 장

Barton, N., Lien, R. Lunde, J. : Engineering Classification of Rock Masses for Design of Tunnel Support. Rock Mechanics 6, 1974, 189-236. 1974

Bieniawski Z.T. and R.K.A. Maschek : Monitoring the Behavior of Rock Tunnels During Construction, civ. Eng. S. Afr. 17. 1975. pp. 256-264

Fenner R. : Untersuchungen zur Erkenntis des Gebirgsdruckes, GluK, 74, 1938.

Golser J. : History and development of the New Austrian Tunneling Method, Shotcrete for underground Support III, Engineering Foundation, 1978

Lauffer, H. : Gebirgsklassifizierung für den Stollenbau. Geology Bauwesen 74, 1958

Müller L. : Removing misconceptions on the New Austrian Tunnelling Method, Tunnel and Tunnelling, Oct., 1978

NATM - Die Elemente der Not und ihre geschichtliche Entwicklung(1975)

Pacher F. : Deformationsmessungen im Versuchsstollen als Mittel zur Erforschung des

Gebirgsverhaltens und zur Bemessung des Ausbaues, Felsmechanik und Ingenieurgeologie, Suppl. I. Wien, Springer-Verlag, 1964

Rabcewicz, L. V. : Stability of Tunnels under Rock Load, Water Power 21(6~8), 225-229, 266-273, 297-304, 1969

Sattler K. : Östereichische Tunnelbauweise - statische Wirkungsweise und Bemessung. Der Bauingenieur Jg.40, H8, S.297-301, 1965

Terzaghi K. : Introduction to tunnel geology. Rock tunnelling with steel supports. Proctor and White, pp. 5-153. 1946

▋ 공통

Außendorf C. : Tunnelbau, VEB-Verlag Technik, Berlin, 1961

Goodmann R.E. : Engineering Geology, John Wiley & Sons, 1993.

Herzog A.M. Max : Elementare Tunnelbemessung, Werner Verlag, Düsseldorf, 1999

Hoek E., Brown E.T. : Underground Excavations in Rock. Institution of Mining and Metallurgy, London, 1980.

Hoek E., Kaiser P.K., Bawden W.F. : Support of underground excavations in hard rock, Rotterdam, Balkemma, 1995

Kastner, H. : Statik des Tunnel- und Stollenbaus, Berlin-GÖttingen, Springer, 1962.

Kolymbas D. : Geotechnik- Tunnelbau und Tunnelmechanik, Springer, 1998

Kolymbas D. : Tunnelling and Tunnel Mechanics, Springer, 2005

Maidl B. : Handbuch des Tunnel- und Stollenbaus, 3. Auflage, Band I, II, Verlag-Glückauf, Essen, 2004

Quellmelz F. : Die Neue Österreichische Tunnelbauweise, Bauverlag, 1987

Seeber G. : Druckstollen und Druckschächte, Enke, Stuttgart, 1999

Spangler M.G., Handy R.L. : Soil Engineering. 3rd Ed. In text Educational Publishers. New York, U.S.A. 1973

Stein D., Moellers K., Bielecki R. : Leitungstunnelbau, Ernst & Sohn, 1988

Striegler W. : Tunnelbau, Verlag f. Bauwesen, Berlin, 1993

Wagner H. : Planung, Entwurf und Bauausführung, Verkehrs-Tunnelbau, Band I, Verlag W. Ernst & Sohn, Berlin/München, 1968

Wood A. M. : Tunnelling, E & FN Spon, London, 2000

EDT : Empfehlungen Doppeldichtung Tunnel, Deutsche Gesellschaft f. eotechnik, Ernst & Sohn, 1997.

Stagg K.G., Zienkiewicz O.C. ed. : Rock mechanics in engineering practice, John Wiley & Sons, 1968)

기호 찾아보기

1 장

2 장

3장

4 장

6 장

7 장

8 장

9 장

10 장

13 장

찾아보기

ㅈ

ㅊ

ㅋ

기타

B

C

D

E

■ 저자약력

이 상 덕 (李 相德, Lee, Sang Duk)

서울대학교 토목공학과 졸업 (공학사)

서울대학교 대학원 토목공학과 토질전공 (공학석사)

독일 Stuttgart 대학교 토목공학과 지반공학전공 (공학박사)

독일 Stuttgart 대학교 지반공학연구소 (IGS) 선임연구원

미국 UIUC 토목공학과 Visiting Scholar

미국 VT 토목공학과 Visiting Scholar

현 아주대학교 건설시스템공학과 교수

터널역학

초판인쇄 2013년 7월 26일

초판발행 2013년 8월 5일

저　　자 이상덕

펴 낸 이 김성배

펴 낸 곳 도서출판 씨아이알

책임편집 이정윤

디 자 인 송성용. 최은선

제작책임 윤석진

등록번호 제2-3285호

등 록 일 2001년 3월 19일

주　　소 100-250 서울특별시 중구 예장동 1-151

전화번호 02-2275-8603(대표)　**팩스번호** 02-2275-8604

홈페이지 www.circom.co.kr

ISBN 978-89-97776-86-3　93530

정가 60,000원